现 代 数 学 丛 书

Essential Mathematics for Engineers and Scientists

工程数学基础

[美] 托马斯·J. 彭斯 (Thomas J. Pence) 因德瑞克·S. 威奇曼 (Indrek S. Wichman) 著

史明仁 译

机械工业出版社
CHINA MACHINE PRESS

图书在版编目（CIP）数据

工程数学基础/（美）托马斯·J. 彭斯（Thomas J. Pence），（美）因德瑞克·S. 威奇曼（Indrek S. Wichman）著；史明仁译．—北京：机械工业出版社，2024.4
（现代数学丛书）
书名原文：Essential Mathematics for Engineers and Scientists
ISBN 978-7-111-75357-5

Ⅰ.①工…　Ⅱ.①托… ②因… ③史…　Ⅲ.①工程数学－教材　Ⅳ.①TB11

中国国家版本馆 CIP 数据核字（2024）第 054287 号

机械工业出版社（北京市百万庄大街 22 号　邮政编码 100037）
策划编辑：刘　慧　　责任编辑：刘　慧
责任校对：李可意　张勤思　王　延　　责任印制：郜　敏
中煤（北京）印务有限公司印刷
2024 年 6 月第 1 版第 1 次印刷
186mm×240mm・36.25 印张・830 千字
标准书号：ISBN 978-7-111-75357-5
定价：149.00 元

电话服务　　网络服务
客服电话：010-88361066　　机　工　官　网：www.cmpbook.com
010-88379833　　机　工　官　博：weibo.com/cmp1952
010-68326294　　金　书　网：www.golden-book.com
封底无防伪标均为盗版　　机工教育服务网：www.cmpedu.com

译 者 序

随着人工智能（AI）时代的到来，利用计算建模和仿真技术解决工程和科学问题的计算机的使用出现了爆炸式增长。但是，科学研究与计算对数学的需求甚至比过去更多。在这个机器计算占据主导地位的时代，本书为研究生以及研究生水平的工程师和科学工作者提供了所需要的“必不可少的、根本的”数学基础。这种以教科书形式系统地、循序渐进地介绍数学知识，而不是像许多导师只给研究生开列参考文献的做法，在研究生教学中走在前列，值得推广。

译者认为研究生在解决工程和科学问题时，需要高屋建瓴，具有比本科生更严密的数理逻辑和算法思维。例如，如果某种解决方案总是可计算的，就应该进一步探讨数学算法和建模假设是否一致，进一步研究提出的数学问题是否适定，即问题是否有解，而且解唯一，更重要的是解是否稳定。即使在海量的、令人眼花缭乱的有关AI技术如何神奇的报道中，译者都没有看到AI通过哪怕是中学数学水平的测试。迄今为止，AI本身擅长的是总结、归纳和分类，尚欠缺数学抽象的强大能力。可以说，数学水平有多高，科学研究水平就有多高。

本书各章所涵盖的方法形成了工程和物理科学分析的核心，是学术研究人员或工业研发专家经常使用的。读者将能够理解各种科学软件包背后的基本原理，用于解决技术问题。本书介绍的大量设计巧妙的问题有助于清晰且循序渐进地介绍应用数学。每一章结尾的计算挑战问题可为学生提供使用计算和符号操作软件（如 Mathematica 或 MATLAB）动手学习的机会，帮助读者熟练掌握概念。

这本研究生水平的教材的特点是用改善的工具和经过经验磨砺的观点来叙述最重要的基本数学问题。

本书假定学生具备微积分基础知识，并熟悉矩阵理论，理解热传导（偏微分方程）、振动（常微分方程和特征值）和控制理论（线性系统、拉普拉斯变换）的基本知识。本书分为线性代数、复变量和偏微分方程三个部分。作者通过重点讨论弗雷德霍姆选择定理将第一部分与第三部分联系起来：为了求微分方程的数值解，必须有扎实的线性代数基础。弗雷德霍姆选择定理可以挖掘出这些主题之间的更深层次的联系。复变量似乎与这两者不相关，但它使得微分方程、积分、导数的意义以及黎曼球面的基本概念和柯西-黎曼方程可被读者充分理解，并让读者学到在计算积分和评估奇点过程中的技巧。

本书引入的详细实例单从它们的特定公式来看，似乎是学科特有的，但实际上，考虑到它们是对基本关键数学概念的描述，这些实例具有普遍性。对先前例子提出的问题后续继续研究探讨是本书的一个重要特点。

本书可用作初级研究生水平的一年课程的教材。然而，它也可以作为一学期课程的教材，从三个部分的每个部分各抽取一些材料。

本书的两位作者是美国密歇根州立大学机械系的教授，他们宣称自己的“职业目标是有一天在密歇根州立大学数学系获得兼职的重要身份”。采用本书作为教材的教师，可以从中体会到独特的教学理念与教学方法。本书中展示了非数学专业学者的教学特点：深入浅出。全书几乎看不到“定义”“定理”，只有大量的“例”。用实际例子引入理论与方法，重在讲透思路，并用“评注”来归纳、总结与回顾。因此，本书更像是讲义。

史明仁

2023 年 12 月 16 日

前　言

本书的英文书名表明，书中涵盖的数学题材是“必不可少的、根本的”或“基础的”。这个说法本身需要澄清。本书讨论的数学，**对于什么来说**必不可少？**为什么**必不可少？**对谁**必不可少（显然是工程师和科学家，但这也必须给出解释）？

要开始回答这些复杂的问题，有必要讨论它们最初是如何出现的，以及为什么会出现。

事实是，在大约1980年到2020年的40年间，利用计算建模和仿真技术解决工程和科学问题的计算机的使用出现了爆炸式增长。计算机还用于其他方面，从娱乐（视频、手机等）到逮捕逃犯和从事侦探活动（面部识别），到医疗和社会统计方面的大规模数据处理，再到日益金融化和经济化的日常生活。一句话，现在计算机无处不在。

日益增加的复杂性带来的一个负面影响是与基础失去了联系。在日常生活中，不会修理自己的汽车或不会更换家里的供暖、通风和空调系统被视为无能。一旦计算机能够解决长期存在的工程难题，留给那些可替代的工程师的还有什么呢？计算机使得一切都变得很容易。它从不要求休假、奖金或加薪，最重要的是，与现实生活中的工程师不同，它从不犯任何错误。此外，如果不需要工程师和科学家，为什么还要教授工程学和科学？

面对这种情况，我们会问一个更直接相关的问题：在一个机器计算占据主导地位的时代，我们的工程师和科学家（假设他们仍然是不可少的）需要什么样的数学头脑？这个问题的一个略微不同的版本是：我们的学生在数学基本原理方面应该打下多少基础？我们不得不注意到，随着预先设计好的商业软件程序变得普遍可用，编写自己的代码的需求似乎已经消失了。因此，我们有理由提出更多问题：如果某种解总是可计算的，那么是否还有必要担心数学算法和建模假设的一致性？是否值得人们花时间去问这个数学问题的适定性？[⊖] 工程师或科学家是否仍然需要在解决问题的过程中利用严格的算法思维，或者他们的角色应该以问题陈述结束？

通过许多夸大言辞、错误的陈述和事故，我们意识到，缺乏技术能力和专业知识的后果可能是可笑的，甚至是有害的。桥梁倒塌，飞机坠毁，这说明风洞和其他大型实验设施仍然需要，实验分析变得更加精细和准确。因此，出现了一种明显的监督需求，即职业工程师和科学家能够对困难的技术问题的“解”提供合格的技术审查。我们有必要问一些古老问题的现代变体：什么**是**问题和**解决**它意味着什么？我们不得不承认，尽管我们生活在一个技术发展远远优于我们的数学发展的时代，但是我们还没有摆脱数学强加给我们的限制：日常生活对数学的要求和过去一样多，甚至比过去更多。

⊖ 一个数学问题是适定的，是指问题有解，而且解唯一；更重要的是解稳定。——译者注

随着现代工程实践中范围和重点的变化。我们对机器计算的依赖几乎无处不在，我们需要新的和不同的方法向工程和自然科学专业的学生介绍基本数学知识。即便如此，前进的道路还是要从长远地回顾过去那些已解决了的问题开始。这些问题是如何产生的？它们试图回答什么问题？解决方案是如何产生的？这些问题为现代数学模型的构建和求解提供了有价值的线索。尽管计算机改变了我们从事数学研究的方式，改变了我们构造解的方式，改变了我们将给定问题的部分与整体相联系的方式，但这只是形式上的改变，而不是内容上的改变。作为一个简单的例子，读者可能会反思这样一个事实：尽管我们不打算丢弃软件代码，但是我们会更加小心地用已经建立的数学解决方案来测试它们。当我们扩展这些最初设计来解决更简单问题的代码和程序时，这一点就不只是重要，而是至关重要。人的潜力远超他的能力范围，我们在任何时候，只要有可能，就应寻求缩小这一差距的方法。

当然，前面的讨论集中在前两个问题上，“对于什么来说必不可少，**为什么**必不可少”。

关于“对谁必不可少”，这本研究生入门水平的书的目的是用改善的工具以及经过先例和经验磨砺的观点，来叙述最重要的基本数学问题。有抱负的研究生水平的工程师或科技人员应该知道这些问题。因为这种知识是基础性的，所以它是向上和向外建立的。然而，每一个新的研究对象都有它自己本身的基础，所以整个组合体可以类比为一个罗马渡槽：一个由独立但紧密相连的部分或基础组成的上层建筑。工程科学的数学首先建立在不受近似、估计和渐近影响（偶有例外）的精确数学知识之上。我们相信，虽然有各种各样的近似和渐近解法来解决工程和应用科学中的不同类别的问题，但在研究生学习的第一年扩展它们的覆盖面将会本末倒置。

主要特点

- 本书假定学生有相当于工程或物理学学士的背景知识。这意味学生具有从微积分到偏微分方程的基础，并熟悉矩阵理论，包括对特征值和特征向量的基本理解。本书还假定读者已经掌握了常微分方程、偏微分方程，以及特征值的基本知识。这些主题隐含着学生熟悉基本的傅里叶级数、拉普拉斯变换、矢量分析和符号。所有这些主题在“高级”本科教材以及一些入门水平的研究生教材中都会涉及。例如，在一个典型的本科机械工程技术专业中，初级或高级水平的学生将接触到热传导（偏微分方程）、振动（常微分方程和特征值）和控制理论（线性系统、拉普拉斯变换）的论述。在其他不同技术领域，如物理或化学的本科生阶段，学生将会遇到初级或高级课程的经典力学、统计热力学、电磁理论和物理化学。这样的课程不可避免地涵盖了许多数学方法，我们期望读者有运用这些方法的基本能力。
- 本书分为三个主要部分，每个部分至少有四章。这三部分着重讲解了线性代数、复变量和偏微分方程。这些主题的基础是不同的，但将它们联系在一起的纽带和相互关系众多且深刻。为了用数值方法求解问题，必须有扎实的线性代数基础。数值解的对象是什么？通常是常微分方程和偏微分方程。复变量可能被认为与这两个领域不相关，但它在解释微分方程、积分、导数的意义、黎曼球面的基本概念、柯西-黎曼方程，以及在计算积分和评估奇点（并注意它们的性态）过程中学习到的所有技巧方面极具价值。复变量中引入的基本概念可以应用到诸如偏微分方程的几何研究之类的具体问题上，也可以应用到诸如无穷或 $\sqrt{-1}$ 之类的抽象概念的意义上。

- 重点讨论弗雷德霍姆选择定理（Fredholm Alternative Theorem，FAT）及其在求解线性方程组（第一部分）和常微分方程（第三部分）中的意义。线性方程组与常微分方程是密切相关的，因为常微分方程可以用有限差分作为线性代数方程组来重新计算。然而，FAT 提供了一个优秀的研究生水平的机会来发现这些主题之间的更深层次联系。此外，FAT 对解存在性的限制导致了新的和更广泛的见解，例如第三部分中描述的修正格林函数的概念。在这里，学生将会学到先验的一个明显的限制，也许是更直接的方法，是对更基本原理（如修正格林函数）的需要的不那么微妙的表现。最初看似障碍的东西往往标志着通往更基础理论的入口。
- 主题的顺序不是“随机的”（用现在的行话来说）或随意的。首先研究线性代数，然后研究复变量，最后研究常微分方程和偏微分方程。随着这些主题的逐步展开，直到第 13 章结束时，有一个不变的“构想”，前十二章的大部分知识点呈现在 13.6 节的最后一个例子中。事实上，详细的示例可以作为引入和推进理论的工具。虽然其中某些内容由它们的特定公式来看似乎是学科特有的，但实际上，考虑到它们是对基本关键数学概念的描述，它们具有普遍性。这一点已经在叙述性讨论中说清楚了。除了演示过程和处理以前提出的问题，这些例子还提出了新的问题。这方面的一个例子是在 3.5 节中引入广义逆，它满足了一个特定的需求，乍一看，它似乎是松散的，但随后可以看出它是一个重要的基本概念。**对先前例子提出的问题后续继续研究探讨是本书的一个重要特点。**
- 随着本书的进展，我们试图以一种新的视角或更大程度的一般性返回去重新研究重要的主题和方法，以此强化基本概念。这也是我们在写作中所使用的“构想”的一部分。例如，我们首先在线性代数的方程组中方程与未知量数目相等（第 3 章）的情况下研究弗雷德霍姆选择定理，然后在方程和未知量数目不等的背景下（第 4 章）重新研究，再在常微分方程理论（第 11 章）中重新考虑。教育研究表明，在这样的安排下，学生更能理解内容的逻辑性和必要性。这种学习方式被称为“主动检索”，参见文献 [1]。对先前概念、例子和知识的主动检索也是这些作者所称的“交错多样实践”的核心组成部分。这种方法能促进读者对所学原理的理解、吸收和应用。
- 本书可以是一本理想的研究生入门水平的一年课程教材。然而，它也可以作为一个学期的教材——从三个部分的每个部分各抽取一些材料。我们将它作为一个学期课程的教材，包括每个部分的前两章，或在某些情况下，包括前三章；剩下的材料可以用作个人学习或高级教程。学习完本书，读者将在工程和应用科学的精确分析方法方面获得坚实的基础。之后，如果他们愿意，就可以研究全面的渐近方法（级数、积分、WKB 理论、最速下降等）以及在 Bender 和 Orszag 的优秀且绝不过时的书（文献 [58]）中所呈现的经典近似工程分析技术。诸如相空间的结构、非线性常微分方程和偏微分方程的解、非常大或非常小的参数的影响等课题留给学习更高级别课程的读者，就像研究数值方法的细节一样。

- 学习的一个重要组成部分是学生在安静的、没有手机和电子设备干扰的环境下，沉浸在自己的学习资料中。这种专注有一部分来自阅读，我们可以称之为**理性的专注**。一种**更积极**的专注形式是把例子都做完。最积极和最有成效的专注形式，也就是真正需要学习的地方，来自做习题。每一章的每一节都有习题。有些习题可用来巩固课堂所学，而另一些则需要付出相当大的努力。这样的回报是对所呈现内容的理解有巨大飞跃。每一章的结尾都有“计算挑战问题”，这通常不仅需要全面掌握学习内容，而且需要有以算法的方式处理先前问题的拓展形式的能力。由此产生的计算挑战提供了一种实践理论的方式，它把这里提出的基本数学与我们生活的计算密集型时代联系起来。
- 最后，有几个关于精确工程分析的专题没有讨论。这首先是因为它们在其他更初级的教材中已经被很好地涵盖了，其次是因为涵盖这些专题的层次和深度以及大量的例子会使我们的书难以处理。因此，比方说我们不详细探讨变分法，尽管它们出现在我们讨论偏微分方程的第三部分中。变分法经常导致非线性常微分方程，这是另一个在这里没有陈述的专题。为了强调所涵盖主题的本质所做的选择和对所研究专题的精选，本书几乎普遍侧重于应用数学线性问题的精确解。一旦这些主题被理解，学生和研究人员可以学习如何处理非线性方程——通常通过把它们线性化(!)，而且几乎经常是寻找一个参数，以它为中心来构造渐近解。在这个计算时代，主要方法诉诸数值模拟，这就不可避免地涉及线性化。

致　谢

我们希望感谢许多人，感谢他们对本书写作的影响，感谢他们对本书的学习，也许最重要的是，感谢他们对**学会如何学习**的整个概念所起的作用。被称为**学习过程**的戈尔迪之结（难题）是一个被证明不可能解开的谜，这可能是因为它对每个人和每个教育者来说都意味着不同的东西。

在有书之前，有笔记；在有笔记之前，有课程。过去十年，这门课程在密歇根州立大学（MSU）由彭斯（Rence）和威奇曼（Wichman）轮流讲授，在此之前，这门课程由Brereton教授、Naguib教授和Wichman教授团队授课。在编写本书的笔记时，我们特别感谢Yen Nguyen博士提供的宝贵的技术援助。我们感谢那些为如何学习本书提供指导和启发的人，他们引导我们踏入无涯的学海，帮助我们学会如何让学习生根发芽，开花结果。

托马斯·J. 彭斯（Thomas J. Pence）首先要感谢他在密歇根州林登（Linden）的一所小型高中里的一群杰出的数学和科学教师，特别是Tim Holcomb、Don Morrow、Jim Starrs和Judy Stoeri。在接下来的本科阶段的学习中，密歇根州立大学荣誉学院允许彭斯在数学、物理和工程力学范围探究广泛的本科生和研究生课程。感谢在不同领域的周到和耐心的教师，特别是下列课程（教师）：流体力学（C. Y. Wang）、连续介质力学（S. D. Gavazza）、计算力学（N. J. Altiero）、变分力学（C. O. Horgan）、统计物理学（T. Woodruff）和实分析（E. Ingraham）。与高中老师提供密歇根州立大学预备课程一样，这些课程为下一个挑战——加州理工学院第一年应用力学的研究生课程——提供了必要的强化。这些课程（教师）是：液压课程（F. Marble）、动力学（W. Iwan）、应用数学方法（D. S. Cohen）、非线性波（G. B. Whitham）和弹性学（Eli Sternberg）。这一系列课程不仅讲授了基本的数学工具，而且传递了一个重要经验：一个共同的问题可以通过多种不同的分析方法来解决，每一种方法都可以产生自己的深刻见解。这对于后续课程，尤其是J. N. Franklin和H. B. Keller的课程来说是至关重要的。在彭斯的论文导师J. K. Knowles的指导下进行的研究，着重于利用各种分析工具的效用。这个观点形成了本书的"灵魂"。特别感谢Knowles的建议和启发。

因德瑞克·S. 威奇曼（Indrek S. Wichman）在此感谢他在高等教育期间的优秀老师，包括石溪大学流体力学学士课程的John Lee教授、弹性学课程的Fu-Pen Chiang教授，以及弗吉尼亚理工大学研究生院的教授Ali H. Nayfeh（扰动方法和渐近）、William Saric（可压缩流）和Dean T. Mook（非线性振荡），还有普林斯顿的教授Sin I. Cheng（工程分析）、Sau-Hai "Harvey" Lam（偏微分方程）、Wallace D. Hayes（变分法、流体力学）、Charles H. Kruger（气体动力学）、Forman A. Williams（燃烧理论）、Irvin Glassman（燃烧学）

及 Antony Jameson（数值方法）。所有这些人都是优秀的学者，毋庸置疑，他们在课堂上也很优秀。Nayfeh、Cheng、Lam 和 Hayes 教授的课程和技巧多年来一直让他深受启发，并形成了这里所呈现的内容的重要部分（在某种程度上改变了形式）。Hayes 教授的课程在各个方面都十分出色。20 世纪 80 年代普林斯顿大学的一大特色就是有机会旁听数学系的课程，威奇曼在那里修了几门纯分析课程（常微分方程、泛函分析和非线性波），教授们的名字他现在几乎都忘记了，只记得精力旺盛的 M. Kruskal（非线性波）。特别感谢 George F. Carrier，他在下午计划好的普林斯顿研讨会之前花了整整一个上午向威奇曼解释近似核的概念和用途，他的深刻见解打破了威奇曼研究中的一个令人困扰的僵局；还要特别感谢威奇曼优秀的博士论文导师 Forman A. Williams。

求学期间，我们也读了很多书。这里不得不提到已故机械师 Clifford A. Truesdell 和 James Serrin，他们是杰出的学者和应用数学家，写出了影响深远的著作，我们一直很崇拜他们。

目　　录

第二部分 复变量

第三部分 偏微分方程

第一部分
线性代数

第 1 章　线性代数与有限维向量空间

在本章和接下来的三章中，我们通过将一般概念应用到一系列信息丰富和越来越具有挑战性的例子来研究线性代数。线性代数，通常的意思为解有限维线性代数方程（相对于解非线性代数方程、“无限维”微分方程），需要考虑维数、线性无关、正交性、秩，以及仔细评估这些要点中的一个或多个是否被违背或没有得到满足的特殊情况。例如，维数可能不匹配，或者实际相关的空间可能是一个更大空间的子空间，或者一个生成向量的原始集合可能在几何上是斜交的（不是正交的），等等。与以往一样，解**任何**数学问题的主要关注点都是唯一解的存在性，以及如果违背这种情况，可能意味着什么。

在空间的维数的概念建立起来并被充分理解之后，线性代数中没有比线性无关更基本或更重要的概念了。在向量空间中线性方程组的解必须满足线性无关的要求。接下来，必须检验向量空间的“张成”。一个“空间”是由一组“线性无关”的向量张成的，这些向量的分量“不重叠”。例如，一个三维空间是由三个垂直的单位向量“张成”的[㊀]。在任何计算中，它们的主要优点是它们是**正交的单位向量**，绝对没有相互“重叠”。人们可能会想象描述一个不可避免地存在重叠的空间，比如穿过一个斑驳的、不规则的表面的最优轨迹，或者需要使用一组非正交的生成向量的其他约束过程。

要构造能正确地“张成”某些特殊向量子空间的向量，很自然地引出了从任何给定的非正交张成集得到正交张成向量集的格拉姆-施密特正交化方法。这是一个简明但又非常精巧的技术（因此很有吸引力）：每一步是用正在考虑的向量，减去它在之前通过相同过程找到的所有导出向量上的**正交投影**，以确保每个新添加的向量与所有之前的向量正交。将由此导出的正交向量转换成正交**单位**向量是下一步符合逻辑的步骤。

我们还将讨论产生基改变的变换矩阵、分解向量空间的系统方法，以及整合起来足以构成计算分析资源库的其他运算。掌握这些内容的学生将能够相对容易地阅读有关高级数值分析的图书和文章。

1.1　矩阵回顾

在深入学习线性代数之前，让我们回忆一下矩阵的一些基本事实，它们是线性代数的基本要素或结构单元。从另一个角度来说，线性代数的基本要素是线性代数方程，它可以很容易、很自然地被写成矩阵的形式。因此，矩阵是线性代数的基本运算工具。

矩阵是元素的一个矩形阵列，元素可以是已知数，也可以是未知数，甚至可以是函

㊀ 在许多入门工程课程中，这些向量用“$\hat{i},\hat{j},\hat{k}$”表示，而我们将使用其他符号。

数。行的数目就是**行数**，列的数目就是**列数**。如果 M 是行数，N 是列数，那么我们就说这是一个 $M\times N$ 矩阵。一个矩阵可以乘以一个标量，两个 $M\times N$ 矩阵可以用显而易见的方式相加。一个 $M\times N$ 矩阵 $\boldsymbol{A}$ 和一个 $P\times Q$ 矩阵 $\boldsymbol{B}$，当且仅当 $N=P$ 时可以相乘，在这种情况下得到的乘积是一个 $M\times Q$ 矩阵。随之而来的各种代数运算有结合律、交换律和分配律。但矩阵乘法是例外，它一般是不可交换的（$\boldsymbol{AB}\neq\boldsymbol{BA}$）。当然，$\boldsymbol{AB}$ 和 $\boldsymbol{BA}$ 的定义都要求 $\boldsymbol{A}$ 和 $\boldsymbol{B}$ 是大小相同的方阵。

作为起点，我们理所当然地认为读者对以下概念是熟悉的。

- **单位矩阵**　一个 $N\times N$ 的矩阵，对角线上是 1，其他地方是 0，这就是 $N\times N$ 的单位矩阵，用 $\boldsymbol{I}$ 表示。只要运算可以进行（即矩阵有兼容的行数和列数），它具有 $\boldsymbol{IA}=\boldsymbol{A}$ 和 $\boldsymbol{AI}=\boldsymbol{A}$ 的性质。
- **逆矩阵**　如果 $\boldsymbol{A}$ 是方阵，那么它可能有也可能没有**逆**，也就是说，使 $\boldsymbol{A}^{-1}\boldsymbol{A}=\boldsymbol{AA}^{-1}=\boldsymbol{I}$ 成立的矩阵 $\boldsymbol{A}^{-1}$ 可能存在，也可能不存在。
- **三角形矩阵和行初等变换**　如果一个方阵是**上三角形**或**下三角形**（对角线以下或以上为零），那么行列式就是对角线元素的乘积。有三种标准的**行初等变换**：（ro1）交换两行；（ro2）一行乘以一个非零标量；（ro3）用某行加上任何其他行来替换这一行。这些变换对行列式分别有以下影响：乘以 -1；乘以所乘的标量；没有改变。对一个方阵进行行变换使其变成三角形，并跟踪这些变化，是求其行列式的一种方法。
- **行阶梯形矩阵和秩**　可以对非方阵进行行变换，得到**行阶梯形**——每一行的第一个元素是 1 或 0，每一行的前导 0 比上一行的前导 0 多。因此，每一行中的第一个非零元素是 1，除非它是一个全为零的行。所有的全零行，如果有的话，出现在行阶梯形的底部。行阶梯形不是唯一的，因为这个定义没有确定每一行第一个 1 的右边的形式。然而，同一个矩阵的所有行阶梯形都有相同的全零行数。行阶梯形中不全为零的行数就是矩阵的**秩**。
- **转置矩阵**　$M\times N$ 矩阵 $\boldsymbol{A}$ 的转置，记为 $\boldsymbol{A}^{\mathrm{T}}$，是行、列交换后的 $N\times M$ 矩阵。一个 $M\times 1$ 矩阵称为**列向量**。它的转置就是 $1\times M$ **行向量**。对于方阵，转置矩阵的行列式等于原矩阵的行列式。对于任何矩阵，其转置矩阵的秩与原矩阵的秩相同（一个很强的结果）。
- **线性方程组的增广矩阵**　一个线性方程组有 M 个方程、N 个未知数 $x_1,x_2,\cdots,x_N$，很容易表示成形为 $\boldsymbol{Ax}=\boldsymbol{b}$ 的线性系统。其中 $\boldsymbol{A}$ 是 $M\times N$ 系数矩阵，$\boldsymbol{x}$ 是 $N\times 1$ 未知数的列向量，$\boldsymbol{b}$ 是 $M\times 1$ 的驱动向量（或右端向量）。一种标准的解法是构造 $N\times(M+1)$ **增广矩阵** $[\boldsymbol{A}|\boldsymbol{b}]$，并将这个增广矩阵化成行阶梯形。**当且仅当 $\boldsymbol{A}$ 的秩与增广矩阵的秩相等时存在解，即原线性系统是可解的**。然后解可以通过"反向代换"读取。**如果解存在，则要么存在唯一解，要么存在无穷多个解。**

1.2　线性无关与线性相关

对于固定的正整数 M 和 N，$M\times N$ 实矩阵的集合是一个**实向量空间**。我们回想一下，向量空间是一个相对一般的概念，其中所涉及的单个元素称为向量。它们可以相加或乘以一个标量。向量空间与“集”或“集合”这两个不那么具体的概念的区别在于加法和数乘运算生成的对象也属于向量空间。[㊀]特别地，向量空间必须包含唯一的零元素。

这个概念可扩展到子空间。也就是说，给定一个向量空间，**子空间**是它的任何子集独立构成的向量空间。

例 1.2.1 对于通常的矩阵（加法与数乘）运算规则，请回答以下问题。

问：所有方阵的集合是一个向量空间吗?

答：不，至少在最初的定义中，加法运算不允许两个大小不同的“方阵”相加。

问：所有第三行是第二行的两倍的 3×4 矩阵的集合，是一个向量空间吗?

答：是的，所有的运算有定义，通过这样的操作得到的新矩阵仍然是一个 3×4 的矩阵，第三行是第二行的两倍。

问：所有第三行元素相加为 4 的 3×4 矩阵的集合，是一个向量空间吗?

答：不。尽管所有的运算有定义，但所得到的新矩阵并不总是满足定义规则——第三行的元素相加为 4。而且，定义规则不允许零向量（这里是指 3×4 零矩阵）的存在。

问：所有第三行的元素相加为 0 的 3×4 矩阵的集合，是一个向量空间吗?

答：是的，所有的运算都有定义，并且得到的新矩阵仍然满足定义的规则，即第三行元素的总和为 0。

有了这个背景，我们将经常在 $n\times 1$ 列向量的标准向量空间中工作。这个向量空间，称为 $\mathbb{R}^n$，由下面这样形式的对象 $\boldsymbol{x}$ 组成：

$$\boldsymbol{x}=\begin{bmatrix}x_1\\x_2\\\vdots\\x_n\end{bmatrix}\tag{1.1}$$

零向量 $\mathbf{0}$ 是一个每一个元素都是 0 的向量（$x_1=x_2=\cdots=x_n=0$）。

式（1.1）这种形式的向量存在于一个 n 维“空间”中，很遗憾，对于大于三维的“空间”是很难想象的。一维空间可以叫作“直线空间”，二维空间可以叫作“平面空间”，三维空间可以叫作“立体空间”。[㊁]在那之后，我们失去了直观形象的享受，必须要从我们遇到的直线、平面与立体中得到的想法进行逻辑扩展。

向量的基本特征是能够通过**线性组合**将它们组合成新的向量。设 $\{\boldsymbol{x}_1,\boldsymbol{x}_2,\cdots,\boldsymbol{x}_k\}$ 是 $\mathbb{R}^n$

㊀ 用数学家的话说，这些向量空间在加法和数乘下是封闭的。向量空间的公理在本节的习题 1 中扼要重述。

㊁ Edwin A. Abbott 在他的经典科幻和社会评论作品《平面世界：多维浪漫》（Flatland：A Romance of Many Dimensions）中使用了这些名字。这本书大约写于 1884 年。正如科幻作家 Isaac Asimov 在他的 1983 年 Harper Collins 版的序言中所说：“那么，这本书应该让我们质疑我们为宇宙设定的一般限制，不仅是数学和物理的限制，还有社会学的限制。我们的假设在多大程度上是合理的？它们在多大程度上只是对现实的粗心大意或自私自利的歪曲?”

中的 k 个非零向量的集合。线性组合是使用标量 $a_1, a_2, \cdots, a_k$ 进行数乘的任意形为 $a_1\boldsymbol{x}_1 + a_2\boldsymbol{x}_2 + \cdots + a_k\boldsymbol{x}_k$ 的向量。原始集合 $\{\boldsymbol{x}_1, \boldsymbol{x}_2, \cdots, \boldsymbol{x}_k\}$ 的 k 个向量是线性相关还是线性无关的，这取决于如何通过选择标量来满足方程

$$a_1\boldsymbol{x}_1 + a_2\boldsymbol{x}_2 + \cdots + a_k\boldsymbol{x}_k = \boldsymbol{0} \tag{1.2}$$

显然，取所有的标量都等于0，即 $a_1=0, a_2=0, \cdots, a_k=0$ 将使式（1.2）成立。如果这是满足式（1.2）的唯一方式，那么我们说向量组 $\{\boldsymbol{x}_1, \boldsymbol{x}_2, \cdots, \boldsymbol{x}_k\}$ 是**线性无关**的。相反，如果式（1.2）的任何一个解至少有一个非零的标量，比如说对某个固定的 i，$a_i \neq 0$，那么我们说这组向量是**线性相关**的。在这种情况下，我们可以将向量 $\boldsymbol{x}_i$（我们已经确定具有非零 a_i 的向量）写成其他向量的线性组合（因为我们可以除以 a_i，在式（1.2）中解出 $\boldsymbol{x}_i$）。相反，如果集合是线性无关的，那么集合中的任何向量都不能表示为其他向量的线性组合。

例 1.2.2　确定在四维空间（$n=4$）中的两个向量

$$\boldsymbol{x}_1 = \begin{bmatrix} 0 \\ 1 \\ 2 \\ 3 \end{bmatrix}, \quad \boldsymbol{x}_2 = \begin{bmatrix} 0 \\ 1 \\ 4 \\ 9 \end{bmatrix}$$

是线性相关的还是线性无关的。

解　在这种情况下，式（1.2）成为

$$a_1 \begin{bmatrix} 0 \\ 1 \\ 2 \\ 3 \end{bmatrix} + a_2 \begin{bmatrix} 0 \\ 1 \\ 4 \\ 9 \end{bmatrix} = \begin{bmatrix} 0 \\ 0 \\ 0 \\ 0 \end{bmatrix}$$

这个方程组有四个部分：

$$\begin{aligned} 0a_1 + 0a_2 &= 0 \\ a_1 + a_2 &= 0 \\ 2a_1 + 4a_2 &= 0 \\ 3a_1 + 9a_2 &= 0 \end{aligned}$$

第一个方程显而易见为真（$0=0$），其余三个可以用如下矩阵形式组合在一起：

$$\begin{bmatrix} 1 & 1 \\ 2 & 4 \\ 3 & 9 \end{bmatrix} \begin{bmatrix} a_1 \\ a_2 \end{bmatrix} = \begin{bmatrix} 0 \\ 0 \\ 0 \end{bmatrix}$$

其增广矩阵和它的行阶梯形是

$$\left[\begin{array}{cc|c} 1 & 1 & 0 \\ 2 & 4 & 0 \\ 3 & 9 & 0 \end{array}\right] \xrightarrow[\text{变换}]{\text{行初等}} \left[\begin{array}{cc|c} 1 & 1 & 0 \\ 0 & 1 & 0 \\ 0 & 0 & 0 \end{array}\right] \tag{1.3}$$

从后一种形式我们可以得出 $a_1 + a_2 = 0$ 和 $a_2 = 0$，方程组有唯一的解 $a_1 = a_2 = 0$。因为这也是式（1.2）的唯一解，因此向量 $\boldsymbol{x}_1$ 和 $\boldsymbol{x}_2$ 是线性无关的。

两个向量的情况是非常简单的，因为两个向量是线性相关的，当且仅当它们是彼此的倍数（上面的例子的 $\boldsymbol{x}_1$ 和 $\boldsymbol{x}_2$ 不是这样）。现在我们来修改这个例子，对由相同的 $\boldsymbol{x}_1$ 和 $\boldsymbol{x}_2$ 连同另一个向量 $\boldsymbol{x}_3$ 一起组成的三个向量的集合提出同样的问题。

例 1.2.3　确定三个向量

$$\boldsymbol{x}_1=\begin{bmatrix}0\\1\\2\\3\end{bmatrix},\quad \boldsymbol{x}_2=\begin{bmatrix}0\\1\\4\\9\end{bmatrix},\quad \boldsymbol{x}_3=\begin{bmatrix}0\\1\\1\\0\end{bmatrix}$$

是线性相关的还是线性无关的。

解　根据式（1.2），我们考虑

$$a_1\begin{bmatrix}0\\1\\2\\3\end{bmatrix}+a_2\begin{bmatrix}0\\1\\4\\9\end{bmatrix}+a_3\begin{bmatrix}0\\1\\1\\0\end{bmatrix}=\begin{bmatrix}0\\0\\0\\0\end{bmatrix}\tag{1.4}$$

四个方程中的第一个也是平凡的。与上例相比，通过合并步骤，我们可以看到从式（1.4）中剩下的三个方程得到的方程组的增广矩阵及其行阶梯形分别为：

$$\begin{bmatrix}1&1&1\\2&4&1\\3&9&0\end{bmatrix}\begin{bmatrix}a_1\\a_2\\a_3\end{bmatrix}=\begin{bmatrix}0\\0\\0\end{bmatrix}\quad\Rightarrow\quad\left[\begin{array}{ccc|c}1&1&1&0\\2&4&1&0\\3&9&0&0\end{array}\right]\xrightarrow[\text{变换}]{\text{行初等}}\left[\begin{array}{ccc|c}1&1&1&0\\0&1&-1/2&0\\0&0&0&0\end{array}\right]$$

从行阶梯形我们可以得出 $a_1+a_2+a_3=0$ 和 $a_2-1/2a_3=0$。因此，a_1，a_2，a_3 的可能性概括为

$$\begin{bmatrix}a_1\\a_2\\a_3\end{bmatrix}=1/2a_3\begin{bmatrix}-3\\1\\2\end{bmatrix}$$

取 $a_3=2$，则 $a_2=1$，$a_1=-3$，则式（1.4）变为

$$-3\begin{bmatrix}0\\1\\2\\3\end{bmatrix}+1\begin{bmatrix}0\\1\\4\\9\end{bmatrix}+2\begin{bmatrix}0\\1\\1\\0\end{bmatrix}=\begin{bmatrix}0\\0\\0\\0\end{bmatrix}$$

因此，向量 $\boldsymbol{x}_1,\boldsymbol{x}_2,\boldsymbol{x}_3$ 是线性相关的。在这种情况下，因为所有的系数 a_1,a_2,a_3 都是非零的，我们可以把这三个向量中的任意一个写成其他两个向量的线性组合。

通过这些例子，我们得到一种有效的方法来确定一个向量组是线性相关的还是线性无关的。对于这两个例子，我们都观察到以下情况。

- 在两个例子中，增广矩阵的最后一列都只有 0。因此，在所有的行变换中，它都保持为零，只是一起运算。换句话说，这一列对于求解过程是**无关紧要**的。
- 增广矩阵的其他列由所考虑问题的向量组成。在这两个例子中，我们首先丢弃了顶部出现的零元素，因为它们始终会生成一个平凡方程（0=0）；更一般地，我们可以把所考虑的向量作为增广矩阵中的列。
- 在例 1.2.2 中，集合中有两个需要考虑的向量。增广矩阵的秩为 2［行阶梯形式（1.3)的两行为非零行］。
- 在例 1.2.3 中，集合中有三个需要考虑的向量。增广矩阵的秩还是 2，但在这个例子中，这三个向量被确定为线性相关的。

这表明我们可以通过将向量按列组合成一个矩阵，然后执行行变换来确定矩阵的秩，依此来区分线性相关和线性无关。在这样的过程中，我们有以下结论。

★ 如果矩阵的秩等于向量的个数（列数），则向量是线性无关的；如果矩阵的秩小于向量的个数，那么向量是线性相关的。

这个结论支持另一个例子。

例 1.2.4 考虑三个向量

$$\boldsymbol{u}_1=\begin{bmatrix}1\\-2\\-1\\3\end{bmatrix},\quad \boldsymbol{u}_2=\begin{bmatrix}2\\0\\3\\1\end{bmatrix},\quad \boldsymbol{u}_3=\begin{bmatrix}3\\\omega\\2\\4\end{bmatrix}$$

其中 ω 是一个变量。ω 取什么值，集合 $\{\boldsymbol{u}_1,\boldsymbol{u}_2,\boldsymbol{u}_3\}$ 是线性无关的？ω 取什么值，集合是线性相关的？对于后一种情况，证明其中一个向量可以写成另两个向量的线性组合。

解 为了解决这个问题，我们将由 $\boldsymbol{u}_1,\boldsymbol{u}_2,\boldsymbol{u}_3$ 作为列组合成 4×3 矩阵。然后我们进行行变换，把它变成行阶梯形。这将得出

$$\begin{bmatrix}1&2&3\\-2&0&\omega\\-1&3&2\\3&1&4\end{bmatrix}\xrightarrow[\text{变换}]{\text{行初等}}\begin{bmatrix}1&2&3\\0&1&1\\0&0&\omega+2\\0&0&0\end{bmatrix}\tag{1.5}$$

当 $\omega\neq-2$ 时，矩阵秩为 3。当 $\omega=-2$ 时，矩阵秩为 2。因此，当 $\omega\neq-2$ 时，这三个向量是线性无关的，但当 $\omega=-2$ 时，它们是线性相关的。

对于线性相关的情况（$\omega=-2$），我们能够求解

$$a_1\begin{bmatrix}1\\-2\\-1\\3\end{bmatrix}+a_2\begin{bmatrix}2\\0\\3\\1\end{bmatrix}+a_3\begin{bmatrix}3\\\omega\\2\\4\end{bmatrix}_{\omega=-2}=\begin{bmatrix}0\\0\\0\\0\end{bmatrix}\tag{1.6}$$

使得 a_1,a_2,a_3 中至少有一个不等于 0。对这个线性方程组进行行变换，会得到

$$\begin{bmatrix} 1 & 2 & 3 \\ 0 & 1 & 1 \\ 0 & 0 & \omega+2 \\ 0 & 0 & 0 \end{bmatrix}_{\omega=-2} \begin{bmatrix} a_1 \\ a_2 \\ a_3 \end{bmatrix} = \begin{bmatrix} 0 \\ 0 \\ 0 \\ 0 \end{bmatrix} \tag{1.7}$$

我们再次遇到由式（1.5）给出的行阶梯形矩阵。这也直接说明了为什么 $\omega=-2$ 是必要的，否则方程组式（1.7）的唯一解就是 $a_1=a_2=a_3=0$。当 $\omega=-2$ 时，式（1.7）的通解为

$$\begin{bmatrix} a_1 \\ a_2 \\ a_3 \end{bmatrix} = a_3 \begin{bmatrix} -1 \\ -1 \\ 1 \end{bmatrix}$$

其中 a_3 取任意值。在这种情况下，我们可以用 $\boldsymbol{u}_1, \boldsymbol{u}_2, \boldsymbol{u}_3$ 中的任意两个解出其他一个。例如，$\boldsymbol{u}_3|_{\omega=-2} = \boldsymbol{u}_1 + \boldsymbol{u}_2$。

我们已经看到，如果以一组列向量为列组成的矩阵的秩小于列数，则这组列向量是线性相关的。在前面的例子中，当秩正好比列数小 1 时，就会发生这种情况。然后我们就能解出其中一个列向量，用其他的列向量来表示。更一般地，列数和秩之间的差可以是 2，3 或更多。列数和秩之间的差直接关系到集合中有多少向量可以写成其余向量的线性组合。一般的结论如下。

> 假设我们有一个由 $\mathbb{R}^n$ 中的 N 个列向量组成的集合。设 r 是由这些列向量构成的$n \times N$ 矩阵的秩。如果 $r=N$，那么这组向量是线性无关的。如果 $r<N$，那么不仅原集合是线性相关的，而且列向量组的任何包含大于 r 个向量的子集也是线性相关的。此外，还存在一个恰好有 r 个向量且线性无关的子集。

正如下面的例子所示，只要向量空间是我们通常所谓的“立体空间”的三维向量空间，我们都非常熟悉这个结果。

例 1.2.5 说明上面的结论适用于 $\mathbb{R}^3$ 中的以下四个向量：

$$\boldsymbol{v}_1 = \begin{bmatrix} 1 \\ 0 \\ 0 \end{bmatrix}, \quad \boldsymbol{v}_2 = \begin{bmatrix} 0 \\ 1 \\ 0 \end{bmatrix}, \quad \boldsymbol{v}_3 = \begin{bmatrix} -1 \\ 0 \\ 0 \end{bmatrix}, \quad \boldsymbol{v}_4 = \begin{bmatrix} 1 \\ 1 \\ 0 \end{bmatrix}$$

解 在进行代数推导之前，我们指出我们是在三维立体空间中操作的，在那里我们有直觉优势。在这种情况下，考虑 (x,y,z) 坐标系，我们注意所有这些向量都在 (x,y) 平面上。同样明显的是，下面的每个子集都是线性无关的：$\{\boldsymbol{v}_1,\boldsymbol{v}_2\}$，$\{\boldsymbol{v}_1,\boldsymbol{v}_4\}$，$\{\boldsymbol{v}_2,\boldsymbol{v}_3\}$，$\{\boldsymbol{v}_2,\boldsymbol{v}_4\}$ 和 $\{\boldsymbol{v}_3,\boldsymbol{v}_4\}$。但是，子集 $\{\boldsymbol{v}_1,\boldsymbol{v}_3\}$ 是线性相关的，因为 $\boldsymbol{v}_1$ 和 $\boldsymbol{v}_3$ 是彼此的倍数。为了正式地说明这一点，我们用这四个列向量构造 $n \times N = 3 \times 4$ 矩阵：

$$\begin{bmatrix} 1 & 0 & -1 & 1 \\ 0 & 1 & 0 & 1 \\ 0 & 0 & 0 & 0 \end{bmatrix}$$

这个矩阵已经是行阶梯形了，它有两行不全是零，因此它的秩是 2。因而，这四个向量是线性相关的，其中任何三个向量组成的子集也是线性相关的。结果还表明，至少有一个由 $\{\boldsymbol{v}_1, \boldsymbol{v}_2, \boldsymbol{v}_3, \boldsymbol{v}_4\}$ 的两个向量组成的集合是线性无关的。如上所述，在两个向量组成的六个可能的子集中，有五个是线性无关的。对于这五种情况，我们可以用子集中的两个向量来表示剩下的两个向量。例如，子集 $\{\boldsymbol{v}_3, \boldsymbol{v}_4\}$ 是线性无关的，我们可以有 $\boldsymbol{v}_1 = -\boldsymbol{v}_3$ 和 $\boldsymbol{v}_2 = \boldsymbol{v}_3 + \boldsymbol{v}_4$。

接下来，我们得到了一个概念：用一组给定的向量来表示向量空间中的任意向量。在例 1.2.3 中，$\mathbb{R}^4$ 中的三个向量是线性相关的。然而，即使它们是线性无关的，它们也不能"覆盖"整个四维空间。这三个假设的线性无关向量最多只能覆盖该空间的三维部分，就像 $\hat{\boldsymbol{i}}$ 和 $\hat{\boldsymbol{j}}$ 这两个向量只覆盖或**张成**三维空间中的二维 (x,y) 平面一样。这个想法将在下一节中展开。这将提供一种通过各种分解程序来重组向量空间的方法。这样的重组可以有效地处理大型系统和大量数据。

1.3　张成和基

设 $\boldsymbol{x}_1, \boldsymbol{x}_2, \boldsymbol{x}_3, \cdots, \boldsymbol{x}_k$ 表示向量空间中的 k 个向量。它们所有的线性组合的集合

$$a_1\boldsymbol{x}_1 + a_2\boldsymbol{x}_2 + \cdots + a_k\boldsymbol{x}_k \tag{1.8}$$

称为这 **k 个向量张成的空间**，记为 $\mathrm{span}\{\boldsymbol{x}_1, \boldsymbol{x}_2, \cdots, \boldsymbol{x}_k\}$。这里 $a_1, a_2, \cdots, a_k$ 取所有可能的值。很容易证明这样一个张成的空间本身就是一个向量空间。它可以是整个原始空间，也可以是一个严格较小的向量空间（一个**真子空间**）。

例如，回想一下例 1.2.5，它基于以下向量，

$$\boldsymbol{v}_1 = \begin{bmatrix} 1 \\ 0 \\ 0 \end{bmatrix}, \quad \boldsymbol{v}_2 = \begin{bmatrix} 0 \\ 1 \\ 0 \end{bmatrix}, \quad \boldsymbol{v}_3 = \begin{bmatrix} -1 \\ 0 \\ 0 \end{bmatrix}, \quad \boldsymbol{v}_4 = \begin{bmatrix} 1 \\ 1 \\ 0 \end{bmatrix} \tag{1.9}$$

显然这四个向量张成的空间是 $\mathbb{R}^3$ 中的任何第三个元素或分量为零的向量。几何上，这些向量张成 (x,y) 平面，它是 $\mathbb{R}^3$ 中的一个真子空间。例 1.2.5 还表明，$\boldsymbol{v}_1, \boldsymbol{v}_2, \boldsymbol{v}_3, \boldsymbol{v}_4$ 的下述子集都是线性无关的：$\{\boldsymbol{v}_1, \boldsymbol{v}_2\}$，$\{\boldsymbol{v}_1, \boldsymbol{v}_4\}$，$\{\boldsymbol{v}_2, \boldsymbol{v}_3\}$，$\{\boldsymbol{v}_2, \boldsymbol{v}_4\}$，$\{\boldsymbol{v}_3, \boldsymbol{v}_4\}$。这些子集张成的空间也是 (x,y) 平面。这反映了一个更普遍的事实。

★ 如果 $\boldsymbol{x}_k$ 是 $\boldsymbol{x}_1, \boldsymbol{x}_2, \cdots, \boldsymbol{x}_{k-1}$ 的线性组合，则 $\mathrm{span}\{\boldsymbol{x}_1, \boldsymbol{x}_2, \cdots, \boldsymbol{x}_k\} = \mathrm{span}\{\boldsymbol{x}_1, \boldsymbol{x}_2, \cdots, \boldsymbol{x}_{k-1}\}$。

换句话说，我们可以从生成张成空间的集合中移除线性相关的向量而不改变张成空间本身。从产生张成空间中的新向量的角度来看，这些向量是多余的。

我们可以移除多少个（多余）向量？等价地，为了保持张成的空间不变，必须保留的

最小向量的数目是多少？这些问题的答案基于我们在1.2节中关于秩和线性无关的结论。我们来继续处理$\mathbb{R}^n$中的列向量，因为1.2节的分析基于由k个列向量$\boldsymbol{x}_1,\boldsymbol{x}_2,\cdots,\boldsymbol{x}_k$所构成的矩阵的秩，我们用符号$[[\boldsymbol{x}_1][\boldsymbol{x}_2]\cdots[\boldsymbol{x}_k]]$来表示这个矩阵。“在不改变张成空间的情况下，我们可以移去多少个向量”的问题的答案如下。

> 假设我们有一个$\mathbb{R}^n$中的k个列向量的集合。设r为由这些列向量构成的$n\times k$矩阵$[[\boldsymbol{x}_1][\boldsymbol{x}_2]\cdots[\boldsymbol{x}_k]]$的秩（从而$r\leqslant k$）。当$r=k$时，集合中的每个向量对于张成的空间都是必不可少的。当$r<k$时，存在一个由r个向量组成的子集张成相同的空间。

如果$r=k$，那么所有的向量都是必要的，因为集合是线性无关的。如果$r<k$，那么向量组是线性相关的，$k-r$个向量可以被识别并移除。这样就保留r个线性无关的向量。

注意，不能简单地删除任何$k-r$个向量，因为被删除的子集必须与留下的向量线性相关。这可以通过式（1.9）中$\{\boldsymbol{v}_1,\boldsymbol{v}_2,\boldsymbol{v}_3,\boldsymbol{v}_4\}$张成的空间来具体说明。对此，可以保留$\{\boldsymbol{v}_1,\boldsymbol{v}_2\}$，$\{\boldsymbol{v}_1,\boldsymbol{v}_4\}$，$\{\boldsymbol{v}_2,\boldsymbol{v}_3\}$，$\{\boldsymbol{v}_2,\boldsymbol{v}_4\}$或$\{\boldsymbol{v}_3,\boldsymbol{v}_4\}$没有改变所张成的空间，即分别删除$\{\boldsymbol{v}_3,\boldsymbol{v}_4\}$，$\{\boldsymbol{v}_2,\boldsymbol{v}_3\}$，$\{\boldsymbol{v}_1,\boldsymbol{v}_4\}$，$\{\boldsymbol{v}_1,\boldsymbol{v}_3\}$，$\{\boldsymbol{v}_1,\boldsymbol{v}_2\}$。然而，通过移除$\{\boldsymbol{v}_2,\boldsymbol{v}_4\}$来保留$\{\boldsymbol{v}_1,\boldsymbol{v}_3\}$会给出一个仅张成$x$轴的集合，而不是整个$(x,y)$平面。

而且，用小于r个向量完全张成原来的空间是不可能的。这也可以通过考虑上面的$\{\boldsymbol{v}_1,\boldsymbol{v}_2,\boldsymbol{v}_3,\boldsymbol{v}_4\}$张成的空间来具体说明。我们可以用上面的**向量对**来张成(x,y)平面，然而，我们不能只用其中一个向量张成这个平面（$\mathbb{R}^3$中的单个向量张成的空间是一条经过原点的直线）。这样我们就得到了下面的结论。

★ 产生向量集合$\{\boldsymbol{x}_1,\boldsymbol{x}_2,\cdots,\boldsymbol{x}_k\}$张成的空间所需要的最小向量数等于矩阵$[[\boldsymbol{x}_1][\boldsymbol{x}_2]\cdots[\boldsymbol{x}_k]]$的秩$r$。任何$r$个线性无关的子集都会张成这个空间。

特别地，任何超过r个向量的子集$\{\boldsymbol{x}_1,\boldsymbol{x}_2,\cdots,\boldsymbol{x}_k\}$都是线性相关的，因此从张成空间的角度来看，它包含了多余的向量。相反，任何少于r个向量的子集$\{\boldsymbol{x}_1,\boldsymbol{x}_2,\cdots,\boldsymbol{x}_k\}$，不足以张成相同的空间。

> 一旦这样一个线性无关的子集选定了，比如说$\{\boldsymbol{x}_1,\boldsymbol{x}_2\cdots,\boldsymbol{x}_r\}$，任何一个在所张成空间中的向量$\boldsymbol{x}$都可以用**唯一的方式**表示成这些向量的线性组合。这意味着，**有唯一的系数**$a_1,a_2,\cdots,a_r$使得
>
> $$\boldsymbol{x}=a_1\boldsymbol{x}_1+a_2\boldsymbol{x}_2+\cdots+a_r\boldsymbol{x}_r \tag{1.10}$$

上述讨论引出了以下两个定义。

1. **基**：任何可以张成一个向量空间的线性无关向量的集合。

2. **维数**：基的向量个数。

在介绍这些标准定义时，我们相当巧妙。具体地说，建立基和维数的概念的讨论是根据一些原始的生成向量集张成的向量空间来进行的。然而，上述定义并不局限于以这种方式定义的向量空间，它们适用于一般的向量空间。特别地，所考虑的向量空间最初并不需

要通过某个生成集张成。对于那些向量空间确实来源于某个原始生成集的情况，前面的讨论展示了如何构造一个基，也展示了维数将等于原始生成集的秩。然而，在更一般情况下，人们通常可以更直接地确定基和维数。下面的例子说明了这种情况。

例 1.3.1　考虑三维空间（即 $n=3$ 的 $\mathbb{R}^n$）及其由满足以下特定平面上的向量组成的二维向量子空间：

$$2x_1+3x_2+4x_3=0 \tag{1.11}$$

求出一个能张成这个平面二维空间的基。

解　我们只需要两个线性无关的向量，形为

$$\begin{bmatrix} x_1 \\ x_2 \\ x_3 \end{bmatrix}$$

且满足约束式（1.11）。为此，我们将式（1.11）重写为 $x_3=-1/2x_1-3/4x_2$ 或

$$\begin{bmatrix} x_1 \\ x_2 \\ x_3 \end{bmatrix}=x_1\begin{bmatrix} 1 \\ 0 \\ -1/2 \end{bmatrix}+x_2\begin{bmatrix} 0 \\ 1 \\ -3/4 \end{bmatrix}$$

首先取 $x_1=2$ 和 $x_2=0$，然后取 $x_1=0$ 和 $x_2=4$，得到两个线性无关的向量，它们可以作为一组基，即

$$\boldsymbol{u}_1=\begin{bmatrix} 2 \\ 0 \\ -1 \end{bmatrix},\quad \boldsymbol{u}_2=\begin{bmatrix} 0 \\ 4 \\ -3 \end{bmatrix}$$

例 1.3.1 中所提出的问题有无穷多种不同的答案。注意，$(x_1,x_2,x_3)=(-3,2,0)$ 也满足约束方程式（1.11），我们可以将讨论向前推进一步。这促使我们考虑下面的例子。

例 1.3.2　用例 1.3.1 中得到的基向量 $\boldsymbol{u}_1,\boldsymbol{u}_2$ 表示向量

$$\begin{bmatrix} -3 \\ 2 \\ 0 \end{bmatrix}$$

解　我们必须求出 a_1,a_2 使得

$$\begin{bmatrix} -3 \\ 2 \\ 0 \end{bmatrix}=a_1\begin{bmatrix} 2 \\ 0 \\ -1 \end{bmatrix}+a_2\begin{bmatrix} 0 \\ 4 \\ -3 \end{bmatrix}$$

理论保证了 a_1 和 a_2 的值是唯一的。尽管它们可以很容易地通过检查来确定，但我们更系统地进行下去，以便提出一些额外的见解。关于 a_1 和 a_2 的线性方程组是

$$\begin{bmatrix} 2 & 0 \\ 0 & 4 \\ -1 & -3 \end{bmatrix} \begin{bmatrix} a_1 \\ a_2 \end{bmatrix} = \begin{bmatrix} -3 \\ 2 \\ 0 \end{bmatrix}$$

其增广矩阵和它的行阶梯形是

$$\left[\begin{array}{cc|c} 2 & 0 & -3 \\ 0 & 4 & 2 \\ -1 & -3 & 0 \end{array}\right] \xrightarrow[\text{变换}]{\text{行初等}} \left[\begin{array}{cc|c} 1 & 0 & -3/2 \\ 0 & 1 & 1/2 \\ 0 & 0 & 0 \end{array}\right] \tag{1.12}$$

我们得到 $a_1 = -3/2$ 和 $a_2 = 1/2$。

虽然例 1.3.2 的证明已经正式完成，但是还有一些附加的评注。首先，方程组的增广矩阵式（1.12）的秩为 2，与系数矩阵本身的秩相同，也与子空间的维数相同。其次，我们考虑如果问题以一个不属于子空间的向量开始，会发生什么情况。结果是**没有解**。让我们看看对于不满足式（1.11）的点 $(x_1, x_2, x_3) = (-3, 1, 0)$ 是如何工作的。在这种情况下，我们求解

$$\begin{bmatrix} -3 \\ 1 \\ 0 \end{bmatrix} = a_1 \begin{bmatrix} 2 \\ 0 \\ -1 \end{bmatrix} + a_2 \begin{bmatrix} 0 \\ 4 \\ -3 \end{bmatrix}$$

现在，相关的线性方程组所给出的增广矩阵和随后的行阶梯形如下：

$$\left[\begin{array}{cc|c} 2 & 0 & -3 \\ 0 & 4 & 1 \\ -1 & -3 & 0 \end{array}\right] \xrightarrow[\text{变换}]{\text{行初等}} \left[\begin{array}{cc|c} 1 & 0 & -3/2 \\ 0 & 1 & 1/2 \\ 0 & 0 & 1 \end{array}\right]$$

在这种情况下，增广矩阵的秩为 3，而增广矩阵的“系数矩阵部分”的秩不变，仍为 2。因此，在这种情况下，关于 a_1 和 a_2 的线性方程组没有解。当然，这是一个代数问题的预期结果：该问题已被重新表述为关于点 $(x_1, x_2, x_3) = (-3, 1, 0)$ 的问题，而该点不在式（1.11）所示的平面上。

像例 1.3.2 这样的情况，一个基是确定的，线性组合式（1.10）中的系数 $a_1, a_2, \cdots, a_r$ 称为“向量相对于给定基的坐标”。这个相当长的短语通常被缩短为“**向量坐标**”。然而，在使用这样的简短定义时，必须始终记住，改变基会改变坐标。换句话说，用坐标表示向量是**取决于基的**。

在本节结束时，我们再次强调向量空间必须包含“零向量”。对于子空间也是如此。由张成操作创建的向量空间包括零向量（只要在线性组合中取所有系数为零）。因此，在 $\mathbb{R}^3$ 中，通过原点的平面是子空间[如式（1.11）]。然而，不经过原点的平面（如$2x_1 + 3x_2 + 4x_3 = 5$）**不是向量空间**（$x_1 = x_2 = x_3 = 0$ 不满足方程），因此不应被称为子空间；类似地，在 $\mathbb{R}^3$ 中，通过原点的直线是一维子空间，而不通过原点的直线不是子空间。它们是子集，但不能被看作向量空间。

1.4　分解向量空间为直和

现在我们介绍将一个向量空间分解成两个较小子空间的**直和**的概念。虽然这个思想适用于一般向量空间，但是我们的阐述是分解向量空间 $\mathbb{R}^n$。

设 S_1 和 S_2 是 $\mathbb{R}^n$ 的两个真子空间，使得下列陈述成立：

1. S_1 和 S_2 的唯一的公共向量是 $\mathbf{0}$；
2. 每个向量 $\boldsymbol{v}\in\mathbb{R}^n$ 可以写成 $\boldsymbol{v}=\boldsymbol{v}_1+\boldsymbol{v}_2$，其中 $\boldsymbol{v}_1\in S_1$，$\boldsymbol{v}_2\in S_2$。

那么，我们说 $\mathbb{R}^n$ 被分解成 S_1 和 S_2 的**直和**，写为

$$\mathbb{R}^n = S_1 \oplus S_2 \tag{1.13}$$

此外，子空间 S_1 和 S_2 被认为是彼此的**代数补**。S_1 和 S_2 的维数之和为原空间的维数，即

$$\dim(S_1)+\dim(S_2)=\dim(\mathbb{R}^n)=n \tag{1.14}$$

从 $\mathbb{R}^n$ 的真子空间 S_1 出发，它有无限多个可能的代数补 S_2。换句话说，代数补不是唯一的。

例 1.4.1　考虑 $\mathbb{R}^3$，设 S_1 是这样的子空间，

$$\boldsymbol{x}=\begin{bmatrix}x_1\\x_2\\x_3\end{bmatrix}\in S_1 \quad\Leftrightarrow\quad x_1+x_2+x_3=0 \tag{1.15}$$

找出 S_1 的三个不同的代数补 S_2。然后将向量 $\boldsymbol{w}=\begin{bmatrix}0\\1\\0\end{bmatrix}$ 分别表示为关于这三个代数补的直和分解。

解　由 $x_1+x_2+x_3=0$ 给出的 S_1 对应于 $\mathbb{R}^3$ 中通过原点的平面，因此 $\dim(S_1)=2$。从而，S_2 必须有 $\dim(S_2)=1$，它对应于一条经过原点的直线。任何经过原点的直线，只要它不在 S_1 的平面内，都可以选为 S_2。换句话说，任何 S_2 的一般形式是

$$S_2=\operatorname{span}\left\{\begin{bmatrix}x_1\\x_2\\x_3\end{bmatrix}\right\},\quad x_1+x_2+x_3\neq 0$$

S_2 的三种不同选择是 $S_2^{(a)}$，$S_2^{(b)}$ 和 $S_2^{(c)}$，其中

$$S_2^{(a)}=\operatorname{span}\left\{\begin{bmatrix}1\\0\\0\end{bmatrix}\right\},\quad S_2^{(b)}=\operatorname{span}\left\{\begin{bmatrix}1\\1\\0\end{bmatrix}\right\},\quad S_2^{(c)}=\operatorname{span}\left\{\begin{bmatrix}1\\1\\1\end{bmatrix}\right\} \tag{1.16}$$

我们现在把 $\boldsymbol{w}$ 写成 $\boldsymbol{v}_1+\boldsymbol{v}_2$。向量 $\boldsymbol{v}_1$ 和 $\boldsymbol{v}_2$ 随着代数补 S_2 的选择而改变。当 $S_2=S_2^{(a)}$ 时，我们使用符号 $\boldsymbol{w}=\boldsymbol{v}_1^{(a)}+\boldsymbol{v}_2^{(a)}$；对 $S_2=S_2^{(b)}$ 和 $S_2=S_2^{(c)}$ 的情况用类似的符号表示。

无论考虑哪种情况，我们都需要 S_1 的一个基。为此，我们遵循例 1.3.1 所示的过程。我们发现

$$S_1=\operatorname{span}\left\{\begin{bmatrix}1\\-1\\0\end{bmatrix},\begin{bmatrix}1\\0\\-1\end{bmatrix}\right\} \tag{1.17}$$

从 $S_2=S_2^{(a)}$ 开始，我们用

$$\mathbb{R}^3=\underbrace{\operatorname{span}\left\{\begin{bmatrix}1\\-1\\0\end{bmatrix},\begin{bmatrix}1\\0\\-1\end{bmatrix}\right\}}_{S_1}\oplus\underbrace{\operatorname{span}\left\{\begin{bmatrix}1\\0\\0\end{bmatrix}\right\}}_{S_2^{(a)}}$$

为了表示 $\boldsymbol{w}=\boldsymbol{v}_1^{(a)}+\boldsymbol{v}_2^{(a)}$，我们必须从下面的线性组合中找到 a_1,a_2,a_3：

$$\underbrace{\begin{bmatrix}0\\1\\0\end{bmatrix}}_{\boldsymbol{w}}=\underbrace{a_1\begin{bmatrix}1\\-1\\0\end{bmatrix}+a_2\begin{bmatrix}1\\0\\-1\end{bmatrix}}_{\boldsymbol{v}_1^{(a)}}+\underbrace{a_3\begin{bmatrix}1\\0\\0\end{bmatrix}}_{\boldsymbol{v}_2^{(a)}}$$

将它写成一个线性方程组，就得到了矩阵形式

$$\begin{bmatrix}1&1&1\\-1&0&0\\0&-1&0\end{bmatrix}\begin{bmatrix}a_1\\a_2\\a_3\end{bmatrix}=\begin{bmatrix}0\\1\\0\end{bmatrix}$$

行化简产生相应的增广矩阵

$$\left[\begin{array}{rrr|r}1&1&1&0\\-1&0&0&1\\0&-1&0&0\end{array}\right]\xrightarrow[\text{变换}]{\text{行初等}}\left[\begin{array}{rrr|r}1&0&0&-1\\0&1&0&0\\0&0&1&1\end{array}\right]$$

因此，$a_3=1,a_2=0,a_1=-1$，于是

$$\underbrace{\begin{bmatrix}0\\1\\0\end{bmatrix}}_{\boldsymbol{w}}=\underbrace{\begin{bmatrix}-1\\1\\0\end{bmatrix}}_{\boldsymbol{v}_1^{(a)}}+\underbrace{\begin{bmatrix}1\\0\\0\end{bmatrix}}_{\boldsymbol{v}_2^{(a)}} \tag{1.18}$$

$S_2^{(b)}$ 和 $S_2^{(c)}$ 的情况也是类似的。关于 $S_2^{(b)}$ 我们有

$$\underbrace{\begin{bmatrix}0\\1\\0\end{bmatrix}}_{\boldsymbol{w}}=\underbrace{a_1\begin{bmatrix}1\\-1\\0\end{bmatrix}+a_2\begin{bmatrix}1\\0\\-1\end{bmatrix}}_{\boldsymbol{v}_1^{(b)}}+\underbrace{a_3\begin{bmatrix}1\\1\\0\end{bmatrix}}_{\boldsymbol{v}_2^{(b)}}$$

相应的线性方程组是

$$\begin{bmatrix} 1 & 1 & 1 \\ -1 & 0 & 1 \\ 0 & -1 & 0 \end{bmatrix} \begin{bmatrix} a_1 \\ a_2 \\ a_3 \end{bmatrix} = \begin{bmatrix} 0 \\ 1 \\ 0 \end{bmatrix}$$

行化简相关的增广矩阵得到

$$\left[\begin{array}{ccc|c} 1 & 1 & 1 & 0 \\ -1 & 0 & 1 & 1 \\ 0 & -1 & 0 & 0 \end{array}\right] \xrightarrow[\text{变换}]{\text{行初等}} \left[\begin{array}{ccc|c} 1 & 0 & -1 & -1 \\ 0 & 1 & 0 & 0 \\ 0 & 0 & 1 & 1/2 \end{array}\right]$$

对于 $S_2^{(b)}$，我们有 $a_3=1/2, a_2=0, a_1=-1/2$，于是

$$\underbrace{\begin{bmatrix} 0 \\ 1 \\ 0 \end{bmatrix}}_{\boldsymbol{w}} = \underbrace{\begin{bmatrix} -1/2 \\ 1/2 \\ 0 \end{bmatrix}}_{\boldsymbol{v}_1^{(b)}} + \underbrace{\begin{bmatrix} 1/2 \\ 1/2 \\ 0 \end{bmatrix}}_{\boldsymbol{v}_2^{(b)}} \tag{1.19}$$

最后一个情况是 $S_2^{(c)}$，有

$$\left[\begin{array}{ccc|c} 1 & 1 & 1 & 0 \\ -1 & 0 & 1 & 1 \\ 0 & -1 & 1 & 0 \end{array}\right] \xrightarrow[\text{变换}]{\text{行初等}} \left[\begin{array}{ccc|c} 1 & 0 & -1 & -1 \\ 0 & 1 & -1 & 0 \\ 0 & 0 & 1 & 1/3 \end{array}\right]$$

得到 $a_3=1/3, a_2=1/3, a_1=-2/3$，于是

$$\underbrace{\begin{bmatrix} 0 \\ 1 \\ 0 \end{bmatrix}}_{\boldsymbol{w}} = \underbrace{\begin{bmatrix} -1/3 \\ 2/3 \\ -1/3 \end{bmatrix}}_{\boldsymbol{v}_1^{(c)}} + \underbrace{\begin{bmatrix} 1/3 \\ 1/3 \\ 1/3 \end{bmatrix}}_{\boldsymbol{v}_2^{(c)}} \tag{1.20}$$

例 1.4.1 表明，改变代数补 S_2 不仅改变了 $\boldsymbol{v}_2$（这很明显），而且也改变了 $\boldsymbol{v}_1$。（这在事后看来很明显，因为 $\boldsymbol{v}_2$ 的变化必须以某种方式得到补偿。）

值得注意的是，这个过程需要选择 S_1 的基，为此，我们采用了式（1.17）给出的基。S_1 的任何其他基都可以最后得到相同的直和分解式（1.18）～式（1.20），尽管中间步骤会涉及不同矩阵和列向量中的不同的数。

直和概念可以从两个子空间推广到任意数量的子空间，如下所示。

> 设 $S_1, S_2, \cdots, S_k$ 是 $\mathbb{R}^n$ 的 k 个真子空间，使得下列陈述成立：
> (1) 任何两个子空间的交都是零向量；
> (2) 每个向量 $\boldsymbol{v} \in \mathbb{R}^n$ 可以写成 $\boldsymbol{v}=\boldsymbol{v}_1+\boldsymbol{v}_2+\cdots+\boldsymbol{v}_k$，其中 $\boldsymbol{v}_1 \in S_1, \boldsymbol{v}_2 \in S_2, \cdots, \boldsymbol{v}_k \in S_k$。
> 那么，$\mathbb{R}^n$ 被分解成 $S_1, S_2, \cdots, S_k$ 的**直和**，写为
> $$\mathbb{R}^n = S_1 \oplus S_2 \oplus \cdots \oplus S_k \tag{1.21}$$

例 1.4.1 中演示的典型步骤适用于更一般的问题。因为母空间被取为 $\mathbb{R}^n$，所以直和中

子空间的最大个数是 $k=n$。当 $k=n$ 时，每个子空间都是一维的。

我们最后指出，直和表示法还有另一种用途，它与上述定义是一致的。即 $S_1,S_2,\cdots,S_k$ 是 $\mathbb{R}^n$ 的 k 个真子空间，其中任意两个子空间唯一的交集是零向量，然后我们可以定义 $S_1\oplus S_2\oplus\cdots\oplus S_k$ 是 $\mathbb{R}^n$ 的子空间，它由每个向量分别来自 $S_1,S_2,\cdots,S_k$ 的所有线性组合组成。依此定义，满足"每个向量 $\boldsymbol{v}\in\mathbb{R}^n$ 可以写成 $\boldsymbol{v}=\boldsymbol{v}_1+\boldsymbol{v}_2+\cdots+\boldsymbol{v}_k$，其中 $\boldsymbol{v}_1\in S_1,\boldsymbol{v}_2\in S_2,\cdots,\boldsymbol{v}_k\in S_k$"**附加条件**，则可以得到 $\mathbb{R}^n=S_1\oplus S_2\oplus\cdots\oplus S_k$；如果不满足这个附加条件，则 $S_1\oplus S_2\oplus\cdots\oplus S_k$ 是 $\mathbb{R}^n$ 的真子空间。

1.5　数量积

在 1.2 节～1.4 节介绍的内容中，我们不需要向量长度或大小的概念。当然 $\mathbb{R}^n$ 中的例子，尤其是 $\mathbb{R}^3$ 中的例子包含向量长度的概念，但在前几节从未用到过。实际上，1.2 节～1.4 节中所有的分析都是基于线性组合的代数概念。尽管在两个向量互为对方的正倍数时，我们可以说它们指向同一个方向，而在它们互为对方的负倍数时，可以说它们指向截然相反的方向，但是，线性组合概念本身并不产生向量取向或方向的概念。除了这两种特殊情况外，线性组合本身也不能自然地得出两个向量在方向上有何不同的概念。

一般来说，大小和方向对于向量都是有用的概念。为了用一般的方式量化这些概念，首先引入两个向量的**数量**（或**标量**）**积**的概念是有用的。

数量积通常称为内积，在向量分析中称为点积。无论给定哪个名称，该运算都从两个向量开始，并产生一个数量。给定一个向量空间，有多种（实际上是无限种）可能的数量积，然而其中一种使用得如此频繁，以至于它**实际上**已经成为内积。对于向量空间 $\mathbb{R}^n$ 上的标准数量积，我们是熟悉的：

$$\boldsymbol{x}\cdot\boldsymbol{y}=\begin{bmatrix}x_1\\x_2\\\vdots\\x_n\end{bmatrix}\cdot\begin{bmatrix}y_1\\y_2\\\vdots\\y_n\end{bmatrix}=x_1y_1+x_2y_2+\cdots+x_ny_n \tag{1.22}$$

这是 $\mathbb{R}^n\times\mathbb{R}^n\to\mathbb{R}$ 的变换。式（1.22）是更一般的数量积 $(\cdot,\cdot)$：$\mathbb{R}^n\times\mathbb{R}^n\to\mathbb{R}$ 概念的标准例子。给定向量空间中的两个向量 $\boldsymbol{x}$ 和 $\boldsymbol{y}$，它们的内积一般表示为 $(\boldsymbol{x},\boldsymbol{y})$。通常我们会用由式（1.22）定义的标准内积来处理向量空间 $\mathbb{R}^n$。在这些情况下，我们称之为**点积**，用点表示：$\boldsymbol{x}\cdot\boldsymbol{y}$。

对于任何向量空间，内积的一般概念依赖于几个简单的必需条件。假设 a，b 是标量，$\boldsymbol{x},\boldsymbol{y},\boldsymbol{z}$ 是向量。数量积需要满足如下条件。

1. $(\boldsymbol{x},\boldsymbol{y})=(\boldsymbol{y},\boldsymbol{x})$，
2. $(\boldsymbol{x},a\boldsymbol{y}+b\boldsymbol{z})=a(\boldsymbol{x},\boldsymbol{y})+b(\boldsymbol{x},\boldsymbol{z})$，
3. $(\boldsymbol{x},\boldsymbol{x})\geqslant 0$，
4. 当且仅当 $\boldsymbol{x}=\boldsymbol{0}$ 时，$(\boldsymbol{x},\boldsymbol{x})=0$ 成立。

对于 $\mathbb{R}^n$，由式（1.22）给出的点积满足这些条件，因此是一个数量积。式（1.22）的替代数量积包括加权点积，

$$(\boldsymbol{x},\boldsymbol{y}) = c_1x_1y_1 + c_2x_2y_2 + \cdots + c_nx_ny_n \tag{1.23}$$

其中每个 $c_1, c_2, \cdots, c_n$ 是严格正的。一个更奇特的数量积是

$$(\boldsymbol{x},\boldsymbol{y}) = x_1y_1 + 1/2(x_1y_2 + x_2y_1) + x_2y_2 + x_3y_3 + x_4y_4 + \cdots + x_ny_n \tag{1.24}$$

一旦选择了数量积，**向量的大小** $\|\boldsymbol{x}\|$ 可以通过下式来定义，

$$\|\boldsymbol{x}\| = \sqrt{(\boldsymbol{x},\boldsymbol{x})} \tag{1.25}$$

对于式（1.22）的标准 $\mathbb{R}^n$ 点积，$\|\boldsymbol{x}\| = \sqrt{x_1^2 + x_2^2 + \cdots + x_n^2}$，即连接原点到 $\mathbb{R}^n$ 中坐标为向量分量的点的线段的欧氏长度。标准 $\mathbb{R}^n$ 点积的一个性质是，对于任意 $n\times n$ 矩阵 $\boldsymbol{A}$，以及所有的 $\boldsymbol{x}$ 与 $\boldsymbol{y}$ 满足

$$\boldsymbol{x}\cdot\boldsymbol{A}\boldsymbol{y} = \boldsymbol{A}^{\mathrm{T}}\boldsymbol{x}\cdot\boldsymbol{y}, \quad \boldsymbol{x} = \begin{bmatrix} x_1 \\ x_2 \\ \vdots \\ x_n \end{bmatrix}, \quad \boldsymbol{y} = \begin{bmatrix} y_1 \\ y_2 \\ \vdots \\ y_n \end{bmatrix} \tag{1.26}$$

当使用标准点积以外的数量积时，我们可能会问以下问题：

“是否存在一个 $n\times n$ 矩阵 $\boldsymbol{B}$，使得 $\mathbb{R}^n$ 中的所有 $\boldsymbol{x}$ 和 $\boldsymbol{y}$ 都有 $(\boldsymbol{x},\boldsymbol{A}\boldsymbol{y})=(\boldsymbol{B}\boldsymbol{x},\boldsymbol{y})$?”

这样的矩阵 $\boldsymbol{B}$ 称为**伴随矩阵**，其元素取决于数量积的选择。当数量积是标准点积时，伴随矩阵就是转置矩阵。当数量积不是标准点积时，伴随矩阵通常是不同的 $n\times n$ 矩阵。探究这个概念时，我们使用符号 $\boldsymbol{A}^*$ 作为伴随矩阵，即对所有的 $\boldsymbol{x}$ 与 $\boldsymbol{y}$ 满足

$$(\boldsymbol{x},\boldsymbol{A}\boldsymbol{y}) = (\boldsymbol{A}^*\boldsymbol{x},\boldsymbol{y}), \quad \boldsymbol{x} = \begin{bmatrix} x_1 \\ x_2 \\ \vdots \\ x_n \end{bmatrix}, \quad \boldsymbol{y} = \begin{bmatrix} y_1 \\ y_2 \\ \vdots \\ y_n \end{bmatrix} \tag{1.27}$$

回想一下二维或三维的标准点积 $\boldsymbol{x}\cdot\boldsymbol{y} = \|\boldsymbol{x}\|\|\boldsymbol{y}\|\cos\theta$，其中 θ 是向量分离角（两向量之间的夹角）。可以用任意数量积来定义两个非零向量在任意向量空间的**分离角**

$$\cos\theta = \frac{(\boldsymbol{x},\boldsymbol{y})}{\sqrt{(\boldsymbol{x},\boldsymbol{x})(\boldsymbol{y},\boldsymbol{y})}} \tag{1.28}$$

★ 如果 $(\boldsymbol{x},\boldsymbol{y})=0$，则我们说两个向量 $\boldsymbol{x}$ 和 $\boldsymbol{y}$ **是正交的**。

对于 $\mathbb{R}^3$ 中的标准点积，这是通常的向量 $\boldsymbol{x}$ 和 $\boldsymbol{y}$ 垂直的概念。

本节的习题不仅考虑了标准点积，而且考虑了式（1.23）和式（1.24）的替代数量积。本节之后，我们将集中讨论标准点积。因此，除非明确说明，以后的计算和例子都使用标准点积［式（1.22）］。对应于其他数量积的更一般的线性代数方面的问题，将在后面各节的习题中探讨。

1.6　正交性与格拉姆-施密特正交化

尽管向量空间的概念在本质上是相对抽象的，但当我们希望解决一个特定的问题时，

通常有必要将原始的向量问题转化为几个独立的分量问题，在这些问题中，可以使用向量坐标。如果没有明确地提供向量坐标，这就增强了确定向量坐标的重要性。虽然分量总是可以通过求解一个线性方程组来确定，如我们在例 1.3.2 中所做的，但这可能是耗时且低效的。幸运的是，在一种情况下，有一种非常有效的方法可以求出向量坐标。当所有的基向量相互正交时，这种唯一的情况就出现了。

为此，假设向量空间的维数为 k，$\{\boldsymbol{u}_1,\boldsymbol{u}_2,\cdots,\boldsymbol{u}_k\}$ 是一个基。对于向量空间中的任意向量 $\boldsymbol{w}$，都有唯一的一组数（在这个基下的坐标）使得

$$\boldsymbol{w}=a_1\boldsymbol{u}_1+a_2\boldsymbol{u}_2+\cdots+a_k\boldsymbol{u}_k \tag{1.29}$$

这些坐标总是可以通过建立一个 k 个未知数的 k 个方程的线性方程组来得到。然而，假设这些基向量都是相互正交的，这意味着如果 $i\neq j$，$(\boldsymbol{u}_i,\boldsymbol{u}_j)=0$，那么，一个更有效的方法是取 $\boldsymbol{w}$ 与每个基向量的数量积。例如，假设我们想要提取第 q 个坐标 a_q，求式（1.29）两边与 $\boldsymbol{u}_q$ 的数量积，得到

$$(\boldsymbol{w},\boldsymbol{u}_q)=a_1\underbrace{(\boldsymbol{u}_1,\boldsymbol{u}_q)}_{0}+a_2\underbrace{(\boldsymbol{u}_2,\boldsymbol{u}_q)}_{0}+\cdots+a_q(\boldsymbol{u}_q,\boldsymbol{u}_q)+\cdots+a_k\underbrace{(\boldsymbol{u}_k,\boldsymbol{u}_q)}_{0} \tag{1.30}$$

因此，

$$a_q=\frac{(\boldsymbol{w},\boldsymbol{u}_q)}{(\boldsymbol{u}_q,\boldsymbol{u}_q)} \tag{1.31}$$

由于 q 是任意的，所以这个通式允许计算每个坐标 a_q，$q=1,2,\cdots,k$。因此，正交基是非常方便的。从而，在可能的情况下，寻求使用**正交基**是正确的和有益的。

给定一个正交基，容易使每个基向量的长度一致，即 $(\boldsymbol{u}_i,\boldsymbol{u}_i)=1$。在这种情况下式（1.31）进一步简化为 $a_q=(\boldsymbol{w},\boldsymbol{u}_q)$。这也很方便，但通常其收益不如使基正交那样明显。事实上，有时所遇到的额外分数不利于向量的归一化。当所有的基向量相互正交且为单位长时，就称这个基为**标准正交基**。

由于使用正交基的效用，出现了下列问题：

“有没有一种简单的方法可以从一组原来不正交的基来确定一组正交基?”

答案是肯定的，这个过程被称为**格拉姆-施密特（Gram-Schmidt）正交化**。这个过程的输入是一个 k 个线性无关的向量组，输出是一个 k 个线性无关且相互正交的向量组，它们与原始向量组有相同的张成空间。这正是将任何非正交基转换成正交基所需要的。实际上，下面两个问题是等价的：(1) 将非正交基转化为正交基；(2) 找到一个线性无关的向量组，它与原来的线性无关向量组具有相同的张成空间，但是附加的性质是所有的向量相互正交。由于这个等价性，我们把这个过程描述为构造一个正交基的过程。

过程概述

1. 求出由 k 个线性无关的向量组成的基，它们张成向量空间。我们称这个基为 $\boldsymbol{u}_1,\boldsymbol{u}_2,\cdots,\boldsymbol{u}_k$。
2. 用这些向量构造一个正交基 $\boldsymbol{v}_1,\boldsymbol{v}_2,\cdots,\boldsymbol{v}_k$。我们**任意**选择 $\boldsymbol{v}_1=\boldsymbol{u}_1$。为了构造 $\boldsymbol{v}_2$，我们把 $\boldsymbol{v}_2$ 写为 $\boldsymbol{v}_2=\boldsymbol{u}_2+a_{21}\boldsymbol{v}_1$，并且要求 $0=(\boldsymbol{v}_1,\boldsymbol{v}_2)=(\boldsymbol{v}_1,\boldsymbol{u}_2)+a_{21}(\boldsymbol{v}_1,\boldsymbol{v}_1)$。这就得到

$$a_{21}=-\frac{(\boldsymbol{v}_1,\boldsymbol{u}_2)}{(\boldsymbol{v}_1,\boldsymbol{v}_1)}$$

3. 为了构造 $\boldsymbol{v}_3$，我们把 $\boldsymbol{v}_3$ 写为 $\boldsymbol{v}_3=\boldsymbol{u}_3+a_{31}\boldsymbol{v}_1+a_{32}\boldsymbol{v}_2$。它必须与 $\boldsymbol{v}_1$ 和 $\boldsymbol{v}_2$ 都正交。与 $\boldsymbol{v}_1$ 的正交性给出

$$0=(\boldsymbol{v}_1,\boldsymbol{v}_3)=(\boldsymbol{v}_1,\boldsymbol{u}_3)+a_{31}(\boldsymbol{v}_1,\boldsymbol{v}_1)+a_{32}\underbrace{(\boldsymbol{v}_1,\boldsymbol{v}_2)}_{0}$$

从而

$$a_{31}=-\frac{(\boldsymbol{v}_1,\boldsymbol{u}_3)}{(\boldsymbol{v}_1,\boldsymbol{v}_1)}$$

以类似的方式，剩下的正交性要求 $(\boldsymbol{v}_2,\boldsymbol{v}_3)=0$，这就有

$$a_{32}=-\frac{(\boldsymbol{v}_2,\boldsymbol{u}_3)}{(\boldsymbol{v}_2,\boldsymbol{v}_2)}$$

4. 由数学归纳法，我们可以看到每个后续的正交基向量的一般表达式为

$$\boldsymbol{v}_p=\boldsymbol{u}_p-\frac{(\boldsymbol{v}_1,\boldsymbol{u}_p)}{(\boldsymbol{v}_1,\boldsymbol{v}_1)}\boldsymbol{v}_1-\frac{(\boldsymbol{v}_2,\boldsymbol{u}_p)}{(\boldsymbol{v}_2,\boldsymbol{v}_2)}\boldsymbol{v}_2-\cdots-\frac{(\boldsymbol{v}_{p-1},\boldsymbol{u}_p)}{(\boldsymbol{v}_{p-1},\boldsymbol{v}_{p-1})}\boldsymbol{v}_{p-1} \tag{1.32}$$

评注：格拉姆-施密特正交化过程不会产生唯一的正交基。图 1.1 中简单的二维情况说明了出现这种情况的原因。

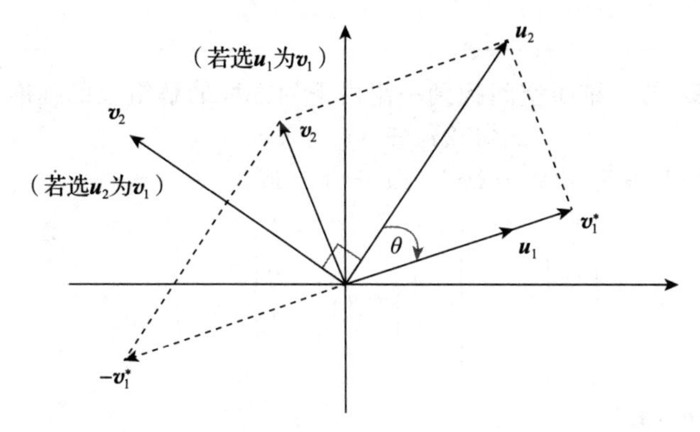

图 1.1 由格拉姆-施密特正交化方法形成的正交基不是唯一的。如果向量 $\boldsymbol{u}_1$ 首先被选为 $\boldsymbol{v}_1$，第二个基向量 $\boldsymbol{v}_2$ 正交于这个 $\boldsymbol{v}_1$。然而，如果先选择向量 $\boldsymbol{u}_2$（使它成为 $\boldsymbol{v}_1$），那么 $\boldsymbol{v}_2$ 现在就与这个 $\boldsymbol{v}_1$ 正交。这两组基向量都是正交的。它们不是完全相同的[⊖]

⊖ 此图由译者改画。加长了 $\boldsymbol{u}_2$，增加了 $\boldsymbol{v}_1^*$，$-\boldsymbol{v}_1^*$，以及虚线。格拉姆-施密特正交化的几何解释如下：如果向量 $\boldsymbol{u}_1$ 首先被选为 $\boldsymbol{v}_1$，设 $\boldsymbol{u}_2$ 与 $\boldsymbol{v}_1$ 的夹角为 θ，则

$$\boldsymbol{v}_2=\boldsymbol{u}_2+a_{21}\boldsymbol{v}_1=\boldsymbol{u}_2-\frac{(\boldsymbol{v}_1,\boldsymbol{u}_2)}{(\boldsymbol{v}_1,\boldsymbol{v}_1)}\boldsymbol{v}_1=\boldsymbol{u}_2-\boldsymbol{v}_1^*\text{，其中 }\boldsymbol{v}_1^*=\frac{(\boldsymbol{v}_1,\boldsymbol{u}_2)}{(\boldsymbol{v}_1,\boldsymbol{v}_1)}\boldsymbol{v}_1$$

这样，由式 (1.29)，$\boldsymbol{v}_1^*$ 的长度为

$$\|\boldsymbol{v}_1^*\|=\frac{\|\boldsymbol{v}_1\|\|\boldsymbol{u}_2\|\cos\theta}{\|\boldsymbol{v}_1\|\|\boldsymbol{v}_1\|}\|\boldsymbol{v}_1\|=\|\boldsymbol{u}_2\|\cos\theta$$

所以 $\boldsymbol{v}_1^*$ 是 $\boldsymbol{u}_2$ 在 $\boldsymbol{u}_1=\boldsymbol{v}_1$ 上的正交投影。因此 $\boldsymbol{v}_2$ 等于 $\boldsymbol{u}_2$ 减去它在 $\boldsymbol{v}_1$ 上的正交投影。注意，当投影向量的长度不超过 $\boldsymbol{v}_1$ 长度时，正交化过程才是减去正交投影向量与 $\boldsymbol{v}_1$ 的重叠部分。而图 1.1 中，正交投影向量的长度超过 $\boldsymbol{v}_1$ 长度，就不是减去这个“重叠”部分，而是 $\boldsymbol{u}_2$ 减去它在 $\boldsymbol{v}_1$ 上的正交投影。——译者注

上述过程得到一个正交基 $\{\boldsymbol{v}_1,\boldsymbol{v}_2,\cdots,\boldsymbol{v}_k\}$。如果我们希望有一个标准正交基，可以通过适当的除法构造单位向量。这就得到 $\{\hat{\boldsymbol{e}}_1,\hat{\boldsymbol{e}}_2,\cdots,\hat{\boldsymbol{e}}_k\}$，其中

$$\hat{\boldsymbol{e}}_p=\frac{\boldsymbol{v}_p}{\sqrt{\boldsymbol{v}_p,\boldsymbol{v}_p}} \tag{1.33}$$

我们的约定是使用标记“ ^ ”来表示单位向量。一个标准正交基满足下列条件：

$$(\hat{\boldsymbol{e}}_i,\hat{\boldsymbol{e}}_j)=\begin{Bmatrix}1,\ i=j\\0,\ i\neq j\end{Bmatrix}=\delta_{ij} \tag{1.34}$$

其中 δ_{ij} 是克罗内克 δ 函数。

当研究 $\mathbb{R}^n$ 整个空间时，标准正交基的标准例子是

$$\hat{\boldsymbol{e}}_1=\begin{bmatrix}1\\0\\\vdots\\0\\0\end{bmatrix},\quad \hat{\boldsymbol{e}}_2=\begin{bmatrix}0\\1\\\vdots\\0\\0\end{bmatrix},\quad \cdots\quad \hat{\boldsymbol{e}}_{n-1}=\begin{bmatrix}0\\0\\\vdots\\1\\0\end{bmatrix},\quad \hat{\boldsymbol{e}}_n=\begin{bmatrix}0\\0\\\vdots\\0\\1\end{bmatrix} \tag{1.35}$$

这也是 $\mathbb{R}^n$ 的**最优基**。

例 1.6.1　为 $\mathbb{R}^4$ 的三维子空间找到一组由下列方程的解组成的标准正交基，

$$x_1+2x_2+3x_3+4x_4=0 \tag{1.36}$$

解　我们把方程改写为 $x_1=-2x_2-3x_3-4x_4$ 或

$$\begin{bmatrix}x_1\\x_2\\x_3\\x_4\end{bmatrix}=x_2\begin{bmatrix}-2\\1\\0\\0\end{bmatrix}+x_3\begin{bmatrix}-3\\0\\1\\0\end{bmatrix}+x_4\begin{bmatrix}-4\\0\\0\\1\end{bmatrix}$$

因此，如下的 $\{\boldsymbol{u}_1,\boldsymbol{u}_2,\boldsymbol{u}_3\}$

$$\boldsymbol{u}_1=\begin{bmatrix}-2\\1\\0\\0\end{bmatrix},\quad \boldsymbol{u}_2=\begin{bmatrix}-3\\0\\1\\0\end{bmatrix},\quad \boldsymbol{u}_3=\begin{bmatrix}-4\\0\\0\\1\end{bmatrix} \tag{1.37}$$

是一个基，但它不是一个正交基。因此，我们采用格拉姆-施密特方法来正交化这个基。这涉及对 $p=2,\cdots,k$ 重复使用式（1.32），在这个例子中，$k=3$。我们注意，重新排列原始的（非正交的）基通常是方便的：取“最好形式”的向量为 $\boldsymbol{u}_1$，其次的为 $\boldsymbol{u}_2$，等等，以此来简化计算。这是因为在这个过程中使用最多的是 $\boldsymbol{u}_1$，其次是 $\boldsymbol{u}_2$，以此类推。在这种情况下，我们最初的次序式（1.37）似乎与任何用于此目的的次序一样好。因此我们从

$$\boldsymbol{v}_1=\begin{bmatrix}-2\\1\\0\\0\end{bmatrix}$$

开始。我们的计算使用标准的点积式（1.22），所以我们把（$\boldsymbol{u},\boldsymbol{v}$）写成 $\boldsymbol{u}\cdot\boldsymbol{v}$。我们取 $p=2$ 用式（1.32）来计算 $\boldsymbol{v}_2$：

$$\boldsymbol{v}_2=\begin{bmatrix}-3\\0\\1\\0\end{bmatrix}+a_{21}\begin{bmatrix}-2\\1\\0\\0\end{bmatrix}$$

其中

$$a_{21}=-\frac{\begin{bmatrix}-2\\1\\0\\0\end{bmatrix}\cdot\begin{bmatrix}-3\\0\\1\\0\end{bmatrix}}{\begin{bmatrix}-2\\1\\0\\0\end{bmatrix}\cdot\begin{bmatrix}-2\\1\\0\\0\end{bmatrix}}=-\frac{6}{5}\quad\Rightarrow\quad\boldsymbol{v}_2=\begin{bmatrix}-3/5\\-6/5\\1\\0\end{bmatrix}$$

因为我们的目标是从原来的线性无关但非正交的集合中构造出一个正交线性无关的向量序列，这些向量的方向很重要。因此，如果需要，我们可以在每个阶段消除分数。在这种情况下，我们将上面的 $\boldsymbol{v}_2$ 乘以 5，从而得到一个替代者

$$\boldsymbol{v}_2=\begin{bmatrix}-3\\-6\\5\\0\end{bmatrix}$$

我们在式（1.32）中取 $p=3$ 来计算 $\boldsymbol{v}_3$：

$$\boldsymbol{v}_3=\begin{bmatrix}-4\\0\\0\\1\end{bmatrix}+a_{31}\begin{bmatrix}-2\\1\\0\\0\end{bmatrix}+a_{32}\begin{bmatrix}-3\\-6\\5\\0\end{bmatrix}$$

其中

$$a_{31}=-\frac{\begin{bmatrix}-2\\1\\0\\0\end{bmatrix}\cdot\begin{bmatrix}-4\\0\\0\\1\end{bmatrix}}{\begin{bmatrix}-2\\1\\0\\0\end{bmatrix}\cdot\begin{bmatrix}-2\\1\\0\\0\end{bmatrix}}=-\frac{8}{5}$$

$$a_{32} = -\frac{\begin{bmatrix} -3 \\ -6 \\ 5 \\ 0 \end{bmatrix} \cdot \begin{bmatrix} -4 \\ 0 \\ 0 \\ 1 \end{bmatrix}}{\begin{bmatrix} -3 \\ -6 \\ 5 \\ 0 \end{bmatrix} \cdot \begin{bmatrix} -3 \\ -6 \\ 5 \\ 0 \end{bmatrix}} = -\frac{6}{35}$$

我们得到

$$\boldsymbol{v}_3 = \frac{1}{35}\begin{bmatrix} -10 \\ -20 \\ -30 \\ 35 \end{bmatrix}$$

因此，再次消除分数（和简化符号），我们取下列替代者

$$\boldsymbol{v}_3 = \begin{bmatrix} 2 \\ 4 \\ 6 \\ -7 \end{bmatrix}$$

因此我们的正交基是向量集合 $\{\boldsymbol{v}_1, \boldsymbol{v}_2, \boldsymbol{v}_3\}$，即

$$\left\{\begin{bmatrix} -2 \\ 1 \\ 0 \\ 0 \end{bmatrix}, \begin{bmatrix} -3 \\ -6 \\ 5 \\ 0 \end{bmatrix}, \begin{bmatrix} 2 \\ 4 \\ 6 \\ -7 \end{bmatrix}\right\}$$

对应的标准正交基向量是

$$\hat{\boldsymbol{e}}_1 = \frac{1}{\sqrt{5}}\begin{bmatrix} -2 \\ 1 \\ 0 \\ 0 \end{bmatrix} = \frac{\sqrt{5}}{5}\begin{bmatrix} -2 \\ 1 \\ 0 \\ 0 \end{bmatrix}$$

$$\hat{\boldsymbol{e}}_2 = \frac{1}{\sqrt{9+36+25}}\begin{bmatrix} -3 \\ -6 \\ 5 \\ 0 \end{bmatrix} = \frac{\sqrt{70}}{70}\begin{bmatrix} -3 \\ -6 \\ 5 \\ 0 \end{bmatrix}$$

$$\hat{\boldsymbol{e}}_3 = \frac{1}{\sqrt{4+16+36+49}}\begin{bmatrix} 2 \\ 4 \\ 6 \\ -7 \end{bmatrix} = \frac{\sqrt{105}}{105}\begin{bmatrix} 2 \\ 4 \\ 6 \\ -7 \end{bmatrix}$$

如果从一个不同的非正交基 $\{\boldsymbol{u}_1, \boldsymbol{u}_2, \boldsymbol{u}_3\}$ 开始，或者在格拉姆-施密特正交化过程中以不同的顺序使用它们，那么我们就会得到一个不同的正交基。

我们来研究一下刚刚得到的正交基。注意，$(x_1, x_2, x_3, x_4)=(0,2,0,-1)$ 满足例 1.6.1中子空间的定义式（1.36）。这引出下一个例子。

例 1.6.2　把向量 $\boldsymbol{w}$ 用例 1.6.1 中得到的标准正交基表示出来，其中

$$\boldsymbol{w}=\begin{bmatrix}0\\2\\0\\-1\end{bmatrix}$$

解　我们必须求出 a_1, a_2, a_3 使得

$$\boldsymbol{w}=a_1\frac{\sqrt{5}}{5}\begin{bmatrix}-2\\1\\0\\0\end{bmatrix}+a_2\frac{\sqrt{70}}{70}\begin{bmatrix}-3\\-6\\5\\0\end{bmatrix}+a_3\frac{\sqrt{105}}{105}\begin{bmatrix}2\\4\\6\\-7\end{bmatrix}$$

因为基是标准正交的，我们有 $a_1=(\boldsymbol{w}, \hat{\boldsymbol{e}}_1)=\boldsymbol{w}\cdot\hat{\boldsymbol{e}}_1$，下面（关于 a_1 的）第二个等式是因为我们用标准点积作为内积。相应的关系对 a_2 和 a_3 也成立。因此，

$$a_1=\left(\begin{bmatrix}0\\2\\0\\-1\end{bmatrix}\cdot\frac{\sqrt{5}}{5}\begin{bmatrix}-2\\1\\0\\0\end{bmatrix}\right)=\frac{\sqrt{5}}{5}(0+2+0+0)=\frac{2}{5}\sqrt{5}$$

$$a_2=\left(\begin{bmatrix}0\\2\\0\\-1\end{bmatrix}\cdot\frac{\sqrt{70}}{70}\begin{bmatrix}-3\\-6\\5\\0\end{bmatrix}\right)=\frac{\sqrt{70}}{70}(0-12+0+0)=-\frac{6}{35}\sqrt{70}$$

$$a_3=\left(\begin{bmatrix}0\\2\\0\\-1\end{bmatrix}\cdot\frac{\sqrt{105}}{105}\begin{bmatrix}2\\4\\6\\-7\end{bmatrix}\right)=\frac{\sqrt{105}}{105}(0+8+0+7)=\frac{\sqrt{105}}{7}$$

最后，向量 $\boldsymbol{w}$ 用标准正交基表示为

$$\boldsymbol{w}=\left(\frac{2}{5}\sqrt{5}\right)\left\{\frac{\sqrt{5}}{5}\begin{bmatrix}-2\\1\\0\\0\end{bmatrix}\right\}-\frac{6}{35}\sqrt{70}\left\{\frac{\sqrt{70}}{70}\begin{bmatrix}-3\\-6\\5\\0\end{bmatrix}\right\}+\frac{\sqrt{105}}{105}\left\{\frac{\sqrt{105}}{7}\begin{bmatrix}2\\4\\6\\-7\end{bmatrix}\right\}$$

这个例子显示了使用标准正交基来表示一个向量在确定坐标 $a_1, a_2, \cdots, a_k$ 时的优点。

当基是正交的，我们可以使用式（1.31）；当基是标准正交的，它就简化为

$$a_q = (\boldsymbol{w}, \hat{\boldsymbol{e}}_q) \tag{1.38}$$

此外，根据式（1.28），我们可以从几何上解释这个内积或点积：每个 a_q 对应于向量 $\boldsymbol{w}$ 在 $\hat{\boldsymbol{e}}_q$ 方向上的正交投影。本例中简化的过程应该与例 1.3.2 中较为复杂的处理进行比较：当基不正交时，需要解一个线性方程组。

1.7 正交补

1.4 节表明，当我们得到一个较大的向量空间的真子空间 S_1 时，我们可以得到各种非唯一的代数补 S_2，直和 $S_1 \oplus S_2$ 重新得到那整个向量空间。现在有了内积和正交性的概念，我们可以选出其中一个代数补——**正交补**。

★ **正交补** 这是当 $\boldsymbol{v}_1 \in S_1$ 和 $\boldsymbol{v}_2 \in S_2$ 时满足正交性约束 $(\boldsymbol{v}_1, \boldsymbol{v}_2) = 0$ 的特定代数补 S_2。我们说子空间 S_1 和 S_2 **互为正交补**，写为 $S_2 = S_1^{\perp}$ 和 $S_1 = S_2^{\perp}$。与（一般）代数补不是唯一的不同，**正交补是唯一的**。

例 1.7.1 求出由例 1.4.1 得到的 $\mathbb{R}^3$ 中的子空间 S_1 的正交补。为了方便起见，我们回顾一下

$$\boldsymbol{x} = \begin{bmatrix} x_1 \\ x_2 \\ x_3 \end{bmatrix} \in S_1 \quad \Leftrightarrow \quad x_1 + x_2 + x_3 = 0 \tag{1.39}$$

与 S_1 的所有代数补一样，正交补 $S_1^{\perp}$ 是 $\mathbb{R}^3$ 中的一维子空间，它由单个向量 $\boldsymbol{w} = \begin{bmatrix} c_1 \\ c_2 \\ c_3 \end{bmatrix}$ 张成。为了演示，我们展示三个不同的解 $\boldsymbol{w}$ 的方法。

方法 1——直接法 回忆一下式（1.17），把它重写为

$$S_1 = \operatorname{span}\left\{ \begin{bmatrix} 1 \\ -1 \\ 0 \end{bmatrix}, \begin{bmatrix} 1 \\ 0 \\ -1 \end{bmatrix} \right\}$$

向量 $\boldsymbol{w}$ 必须正交于张成空间的两个向量。这就要求，

$$0 = \begin{bmatrix} c_1 \\ c_2 \\ c_3 \end{bmatrix} \cdot \begin{bmatrix} 1 \\ -1 \\ 0 \end{bmatrix} = c_1 - c_2, \quad 0 = \begin{bmatrix} c_1 \\ c_2 \\ c_3 \end{bmatrix} \cdot \begin{bmatrix} 1 \\ 0 \\ -1 \end{bmatrix} = c_1 - c_3$$

求得 $c_1 = c_2 = c_3$，从而

$$\boldsymbol{w} = c_3 \begin{bmatrix} 1 \\ 1 \\ 1 \end{bmatrix} \Rightarrow S_1^{\perp} = \operatorname{span}\left\{ \begin{bmatrix} 1 \\ 1 \\ 1 \end{bmatrix} \right\} \tag{1.40}$$

方法 2——几何法　定义 S_1 的方程是

$$0 = x_1 + x_2 + x_3 = \begin{bmatrix} x_1 \\ x_2 \\ x_3 \end{bmatrix} \cdot \begin{bmatrix} 1 \\ 1 \\ 1 \end{bmatrix}$$

这表明 $\begin{bmatrix} 1 \\ 1 \\ 1 \end{bmatrix}$ 正交于 S_1 中的每个向量。这足以使我们再次得出式（1.40）。

方法 3——格拉姆-施密特正交化方法　我们从前面式（1.17）中列出的向量开始，使用格拉姆-施密特方法得到 S_1 的以下正交基：

$$S_1 = \operatorname{span}\left\{\begin{bmatrix} 1 \\ -1 \\ 0 \end{bmatrix}, \begin{bmatrix} 1 \\ 1 \\ -2 \end{bmatrix}\right\}$$

我们现在取在式（1.16）中任何一个代数补 $S_2^{(a)}, S_2^{(b)}, S_2^{(c)}$ 的任何基。我们使用基向量为 $\begin{bmatrix} 1 \\ 0 \\ 0 \end{bmatrix}$ 的 $S_2^{(a)}$。继续格拉姆-施密特过程，得到向量

$$\boldsymbol{w} = \begin{bmatrix} 1 \\ 0 \\ 0 \end{bmatrix} + a_{31}\begin{bmatrix} 1 \\ -1 \\ 0 \end{bmatrix} + a_{32}\begin{bmatrix} 1 \\ 1 \\ -2 \end{bmatrix}$$

其中

$$a_{31} = -\frac{\begin{bmatrix} 1 \\ -1 \\ 0 \end{bmatrix} \cdot \begin{bmatrix} 1 \\ 0 \\ 0 \end{bmatrix}}{\begin{bmatrix} 1 \\ -1 \\ 0 \end{bmatrix} \cdot \begin{bmatrix} 1 \\ -1 \\ 0 \end{bmatrix}} = -\frac{1}{2}$$

$$a_{32} = -\frac{\begin{bmatrix} 1 \\ 1 \\ 2 \end{bmatrix} \cdot \begin{bmatrix} 1 \\ 0 \\ 0 \end{bmatrix}}{\begin{bmatrix} 1 \\ 1 \\ 2 \end{bmatrix} \cdot \begin{bmatrix} 1 \\ 1 \\ 2 \end{bmatrix}} = -\frac{1}{6}$$

通过再次乘以 3 来消除分数，得到式（1.40）。

这就完成了用三种不同的方法来获得 $S_1^{\perp}$ 的演示。重要的是，通过比较式（1.40）和式（1.16），我们发现 $S_1^{\perp}$ 实际上是例 1.4.1 中的 $S_2^{(c)}$。任意向量 $\boldsymbol{q} \in \mathbb{R}^3$ 分解为 $\boldsymbol{q} = \boldsymbol{v}_1 +$

$\boldsymbol{v}_2$，其中 $\boldsymbol{v}_1 \in S_1$ 和 $\boldsymbol{v}_2 \in S_1^{\perp}$；现在在式（1.40）给出的基的帮助下进行。具体来说，我们把这个基标准化：

$$\mathbb{R}^3 = \underbrace{\operatorname{span}\{\hat{\boldsymbol{e}}_1, \hat{\boldsymbol{e}}_2\}}_{S_1} \oplus \underbrace{\operatorname{span}\{\hat{\boldsymbol{e}}_3\}}_{S_1^{\perp}} \tag{1.41}$$

其中

$$\hat{\boldsymbol{e}}_1 = \frac{\sqrt{2}}{2}\begin{bmatrix} 1 \\ -1 \\ 0 \end{bmatrix}, \quad \hat{\boldsymbol{e}}_2 = \frac{\sqrt{6}}{6}\begin{bmatrix} 1 \\ 1 \\ -2 \end{bmatrix}, \quad \hat{\boldsymbol{e}}_3 = \frac{\sqrt{3}}{3}\begin{bmatrix} 1 \\ 1 \\ 1 \end{bmatrix} \tag{1.42}$$

则 $\boldsymbol{v}_2 \in S_2$ 可以通过正交投影 $\boldsymbol{v}_2 = (\boldsymbol{q} \cdot \hat{\boldsymbol{e}}_3)\hat{\boldsymbol{e}}_3$ 得到。特别地对于任意 $\boldsymbol{q} = \begin{bmatrix} x_1 \\ x_2 \\ x_3 \end{bmatrix} \in \mathbb{R}^3$，这给出了

$$\boldsymbol{v}_2 = \frac{1}{3}(x_1 + x_2 + x_3)\begin{bmatrix} 1 \\ 1 \\ 1 \end{bmatrix} \in S_1^{\perp} \tag{1.43}$$

我们可以通过类似的正交投影求出 $\boldsymbol{v}_1 \in S_1$，即 $\boldsymbol{v}_1 = (\boldsymbol{q} \cdot \hat{\boldsymbol{e}}_1)\hat{\boldsymbol{e}}_1 + (\boldsymbol{q} \cdot \hat{\boldsymbol{e}}_2)\hat{\boldsymbol{e}}_2$。在这种情况下，简单地用 $\boldsymbol{q} = \boldsymbol{v}_1 + \boldsymbol{v}_2$ 更容易，这意味着 $\boldsymbol{v}_1 = \boldsymbol{q} - \boldsymbol{v}_2$，得到

$$\boldsymbol{v}_1 = \frac{1}{3}\begin{bmatrix} 2x_1 - x_2 - x_3 \\ 2x_2 - x_3 - x_1 \\ 2x_3 - x_1 - x_2 \end{bmatrix} \in S_1 \tag{1.44}$$

对于任意 $\boldsymbol{q} \in \mathbb{R}^3$，式（1.43）和式（1.44）给出了 $\mathbb{R}^3$ 由式（1.39）确定的子空间 S_1 的唯一的正交分解。

在三种求 $S_1^{\perp}$ 的方法中，方法 3 是最系统的，因此也最容易适用于其他情况。这种构造正交补的方法是基于以下步骤的。

1. 取 S_1 的任意基。
2. 用格拉姆-施密特方法正交化这个 S_1 的基。
3. 取任意代数补 S_2 的任意基。
4. 用这些代数补向量（基）继续格拉姆-施密特过程。
5. 正交补由最终的正交化得到的向量张成。这些向量并不张成空间 S_1。

我们在另一个例子中演示这个过程。

例 1.7.2　求 $\mathbb{R}^4$ 的子空间 S_1 的正交补，其中 S_1 的定义为

$$\boldsymbol{x} = \begin{bmatrix} x_1 \\ x_2 \\ x_3 \\ x_4 \end{bmatrix} \in S_1 \quad \Leftrightarrow \quad \begin{cases} x_1 + x_2 + x_3 + x_4 = 0 \\ x_1 + 2x_2 + 3x_3 + 4x_4 = 0 \end{cases} \tag{1.45}$$

解　式（1.45）给出了 $\mathbb{R}^4$ 的两个（线性无关）约束条件，因此 S_1 是一个 $4-2=2$ 维的子空间。由式（1.14）可知，任意代数补 S_2，包括正交补 $S_1^{\perp}$ 也是一个二维子空间。

第 1 步　我们首先构造 S_1 的基向量 $\boldsymbol{u}_1$ 和 $\boldsymbol{u}_2$。到目前为止，我们已经熟悉了这个过程：使用行变换来化简增广矩阵。或者，我们可以取两个线性无关的满足式（1.45）的向量，这很容易做到。例如，对于 $\boldsymbol{u}_1$，我们取 $x_1=1, x_2=0$。由此得，$x_3+x_4=-1$，$3x_3+4x_4=-1$，从而 $x_3=-3, x_4=2$。然后对 $\boldsymbol{u}_2$，我们取 $x_1=0, x_2=1$。由此得，$x_3+x_4=-1$，$3x_3+4x_4=-2$，从而 $x_3=-2, x_4=1$。综合起来得到

$$S_1=\operatorname{span}\left\{\underbrace{\begin{bmatrix}1\\0\\-3\\2\end{bmatrix}}_{\boldsymbol{u}_1},\underbrace{\begin{bmatrix}0\\1\\-2\\1\end{bmatrix}}_{\boldsymbol{u}_2}\right\}$$

第 2 步　注意，在上面给出的构造正交补的步骤中，步骤 2 和步骤 3 是相互独立的。因此，我们先求出代数补的一个基。我们需要两个额外的向量 $\boldsymbol{u}_3$ 和 $\boldsymbol{u}_4$，使得这四个向量 $\boldsymbol{u}_1, \boldsymbol{u}_2, \boldsymbol{u}_3, \boldsymbol{u}_4$ 是线性无关的。例如，我们可以取

$$\boldsymbol{u}_3=\begin{bmatrix}1\\0\\0\\0\end{bmatrix},\quad \boldsymbol{u}_4=\begin{bmatrix}0\\1\\0\\0\end{bmatrix}$$

检验（是否线性无关）

$$0=a_1\begin{bmatrix}1\\0\\-3\\2\end{bmatrix}+a_2\begin{bmatrix}0\\1\\-2\\1\end{bmatrix}+a_3\begin{bmatrix}1\\0\\0\\0\end{bmatrix}+a_4\begin{bmatrix}0\\1\\0\\0\end{bmatrix}$$

增广矩阵是

$$\left[\begin{array}{cccc|c}1&0&1&0&0\\0&1&0&1&0\\-3&-2&0&0&0\\2&1&0&0&0\end{array}\right]\xrightarrow[\text{变换}]{\text{行初等}}\left[\begin{array}{cccc|c}1&0&1&0&0\\0&1&0&1&0\\0&0&1&2/3&0\\0&0&0&1&0\end{array}\right]$$

因此，$a_1=a_2=a_3=a_4=0$，这就证实了四个向量 $\boldsymbol{u}_1, \boldsymbol{u}_2, \boldsymbol{u}_3, \boldsymbol{u}_4$ 是线性无关的。所以，

$$\mathbb{R}^4=\underbrace{\operatorname{span}\left\{\begin{bmatrix}1\\0\\-3\\2\end{bmatrix},\begin{bmatrix}0\\1\\-2\\1\end{bmatrix}\right\}}_{S_1}\oplus\underbrace{\operatorname{span}\left\{\begin{bmatrix}1\\0\\0\\0\end{bmatrix},\begin{bmatrix}0\\1\\0\\0\end{bmatrix}\right\}}_{\text{很多代数补中的一个}}$$

第 3 步　我们现在从 $\boldsymbol{u}_1, \boldsymbol{u}_2$ 开始，对向量集合 $\{\boldsymbol{u}_1, \boldsymbol{u}_2, \boldsymbol{u}_3, \boldsymbol{u}_4\}$ 用格拉姆-施密特方法来正交化。作为我们的初始向量，取 $\boldsymbol{v}_1=\boldsymbol{u}_1$，于是

$$
\boldsymbol{v}_2=\begin{bmatrix}0\\1\\-2\\1\end{bmatrix}-\frac{\begin{bmatrix}1\\0\\-3\\2\end{bmatrix}\cdot\begin{bmatrix}0\\1\\-2\\1\end{bmatrix}}{\begin{bmatrix}1\\0\\-3\\2\end{bmatrix}\cdot\begin{bmatrix}1\\0\\-3\\2\end{bmatrix}}\begin{bmatrix}1\\0\\-3\\2\end{bmatrix}=\begin{bmatrix}0\\1\\-2\\1\end{bmatrix}-\frac{4}{7}\begin{bmatrix}1\\0\\-3\\2\end{bmatrix}
$$

为了消除初始结果 $\boldsymbol{v}_2$ 中的分数，我们对它乘以 7，得到的最终结果是

$$
\boldsymbol{v}_2=\begin{bmatrix}-4\\7\\-2\\-1\end{bmatrix}\quad\Rightarrow\quad S_1=\operatorname{span}\left\{\begin{bmatrix}1\\0\\-3\\2\end{bmatrix},\begin{bmatrix}-4\\7\\-2\\-1\end{bmatrix}\right\}\tag{1.46}
$$

检验 我们通过检验式（1.45），快速验证这个 $\boldsymbol{v}_2$ 在 S_1 中：$x_1+x_2+x_3+x_4=-4+7-2-1=0$，$x_1+2x_2+3x_3+4x_4=-4+14-6-4=0$。然后我们检验这些基向量的正交性：$\boldsymbol{v}_1\cdot\boldsymbol{v}_2=-4+0+6-2=0$。因此式（1.46）对 S_1 的特征刻画确实是基于正交基的。

第 4 步 继续格拉姆-施密特正交化，我们得到最后两个正交向量 $\boldsymbol{v}_3$ 和 $\boldsymbol{v}_4$ 如下：

$$
\begin{aligned}
\boldsymbol{v}_3&=\underbrace{\begin{bmatrix}1\\0\\0\\0\end{bmatrix}}_{\boldsymbol{u}_3}-\frac{\boldsymbol{u}_3\cdot\boldsymbol{v}_1}{\boldsymbol{v}_1\cdot\boldsymbol{v}_1}\underbrace{\begin{bmatrix}1\\0\\-3\\2\end{bmatrix}}_{\boldsymbol{v}_1}-\frac{\boldsymbol{u}_3\cdot\boldsymbol{v}_2}{\boldsymbol{v}_2\cdot\boldsymbol{v}_2}\underbrace{\begin{bmatrix}-4\\7\\-2\\-1\end{bmatrix}}_{\boldsymbol{v}_2}\\
&=\begin{bmatrix}1\\0\\0\\0\end{bmatrix}-\frac{1}{14}\begin{bmatrix}1\\0\\-3\\2\end{bmatrix}+\frac{2}{35}\begin{bmatrix}-4\\7\\-2\\-1\end{bmatrix}
\end{aligned}
$$

为了简化，我们将此结果乘以 $2\times7\times5=70$，得到替换

$$
\boldsymbol{v}_3=\begin{bmatrix}70\\0\\0\\0\end{bmatrix}-\begin{bmatrix}5\\0\\-15\\10\end{bmatrix}+\begin{bmatrix}-16\\28\\-8\\-4\end{bmatrix}=\begin{bmatrix}49\\28\\7\\-14\end{bmatrix}=7\begin{bmatrix}7\\4\\1\\-2\end{bmatrix}
$$

这表明我们最终可以将 $\boldsymbol{v}_3$ 写为

$$
\boldsymbol{v}_3=\begin{bmatrix}7\\4\\1\\-2\end{bmatrix}
$$

最后我们计算向量 $\boldsymbol{v}_4$。

$$\boldsymbol{v}_4=\underbrace{\begin{bmatrix}0\\1\\0\\0\end{bmatrix}}_{\boldsymbol{u}_4}-\frac{\boldsymbol{u}_4\cdot\boldsymbol{v}_1}{\boldsymbol{v}_1\cdot\boldsymbol{v}_1}\underbrace{\begin{bmatrix}1\\0\\-3\\2\end{bmatrix}}_{\boldsymbol{v}_1}-\frac{\boldsymbol{u}_4\cdot\boldsymbol{v}_2}{\boldsymbol{v}_2\cdot\boldsymbol{v}_2}\underbrace{\begin{bmatrix}-4\\7\\-2\\-1\end{bmatrix}}_{\boldsymbol{v}_2}-\frac{\boldsymbol{u}_4\cdot\boldsymbol{v}_3}{\boldsymbol{v}_3\cdot\boldsymbol{v}_3}\underbrace{\begin{bmatrix}7\\4\\1\\-2\end{bmatrix}}_{\boldsymbol{v}_3}$$

$$=\begin{bmatrix}0\\1\\0\\0\end{bmatrix}-\frac{1}{10}\begin{bmatrix}-4\\7\\-2\\-1\end{bmatrix}-\frac{2}{35}\begin{bmatrix}7\\4\\1\\-2\end{bmatrix}=\frac{1}{70}\begin{bmatrix}0\\5\\10\\15\end{bmatrix}$$

同样，因为只有方向有关系，所以我们把上面的结果乘以 14，得到替换向量

$$\boldsymbol{v}_4=\begin{bmatrix}0\\1\\2\\3\end{bmatrix}$$

这样，我们就得到了由四个正交向量组成的集合，其中两个在子空间 S_1 中，另外两个在新的代数补 S_2 中。子空间 S_1 和这个新的 S_2 是正交补，它们共同张成 $\mathbb{R}^4$：

$$\mathbb{R}^4=\underbrace{\operatorname{span}\left\{\begin{bmatrix}1\\0\\-3\\2\end{bmatrix},\begin{bmatrix}-4\\7\\-2\\-1\end{bmatrix}\right\}}_{S_1}\oplus\underbrace{\operatorname{span}\left\{\begin{bmatrix}7\\4\\1\\-2\end{bmatrix},\begin{bmatrix}0\\1\\2\\3\end{bmatrix}\right\}}_{S_2=S_1^{\perp}}\tag{1.47}$$

评注：我们再次强调前面的构造过程要求格拉姆-施密特方法必须首先使 S_1 的基正交。在此之后，我们对所选择的代数补 S_2 进行正交化处理。这就是为什么在例 1.7.2 中必须用 $\boldsymbol{u}_1$ 和 $\boldsymbol{u}_2$ 开始格拉姆-施密特过程。如果我们从更简单的

$$\boldsymbol{u}_3=\begin{bmatrix}1\\0\\0\\0\end{bmatrix},\quad\boldsymbol{u}_4=\begin{bmatrix}0\\1\\0\\0\end{bmatrix}$$

开始，最后的格拉姆-施密特过程仍然会产生四个可以张成 $\mathbb{R}^4$ 的正交向量。然而，这个过程会把 $\boldsymbol{u}_3$ 和 $\boldsymbol{u}_4$ 作为前两个向量，而这些向量既不张成 S_1 上也不张成 $S_1^{\perp}$。而且，作为最后两个向量的 $\boldsymbol{u}_1$ 和 $\boldsymbol{u}_2$ 同样也不是它们中任何一个子空间的基。

1.8　基变换和正交矩阵

设 $\{\boldsymbol{b}_1,\boldsymbol{b}_2,\cdots,\boldsymbol{b}_n\}$ 和 $\{\boldsymbol{d}_1,\boldsymbol{d}_2,\cdots,\boldsymbol{d}_n\}$ 都是 $\mathbb{R}^n$ 的基，则任意向量 $\boldsymbol{q}\in\mathbb{R}^n$ 可以写成

$$\boldsymbol{q}=\alpha_1\boldsymbol{b}_1+\alpha_2\boldsymbol{b}_2+\cdots+\alpha_n\boldsymbol{b}_n=\xi_1\boldsymbol{d}_1+\xi_2\boldsymbol{d}_2+\cdots+\xi_n\boldsymbol{d}_n\tag{1.48}$$

我们现在要问，$\boldsymbol{q}$ 用基 $\boldsymbol{b}_1,\boldsymbol{b}_2,\cdots,\boldsymbol{b}_n$ 表示的分量 $\alpha_1,\alpha_2,\cdots,\alpha_n$ 与用基 $\boldsymbol{d}_1,\boldsymbol{d}_2,\cdots,\boldsymbol{d}_n$ 表示的分量 $\xi_1,\xi_2,\cdots,\xi_n$ 之间的关系是什么？量化这种关系将允许从一个系统到另一个系统的转换。

每个 $\boldsymbol{b}_i$ 必须是 $\boldsymbol{d}_j$ 唯一的线性组合，即

$$\begin{aligned}\boldsymbol{b}_1 &= a_{11}\boldsymbol{d}_1 + a_{21}\boldsymbol{d}_2 + \cdots + a_{n1}\boldsymbol{d}_n \\ \boldsymbol{b}_2 &= a_{12}\boldsymbol{d}_1 + a_{22}\boldsymbol{d}_2 + \cdots + a_{n2}\boldsymbol{d}_n \\ &\vdots \\ \boldsymbol{b}_n &= a_{1n}\boldsymbol{d}_1 + a_{2n}\boldsymbol{d}_2 + \cdots + a_{nn}\boldsymbol{d}_n\end{aligned} \tag{1.49}$$

那么向量 $\boldsymbol{q}$ 就变成了

$$\begin{aligned}\boldsymbol{q} &= \alpha_1\boldsymbol{b}_1 + \alpha_2\boldsymbol{b}_2 + \cdots + \alpha_n\boldsymbol{b}_n \\ &= \alpha_1(a_{11}\boldsymbol{d}_1 + a_{21}\boldsymbol{d}_2 + \cdots + a_{n1}\boldsymbol{d}_n) + \alpha_2(a_{12}\boldsymbol{d}_1 + a_{22}\boldsymbol{d}_2 + \cdots + a_{n2}\boldsymbol{d}_n) + \\ &\quad \cdots + \alpha_n(a_{1n}\boldsymbol{d}_1 + \cdots + a_{nn}\boldsymbol{d}_n) \\ &= (a_{11}\alpha_1 + a_{12}\alpha_2 + \cdots + a_{1n}\alpha_n)\boldsymbol{d}_1 + (a_{21}\alpha_1 + a_{22}\alpha_2 + \cdots + a_{2n}\alpha_n)\boldsymbol{d}_2 + \\ &\quad \cdots + (a_{n1}\alpha_1 + a_{n2}\alpha_2 + \cdots + a_{nn}\alpha_n)\boldsymbol{d}_n\end{aligned}$$

通过与式（1.48）直接比较，我们可以看到

$$\xi_p = a_{p1}\alpha_1 + a_{p2}\alpha_2 + \cdots + a_{pn}\alpha_n, \quad p = 1,2,\cdots,n \tag{1.50}$$

因此，如果我们用下面的形式表示 $\mathbb{R}^n$ 的列向量 $\boldsymbol{\xi}$ 和 $\boldsymbol{\alpha}$ 以及 $n\times n$ 矩阵 $\boldsymbol{A}$：

$$\boldsymbol{\xi} = \begin{bmatrix}\xi_1\\ \xi_2\\ \vdots\\ \xi_n\end{bmatrix},\quad \boldsymbol{\alpha} = \begin{bmatrix}\alpha_1\\ \alpha_2\\ \vdots\\ \alpha_n\end{bmatrix},\quad \boldsymbol{A} = \begin{bmatrix}a_{11} & a_{12} & \cdots & a_{1n}\\ a_{21} & a_{22} & \cdots & a_{2n}\\ \vdots & \vdots & & \vdots\\ a_{n1} & a_{n2} & \cdots & a_{nn}\end{bmatrix}$$

则式（1.50）可以写成矩阵形式

$$\boldsymbol{\xi} = \boldsymbol{A}\boldsymbol{\alpha} \tag{1.51}$$

式（1.51）给出了由基 $\{\boldsymbol{b}_1,\boldsymbol{b}_2,\cdots,\boldsymbol{b}_n\}$ 变换到基 $\{\boldsymbol{d}_1,\boldsymbol{d}_2,\cdots,\boldsymbol{d}_n\}$ 的**坐标变换公式**。同样地，我们可以从基 $\{\boldsymbol{d}_1,\boldsymbol{d}_2,\cdots,\boldsymbol{d}_n\}$ 变换到基 $\{\boldsymbol{b}_1,\boldsymbol{b}_2,\cdots,\boldsymbol{b}_n\}$。因此，$\boldsymbol{A}$ 应该是可逆的。而且有

$$\boldsymbol{\alpha} = \boldsymbol{A}^{-1}\boldsymbol{\xi} \tag{1.52}$$

式（1.51）和式（1.52）对于 $\mathbb{R}^n$ 的任何基 $\{\boldsymbol{b}_1,\boldsymbol{b}_2,\cdots,\boldsymbol{b}_n\}$ 和 $\{\boldsymbol{d}_1,\boldsymbol{d}_2,\cdots,\boldsymbol{d}_n\}$ 都是通用的。现在我们考虑如果这两个基中有一个或两个是正交时的额外好处。

如果基 $\{\boldsymbol{d}_1,\boldsymbol{d}_2,\cdots,\boldsymbol{d}_n\}$ 是标准正交的，则用式（1.49）中的每个 $\boldsymbol{b}_j$ 与每个 $\boldsymbol{d}_i$ 来形成内积是有益的。此时，组成矩阵 $\boldsymbol{A}$ 的元素，即系数 a_{ij} 为

$$a_{ij} = (\boldsymbol{d}_i,\boldsymbol{b}_j) \tag{1.53}$$

相反，如果基 $\{\boldsymbol{b}_1,\boldsymbol{b}_2,\cdots,\boldsymbol{b}_n\}$ 是标准正交的，我们对 $\boldsymbol{A}^{-1}$ 的元素得出相应的结论。为此，设 c_{ij} 为 $\boldsymbol{A}^{-1}$ 的第 i 行第 j 列元素，即

$$\boldsymbol{A}^{-1} = \begin{bmatrix}c_{11} & c_{12} & \cdots & c_{1n}\\ c_{21} & c_{22} & \cdots & c_{2n}\\ \vdots & \vdots & & \vdots\\ c_{n1} & c_{n2} & \cdots & c_{nn}\end{bmatrix}$$

相应的结果为：如果基 $\{\boldsymbol{b}_1, \boldsymbol{b}_2, \cdots, \boldsymbol{b}_n\}$ 是标准正交的，则组成 $\boldsymbol{A}^{-1}$ 元素的系数 c_{ij} 由下式给出：

$$c_{kl} = (\boldsymbol{b}_k, \boldsymbol{d}_l) \tag{1.54}$$

假设 $\{\boldsymbol{d}_i\}$ 和 $\{\boldsymbol{b}_i\}$ 都是标准正交的，从而式（1.53）和式（1.54）都成立。于是，$c_{kl}=(\boldsymbol{b}_k, \boldsymbol{d}_l)=(\boldsymbol{d}_l, \boldsymbol{b}_k)=a_{lk}$。因此，元素为 c_{mn} 的矩阵与元素为 a_{pq} 的矩阵的行、列位置互换。换句话说，这两个矩阵是彼此的转置。因为 $\boldsymbol{A}$ 有元素 a_{ij}，而 $\boldsymbol{A}^{-1}$ 有元素 c_{ij}，这就证实了

- 如果两个基 $\{\boldsymbol{d}_i\}$ 和 $\{\boldsymbol{b}_i\}$ 都是标准正交的，则基变换矩阵满足

$$\boldsymbol{A}^{-1} = \boldsymbol{A}^{\mathrm{T}}$$

正交矩阵 一个满足 $\boldsymbol{A}^{-1}=\boldsymbol{A}^{\mathrm{T}}$ 的方阵 $\boldsymbol{A}$ 称为**正交矩阵**。等价地，如果对方阵 $\boldsymbol{A}$ 成立

$$\boldsymbol{A}\boldsymbol{A}^{\mathrm{T}} = \boldsymbol{A}^{\mathrm{T}}\boldsymbol{A} = \boldsymbol{I} \tag{1.55}$$

则 $\boldsymbol{A}$ 是正交矩阵。

重要的是读者要理解，虽然我们在坐标变换过程中得出了正交矩阵的概念，但这作为一般的概念，仅仅是基于一个方阵是否满足式（1.55），而不考虑任何基变换的概念。在回到基变换问题之前，我们先概述正交矩阵的一些一般性质。

回忆一下，$\det \boldsymbol{A}^{\mathrm{T}}=\det \boldsymbol{A}$ 以及 $\det(\boldsymbol{BC})=(\det \boldsymbol{B})(\det \boldsymbol{C})$，因此从式（1.55）推断出，一个正交矩阵 $\boldsymbol{A}$ 满足 $(\det \boldsymbol{A})^2=1$，即

$$\det \boldsymbol{A} = \pm 1 \tag{1.56}$$

现在回想一下式（1.26）中的转置和标准点积之间的一般关系，即 $\boldsymbol{x}\cdot\boldsymbol{A}\boldsymbol{y}=\boldsymbol{A}^{\mathrm{T}}\boldsymbol{x}\cdot\boldsymbol{y}$。我们把 $\boldsymbol{x}=\boldsymbol{A}\boldsymbol{z}$ 代入这个关系式中，其中 $\boldsymbol{A}$ 是一个正交矩阵，其结果是

★ 如果 $\boldsymbol{A}$ 是一个正交矩阵，则 $\boldsymbol{A}\boldsymbol{z}\cdot\boldsymbol{A}\boldsymbol{y}=\boldsymbol{A}^{\mathrm{T}}(\boldsymbol{A}\boldsymbol{z})\cdot\boldsymbol{y}=(\boldsymbol{A}^{\mathrm{T}}\boldsymbol{A})\boldsymbol{z}\cdot\boldsymbol{y}=\boldsymbol{I}\boldsymbol{z}\cdot\boldsymbol{y}=\boldsymbol{z}\cdot\boldsymbol{y}$。

在这个结果中取 $\boldsymbol{z}=\boldsymbol{y}$，如果 $\boldsymbol{A}$ 是正交的，则

$$\|\boldsymbol{A}\boldsymbol{y}\| = \sqrt{\boldsymbol{A}\boldsymbol{y}\cdot\boldsymbol{A}\boldsymbol{y}} = \sqrt{\boldsymbol{y}\cdot\boldsymbol{y}} = \|\boldsymbol{y}\|$$

向量与正交矩阵相乘，不会改变其长度（正如用标准点积计算的那样），**但通常会改变方向**。

如果 $\boldsymbol{z}$ 和 $\boldsymbol{y}$ 是不同的向量，设 θ 是由式（1.28）用标准点积计算的这两个向量之间的夹角。设 ϕ 为 $\boldsymbol{A}\boldsymbol{y}$ 与 $\boldsymbol{A}\boldsymbol{z}$ 之间的夹角，它也是使用标准点积算出的。我们发现

$$\cos\theta = \frac{\boldsymbol{z}\cdot\boldsymbol{y}}{\|\boldsymbol{z}\|\|\boldsymbol{y}\|}, \quad \cos\phi = \frac{\boldsymbol{A}\boldsymbol{z}\cdot\boldsymbol{A}\boldsymbol{y}}{\|\boldsymbol{A}\boldsymbol{z}\|\|\boldsymbol{A}\boldsymbol{y}\|} \tag{1.57}$$

当 $\boldsymbol{A}$ 是正交的，由上面的论证可知，$\boldsymbol{A}\boldsymbol{z}\cdot\boldsymbol{A}\boldsymbol{y}=\boldsymbol{z}\cdot\boldsymbol{y}$，$\|\boldsymbol{A}\boldsymbol{z}\|=\|\boldsymbol{z}\|$，$\|\boldsymbol{A}\boldsymbol{y}\|=\|\boldsymbol{y}\|$。因此 $\cos\theta=\cos\phi$，证实了**向量之间的分离角也保留不变**的事实。在 $\mathbb{R}^2$ 和 $\mathbb{R}^3$ 中，保持长度和角度的综合特性，用来将正交矩阵乘以向量描述为一个刚体正向旋转（如果 $\det \boldsymbol{A}=1$）或反向旋转（如果 $\det \boldsymbol{A}=-1$）。后者有时被称为反演，有时被称为关于直线或平面在相反法向上的反射。在三维以上的空间中，反射是说成发生在一个**超平面上**，在这个超平面上法向的概念得以保留。

当两个基都是正交的，坐标变换过程产生正交矩阵 $\boldsymbol{A}$ 时，这些几何观测结果可以立即得到解释。每一组基向量定义了一组相互垂直的坐标轴。从一个基到另一个基的坐标变换，要么对应于一个坐标系到另一个坐标系的纯旋转，要么对应于一个坐标轴方向相反的旋转。

例 1.8.1 下列哪个矩阵（如果有的话）是正交的？

$$\boldsymbol{P}=\begin{bmatrix}\cos\beta & -\sin\beta & 0\\ \sin\beta & \cos\beta & 0\\ 0 & 0 & 1\end{bmatrix},\quad \boldsymbol{Q}=\begin{bmatrix}1 & 0 & 0\\ 0 & -1 & 0\\ 0 & 0 & 1\end{bmatrix}$$

$$\boldsymbol{R}=\begin{bmatrix}1 & 0 & 1\\ 0 & -1 & 0\\ 1 & 0 & 1\end{bmatrix},\quad \boldsymbol{S}=\begin{bmatrix}0 & 0 & 1\\ 0 & -1 & 0\\ 1 & 0 & 0\end{bmatrix}$$

当其中任何正交矩阵乘以任意向量 $\boldsymbol{x}=\begin{bmatrix}x_1\\ x_2\\ x_3\end{bmatrix}\in\mathbb{R}^3$ 时，从物理上解释该正交矩阵的作用。

解 通过直接计算，可以发现 $\boldsymbol{P}^{\mathrm{T}}\boldsymbol{P}=\boldsymbol{Q}^{\mathrm{T}}\boldsymbol{Q}=\boldsymbol{S}^{\mathrm{T}}\boldsymbol{S}=\boldsymbol{I}$，而 $\boldsymbol{R}^{\mathrm{T}}\boldsymbol{R}\neq\boldsymbol{I}$。因此 $\boldsymbol{P},\boldsymbol{Q},\boldsymbol{S}$ 是正交的，而 $\boldsymbol{R}$ 不是。$\boldsymbol{P}$ 对 $\boldsymbol{x}$ 的作用相当于绕 x_3 轴转过 β 角度的旋转。$\boldsymbol{Q}$ 的作用相当于绕 x_2 轴的反向旋转。$\boldsymbol{S}$ 的作用相当于绕 x_2 轴的反向旋转结合 x_1 轴和 x_3 轴的对换。

现在我们回到考虑由一个标准正交基 $\{\boldsymbol{d}_i\}$ 和另一个标准正交基 $\{\boldsymbol{b}_i\}$ 之间的变换引起的基矩阵 $\boldsymbol{A}$ 的正交变换。

- 当 $\det\boldsymbol{A}=1$ 时，我们说基序给出相同的**手性**。
- 当两个基 $\{\boldsymbol{d}_i\}$ 和 $\{\boldsymbol{b}_i\}$ 都是标准正交的，并且 $\det\boldsymbol{A}=-1$ 时，我们说基序给出**相反的手性**。

这里我们强调 $\boldsymbol{A}$ 的特定形式不仅取决于 $\{\boldsymbol{d}_i\}$ 和 $\{\boldsymbol{b}_i\}$ 中的单个基向量，而且还取决于它们的排序方式。交换任意两个向量的顺序会改变 $\det\boldsymbol{A}$ 的符号，从而改变它的手性。因此，当基序产生相反的手性时，如果希望它有相同的手性，我们所需要做的就是对基向量重新排序。这种重新排序最简单的方法是交换任意两个 $\boldsymbol{d}_i$ 在列表 $\{\boldsymbol{d}_1,\boldsymbol{d}_2,\cdots,\boldsymbol{d}_n\}$ 中或 $\boldsymbol{b}_i$ 在列表 $\{\boldsymbol{b}_1,\boldsymbol{b}_2,\cdots,\boldsymbol{b}_n\}$ 中的位置。

无疑，读者熟悉 $\mathbb{R}^3$ 中的这个过程，这里基集是 $\{\boldsymbol{d}_1,\boldsymbol{d}_2,\boldsymbol{d}_3\}$ 和 $\{\boldsymbol{b}_1,\boldsymbol{b}_2,\boldsymbol{b}_3\}$。那么，如果每个集合顺序都遵循“右手法则”，那么 $\det\boldsymbol{A}=1$（相同的手性）。如果两者都遵循“左手法则”，则仍具有相同的手性。然而，如果一个集合排序遵循右手法则，而另一个遵循左手法则，那么 $\det\boldsymbol{A}=-1$。将注意力集中在这个相对简单的问题上的一个原因是，当使用执行标准操作的软件包时，它就会浮现出来。这些软件包中使用的内部排序方案并不总是很明显，当用户假设标准排序生效时，可能会在计算中产生意想不到的结果。而实际上内部方案会产生不同的（和不希望的）排序。

习题

1.2

回想一下，$M\times N$ 矩阵的集合组成了一个实向量空间，因为它们满足向量空间的十个公理。为了回忆这些公理，设向量空间为 V，并设 $\boldsymbol{P}\in V$，$\boldsymbol{Q}\in V$，$\boldsymbol{R}\in V$ 为空间中的任意三个向量，设 a,b 为任意两个实数。其中八个公理是

$$\boldsymbol{P}+\boldsymbol{Q}\in V;\quad \boldsymbol{P}+\boldsymbol{Q}=\boldsymbol{Q}+\boldsymbol{P};\quad (\boldsymbol{P}+\boldsymbol{Q})+\boldsymbol{R}=\boldsymbol{P}+(\boldsymbol{Q}+\boldsymbol{R});$$
$$a\boldsymbol{P}\in V;\quad 1\boldsymbol{P}=\boldsymbol{P};\quad a(\boldsymbol{P}+\boldsymbol{Q})=a\boldsymbol{P}+a\boldsymbol{Q};\quad (a+b)\boldsymbol{P}=a\boldsymbol{P}+b\boldsymbol{P};$$
$$a(b\boldsymbol{P})=(ab)\boldsymbol{P}$$

最后两个公理是假设一个加性恒等的向量 $\mathbf{0}$ 和一个加性逆运算存在：

$$\mathbf{0}+\boldsymbol{P}=\boldsymbol{P};\quad \boldsymbol{P}-\boldsymbol{P}\overset{\text{def}}{=}\boldsymbol{P}+((-1)\boldsymbol{P})=\mathbf{0}$$

使用这些公理，证明下列陈述成立。

1. 这是一个向量空间：所有 4×3 矩阵的集合，其中所有矩阵的第 4 行是前 3 行之和。
2. $0\boldsymbol{P}=\mathbf{0}$。
3. 这不是一个向量空间：所有 4×3 矩阵的集合，其中所有矩阵的第 4 行元素的总和为一个非负数。

习题 4～8 涉及 $\mathbb{R}^4$ 中的以下六个向量。

$$\boldsymbol{v}_1=\begin{bmatrix}1\\0\\0\\0\end{bmatrix},\quad \boldsymbol{v}_2=\begin{bmatrix}0\\1\\0\\0\end{bmatrix},\quad \boldsymbol{v}_3=\begin{bmatrix}0\\\pi\\0\\0\end{bmatrix}$$
$$\boldsymbol{v}_4=\begin{bmatrix}1\\1\\0\\1\end{bmatrix},\quad \boldsymbol{v}_5=\begin{bmatrix}0\\0\\1\\1\end{bmatrix},\quad \boldsymbol{v}_6=\begin{bmatrix}0\\1\\1\\1\end{bmatrix}$$

4. 向量组 $\{\boldsymbol{v}_1,\boldsymbol{v}_2\}$ 是线性无关的还是线性相关的？
5. 向量组 $\{\boldsymbol{v}_1,\boldsymbol{v}_2,\boldsymbol{v}_3\}$ 是线性无关的还是线性相关的？
6. 向量组 $\{\boldsymbol{v}_2,\boldsymbol{v}_3\}$ 是线性无关的还是线性相关的？
7. 向量组 $\{\boldsymbol{v}_3,\boldsymbol{v}_4,\boldsymbol{v}_5\}$ 是线性无关的还是线性相关的？
8. 向量组 $\{\boldsymbol{v}_3,\boldsymbol{v}_4,\boldsymbol{v}_5,\boldsymbol{v}_6\}$ 是线性无关的还是线性相关的？

习题 9 和习题 10 涉及 $\mathbb{R}^4$ 中的以下四个向量。

$$\boldsymbol{w}_1=\begin{bmatrix}1\\2\\3\\4\end{bmatrix},\quad \boldsymbol{w}_2=\begin{bmatrix}0\\1\\2\\3\end{bmatrix},\quad \boldsymbol{w}_3=\begin{bmatrix}1\\-1\\1\\-1\end{bmatrix},\quad \boldsymbol{w}_4=\begin{bmatrix}1\\-3\\7\\\omega\end{bmatrix}$$

9. 对于什么样的 ω 值，向量组 $\{\boldsymbol{w}_1,\boldsymbol{w}_2,\boldsymbol{w}_3,\boldsymbol{w}_4\}$ 是线性无关的，对于什么样的 ω

值，这组向量是线性相关的？

10. 用使得向量组 $\{\boldsymbol{w}_1,\boldsymbol{w}_2,\boldsymbol{w}_3,\boldsymbol{w}_4\}$ 线性相关的 ω 值来确定向量 $\boldsymbol{w}_4$。通过行变换来说明 $\boldsymbol{w}_1$ 可以写成 $\boldsymbol{w}_2,\boldsymbol{w}_3,\boldsymbol{w}_4$ 的线性组合。然后说明 $\boldsymbol{w}_4$ 可以写成 $\boldsymbol{w}_1,\boldsymbol{w}_2,\boldsymbol{w}_3$ 的线性组合。

1.3

1. 考虑 $\mathbb{R}^3$ 中由 $\begin{bmatrix}x_1\\x_2\\x_3\end{bmatrix}$ 组成的，满足以下两个条件的子空间：

$$x_1-2x_2+3x_3=0,\quad x_1-x_3=0$$

这个子空间的维数是多少？求出这个子空间的一组基。

2. 考虑 $\mathbb{R}^4$ 中由 $\begin{bmatrix}x_1\\x_2\\x_3\\x_4\end{bmatrix}$ 组成的，满足以下两个条件的子空间：

$$x_1-2x_2+3x_3=0,\quad x_1-x_3=0$$

这个子空间的维数是多少？求出这个子空间的一组基底。

3. 考虑 $\mathbb{R}^4$ 中由 $\begin{bmatrix}x_1\\x_2\\x_3\\x_4\end{bmatrix}$ 组成的，满足以下所有条件的子空间：

$$x_1-2x_2+3x_3=0,\quad x_1-x_3=0,\quad x_3+2x_4=0$$

这个子空间的维数是多少？求出这个子空间的一组基底。

4. 考虑 $\mathbb{R}^5$ 的子空间，它由分量满足以下两个条件的向量组成：

$$x_1-x_3=0,\quad x_3+2x_4=0$$

这个子空间的维数是多少？

1.4

习题 1～7 涉及 $\mathbb{R}^3$ 中的以下子空间，这些子空间由向量 $\boldsymbol{x}=\begin{bmatrix}x_1\\x_2\\x_3\end{bmatrix}$ 组成，其分量上有附加条件。子空间 S_1 是由分量满足以下等式的向量组成：

$$x_1-2x_2+3x_3=0$$

子空间 S_2 是由分量满足以下等式的向量组成：

$$x_1+4x_2-x_3=0$$

子空间 S_3 是由分量满足以下两个等式的向量组成：

$$x_1 + x_2 - 4x_3 = 0,\quad 2x_1 + x_3 = 0$$

子空间 S_4 是由分量满足以下两个等式的向量组成：

$$x_1 - 2x_2 = 0,\quad 3x_1 - x_3 = 0$$

1. 解释为什么 $\mathbb{R}^3 \neq S_1 \oplus S_2$。
2. 解释为什么 $\mathbb{R}^3 = S_1 \oplus S_3$。
3. 解释为什么 $\mathbb{R}^3 \neq S_3 \oplus S_4$。
4. 解释为什么 $\mathbb{R}^3 = S_1 \oplus S_3 = S_1 \oplus S_4 = S_2 \oplus S_3$，但是 $\mathbb{R}^3 \neq S_2 \oplus S_4$。
5. 设 $\boldsymbol{a} = \begin{bmatrix} 1 \\ 1 \\ 1 \end{bmatrix}$，用 $\boldsymbol{b} \in S_1$ 和 $\boldsymbol{c} \in S_3$ 表示 $\boldsymbol{a} = \boldsymbol{b} + \boldsymbol{c}$。
6. $\boldsymbol{a}$ 同前，用 $\boldsymbol{d} \in S_1$ 和 $\boldsymbol{e} \in S_4$ 表示 $\boldsymbol{a} = \boldsymbol{d} + \boldsymbol{e}$。
7. $\boldsymbol{a}$ 同前，用 $\boldsymbol{f} \in S_2$ 和 $\boldsymbol{g} \in S_3$ 表示 $\boldsymbol{a} = \boldsymbol{f} + \boldsymbol{g}$。
8. 设 $\mathbb{R}^3$ 的子空间 S 是由 $\begin{bmatrix} x_1 \\ x_2 \\ x_3 \end{bmatrix}$ 组成，满足以下两个等式：

$$x_1 - 2x_2 + 3x_3 = 0 \text{ 和 } x_1 - x_3 = 0$$

为这个子空间找到两个不同的代数补。再将向量 $\begin{bmatrix} 0 \\ 1 \\ 2 \end{bmatrix}$ 表示成两个代数补的直和分解。

1.5

习题 1～11 在 $\mathbb{R}^3$ 中，并且有关下列向量：

$$\boldsymbol{u} = \begin{bmatrix} 1 \\ 0 \\ 0 \end{bmatrix},\quad \boldsymbol{v} = \begin{bmatrix} 0 \\ 1 \\ 0 \end{bmatrix},\quad \boldsymbol{w} = \begin{bmatrix} 0 \\ 0 \\ 1 \end{bmatrix},\quad \boldsymbol{x} = \begin{bmatrix} 1 \\ 1 \\ 0 \end{bmatrix},\quad \boldsymbol{y} = \begin{bmatrix} 0 \\ 1 \\ 1 \end{bmatrix},\quad \boldsymbol{z} = \begin{bmatrix} 1 \\ 1 \\ 1 \end{bmatrix}$$

1. 用标准点积求出向量 $\boldsymbol{u},\boldsymbol{v},\boldsymbol{w},\boldsymbol{x},\boldsymbol{y},\boldsymbol{z}$ 的大小。
2. 用式（1.23）的加权点积及 $c_1=1, c_2=2, c_3=3$，求出向量 $\boldsymbol{u},\boldsymbol{v},\boldsymbol{w},\boldsymbol{x},\boldsymbol{y},\boldsymbol{z}$ 的大小。
3. 用式（1.24）的点积，求出向量 $\boldsymbol{u},\boldsymbol{v},\boldsymbol{w},\boldsymbol{x},\boldsymbol{y},\boldsymbol{z}$ 的大小。
4. 利用式（1.28），在数量积分别由标准点积式（1.22）和式（1.24）给出的情况下，求出 $\boldsymbol{u}$ 和 $\boldsymbol{v}$ 之间的分离角 θ。
5. 利用式（1.28），在数量积分别由标准点积式（1.22）和式（1.24）给出的情况下，求出 $\boldsymbol{u}$ 和 $\boldsymbol{w}$ 之间的分离角 θ。
6. 利用式（1.28），在数量积分别由标准点积式（1.22）和式（1.24）给出的情况下，求出 $\boldsymbol{u}$ 和 $\boldsymbol{x}$ 之间的分离角 θ。
7. 利用式（1.28），在数量积分别由标准点积式（1.22）和式（1.24）给出的情况下，求出 $\boldsymbol{u}$ 和 $\boldsymbol{y}$ 之间的分离角 θ。
8. 利用式（1.28），在数量积分别由标准点积式（1.22）和由式（1.24）给出的情况下，求出 $\boldsymbol{u}$ 和 $\boldsymbol{z}$ 之间的分离角 θ。

9. 对 3×3 矩阵

$$\boldsymbol{A}=\begin{bmatrix}2 & 2 & 1\\ -1 & 3 & 0\\ 4 & -4 & 1\end{bmatrix}$$

验证式（1.26）：$\boldsymbol{u}\cdot\boldsymbol{A}\boldsymbol{z}=\boldsymbol{A}^{\mathrm{T}}\boldsymbol{u}\cdot\boldsymbol{z}$，其中 $\boldsymbol{u}$ 和 $\boldsymbol{z}$ 如上所示。

10. 向量 $\boldsymbol{u},\boldsymbol{z}$ 和矩阵 $\boldsymbol{A}$ 如上题，用数量积式（1.23）及 $c_1=1,c_2=2,c_3=3$ 计算（$\boldsymbol{u}$，$\boldsymbol{A}\boldsymbol{z}$）和（$\boldsymbol{A}^{\mathrm{T}}\boldsymbol{u},\boldsymbol{z}$）。

11. 向量 $\boldsymbol{u},\boldsymbol{z}$ 和矩阵 $\boldsymbol{A}$ 如上题，用数量积式（1.24）计算（$\boldsymbol{u},\boldsymbol{A}\boldsymbol{z}$）和（$\boldsymbol{A}^{\mathrm{T}}\boldsymbol{u},\boldsymbol{z}$）。

    习题 12～19 不再使用上面的特殊向量，而是针对一般的 $\mathbb{R}^n$。

12. 一个向量乘以一个正标量，相当于在不改变方向的情况下拉伸一个向量。通过证明拉伸 $\boldsymbol{x}$ 或 $\boldsymbol{y}$ 不会改变分离角，来证明这符合式（1.28）。

13. 验证标准点积式（1.22）满足数量积的条件 1～4。

14. 验证加权点积式（1.23）满足数量积的条件 1～4。

15. 验证内积运算式（1.24）满足数量积的条件 1～4。

16. 证明数量积的条件 1～4 足以使

$$-1\leqslant\frac{(\boldsymbol{x},\boldsymbol{y})}{\sqrt{(\boldsymbol{x},\boldsymbol{x})(\boldsymbol{y},\boldsymbol{y})}}\leqslant 1$$

    因此，式（1.28）是有意义的。

17. 设 $\boldsymbol{C}$ 为 $n\times m$ 矩阵，允许 $n\neq m$。证明在 $\mathbb{R}^n$ 和 $\mathbb{R}^m$ 中使用标准点积都有

$$\boldsymbol{x}\cdot\boldsymbol{C}\boldsymbol{y}=\boldsymbol{C}^{\mathrm{T}}\boldsymbol{x}\cdot\boldsymbol{y}\text{，对所有的 }\boldsymbol{x}=\begin{bmatrix}x_1\\ x_2\\ \vdots\\ x_n\end{bmatrix},\quad \boldsymbol{y}=\begin{bmatrix}y_1\\ y_2\\ \vdots\\ y_m\end{bmatrix}$$

18. 利用加权点积式（1.23）与 $c_1=1,c_2=2,c_3=3$，连同习题 9～11 中的 3×3 矩阵 $\boldsymbol{A}$，确定伴随矩阵 $\boldsymbol{A}^*$。

19. 利用数量积式（1.24）连同习题 9～11 中的 3×3 矩阵 $\boldsymbol{A}$，确定伴随矩阵 $\boldsymbol{A}^*$。

1.6

1. 设

$$\boldsymbol{v}_1=\begin{bmatrix}-2\\ 1\\ 2\end{bmatrix},\quad \boldsymbol{v}_2=\begin{bmatrix}1\\ 0\\ 1\end{bmatrix},\quad \boldsymbol{v}_3=\begin{bmatrix}1\\ 4\\ -1\end{bmatrix},\quad \boldsymbol{c}=\begin{bmatrix}3\\ 2\\ 1\end{bmatrix}$$

   验证 $\boldsymbol{v}_1,\boldsymbol{v}_2$ 和 $\boldsymbol{v}_3$ 是相互正交的，并用这个把 $\boldsymbol{c}$ 表示为 $\boldsymbol{v}_1,\boldsymbol{v}_2$ 和 $\boldsymbol{v}_3$ 的线性组合。

2. 对由 $\begin{bmatrix}1\\ 4\\ 6\end{bmatrix}$ 和 $\begin{bmatrix}0\\ 1\\ -1\end{bmatrix}$ 张成的子空间，构造一组标准正交基。

3. 对由 $\begin{bmatrix}1\\4\\6\\1\end{bmatrix}$，$\begin{bmatrix}0\\1\\-1\\0\end{bmatrix}$ 和 $\begin{bmatrix}1\\0\\1\\0\end{bmatrix}$ 张成的子空间，构造一组标准正交基。

4. 求出 $\mathbb{R}^4$ 的子空间的一组标准正交基，它由 $\begin{bmatrix}x_1\\x_2\\x_3\\x_4\end{bmatrix}$ 组成，同时满足

$$x_1-2x_2+3x_3=0,\quad x_1-x_3=0$$

5. 求出 $\mathbb{R}^5$ 的子空间的一组标准正交基，它由分量都满足以下两个等式的向量组成：

$$x_1-x_3=0,\quad x_3+2x_4=0$$

6. 可以看到 $(x_1,x_2,x_3,x_4)=(1,1,1,1)$ 不满足例 1.6.1 中子空间的定义式（1.36）。因此

$$\boldsymbol{r}=\begin{bmatrix}1\\1\\1\\1\end{bmatrix}$$

不在由 $\{\hat{\boldsymbol{e}}_1,\hat{\boldsymbol{e}}_2,\hat{\boldsymbol{e}}_3\}$（见例 1.6.1 最后）张成的子空间中。然而，我们可以计算

$$\boldsymbol{s}=(\boldsymbol{r},\hat{\boldsymbol{e}}_1)\hat{\boldsymbol{e}}_1+(\boldsymbol{r},\hat{\boldsymbol{e}}_2)\hat{\boldsymbol{e}}_2+(\boldsymbol{r},\hat{\boldsymbol{e}}_3)\hat{\boldsymbol{e}}_3$$

通过以下证明为这个 $\boldsymbol{s}$ 提供一个几何解释：证明它是位于式（1.36）定义的子空间上距离原始位置 $(x_1,x_2,x_3,x_4)=(1,1,1,1)$ 最近的点。

1.7

1. 把 $\begin{bmatrix}3\\-2\\1\end{bmatrix}$ 表示成 $\boldsymbol{a}$ 和 $\boldsymbol{b}$ 的和，其中 $\boldsymbol{a}$ 在 $\left\{\begin{bmatrix}1\\4\\6\end{bmatrix},\begin{bmatrix}0\\1\\-1\end{bmatrix}\right\}$ 张成的子空间中，而 $\boldsymbol{b}$ 在它的正交补中。

2. 把 $\begin{bmatrix}3\\1\\4\\5\end{bmatrix}$ 表示成 $\boldsymbol{a}$ 和 $\boldsymbol{b}$ 的和，其中 $\boldsymbol{a}$ 在 $\left\{\begin{bmatrix}1\\4\\6\\1\end{bmatrix},\begin{bmatrix}0\\1\\-1\\0\end{bmatrix},\begin{bmatrix}1\\0\\1\\0\end{bmatrix}\right\}$ 张成的子空间中，而 $\boldsymbol{b}$ 在它的正交补中。

3. 将 $\begin{bmatrix}2\\-4\\1\\5\end{bmatrix}$ 表示为 $\boldsymbol{a}$ 和 $\boldsymbol{b}$ 的和，其中 $\boldsymbol{a}$ 在 $\mathbb{R}^4$ 的一个子空间中，该子空间由分量满足以下两个方程的向量组成：

$$x_1 - 2x_2 + 3x_3 = 0, x_1 - x_3 = 0$$

而 $\boldsymbol{b}$ 是在该子空间的正交补中的向量。

4. 在例 1.7.1 中，我们得到了正交补式（1.41）和式（1.42）的直和分解。这就导出了对 $\mathbb{R}^3$ 中的任意向量通过式（1.43）和式（1.44）进行分解。然后在例 1.7.2 中，我们得到式（1.47），这是正交补的直和分解的例子。因此，它是式（1.43）和式（1.44）的对等物。然而，在例 1.7.2 中，我们并没有得到 $\mathbb{R}^4$ 中任何向量的分解，即式（1.43）和式（1.44）的对等物。请完成例 1.7.2 的相应推导。

5. 在 $\mathbb{R}^3$ 中设 $S_1=\text{span}\left\{\begin{bmatrix}1\\-1\\3\end{bmatrix}\right\}$，$S_2$ 是 $\mathbb{R}^3$ 的子空间，由分量满足以下两个等式的向量 $\begin{bmatrix}x_1\\x_2\\x_3\end{bmatrix}$ 组成：

$$x_1 - 2x_2 + 3x_3 = 0, x_1 - x_3 = 0$$

求表达式

$$\begin{bmatrix}1\\1\\1\end{bmatrix} = \boldsymbol{v}_1 + \boldsymbol{v}_2 + \boldsymbol{v}_3$$

使得 $\boldsymbol{v}_1 \in S_1$，$\boldsymbol{v}_2 \in S_2$，$\boldsymbol{v}_3 \cdot \boldsymbol{v}_1 = 0$，$\boldsymbol{v}_3 \cdot \boldsymbol{v}_2 = 0$。

6. 在 $\mathbb{R}^4$ 中设

$$S_1 = \text{span}\left\{\begin{bmatrix}1\\-1\\1\\-1\end{bmatrix}\right\}$$

同时设 S_2 是 $\mathbb{R}^4$ 的子空间，其向量的分量满足以下两个等式：

$$x_1 + 2x_2 = 0, x_2 + x_3 - x_4 = 0$$

求表达式

$$\begin{bmatrix}1\\2\\3\\4\end{bmatrix} = \boldsymbol{v}_1 + \boldsymbol{v}_2 + \boldsymbol{v}_3$$

使得 $\boldsymbol{v}_1 \in S_1$，$\boldsymbol{v}_2 \in S_2$，以及 $\boldsymbol{v}_3 \in (S_1 \oplus S_2)^{\perp}$。

1.8

在习题 1～5 中，设

$$\boldsymbol{a}_1=\frac{1}{\sqrt{3}}\begin{bmatrix}1\\1\\1\end{bmatrix},\quad \boldsymbol{a}_2=\frac{1}{5}\begin{bmatrix}3\\0\\4\end{bmatrix},\quad \boldsymbol{a}_3=\frac{1}{5}\begin{bmatrix}0\\4\\-3\end{bmatrix}$$

$$\boldsymbol{b}_1=\frac{1}{\sqrt{6}}\begin{bmatrix}-2\\1\\1\end{bmatrix},\quad \boldsymbol{b}_2=\frac{1}{\sqrt{2}}\begin{bmatrix}1\\0\\1\end{bmatrix},\quad \boldsymbol{b}_3=\begin{bmatrix}1\\0\\0\end{bmatrix}$$

$$\boldsymbol{c}_1=\frac{1}{3}\begin{bmatrix}-2\\1\\2\end{bmatrix},\quad \boldsymbol{c}_2=\frac{1}{3}\begin{bmatrix}1\\-2\\2\end{bmatrix},\quad \boldsymbol{c}_3=\frac{1}{3}\begin{bmatrix}2\\2\\1\end{bmatrix}$$

$$\boldsymbol{k}_1=\frac{1}{3}\begin{bmatrix}-2\\1\\2\end{bmatrix},\quad \boldsymbol{k}_2=\frac{1}{\sqrt{2}}\begin{bmatrix}1\\0\\1\end{bmatrix},\quad \boldsymbol{k}_3=\frac{1}{3\sqrt{2}}\begin{bmatrix}1\\4\\-1\end{bmatrix}$$

显然，$\{\boldsymbol{a}_1,\boldsymbol{a}_2,\boldsymbol{a}_3\}$ 是 $\mathbb{R}^3$ 的一组单位基向量，向量组 $\{\boldsymbol{b}_1,\boldsymbol{b}_2,\boldsymbol{b}_3\}$，$\{\boldsymbol{c}_1,\boldsymbol{c}_2,\boldsymbol{c}_3\}$ 和 $\{\boldsymbol{k}_1,\boldsymbol{k}_2,\boldsymbol{k}_3\}$ 也是如此。此外，如果 $\boldsymbol{r}\in\mathbb{R}^3$，我们引入 $\boldsymbol{r}$ 关于上述每个基向量组的坐标：将 $\boldsymbol{r}$ 分别表示为 $\alpha_1\boldsymbol{a}_1+\alpha_2\boldsymbol{a}_2+\alpha_3\boldsymbol{a}_3$，$\beta_1\boldsymbol{b}_1+\beta_2\boldsymbol{b}_2+\beta_3\boldsymbol{b}_3$，$\gamma_1\boldsymbol{c}_1+\gamma_2\boldsymbol{c}_2+\gamma_3\boldsymbol{c}_3$ 和 $\kappa_1\boldsymbol{k}_1+\kappa_2\boldsymbol{k}_2+\kappa_3\boldsymbol{k}_3$。

1. 哪些底是正交的？
2. 求坐标从 $\{\alpha_1,\alpha_2,\alpha_3\}$ 到 $\{\beta_1,\beta_2,\beta_3\}$ 的 3×3 变换矩阵 $\boldsymbol{A}$。换句话说，这个 $\boldsymbol{A}$ 满足 $\boldsymbol{\beta}=\boldsymbol{A}\boldsymbol{\alpha}$。
3. 与上题不同，求坐标从 $\{\alpha_1,\alpha_2,\alpha_3\}$ 到 $\{\gamma_1,\gamma_2,\gamma_3\}$ 的 3×3 变换矩阵 $\boldsymbol{A}$。
4. 求坐标从 $\{\kappa_1,\kappa_2,\kappa_3\}$ 到 $\{\beta_1,\beta_2,\beta_3\}$ 的 3×3 变换矩阵 $\boldsymbol{A}$。
5. 求坐标从 $\{\gamma_1,\gamma_2,\gamma_3\}$ 到 $\{\kappa_1,\kappa_2,\kappa_3\}$ 的 3×3 变换矩阵 $\boldsymbol{A}$。
6. 假设 $\boldsymbol{P}$ 和 $\boldsymbol{Q}$ 是 $n\times n$ 正交矩阵。求证乘积矩阵 $\boldsymbol{PQ}$ 也是一个正交矩阵。
7. 假设 $\boldsymbol{Q}$ 是一个 $n\times n$ 正交矩阵。求证 $\boldsymbol{Q}$ 的列，当将每一列看作 $\mathbb{R}^n$ 中的一个向量时，构成 $\mathbb{R}^n$ 的一组标准正交基。
8. 设 $\boldsymbol{C}_1$ 是一个 $m\times n$ 矩阵。考虑将行 p 与行 q 互换的行变换（因此 p 和 q 都不大于 m），从而得到不同的 $m\times n$ 矩阵 $\boldsymbol{C}_2$。这可以用一个 $m\times m$ 行变换矩阵 $\boldsymbol{R}$ 通过运算 $\boldsymbol{C}_2=\boldsymbol{RC}_1$ 来实现。矩阵 $\boldsymbol{R}$ 的具体元素 r_{ij} 是什么？证明 $\boldsymbol{R}$ 是正交的。

计算挑战问题

下面的问题在类型上与 1.7 节的习题 6 中所考虑的问题相似，但是是在 $\mathbb{R}^6$ 中而不是 $\mathbb{R}^4$ 中。使用计算软件和符号操作软件，如 Mathematica 或 MATLAB，以精确的方式解决问题（即没有数值舍入）。

将 $\mathbb{R}^6$ 中的向量 $\boldsymbol{u}$ 表示为三个向量的和，$\boldsymbol{u}=\boldsymbol{v}_1+\boldsymbol{v}_2+\boldsymbol{v}_3$，使得

$$\boldsymbol{v}_1 \in \operatorname{span}\left\{\begin{bmatrix}1\\2\\3\\3\\2\\1\end{bmatrix}, \begin{bmatrix}1\\0\\1\\0\\1\\0\end{bmatrix}\right\}$$

$$\boldsymbol{v}_2 = \begin{bmatrix}x_1\\x_2\\x_3\\x_4\\x_5\\x_6\end{bmatrix} \quad \Rightarrow \quad \begin{cases}x_1 + x_2 + x_5 + x_6 = 0\\ x_1 - x_6 = 0\\ x_3 - x_4 + 2x_5 = 0\\ x_2 - 4x_5 = 0\end{cases}$$

以及 $\boldsymbol{v}_3 \cdot \boldsymbol{v}_1 = \boldsymbol{v}_3 \cdot \boldsymbol{v}_2 = 0$。

1. 用一个子空间分解来描述这个问题，并为每个子空间找到一个底。
2. 找出上面每个子空间的正交基。阐述一个子空间内的正交基向量与跨子空间的正交基向量的区别。
3. 在以下四种情况下求向量 $\boldsymbol{v}_1$，$\boldsymbol{v}_2$ 和 $\boldsymbol{v}_3$：

$$\text{(a) } \boldsymbol{u}_{\mathrm{a}} = \begin{bmatrix}1\\0\\0\\0\\0\\0\end{bmatrix}, \quad \text{(b) } \boldsymbol{u}_{\mathrm{b}} = \begin{bmatrix}0\\1\\0\\0\\0\\0\end{bmatrix}, \quad \text{(c) } \boldsymbol{u}_{\mathrm{c}} = \begin{bmatrix}0\\0\\1\\0\\0\\0\end{bmatrix}, \quad \text{(d) } \boldsymbol{u}_{\mathrm{d}} = \begin{bmatrix}3\\-11\\\pi\\0\\0\\0\end{bmatrix}$$

第 2 章 线性变换

本章建立在第 1 章所涵盖的基础材料之上。第 1 章探究了向量空间的最基本概念，并提出了解构它的各种方法，特别是给出它的一个基，并把它分解成代数补（有很少的结构）和正交补（有更多结构）。从工程的角度来看，这些都是很重要的**静态**概念。现在我们考虑将某个向量空间中的向量作为输入，并产生新向量作为输出的操作——从根本上来说，这是一个**动态**过程。

我们考虑变换是线性的情况，以下对于一个变换是线性的定义，利用了在第 1 章中已经描述过的原始向量空间概念。在本章中，我们只关注有限维的输入和输出的向量空间，这使得这些向量空间都等价于 $\mathbb{R}^n$，即第 1 章中考虑过的向量空间。然而，许多基本性质可以推广到无限维向量空间的情况，例如，由满足某个线性微分方程及其边界条件的函数组成的向量空间[⊖]。本章的重点是这种变换过程本身的基本性质，很少涉及解决特定问题的概念。这就需要理解这样的过程：它将线性变换转换，并可能将其重新组织为方便解决类似的任何问题的形式。重要的是不仅要处理特定基中表示的线性变换，而且要认识到什么时候用一种与基无关的方法来处理它是更有用的。为此，2.1 节的末尾介绍一些符号上的区别。一旦这些概念到位，解决具有工程意义的具体问题将在第 3 章和第 4 章进行探讨。

2.1 线性变换概念

当下面的式（2.1）和式（2.2）满足时，把向量 $\boldsymbol{x}\in\mathbb{R}^n$ 映射为向量 $\boldsymbol{w}\in\mathbb{R}^m$ 的变换 $\boldsymbol{w}=B(\boldsymbol{x})$ 称为一个**线性变换**：

$$B(\boldsymbol{x}+\boldsymbol{y})=B(\boldsymbol{x})+B(\boldsymbol{y}),\ \forall\,\boldsymbol{x},\ \boldsymbol{y}\in\mathbb{R}^n \tag{2.1}$$

$$B(a\boldsymbol{x})=aB(\boldsymbol{x}),\quad \forall\,\boldsymbol{x}\in\mathbb{R}^n\ \text{和标量}\ a \tag{2.2}$$

一个标准的表示法是使用黑体并删掉括号，也就是说，把这样一个线性变换写为 $\boldsymbol{w}=\boldsymbol{Bx}$。然后，式（2.1）和式（2.2）通常写成

$$\boldsymbol{B}(\boldsymbol{x}+\boldsymbol{y})=\boldsymbol{Bx}+\boldsymbol{By}\ \text{和}\ \boldsymbol{B}(a\boldsymbol{x})=a\boldsymbol{Bx} \tag{2.3}$$

这个概念的其他名称（取决于所讨论的主题及其抽象程度）包括线性映射、二阶张量函数和线性同态。这个定义的一个结果是：

★ 一个线性变换 $\boldsymbol{B}$ 将 $\boldsymbol{0}\in\mathbb{R}^n$ 映射为 $\boldsymbol{0}\in\mathbb{R}^m$。

⊖ 它们被称为函数空间，并将在本书后面第 9 章的开头部分进行讨论。

这是因为，如果 $\boldsymbol{x}$ 是满足 $-\boldsymbol{x}=\boldsymbol{x}$ 的向量，那么 $\boldsymbol{x}=\boldsymbol{0}$。因此 $\boldsymbol{B0}=\boldsymbol{B}(-\boldsymbol{0})=-\boldsymbol{B0}$，从而得到

$$\boldsymbol{B0} = \boldsymbol{B}(0\boldsymbol{x}) = 0\boldsymbol{Bx} = \boldsymbol{0} \tag{2.4}$$

更一般地，设 $\{\boldsymbol{b}_1,\boldsymbol{b}_2,\cdots,\boldsymbol{b}_n\}$ 是 $\mathbb{R}^n$ 的一组基。则

- 如果对每个基向量 $\boldsymbol{b}_i$ 我们知道 $\boldsymbol{Bb}_i$，$i=1,2,\cdots,n$，那么 $\boldsymbol{B}$ 是**完全已知的**。
- 如果对于至少一个基向量 $\boldsymbol{b}_i$，我们不知道 $\boldsymbol{Bb}_i$，那么 $\boldsymbol{B}$ 就是**不完全已知的**。

第一个命题成立，因为任意 $\boldsymbol{x}\in\mathbb{R}^n$ 都可唯一地表示为 $\boldsymbol{x}=\beta_1\boldsymbol{b}_1+\beta_2\boldsymbol{b}_2+\cdots+\beta_n\boldsymbol{b}_n$，因此

$$\boldsymbol{Bx} = \boldsymbol{B}(\beta_1\boldsymbol{b}_1 + \beta_2\boldsymbol{b}_2 + \cdots + \beta_n\boldsymbol{b}_n) = \beta_1(\boldsymbol{Bb}_1) + \beta_2(\boldsymbol{Bb}_2) + \cdots + \beta_n(\boldsymbol{Bb}_n)$$

为了演示第二个命题，以及更一般的思想，考虑下面的例子。

例 2.1.1　设 $\boldsymbol{B}$ 描述一个从 $\mathbb{R}^3$ 到 $\mathbb{R}^2$ 的线性变换，它满足以下两种关系：

$$\boldsymbol{B}\begin{bmatrix}1\\1\\1\end{bmatrix}=\begin{bmatrix}2\\-1\end{bmatrix},\quad \boldsymbol{B}\begin{bmatrix}-1\\3\\2\end{bmatrix}=\begin{bmatrix}-1\\3\end{bmatrix}$$

求

$$\text{(a) } \boldsymbol{B}\begin{bmatrix}-1\\11\\8\end{bmatrix},\quad \text{(b) } \boldsymbol{B}\begin{bmatrix}-1\\7\\8\end{bmatrix}$$

解　在每种情况下，我们试图将 $\mathbb{R}^3$ 中的输入向量写成 $\begin{bmatrix}1\\1\\1\end{bmatrix}$ 和 $\begin{bmatrix}-1\\3\\2\end{bmatrix}$ 的线性组合，以便利用关于变换 $\boldsymbol{B}$ 的已知信息。

对于情况 (a)，我们观察发现

$$\begin{bmatrix}-1\\11\\8\end{bmatrix}=2\begin{bmatrix}1\\1\\1\end{bmatrix}+3\begin{bmatrix}-1\\3\\2\end{bmatrix}$$

由此得到

$$\boldsymbol{B}\begin{bmatrix}-1\\11\\8\end{bmatrix}=2\boldsymbol{B}\begin{bmatrix}1\\1\\1\end{bmatrix}+3\boldsymbol{B}\begin{bmatrix}-1\\3\\2\end{bmatrix}=2\begin{bmatrix}2\\-1\end{bmatrix}+3\begin{bmatrix}-1\\3\end{bmatrix}=\begin{bmatrix}1\\7\end{bmatrix}$$

对于情形 (b)，我们发现 $\begin{bmatrix}-1\\7\\8\end{bmatrix}$ 不能表示为 $\begin{bmatrix}1\\1\\1\end{bmatrix}$ 和 $\begin{bmatrix}-1\\3\\2\end{bmatrix}$ 的线性组合。因此，根据已知的信息不可能确定 $\boldsymbol{B}\begin{bmatrix}-1\\7\\8\end{bmatrix}$。

如上所述，这个例子使得我们知道 $\boldsymbol{B}$ 如何作用于某些输入向量 $\boldsymbol{x}$，但不知道对其他输入向量如何作用。我们通过添加下面给出的第三个变换，继续这个示例（前两个与例 2.1.1中相同）。

例 2.1.2 $\boldsymbol{B}$ 是一个从 $\mathbb{R}^3$ 到 $\mathbb{R}^2$ 的线性变换，它满足以下三种关系：

$$\boldsymbol{B}\begin{bmatrix}1\\1\\1\end{bmatrix}=\begin{bmatrix}2\\-1\end{bmatrix},\quad \boldsymbol{B}\begin{bmatrix}-1\\3\\2\end{bmatrix}=\begin{bmatrix}-1\\3\end{bmatrix},\quad \boldsymbol{B}\begin{bmatrix}0\\1\\0\end{bmatrix}=\begin{bmatrix}0\\-2\end{bmatrix}$$

求

$$\text{(a) }\boldsymbol{B}\begin{bmatrix}-1\\11\\8\end{bmatrix},\quad \text{(b) }\boldsymbol{B}\begin{bmatrix}-1\\7\\8\end{bmatrix}$$

解 情形（a）的解与例 2.1.1 情形（a）的解相同。对于情形（b），我们现在有

$$\begin{bmatrix}-1\\7\\8\end{bmatrix}=2\begin{bmatrix}1\\1\\1\end{bmatrix}+3\begin{bmatrix}-1\\3\\2\end{bmatrix}-4\begin{bmatrix}0\\1\\0\end{bmatrix}$$

因此

$$\boldsymbol{B}\begin{bmatrix}-1\\7\\8\end{bmatrix}=2\boldsymbol{B}\begin{bmatrix}1\\1\\1\end{bmatrix}+3\boldsymbol{B}\begin{bmatrix}-1\\3\\2\end{bmatrix}-4\boldsymbol{B}\begin{bmatrix}0\\1\\0\end{bmatrix}=2\begin{bmatrix}2\\-1\end{bmatrix}+3\begin{bmatrix}-1\\3\end{bmatrix}-4\begin{bmatrix}0\\-2\end{bmatrix}=\begin{bmatrix}1\\15\end{bmatrix}$$

例 2.1.1 和例 2.1.2 的不同之处在于：在例 2.1.1 中，我们只有足够的信息来对那些 $\boldsymbol{x}\in\text{span}\left\{\begin{bmatrix}1\\1\\1\end{bmatrix},\begin{bmatrix}-1\\3\\2\end{bmatrix}\right\}$的 $\boldsymbol{x}$ 求出 $\boldsymbol{Bx}$，$\boldsymbol{x}$ 所在的只是 $\mathbb{R}^3$ 的一个真子空间。相比之下，在例 2.1.2中，我们现在有足够的信息来为 $\boldsymbol{x}\in\text{span}\left\{\begin{bmatrix}1\\1\\1\end{bmatrix},\begin{bmatrix}-1\\3\\2\end{bmatrix},\begin{bmatrix}0\\1\\0\end{bmatrix}\right\}$的 $\boldsymbol{x}$ 求出 $\boldsymbol{Bx}$，这里 $\boldsymbol{x}$ 所张成的是整个空间 $\mathbb{R}^3$。

同样重要的是要注意，两个例子中给出的信息是一致的。这是因为“输入向量” $\left\{\begin{bmatrix}1\\1\\1\end{bmatrix},\begin{bmatrix}-1\\3\\2\end{bmatrix}\right\}$和$\left\{\begin{bmatrix}1\\1\\1\end{bmatrix},\begin{bmatrix}-1\\3\\2\end{bmatrix},\begin{bmatrix}0\\1\\0\end{bmatrix}\right\}$都是线性无关的集合。如果不是这样，就会遇到困难。

例 2.1.3 我们说 $\boldsymbol{B}$ 是一个从 $\mathbb{R}^3$ 到 $\mathbb{R}^2$ 的线性变换，它满足以下三种关系：

$$(1)\boldsymbol{B}\begin{bmatrix}1\\1\\1\end{bmatrix}=\begin{bmatrix}2\\-1\end{bmatrix},\quad (2)\boldsymbol{B}\begin{bmatrix}-1\\3\\2\end{bmatrix}=\begin{bmatrix}-1\\3\end{bmatrix},\quad (3)\boldsymbol{B}\begin{bmatrix}-3\\1\\0\end{bmatrix}=\begin{bmatrix}0\\-2\end{bmatrix}$$

解释为什么这是错误的（或无意义的），因此为什么 $\boldsymbol{B}$ 不能表示一个可行的线性变换。

解　匆匆一看，这与例 2.1.2 类似，唯一的区别是第三个输入向量是 $\begin{bmatrix}-3\\1\\0\end{bmatrix}$，而不是 $\begin{bmatrix}0\\1\\0\end{bmatrix}$。但是，这是非常重要的区别，因为 $\begin{bmatrix}0\\1\\0\end{bmatrix}$ 不在张成空间 $\operatorname{span}\left\{\begin{bmatrix}1\\1\\1\end{bmatrix},\begin{bmatrix}-1\\3\\2\end{bmatrix}\right\}$ 中，而 $\begin{bmatrix}-3\\1\\0\end{bmatrix}$ 则属于这个张成空间。等价地说，集合 $\left\{\begin{bmatrix}1\\1\\1\end{bmatrix},\begin{bmatrix}-1\\3\\2\end{bmatrix},\begin{bmatrix}-3\\1\\0\end{bmatrix}\right\}$ 不是线性无关的，即它是线性相关的。因此，所给的信息很可能是矛盾的。

为了检验这是否成立，我们检验式（2.4）所给出的必要条件。为此，我们把 $\mathbf{0}$ 向量写成

$$\begin{bmatrix}0\\0\\0\end{bmatrix}=-2\begin{bmatrix}1\\1\\1\end{bmatrix}+\begin{bmatrix}-1\\3\\2\end{bmatrix}-\begin{bmatrix}-3\\1\\0\end{bmatrix}$$

从 $\boldsymbol{B}\mathbf{0}=\mathbf{0}$ 得到

$$\begin{aligned}\begin{bmatrix}0\\0\end{bmatrix}=\boldsymbol{B}\begin{bmatrix}0\\0\\0\end{bmatrix}&=\boldsymbol{B}\left(-2\begin{bmatrix}1\\1\\1\end{bmatrix}+\begin{bmatrix}-1\\3\\2\end{bmatrix}-\begin{bmatrix}-3\\1\\0\end{bmatrix}\right)\\&=-2\boldsymbol{B}\begin{bmatrix}1\\1\\1\end{bmatrix}+\boldsymbol{B}\begin{bmatrix}-1\\3\\2\end{bmatrix}-\boldsymbol{B}\begin{bmatrix}-3\\1\\0\end{bmatrix}\\&=-2\begin{bmatrix}2\\-1\end{bmatrix}+\begin{bmatrix}-1\\3\end{bmatrix}-\begin{bmatrix}0\\-2\end{bmatrix}=\begin{bmatrix}-5\\7\end{bmatrix}\end{aligned}$$

这是一个矛盾。

如果读者发现这个论证不令人信服，由于 $\boldsymbol{B}\mathbf{0}=\mathbf{0}$ 会产生无数个矛盾，而用无数种方式重新排列上面的论证是一件很简单的事情。例如，用

$$\begin{bmatrix}-3\\1\\0\end{bmatrix}=-2\begin{bmatrix}1\\1\\1\end{bmatrix}+\begin{bmatrix}-1\\3\\2\end{bmatrix}$$

就得到

$$\begin{bmatrix}0\\-2\end{bmatrix}=\boldsymbol{B}\begin{bmatrix}-3\\1\\0\end{bmatrix}=\boldsymbol{B}\left(-2\begin{bmatrix}1\\1\\1\end{bmatrix}+\begin{bmatrix}-1\\3\\2\end{bmatrix}\right)$$

$$=-2\boldsymbol{B}\begin{bmatrix}1\\1\\1\end{bmatrix}+\boldsymbol{B}\begin{bmatrix}-1\\3\\2\end{bmatrix}=-2\begin{bmatrix}2\\-1\end{bmatrix}+\begin{bmatrix}-1\\3\end{bmatrix}=\begin{bmatrix}-5\\5\end{bmatrix}$$

得出矛盾。因此，用上述关系（1）～（3）定义的变换是矛盾的，不能确定一个实际的或可行的线性变换。

综上所述，对于 $\mathbb{R}^3 \to \mathbb{R}^2$ 的线性变换，例 2.1.1～例 2.1.3 中只有例 2.1.2 给出了线性变换的完整描述。相比之下，例 2.1.1 只提供了对 $\mathbb{R}^3$ 的真子空间起作用的线性变换的描述，而例 2.1.3 提供了矛盾的信息，导致了无意义的、不可用的变换。

一个对 $\mathbb{R}^n \to \mathbb{R}^m$ 的线性变换的完整刻画，如例 2.1.2 所示，可以看作向量 $\boldsymbol{x}=\begin{bmatrix}x_1\\x_2\\\vdots\\x_n\end{bmatrix}\in\mathbb{R}^n$ 到向量 $\boldsymbol{y}=\begin{bmatrix}y_1\\y_2\\\vdots\\y_m\end{bmatrix}\in\mathbb{R}^m$ 的映射。这个映射总是可以用一个适当的 $m\times n$ 变换矩阵的标准乘法来表示。出于这个目的，正如我们使用符号 $\mathbb{R}^n$ 来表示长度为 n 的列向量（全体）一样，我们现在使用符号 $\mathbb{R}^{m\times n}$ 来表示 $m\times n$ 矩阵（全体）。下面的例子演示了这种想法。

例 2.1.4　再次考虑例 2.1.2 的从 $\mathbb{R}^3$ 到 $\mathbb{R}^2$ 的线性变换，即完全符合以下三个要求的 $\boldsymbol{B}$：

$$(1)\boldsymbol{B}\begin{bmatrix}1\\1\\1\end{bmatrix}=\begin{bmatrix}2\\-1\end{bmatrix},\quad (2)\boldsymbol{B}\begin{bmatrix}-1\\3\\2\end{bmatrix}=\begin{bmatrix}-1\\3\end{bmatrix},\quad (3)\boldsymbol{B}\begin{bmatrix}0\\1\\0\end{bmatrix}=\begin{bmatrix}0\\-2\end{bmatrix}$$

证明这可以用矩阵形式表示为

$$\boldsymbol{y}=\boldsymbol{B}\boldsymbol{x}$$

其中

$$\boldsymbol{y}=\begin{bmatrix}y_1\\y_2\end{bmatrix}\in\mathbb{R}^2,\quad \boldsymbol{B}=\begin{bmatrix}B_{11}&B_{12}&B_{13}\\B_{21}&B_{22}&B_{23}\end{bmatrix}\in\mathbb{M}^{2\times 3},\quad \boldsymbol{x}=\begin{bmatrix}x_1\\x_2\\x_3\end{bmatrix}\in\mathbb{R}^3$$

求出矩阵 $\boldsymbol{B}$。

解　我们必须求出 $\boldsymbol{B}$ 的六个元素 $B_{11},B_{12},\cdots,B_{23}$ 的数值。为此，我们将 $\boldsymbol{x}$ 表示为上述（1）～（3）中由 $\boldsymbol{B}$ 变换的输入向量的（唯一的）线性组合：

$$\begin{bmatrix} x_1 \\ x_2 \\ x_3 \end{bmatrix} = a_1 \begin{bmatrix} 1 \\ 1 \\ 1 \end{bmatrix} + a_2 \begin{bmatrix} -1 \\ 3 \\ 2 \end{bmatrix} + a_3 \begin{bmatrix} 0 \\ 1 \\ 0 \end{bmatrix} = \begin{bmatrix} 1 & -1 & 0 \\ 1 & 3 & 1 \\ 1 & 2 & 0 \end{bmatrix} \begin{bmatrix} a_1 \\ a_2 \\ a_3 \end{bmatrix}$$

这就给出了

$$\begin{aligned} a_1 &= 2/3x_1 + 1/3x_3 \\ a_2 &= -1/3x_1 + 1/3x_3 \\ a_3 &= 1/3x_1 + x_2 - 4/3x_3 \end{aligned}$$

现在从 $\boldsymbol{B}$ 的线性性质得出以下关系：

$$\begin{aligned} \boldsymbol{Bx} &= \boldsymbol{B}\left(\frac{1}{3}(2x_1+x_3)\begin{bmatrix} 1 \\ 1 \\ 1 \end{bmatrix} + \frac{1}{3}(-x_1+x_3)\begin{bmatrix} -1 \\ 3 \\ 2 \end{bmatrix} + \frac{1}{3}(x_1+3x_2-4x_3)\begin{bmatrix} 0 \\ 1 \\ 0 \end{bmatrix}\right) \\ &= \frac{1}{3}(2x_1+x_3)\boldsymbol{B}\begin{bmatrix} 1 \\ 1 \\ 1 \end{bmatrix} + \frac{1}{3}(-x_1+x_3)\boldsymbol{B}\begin{bmatrix} -1 \\ 3 \\ 2 \end{bmatrix} + \frac{1}{3}(x_1+3x_2-4x_3)\boldsymbol{B}\begin{bmatrix} 0 \\ 1 \\ 0 \end{bmatrix} \\ &= \frac{1}{3}(2x_1+x_3)\begin{bmatrix} 2 \\ -1 \end{bmatrix} + \frac{1}{3}(-x_1+x_3)\begin{bmatrix} -1 \\ 3 \end{bmatrix} + \frac{1}{3}(x_1+3x_2-4x_3)\begin{bmatrix} 0 \\ -2 \end{bmatrix} \\ &= \frac{1}{3}\begin{bmatrix} 5x_1+x_3 \\ -7x_1-6x_2+10x_3 \end{bmatrix} = \underbrace{\begin{bmatrix} 5/3 & 0 & 1/3 \\ -7/3 & -2 & 10/3 \end{bmatrix}}_{\boldsymbol{B}} \begin{bmatrix} x_1 \\ x_2 \\ x_3 \end{bmatrix} \end{aligned}$$

从而

$$\boldsymbol{B} = \begin{bmatrix} 5/3 & 0 & 1/3 \\ -7/3 & -2 & 10/3 \end{bmatrix}$$

我们已经证明了

$$\boldsymbol{y} = \boldsymbol{Bx} \quad \Leftrightarrow \quad \begin{bmatrix} y_1 \\ y_2 \end{bmatrix} = \begin{bmatrix} 5/3 & 0 & 1/3 \\ -7/3 & -2 & 10/3 \end{bmatrix} \begin{bmatrix} x_1 \\ x_2 \\ x_3 \end{bmatrix} \tag{2.5}$$

我们以回顾矩阵的转置运算来结束本节，转置是调换行和列。如果我们有一个线性变换 $\boldsymbol{A}$：$\mathbb{R}^n \to \mathbb{R}^m$，那么从 $\mathbb{R}^m$ 到 $\mathbb{R}^n$ 的线性变换用 $\boldsymbol{A}^{\mathrm{T}}$ 表示。那么，就像矩阵运算一样，对于所有 $\boldsymbol{x} \in \mathbb{R}^m$ 和 $\boldsymbol{y} \in \mathbb{R}^n$，$\boldsymbol{x} \cdot \boldsymbol{Ay} = \boldsymbol{A}^{\mathrm{T}}\boldsymbol{x} \cdot \boldsymbol{y}$ 成立。

如上一个例子和刚刚结束的讨论所示，一般的线性变换和这个线性变换的矩阵表示是有区别的。前者一般不需要对基进行识别，而后者则需要对基进行定义，使之成为有意义的概念。为了表述方便，我们统一用粗体字来表示。

2.2　线性变换的基变换

2.1 节中的例 2.1.4 说明了如何使用标准向量矩阵乘法，将 $\mathbb{R}^3$ 到 $\mathbb{R}^2$ 的线性变换表示

为矩阵 $\boldsymbol{B}\in\mathbb{M}^{2\times 3}$。虽然这里论述的研究生水平的应用数学，其主要目标也是发展读者更广泛更深入的洞察力，但这种对应是为了方便计算，换句话说，我们不希望读者将线性变换和矩阵之间的对应关系理解为线性变换的本质是自动的矩阵计算。在某些情况下，我们可以通过利用线性变换的概念而不借助于基表示的概念来提高对它的理解。

令人好奇的是，我们可以通过更详细地探究基表示本身来领会这种更广泛更深层次的观点（在这种观点中，基表示将逐步被淘汰）。当我们写 $\boldsymbol{y}=\boldsymbol{B}\boldsymbol{x}$ 时我们考虑一般的线性变换。然而，当我们像下面这样写的时候［见式（2.5)］，

$$\begin{bmatrix} y_1 \\ y_2 \end{bmatrix}=\begin{bmatrix} 5/3 & 0 & 1/3 \\ -7/3 & -2 & 10/3 \end{bmatrix}\begin{bmatrix} x_1 \\ x_2 \\ x_3 \end{bmatrix}$$

我们是在用一个特定的基表示的。在上述情况中，我们对 $\mathbb{R}^2$ 使用标准基 $\left\{\begin{bmatrix} 1 \\ 0 \end{bmatrix},\begin{bmatrix} 0 \\ 1 \end{bmatrix}\right\}$，对 $\mathbb{R}^3$ 使用标准基 $\left\{\begin{bmatrix} 1 \\ 0 \\ 0 \end{bmatrix},\begin{bmatrix} 0 \\ 1 \\ 0 \end{bmatrix},\begin{bmatrix} 0 \\ 0 \\ 1 \end{bmatrix}\right\}$，即

$$\boldsymbol{y}=y_1\begin{bmatrix} 1 \\ 0 \end{bmatrix}+y_2\begin{bmatrix} 0 \\ 1 \end{bmatrix},\quad \boldsymbol{x}=x_1\begin{bmatrix} 1 \\ 0 \\ 0 \end{bmatrix}+x_2\begin{bmatrix} 0 \\ 1 \\ 0 \end{bmatrix}+x_3\begin{bmatrix} 0 \\ 0 \\ 1 \end{bmatrix}$$

使用矩阵 $\boldsymbol{B}$ 的表示使线性变换 $\boldsymbol{B}$：$\boldsymbol{x}\rightarrow\boldsymbol{y}$ 的确定成为可能，方法是将任意 $\boldsymbol{x}$ 的坐标（用标准基表示）传输到 $\boldsymbol{y}=\boldsymbol{B}\boldsymbol{x}$ 的坐标（也用标准基表示）。然而，我们也可以选择用另一组基表示 $\boldsymbol{x}$ 或 $\boldsymbol{y}$。坐标会改变，但基本线性变换保持不变。这意味着相同的线性变换 $\boldsymbol{B}$ 有不同的矩阵表示，取决于所选的基。

下面几节我们着手研究 $\mathbb{R}^n$ **到** $\mathbb{R}^n$ **的线性变换**。换句话说，输入向量空间和输出向量空间具有相同的大小。这意味着线性变换的任何矩阵表示都是方阵。没有必要进行这种专门化的处理，因为我们在本章中研究的许多（但不是全部）问题可以在更一般的 $\mathbb{R}^n$ 到 $\mathbb{R}^m$ 的线性变换的背景中继续进行。我们决定暂时在更严格的 $m=n$ 背景中进行基于两个考虑。首先，在 $m=n$ 的情况下，学生通常对矩阵的性态以及线性变换有更好的直觉。其次，我们希望大量使用投影概念，它与一个共同的输入和输出空间的概念紧密相连。

我们在此指出，$m=n$ 的限制最终将被取消。在 3.5.1 节中，我们首先在最小二乘数据拟合的背景下研究 $m>n$ 情况。然后，在 4.3 节中，我们将在更一般的背景下重新审视论述的所有方面。我们可以看到，在 $m=n$ 的“方阵背景”中所获得的大部分结果都可以应用到一般的矩形背景中，即 $m\neq n$ 的情况。

现在我们回到描述线性变换的矩阵表示的原始问题。下面的例子将说明一些基本特性。

例 2.2.1　设 $\boldsymbol{C}$ 是 $\mathbb{R}^2\rightarrow\mathbb{R}^2$ 的线性变换 $\boldsymbol{C}\boldsymbol{x}=\boldsymbol{y}$，它满足以下两个关系：

$$\boldsymbol{C}\begin{bmatrix} 1 \\ 1 \end{bmatrix}=\begin{bmatrix} 4 \\ 5 \end{bmatrix},\quad \boldsymbol{C}\begin{bmatrix} -1 \\ 3 \end{bmatrix}=\begin{bmatrix} 10 \\ 11 \end{bmatrix}\tag{2.6}$$

(a) 说明为什么这些关系完全且一致地定义了线性变换。

(b) 确定一个自然的"输入基"。然后确定一个不同的自然的"输出基"。

(c) 在下列不同情况下，求出描述操作 $\boldsymbol{y}=\boldsymbol{C}\boldsymbol{x}$ 的矩阵 $\boldsymbol{C}$。

- $\boldsymbol{x}$ 和 $\boldsymbol{y}$ 都是用标准基表示的。
- 向量 $\boldsymbol{x}$ 在自然输入基中表示，向量 $\boldsymbol{y}$ 在标准基中表示。
- $\boldsymbol{x}$ 和 $\boldsymbol{y}$ 都用自然输入基表示。
- 向量 $\boldsymbol{x}$ 在自然输入基中表示，向量 $\boldsymbol{y}$ 在自然输出基中表示。

解　(a) 式 (2.6) 给出了 $\boldsymbol{C}$ 对向量集合 $\left\{\begin{bmatrix}1\\1\end{bmatrix},\begin{bmatrix}-1\\3\end{bmatrix}\right\}$ 产生的效果。由于这个向量集是线性无关的，所以在使用 $\boldsymbol{C}$ 时不会出现例 2.1.3 中出现的前后矛盾的危险。因为线性无关的集合张成 $\mathbb{R}^2$，所以对任意输入的向量 $\boldsymbol{x}$，它可以用来完全确定 $\boldsymbol{C}$。

(b) 如 (a) 所示，集合 $\left\{\begin{bmatrix}1\\1\end{bmatrix},\begin{bmatrix}-1\\3\end{bmatrix}\right\}$ 是线性无关的，它张成 $\mathbb{R}^2$。因此它是由指定的输入向量组成的基，所以我们可以称它为自然输入基。注意，两个输出向量 $\left\{\begin{bmatrix}4\\5\end{bmatrix},\begin{bmatrix}10\\11\end{bmatrix}\right\}$ 是一个线性无关的 $\mathbb{R}^2$ 的生成向量集，所以我们称它为自然输出基。输入基和输出基都不是正交的。

(c) 我们已经识别了 $\mathbb{R}^2$ 的三个不同的基：标准基

$$\left\{\begin{bmatrix}1\\0\end{bmatrix},\begin{bmatrix}0\\1\end{bmatrix}\right\}$$

自然输入基

$$\left\{\begin{bmatrix}1\\1\end{bmatrix},\begin{bmatrix}-1\\3\end{bmatrix}\right\}$$

和自然输出基

$$\left\{\begin{bmatrix}4\\5\end{bmatrix},\begin{bmatrix}10\\11\end{bmatrix}\right\}$$

这些基如图 2.1 所示。

向量 $\boldsymbol{y}$ 和 $\boldsymbol{x}$ 都在 $\mathbb{R}^2$ 中，可以用这三种基中的任意一种来表示。矩阵 $\boldsymbol{C}$ 取决于这个选择，总共有 $3\times3=9$ 种可能的组合。这些将产生 9 个不同的 $\boldsymbol{C}$ 矩阵。让我们用上标符号来表示这些不同的可能性：通过上标 (s)、(i) 和 (o) 来分别表示"标准"(standard)、"输入"(input) 和"输出"(output)。问题要求的四种可能性可以用 $\boldsymbol{C}^{(s\to s)}$、$\boldsymbol{C}^{(i\to s)}$、$\boldsymbol{C}^{(i\to i)}$ 和 $\boldsymbol{C}^{(i\to o)}$ 来分别表示。我们从确定 $\boldsymbol{C}^{(s\to s)}$ 开始。注意，起初这个计算模仿了例 2.1.4 中执行的计算，这是因为那里计算的矩阵是用 $\boldsymbol{x}$ 和 $\boldsymbol{y}$ 的标准基坐标写成的。依照类似的过程，我们得到在标准基下 $\boldsymbol{x}$ 的坐标 x_1,x_2 和 $\boldsymbol{y}$ 的坐标 y_1,y_2。为了与 $\boldsymbol{C}$ 的信息联系上，我们把 $\boldsymbol{x}$ 写为

$$\boldsymbol{x}=\begin{bmatrix}x_1\\x_2\end{bmatrix}=(3/4x_1+1/4x_2)\begin{bmatrix}1\\1\end{bmatrix}+(-1/4x_1+1/4x_2)\begin{bmatrix}-1\\3\end{bmatrix}$$

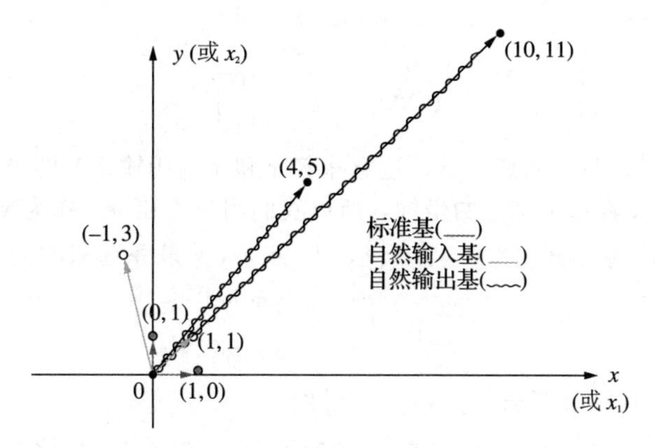

图 2.1　标准基、自然输入基和自然输出基的图解。尽管自然输入基和自然输出基这样做很笨拙而且不是正交的，但是这三种基都能张成 $\mathbb{R}^2$

然后我们计算

$$\begin{aligned}\boldsymbol{y}=\begin{bmatrix}y_1\\y_2\end{bmatrix}=\boldsymbol{Cx}&=\boldsymbol{C}\left((3/4x_1+1/4x_2)\begin{bmatrix}1\\1\end{bmatrix}+(-1/4x_1+1/4x_2)\begin{bmatrix}-1\\3\end{bmatrix}\right)\\&=(3/4x_1+1/4x_2)\begin{bmatrix}4\\5\end{bmatrix}+(-1/4x_1+1/4x_2)\begin{bmatrix}10\\11\end{bmatrix}\\&=\frac{1}{4}\begin{bmatrix}2x_1+14x_2\\4x_1+16x_2\end{bmatrix}=\underbrace{\begin{bmatrix}1/2&7/2\\1&4\end{bmatrix}}_{\boldsymbol{C}^{(\mathrm{s}\to\mathrm{s})}}\begin{bmatrix}x_1\\x_2\end{bmatrix}\end{aligned}\tag{2.7}$$

因此

$$\boldsymbol{C}^{(\mathrm{s}\to\mathrm{s})}=\begin{bmatrix}1/2&7/2\\1&4\end{bmatrix}\tag{2.8}$$

现在考虑 $\boldsymbol{C}^{(\mathrm{i}\to\mathrm{s})}$，注意，这意味着 $\boldsymbol{x}$ 表示为输入基的坐标，即

$$\begin{bmatrix}x_1\\x_2\end{bmatrix}=\boldsymbol{x}=x_1^{(\mathrm{i})}\begin{bmatrix}1\\1\end{bmatrix}+x_2^{(\mathrm{i})}\begin{bmatrix}-1\\3\end{bmatrix}=\underbrace{\begin{bmatrix}1&-1\\1&3\end{bmatrix}}_{\boldsymbol{A}^{(\mathrm{i}\to\mathrm{s})}}\begin{bmatrix}x_1^{(\mathrm{i})}\\x_2^{(\mathrm{i})}\end{bmatrix}\tag{2.9}$$

其中 $x_1^{(\mathrm{i})}$ 和 $x_2^{(\mathrm{i})}$ 是 $\boldsymbol{x}$ 的输入基坐标。上式得到的矩阵记为 $\boldsymbol{A}^{(\mathrm{i}\to\mathrm{s})}$。它是 1.8 节中所研究的那种基变换矩阵。从式（2.9）得到

$$\boldsymbol{A}^{(\mathrm{i}\to\mathrm{s})}=\begin{bmatrix}1&-1\\1&3\end{bmatrix}\tag{2.10}$$

注意，$\boldsymbol{A}^{(\mathrm{i}\to\mathrm{s})}$ 的列只是基向量本身，即 $\left\{\begin{bmatrix}1\\1\end{bmatrix},\begin{bmatrix}-1\\3\end{bmatrix}\right\}$。式（2.9）说明了为什么会发生这种情况（这取决于转换到标准基）。结合式（2.9）与式（2.7）的结果，就得到

$$\begin{bmatrix}y_1\\y_2\end{bmatrix}=\begin{bmatrix}1/2&7/2\\1&4\end{bmatrix}\begin{bmatrix}1&-1\\1&3\end{bmatrix}\begin{bmatrix}x_1^{(\mathrm{i})}\\x_2^{(\mathrm{i})}\end{bmatrix}=\underbrace{\begin{bmatrix}4&10\\5&11\end{bmatrix}}_{\boldsymbol{C}^{(\mathrm{i}\to\mathrm{s})}}\begin{bmatrix}x_1^{(\mathrm{i})}\\x_2^{(\mathrm{i})}\end{bmatrix}\tag{2.11}$$

这表明

$$C^{(i\to s)}=\begin{bmatrix}4 & 10\\5 & 11\end{bmatrix}\tag{2.12}$$

接下来我们寻找 $C^{(i\to i)}$。我们回想一下，这意味着 $\boldsymbol{x}$ 和 $\boldsymbol{y}$ 都用输入基的坐标表示。我们已经引进了 $x_1^{(i)}$ 和 $x_2^{(i)}$ 作为 $\boldsymbol{x}$ 在这个基上的坐标，所以我们用 $y_1^{(i)}$ 和 $y_2^{(i)}$ 作为 $\boldsymbol{y}$ 在这个基上的坐标。这些坐标与 y_1, y_2 的关系与式（2.9）将 $x_1^{(i)}, x_2^{(i)}$ 与 x_1, x_2 联系起来的关系相同，从而得到

$$\begin{bmatrix}y_1\\y_2\end{bmatrix}=\begin{bmatrix}1 & -1\\1 & 3\end{bmatrix}\begin{bmatrix}y_1^{(i)}\\y_2^{(i)}\end{bmatrix}$$

将此方程与式（2.11）结合消去 $\{y_1, y_2\}$，得到

$$\begin{bmatrix}y_1^{(i)}\\y_2^{(i)}\end{bmatrix}=\underbrace{\begin{bmatrix}3/4 & 1/4\\-1/4 & 1/4\end{bmatrix}}_{A^{(s\to i)}}\begin{bmatrix}4 & 10\\5 & 11\end{bmatrix}\begin{bmatrix}x_1^{(i)}\\x_2^{(i)}\end{bmatrix}=\underbrace{\begin{bmatrix}17/4 & 41/4\\1/4 & 1/4\end{bmatrix}}_{C^{(i\to i)}}\begin{bmatrix}x_1^{(i)}\\x_2^{(i)}\end{bmatrix}\tag{2.13}$$

在这里我们使用了矩阵的逆：

$$(A^{(i\to s)})^{-1}=\begin{bmatrix}1 & -1\\1 & 3\end{bmatrix}^{-1}=\begin{bmatrix}3/4 & 1/4\\-1/4 & 1/4\end{bmatrix}=A^{(s\to i)}\tag{2.14}$$

由此得到

$$C^{(i\to i)}=\begin{bmatrix}17/4 & 41/4\\1/4 & 1/4\end{bmatrix}\tag{2.15}$$

这个问题的最后一项工作是确定 $C^{(i\to o)}$。为了此，我们使用了一个适当的基变换矩阵，它将我们带入和带离自然输出基 $\left\{\begin{bmatrix}4\\5\end{bmatrix},\begin{bmatrix}10\\11\end{bmatrix}\right\}$。正如式（2.10）通过将自然输入基的生成向量组合成 $A^{(i\to s)}$ 的列来得到矩阵 $A^{(i\to s)}$ 一样，类似的过程应用于自然输出基得到

$$A^{(o\to s)}=\begin{bmatrix}4 & 10\\5 & 11\end{bmatrix}\tag{2.16}$$

设 $y_1^{(o)}$ 和 $y_2^{(o)}$ 为 $\boldsymbol{y}$ 在自然输出基中的坐标。用式（2.16）和式（2.11）得出

$$\begin{bmatrix}4 & 10\\5 & 11\end{bmatrix}\begin{bmatrix}y_1^{(o)}\\y_2^{(o)}\end{bmatrix}=\begin{bmatrix}y_1\\y_2\end{bmatrix}=\begin{bmatrix}4 & 10\\5 & 11\end{bmatrix}\begin{bmatrix}x_1^{(i)}\\x_2^{(i)}\end{bmatrix}\tag{2.17}$$

$A^{(o\to s)}$ 的逆是

$$(A^{(0\to s)})^{-1}=\begin{bmatrix}4 & 10\\5 & 11\end{bmatrix}^{-1}=\begin{bmatrix}-11/6 & 5/3\\5/6 & -2/3\end{bmatrix}=A^{(s\to o)}$$

用这个逆矩阵乘以式（2.17）得到

$$\begin{bmatrix}y_1^{(o)}\\y_2^{(o)}\end{bmatrix}=\begin{bmatrix}-11/6 & 5/3\\5/6 & -2/3\end{bmatrix}\begin{bmatrix}4 & 10\\5 & 11\end{bmatrix}\begin{bmatrix}x_1^{(i)}\\x_2^{(i)}\end{bmatrix}=\underbrace{\begin{bmatrix}1 & 0\\0 & 1\end{bmatrix}}_{C^{(i\to o)}}\begin{bmatrix}x_1^{(i)}\\x_2^{(i)}\end{bmatrix}\tag{2.18}$$

这表明

$$C^{(i\to o)}=\begin{bmatrix}1 & 0\\0 & 1\end{bmatrix}\tag{2.19}$$

这就完成了各种 $\boldsymbol{C}$ 矩阵的确定。综上所述，四个所要求的矩阵 $\boldsymbol{C}^{(\mathrm{s}\to\mathrm{s})}$，$\boldsymbol{C}^{(\mathrm{i}\to\mathrm{s})}$，$\boldsymbol{C}^{(\mathrm{i}\to\mathrm{i})}$ 和 $\boldsymbol{C}^{(\mathrm{i}\to\mathrm{o})}$ 分别在式（2.8）、式（2.12）、式（2.15）和式（2.19）中给出。

虽然示例已经结束，但我们将更详细地讨论它。读者可能会认为这个例子充满了错误：矩阵 $\boldsymbol{C}^{(\mathrm{i}\to\mathrm{o})}$ 怎么可能只是一个单位矩阵呢？式（2.12）中的矩阵 $\boldsymbol{C}^{(\mathrm{i}\to\mathrm{s})}$ 怎么可能与式（2.16）中的矩阵 $\boldsymbol{A}^{(\mathrm{o}\to\mathrm{s})}$ 相同呢？在问题陈述中所选择的特殊数字是为了产生不太可能的巧合，还是仅仅是可能，这一切都是意料之中的？事实上，这一切都是意料之中的，原因如下。

假设我们描述相对于一些选择的输入基和一些选择的输出基的线性变换 $\boldsymbol{C}$。让我们用术语**定义域**（domain）来表示输入，用**值域**（range）来表示输出。将 $\boldsymbol{x}$ 关于定义域基的坐标组合成列向量 $\boldsymbol{x}^{(\mathrm{d})}$，将 $\boldsymbol{y}$ 关于值域基的坐标组合成列向量 $\boldsymbol{y}^{(\mathrm{r})}$。那么线性变换 $\boldsymbol{y}=\boldsymbol{C}\boldsymbol{x}$ 在这些坐标中被描述为矩阵乘法 $\boldsymbol{y}^{(\mathrm{r})}=\boldsymbol{C}^{(\mathrm{d}\to\mathrm{r})}\boldsymbol{x}^{(\mathrm{d})}$，这里 $\boldsymbol{C}^{(\mathrm{d}\to\mathrm{r})}$ 是对这些选择的基而言的矩阵。

在继续对变换 $\boldsymbol{C}$ 研究之前，我们注意，虽然这个例子是一个从 $\mathbb{R}^2$ 到 $\mathbb{R}^2$ 的线性变换，我们现在的评注是一个一般的从 $\mathbb{R}^m$ 到 $\mathbb{R}^n$ 的线性变换。因此 $\boldsymbol{C}^{(\mathrm{d}\to\mathrm{r})}\in\mathbb{M}^{n\times m}$，并不期望 $\boldsymbol{C}^{(\mathrm{d}\to\mathrm{r})}$ 是可逆的。

假设我们希望改变定义域和值域的基。我们借助符号$'$，即 $\boldsymbol{d}'$和 $\boldsymbol{r}'$来表示这些新选择的基。将 $\boldsymbol{x}$ 关于新的定义域基的坐标组合成列向量 $\boldsymbol{x}^{(\mathrm{d}')}$，将 $\boldsymbol{y}$ 关于值域基的坐标组合成列向量 $\boldsymbol{y}^{(\mathrm{r}')}$。这些坐标是借助基变换矩阵 $\boldsymbol{A}^{(\mathrm{d}\to\mathrm{d}')}\in\mathbb{M}^{m\times m}$ 和 $\boldsymbol{A}^{(\mathrm{r}\to\mathrm{r}')}\in\mathbb{M}^{n\times n}$ 来描述的。综上所述，我们有

$$\boldsymbol{y}^{(\mathrm{r})}=\boldsymbol{C}^{(\mathrm{d}\to\mathrm{r})}\boldsymbol{x}^{(\mathrm{d})},\ \boldsymbol{x}^{(\mathrm{d}')}=\boldsymbol{A}^{(\mathrm{d}\to\mathrm{d}')}\boldsymbol{x}^{(\mathrm{d})},\ \boldsymbol{y}^{(\mathrm{r}')}=\boldsymbol{A}^{(\mathrm{r}\to\mathrm{r}')}\boldsymbol{y}^{(\mathrm{r})}$$

矩阵 $\boldsymbol{A}^{(\mathrm{d}\to\mathrm{d}')}$ 和 $\boldsymbol{A}^{(\mathrm{r}\to\mathrm{r}')}$ 都是可逆的，它们都有各自的逆矩阵 $\boldsymbol{A}^{(\mathrm{d}'\to\mathrm{d})}$ 和 $\boldsymbol{A}^{(\mathrm{r}'\to\mathrm{r})}$。

综合所有这些结果，得出

$$\boldsymbol{y}^{(\mathrm{r}')}=\boldsymbol{A}^{(\mathrm{r}\to\mathrm{r}')}\boldsymbol{y}^{(\mathrm{r})}=\boldsymbol{A}^{(\mathrm{r}\to\mathrm{r}')}\boldsymbol{C}^{(\mathrm{d}\to\mathrm{r})}\boldsymbol{x}^{(\mathrm{d})}=\underbrace{\boldsymbol{A}^{(\mathrm{r}\to\mathrm{r}')}\boldsymbol{C}^{(\mathrm{d}\to\mathrm{r})}\boldsymbol{A}^{(\mathrm{d}'\to\mathrm{d})}}_{\boldsymbol{C}^{(\mathrm{d}'\to\mathrm{r}')}}\boldsymbol{x}^{(\mathrm{d}')}$$

这样我们就得到了线性变换的一般基变换公式，

$$\boldsymbol{C}^{(\mathrm{d}'\to\mathrm{r}')}=\boldsymbol{A}^{(\mathrm{r}\to\mathrm{r}')}\boldsymbol{C}^{(\mathrm{d}\to\mathrm{r})}\boldsymbol{A}^{(\mathrm{d}'\to\mathrm{d})} \tag{2.20}$$

这个公式中定义域基或值域基保持不变的特殊情况是

$$\boldsymbol{C}^{(\mathrm{d}\to\mathrm{r}')}=\boldsymbol{A}^{(\mathrm{r}\to\mathrm{r}')}\boldsymbol{C}^{(\mathrm{d}\to\mathrm{r})}\ \text{和}\ \boldsymbol{C}^{(\mathrm{d}'\to\mathrm{r})}=\boldsymbol{C}^{(\mathrm{d}\to\mathrm{r})}\boldsymbol{A}^{(\mathrm{d}'\to\mathrm{d})}$$

式（2.20）能让我们进一步理解例 2.2.1 的结果。当使用 $\boldsymbol{x}$ 的自然输入基和 $\boldsymbol{y}$ 的自然输出基时，在例 2.2.1 中计算得到的矩阵 $\boldsymbol{C}$ 如式（2.19）所示，形为

$$\boldsymbol{C}^{(\mathrm{i}\to\mathrm{o})}=\begin{bmatrix}1 & 0\\0 & 1\end{bmatrix} \tag{2.21}$$

从更广泛的角度来看，这种形式的 $\boldsymbol{C}^{(\mathrm{i}\to\mathrm{o})}$ 是直接的，因为在例 2.2.1 的问题陈述中，线性变换被定义为自然输入基中的第一个与第二个向量分别到自然输出基中的第一个与第二个向的直接映射。式（2.20）中 $\boldsymbol{C}^{(\mathrm{i}\to\mathrm{o})}$ 的形式是唯一可能发生的方式。

现在回想一下式（2.16），

$$\boldsymbol{A}^{(\mathrm{o}\to\mathrm{s})}=\begin{bmatrix}4 & 10\\5 & 11\end{bmatrix}$$

所以我们得到

$$\boldsymbol{C}^{(\mathrm{i}\to\mathrm{s})}=\boldsymbol{A}^{(\mathrm{o}\to\mathrm{s})}\boldsymbol{C}^{(\mathrm{i}\to\mathrm{o})}=\begin{bmatrix}4 & 10\\5 & 11\end{bmatrix}\begin{bmatrix}1 & 0\\0 & 1\end{bmatrix}=\begin{bmatrix}4 & 10\\5 & 11\end{bmatrix}$$

从而返回式（2.12）。我们可以继续计算与定义域或值域的任何其他基选择相关的 $\boldsymbol{C}$。因此，为了获得 $\boldsymbol{C}^{(\mathrm{s}\to\mathrm{s})}$，我们再次从 $\boldsymbol{C}^{(\mathrm{i}\to\mathrm{o})}$ 开始，使用上述 $\boldsymbol{A}^{(\mathrm{o}\to\mathrm{s})}$ 和式（2.14）中的 $\boldsymbol{A}^{(\mathrm{s}\to\mathrm{i})}$，得到

$$\boldsymbol{C}^{(\mathrm{s}\to\mathrm{s})}=\boldsymbol{A}^{(\mathrm{o}\to\mathrm{s})}\boldsymbol{C}^{(\mathrm{i}\to\mathrm{o})}\boldsymbol{A}^{(\mathrm{s}\to\mathrm{i})}=\begin{bmatrix}4 & 10\\5 & 11\end{bmatrix}\begin{bmatrix}1 & 0\\0 & 1\end{bmatrix}\begin{bmatrix}3/4 & 1/4\\-1/4 & 1/4\end{bmatrix}=\begin{bmatrix}1/2 & 7/2\\1 & 4\end{bmatrix}$$

从而返回式（2.8）。总的来说，这个结果演示了解例 2.2.1(c) 部分的另一种方法。也就是说，从 $\boldsymbol{C}$ 的任意基表示开始。然后，如果所需的坐标系变换矩阵 $\boldsymbol{A}$ 已知，则任何其他的 $\boldsymbol{C}$ 都可以通过系统地利用线性变换基变换式（2.20）得到。

基变换式（2.20）的结果在许多情况下都是通用的和基本有用的。虽然我们是在 $\boldsymbol{C}^{(\mathrm{d}\to\mathrm{r})}$ 为方阵的情况下推导的，但即使 $\boldsymbol{C}^{(\mathrm{d}\to\mathrm{r})}$ 是一个长方形矩阵，公式也适用（4.3 节）。相比之下，式（2.21）的结果并不具有同样的一般性。这是选择特定基的结果，例 2.2.1 中的线性变换由式（2.6）表示。对于以另一种方式指定的线性变换，可能会出现其他自然输入基。例如，通常情况下，一个线性变换的特征向量组提供一个自然基。使用特征向量基的线性变换的矩阵表示通常不会是单位矩阵，在这个基中特征值作为矩阵表示的对角线元素出现。这一问题在 4.2 节中讨论。

2.3　投影张量

1.4 节介绍了将向量空间分解为代数补的直和的思想。我们回想一下，给定一个起始子空间，有无限多种方法来构造代数补。然而，一旦选择了代数补，或者说，一旦原向量空间的直和分解已定，原向量空间中的任何向量都有唯一的加性分解：从代数补中取的向量的和。对于分量为 $\begin{bmatrix}0\\1\\0\end{bmatrix}$ 的向量 $\boldsymbol{w}$，例 1.4.1 演示了这一点。**在每个代数补中确定向量的过程本身就是一个线性变换**。下面的例子演示了这个过程。

例 2.3.1　在例 1.4.1 的直和分解 $\mathbb{R}^3=S_1\oplus S_2^{(\mathrm{a})}$ 下，得到从一般 $\boldsymbol{w}\in\mathbb{R}^3$ 到 $\boldsymbol{u}^{(\mathrm{a})}\in S_1$ 的线性变换，即 $\boldsymbol{w}=\boldsymbol{u}^{(\mathrm{a})}+\boldsymbol{v}^{(\mathrm{a})}$，其中 $\boldsymbol{u}^{(\mathrm{a})}\in S_1$，$\boldsymbol{v}^{(\mathrm{a})}\in S_2^{(\mathrm{a})}$。对同一个例子的另外的直和分解 $\mathbb{R}^3=S_1\oplus S_2^{(\mathrm{b})}$ 的线性变换 $\boldsymbol{w}\to\boldsymbol{u}^{(\mathrm{b})}$（$\boldsymbol{u}^{(\mathrm{b})}\in S_1$）以及直和分解 $\mathbb{R}^3=S_1\oplus S_2^{(\mathrm{c})}$ 的线性变换 $\boldsymbol{w}\to\boldsymbol{u}^{(\mathrm{c})}$（$\boldsymbol{u}^{(\mathrm{c})}\in S_1$）也做同样的处理。

解　这个变换将任意 $\boldsymbol{w}=\begin{bmatrix}w_1\\w_2\\w_3\end{bmatrix}\in\mathbb{R}^3$ 变成某个 $\boldsymbol{u}^{(\mathrm{a})}=\begin{bmatrix}u_1^{(\mathrm{a})}\\u_2^{(\mathrm{a})}\\u_3^{(\mathrm{a})}\end{bmatrix}\in S_1$。如果我们能证明这

个变换过程是由某个 $\boldsymbol{P}_1^{(a)} \in \mathbb{M}^{3\times 3}$ 的矩阵乘法 $\boldsymbol{u}^{(a)}=\boldsymbol{P}_1^{(a)}\boldsymbol{w}$ 来描述的，那么就证明了这个变换是线性的。注意，$\boldsymbol{w}$ 和 $\boldsymbol{u}^{(a)}$ 是列向量，它们的分量是在 $\mathbb{R}^3$ 标准基下给出的。因此，$\boldsymbol{P}_1^{(a)}$ 是描述这个从标准基开始到标准基结束的线性变换的矩阵。用前面 2.2 节的符号，我们可以把它写成$(\boldsymbol{P}_1^{(a)})^{(s\to s)}$。然而，就像任何符号体系中的情况一样，有时数学上的精确会导致符号超载。因此，当变换将 $\mathbb{R}^3$ 中的向量映射为 S_1 中的向量，而代数补是 $S_2^{(a)}$ 时，我们简单地使用 $\boldsymbol{P}_1^{(a)}$ 作为它的矩阵。换言之，除非有明确说明（或用更复杂的符号表示），线性变换的矩阵表示都假定为从标准基到标准基。

寻找这个 $\boldsymbol{P}_1^{(a)}$ 的过程与例 1.4.1 中的过程类似，我们现在使用一般的 $\boldsymbol{w}=\begin{bmatrix}w_1\\w_2\\w_3\end{bmatrix}$ 来代替那里特定的 $\begin{bmatrix}0\\1\\0\end{bmatrix}$。基于式（1.16）和式（1.17），我们用下面的分解来表示 $\boldsymbol{w}=\boldsymbol{u}^{(a)}+\boldsymbol{v}^{(a)}$：

$$\mathbb{R}^3=\underbrace{\operatorname{span}\left\{\begin{bmatrix}1\\-1\\0\end{bmatrix},\begin{bmatrix}1\\0\\-1\end{bmatrix}\right\}}_{S_1}\oplus\underbrace{\operatorname{span}\left\{\begin{bmatrix}1\\0\\0\end{bmatrix}\right\}}_{S_2^{(a)}}$$

其表出系数为a_1,a_2,a_3 使得

$$\underbrace{\begin{bmatrix}w_1\\w_2\\w_3\end{bmatrix}}_{\boldsymbol{w}}=\underbrace{a_1\begin{bmatrix}1\\-1\\0\end{bmatrix}+a_2\begin{bmatrix}1\\0\\-1\end{bmatrix}}_{\boldsymbol{u}^{(a)}}+\underbrace{a_3\begin{bmatrix}1\\0\\0\end{bmatrix}}_{\boldsymbol{v}^{(a)}}$$

将它表成一个线性方程组为

$$\begin{bmatrix}1&1&1\\-1&0&0\\0&-1&0\end{bmatrix}\begin{bmatrix}a_1\\a_2\\a_3\end{bmatrix}=\begin{bmatrix}w_1\\w_2\\w_3\end{bmatrix}$$

然后用行变换化简相关的增广矩阵

$$\left[\begin{array}{ccc|c}1&1&1&w_1\\-1&0&0&w_2\\0&-1&0&w_3\end{array}\right]\xrightarrow[\text{变换}]{\text{行初等}}\left[\begin{array}{ccc|c}1&0&0&-w_2\\0&1&0&-w_3\\0&0&1&w_1+w_2+w_3\end{array}\right]$$

得到 $a_3=w_1+w_2+w_3,a_2=-w_3,a_1=-w_2$，于是

$$\underbrace{\begin{bmatrix}w_1\\w_2\\w_3\end{bmatrix}}_{\boldsymbol{w}}=\underbrace{\begin{bmatrix}-w_2-w_3\\w_2\\w_3\end{bmatrix}}_{\boldsymbol{u}^{(a)}}+\underbrace{\begin{bmatrix}w_1+w_2+w_3\\0\\0\end{bmatrix}}_{\boldsymbol{v}^{(a)}}\tag{2.22}$$

特别地，

$$\begin{bmatrix} u_1^{(a)} \\ u_2^{(a)} \\ u_3^{(a)} \end{bmatrix} = \boldsymbol{u}^{(a)} = \begin{bmatrix} -w_2 - w_3 \\ w_2 \\ w_3 \end{bmatrix} = \underbrace{\begin{bmatrix} 0 & -1 & -1 \\ 0 & 1 & 0 \\ 0 & 0 & 1 \end{bmatrix}}_{\boldsymbol{P}_1^{(a)}} \begin{bmatrix} w_1 \\ w_2 \\ w_3 \end{bmatrix}$$

我们就证明了 $\boldsymbol{u}^{(a)} = \boldsymbol{P}_1^{(a)} \boldsymbol{w}$，其中

$$\boldsymbol{P}_1^{(a)} = \begin{bmatrix} 0 & -1 & -1 \\ 0 & 1 & 0 \\ 0 & 0 & 1 \end{bmatrix} \tag{2.23}$$

同样的考虑也适用于 $\boldsymbol{w} \to \boldsymbol{u}^{(b)}$ 和 $\boldsymbol{w} \to \boldsymbol{u}^{(c)}$ 的确定，从而得到变换矩阵 $\boldsymbol{P}_1^{(b)}$ 和 $\boldsymbol{P}_1^{(c)}$。对于 $\boldsymbol{w} \to \boldsymbol{u}^{(b)}$ 的情况，我们有

$$\underbrace{\begin{bmatrix} w_1 \\ w_2 \\ w_3 \end{bmatrix}}_{\boldsymbol{w}} = \underbrace{a_1 \begin{bmatrix} 1 \\ -1 \\ 0 \end{bmatrix} + a_2 \begin{bmatrix} 1 \\ 0 \\ -1 \end{bmatrix}}_{\boldsymbol{u}^{(b)}} + \underbrace{a_3 \begin{bmatrix} 1 \\ 1 \\ 0 \end{bmatrix}}_{\boldsymbol{v}^{(b)}}$$

相应的线性方程组是

$$\begin{bmatrix} 1 & 1 & 1 \\ -1 & 0 & 1 \\ 0 & -1 & 0 \end{bmatrix} \begin{bmatrix} a_1 \\ a_2 \\ a_3 \end{bmatrix} = \begin{bmatrix} w_1 \\ w_2 \\ w_3 \end{bmatrix}$$

行变换化简相关的增广矩阵，

$$\left[\begin{array}{ccc|c} 1 & 1 & 1 & w_1 \\ -1 & 0 & 1 & w_2 \\ 0 & -1 & 0 & w_3 \end{array}\right] \xrightarrow[\text{变换}]{\text{行初等}} \left[\begin{array}{ccc|c} 1 & 0 & -1 & -w_2 \\ 0 & 1 & 0 & -w_3 \\ 0 & 0 & 1 & \frac{1}{2}(w_1 + w_2 + w_3) \end{array}\right]$$

我们可以看出 $a_3 = \frac{1}{2}(w_1 + w_2 + w_3), a_2 = -w_3, a_1 = \frac{1}{2}(w_1 - w_2 + w_3)$；于是得到

$$\underbrace{\begin{bmatrix} w_1 \\ w_2 \\ w_3 \end{bmatrix}}_{\boldsymbol{w}} = \underbrace{\begin{bmatrix} \frac{1}{2}(w_1 - w_2 - w_3) \\ -\frac{1}{2}(w_1 - w_2 + w_3) \\ w_3 \end{bmatrix}}_{\boldsymbol{u}^{(b)}} + \underbrace{\begin{bmatrix} \frac{1}{2}(w_1 + w_2 + w_3) \\ \frac{1}{2}(w_1 + w_2 + w_3) \\ 0 \end{bmatrix}}_{\boldsymbol{v}^{(b)}} \tag{2.24}$$

因此，我们得到

$$\begin{bmatrix} u_1^{(b)} \\ u_2^{(b)} \\ u_3^{(b)} \end{bmatrix} = \underbrace{\begin{bmatrix} 1/2 & -1/2 & -1/2 \\ -1/2 & 1/2 & -1/2 \\ 0 & 0 & 1 \end{bmatrix}}_{\boldsymbol{P}_1^{(b)}} \begin{bmatrix} w_1 \\ w_2 \\ w_3 \end{bmatrix}$$

这表明 $\boldsymbol{u}^{(b)} = \boldsymbol{P}_1^{(b)} \boldsymbol{w}$，其中

$$P_1^{(b)} = \begin{bmatrix} 1/2 & -1/2 & -1/2 \\ -1/2 & 1/2 & -1/2 \\ 0 & 0 & 1 \end{bmatrix} \tag{2.25}$$

最后一种 $\boldsymbol{w} \to \boldsymbol{u}^{(c)}$ 的情况，

$$\left[\begin{array}{ccc|c} 1 & 1 & 1 & w_1 \\ -1 & 0 & 1 & w_2 \\ 0 & -1 & 1 & w_3 \end{array}\right] \xrightarrow[\text{变换}]{\text{行初等}} \left[\begin{array}{ccc|c} 1 & 0 & -1 & -w_2 \\ 0 & 1 & -1 & -w_3 \\ 0 & 0 & 1 & \frac{1}{3}(w_1+w_2+w_3) \end{array}\right]$$

从而得出，$a_3=\frac{1}{3}(w_1+w_2+w_3)$，$a_2=\frac{1}{3}(w_1+w_2-2w_3)$，$a_1=\frac{1}{3}(w_1-2w_2+w_3)$，于是

$$\underbrace{\begin{bmatrix} w_1 \\ w_2 \\ w_3 \end{bmatrix}}_{\boldsymbol{w}} = \underbrace{\begin{bmatrix} \frac{1}{3}(2w_1-w_2-w_3) \\ -\frac{1}{3}(w_1-2w_2+w_3) \\ -\frac{1}{3}(w_1+w_2-2w_3) \end{bmatrix}}_{\boldsymbol{u}^{(c)}} + \underbrace{\begin{bmatrix} \frac{1}{3}(w_1+w_2+w_3) \\ \frac{1}{3}(w_1+w_2+w_3) \\ \frac{1}{3}(w_1+w_2+w_3) \end{bmatrix}}_{\boldsymbol{v}^{(c)}} \tag{2.26}$$

这表明 $\boldsymbol{u}^{(c)}=P_1^{(c)}\boldsymbol{w}$，其中

$$P_1^{(c)} = \begin{bmatrix} 2/3 & -1/3 & -1/3 \\ -1/3 & 2/3 & -1/3 \\ -1/3 & -1/3 & 2/3 \end{bmatrix} \tag{2.27}$$

利用 $\mathbb{R}^3$ 的标准基，三个矩阵 $P_1^{(a)}, P_1^{(b)}, P_1^{(c)}$ 各自定义了从三维向量空间 $\mathbb{R}^3$ 到其二维子空间 S_1 的一个线性变换。让我们用 $P_1^{(a)}, P_1^{(b)}, P_1^{(c)}$ 来表示这些单独的线性变换。我们强调子空间 S_1 总是相同的［在式（1.15）中定义］，不同的是代数补，它导致了 $P_1^{(a)}, P_1^{(b)}$，$P_1^{(c)}$ 的差异。矩阵 $P_1^{(a)}, P_1^{(b)}, P_1^{(c)}$ 的秩都是 2，因为当 $\boldsymbol{w}$ 取遍 $\mathbb{R}^3$ 中所有的向量时，每个线性变换的值域都在二维子空间 S_1 上。对于这些线性变换中的任何一个，我们都可以把它们写成不同于在 $\mathbb{R}^3$ 的标准基下的另一种坐标的形式，对应的矩阵 P 中的元素就会改变，但是，新的矩阵 P 的秩总是 2。

确定线性变换 $P_1^{(a)}, P_1^{(b)}, P_1^{(c)}$ 的关键步骤是从式（2.22）、式（2.24）和式（2.26）中读取矩阵 $P_1^{(a)}, P_1^{(b)}, P_1^{(c)}$。从这三个等式中，我们也可以分别读取 $\boldsymbol{w}\in\mathbb{R}^3$ 到 $\boldsymbol{v}^{(a)}\in S_2^{(a)}$，$\boldsymbol{v}^{(b)}\in S_2^{(b)}$，$\boldsymbol{v}^{(c)}\in S_2^{(c)}$ 的线性变换的矩阵表示（同样是在标准基中）。经检验，这些矩阵是

$$P_2^{(a)} = \begin{bmatrix} 1 & 1 & 1 \\ 0 & 0 & 0 \\ 0 & 0 & 0 \end{bmatrix},\quad P_2^{(b)} = 1/2\begin{bmatrix} 1 & 1 & 1 \\ 1 & 1 & 1 \\ 0 & 0 & 0 \end{bmatrix},\quad P_2^{(c)} = 1/3\begin{bmatrix} 1 & 1 & 1 \\ 1 & 1 & 1 \\ 1 & 1 & 1 \end{bmatrix} \tag{2.28}$$

不像 $P_1^{(a)}, P_1^{(b)}, P_1^{(c)}$ 都有相同的值域 S_1，这些矩阵对应的线性变换 $P_2^{(a)}, P_2^{(b)}$ 和 $P_2^{(c)}$ 有不同的值域，因为它们对应不同的代数补。然而，所有这些代数补都是一维子空间，且

式（2.28)中的所有矩阵的秩都是 1。经过观察，这是显而易见的。这些矩阵的另一个明显特征是，每一对代数补的矩阵之和为单位矩阵，例如，

$$P_1^{(a)}+P_2^{(a)}=\begin{bmatrix}0&-1&-1\\0&1&0\\0&0&1\end{bmatrix}+\begin{bmatrix}1&1&1\\0&0&0\\0&0&0\end{bmatrix}=\begin{bmatrix}1&0&0\\0&1&0\\0&0&1\end{bmatrix}$$

它是对所有 w 的变换结果$Iw=w=u^{(a)}+v^{(a)}=P_1^{(a)}w+P_2^{(a)}w$ 的矩阵表示。这和$I=P_1^{(a)}+P_2^{(a)}$ 是一样的。

现在我们指出例 2.3.1 中所有变换的一个重要特点，即六个线性变换 $P_1^{(a)},P_1^{(b)},P_1^{(c)},P_2^{(a)},P_2^{(b)},P_2^{(c)}$ 都是从原始向量空间到低维子空间的**真投影**。从 $\mathbb{R}^3$ 中的任意原向量开始，我们通过这个线性变换得到一个新的第二个向量，它是原向量在真子空间上的投影。这个投影向量对于同一个投影的任何进一步的应用是稳定的。例如，投影向量 $P_1^{(a)}w$ 不会被线性变换 $P_1^{(a)}$ 的又一次应用所改变，这意味着 $P_1^{(a)}(P_1^{(a)}w)=P_1^{(a)}w$。这个性质的矩阵表示是 $P_1^{(a)}P_1^{(a)}=P_1^{(a)}$。所有六个线性变换 $P_1^{(a)},P_1^{(b)},P_1^{(c)},P_2^{(a)},P_2^{(b)},P_2^{(c)}$ 都具有这一性质。

一般地，如果值域空间是一个真子空间并且下式成立，我们称这个从 $\mathbb{R}^n$ 到 $\mathbb{R}^n$ 的线性变换 P 是一个真投影，

$$P^2w=Pw,\ 对所有的\ w\in\mathbb{R}^n \tag{2.29}$$

例 2.3.1 表明，从原向量空间到同一真子空间可以有许多不同的投影，即 $P_1^{(a)}$，$P_1^{(b)}$，$P_1^{(c)}$ 产生从 $\mathbb{R}^3$ 到同一子空间 S_1 的不同投影。不同的投影都会留下不同的（剩）余向量，这些向量存在于对应于那个投影的代数补中。例如，（剩）余向量 $v^{(a)}=w-u^{(a)}=w-P_1^{(a)}w=(I-P_1^{(a)})w$ 与 $v^{(b)}=w-u^{(b)}=w-P_1^{(b)}w=(I-P_1^{(b)})w$ 不同。

因此，一般来说，投影 P 产生一个与 P 相关的，到特定代数补上的映射 $I-P$。这个映射本身就是一个投影，因为对所有的 $w\in\mathbb{R}^n$，

$$(I-P)(I-P)w=(I^2-2P+P^2)w=(I-2P+P)w=(I-P)w$$

此外，一个向量投影在它的代数补上的投影是一个零向量。这是因为对所有的 $w\in\mathbb{R}^n$，

$$(I-P)Pw=(P-P^2)w=Pw-P^2w=Pw-Pw=0$$

类似地，$P(I-P)\ w=0$。这个结果很容易验证，读者可以从式（2.23）和式（2.28）来验证：$P_1^{(a)}P_2^{(a)}$ 和 $P_2^{(a)}P_1^{(a)}$ 都是一个 3×3 零矩阵。对于其他四个矩阵乘积 $P_1^{(b)}P_2^{(b)}$，$P_2^{(b)}P_1^{(b)}$，$P_1^{(c)}P_2^{(c)}$，$P_2^{(c)}P_1^{(c)}$ 也是一样成立的。

2.4　正交投影

上一节讨论了与 1.4 节中所述的直和分解为代数补的相关投影。我们还没有研究在考虑 1.7 节中描述的特殊正交补时所获得的额外收益。我们现在考虑这个问题，并证明它产生了一类特殊的投影算子，毋庸置疑，它就是正交投影。正交性的概念必须等到数量积概念（1.5 节）的出现，它从 $\mathbb{R}^n$ 中取两个向量作为输入，在 $\mathbb{R}$ 中传递一个数量作为输出。

我们用数量积来定义一个张量积，张量积的输入是 $\mathbb{R}^n$ 中的两个向量，输出是 $\mathbb{R}^n$ 到 $\mathbb{R}^n$ 的一个线性变换。这个算子也被称为取**外积**，可以用任何符合 1.5 节所列性质的内积来定义。为了此，可以利用式（1.22）中定义的标准点积来发展这个概念。

张量积由 $\boldsymbol{a}\in\mathbb{R}^n$，$\boldsymbol{b}\in\mathbb{R}^n$ 构造而成，记为 $\boldsymbol{a}\otimes\boldsymbol{b}$，是作用于任意向量 $\boldsymbol{v}\in\mathbb{R}^n$ 的线性变换，其规则如下：

$$(\boldsymbol{a}\otimes\boldsymbol{b})\boldsymbol{v}=(\boldsymbol{b}\cdot\boldsymbol{v})\boldsymbol{a} \tag{2.30}$$

我们验证这是一个线性变换，满足条件：

$$\begin{aligned}(\boldsymbol{a}\otimes\boldsymbol{b})(\boldsymbol{v}_1+\boldsymbol{v}_2)&=(\boldsymbol{b}\cdot(\boldsymbol{v}_1+\boldsymbol{v}_2))\boldsymbol{a}=(\boldsymbol{b}\cdot\boldsymbol{v}_1+\boldsymbol{b}\cdot\boldsymbol{v}_2)\boldsymbol{a}\\&=(\boldsymbol{b}\cdot\boldsymbol{v}_1)\boldsymbol{a}+(\boldsymbol{b}\cdot\boldsymbol{v}_2)\boldsymbol{a}=(\boldsymbol{a}\otimes\boldsymbol{b})\boldsymbol{v}_1+(\boldsymbol{a}\otimes\boldsymbol{b})\boldsymbol{v}_2\\(\boldsymbol{a}\otimes\boldsymbol{b})(c\boldsymbol{v})&=(\boldsymbol{b}\cdot c\boldsymbol{v})\boldsymbol{a}=c(\boldsymbol{b}\cdot\boldsymbol{v})\boldsymbol{a}=c((\boldsymbol{a}\otimes\boldsymbol{b})\boldsymbol{v})\end{aligned}$$

事实上，这两个条件的满足证实了运算 $\boldsymbol{a}\otimes\boldsymbol{b}$ 是线性的。

让我们在 $\mathbb{R}^n$ 的标准基中表示 $\boldsymbol{a}$，$\boldsymbol{b}$ 和 $\boldsymbol{v}$，

$$\boldsymbol{a}=\begin{bmatrix}a_1\\a_2\\\vdots\\a_n\end{bmatrix},\quad \boldsymbol{b}=\begin{bmatrix}b_1\\b_2\\\vdots\\b_n\end{bmatrix},\quad \boldsymbol{v}=\begin{bmatrix}v_1\\v_2\\\vdots\\v_n\end{bmatrix}$$

从而式（2.30）成为

$$(\boldsymbol{a}\otimes\boldsymbol{b})\boldsymbol{v}=(\boldsymbol{b}\cdot\boldsymbol{v})\boldsymbol{a}=(b_1v_1+b_2v_2+\cdots+b_nv_n)\begin{bmatrix}a_1\\a_2\\\vdots\\a_n\end{bmatrix}=\begin{bmatrix}a_1b_1&a_1b_2&\cdots&a_1b_n\\a_2b_1&a_2b_2&\cdots&a_2b_n\\\vdots&\vdots&&\vdots\\a_nb_1&a_nb_2&\cdots&a_nb_n\end{bmatrix}\begin{bmatrix}v_1\\v_2\\\vdots\\v_n\end{bmatrix}$$

最后一个等式可以通过直接比较来验证（请相信你自己）。计算结果表明，$\boldsymbol{a}\otimes\boldsymbol{b}$ 由下式给出，

$$\boldsymbol{a}\otimes\boldsymbol{b}=\begin{bmatrix}a_1b_1&a_1b_2&\cdots&a_1b_n\\a_2b_1&a_2b_2&\cdots&a_2b_n\\\vdots&\vdots&&\vdots\\a_nb_1&a_nb_2&\cdots&a_nb_n\end{bmatrix}\quad 或 \quad [\boldsymbol{a}\otimes\boldsymbol{b}]_{ij}=a_ib_j$$

符号 $[\boldsymbol{a}\otimes\boldsymbol{b}]_{ij}$ 标识了 $\boldsymbol{a}\otimes\boldsymbol{b}$ 的 i,j 元素。形式上，我们可以使用式（1.35）的单位向量表示法（尽管它有些烦琐）来提取这个元素，如 $\hat{\boldsymbol{e}}_j\cdot(\boldsymbol{a}\otimes\boldsymbol{b})\hat{\boldsymbol{e}}_j$。更重要的是，我们观察到，$\boldsymbol{a}\otimes\boldsymbol{b}$的列是列向量 $\boldsymbol{a}$ 的倍数，而 $\boldsymbol{a}\otimes\boldsymbol{b}$ 的行是列向量 $\boldsymbol{b}$ 的转置的倍数。由于转置运算将列向量转换为行向量，所以矩阵 $\boldsymbol{a}\otimes\boldsymbol{b}$ 即

$$\boldsymbol{a}\otimes\boldsymbol{b}=\boldsymbol{a}\boldsymbol{b}^{\mathrm{T}}$$

例 2.4.1 我们考虑向量 $\boldsymbol{a}\in\mathbb{R}^3$ 和 $\boldsymbol{b}\in\mathbb{R}^3$，它们的标准基表示为 $\boldsymbol{a}=\begin{bmatrix}1\\2\\3\end{bmatrix}$，$\boldsymbol{b}=\begin{bmatrix}6\\5\\4\end{bmatrix}$。求证 $(\boldsymbol{a}\otimes\boldsymbol{b})\boldsymbol{v}=(\boldsymbol{b}\cdot\boldsymbol{v})\boldsymbol{a}$。

解 $\boldsymbol{a}\otimes\boldsymbol{b}$ 在标准基下有一个矩阵表示为

$$a \otimes b = \begin{bmatrix}1\\2\\3\end{bmatrix}[6\quad 5\quad 4] = \begin{bmatrix}1\times 6 & 1\times 5 & 1\times 4\\ 2\times 6 & 2\times 5 & 2\times 4\\ 3\times 6 & 3\times 5 & 3\times 4\end{bmatrix} = \begin{bmatrix}6 & 5 & 4\\ 12 & 10 & 8\\ 18 & 15 & 12\end{bmatrix}$$

因此

$$\begin{aligned}(a \otimes b)v &= \begin{bmatrix}6 & 5 & 4\\ 12 & 10 & 8\\ 18 & 15 & 12\end{bmatrix}\begin{bmatrix}v_1\\v_2\\v_3\end{bmatrix} = \begin{bmatrix}6v_1+5v_2+4v_3\\ 12v_1+10v_2+8v_3\\ 18v_1+15v_2+12v_3\end{bmatrix}\\ &= (6v_1+5v_2+4v_3)\begin{bmatrix}1\\2\\3\end{bmatrix}\\ &= \left(\begin{bmatrix}6\\5\\4\end{bmatrix}\cdot\begin{bmatrix}v_1\\v_2\\v_3\end{bmatrix}\right)\begin{bmatrix}1\\2\\3\end{bmatrix} = (b\cdot v)a\end{aligned}$$

关于张量积的另外两个性质很重要。

- 因为每一行都是第一行的倍数，矩阵 $a\otimes b$ 的秩总是 1。因此，线性变换 $a\otimes b$ 将 $\mathbb{R}^n$ 中的向量映射到一维子空间。由式（2.30）可以看出，线性变换的值域是向量 a 张成的子空间。
- 由于矩阵的乘法性质$(ab^{\mathrm{T}})^{\mathrm{T}}=ba^{\mathrm{T}}$，不同的线性变换的矩阵表示 $a\otimes b$ 和 $b\otimes a$ 之间存在明显的关系，即 $a\otimes b=(b\otimes a)^{\mathrm{T}}$ 和 $b\otimes a=(a\otimes b)^{\mathrm{T}}$。

第二个性质值得做一些注释。一般来说，我们可以定义任意线性变换 A 的转置，方法是将变换的矩阵表示（在选择一组基之后）为 A，然后用矩阵 A^{T} 定义线性变换 A^{T}。众所周知，矩阵转置运算的存在性，产生了线性变换的自然的转置运算。一个更基本的观点开始于没有事先形成的矩阵转置或线性变换转置的概念。那么，我们通过已知的向量点积运算来定义线性变换 A 的转置（再次用 A^{T} 表示）：要求 A^{T} 是对所有向量 u 和 v，使得 $u\cdot Av$ 等于 $A^{\mathrm{T}}u\cdot v$ 的特殊变换。使用标准正交基，这个定义符合通常的矩阵转置运算（交换行和列）。

将标准点积应用到张量积 $a\otimes b$ 上，证明$(a\otimes b)^{\mathrm{T}}$ 对所有的 u 和 v 满足 $u\cdot((a\otimes b)v)=((a\otimes b)^{\mathrm{T}}u)\cdot v$。继续计算，得到

$$\begin{aligned}((a\otimes b)^{\mathrm{T}}u)\cdot v &= u\cdot((a\otimes b)v) = u\cdot((b\cdot v)a)\\ &= (u\cdot a)(b\cdot v) = ((u\cdot a)b)\cdot v = ((b\otimes a)u)\cdot v\end{aligned}$$

这就证实了

$$b\otimes a = (a\otimes b)^{\mathrm{T}}$$

现在我们回到投影问题，并提出以下问题。

在什么情况下（如果有的话），$a\otimes b$ 是一个投影？

根据式（2.29）的定义，如果 $(a\otimes b)(a\otimes b)w=(a\otimes b)w$ 对于所有的 w 成立，则 $a\otimes$

$\boldsymbol{b}$ 是一个投影。直接计算得到 $(\boldsymbol{a}\otimes\boldsymbol{b})(\boldsymbol{a}\otimes\boldsymbol{b})\boldsymbol{w}=(\boldsymbol{b}\cdot\boldsymbol{a})(\boldsymbol{b}\cdot\boldsymbol{w})\boldsymbol{a}=(\boldsymbol{b}\cdot\boldsymbol{a})(\boldsymbol{a}\otimes\boldsymbol{b})\boldsymbol{w}$。我们得出，当 $\boldsymbol{b}\cdot\boldsymbol{a}=1$ 时，$\boldsymbol{a}\otimes\boldsymbol{b}$ 是一个投影。

特别注意取 $\boldsymbol{a}$ 和 $\boldsymbol{b}$ 等于相同的单位向量 $\hat{\boldsymbol{m}}$（即 $\hat{\boldsymbol{m}}\cdot\hat{\boldsymbol{m}}=1$）时的投影。使用投影 $\boldsymbol{P}=\hat{\boldsymbol{m}}\otimes\hat{\boldsymbol{m}}$，任何向量 $\boldsymbol{w}$ 都可以像前面讨论的那样分解，

$$\boldsymbol{w}=\underbrace{\boldsymbol{P}\boldsymbol{w}}_{\boldsymbol{u}}+\underbrace{(\boldsymbol{I}-\boldsymbol{P})\boldsymbol{w}}_{\boldsymbol{v}}=\boldsymbol{u}+\boldsymbol{v}$$

但是，现在有

$$\boldsymbol{u}=\boldsymbol{P}\boldsymbol{w}=(\hat{\boldsymbol{m}}\otimes\hat{\boldsymbol{m}})\boldsymbol{w},\quad \boldsymbol{v}=(\boldsymbol{I}-\boldsymbol{P})\boldsymbol{w}=(\boldsymbol{I}-\hat{\boldsymbol{m}}\otimes\hat{\boldsymbol{m}})\boldsymbol{w}\tag{2.31}$$

下面两个陈述都是前面计算和推导的结果。

- $\boldsymbol{P}=\hat{\boldsymbol{m}}\otimes\hat{\boldsymbol{m}}$ 是到 $\hat{\boldsymbol{m}}$ 所张成的子空间上的投影。
- $\boldsymbol{I}-\boldsymbol{P}$ 也是一个投影。它投影到 $\hat{\boldsymbol{m}}$ 所张成的子空间的代数补上，这个代数补是由原投影 $\boldsymbol{P}$ 决定的。

与 $\boldsymbol{P}=\hat{\boldsymbol{m}}\otimes\hat{\boldsymbol{m}}$ 相关联的新特性如下。

> 由 $\boldsymbol{P}=\hat{\boldsymbol{m}}\otimes\hat{\boldsymbol{m}}$ 导出的代数补是（唯一的）正交补。

为了论证这个结果，我们必须证明式（2.31）中 $\boldsymbol{u}$ 和 $\boldsymbol{v}$ 的点积为零。我们得到

$$\begin{aligned}\boldsymbol{u}\cdot\boldsymbol{v}&=((\hat{\boldsymbol{m}}\otimes\hat{\boldsymbol{m}})\boldsymbol{w})\cdot((\boldsymbol{I}-\hat{\boldsymbol{m}}\otimes\hat{\boldsymbol{m}})\boldsymbol{w})=((\hat{\boldsymbol{m}}\cdot\boldsymbol{w})\hat{\boldsymbol{m}})\cdot(\boldsymbol{w}-(\hat{\boldsymbol{m}}\cdot\boldsymbol{w})\hat{\boldsymbol{m}})\\&=(\hat{\boldsymbol{m}}\cdot\boldsymbol{w})(\hat{\boldsymbol{m}}\cdot\boldsymbol{w})-(\hat{\boldsymbol{m}}\cdot\boldsymbol{w})(\hat{\boldsymbol{m}}\cdot\boldsymbol{w})\underbrace{(\hat{\boldsymbol{m}}\cdot\hat{\boldsymbol{m}})}_{1}=0\end{aligned}$$

因此，我们说 $\hat{\boldsymbol{m}}\otimes\hat{\boldsymbol{m}}$ 是一个**正交投影**。对于正交直和分解 $\mathbb{R}^n=\mathrm{span}\{\hat{\boldsymbol{m}}\}\oplus(\mathrm{span}\{\hat{\boldsymbol{m}}\})^{\perp}$，$\boldsymbol{P}_1=\hat{\boldsymbol{m}}\otimes\hat{\boldsymbol{m}}$ 和 $\boldsymbol{P}_2=\boldsymbol{I}-\hat{\boldsymbol{m}}\otimes\hat{\boldsymbol{m}}$ 提供了到正交补 $\mathrm{span}\{\hat{\boldsymbol{m}}\}$ 和 $(\mathrm{span}\{\hat{\boldsymbol{m}}\})^{\perp}$ 上的正交投影。

上面的过程展示了当其中一个子空间的维数为 1（即由单个向量张成的空间）时，如何将 $\mathbb{R}^n$ 分解为正交补空间（的直和）。现在我们转到考虑如何分解为没有这种维数约束的正交补。假设我们有一个二维子空间。一个明显的可以尝试的线性变换的形式为

$$\boldsymbol{B}=\hat{\boldsymbol{m}}_1\otimes\hat{\boldsymbol{m}}_1+\hat{\boldsymbol{m}}_2\otimes\hat{\boldsymbol{m}}_2$$

其中，单位向量 $\hat{\boldsymbol{m}}_1$ 和 $\hat{\boldsymbol{m}}_2$ 张成了这个子空间。我们通过比较 $\boldsymbol{B}\boldsymbol{w}$ 和 $\boldsymbol{B}^2\boldsymbol{w}$ 来检验在什么情况下线性变换 $\boldsymbol{B}$ 也是一个投影，

$$\begin{aligned}\boldsymbol{B}\boldsymbol{w}&=(\hat{\boldsymbol{m}}_1\otimes\hat{\boldsymbol{m}}_1)\boldsymbol{w}+(\hat{\boldsymbol{m}}_2\otimes\hat{\boldsymbol{m}}_2)\boldsymbol{w}=(\hat{\boldsymbol{m}}_1\cdot\boldsymbol{w})\hat{\boldsymbol{m}}_1+(\hat{\boldsymbol{m}}_2\cdot\boldsymbol{w})\hat{\boldsymbol{m}}_2\\
\boldsymbol{B}^2\boldsymbol{w}&=(\hat{\boldsymbol{m}}_1\cdot\boldsymbol{w})\boldsymbol{B}\hat{\boldsymbol{m}}_1+(\hat{\boldsymbol{m}}_2\cdot\boldsymbol{w})\boldsymbol{B}\hat{\boldsymbol{m}}_2\\
&=(\hat{\boldsymbol{m}}_1\cdot\boldsymbol{w})(\hat{\boldsymbol{m}}_1\otimes\hat{\boldsymbol{m}}_1+\hat{\boldsymbol{m}}_2\otimes\hat{\boldsymbol{m}}_2)\hat{\boldsymbol{m}}_1+\\
&\quad(\hat{\boldsymbol{m}}_2\cdot\boldsymbol{w})(\hat{\boldsymbol{m}}_1\otimes\hat{\boldsymbol{m}}_1+\hat{\boldsymbol{m}}_2\otimes\hat{\boldsymbol{m}}_2)\hat{\boldsymbol{m}}_2\\
&=(\hat{\boldsymbol{m}}_1\cdot\boldsymbol{w})\underbrace{(\hat{\boldsymbol{m}}_1\cdot\hat{\boldsymbol{m}}_1)}_{1}\hat{\boldsymbol{m}}_1+(\hat{\boldsymbol{m}}_1\cdot\boldsymbol{w})(\hat{\boldsymbol{m}}_2\cdot\hat{\boldsymbol{m}}_1)\hat{\boldsymbol{m}}_2+\\
&\quad(\hat{\boldsymbol{m}}_2\cdot\boldsymbol{w})(\hat{\boldsymbol{m}}_1\cdot\hat{\boldsymbol{m}}_2)\hat{\boldsymbol{m}}_1+(\hat{\boldsymbol{m}}_2\cdot\boldsymbol{w})\underbrace{(\hat{\boldsymbol{m}}_2\cdot\hat{\boldsymbol{m}}_2)}_{1}\hat{\boldsymbol{m}}_2\\
&=\underbrace{(\hat{\boldsymbol{m}}_1\cdot\boldsymbol{w})\hat{\boldsymbol{m}}_1+(\hat{\boldsymbol{m}}_2\cdot\boldsymbol{w})\hat{\boldsymbol{m}}_2}_{\boldsymbol{B}\boldsymbol{w}}+(\hat{\boldsymbol{m}}_2\cdot\hat{\boldsymbol{m}}_1)((\hat{\boldsymbol{m}}_1\cdot\boldsymbol{w})\hat{\boldsymbol{m}}_2+(\hat{\boldsymbol{m}}_2\cdot\boldsymbol{w})\hat{\boldsymbol{m}}_1)\end{aligned}$$

$$=\boldsymbol{B}\boldsymbol{w}+(\hat{\boldsymbol{m}}_2\cdot\hat{\boldsymbol{m}}_1)(\hat{\boldsymbol{m}}_2\otimes\hat{\boldsymbol{m}}_1+\hat{\boldsymbol{m}}_1\otimes\hat{\boldsymbol{m}}_2)\boldsymbol{w} \tag{2.32}$$

由于 $\hat{\boldsymbol{m}}_2\otimes\hat{\boldsymbol{m}}_1+\hat{\boldsymbol{m}}_1\otimes\hat{\boldsymbol{m}}_2$ 不恒等于零，所以 $\hat{\boldsymbol{m}}_2\cdot\hat{\boldsymbol{m}}_1=0$ 时 $\boldsymbol{B}$ 是投影，即 $\hat{\boldsymbol{m}}_1$ 和 $\hat{\boldsymbol{m}}_2$ 正交。这个结果是可以预料到的。通过归纳法将这个结果推广到任何有限标准正交集。因此

★ 如果 $\hat{\boldsymbol{m}}_1,\hat{\boldsymbol{m}}_2,\cdots,\hat{\boldsymbol{m}}_k$ 是标准正交的，那么 $\hat{\boldsymbol{m}}_1\otimes\hat{\boldsymbol{m}}_1+\hat{\boldsymbol{m}}_2\otimes\hat{\boldsymbol{m}}_2+\cdots+\hat{\boldsymbol{m}}_k\otimes\hat{\boldsymbol{m}}_k$ 就是这些向量张成的子空间上的投影。

此外，很容易得到

★ $\boldsymbol{I}-(\hat{\boldsymbol{m}}_1\otimes\hat{\boldsymbol{m}}_1+\hat{\boldsymbol{m}}_2\otimes\hat{\boldsymbol{m}}_2+\cdots+\hat{\boldsymbol{m}}_k\otimes\hat{\boldsymbol{m}}_k)$ 是映射到（上述子空间的）正交补的投影。

在下面的例子中，我们将通过构造从 $\mathbb{R}^3$ 到例 1.4.1 的子空间 S_1 的正交投影来演示上述过程。回想一下，在那个例子中我们给出了 S_1 三个代数补，我们把它们分别标记为 $S_2^{(a)}$，$S_2^{(b)}$ 和 $S_2^{(c)}$。我们在例 1.7.1 中扩展了这个例子，构造了正交补 $S_1^{\perp}$，并且证明了它与前面得到的 $S_2^{(c)}$ 相等。然后，在例 2.3.1 中，我们描述了从 $\mathbb{R}^3$ 到 S_1 的三种不同投影的构造方法，它们分别与以下三种不同的直和分解相关：$S_1\oplus S_2^{(a)}$，$S_1\oplus S_2^{(b)}$，$S_1\oplus S_2^{(c)}$。因为 $S_2^{(c)}=S_1^{\perp}$，与 $S_1\oplus S_2^{(c)}$ 相关的投影实际上是正交投影。下面例子的目的是获得相同的结果，即通过采用刚开发的分析技术，以完全独立的方式获得式（2.27）。

例 2.4.2 考虑 $\mathbb{R}^3$，设 S_1 是使得下式成立的二维子空间，

$$\boldsymbol{x}=\begin{bmatrix}x_1\\x_2\\x_3\end{bmatrix}\in S_1 \quad\Leftrightarrow\quad x_1+x_2+x_3=0$$

求 $\mathbb{R}^3$ 到 S_1 的正交投影在标准基下的矩阵表示。

解 如例 1.7.1 所示，我们在 S_1 的非正交基$\left\{\begin{bmatrix}1\\-1\\0\end{bmatrix},\begin{bmatrix}1\\0\\-1\end{bmatrix}\right\}$上执行格拉姆-施密特过程，得到正交基$\left\{\begin{bmatrix}1\\-1\\0\end{bmatrix},\begin{bmatrix}1\\1\\-2\end{bmatrix}\right\}$。归一化这个基，得到 S_1 的两个标准正交基向量，它们是

$$\hat{\boldsymbol{m}}_1=\frac{1}{\sqrt{2}}\begin{bmatrix}1\\-1\\0\end{bmatrix},\quad \hat{\boldsymbol{m}}_2=\frac{1}{\sqrt{6}}\begin{bmatrix}1\\1\\-2\end{bmatrix}$$

$\hat{\boldsymbol{m}}_1\otimes\hat{\boldsymbol{m}}_1$ 在标准基下的矩阵表示为

$$\hat{\boldsymbol{m}}_1\otimes\hat{\boldsymbol{m}}_1=\left(\frac{1}{\sqrt{2}}\right)^2\begin{bmatrix}1\\-1\\0\end{bmatrix}\begin{bmatrix}1 & -1 & 0\end{bmatrix}=\frac{1}{2}\begin{bmatrix}1&-1&0\\-1&1&0\\0&0&0\end{bmatrix}$$

类似地，

$$\hat{\boldsymbol{m}}_2 \otimes \hat{\boldsymbol{m}}_2 = \left(\frac{1}{\sqrt{6}}\right)^2 \begin{bmatrix} 1 \\ 1 \\ -2 \end{bmatrix} [1 \quad 1 \quad -2] = \frac{1}{6} \begin{bmatrix} 1 & 1 & -2 \\ 1 & 1 & -2 \\ -2 & -2 & 4 \end{bmatrix}$$

综上得到

$$\hat{\boldsymbol{m}}_1 \otimes \hat{\boldsymbol{m}}_1 + \hat{\boldsymbol{m}}_2 \otimes \hat{\boldsymbol{m}}_2 = \frac{1}{3} \begin{bmatrix} 2 & -1 & -1 \\ -1 & 2 & -1 \\ -1 & -1 & 2 \end{bmatrix}$$

我们用一种完全不同的方法再次得到式（2.27）。

值得注意的是，$\hat{\boldsymbol{m}}_1 \otimes \hat{\boldsymbol{m}}_1$ 和 $\hat{\boldsymbol{m}}_2 \otimes \hat{\boldsymbol{m}}_2$ 的秩都是 1。但是，$\hat{\boldsymbol{m}}_1 \otimes \hat{\boldsymbol{m}}_1 + \hat{\boldsymbol{m}}_2 \otimes \hat{\boldsymbol{m}}_2$ 的秩是 2。这些关于秩的结果是可以预料到的，因为每个 $\hat{\boldsymbol{m}}_1 \otimes \hat{\boldsymbol{m}}_1$ 和 $\hat{\boldsymbol{m}}_2 \otimes \hat{\boldsymbol{m}}_2$ 都是一个到一维子空间上的投影，而 $\hat{\boldsymbol{m}}_1 \otimes \hat{\boldsymbol{m}}_1 + \hat{\boldsymbol{m}}_2 \otimes \hat{\boldsymbol{m}}_2$ 是一个到二维子空间 S_1 上的投影。

2.5 不变子空间

在 2.3 节和 2.4 节中我们对投影这类线性变换进行了研究。当这些变换作用于已经在投影子空间中的向量时，通过重复的投影运算，这个向量保持不变。一个比子空间投影约束较小的概念是子空间不变性。这意味着变换的重复应用保留了向量仍在那个子空间中（如投影），但不一定如投影变换一样在那个子空间中保留相同的向量。下面是正式定义。

> $\mathbb{R}^n$ 中的子空间 S 对于线性变换 $\boldsymbol{C}: \mathbb{R}^n \to \mathbb{R}^n$ 是**不变的**，如果 $\boldsymbol{x} \in S$，意味着 $\boldsymbol{Cx} \in S$。或者说，在变换 $\boldsymbol{C}$ 对 $\boldsymbol{x}$ 的映射中，向量 $\boldsymbol{x}$ 和 $\boldsymbol{Cx}$ 都属于 $\mathbb{R}^n$ 中的同一个子空间。

从逻辑上讲，对这一概念的研究可以用两种方法中的一种进行。首先，从一个子空间开始，并找出使子空间不变的线性变换。其次，从一个线性变换开始，找出关于那个变换不变的子空间。前一种方法是我们如何处理投影概念：开始我们有一个特定的子空间，然后我们在这个子空间上构造投影。然而，为了研究不变性，考虑后一种方法更自然：给定一个线性变换，确定标准不变子空间。

对于线性变换 $\boldsymbol{C}$，有三种特殊的不变子空间。粗略地说，这三个子空间是：(i) 映射到零元素的向量集合，(ii) 由变换对其他向量运算所产生的向量集合，以及 (iii) 一般的一维子空间对于变换是不变的。我们依次研究每一个。

2.5.1 零空间

> 线性变换 $\boldsymbol{C}$ 的**零空间**（或**核**）是所有使得 $\boldsymbol{Cx} = \boldsymbol{0}$ 的向量 $\boldsymbol{x} \in \mathbb{R}^n$ 的集合。它用 $\mathrm{Null}(\boldsymbol{C})$ 表示。

现在我们证明零空间确实是一个不变子空间。

证明 首先，我们验证 Null($\boldsymbol{C}$) 是一个向量空间。假设 $\boldsymbol{x}_1$ 和 $\boldsymbol{x}_2$ 在 Null($\boldsymbol{C}$) 中。这意味着 $\boldsymbol{Cx}_1=\boldsymbol{0}$ 和 $\boldsymbol{Cx}_2=\boldsymbol{0}$。那么对于任意标量 c_1 和 c_2 我们有 $\boldsymbol{C}(c_1\boldsymbol{x}_1+c_2\boldsymbol{x}_2)=c_1\boldsymbol{Cx}_1+c_2\boldsymbol{Cx}_2=c_1\boldsymbol{0}+c_2\boldsymbol{0}=\boldsymbol{0}$，因此 $c_1\boldsymbol{x}_1+c_2\boldsymbol{x}_2\in$ Null($\boldsymbol{C}$)，这表明 Null($\boldsymbol{C}$) 是一个向量空间。

其次，我们验证 Null($\boldsymbol{C}$) 对于 $\boldsymbol{C}$ 是不变的。我们必须证明 $\boldsymbol{x}\in$ Null($\boldsymbol{C}$) 蕴含着 $\boldsymbol{Cx}\in$ Null($\boldsymbol{C}$)。既然 $\boldsymbol{x}\in$ Null($\boldsymbol{C}$) 意味着 $\boldsymbol{Cx}=\boldsymbol{0}$，但是 $\boldsymbol{0}$ 显然在 Null($\boldsymbol{C}$) 中，因为 $\boldsymbol{C0}=\boldsymbol{0}$ 因此，Null($\boldsymbol{C}$) 对于 $\boldsymbol{C}$ 来说是不变的。

例 2.5.1 设 $\boldsymbol{B}$：$\mathbb{R}^3\to\mathbb{R}^3$ 在标准基下有矩阵表示

$$\boldsymbol{B}=\begin{bmatrix}1 & 0 & 5\\0 & 0 & 0\\0 & -2 & 0\end{bmatrix}$$

求 Null($\boldsymbol{B}$)。

解 Null($\boldsymbol{B}$) 是下面所给的矩阵方程 $\boldsymbol{Bx}=\boldsymbol{0}$ 的所有解 $\boldsymbol{x}$：

$$\begin{bmatrix}0\\0\\0\end{bmatrix}=\begin{bmatrix}1 & 0 & 5\\0 & 0 & 0\\0 & -2 & 0\end{bmatrix}\begin{bmatrix}x_1\\x_2\\x_3\end{bmatrix}=\begin{bmatrix}x_1+5x_3\\0\\-2x_2\end{bmatrix}\quad\Rightarrow\quad\begin{matrix}x_2=0\\x_1=-5x_3\end{matrix}$$

因此

$$\text{Null}(\boldsymbol{B})=\text{span}\left\{\begin{bmatrix}-5\\0\\1\end{bmatrix}\right\}$$

在这种情况下，Null($\boldsymbol{B}$) 是 $\mathbb{R}^3$ 的一维子空间。

★ 零空间的维数称为**零度**。

2.5.2 值域

> 线性变换 $\boldsymbol{C}$ 的**值域**是所有向量 $\boldsymbol{x}\in\mathbb{R}^n$ 的集合：存在一个原象 $\boldsymbol{u}\in\mathbb{R}^n$，使得 $\boldsymbol{x}=\boldsymbol{Cu}$。用 Range($\boldsymbol{C}$) 表示。

我们来证明值域是一个不变子空间。

证明 首先，我们验证 Range($\boldsymbol{C}$) 是一个向量空间。假设 $\boldsymbol{x}_1$ 和 $\boldsymbol{x}_2$ 在值域 Range($\boldsymbol{C}$) 内。这意味着存在 $\boldsymbol{u}_1$ 和 $\boldsymbol{u}_2$，使得 $\boldsymbol{x}_1=\boldsymbol{Cu}_1,\boldsymbol{x}_2=\boldsymbol{Cu}_2$。对于任意标量 c_1 和 c_2，我们有

$$c_1\boldsymbol{x}_1+c_2\boldsymbol{x}_2=c_1\boldsymbol{Cu}_1+c_2\boldsymbol{Cu}_2=\boldsymbol{C}(c_1\boldsymbol{u}_1+c_2\boldsymbol{u}_2)$$

因此，$c_1\boldsymbol{x}_1+c_2\boldsymbol{x}_2$ 有原象 $c_1\boldsymbol{u}_1+c_2\boldsymbol{u}_2$，$c_1\boldsymbol{x}_1+c_2\boldsymbol{x}_2\in$ Range($\boldsymbol{C}$)。这表明 Range($\boldsymbol{C}$) 是一个向量空间。

其次，我们验证 Range($\boldsymbol{C}$) 对于 $\boldsymbol{C}$ 是不变的。我们必须证明 $\boldsymbol{x}\in$ Range($\boldsymbol{C}$) 蕴含着 $\boldsymbol{Cx}\in$ Range($\boldsymbol{C}$)。显然 $\boldsymbol{Cx}$ 在 $\boldsymbol{C}$ 的值域内，因为 $\boldsymbol{Cx}$ 是 $\boldsymbol{C}$ 作用在 $\boldsymbol{x}$ 上。或者说，$\boldsymbol{Cx}$ 所需要的

原象就是 $\boldsymbol{x}$ 本身。

例 2.5.2　对于例 2.5.1 中的同一个 $\boldsymbol{B}$，求 Range($\boldsymbol{B}$)。然后证明 $\boldsymbol{Bx}$ 在 Range($\boldsymbol{B}$) 内。

解　首先，Range($\boldsymbol{B}$) 由以下形式的所有向量组成，

$$\begin{bmatrix} x_1 \\ x_2 \\ x_3 \end{bmatrix} = \begin{bmatrix} 1 & 0 & 5 \\ 0 & 0 & 0 \\ 0 & -2 & 0 \end{bmatrix} \begin{bmatrix} u_1 \\ u_2 \\ u_3 \end{bmatrix} = u_1 \begin{bmatrix} 1 \\ 0 \\ 0 \end{bmatrix} + u_2 \begin{bmatrix} 0 \\ 0 \\ -2 \end{bmatrix} + u_3 \begin{bmatrix} 5 \\ 0 \\ 0 \end{bmatrix}$$

因此，

$$\begin{aligned} \text{Range}(\boldsymbol{B}) &= \text{span}\left\{ \begin{bmatrix} 1 \\ 0 \\ 0 \end{bmatrix}, \begin{bmatrix} 0 \\ 0 \\ -2 \end{bmatrix}, \begin{bmatrix} 5 \\ 0 \\ 0 \end{bmatrix} \right\} \\ &= \text{span}\left\{ \begin{bmatrix} 1 \\ 0 \\ 0 \end{bmatrix}, \begin{bmatrix} 0 \\ 0 \\ 1 \end{bmatrix} \right\} \end{aligned} \tag{2.33}$$

对于上述 $\boldsymbol{B}$，Range($\boldsymbol{B}$) 是 $\mathbb{R}^3$ 的一个二维子空间。

回到证明 $\boldsymbol{Bx}$ 在 Range($\boldsymbol{B}$) 内的问题上来。我们注意到，根据定义，这实际上是正确的。然而，如果我们把 Range($\boldsymbol{B}$) 仅仅用式（2.33）刻画，则我们观察到

$$\begin{aligned} \begin{bmatrix} 1 & 0 & 5 \\ 0 & 0 & 0 \\ 0 & -2 & 0 \end{bmatrix} \begin{bmatrix} x_1 \\ x_2 \\ x_3 \end{bmatrix} &= \begin{bmatrix} x_1 + 5x_3 \\ 0 \\ -2x_2 \end{bmatrix} = x_1 \begin{bmatrix} 1 \\ 0 \\ 0 \end{bmatrix} + x_2 \begin{bmatrix} 0 \\ 0 \\ -2 \end{bmatrix} + x_3 \begin{bmatrix} 5 \\ 0 \\ 0 \end{bmatrix} \\ &= (x_1 + 5x_3) \begin{bmatrix} 1 \\ 0 \\ 0 \end{bmatrix} - 2x_2 \begin{bmatrix} 0 \\ 0 \\ 1 \end{bmatrix} \end{aligned}$$

这表明 $\boldsymbol{B}$ 对任意向量 $\boldsymbol{x}$ 的作用会产生一个位于式（2.33）所示的值域空间中的向量。

由于上面的例子说明得很清楚，更一般地，如果 $\boldsymbol{C}$ 是 $\mathbb{R}^n$ 到 $\mathbb{R}^n$ 的线性变换，矩阵 $\boldsymbol{C}$ 是变换 $\boldsymbol{C}$ 在标准基下的表示。那么

$$\text{Range}(\boldsymbol{C}) = \text{span}\{\boldsymbol{C} \text{ 的列向量}\}$$

值域的维数是在标准基下的矩阵表示中线性无关列的个数。这和矩阵的秩是一样的。此外，即使线性变换的矩阵表示随基的选择而改变，但矩阵的秩总是相同的。因此，因为没有矛盾，

★ 这个值域的维数，称为秩，可以通过确定所给线性变换的任何矩阵表示的秩来求出。

从例 2.5.1 和例 2.5.2 中考察 Null($\boldsymbol{B}$) 和 Range($\boldsymbol{B}$) 之间的关系是很有启发性的。对于那些 $\boldsymbol{B}$，我们发现

$$\text{Null}(\boldsymbol{B}) = \text{span}\left\{\begin{bmatrix}-5\\0\\1\end{bmatrix}\right\} \subset \text{span}\left\{\begin{bmatrix}1\\0\\0\end{bmatrix},\begin{bmatrix}0\\0\\1\end{bmatrix}\right\} = \text{Range}(\boldsymbol{B})$$

其中，符号“⊂”的意思是“包含在……内”或者“是……的子集”。对于例 2.5.1 和例 2.5.2中的线性变换，我们发现（其中“D”表示“维”）

$$\underbrace{\text{Null}(\boldsymbol{B})}_{\text{1D}} \subset \underbrace{\text{Range}(\boldsymbol{B})}_{\text{2D}} \subset \underbrace{\mathbb{R}^3}_{\text{3D}}$$

一般没有要求零空间应该包含在值域中。事实上，相反的情况也可能发生。然而，下面的事情总是正确的。

> 如果 $\boldsymbol{C}$ 是 $\mathbb{R}^n$ 到 $\mathbb{R}^n$ 的线性变换，那么 Rank $\boldsymbol{C}$+Nullity $\boldsymbol{C}=n$。㊀

在例 2.5.1 和例 2.5.2 中，我们有 $n=3$，我们发现 Rank $\boldsymbol{B}=2$ 和 Nullity $\boldsymbol{B}=1$，符合 $2+1=3$。

一般来说，对于一个从 $\mathbb{R}^n$ 到 $\mathbb{R}^n$ 的线性变换 $\boldsymbol{C}$，我们可以选择一组基，然后对矩阵 $\boldsymbol{C}$ 进行行变换。当变换为行阶梯形时，全零行数等于零度，其余行数（不全为零）对应于秩。我们使用例 2.5.1 和例 2.5.2 中的 $\boldsymbol{B}$ 来演示这一点。为了对解线性方程组产生更多有用的评述和建议，我们将处理表示线性变换 $\boldsymbol{y}=\boldsymbol{Bx}$ 的增广矩阵，就像我们求解 $\boldsymbol{Bx}=\boldsymbol{y}$ 一样。这将产生一个带有增广矩阵的标准基矩阵表示

$$\left[\begin{array}{ccc|c}1 & 0 & 5 & y_1\\0 & 0 & 0 & y_2\\0 & -2 & 0 & y_3\end{array}\right] \xrightarrow[\text{变换}]{\text{行初等}} \left[\begin{array}{ccc|c}1 & 0 & 5 & y_1\\0 & 1 & 0 & -\frac{1}{2}y_3\\0 & 0 & 0 & y_2\end{array}\right] \tag{2.34}$$

零度对应于上述行约化矩阵左侧 3×3 部分的零行数。有这样一行，因此零度为 1。这与通过设置 $y_1=y_2=y_3=0$ 来求零空间是一致的，然后注意行约化增广矩阵对分量 x_1,x_2,x_3 施加了两个独立的条件，形式为 $x_1+5x_3=0$ 和 $x_2=0$。这两个代数方程将 $\mathbb{R}^3$ 中原有的 3 个自由度缩小了 2，从而得到了 $3-2=1$ 个零度。这等于式（2.34）约化后的矩阵左侧 3×3 部分全为零的行数。

而值域的秩对应于这 3×3 部分中不全为零的行数，在式（2.34）中有两个这样的行，所以秩是 2。这与通过寻找 $\boldsymbol{y}$ 符合 $\boldsymbol{Bx}=\boldsymbol{y}$ 的解的条件来求秩是一致的。一致性不允许非零的 y_2，否则式（2.34）的最后一行需要满足无意义的条件 $0x_1+0x_2+0x_3=y_2\neq 0$。为了避免这个荒谬的条件，需要有 $y_2=0$。这从原来的三个自由度中失去一个自由度，其结果是秩减少为 $3-1=2$。数 2 也是行约化式（2.34）中的非零行数。

例 2.5.3 考虑下面列出的从 $\mathbb{R}^3$ 到 $\mathbb{R}^3$ 的三个不同的线性变换。对于每个变换，找到零空间和值域，并验证在每种情况下，秩+零度=3。这三种变换如下。

㊀ Rank $\boldsymbol{C}$ 表示 $\boldsymbol{C}$ 的秩，Nullity $\boldsymbol{C}$ 表示 $\boldsymbol{C}$ 的零度。——编辑注

1. 恒等变换 $\boldsymbol{I}$：对于所有 $\boldsymbol{x}\in\mathbb{R}^3$，$\boldsymbol{I}\boldsymbol{x}=\boldsymbol{x}$。

2. 零变换 $\boldsymbol{O}$：对于所有 $\boldsymbol{x}\in\mathbb{R}^3$，$\boldsymbol{O}\boldsymbol{x}=\boldsymbol{0}$。

3. 在向量子空间沿方向 $\begin{bmatrix}1\\1\\1\end{bmatrix}$ 上的正交投影 $\boldsymbol{P}_{[111]}$。

验证

1. $\boldsymbol{I}$ 的值域是 $\mathbb{R}^3$ 整体，因为对于任意 $\boldsymbol{x}\in\mathbb{R}^3$，原象 $\boldsymbol{u}$ 就是 $\boldsymbol{x}$ 本身：$\boldsymbol{x}=\boldsymbol{I}\boldsymbol{x}=\boldsymbol{I}\boldsymbol{u}$。$\boldsymbol{I}$ 的零空间是包含 $\boldsymbol{0}$ 向量的集合，因为 $\boldsymbol{I}\boldsymbol{x}=\boldsymbol{0}$ 的唯一解是 $\boldsymbol{x}=\boldsymbol{0}$。集合 $\{\boldsymbol{0}\}$ 只包含 $\mathbb{R}^3$ 中的一个向量 $\boldsymbol{0}$，满足向量空间的条件，它是一个维数为零的子空间。因此

$$\mathrm{Null}\ (\boldsymbol{I}) = \underbrace{\{\boldsymbol{0}\}}_{0\mathrm{D}} \subset \mathrm{Range}(\boldsymbol{I}) = \underbrace{\mathbb{R}^3}_{3\mathrm{D}}$$

$\boldsymbol{I}$ 的秩为 3，零度为 0。因此，秩＋零度＝3。

2. $\boldsymbol{O}$ 的值域是集合 $\{\boldsymbol{0}\}$，因为使得原象 $\boldsymbol{u}$ 与 $\boldsymbol{x}$ 成立 $\boldsymbol{O}\boldsymbol{u}=\boldsymbol{x}$ 的是单个向量 $\boldsymbol{x}=\boldsymbol{0}$。$\boldsymbol{O}$ 的零空间是 $\mathbb{R}^3$，因为任意向量 $\boldsymbol{x}\in\mathbb{R}^3$ 使得 $\boldsymbol{O}\boldsymbol{x}=\boldsymbol{0}$。因此

$$\mathrm{Range}(\boldsymbol{O}) = \underbrace{\{\boldsymbol{0}\}}_{0\mathrm{D}} \subset \mathrm{Null}(\boldsymbol{O}) = \underbrace{\mathbb{R}^3}_{3\mathrm{D}}$$

$\boldsymbol{O}$ 的秩为 0，零度为 3。因此，秩＋零度＝3。

3. 正交投影 $\boldsymbol{P}_{[111]}$ 由 $\hat{\boldsymbol{m}}\otimes\hat{\boldsymbol{m}}$ 给出，其中 $\hat{\boldsymbol{m}}$ 是规定方向上的单位向量。在标准基下，这个 $\hat{\boldsymbol{m}}$ 由

$$\hat{\boldsymbol{m}} = \frac{1}{\sqrt{3}}\begin{bmatrix}1\\1\\1\end{bmatrix} \quad\Rightarrow\quad \hat{\boldsymbol{m}}\otimes\hat{\boldsymbol{m}} = \frac{1}{3}\begin{bmatrix}1&1&1\\1&1&1\\1&1&1\end{bmatrix}$$

因为 $(\hat{\boldsymbol{m}}\otimes\hat{\boldsymbol{m}})\ \boldsymbol{u}=(\boldsymbol{u}\cdot\hat{\boldsymbol{m}})\ \hat{\boldsymbol{m}}$，所以 $\boldsymbol{P}_{[111]}$ 的值域是 $\hat{\boldsymbol{m}}$ 张成的子空间。零空间是使 $\boldsymbol{P}_{[111]}\boldsymbol{x}=\boldsymbol{0}$ 的所有向量 $\boldsymbol{x}$。在值域（$\hat{\boldsymbol{m}}$ 张成的子空间）的正交补中的向量 $\boldsymbol{x}$，根据定义满足这个要求，而任何不在这个正交补中的向量的投影都是非零的。这证实了

$$\mathrm{Range}(\boldsymbol{P}_{[111]}) = \underbrace{\mathrm{span}\{\hat{\boldsymbol{m}}\}}_{1\mathrm{D}}, \quad \mathrm{Null}(\boldsymbol{P}_{[111]}) = \underbrace{(\mathrm{span}\ \{\hat{\boldsymbol{m}}\})^{\perp}}_{2\mathrm{D}}$$

关于零空间维数的结论是由式（1.14）得出的。这表明，秩是 1，零度是 2，所以再次得到：秩＋零度＝3。注意，在这种情况下，低维的子空间不包含在高维的子空间中（它们唯一的交是零向量）。

对这个例子的补充评注：可以说，上述验证过程对定义和解释的强调过于正式（或学究式）。鉴于工程师和科学家对算法（一般来说，还有逻辑）更得心应手，我们将简要地演示一种算法，这种算法先把线性变换矩阵调整为行约化形式，再数出其中的零行数（零度）和非全零行数（秩），能够提供关于秩和零度的相同结论。

1. 对于恒等变换，矩阵已经行约化：

$$\begin{bmatrix}1&0&0\\0&1&0\\0&0&1\end{bmatrix}$$

因此，秩为 3，零度为 0。

2. 对于零变换，矩阵已经行约化：

$$\begin{bmatrix}0 & 0 & 0\\0 & 0 & 0\\0 & 0 & 0\end{bmatrix}$$

因此，秩为 0，零度为 3。

3. 对于投影运算，矩阵是

$$\hat{\boldsymbol{m}} \otimes \hat{\boldsymbol{m}} = \frac{1}{3}\begin{bmatrix}1 & 1 & 1\\1 & 1 & 1\\1 & 1 & 1\end{bmatrix} \xrightarrow[\text{变换}]{\text{行初等}} \begin{bmatrix}1 & 1 & 1\\0 & 0 & 0\\0 & 0 & 0\end{bmatrix}$$

因此，秩为 1，零度为 2。

更一般地，在这些矩阵中增加一个“值域列”（初始项为式（2.34）中的 y_1, y_2, y_3）的增广矩阵上重复相同的过程，就可以确定每个值域和零空间的一组基。

2.5.3　一维不变子空间

我们通过给出确定线性变换 $\boldsymbol{C}$ 可能的一维不变子空间的方程来结束这一节。任何这样的不变子空间 S 是由一个向量张成的，这个向量可以选择为子空间中的任何非零向量。为此，选向量 $\boldsymbol{v} \in S$ 作为代表。要使子空间不变，变换后的向量 $\boldsymbol{Cv}$ 必须保持在该子空间中，因此，它必须是 $\boldsymbol{v}$ 的倍数。设 $\lambda \in \mathbb{R}$ 为这个乘数，则 $\boldsymbol{v}$ 和 λ 满足

$$\boldsymbol{Cv} = \lambda \boldsymbol{v} \tag{2.35}$$

我们将在第 4 章对这种情况做更多的说明。然而，读者很可能已经认识到这是定义线性变换 $\boldsymbol{C}$ 的特征值 λ 和特征向量 $\boldsymbol{v}$ 的条件。

例 2.5.4　例 2.5.1 中 $\boldsymbol{B}$ 的零空间是一维的。根据上述推导，存在一个 $\boldsymbol{v} \in \mathrm{Null}(\boldsymbol{B})$ 和一个满足 $\boldsymbol{Bv} = \lambda \boldsymbol{v}$ 的实数 λ。证明通过推算出合适的 $\boldsymbol{v}$ 和 λ，这是正确的。

解　向量 $\boldsymbol{v}$ 可以是零空间中的任意非零向量，比如 $\begin{bmatrix}-5\\0\\1\end{bmatrix}$。然后，为了使 $\boldsymbol{Bv} = \boldsymbol{0}$，我们取 $\lambda = 0$，因为 $0\begin{bmatrix}-5\\0\\1\end{bmatrix} = \begin{bmatrix}0\\0\\0\end{bmatrix} = \boldsymbol{0}$，这就满足式（2.35）所述的条件。

在这个例子中，我们将式（2.35）中的 $\boldsymbol{C}$ 用 $\boldsymbol{B}$ 代替，导致了 $\lambda = 0$ 这个相当平凡的结果。这是因为它包含了一个一维不变子空间，这个子空间同时是给定变换的零空间。如果一维不变子空间不是零空间，则特征值参数不会成为零。我们在第 4 章中对特征值和特征向量的处理将产生零值和非零值的特征值参数。

习题

2.1

1. 设 $\boldsymbol{A}_1$ 和 $\boldsymbol{A}_2$ 是 $\mathbb{R}^n \to \mathbb{R}^m$ 的线性变换。证明 $\boldsymbol{A}_1+\boldsymbol{A}_2$（以明显的方式定义）也是一个线性变换。证明它的矩阵表示也是显而易见的。对 $c\boldsymbol{A}_1$ 做类似的分析，其中 c 是一个任意数。
2. 设 $\boldsymbol{A}$ 是 $\mathbb{R}^n \to \mathbb{R}^m$ 的一个线性变换，设 $\boldsymbol{B}$ 是 $\mathbb{R}^m \to \mathbb{R}^p$ 的一个线性变换。证明：先应用 $\boldsymbol{A}$ 再应用 $\boldsymbol{B}$ 得到的 $\mathbb{R}^n \to \mathbb{R}^p$ 的变换是一个线性变换。如果我们称这个变换为 $\boldsymbol{C}$，我们把它写成 $\boldsymbol{C}=\boldsymbol{BA}$。
3. 从习题2涉及的 $\boldsymbol{C}=\boldsymbol{BA}$ 接着做，设 $\boldsymbol{A}$ 的矩阵表示为 $\boldsymbol{A}\in\mathbb{M}^{m\times n}$ 和 $\boldsymbol{B}$ 的矩阵表示为 $\boldsymbol{B}\in\mathbb{M}^{p\times m}$，它们把输入的列向量通过矩阵乘以列向量变换为输出的列向量（例2.1.4中讨论过）。证明在这种情况下，进行线性变换 $\boldsymbol{C}=\boldsymbol{BA}$ 的矩阵是由标准矩阵乘法得到的 $p\times n$ 矩阵 $\boldsymbol{C}=\boldsymbol{BA}$。
4. 设（·，·）为 $\mathbb{R}^n$ 中向量的内积，设 $\{\boldsymbol{b}_1,\boldsymbol{b}_2,\cdots,\boldsymbol{b}_n\}$ 是 $\mathbb{R}^n$ 中这个内积下的一组标准正交基。设 $\boldsymbol{A}$ 是 $\mathbb{R}^n \to \mathbb{R}^1$ 的线性变换。于是，对于任意向量 $\boldsymbol{v}\in\mathbb{R}^n$，线性变换 $\boldsymbol{Av}$ 给出 $\mathbb{R}$ 中的一个标量。证明这种运算与标量乘积 $(\boldsymbol{a},\boldsymbol{v})$ 所得到的运算结果完全相同，前提是 $\boldsymbol{a}$ 是特定的向量：
$$\boldsymbol{a}=(\boldsymbol{Ab}_1)\boldsymbol{b}_1+(\boldsymbol{Ab}_2)\boldsymbol{b}_2+\cdots+(\boldsymbol{Ab}_n)\boldsymbol{b}_n$$
5. 习题4的结果描述了从线性变换到向量的映射，即从 $\boldsymbol{A}$ 到 $\boldsymbol{a}$。(i) 这个映射依赖于标准正交基的选择吗？(ii) 这个映射依赖于内积的选择吗？(iii) 映射是线性的吗？考虑这些问题时，考虑映射本身，而不是上述公式给出的映射的特定表示。

2.2

1. 设 $\boldsymbol{A}$ 是 $\mathbb{R}^2 \to \mathbb{R}^2$ 的线性变换 $\boldsymbol{Ax}=\boldsymbol{y}$，它满足以下两种关系：
$$\boldsymbol{A}\begin{bmatrix}1\\-1\end{bmatrix}=\begin{bmatrix}1\\2\end{bmatrix} \quad \text{和} \quad \boldsymbol{A}\begin{bmatrix}2\\3\end{bmatrix}=\begin{bmatrix}1\\4\end{bmatrix}$$
(a) 确定自然的“输入基”和自然的“输出基”。
(b) 在以下不同的情况下，分别求出描述 $\boldsymbol{y}=\boldsymbol{Ax}$ 作用的矩阵 $\boldsymbol{A}$。
   - $\boldsymbol{x}$ 和 $\boldsymbol{y}$ 都是用标准基表示的。
   - $\boldsymbol{x}$ 和 $\boldsymbol{y}$ 都是用自然输入基表示的。
   - 向量 $\boldsymbol{x}$ 用自然输入基表示，而 $\boldsymbol{y}$ 用标准基表示。
   - $\boldsymbol{x}$ 和 $\boldsymbol{y}$ 都是用自然输出基表示的。
   - 向量 $\boldsymbol{x}$ 用自然输入基表示，而向量 $\boldsymbol{y}$ 用自然输出基表示。
2. 设 $\boldsymbol{A}$ 是 $\mathbb{R}^2 \to \mathbb{R}^2$ 的线性变换 $\boldsymbol{Ax}=\boldsymbol{y}$，它满足以下两种关系：
$$\boldsymbol{A}\begin{bmatrix}1\\-1\end{bmatrix}=\begin{bmatrix}1\\2\end{bmatrix} \quad \text{和} \quad \boldsymbol{A}\begin{bmatrix}2\\3\end{bmatrix}=\begin{bmatrix}2\\4\end{bmatrix}$$
注意，在这种情况下，有一个自然输入基，但输出不提供基。(为什么?)

在以下不同的情况下，分别求出描述 $\boldsymbol{y}=\boldsymbol{A}\boldsymbol{x}$ 作用的矩阵 $\boldsymbol{A}$。

- $\boldsymbol{x}$ 和 $\boldsymbol{y}$ 都是用标准基表示的。
- $\boldsymbol{x}$ 和 $\boldsymbol{y}$ 都是用自然输入基表示的。
- 向量 $\boldsymbol{x}$ 用自然输入基表示，而 $\boldsymbol{y}$ 用标准基表示。

3. 设 $\boldsymbol{B}$ 是 $\mathbb{R}^3\to\mathbb{R}^3$ 的线性变换 $\boldsymbol{B}\boldsymbol{x}=\boldsymbol{y}$，它满足以下三种关系：

$$\boldsymbol{B}\begin{bmatrix}1\\-1\\0\end{bmatrix}=\begin{bmatrix}1\\-1\\0\end{bmatrix},\quad \boldsymbol{B}\begin{bmatrix}1\\0\\1\end{bmatrix}=\begin{bmatrix}1\\0\\1\end{bmatrix},\quad \boldsymbol{B}\begin{bmatrix}2\\3\\0\end{bmatrix}=\begin{bmatrix}2\\3\\2\end{bmatrix}$$

(a) 当 $\boldsymbol{x}$ 和 $\boldsymbol{y}$ 都是用标准基表示时，求出描述 $\boldsymbol{y}=\boldsymbol{B}\boldsymbol{x}$ 作用的矩阵 $\boldsymbol{A}$。

(b) 设

$$\boldsymbol{u}_1=\begin{bmatrix}1\\1\\0\end{bmatrix},\quad \boldsymbol{u}_2=\begin{bmatrix}1\\1\\1\end{bmatrix},\quad \boldsymbol{u}_3=\begin{bmatrix}1\\0\\2\end{bmatrix} \tag{2.36}$$

验证这是 $\mathbb{R}^3$ 的一组基。然后，当 $\boldsymbol{x}$ 和 $\boldsymbol{y}$ 都用新基表示时，求出描述 $\boldsymbol{y}=\boldsymbol{B}\boldsymbol{x}$ 运算的矩阵 $\boldsymbol{B}$。

(c) 当 $\boldsymbol{x}$ 用标准基表示和 $\boldsymbol{y}$ 用式（2.36）中的基表示时，求出描述 $\boldsymbol{y}=\boldsymbol{B}\boldsymbol{x}$ 作用的矩阵 $\boldsymbol{B}$。

2.3

1. 验证文中的断言：与例 2.3.1 相关的 6 个乘积矩阵，即 $\boldsymbol{P}_1^{(a)}\boldsymbol{P}_2^{(a)}$，$\boldsymbol{P}_2^{(a)}\boldsymbol{P}_1^{(a)}$，$\boldsymbol{P}_1^{(b)}\boldsymbol{P}_2^{(b)}$，$\boldsymbol{P}_2^{(b)}\boldsymbol{P}_1^{(b)}$，$\boldsymbol{P}_1^{(c)}\boldsymbol{P}_2^{(c)}$ 和 $\boldsymbol{P}_2^{(c)}\boldsymbol{P}_1^{(c)}$，都是 3×3 的零矩阵。
2. 考虑例 2.3.1 中的两个不同的投影 $\boldsymbol{P}_1^{(a)}$ 和 $\boldsymbol{P}_1^{(b)}$。乘积变换 $\boldsymbol{P}_1^{(a)}\boldsymbol{P}_1^{(b)}$ 也是一个投影吗？如果是，这个乘积与单独的投影 $\boldsymbol{P}_1^{(a)}$ 和 $\boldsymbol{P}_1^{(b)}$ 有什么关系？然后对 $\boldsymbol{P}_1^{(b)}\boldsymbol{P}_1^{(a)}$ 回答同样的问题。
3. 考虑例 2.3.1 中的两个不同的投影 $\boldsymbol{P}_1^{(a)}$ 和 $\boldsymbol{P}_1^{(b)}$。变换 $1/2(\boldsymbol{P}_1^{(a)}+\boldsymbol{P}_1^{(b)})$ 也是一个投影吗？对于任何满足 $0<\alpha<1$ 的 α，$\alpha\boldsymbol{P}_1^{(a)}+(1-\alpha)\boldsymbol{P}_1^{(b)}$ 又如何呢？
   提示：用习题 2 的结果。
4. 参考例 2.3.1，考虑另一种直和分解，

$$\mathbb{R}^3=\underbrace{\operatorname{span}\left\{\begin{bmatrix}1\\-1\\0\end{bmatrix},\begin{bmatrix}1\\0\\-1\end{bmatrix}\right\}}_{S_1}\oplus\underbrace{\operatorname{span}\left\{\begin{bmatrix}0\\1\\2\end{bmatrix}\right\}}_{S_2^{(d)}}$$

求出对应于 $\boldsymbol{P}_1^{(d)}$ 的矩阵表示。

2.4

1. 设 $\boldsymbol{a}$，$\boldsymbol{b}$，$\boldsymbol{c}$，$\boldsymbol{d}$ 是 $\mathbb{R}^n$ 中的向量，设 $\boldsymbol{B}$ 和 $\boldsymbol{C}$ 是 $\boldsymbol{B}=\boldsymbol{a}\otimes\boldsymbol{b}$ 和 $\boldsymbol{C}=\boldsymbol{c}\otimes\boldsymbol{d}$ 的线性变换。证明乘积变换 $\boldsymbol{B}\boldsymbol{C}$ 对任意向量 $\boldsymbol{v}\in\mathbb{R}^n$ 的作用如下：

$$\boldsymbol{B}\boldsymbol{C}\boldsymbol{v}=(\boldsymbol{b}\cdot\boldsymbol{c})(\boldsymbol{d}\cdot\boldsymbol{v})\boldsymbol{a}$$

2. 设 S_1 是 $\mathbb{R}^3$ 中的子空间，使得

$$x_2+2x_3=0 \text{ 和 } x_1=0$$

(a) 求 $\mathbb{R}^3 \to S_1$ 的正交投影算子在标准基中的矩阵表示 $\boldsymbol{P}$。

(b) 通过证明 $\boldsymbol{P}$ 符合所有投影必须满足的关系，来验证 $\boldsymbol{P}$ 是一个投影。

3. 设 S 是 $\mathbb{R}^3$ 中满足 $x_1-2x_2+3x_3=0$ 的子空间。

(a) 使用$\otimes$运算，求出提供 $\mathbb{R}^3$ 到 S 的正交投影的投影矩阵 $\boldsymbol{P}$。

(b) 设 $\boldsymbol{v}=\begin{bmatrix}1\\4\\1\end{bmatrix}$。求出 $\boldsymbol{v}_1\in S$ 和 $\boldsymbol{v}_2\in S^{\perp}$ 使得 $\boldsymbol{v}=\boldsymbol{v}_1+\boldsymbol{v}_2$。

2.5

1. 假设 $\boldsymbol{G}$：$\mathbb{R}^3\to\mathbb{R}^3$ 在标准基下有一个矩阵表示

$$\boldsymbol{G}=\begin{bmatrix}2 & 2 & 1\\ -1 & 3 & 0\\ 4 & -4 & 1\end{bmatrix}$$

求零空间 Null($\boldsymbol{G}$)。

2. 再次假设 $\boldsymbol{G}$：$\mathbb{R}^3\to\mathbb{R}^3$ 在标准基下有一个矩阵表示

$$\boldsymbol{G}=\begin{bmatrix}2 & 2 & 1\\ -1 & 3 & 0\\ 4 & -4 & 1\end{bmatrix}$$

求值域 Range($\boldsymbol{G}$)。

3. 设

$$\boldsymbol{A}=\begin{bmatrix}1 & -2 & 1\\ 2 & p & q\\ 3 & -6 & 3\end{bmatrix} \quad \text{和} \quad \boldsymbol{a}=\begin{bmatrix}1\\0\\s\end{bmatrix}$$

(a) 求出使 $\boldsymbol{A}$ 的秩为 1 的 p 和 q。

(b) 继续用上面确定的 $\boldsymbol{A}$，求出 s 使得 $\boldsymbol{a}\in$ Null($\boldsymbol{A}$)。

(c) 继续用上面确定的 $\boldsymbol{A}$ 和 $\boldsymbol{a}$，为 Null($\boldsymbol{A}$) 找到一个正交基，将 $\boldsymbol{a}$ 作为它的基向量之一。

计算挑战问题

使用计算和符号操作软件，如 Mathematica 或 MATLAB，来解以下问题。

考虑直和分解

$$\mathbb{R}^5=\text{Null}(\boldsymbol{A})\oplus\text{Range}(\boldsymbol{B})\oplus(\text{Null}(\boldsymbol{A})\oplus\text{Range}(\boldsymbol{B}))^{\perp}$$

其中

$$\boldsymbol{A}=\begin{bmatrix}3 & 0 & -1 & 2 & 7\\ 2 & 1 & 0 & 3 & 6\\ 0 & 3 & -1 & 5 & 4\\ 0 & 0 & 2 & 0 & 0\\ 5 & -2 & 3 & 0 & 9\end{bmatrix},\quad \boldsymbol{B}=\begin{bmatrix}1 & 4 & -1 & 0 & 2\\ -2 & -8 & 2 & 0 & -4\\ 0 & 0 & 0 & 0 & 0\\ 3 & 12 & -3 & 0 & 6\\ 1 & 4 & -1 & 0 & 2\end{bmatrix}$$

这个问题是关于确定与上述直和分解的部分子空间相关的投影变换的矩阵表示 $\boldsymbol{P}_{\mathrm{N}}$，$\boldsymbol{P}_{\mathrm{R}}$ 和 $\boldsymbol{P}_{\mathrm{O}}$；这些部分子空间分别是 $\mathrm{Null}(\boldsymbol{A})$，$\mathrm{Range}(\boldsymbol{B})$ 和 $(\mathrm{Null}(\boldsymbol{A})\oplus\mathrm{Range}(\boldsymbol{B}))^{\perp}$。

1. 为子空间 $\mathrm{Null}(\boldsymbol{A})$，$\mathrm{Range}(\boldsymbol{B})$ 和 $(\mathrm{Null}(\boldsymbol{A})\oplus\mathrm{Range}(\boldsymbol{B}))^{\perp}$ 分别找一组基向量。
2. 利用问题 1 的基向量，建立线性方程组来确定使得任意 $\boldsymbol{x}\in\mathbb{R}^5$ 得以表示为这组基向量的线性组合时的数乘因子（组合系数）。
3. 利用问题 2 的结果，得到投影矩阵 $\boldsymbol{P}_{\mathrm{N}}$ 形为

$$\boldsymbol{P}_{\mathrm{N}}=\frac{1}{2490}\begin{bmatrix}1677 & 426 & 0 & 168 & -1329\\ 1236 & 2118 & 0 & 204 & 2388\\ 0 & 0 & 0 & 0 & 0\\ -216 & -1458 & 0 & -84 & -2448\\ -657 & 234 & 0 & -48 & 1269\end{bmatrix}$$

证明该 $\boldsymbol{P}_{\mathrm{N}}$ 符合投影要求 $\boldsymbol{P}_{\mathrm{N}}\boldsymbol{P}_{\mathrm{N}}=\boldsymbol{P}_{\mathrm{N}}$。

4. 类似地得到矩阵 $\boldsymbol{P}_{\mathrm{R}}$ 和 $\boldsymbol{P}_{\mathrm{O}}$，证明它们也符合投影要求。然后验证 $\boldsymbol{P}_{\mathrm{N}}+\boldsymbol{P}_{\mathrm{R}}+\boldsymbol{P}_{\mathrm{O}}=\boldsymbol{I}$（$5\times5$ 单位矩阵）。
5. 使用你的投影张量来获得 $\boldsymbol{v}_1\in\mathrm{Null}(\boldsymbol{A})$，$\boldsymbol{v}_2\in\mathrm{Range}(\boldsymbol{B})$，$\boldsymbol{v}_3\in(\mathrm{Null}(\boldsymbol{A})\oplus\mathrm{Range}(\boldsymbol{B}))^{\perp}$ 使得

$$\begin{bmatrix}1\\0\\0\\0\\0\\0\end{bmatrix}=\boldsymbol{v}_1+\boldsymbol{v}_2+\boldsymbol{v}_3$$

然后验证以下陈述。

- $\boldsymbol{v}_1$ 使得 $\boldsymbol{A}\boldsymbol{v}_1=0$。
- 存在一个 $\boldsymbol{u}\in\mathbb{R}^5$ 使得 $\boldsymbol{B}\boldsymbol{u}=\boldsymbol{v}_2$。
- $\boldsymbol{v}_3\cdot\boldsymbol{v}_1=\boldsymbol{v}_3\cdot\boldsymbol{v}_2=0$。

$\boldsymbol{v}_1$ 和 $\boldsymbol{v}_2$ 呢，它们相互正交吗？

第 3 章　线性变换在方程组中的应用

在第 2 章中，我们已经建立了线性变换的基本概念和它的几个重要性质，现在我们转向**求解方程组**的问题，在这种情况下是线性方程组。虽然前一章仅限于注意有限维系统，然而这并没有限制它的用途。例如，即使原微分方程是非线性的，它的计算解也几乎总是简化到考虑线性系统，因为线性化的增量是用来收敛于解的。因此，线性系统的研究是在机器（计算机）操作的边界上推进的：线性系统中所揭示的关系越抽象，越深入，对于复杂工程和科学问题的计算机解的意义也就越深奥。本章所研究的问题包括正交补，它与前面讨论的秩和零度的概念有关；弗雷德霍姆选择定理（Fredholm Alternative Theorem，也译为“择一定理”），它描述了一组线性代数方程可解的各种条件以及解的特征；线性变换行列式为零时所面临的困难；最后是线性变换的广义逆（伪逆）的概念，它与构造最小二乘来拟合测量或收集的数据的概念有关。

3.1　值域的正交补和零空间

$\mathbb{R}^n \to \mathbb{R}^n$ 的线性变换的值域和零空间在 2.5 节中定义过。它们都被证明了是 $\mathbb{R}^n$ 的不变子空间。对于某些变换，值域是零空间的真子空间；对于其他一些变换，零空间是值域的真子空间；对于另外一些变换，除了零向量这一必要的公共交点之外，其中一个并不包含在另一个中。在混乱的细节中，有一件事清晰地贯穿始终，为了强调，我们在这里重复一下。

如果 $\boldsymbol{C}$：$\mathbb{R}^n \to \mathbb{R}^n$ 是一个线性变换，则 $\boldsymbol{C}$ 的秩 $+\boldsymbol{C}$ 的零度 $=n$

除此之外还有其他相对明显的规则吗？答案是肯定的，只要问一问以下这个简单的问题

值域的正交补是什么？

以及与之相关的问题

零空间的正交补是什么？

就能找到答案。

我们将考察这两个问题及其特殊含义。

定理　设 $\boldsymbol{C}$：$\mathbb{R}^n \to \mathbb{R}^n$ 是一个线性变换，则

$$(\mathrm{Range}\,(\boldsymbol{C}))^{\perp} = \mathrm{Null}\,(\boldsymbol{C}^{\mathrm{T}}) \tag{3.1}$$

证明　设 $\boldsymbol{u} \in \mathrm{Null}(\boldsymbol{C}^{\mathrm{T}})$，这意味着 $\boldsymbol{C}^{\mathrm{T}}\boldsymbol{u}=\boldsymbol{0}$。从而，对于任意 $\boldsymbol{y} \in \mathrm{Range}(\boldsymbol{C})$，我们有 $\boldsymbol{y}=\boldsymbol{C}\boldsymbol{x}$，因此

$$\boldsymbol{y} \cdot \boldsymbol{u} = \boldsymbol{C}\boldsymbol{x} \cdot \boldsymbol{u} = \boldsymbol{x} \cdot \boldsymbol{C}^{\mathrm{T}}\boldsymbol{u} = \boldsymbol{x} \cdot \boldsymbol{0} = 0$$

由此得到 $\boldsymbol{u} \in (\mathrm{Range}(\boldsymbol{C}))^{\perp}$。

反之，假设 $\boldsymbol{u}\in(\mathrm{Range}(\boldsymbol{C}))^{\perp}$，这意味着对所有 $\boldsymbol{x}$，$\boldsymbol{u}\cdot\boldsymbol{C}\boldsymbol{x}=0$。因此，对所有 $\boldsymbol{x}$，$\boldsymbol{C}^{\mathrm{T}}\boldsymbol{u}\cdot\boldsymbol{x}=0$。因此，将 $\boldsymbol{C}^{\mathrm{T}}\boldsymbol{u}$ 写成在一个标准正交基下的坐标，我们可以通过投影（使用公式 $\boldsymbol{C}^{\mathrm{T}}\boldsymbol{u}\cdot\boldsymbol{x}=0$ 中的每个基向量作为 $\boldsymbol{x}$）得出结论：$\boldsymbol{C}^{\mathrm{T}}\boldsymbol{u}$ 的每个坐标在该基的表示中化为零。所以 $\boldsymbol{C}^{\mathrm{T}}\boldsymbol{u}=\boldsymbol{0}$，即 $\boldsymbol{u}\in\mathrm{Null}(\boldsymbol{C}^{\mathrm{T}})$。

对于我们正在研究的有限维向量空间中的线性变换，$(\boldsymbol{C}^{\mathrm{T}})^{\mathrm{T}}=\boldsymbol{C}$ 适用。相应地，对于我们正在研究的子空间，我们有 $(S^{\perp})^{\perp}=S$。因此，用 $\boldsymbol{C}^{\mathrm{T}}$ 代替式（3.1）中的 $\boldsymbol{C}$，然后取结果的正交补，就可以得到一个推论，即

$$\mathrm{Range}\ (\boldsymbol{C}^{\mathrm{T}})=(\mathrm{Null}\ (\boldsymbol{C}))^{\perp} \tag{3.2}$$

例 3.1.1 对例 2.5.1 和例 2.5.2 中 $\mathbb{R}^3\to\mathbb{R}^3$ 的线性变换 $\boldsymbol{B}$，验证由式（3.1）和式（3.2）给出的恒等式。

解 在标准基下，我们在例 2.5.1 中给出了线性变换 $\boldsymbol{B}$ 的矩阵表示 $\boldsymbol{B}$，我们在这里重复。因此，矩阵的转置 $\boldsymbol{B}^{\mathrm{T}}$ 提供了变换 $\boldsymbol{B}^{\mathrm{T}}$ 的标准基矩阵表示，即

$$\boldsymbol{B}=\begin{bmatrix}1&0&5\\0&0&0\\0&-2&0\end{bmatrix},\quad \boldsymbol{B}^{\mathrm{T}}=\begin{bmatrix}1&0&0\\0&0&-2\\5&0&0\end{bmatrix}$$

变换 $\boldsymbol{B}$ 的零空间和值域分别在前面的例 2.5.1 和例 2.5.2 中求出。就 $\boldsymbol{B}^{\mathrm{T}}$ 而言，得到

$$\mathrm{Range}(\boldsymbol{B}^{\mathrm{T}})=\mathrm{span}\left\{\begin{bmatrix}1\\0\\5\end{bmatrix},\begin{bmatrix}0\\0\\0\end{bmatrix},\begin{bmatrix}0\\-2\\0\end{bmatrix}\right\}=\mathrm{span}\left\{\begin{bmatrix}1\\0\\5\end{bmatrix},\begin{bmatrix}0\\1\\0\end{bmatrix}\right\}$$

转向计算 $\mathrm{Null}(\boldsymbol{B}^{\mathrm{T}})$，我们将定义条件写为

$$\begin{bmatrix}0\\0\\0\end{bmatrix}=\begin{bmatrix}1&0&0\\0&0&-2\\5&0&0\end{bmatrix}\begin{bmatrix}x_1\\x_2\\x_3\end{bmatrix}=\begin{bmatrix}x_1\\-2x_3\\5x_1\end{bmatrix}\quad\Rightarrow\quad\begin{aligned}x_1&=0\\x_3&=0\end{aligned}$$

对 x_2 没有限制，这就给出了一个形为 $\begin{bmatrix}0\\1\\0\end{bmatrix}$ 的基向量。

汇集对此变换的结果，我们可以总结如下：

- $\mathrm{Null}(\boldsymbol{B})=\mathrm{span}\left\{\begin{bmatrix}-5\\0\\1\end{bmatrix}\right\}$
- $\mathrm{Null}(\boldsymbol{B}^{\mathrm{T}})=\mathrm{span}\left\{\begin{bmatrix}0\\1\\0\end{bmatrix}\right\}$
- $\mathrm{Range}(\boldsymbol{B})=\mathrm{span}\left\{\begin{bmatrix}1\\0\\0\end{bmatrix},\begin{bmatrix}0\\0\\1\end{bmatrix}\right\}$

- $\mathrm{Range}(\boldsymbol{B}^{\mathrm{T}})=\mathrm{span}\left\{\begin{bmatrix}1\\0\\5\end{bmatrix},\begin{bmatrix}0\\1\\0\end{bmatrix}\right\}$

我们首先用上述基来证明关于这个线性变换 $\boldsymbol{B}$ 的式（3.1）。取任意 $\boldsymbol{p}\in\mathrm{Range}(\boldsymbol{B})$ 和 $\boldsymbol{q}\in\mathrm{Null}(\boldsymbol{B}^{\mathrm{T}})$：

$$\boldsymbol{p}=c_1\begin{bmatrix}1\\0\\0\end{bmatrix}+c_2\begin{bmatrix}0\\0\\1\end{bmatrix}=\begin{bmatrix}c_1\\0\\c_2\end{bmatrix},\quad \boldsymbol{q}=c_3\begin{bmatrix}0\\1\\0\end{bmatrix}=\begin{bmatrix}0\\c_3\\0\end{bmatrix}$$

因此，

$$\boldsymbol{p}\cdot\boldsymbol{q}=\begin{bmatrix}c_1\\0\\c_2\end{bmatrix}\cdot\begin{bmatrix}0\\c_3\\0\end{bmatrix}=0$$

这表明一个子空间［$\mathrm{Range}(\boldsymbol{B})$］中的所有向量都正交于另一个子空间［$\mathrm{Null}(\boldsymbol{B}^{\mathrm{T}})$］中的所有向量。

式（3.2）的论证过程类似。我们取任意 $\boldsymbol{r}\in\mathrm{Null}(\boldsymbol{B})$ 和 $\boldsymbol{s}\in\mathrm{Range}(\boldsymbol{B}^{\mathrm{T}})$，再次使用上述生成集：

$$\boldsymbol{r}=c_4\begin{bmatrix}-5\\0\\1\end{bmatrix}=\begin{bmatrix}-5c_4\\0\\c_4\end{bmatrix},\quad \boldsymbol{s}=c_5\begin{bmatrix}1\\0\\5\end{bmatrix}+c_6\begin{bmatrix}0\\1\\0\end{bmatrix}=\begin{bmatrix}c_5\\c_6\\5c_5\end{bmatrix}$$

因此，

$$\boldsymbol{r}\cdot\boldsymbol{s}=\begin{bmatrix}-5c_4\\0\\c_4\end{bmatrix}\cdot\begin{bmatrix}c_5\\c_6\\5c_5\end{bmatrix}=-5c_4c_5+0+5c_4c_5=0$$

所以 $\mathrm{Null}(\boldsymbol{B})$ 中的所有向量都正交于 $\mathrm{Range}(\boldsymbol{B}^{\mathrm{T}})$ 中的所有向量。

式（3.1）和式（3.2）的重要性是，给定 $\mathbb{R}^n\to\mathbb{R}^n$ 的线性变换 $\boldsymbol{C}$，任意向量 $\boldsymbol{v}\in\mathbb{R}^n$ 都可以唯一地写成 $\boldsymbol{v}=\boldsymbol{v}_1+\boldsymbol{v}_2$，其中 $\boldsymbol{v}_1\in\mathrm{Null}(\boldsymbol{C}),\boldsymbol{v}_2\in\mathrm{Range}(\boldsymbol{C}^{\mathrm{T}})$。这个 $\boldsymbol{v}$ 也可以唯一地写成 $\boldsymbol{v}=\boldsymbol{v}_3+\boldsymbol{v}_4$，其中 $\boldsymbol{v}_3\in\mathrm{Null}(\boldsymbol{C}^{\mathrm{T}}),\boldsymbol{v}_4\in\mathrm{Range}(\boldsymbol{C})$。

例 3.1.2　考虑 $\boldsymbol{v}=\begin{bmatrix}1\\1\\1\end{bmatrix}$。使用与例 2.5.1 和例 2.5.2 中相同的 $\boldsymbol{B}$，展示 $\boldsymbol{v}$ 的分解与正交分解 $\mathbb{R}^3=\mathrm{Null}(\boldsymbol{B})\oplus\mathrm{Range}(\boldsymbol{B}^{\mathrm{T}})$ 有关。

解　由于 $\mathrm{Null}(\boldsymbol{B})$ 是一维的，所以通过 $\boldsymbol{v}$ 在单位基向量 $1/\sqrt{26}\begin{bmatrix}-5\\0\\1\end{bmatrix}$ 上的正交投影，

我们可以求出 $\boldsymbol{v}_1 \in \mathrm{Null}(\boldsymbol{B})$，

$$\boldsymbol{v}_1 = \left(\begin{bmatrix}1\\1\\1\end{bmatrix} \cdot \frac{1}{\sqrt{26}}\begin{bmatrix}-5\\0\\1\end{bmatrix}\right)\frac{1}{\sqrt{26}}\begin{bmatrix}-5\\0\\1\end{bmatrix} = \frac{2}{13}\begin{bmatrix}5\\0\\-1\end{bmatrix}$$

则相应的 $\boldsymbol{v}_2 \in \mathrm{Range}(\boldsymbol{B}^{\mathrm{T}})$ 确保为

$$\boldsymbol{v}_2 = \boldsymbol{v} - \boldsymbol{v}_1 = \begin{bmatrix}1\\1\\1\end{bmatrix} - \frac{2}{13}\begin{bmatrix}5\\0\\-1\end{bmatrix} = \frac{1}{13}\begin{bmatrix}3\\13\\15\end{bmatrix}$$

检验 显然 $\boldsymbol{v} = \boldsymbol{v}_1 + \boldsymbol{v}_2$。而且 $\boldsymbol{v}_1 \cdot \boldsymbol{v}_2 = 0$。此外，

$$\boldsymbol{B}\boldsymbol{v}_1 = \begin{bmatrix}1 & 0 & 5\\0 & 0 & 0\\0 & -2 & 0\end{bmatrix}\left(\frac{2}{13}\begin{bmatrix}5\\0\\-1\end{bmatrix}\right) = \frac{2}{13}\begin{bmatrix}1 & 0 & 5\\0 & 0 & 0\\0 & -2 & 0\end{bmatrix}\begin{bmatrix}5\\0\\-1\end{bmatrix} = \begin{bmatrix}0\\0\\0\end{bmatrix}$$

这证实了 $\boldsymbol{B}\boldsymbol{v}_1 = \boldsymbol{0}$，即 $\boldsymbol{v}_1 \in \mathrm{Null}(\boldsymbol{B})$。最后，

$$\begin{bmatrix}1/13\\1\\15/13\end{bmatrix} = \begin{bmatrix}1 & 0 & 0\\0 & 0 & -2\\5 & 0 & 0\end{bmatrix}\begin{bmatrix}3/13\\0\\-1/2\end{bmatrix}$$

这个结果验证了 $\boldsymbol{v}_2 = \boldsymbol{B}^{\mathrm{T}}\begin{bmatrix}3/13\\0\\-1/2\end{bmatrix}$，证明了 $\boldsymbol{v}_2 \in \mathrm{Range}(\boldsymbol{B}^{\mathrm{T}})$。这个例子总的结果写为

$$\underbrace{\begin{bmatrix}1\\1\\1\end{bmatrix}}_{\boldsymbol{v}} = \underbrace{\frac{2}{13}\begin{bmatrix}5\\0\\-1\end{bmatrix}}_{\boldsymbol{v}_1 \in \mathrm{Null}(\boldsymbol{B})} + \underbrace{\begin{bmatrix}1 & 0 & 0\\0 & 0 & -2\\5 & 0 & 0\end{bmatrix}\begin{bmatrix}3/13\\0\\-1/2\end{bmatrix}}_{\boldsymbol{v}_2 \in \mathrm{Range}(\boldsymbol{B}^{\mathrm{T}})} \tag{3.3}$$

前面的例题用一个投影运算很容易地解决了。然而，当看到例 3.1.2 中的问题陈述时，也可以想出一个蛮干的方法。该方法首先使用 $\boldsymbol{v}_1 = \begin{bmatrix}x_1\\x_2\\x_3\end{bmatrix}$ 和 $\boldsymbol{v}_2 = \begin{bmatrix}x_4\\x_5\\x_6\end{bmatrix}$ 的分量，然后写出由下面四个条件产生的单独分量方程：$\boldsymbol{v} = \boldsymbol{v}_1 + \boldsymbol{v}_2$，$\boldsymbol{v}_1 \cdot \boldsymbol{v}_2 = 0$，$\boldsymbol{v}_1 \in \mathrm{Null}(\boldsymbol{B})$ 和 $\boldsymbol{v}_2 \in \mathrm{Range}(\boldsymbol{B}^{\mathrm{T}})$。遗憾的是，这些不是独立的条件，因此蛮干方法常常预示着迂回的、有时是徒劳的代数操作。通过理解正交投影在向量空间和子空间中的逻辑结构，可以避免这样的无用功。当问题以数值解的代码的形式进行计算时，这一点尤其重要。高效操作但不会思考的计算机必然将返回**一些**答案，即使它毫无意义。

3.2 弗雷德霍姆选择定理——第一次审视

弗雷德霍姆选择定理是关于线性方程组解的一种正式而抽象的陈述。因为我们已经研

究过从 $\mathbb{R}^n$ 到 $\mathbb{R}^n$ 的线性变换，我们首先在熟悉的环境，即它对应的线性方程组的方程与未知量有相同的数目时给出该定理。该定理为下述线性方程组的实际求解奠定了基础，

$$\boldsymbol{A}\boldsymbol{x}=\boldsymbol{b} \tag{3.4}$$

其中 $\boldsymbol{A}$：$\mathbb{R}^n\to\mathbb{R}^n$ 是一个线性变换，$\boldsymbol{b}\in\mathbb{R}^n$ 是一个向量，通常称为“影响”向量。在前面的几节中，我们已经——几乎是无意识地——集齐了用以说明解 $\boldsymbol{x}$ 何时存在或不存在，以及解存在时 $\boldsymbol{x}$ 的可能情况的所有必需要素。这些要素如下。

- 如果 $\boldsymbol{A}\boldsymbol{x}=\boldsymbol{b}$，则对任何 $\boldsymbol{u}\in\text{Null}(\boldsymbol{A})$，$\boldsymbol{A}(\boldsymbol{x}+\boldsymbol{u})=\boldsymbol{b}$。
- $\text{Rank}\boldsymbol{A}+\text{Nullity }\boldsymbol{A}=n$。
- $\text{Rank}\boldsymbol{A}=\text{Rank}\boldsymbol{A}^{\text{T}}$，由此我们得到 $\text{Nullity }\boldsymbol{A}=\text{Nullity }\boldsymbol{A}^{\text{T}}$。
- $\boldsymbol{A}^{-1}$存在$\Leftrightarrow$（等价于）$\det\boldsymbol{A}\neq0\Leftrightarrow\text{Nullity }\boldsymbol{A}=0$。
- $(\text{Range}(\boldsymbol{A}))^{\perp}=\text{Null}(\boldsymbol{A}^{\text{T}})$。

有了这些要素，问题 $\boldsymbol{A}\boldsymbol{x}=\boldsymbol{b}$ 是否有解 $\boldsymbol{x}\in\mathbb{R}^n$，由弗雷德霍姆选择定理可得如下。

关于线性变换 $\boldsymbol{A}$：$\mathbb{R}^n\to\mathbb{R}^n$ 的弗雷德霍姆选择定理

1. 如果 $\det\boldsymbol{A}\neq0$，则线性方程组式（3.4）有一个唯一的解 $\boldsymbol{x}$。在这种情况下，$\text{Nullity }\boldsymbol{A}=\text{Nullity }\boldsymbol{A}^{\text{T}}=0$。
2. 如果 $\det\boldsymbol{A}=0$，那么 $1\leqslant\text{Nullity }\boldsymbol{A}=\text{Nullity }\boldsymbol{A}^{\text{T}}\leqslant n$，我们有以下几种情况。
   (a) 如果对于所有的向量 $\boldsymbol{u}\in\text{Null}(\boldsymbol{A}^{\text{T}})$，$\boldsymbol{b}\cdot\boldsymbol{u}=0$，则线性方程组式（3.4）有无穷多个解。
   (b) 如果至少有一个向量 $\boldsymbol{u}\in\text{Null}(\boldsymbol{A}^{\text{T}})$，$\boldsymbol{b}\cdot\boldsymbol{u}\neq0$，则线性方程组式（3.4）没有解。

毫无疑问，弗雷德霍姆选择定理是一场数学“政变”。以上两种情况是线性方程组式（3.4）解的所有可能。这个结果更确切地被称为**线性代数方程组的弗雷德霍姆选择定理**。因为我们讨论的是 $\boldsymbol{A}$：$\mathbb{R}^n\to\mathbb{R}^n$，所以我们的线性方程组包含了和未知量一样多的方程。稍后，在 4.3 节中，我们将给出一个直接推广，方程数可以多于未知数，也可以少于未知数。

例 3.2.1　对于例 2.5.1 中引进的同一个 $\boldsymbol{B}$：$\mathbb{R}^3\to\mathbb{R}^3$（在后续的例子中会再次考虑），执行以下操作。

1. 描述线性方程组 $\boldsymbol{B}\boldsymbol{x}=\boldsymbol{b}$ 的可解性。
2. 利用弗雷德霍姆选择定理中情形 2(a) 的结果来确定，对于以下三个影响向量 $\boldsymbol{b}$，解 $\boldsymbol{x}\in\mathbb{R}^3$ 是否存在，

$$\boldsymbol{b}_1=\begin{bmatrix}3\\-4\\5\end{bmatrix},\quad \boldsymbol{b}_2=\begin{bmatrix}3\\0\\5\end{bmatrix},\quad \boldsymbol{b}_3=\begin{bmatrix}0\\0\\0\end{bmatrix}$$

3. 通过证明解不存在或构造解向量 $\boldsymbol{x}$ 来明确验证弗雷德霍姆选择定理的情形 2(b) 的结果。
4. 在 $\mathbb{R}^3$ 中以平面和直线的形式提供 2(a) 部分的几何解释。

解

1. 检查行列式

$$\det \boldsymbol{B} = \det \begin{bmatrix} 1 & 0 & 5 \\ 0 & 0 & 0 \\ 0 & -2 & 0 \end{bmatrix} = 0$$

这是弗雷德霍姆选择定理的情形 2。回过头去看，这个行列式结果在例 2.5.1 中可以立即看出，其中显示 Nullity $\boldsymbol{B}=1$。例 3.1.1 已经得到，对于线性变换 $\boldsymbol{B}$，

$$\text{Null}\ (\boldsymbol{B}^{\mathrm{T}}) = \text{span}\left\{\begin{bmatrix} 0 \\ 1 \\ 0 \end{bmatrix}\right\}$$

于是，对一个适当的数 c，$\boldsymbol{u}\in \text{Null}(\boldsymbol{B}^{\mathrm{T}}) \Leftrightarrow \boldsymbol{u}=c\begin{bmatrix} 0 \\ 1 \\ 0 \end{bmatrix}$。因此这适用于情形 2(a)，如果对于所有标量值 c，

$$\boldsymbol{0} = \boldsymbol{b} \cdot \boldsymbol{u} = \begin{bmatrix} b_1 \\ b_2 \\ b_3 \end{bmatrix} \cdot \begin{bmatrix} 0 \\ c \\ 0 \end{bmatrix} = b_2 c \quad \Rightarrow \quad b_2 = 0$$

当影响向量取下面的形式时，方程组就有**无穷多个解**。

$$\boldsymbol{b} = \begin{bmatrix} b_1 \\ 0 \\ b_3 \end{bmatrix}$$

反之，如果

$$\boldsymbol{b} = \begin{bmatrix} b_1 \\ b_2 \\ b_3 \end{bmatrix} \quad \text{其中 } b_2 \neq 0$$

则方程组就**没有解**。

2. 我们现在评估三个给定的影响向量 $\boldsymbol{b}$ 的结果：

$$\boldsymbol{b}_1 = \begin{bmatrix} 3 \\ -4 \\ 5 \end{bmatrix} \quad \Rightarrow \quad \text{没有解}$$

$$\boldsymbol{b}_2 = \begin{bmatrix} 3 \\ 0 \\ 5 \end{bmatrix} \text{ 和 } \boldsymbol{b}_3 = \begin{bmatrix} 0 \\ 0 \\ 0 \end{bmatrix} \quad \Rightarrow \quad \text{无穷多个解}$$

3. 在这部分，我们对一般的 $\boldsymbol{b}$ 求出方程组 $\boldsymbol{Bx}=\boldsymbol{b}$ 的解。然后我们详细说明上面的三个 $\boldsymbol{b}$ 向量。方程组

$$\begin{bmatrix} 1 & 0 & 5 \\ 0 & 0 & 0 \\ 0 & -2 & 0 \end{bmatrix} \begin{bmatrix} x_1 \\ x_2 \\ x_3 \end{bmatrix} = \begin{bmatrix} b_1 \\ b_2 \\ b_3 \end{bmatrix}$$

的增广矩阵为

$$\left[\begin{array}{ccc|c}1 & 0 & 5 & b_1\\ 0 & 0 & 0 & b_2\\ 0 & -2 & 0 & b_3\end{array}\right]\xrightarrow[\text{变换}]{\text{行初等}}\left[\begin{array}{ccc|c}1 & 0 & 5 & b_1\\ 0 & 1 & 0 & -1/2b_3\\ 0 & 0 & 0 & b_2\end{array}\right] \tag{3.5}$$

由此，**当且仅当** $b_2=0$ 时，第三行方程满足，而由其他两行得到 $x_1+5x_3=0$ 和 $x_2=-1/2b_3$。所以当 $b_2=0$ 时，我们得到，对任何 $x_3=k$

$$\begin{bmatrix}x_1\\x_2\\x_3\end{bmatrix}=\begin{bmatrix}b_1\\-1/2b_3\\0\end{bmatrix}+k\begin{bmatrix}-5\\0\\1\end{bmatrix}$$

向量 $\boldsymbol{b}_1$ 的分量 $b_2=-4\neq0$，所以在这种情况下不存在解 $\boldsymbol{x}$。关于下一个向量 $\boldsymbol{b}_2$，

$$\boldsymbol{b}_2=\begin{bmatrix}3\\0\\5\end{bmatrix}\quad\Rightarrow\quad\begin{bmatrix}x_1\\x_2\\x_3\end{bmatrix}=\begin{bmatrix}3\\-5/2\\0\end{bmatrix}+k\begin{bmatrix}-5\\0\\1\end{bmatrix}$$

最后，关于 $\boldsymbol{b}_3$，对任何 k，

$$\boldsymbol{b}_3=\begin{bmatrix}0\\0\\0\end{bmatrix}\quad\Rightarrow\quad\begin{bmatrix}x_1\\x_2\\x_3\end{bmatrix}=k\begin{bmatrix}-5\\0\\1\end{bmatrix}$$

4. 从例 3.1.1 中可以得到几何解释

$$\text{Range}(\boldsymbol{B})=\text{span}\left\{\begin{bmatrix}1\\0\\0\end{bmatrix},\begin{bmatrix}0\\0\\1\end{bmatrix}\right\}$$

线性变换 $\boldsymbol{B}$ 将所有向量 $\boldsymbol{x}$ 映射到 (x_1,x_3) 平面上。因此，只有当 $\boldsymbol{b}$ 在 (x_1,x_3) 平面上时，$\boldsymbol{Bx}=\boldsymbol{b}$ 才有解 $\boldsymbol{x}$，而这只有当 $b_2=0$ 时才会发生。图 3.1 显示了这种变换的性质。

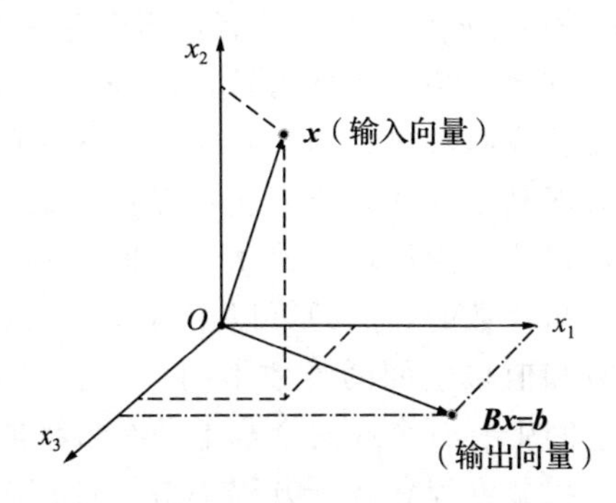

图 3.1　线性变换 $\boldsymbol{B}$ 有**输入**向量 $\boldsymbol{x}$ 和**输出**向量 $\boldsymbol{Bx}$。在这个例子中，$\boldsymbol{B}$ 将每个输入向量 $\boldsymbol{x}$ 映射到 (x_1,x_3) 平面中的某个位置 $\boldsymbol{Bx}$。此外，当 $\boldsymbol{x}$ 扫过三维空间时，$\boldsymbol{Bx}$ 扫过整个平面。这就意味着当且仅当影响向量 $\boldsymbol{b}$ 在 (x_1,x_3) 平面上时，方程 $\boldsymbol{Bx}=\boldsymbol{b}$ 是可解的

对于方程数与未知量数相同的线性方程组 $\boldsymbol{Ax}=\boldsymbol{b}$，我们证明了需要验证条件：对于所有 $\boldsymbol{u}\in \mathrm{Null}(\boldsymbol{A}^{\mathrm{T}})$，是否成立 $\boldsymbol{b}\cdot\boldsymbol{u}=0$。换句话说，它是一个**测试**，用来确定当 $\boldsymbol{A}$ 不可逆时线性方程组是否存在解 $\boldsymbol{x}$。构成这一要求的独立方程的数目等于 $\mathrm{Null}(\boldsymbol{A}^{\mathrm{T}})$ 中线性无关向量的数目，即测试条件数为 $\boldsymbol{A}^{\mathrm{T}}$ 的零度。事实上，即使 $\boldsymbol{A}$ 是可逆的，它仍然是一个基本的要求，因为在这种情况下，$\boldsymbol{A}$ 的零度为 0 意味着 $\boldsymbol{A}^{\mathrm{T}}$ 的零度也是 0，这蕴含着 $\mathrm{Null}(\boldsymbol{A}^{\mathrm{T}})$ 只由单个零向量组成。因此，如果 $\boldsymbol{A}$ 是可逆的（在这种情况下，唯一解 $\boldsymbol{x}$ 是确定的），我们有 $\boldsymbol{u}=\boldsymbol{0}$ 是唯一需要在测试条件 $\boldsymbol{b}\cdot\boldsymbol{u}=0$ 中使用的向量。但此时测试条件总是满足的，因为 $\boldsymbol{b}\cdot\boldsymbol{u}=\boldsymbol{b}\cdot\boldsymbol{0}=0$。因此，我们有理由做出下列声明。

> 对于所有 $\boldsymbol{u}\in \mathrm{Null}(\boldsymbol{A}^{\mathrm{T}})$，满足 $\boldsymbol{b}\cdot\boldsymbol{u}=0$ 是施加在 $\boldsymbol{b}$ 上的可解性条件，用于测试线性方程组 $\boldsymbol{Ax}=\boldsymbol{b}$ 是否有解 $\boldsymbol{x}$。

对刚刚完成的例 3.2.1 进行考察后可以看出，可解性条件直接从式（3.5）的行变换计算中产生。由于需要使式（3.5）的行阶梯形最后一行的全零部分与最后一个行元素 b_2 一致，所以产生了可解性条件。读者应该感到欣慰的是，这种类型的行变换过程将产生任何此类问题的可解性条件。然后，整体可解性条件将由若干独立的标量方程组成，这些方程与例 3.2.1 中 3 部分中 $\boldsymbol{b}$ 的分量有关。这些条件的具体（独立的标量方程）数目等于 $\boldsymbol{A}$ 的零度。

有两种方法可以解释为什么会这样。在例 3.2.1 中 3 部分中演示了第一种方式，其中行变换的使用表明，$\boldsymbol{A}$ 的零度等于增广矩阵的最后行阶梯形的左侧全部为零的行数。与每一行右侧元素的一致性为每一行生成一个可解性条件。第二种方法在这个例子的 1 部分中得到了说明。这包括为 $\mathrm{Null}(\boldsymbol{A}^{\mathrm{T}})$ 选择一个基，并对该基中的每个向量 $\boldsymbol{u}$ 要求 $\boldsymbol{b}\cdot\boldsymbol{u}=0$。这样的基向量的数目等于 $\boldsymbol{A}$ 的零度，它产生的独立要求的数量与行变换过程产生的完全相同。鉴于这两种看似不同的方法可以取得相同的结果，读者可能会理所当然地提出以下问题。

我可以想象为什么确定的可解性条件是有用的，但如果最终重要的可解性条件也从初等行变换中产生，为什么还要花费心思研究抽象而令人困惑的弗雷德霍姆选择定理呢？

这是个非常好的问题。答案基于这样一个事实：弗雷德霍姆选择定理产生于线性变换将定义域（输入）空间中的向量传递到值域（输出）空间中的向量的规则。当两个空间都是有限维时，线性变换本质上是代数的，问题可以用行变换来重新表述。这在此处是成立的，而且，即使定义域的维数和值域空间的维数不同，它仍然成立（见 4.4 节和图 3.1）。然而，如果输入空间和输出空间中有一个或两个都不是有限维的，则行简化运算不再成立。

无穷维向量空间用于研究积分方程和微分方程。对线性积分方程的解以及线性微分方程的解，有一个相应的弗雷德霍姆选择定理（将在 11.4 节介绍）。在这些情况下，没有直接等价的行变换来生成可解性条件。然而，仍然有一个转置类问题的概念（在这些环境中通常称为**伴随**问题），可以用来获得可解性条件。因此，当定义域和值域两者都是有限维时，**行变换**和所产生的**行阶梯形**可以看作描述线性变换的线性代数方程的人工产物。在更普遍的情况下，有限维数已不复存在，这些运算资源也不复存在，人们必须采用更基本的观点，以便取得有用的结果。弗雷德霍姆选择定理为这个更基本的观点奠定了概念化基础。

3.3　当 A 的行列式为 0 时的“最佳解”

如果 $\boldsymbol{A}: \mathbb{R}^n \to \mathbb{R}^n$ 是线性变换，而且 $\det \boldsymbol{A}=0$，则弗雷德霍姆选择定理表明 $\boldsymbol{Ax}=\boldsymbol{b}$ 要么没有解，要么有无穷多个解。它并不是只有一个解，这给我们留下了一个难题。如果我们想要一个解，我们该怎么做？当有无穷多个解时，我们当然可以从中选择一个，或者更一般地通过叠加构造一个特解，从而满足我们希望实施的一些附加准则。当没有解的时候，就难了，但是也许我们可以找到最接近解的近似，不管那是什么意思，也不管那是什么形式。在这一节中，我们探讨这些问题。注意，在 $\det \boldsymbol{A}=0$ 的情况下解 $\boldsymbol{Ax}=\boldsymbol{b}$ 时，方阵 $\boldsymbol{A}\in \mathbb{M}^{n\times n}$ 也会出现同样的问题。

3.3.1　满足可解性条件

当满足可解性条件时，有无穷多个解 $\boldsymbol{x}$ 可供选择（见例 3.2.1 的 1 部分）。在这种情况下，我们建议推导一个这样的特殊解，使 $\|\boldsymbol{x}\|$ 尽可能小。我们将此解称为最小平方范数解。我们希望描述这样一个解，所以我们用 $\hat{\boldsymbol{x}}$ 表示这个最小解，用 $\boldsymbol{x}_{\text{null}}$ 表示 $\text{Null}(\boldsymbol{A})$ 中的任意元素，那么 $\hat{\boldsymbol{x}}+c\boldsymbol{x}_{\text{null}}$ 也是 $\boldsymbol{Ax}=\boldsymbol{b}$ 的解。因为 $\hat{\boldsymbol{x}}$ 是最小解，所以肯定有

$$\left(\frac{\mathrm{d}}{\mathrm{d}c}\|\hat{\boldsymbol{x}}+c\boldsymbol{x}_{\text{null}}\|^2\right)\bigg|_{c=0}=0$$

将上式左边展开，$\|\hat{\boldsymbol{x}}+c\boldsymbol{x}_{\text{null}}\|^2=\hat{\boldsymbol{x}}\cdot\hat{\boldsymbol{x}}+2c\hat{\boldsymbol{x}}\cdot\boldsymbol{x}_{\text{null}}+c^2\boldsymbol{x}_{\text{null}}\cdot\boldsymbol{x}_{\text{null}}$。我们会发现，这个条件会产生方程式

$$\begin{aligned}0&=\left(\frac{\mathrm{d}}{\mathrm{d}c}(\hat{\boldsymbol{x}}\cdot\hat{\boldsymbol{x}}+2c\hat{\boldsymbol{x}}\cdot\boldsymbol{x}_{\text{null}}+c^2\boldsymbol{x}_{\text{null}}\cdot\boldsymbol{x}_{\text{null}})\right)\bigg|_{c=0}\\&=(2\hat{\boldsymbol{x}}\cdot\boldsymbol{x}_{\text{null}}+2c\boldsymbol{x}_{\text{null}}\cdot\boldsymbol{x}_{\text{null}})\big|_{c=0}=2\hat{\boldsymbol{x}}\cdot\boldsymbol{x}_{\text{null}}\end{aligned}\tag{3.6}$$

因此，$\hat{\boldsymbol{x}}\cdot\boldsymbol{x}_{\text{null}}=0$，这意味着

★ 如果可解性条件满足，则 $\boldsymbol{Ax}=\boldsymbol{b}$ 的最小长度（平方范数）解 $\hat{\boldsymbol{x}}$ 是在 $(\text{Null}(\boldsymbol{A}))^{\perp}$ 上。

作为例子，我们再次考虑例 2.5.1 和例 3.2.1 中的不可逆变换 $\boldsymbol{B}$。我们已证明例 3.2.1 中的 $\boldsymbol{b}_2$ 满足可解性条件。在这里我们将求出最小范数解。为了方便，但又不失一般性，我们将用标准基下的表示矩阵和列向量来表示这个问题。

例 3.3.1　考虑线性变换 $\boldsymbol{Bx}=\boldsymbol{b}$，

$$\underbrace{\begin{bmatrix}1&0&5\\0&0&0\\0&-2&0\end{bmatrix}}_{\boldsymbol{B}}\underbrace{\begin{bmatrix}x_1\\x_2\\x_3\end{bmatrix}}_{\boldsymbol{x}}=\underbrace{\begin{bmatrix}3\\0\\5\end{bmatrix}}_{\boldsymbol{b}}$$

前面的例子证明了这个 $\boldsymbol{B}$ 是不可逆的，但给定的影响向量 $\boldsymbol{b}_2$ 满足可解性条件。求出在平方范数意义上具有最小长度的解 $\hat{\boldsymbol{x}}$。

解　在例 3.2.1 中，我们求得这个线性方程组的通解是

$$\begin{bmatrix} x_1 \\ x_2 \\ x_3 \end{bmatrix} = \begin{bmatrix} 3 \\ -5/2 \\ 0 \end{bmatrix} + k \begin{bmatrix} -5 \\ 0 \\ 1 \end{bmatrix}$$

其中常数 k 可以取任意值。使用这个解，我们将给出获得最小范数解 $\hat{\boldsymbol{x}}$ 的两个版本的过程。

直接计算的方法：我们最小化 $\|\boldsymbol{x}\|$ 来确定 k。因为

$$\|\boldsymbol{x}\|^2 = (3-5k)^2 + (-5/2)^2 + k^2 = 26k^2 - 30k + 61/4$$

我们有

$$0 = \frac{\mathrm{d}}{\mathrm{d}k}(26k^2 - 30k + 61/4) = 52k - 30 \quad \Rightarrow \quad k = 15/26$$

得到

$$\begin{bmatrix} x_1 \\ x_2 \\ x_3 \end{bmatrix} = \begin{bmatrix} 3 \\ -5/2 \\ 0 \end{bmatrix} + 15/26 \begin{bmatrix} -5 \\ 0 \\ 1 \end{bmatrix} = 1/26 \begin{bmatrix} 3 \\ -65 \\ 15 \end{bmatrix}$$

根据 $\hat{\boldsymbol{x}} \in (\mathrm{Null}(\boldsymbol{B}))^{\perp}$ 的方法：因为

$$\mathrm{Null}(\boldsymbol{B}) = \mathrm{span}\left\{\begin{bmatrix} -5 \\ 0 \\ 1 \end{bmatrix}\right\}$$

我们利用

$$0 = \begin{bmatrix} x_1 \\ x_2 \\ x_3 \end{bmatrix} \cdot \begin{bmatrix} -5 \\ 0 \\ 1 \end{bmatrix} = \left(\begin{bmatrix} 3 \\ -5/2 \\ 0 \end{bmatrix} + k \begin{bmatrix} -5 \\ 0 \\ 1 \end{bmatrix}\right) \cdot \begin{bmatrix} -5 \\ 0 \\ 1 \end{bmatrix} = -15 + k(25+1)$$

同样得到 $k=15/26$。

3.3.2 不满足可解性条件

当可解性条件不满足时，没有向量 $\boldsymbol{x}$ 可以解出 $\boldsymbol{Ax}=\boldsymbol{b}$。在这种情况下，寻求一个使 $\boldsymbol{Ax}$ 尽可能接近 $\boldsymbol{b}$ 的 $\boldsymbol{x}$ 是合理的。如果“接近”是根据通常的范数距离定义的，这意味着我们希望最小化 $\|\boldsymbol{Ax}-\boldsymbol{b}\|$。因为 $\|\boldsymbol{Ax}-\boldsymbol{b}\|$ 是正的，这等价于最小化 $\|\boldsymbol{Ax}-\boldsymbol{b}\|^2$。而且，由于我们使用的是标准的平方（距离）范数，这意味着我们要寻找一个使（$\boldsymbol{Ax}-\boldsymbol{b}$）·（$\boldsymbol{Ax}-\boldsymbol{b}$）最小的 $\boldsymbol{x}$。这样的 $\boldsymbol{x}$ 或许可以称为“几乎最佳解”。

我们通过分解 $\boldsymbol{b}=\boldsymbol{b}^1+\boldsymbol{b}^2$ 来最小化（$\boldsymbol{Ax}-\boldsymbol{b}$）·（$\boldsymbol{Ax}-\boldsymbol{b}$），其中 $\boldsymbol{b}^1 \in \mathrm{Range}(\boldsymbol{A})$ 和 $\boldsymbol{b}^2 \in (\mathrm{Range}(\boldsymbol{A}))^{\perp}$。于是，我们有

$$\begin{aligned}(\boldsymbol{Ax}-\boldsymbol{b})\cdot(\boldsymbol{Ax}-\boldsymbol{b}) &= (\boldsymbol{Ax}-\boldsymbol{b}^1-\boldsymbol{b}^2)\cdot(\boldsymbol{Ax}-\boldsymbol{b}^1-\boldsymbol{b}^2) \\ &= (\boldsymbol{Ax}-\boldsymbol{b}^1)\cdot(\boldsymbol{Ax}-\boldsymbol{b}^1) - 2\underbrace{(\boldsymbol{Ax}-\boldsymbol{b}^1)\cdot\boldsymbol{b}^2}_{0} + \boldsymbol{b}^2\cdot\boldsymbol{b}^2 \\ &= \|\boldsymbol{Ax}-\boldsymbol{b}^1\|^2 + \|\boldsymbol{b}^2\|^2 \end{aligned} \tag{3.7}$$

以上中间项为 0 是因为，对于任意 $\boldsymbol{x}$，$\boldsymbol{A}\boldsymbol{x}-\boldsymbol{b}^1\in\text{Range}(\boldsymbol{A})$ 和 $\boldsymbol{b}^2\in(\text{Range}(\boldsymbol{A}))^{\perp}$。显然，为了最小化式（3.7），我们能做的就是选择一个满足 $\boldsymbol{A}\boldsymbol{x}=\boldsymbol{b}^1$ 的 $\boldsymbol{x}$。这总是可以做到的，因为 $\boldsymbol{b}^1\in\text{Range}(\boldsymbol{A})$。这里要注意，因为 $\det\boldsymbol{A}=0$，FAT 说明 $\boldsymbol{A}\boldsymbol{x}=\boldsymbol{b}^1$ 有无穷多个解。无论我们如何选择这个 $\boldsymbol{x}$，我们都可以发现 $\|\boldsymbol{A}\boldsymbol{x}-\boldsymbol{b}\|$ 的最小值等于 $\|\boldsymbol{b}^2\|$，与 $\boldsymbol{x}$ 无关。

因此，尽管 $\boldsymbol{A}\boldsymbol{x}=\boldsymbol{b}$ 没有精确解，但却有无穷多个“几乎最佳解”。让我们试着将这类解缩小到一个可以描述为“所有几乎最佳解中绝对几乎最佳的”解。我们通过在选择 $\|\boldsymbol{A}\boldsymbol{x}-\boldsymbol{b}\|$ 的最小值的同时最小化 $\|\boldsymbol{x}\|$ 来完成这个任务。这个操作反映了我们在 3.3.1 节中所讨论的过程，虽然现在是应用于 $\boldsymbol{A}\boldsymbol{x}=\boldsymbol{b}^1$，这是由于这个方程组满足可解性条件。

我们对术语的选择比较随意，所以简化我们的术语是合适的。因此，我们不再称它们为“几乎最佳解”或“绝对几乎最佳解”，而简单地称它们为“最佳解”，尽管它们并不是确切的解。更正式地说，我们注意到式（3.7）所体现的最小化过程利用了涉及各个坐标方向上距离间隔平方的标准范数。这允许我们采用**“最小二乘解”**这一术语来称呼“最佳解”。我们将在 3.5.1 节特别考虑在数据拟合中使用最小二乘解。

例 3.3.2　证明

$$\underbrace{\begin{bmatrix}1&0&5\\0&0&0\\0&-2&0\end{bmatrix}}_{\boldsymbol{B}}\underbrace{\begin{bmatrix}x_1\\x_2\\x_3\end{bmatrix}}_{\boldsymbol{x}}=\underbrace{\begin{bmatrix}1\\1\\1\end{bmatrix}}_{\boldsymbol{b}}$$

没有精确解。改为求最佳解或最小二乘解 $\hat{\boldsymbol{x}}$。

解　例 2.5.1 在线性变换的环境中处理了这个 $\boldsymbol{B}$。例 3.2.1 表明当且仅当 $b_2=0$ 时影响向量 $\boldsymbol{b}=\begin{bmatrix}b_1\\b_2\\b_3\end{bmatrix}$ 满足可解性条件。在这个例子中，$b_2=1\neq0$，因此没有精确解。

最小二乘程序利用了分解 $\boldsymbol{b}=\boldsymbol{b}^1+\boldsymbol{b}^2$，其中 $\boldsymbol{b}^1\in\text{Range}(\boldsymbol{B})$ 和 $\boldsymbol{b}^2\in(\text{Range}(\boldsymbol{B}))^{\perp}=\text{Null}(\boldsymbol{B}^{\text{T}})$。例 3.1.1 得到

$$\text{Null}(\boldsymbol{B}^{\text{T}})=\text{span}\left\{\begin{bmatrix}0\\1\\0\end{bmatrix}\right\}\quad\Rightarrow\quad\boldsymbol{b}^2=\begin{bmatrix}0\\1\\0\end{bmatrix}\quad\Rightarrow\quad\boldsymbol{b}^1=\begin{bmatrix}1\\0\\1\end{bmatrix}$$

$\boldsymbol{B}\boldsymbol{x}=\boldsymbol{b}^1$ 的一个特解为 $\begin{bmatrix}-4\\-1/2\\1\end{bmatrix}$，因此这个线性方程组的通解是

$$\begin{bmatrix}x_1\\x_2\\x_3\end{bmatrix}=\begin{bmatrix}-4\\-1/2\\1\end{bmatrix}+k\begin{bmatrix}-5\\0\\1\end{bmatrix}$$

其中 k 可以取任何值，并且我们已经使用了例 3.1.1 中的 $\text{Null}(\boldsymbol{B})$ 的基。

现在选择 k 的值来最小化 $\boldsymbol{x}$ 的长度。由于我们有与例 3.3.1 相同的矩阵 $\boldsymbol{B}$，所以我们遵照那里的程序，用它来实现这里介绍的两种方法中的第二种。这就得到

$$0=\left(\begin{bmatrix}-4\\-1/2\\1\end{bmatrix}+k\begin{bmatrix}-5\\0\\1\end{bmatrix}\right)\cdot\begin{bmatrix}-5\\0\\1\end{bmatrix}=(20+1)+k(25+1)$$

所以 $k=-21/26$，由此得到

$$\hat{\boldsymbol{x}}=\begin{bmatrix}-4\\-1/2\\1\end{bmatrix}-21/26\begin{bmatrix}-5\\0\\1\end{bmatrix}=1/26\begin{bmatrix}1\\-13\\5\end{bmatrix}$$

这个例子说明，

★ 如果可解性条件不满足，则最小二乘解 $\boldsymbol{x}$ 满足 $\boldsymbol{Ax}=\boldsymbol{b}^1$，其中 $\boldsymbol{b}^1=\boldsymbol{Pb}$，$\boldsymbol{P}$ 是 Range($\boldsymbol{A}$) 的正交投影。最小长度的最小二乘解 $\hat{\boldsymbol{x}}$ 是特殊的最小二乘向量，也是 (Null($\boldsymbol{A}$))$^{\perp}$ 的成员。

3.4　正规方程

从 3.3 节可以看出，当 $\det\boldsymbol{A}=0$ 时，满足可解性条件与不满足可解性条件，求 $\boldsymbol{Ax}=\boldsymbol{b}$ 的最佳解的过程是不同的。对于这两种情况，我们都称其为最佳解 $\hat{\boldsymbol{x}}$。现在我们提出求 $\hat{\boldsymbol{x}}$ 的统一方法，而不管是否满足可解条件。令人高兴的是，这个过程也给出了 $\det\boldsymbol{A}\neq0$ 时的精确解。

作为背景，我们注意到，在 $\det\boldsymbol{A}=0$ 的两种情况下，最佳解被认为是一类形式为 $\boldsymbol{x}_{\mathrm{p}}+k\boldsymbol{x}_{\mathrm{Null}}$ 的向量中长度最小的向量，其中 $\boldsymbol{x}_{\mathrm{p}}$ 被解释为任何 $\boldsymbol{Ax}=\tilde{\boldsymbol{b}}$ 的特解。什么是 $\tilde{\boldsymbol{b}}$？如果可解性条件满足，则 $\tilde{\boldsymbol{b}}=\boldsymbol{b}$。如果可解性条件不满足，则 $\tilde{\boldsymbol{b}}=\boldsymbol{b}^1$，其中 $\boldsymbol{b}^1\in\mathrm{Range}(\boldsymbol{A})$。这是根据分解 $\boldsymbol{b}$ 为 $\boldsymbol{b}=\boldsymbol{b}^1+\boldsymbol{b}^2$ 和 $\boldsymbol{b}^2\in(\mathrm{Range}(\boldsymbol{A}))^{\perp}$ 得到的结果。这个分解唯一地决定了 $\boldsymbol{b}^1$。为了促进这个统一的过程，我们首先做三个额外的观察。

- 在可解的情况下，我们仍可以用上述方式分解 $\boldsymbol{b}$，尽管这是一个简单的分解，因为它得到 $\boldsymbol{b}^1=\boldsymbol{b}$ 和 $\boldsymbol{b}^2=\boldsymbol{0}$。从这个角度来看，为不可解情况确定 $\boldsymbol{x}_{\mathrm{p}}$ 的复杂过程也适用于可解情况。
- 对于方程不可解且 $\det\boldsymbol{A}=0$ 的情况，确定 $\boldsymbol{x}_{\mathrm{p}}$ 的过程也将适用于 $\boldsymbol{A}$ 是可逆的，即 $\det\boldsymbol{A}\neq0$，这一有唯一解的情况。此时 $\boldsymbol{b}^1=\boldsymbol{b}$ 和 $\boldsymbol{b}^2=\boldsymbol{0}$，因为 Range($\boldsymbol{A}$) 就是 $\mathbb{R}^n$。另外，在这种情况下，可解性条件是满足的，因为 Null($\boldsymbol{A}^{\mathrm{T}}$) 是由零向量组成的零维空间。从而解是唯一的。

  我们的第三个也是最后一个观察结果更有实质性。
- 在上一节讨论的决定 $\hat{\boldsymbol{x}}$ 的过程背后的逻辑还没有明确地使用 $(\mathrm{Range}(\boldsymbol{A}))^{\perp}=\mathrm{Null}(\boldsymbol{A}^{\mathrm{T}})$ 这一事实。

利用这三点，我们可以得出以下重要结果。

向量 $\hat{x}$ 满足**正规方程** $\boldsymbol{A}^{\mathrm{T}}\boldsymbol{A}\hat{\boldsymbol{x}}=\boldsymbol{A}^{\mathrm{T}}\boldsymbol{b}$。

证明　因为 $\hat{x}$ 满足 $\boldsymbol{A}\hat{\boldsymbol{x}}=\boldsymbol{b}^1$，所以它也满足 $\boldsymbol{A}^{\mathrm{T}}\boldsymbol{A}\hat{\boldsymbol{x}}=\boldsymbol{A}^{\mathrm{T}}\boldsymbol{b}^1$。另外，$\boldsymbol{A}^{\mathrm{T}}\boldsymbol{b}=\boldsymbol{A}^{\mathrm{T}}(\boldsymbol{b}^1+\boldsymbol{b}^2)=\boldsymbol{A}^{\mathrm{T}}\boldsymbol{b}^1+\boldsymbol{A}^{\mathrm{T}}\boldsymbol{b}^2=\boldsymbol{A}^{\mathrm{T}}\boldsymbol{b}^1$，由 $\boldsymbol{b}^2\in(\mathrm{Range}(\boldsymbol{A}))^{\perp}=\mathrm{Null}(\boldsymbol{A}^{\mathrm{T}})$ 得出 $\boldsymbol{A}^{\mathrm{T}}\boldsymbol{b}^2=\boldsymbol{0}$。合起来就是 $\boldsymbol{A}^{\mathrm{T}}\boldsymbol{A}\hat{\boldsymbol{x}}=\boldsymbol{A}^{\mathrm{T}}\boldsymbol{b}$。

更重要的是，我们必须证明反过来也是成立的，即任何满足正规方程的 $\hat{x}$ 也满足 $\boldsymbol{A}\hat{\boldsymbol{x}}=\boldsymbol{b}^1$。要做到这一点，我们无须借助任何关于逆的概念就可进行。为此，我们将正规方程改写为 $\boldsymbol{A}^{\mathrm{T}}(\boldsymbol{A}\hat{\boldsymbol{x}}-\boldsymbol{b})=\boldsymbol{0}$，这意味着，如果 $\hat{x}$ 满足正规方程，则 $\boldsymbol{A}\hat{\boldsymbol{x}}-\boldsymbol{b}\in\mathrm{Null}(\boldsymbol{A}^{\mathrm{T}})$。然而，$\boldsymbol{A}\hat{\boldsymbol{x}}-\boldsymbol{b}=(\boldsymbol{A}\hat{\boldsymbol{x}}-\boldsymbol{b}^1)+(-\boldsymbol{b}^2)$，其中 $-\boldsymbol{b}^2\in\mathrm{Null}(\boldsymbol{A}^{\mathrm{T}})$ 和 $\boldsymbol{A}\hat{\boldsymbol{x}}-\boldsymbol{b}^1\in\mathrm{Range}(\boldsymbol{A})=(\mathrm{Null}(\boldsymbol{A}^{\mathrm{T}}))^{\perp}$。由于 $\boldsymbol{A}\hat{\boldsymbol{x}}-\boldsymbol{b}\in\mathbb{R}^n$ 及正交分解 $\mathbb{R}^n=\mathrm{Null}(\boldsymbol{A}^{\mathrm{T}})\oplus(\mathrm{Null}(\boldsymbol{A}^{\mathrm{T}}))^{\perp}$ 的唯一性，得到 $\boldsymbol{A}\hat{\boldsymbol{x}}-\boldsymbol{b}^1=\boldsymbol{0}$。

最后，为了证明正规方程总是有解的，我们验证可解性条件 $\boldsymbol{A}^{\mathrm{T}}\boldsymbol{b}\in(\mathrm{Null}(\boldsymbol{A}^{\mathrm{T}}\boldsymbol{A})^{\mathrm{T}})^{\perp}$。因为 $\boldsymbol{A}^{\mathrm{T}}\boldsymbol{A}$ 是对称的，所以这一条件可以更简单地写成 $\boldsymbol{A}^{\mathrm{T}}\boldsymbol{b}\in(\mathrm{Null}(\boldsymbol{A}^{\mathrm{T}}\boldsymbol{A}))^{\perp}$。方程组是可解的，当且仅当对于所有满足 $\boldsymbol{A}^{\mathrm{T}}\boldsymbol{A}\boldsymbol{v}=\boldsymbol{0}$ 的 $\boldsymbol{v}$，$\boldsymbol{v}\cdot\boldsymbol{A}^{\mathrm{T}}\boldsymbol{b}$ 等于 0。为此，我们检查一下 $\boldsymbol{v}\cdot\boldsymbol{A}^{\mathrm{T}}\boldsymbol{b}$，再次把 $\boldsymbol{b}$ 写成 $\boldsymbol{b}=\boldsymbol{b}^1+\boldsymbol{b}^2$，其中 $\boldsymbol{b}^1\in\mathrm{Range}(\boldsymbol{A})$ 和 $\boldsymbol{b}^2\in(\mathrm{Range}(\boldsymbol{A}))^{\perp}=\mathrm{Null}(\boldsymbol{A}^{\mathrm{T}})$。这意味着存在一个 $\boldsymbol{x}_1$ 满足 $\boldsymbol{A}\boldsymbol{x}_1=\boldsymbol{b}^1$ 和 $\boldsymbol{A}^{\mathrm{T}}\boldsymbol{b}^2=\boldsymbol{0}$。现在

$$\boldsymbol{v}\cdot\boldsymbol{A}^{\mathrm{T}}\boldsymbol{b}=\boldsymbol{v}\cdot\boldsymbol{A}^{\mathrm{T}}(\boldsymbol{b}^1+\boldsymbol{b}^2)=\boldsymbol{v}\cdot\boldsymbol{A}^{\mathrm{T}}\underbrace{\boldsymbol{b}^1}_{\boldsymbol{A}\boldsymbol{x}_1}+\boldsymbol{v}\cdot\underbrace{\boldsymbol{A}^{\mathrm{T}}\boldsymbol{b}^2}_{\boldsymbol{0}}$$

$$=\underbrace{\boldsymbol{v}\cdot\boldsymbol{A}^{\mathrm{T}}\boldsymbol{A}\boldsymbol{x}_1}_{(\boldsymbol{A}^{\mathrm{T}}\boldsymbol{A})^{\mathrm{T}}\boldsymbol{v}\cdot\boldsymbol{x}_1}+\underbrace{\boldsymbol{v}\cdot\boldsymbol{0}}_{0}=\underbrace{\boldsymbol{A}^{\mathrm{T}}\boldsymbol{A}\boldsymbol{v}}_{\boldsymbol{0}}\cdot\boldsymbol{x}_1=\boldsymbol{0}\cdot\boldsymbol{x}_1=0$$

因此正规方程总是有解的。 ■

上述结果表明，作为确定 $\boldsymbol{A}\boldsymbol{x}=\boldsymbol{b}^1$ 的任何可能解的手段，求解正规方程既容易又有效。特别地，现在没有必要通过在 Range($\boldsymbol{A}$) 子空间上的一些可能乏味的正交投影操作来显式地确定 $\boldsymbol{b}^1$。因此，从构造 $\hat{x}$ 的角度，我们可以总结如下。

★ 如果正规方程有唯一解，那么我们的计算就结束了。如果正规方程的解不唯一（即有无穷多个解），那么我们通过要求 $\hat{x}$ 与 Null($\boldsymbol{A}$) 正交来选择具有最小向量长度的唯一解。

注意，在上面的语句中出现的是 Null($\boldsymbol{A}$)，用于挑出最小长度的解，尽管在讨论中，Null($\boldsymbol{A}^{\mathrm{T}}$) 是无处不在的，这是由于它出现在弗雷德霍姆选择定理中。

例 3.4.1　求出下列方程组的最佳解 $\hat{x}$：

$$\underbrace{\begin{bmatrix}1 & 2 & 1\\1 & -3 & -1\\3 & 1 & 1\end{bmatrix}}_{\boldsymbol{A}}\underbrace{\begin{bmatrix}x_1\\x_2\\x_3\end{bmatrix}}_{\boldsymbol{x}}=\underbrace{\begin{bmatrix}1\\-1\\-1\end{bmatrix}}_{\boldsymbol{b}}$$

解　为了形成正规方程，我们计算

$$\boldsymbol{A}^{\mathrm{T}}\boldsymbol{A}=\begin{bmatrix}1 & 1 & 3\\2 & -3 & 1\\1 & -1 & 1\end{bmatrix}\begin{bmatrix}1 & 2 & 1\\1 & -3 & -1\\3 & 1 & 1\end{bmatrix}=\begin{bmatrix}11 & 2 & 3\\2 & 14 & 6\\3 & 6 & 3\end{bmatrix}$$

和

$$\boldsymbol{A}^{\mathrm{T}}\boldsymbol{b}=\begin{bmatrix}1 & 1 & 3\\2 & -3 & 1\\1 & -1 & 1\end{bmatrix}\begin{bmatrix}1\\-1\\-1\end{bmatrix}=\begin{bmatrix}-3\\4\\1\end{bmatrix}$$

其增广矩阵和行阶梯形是

$$\left[\begin{array}{ccc|c}11 & 2 & 3 & -3\\2 & 14 & 6 & 4\\3 & 6 & 3 & 1\end{array}\right]\xrightarrow[\text{变换}]{\text{行初等}}\left[\begin{array}{ccc|c}1 & 7 & 3 & 2\\0 & 1 & 2/5 & 1/3\\0 & 0 & 0 & 0\end{array}\right] \tag{3.8}$$

单个全零行表示通解中的一个自由度。取 $x_3=0$ 就能得到一个特解，因此 $x_2=1/3$，$x_1=2-7x_2=-1/3$。即

$$\boldsymbol{x}_{\mathrm{p}}=1/3\begin{bmatrix}-1\\1\\0\end{bmatrix} \tag{3.9}$$

为求通解，我们也通过行变换来确定 $\mathrm{Null}(\boldsymbol{A})$：

$$\left[\begin{array}{ccc|c}1 & 2 & 1 & 0\\1 & -3 & -1 & 0\\3 & 1 & 1 & 0\end{array}\right]\xrightarrow[\text{变换}]{\text{行初等}}\left[\begin{array}{ccc|c}1 & 2 & 1 & 0\\0 & 1 & 2/5 & 0\\0 & 0 & 0 & 0\end{array}\right]$$

取 $x_3=5$，得到 $x_2=-2/5x_3=-2$，$x_1=-2x_2-x_3=-1$，因此我们可以取

$$\boldsymbol{x}_{\text{null}}=\begin{bmatrix}-1\\-2\\5\end{bmatrix}\quad\Rightarrow\quad\hat{\boldsymbol{x}}=1/3\begin{bmatrix}-1\\1\\0\end{bmatrix}+k\begin{bmatrix}-1\\-2\\5\end{bmatrix} \tag{3.10}$$

其中 k 可以通过要求 $\hat{\boldsymbol{x}}\cdot\boldsymbol{x}_{\text{null}}=0$ 来选择。这就得到

$$0=1/3(1+(-2)+0)+k(1+4+25)\Rightarrow k=1/90\Rightarrow\hat{\boldsymbol{x}}=1/90\begin{bmatrix}-31\\28\\5\end{bmatrix} \tag{3.11}$$

为了推断出其他重要的特性，值得对这个例子进行更详细的讨论。在这里，我们承认是以纯粹“菜谱”的方式完成了这个例子，而没有预先调查这问题有零个解（即无解），恰恰有一个解，还是有无穷多个精确解。虽然这听起来令人印象深刻，但这项调查很容易就能进行。然而，我们的目标是不用进行这个初步的调查来展示（如果需要）：我们可以直接通过……来完成，以及注意要点，正交解不断涌现。

当我们写出式（3.8）的行阶梯形时，一个主要特征出现了。在那之前，我们不知道要想求解的是哪种情况。式（3.8）的全为零的那一行清楚地表明我们不是处于唯一精确

解的情况。另外，这个方程并**没有**说明我们面对的（原方程组）是“零个精确解”的情况还是“无穷多个精确解”的情况，因为正规形式的方程总是有解的。事实上，从上面给出的解，我们仍然不知道这是哪种情况。

可能最快的用来确定剩余的两种情况中哪一种适用（没有精确解相对于无穷多个精确解）的方法是，用式（3.11）的（通解）$\hat{x}$ 来查询 Ax，以确定它是给出准确的 b，还是仅仅给出接近 b 的东西。为了避免式（3.11）的分母上烦琐的因子 90，我们注意到，使用式（3.10）中任何向量 $\hat{x}$（包括 $k=0$ 的方式）都可求出相同的 Ax。取式（3.11）的 k 为 0，得到式（3.9）的（特解）x_{p}。由此我们得到，

$$A\hat{x}=Ax_{\mathrm{p}}=\frac{1}{3}\begin{bmatrix}1&2&1\\1&-3&-1\\3&1&1\end{bmatrix}\begin{bmatrix}-1\\1\\0\end{bmatrix}=\frac{1}{3}\begin{bmatrix}1\\-4\\-2\end{bmatrix}\neq\begin{bmatrix}1\\-1\\-1\end{bmatrix}=b$$

因此，我们面临（原方程组）“没有精确解”的情况。我们的近似解 $\hat{x}$ 最小化 $\|Ax-b\|$。最小范数距离为

$$\min_{x\in\mathbb{R}^3}\|Ax-b\|=\|A\hat{x}-b\|=\frac{1}{3}\left\|\begin{bmatrix}1\\-4\\-2\end{bmatrix}-\begin{bmatrix}3\\-3\\-3\end{bmatrix}\right\|=\frac{1}{3}\left\|\begin{bmatrix}-2\\-1\\1\end{bmatrix}\right\|=\frac{\sqrt{6}}{3}$$

由式（3.10）给出的所有向量 $\hat{x}$ 都可得到该值。这个结果对 k 的所有值都成立。其中 $k=1/90$ 得到最短长度的 $\hat{x}$，长度 $\|\hat{x}\|=0.4675$。将此与 $k=0$ 的情况（$\hat{x}=x_{\mathrm{p}}$，如式（3.9）所示）相比较，长度 $\|x_{\mathrm{p}}\|=\sqrt{2}/3=0.4714$。注意，虽然这不是最小长度 $\|\hat{x}\|$，但它接近于 $\|\hat{x}\|$。此外，它还有一组更整齐（不那么杂乱的）的分量。

3.5　广义逆——第一次审视

在前几节中，我们详细地研究了精确求解和近似求解线性方程组 $Ax=b$ 的意义。这就引出了精确解出或近似解出这个问题的概念。输出是一个唯一的向量 $\hat{x}$，它必须满足以下两个条件。

- $A^{\mathrm{T}}A\hat{x}=A^{\mathrm{T}}b$。
- 对所有满足 $Av=0$ 的向量 v，$\hat{x}\cdot v=0$。

这些条件定义了从 b 到 $\hat{x}$ 的映射。我们称这个映射为 $A^{\dagger}$，即 $\hat{x}=A^{\dagger}(b)$；由于 $A\in\mathbb{M}^{n\times n}$，因此 $A^{\dagger}$映射 $\mathbb{M}^{n\times 1}$到 $\mathbb{M}^{n\times 1}$。在用 $\mathbb{R}^n$ 来鉴别列向量的标准方法中，我们把 $A^{\dagger}$看作从 $\mathbb{R}^n$ 到 $\mathbb{R}^n$ 的映射。此外，如果 $\det A\neq 0$，那么 A 是可逆的，而且映射 $A^{\dagger}$与 A^{-1}的乘法是一致的。因此，在 $\det A\neq 0$ 的情况下，$A^{\dagger}$是一个线性运算。如果 $\det A=0$，那么 A 是不可逆的，这为我们进一步探究提供了动机。在这种情况下，没有 A^{-1}允许我们计算 $A^{\dagger}$。然而，虽然 A^{-1}不存在，我们仍然可以问，映射 $A^{\dagger}$是否线性。

例 3.5.1　证明上面定义的从 b 到 $\hat{x}$ 的映射 $A^{\dagger}$是线性的。

解 设已知 $\boldsymbol{b}_a, \boldsymbol{b}_b \in \mathbb{R}^n$ 和 $a, b \in \mathbb{R}$。设 $\hat{\boldsymbol{x}}_a = \mathrm{A}^\dagger(\boldsymbol{b}_a)$，$\hat{\boldsymbol{x}}_b = \mathrm{A}^\dagger(\boldsymbol{b}_b)$ 以及 $\hat{\boldsymbol{x}}_c = \mathrm{A}^\dagger(a\boldsymbol{b}_a + b\boldsymbol{b}_b)$。我们必须证明 $\hat{\boldsymbol{x}}_c = a\hat{\boldsymbol{x}}_a + b\hat{\boldsymbol{x}}_b$。

我们来检查这一点。

$$\boldsymbol{A}^{\mathrm{T}}\boldsymbol{A}(a\hat{\boldsymbol{x}}_a + b\hat{\boldsymbol{x}}_b) = a(\boldsymbol{A}^{\mathrm{T}}\boldsymbol{A}\hat{\boldsymbol{x}}_a) + b(\boldsymbol{A}^{\mathrm{T}}\boldsymbol{A}\hat{\boldsymbol{x}}_b) = a\boldsymbol{A}^{\mathrm{T}}\boldsymbol{b}_a + b\boldsymbol{A}^{\mathrm{T}}\boldsymbol{b}_b = \boldsymbol{A}^{\mathrm{T}}(a\boldsymbol{b}_a + b\boldsymbol{b}_b)$$

另外，如果 $\boldsymbol{v}$ 是满足 $\boldsymbol{A}\boldsymbol{v} = \boldsymbol{0}$ 的任意向量，则

$$(a\hat{\boldsymbol{x}}_a + b\hat{\boldsymbol{x}}_b) \cdot \boldsymbol{v} = a(\hat{\boldsymbol{x}}_a \cdot \boldsymbol{v}) + b(\hat{\boldsymbol{x}}_b \cdot \boldsymbol{v}) = a \cdot 0 + b \cdot 0 = 0$$

因此 $a\hat{\boldsymbol{x}}_a + b\hat{\boldsymbol{x}}_b$ 满足唯一确定 $\hat{\boldsymbol{x}}_c$ 的两个条件。所以 $\hat{\boldsymbol{x}}_c = a\hat{\boldsymbol{x}}_a + b\hat{\boldsymbol{x}}_b$。

既然我们已经确定了 $\mathrm{A}^\dagger$ 是一个线性变换，我们今后将使用我们的“线性变换符号” $\boldsymbol{A}^\dagger$ 来表示它。对应的矩阵我们类似地写为 $\boldsymbol{A}^\dagger$。当 $\boldsymbol{A}$ 可逆时，$\boldsymbol{A}^\dagger$ 就是通常的逆 $\boldsymbol{A}^{-1}$。当 $\boldsymbol{A}$ 不可逆时，$\boldsymbol{A}^\dagger$ 是另一种东西，大概是最接近逆的东西。在这种情况下，它们被称为广义逆[⊖]。下面的例子显示了在原算子（即变换）不可逆时构造广义逆算子的一种方法。

例 3.5.2 求出下列（例 3.3.1 和例 3.3.2 中的）矩阵 $\boldsymbol{B}$ 的广义逆 $\boldsymbol{B}^\dagger$。

$$\boldsymbol{B} = \begin{bmatrix} 1 & 0 & 5 \\ 0 & 0 & 0 \\ 0 & -2 & 0 \end{bmatrix}$$

解 根据线性性质，我们可以用形为 $[\hat{\boldsymbol{x}}_1 | \hat{\boldsymbol{x}}_2 | \hat{\boldsymbol{x}}_3]$ 的列向量来构造 $\boldsymbol{B}^\dagger$，其中 $\hat{\boldsymbol{x}}_1$ 是 $\boldsymbol{B}^\dagger\hat{\boldsymbol{x}}_1 = \begin{bmatrix} 1 \\ 0 \\ 0 \end{bmatrix}$ 的解，$\hat{\boldsymbol{x}}_2$ 是 $\boldsymbol{B}^\dagger\hat{\boldsymbol{x}}_2 = \begin{bmatrix} 0 \\ 1 \\ 0 \end{bmatrix}$ 的解，$\hat{\boldsymbol{x}}_3$ 类似。

对于每个不同的右端向量，求解法方程的第一步是得到一个特解。这可以通过在每种情况下形成与 $[\boldsymbol{B}^{\mathrm{T}}\boldsymbol{B} | \boldsymbol{B}^{\mathrm{T}}\boldsymbol{b}]$ 对应的增广矩阵，然后用行化简来实现。这就要使用

$$\boldsymbol{B}^{\mathrm{T}}\boldsymbol{B} = \begin{bmatrix} 1 & 0 & 5 \\ 0 & 4 & 0 \\ 5 & 0 & 25 \end{bmatrix}, \quad \boldsymbol{B}^{\mathrm{T}}\begin{bmatrix} 1 \\ 0 \\ 0 \end{bmatrix} = \begin{bmatrix} 1 \\ 0 \\ 5 \end{bmatrix}, \quad \boldsymbol{B}^{\mathrm{T}}\begin{bmatrix} 0 \\ 1 \\ 0 \end{bmatrix} = \begin{bmatrix} 0 \\ 0 \\ 0 \end{bmatrix}, \quad \boldsymbol{B}^{\mathrm{T}}\begin{bmatrix} 0 \\ 0 \\ 1 \end{bmatrix} = \begin{bmatrix} 0 \\ -2 \\ 0 \end{bmatrix}$$

由于必须对右端不同的向量 $\boldsymbol{B}^{\mathrm{T}}\boldsymbol{b}$ 执行相同的行变换，因此将这三种计算一起执行是很有效的。这就给出了下面更大的增广矩阵：

$$\left[\begin{array}{ccc|c|c|c} 1 & 0 & 5 & 1 & 0 & 0 \\ 0 & 4 & 0 & 0 & 0 & -2 \\ 5 & 0 & 25 & 5 & 0 & 0 \end{array}\right] \xrightarrow[\text{变换}]{\text{行初等}} \left[\begin{array}{ccc|c|c|c} 1 & 0 & 5 & 1 & 0 & 0 \\ 0 & 1 & 0 & 0 & 0 & -1/2 \\ 0 & 0 & 0 & 0 & 0 & 0 \end{array}\right]$$

从行化简的形式，我们确定三个特解向量 $\hat{\boldsymbol{x}}_1, \hat{\boldsymbol{x}}_2, \hat{\boldsymbol{x}}_3$。对于每个特解，我们附加一个从 $\boldsymbol{B}$ 的零空间中得到的一般向量，它是由向量 $\begin{bmatrix} -5 \\ 0 \\ 1 \end{bmatrix}$ 张成的。一起就得到

⊖ 也被称为摩尔-彭罗斯逆。

$$\hat{\boldsymbol{x}}_1=\begin{bmatrix}1\\0\\0\end{bmatrix}+c_1\begin{bmatrix}-5\\0\\1\end{bmatrix},\quad \hat{\boldsymbol{x}}_2=\begin{bmatrix}0\\0\\0\end{bmatrix}+c_2\begin{bmatrix}-5\\0\\1\end{bmatrix},\quad \hat{\boldsymbol{x}}_3=\begin{bmatrix}0\\-1/2\\0\end{bmatrix}+c_3\begin{bmatrix}-5\\0\\1\end{bmatrix}$$

常量 c_1,c_2,c_3 根据 $\hat{\boldsymbol{x}}_1,\hat{\boldsymbol{x}}_2$ 或 $\hat{\boldsymbol{x}}_3$ 正交于零空间来确定。因此，对于上面的每个向量，我们令它们与 $\begin{bmatrix}-5\\0\\1\end{bmatrix}$ 的点积等于 0。由此得到 $c_1=5/26,c_2=0,c_3=0$。所以

$$\hat{\boldsymbol{x}}_1=\frac{1}{26}\begin{bmatrix}1\\0\\5\end{bmatrix},\quad \hat{\boldsymbol{x}}_2=\begin{bmatrix}0\\0\\0\end{bmatrix},\quad \hat{\boldsymbol{x}}_3=\begin{bmatrix}0\\-1/2\\0\end{bmatrix}\quad\Rightarrow\quad \boldsymbol{B}^{\dagger}=\frac{1}{26}\begin{bmatrix}1&0&0\\0&0&-13\\5&0&0\end{bmatrix}$$

为了检验此结果，我们回顾一下例 3.3.1 和例 3.3.2，它们求出了相应于 $\boldsymbol{b}$ 向量为 $\begin{bmatrix}3\\0\\5\end{bmatrix}$ 和 $\begin{bmatrix}1\\1\\1\end{bmatrix}$ 时的解 $\hat{\boldsymbol{x}}$。在本例中，随着 $\boldsymbol{B}^{\dagger}$ 显式确定，我们通过 $\hat{\boldsymbol{x}}=\boldsymbol{B}^{\dagger}\boldsymbol{b}$ 应该得到相同的结果。用 $\boldsymbol{B}^{\dagger}$ 乘以以上每个 $\boldsymbol{b}$ 向量得到

$$\frac{1}{26}\begin{bmatrix}1&0&0\\0&0&-13\\5&0&0\end{bmatrix}\begin{bmatrix}3\\0\\5\end{bmatrix}=\frac{1}{26}\begin{bmatrix}3\\-65\\15\end{bmatrix},\quad \frac{1}{26}\begin{bmatrix}1&0&0\\0&0&-13\\5&0&0\end{bmatrix}\begin{bmatrix}1\\1\\1\end{bmatrix}=\frac{1}{26}\begin{bmatrix}1\\-13\\5\end{bmatrix}$$

这些结果与早先在例 3.3.1 和例 3.3.2 中所用方法得到的结果相同。

当方阵 $\boldsymbol{B}$ 可逆时，其广义逆就是其逆本身，这意味着 $\boldsymbol{B}\boldsymbol{B}^{\dagger}=\boldsymbol{B}^{\dagger}\boldsymbol{B}=\boldsymbol{I}$。然而，如果 $\boldsymbol{B}$ 不可逆，则 $\boldsymbol{B}^{-1}$ 不存在（即使 $\boldsymbol{B}^{\dagger}$ 存在），不能期望 $\boldsymbol{B}\boldsymbol{B}^{\dagger}$ 或 $\boldsymbol{B}^{\dagger}\boldsymbol{B}$ 等于单位矩阵，也不期望 $\boldsymbol{B}\boldsymbol{B}^{\dagger}$ 和 $\boldsymbol{B}^{\dagger}\boldsymbol{B}$ 相等。从例 3.5.2 中，我们将发现

$$\boldsymbol{B}\boldsymbol{B}^{\dagger}=\frac{1}{26}\begin{bmatrix}1&0&5\\0&0&0\\0&-2&0\end{bmatrix}\begin{bmatrix}1&0&0\\0&0&-13\\5&0&0\end{bmatrix}=\begin{bmatrix}1&0&0\\0&0&0\\0&0&1\end{bmatrix}$$

以及

$$\boldsymbol{B}^{\dagger}\boldsymbol{B}=\frac{1}{26}\begin{bmatrix}1&0&0\\0&0&-13\\5&0&0\end{bmatrix}\begin{bmatrix}1&0&5\\0&0&0\\0&-2&0\end{bmatrix}=\begin{bmatrix}1/26&0&5/26\\0&1&0\\5/26&0&25/26\end{bmatrix}$$

因此在例 3.5.2 中，$\boldsymbol{B}\boldsymbol{B}^{\dagger}$ 和 $\boldsymbol{B}^{\dagger}\boldsymbol{B}$ 都未能给出单位矩阵，而且它们以不同的方式给出结果。这些偏离有什么意义（如果有的话）？例如，我们注意到，恒等张量是满秩的，而 $\boldsymbol{B}\boldsymbol{B}^{\dagger}$ 和 $\boldsymbol{B}^{\dagger}\boldsymbol{B}$ 都没有满秩。类似地，$\boldsymbol{B}\boldsymbol{B}^{\dagger}=(\boldsymbol{B}\boldsymbol{B}^{\dagger})^2$，所以它也是一个投影。另一方面，$\lim_{M\to\infty}(\boldsymbol{B}^{\dagger}\boldsymbol{B})^M=\begin{bmatrix}0&0&0\\0&1&0\\0&0&0\end{bmatrix}$ 是投影，是特定投影 $\boldsymbol{I}-\boldsymbol{B}\boldsymbol{B}^{\dagger}$，与 $\boldsymbol{B}\boldsymbol{B}^{\dagger}$ 正交。在 4.6 节中，我们将根据奇

异值分解对广义逆的性质进行更深入的探讨。

3.5.1 与最小二乘数据拟合的关系

我们已经研究了当 $\boldsymbol{A}$ 是方阵时线性方程组 $\boldsymbol{Ax}=\boldsymbol{b}$ 的可解性。在这种情况下，线性方程组有和未知量一样多的方程。在第 4 章中，我们将更详细地研究方程数目与未知数数目不同的情况。虽然我们将系统的研究推迟到第 4 章，但有一个观察结果是如此直接和有用，我们在下面，在更系统的处理之前就介绍。

当系统 $\boldsymbol{Ax}=\boldsymbol{b}$ 包含的方程数与未知量数不同时，映射 $\boldsymbol{b}\to\hat{\boldsymbol{x}}$ 仍然可以用本章已经介绍过的相同过程来构造，其中 $\hat{\boldsymbol{x}}$ 与前面的定义相同。

实际上，这种映射在构造曲线拟合和分析大型数据集的其他过程中非常有用。因此，一个典型的情况是通过构造一个函数 $y=f(x)$ 来拟合一组 (x,y) 数据，该函数的图形通过数据。函数 $f(x)$ 是用 n 个标准基函数 $\phi_1,\phi_2,\cdots,\phi_n$ 来构造的：选择（组合）系数 c_1，$c_2,\cdots,c_n$ 使得

$$f(x)=\sum_{i=1}^{n}c_i\phi_i(x) \tag{3.12}$$

最好地拟合数据。在这种情况下，大量的数据将以点对 $(x_1,y_1),(x_2,y_2),\cdots,(x_m,y_m)$ 的形式提供。然而，防止近似的大小变得难处理是有好处的，所以我们通常取 $n<m$，甚至可能是 $n\ll m$。

如果数据完全拟合，则 $y_j=f(x_j),j=1,2,\cdots,m$。这将会得到

$$\begin{aligned}
y_1&=c_1\phi_1(x_1)+c_2\phi_2(x_1)+\cdots+c_n\phi_n(x_1)\\
y_2&=c_1\phi_1(x_2)+c_2\phi_2(x_2)+\cdots+c_n\phi_n(x_2)\\
&\vdots\\
y_m&=c_1\phi_1(x_m)+c_2\phi_2(x_m)+\cdots+c_n\phi_n(x_m)
\end{aligned}$$

这等价于

$$\underbrace{\begin{bmatrix}y_1\\y_2\\\vdots\\y_m\end{bmatrix}}_{\boldsymbol{y}}=\underbrace{\begin{bmatrix}\phi_1(x_1)&\phi_2(x_1)&\cdots&\phi_n(x_1)\\\phi_1(x_2)&\phi_2(x_2)&\cdots&\phi_n(x_2)\\\vdots&\vdots&&\vdots\\\phi_1(x_m)&\phi_2(x_m)&\cdots&\phi_n(x_m)\end{bmatrix}}_{\boldsymbol{\Phi}}\underbrace{\begin{bmatrix}c_1\\c_2\\\vdots\\c_n\end{bmatrix}}_{\boldsymbol{c}} \tag{3.13}$$

至此，我们已将所提出的拟合问题写成线性系统：

$$\boldsymbol{y}=\boldsymbol{\Phi c},\quad 其中\ \boldsymbol{y}\in\mathbb{M}^{m\times1},\boldsymbol{\Phi}\in\mathbb{M}^{m\times n},\boldsymbol{c}\in\mathbb{M}^{n\times1}$$

如果 $m>n$，很可能没有系数集 $c_1,c_2,\cdots,c_n$ 完全满足这些方程。因此，我们寻求一个系数集 $c_1,c_2,\cdots,c_n$，它能产生拟合这些数据的最佳近似函数 $f(x)$。每个数据点 (x_j,y_j) 可能会与这个最佳近似函数略有不同，从而产生残余误差

$$r_j=|y_j-f(x_j)|=|y_j-(c_1\phi_1(x_j)+c_2\phi_2(x_j)+\cdots+c_n\phi_n(x_j))|$$

残差平方的和定义为 $\sum_{j=1}^{m}r_j^2$。以 S 表示这个和，用式（3.13）可以得到

$$S=\sum_{j=1}^{m} r_j^2=\|\boldsymbol{y}-\boldsymbol{\Phi c}\|^2=(\boldsymbol{y}-\boldsymbol{\Phi c})\cdot(\boldsymbol{y}-\boldsymbol{\Phi c})$$

确定使这个 S 最小化的系数 $c_1,c_2,\cdots,c_n$ 的值，这些值提供了在由式（3.12）给出的函数类内的**最小二乘近似函数** $f(x)$。

这里描述的最小化与 3.3.2 节的相同，这导致了对式（3.7）的考虑。在这种框架下，有 m 个位置 $x_1,x_2,\cdots,x_m$，在上面收集数据 $y_1,y_2,\cdots,y_m$。用这些数据通过选择系数 c_1，$c_2,\cdots,c_n$ 来确定 $f(x)$ 以产生最佳拟合函数。我们定义 $\hat{c}_1,\hat{c}_2,\cdots,\hat{c}_n$ 为最优系数选择，因此我们寻求 $y_1,y_2,\cdots,y_m$ 到 $\hat{c}_1,\hat{c}_2,\cdots,\hat{c}_n$ 的映射。

虽然现在 $m>n$，但这恰恰就是我们在前几节中一直研究的映射。尽管有变化，但前面的过程仍可以用来确定 $c_1,c_2,\cdots,c_n$。其正规方程是

$$\boldsymbol{\Phi}^{\mathrm{T}}\boldsymbol{\Phi}\hat{\boldsymbol{c}}=\boldsymbol{\Phi}^{\mathrm{T}}\boldsymbol{y}$$

然后，由于这些方程确定了 $\hat{\boldsymbol{c}}$ 的通解，而且有与 $\boldsymbol{\Phi}$ 的零空间大小相关的非唯一性，因此最优最小二乘选择要求

$$\text{对所有满足 }\boldsymbol{\Phi v}=\boldsymbol{0}\text{ 的 }\boldsymbol{v}，\hat{\boldsymbol{c}}\cdot\boldsymbol{v}=0$$

正如例 3.5.1 中的“方阵”映射一样，从 $y_1,y_2,\cdots,y_m$ 到 $\hat{c}_1,\hat{c}_2,\cdots,\hat{c}_n$ 的“矩形”最小二乘映射是线性的，因此可以通过矩阵乘法来实现。我们称这个矩阵为 $\boldsymbol{\Phi}^{\dagger}$，得到 $\hat{\boldsymbol{c}}=\boldsymbol{\Phi}^{\dagger}\boldsymbol{y}$，其中 $\boldsymbol{\Phi}^{\dagger}\in\mathbb{M}^{n\times m}$。

3.5.2　应用：拟合橡胶的应力-拉伸数据

3.5.1 节中描述的最小二乘法的一个演示是拟合用于连续介质力学建模的力学响应数据。图 3.2 显示了 20 世纪 40 年代首次系统尝试精确测量高变形固体（硫化橡胶）的力学行为的著名数据。我们的重点是有 24 个空心圆数据点的曲线（a）。这条曲线对应于单轴荷载，水平 x 型轴测量的是荷载方向上的拉伸。当 $x=1$ 时，橡胶不变形；当 $x=2$ 时，橡胶被拉伸到原来长度的两倍；以此类推。对于大的变形，通常用拉伸而不是应变来衡量变形。垂直的 y 型轴测量**应力**，或单位面积上的力，对应于所施加的力。未拉伸状态（$x=1$）是应力消失时的自然长度（$y=0$）。因为空心圆代表了拉伸测量，当 $x>1$ 时，应力是正的。拉伸最终是相当大的——最后的数据点显示，材料已经被拉伸到原来长度的 7 倍以上。

对于大的变形，影响应力值的是该面积是原始横截面积还是在测量瞬间缩小了的面积。图 3.2 使用了原始横截面积。[㊀] 如图 3.2 所示的精确测量，结合对大弹性变形的严格而优雅数学处理[㊁] 为高变形材料多维连续介质力学建模的现代理论奠定了基础。

从图 3.2 可以清楚地看出，直线不能很好地拟合曲线（a）的数据。非线性是高变形材料的特征。这种材料会在没有机械故障的情况下被拉伸。因此，无法通过拟合来获得其应力和应变（或应力和拉伸）之间的线性关系。因此，我们寻找一个合适的非线性函数来近

㊀ 注意，根据当时的惯例，力用 kg 表示。

㊁ 当时 R. Rivlin、C. Truesdell 和其他几个人正在开发。

似这条曲线。为了演示，我们将只考虑最初的 24 个数据点中有代表性的 10 个，这些数据点的数值是通过简单地读出图上的数字来估计的，如表 3.1 所示。

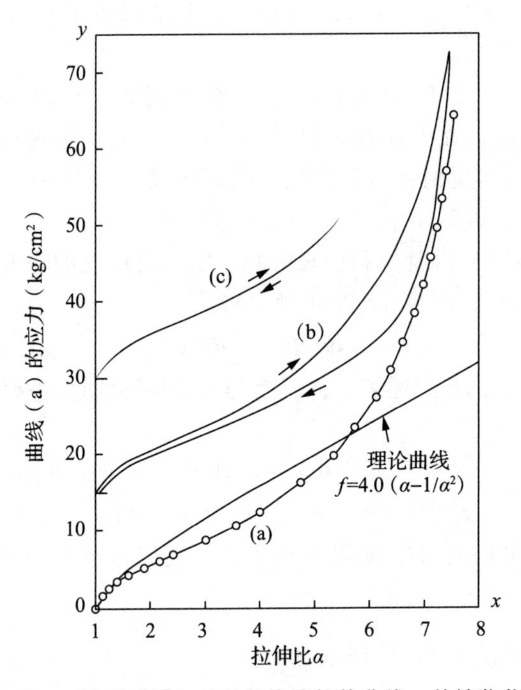

图 3.2　由 L. R. G. Treloar（文献［1］）重绘的橡胶拉伸曲线。单轴荷载曲线（a）上有 24 个空心圆数据点

表 3.1　从图 3.2 中选取的数据点（节略和近似）

x	1	1.2	1.6	2.2	3.0	4.0	5.4	6.1	6.9	7.3
y	0	2	4	6	8	13	20	28	38	50

我们试图用一个非线性多项式函数来近似这些数据。对近似值上的一个附加要求是符合拉伸前的无应力状态。因此，函数必须通过 $(x,y)=(1,0)$。

在例 3.5.3 中，我们将推导一个二次近似函数。通过 $(x,y)=(1,0)$ 要求式 (3.12) 有两个基函数：$\phi_1(x)=(x-1)$，$\phi_2(x)=(x-1)^2$。相比之下，例 3.5.4 采用了三次近似。这种情况要用三个基函数，即前两个用例 3.5.3 的，再加上函数 $\phi_3(x)=(x-1)^3$。由于式 (3.13)中矩阵 $\boldsymbol{\Phi}$ 的形式，我们在表 3.2 中显示了基函数 $(x-1)^2$ 和 $(x-1)^3$ 在选定的用于估计拉伸值的（即列在表 3.1 的）x 处的基函数数值。

表 3.2　在选定的拉伸值 x 处的基函数数值

x	1	1.2	1.6	2.2	3.0	4.0	5.4	6.1	6.9	7.3
$(x-1)^2$	0	0.04	0.36	1.44	4.0	9.0	19.36	26.01	34.81	39.69
$(x-1)^3$	0	0.008	0.216	1.728	8.0	27.0	785.2	132.7	205.4	250.0

例 3.5.3 求出给定橡胶数据的最小二乘二次近似。

解 为根据式(3.12)构造 $n=2$ 的 $f(x)$，我们需要 c_1, c_2。由表 3.2 的数据可知，求 c_1, c_2 的线性方程组为

$$\underbrace{\begin{bmatrix} 0 \\ 2 \\ 4 \\ 6 \\ 8 \\ 13 \\ 19 \\ 28 \\ 34 \\ 45 \end{bmatrix}}_{\boldsymbol{y}} = \underbrace{\begin{bmatrix} 0 & 0 \\ 0.2 & 0.04 \\ 0.6 & 0.36 \\ 1.2 & 1.44 \\ 2.0 & 4.00 \\ 3.0 & 9.00 \\ 4.3 & 19.36 \\ 5.2 & 26.01 \\ 5.7 & 34.81 \\ 6.3 & 39.69 \end{bmatrix}}_{\boldsymbol{\Phi}} \underbrace{\begin{bmatrix} c_1 \\ c_2 \end{bmatrix}}_{\boldsymbol{c}} \tag{3.14}$$

通过计算 $\boldsymbol{\Phi}^{\mathrm{T}}\boldsymbol{y}$ 和 $\boldsymbol{\Phi}^{\mathrm{T}}\boldsymbol{\Phi}$ 得，对应的正规方程 $\boldsymbol{\Phi}^{\mathrm{T}}\boldsymbol{\Phi}\hat{\boldsymbol{c}}=\boldsymbol{\Phi}^{\mathrm{T}}\boldsymbol{y}$ 为

$$\underbrace{\begin{bmatrix} 134.71 & 710.21 \\ 710.21 & 3937.6 \end{bmatrix}}_{\boldsymbol{\Phi}^{\mathrm{T}}\boldsymbol{\Phi}} \underbrace{\begin{bmatrix} c_1 \\ c_2 \end{bmatrix}}_{\hat{c}} = \underbrace{\begin{bmatrix} 835.0 \\ 4581.9 \end{bmatrix}}_{\boldsymbol{\Phi}^{\mathrm{T}}\boldsymbol{y}} \Rightarrow \hat{\boldsymbol{c}} = \begin{bmatrix} c_1 \\ c_2 \end{bmatrix} = \begin{bmatrix} 1.296 \\ 0.930 \end{bmatrix} \tag{3.15}$$

得到二次逼近

$$f_{\text{quad}}(x) = 1.296(x-1) + 0.930(x-1)^2 = 0.930x^2 - 0.56x - 0.37 \tag{3.16}$$

当从一个方程数多于未知量数的线性方程组[如式(3.14)]开始时，得到的正规方程式(3.15)的方程和未知量的个数相同。在这种情况下处理真实数据时，$\det\boldsymbol{\Phi}^{\mathrm{T}}\boldsymbol{\Phi}$ 为零的情况十分罕见。我们强烈预期，正规方程具有唯一解。这就是例 3.5.3 中所发生的情况。当然，很有可能尽管正规方程是可逆的，但是是病态的。幸运的是，这种情况在本例中没有发生，因为在式(3.15)中得到的 c_1 和 c_2 的值并不异常，这意味着它们既不是特别大，也不是特别小。

当然，真正的确认要看最终的 $f_{\text{quad}}(x)$ 的图形与数据的匹配程度。在这里我们注意到，一个二次函数的图形，要么是处处向上凹的，要么是处处向下凹的。由于式(3.16)中的 x^2 项被 $0.930>0$ 相乘，我们的二次拟合是凹向上的，这与图 3.2 中的大拉伸非线性的性态是一致的。然而，该图还表明，数据从 $(x,y)=(1,0)$ 附近开始，具有向下凹的曲率。因此预期得到的 $f_{\text{quad}}(x)$ 将是有缺陷的。

图 3.3 比较了二次最小二乘近似与选择的数据。正如预期的那样，在 $(x,y)=(1,0)$ 附近的拟合特别弱。这促使我们考虑三次近似，因为后者可以从向下凹过渡到向上凹。我们希望数据的拟合程度有所提高。

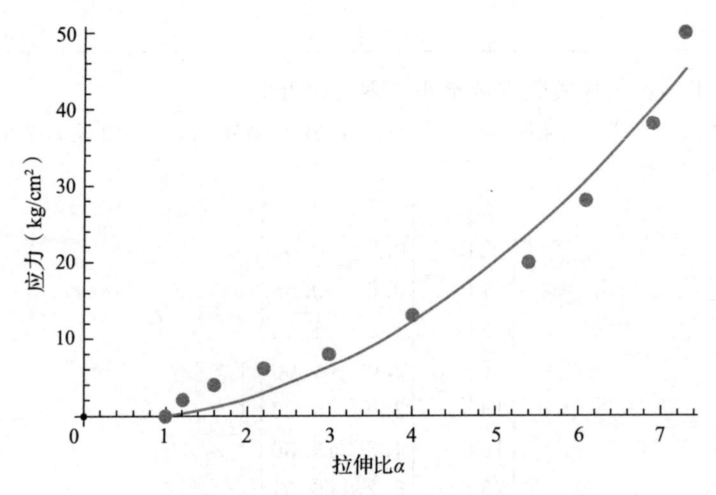

图 3.3 对表 3.1 中的橡胶数据进行最小二乘二次拟合

例 3.5.4 求出给定橡胶数据的最小二乘三次近似。

解 为根据式（3.12）构造 $n=3$ 的 $f(x)$，我们需要 c_1, c_2, c_3。因此，求 c_1, c_2, c_3 的线性方程组为

$$\underbrace{\begin{bmatrix} 0 \\ 2 \\ 4 \\ 6 \\ 8 \\ 13 \\ 19 \\ 28 \\ 34 \\ 45 \end{bmatrix}}_{\boldsymbol{y}} = \underbrace{\begin{bmatrix} 0 & 0 & 0 \\ 0.2 & 0.04 & 0.008 \\ 0.6 & 0.36 & 0.216 \\ 1.2 & 1.44 & 1.728 \\ 2.0 & 4.00 & 8.000 \\ 3.0 & 9.00 & 27.000 \\ 4.3 & 19.36 & 85.180 \\ 5.2 & 26.01 & 132.700 \\ 5.7 & 34.81 & 205.400 \\ 6.3 & 39.69 & 250.000 \end{bmatrix}}_{\boldsymbol{\Phi}} \underbrace{\begin{bmatrix} c_1 \\ c_2 \\ c_3 \end{bmatrix}}_{\boldsymbol{c}}$$

计算 $\boldsymbol{\Phi}^{\mathrm{T}}\boldsymbol{y}$ 和 $\boldsymbol{\Phi}^{\mathrm{T}}\boldsymbol{\Phi}$，得到对应的正规方程 $\boldsymbol{\Phi}^{\mathrm{T}}\boldsymbol{\Phi}\hat{\boldsymbol{c}}=\boldsymbol{\Phi}^{\mathrm{T}}\boldsymbol{y}$ 为

$$\underbrace{\begin{bmatrix} 134.71 & 710.21 & 3937.6 \\ 710.21 & 3937.6 & 22451 \\ 3937.6 & 22451 & 130353 \end{bmatrix}}_{\boldsymbol{\Phi}^{\mathrm{T}}\boldsymbol{\Phi}} \underbrace{\begin{bmatrix} c_1 \\ c_2 \\ c_3 \end{bmatrix}}_{\hat{\boldsymbol{c}}} = \underbrace{\begin{bmatrix} 835 \\ 4581.9 \\ 26150.9 \end{bmatrix}}_{\boldsymbol{\Phi}^{\mathrm{T}}\boldsymbol{y}} \Rightarrow \begin{bmatrix} c_1 \\ c_2 \\ c_3 \end{bmatrix} = \begin{bmatrix} 7.651 \\ -2.358 \\ 0.3757 \end{bmatrix}$$

这就产生了三次近似

$$\begin{aligned} f_{\text{cubic}}(x) &= 7.651(x-1) - 2.358(x-1)^2 + 0.3757(x-1)^3 \\ &= 0.3757x^3 - 3.488x^2 + 13.50x - 10.39 \end{aligned}$$

如图 3.4 所示，三次函数与数据的匹配非常好。

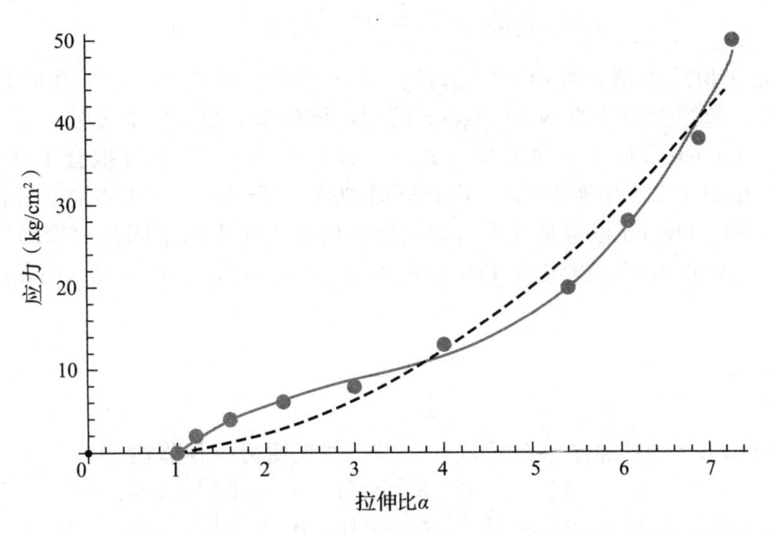

图 3.4　最小二乘三次拟合表 3.1 中的橡胶数据。前面的二次拟合用虚线曲线表示

应力-拉伸数据的拟合已经完成，重要的是要记住：为了使模型在现代工程实践中具有预测价值，它必须无缝地进行转换，从单轴荷载设置（设置为我们的曲线拟合例子）转换到更复杂的荷载，诸如双轴荷载和剪切荷载。在这个更广泛的设置下，处理方法不是建立在应力拟合的特定函数上，即确定上述 $f_{\text{cubic}}(x)$。相反，它是建立在确定材料的整体能量函数（比如说 W）的基础上；它（通过一个涉及求导的标准过程）产生对任何荷载类型的应力-拉伸曲线。这需要考虑三个相互正交方向的变形（对于各向同性材料，这些方向与主应力方向一致）。图 3.2 中表示的数据对于这种更广泛的设置很有用。事实上，R. W. Ogden [2] 发表了一份详细的研究报告，演示了如何对下列形式的能量函数 W 实现这种拟合。

$$W(\lambda_1,\lambda_2,\lambda_3)=\sum_{i=1}^{N}\mu_i\phi_i(\lambda_1,\lambda_2,\lambda_3) \quad (3.17)$$

其中 μ_i 为拟合系数，$\lambda_1,\lambda_2,\lambda_3$ 为三个正交拉伸。如果只有一个 λ 存在，它将类似于刚刚结束的例子中的 x。式（3.17）中的每个基函数 ϕ_i 由下式给出，

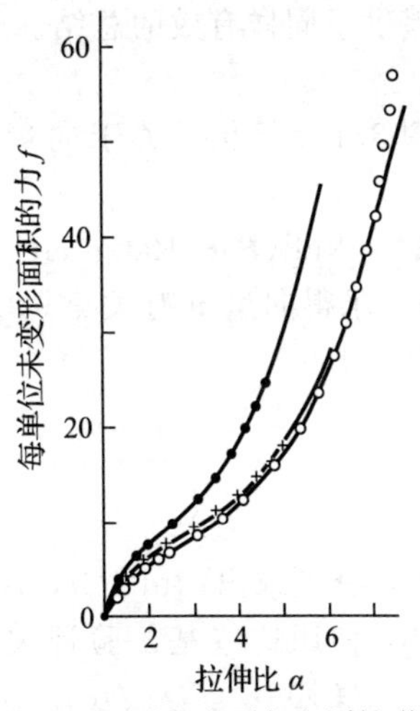

图 3.5　由 Ogden“大变形各向同性弹性：不可压缩类橡胶固体的理论与实验相关性”[2] 的图修改而成。图中显示，在单轴荷载、纯剪切和等双轴荷载下，三项 Ogden 模型能够拟合 Treloar 的数据（图 3.2）：单轴荷载（∘），纯剪切（+）和等双轴荷载（•）。六个模型参数为 $\alpha_1=1.3, \alpha_2=5.0, \alpha_3=-2.0$ 和 $\mu_1=6.3\text{kg/cm}^2$，$\mu_2=0.012\text{kg/cm}^2$，$\mu_3=-0.1\text{kg/cm}^2$

$$\phi_i(\lambda_1,\lambda_2,\lambda_3)=\frac{1}{\alpha_i}(\lambda_1^{\alpha_i}+\lambda_2^{\alpha_i}+\lambda_3^{\alpha_i}-3) \tag{3.18}$$

其中 α_i 可以是正值或负值，可由用户选择。式（3.17）和式（3.18）共同定义了不可压缩、各向同性、超弹性固体的 N 项 Ogden 模型，该模型需要 $2N$ 个参数：$\mu_1,\mu_2,\cdots,\mu_N$ 和 $\alpha_1,\alpha_2,\cdots,\alpha_N$。Ogden 证明了三项模型［式（3.17）中 $N=3$］不仅拟合了 Treloar 的单轴数据（如我们在例 3.5.4 中所做的），而且同时拟合了 Treloar 1944 年的双轴拉伸和纯剪切数据（见图 3.5）。Ogden 模型是几乎所有商用有限元程序中用于固体大变形应力分析的标准选择，用户可以在程序中指定 N 和相应的参数 $\mu_1,\mu_2,\cdots,\mu_N$ 和 $\alpha_1,\alpha_2,\cdots,\alpha_N$。

习题

3.1

1. 检查例 3.1.2 中的总结性陈述式（3.3），并证明另一种陈述

$$\underbrace{\begin{bmatrix}1\\1\\1\end{bmatrix}}_{\boldsymbol{v}}=\underbrace{\frac{2}{13}\begin{bmatrix}5\\0\\-1\end{bmatrix}}_{\boldsymbol{v}_1\in\mathrm{Null}(\boldsymbol{B})}+\underbrace{\begin{bmatrix}1&0&0\\0&0&-2\\5&0&0\end{bmatrix}\begin{bmatrix}3/13\\1\\-1/2\end{bmatrix}}_{\boldsymbol{v}_2\in\mathrm{Range}(\boldsymbol{B}^{\mathrm{T}})}$$

提供了同样有效的总结。解释为什么这并不违反分解 $\boldsymbol{v}=\boldsymbol{v}_1+\boldsymbol{v}_2$ 的唯一性要求。

2. 例 3.1.2 给出了关于向量 $\boldsymbol{v}=\begin{bmatrix}1\\1\\1\end{bmatrix}$ 用例 2.5.1 和例 2.5.2 中的线性变换 $\boldsymbol{B}$ 对应于 $\mathbb{R}^3=\mathrm{Null}(\boldsymbol{B})\oplus\mathrm{Range}(\boldsymbol{B}^{\mathrm{T}})$ 的正交直和分解。用同样的向量 $\boldsymbol{v}$ 和同样的线性变换 $\boldsymbol{B}$，求得向量 $\boldsymbol{v}$ 有关 $\mathbb{R}^3=\mathrm{Range}(\boldsymbol{B})\oplus\mathrm{Null}(\boldsymbol{B}^{\mathrm{T}})$ 的直和分解。

3. 设

$$\boldsymbol{C}=\begin{bmatrix}1&2&0\\-1&3&3\\-2&1&3\end{bmatrix}$$

(a) 分别求出 $\mathrm{Null}(\boldsymbol{C})$，$\mathrm{Null}(\boldsymbol{C}^{\mathrm{T}})$，$\mathrm{Range}(\boldsymbol{C})$ 和 $\mathrm{Range}(\boldsymbol{C}^{\mathrm{T}})$ 的一组基。

(b) 使用这些基，验证关系式 $(\mathrm{Range}(\boldsymbol{C}))^{\perp}=\mathrm{Null}(\boldsymbol{C}^{\mathrm{T}})$ 和 $\mathrm{Range}(\boldsymbol{C}^{\mathrm{T}})=(\mathrm{Null}(\boldsymbol{C}))^{\perp}$。

4. 对线性变换 $\boldsymbol{G}$：$\mathbb{R}^3\to\mathbb{R}^3$ 验证式（3.2），在使用标准基时 $\boldsymbol{G}$ 有矩阵表示

$$\boldsymbol{G}=\begin{bmatrix}2&2&1\\-1&3&0\\4&-4&1\end{bmatrix}$$

并给出向量 $\boldsymbol{v}=\begin{bmatrix}1\\1\\1\end{bmatrix}$ 对应于 $\mathbb{R}^3=\mathrm{Null}(\boldsymbol{G})\oplus\mathrm{Range}(\boldsymbol{G}^{\mathrm{T}})$ 的正交直和分解（2.5 节的习题探讨了这个线性变换的各个方面）。

5. 对线性变换 $\boldsymbol{G}$：$\mathbb{R}^3\to\mathbb{R}^3$ 验证式（3.1），在使用标准基时 $\boldsymbol{G}$ 有矩阵表示

$$G=\begin{bmatrix}2 & 2 & 1\\ -1 & 3 & 0\\ 4 & -4 & 1\end{bmatrix}$$

并给出向量 $v=\begin{bmatrix}1\\1\\1\end{bmatrix}$ 对应于 $\mathbb{R}^3=\text{Range}(G)\oplus\text{Null}(G^{\text{T}})$ 的正交直和分解。

下一个习题将两个关键结果推广到线性变换的定义域和值域有不同维数的情况。下一章将更详细地考虑这个问题。

6. 设 C 是 $\mathbb{R}^n\to\mathbb{R}^m$ 且 $m\neq n$ 的一个线性变换。证明式（3.1）和式（3.2）仍然成立。
   本节习题将探讨更高水平的问题：当采用不同的数量积时会发生什么。
7. 式（3.1）和式（3.2）的正交性是基于标准点积的。如果使用不同的数量积，例如式（1.23）或式（1.24），用式（1.27）来证明式（3.1）和式（3.2）应修改为
   $$(\text{Range}(C))^{\perp}=\text{Null}(C^*),\quad (\text{Null}(C))^{\perp}=\text{Range}(C^*)$$
8. 使用式（1.23）的加权点积，取 $c_1=1, c_2=2, c_3=3$，验证对于上面习题4和习题5中的线性变换 G：$\mathbb{R}^3\to\mathbb{R}^3$，$(\text{Null}(G))^{\perp}=\text{Range}(G^*)$。特别地，给出 $\text{Range}(G^*)$ 的一个基。注意，这需要确定 G^*，因此注意1.5节的习题18。然后用该数量积给出向量 $v=\begin{bmatrix}1\\1\\1\end{bmatrix}$ 对应于 $\mathbb{R}^3=\text{Null}(G)\oplus\text{Range}(G^*)$ 的正交直和分解。
9. 使用式（1.23）的加权点积，取 $c_1=1, c_2=2, c_3=3$，验证对于上面问题4和问题5中的线性变换 G：$\mathbb{R}^3\to\mathbb{R}^3$，$(\text{Range}(G))^{\perp}=\text{Null}(G^*)$。特别地，给出 $\text{Null}(G^*)$ 的一个基。然后用该数量积给出向量 $v=\begin{bmatrix}1\\1\\1\end{bmatrix}$ 对应于 $\mathbb{R}^3=\text{Range}(G)\oplus\text{Null}(G^*)$ 的正交直和分解。

3.2

1. 说明如何用式（3.4）后列出的五个要素来证明弗雷德霍姆选择定理的合理性。
2. 用 $\text{Null}(G^{\text{T}})$ 的一个基得到线性变换 G：$\mathbb{R}^3\to\mathbb{R}^3$ 的可解性条件，该变换使用标准基时，具有矩阵表示
   $$G=\begin{bmatrix}2 & 2 & 1\\ -1 & 3 & 0\\ 4 & -4 & 1\end{bmatrix}$$
3. 利用行变换得到线性变换 G：$\mathbb{R}^3\to\mathbb{R}^3$ 的可解性条件，该变换使用标准基时，具有矩阵表示
   $$G=\begin{bmatrix}2 & 2 & 1\\ -1 & 3 & 0\\ 4 & -4 & 1\end{bmatrix}$$

4. 设

$$C=\begin{bmatrix}1 & 2 & 0\\ -1 & 3 & 3\\ -2 & 1 & 3\end{bmatrix},\quad x=\begin{bmatrix}x_1\\ x_2\\ x_3\end{bmatrix},\quad b=\begin{bmatrix}b_1\\ b_2\\ b_3\end{bmatrix},\quad p=\begin{bmatrix}3\\ 3\\ 3\end{bmatrix}$$

(a) 求 $\boldsymbol{b}$ 使 $\boldsymbol{Cx}=\boldsymbol{b}$ 有解的条件。

(b) 把 $\boldsymbol{p}$ 表示为 $\boldsymbol{p}=\boldsymbol{q}+\boldsymbol{r}$，其中 $\boldsymbol{q}\in \mathrm{Range}(\boldsymbol{C})$，$\boldsymbol{r}\in \mathrm{Null}(\boldsymbol{C}^{\mathrm{T}})$。

(c) 直接验证上面找到的 $\boldsymbol{q}$ 在 $\boldsymbol{C}$ 的值域内。

5. 考虑 3.1 节习题 8 中的 $\boldsymbol{G}^*$。使用式（1.23）的加权点积，取 $c_1=1, c_2=2, c_3=3$，对 $\mathrm{Null}(\boldsymbol{G}^*)$ 的一个基，求线性变换 $\boldsymbol{G}: \mathbb{R}^3\to\mathbb{R}^3$ 的可解性条件，该变换在标准基下具有矩阵表示

$$G=\begin{bmatrix}2 & 2 & 1\\ -1 & 3 & 0\\ 4 & -4 & 1\end{bmatrix}$$

3.3

1. 例 3.3.1 表明 $\begin{bmatrix}-2\\ -5/2\\ 1\end{bmatrix}$ 也是一个特解，因此一般解的另一种表示形式是

$$\begin{bmatrix}x_1\\ x_2\\ x_3\end{bmatrix}=\begin{bmatrix}-2\\ -5/2\\ 1\end{bmatrix}+k\begin{bmatrix}-5\\ 0\\ 1\end{bmatrix}$$

尽管如此，请证明通过最小化 $\|\boldsymbol{x}\|$ 来构造最佳解的各种方法仍然会导致相同的 $\hat{\boldsymbol{x}}$。

2. 例 3.3.2 表明 $\begin{bmatrix}1\\ -1/2\\ 0\end{bmatrix}$ 也是一个特解，因此一般解的另一种表示形式是

$$\begin{bmatrix}x_1\\ x_2\\ x_3\end{bmatrix}=\begin{bmatrix}1\\ -1/2\\ 0\end{bmatrix}+k\begin{bmatrix}-5\\ 0\\ 1\end{bmatrix}$$

尽管如此，请证明通过最小化 $\|\boldsymbol{x}\|$ 来构造最佳解的各种方法仍然会导致相同的 $\hat{\boldsymbol{x}}$。

3. 在例 3.3.2 中我们求得

$$\hat{x}=\frac{1}{26}\begin{bmatrix}1\\ -13\\ 5\end{bmatrix}$$

对这个 $\boldsymbol{x}$ 计算 $\|\boldsymbol{Ax}-\boldsymbol{b}\|$，并将其与对其他 $\boldsymbol{x}$ 求得的 $\|\boldsymbol{Ax}-\boldsymbol{b}\|$ 进行比较：

$$x=\begin{bmatrix}0\\ 0\\ 0\end{bmatrix},\quad x=\frac{1}{2}\begin{bmatrix}1\\ 2\\ 1\end{bmatrix},\quad x=\frac{1}{2}\begin{bmatrix}-8\\ -1\\ 2\end{bmatrix}$$

解释为什么最后一个结果给出与 $\hat{x}$ 相同的答案。

3.4

1. 考虑线性系统 $\boldsymbol{Ax}=\boldsymbol{b}$，其中 $\boldsymbol{A}$ 和三个可能的 $\boldsymbol{b}$ 如下所示：

$$\boldsymbol{A}=\begin{bmatrix}4 & 5\\8 & 10\end{bmatrix},\quad \boldsymbol{b}=\begin{bmatrix}4\\2\end{bmatrix},\quad \boldsymbol{b}=\begin{bmatrix}4\\-2\end{bmatrix},\quad \boldsymbol{b}=\begin{bmatrix}3\\6\end{bmatrix}$$

(a) 验证 $\boldsymbol{A}$ 是奇异的，并推导适当的理论检验，来确定什么样的 $\boldsymbol{b}$，使 $\boldsymbol{Ax}=\boldsymbol{b}$ 可解。使用这个检验来找出上述 $\boldsymbol{b}$ 向量中哪个允许系统有解。

(b) 对于满足 (a) 部分检验的 $\boldsymbol{b}$，求通解 $\boldsymbol{x}$，然后求出使 $\boldsymbol{x}\cdot\boldsymbol{e}_2=10$ 的特解，其中 $\boldsymbol{e}_2=\begin{bmatrix}0\\1\end{bmatrix}$。

(c) 取上述列表中第一个不满足 (a) 部分检验的 $\boldsymbol{b}$，求 $\boldsymbol{Ax}=\boldsymbol{b}$ 的“最佳近似解”。

2. 设

$$\boldsymbol{A}=\begin{bmatrix}6 & -3 & 0\\-2 & 1 & 0\\0 & 0 & 1\end{bmatrix},\quad \boldsymbol{b}_1=\begin{bmatrix}-3\\1\\2\end{bmatrix},\quad \boldsymbol{b}_2=\begin{bmatrix}-2\\1\\3\end{bmatrix}$$

(a) 求 $\mathrm{Range}(\boldsymbol{A})$ 的一组基。

(b) 求 $\mathrm{Null}(\boldsymbol{A})$ 的一组基。

(c) 指出方程 $\boldsymbol{Ax}=\boldsymbol{b}_1$ 有多少个解，并解释原因。

(d) 指出方程 $\boldsymbol{Ax}=\boldsymbol{b}_2$ 有多少个解，并解释原因。

(e) 找出向量 $\boldsymbol{x}$ 的最一般形式，使 $\|\boldsymbol{Ax}-\boldsymbol{b}_2\|$ 最小。

(f) 求最小化 $\|\boldsymbol{Ax}-\boldsymbol{b}_2\|$ 并具有最小长度的向量 $\boldsymbol{x}$。

3.5

1. 求下列矩阵的广义逆 $\boldsymbol{C}^{\dagger}$：

$$\boldsymbol{C}=\begin{bmatrix}1 & -1 & 4\\1 & 0 & -3\\3 & -2 & 5\end{bmatrix}$$

2. 证明一旦基函数被选择，数据点 $(x,y)=(1,0)$ 在例 3.5.3 和例 3.5.4 中都没有起作用。由此得出，在例 3.5.3 和例 3.5.4 中，$\boldsymbol{\Phi}$ 的顶部全零行都可以被删除，不会对结果产生任何影响。

3. 比较例 3.5.3 的正规方程的 2×2 系数矩阵和例 3.5.4 的正规方程的 3×3 系数矩阵。具体来说，解释为什么后者的左上角块对应于前者。通过观察说明，在最小二乘线性近似 $f_{\mathrm{lin}}(x)=c_1(x-1)$ 下，c_1 的值是多少？从匹配 10 个数据点的角度来看，这个 $f_{\mathrm{lin}}(x)$ 的图形与我们的 $f_{\mathrm{quad}}(x)$ 和 $f_{\mathrm{cubic}}(x)$ 的图形相比如何？

计算挑战问题

表 3.3 列出了来自文献 [3] 的一个图的数据，显示了哺乳动物细胞在 44℃ 相对较短的加热时间后的存活率。加长加热时间会降低存活率，已经收集了一系列的加热时间数

据。为了解决这个问题，需要用数学形式拟合在这一特定温度下表格中的数据。

表 3.3 从文献［3］选出的44℃时细胞存活率数据（节略和近似）

时间 t/min	0	4	6	8	10	12	15	20	25	30
细胞存活率 v（%）	100	100	99	98	88	86	67	47	19	5

这些信息，特别是在更大范围温度的环境下，对于开发热疗法，如某些癌症治疗中发现的热疗法，是有用的。其目标是根除肿瘤，同时使周围健康组织受到最小的损害（导致细胞死亡的损害是由于复杂的原因，如热诱导的蛋白质变性，参见文献［4］）。

为了描述这些数据，我们需要一个定义在 $t\geqslant 0$ 上，单调递减的函数 $v(t)$，从 $v(0)=100$ 开始，使 $t\to\infty$ 时 $v(t)\to 0$。很明显，$100\mathrm{e}^{-at}$（$a>0$）的形式就是这样的函数，并且标准的化学反应速率动力学表明了这一点。然而，这样的函数在 $t=0$ 时已经快速下降，而数据需要的一个函数，首先上凸，然后过渡到下凹。这表明要将它推广为 $100(1-(1-\mathrm{e}^{-at})^b)$，其中 $a>0$，$b>1$。这个函数在 $t=(1/a)\ln b$ 时有一个拐点。设这个独特的时间为 $\hat{t}$，用 $\hat{t}$ 和 b 消去 a，即 $a=(1/\hat{t})\ \ln b$，从而把拟合函数写为 $100(1-(1-\mathrm{e}^{-((1/\hat{t})\ln b)t})^b)$ 或

$$v(t,\hat{t},b)=100(1-(1-b^{-t/\hat{t}})^b)$$

该函数具有所需的起始值、所需的单调性和所需的大 t 性态，而且它把拐点放在 $\hat{t}$，留下一个自由参数 $b>1$。以此为背景，使用计算和符号运算软件，如 Mathematica 或 MATLAB，来解决以下问题。

1. 将数据作图，得出 $\hat{t}=15$ 是 t 拐点值的合理选择。
2. 取 $\hat{t}=15$，证明 $b=4$ 高估了长时间加热的生存能力（消失得太慢），而低估了短时间加热的生存能力。然后证明 $b=20$ 有相反的问题，比如，低估了长时间加热的生存能力（消失得太快）。
3. 使用与例 3.5.3 和例 3.5.4 中类似的方法，求出问题 2 中的结果的线性组合，它给出对数据的最佳拟合。换句话说，找到 c_1 和 c_2，其中 $c_1>0$，$c_2>0$，且 $c_1+c_2=1$，使得 $c_1v(t,15,4)+c_2v(t,15,20)$ 提供一个极好的拟合。
4. 或者搜索 b，找到 $v(t,15,b)$ 形式的对数据的单项近似值，其中 b 处于区间 $4<b<20$。

第 4 章　特征值的谱

前三章讨论了向量空间和线性代数，除了在 2.5.3 节的开头简单提及外，没有提及任何熟悉的特征值和特征向量的概念。这一缺憾将在本章中得到弥补。从比较抽象的角度来看，线性变换 $\boldsymbol{B}$ 的特征值 λ 是一个特殊的值，它使 $\boldsymbol{B}-\lambda\boldsymbol{I}$ 具有一个非平凡零空间。从高度实用的角度来看，特征向量提供了一个特殊的向量方向，在这个方向上涉及线性变换的操作似乎与所有其他方向解耦。“非平凡零空间”和“非耦合方向”这两个看似截然不同的概念不仅自然相关，而且直接适用于诸如固有频率和固有模态等概念，这是应用数学的重要结果之一。

本章开始于讨论特征值的代数重数与几何重数，以及特征向量的总集合在多大程度上能够或不能够张成导出它们的原空间。这又反过来与空间分解为子空间有关，解耦过程有的是自然的，有的不是。实际的矩阵表示是对角化的一种，得到的本质上是特征向量坐标的表示。

特征值和特征向量的概念（至少最初定义的）有一个限制，它们只适用于 $m=n$（方阵）情况下的 $\mathbb{R}^n\to\mathbb{R}^m$ 线性变换。因此，当矩阵不是正方形而是一般的长方形时，探究可能的情况是合乎逻辑的。这个问题引出了 $\mathbb{R}^n\to\mathbb{R}^m$（即使 $m\neq n$）线性变换的奇异值的概念。这激发了我们对弗雷德霍姆选择定理在更普遍的 $m\neq n$ 的情况下的重新审视，因此，我们对其进行“第二次审视”，这也将阐明我们之前的“第一次审视”。

本章最后两节继续关注非方阵变换，首先考虑使用奇异值的对任意矩阵的分解过程。这促使人们重新审视广义逆，提出一种新的构造性程序。本章最后讨论这个特定的构造如何提供一种方法来处理各种建模问题中的不精确性。

关于线性代数的这四章所涵盖的内容几乎延伸到了本书剩下三分之二内容中所涵盖的每一个专题；第 5～8 章是关于复分析的，第 9～13 章是关于偏微分方程、常微分方程以及格林函数的。

4.1　特征值和特征向量

刚体动力学、连续介质力学、流体流动、电动力学、电气系统、控制和其他学科（包括经济学和社会科学）中的许多问题，都产生了可以用线性变换来计算的数学描述。常见的情况是，结果分析导致考虑线性变换的特征值和特征向量。关于这个课题有大量的文献，我们完全可以从之前关于变换的值域、秩、零空间和零度的一般性讨论的角度来理解，所有这些都通过弗雷德霍姆选择定理联系在一起。我们首先定义**特征值**的含义。

> 如果 $\boldsymbol{B}$：$\mathbb{R}^n\to\mathbb{R}^n$ 是一个线性变换，若零度 $\mathrm{Nullity}(\boldsymbol{B}-\lambda\boldsymbol{I})>0$，则 $\lambda\in\mathbb{R}$ 是 $\boldsymbol{B}$ 的一个**实特征值**。

假定读者已经遇到过特征值的概念，我们肯定它不太可能是由上述类型的定义引入的。上述定义与通常的定义是一致的。我们将在更广泛地回顾关于特征值的重要且广为认可的事实的背景中证明这一点。根据之前的研究，我们认为以下结果是理所当然的。在所有这些陈述中 $\boldsymbol{B}$ 是 $\mathbb{R}^n$ 到 $\mathbb{R}^n$ 的线性变换。

1. 上述特征值的定义等价于我们熟知的定义。为了看到这一点，我们注意到，要求 $\text{Nullity}(\boldsymbol{B}-\lambda\boldsymbol{I})>0$ 意味着存在一个非零向量 $\boldsymbol{x}\in\mathbb{R}^n$，$(\boldsymbol{B}-\lambda\boldsymbol{I})\boldsymbol{x}=\boldsymbol{0}$。从这个表达式重新获得我们熟悉的定义：$\boldsymbol{B}\boldsymbol{x}=\lambda\boldsymbol{x}$。
2. 陈述 1 中给出的简短论证生成了条件式（2.35）。根据定义，式（2.35）确定了一维子空间的基向量，这些基向量对于 $\boldsymbol{B}$ 是不变的。
3. 要求 $\text{Nullity}(\boldsymbol{B}-\lambda\boldsymbol{I})>0$ 表明 $\boldsymbol{B}-\lambda\boldsymbol{I}$ 是不可逆的。因此，当且仅当 $\det(\boldsymbol{B}-\lambda\boldsymbol{I})=0$ 时，λ 是 $\boldsymbol{B}$ 的一个特征值。展开左边的行列式就产生了 n 阶特征多项式（“def”表示“定义为”）：
$$\mathcal{P}_{\text{char}}(\lambda)\overset{\text{def}}{=}\det(\boldsymbol{B}-\lambda\boldsymbol{I})=(-1)^n\lambda^n+c_{n-1}\lambda^{n-1}+\cdots+c_1\lambda+c_0 \tag{4.1}$$
实系数 $c_{n-1},c_{n-2},\cdots,c_0$ 直接由 $\boldsymbol{B}$ 得出（注意，$c_0=\det\boldsymbol{B}$）。作为特征值意味着 λ 必须满足**特征方程**：
$$\mathcal{P}_{\text{char}}(\lambda)=0 \tag{4.2}$$
4. 由于式（4.1）中的系数都是实数，所以特征方程式（4.2）的解要么是实数，要么是共轭复数对。复数 λ 称为**复特征值**。当然，实特征值也是复数（虚数部分为零），但我们将以这种标准理解继续处理术语复特征值。[⊖] 实特征值和复特征值共同构成了 $\boldsymbol{B}$ 的**特征值**。
5. 因为任意 $\boldsymbol{B}$：$\mathbb{R}^n\to\mathbb{R}^n$ 也可以作用于复数，所以它产生了一个 $\mathbb{C}^n\mapsto\mathbb{C}^n$ 的线性变换，其中 $\mathbb{C}^n$ 表示维数为 n 的复数向量。我们继续用 $\boldsymbol{B}$ 来表示这样的扩展，因为这个更一般的 $\boldsymbol{B}$，当限定在 $\mathbb{R}^n$ 上时，就是原来的 $\boldsymbol{B}$。设 λ 为 $\boldsymbol{B}$ 的一个特征值，即 λ 是特征方程式（4.2）的一个解。如果 λ 为实数，则存在非零 $\boldsymbol{v}\in\mathbb{R}^n$，满足 $\boldsymbol{B}\boldsymbol{v}=\lambda\boldsymbol{v}$。同理，如果 λ 是真复数，则存在非零 $\boldsymbol{v}\in\mathbb{C}^n$，有一些非零的虚部，满足 $\boldsymbol{B}\boldsymbol{v}=\lambda\boldsymbol{v}$。在任何一种情况下，这样的 $\boldsymbol{v}$ 都是与特征值 λ 相关的**特征向量**。
6. 上面陈述 5 的等价表述是：当 $\boldsymbol{v}\neq\boldsymbol{0}$ 且 $\boldsymbol{v}\in\text{Null}(\boldsymbol{B}-\lambda\boldsymbol{I})$ 时，$\lambda\in\mathbb{C}$ 是一个特征值，$\boldsymbol{v}\in\mathbb{C}^n$ 是与它有关的特征向量。与实特征值相关的特征向量是 $\mathbb{R}^n$ 中的一个成员。对于复特征值而言，特征向量是真复数。在做这个陈述的时候，我们已经心照不宣地在复向量空间中工作了。因为当向量输入在 $\mathbb{R}^n$ 中时，$\boldsymbol{B}$ 需要给出 $\mathbb{R}^n$ 中的输出，所以任何复特征值的复共轭也是一个特征值（表述 4）。由此得出，该复共轭特征值的真复特征向量是另一个复特征向量的复共轭。换句话说，一个真复特征值的复共轭也是一个真复特征值；而复共轭特征值的特征向量是复共轭向量。因为我们把注意力局限于这样的 $\boldsymbol{B}$ 上，这个结果是成立的：只有输入向量是真复数，才能产生一个是真复数的输出向量。

⊖ 我们有时用“真复数”来表示一个虚部不为零的数。

7. 如果原来的 $\boldsymbol{B}$ 是对称的，即 $\boldsymbol{B}=\boldsymbol{B}^{\mathrm{T}}$，那么所有的特征值都是实数，在寻找特征值和特征向量时不需要使用扩展的向量空间 $\mathbb{C}^n$。

我们熟悉经典振动分析中的复特征向量和特征值。这样的概念在另一个领域——量子力学中是十分重要的。在（非相对论）量子力学中，我们从一开始就在完整的线性理论背景下处理 $\mathbb{C}^n \to \mathbb{C}^n$ 的线性变换。

考虑代数重数：**特征方程** $\mathcal{P}_{\text{char}}(\lambda)=0$ 有 n 个根，所产生的所有特征值，若重根按照其代数重数多次列出，则可表示为 $\lambda_1,\lambda_2,\cdots,\lambda_n$。这就得到

$$\det \boldsymbol{B} = \lambda_1\lambda_2\cdots\lambda_n$$

和

$$\mathcal{P}_{\text{char}}(\lambda) = (-1)^n(\lambda-\lambda_1)(\lambda-\lambda_2)\cdots(\lambda-\lambda_n)$$

如果一个特征值 λ_j 出现了 p 次，那么不仅多项式值 $\mathcal{P}_{\text{char}}(\lambda_j)=0$，而且直至 $p-1$ 阶的导数值也为零：

$$\mathcal{P}_{\text{char}}\bigg|_{\lambda_j}=0,\quad \frac{\mathrm{d}\mathcal{P}_{\text{char}}}{\mathrm{d}\lambda}\bigg|_{\lambda_j}=0,\cdots,\frac{\mathrm{d}^{p-1}\mathcal{P}_{\text{char}}}{\mathrm{d}\lambda^{p-1}}\bigg|_{\lambda_j}=0$$

这些等式定义了**一个特征值 λ 的代数重数**，它是 λ 作为特征方程的根出现的次数。

一个不同的概念是**特征值 λ 的几何重数**，它被定义为 $\boldsymbol{B}-\lambda\boldsymbol{I}$ 的零度。

我们在下面的例子中说明前面的概念、定义和陈述。

例 4.1.1　设线性变换 $\boldsymbol{B}$：$\mathbb{R}^5 \to \mathbb{R}^5$ 在标准基下的矩阵表示为

$$\boldsymbol{B}=\begin{bmatrix}5&2&0&0&0\\0&5&0&0&0\\0&0&9&1&1\\0&0&1&9&1\\0&0&1&1&9\end{bmatrix}$$

求出特征值。然后，对于每一个特征值，

(a) 找到一组线性无关的特征向量；

(b) 比较代数重数和几何重数。

解　我们计算特征多项式，用一个代数余子式展开，将 5×5 矩阵降为 3×3 矩阵，再按传统的对角线方法计算：

$$\mathcal{P}_{\text{char}}(\lambda)\overset{\text{def}}{=}\det\begin{bmatrix}5-\lambda&2&0&0&0\\0&5-\lambda&0&0&0\\0&0&9-\lambda&1&1\\0&0&1&9-\lambda&1\\0&0&1&1&9-\lambda\end{bmatrix}$$

$$=(5-\lambda)\det\begin{bmatrix}5-\lambda&0&0&0\\0&9-\lambda&1&1\\0&1&9-\lambda&1\\0&1&1&9-\lambda\end{bmatrix}$$

$$= (5-\lambda)(5-\lambda)\det\begin{bmatrix} 9-\lambda & 1 & 1 \\ 1 & 9-\lambda & 1 \\ 1 & 1 & 9-\lambda \end{bmatrix}$$

$$= (5-\lambda)^2((-\lambda^3+27\lambda^2-243\lambda+729)+1+1-3(9-\lambda))$$

我们展开并因式分解后面括号内的三次多项式，得到特征方程

$$(5-\lambda)^2(11-\lambda)(8-\lambda)^2 = 0$$

特征值是 5,5,11,8,8，显示了代数重数。对于每个不同的特征值，我们计算特征向量。

- $\lambda=5$　根据 $(\boldsymbol{B}-5\boldsymbol{I})\boldsymbol{x}=\boldsymbol{0}$ 来确定特征向量，有

$$\begin{bmatrix} 5-5 & 2 & 0 & 0 & 0 \\ 0 & 5-5 & 0 & 0 & 0 \\ 0 & 0 & 9-5 & 1 & 1 \\ 0 & 0 & 1 & 9-5 & 1 \\ 0 & 0 & 1 & 1 & 9-5 \end{bmatrix}\begin{bmatrix} x_1 \\ x_2 \\ x_3 \\ x_4 \\ x_5 \end{bmatrix} = \begin{bmatrix} 0 \\ 0 \\ 0 \\ 0 \\ 0 \end{bmatrix}$$

增广矩阵是

$$\left[\begin{array}{ccccc|c} 0 & 2 & 0 & 0 & 0 & 0 \\ 0 & 0 & 0 & 0 & 0 & 0 \\ 0 & 0 & 4 & 1 & 1 & 0 \\ 0 & 0 & 1 & 4 & 1 & 0 \\ 0 & 0 & 1 & 1 & 4 & 0 \end{array}\right] \xrightarrow[\text{变换}]{\text{行初等}} \left[\begin{array}{ccccc|c} 0 & 1 & 0 & 0 & 0 & 0 \\ 0 & 0 & 1 & 1 & 4 & 0 \\ 0 & 0 & 0 & 1 & -1 & 0 \\ 0 & 0 & 0 & 0 & 1 & 0 \\ 0 & 0 & 0 & 0 & 0 & 0 \end{array}\right]$$

因此，$x_5=0, x_4=0, x_3=0, x_2=0$，但 x_1 仍然是任意的，得到

$$\text{Null}(\boldsymbol{B}-5\boldsymbol{I}) = \text{span}\left\{\begin{bmatrix} 1 \\ 0 \\ 0 \\ 0 \\ 0 \end{bmatrix}\right\}$$

- $\lambda=11$　我们按照与上面同样的步骤，在这种情况下得到增广矩阵

$$\left[\begin{array}{ccccc|c} -6 & 2 & 0 & 0 & 0 & 0 \\ 0 & -6 & 0 & 0 & 0 & 0 \\ 0 & 0 & -2 & 1 & 1 & 0 \\ 0 & 0 & 1 & -2 & 1 & 0 \\ 0 & 0 & 1 & 1 & -2 & 0 \end{array}\right] \xrightarrow[\text{变换}]{\text{行初等}} \left[\begin{array}{ccccc|c} 1 & -1/3 & 0 & 0 & 0 & 0 \\ 0 & 1 & 0 & 0 & 0 & 0 \\ 0 & 0 & 1 & 1 & -2 & 0 \\ 0 & 0 & 0 & 1 & -1 & 0 \\ 0 & 0 & 0 & 0 & 0 & 0 \end{array}\right]$$

因此，$x_4=x_5, x_3=-x_4+2x_5, x_2=0, x_1=1/3x_2=0$，这就得到

$$\begin{bmatrix} x_1 \\ x_2 \\ x_3 \\ x_4 \\ x_5 \end{bmatrix} = x_5\begin{bmatrix} 0 \\ 0 \\ 1 \\ 1 \\ 1 \end{bmatrix}, \quad \text{Null}(\boldsymbol{B}-11\boldsymbol{I}) = \text{span}\left\{\begin{bmatrix} 0 \\ 0 \\ 1 \\ 1 \\ 1 \end{bmatrix}\right\}$$

- $\lambda=8$　我们得到增广矩阵

$$\left[\begin{array}{ccccc|c} -3 & 2 & 0 & 0 & 0 & 0 \\ 0 & -3 & 0 & 0 & 0 & 0 \\ 0 & 0 & 1 & 1 & 1 & 0 \\ 0 & 0 & 1 & 1 & 1 & 0 \\ 0 & 0 & 1 & 1 & 1 & 0 \end{array}\right] \xrightarrow[\text{变换}]{\text{行初等}} \left[\begin{array}{ccccc|c} 1 & -2/3 & 0 & 0 & 0 & 0 \\ 0 & 1 & 0 & 0 & 0 & 0 \\ 0 & 0 & 1 & 1 & 1 & 0 \\ 0 & 0 & 0 & 0 & 0 & 0 \\ 0 & 0 & 0 & 0 & 0 & 0 \end{array}\right]$$

所以，$x_3=-x_4-x_5, x_2=0, x_1=2/3x_2=0$，这就得到

$$\begin{bmatrix} x_1 \\ x_2 \\ x_3 \\ x_4 \\ x_5 \end{bmatrix} = \begin{bmatrix} 0 \\ 0 \\ -x_4-x_5 \\ x_4 \\ x_5 \end{bmatrix} = x_4\begin{bmatrix} 0 \\ 0 \\ -1 \\ 1 \\ 0 \end{bmatrix} + x_5\begin{bmatrix} 0 \\ 0 \\ -1 \\ 0 \\ 1 \end{bmatrix}$$

因此，

$$\text{Null}(\boldsymbol{B}-8\boldsymbol{I}) = \text{span}\left\{\begin{bmatrix} 0 \\ 0 \\ -1 \\ 0 \\ 1 \end{bmatrix}, \begin{bmatrix} 0 \\ 0 \\ -1 \\ 1 \\ 0 \end{bmatrix}\right\}$$

下表总结了这些重数。

特征值	代数重数	Null($\boldsymbol{B}-\lambda\boldsymbol{I}$) 的基	几何重数
$\lambda=5$	2	$\left\{\begin{bmatrix} 1 \\ 0 \\ 0 \\ 0 \\ 0 \end{bmatrix}\right\}$	1
$\lambda=11$	1	$\left\{\begin{bmatrix} 0 \\ 0 \\ 1 \\ 1 \\ 1 \end{bmatrix}\right\}$	1
$\lambda=8$	2	$\left\{\begin{bmatrix} 0 \\ 0 \\ -1 \\ 0 \\ 1 \end{bmatrix}, \begin{bmatrix} 0 \\ 0 \\ -1 \\ 1 \\ 0 \end{bmatrix}\right\}$	2

在这个例子中，三个特征值中的两个（$\lambda=8,11$）的代数重数等于几何重数，一个（$\lambda=5$）的代数重数大于几何重数。

这个例子说明了下面的一般结果。

★ 特征值的几何重数小于或等于其代数重数。

对于我们已经说过的对称矩阵和线性变换，其特征值是实的。此外，以下更强的陈述是成立的。

★ 如果 $\boldsymbol{B}$ 是对称的，即 $\boldsymbol{B}=\boldsymbol{B}^{\mathrm{T}}$，则每个特征值的几何重数与其代数重数相等。

★ 如果 $\boldsymbol{B}$ 是对称的，则对应于不同特征值的特征向量相互正交。

4.2 特征空间

对于每个实特征值 λ，$\boldsymbol{B}-\lambda\boldsymbol{I}$ 的零空间有时称为该特征值的**特征空间**。或者，每个特征空间是 λ 的特征向量的集合。几何重数是特征空间的维数。使用我们在 2.5 节中不变性的定义，每个这样的特征空间对于 $\boldsymbol{B}$ 是不变的。在逻辑上，下面的问题就出现了。

对应于不同特征值的特征空间之间有什么关系？

为了开始回答这个问题，我们考虑一个向量的集合，从每个特征空间取一个向量。对于 $\mathbb{R}^n\to\mathbb{R}^n$ 的线性变换 $\boldsymbol{B}$，可以确立下列陈述。

★ $\boldsymbol{B}$ 的特征向量的集合，每个特征向量对应一个不同的实特征值，是一个线性无关的集合。

确立这个结果的论证留作本节的习题 3。我们还指出，由于这个陈述是关于实特征值的，特征向量也是实的，因此在 $\mathbb{R}^n$ 中建立了线性无关性。如果一些特征值确实是复的，那么相应的特征向量也是复的：在这种情况下，在 $\mathbb{C}^n$ 中建立线性无关性。然而，我们的重点是实向量空间，因此我们不展开这方面内容。

我们可以把上面的陈述加强为下面的形式。

★ 来自所有实特征空间的基向量的并集本身是一个线性无关的集合。

如果每个特征空间都是一维的，那么这个结果就是前面陈述的结果。更一般地，在基向量的并集中向量的数目等于实特征值的几何重数的和。在几何重数的和等于 n 的情况下，这组基向量的并张成 $\mathbb{R}^n$。因此，我们就有了 $\mathbb{R}^n$ 的一组基，使得每个基向量都是关于一个实特征值的一个特征向量。我们将这个结果概述如下。

设 $\boldsymbol{B}$ 是 $\mathbb{R}^n$ 到 $\mathbb{R}^n$ 的线性变换。当且仅当以下两个条件都满足时，$\mathbb{R}^n$ 存在一个由 $\boldsymbol{B}$ 的特征向量组成的基：

- 所有的特征值为实数；
- 特征值的几何重数之和等于 n。（等价地，每个特征值的几何重数等于它的代数重数。）

我们通过上面的陈述再次查看例 4.1.1。在那个例子中，$\boldsymbol{B}$ 产生了三个特征空间，三

个特征值 $\lambda=5,8,11$ 各对应一个。它们的基向量的并就是集合

$$\left\{\begin{bmatrix}1\\0\\0\\0\\0\end{bmatrix},\begin{bmatrix}0\\0\\1\\1\\1\end{bmatrix},\begin{bmatrix}0\\0\\-1\\0\\1\end{bmatrix},\begin{bmatrix}0\\0\\-1\\1\\0\end{bmatrix}\right\}$$

可以很简单地证明这四个向量线性无关。另外，很明显，不存在仅由 $\boldsymbol{B}$ 的特征向量组成的 $\mathbb{R}^5$ 的基。这是以下事实的一个推论：$\boldsymbol{B}$ 的一个特征值 $\lambda=5$ 的几何重数 1 小于这个特征值的代数重数 2。这个结果引出了下列定义。

★ 如果一个线性变换 $\boldsymbol{B}$：$\mathbb{R}^n\to\mathbb{R}^n$ 有 n 个线性无关的特征向量，则称它是**完备的**。如果一个线性变换不是完备的，就称它是**亏损的**。当直接涉及矩阵时，我们使用相同的术语。

根据这些定义，例 4.1.1 中的线性变换 $\boldsymbol{B}$ 是一个亏损的线性变换，因此 $\boldsymbol{B}$ 是一个亏损矩阵。有趣的是，当 $\boldsymbol{B}$ 的行列式为 $5\times5\times11\times8\times8\neq0$ 时，亏损矩阵仍然可以是可逆的。

最后，我们还注意到例 4.1.1 中 $\boldsymbol{B}$ 的明显分块结构，

$$\boldsymbol{B}=\left[\begin{array}{cc|ccc}5&2&0&0&0\\0&5&0&0&0\\\hline 0&0&9&1&1\\0&0&1&9&1\\0&0&1&1&9\end{array}\right]=\left[\begin{array}{c|c}\boldsymbol{B}_{\mathrm{a}}&0\\\hline 0&\boldsymbol{B}_{\mathrm{b}}\end{array}\right]$$

矩阵分块 $\boldsymbol{B}_{\mathrm{a}}$ 是 $\mathbb{R}^2$ 中只有一个线性无关特征向量$\left(\text{即}\begin{bmatrix}1\\0\end{bmatrix}\right)$的亏损矩阵，而 $\boldsymbol{B}_{\mathrm{b}}$ 是一个完备矩阵，具有可以张成 $\mathbb{R}^3$ 的特征向量基，即

$$\mathbb{R}^3=\operatorname{span}\left\{\underbrace{\begin{bmatrix}1\\1\\1\end{bmatrix}}_{\lambda=11},\underbrace{\begin{bmatrix}-1\\0\\1\end{bmatrix}\begin{bmatrix}-1\\1\\0\end{bmatrix}}_{\lambda=8}\right\}\tag{4.3}$$

矩阵 $\boldsymbol{B}_{\mathrm{a}}$ 和 $\boldsymbol{B}_{\mathrm{b}}$ 都是可逆的。因此，逆的存在既不意味着原始矩阵是完备的，也不意味着它是亏损的。准确地说，缺乏可逆性与矩阵（或变换）是否具有零特征值直接相关，而不是与特征值的重数相关。

4.2.1　对角化

完备线性变换具有如下定理所描述的非常有用的性质。

> **定理**　如果 $\boldsymbol{B}$：$\mathbb{R}^n\to\mathbb{R}^n$ 是一个完备线性变换，则 $\boldsymbol{B}$ 关于特征向量基的矩阵表示是一个对角矩阵，其特征值在对角线上。

这个定理的作用在下面的例子中进行演示。

例 4.2.1 设 $\boldsymbol{B}_{\mathrm{b}}$：$\mathbb{R}^3 \to \mathbb{R}^3$ 是一个线性变换，其用标准基表示的矩阵为

$$\boldsymbol{B}_{\mathrm{b}}^{(\mathrm{s}\to\mathrm{s})} = \begin{bmatrix} 9 & 1 & 1 \\ 1 & 9 & 1 \\ 1 & 1 & 9 \end{bmatrix}$$

这个矩阵和前面讨论过的（$\boldsymbol{B}$ 的右下角分块）$\boldsymbol{B}_{\mathrm{b}}$ 是一样的，但是现在加上了额外的上标符号（s→s）来强调它是在标准基中书写的。我们通过确定 $\boldsymbol{B}$ 在特征向量基上的矩阵表示 $\boldsymbol{B}_{\mathrm{b}}^{(\mathrm{e}\to\mathrm{e})}$ 来验证上述定理关于对角矩阵的结果。

解 这种基变换的步骤与 2.2 节中介绍的类似。我们在形式上采用基变换式（2.20），

$$\boldsymbol{B}_{\mathrm{b}}^{(\mathrm{e}\to\mathrm{e})} = \boldsymbol{A}^{(\mathrm{s}\to\mathrm{e})}\boldsymbol{B}_{\mathrm{b}}^{(\mathrm{s}\to\mathrm{s})}\boldsymbol{A}^{(\mathrm{e}\to\mathrm{s})} \tag{4.4}$$

其中 $\boldsymbol{A}^{(\mathrm{s}\to\mathrm{e})}$ 和 $\boldsymbol{A}^{(\mathrm{e}\to\mathrm{s})}$ 是相关的基变换矩阵。我们回忆一下［参见例 2.2.1 中的式（2.10）］，从某个原始基到标准基的基变换矩阵的列是由原始基向量组成的。对特征向量基取与式（4.3）中相同的顺序，意味着

$$\boldsymbol{A}^{(\mathrm{e}\to\mathrm{s})} = \begin{bmatrix} 1 & -1 & -1 \\ 1 & 0 & 1 \\ 1 & 1 & 0 \end{bmatrix} \tag{4.5}$$

它的逆是 $\boldsymbol{A}^{(\mathrm{s}\to\mathrm{e})}$，为计算它，我们形成增广矩阵

$$\left[\begin{array}{ccc|ccc} 1 & -1 & -1 & 1 & 0 & 0 \\ 1 & 0 & 1 & 0 & 1 & 0 \\ 1 & 1 & 0 & 0 & 0 & 1 \end{array}\right] \xrightarrow[\text{变换}]{\text{行初等}} \left[\begin{array}{ccc|ccc} 1 & 0 & 0 & 1/3 & 1/3 & 1/3 \\ 0 & 1 & 0 & -1/3 & -1/3 & 2/3 \\ 0 & 0 & 1 & -1/3 & 2/3 & -1/3 \end{array}\right]$$

因此，

$$\boldsymbol{A}^{(\mathrm{s}\to\mathrm{e})} = \frac{1}{3}\begin{bmatrix} 1 & 1 & 1 \\ -1 & -1 & 2 \\ -1 & 2 & -1 \end{bmatrix}$$

将这些结果应用于式（4.4），得到

$$\begin{aligned} \boldsymbol{B}_{\mathrm{b}}^{(\mathrm{e}\to\mathrm{e})} &= \frac{1}{3}\begin{bmatrix} 1 & 1 & 1 \\ -1 & -1 & 2 \\ -1 & 2 & -1 \end{bmatrix}\begin{bmatrix} 9 & 1 & 1 \\ 1 & 9 & 1 \\ 1 & 1 & 9 \end{bmatrix}\begin{bmatrix} 1 & -1 & -1 \\ 1 & 0 & 1 \\ 1 & 1 & 0 \end{bmatrix} \\ &= \frac{1}{3}\begin{bmatrix} 1 & 1 & 1 \\ 1 & -1 & 2 \\ -1 & 2 & -1 \end{bmatrix}\begin{bmatrix} 11 & -8 & -8 \\ 11 & 0 & 8 \\ 11 & 8 & 0 \end{bmatrix} \\ &= \frac{1}{3}\begin{bmatrix} 33 & 0 & 0 \\ 0 & 24 & 0 \\ 0 & 0 & 24 \end{bmatrix} = \begin{bmatrix} 11 & 0 & 0 \\ 0 & 8 & 0 \\ 0 & 0 & 8 \end{bmatrix} \end{aligned}$$

这个例子用一个对称矩阵证明了上面的定理[⊖]。对称矩阵提供了一类矩阵，本节的结

⊖ 涉及非对称矩阵的例子将在本节习题 1 和习题 2 中讨论。

果对它们特别有用。为了理解这一点，我们回顾一下 4.1 节中关于对称矩阵的三个事实：(1) 特征值均为实数；(2) 每个特征值的几何重数等于其代数重数；(3) 不同特征值对应的特征向量正交。前两个结果确保对称矩阵是完备的，因此总是生成一个特征向量基。第三个结果表明，如果所有的特征值是不同的，则这个特征向量基自动是一个正交基。此外，当特征值重复时，该特征值产生的特征空间的基总是可以通过格拉姆-施密特算法使之正交。因此，下面的陈述成立。

★ 如果 $\boldsymbol{B}: \mathbb{R}^n \to \mathbb{R}^n$ 是一个对称线性变换（$\boldsymbol{B}^{\mathrm{T}} = \boldsymbol{B}$），则它产生 $\mathbb{R}^n$ 的正交特征向量基。$\boldsymbol{B}$ 关于这个特征向量基的矩阵表示是一个对角矩阵 $\boldsymbol{B}^{(\mathrm{e}\to\mathrm{e})}$，$\boldsymbol{B}$ 的特征值在 $\boldsymbol{B}^{(\mathrm{e}\to\mathrm{e})}$ 的对角线上。

在例 4.2.1 中，我们没有对 $\lambda=8$ 对应的特征空间采取额外的正交化步骤。换句话说，首先出现在式 (4.3) 中的 $\lambda=8$ 的两个特征向量不是相互正交的。因此组合后的基变换矩阵式 (4.5)，尽管它的第一列和第二列、第一列和第三列是相互正交的，但第二列和第三列并不相互正交。在例 4.2.1 中，我们可以决定首先构造对应于 $\lambda=8$ 的特征空间的正交特征向量基。这样的过程需要在 $\boldsymbol{A}^{(\mathrm{e}\to\mathrm{s})}$ 计算的前端做更多的工作，回报是更容易找到 $\boldsymbol{A}^{(\mathrm{s}\to\mathrm{e})}$。

例 4.2.2　因为例 4.2.1 中的 $\boldsymbol{B}_{\mathrm{b}}$ 是对称的，所以特征向量基可以选为由标准正交向量组成。重做例 4.2.1。首先找到一个标准正交特征向量基，然后使用该标准正交基对角化矩阵。

解　我们使用格拉姆-施密特过程对式 (4.3) 的 $\lambda=8$ 的两个特征向量进行正交化。利用这些正交向量，我们现在可以用一个正交特征向量基来表示 $\mathbb{R}^3$：

$$
\begin{aligned}
\mathbb{R}^3 &= \operatorname{span}\Bigg\{\underbrace{\begin{bmatrix}1\\1\\1\end{bmatrix}}_{\lambda=11}, \underbrace{\begin{bmatrix}-1\\0\\1\end{bmatrix}\begin{bmatrix}1\\-2\\1\end{bmatrix}}_{\lambda=8}\Bigg\} \\
&= \operatorname{span}\Bigg\{\underbrace{\frac{1}{\sqrt{2}}\begin{bmatrix}-1\\0\\1\end{bmatrix}, \frac{1}{\sqrt{6}}\begin{bmatrix}1\\-2\\1\end{bmatrix}}_{\lambda=8}, \underbrace{\frac{1}{\sqrt{3}}\begin{bmatrix}1\\1\\1\end{bmatrix}}_{\lambda=11}\Bigg\}
\end{aligned}
\tag{4.6}
$$

在最后一个等式中，我们对向量进行了标准化和重新排序。这允许我们在最终的计算中显示排序的影响。注意，上面的第二个等式确实成立，因为它是关于向量张成空间的陈述。我们并不是断言单个向量彼此对应（它们不对应）。

我们再一次使用这样的事实：从某个原始基到标准基的基变换矩阵的列是由原始基向量组成；据此，组合式 (4.6) 的最终陈述中的列，得到

$$
\boldsymbol{A}^{(\mathrm{e}\to\mathrm{s})} = \frac{\sqrt{6}}{6}\begin{bmatrix}-\sqrt{3} & 1 & \sqrt{2}\\ 0 & -2 & \sqrt{2}\\ \sqrt{3} & 1 & \sqrt{2}\end{bmatrix}
$$

$\boldsymbol{A}^{(\mathrm{e}\to\mathrm{s})}$ 现在是一个正交矩阵，可以通过 $(\boldsymbol{A}^{(\mathrm{e}\to\mathrm{s})})^{\mathrm{T}}\boldsymbol{A}^{(\mathrm{e}\to\mathrm{s})} = \boldsymbol{I}$ 来验证。因此，

$$
\boldsymbol{A}^{(\mathrm{s}\to\mathrm{e})}=(\boldsymbol{A}^{(\mathrm{e}\to\mathrm{s})})^{-1}=(\boldsymbol{A}^{(\mathrm{e}\to\mathrm{s})})^{\mathrm{T}}=\frac{\sqrt{6}}{6}\begin{bmatrix}-\sqrt{3} & 0 & \sqrt{3}\\ 1 & -2 & 1\\ \sqrt{2} & \sqrt{2} & \sqrt{2}\end{bmatrix}
$$

将这些结果应用于基变换公式 $\boldsymbol{B}_{\mathrm{b}}^{(\mathrm{e}\to\mathrm{e})}=\boldsymbol{A}^{(\mathrm{s}\to\mathrm{e})}\boldsymbol{B}_{\mathrm{b}}^{(\mathrm{s}\to\mathrm{s})}\boldsymbol{A}^{(\mathrm{e}\to\mathrm{s})}$ 中，就得到

$$
\begin{aligned}
\boldsymbol{B}_{\mathrm{b}}^{(\mathrm{e}\to\mathrm{e})}&=\frac{1}{6}\begin{bmatrix}-\sqrt{3} & 0 & \sqrt{3}\\ 1 & -2 & 1\\ \sqrt{2} & \sqrt{2} & \sqrt{2}\end{bmatrix}\begin{bmatrix}9 & 1 & 1\\ 1 & 9 & 1\\ 1 & 1 & 9\end{bmatrix}\begin{bmatrix}-\sqrt{3} & 1 & \sqrt{2}\\ 0 & -2 & \sqrt{2}\\ \sqrt{3} & 1 & \sqrt{2}\end{bmatrix}\\
&=\frac{1}{6}\begin{bmatrix}-\sqrt{3} & 0 & \sqrt{3}\\ 1 & -2 & 1\\ \sqrt{2} & \sqrt{2} & \sqrt{2}\end{bmatrix}\begin{bmatrix}-8\sqrt{3} & 8 & 11\sqrt{2}\\ 0 & -16 & 11\sqrt{2}\\ 8\sqrt{3} & 8 & 11\sqrt{2}\end{bmatrix}\\
&=\frac{1}{6}\begin{bmatrix}48 & 0 & 0\\ 0 & 48 & 0\\ 0 & 0 & 66\end{bmatrix}=\begin{bmatrix}8 & 0 & 0\\ 0 & 8 & 0\\ 0 & 0 & 11\end{bmatrix}
\end{aligned}
$$

4.2.2　应用：弹簧与质量网络的振动

使用特征向量基的对角化过程对于研究各种工程和科学问题是有用的。其中一个常见的领域是由许多相互连接的刚体质量组成的系统的振动分析。我们将在本节中描述一些基本方面。图 4.1 展示了一个有三个质量和五个相互连接的弹簧的典型问题。这个特殊的系统将在习题中考虑。我们的推演是通用的，因此不局限于图 4.1 中描述的问题。

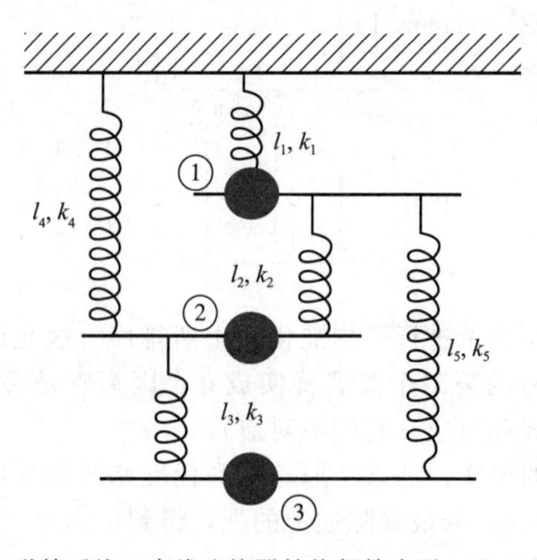

图 4.1　典型质量-弹簧系统（直线连接器始终保持水平，即上下移动时没有旋转）

首先，我们考虑一个初始处于平衡状态的刚体质量系统，即系统中的所有力最初处于平衡状态。这些力包括由其他质点相互作用（通常通过连杆、弹簧、缆索等连接）产生的力以及任何固定的外力（如重力）。这个平衡态是系统作为一个整体的最小势能状态。为

简化，应假定每个刚体质点具有相同的质量 m。为一般性讨论做准备，我们在图 4.2 中描述了简单的双质量系统。

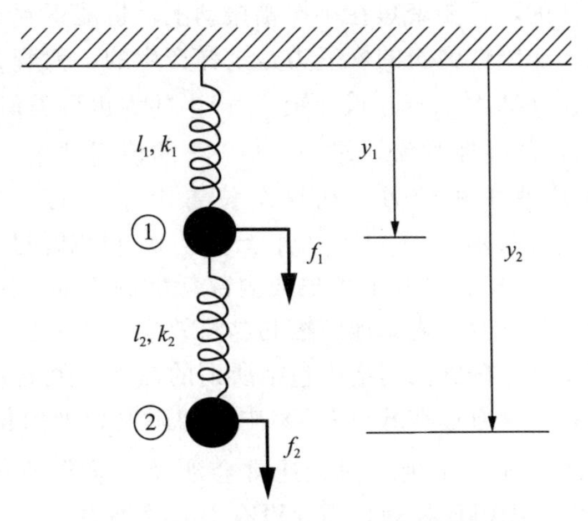

图 4.2 两个弹簧和两个质量的热身问题

弹簧 1 和弹簧 2 的自然长度分别为 l_1 和 l_2。它们产生的力与它们的变形长度与自然长度之差成比例，比例常数为 k_1 和 k_2（弹簧常数）。距离 y_1 和 y_2（正向向下）定位质点。因此，弹簧 1 产生力 $k_1(y_1-l_1)$，弹簧 2 产生力 $k_2(y_2-(y_1+l_2))$。作用于每个物体上的外力包括重力 mg 以及可能的额外动力 f_1^{dyn} 和 f_2^{dyn}。这种额外外力的可能性将在下面描述。

因为只考虑竖直运动，所以牛顿第二定律为每一个质量产生了一个运动方程：

$$m\ddot{y}_1=-k_1(y_1-l_1)+k_2(y_2-y_1-l_2)+mg+f_1^{\text{dyn}}$$

$$m\ddot{y}_2=-k_2(y_2-y_1-l_2)+mg+f_2^{\text{dyn}} \tag{4.7}$$

其中二阶导数$\ddot{y}_1$ 和$\ddot{y}_2$ 表示加速度。y_1 和 y_2 的平衡值当没有额外的动力（$f_1^{\text{dyn}}=f_2^{\text{dyn}}=0$）时存在，通过施加静态条件 $\ddot{y}_1=\ddot{y}_2=0$，并求解 y_1 和 y_2 得到它们。这就得到 $y_1=y_1^{\text{eq}}$ 和 $y_2=y_2^{\text{eq}}$，其中（上标 eq 表示平衡）

$$y_1^{\text{eq}}=l_1+2mg/k_1, \quad y_2^{\text{eq}}=l_1+l_2+2mg/k_1+mg/k_2 \tag{4.8}$$

在这个平衡状态周围涉及相对较小振动的动力学过程用坐标 x_1 和 x_2 来描述，x_1，x_2 是与这个平衡位置的偏离的距离。为此我们定义

$$x_1=y_1-y_1^{\text{eq}}, \quad x_2=y_2-y_2^{\text{eq}}$$

改用 x_1 和 x_2 来重写式（4.7），得到动态系统

$$m\ddot{x}_1=-k_1x_1+k_2(x_2-x_1)+f_1^{\text{dyn}}$$

$$m\ddot{x}_2=-k_2(x_2-x_1)+f_2^{\text{dyn}}$$

或等价地，

$$\begin{bmatrix}\ddot{x}_1\\ \ddot{x}_2\end{bmatrix}=-\frac{1}{m}\begin{bmatrix}k_1+k_2 & -k_2\\ -k_2 & k_2\end{bmatrix}\begin{bmatrix}x_1\\ x_2\end{bmatrix}+\frac{1}{m}\begin{bmatrix}f_1^{\text{dyn}}\\ f_2^{\text{dyn}}\end{bmatrix} \tag{4.9}$$

关于平衡的**自由振动**由上述常微分方程组在 $f_1^{\text{dyn}}=f_2^{\text{dyn}}=0$ 的情况下的解来描述。**强迫振动**

涉及函数 f_1^{dyn} 和 f_2^{dyn} 中有一个或两个非零时的解。

在推广到更大的网络之前，对图 4.2 中描述的简单系统做两个额外的评注。

- 即使弹簧是非线性的，只要聚焦在小振幅振动上，也能得到与常微分方程式（4.9）相同的线性系统。非线性弹簧的恢复力是这样产生的：弹簧 1 产生的力现在是 $y_1 - l_1$ 的函数，比如说 $f_1^{\text{spring}}(y_1 - l_1)$，弹簧 2 产生的力也可类似考虑。在这种情况下，不像式（4.8）给出的线性弹簧，求 y_1^{eq} 和 y_2^{eq} 的值需要解一个非线性方程组。然而，一旦得到了这些平衡位置，在这个位置上产生的小振幅振动仍然可以用式（4.9）描述，只要取 $k_1 = (f_1^{\text{spring}})'(y_1^{\text{eq}} - l_1)$，$k_2$ 可以通过类似的线性化得到。
- 在得到式（4.9）时，我们忽略了阻尼或内部耗散的影响。阻尼可能来自弹簧的内热、质点运动的大气阻力，或其他摩擦和黏滞效应。在工程文献中，在像图 4.2 这样的图中通常可以通过在机械网络中包括所谓的黏性或阻尼元件来表示它们。它们对运动方程的影响可以通过在式（4.9）中增加阻尼力列向量来解释。这些力只在系统处于运动状态时才会出现，而且通常会涉及一阶导数 $\dot{x}_1$ 和 $\dot{x}_2$。[⊖] 在式（4.9）中，我们特别考虑了无阻尼处理，因此没有引入这种力。

我们现在推广产生式（4.9）的处理方法，以便解释一个更一般的力学网络。我们假设有 n 个质量。它们的位置由 n 个无向的位置变量 $x_1, x_2, \cdots, x_n$ 来描述，其中每个平衡位置都由 $x_i = 0$ 给出。这个平衡位置作为一个参考配置。它的确定需要考虑质量之间的相互作用力（可能是非线性的）以及作用于每个质量上的任何静态外力 f_i^{stat}（如图 4.2 中的重力）。

偏离平衡会引起相互作用力的变化。对于标准情况，这种变化是恢复性的，对于足够小的偏离，这种恢复性的力在相对位置变化中几乎是线性的。对于每个自由度 $x_i = x_i(t)$ 运动方程的形式为

$$\begin{aligned} m\ddot{x}_i = {} & k_{i,1}(x_1 - x_i) + k_{i,2}(x_2 - x_i) + \cdots + \\ & k_{i,i-1}(x_{i-1} - x_i) - k_{i,i}x_i + k_{i,i+1}(x_{i+1} - x_i) + \cdots + \\ & k_{i,n}(x_n - x_i) + f_i^{\text{dyn}} + f_i^{\text{diss}} \end{aligned}$$

相互作用力常数（弹簧常数）$k_{i,j} \geqslant 0$ 根据作用-反作用力等式，满足 $k_{i,j} = k_{j,i}$。$-k_{i,i}x_i$ 是指与固定约束（如图 4.2 中的天花板）的类似弹簧的相互作用。如果没有直接交互作用（间接交互仍然通过连接网络中的中间质量发生），那么许多 $k_{i,j}$ 等于 0。函数 $f_i^{\text{dyn}} = f_i^{\text{dyn}}(t)$ 表示与平衡参考位置的确定无关的附加外力。函数 $f_i^{\text{diss}} = f_i^{\text{diss}}(\dot{x}_i)$ 是由黏度、摩擦和内部耗散引起的阻尼力。

将 $x_i(t)$ 组合成在 $\mathbb{R}^n$ 中的列向量 $\boldsymbol{x}(t)$：在每个固定时间 t 得到 $\boldsymbol{x}(t) \in \mathbb{R}^n$。将每个方程除以共同质量 m，我们就得到矩阵形式的自由度运动方程：

$$\ddot{\boldsymbol{x}} = -\boldsymbol{K}\boldsymbol{x} + \boldsymbol{f}^{\text{dyn}} + \boldsymbol{f}^{\text{diss}} \tag{4.10}$$

⊖ 在一阶近似下，阻力和阻尼通常被视为与 $\dot{x}_i$ 成正比。更精确的阻力理论往往表明，它们应被视为与 $\dot{x}_i^2$ 成正比，这将引入非线性项。

其中 $\boldsymbol{K}\in\mathbb{M}^{n\times n}$ 是一个具有固定元素的对称矩阵（$\boldsymbol{K}^{\mathrm{T}}=\boldsymbol{K}$），称为刚度矩阵。而 $n\times 1$ 列向量 $\boldsymbol{f}^{\mathrm{dyn}}=\boldsymbol{f}^{\mathrm{dyn}}(t)\in\mathbb{R}^n$，$\boldsymbol{f}^{\mathrm{diss}}=\boldsymbol{f}^{\mathrm{diss}}(\dot{\boldsymbol{x}})\in\mathbb{R}^n$。

取 $\boldsymbol{f}^{\mathrm{dyn}}=\boldsymbol{f}^{\mathrm{diss}}=\mathbf{0}$，参考平衡态 $\boldsymbol{x}(t)$ 恒等于 $\mathbf{0}$ 满足此方程。我们认为可能由于有限时间的非零 $\boldsymbol{f}^{\mathrm{dyn}}(t)$ ——颤动（jolt）或脉冲，使系统失去平衡。这样的颤动将在第 11 章中借助 δ 函数来描述。就目前而言，只要注意到颤动将系统推离平衡，即使最初的外力（在颤动结束后仍然存在）与先前的平衡状态是一致的。新的非平衡位置（就在颤动刚结束后）意味着相对于之前的平衡状态，系统有太多的势能。为了使系统重新平衡，这个势能必须被消耗掉。此外，颤动后的系统状态很可能不仅涉及位置的变化，还涉及某些质量的非零速度。因此，颤动很可能向系统中引入了非零动能。为了恢复先前的平衡状态，多余的动能也必须被耗散掉。

由于阻尼的存在，就有可能使系统摆脱这种额外的机械能，并恢复平衡。阻尼总是存在于实际系统中，因此平衡最终会发生（在没有额外颤动的情况下）。然而，如果阻尼很小，重新平衡可能需要很长时间。在此期间，系统将围绕其最终的平衡态振动。这种振动可以用零阻尼假设来分析，以描述其主要特征。这样的分析在式（4.10）中设置 $\boldsymbol{f}^{\mathrm{diss}}=\mathbf{0}$。

除了式（4.10）中的零耗散条件 $\boldsymbol{f}^{\mathrm{diss}}=\mathbf{0}$ 外，关于这个平衡的自由振动可以用 $\boldsymbol{f}^{\mathrm{dyn}}=\mathbf{0}$ 来描述。**简谐振动**[⊖]**模态**是形式为 $\boldsymbol{x}(t)=\mathrm{e}^{\mathrm{i}\omega t}\boldsymbol{\xi}$ 的自由振动解，其中 $\boldsymbol{\xi}$ 是 $\mathbb{R}^n$ 中的一个固定向量（无时间依赖性）。把这种形式代入式（4.10），并设 $\boldsymbol{f}^{\mathrm{dyn}}=\boldsymbol{f}^{\mathrm{diss}}=\mathbf{0}$，使其简化为

$$(\mathrm{i}\omega)^2\mathrm{e}^{\mathrm{i}\omega t}\boldsymbol{\xi}=-\mathrm{e}^{\mathrm{i}\omega t}\boldsymbol{K}\boldsymbol{\xi}\quad\Rightarrow\quad\boldsymbol{K}\boldsymbol{\xi}=\omega^2\boldsymbol{\xi}$$

因此，$\boldsymbol{\xi}$ 是 $\boldsymbol{K}$ 的属于特征值 ω^2 的特征向量。因为 $\boldsymbol{K}$ 是对称的，所以它所有的特征值都是实的，并且存在一个实特征向量基，比如，$\boldsymbol{\xi}_1,\boldsymbol{\xi}_2,\cdots,\boldsymbol{\xi}_n$。一般来说，弹簧网络的性质会使所产生的 $\boldsymbol{K}$ 的特征值都是正的，从而保证了 ω^2 的正性。我们取 ω 为正的平方根来产生伴随各种**固有模态振型** $\boldsymbol{\xi}_i$ 的**固有频率** ω_i。此外，由于这些特征向量来自一个对称矩阵，因此不同固有频率的固有模态振型保证生成正交的 $\boldsymbol{\xi}_i$。因此，它们被称为**简正模**。任何向量 $\boldsymbol{x}\in\mathbb{R}^n$ 都可以用这些简正模来表示。

因为简正模向量 $\boldsymbol{\xi}_i$ 为 $\mathbb{R}^n$ 提供了一个基，所以这种方法能够完整地描述任何由于参考平衡被颤动破坏而产生的自由振动解。当颤动结束时开始计时（即将此时间定义为 $t=0$），我们让 $\boldsymbol{x}_0$ 描述由颤动引起的对平衡的最终扰动。逻辑上，我们用简正模基表示这个 $\boldsymbol{x}_0$：$\boldsymbol{x}_0=c_1\boldsymbol{\xi}_1+c_2\boldsymbol{\xi}_2+\cdots+c_n\boldsymbol{\xi}_n$。这就得到式（4.10）在 $\boldsymbol{f}^{\mathrm{dyn}}=\boldsymbol{f}^{\mathrm{diss}}=\mathbf{0}$ 的一个解：

$$\boldsymbol{x}(t)=c_1\cos(\omega_1 t)\boldsymbol{\xi}_1+c_2\cos(\omega_2 t)\boldsymbol{\xi}_2+\cdots+c_n\cos(\omega_n t)\boldsymbol{\xi}_n\tag{4.11}$$

它也满足 $\boldsymbol{x}(0)=\boldsymbol{x}_0$。因此，式（4.11）给出的 $\boldsymbol{x}(t)$ 描述了在 $t=0$ 时的扰动（颤动）被零速度“释放”的特殊情况下，关于 $\boldsymbol{x}=\mathbf{0}$ 平衡位置的后续 $t>0$ 时的无阻尼振动。如果在 $t=0$ 时有一个非零速度，在式（4.11）中添加额外的项 $\sin(\omega_i t)$ 来描述颤动引起的更普遍的破坏就很容易。

⊖ 物体在与位移成正比的恢复力作用下，在其平衡位置附近按正弦规律做往复运动。——译者注

例 4.2.3 考虑以特定频率 ω_{ext} 的持续外力的影响，此时外力向量 $\boldsymbol{f}^{\text{dyn}}$ 表示为

$$\boldsymbol{f}^{\text{dyn}}(t)=\mathrm{e}^{\mathrm{i}\omega_{\text{ext}}t}\boldsymbol{q}$$

其中，常数向量 $\boldsymbol{q}\in\mathbb{R}^n$ 提供**外力分布**。[1]确定在相同频率下的**无阻尼稳态响应**，这将是在 $\boldsymbol{f}^{\text{diss}}=\boldsymbol{0}$ 时式（4.10）的一个解，形为 $\boldsymbol{x}(t)=\mathrm{e}^{\mathrm{i}\omega_{\text{ext}}t}\boldsymbol{u}$，其中 $\boldsymbol{u}$ 是 $\mathbb{R}^n$ 中的一个常数向量。

解 为了从给定的外力分布 $\boldsymbol{q}$ 中求出 $\boldsymbol{u}$，我们将两者都按简正模基展开：

$$\boldsymbol{u}=\sum_{i=1}^{n}u_i\boldsymbol{\xi}_i,\quad \boldsymbol{q}=\sum_{i=1}^{n}q_i\boldsymbol{\xi}_i$$

则式（4.10）中的各项 $\boldsymbol{f}^{\text{diss}}=\boldsymbol{0}$，且

$$\ddot{\boldsymbol{x}}=(\mathrm{i}\omega_{\text{ext}})^2\mathrm{e}^{\mathrm{i}\omega_{\text{ext}}t}\boldsymbol{u}=-\omega_{\text{ext}}^2\mathrm{e}^{\mathrm{i}\omega_{\text{ext}}t}\sum_{i=1}^{n}\boldsymbol{u}_i\boldsymbol{\xi}_i$$

$$-\boldsymbol{K}\boldsymbol{x}=-\mathrm{e}^{\mathrm{i}\omega_{\text{ext}}t}\sum_{i=1}^{n}\boldsymbol{u}_i\underbrace{\boldsymbol{K}\boldsymbol{\xi}_i}_{\omega_i^2\xi_i}=-\mathrm{e}^{\mathrm{i}\omega_{\text{ext}}t}\sum_{i=1}^{n}\omega_i^2u_i\boldsymbol{\xi}_i$$

$$\boldsymbol{f}^{\text{dyn}}(t)=\mathrm{e}^{\mathrm{i}\omega_{\text{ext}}t}\boldsymbol{q}=\mathrm{e}^{\mathrm{i}\omega_{\text{ext}}t}\sum_{i=1}^{n}q_i\boldsymbol{\xi}_i$$

将其代入式（4.10）然后消去公因式 $\mathrm{e}^{\mathrm{i}\omega_{\text{ext}}t}$，得到

$$-\omega_{\text{ext}}^2\sum_{i=1}^{n}u_i\boldsymbol{\xi}_i=-\sum_{i=1}^{n}\omega_i^2u_i\boldsymbol{\xi}_i+\sum_{i=1}^{n}q_i\boldsymbol{\xi}_i\quad\Rightarrow\quad\sum_{i=1}^{n}[(\omega_{\text{ext}}^2-\omega_i^2)u_i+q_i]\boldsymbol{\xi}_i=\boldsymbol{0}$$

基向量线性无关意味着 $(\omega_{\text{ext}}^2-\omega_i^2)u_i+q_i=0$。因此

$$u_i=\frac{1}{\omega_i^2-\omega_{\text{ext}}^2}q_i$$

从而，稳态响应由下式给出：

$$\boldsymbol{x}(t)=\mathrm{e}^{\mathrm{i}\omega_{\text{ext}}t}\sum_{i=1}^{n}\frac{q_i}{\omega_i^2-\omega_{\text{ext}}^2}\boldsymbol{\xi}_i \tag{4.12}$$

简正模不仅描述了自由振动，而且是描述稳态谐波输入力下稳态输出响应的关键。强迫力分布的简正模分解，显示了对具有接近强迫频率的固有频率的简正模的振动振幅有增强的影响。对于某个固有频率，如果 $\omega_{\text{ext}}=\omega_j$，则这里所说的无阻尼响应是无界的。这种现象的常用术语是**共振**。唯一的例外是，如果输入外力分布没有来自简正模的作用（即相关的 $q_j=0$），[2]也产生共振。当包含阻尼时，虽然固有频率接近受迫频率的输出模式继续经历最大的放大（我们除以一个小的、非零的数字），所有输出模态都有界（不再被零除）。

[1] 这里我们用了复指数函数 $\mathrm{e}^{\mathrm{i}\omega_{\text{ext}}t}$，在 5.2 节中将更正式地介绍它。如果取 $\boldsymbol{f}^{\text{dyn}}(t)=\sin(\omega_{\text{ext}}t)$，这个例子的本质不变。

[2] 对于质量连续分布的系统，相应的结果也成立，我们将在 13.1 节检查横梁振动时看到这一点。

4.3 长方形矩阵和奇异值

到目前为止，我们对线性变换的研究都强调线性变换 $\boldsymbol{A}$ 是 $\mathbb{R}^n \to \mathbb{R}^n$ 的。这意味着“正方形”变换矩阵 $\boldsymbol{A} \in \mathbb{M}^{n \times n}$。这不是严格必要的，我们可以考虑取 $\mathbb{R}^n \to \mathbb{R}^m$ 的变换 $\boldsymbol{A}$。我们专注于 $m=n$ 情况的动机是，在方便和预先设定的环境下导出的基本思想使我们能够使用熟悉的工具，如行列式、逆、特征值和特征向量，这些在更一般的 $m \neq n$ 情况下不是立即可用的。更一般（和抽象）的发展应该如 3.5.1 节所讨论的，对应于“长方形”（不是“正方形”）变换矩阵 $\boldsymbol{A} \in \mathbb{M}^{m \times n}, m \neq n$。这相应于有 n 个未知分量的向量 $\boldsymbol{x}$ 的 m 个方程的线性方程组 $\boldsymbol{Ax}=\boldsymbol{b}$。

到目前为止，我们已经熟悉了线性变换运算和矩阵计算之间的对应关系。本章最后考虑扩大我们的范围，以处理更一般的 $m \neq n$ 的情况，无论是在线性变换 $\boldsymbol{A}$：$\mathbb{R}^n \to \mathbb{R}^m$ 的情况下，还是在矩阵 $\boldsymbol{A} \in \mathbb{M}^{m \times n}$ 的情况下。

这里值得注意的是，当 $m \neq n$ 时，前面 $m=n$ 的某些结果继续适用。例如，当 $m \neq n$ 时，基变换式（2.20）继续成立，尽管到目前为止我们只对 $m=n$ 的情况使用过它（例如，例 4.2.1 和例 4.2.2）。

继续讨论 $m \neq n$ 时的线性方程组，我们回顾 3.5.1 节中使用**正规方程** $\boldsymbol{A}^{\mathrm{T}}\boldsymbol{Ax}=\boldsymbol{A}^{\mathrm{T}}\boldsymbol{b}$ 求解 $\boldsymbol{Ax}=\boldsymbol{b}$ 的方法。那里讨论的是 $\mathbb{R}^n$ 到 $\mathbb{R}^n$ 的线性变换 $\boldsymbol{A}$；如果变换 $\boldsymbol{A}$ 把 $\mathbb{R}^n$ 变换到 $\mathbb{R}^m$ 会怎样？

我们首先回顾一下，一旦确定了一组基，描述 $\boldsymbol{A}$ 的变换作用的任何矩阵表示就可写成一个 $m \times n$ 矩阵 $\boldsymbol{A}$。已经做了正式陈述，我们现在做一个更重要的观察（实际上，这是我们整个分析的关键），即 $\boldsymbol{A}^{\mathrm{T}}\boldsymbol{A}$ 和 $\boldsymbol{A}\boldsymbol{A}^{\mathrm{T}}$ 都是方阵（大小分别为 $n \times n$ 和 $m \times m$）。利用这一事实，正规方程现在表示为 $\boldsymbol{A}^{\mathrm{T}}\boldsymbol{Ax}=\boldsymbol{A}^{\mathrm{T}}\boldsymbol{b}$，它再次涉及与未知数相同数量的方程，即乘积矩阵 $\boldsymbol{A}^{\mathrm{T}}\boldsymbol{A}$ 是一个**方阵**。换句话说，我们已经通过乘法变换（$\boldsymbol{A}^{\mathrm{T}}$ 的前乘或后乘）的作用将我们的问题（$m \neq n$ 线性系统）转变为我们已经知道如何处理的形式——正方形系统。

还要注意，$\boldsymbol{A}^{\mathrm{T}}\boldsymbol{A}$ 和 $\boldsymbol{A}\boldsymbol{A}^{\mathrm{T}}$ 都是对称的。因为一个对称矩阵总是有一个标准正交特征向量基，所以下面的陈述是正确的。

★ 存在一个由 $\boldsymbol{A}^{\mathrm{T}}\boldsymbol{A}$ 的 n 个特征向量 $\boldsymbol{v}_i$ 构成的 $\mathbb{R}^n$ 的一组标准正交基。存在一个由 $\boldsymbol{A}\boldsymbol{A}^{\mathrm{T}}$ 的 m 个特征向量 $\boldsymbol{u}_i$ 构成的 $\mathbb{R}^m$ 的一组标准正交基。

我们也知道对称矩阵的所有特征值都是实数。至于 $\boldsymbol{A}^{\mathrm{T}}\boldsymbol{A}$ 和 $\boldsymbol{A}\boldsymbol{A}^{\mathrm{T}}$，我们有以下更强的结果。

★ $\boldsymbol{A}^{\mathrm{T}}\boldsymbol{A}$ 和 $\boldsymbol{A}\boldsymbol{A}^{\mathrm{T}}$ 的特征值是非负的。

为了证明特征值是非负的，考虑任意具有特征向量 $\boldsymbol{v}$ 的 $\boldsymbol{A}^{\mathrm{T}}\boldsymbol{A}$ 的非零特征值 λ。这样，$\boldsymbol{A}^{\mathrm{T}}\boldsymbol{Av}=\lambda\boldsymbol{v}$，因此每边与 $\boldsymbol{v}$ 的内积得到 $\boldsymbol{v} \cdot (\boldsymbol{A}^{\mathrm{T}}\boldsymbol{Av})=\boldsymbol{v} \cdot (\lambda\boldsymbol{v})$，进而得到

$$(\boldsymbol{Av}) \cdot (\boldsymbol{Av}) = \boldsymbol{v} \cdot (\boldsymbol{A}^{\mathrm{T}}\boldsymbol{Av}) = \boldsymbol{v} \cdot (\lambda\boldsymbol{v}) = \lambda(\boldsymbol{v} \cdot \boldsymbol{v}) \quad \Rightarrow \quad \lambda = \frac{(\boldsymbol{Av}) \cdot (\boldsymbol{Av})}{\boldsymbol{v} \cdot \boldsymbol{v}} > 0$$

$\boldsymbol{A}\boldsymbol{A}^{\mathrm{T}}$ 的特征值的对应结果与之相似。

两个矩阵 $\boldsymbol{A}^{\mathrm{T}}\boldsymbol{A}$ 和 $\boldsymbol{A}\boldsymbol{A}^{\mathrm{T}}$ 的非零特征值与特征向量之间存在显著的相关性。

$A^{\mathrm{T}}A$ 和 AA^{T} 的特征值和特征向量的关系

- 设 $\lambda>0$ 是关于特征向量 $\boldsymbol{v}$ 的 $A^{\mathrm{T}}A$ 的特征值，则这个 λ 也是关于特征向量 $A\boldsymbol{v}$ 的 AA^{T} 的特征值。
- 现在设 $\lambda>0$ 是关于特征向量 $\boldsymbol{u}$ 的 AA^{T} 的特征值，则这个 λ 也是关于特征向量 $A^{\mathrm{T}}\boldsymbol{u}$ 的 $A^{\mathrm{T}}A$ 的特征值。
- 设 $\lambda>0$ 是 $A^{\mathrm{T}}A$ 的特征值（那么它也是 AA^{T} 的特征值，反之亦然），则对于这个 λ，$A^{\mathrm{T}}A$ 的线性无关的标准正交特征向量 $\boldsymbol{v}_i$ 的数目等于，对于同一个 λ，AA^{T} 的线性无关标准正交特征向量 $\boldsymbol{u}_i$ 的数目。

为了验证第一个命题：对于特征值 λ，$A\boldsymbol{v}$ 是 AA^{T} 的特征向量。我们观察到

$$(AA^{\mathrm{T}})(A\boldsymbol{v}) = A\underbrace{(A^{\mathrm{T}}A\boldsymbol{v})}_{\lambda\boldsymbol{v}} = A(\lambda\boldsymbol{v}) = \lambda(A\boldsymbol{v})$$

第二个命题“$A^{\mathrm{T}}\boldsymbol{u}$ 是 $A^{\mathrm{T}}A$ 的特征向量”的证明类似。要证第三个命题，首先注意到，如果 $\boldsymbol{v}_1$ 和 $\boldsymbol{v}_2$ 是 $A^{\mathrm{T}}A$ 的同一个特征值 $\lambda>0$ 的正交特征向量，那么 $\boldsymbol{u}_1=A\boldsymbol{v}_1$ 和 $\boldsymbol{u}_2=A\boldsymbol{v}_2$ 也是正交的。这是因为 $\boldsymbol{u}_1\cdot\boldsymbol{u}_2=A\boldsymbol{v}_1\cdot A\boldsymbol{v}_1=\boldsymbol{v}_1\cdot A^{\mathrm{T}}A\boldsymbol{v}_2=\boldsymbol{v}_1\cdot\lambda\boldsymbol{v}_2$。因此，如果集合 $\{\boldsymbol{v}_1,\boldsymbol{v}_2,\cdots,\boldsymbol{v}_q\}$ 是来自 $\mathbb{R}^n$ 的关于同一个 $\lambda>0$ 的 $A^{\mathrm{T}}A$ 的正交特征向量，那么用 A 作用于这个集合，就将它们变换为 $\mathbb{R}^m$ 中关于这个 λ 的正交特征向量 $\{\boldsymbol{u}_1,\boldsymbol{u}_2,\cdots,\boldsymbol{u}_q\}$。进一步推导出，正交的 $\{\boldsymbol{v}_1,\boldsymbol{v}_2,\cdots,\boldsymbol{v}_q\}$ 的任意线性组合 $c_1\boldsymbol{v}_1+c_2\boldsymbol{v}_2+\cdots+c_q\boldsymbol{v}_q$ 经 A 变换为线性组合 $\lambda(c_1\boldsymbol{v}_1+c_2\boldsymbol{v}_2+\cdots+c_q\boldsymbol{v}_q)$。这表明 $\{\boldsymbol{v}_1,\boldsymbol{v}_2,\cdots,\boldsymbol{v}_q\}$ 和 $\{\boldsymbol{u}_1,\boldsymbol{u}_2,\cdots,\boldsymbol{u}_q\}$ 要么都是线性相关的，要么都是线性无关的，这足以说明上述特征值和特征向量关系的第三个命题。表达第三个重要命题的另一种等价方式如下：“对于相同的 $\lambda>0$，$A^{\mathrm{T}}A$ 和 AA^{T} 的特征空间有相同的维数。”

对于方阵 $A^{\mathrm{T}}A\in\mathbb{M}^{n\times n}$ 和 $AA^{\mathrm{T}}\in\mathbb{M}^{m\times m}$ 的特征值，读者应该仔细注意上述推导说了什么，没有说什么。这两个矩阵都没有负特征值。如果一个矩阵具有一个特定的正特征值，那么另一个矩阵也一样，并且对应的特征空间具有相同的维数。然而，有可能一个矩阵有零特征值，而另一个矩阵没有。在这种情况下，有零特征值的矩阵是不可逆的，而另一个矩阵是可逆的。更一般地说，如果两个矩阵都有一个零特征值，对应的特征空间（零特征值对应的就是零空间）可能有不同的维数。

例 4.3.1 对下面的 2×4 变换矩阵验证上述结果。

$$A=\begin{bmatrix}1 & 2 & -1 & 1\\ -2 & 2 & 0 & 1\end{bmatrix} \tag{4.13}$$

解 对于这个矩阵有

$$A^{\mathrm{T}}A=\begin{bmatrix}5 & -2 & -1 & -1\\ -2 & 8 & -2 & 4\\ -1 & -2 & 1 & -1\\ -1 & 4 & -1 & 2\end{bmatrix},\quad AA^{\mathrm{T}}=\begin{bmatrix}7 & 3\\ 3 & 9\end{bmatrix}$$

计入代数重数，A^TA 的 4 个特征值为 $\lambda=8+\sqrt{10}$，$8-\sqrt{10}$，0，0。AA^T 的 2 个特征值为 $\lambda=8+\sqrt{10}$，$8-\sqrt{10}$。因此所有的特征值都是非负的，两个矩阵的正特征值匹配（相同）。由 A^TA 特征向量组成的 $\mathbb{R}^4$ 的基是

$$\mathbb{R}^4=\operatorname{span}\left\{\underbrace{\overbrace{\begin{bmatrix}8-3\sqrt{10}\\4\\-4+\sqrt{10}\\2\end{bmatrix}}^{v_1}}_{\lambda=8+\sqrt{10}},\underbrace{\overbrace{\begin{bmatrix}8+3\sqrt{10}\\4\\-4-\sqrt{10}\\2\end{bmatrix}}^{v_2}}_{\lambda=8-\sqrt{10}},\underbrace{\overbrace{\begin{bmatrix}0\\-1\\0\\2\end{bmatrix}}^{v_3},\overbrace{\begin{bmatrix}5\\4\\15\\2\end{bmatrix}}^{v_4}}_{\lambda=0}\right\}=\operatorname{span}\{\boldsymbol{v}_1,\boldsymbol{v}_2,\boldsymbol{v}_3,\boldsymbol{v}_4\}\tag{4.14}$$

很容易验证集合 $\{\boldsymbol{v}_1,\boldsymbol{v}_2,\boldsymbol{v}_3,\boldsymbol{v}_4\}$ 是正交的，尽管我们没有对这些向量进行归一化（为了避免分数）。同样，由 AA^T 的特征向量组成的 $\mathbb{R}^2$ 的一组基为

$$\mathbb{R}^2=\operatorname{span}\left\{\underbrace{\overbrace{\begin{bmatrix}-1+\sqrt{10}\\3\end{bmatrix}}^{u_1}}_{\lambda=8+\sqrt{10}},\underbrace{\overbrace{\begin{bmatrix}-1-\sqrt{10}\\3\end{bmatrix}}^{u_2}}_{\lambda=8-\sqrt{10}}\right\}=\operatorname{span}\{\boldsymbol{u}_1,\boldsymbol{u}_2\}\tag{4.15}$$

向量 $\{\boldsymbol{u}_1,\boldsymbol{u}_2\}$ 是正交的，但也没有归一化。注意，A 对 $\boldsymbol{v}_1$ 和 $\boldsymbol{v}_2$ 的作用是将它们转换成 $A\boldsymbol{v}_1$ 和 $A\boldsymbol{v}_2$，即 $\boldsymbol{v}_1$ 和 $\boldsymbol{v}_2$ 的倍数形式。类似地，A^T 对 $\boldsymbol{u}_1$ 和 $\boldsymbol{u}_2$ 的作用是将它们转换成 $\boldsymbol{u}_1$ 和 $\boldsymbol{u}_2$ 的倍数形式。这些结果与 A^TA 和 AA^T 的特征值和特征向量相关性的三个命题相一致。

由于 A^TA 和 AA^T 的非零特征值相同且为正，我们可以计算它们的平方根。

★ 矩阵 $A\in\mathbb{M}^{m\times n}$ 的**奇异值**是 A^TA 的非零特征值的正平方根。

式 (4.13) 中 $A\in\mathbb{M}^{2\times4}$ 的奇异值为 $\sqrt{8+\sqrt{10}}\approx3.341$ 和 $\sqrt{8-\sqrt{10}}\approx2.199$。更一般地，上述推导表明对于任意 A，其奇异值可以由 A^TA 或 AA^T 的非零特征值确定。可能有人要问，为什么要讨论特征值的平方根呢？

一个快速但有局限性的答案是有关 A 是方阵和对称的特殊情况，因为此时 $A^TA=AA^T=A^2$。A 的任意特征值的平方就变成了线性变换 A^2 的特征值。因此，A 的任何非零特征值要么是一个奇异值，要么是 -1 乘以一个奇异值。当 A 为方阵而非对称时，A 的特征值与 A 的奇异值之间没有明显的数学关系。不过，奇异值的概念是线性变换结构的特征，并与之相关。这将在 4.5 节中变得明显，在那里我们将阐述奇异值分解的概念。不过，现在我们用一个例子来阐明当前的发展结果。

例 4.3.2　考虑方阵

$$H=\begin{bmatrix}1&0&3\\0&0&-2\\3&-2&0\end{bmatrix}\quad 和\quad F=\begin{bmatrix}1&0&3\\0&0&0\\0&-2&0\end{bmatrix}$$

注意，这个 F 在前面的几个例子中遇到过，最近的例子是例 3.5.2（在那里用 B 表示）。显然，H 是对称的，而 F 不是。计算每个矩阵的特征值和奇异值。

解　通过直接计算，

$$H^{\mathrm{T}}H=\begin{bmatrix}10 & -6 & 3\\ -6 & 4 & 0\\ 3 & 0 & 13\end{bmatrix}=HH^{\mathrm{T}},\quad F^{\mathrm{T}}F=\begin{bmatrix}1 & 0 & 3\\ 0 & 4 & 0\\ 3 & 0 & 9\end{bmatrix},\quad FF^{\mathrm{T}}=\begin{bmatrix}10 & 0 & 0\\ 0 & 0 & 0\\ 0 & 0 & 4\end{bmatrix}$$

我们从 $\boldsymbol{H}$ 开始，其特征方程为 $-\lambda^3+\lambda^2+13\lambda-4=0$，得到

- $\boldsymbol{H}$ 的特征值：$4, 1/2(-3+\sqrt{13})\approx 0.303$ 和 $1/2(-3-\sqrt{13})\approx -3.303$。

我们现在考虑 $\boldsymbol{H}^{\mathrm{T}}\boldsymbol{H}$。它的特征方程为 $-\lambda^3+27\lambda^2-177\lambda+16=0$，该方程有根 16，$1/2(11-3\sqrt{13})$ 和 $1/2(11+3\sqrt{13})$。它们分别是 $\boldsymbol{H}$ 的特征根 4，$1/2(-3+\sqrt{13})$ 和 $1/2(-3-\sqrt{13})$ 的平方。所以，

- $\boldsymbol{H}$ 的奇异值是 $4, 1/2(-3+\sqrt{13})\approx 0.303$ 和 $1/2(3+\sqrt{13})\approx 3.303$。

对称方阵 $\boldsymbol{H}$ 有三个不同的非零特征值和三个不同的奇异值，其中两个奇异值与特征值匹配，因为另一个特征值是负的，所以第三个奇异值（即 3.303）是 $\boldsymbol{H}$ 的第三个特征值的相反数。另外，$\boldsymbol{H}$ 的特征向量与 $\boldsymbol{H}^{\mathrm{T}}\boldsymbol{H}=\boldsymbol{H}\boldsymbol{H}^{\mathrm{T}}$ 的特征向量相同。所有这些都是 $\boldsymbol{H}$ 为对称矩阵的结果。

我们现在把注意力转向非对称的 $\boldsymbol{F}$。它的特征方程是 $-\lambda^3+\lambda^2=0$，所以，

- $\boldsymbol{F}$ 的特征值为 $1,0,0$。

我们发现特征值 0 只有一个线性无关的特征向量。因此，矩阵 $\boldsymbol{F}$ 既是不可逆的，因为它有一个零特征值，也是亏损的，因为至少有一个特征值的几何重数（即 1）小于它的代数重数（2）。我们现在考虑 $\boldsymbol{F}^{\mathrm{T}}\boldsymbol{F}$ 和 $\boldsymbol{F}\boldsymbol{F}^{\mathrm{T}}$。$\boldsymbol{F}\boldsymbol{F}^{\mathrm{T}}$ 的特征值分别为 10，0，4。这些也是 $\boldsymbol{F}^{\mathrm{T}}\boldsymbol{F}$ 的特征值。因此每一个矩阵都是不可逆的，但是不像 $\boldsymbol{F}$，它们是完备的（不是亏损的）。取平方根，我们得出结论

- $\boldsymbol{F}$ 的奇异值是 $\sqrt{10}$ 和 2。

我们以一个使用更大矩阵的例子来结束这一节，以演示如何有效地确定重要的数。

例 4.3.3　考虑例 3.5.4 中的 $\boldsymbol{\Phi}$。我们删除了全为零的第一行（它对当前的例子没有任何作用），获得以下 9×3 矩阵：

$$\boldsymbol{\Phi}=\begin{bmatrix}0.2 & 0.04 & 0.008\\ 0.6 & 0.36 & 0.216\\ 1.2 & 1.44 & 1.728\\ 2.0 & 4.0 & 8.0\\ 3.0 & 9.0 & 27.0\\ 4.3 & 19.36 & 85.18\\ 5.2 & 26.01 & 132.7\\ 5.7 & 34.81 & 205.4\\ 6.3 & 39.69 & 250.0\end{bmatrix}$$

求出 $\boldsymbol{\Phi}$ 的奇异值，然后找到由 $\boldsymbol{\Phi}^{\mathrm{T}}\boldsymbol{\Phi}$ 的特征向量组成的 $\mathbb{R}^3$ 的一组正交基。最后，描述一种有效的方法来获得由 $\boldsymbol{\Phi}\boldsymbol{\Phi}^{\mathrm{T}}$ 特征向量组成的 $\mathbb{R}^9$ 的正交基。

解　因为 $\boldsymbol{\Phi}^{\mathrm{T}}\boldsymbol{\Phi}$ 是 3×3 的，而 $\boldsymbol{\Phi}\boldsymbol{\Phi}^{\mathrm{T}}$ 是 9×9 的，如果任意一个矩阵都可以用来计算一些东西，那么使用前者（即使是使用软件）会更容易。我们首先通过使用 $\boldsymbol{\Phi}^{\mathrm{T}}\boldsymbol{\Phi}$ 来确定奇异值，回想例 3.5.4，

$$\boldsymbol{\Phi}^{\mathrm{T}}\boldsymbol{\Phi}=\begin{bmatrix}134.71 & 710.21 & 3937.6\\ 710.21 & 3937.6 & 22451\\ 3937.6 & 22451 & 130353\end{bmatrix}$$

该矩阵的特征值为 $\lambda=1.062$，$\lambda=83.24$ 和 $\lambda=134341$。它们的平方根是 $\boldsymbol{\Phi}$ 的奇异值。因为 $\boldsymbol{\Phi}^{\mathrm{T}}\boldsymbol{\Phi}$ 是对称的，相关的特征向量是正交的（因此是线性无关的），这些特征向量是

$$\mathbb{R}^3=\operatorname{span}\left\{\underbrace{\overbrace{\begin{bmatrix}20.48\\-9.397\\1.0\end{bmatrix}}^{\boldsymbol{v}_1}}_{\lambda=1.062},\underbrace{\overbrace{\begin{bmatrix}-2.510\\-5.362\\1.0\end{bmatrix}}^{\boldsymbol{v}_2}}_{\lambda=83.24},\underbrace{\overbrace{\begin{bmatrix}1.0\\5.696\\33.06\end{bmatrix}}^{\boldsymbol{v}_3}}_{\lambda=134341}\right\}=\operatorname{span}\{\boldsymbol{v}_1,\boldsymbol{v}_2,\boldsymbol{v}_3\}\tag{4.16}$$

很容易验证这三个特征向量的正交性。

转到确定 $\mathbb{R}^9$ 的特征向量基的问题，我们首先利用 $\boldsymbol{\Phi}\boldsymbol{v}_1,\boldsymbol{\Phi}\boldsymbol{v}_2,\boldsymbol{\Phi}\boldsymbol{v}_3$ 是对应于 $\boldsymbol{\Phi}^{\mathrm{T}}\boldsymbol{\Phi}$ 特征值的 $\boldsymbol{\Phi}\boldsymbol{\Phi}^{\mathrm{T}}$ 的特征向量这一事实。

因此对于 $\lambda=1.062$，我们得到

$$\begin{bmatrix}0.2 & 0.04 & 0.008\\ 0.6 & 0.36 & 0.216\\ 1.2 & 1.44 & 1.728\\ 2.0 & 4.0 & 8.0\\ 3.0 & 9.0 & 27.0\\ 4.3 & 19.36 & 85.18\\ 5.2 & 26.01 & 132.7\\ 5.7 & 34.81 & 205.4\\ 6.3 & 39.69 & 250.0\end{bmatrix}\begin{bmatrix}20.48\\-9.397\\1.0\end{bmatrix}=\begin{bmatrix}0.165\\0.404\\0.566\\0.504\\0.171\\-0.295\\-0.326\\-0.0415\\0.268\end{bmatrix}\quad\Rightarrow\quad\boldsymbol{u}_1=\begin{bmatrix}3.98\\9.74\\13.6\\12.1\\4.11\\-7.11\\-7.85\\-1.0\\6.47\end{bmatrix}$$

第二步是缩放。对 $\boldsymbol{u}_2$ 和 $\boldsymbol{u}_3$ 进行类似的处理，得到 $\mathbb{R}^9$ 的前三个基向量为

$$\mathbb{R}^9=\operatorname{span}\left\{\underbrace{\overbrace{\begin{bmatrix}3.98\\9.74\\13.6\\12.1\\4.11\\-7.11\\-7.85\\-1.0\\6.47\end{bmatrix}}^{\boldsymbol{u}_1}}_{\lambda=1.062},\underbrace{\overbrace{\begin{bmatrix}1.0\\4.55\\12.7\\26.1\\40.6\\41.9\\27.7\\-5.52\\-30.2\end{bmatrix}}^{\boldsymbol{u}_2}}_{\lambda=83.24},\underbrace{\overbrace{\begin{bmatrix}0.002\\0.03\\0.23\\1.0\\3.27\\10.1\\15.7\\24.2\\29.4\end{bmatrix}}^{\boldsymbol{u}_3}}_{\lambda=134341}\right\}\oplus\operatorname{Null}(\boldsymbol{\Phi}\boldsymbol{\Phi}^{\mathrm{T}})\tag{4.17}$$

符号“$\bigoplus$Null($\boldsymbol{\Phi}\boldsymbol{\Phi}^{\mathrm{T}}$)”需要解释。我们从 $\boldsymbol{\Phi}^{\mathrm{T}}\boldsymbol{\Phi}$ 的正特征值对应的特征向量 $\boldsymbol{v}_i$ 出发，通过变换 $\boldsymbol{u}_i=\boldsymbol{\Phi}\boldsymbol{v}_i$，得到 $\boldsymbol{\Phi}\boldsymbol{\Phi}^{\mathrm{T}}$ 的一个正特征值对应的线性无关的完备特征向量集 $\boldsymbol{u}_i$。只须找到 $\boldsymbol{\Phi}\boldsymbol{\Phi}^{\mathrm{T}}$ 的零特征值对应的特征向量即可得到 $\mathbb{R}^9$ 的基。$\boldsymbol{\Phi}\boldsymbol{\Phi}^{\mathrm{T}}$ 的零特征值对应的特征向量张成 Null($\boldsymbol{\Phi}\boldsymbol{\Phi}^{\mathrm{T}}$)，这就是上面的式（4.17）所表示的。

为了求出张成 Null($\boldsymbol{\Phi}\boldsymbol{\Phi}^{\mathrm{T}}$) 的六个正交向量，我们可以求出对应于零特征值的 $\boldsymbol{\Phi}\boldsymbol{\Phi}^{\mathrm{T}}$ 的特征向量。稍加思考，因事先知道行阶梯形有六个全为零的行，似乎最快的手工方法是行化简 $\boldsymbol{\Phi}\boldsymbol{\Phi}^{\mathrm{T}}-0\boldsymbol{I}=\boldsymbol{\Phi}\boldsymbol{\Phi}^{\mathrm{T}}$。然而，进一步思考发现还有一种更好的方法。这是因为一个对称矩阵的不同特征值对应的特征空间是相互正交的。我们只需要使用上面的 $\boldsymbol{u}_1$，$\boldsymbol{u}_2$ 和 $\boldsymbol{u}_3$ 作为格拉姆-施密特过程中的前三个向量，就可以得到 $\mathbb{R}^9$ 的其他六个基向量。得到的六个新向量将属于 Null($\boldsymbol{\Phi}\boldsymbol{\Phi}^{\mathrm{T}}$)。虽然这种计算比较枯燥，但不像其他计算那样麻烦。从实用的角度来看，几乎任何为六维子空间［即 Null($\boldsymbol{\Phi}\boldsymbol{\Phi}^{\mathrm{T}}$)］寻找基的尝试，都会涉及某种形式的软件辅助。

4.4　弗雷德霍姆选择定理——第二次审视

我们再次考虑 3.2 节的弗雷德霍姆选择定理，初看这里似乎是一个急转弯。弗雷德霍姆选择定理是在 $\mathbb{R}^n \mapsto \mathbb{R}^n$ 的线性变换中得到的。现在要问，如果我们放宽限制让变换 $\boldsymbol{A}$ 成为 $\mathbb{R}^n \mapsto \mathbb{R}^m$ 的映射，有多少结果会延续下去?

为了回答这个问题，我们需要一个工程或应用科学方法，仔细检查 3.2 节的五个要素，丢弃与 $m=n$ 有关的任何命题、规定或限制，如 $\boldsymbol{A}$ 的行列式的概念或 $\boldsymbol{A}$ 的逆。我们也承认 $\boldsymbol{A}^{\mathrm{T}}$ 仍然有意义；然而，如果 $\boldsymbol{A}$：$\mathbb{R}^n\to\mathbb{R}^m$，则 $\boldsymbol{A}^{\mathrm{T}}$：$\mathbb{R}^m\to\mathbb{R}^n$，任何相关的（矩阵）$\boldsymbol{A}^{\mathrm{T}}\in\mathbb{M}^{n\times m}$。同样也很明显，所有 Null($\boldsymbol{A}$)，Range($\boldsymbol{A}$)，Null($\boldsymbol{A}^{\mathrm{T}}$)，Range($\boldsymbol{A}^{\mathrm{T}}$) 的概念仍然是有意义的，并且仍然是向量空间。然而，因为 $\boldsymbol{A}$：$\mathbb{R}^n\to\mathbb{R}^m$，我们看到 Null($\boldsymbol{A}$) 是 $\mathbb{R}^n$ 的子空间，而 Range($\boldsymbol{A}$) 是 $\mathbb{R}^m$ 的子空间。类似地，Null($\boldsymbol{A}^{\mathrm{T}}$)$\subset\mathbb{R}^m$，Range($\boldsymbol{A}^{\mathrm{T}}$)$\subset\mathbb{R}^n$。

假设剩下的一切都是有意义的和正确的（一个必须仔细检查的主要假设），我们关注一个关键问题：秩加零度命题中的 n（第二个要素）。它是来自“定义域 n”还是“值域 n”? 这是一个需要澄清的重要细节，因为它决定应该保持 n 还是变成 m。回答这个问题将使我们朝着正确的方向沿着正确的道路走下去。

4.4.1　弗雷德霍姆选择定理对 $\mathbb{R}^n\to\mathbb{R}^m$ 的推广

回想一下，矩阵的行秩（线性无关的行数）和矩阵的列秩（线性无关的列数）是一样的。因此，即使 $m\neq n$，$\boldsymbol{A}$ 的秩与 $\boldsymbol{A}^{\mathrm{T}}$ 的秩相同。但是，在其原始结果中，秩加零度命题是按行给出的。这样，秩加零度命题中的 n 来自“值域 n”。因此，对于 $\boldsymbol{A}$：$\mathbb{R}^n\to\mathbb{R}^m\Leftrightarrow\boldsymbol{A}\in\mathbb{M}^{m\times n}$的广义秩加零度命题，秩 $\boldsymbol{A}$＝秩 $\boldsymbol{A}^{\mathrm{T}}$ 仍然是正确的，而我们现在有两个秩加零度命题：“$\boldsymbol{A}$ 的秩＋$\boldsymbol{A}$ 的零度＝m”和“$\boldsymbol{A}^{\mathrm{T}}$ 的秩＋$\boldsymbol{A}^{\mathrm{T}}$ 的零度＝n”。因此，我们不再可能得出“$\boldsymbol{A}$ 的零度＝$\boldsymbol{A}^{\mathrm{T}}$ 的零度”的结论。

信不信由你，尽管为了理解最初的（正方形）弗雷德霍姆选择定理，已有大量的理论细节，我们现在基本上已经完成了当前（非正方形）弗雷德霍姆选择定理的理论推演。重新检查 3.2 节中其余命题背后的逻辑可以发现，当 $m \neq n$ 时，它们仍然成立。因此，弗雷德霍姆选择定理的前一个版本可推广如下。

关于 $\boldsymbol{A}$：$\mathbb{R}^n \to \mathbb{R}^m$ 的弗雷德霍姆选择定理

$$\mathbb{R}^m = \text{Range}(\boldsymbol{A}) \oplus \text{Null}(\boldsymbol{A}^{\mathrm{T}}) \text{ 使得} (\text{Range}(\boldsymbol{A}))^{\perp} = \text{Null}(\boldsymbol{A}^{\mathrm{T}})$$

$$\mathbb{R}^n = \text{Null}(\boldsymbol{A}) \oplus \text{Range}(\boldsymbol{A}^{\mathrm{T}}) \text{ 使得} (\text{Null}(\boldsymbol{A}))^{\perp} = \text{Range}(\boldsymbol{A}^{\mathrm{T}})$$

注意，每种情况下的直和命题在第二个正交补命题中是隐式的。尽管如此，我们还是将弗雷德霍姆选择定理定义写成上面那样，既是为了强调，也是为了提醒大家注意原向量空间。另一种叙述 $(\textbf{Range}(\boldsymbol{A}))^{\perp} = \text{Null}(\boldsymbol{A}^{\mathrm{T}})$ 的方式如下。

- 如果 $\boldsymbol{A}$：$\mathbb{R}^n \to \mathbb{R}^m$，并且 $\boldsymbol{b} \in \mathbb{R}^m$，那么当且仅当 $\boldsymbol{b} \cdot \boldsymbol{w} = 0$ 对于所有 $\boldsymbol{w} \in \mathbb{R}^m$，当 $\boldsymbol{A}^{\mathrm{T}}\boldsymbol{w} = \boldsymbol{0}$ 时，$\boldsymbol{A}\boldsymbol{x} = \boldsymbol{b}$ 有一个解 $\boldsymbol{x} \in \mathbb{R}^n$。

这个命题是以可解性条件的形式表述的。此外，根据前面的考虑，我们陈述如下。

- 如果 $\boldsymbol{x}$ 是 $\boldsymbol{A}\boldsymbol{x} = \boldsymbol{b}$ 的解，那么对于任意满足 $\boldsymbol{A}\boldsymbol{z} = \boldsymbol{0}$ 的 $\boldsymbol{z}$，$\boldsymbol{x} + \boldsymbol{z}$ 也是解。

要解释在第一个表述中出现的“所有 $\boldsymbol{w}$”，我们可以通过使用 $\text{Null}(\boldsymbol{A}^{\mathrm{T}})$ 中的每个基向量写出一个单独的可解性条件来完成。要解释上面第二个表述中出现的“所有 $\boldsymbol{z}$”，可以通过将 $\text{Null}(\boldsymbol{A})$ 的所有基向量的一般线性组合加到 $\boldsymbol{x}$ 中来完成。

例 4.4.1　考虑线性方程组 $\boldsymbol{C}\boldsymbol{x} = \boldsymbol{b}$，其中 $\boldsymbol{C} \in \mathbb{M}^{4 \times 2}$ 为

$$\boldsymbol{C} = \begin{bmatrix} 1 & -2 \\ 2 & 2 \\ -1 & 0 \\ 1 & 1 \end{bmatrix}$$

求出可解性条件，或能保证有解 $\boldsymbol{x}$ 的关于 $\boldsymbol{b}$ 的分量的条件。特别地，通过两种不同方法计算结果：(a) 直接在原系统上使用行变换，(b) 援引弗雷德霍姆选择定理。

解

(a) 行变换

$$\left[\begin{array}{cc|c} 1 & -2 & b_1 \\ 2 & 2 & b_2 \\ -1 & 0 & b_3 \\ 1 & 1 & b_4 \end{array}\right] \xrightarrow[\text{变换}]{\text{行初等}} \left[\begin{array}{cc|c} 1 & -2 & b_1 \\ 0 & 1 & b_3 + b_4 \\ 0 & 0 & b_1 + 3b_3 + 2b_4 \\ 0 & 0 & b_1 + b_2 + 3b_3 \end{array}\right]$$

因此，存在两个必须满足的可解条件：

$$b_1 + 3b_3 + 2b_4 = 0, \quad b_1 + b_2 + 3b_3 = 0 \tag{4.18}$$

(b) 弗雷德霍姆选择定理　我们通过求解 $\boldsymbol{C}^{\mathrm{T}}\boldsymbol{x} = \boldsymbol{0}$ 找到 $\text{Null}(\boldsymbol{C}^{\mathrm{T}})$，其中 $\boldsymbol{x} \in \mathbb{R}^4$。同样，我们使用行变换：

$$\left[\begin{array}{cccc|c} 1 & 2 & -1 & 1 & 0 \\ -2 & 2 & 0 & 1 & 0 \end{array}\right] \xrightarrow[\text{变换}]{\text{行初等}} \left[\begin{array}{cccc|c} 1 & 2 & -1 & 1 & 0 \\ 0 & 1 & -1/3 & 1/2 & 0 \end{array}\right]$$

由此我们很容易得到 $\boldsymbol{C}^{\mathrm{T}}\boldsymbol{x}=\boldsymbol{0}$ 的通解，形为

$$\begin{bmatrix}x_1\\x_2\\x_3\\x_4\end{bmatrix}=x_3\begin{bmatrix}1/3\\1/3\\1\\0\end{bmatrix}+x_4\begin{bmatrix}0\\-1/2\\0\\1\end{bmatrix}\quad\Rightarrow\quad \mathrm{Null}(\boldsymbol{C}^{\mathrm{T}})=\mathrm{span}\left\{\begin{bmatrix}1\\1\\3\\0\end{bmatrix},\begin{bmatrix}0\\1\\0\\-2\end{bmatrix}\right\}$$

其中我们选取 x_3 和 x_4 的值使分数消除。可以对这个集合进行正交化，但我们没有这样做，因为这样不会产生明显的收益。要求 $\boldsymbol{b}$ 与上述两个基向量正交，给出了以下形式的可解性条件：

$$b_1+b_2+3b_3=0,\quad b_2-2b_4=0 \tag{4.19}$$

这与式（4.18）等价。

4.4.2　弗雷德霍姆选择定理与奇异值的关系

在 2.5 节中我们首次看到了一个线性变换 $\boldsymbol{A}$ 如何生成四个标准不变子空间：$\mathrm{Null}(\boldsymbol{A})$，$\mathrm{Range}(\boldsymbol{A})$，$\mathrm{Null}(\boldsymbol{A}^{\mathrm{T}})$，$\mathrm{Range}(\boldsymbol{A}^{\mathrm{T}})$。我们已经在 4.4.1 节看到弗雷德霍姆选择定理是如何提供这些子空间之间的基本关系的，尤其是与求解线性系统的可能性有关的子空间。使用这些关系通常相当于用基向量进行计算。正如我们现在要展示的，获得这些基向量的一种方法是遵循弗雷德霍姆选择定理和奇异值之间的基本联系。换句话说，我们现在证明，在 4.4 节开始时的转弯——它突然把我们从奇异值带回到弗雷德霍姆选择定理——根本不是弯路。

我们继续研究从 $\mathbb{R}^n$ 到 $\mathbb{R}^m$ 的任意线性变换 $\boldsymbol{A}$。设 $\boldsymbol{v}_1,\boldsymbol{v}_2,\cdots,\boldsymbol{v}_n\in\mathbb{R}^n$ 是 $\mathbb{R}^n$ 的一组标准正交基，其中每个基向量是 $\boldsymbol{A}^{\mathrm{T}}\boldsymbol{A}$ 的一个特征向量。如果 $\mathrm{Nullity}(\boldsymbol{A}^{\mathrm{T}}\boldsymbol{A})>0$，定义 $\bar{n}=n-\mathrm{Nullity}\boldsymbol{A}^{\mathrm{T}}\boldsymbol{A}<n$。对上述特征向量基进行排序，使 $\boldsymbol{v}_{\bar{n}+1},\cdots,\boldsymbol{v}_n$ 为 $\boldsymbol{A}^{\mathrm{T}}\boldsymbol{A}$ 的零特征值对应的基特征向量。（如果没有零特征值，则 $\bar{n}=n$。）这意味着 $\boldsymbol{A}^{\mathrm{T}}\boldsymbol{A}$ 关于基特征向量 $\boldsymbol{v}_1,\boldsymbol{v}_2,\cdots,\boldsymbol{v}_{\bar{n}}$ 的特征值是正的，它们的平方根产生 $\boldsymbol{A}$ 的奇异值。考虑任何一个基特征向量 $\boldsymbol{v}_i$，$i\leqslant\bar{n}$)，$\lambda_i>0$ 为相关的特征值，则 $\boldsymbol{A}^{\mathrm{T}}\boldsymbol{A}\boldsymbol{v}_i=\lambda_i\boldsymbol{v}_i$，即 $\boldsymbol{v}_i=\boldsymbol{A}^{\mathrm{T}}\boldsymbol{x}$，其中 $\boldsymbol{x}=(1/\lambda_i)\boldsymbol{A}\boldsymbol{v}_i$。这证明了 $\boldsymbol{v}_i\in\mathrm{Range}(\boldsymbol{A}^{\mathrm{T}})$。再考虑后面的任意基特征向量 $\boldsymbol{v}_i$，$i>\bar{n}$。相关特征值为零，从而 $\boldsymbol{A}^{\mathrm{T}}\boldsymbol{A}\boldsymbol{v}_i=\boldsymbol{0}$。因此，$0=\boldsymbol{v}_i\cdot\boldsymbol{0}=\boldsymbol{v}_i\cdot\boldsymbol{A}^{\mathrm{T}}\boldsymbol{A}\boldsymbol{v}_i=\boldsymbol{A}\boldsymbol{v}_i\cdot\boldsymbol{A}\boldsymbol{v}_i$，这就得到 $\boldsymbol{A}\boldsymbol{v}_i=\boldsymbol{0}$。这样，$\boldsymbol{v}_i\in\mathrm{Null}(\boldsymbol{A})$。因为 $\mathrm{Range}(\boldsymbol{A}^{\mathrm{T}})$ 和 $\mathrm{Null}(\boldsymbol{A})$ 是具有基向量 $\boldsymbol{v}_1,\boldsymbol{v}_2,\cdots,\boldsymbol{v}_n$ 的 $\mathbb{R}^n$ 的正交补，所以这个推导建立了下面的结果。

> 对于线性变换 $\boldsymbol{A}$：$\mathbb{R}^n\to\mathbb{R}^m$，设 $\boldsymbol{v}_1,\boldsymbol{v}_2,\cdots,\boldsymbol{v}_n\in\mathbb{R}^n$ 是 $\mathbb{R}^n$ 的一组由 $\boldsymbol{A}^{\mathrm{T}}\boldsymbol{A}$ 的特征向量组成的标准正交基。对这些基向量进行排序，使零特征值（对应的基向量）出现在 $i=\bar{n}+1,\bar{n}+2,\cdots,n$ 中，则
>
> $$\mathrm{Range}\ (\boldsymbol{A}^{\mathrm{T}})=\mathrm{span}\ \{\boldsymbol{v}_1,\boldsymbol{v}_2,\cdots,\boldsymbol{v}_{\bar{n}}\} \tag{4.20}$$
>
> $$\mathrm{Null}\ (\boldsymbol{A})=\mathrm{span}\{\boldsymbol{v}_{\bar{n}+1},\boldsymbol{v}_{\bar{n}+2},\cdots,\boldsymbol{v}_n\} \tag{4.21}$$

当将 $\boldsymbol{A}\boldsymbol{A}^{\mathrm{T}}$ 的特征向量 $\boldsymbol{u}_1,\boldsymbol{u}_2,\cdots,\boldsymbol{u}_m\in\mathbb{R}^m$ 作为 $\mathbb{R}^m$ 的标准正交基时，应用类似的过程，

得到下面的结果。

对于线性变换 $\boldsymbol{A}$：$\mathbb{R}^n \to \mathbb{R}^m$，设 $\boldsymbol{u}_1, \boldsymbol{u}_2, \cdots, \boldsymbol{u}_m \in \mathbb{R}^m$ 是 $\mathbb{R}^m$ 的一组由 $\boldsymbol{A}\boldsymbol{A}^{\mathrm{T}}$ 的特征向量组成的标准正交基。对这些基向量进行排序，使零特征值（对应的基向量）出现在 $i=\bar{n}+1, \bar{n}+2, \cdots, m$ 中，则

$$\mathrm{Range}(\boldsymbol{A}) = \mathrm{span}\{\boldsymbol{u}_1, \boldsymbol{u}_2, \cdots, \boldsymbol{u}_{\bar{n}}\} \tag{4.22}$$

$$\mathrm{Null}(\boldsymbol{A}^{\mathrm{T}}) = \mathrm{span}\{\boldsymbol{u}_{\bar{n}+1}, \boldsymbol{u}_{\bar{n}+2}, \cdots, \boldsymbol{u}_m\} \tag{4.23}$$

注意，式（4.22）和式（4.23）中出现的 $\bar{n}$ 值与式（4.20）和式（4.21）中出现的 $\bar{n}$ 值相同，即

$$\bar{n} = \dim(\mathrm{Range}\ (\boldsymbol{A})) = \dim(\mathrm{Range}\ (\boldsymbol{A}^{\mathrm{T}})) \leqslant \mathrm{Min}\ (m, n)$$

下一个例子展示了如何使用这些关系来提供应用弗雷德霍姆选择定理时所采用的基向量。

例 4.4.2 按照规定的列向量 $\boldsymbol{b}$ 分别考虑以下四个以 $\boldsymbol{x}$ 为未知列向量的线性方程组：

$$\underbrace{\begin{bmatrix} 1 & 2 & -1 & 1 \\ -2 & 2 & 0 & 1 \end{bmatrix}}_{\boldsymbol{A}} \begin{bmatrix} x_1 \\ x_2 \\ x_3 \\ x_4 \end{bmatrix} = \begin{bmatrix} b_1 \\ b_2 \end{bmatrix}, \quad \underbrace{\begin{bmatrix} 1 & -2 \\ 2 & 2 \\ -1 & 0 \\ 1 & 1 \end{bmatrix}}_{\boldsymbol{C}=\boldsymbol{A}^{\mathrm{T}}} \begin{bmatrix} x_1 \\ x_2 \end{bmatrix} = \begin{bmatrix} b_1 \\ b_2 \\ b_3 \\ b_4 \end{bmatrix}$$

$$\underbrace{\begin{bmatrix} 1 & 0 & 3 \\ 0 & 0 & -2 \\ 3 & -2 & 0 \end{bmatrix}}_{\boldsymbol{H}} \begin{bmatrix} x_1 \\ x_2 \\ x_3 \end{bmatrix} = \begin{bmatrix} b_1 \\ b_2 \\ b_3 \end{bmatrix}, \quad \underbrace{\begin{bmatrix} 1 & 0 & 3 \\ 0 & 0 & 0 \\ 0 & -2 & 0 \end{bmatrix}}_{\boldsymbol{F}} \begin{bmatrix} x_1 \\ x_2 \\ x_3 \end{bmatrix} = \begin{bmatrix} b_1 \\ b_2 \\ b_3 \end{bmatrix}$$

例 4.3.1 研究了矩阵 $\boldsymbol{A}$，例 4.4.1 研究了矩阵 $\boldsymbol{C}$。例 4.3.2 彻底分析了矩阵 $\boldsymbol{H}$ 和 $\boldsymbol{F}$。出于显而易见的原因，我们将这四个系统称为 $\boldsymbol{Ax}=\boldsymbol{b}, \boldsymbol{Cx}=\boldsymbol{b}, \boldsymbol{Hx}=\boldsymbol{b}$ 和 $\boldsymbol{Fx}=\boldsymbol{b}$。在每种情况下，我们都要利用式（4.20）～（4.23）来得到可解性条件或与 $\boldsymbol{b}$ 的分量有关的条件，当满足可解性条件时，描述解 $\boldsymbol{x}$ 的非唯一性程度。

解

- 对于 $\boldsymbol{Ax}=\boldsymbol{b}$，我们使用例 4.3.1 中的某些结果。由式（4.23）和式（4.15），$\mathrm{Null}(\boldsymbol{A}^{\mathrm{T}})$ 仅由零向量组成。因此，对于任意 $\boldsymbol{b}$ 一般都满足可解性条件。特解 $\boldsymbol{x}_{\mathrm{p}}$ 总是可以通过添加属于 $\mathrm{Null}(\boldsymbol{A})$ 的任何向量来更新。根据式（4.21）和式（4.14），这表示任何下述形式的向量都是一个解：

$$\boldsymbol{x} = \boldsymbol{x}_{\mathrm{p}} + c_1 \begin{bmatrix} 0 \\ -1 \\ 0 \\ 2 \end{bmatrix} + c_2 \begin{bmatrix} 5 \\ 4 \\ 15 \\ 2 \end{bmatrix}$$

- 对于 $\boldsymbol{Cx}=\boldsymbol{b}$，我们继续从例 4.3.1 中得出结果，同时注意到这样一个事实：

$$\text{Null}\,(\boldsymbol{C}^{\mathrm{T}}) = \text{Null}\,((\boldsymbol{A}^{\mathrm{T}})^{\mathrm{T}}) = \text{Null}\,(\boldsymbol{A}) = \text{span}\left\{\begin{bmatrix}0\\-1\\0\\2\end{bmatrix},\begin{bmatrix}5\\4\\15\\2\end{bmatrix}\right\}$$

因此有两个可解性条件必须满足：

$$-b_2+2b_4=0,\quad 5b_1+4b_2+15b_3+2b_4=0 \tag{4.24}$$

子空间 Null($\boldsymbol{C}$) 仅由零向量组成。如果上述可解性条件满足，并且 $\boldsymbol{x}_{\mathrm{p}}$ 是一个特解，那么 $\boldsymbol{x}_{\mathrm{p}}$ 是唯一解。

- 对于 $\boldsymbol{Hx}=\boldsymbol{b}$，我们从例 4.3.2 中得出结果，其中我们计算了 $\boldsymbol{H}^{\mathrm{T}}\boldsymbol{H}$ 和 $\boldsymbol{HH}^{\mathrm{T}}$ 的特征值。在那个例子中，我们没有计算特征向量。对于 $\boldsymbol{H}$，这并不重要，因为 $\boldsymbol{H}^{\mathrm{T}}\boldsymbol{H}$ 和 $\boldsymbol{HH}^{\mathrm{T}}$ 的特征值都是非零的。因此 $\boldsymbol{H}^{\mathrm{T}}$ 和 $\boldsymbol{H}$ 的零度都是零，即 $\boldsymbol{H}^{\mathrm{T}}$ 和 $\boldsymbol{H}$ 的零空间都只由零向量组成。从而对于所有的 $\boldsymbol{b}$ 都满足可解性条件，并且给定的特解 $\boldsymbol{x}_{\mathrm{p}}$ 是唯一解。所有这些结果都可以从方阵 $\boldsymbol{H}$ 的可逆性直接得到。

- 对于 $\boldsymbol{Fx}=\boldsymbol{b}$，我们也从例 4.3.2 中得出结果，在例 4.3.2 中，我们计算了 $\boldsymbol{F}^{\mathrm{T}}\boldsymbol{F}$ 和 $\boldsymbol{FF}^{\mathrm{T}}$ 的特征值（因此也有奇异值），而没有计算特征向量。现在，因为 $\lambda=0$ 是 $\boldsymbol{F}^{\mathrm{T}}\boldsymbol{F}$ 和 $\boldsymbol{FF}^{\mathrm{T}}$ 的特征值，我们需要这些特征向量。特征值 $\lambda=0$ 是 $\boldsymbol{F}^{\mathrm{T}}\boldsymbol{F}$ 和 $\boldsymbol{FF}^{\mathrm{T}}$ 的一个多重特征值（回想一下，对称矩阵的几何重数与代数重数是一致的）。对于零特征值，$\boldsymbol{F}^{\mathrm{T}}\boldsymbol{F}$ 的特征向量为 $\begin{bmatrix}-3\\0\\1\end{bmatrix}$，这是 Null($\boldsymbol{F}$) 的基向量。$\boldsymbol{FF}^{\mathrm{T}}$ 对应的特征向量为 $\begin{bmatrix}0\\1\\0\end{bmatrix}$，因此是 Null($\boldsymbol{F}^{\mathrm{T}}$) 的基向量。因此，可解性条件为 $b_2=0$（这是通过检查系统 $\boldsymbol{Fx}=\boldsymbol{b}$ 可以得到的明显结果）。如果 $\boldsymbol{x}_{\mathrm{p}}$ 是一个特解，则下面的 $\boldsymbol{x}$ 都是解：

$$\boldsymbol{x}=\boldsymbol{x}_{\mathrm{p}}+c_1\begin{bmatrix}-3\\0\\1\end{bmatrix}$$

- 虽然在问题陈述中没有要求，但研究 $\boldsymbol{F}^{\mathrm{T}}\boldsymbol{x}=\boldsymbol{b}$ 的答案是有指导意义的。在这种情况下，我们仅仅交换了 Null($\boldsymbol{F}$) 和 Null($\boldsymbol{F}^{\mathrm{T}}$) 的角色。该问题的可解性条件为 $-3b_1+b_3=0$。如果 $\boldsymbol{x}_{\mathrm{p}}$ 是一个特解，则下面的 $\boldsymbol{x}$ 都是解：

$$\boldsymbol{x}=\boldsymbol{x}_{\mathrm{p}}+c_1\begin{bmatrix}0\\1\\0\end{bmatrix}$$

对于相对较小的线性系统，上述例子中使用的步骤可能不如更直接的计算（如例 4.4.1中使用的计算）有效。实际上，我们注意到例 4.4.1 中考虑的问题本质上与前面例子中考虑的 $\boldsymbol{Cx}=\boldsymbol{b}$ 情况相同。这里我们注意到，式（4.24）给出的结果等价于式（4.18）和式（4.19）。

在最后两个例子的基础上，我们必须承认，还不清楚为什么要费心研究更深层次的联系式（4.20）～式(4.23)。回报将在本章的最后两节中澄清，当线性系统变大或变病态时，将发展出特别有用的方法。为了准备这个问题，我们考虑一个例子来演示如何使用式（4.20）～式(4.23)，在线性系统变大时，必须注意可能的舍入误差。实际上，下面的例子使用了例 4.3.3 中的 9×3 矩阵，它不是很大，但至少比迄今为止使用过的其他矩阵要大。

例 4.4.3　考虑例 4.3.3 中的 9×3 矩阵 $\boldsymbol{\Phi}$。设

$$\boldsymbol{a}=\begin{bmatrix}1\\1\\1\end{bmatrix}\in\mathbb{R}^3,\quad \boldsymbol{p}=\begin{bmatrix}1\\1\\1\\1\\1\\1\\1\\1\\1\end{bmatrix}\in\mathbb{R}^9$$

把 $\boldsymbol{a}$ 表示为 $\boldsymbol{a}=\boldsymbol{b}+\boldsymbol{c}$，使得 $\boldsymbol{b}\in\mathrm{Range}(\boldsymbol{\Phi}^{\mathrm{T}})$ 和 $\boldsymbol{c}\in\mathrm{Null}(\boldsymbol{\Phi})$。然后把 $\boldsymbol{p}$ 表示为 $\boldsymbol{p}=\boldsymbol{q}+\boldsymbol{r}$，使得 $\boldsymbol{q}\in\mathrm{Range}(\boldsymbol{\Phi})$ 和 $\boldsymbol{r}\in\mathrm{Null}(\boldsymbol{\Phi}^{\mathrm{T}})$。

解　从 $\boldsymbol{a}=\boldsymbol{b}+\boldsymbol{c}$ 开始，我们由式（4.16）和式（4.20）得到 $\mathbb{R}^3=\mathrm{Range}(\boldsymbol{\Phi}^{\mathrm{T}})$，所以 $\mathrm{Null}(\boldsymbol{\Phi})=\{0\}$。因此，$\boldsymbol{b}=\boldsymbol{a}$，$\boldsymbol{c}=\boldsymbol{0}$。转到 $\boldsymbol{p}=\boldsymbol{q}+\boldsymbol{r}$，由式（4.17）和式（4.22）得到

$$\boldsymbol{q}=c_1\boldsymbol{u}_1+c_2\boldsymbol{u}_2+c_3\boldsymbol{u}_3$$

其中 $\boldsymbol{u}_1,\boldsymbol{u}_2,\boldsymbol{u}_3$ 来自式（4.17）。因为 $\boldsymbol{u}_i$ 是相互正交的以及 $\boldsymbol{q}\cdot\boldsymbol{r}=0$，我们可以通过正交投影求出 c_1,c_2,c_3，即

$$c_i=\frac{\boldsymbol{p}\cdot\boldsymbol{u}_i}{\boldsymbol{u}_i\cdot\boldsymbol{u}_i},\quad i=1,2,3$$

这就得到

$$c_1=0.0554,\quad c_2=0.0199,\quad c_3=0.0464$$

因此，

$$\boldsymbol{q}=\begin{bmatrix}0.241\\0.632\\1.019\\1.237\\1.187\\0.909\\0.844\\0.957\\1.122\end{bmatrix}\quad\Rightarrow\quad \boldsymbol{r}=\boldsymbol{p}-\boldsymbol{q}=\begin{bmatrix}0.759\\0.368\\-0.019\\-0.237\\-0.187\\0.091\\0.156\\0.043\\-0.122\end{bmatrix}$$

要验证 $\boldsymbol{r}\in \text{Null}(\boldsymbol{\Phi}^{\mathrm{T}})$，只需要计算 $\boldsymbol{\Phi}^{\mathrm{T}}\boldsymbol{r}$ 是 $\mathbb{R}^3$ 中的零向量即可。使用

$$\boldsymbol{\Phi}^{\mathrm{T}}\boldsymbol{r}=\begin{bmatrix}0.2 & 0.6 & 1.2 & 2.0 & 3.0 & 4.3 & 5.2 & 5.7 & 6.3\\ 0.04 & 0.36 & 1.44 & 4.0 & 9.0 & 19.36 & 26.01 & 34.81 & 39.69\\ 0.008 & 0.216 & 1.728 & 8.0 & 27.0 & 85.18 & 132.7 & 205.4 & 250.0\end{bmatrix}\begin{bmatrix}0.759\\ 0.368\\ -0.019\\ -0.237\\ -0.187\\ 0.091\\ 0.156\\ 0.043\\ -0.122\end{bmatrix}$$

我们得到

$$\boldsymbol{\Phi}^{\mathrm{T}}\boldsymbol{r}=\begin{bmatrix}-0.0062\\ -0.02155\\ -0.107492\end{bmatrix}\tag{4.25}$$

这就引出了一个明显的问题：

考虑到我们在计算过程中进行了四舍五入，是否可以将其视为零向量，以确认我们的过程？

在数值方法中有许多方面会导致数值零偏离真正的零。例如，向量 $\boldsymbol{r}$ 四舍五入到最接近的千分位。$\boldsymbol{\Phi}^{\mathrm{T}}$ 的第三行四舍五入到四位有效数字，在千分位处也被截断。我们回想例 4.3.3，$\boldsymbol{\Phi\Phi}^{\mathrm{T}}$ 的三个正特征值跨度五个数量级——这可能是一个值得关注的原因。问题在于，这个数量级的差异是否会产生足够的数值噪声和舍入误差，从而使理论零向量采用式（4.25）中的数值形式。为了回答这个问题，我们放弃了人工计算，而是使用一个标准软件包来存储所有的计算结果，并带有包含 $\boldsymbol{\Phi}^{\mathrm{T}}$ 和 $\boldsymbol{r}$ 的机器标准的有效位数。在没有人工干预的情况下，同样的计算序列得到

$$\boldsymbol{\Phi}^{\mathrm{T}}\boldsymbol{r}=\begin{bmatrix}0.791\\ 1.010\\ -2.487\end{bmatrix}\times 10^{-12}$$

对机器精度来说，这就是零向量。这就证实了 $\boldsymbol{r}$ 确实在 $\text{Null}(\boldsymbol{\Phi}^{\mathrm{T}})$ 中。

关于基集的特征描述式（4.20）～式(4.23)，另一个有用的事实已经在 4.3 节的特征向量相关命题中出现。式（4.20）中的基向量与式（4.22）中的基向量一一对应。这个结果在下一节中会很有用，所以我们在这里陈述它。式（4.20）和式（4.22）中的标准正交基向量集可以这样构造：

$$\boldsymbol{u}_i=(1/\sqrt{\lambda_i})\boldsymbol{A}\boldsymbol{v}_i,\quad \boldsymbol{v}_i=(1/\sqrt{\lambda_i})\boldsymbol{A}^{\mathrm{T}}\boldsymbol{u}_i,\quad i=1,2,\cdots,\bar{n}\tag{4.26}$$

注意 $\sqrt{\lambda_i}$ 是正奇异值。如果 $\boldsymbol{v}_i(i=1,2,\cdots,\bar{n})$ 是通过 $\boldsymbol{A}^{\mathrm{T}}\boldsymbol{A}$ 的特征值和特征向量的分析得到的，那么通过式（4.26）的第一个等式，可以从这些 $\boldsymbol{v}_i$ 中计算出相应的 $\boldsymbol{u}_i$。后者的标准正交性由前者的标准正交性而来，因为

$$\boldsymbol{u}_j \cdot \boldsymbol{u}_k = \left(\frac{1}{\sqrt{\lambda_j}}\right)\boldsymbol{A}\boldsymbol{v}_j \cdot \left(\frac{1}{\sqrt{\lambda_k}}\right)\boldsymbol{A}\boldsymbol{v}_k = \frac{1}{\sqrt{\lambda_j\lambda_k}}(\boldsymbol{v}_j \cdot (\boldsymbol{A}^{\mathrm{T}}\boldsymbol{A})\boldsymbol{v}_k)$$

$$= \frac{1}{\sqrt{\lambda_j\lambda_k}}(\boldsymbol{v}_j \cdot \lambda_k\boldsymbol{v}_k) = \sqrt{\frac{\lambda_k}{\lambda_j}}\boldsymbol{v}_j \cdot \boldsymbol{v}_k$$

相反，当首先获得 $\boldsymbol{u}_i$ 时，随后使用式（4.26）的第二个等式来得到 $\boldsymbol{v}_i$。从 $\boldsymbol{v}_j \cdot \boldsymbol{v}_k$ 开始的类似计算表明，$\boldsymbol{u}_i$ 的标准正交性保证了 $\boldsymbol{v}_i$ 的标准正交性。

4.5　奇异值分解

前两节的推导为更清楚地理解从 $\mathbb{R}^n$ 到 $\mathbb{R}^m$ 的线性变换提供了基础。我们由此考虑这样一个线性变换 $\boldsymbol{C}$，其矩阵表示在标准基下为 $\boldsymbol{C} \in \mathbb{M}^{m\times n}$。4.3 节的推导结果确定了 $\boldsymbol{C}^{\mathrm{T}}\boldsymbol{C}$ 的特征向量为 $\mathbb{R}^n$ 提供了一组正交基，而 $\boldsymbol{C}\boldsymbol{C}^{\mathrm{T}}$ 的特征向量为 $\mathbb{R}^m$ 提供了一组正交基。在本节中，虽然我们用 $\boldsymbol{C}$ 代替 $\boldsymbol{A}$ 来表示线性变换，但我们将继续用 $\boldsymbol{u}_i(i=1,2,\cdots,m)$ 表示 $\boldsymbol{C}\boldsymbol{C}^{\mathrm{T}}$ 的基特征向量，用 $\boldsymbol{v}_i(i=1,2,\cdots,n)$ 表示 $\boldsymbol{C}^{\mathrm{T}}\boldsymbol{C}$ 的基特征向量。使用变换 $\boldsymbol{C}$ 和矩阵 $\boldsymbol{C}$ 的原因很快就会明了。

首先，我们回忆一下 $\boldsymbol{C}^{\mathrm{T}}\boldsymbol{C}$ 的非零特征值是正的，并且与 $\boldsymbol{C}\boldsymbol{C}^{\mathrm{T}}$ 的非零特征值相同。我们还记得，这些正特征值的正平方根是**奇异值**。由奇异值产生的 $\boldsymbol{u}_i$ 可以与由奇异值产生的 $\boldsymbol{v}_i$ 一一对应，即使当 $m \neq n$ 时这些向量来自不同的向量空间。这个求出每个集合的前 $\bar{n}$ 个特征向量的任务是通过式（4.26）来完成的。后面的关于 $i=\bar{n}+1,\cdots,m$ 的特征向量 $\boldsymbol{u}_i$，以及关于 $i=\bar{n}+1,\cdots,n$ 的 $\boldsymbol{v}_i$，分别为 $\boldsymbol{C}\boldsymbol{C}^{\mathrm{T}}$ 和 $\boldsymbol{C}^{\mathrm{T}}\boldsymbol{C}$ 的零特征值对应的特征向量。

所有这些联系表明，我们用基 $\boldsymbol{v}_i(i=1,2,\cdots,n)$ 表示线性变换 $\boldsymbol{C}$ 的输入，用基 $\boldsymbol{u}_i(i=1,2,\cdots,m)$ 表示线性变换 $\boldsymbol{C}$ 的输出。在这样做的过程中，我们继续假定基向量的排序满足式（4.26）。

执行各种基变换运算的步骤在 2.2 节中描述过。在那节的表示法中，由于 $\boldsymbol{C}$ 描述了在标准基下的矩阵表示，我们使用附加上标的符号 $\boldsymbol{C}^{(\mathrm{s}\to\mathrm{s})}$ 来表示这个 $\boldsymbol{C}$。因此，未加修饰的 $\boldsymbol{C}$ 对应于 $\boldsymbol{C}^{(\mathrm{s}\to\mathrm{s})}$。我们分别在输入基 $\boldsymbol{v}_i$ 和输出基 $\boldsymbol{u}_i$ 下寻找 $\boldsymbol{C}$ 的矩阵表示。按照 2.2 节的表示法，我们希望求出 $\boldsymbol{C}^{(\mathrm{i}\to\mathrm{o})}$。

式（2.20）对于一个线性变换的矩阵表示的任何基变换给出了可操作的公式，使用的符号方案涉及两个不同的定义域基［通过使用标记 d（旧基）或 d′（新基）在式（2.20）中区分开］和两个不同的值域基［使用 r（旧基）和 r′（新基）来区分］。因此，现在我们使用式（2.20），其中标记 d′表示自然输入基 i，标记 r′表示自然输出基 o，标记 d 表示标准输入基 s，标记 r 表示标准输出基（也用 s 表示）。所以，

$$\boldsymbol{C}^{(\mathrm{i}\to\mathrm{o})} = \boldsymbol{A}^{(\mathrm{s}\to\mathrm{o})}\boldsymbol{C}\boldsymbol{A}^{(\mathrm{i}\to\mathrm{s})}，因为\ \boldsymbol{C} = \boldsymbol{C}^{(\mathrm{s}\to\mathrm{s})} \tag{4.27}$$

正如在 2.2 节中，我们使用矩阵符号 $\boldsymbol{A}$ 来表示各种基的变换矩阵 $\boldsymbol{A}^{(\mathrm{s}\to\mathrm{o})}$ 和 $\boldsymbol{A}^{(\mathrm{i}\to\mathrm{s})}$。这就是为什么我们不希望用 $\boldsymbol{A}$ 来表示线性变换。矩阵 $\boldsymbol{A}^{(\mathrm{s}\to\mathrm{o})}$ 是 $m\times m$ 的，而矩阵 $\boldsymbol{A}^{(\mathrm{i}\to\mathrm{s})}$ 是 $n\times n$ 的。

按照例 4.2.1 和例 4.2.2 提供的计算路线来确定这两个矩阵。具体地，用标准正交特征向量为列组合成

$$\boldsymbol{A}^{(\mathrm{i}\to\mathrm{s})}=\left[\underbrace{\boldsymbol{v}_1\mid\cdots\mid\boldsymbol{v}_{\bar{n}}}_{\lambda>0}\mid\underbrace{\boldsymbol{v}_{\bar{n}+1}\mid\cdots\mid\boldsymbol{v}_n}_{\lambda=0}\right]\equiv\boldsymbol{V}\in\mathbb{M}^{n\times n}$$

$$\boldsymbol{A}^{(\mathrm{o}\to\mathrm{s})}=\left[\underbrace{\boldsymbol{u}_1\mid\cdots\mid\boldsymbol{u}_{\bar{n}}}_{\lambda>0}\mid\underbrace{\boldsymbol{u}_{\bar{n}+1}\mid\cdots\mid\boldsymbol{u}_m}_{\lambda=0}\right]\equiv\boldsymbol{U}\in\mathbb{M}^{m\times m}$$

以及

$$\boldsymbol{A}^{(\mathrm{s}\to\mathrm{i})}=\boldsymbol{V}^{\mathrm{T}},\quad \boldsymbol{A}^{(\mathrm{s}\to\mathrm{o})}=\boldsymbol{U}^{\mathrm{T}}$$

因此式（4.27）的线性变换为

$$\boldsymbol{C}^{(\mathrm{i}\to\mathrm{o})}=\boldsymbol{U}^{\mathrm{T}}\boldsymbol{C}\boldsymbol{V}$$

我们现在将通过确定 $\boldsymbol{C}^{(\mathrm{i}\to\mathrm{o})}$ 的单个分量来计算这个表达式，注意式（4.26）的第一个部分给出了 $\boldsymbol{C}\boldsymbol{v}_i=\sqrt{\lambda_i}\boldsymbol{u}_i$，$i=1,2,\cdots,\bar{n}$，而式（4.21）给出了 $\boldsymbol{C}\boldsymbol{v}_i=\boldsymbol{0}$，$i=\bar{n}+1,\bar{n}+2,\cdots,n$。汇总这些结果：

$$\boldsymbol{C}\boldsymbol{v}_i=\begin{cases}\sqrt{\lambda_i}\boldsymbol{u}_i, & i=1,2,\cdots,\bar{n}\\ 0, & i=\bar{n}+1,\bar{n}+2,\cdots,n\end{cases}$$

因此，$m\times n$ 矩阵乘积 $\boldsymbol{CV}$，当以其列表示时，就有以下的形式：

$$\boldsymbol{CV}=\left[\underbrace{\boldsymbol{C}\boldsymbol{v}_1\mid\cdots\mid\boldsymbol{C}\boldsymbol{v}_{\bar{n}}}_{\lambda>0}\mid\underbrace{\boldsymbol{C}\boldsymbol{v}_{\bar{n}+1}\mid\cdots\mid\boldsymbol{C}\boldsymbol{v}_n}_{\lambda=0}\right]=\left[\underbrace{\sqrt{\lambda_1}\boldsymbol{u}_1\mid\cdots\mid\sqrt{\lambda_{\bar{n}}}\boldsymbol{u}_{\bar{n}}}_{\lambda>0}\mid\underbrace{0\mid\cdots\mid0}_{\lambda=0}\right]$$

用 $\boldsymbol{U}^{\mathrm{T}}$ 左乘这个矩阵得到 $\boldsymbol{C}^{(\mathrm{i}\to\mathrm{o})}$。记 $\boldsymbol{C}^{(\mathrm{i}\to\mathrm{o})}$ 的 i,j 元素为 Σ_{ij}。我们注意到 $m\times m$ 矩阵 $\boldsymbol{U}^{\mathrm{T}}$ 的行是特征向量 $\boldsymbol{u}_i$，因此 $\boldsymbol{\Sigma}_{ij}$ 取决于列数 j 是否大于或小于 $\bar{n}$。如果 $j\leqslant\bar{n}$，Σ_{ij} 由标量积 $\boldsymbol{u}_i\cdot\sqrt{\lambda_j}\boldsymbol{u}_j$ 给出，根据正交性，如果 $i=j$，则等于$\sqrt{\lambda_i}$，如果 $i\neq j$，则等于零。从而

$$\Sigma_{ij}=\begin{cases}\sqrt{\lambda_i}, & i=j\leqslant\bar{n}\\ 0, & \text{其他}\end{cases}\tag{4.28}$$

元素为 Σ_{ij} 的 $m\times n$ 矩阵是 $\boldsymbol{C}^{(\mathrm{i}\to\mathrm{o})}$。它在式（4.28）中的形式是对角线上具有奇异值$\sqrt{\lambda_i}$，其他地方为零，将其称为**奇异值矩阵**。表示这个矩阵常用的符号是 $\boldsymbol{\Sigma}$。用这个符号重写我们之前的基变换公式 $\boldsymbol{C}^{(\mathrm{i}\to\mathrm{o})}=\boldsymbol{U}^{\mathrm{T}}\boldsymbol{CV}$，就得到下面的式子。

$$\boldsymbol{\Sigma}=\boldsymbol{U}^{\mathrm{T}}\boldsymbol{CV}\quad\Leftrightarrow\quad\boldsymbol{C}=\boldsymbol{U}\boldsymbol{\Sigma}\boldsymbol{V}^{\mathrm{T}}\tag{4.29}$$

上面两个式子中的第一个只是用新的符号重写了原来的基变换式（4.27）；第二个是 $\boldsymbol{U}$ 和 $\boldsymbol{V}$ 是正交矩阵（它们的逆是它们的转置）的结论（在第一个式子左乘 $\boldsymbol{U}$ 和右乘 $\boldsymbol{V}^{\mathrm{T}}$ 得到）。尽管式（4.29）是在寻求线性变换以自然基系统表示时得到的，这些公式也可以从矩阵分解的角度来考虑。式（4.29）的第二个式子称为**奇异值分解**，它把原矩阵 $\boldsymbol{C}$ 分解为两个正交矩阵（$\boldsymbol{U}$ 和 $\boldsymbol{V}$）与奇异值矩阵的乘积。注意，任何矩阵都可以这样分解。这与 4.2.1 节的用特征值（不是奇异值）在对角线上的对角矩阵的分解定理明显不同。那种分解并不总是可能的——原矩阵必须是完备方阵。相比之下，奇异值分解对任何矩阵都是可能的。

例 4.5.1　验证例 4.3.2 中 3×3 矩阵 $\boldsymbol{F}$ 的奇异值分解。为了方便起见，这里重写出矩阵 $\boldsymbol{F}$。

$$\boldsymbol{F}=\begin{bmatrix}1&0&3\\0&0&0\\0&-2&0\end{bmatrix}$$

解　在那个例子中，我们求出

$$\boldsymbol{F}^{\mathrm{T}}\boldsymbol{F}=\begin{bmatrix}1&0&3\\0&4&0\\3&0&9\end{bmatrix},\quad \boldsymbol{F}\boldsymbol{F}^{\mathrm{T}}=\begin{bmatrix}10&0&0\\0&0&0\\0&0&4\end{bmatrix}$$

在这里，$\boldsymbol{F}\boldsymbol{F}^{\mathrm{T}}$ 的特征值是 10,0,4，因此奇异值是 $\sqrt{10}$ 和 2。将特征值排序为 $\lambda_1=10,\lambda_2=4,\lambda_3=0$，得到 $\bar{n}=2$，因此奇异值矩阵为

$$\boldsymbol{\Sigma}=\begin{bmatrix}\sqrt{10}&0&0\\0&2&0\\0&0&0\end{bmatrix}$$

对于特征值 $\lambda_1=10$，我们计算 $\boldsymbol{F}^{\mathrm{T}}\boldsymbol{F}$ 的特征向量 $\boldsymbol{v}_1$ 和 $\boldsymbol{F}\boldsymbol{F}^{\mathrm{T}}$ 的特征向量 $\boldsymbol{u}_1$：

$$\lambda_1=10\quad\Rightarrow\quad \boldsymbol{v}_1=\begin{bmatrix}1\\0\\3\end{bmatrix},\quad \boldsymbol{u}_1=\begin{bmatrix}1\\0\\0\end{bmatrix}$$

对于特征值 $\lambda_2=4$，我们计算 $\boldsymbol{F}^{\mathrm{T}}\boldsymbol{F}$ 的特征向量 $\boldsymbol{v}_2$ 和 $\boldsymbol{F}\boldsymbol{F}^{\mathrm{T}}$ 的特征向量 $\boldsymbol{u}_2$：

$$\lambda_2=4\quad\Rightarrow\quad \boldsymbol{v}_2=\begin{bmatrix}0\\1\\0\end{bmatrix},\quad \boldsymbol{u}_2=\begin{bmatrix}0\\0\\1\end{bmatrix}$$

对于特征值 $\lambda_3=0$，我们计算 $\boldsymbol{F}^{\mathrm{T}}\boldsymbol{F}$ 的特征向量 $\boldsymbol{v}_3$ 和 $\boldsymbol{F}\boldsymbol{F}^{\mathrm{T}}$ 的特征向量 $\boldsymbol{u}_3$：

$$\lambda_3=0\quad\Rightarrow\quad \boldsymbol{v}_3=\begin{bmatrix}-3\\0\\1\end{bmatrix},\quad \boldsymbol{u}_3=\begin{bmatrix}0\\1\\0\end{bmatrix}$$

正如预期的那样，向量 $\{\boldsymbol{v}_1,\boldsymbol{v}_2,\boldsymbol{v}_3\}$ 是相互正交的，向量 $\{\boldsymbol{u}_1,\boldsymbol{u}_2,\boldsymbol{u}_3\}$ 也是。而且，集合 $\{\boldsymbol{u}_1,\boldsymbol{u}_2,\boldsymbol{u}_3\}$ 中的每个向量的长度已经为 1，这意味着集合 $\{\boldsymbol{u}_1,\boldsymbol{u}_2,\boldsymbol{u}_3\}$ 为 $\boldsymbol{F}\boldsymbol{F}^{\mathrm{T}}$ 提供了一个规范正交基。因此，

$$\boldsymbol{U}=\begin{bmatrix}1&0&0\\0&0&1\\0&1&0\end{bmatrix}$$

转到另一个集合，规范化 $\{\boldsymbol{v}_1,\boldsymbol{v}_2,\boldsymbol{v}_3\}$（为简单起见，重新为它们指定相同的名称），得到

$$\boldsymbol{v}_1=\frac{1}{\sqrt{10}}\begin{bmatrix}1\\0\\3\end{bmatrix},\quad \boldsymbol{v}_2=\begin{bmatrix}0\\1\\0\end{bmatrix},\quad \boldsymbol{v}_3=\frac{1}{\sqrt{10}}\begin{bmatrix}-3\\0\\1\end{bmatrix}\quad\Rightarrow\quad \boldsymbol{V}=\frac{\sqrt{10}}{10}\begin{bmatrix}1&0&-3\\0&\sqrt{10}&0\\3&0&1\end{bmatrix}$$

$\boldsymbol{V}$ 和 $\boldsymbol{U}$ 满足 $\boldsymbol{V}^{\mathrm{T}}\boldsymbol{V}=\boldsymbol{I}$ 和 $\boldsymbol{U}^{\mathrm{T}}\boldsymbol{U}=\boldsymbol{I}$。最后我们检查结果。

$$\begin{aligned}\boldsymbol{U\Sigma V}^{\mathrm{T}} &= \begin{bmatrix}1 & 0 & 0\\0 & 0 & 1\\0 & 1 & 0\end{bmatrix}\begin{bmatrix}\sqrt{10} & 0 & 0\\0 & 2 & 0\\0 & 0 & 0\end{bmatrix}\begin{bmatrix}1/\sqrt{10} & 0 & 3/\sqrt{10}\\0 & 1 & 0\\-3/\sqrt{10} & 0 & 1/\sqrt{10}\end{bmatrix}\\ &= \begin{bmatrix}1 & 0 & 3\\0 & 0 & 0\\0 & 2 & 0\end{bmatrix}\neq \boldsymbol{F}\end{aligned}$$

得出矛盾。

插曲　在距高谭市 14 英里的韦恩庄园地下的蝙蝠洞里。

"神圣的奇异值蝙蝠侠，最后一行给了 2，而不是 −2！"

"稳住，罗宾，将……有……一个合理的解释。"

罗宾："怎么?！我们完全按照程序来做的！"

蝙蝠侠："是吗?"

罗宾："等一下，$\det \boldsymbol{U}=-1$，但 $\det \boldsymbol{V}=1$。它们不应该是一样的吗?！"

蝙蝠侠："猜得不错，但仅仅是一个猜测。这个程序对 $\boldsymbol{U}$ 和 $\boldsymbol{V}$ 的行列式之间的关系没有明确的要求。怎么……嗯……嗯，还有另一个显式需求，式 (4.26)。"

神童："天哪，蝙蝠侠，用 $\boldsymbol{u}_1$ 和 $\boldsymbol{v}_1$ 我们得到

$$\frac{1}{\sqrt{\lambda_1}}\boldsymbol{C}\boldsymbol{v}_1=\frac{1}{\sqrt{10}}\begin{bmatrix}1 & 0 & 3\\0 & 0 & 0\\0 & -2 & 0\end{bmatrix}\begin{bmatrix}1/\sqrt{10}\\0\\3/\sqrt{10}\end{bmatrix}=\frac{1}{\sqrt{10}}\begin{bmatrix}\sqrt{10}\\0\\0\end{bmatrix}=\boldsymbol{u}_1$$

但是用 $\boldsymbol{u}_2$ 和 $\boldsymbol{v}_2$ 我们得到

$$\frac{1}{\sqrt{\lambda_2}}\boldsymbol{C}\boldsymbol{v}_2=\frac{1}{\sqrt{4}}\begin{bmatrix}1 & 0 & 3\\0 & 0 & 0\\0 & -2 & 0\end{bmatrix}\begin{bmatrix}0\\1\\0\end{bmatrix}=\frac{1}{2}\begin{bmatrix}0\\0\\-2\end{bmatrix}=-\boldsymbol{u}_2\,!$$

蝙蝠侠："就是它！特征向量仍然是特征向量，即使它的方向颠倒了。我们要做的就是对 $\boldsymbol{u}_2$ 或 $\boldsymbol{v}_2$ 乘以－1。"

神童："但不是两者都乘，否则符号会相互抵消，式（4.26）将再次受挫！"

蝙蝠侠："又对了，老朋友。"

用负向量替换上面 $\mathbf{V}$ 的第二列，我们现在处理

$$\mathbf{V}=\frac{\sqrt{10}}{10}\begin{bmatrix}1 & 0 & -3\\ 0 & -\sqrt{10} & 0\\ 3 & 0 & 1\end{bmatrix}$$

它满足 $\mathbf{V}^{\mathrm{T}}\mathbf{V}=\boldsymbol{I}$。现在检查

$$\boldsymbol{U\Sigma V}^{\mathrm{T}}=\begin{bmatrix}1 & 0 & 0\\ 0 & 0 & 1\\ 0 & 1 & 0\end{bmatrix}\begin{bmatrix}\sqrt{10} & 0 & 0\\ 0 & 2 & 0\\ 0 & 0 & 0\end{bmatrix}\begin{bmatrix}1/\sqrt{10} & 0 & 3/\sqrt{10}\\ 0 & -1 & 0\\ -3/\sqrt{10} & 0 & 1/\sqrt{10}\end{bmatrix}$$

$$=\begin{bmatrix}1 & 0 & 3\\ 0 & 0 & 0\\ 0 & -2 & 0\end{bmatrix}$$

得证。

正如这个例子所示，所有涉及奇异值分解的矩阵 $\boldsymbol{U}$，$\boldsymbol{\Sigma}$，$\mathbf{V}$ 都是相对容易求出的，尽管我们必须小心地以正确的方式将 $\boldsymbol{u}$ 特征向量基与 $\boldsymbol{v}$ 特征向量基联系起来。

例 4.5.2 再次考虑例 4.3.3 的 9×3 矩阵 $\boldsymbol{\Phi}$：

$$\boldsymbol{\Phi}=\begin{bmatrix}0.2 & 0.04 & 0.008\\ 0.6 & 0.36 & 0.216\\ 1.2 & 1.44 & 1.728\\ 2.0 & 4.0 & 8.0\\ 3.0 & 9.0 & 27.0\\ 4.3 & 19.36 & 85.18\\ 5.2 & 26.01 & 132.7\\ 5.7 & 34.81 & 205.4\\ 6.3 & 39.69 & 250.0\end{bmatrix}$$

(a) 求出这个 $\boldsymbol{\Phi}$ 的奇异值矩阵 $\boldsymbol{\Sigma}$，使得它的奇异值从大到小沿对角线排列。

(b) 利用（a）部分的 $\boldsymbol{\Sigma}$，求与奇异值分解相关的 3×3 矩阵 $\mathbf{V}$。

(c) 描述与（a）和（b）部分叙述的奇异值分解相关的 9×9 矩阵 $\boldsymbol{U}$ 的找解过程。

(d) 设 $\boldsymbol{\Psi}$ 是 3×9 矩阵 $\boldsymbol{\Psi}=\boldsymbol{\Phi}^{\mathrm{T}}$，求这个 $\boldsymbol{\Psi}$ 的奇异值矩阵 $\boldsymbol{\Sigma}$，使得它的奇异值从大到小沿对角线排列。

解 例 4.3.3 的结果表明，3×3 矩阵 $\boldsymbol{\Phi}^{\mathrm{T}}\boldsymbol{\Phi}$ 的特征值为 $\lambda=1.062$，$\lambda=83.24$ 和

$\lambda=134341$。

(a) 因此奇异值为$\sqrt{1.062}=1.030$，$\sqrt{83.24}=9.123$，$\sqrt{134341}=366.5$。从而

$$\boldsymbol{\Sigma}=\begin{bmatrix}366.5 & 0 & 0\\ 0 & 9.123 & 0\\ 0 & 0 & 1.030\\ 0 & 0 & 0\\ 0 & 0 & 0\\ 0 & 0 & 0\\ 0 & 0 & 0\\ 0 & 0 & 0\\ 0 & 0 & 0\end{bmatrix}$$

(b) 根据例 4.5.1 的计算，由式（4.16）给出的特征向量来构造矩阵 $\boldsymbol{V}$。这些特征向量在按列排列成 $\boldsymbol{V}$ 之前需要规范化和重新排序。这样就得到

$$\boldsymbol{V}=\begin{bmatrix}0.0298 & 0.4180 & 0.9080\\ 0.1697 & 0.8931 & -0.4167\\ \underbrace{0.9850}_{\sqrt{\lambda}=366.5} & \underbrace{-0.1665}_{\sqrt{\lambda}=9.123} & \underbrace{0.0443}_{\sqrt{\lambda}=1.030}\end{bmatrix}$$

(c) 9×9 矩阵 $\boldsymbol{U}$ 的前三列为 $(1/\sqrt{\lambda})\boldsymbol{\Phi v}$，其中 $\boldsymbol{v}$ 为 $\boldsymbol{V}$ 对应的列。例如 $\boldsymbol{U}$ 的第一列为

$$\frac{1}{366.5}\begin{bmatrix}0.2 & 0.04 & 0.008\\ 0.6 & 0.36 & 0.216\\ 1.2 & 1.44 & 1.728\\ 2.0 & 4.0 & 8.0\\ 3.0 & 9.0 & 27.0\\ 4.3 & 19.36 & 85.18\\ 5.2 & 26.01 & 132.7\\ 5.7 & 34.81 & 205.4\\ 6.3 & 39.69 & 250.0\end{bmatrix}\begin{bmatrix}0.0298\\ 0.1697\\ 0.9850\end{bmatrix}=\begin{bmatrix}6\times10^{-5}\\ 8\times10^{-4}\\ 0.005\\ 0.024\\ 0.077\\ 0.238\\ 0.369\\ 0.569\\ 0.691\end{bmatrix}$$

注意，它的长度自动为 1。接下来的两列类似，并且自动具有长度 1。所有三个列向量将自动相互正交。$\boldsymbol{U}$ 的其余六列可以通过格拉姆-施密特过程，将前三个列向量扩展成 $\mathbb{R}^9$ 的一个标准正交基来找到。这就确保这些向量为 $\boldsymbol{\Phi\Phi}^{\mathrm{T}}$ 关于零特征值的特征向量。

用格拉姆-施密特过程得到 U 的最后六列的确切过程可能会引出一个问题。这个过程需要用 $\mathbb{R}^9$ 中的 6 个"起始向量"来扩充已经得到的 3 个向量。这 $3+6=9$ 个向量必须是线性无关的。虽然我们可以事先获得所有六个新的起始向量，但这不是必要的。也就是说，由于格拉姆-施密特过程是按顺序进行的，所以在每个阶段都可以使用"任意的"易于处理的启动向量，比如 $\mathbb{R}^9$ 标准基向量中的一个（具有 8 个分量 0 和 1 个分量 1）。只要新向量与前面的向量保持线性无关，格拉姆-施密特方法就可以工作。如果它不是线性无关的，那么这会在计算中变得很清楚，因为它会产生一个除以 0 的除法。只要没有被零除，这个过

程是极好的。然而，如果出现了被零除的情况，那么就停止，返回去，用不同的起始向量重复该步骤。

(d)

$$\boldsymbol{\Sigma}=\begin{bmatrix}1.030 & 0 & 0 & 0 & 0 & 0 & 0 & 0 & 0\\ 0 & 9.123 & 0 & 0 & 0 & 0 & 0 & 0 & 0\\ 0 & 0 & 366.5 & 0 & 0 & 0 & 0 & 0 & 0\end{bmatrix}$$

4.6　广义逆——第二次审视

在 3.5 节中介绍了广义逆，它提供了一个正式的线性算子来求解 3.4 节中给出的正规方程。当相关线性算子在标准意义上不可逆时，在寻找线性方程组的最佳解时，得到了正规方程。在这种情况下，广义逆是最接近标准逆的方法。在 3.5.1 节中，广义逆被用来求解最小二乘问题。

在 3.5 节中，对这些问题的考虑仅限于方阵情况（相同数量的方程与未知数）。因此，迄今为止，广义逆算子只在方阵中研究过。然而，我们已经向长方形矩阵迈进了一步。回想一下，在 3.5.1 节中，我们描述了当原始系统包含不同数量的方程和未知数时，正规方程是如何支配最佳求逆的。对于这种更一般的长方形情况，仍然可以构造用于完成这种特殊求逆操作的广义逆函数。实际上，这种构造可以按照 3.5 节中描述的步骤进行，因为所有的步骤也适用于长方形矩阵。

我们使用前面在例 4.4.1 中遇到过的 4×2 矩阵 $\boldsymbol{C}$ 来演示这种构造。在该例中，将 $\boldsymbol{C}$ 视为四个方程两个未知数的线性系统的系数矩阵，重点讨论了相关的可解性条件。例 4.4.2 分析了与此 $\boldsymbol{C}$ 相关的值域与零空间的更深层次关系。在下面的例子中，我们构造它的广义逆。

例 4.6.1　求下列矩阵的广义逆 $\boldsymbol{C}^{\dagger}$：

$$\boldsymbol{C}=\begin{bmatrix}1 & 2\\ 2 & 2\\ -1 & 0\\ 1 & 1\end{bmatrix}$$

解　首先回想一下广义逆必须做什么。给定任何 $\boldsymbol{b}\in\mathbb{R}^4$，广义逆 $\boldsymbol{C}^{\dagger}$ 必须识别特定的未知向量 $\boldsymbol{x}\in\mathbb{R}^2$，我们之前将其标记为 $\hat{\boldsymbol{x}}$，它提供了 $\boldsymbol{Cx}=\boldsymbol{b}$ 的最佳解。我们所说的“最佳解”是指最佳的 $\hat{\boldsymbol{x}}$ 满足 3.5 节的条件。注意，由于广义逆必须把 $\boldsymbol{b}\in\mathbb{R}^4$ 映射到 $\hat{\boldsymbol{x}}\in\mathbb{R}^2$，因此 $\boldsymbol{C}^{\dagger}\in\mathbb{M}^{2\times 4}$。

现在我们将按照例 3.5.2 中所述的相同步骤来计算这个 2×4 矩阵。为此，我们以列形式 $[\hat{\boldsymbol{x}}_1\,|\,\hat{\boldsymbol{x}}_2\,|\,\hat{\boldsymbol{x}}_3\,|\,\hat{\boldsymbol{x}}_4]$ 来构造 $\boldsymbol{C}^{\dagger}$，其中 $\hat{\boldsymbol{x}}_1\in\mathbb{R}^2$ 是 $\boldsymbol{Cx}_1=\boldsymbol{b}_1=\begin{bmatrix}1\\0\\0\\0\end{bmatrix}$ 的最佳解，$\hat{\boldsymbol{x}}_2\in\mathbb{R}^2$ 是

$Cx_2=b_2=\begin{bmatrix}0\\1\\0\\0\end{bmatrix}$的最佳解，等等。这样的最佳解 $\hat{x}_i$ 是通过求解的正规方程 $C^TC\hat{x}_i=C^Tb_i$ 得到的。我们通过写出每个情况下对应于 $[C^TC|C^Tb_i]$ 的增广矩阵，然后用行化简来完成这项任务。我们注意到下面简单满意的结果：

$$C^TC=\begin{bmatrix}7&3\\3&9\end{bmatrix}$$

并且有

$$C^T\begin{bmatrix}1\\0\\0\\0\end{bmatrix}=\begin{bmatrix}1\\-2\end{bmatrix},\quad C^T\begin{bmatrix}0\\1\\0\\0\end{bmatrix}=\begin{bmatrix}2\\2\end{bmatrix},\quad C^T\begin{bmatrix}0\\0\\1\\0\end{bmatrix}=\begin{bmatrix}-1\\0\end{bmatrix},\quad C^T\begin{bmatrix}0\\0\\0\\1\end{bmatrix}=\begin{bmatrix}1\\1\end{bmatrix}$$

由于必须对每个不同的右端向量 C^Tb_i 执行相同的行变换，我们再次使用一个更大的增广矩阵 $[C^TC|C^Tb_1|C^Tb_2|C^Tb_3|C^Tb_4]$，然后执行行变换，将 C^TC 分块变成行阶梯形，即

$$\left[\begin{array}{cc|c|c|c|c}7&3&1&2&-1&1\\3&9&-2&2&0&1\end{array}\right]\xrightarrow[\text{变换}]{\text{行初等}}$$
$$\left[\begin{array}{cc|c|c|c|c}1&3&-2/3&2/3&0&1/3\\0&1&-17/54&4/27&1/18&2/27\end{array}\right]$$

在这种情况下，增广方程组对于右端四个不同的常数向量都有唯一解。我们得到

$$\hat{x}_1=\begin{bmatrix}5/18\\-17/54\end{bmatrix},\quad \hat{x}_2=\begin{bmatrix}2/9\\4/27\end{bmatrix},\quad \hat{x}_3=\begin{bmatrix}-1/6\\1/18\end{bmatrix},\quad \hat{x}_4=\begin{bmatrix}1/9\\2/27\end{bmatrix}$$

因此，

$$C^{\dagger}=\frac{1}{54}\begin{bmatrix}15&12&-9&6\\-17&8&3&4\end{bmatrix}=\begin{bmatrix}0.2778&0.2222&-0.1667&0.1111\\-0.3148&0.1481&0.5555&0.0741\end{bmatrix}$$

回想一下，在例 3.5.2 中，我们为一个不可逆的 3×3 矩阵 B 构造了广义逆 $B^{\dagger}$。在那种情况下，我们计算了 $BB^{\dagger}$ 和 $B^{\dagger}B$；这些乘积都是 3×3 矩阵，但都不是 3×3 单位矩阵。在上例中，我们为一个 4×2 矩阵 C 构造了广义逆 $C^{\dagger}$。在这种情况下，有趣的是，我们发现

$$CC^{\dagger}=\frac{1}{54}\begin{bmatrix}1&-2\\2&2\\-1&0\\3&1\end{bmatrix}\begin{bmatrix}15&12&-9&6\\-17&8&3&4\end{bmatrix}$$
$$=\begin{bmatrix}0.9074&-0.0741&-0.2778&-0.0370\\-0.0741&0.7407&-0.2222&0.3704\\-0.2778&-0.2222&0.1667&-0.1111\\-0.0370&0.3704&-0.1111&0.1852\end{bmatrix}$$

和

$$C^{\dagger}C=\frac{1}{54}\begin{bmatrix}15&12&-9&6\\-17&8&3&4\end{bmatrix}\begin{bmatrix}1&-2\\2&2\\-1&0\\3&1\end{bmatrix}=\begin{bmatrix}1&0\\0&1\end{bmatrix}$$

下面的例子演示用广义逆对不能精确求解的问题来寻找最佳解。这在根据大量数据来确定某些物理模型的参数的常见情景中特别有用。正如我们在橡胶数据例子（3.5.2 节）中所看到的，这种数据拟合通常会导致比方程（必须拟合的数据）更少的未知数（模型参数）。

例 4.6.2　在最小二乘意义下，找到满足下列线性方程组的最佳解 $\hat{\boldsymbol{x}}$：

$$\underbrace{\begin{bmatrix}1&-2\\2&2\\-1&0\\1&1\end{bmatrix}}_{\boldsymbol{C}}\underbrace{\begin{bmatrix}x_1\\x_2\end{bmatrix}}_{\boldsymbol{x}}\underbrace{\begin{bmatrix}1\\-1\\1\\-1\end{bmatrix}}_{\boldsymbol{b}}$$

解　上面的方程组 $\boldsymbol{Cx}=\boldsymbol{b}$ 有四个方程和两个未知数。第二个方程和第四个方程是矛盾的，因此没有精确解。没有精确解是从弗雷德霍姆选择定理正式得出的，特别地从例 4.4.1的式（4.18）关于这个 $\boldsymbol{C}$ 的可解性条件推断出来。我们现在的 $\boldsymbol{b}$ 向量不满足这些可解性条件。

幸好，我们仍然可以得到最小二乘意义上的最佳解。在我们可以继续进行的各种方法中，有一种方法利用了正规方程 $\boldsymbol{C}^{\mathrm{T}}\boldsymbol{C}\hat{\boldsymbol{x}}=\boldsymbol{C}^{\mathrm{T}}\boldsymbol{b}$。由此得到

$$\begin{bmatrix}7&3\\3&9\end{bmatrix}\begin{bmatrix}\hat{x}_1\\\hat{x}_2\end{bmatrix}=\begin{bmatrix}-3\\-5\end{bmatrix}\quad\Rightarrow\quad\begin{bmatrix}\hat{x}_1\\\hat{x}_2\end{bmatrix}=\begin{bmatrix}-2/9\\-13/27\end{bmatrix}$$

等价地，我们可以使用广义逆通过 $\hat{\boldsymbol{x}}=\boldsymbol{C}^{\dagger}\boldsymbol{b}$ 来计算 $\hat{\boldsymbol{x}}$，得到相同的结果：

$$\begin{bmatrix}\hat{x}_1\\\hat{x}_2\end{bmatrix}=\frac{1}{54}\begin{bmatrix}15&12&-9&6\\-17&8&3&4\end{bmatrix}\begin{bmatrix}1\\-1\\1\\-1\end{bmatrix}=\begin{bmatrix}-2/9\\-13/27\end{bmatrix}$$

4.6.1　与长方形矩阵的奇异值分解的关系

我们现在对式（4.29）的奇异值分解进行讨论，先考虑方阵，再考虑长方形矩阵。注意，如果式（4.29）中的 $\boldsymbol{C}$ 是 $n\times n$ 的，那么任何相关的 $\boldsymbol{\Sigma}$ 也是。当且仅当所有对角线元素都是严格正时，$\boldsymbol{\Sigma}$ 是可逆的。相关的 $\boldsymbol{\Sigma}^{-1}$ 是一个在对角线上具有 $\boldsymbol{\Sigma}$ 的对角线元素的倒数的对角矩阵。即

$$\boldsymbol{\Sigma}=\begin{bmatrix}\sqrt{\lambda_1} & 0 & \cdots & 0\\ 0 & \sqrt{\lambda_2} & \cdots & 0\\ \vdots & \vdots & & \vdots\\ 0 & 0 & \cdots & \sqrt{\lambda_n}\end{bmatrix} \Rightarrow \boldsymbol{\Sigma}^{-1}=\begin{bmatrix}1/\sqrt{\lambda_1} & 0 & \cdots & 0\\ 0 & 1/\sqrt{\lambda_2} & \cdots & 0\\ \vdots & \vdots & & \vdots\\ 0 & 0 & \cdots & 1/\sqrt{\lambda_n}\end{bmatrix}$$

相反，如果这样的方阵 $\boldsymbol{\Sigma}$ 不可逆，那么它必然有零元素在对角线的最后。这样一个不可逆的方阵 $\boldsymbol{\Sigma}$ 没有逆，但是它有广义逆 $\boldsymbol{\Sigma}^{\dagger}$。这个 $\boldsymbol{\Sigma}^{\dagger}$ 在它的对角线上具有 $\boldsymbol{\Sigma}$ 的正对角元素倒数的元素，但是，现在 $\boldsymbol{\Sigma}$ 的一些对角元素为零。这些零对角元素在广义逆中仍然是零，即

$$\boldsymbol{\Sigma}=\begin{bmatrix}\sqrt{\lambda_1} & 0 & \cdots & 0\\ 0 & \sqrt{\lambda_2} & \cdots & 0\\ \vdots & \vdots & & \vdots\\ 0 & 0 & \cdots & 0\end{bmatrix} \Rightarrow \boldsymbol{\Sigma}^{\dagger}=\begin{bmatrix}1/\sqrt{\lambda_1} & 0 & \cdots & 0\\ 0 & 1/\sqrt{\lambda_2} & \cdots & 0\\ \vdots & \vdots & & \vdots\\ 0 & 0 & \cdots & 0\end{bmatrix} \tag{4.30}$$

为清晰起见，我们显示 $\boldsymbol{\Sigma}$ 至少有两个正奇异值。$\sqrt{\lambda_1}$ 和 $\sqrt{\lambda_2}$。

在 $n\times n$ 矩阵 $\boldsymbol{C}$ 可逆的情况下，式（4.29）的第二个等式提供了

$$\boldsymbol{C}^{-1}=(\boldsymbol{U\Sigma V}^{\mathrm{T}})^{-1}=(\boldsymbol{V}^{\mathrm{T}})^{-1}\boldsymbol{\Sigma}^{-1}\boldsymbol{U}^{-1}=\boldsymbol{V\Sigma}^{-1}\boldsymbol{U}^{\mathrm{T}} \tag{4.31}$$

以类似的方式，对于 $\boldsymbol{C}$ 不可逆的情况，相应的论证得到下面的式子。

$$\boldsymbol{C}^{\dagger}=\boldsymbol{V\Sigma}^{\dagger}\boldsymbol{U}^{\mathrm{T}} \tag{4.32}$$

重要的是，因为式（4.29）适用于一般 $\boldsymbol{C}\in\mathbb{M}^{m\times n}$，即使 $m\neq n$，所以式（4.32）适用于任何 $\boldsymbol{C}\in\mathbb{M}^{m\times n}$。一个长方形矩阵的 $\boldsymbol{\Sigma}^{\dagger}$ 的确定是我们所期望的。也就是说，

- $m\times n$ 奇异值矩阵 $\boldsymbol{\Sigma}$ 的广义逆是 $n\times m$ 矩阵，以 $\boldsymbol{\Sigma}^{\mathrm{T}}$ 开始，保持所有的零元素不动（在对角线上和非对角线上），但用它们的倒数替换非零的对角线元素。

当 $\boldsymbol{\Sigma}$ 是方阵时，这个过程与广义逆的公式是一致的；当 $\boldsymbol{\Sigma}$ 是可逆方阵时，它与逆的公式也是一致的。

尽管式（4.31）没有提供一种特别有效的求逆方法，但是它给出的对应方法对于计算广义逆是非常有用的，特别是对于方程多于未知数的更大系统。下面，我们继续使用更适当的 4×2 矩阵，以便检验所有步骤。

例 4.6.3　矩阵 $\boldsymbol{C}$ 的广义逆在前面的例 4.6.1 中是通过直接计算得到的，其中

$$\boldsymbol{C}=\begin{bmatrix}1 & -2\\ 2 & 2\\ -1 & 0\\ 1 & 1\end{bmatrix}$$

证明利用式（4.32）的奇异值方法可以得到同样的结果。

解　如果我们已经确定了这个 $\boldsymbol{C}$ 的奇异值分解式（4.29），那么解式（4.32）将立即得到。然而，对于这个 $\boldsymbol{C}$ 我们还没有确定分解式（4.29）(尽管在 4.5 节中我们对其他几个

矩阵做了这一分解)。因此，我们首先确定分解式（4.29)。我们可以用 2×2 矩阵 $C^{\mathrm{T}}C$ 或者用 4×4 矩阵 CC^{T} 得到奇异值。前者更简单。这个矩阵在例 4.6.1 中已经计算过了，它是

$$C^{\mathrm{T}}C=\begin{bmatrix}7 & 3\\ 3 & 9\end{bmatrix}$$

它的特征值和对应的特征向量是

$$\lambda_1=8+\sqrt{10},\quad v_1=\begin{bmatrix}-1+\sqrt{10}\\ 3\end{bmatrix};\quad \lambda_2=8-\sqrt{10},\quad v_2=\begin{bmatrix}-1-\sqrt{10}\\ 3\end{bmatrix}$$

这些特征向量是自动正交的。我们将这些特征向量规范化，并将它们作为列组合成正交矩阵 V：

$$V=\frac{1}{\sqrt[4]{40}}\begin{bmatrix}\sqrt{\sqrt{10}-1} & -\sqrt{\sqrt{10}+1}\\ \sqrt{\sqrt{10}+1} & \sqrt{\sqrt{10}-1}\end{bmatrix}=\begin{bmatrix}0.5847 & -0.8112\\ 0.8112 & 0.5487\end{bmatrix}$$

鉴于根式的大量存在，我们已采用数值结果。奇异值为 $\sqrt{\lambda_1}=\sqrt{8+\sqrt{10}}=3.3410$ 和 $\sqrt{\lambda_2}=\sqrt{8-\sqrt{10}}=2.1995$。因此 4×2 奇异值矩阵为

$$\boldsymbol{\Sigma}=\begin{bmatrix}3.3410 & 0\\ 0 & 2.1995\\ 0 & 0\\ 0 & 0\end{bmatrix}$$

然后，根据式（4.26)，我们称之为 U 的 4×4 矩阵的前两列是

$$u_1=\frac{1}{\sqrt{\lambda_1}}Cv_1=\frac{1}{3.3410}\begin{bmatrix}1 & -2\\ 2 & 2\\ -1 & 0\\ 3 & 1\end{bmatrix}\begin{bmatrix}0.5847\\ 0.8112\end{bmatrix}=\begin{bmatrix}-0.3106\\ 0.8357\\ -0.1750\\ 0.4178\end{bmatrix}$$

$$u_2=\frac{1}{\sqrt{\lambda_2}}Cv_2=\frac{1}{2.1995}\begin{bmatrix}1 & -2\\ 2 & 2\\ -1 & 0\\ 3 & 1\end{bmatrix}\begin{bmatrix}-0.8112\\ 0.5487\end{bmatrix}=\begin{bmatrix}-0.9005\\ -0.2060\\ 0.3688\\ -0.1030\end{bmatrix}$$

向量 u_1 和 u_2 是自动标准正交的。将它们作为 $\mathbb{R}^4$ 的标准正交基中的前两个向量，通过格拉姆-施密特过程，得到标准正交的 u_3 和 u_4。将这些列组合成 $U=[u_1\,|\,u_2\,|\,u_3\,|\,u_4]$ 得到

$$U=\begin{bmatrix}-0.3106 & -0.9005 & 0.3043 & 0\\ 0.8357 & -0.2060 & 0.2434 & 0.4472\\ -0.1750 & 0.3688 & 0.9129 & 0\\ 0.4178 & -0.1030 & 0.1217 & -0.8944\end{bmatrix}$$

作为检查，我们对正在考虑中的 C 验证式（4.29)，

$$U\Sigma V^{\mathrm{T}}=\begin{bmatrix}-0.3106 & -0.9005 & 0.3043 & 0\\ 0.8357 & -0.2060 & 0.2434 & 0.4472\\ -0.1750 & 0.3688 & 0.9129 & 0\\ 0.4178 & -0.1030 & 0.1217 & -0.8944\end{bmatrix}\begin{bmatrix}3.3410 & 0\\ 0 & 2.1995\\ 0 & 0\\ 0 & 0\end{bmatrix}\begin{bmatrix}0.5847 & 0.8112\\ -0.8112 & 0.5487\end{bmatrix}$$

$$=\begin{bmatrix}1 & -2\\ 2 & 2\\ -1 & 0\\ 1 & 1\end{bmatrix}=C$$

奇异值矩阵 Σ 的广义逆是

$$\Sigma^{\dagger}=\begin{bmatrix}1/\sqrt{\lambda_1} & 0 & 0 & 0\\ 0 & 1/\sqrt{\lambda_2} & 0 & 0\end{bmatrix}=\begin{bmatrix}0.2993 & 0 & 0 & 0\\ 0 & 0.4547 & 0 & 0\end{bmatrix}$$

于是，代入式（4.32）得到

$$V\Sigma^{\dagger}U^{\mathrm{T}}=\begin{bmatrix}0.5847 & -0.8112\\ 0.8112 & 0.5487\end{bmatrix}\begin{bmatrix}0.2993 & 0 & 0 & 0\\ 0 & 0.4547 & 0 & 0\end{bmatrix}$$

$$\times\begin{bmatrix}-0.3106 & 0.8357 & -0.1750 & 0.4178\\ -0.9005 & -0.2060 & 0.3688 & -0.1030\\ 0.3043 & 0.2434 & 0.9129 & 0.1217\\ 0 & 0.4472 & 0 & -0.8944\end{bmatrix}$$

$$=\begin{bmatrix}0.2778 & 0.2222 & -0.1667 & 0.1111\\ -0.3148 & 0.1481 & 0.5555 & 0.0741\end{bmatrix}=C^{\dagger}$$

这与例 4.6.1 的结果一样。

从 Σ 中获取 $\Sigma^{\dagger}$ 的算法最吸引人的特点是它确定对角线元素的方式。其规则是：“如果 Σ 对应的对角线元素不为零，则取它的倒数；如果 Σ 对应的对角线元素为零时，则取为零。”显然，构造 $\Sigma^{\dagger}$ 的过程——从 Σ 的一个小的非零的对角元素到 Σ 的零元素——不是连续的。这种连续性故障应该引起某种警觉。在实际科学计算中，除非算法中包含了一个真正的零，否则我们不会期望通过一长串的数值计算得到零。不是得到一个真正的零，而是很可能遇到一个很小的数字，这个数字来自现实世界中使用带噪声的数据、机器舍入等操作。因此，基于解正规方程的数值计算可能会产生不正常的性态——输出对输入的微小变化变得极其敏感。式（4.32）所表达的用奇异值来构造广义逆的方法说明了为什么会这样。我们在后面探讨这个问题。

4.6.2 应用：滤除线性系统中的噪声

如果一种数学算法的输入的小变化会导致输出的大变化，那么它就被称为**病态**算法。这是一个普遍关注的问题，并不局限于这里讨论的广义逆问题。了解病态的来源是寻求解决方案的第一步，以消除或至少最小化不稳定性态。

在广义逆问题的情况中，我们已经对这种病态是如何产生的有了一个基本的理解——在奇异值接近零然后达到零的这个过程中有一个不连续性。识别这个过程的不连续性是一个**强净正方法**，因为它允许在任何数值变得过度不准确之前进行补救。这就提出了以下补救办法：在任何分析过程中跟踪奇异值（对角线元素），如果它们变得非常小，就提前将它们设为零，以避免不稳定的输出。了解“危险的小”意味着什么以及什么是“不稳定的输出”需要适当的工程经验和科学判断。

例如，假设我们试图反演一个线性系统$\mathfrak{B}\boldsymbol{x}=\boldsymbol{b}$以获得$\boldsymbol{x}$，其中$\mathfrak{B}$和$\boldsymbol{b}$都受到一定数量噪声的干扰。我们首先关注矩阵$\mathfrak{B}$，并假设它是$\mathfrak{B}=\boldsymbol{B}+\epsilon\boldsymbol{R}$的形式，其中$\boldsymbol{B}$给出了$\mathfrak{B}$的真实形式，它被噪声矩阵$\boldsymbol{R}$所损坏。这个噪声矩阵表示为“噪声模态形状矩阵”$\boldsymbol{R}$乘以“噪声振幅标量”$\epsilon$，该标量可以是正的，也可以是负的。因此，矩阵$\mathfrak{B}$，$\boldsymbol{B}$，$\boldsymbol{R}$的大小都是$m\times n$。虽然我们一般认为$m$较大：$m>n$，但是我们用$m=n=2$来说明问题。在这里我们考虑矩阵

$$\boldsymbol{B}=\begin{bmatrix}1 & -3\\ 2 & -6\end{bmatrix},\quad \boldsymbol{R}=\frac{\sqrt{2}}{10}\begin{bmatrix}-6 & -2\\ 3 & 1\end{bmatrix}$$

我们力图理解任何$\mathfrak{B}\boldsymbol{x}=\boldsymbol{b}$（其中$\mathfrak{B}=\boldsymbol{B}+\epsilon\boldsymbol{R}$）的解$\boldsymbol{x}$是如何依赖于小参数$\epsilon$的。因为我们目前关注的是$\mathfrak{B}$中的潜在噪声而不是$\boldsymbol{b}$中的噪声，让我们用$\boldsymbol{b}$代替后者，这样问题就写成$\mathfrak{B}\boldsymbol{x}=\boldsymbol{b}$。

如果$\mathfrak{B}$中的所有噪声都被消除，那么问题就转化为$\boldsymbol{B}\boldsymbol{x}=\boldsymbol{b}$。上面的$\boldsymbol{B}$不是可逆的（因为第二行是第一行的两倍），所以逻辑上最佳的$\boldsymbol{x}$是用最小二乘法找到的，其中广义逆是

$$\boldsymbol{B}^{\dagger}=\frac{1}{50}\begin{bmatrix}1 & 2\\ -3 & -6\end{bmatrix}$$

因此，

$$\boldsymbol{b}=\begin{bmatrix}b_1\\ b_2\end{bmatrix}\quad\Rightarrow\quad\boldsymbol{B}^{\dagger}\boldsymbol{b}=\frac{1}{50}\begin{bmatrix}b_1+2b_2\\ -3b_1-6b_2\end{bmatrix}\tag{4.33}$$

这是最小二乘解。

现在假设存在一些噪声（$\epsilon\neq0$）。因为

$$\mathfrak{B}=\begin{bmatrix}1 & -3\\ 2 & -6\end{bmatrix}+\epsilon\frac{\sqrt{2}}{10}\begin{bmatrix}-6 & -2\\ 3 & 1\end{bmatrix}\tag{4.34}$$

这将导致$\mathfrak{B}$的第二行不再是第一行的倍数。现在$\mathfrak{B}$是可逆的。它的逆为

$$\begin{aligned}\mathfrak{B}^{-1}&=\begin{bmatrix}\dfrac{1}{50}-\dfrac{3\sqrt{2}}{5\epsilon} & \dfrac{1}{25}+\dfrac{3\sqrt{2}}{10\epsilon}\\[2ex] -\dfrac{3}{50}-\dfrac{\sqrt{2}}{5\epsilon} & -\dfrac{3}{25}+\dfrac{\sqrt{2}}{10\epsilon}\end{bmatrix}\\ &=\underbrace{\begin{bmatrix}\dfrac{1}{50} & \dfrac{1}{25}\\[2ex] -\dfrac{3}{50} & -\dfrac{3}{25}\end{bmatrix}}_{\boldsymbol{B}^{\dagger}}+\frac{1}{\epsilon}\begin{bmatrix}-\dfrac{3\sqrt{2}}{5} & \dfrac{3\sqrt{2}}{10}\\[2ex] -\dfrac{\sqrt{2}}{5} & \dfrac{\sqrt{2}}{10}\end{bmatrix}\end{aligned}\tag{4.35}$$

我们现在可以用$\mathfrak{B}^{-1}\boldsymbol{b}$的形式计算出噪声问题的精确解$\boldsymbol{x}$。这个解与由式（4.33）给出的潜在问题的最小二乘解相比如何？

因为这个例子是在2×2系统中，所以我们可以用解向量$\boldsymbol{x}$的坐标x_1和x_2来进行简单的几何解释。构成$\boldsymbol{Bx}=\boldsymbol{b}$的两个方程中的每一个都对应于$(x_1, x_2)$平面上斜率为1/3的一条直线。由方程$x_1-3x_2=b_1$表示的直线在$x_2$的截距为$-b_1/3$。由方程$2x_1-6x_2=b_2$表示的直线在$x_2$的截距为$-b_2/6$。这两条线不相交，因为它们平行。**无噪声问题的最小二乘解**落在这两条直线之间的第三条平行线上。[⊖]因为$\boldsymbol{B}$的第二行是第一行的两倍，所以它对最小二乘误差大约有$2^2=4$倍的影响。这导致最小二乘误差平行线大约以4/1的比率更接近第二条直线。具体来说，最小二乘误差线斜率也为1/3，但（令$x_1=0$，得到）在x_2的截距为$(1/5)(-b_1/3)+(4/5)(-b_2/6)$。这条直线上的每个点$(x_1, x_2)$对方程$\boldsymbol{Bx}=\boldsymbol{b}$具有相同的最小的最小二乘误差。在这条直线上表示$\boldsymbol{B}^{\dagger}\boldsymbol{b}$的点最接近原点。它是最小二乘误差平行线与经过原点的垂线（即直线$3x_1+x_2=0$）的交点。该垂线与原来的两条线的交点位于第二象限和第四象限（见图4.3）。

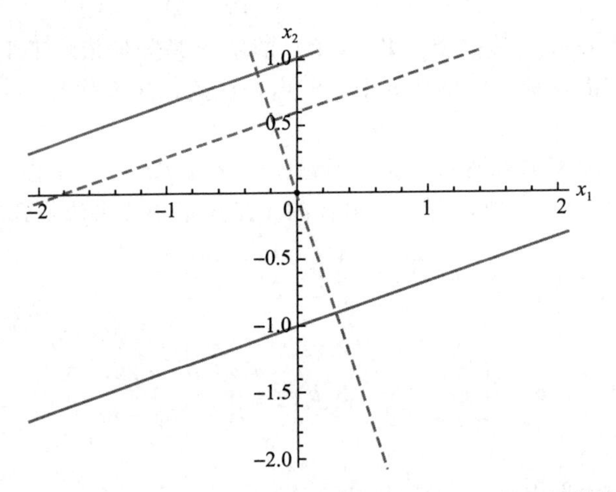

图4.3　取$\boldsymbol{b}$的分量$b_1=3, b_2=-6$，使$\boldsymbol{Bx}=\boldsymbol{b}$的第一行方程（所表示的直线）与$x_2$轴相交于$x_2=-1$，第二行方程（所表示的直线）与$x_2$轴相交于$x_2=1$。最小二乘解的平行虚线与$x_2$轴相交于$x_2=3/5$。广义逆求出位于最小二乘直线上的最接近原点的解。这可以通过过原点的斜率−3的垂线来得到。这两条虚线在第二象限相交于$(x_1, x_2)=(-9/50, 27/50)$（最小二乘解）

相比之下，**有少量噪声问题的精确解**，要么在第一象限，要么在第三象限。具体来说，噪声导致第一行直线的斜率与第二行直线的斜率略有不同。如果$\epsilon<0$，较小的斜率差会使这两条直线在第一象限很远处相交。当$\epsilon\to-0$时，这个交点渐近于无穷，意味着它到

⊖ 最小二乘问题为$\min E(\boldsymbol{x})$，其中$E(\boldsymbol{x})=[(x_1-3x_2-b_1)^2+(2x_1-6x_2-b_2)^2]=[(x_1-3x_2-b_1)^2+2^2(x_1-3x_2-b_2/2)^2]$。——译者注

原点的距离变得无穷大。类似地，如果$\epsilon>0$，较小的斜率差会使这两条直线在第三象限很远处相交。对于给定的 $\boldsymbol{b}$，微小的变化会引起这些“几乎平行”的直线的唯一交点位置的巨大变化（见图 4.4）。

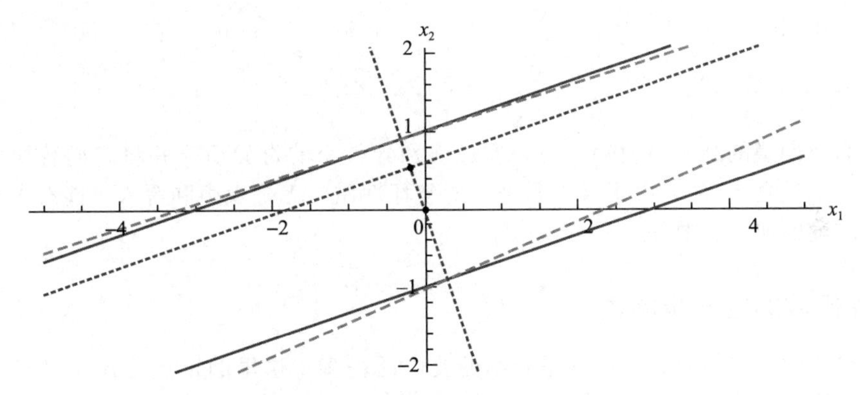

图 4.4　使用一个ϵ的小的负值改变了之前的平行线的斜率使之相交于第一象限的某处。两条长虚线与图 4.3 中相同的 $\boldsymbol{b}$ 对应，噪声振幅标量$\epsilon=-0.3$ 导致最终交点为 $(x_1,x_2)=(16.8,6.2)$。$|\epsilon|$较小的值将进一步推远交点，例如$\epsilon=-0.001$ 将交点置于 $(x_1,x_2)=(5091,1698)$

从这个角度来看，广义逆最小二乘解 $\boldsymbol{B}^{\dagger}\boldsymbol{b}$ 优于精确解 $\mathfrak{B}^{-1}\boldsymbol{b}$，即使噪声变得极小。也许更好的表述为：**特别是当噪声变得很小时，**$\boldsymbol{B}^{\dagger}\boldsymbol{b}$ 比 $\mathfrak{B}^{-1}\boldsymbol{b}$ 更可取，因为在这个极限下交点 (x_1,x_2) 要么在第一象限很远的地方，要么在第三象限很远的地方，这取决于参数是一个极小的负数还是一个极小的正数。前面的讨论实际上清楚地说明了ϵ对解 $\boldsymbol{x}=\boldsymbol{x}(\epsilon)$ 的敏感影响。这种极端的敏感性——输入的微小变化可以产生任意大的输出变化——意味着问题本身是病态的。具体的术语可能因不同的应用而异。另一种描述可能是指一个**非稳健过程**或一个**小扰动下的不稳定系统**。

如果不能很容易地确定 $\boldsymbol{B}^{\dagger}$，$\boldsymbol{B}^{\dagger}\boldsymbol{b}$ 比 $\mathfrak{B}^{-1}\boldsymbol{b}$ 更可取这一结果的用处将有限。好消息是，通过识别和消除小奇异值，很容易由$\mathfrak{B}$来确定 $\boldsymbol{B}^{\dagger}$。仅使用式（4.34）中给出的$\mathfrak{B}$的形式，我们发现其奇异值分解式（4.29）为

$$\mathfrak{B}=\underbrace{\begin{bmatrix}\sqrt{5}/5 & -2\sqrt{5}/5\\ 2\sqrt{5}/5 & \sqrt{5}/5\end{bmatrix}}_{\boldsymbol{U}}\underbrace{\begin{bmatrix}5\sqrt{2} & 0\\ 0 & \epsilon\end{bmatrix}}_{\boldsymbol{\Sigma}}\underbrace{\begin{bmatrix}\sqrt{10}/10 & -3\sqrt{10}/10\\ 3\sqrt{10}/10 & \sqrt{10}/10\end{bmatrix}}_{\boldsymbol{v}^{\mathrm{T}}} \tag{4.36}$$

我们现在可以通过式（4.32）计算广义逆，形式为$\mathfrak{B}^{\dagger}=\boldsymbol{V}\boldsymbol{\Sigma}^{\dagger}\boldsymbol{U}^{\mathrm{T}}$。如果$\epsilon\neq0$，那么$\mathfrak{B}$是可逆的，这个计算将导致$\mathfrak{B}^{\dagger}$等于$\mathfrak{B}^{-1}$，这是我们希望避免的结果。然而，我们添加了一个额外的步骤。

- 在使用$\mathfrak{B}^{\dagger}=\boldsymbol{V}\boldsymbol{\Sigma}^{\dagger}\boldsymbol{U}^{\mathrm{T}}$ 计算$\mathfrak{B}^{\dagger}$之前，我们首先丢弃 $\boldsymbol{\Sigma}$ 中非常小的奇异值，并将 $\boldsymbol{\Sigma}$ 中丢弃的值替换为零。

这样可以消除交点 (x_1,x_2) 位置的较大变化。具体来说，这个替换致使式（4.36）以下列形式计算 $\boldsymbol{\Sigma}^{\dagger}$：

$$\boldsymbol{\Sigma}^{\dagger}=\begin{bmatrix}1/5\sqrt{2} & 0\\ 0 & 0\end{bmatrix}=\begin{bmatrix}\sqrt{2}/10 & 0\\ 0 & 0\end{bmatrix}$$

这导致

$$\mathfrak{B}^{\dagger}=\underbrace{\begin{bmatrix}\sqrt{10}/10 & 3\sqrt{10}/10\\ -3\sqrt{10}/10 & \sqrt{10}/10\end{bmatrix}}_{\boldsymbol{V}}\underbrace{\begin{bmatrix}\sqrt{2}/10 & 0\\ 0 & 0\end{bmatrix}}_{\boldsymbol{\Sigma}^{\dagger}}\underbrace{\begin{bmatrix}\sqrt{5}/5 & 2\sqrt{5}/5\\ -2\sqrt{5}/5 & \sqrt{5}/5\end{bmatrix}}_{\boldsymbol{U}^{\mathrm{T}}}=\begin{bmatrix}1/50 & 1/25\\ -3/50 & -3/25\end{bmatrix}=\boldsymbol{B}^{\dagger}$$

这正是我们所期望的结果。换句话说，通过识别异常小的奇异值，并将它们替换为零，我们得到了一个逆算子 $\mathfrak{B}^{\dagger}$，由于噪声和舍入的破坏性质，无论噪声和舍入可能有多小，它比一个明显准确的逆算子要好。

关于线性代数的进一步阅读

线性代数的研究的对象远比这里介绍的要广泛得多。这里的重点是建立对有限维向量空间之间的线性变换概念的深刻和直观的理解。目的是将其作为工程问题研究的组织原则，许多问题都是通过常微分方程和偏微分方程来建模的——这些主题将在后面的章中讨论。其他具有类似宗旨的文献包括 [5] 和 [6]。它们的处理比这里更抽象一些。Keener 的文献 [5] 在第 1 章以有限维向量空间开头，而 Prosperetti 的文献 [6] 在第 18 章以有限维线性空间开头，提供了一个有趣的对比。

一旦一个基被选择，矩阵在这里是作为执行线性变换的一个操作工具。这就导致了我们在 2.1 节正式介绍的一个线性变换和它的矩阵表示之间的区别。紧接着我们介绍了向量和它们在基下的坐标表示之间也有类似的区别。关于规范形式和矩阵分解这一重要主题的信息可以在许多资料中找到，包括文献 [7]，它提供了工程应用环境中的开发。

正式地讲，这里研究的线性变换为二阶张量，因为它们作用于 $\mathbb{R}^n$ 中的向量，得到 $\mathbb{R}^m$ 中的向量。我们没有对变换本身引入线性变换的概念，这会产生高阶张量的概念。一般张量的理论超出了本书的范围。在连续介质力学中，四阶张量——将二阶张量线性变换为二阶张量——是特别重要的。在连续介质力学的背景下，可以在文献 [8] 和文献 [9] 中找到这个主题的处理方法。本书使用的符号与那些连续介质力学的处理是一致的，因此学习到本书这一点的学生已经为这些文献以及其他如文献 [10] 和文献 [11] 做好了准备。

如 3.5.2 节所述，橡胶弹性行为的单轴建模需要对多轴变形进行更一般的处理，如膨胀-拉伸-扭曲，需要文献 [8] 和文献 [9] 中所描述的连续介质力学的处理。文献 [12] 提供了基于物理的橡胶性态，同时保持高度可读的连续介质力学设置。著名的专著文献 [13] 专注于非线性弹性连续介质力学的各个方面。

最后，Knowles 的文献 [14] 非常值得推荐，它提供了线性向量空间和笛卡儿张量的简短而又完备的处理方法。

习题

4.1

1. 求下列矩阵的所有特征值。然后找到每个特征值对应的长度为 1 的特征向量：

$$\boldsymbol{B}=\begin{bmatrix}2&1\\2&1\end{bmatrix},\quad \boldsymbol{C}=\begin{bmatrix}3&0&0\\0&2&0\\4&0&1\end{bmatrix},\quad \boldsymbol{D}=\begin{bmatrix}17&0&0\\0&-1&2\\0&-5&1\end{bmatrix}$$

2. 对于下列每个矩阵，确定是否存在代数重数大于 1 的特征值，并求出这些特征值的几何重数。

$$\boldsymbol{E}=\begin{bmatrix}2&1&0\\2&1&0\\0&0&3\end{bmatrix},\quad \boldsymbol{F}=\begin{bmatrix}3&0&0\\0&1&1\\0&4&1\end{bmatrix}$$

$$\boldsymbol{G}=\begin{bmatrix}3&0&0\\0&5&-2\\0&-2&5\end{bmatrix},\quad \boldsymbol{H}=\begin{bmatrix}3&0&0\\0&3&0\\4&-1&3\end{bmatrix}$$

4.2

1. 本题涉及 4.1 节习题中的七个矩阵 $\boldsymbol{B},\boldsymbol{C},\cdots,\boldsymbol{H}$。在每种情况下，确定矩阵是完备的还是亏损的。
2. 对于习题 1 中的每个完备矩阵，求出它们在基变换式（4.4）中的四个矩阵。
3. 证明在 $\boldsymbol{B}$：$\mathbb{R}^n\to\mathbb{R}^n$ 的一些特征向量组成的一个集合中，若其中的每个特征向量对应于一个不同的实特征值，则该集合本身是线性无关的。一种方法是归纳法：对一个特征向量 $\boldsymbol{v}_1$ 成立，然后假设对某个数 $k\geqslant 1$，结论对特征向量集 $\{\boldsymbol{v}_1,\boldsymbol{v}_2,\cdots,\boldsymbol{v}_k\}$ 成立，证明增加一个特征向量 $\boldsymbol{v}_{k+1}$，结论仍然成立。为此，考虑一组标量 $c_1,c_2,\cdots,c_{k+1}$，使得

$$c_1\boldsymbol{v}_1+c_2\boldsymbol{v}_2+\cdots+c_k\boldsymbol{v}_k+c_{k+1}\boldsymbol{v}_{k+1}=\boldsymbol{0}$$

用 $\boldsymbol{B}$ 分别作用于上述等式的两边，然后从结果中减去 λ_{k+1} 乘以上述等式的两边。这就得到

$$c_1(\lambda_1-\lambda_{k+1})\boldsymbol{v}_1+c_2(\lambda_2-\lambda_{k+1})\boldsymbol{v}_2+\cdots+c_k(\lambda_k-\lambda_{k+1})\boldsymbol{v}_k=\boldsymbol{0}$$

现在由 $\{\boldsymbol{v}_1,\boldsymbol{v}_2,\cdots,\boldsymbol{v}_k\}$ 线性无关和所有特征值不同的事实，从而得出 $c_1=c_2=\cdots=c_k=0$。最后得出 $c_{k+1}=0$，从而证明了集合 $\{\boldsymbol{v}_1,\boldsymbol{v}_2,\cdots,\boldsymbol{v}_k,\boldsymbol{v}_{k+1}\}$ 是线性无关的。
4. 修改并推广习题 3 中使用的论证，证明来自所有实特征空间的基向量的并集本身是线性无关的集合。
5. 考虑图 4.2 所示的弹簧-质量系统。
   (a) 给出一个简单而直接的物理论证，说明为什么式（4.8）正确地描述了基于每个弹簧必须支撑的重量的静态平衡位置。
   (b) 假设 $l_1=l_2=l$ 和 $k_1=k_2=k$（k,l,m 可能会出现在你的答案中），求固有频率

ω_1, ω_2 和振型 $\boldsymbol{\xi}_1, \boldsymbol{\xi}_2$。

6. 考虑图 4.1 所示的系统。

(a) 引入从天花板向下测量所得距离的坐标 y_1, y_2, y_3（如图 4.2），如果 $k_1 = k_2 = k_3 = k, k_4 = k_5 = (1/2)k$，$l_1 = l_2 = l_3 = l$，$l_4 = l_5 = 2l$，确定这些坐标的平衡值。

(b) 根据（a）部分给出的弹簧性质求固有频率 $\omega_1, \omega_2, \omega_3$。

(c) 求出最低固有频率对应的特征向量 $\boldsymbol{\xi}_1$。

(d) 求出最高固有频率对应的特征向量 $\boldsymbol{\xi}_3$。

7. 重做习题 5，保持弹簧 1、弹簧 2、弹簧 3 和弹簧 4 不变，但是弹簧 5 改变，使 $l_5 = (3/2)l$，$k_5 = (2/3)k$。

4.3

1. 考虑

$$\boldsymbol{A} = \begin{bmatrix} 1 & 0 & 5 \\ 0 & 0 & 0 \\ 0 & -2 & 0 \end{bmatrix}, \quad \boldsymbol{p} = \begin{bmatrix} 1 \\ 1 \\ 1 \end{bmatrix}$$

计算 $\boldsymbol{A}$ 的特征值和奇异值。然后分解 $\boldsymbol{p} = \boldsymbol{p}_1 + \boldsymbol{p}_2$，使 $\boldsymbol{p}_1 \in \mathrm{Range}(\boldsymbol{A})$，$\boldsymbol{p}_2 \in \mathrm{Null}(\boldsymbol{A}^{\mathrm{T}})$。为了验证 $\boldsymbol{p}_1 \in \mathrm{Range}(\boldsymbol{A})$，求一个向量 $\boldsymbol{q} \in \mathbb{R}^3$ 使得 $\boldsymbol{A}\boldsymbol{q} = \boldsymbol{p}_1$。

2. 现在考虑

$$\boldsymbol{A} = \begin{bmatrix} 1 & 2 & 0 & -1 \\ 3 & -1 & -1 & 2 \end{bmatrix}, \quad \boldsymbol{p} = \begin{bmatrix} 1 \\ 1 \end{bmatrix}$$

计算 $\boldsymbol{A}$ 的奇异值。然后分解 $\boldsymbol{p} = \boldsymbol{p}_1 + \boldsymbol{p}_2$，使得 $\boldsymbol{p}_1 \in \mathrm{Range}(\boldsymbol{A})$，$\boldsymbol{p}_2 \in \mathrm{Null}(\boldsymbol{A}^{\mathrm{T}})$。为了验证 $\boldsymbol{p}_1 \in \mathrm{Range}(\boldsymbol{A})$，求一个向量 $\boldsymbol{q} \in \mathbb{R}^4$ 使得 $\boldsymbol{A}\boldsymbol{q} = \boldsymbol{p}_1$。

3. 取习题 2 中的 $\boldsymbol{A}$，考虑

$$\boldsymbol{r} = \begin{bmatrix} 1 \\ 1 \\ 1 \\ 1 \end{bmatrix}$$

分解 $\boldsymbol{r} = \boldsymbol{r}_1 + \boldsymbol{r}_2$，使得 $\boldsymbol{r}_1 \in \mathrm{Range}(\boldsymbol{A}^{\mathrm{T}})$，$\boldsymbol{r}_2 \in \mathrm{Null}(\boldsymbol{A})$。为了验证 $\boldsymbol{r}_1 \in \mathrm{Range}(\boldsymbol{A}^{\mathrm{T}})$，求一个向量 $\boldsymbol{s} \in \mathbb{R}^2$ 使得 $\boldsymbol{A}^{\mathrm{T}}\boldsymbol{s} = \boldsymbol{r}_1$。

4.4

1. 考虑线性系统 $\boldsymbol{C}\boldsymbol{x} = \boldsymbol{b}, \boldsymbol{D}\boldsymbol{x} = \boldsymbol{b}, \boldsymbol{E}\boldsymbol{x} = \boldsymbol{b}$，其中 $\boldsymbol{C}, \boldsymbol{D}, \boldsymbol{E}$ 如下：

$$\boldsymbol{C} = \begin{bmatrix} 1 & 3 \\ -1 & 1 \\ 1 & 0 \\ 2 & -2 \end{bmatrix}, \quad \boldsymbol{D} = \begin{bmatrix} 1 & 3 \\ -1 & 1 \\ 1 & 0 \\ 2 & -2 \\ 3 & -1 \end{bmatrix}, \quad \boldsymbol{E} = \begin{bmatrix} 1 & -2 & 0 & 1 \\ 0 & 2 & 2 & 0 \\ 1 & 0 & 2 & 1 \end{bmatrix}$$

对于每个方程组，找到可解的条件或与 $\boldsymbol{b}$ 的分量有关的条件以确保有解 $\boldsymbol{x}$。特别地，

通过以下两种方法获得结果：(a) 直接在原始系统上使用行变换，以及 (b) 用弗雷德霍姆选择定理。

2. 再次考虑线性系统 $\boldsymbol{Cx}=\boldsymbol{b},\boldsymbol{Dx}=\boldsymbol{b},\boldsymbol{Ex}=\boldsymbol{b}$，其中 $\boldsymbol{C},\boldsymbol{D},\boldsymbol{E}$ 如上面的习题 1 所示。在每种情况下，利用条件式 (4.20)～式(4.23) 得到可解性条件或与 $\boldsymbol{b}$ 的分量有关的条件；当可解性条件满足时，描述解 $\boldsymbol{x}$ 的非唯一性程度。
3. 回想一下弗雷德霍姆选择定理的可解性条件，为了方便起见，我们在此处重复一下。

    $\boldsymbol{A}$：$\mathbb{R}^n\to\mathbb{R}^m$，$\boldsymbol{b}\in\mathbb{R}^m$，$\boldsymbol{Ax}=\boldsymbol{b}$ 有一个解 $\boldsymbol{x}\in\mathbb{R}^n$，当且仅当 $\boldsymbol{b}\cdot\boldsymbol{w}=0$ 对于所有 $\boldsymbol{w}\in\mathbb{R}^m$ 有 $\boldsymbol{A}^{\mathrm{T}}\boldsymbol{w}=\boldsymbol{0}$。

    这个陈述的“仅当”部分是直接的，因为 $\boldsymbol{Ax}=\boldsymbol{b}$ 给出了 $\boldsymbol{b}\cdot\boldsymbol{w}=\boldsymbol{Ax}\cdot\boldsymbol{w}=\boldsymbol{x}\cdot\boldsymbol{A}^{\mathrm{T}}\boldsymbol{w}=\boldsymbol{x}\cdot\boldsymbol{0}=0$。

    通过建立以上陈述的“当”部分来完成以上陈述的直接证明。这可以通过把 $\boldsymbol{b}$ 写为 $\boldsymbol{b}=\boldsymbol{b}_1+\boldsymbol{b}_2$ 来做到，其中 $\boldsymbol{b}_1\in\mathrm{Range}(\boldsymbol{A})$ 和 $\boldsymbol{b}_2\in(\mathrm{Range}(\boldsymbol{A}))^{\perp}$，然后表明如果对所有 $\boldsymbol{w}\in\mathrm{Null}(\boldsymbol{A}^{\mathrm{T}})$，$\boldsymbol{b}\cdot\boldsymbol{w}=0$，则 $\boldsymbol{b}_2=\boldsymbol{0}$，从而确立 $\boldsymbol{b}=\boldsymbol{b}_1\in\mathrm{Range}(\boldsymbol{A})$。

    提示：通过直接计算，使用正交性和转置的意义，表明 $\boldsymbol{b}_2\in(\mathrm{Range}(\boldsymbol{A}))^{\perp}$ 对所有 $\boldsymbol{x}$ 有 $\boldsymbol{A}^{\mathrm{T}}\boldsymbol{b}_2\cdot\boldsymbol{x}=0$。取 $\boldsymbol{x}=\boldsymbol{A}^{\mathrm{T}}\boldsymbol{b}_2$，可得 $\boldsymbol{A}^{\mathrm{T}}\boldsymbol{b}_2=\boldsymbol{0}$，即 $\boldsymbol{b}_2\in\mathrm{Null}(\boldsymbol{A}^{\mathrm{T}})$。因此，对于任何 $\boldsymbol{w}\in\mathrm{Null}(\boldsymbol{A}^{\mathrm{T}})$，可以在条件 $0=\boldsymbol{b}\cdot\boldsymbol{w}=(\boldsymbol{b}_1+\boldsymbol{b}_2)\cdot\boldsymbol{w}$ 中使用 $\boldsymbol{b}_2$ 表示 $\boldsymbol{w}$。

4.5

1. 提供以下矩阵的奇异值分解，在前面 4.1 节的习题 1 中考虑过这些矩阵：

$$\boldsymbol{B}=\begin{bmatrix}2&1\\2&1\end{bmatrix},\quad \boldsymbol{C}=\begin{bmatrix}3&0&0\\0&2&0\\4&0&1\end{bmatrix},\quad \boldsymbol{D}=\begin{bmatrix}17&0&0\\0&-1&2\\0&-5&1\end{bmatrix}$$

2. 提供以下矩阵的奇异值分解，在前面 4.1 节的习题 2 中考虑过这些矩阵：

$$\boldsymbol{E}=\begin{bmatrix}2&1&0\\2&1&0\\0&0&3\end{bmatrix},\quad \boldsymbol{F}=\begin{bmatrix}3&0&0\\0&1&1\\0&4&1\end{bmatrix}$$

$$\boldsymbol{G}=\begin{bmatrix}3&0&0\\0&5&-2\\0&-2&5\end{bmatrix},\quad \boldsymbol{H}=\begin{bmatrix}3&0&0\\0&3&0\\4&-1&3\end{bmatrix}$$

3. 提供以下矩阵的奇异值分解：

$$\begin{bmatrix}1&2&0&-1\\3&-1&-1&2\end{bmatrix}$$

4. 提供以下矩阵的奇异值分解：

$$\begin{bmatrix}1&0&3&0&3&0&1\end{bmatrix}$$

5. 提供以下矩阵的奇异值分解：

$$\begin{bmatrix} 0 & 0 \\ 0.2 & 0.04 \\ 0.6 & 0.36 \\ 1.2 & 1.44 \\ 2.0 & 4.0 \\ 3.0 & 9.0 \end{bmatrix}$$

这是在讨论橡胶数据的二次拟合时出现在式（3.14）中的矩阵的前六行。

4.6

1. 使用奇异值程序求出下面矩阵 $\boldsymbol{C}$ 的广义逆 $\boldsymbol{C}^{\dagger}$，之前在 3.5 节的习题 1 中考虑过 $\boldsymbol{C}$：

$$\boldsymbol{C}=\begin{bmatrix} 1 & -1 & 4 \\ 1 & 0 & -3 \\ 3 & -2 & 5 \end{bmatrix}$$

2. 使用奇异值程序求出下面矩阵 $\boldsymbol{E}$ 的广义逆 $\boldsymbol{E}^{\dagger}$，之前在 4.5 节的习题 2 中考虑过 $\boldsymbol{E}$：

$$\boldsymbol{E}=\begin{bmatrix} 2 & 1 & 0 \\ 2 & 1 & 0 \\ 0 & 0 & 3 \end{bmatrix}$$

3. 使用奇异值程序求出 4.5 节的习题 3 中出现的 2×4 矩阵的广义逆。
4. 使用奇异值程序求出 4.5 节的习题 4 中出现的 1×7 矩阵的广义逆。
5. 本题考虑在 4.6.2 节讨论的线性系统 $\mathfrak{B}\boldsymbol{x}=\boldsymbol{b}$ 的求逆中右侧向量 $\boldsymbol{b}$ 的影响。$\mathfrak{B}$ 同样由式（4.34）给出。对于 ϵ 的微小变化或 $\boldsymbol{b}$ 的微小变化，$\mathfrak{B}^{-1}\boldsymbol{b}$ 可能发生较大的变化，这是由式（4.35）中包含 $1/\epsilon$ 项的 $\mathfrak{B}^{-1}$ 的结构引起的。假设我们想比较在 $\boldsymbol{b}_1$ 和 $\boldsymbol{b}_2$ 适当接近时 $\mathfrak{B}^{-1}\boldsymbol{b}_1$ 和 $\mathfrak{B}^{-1}\boldsymbol{b}_2$ 的位置。这个灵敏度的一个自然度量是 $\|\mathfrak{B}^{-1}\boldsymbol{b}_2-\mathfrak{B}^{-1}\boldsymbol{b}_1\|/\|\boldsymbol{b}_2-\boldsymbol{b}_1\|=\|\mathfrak{B}^{-1}\boldsymbol{\delta}\|/\|\boldsymbol{\delta}\|$（我们决定把 $\boldsymbol{b}_2$ 写为 $\boldsymbol{b}_2=\boldsymbol{b}_1+\boldsymbol{\delta}$）。通过对涉及的所有可能的 $\boldsymbol{\delta}$ 最大化这个比率，可以得到 $\mathfrak{B}^{-1}$ 的范数的一个自然概念。我们对发展这个概念不太感兴趣，而是希望描述当 ϵ 变小时这个比值对于不同的 $\boldsymbol{\delta}$ 的性态。为此，设

$$\boldsymbol{\delta}_1=\delta\begin{bmatrix} 1 \\ 1 \end{bmatrix},\quad \boldsymbol{\delta}_2=\delta\begin{bmatrix} -1 \\ 1 \end{bmatrix}$$

(a) 证明

$$\frac{\|\mathfrak{B}^{-1}\boldsymbol{\delta}_1\|}{\|\boldsymbol{\delta}_1\|}=\frac{1}{10}\sqrt{\frac{9}{5}+\frac{10}{\epsilon^2}},\quad \frac{\|\boldsymbol{B}^{\dagger}\boldsymbol{\delta}_1\|}{\|\boldsymbol{\delta}_1\|}=\frac{1}{10}\sqrt{\frac{9}{5}}$$

利用这个结果再次证明 $\boldsymbol{B}^{\dagger}$ 作为这个问题的逆算子比 $\mathfrak{B}^{-1}$ 具有固有的优势。

(b) 求出

$$\frac{\|\mathfrak{B}^{-1}\boldsymbol{\delta}_2\|}{\|\boldsymbol{\delta}_2\|} \text{和} \frac{\|\boldsymbol{B}^{\dagger}\boldsymbol{\delta}_2\|}{\|\boldsymbol{\delta}_2\|}$$

计算挑战问题

对于 $\epsilon\neq0$，但可能很小的问题，考虑 $\boldsymbol{A}=\boldsymbol{A}(\epsilon,\delta)$，其中

$$
\boldsymbol{A}=\begin{bmatrix}0 & 1 & 0\\ 0 & 0 & 1\\ \delta & 1/\epsilon & -1\end{bmatrix}=\underbrace{\begin{bmatrix}0 & 1 & 0\\ 0 & 0 & 1\\ 0 & 1/\epsilon & -1\end{bmatrix}}_{\boldsymbol{A}_0}+\delta\underbrace{\begin{bmatrix}0 & 0 & 0\\ 0 & 0 & 0\\ 1 & 0 & 0\end{bmatrix}}_{\boldsymbol{R}}=\boldsymbol{A}_0+\delta\boldsymbol{R}
$$

我们感兴趣的是当ϵ和δ单独很小时这个矩阵的性态，以及它们相对于彼此的相对小如何影响现在熟悉的方程 $\boldsymbol{Ax}=\boldsymbol{b}$ 的解（或试图解）。使用计算和符号处理软件，如 Mathematica 或 MATLAB，来解决以下问题。

1. 证明当且仅当 $\delta\neq 0$ 时，$\boldsymbol{A}$ 是可逆的。在 $\delta\neq 0$ 的情况下，求出 $\boldsymbol{A}^{-1}$。
2. 对于 $\delta=\pm 0.01, \epsilon=\pm 0.01$ 四种情况，计算 $\boldsymbol{A}^{-1}\boldsymbol{b}$，其中 $\boldsymbol{b}=\begin{bmatrix}1\\1\\1\end{bmatrix}$。解释为什么结果的总体性质是可以预料到的。
3. 这个问题的第一部分证明 $\boldsymbol{A}_0$ 是不可逆的。求它的广义逆 $\boldsymbol{A}_0^{\dagger}$。然后对于$\epsilon=\pm 0.01$ 的两种情况，计算 $\boldsymbol{A}_0^{\dagger}\boldsymbol{b}$，其中 $\boldsymbol{b}=\begin{bmatrix}1\\1\\1\end{bmatrix}$。将该结果与第一部分的结果进行比较，并解释为什么结果是可以预期的，以及为什么它是一个令人满意的结果。
4. 计算 $\boldsymbol{A}_0^{\dagger}\boldsymbol{A}_0$ 和 $\boldsymbol{A}_0\boldsymbol{A}_0^{\dagger}$，它们在原则上似乎都是$\epsilon$的函数。实际表明，一个是$\epsilon$的函数，另一个不是；同时也表明，没有一个计算会产生恒等张量。如果乘积确实是ϵ的函数，确定它在$\epsilon\to 0$ 和$\epsilon\to\infty$时的极限。
5. $\boldsymbol{A}$ 在 $\delta\neq 0$ 时是可逆的，因此 $\boldsymbol{A}^{-1}\boldsymbol{A}$ 的特征值等于 $\boldsymbol{A}\boldsymbol{A}^{-1}$ 的特征值，因为它们都等于 $\boldsymbol{I}$，$\boldsymbol{I}$ 的特征值 1 为三重的，或 1,1,1。另外，从上面的问题 4，$\boldsymbol{A}_0^{\dagger}\boldsymbol{A}_0$ 的特征值明显不等于 1,1,1。$\boldsymbol{A}_0^{\dagger}\boldsymbol{A}_0$ 的明显特征值是什么？这与 $\boldsymbol{A}_0\boldsymbol{A}_0^{\dagger}$ 的特征值相比又如何呢？

第二部分

复 变 量

第5章 复变量的基本概念

我们从介绍复变量这门学科的历史来开始对它的研究。因为 $i=\sqrt{-1}$ 的概念对任何认真思考它的人来说都是一件令人烦恼的事，所以它在数学中的出现引起了许多争论，不过，当人们发现，从数学的角度来说，使用它显然大有裨益时，争论便平息了下来。在简短介绍之后，我们转向复变量的许多使用，以及实际操作和计算问题。尽管有许多与实数相同的地方，但人们很快发现，复变量需要在许多细微的方面进行很多特殊的考虑。例如，求一个复数的 n 次方根是比较难的；两个复数的相除需要一种方法；泰勒级数的概念需要仔细检验，而且证明它比与之相对的实函数更具限制性。

正如读者已经知道的那样，复数可以根据它们在平面上的表示来理解：一个轴是实轴，另一个轴是虚轴。更引人注目的是，复数的计算和变换可以通过黎曼球面的方式在**第三维**中查看，在黎曼球面中复函数的概念作为映射。我们不要忘记无穷远处的点，在复数的情况下，它可以通过考虑黎曼球面来理解。线积分的计算是从实函数继承而来的复分析的另一个方面，但同样引入了实函数不能也没有提供的一大堆复杂性。某些简单函数［如 $f(z)=\bar{z}^2$］的线积分的计算会产生奇怪的结果，我们将在后面的章节中发现，这些结果取决于函数 $f(z)$ 是否为解析函数。最后，用点对代数㊀的框架讨论复数表明，复数的概念不需要 $i=\sqrt{-1}$。在这里，关于线性向量空间的零的概念、加法和乘法的概念，以及在第1章中讨论的其他运算，都可以用简单且自洽的规则来重新表述，这些规则将复变量从 i 中解放出来。点对代数正是计算机在无法计算 $\sqrt{-1}$ 的情况下计算复数的方法。读者可能会像几个世纪前的哈密顿一样想知道，由点对代数封装的系统运算是否可以扩展到描述高维复数代数。

因此，本章对此学科提供一个基本介绍，同时也表明复变量的许多困难和微妙之处。从实变量进行简单的外推通常被证明是不明智的。

5.1 复数概述及其简要历史

复数是实数和虚数的和，前者的性质被古希腊数学家理解，后者的性质与实数的类比理解。实数经常作为“标准”代数方程的解出现。㊁例如，一个等腰直角三角形的斜边可以

㊀ 指复数 $a+bi$ 与有序点对 (a,b) 一一对应。——译者注

㊁ 只要把任意一串数字串在一起，就可以**创造**出实数。它们被称为**有理数**。然而，人们永远也不能“发明”**无理数** π，因为它包含无限长的数字串，而且没有循环的模式。因此，每个有理数 x 都可以写成两个整数的商：$x=M/N$。

用毕达哥拉斯公式 $a^2+b^2=c^2(a=b)$ 得到 $c^2=2a^2$，据此，$c=\pm\sqrt{2}a$（注意有两个解）。麻烦总是出现，因为**写一个方程比解它容易得多**，而且不是所有的方程都是“标准的”。因此，如果我们仅仅处理实数，方程 $x^2-1=0$ 有 $x=\pm1$ 两个解，但方程 $x^2+1=0$ 无解（一个实数的平方不可能是负数!）。

我们认为这种情况不能令人满意，于是开始创造，与实数系统类似，宣称有一个叫作 i 的实体，满足 $\mathrm{i}^2=-1$。从这个定义可以得出，方程 $x^2+1=0$ 有两个解 $x=\pm\mathrm{i}$。这种创造行为相当于对**虚数** i 做出了一个可运算的定义，根据它的作用而不是它的内在本质来定义，这仍然是神秘的。事实上，从传统的几何推理和实分析的角度来理解和解释“$\sqrt{-1}=\mathrm{i}$ 的内在本质”，过去没有，现在也没有完全令人满意的说明。由于这个原因，“虚数”一词最初被贬义地用来描述一个既虚构又无用的数字。这是数学史上最大的讽刺之一，当正确看待和使用虚数 i 时，结果证明它绝不是一点用处也没有。

数量 i 一旦在运算上确定了，随后就会有一系列补充的运算定义。例如，当与实数 a 相乘时，就得到了模长为 $|a|$ 的**虚数** $\mathrm{i}a$。虚数遵循下列算术和代数运算。

1. 加法：$\mathrm{i}a\pm\mathrm{i}b=\mathrm{i}(a\pm b)$，因为 $\mathrm{i}a-\mathrm{i}b=\mathrm{i}a+(-\mathrm{i}b)=\mathrm{i}(a-b)$，等。
2. 乘法：$\mathrm{i}a(\mathrm{i}b)=\mathrm{i}^2ab=-ab$。
3. 除法：

$$\frac{\mathrm{i}a}{\mathrm{i}b}=\frac{a}{b}(b\neq0)$$

4. 乘幂：$(\mathrm{i}a)^n=\mathrm{i}^na^n=(-1)^{n/2}a^n$（这并不总是显而易见的）。
5. 对数：$\log(\mathrm{i}a)=\log\mathrm{i}+\log a=1/2\log(-1)+\log a$。

我们注意到一个有趣的结果：两个虚数 $\mathrm{i}a$ 和 $\mathrm{i}b$ 的积是实数，它们的商也是实数。我们还注意到 $\mathrm{i}^2=-1,\mathrm{i}^3=-\mathrm{i},\mathrm{i}^4=1,\mathrm{i}^5=\mathrm{i},\mathrm{i}^6=-1,\cdots$ 当 $n>6$ 时，重复 i^n 的**模** 4 模式。由于上述除法性质，该模式在 $n=0$ 和负整数幂时也继续存在。

注意，当我们向下移动观察这些运算，虚数首先在标准算术运算 1～3 中表现为一个变量，然后在代数幂律和对数中，表现为一个函数中的变量。

在开始对复分析进行正式处理之前，我们将简要回顾一下这一学科的历史发展。这样做的一个重要原因是学生从描绘一个学科的实际意义的历史发展中获得视角。这种视角的一部分是对这样一个事实的认识，即人们必须在某些情况下远离仅关注当前的问题。这是为什么呢？因为通常情况下，随着学科的发展和成熟，以及我们知识的积累，就会自信地形成一种关注当代问题和议题的教学叙述，迫于当下需求，随着过去的消逝，失去的是对知识积累的正确理解和欣赏，而知识的积累很少是线性的、稳定的，也很少能方便地融入紧凑的教学叙述中。更明显的损失是历史记录的准确性。失去视角和历史的一个后果是，随着时间的推移，谎言围绕着这个学科，一种虚构，几乎是一个神话，被编造出来。

复分析的数学解释以一种尽可能清晰和精简的形式呈现主要定理，自然地把基础思想的产生和发展的困难细节抛在一边。累积的定理、推论和已解决的问题构成了一连串令人印象深刻的成功，给学生留下了学科发展是不可避免的印象，仿佛这是命中注定的。在这个理论中，欧拉、柯西、高斯、哈密顿、黎曼等科学巨擘奠定了基础，这一领域就像母亲子宫里的孩子一样，正常而健康地成长和发展。这是所有可能的领域中最好的。

这样，开始讨论虚数或复数的最简单的方法也是迄今为止最常见的，如本节所述，从二次方程开始。这种观点的困难不在于它不方便（它很方便），而在于它不准确，甚至是迫不得已的：只有考虑二次方程，否则复数就不能成立。很长一段时间以来，人们都知道一个二次方程，例如

$$y = f(x) = x^2 - a$$

在 $a>0$ 的情况下生成了一个开口向上的抛物线，它有两个根 $x_{1,2}=\pm\sqrt{a}$，在 $y=-a$ 处有一个绝对极小值。当 $a\to 0$ 时，得到二次方程 $y=f(x)=x^2=0$，又得到根 $x_1=x_2=0$：前面的两个根合并在一起，如图 5.1 所示。继续这个过程，现在考虑 $a<0$ 的情况。将上面的二次方程写成 $y=f(x)=x^2+|a|=0$。一个简单的 y 与 x 的图形（真实的平面几何!）表明这个抛物线位于 x 轴之上，并且永远不会与 x 轴相交。逻辑结论是没有（实）根 $x_{1,2}$。实际上，接近 x 轴的最低点是 $y=|a|>0$，见图 5.1。对于文艺复兴时期的几何代数家来说，他们很容易就否定了 $y=x^2+|a|=0$ 有根的概念：图 5.1 表明它没有根。因此，在方程实际上有根的意义上，这类方程被称为“假的”“伪的”或“诡辩的”。对于一个可以写出但没有解的数学问题，目前的术语是“不适定的”或可能是“退化的特殊情况”。例 5.3.2 使用 5.2 节和 5.3 节开发的工具，探索了图 5.1 的几何图的替代方案，以便阐明二次方程的复根的外观——在平面上的移动。

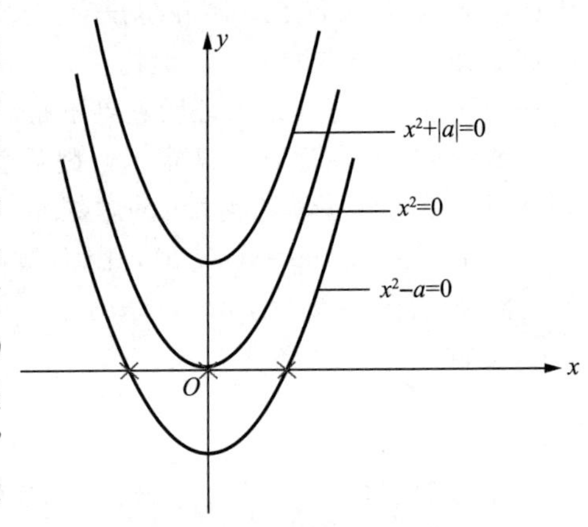

图 5.1　二次方程 $y=f(x)=x^2-a$ 和 $f(x)=0$ 的实根在参数 a 为正值、0 到负值时演化的几何示意图。实根的个数从 2 到 1，再到 0

这个讨论的要点是，最好的情况是不予考虑二次方程，最坏的情况是可以忽略二次方程，因为简单的几何毫无疑问地显示了这个二次方程是不可解的。

现在，尽管文艺复兴时期的意大利代数学家知道所有这些，但他们并没有创造出声名狼藉的 $\sqrt{-1}=\mathrm{i}$ 来解决他们不满意的情况。这一飞跃直到他们迫于证据的压力才得以实现。这个证据及其重要性是通过试图求下面的三次多项式的根而产生的，

$$y = f(x) = x^3 + ax^2 + bx + c = 0, \quad 其中\ a,b,c \in \mathbb{R} \tag{5.1}$$

它有三个根，至少有一个是实数。当只有一个实根时，其他两个是共轭复数。[⊖] 对于二次方程，没有类似的结果，它们不会有一个实根和一个复根，因为它们要么有实根，要么有复根（或虚数）。三次方程的本质迫使我们考虑复数。

⊖ 读者注意，很明显，在这一节中，主题略微超前于它的正式发展，例如，“复共轭”的概念还没有被引入。然而，作者认为，学生已经有了足够的背景，我们可以讨论这些概念，其细节和形式有待在后面的章节中充分披露。

下面是三次方程理论的简要回顾，它为虚数 i 的出现提供了主要动机——数学家的谷物。

一般三次方程式（5.1），可以做下列代换，

$$x = \xi - a/3 \tag{5.2}$$

变换为简单的形式：

$$\xi^3 + p\xi + q = 0, \quad p, q \in \mathbb{R} \tag{5.3}$$

在几次熟练的代换（参见，例如，5.1 节的习题 1 和习题 2）之后，即使是对认真的高中生来说，都可以证明这个多项式的一个解是由下式给出：

$$\xi = \left[-\frac{q}{2} + \sqrt{\frac{\Delta}{108}}\right]^{1/3} + \left[-\frac{q}{2} - \sqrt{\frac{\Delta}{108}}\right]^{1/3} \tag{5.4}$$

其中

$$\Delta = 4\,p^3 + 27\,q^2 \tag{5.5}$$

注意，当 p 为负时，上式可以是负的。Δ 的负值当然可以在立方根式（5.4）中产生复数。式（5.4）和式（5.5）被称为“卡尔达诺公式”。[⊖] 例 5.1.1 显示了在计算三次方程式（5.1）的实根过程中虚数 i 的出现和消失。例 5.1.1 还表明，该过程和数字 i 都不是不可思议的或诡辩的，i 是在代数分析过程中自然产生的。

下面的例子演示了神秘的 i 的出现和随后的消失。

例 5.1.1 求出拉斐尔·邦贝利（Rafael Bombelli，1526? —1572）的三次多项式方程的解：

$$\xi^3 - 15\xi - 4 = 0 \tag{5.6}$$

评注：在进入正式分析之前，通过观察发现邦贝利的三次多项式有实根 $\xi=4$。这可以用直接代入来验证。随后的计算使用正式的策略，但是在最后，将利用实根 $\xi=4$ 来得出关键的点。

解 使用由式（5.4）和式（5.5）给出的卡尔达诺公式，得到 $\Delta=-13068$，这是负的。因此，根是

$$\xi = (2+\sqrt{-121})^{1/3} + (2-\sqrt{-121})^{1/3}$$

这看起来是复数。现在，为了证明式（5.4）所提供的解和解 $\xi=4$ 是相同的，设

$$(2+\sqrt{-121})^{1/3} = a + \mathrm{i}b$$

⊖ 根据历史学家 W. W. 劳斯·鲍尔（W. W. RouseBall），吉罗拉莫·卡尔达诺（Girolamo Cardano，1501—1576）是一位律师，杰出的数学家，占星家，教皇的内科医生的私生子，他热衷于钩心斗角、放荡和欺骗。引用鲍尔的话，“卡尔达诺”是一个“赌徒，如果不是杀人犯的话，……他也是一名富有激情的理科学生……他的职业生涯是对超级不寻常和不一致行为的诠释……他是一个天才，几乎是个疯子”。卡尔达诺创作了早期现代代数的经典著作 *Ars Magna*（1545），翻译为《大术》。鲍尔把这项工作描述为“对以前发表的任何代数的巨大进步”。在这本书中，“卡尔达诺讨论了负根，甚至复根，并证明了复根总是成对出现的，尽管他拒绝对这些‘诡辩’量的含义做出任何解释，他说这些量虽然无用，却很巧妙”。

和

$$(2-\sqrt{-121})^{1/3}=a-ib$$

这就得到 $4=a+ib+a-ib=2a\Rightarrow a=2$。将上面两个定义式的两边同时立方，得到 $2+11i=(a+ib)^3$ 和 $2-11i=(a-ib)^3$。代入 $a=2$ 得到两个代数方程，即 $b^2=1$ 和 $11=12b-b^3$，它们都满足 $b=1$。这样，邦贝利有效地将根写成 $y=(a+ib)+(a-ib)=(2+i)+(2-i)=4$。虚数出现了，然后又消失了，产生了一个纯实根。

其余两根为 $-2\pm\sqrt{3}$。邦贝利三次方程的三个根都是实数。

当然，邦贝利并没有定义复数 $\mathbb{C}$，也没有发明复分析。然而，他对于 $\xi^3-15\xi-4=0$ 的解使复数（虚数）无法忽略，因为（1）它们自然产生，（2）它们与比较简单的直接运算相一致，最重要的是（3）它们产生完全相同的结果。写出有一个实根（如上例 5.1.1 所示）和两个复共轭根的三次多项式并不困难，它们给出一个根的“混合集”。随着证据的积累，复数似乎越来越多。

在文艺复兴时期意大利代数学家（塔尔塔利亚、菲奥拉、卡尔达诺、邦贝利等㊀）生气勃勃的活跃之后的一段时间，很明显，后来的数学家和哲学家，如勒内·笛卡儿、艾萨克·牛顿和戈特弗里德·威廉·莱布尼茨，对“虚数”也同样感到不舒服。他们继续轻蔑地称它们为“不可能的”“有魔力的”，以及“魔法”和“幻觉”的副产品。结果，就像 W. W. 劳斯·鲍尔指出的那样，在这个学科上，人们“相对休眠”了近两个世纪［除了英国数学家沃利斯（Wallis）偶尔对负实数和复数的几何解释进行的尝试］。最终，像瑞士的欧拉和令人敬畏的法国学派的数学家（拉格朗日、拉普拉斯、达朗贝尔、柯西等），以及紧随其后的同样令人敬畏的德国学派的数学家（狄利克雷、高斯、黎曼），开始使用他们可用的更新和更先进的工具，以不同的方式研究这类问题。有趣的是，尽管许多数学家认为虚数和复数的本质是不可理解的（甚至在它们被写成 $a+ib$ 之前，直到 19 世纪高斯的出现），但欧拉、柯西、高斯、哈密顿和黎曼，把这个新的数学分支提升到现在熟悉的方向。如果复分析是“诡辩”“巫术”和“幻觉”，他们为什么还要费心呢？当然，他们在这个问题上看到了价值、规则和和谐，而且很可能为之着迷。因为很容易就能找到方程的解，并且被反复和确凿地证明与实分析的既定结果一致（即没有观察到矛盾，而且在许多情况下，人们发现了获得相同结果的更优雅、更精简的公式和方法），随着从抽象公式中梳理出有用的结果㊁，人们终于清楚地认识到，这个话题不应该如此随意地被忽视。它当然不能被忽视。

魔法的时代已经结束，复分析已经繁花盛开。

㊀ 他们应该感谢很多阿拉伯数学家，比如花拉子密（Al-Khwarizimi，780—850），后者不仅传播了希腊的经典，还加入了他们自己的大量计算，特别关于二次方程。他们的贡献得到了慷慨的承认，整个领域被予以阿拉伯语衍生的名字 Al-ge-bra（即“代数”）。

㊁ 例如，在应用科学家和工程师的工具箱中有一种的技术，就是使用复变量来解决问题，最后，将解的实部作为具有重要物理意义的部分。

5.2　复数及其运算

任意实数 a 与任意虚数 ib 通过加法组合得到**实部 a** 与**虚部 b** 的**复数 $a+ib$**。在此，$a+ib$，$a+bi$，$(ib)+a$ 之间没有区别。这种实数和虚数的复杂组合足以表示二次方程的任何解，正如前面讨论的，它们也可以表示三次方程的任何解。对于二次方程无论二次公式中平方根下的判别式是正还是负都成立。本节复习复数和复变量的基本运算。

加法、减法和乘法：给定两个复数 $z_1=a_1+ib_1$ 和 $z_2=a_2+ib_2$，加法、减法以及与一个标量的乘法是用明显的方式定义的。z_1 和 z_2 的乘积也一样：

$$z_1 z_2 = a_1 a_2 + a_1 ib_2 + ib_1 a_2 + ib_1 ib_2 \tag{5.7}$$

$$= (a_1 a_2 - b_1 b_2) + i(a_1 b_2 + a_2 b_1) = z_2 z_1 \tag{5.8}$$

加法和乘法满足分配律。复数 $0+i0\equiv 0$ 是加法恒等元，也就是对所有的 z 有 $z+0=z$。复数 $1+i0\equiv 1$ 是乘法恒等元，即对所有的 z 有 $z\times 1=z$。

复共轭：复数 $z=a+ib$ 的复共轭定义为实部为 a，虚部为 $-b$ 的复数，用符号 $\bar{z}$ 表示，因此

$$\bar{z} = \overline{a+ib} = a - ib$$

注意，乘积 $z\bar{z}$ 是纯实的非负数：$z\bar{z}=a^2+b^2\geqslant 0$，当且仅当 $a=0$ 和 $b=0$，即当且仅当 z 是复数 0 时，该乘积为零。求复共轭的过程也产生一个复数的实部和虚部的简单表示。取 $z=a+ib$，通过基本运算产生 $a=1/2(z+\bar{z})$ 和 $b=1/(2i)(z-\bar{z})$。这促使我们定义函数

$$\mathrm{Re}(z) = 1/2(z+\bar{z}),\quad \mathrm{Im}(z) = 1/(2i)(z-\bar{z}) \tag{5.9}$$

这用于从复数 z 中提取实部和虚部。

唯一性：这种推理也建立了复数表示的唯一性。对于给定的 $z=a+ib$，人们可能会问，是否有其他复数 $z=c+id$（$a\neq c$ 或 $b\neq d$）关于上述运算会得到与给定的 z 相同的结果。假设对某些 c 和 d 确实会这样。那么，$s\equiv(a-c)+i(b-d)=z-z=0$，在这种情况下，$0=s\bar{s}=(a-c)^2+(b-d)^2$，所以，$a=c$ 和 $b=d$。因此，表示法 $z=a+ib$ 是唯一的。

除法：上面定义的复共轭，可以很容易地确定两个复数相除所得的商的实部和虚部。取 $z_1=a_1+ib_1$ 和 $z_2=a_2+ib_2$，它们的商由下式得到：

$$\frac{z_1}{z_2} = \frac{z_1\bar{z}_2}{z_2\bar{z}_2} = \frac{(a_1 a_2 + b_1 b_2) + i(-a_1 b_2 + a_2 b_1)}{a_2^2 + b_2^2} \tag{5.10}$$

所以

$$\mathrm{Re}\left(\frac{a_1+ib_1}{a_2+ib_2}\right) = \frac{a_1 a_2 + b_1 b_2}{a_2^2+b_2^2},\quad \mathrm{Im}\left(\frac{a_1+ib_1}{a_2+ib_2}\right) = \frac{-a_1 b_2 + a_2 b_1}{a_2^2+b_2^2}$$

特别地，只要不是除以复数 0，复数除法是有意义的。

函数：设复数的实部和虚部分别为变量 x 和 y，现在得到**复变量** $z=x+iy$。我们可以正式定义**复变量的函数** $f(z)$，它有实部和虚部：$f(z)=u(x,y)+iv(x,y)$。特别地，给定一个标准实变量函数 $f(x)$，定义它的复变量广义化函数 $f(z)$，通常是非常有用的。

下面的例子提供了上述代数过程的简单说明。

例 5.2.1　用标准形式 $a+ib$（等价形式 $a+bi$）表示下列每个复数。

$$\text{(a) } (3+2\mathrm{i})^2, \quad \text{(b) } (1-2\mathrm{i})\overline{(3+\mathrm{i})}, \quad \text{(c) } (4+\mathrm{i})/(2+\mathrm{i})$$

解

(a) $(3+2\mathrm{i})^2 = (3+2\mathrm{i})(3+2\mathrm{i}) = 9+6\mathrm{i}+6\mathrm{i}+4\mathrm{i}^2 = 9+6\mathrm{i}+6\mathrm{i}-4 = 5+12\mathrm{i}$。

(b) $(1-2\mathrm{i})\overline{(3+\mathrm{i})} = (1-2\mathrm{i})(3-\mathrm{i}) = 3-6\mathrm{i}-\mathrm{i}+2\mathrm{i}^2 = 3-6\mathrm{i}-\mathrm{i}-2 = 1-7\mathrm{i}$。

(c) $\dfrac{4+\mathrm{i}}{2+\mathrm{i}} = \dfrac{(4+\mathrm{i})}{(2+\mathrm{i})}\dfrac{(2-\mathrm{i})}{(2-\mathrm{i})} = \dfrac{8+2\mathrm{i}-4\mathrm{i}-\mathrm{i}^2}{4+2\mathrm{i}-2\mathrm{i}-\mathrm{i}^2} = \dfrac{9}{5}-\dfrac{2}{5}\mathrm{i}$。

下面的例子提供了将函数分解为实部和虚部的类似演示。

例 5.2.2　求下列三个复变量的不同函数的实部和虚部 u 和 v：

$$\text{(a) } f(z)=z^2, \quad \text{(b) } f(z)=\bar{z}^2, \quad \text{(c) } f(z)=1/z$$

在（c）中，只考虑 $z\neq 0$，以避免被 0 除。

解

(a) $z^2 = (x+\mathrm{i}y)^2 = x^2+2\mathrm{i}xy+\mathrm{i}^2y^2 = \underbrace{(x^2-y^2)}_{u}+\mathrm{i}\underbrace{(2xy)}_{v}$

因此

$$f(z)=z^2 \quad \Rightarrow \quad u(x,y)=x^2-y^2, \quad v(x,y)=2xy \tag{5.11}$$

(b) $\bar{z}^2 = (x-\mathrm{i}y)^2 = x^2-2\mathrm{i}xy+\mathrm{i}^2y^2 = \underbrace{(x^2-y^2)}_{u}+\mathrm{i}\underbrace{(-2xy)}_{v}$

因此

$$f(z)=\bar{z}^2 \quad \Rightarrow \quad u(x,y)=x^2-y^2, \quad v(x,y)=-2xy \tag{5.12}$$

(c) $\dfrac{1}{z} = \dfrac{1}{x+\mathrm{i}y} = \left(\dfrac{1}{x+\mathrm{i}y}\right)\left(\dfrac{x-\mathrm{i}y}{x-\mathrm{i}y}\right) = \underbrace{\left(\dfrac{x}{x^2+y^2}\right)}_{u}+\mathrm{i}\underbrace{\left(\dfrac{-y}{x^2+y^2}\right)}_{v}$

因此

$$f(z)=\frac{1}{z} \quad \Rightarrow \quad u(x,y)=\frac{x}{x^2+y^2}, \quad v(x,y)=\frac{-y}{x^2+y^2} \tag{5.13}$$

在例 5.2.2 中，读者可能会反对将（b）中的 f 视为 z 的函数，而应视为 $\bar{z}$ 的函数。有人可能会说这是一个语义问题，但实际上这个问题值得思考。例如，一个由 z 和 $\bar{z}$ 构造的函数 f 将允许我们使用式（5.9）首先提取 x 和 y，然后，构造 x 和 y 的任意函数。因此，对于任意两个实值函数 $u(x,y)$ 和 $v(x,y)$，我们可以在此基础上，形成 $u+\mathrm{i}v$ 并称其为复函数 $f(z)$。从这个角度来看，z 的复值函数和 $\mathbb{R}^2\to\mathbb{R}^2$ 的函数之间似乎没有什么区别。本章是预备知识，我们不讨论这些问题。然而，在第 6 章中，我们将从更详细的角度来研究复值函数，从而能够更好地理解为什么复函数 $w=f(z)$ 和实函数 f：$\mathbb{R}^2\to$

$\mathbb{R}^2$ 是不同的。

我们想指出的另一点是，在例 5.2.2 中，每个函数在前面定义的运算的基础上的含义很明显。而且，在每种情况下，如果 z 是纯实数，那么这些函数就变成了实数的标准函数。实际上，对于 $z=x+0\mathrm{i}$，三个函数变成（a）$f(x)=x^2$，（b）$f(x)=x^2$，（c）$f(x)=1/x$。反过来，对于实函数 x^2 和 $1/x$，它们的复广义函数 z^2 和 $1/z$，以及它们的复共轭广义函数 $\bar{z}^2$ 和 $1/\bar{z}$ 是什么意思就很明显了。

但是，对于与上述过程没有明显联系的已知函数的复推广，该怎么办呢？例如，是否有一个显然的指数函数 e^x 的广义化，使它成为复值函数 e^z？正如下面的例子所示，当标准实变量函数具有泰勒级数展开时，答案是"是"。这是因为泰勒级数提供了定义复变量广义化的直接机制。这是莱昂哈德·欧拉最伟大的见解之一。

例 5.2.3　求复指数函数 $\exp(z)$ 的实部和虚部，它由实函数 e^x 的泰勒展开定义，现在应用于复变量。

解　实函数 $f(x)=\exp(x)$ 具有实变量泰勒展开

$$\mathrm{e}^x = 1+x+\frac{x^2}{2!}+\cdots = \sum_{n=0}^{\infty}\frac{x^n}{n!}$$

我们以同样的样式定义复指数函数 $f(z)=\exp(z)$ 为

$$\exp(z) = 1+z+\frac{1}{2!}z^2+\cdots = \sum_{n=0}^{\infty}\frac{z^n}{n!}$$

不管 e^z 的具体值是多少，复指数都满足

$$\mathrm{e}^{z_1+z_2} = \mathrm{e}^{z_1}\mathrm{e}^{z_2}$$

这是因为

$$\begin{aligned}\mathrm{e}^{z_1}\mathrm{e}^{z_2} &= \left(1+z_1+\frac{z_1^2}{2!}+\cdots\right)\left(1+z_2+\frac{z_2^2}{2!}+\cdots\right)\\ &=1+(z_1+z_2)+\frac{(z_1^2+2z_1z_2+z_2^2)}{2!}+\cdots\\ &=1+(z_1+z_2)+\frac{(z_1+z_2)^2}{2!}+\cdots\\ &=\mathrm{e}^{z_1+z_2}\end{aligned}$$

其中 n 阶项的合并 $(z_1+z_2)^n/n!$ 基于牛顿的二项式展开。由它立即得到

$$\begin{aligned}f(z) = \mathrm{e}^z &= \mathrm{e}^{x+\mathrm{i}y}\\ &=\mathrm{e}^x(\mathrm{e}^{\mathrm{i}y})\\ &=\mathrm{e}^x\left[1+\frac{(\mathrm{i}y)}{1!}+\frac{(\mathrm{i}y)^2}{2!}+\frac{(\mathrm{i}y)^3}{3!}+\frac{(\mathrm{i}y)^4}{4!}+\cdots\right]\\ &=\mathrm{e}^x\left[\left(1-\frac{y^2}{2!}+\frac{y^4}{4!}-\cdots\right)+\mathrm{i}\left(y-\frac{y^3}{3!}+\frac{y^5}{5!}-\cdots\right)\right]\\ &=\mathrm{e}^x[\cos y+\mathrm{i}\sin y] = u(x,y)+\mathrm{i}v(x,y)\end{aligned} \tag{5.14}$$

复指数函数的实部是 $u(x,y)=e^x\cos y$，虚部是 $v(x,y)=e^x\sin y$，即

$$e^{x+iy}=e^x\cos y+ie^x\sin y \tag{5.15}$$

基于上面的例子，我们还观察到一个重要性质，如果 z 是纯实数，即如果 $y=0$，那么式（5.15）简化为实变量的标准指数函数。反过来，如果 z 是一个纯虚数，$z=ia$，那么我们就推导出一个数学恒等式，

$$e^{ia}=\cos a+i\sin a \tag{5.16}$$

由式（5.15）定义的复指数函数取（自变量）纯实数到（函数值为）纯实数（因为 $\sin 0=0$），但取（自变量）纯虚数到通常（函数值）同时具有非零实部和非零虚部的复数。

有了这个快速的背景知识，我们现在准备深入研究这个主题。正如读者将看到的，我们将要讨论和研究的大部分内容，都是采用上述思想，并是以逻辑的方式将它们与实数代数的标准运算和实变量微积分的标准概念相结合的直接结果。$i^2=-1$ 的种子一旦植根于人们的意识，便会产生一个更一般的复变量的代数和微积分，恰如上述指数的拓展产生了一个熟悉的结果（对实数变量是 $z\to x$）加一个全新的结果（对虚数变量是 $z\to iy$）一样。

需要注意的是，在前面的讨论中，所有关于 i 的介绍性评论都来自 i 的运算定义：$i^2=-1$。运算定义的好处是，或者至少它引入的清晰性是，不需要详细说明 i 是什么。如果非要说，可以说 $i=\sqrt{-1}$，这通常是这个概念的最初方式，但实际上这并没有带来额外的好处。然而，我们想要的是，当 z 简化成更熟悉的形式（实数，x）时，所有的公式都简化成它们熟悉的实数形式。也就是说，复分析得到的结果与以往实分析得到的结果必须有严格的相容性。就像在学习一个新的数学分支时经常出现的情况一样，通过尝试阐明这个新思想是什么，第一次接触这个新思想就会变得更加舒适。在第一次接触后，这个概念已经成功地渗透并被吸收在我们的头脑中，我们会变得渴望一个更基本的理解。这通常可以在第二次遇到时实现，这时我们不再关注这个想法是什么，而是关注这个想法能做什么。

5.3　平面几何解释：z 平面

复数 $z=a+ib$ 可以表示为二维平面上的一个点，其横坐标（实轴）为 x，纵坐标（虚轴）为 y。然后，我们用 a 确定 x，用 b 确定 y，如图 5.2 所示。

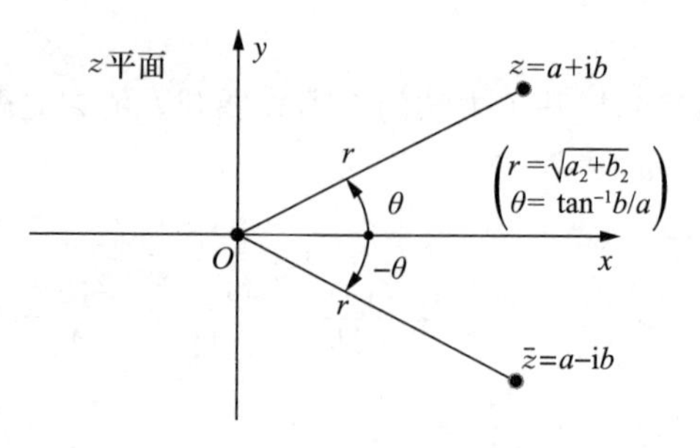

图 5.2　利用直角坐标和极坐标确定复数 $z=a+ib$ 在复平面上的位置。图中复共轭 $\bar{z}=a-ib$ 表现为 z 关于实轴的反射

图 5.2 的几何结构非常清楚地表明，任何用笛卡儿点（x,y）表示的复数 $z=x+\mathrm{i}y$ 有另一种**柱面极坐标**的表示。极坐标是用通常的方式定义的，z 与原点的距离为 r，沿射线相对于正实轴的方向为 θ。笛卡儿坐标（x,y）表示的点的柱面极坐标为

$$r = \sqrt{(\mathrm{Re}(z))^2 + (\mathrm{Im}(z))^2} = \sqrt{x^2 + y^2} = |z|$$

$$\theta = \tan^{-1}[\mathrm{Im}(z)/\mathrm{Re}(z)] = \tan^{-1}\left(\frac{y}{x}\right) = \arg(z)$$

我们利用这个机会定义了函数 $\arg(z)$。逆关系是 $x=r\cos\theta$ 和 $y=r\sin\theta$。

我们考虑特定的点 $z=a+\mathrm{i}b$，根据上面的定义，我们有 $r=|z|=a^2+b^2$ 和 $\theta=\arg(z)=\tan^{-1}(b/a)$，因此极坐标表示为

$$z = a + \mathrm{i}b = r\cos\theta + \mathrm{i}r\sin\theta = r[\cos\theta + \mathrm{i}\sin\theta] = r\exp(\mathrm{i}\theta) \tag{5.17}$$

用极坐标表示的运算定义如下。

加法、减法和乘法：几何解释很容易引导出与 z 平面中向量加法类似的概念。因此，对于两个复数 $z_1=x_1+\mathrm{i}y_1$ 和 $z_2=x_2+\mathrm{i}y_2$，我们有

$$z = z_1 + z_2 = (x_1 + x_2) + \mathrm{i}(y_1 + y_2)$$

其中

$$|z| = [(x_1 + x_2)^2 + (y_1 + y_2)^2]^{1/2} = [z\bar{z}]^{1/2}$$

加法的向量性质如图 5.3 所示。减法的运算是加法的逆运算。

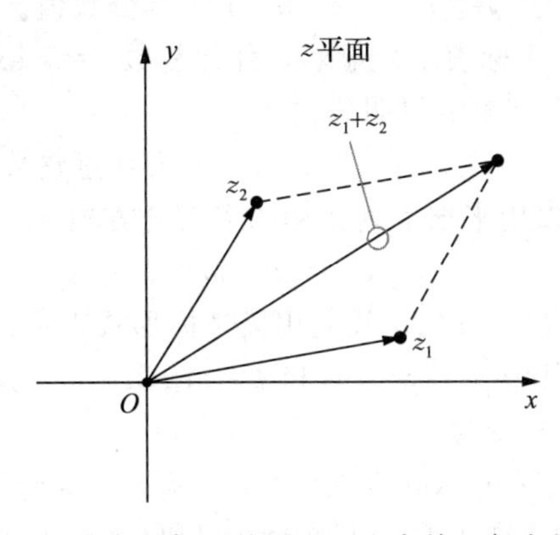

图 5.3　复数的加减运算遵循二维向量加法的原理。这个关于复变量的几何概念是在意大利代数学家和欧拉之间的那个世纪引入的

5.1 节和 5.2 节定义了两个复数的乘积。该运算的几何解释是使用 z 的极坐标表示的**几何乘积**：

$$\begin{aligned}
z_1 z_2 &= r_1(\cos\theta_1 + \mathrm{i}\sin\theta_1) r_2(\cos\theta_2 + \mathrm{i}\sin\theta_2) \\
&= r_1 r_2[\cos\theta_1\cos\theta_2 - \sin\theta_1\sin\theta_2 + \mathrm{i}(\sin\theta_1\cos\theta_2 + \cos\theta_1\sin\theta_2)] \\
&= r_1 r_2[\cos(\theta_1 + \theta_2) + \mathrm{i}\sin(\theta_1 + \theta_2)] \\
&= \underbrace{r_1 r_2}_{r}\exp[\mathrm{i}(\underbrace{\theta_1 + \theta_2}_{\theta})] = r\exp(\mathrm{i}\theta) = z
\end{aligned}$$

因此，$|z|=|z_1 z_2|=r=r_1 r_2=|z_1||z_2|$ 和 $\arg(z)=\theta=\theta_1+\theta_2=\arg(z_1)+\arg(z_2)$。

复共轭：我们现在正式定义前面讨论的二次方程和三次方程的解中讨论过的运算。利用式（5.17），我们将复共轭写成 $\bar{z}=a-\mathrm{i}b=r[\cos\theta-\mathrm{i}\sin\theta]$，这样，$z\bar{z}=(r\exp(\mathrm{i}\theta))(r\exp(-\mathrm{i}\theta))=r^2$，因此 $|z|=\sqrt{z\bar{z}}$。在图 5.2 的平面中，代表复共轭 $\bar{z}$ 的点是点 z 关于正实轴的反射。

除法：**几何商**为$z=z_1/z_2=r_1/r_2\exp[\mathrm{i}(\theta_1-\theta_2)]=r\exp(\mathrm{i}\theta)$，其中 r 和 θ 为相应的。

几何幂律：和角三角公式的简洁推导可直接从几何幂律表达式得到：

$$z^n=(r\exp(\mathrm{i}\theta))^n=r^n\exp(\mathrm{i}n\theta)=r^n(\cos(n\theta)+\mathrm{i}\sin(n\theta)) \tag{5.18}$$

由此得到公式 $\exp(\mathrm{i}n\theta)=\cos(n\theta)+\mathrm{i}\sin(n\theta)$。将这个表达式可以重新排列，得到**棣莫弗公式**：

$$(\cos\theta+\mathrm{i}\sin\theta)^n=\cos(n\theta)+\mathrm{i}\sin(n\theta) \tag{5.19}$$

就像期望的那样，一个数的 0 次幂和 1 次幂，是式（5.19）中 $n=0,1$ 的情况，很简单。

- $n=0$：$1=1$。
- $n=1$：$\cos\theta+\mathrm{i}\sin\theta=\cos\theta+\mathrm{i}\sin\theta$。

从 $n=2$ 开始，在式（5.19）中使用更大的整数，产生相关的倍角公式，例如

- $n=2$：$(\cos\theta+\mathrm{i}\sin\theta)^2=\cos(2\theta)+\mathrm{i}\sin(2\theta)$

  $\Rightarrow\quad \cos^2\theta-\sin^2\theta=\cos(2\theta)$，$2\sin\theta\cos\theta=\sin(2\theta)$。

  $n=3,4,\cdots$的情况以此类推。
- 读者可以用类似的方法检验 $n=1/2$，$n=1/3$ 等分数值。

多重性：（关于复数的极坐标表示）显然，任何复数 $z=r\exp(\mathrm{i}\theta)$ 也可以表示为 $r\exp(\mathrm{i}\theta+\mathrm{i}2m\pi)$，$m$ 为整数。这个结果值得明确说明：

$$z=re^{\mathrm{i}\theta}=re^{\mathrm{i}(\theta+2m\pi)},\quad m\text{ 为任意整数} \tag{5.20}$$

这种明显平凡的多重表示可以用来求下列方程的多次开方根 z：

$$z^n=a+\mathrm{i}b \tag{5.21}$$

其中 a，b，n 已知，z 是未知数。首先，我们用极坐标形式表示已知和未知的复数：$a+\mathrm{i}b=\rho\exp(\mathrm{i}\phi)$ 和 $z=r\exp(\mathrm{i}\theta)$，其中 $\rho=|a+\mathrm{i}b|$ 和 $\phi=\arg(a+\mathrm{i}b)$ 是已知的。一旦确定了 r 和 θ，问题就解决了。式（5.21）变为

$$z^n=(r\exp(\mathrm{i}\theta))^n=r^n\exp(\mathrm{i}n\theta)=\rho\exp(\mathrm{i}\phi)$$

这就得到了$\rho=r^n$ 和 $\phi=n\theta$ 的重要关系。因此$r=\rho^{1/n}$和 $\theta=\phi/n$，从而有公式

$$z=\rho^{1/n}(\cos(\phi/n)+\mathrm{i}\sin(\phi/n)) \tag{5.22}$$

这就解出了方程式（5.21）。虽然看起来这是一个解，但我们记得，ϕ 增加任意 $2m\pi$ 仍然式（5.21）中的原始复数 $a+\mathrm{i}b$。因此，通过选择一个特定的 ϕ 并将其标为 ϕ_o，ϕ 的一般值为 $\phi=\phi_o+2m\pi$。在式（5.22）中使用这个一般值，我们得到式（5.21）的如下形式的根 z，对 $m=0,\pm1,\pm2,\pm3,\cdots$，

$$z=\rho^{1/n}\left[\cos\left(\frac{1}{n}\phi_o+\frac{2m}{n}\pi\right)+\mathrm{i}\sin\left(\frac{1}{n}\phi_o+\frac{2m}{n}\pi\right)\right]\equiv z_m \tag{5.23}$$

对于方程式（5.21）中的一个特定正整数值 n，在式（5.23）中使用整数 $m=0,1,2,\cdots,n-1$ 产生不同的复数 z_m。m 的较大值通过这些已经计算得到的不同的值循环。因此，我们找到了方程式（5.21）的 n 个不同的根。

例 5.3.1　求单位立方根，即求解

$$z^3 = 1$$

评注：与第 5 章 5.1 节关于三次多项式的讨论一致，本次分析将生成三个根，一个是实数，另外两个互为复共轭。

解　简单而明显的解是 $z=1$，如果将注意力限制在实数上，这确实是这个问题的唯一解。然而，式（5.23）说明有三个根，为了得到它们，我们使用式（5.23），其中 $n=3$，$\rho=|1|=1$，$\phi_0=\arg(1)=0$（因为 $z=1$ 在实轴上）。那么，由于$\rho^{1/n}=1$，由式（5.23）得到

$$z_0 = \cos 0 + \mathrm{i}\sin 0 = 1$$

$$z_1 = \cos(2\pi/3) + \mathrm{i}\sin(2\pi/3) = -\frac{1}{2} + \mathrm{i}\frac{\sqrt{3}}{2}$$

$$z_2 = \cos(4\pi/3) + \mathrm{i}\sin(4\pi/3) = -\frac{1}{2} - \mathrm{i}\frac{\sqrt{3}}{2}$$

$$z_3 = \cos(6\pi/3) + \mathrm{i}\sin(6\pi/3) = 1$$

$$\vdots$$

集合 $\{z_0, z_1, z_2\}$ 由三个不同的根组成，之后是模 3 重复。如图 5.4 所示，三个根围绕单位圆周等距排列。每个根现在都可以用笛卡儿乘法规则式（5.7）来验证。例如，检查 $(z_1)^3$ 得到

$$\left(-\frac{1}{2}+\mathrm{i}\frac{\sqrt{3}}{2}\right)\underbrace{\left(-\frac{1}{2}+\mathrm{i}\frac{\sqrt{3}}{2}\right)\left(-\frac{1}{2}+\mathrm{i}\frac{\sqrt{3}}{2}\right)}_{-\frac{1}{2}-\mathrm{i}\frac{\sqrt{3}}{2}} = \left(-\frac{1}{2}+\mathrm{i}\frac{\sqrt{3}}{2}\right)\left(-\frac{1}{2}-\mathrm{i}\frac{\sqrt{3}}{2}\right) = 1$$

类似的计算验证 $(z_2)^3=1$。

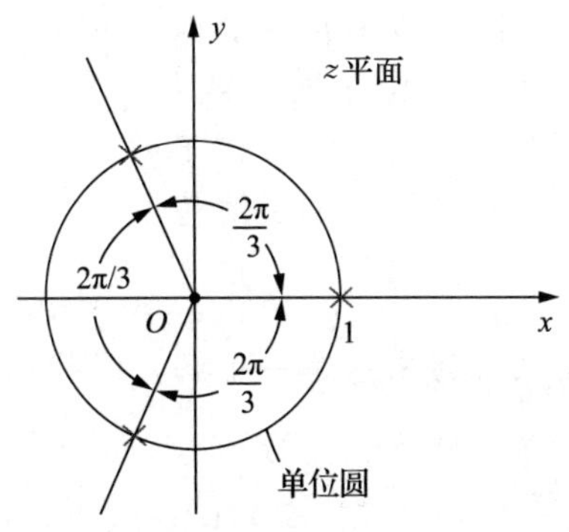

图 5.4　$z^3=1$ 的根在 $\theta=0, \theta=2\pi/3, \theta=4\pi/3$ 处的单位圆周上。对于其他整数 n，$z^n=1$ 的根位于 $\theta=0, 2\pi/n, \cdots, 2(n-1)\pi/n$ 处。注意，正如 5.1 节所讨论的，一个根是实数，两个互为复共轭

极坐标表示式（5.20）的多重性表明 $\arg(z)$ 函数不是唯一给定的。为了唯一地给定 $\arg(z)$，我们必须将 $\arg(z)$ 的值限制在指定的 2π 区间内。在高中几何中处理反三角函数

（如 arctan 函数）时，读者已经熟悉了这样一个概念。这些问题对于复变量也同样存在，因为我们自然地更喜欢使用单值函数。这在复对数函数 $\log z$ 中也会遇到。

这样的一个函数必须是复数指数函数 $\exp z$ 的反函数，即 $\exp(\log z)=z$ 对于所有复数 z 都成立。利用 $z=re^{i\theta}$，由式（5.14）可知，实部为 u 和虚部为 v 的复数满足

$$u=\log|z|=\log r,\quad v=\arg(z)=\theta \tag{5.24}$$

它提供了所需要的反函数。[⊖] 这是因为

$$\exp(u+iv)=e^u[\cos v+i\sin v]=e^{\log r}[\cos\theta+i\sin\theta]=r[\cos\theta+i\sin\theta]=z$$

但是，根据式（5.20），用更一般的形式得到同样的结果：

$$u+iv=\log r+i\theta+i[\pm 2m\pi] \tag{5.25}$$

我们碰到了一个难题：在这个无限集合中，我们选择哪个值来表示 $\log z$?

对于复变函数，将一个多值函数转换为一个特定的单值函数的行为称为**选择一个特定的分支**。虽然正式的程序（分析的和几何的）将在后面的章节中以系统的方式发展，本节简要讨论使复分析如此吸引学生和经验丰富的数学家的一些联系。其中之一是纯理论的、抽象的、解析计算与基于几何的程序和定理的相互作用。后者对映射的概念有很大的影响，我们很快就会看到黎曼球面（立体几何，5.5 节），将在第 6 章进一步讨论它。

例如，我们简单地考虑函数 $f(z)=1/z$，它在实变量中相当于简单的反演。在复分析中，它蕴含着更多。就反演而言，复变量 $z=r\exp(i\theta)$ 位于单位圆内（$r<1$）、圆上（$r=1$）或圆外（$r>1$）。此外，复变量 z 具有共轭 $\bar{z}$，其反演过程保持了上述结构：$\bar{z}$ 也位于单位圆内、圆上或圆外，这取决于原始半径 r。考虑倒数函数 $1/z=r^{-1}\exp(-i\theta)$，其实部和虚部如式（5.13）所示。如图 5.5 所示，点 $1/z$ 位于从原点出发的射线上，该射线不在 z 的射线上，而在它的共轭复数的射线上。由于取半径 r 的倒数，所以 $1/z$ 位于单位圆的另一边，而 $\bar{z}$ 位于它们共同射线上。我们看到，在复平面上的反演包括一个关于单位圆的反演（由 r 构造函数 $1/r$，反之亦然）和一个关于实轴的反射（用 $-\theta$ 代替 θ，反之亦然）：这些运算的顺序是无关紧要的。

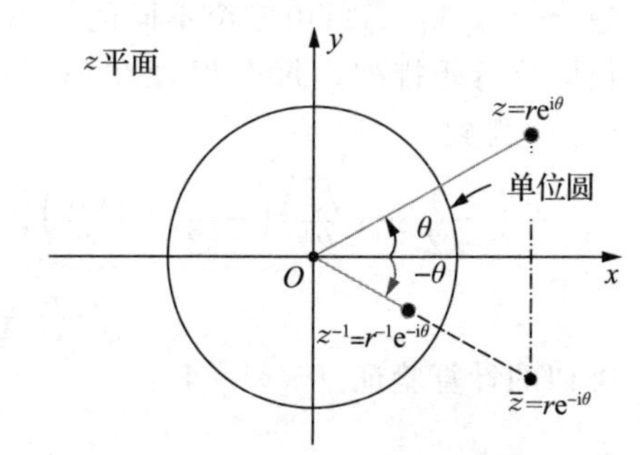

图 5.5　倒数 $1/z$ 在复平面的位置由 z 经过两次运算得到。一次运算是对实轴的反射，将 θ 变为 $-\theta$，另一次运算是在保持夹角 θ 不变的情况下对单位圆的反演。这些运算可以按任何顺序进行，也可以同时进行。图中显示的是 $z,\bar{z},z^{-1}$

一般的复数幂：前面的推导允许定义复数 $z_1^{z_2}$，其中 z_1 和 z_2 都是复数。将其写为 $z_1^{z_2}=e^{z_2\log z_1}$，$z_1=a_1+ib_1$，$z_2=a_2+ib_2$，可得到

$$\begin{aligned} z_1^{z_2} &= e^{(a_2+ib_2)[\log(a_1^2+b_1^2)^{1/2}+i\tan^{-1}b_1/a_1+i2m\pi]} \\ &= \rho e^{i\phi} \end{aligned}$$

⊖ 自然对数通常写成 ln，如 $e^{\ln z}=z$ 或 $\ln(e^z)=z$。对数的表示法可以显式地表明底数，比如 $\log_e(e^z)=z$，$\log_{10}(10^n)=n$，等等。

其中

$$\rho = \exp\left[a_2 \log \sqrt{a_1^2 + b_1^2} - b_2 \tan^{-1}\frac{b_1}{a_1} - b_2 2m\pi\right]$$

$$\phi = \left[b_2 \log \sqrt{a_1^2 + b_1^2} + a_2 \tan^{-1}\frac{b_1}{a_1} + a_2 2m\pi\right]$$

本节最后说明的几何可视化与熟悉的“求解”二次方程的过程有联系。当学生第一次在纯粹的代数环境中遇到这个问题时，会得到一个直接解释：根在复平面中的位置。具体来说，我们考虑二次方程的根在复平面上随二次方程系数的变化而做的“移动”。

例 5.3.2　考虑实系数为 b 和 c 的二次方程 $x^2+2bx+c=0$。根 x 可能是复数。描述系数 b 和 c 对根 x 在复平面上移动的影响。

解　由二次公式得到两个根 $x_{1,2}=-b\pm\alpha$，其中 $\alpha=\sqrt{b^2-c}$。如果 $b^2>c$，则两根为实数，此时两根在 $-b$ 的两侧，如图 5.6a 所示。当 $c\to b^2$（从小于 b^2），两个根收敛于 $-b$。在 $c=b^2$ 处，两个根相等（退化），因为此时 $x^2+2bx+c=x^2+2bx+b^2=(x+b)^2$。当 $c>b^2$，这两个根是复数，我们把 α 写为 $\alpha=\mathrm{i}\beta$ 或 $x_{1,2}=-b\pm\mathrm{i}\beta$，其中 $\beta=\sqrt{c-b^2}$。随着 c 的增加，根 $x_{1,2}$ 对称地向虚数分量 β 方向移动。这两个根现在是共轭复数。

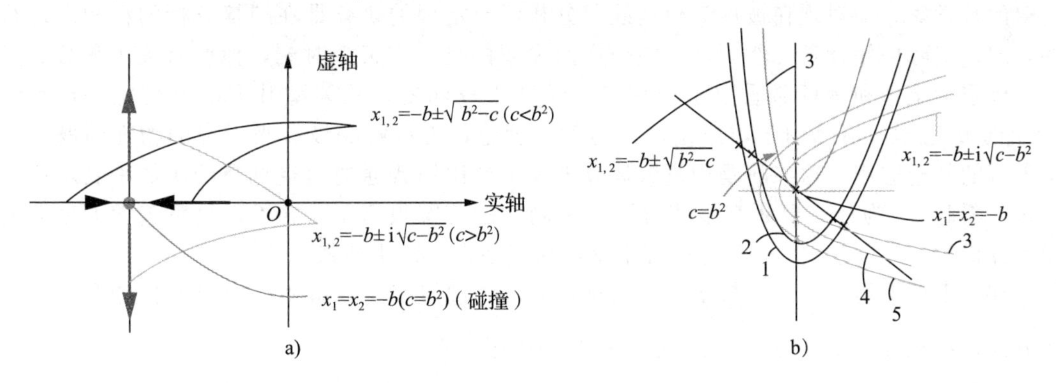

图 5.6　二次方程 $x^2+2bx+c=0$ 的根在复平面上随 c 的变化。从 $c<b^2$ 开始，c 递增，两个根首先局限在实轴上，并向彼此收敛。当 $c=b^2$ 时，两根相遇或“碰撞”，然后随着 c 的增加在正、负虚数方向上分离。图 a 按常规说明了这一点。图 b 显示了从标记为 1，2 的线开始，随着 c 的增加，两组抛物线的投射。当 $c=b^2$ 时，曲线 3 表明在 $x=-b$ 处只有一个二重根。这时产生了一组新轴，仍然表示为曲线 3，但现在从原来的轴旋转了，随着 c 继续增加，标记为 4，5 的轴产生了虚数抛物线交点，这些交点的虚部大小继续增加，而实部仍然是 $-b$。将此结构与图 5.1 中的全实数版本进行比较

从 $c<b^2$ 开始，当 $c\to b^2$ 时，整个移动被想象成两个实根在实轴上从相反的方向彼此靠近。当 $c=b^2$ 时，它们合并，即 $\beta=0$。当 c 进一步增加，大于 b^2 时，导致两个根分离并移开，一个朝正 y 方向，另一个朝负 y 方向。“碰撞”导致两个原来的根失去了同一性，例如，相应于 $c>b^2$ 的向上（虚轴）移动的根既不是原来向左移动的根的延续，也不是原来

向右移动的根的延续。当然，问题是，在碰撞点 $\beta=0$，形式上“抹去”了两根的同一性。

注意，两个根的和是 $x_1+x_2=-2b$，总是实数，两个根的乘积是 $x_1x_2=b^2+\beta^2$，也总是实数。当 $b=-5$ 和 $\beta^2=15$，这两个根是 $x_{1,2}=5\pm\sqrt{-15}$，这是前面提到的卡尔达诺在16 世纪早期到中期所讨论的。

5.4　在复平面上的积分

当引入微积分概念并适当地加以运用时，复变量分析的价值得到充分体现。第 6 章将对其进行系统的介绍，现在我们先来看看积分。虽然在第一次学习微积分时通常以微分开始，但在复变量中这个概念比积分要微妙得多。这就是为什么我们首先考虑的微积分概念是积分。在本节中，我们将以一种运算的方式介绍它，这种方式允许我们直接按照标准概念进行计算。更深层次的联系在第 7 章和第 8 章中展开。

在通常情况下，澄清所研究问题的历史背景——首次如何出现以及为什么出现——可以给读者一种与内容直接联系的感觉。在复积分的早期发展中，最重要的人是法国数学家奥古斯丁·路易斯·柯西（1789—1857），他寻求发展复分析的思想，独立于问题的应用领域，如电学、流体力学和磁学等（所有在那个时代的热门话题）。柯西认为自己是一个纯粹的数学家，他对现在被称为柯西线积分和柯西定理的研究是在纯粹分析的精神下进行的，缺乏实际应用背景。然而，可能令柯西失望的是，在某个时刻，他所有关于积分、微分、极限的定理和运算都适用于物理、化学和工程问题，从翼型升力的漂亮定理，到势（无论是电磁学、流体力学，还是固体力学）理论，再到解决极有吸引力的物理问题的成千上万的其他应用，这些问题用复数运算来表示要比用普通的司空见惯的实数来表示方便得多。因此，“为什么要研究复积分”这个问题的答案很简单：这不仅是审美学上令人愉悦的分析学[㊀]主题之一，而且它内容丰富，功能强大，适用性强。

在 z 平面上给定复值函数 $f(z)$ 和路径 C，通过与实变量微积分中引入积分概念类似的方式，将积分 $\int_C f(z)\mathrm{d}z$ 定义为求和运算的极限，即

$$\int_C f(z)\mathrm{d}z=\lim_{N\to\infty}\sum_{n=1}^{N}f\left(\frac{1}{2}(z_n+z_{n-1})\right)(z_n-z_{n-1})\tag{5.26}$$

特别地，在取极限之前，将路径 C 离散化为 N 个直线段，f 的值在每个线段的中点处计算。然后，**如果 f 在路径 C 上和附近的性态足够好**（不管这意味着什么），这个极限对于备选离散化以及 f 的备选计算都是稳定的。例如，使用梯形公式类型的计算可以获得与上面的中点公式相同的极限结果。

图 5.7 说明了基本概念。曲线 C 在 z 平面上被 $f(z)=u+\mathrm{i}v$ 映射为相应的 u 和 v 平面上的曲线。后一个平面叫作 w 平面，我们把它写成 $w=f(z)$。z 平面的离散化在 w 平面中找到相应的点。同样，z 平面离散线段的中点被映射到 w 平面的路径的特定位置。

㊀ 正如物理学家狄拉克所说，它很漂亮。

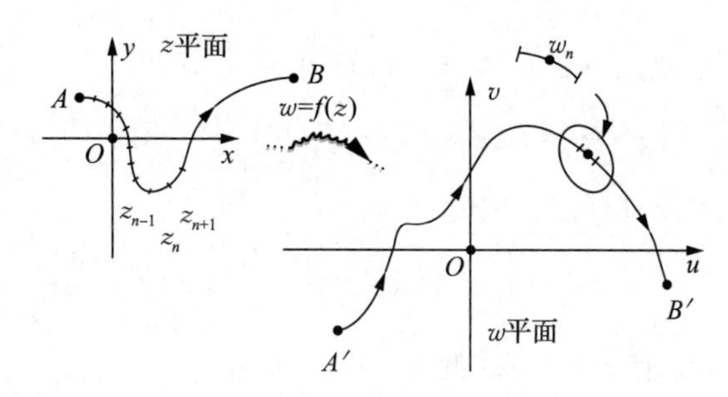

图 5.7　沿 z 平面上的路径 $A-B$ 的积分以及沿变换 $w=f(z)$ 所得平面上连接象点 A' 到 B' 的路径的积分。观察一个连续变换 $w=f(z)$，将点映射到点（z_n 映射到 w_n），线段映射到线段，线段斜率（一阶导数）映射到线段斜率（一阶导数）。如果函数是无限可微的，那么这个论断对于所有阶导数也是成立的

好消息是，当式（5.26）中的极限良好定义时，通过将计算简化为几个从实变量微积分中导出的标准积分，可以很容易进行计算。为此，我们写 $f(z)=u(x,y)+\mathrm{i}v(x,y)$ 和 $\mathrm{d}z=\mathrm{d}x+\mathrm{i}\mathrm{d}y$，所以

$$f(z)\mathrm{d}z=(u(x,y)+\mathrm{i}v(x,y))(\mathrm{d}x+\mathrm{i}\mathrm{d}y)=(u\mathrm{d}x-v\mathrm{d}y)+\mathrm{i}(v\mathrm{d}x+u\mathrm{d}y)$$

在此基础上，我们得到了复积分的一个直接运算定义。

$$\int_C f(z)\mathrm{d}z=\int_C(u\mathrm{d}x-v\mathrm{d}y)+\mathrm{i}\int_C(v\mathrm{d}x+u\mathrm{d}y) \tag{5.27}$$

一旦曲线 C 被适当地参数化，就可以通过四个标准积分来获得上述积分。

例 5.4.1　设 C 由 C_1 和 C_2 两条路径的并集而成，其中 C_1 是 $z=0$ 到 $z=4$ 的直线段，C_2 是 $z=4$ 到 $z=4+3\mathrm{i}$ 的直线段。使用这个路径 C（如图 5.8 所示）对例 5.2.2 中的三个函数计算 $\int_C f(z)\mathrm{d}z$：

$$(\mathrm{a})f(z)=z^2,\quad (\mathrm{b})f(z)=\bar{z}^2,\quad (\mathrm{c})f(z)=1/z$$

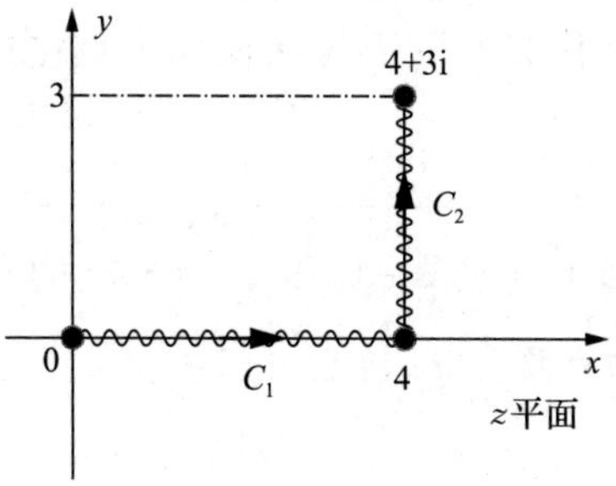

图 5.8　由 C_1 和 C_2 两段组成的复 z 平面上的路径 C

解

(a) 在式 (5.27) 中使用 (z^2) 式 (5.11) 可得

$$\int_C z^2 \mathrm{d}z = \int_C [(x^2 - y^2)\mathrm{d}x - 2xy\mathrm{d}y] + \mathrm{i}\int_C [2xy\mathrm{d}x + (x^2 - y^2)\mathrm{d}y]$$

在路径 C_1 上有 $y=0$，因此 $\mathrm{d}y=0$。因此

$$\int_{C_1} z^2 \mathrm{d}z = \int_{x=0}^{x=4} x^2 \mathrm{d}x + \mathrm{i}\int_{x=0}^{x=4} \underbrace{2xy}_{0} \mathrm{d}x = \frac{64}{3}$$

这是纯实数。在路径 C_2 上有 $x=4$，因此 $\mathrm{d}x=0$，于是

$$\int_{C_2} z^2 \mathrm{d}z = \int_{y=0}^{y=3} (-8y)\mathrm{d}y + \mathrm{i}\int_{y=0}^{y=3} (16 - y^2)\mathrm{d}y = -36 + 39\mathrm{i}$$

综合这些结果，得到

$$\int_C z^2 \mathrm{d}z = \int_{C_1+C_2} z^2 \mathrm{d}z = \frac{64}{3} + (-36 + 39\mathrm{i}) = -\frac{44}{3} + 39\mathrm{i} \tag{5.28}$$

(b) 在这种情况下，我们在式 (5.27) 中使用式 (5.12) 可得

$$\int_C \bar{z}^2 \mathrm{d}z = \int_C [(x^2 - y^2)\mathrm{d}x + 2xy\mathrm{d}y] + \mathrm{i}\int_C [-2xy\mathrm{d}x + (x^2 - y^2)\mathrm{d}y]$$

这就得到了相同的 C_1 积分值，但是 C_2 积分值现在是 $36+39\mathrm{i}$。我们得到

$$\int_C \bar{z}^2 \mathrm{d}z = \int_{C_1+C_2} z^2 \mathrm{d}z = \frac{64}{3} + (36 - 39\mathrm{i}) = \frac{172}{3} + 39\mathrm{i} \tag{5.29}$$

(c) 在这种情况下，我们注意到 $1/z$ 在 C_1 的起始点 $z=0$ 处是奇异的。特别地，C_1 积分变成

$$\int_{C_1} \frac{1}{z}\mathrm{d}z = \int_0^4 \frac{1}{x}\mathrm{d}x$$

这是具有不可积奇点的广义积分。另一方面，在 C_2 上，函数 $1/z$ 性态良好，积分很容易计算。然而，这不足以使整个积分变得有意义，因此我们在这一章中放弃考虑这个积分，或者任何涉及 $1/z$ 的积分。涉及函数 $1/z$ 的积分将是接下来一章的重点。

对于例 5.4.1 中可积的情形 (a) 和 (b)，在 $z=0$ 到 $z=4+3\mathrm{i}$ 的特定曲线（直线段）上计算积分。下面的逻辑问题出现了：如果我们考虑同一个函数在具有相同端点的不同曲线上的积分会发生什么？具体来说，我们在其他曲线上求出的结果和我们在原始曲线上求出的结果一样吗？为什么？下面再次使用上例中的两个函数 z^2 和 $\bar{z}^2$ 演示这些问题的答案。

例 5.4.2　设 C_3 为复平面上连接 $z=0$ 和 $z=4+3\mathrm{i}$ 的直线路径。使用这个路径（如图 5.9所示），对下列两个函数计算 $\int_C f(z)\mathrm{d}z$：

$$(\mathrm{a})\, f(z) = z^2,\quad (\mathrm{b})\, f(z) = \bar{z}^2$$

它们在例 5.2.2 和例 5.4.1 中已经被考虑过。

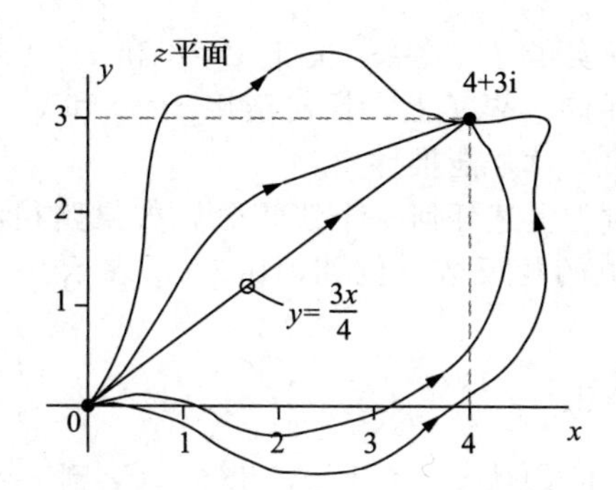

图 5.9　由 $y=\frac{3x}{4}$ 线段给出的路径 C_3 与图 5.8 中的两部分路径 C_1+C_2 一样，连接相同的两点。其他具有相同端点的路径用曲线表示。沿着这些备选路径的积分可能会也可能不会给出相同的结果，这取决于函数 $f(z)$

解　在 C_3 上我们有 $3x-4y=0$ 或者 $y=3x/4$，得到 $\mathrm{d}y=(3/4)\mathrm{d}x$。我们从 $x=0$ 到 $x=4$ 积分。

(a) 取 $f(z)=z^2$，利用 C_3 的上述参数化得到

$$\begin{aligned}\int_{C_3} z^2\mathrm{d}z &= \int_{C_3}[(x^2-y^2)\mathrm{d}x-2xy\mathrm{d}y]+\mathrm{i}\int_{C_3}[2xy\mathrm{d}x+(x^2-y^2)\mathrm{d}y] \\ &= \int_{x=0}^{x=4}\left[\left(x^2-\frac{9}{16}x^2\right)\mathrm{d}x-2x\left(\frac{3}{4}x\right)\frac{3}{4}\mathrm{d}x\right]+ \\ &\quad \mathrm{i}\int_{x=0}^{x=4}\left[2x\left(\frac{3}{4}x\right)\mathrm{d}x+\left(x^2-\frac{9}{16}x^2\right)\frac{3}{4}\mathrm{d}x\right] \\ &= -\frac{44}{3}+39\mathrm{i}\end{aligned} \tag{5.30}$$

这与式 (5.28) 的结果相同，即

$$\int_{C_1+C_2} z^2\mathrm{d}z=\int_{C_3} z^2\mathrm{d}z$$

(b) 现在用 $f(z)=\bar{z}^2$ 进行类似的计算，得到

$$\begin{aligned}\int_{C_3} \bar{z}^2\mathrm{d}z &= \int_{C_3}[(x^2-y^2)\mathrm{d}x+2xy\mathrm{d}y]+\mathrm{i}\int_{C_3}[-2xy\mathrm{d}x+(x^2-y^2)\mathrm{d}y] \\ &= \int_{x=0}^{x=4}\left[\left(x^2-\frac{9}{16}x^2\right)\mathrm{d}x+2x\left(\frac{3}{4}x\right)\frac{3}{4}\mathrm{d}x\right]+ \\ &\quad \mathrm{i}\int_{x=0}^{x=4}\left[-2x\left(\frac{3}{4}x\right)\mathrm{d}x+\left(x^2-\frac{9}{16}x^2\right)\frac{3}{4}\mathrm{d}x\right] \\ &= \frac{100}{3}-25\mathrm{i}\end{aligned} \tag{5.31}$$

这与式 (5.29) 的结果不同，即

$$\int_{C_1+C_2} \bar{z}^2\mathrm{d}z\neq\int_{C_3} \bar{z}^2\mathrm{d}z$$

例 5.4.1 和例 5.4.2 证实了 $f(z)=z^2$ 关于 $z=0$ 和 $z=4+3\mathrm{i}$ 之间的两条单独的路径 C_1+C_2 和 C_3 的线积分值相同。事实上，任何连接 $z=0$ 和 $z=4+3\mathrm{i}$ 之间的路径都将产生相同的值，尽管这要等到第 7 章才能推导出。

现在需要指出的是，对于上述任何一个线积分，如果路径沿反方向，则得到的积分值是在正方向上得到的积分值的相反数。例如，用 $-C_3$ 表示 $z=4+3\mathrm{i}$ 到 $z=0$ 的直线段路径，就得到

$$\int_{-C_3} z^2\,\mathrm{d}z = \frac{44}{3} - 39\mathrm{i},\quad \int_{-C_3} \bar{z}^2\,\mathrm{d}z = -\frac{100}{3} + 25\mathrm{i}$$

我们也可以考虑**闭合路径**，例如从 $z=0$ 开始，沿 C_1,C_2 到 $z=4+3\mathrm{i}$，然后沿相反方向通过 C_3 回到 $z=0$。将这条闭合路径表示为 $C_1+C_2-C_3$ 是很自然的。考虑 z^2 和 $\bar{z}^2$ 围绕这个闭合路径的积分。以上结果表明

$$\oint_{C_1+C_2-C_3} z^2\,\mathrm{d}z = \underbrace{\oint_{C_1+C_2} z^2\,\mathrm{d}z}_{-\frac{44}{3}+39\mathrm{i}} + \underbrace{\oint_{-C_3} z^2\,\mathrm{d}z}_{\frac{44}{3}-39\mathrm{i}} = 0 \tag{5.32}$$

$$\oint_{C_1+C_2-C_3} \bar{z}^2\,\mathrm{d}z = \underbrace{\oint_{C_1+C_2} \bar{z}^2\,\mathrm{d}z}_{\frac{172}{3}-39\mathrm{i}} + \underbrace{\oint_{-C_3} \bar{z}^2\,\mathrm{d}z}_{-\frac{100}{3}+25\mathrm{i}} = 24 - 14\mathrm{i} \tag{5.33}$$

如例 5.4.1 和例 5.4.2 中各种线段积分所示，两个不同点之间积分的路径独立性问题与沿着经过这两个点的闭合路径的积分是否始终为零直接有关。

对于给定的闭合路径 C，$\oint_C f(z)\mathrm{d}z$ 的计算可以在这个路径上的任何点开始和结束。在例 5.4.2 中用闭合路径 $C_1+C_2-C_3$，我们根据开始和结束在 $z=0$ 来计算，但我们同样可以在 $z=4+3\mathrm{i}$ 或路径上任何其他点开始和结束，只要我们沿同一路径走。尽管闭合路径积分的起点和终点并不重要，但积分的方向很重要。上面的例子使用了逆时针方向的 $C_1+C_2-C_3$ 进行路径积分。重做路径线积分，但现在沿顺时针方向，例如 $-C_2-C_1+C_3$，得到上述结果的相反数。对于 $f(z)=z^2$，这仍然会导致积分为零（因为 $0=-0$），但对于 $f(z)=\bar{z}^2$，路径反向会给出

$$\oint_{-C_2-C_1+C_3} \bar{z}^2\,\mathrm{d}z = -24 + 14\mathrm{i}$$

5.5　非平面几何解释：黎曼球面

我们在 5.3 节中引入了复 z 平面，在 5.4 节中计算了在该平面上的积分。每个复数 $x+\mathrm{i}y$ 都以一种明显的方式被确定为复 z 平面上的唯一点。反之亦然：复平面上的每一点表示为一个唯一的复数。在半径为 1 的三维球体（**黎曼球体**）表面上的点与复数之间也可以产生类似的相互关联。具体来说，如下所示。

> 每个复数 $z=x+\mathrm{i}y$ 都可以用黎曼球面上唯一的点表示。反之，除了球的北极，黎曼球面上的每一点可用一个唯一的复数来表示。

这种等同基于一个几何结构，技术上称为相对于复 z 平面的**球极射影**。这种射影运算不用复平面中的特定点来具体表示北极，而是把北极定义为极限 $|z|\to\infty$。尽管 $r=|z|\to\infty$ 这一过程容易理解，但极限 $z\to\infty$ 的含义则颇为微妙。球极射影的好处之一是，它提供了对极限 $z\to\infty$ 的深刻理解。正如在数学中经常出现的情况一样，这种洞察力是通过一个额外（更高）维度的视角来研究问题而成为可能的。

考虑一个以原点为中心的单位球，它与 z 平面相交于单位圆 $x^2+y^2=1$。球的顶点或北极是点 N，它正位于复平面原点 $z=0$ 的正上方。设 $z=x+\mathrm{i}y$ 是 z 平面上的任意一点。通过构造连接 N 和 z 的直线来找到黎曼球面上的对应点。只要 z 不在单位圆上（即 $x^2+y^2\neq1$），除与黎曼球面在 N 处相交外，这条线与黎曼球面刚好在另外一点相交。如图 5.10 所示，如果 $x^2+y^2>1$，这个另外的交点出现在北半球上 z 和 N 之间的某个地方。但是如果 $x^2+y^2<1$，这个另外的交点出现在南半球。特别要注意的是，单位圆上的点 $x^2+y^2=1$ 映射到同一个点，现在被看作黎曼球面上的一个点。原点 $z=0$ 映射到南极 S。因此，从平面到球面的映射——反之亦然——是一对一的，必须服从以下重要的限定条件：z 平面上远处的（$r\to\infty$）所有点映射到单个点：北极的 N。正是在这种情况下，当讨论复平面上的运算时，我们说“无穷远处的点”。**无穷大点的概念**，以及 $\mathrm{i}^2=-1$，是我们在复分析中必须要克服的，或者至少是我们必须适应的两个主要认知障碍。

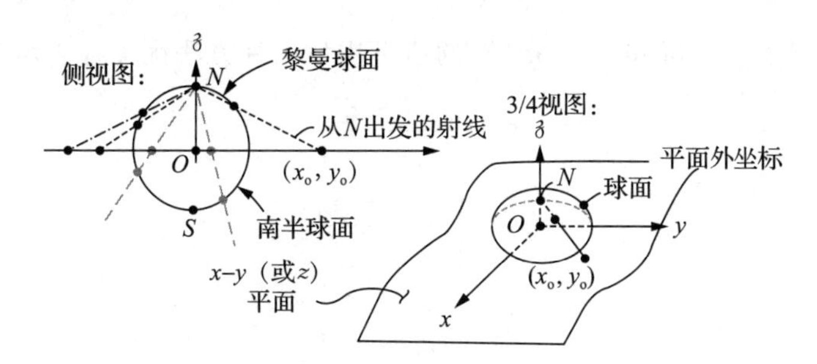

图 5.10　黎曼球面几何示意图（注意坐标系是右手坐标系）。当 $x^2+y^2>1$ 时，从 N 出发的射线首先与北半球面的黎曼球面相交，然后与外 z 平面相交。如左图所示，当 $x^2+y^2<1$ 时，射线首先与内 z 平面相交，然后与南半球面的黎曼球面相交

要提供映射的定量处理，需要为第三维提供坐标变量，即垂直于 (x,y) 平面的坐标变量。习惯上用 z 表示这种坐标，但我们已经用 z 表示复变量 $z=x+\mathrm{i}y$。因此，我们使用花体 $\mathfrak{z}$ 作为第三个坐标，我们认为它描述了一个垂直方向。这 $\mathfrak{z}$ 轴通过图 5.10 的黎曼球面的北极。单位球上的位置 $(x,y,\mathfrak{z})$ 用坐标 (ξ,η,ζ) 表示。这些点必须满足描述单位球面的方程 $\xi^2+\eta^2+\zeta^2=1$。

现在考虑一条从北极到单位圆外复平面上的点 $x_o+\mathrm{i}y_o$（即 $x_o^2+y_o^2>1$）的射线。用相似三角形（见图 5.11）很容易看出 $x_o/1=\xi/(1-\zeta)$，同样 $y_o/1=\eta/(1-\zeta)$。利用这两个关系式，消去球面方程中的 ξ 和 η，得到 $1=\xi^2+\eta^2+\zeta^2=(1-\zeta)^2x_o^2+(1-\zeta)^2y_o^2+\zeta^2$，由它得出二次方程 $\zeta^2-2b\zeta+c=0$，这里 $b=r_o^2/(r_o^2+1)$，$c=(r_o^2-1)/(r_o^2+1)$，其中 $r_o^2=x_o^2+y_o^2$。$\zeta=1$ 是一个伪根；另一个有意义的根是

$$\zeta = \frac{r_o^2 - 1}{r_o^2 + 1}, \quad r_o^2 = x_o^2 + y_o^2 \tag{5.34}$$

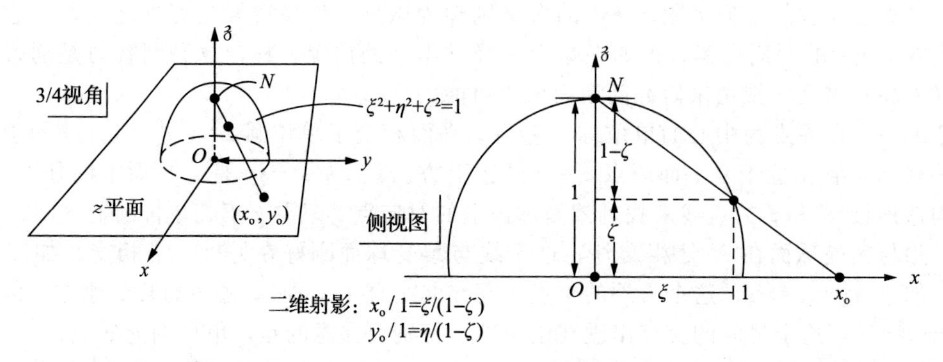

图 5.11　黎曼球面几何显示球面坐标（ξ,η,ζ）及其（通过相似三角形）与单位圆外的复平面位置（x_o,y_o）的关联

由式（5.34）可知，当 $r_o \geqslant 1$ 时，$0 \leqslant \zeta \leqslant 1$ 满足要求。利用这个 ζ 得到剩下的两个坐标：

$$\xi = x_o(1-\zeta) = \frac{2x_o}{r_o^2+1}, \quad \eta = y_o(1-\zeta) = \frac{2y_o}{r_o^2+1} \tag{5.35}$$

由式（5.9）和 $r_o^2 = |z_o|^2$ 可知，（ξ,η,ζ）的值可用另一种方法优美地表示为

$$\xi = \frac{z_o + \bar{z}_o}{|z_o|^2+1} \tag{5.36}$$

$$\eta = \frac{1}{\mathrm{i}}\frac{z_o - \bar{z}_o}{|z_0|^2+1} \tag{5.37}$$

$$\zeta = \frac{|z_o|^2-1}{|z_o|^2+1} \tag{5.38}$$

正如已经指出的，式（5.36）～式(5.38) 适用于 $|z_o|^2 = z_o\bar{z}_o > 1$ 时单位球面的北半球面。我们另外做一个推导会发现，式（5.36）～式(5.38) 也适用于当 $|z_o|^2 = z_o\bar{z}_o < 1$ 时，将 z_o 映射到南半球面的情况。

虽然式（5.36）～(5.38) 用笛卡儿坐标（ξ,η,ζ）给出黎曼球面上的位置，但是由球坐标描述来提供通常的角坐标也很有用。角度 θ 是逆时针方向与 x 轴的夹角，角度 ϕ 是逆时针方向与（x,y）平面的夹角。这些角由下式给出：

$$\theta = \tan^{-1}(\eta/\xi), \quad \phi = \tan^{-1}\left(\zeta/\sqrt{\xi^2+\eta^2}\right) \tag{5.39}$$

在得到了可以确定在球极射影映射下的单个点的变换的关系之后，现在可以描述 z 平面上的曲线如何映射成黎曼球面上的曲线，反之亦然。对于黎曼球面，用（$x,y,\mathfrak{z}$）坐标方向上的单位向量 $\hat{\boldsymbol{e}}_x, \hat{\boldsymbol{e}}_y, \hat{\boldsymbol{e}}_{\mathfrak{z}}$ 来表示比较方便。黎曼球面上一个点的位置向量由 $\xi\hat{\boldsymbol{e}}_x + \eta\hat{\boldsymbol{e}}_y + \zeta\hat{\boldsymbol{e}}_{\mathfrak{z}}$ 正式给出。

用球极射影法将复 z 平面中的直线变换为黎曼球面上的圆。这些圆都通过北极 N，因为这是无穷远处点的象。如果 z 平面上的直线不经过单位圆 $x^2+y^2 \leqslant 1$ 内，则在黎曼球面

上的圆仅限于北半球面；如果它经过单位圆的内部 $x^2+y^2<1$，那么在黎曼球面上的圆就进入了南半球面。

例 5.5.1 描述复 z 平面上直线 $y=x$ 和 $x=1$ 在黎曼球面上的象。将这些曲线在 z 平面上的交角与对应曲线在黎曼球面上的交角进行比较（见图 5.12）。

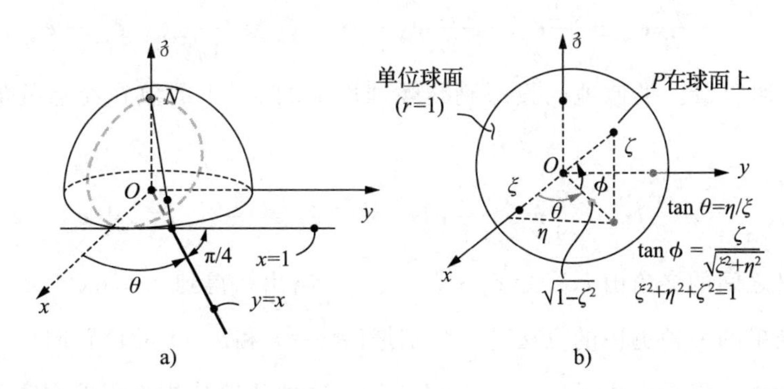

图 5.12 黎曼球面和复 z 平面上的两条直线 $y=x$ 和 $x=1$ 的示意图。这两条线相交于 $x=y=1$。一个相应的交点也出现在球面上，如图 a 所示

解 在 z 平面上，这两条直线相交于 $(x,y)=(1,1)$，夹角为 45°，见图 5.12a。

对于射影到球面上的曲线，我们首先使用式（5.36）～(5.38)。对于直线 $y=x$，由此得到 $\xi=\eta$ 以及 $\zeta=(2y^2-1)/(2y^2+1)=(2x^2-1)/(2x^2+1)$。然后，利用式（5.39），我们求出与 x 轴的夹度 θ 为 $\theta=\tan^{-1}(\eta/\xi)=\tan^{-1}(1)=\pi/4$ 。角度 $\phi=\tan^{-1}(\zeta/\sqrt{\xi^2+\eta^2})=\tan^{-1}(\zeta/\sqrt{1-\zeta^2})=\tan^{-1}((2y^2-1)/\sqrt{8}\,y)$ （见图 5.12）。我们用弧长参数 $s^2=x^2+y^2=2y^2$ 来参数化沿直线 $x=y$ 的距离，得到 $y=s/\sqrt{2}$。这就导出了下面的关系：

$$\xi=\eta=\sqrt{2}s/(s^2+1),\quad \zeta=(s^2-1)/(s^2+1)$$
$$\theta=\pi/4,\quad \phi=\tan^{-1}((s^2-1)/2s) \tag{5.40}$$

因此，直线 $y=x$ 在黎曼球面上的弧象的位置向量是

$$\vec{l}_1=\frac{\sqrt{2}s}{s^2+1}\hat{e}_x+\frac{\sqrt{2}s}{s^2+1}\hat{e}_y+\frac{s^2-1}{s^2+1}\hat{e}_\zeta \tag{5.41}$$

在交点处有 $y=1$，$s=\sqrt{2}$，求得 $(\xi,\eta,\zeta)=(2/3,2/3,1/3)$。

对直线 $x=1$ 使用完全相同的过程，得到 $\xi=2/(2+y^2)$，$\eta=2y/(2+y^2)$，$\zeta=y^2/(2+y^2)$，导出 $\theta=\tan^{-1}(y)$，$\phi=\tan^{-1}(y^2/2\sqrt{1+y^2})$。我们再次用弧长参数 $y=s$ 来参数化沿 $x=1$ 的距离，得到

$$\xi=2/(2+s^2),\quad \eta=2s/(2+s^2),\quad \zeta=s^2/(2+s^2) \tag{5.42}$$

以及

$$\theta=\tan^{-1}(s),\quad \phi=\tan^{-1}\left(s^2/2\sqrt{1+s^2}\right) \tag{5.43}$$

因此，直线 $x=1$ 在黎曼球面上的象的位置向量是

$$\vec{l}_2 = \frac{2}{2+s^2}\hat{e}_x + \frac{2s}{2+s^2}\hat{e}_y + \frac{s^2}{2+s^2}\hat{e}_\zeta \tag{5.44}$$

交点 $y=s=1$ 现在重新得到黎曼球面上的先前的交点 $(\xi,\eta,\zeta)=(2/3,2/3,1/3)$。

关于黎曼球面上交角的确定，我们首先用式（5.41）和式（5.44）对 s 的导数来计算两条路径的切向量。对于直线 $y=x$ 在黎曼球面上的象，这给出了交点处的切向量：

$$\left.\frac{\mathrm{d}\vec{l}_1}{\mathrm{d}s}\right|_{s=\sqrt{2}} = -\frac{\sqrt{2}}{9}\hat{e}_x - \frac{\sqrt{2}}{9}\hat{e}_y + \frac{4\sqrt{2}}{9}\hat{e}_\zeta \quad\Rightarrow\quad \vec{e}_1 = \frac{1}{3\sqrt{2}}(-\hat{e}_x - \hat{e}_y + 4\hat{e}_\zeta) \tag{5.45}$$

其中 $\vec{e}_1$ 是单位切向量。类似地，投影到黎曼球面上的 $x=1$ 的象在交点处的单位切向量 $\vec{e}_2$ 为

$$\left.\frac{\mathrm{d}\vec{l}_2}{\mathrm{d}s}\right|_{s=1} = -\frac{4}{9}\hat{e}_x + \frac{2}{9}\hat{e}_y + \frac{4}{9}\hat{e}_\zeta \quad\Rightarrow\quad \vec{e}_2 = \frac{1}{3}(-2\hat{e}_x + \hat{e}_y + 2\hat{e}_\zeta) \tag{5.46}$$

两个单位切向量之间的夹角由 $\cos\psi=\vec{e}_1\cdot\vec{e}_2=\sqrt{2}/2$ 给出，得到 $\psi=\cos^{-1}(\sqrt{2}/2)=45°$。

得到相同结果的一种更快的方法是，分别把沿 $y=x$ 和 $x=1$ 的位置向量 $\vec{l}_1$ 和 $\vec{l}_2$ 写成仅用 y 表示的形式，然后求出 $\mathrm{d}\vec{l}_1/\mathrm{d}y$ 和 $\mathrm{d}\vec{l}_2/\mathrm{d}y$。这种几何分析不需要引入特殊的弧长参数，这实际上为两条直线提供了与 y 的不同连接，分别为 $s=\sqrt{2}y$ 和 $s=y$。交点在 $y=1$ 处，得到之前的单位向量 $\hat{e}_1$ 和 $\hat{e}_2$，并重新产生上面的结果。

值得注意的结果是相同的交角，在这种情况下，在复 z 平面上和在黎曼球面上得到的都是 45°。角度保持不变是这种映射的一个特性。

★ 一般来说，这种映射是**保角的**，也就是说在两条直线的交点处，夹角的值和方向感都保持不变。

在前面的例子中，与黎曼球面上的弧长直接相关的球角 θ 和 ϕ，没有用于由式（5.41）和式（5.44）给出的位置向量 $\vec{i}_1$ 和 $\vec{i}_2$ 的确定。因此，在随后的黎曼球面上两弧交角计算中没有直接使用 θ 和 ϕ。在下面的例子中，我们将使用 θ 和 ϕ 来重新检查这个计算，以强调变换的保角性质。

例 5.5.2　验证在例 5.5.1 中考虑的两条曲线映射到黎曼球面上在交点处的保角性。

评注：尽管这个解决方案非常简单，但是必须注意一个重要的事实。对于黎曼球面上的任意一点，ϕ 方向的弧长增量为 $\mathrm{d}l_\phi=r_\phi\mathrm{d}\phi$，其中 $r_\phi=1$，而 θ 方向的弧长增量为 $\mathrm{d}l_\theta=r_\theta\mathrm{d}\theta$，其中 $r_\theta=\sqrt{\xi^2+\eta^2}\leqslant 1$。

证明

直线 $x=y$　我们从上例的式（5.40）得到

$$\mathrm{d}\theta=0,\quad \mathrm{d}\phi=\frac{2\mathrm{d}s}{s^2+1}$$

用 $s=\sqrt{2}y$ 和 $y=1$ 来求交点处的弧长：

$$dl_\theta = r_\theta d\theta = 0, \quad dl_\phi = r_\phi d\phi = 1d\phi = (2/3)ds$$

由于 $d\theta=0$，不用计算 r_θ 的值。

直线 $x=1$　对于直线 $x=1$，类似地，我们可以通过式（5.43）得到

$$d\theta = \frac{ds}{s^2+1}, \quad d\phi = \frac{2sds}{(2+s^2)\sqrt{s^2+1}}$$

用 $s=y$，然后在交点处令 $y=1$，我们得到

$$dl_\theta = r_\theta d\theta = \sqrt{\left(\frac{2}{3}\right)^2 + \left(\frac{2}{3}\right)^2}\frac{ds}{2} = \frac{\sqrt{2}}{3}ds, \quad dl_\phi = r_\phi d\phi = 1d\phi = \frac{\sqrt{2}}{3}ds$$

关键的几何特性如图 5.13 所示。直线 $x=y$ 产生的弧线仅在 ϕ 方向变化（可以通过几何直观确认），而直线 $x=1$ 产生的弧线在 θ 方向上有分量 $dl_\theta=(\sqrt{2}/3)ds$，在 ϕ 方向上有分量 $dl_\phi=(\sqrt{2}/3)ds$。这条线向 ϕ 方向倾斜 45°。另外，球面上的图像保留了平面上从 $x=1$ 到 $x=y$ 的旋转方向。

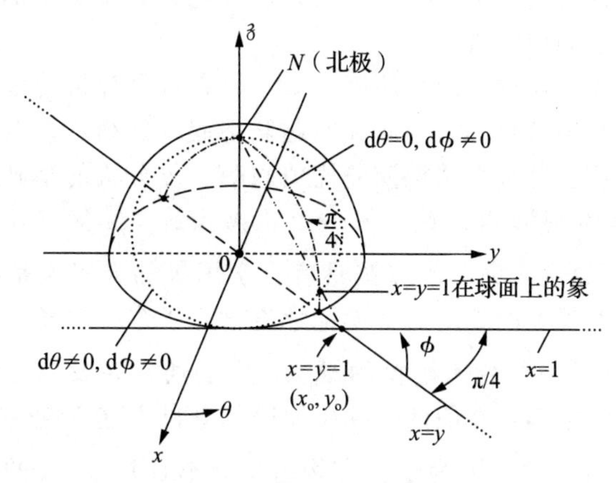

图 5.13　曲线和它们在球面上的图像以及角度变化。平面上的直线 $y=x$ 在球面上产生曲线，$d\theta=0$，而平面上的直线 $x=1$ 在球面上产生倾斜的圆，$d\theta\neq0$，$d\phi\neq0$

为了清楚地说明这一点，我们将平面上直线 $x=y$ 和 $x=1$ 的切线（单位方向向量）写成 $\hat{\boldsymbol{t}}_{x=y}=(\hat{\boldsymbol{e}}_x+\hat{\boldsymbol{e}}_y)/\sqrt{2}$ 和 $\hat{\boldsymbol{t}}_{x=1}=\hat{\boldsymbol{e}}_y$，这些直线在黎曼球面上的象的切线（单位方向向量）写成 $\hat{d}\boldsymbol{l}_{x=y}=\hat{\boldsymbol{e}}_\theta$ 和 $\hat{d}\boldsymbol{l}_{x=1}=\left[(\sqrt{2}/3)\hat{\boldsymbol{e}}_\theta+(\sqrt{2}/3)\hat{\boldsymbol{e}}_\phi\right]/\sqrt{\left[(\sqrt{2}/3)^2+(\sqrt{2}/3)^2\right]}=(\hat{\boldsymbol{e}}_\theta+\hat{\boldsymbol{e}}_\phi)/\sqrt{2}$。

我们现在计算点积

$$\hat{\boldsymbol{t}}_{x=y}\cdot\hat{\boldsymbol{t}}_{x=1}=\frac{1}{\sqrt{2}}, \quad \hat{d}\boldsymbol{l}_{x=y}\cdot\hat{d}\boldsymbol{l}_{x=1}=\frac{1}{\sqrt{2}} \tag{5.47}$$

和叉积

$$\hat{\boldsymbol{t}}_{x=y}\times\hat{\boldsymbol{t}}_{x=1}=\frac{\hat{\boldsymbol{e}}_z}{\sqrt{2}}, \quad \hat{d}\boldsymbol{l}_{x=y}\times\hat{d}\boldsymbol{l}_{x=1}=\frac{\hat{\boldsymbol{e}}_r}{\sqrt{2}} \tag{5.48}$$

式（5.47）的点积表明两切线（在 z 平面上及其在黎曼球面上的象）的夹角相等，即 $\cos^{-1}(1/\sqrt{2})=\pi/4$。式（5.48）的叉积提供了额外的有价值的信息：两切线方向（z 平面

上的交点及其在黎曼球面上的象）的叉积方向（按右手螺旋法则）也是相同的（即在第三个方向的正向）。

例 5.5.1 和例 5.5.2 说明了将平面上的曲线映射到黎曼球面的方法有很多种。例 5.5.1 在笛卡儿坐标系中更直接，但也有点笨拙。例 5.5.2 使用球面的**自然**坐标，但这些计算需要仔细计算度量系数 r_θ 和 r_ϕ。最终，重要的不是用什么方法，而是计算一旦开始，要正确地进行。

5.6　复分析中的点对代数

我们对复数的讨论从 $\sqrt{-1}\overset{\text{def}}{=}\mathrm{i}$（“def” 表示 “定义为”）的概念开始，并专注于此。这可能给人一种印象，即这个实体对建立复分析是必不可少的。虽然有人可能会说，这种概念是任何处理复分析所固有的，但它对其正式发展并不是必不可少的。在本节中，我们将描述基于点对代数的概念如何实现。

点对代数之所以重要，至少有四个原因。第一，它将复分析的概念置于更高的抽象和通用性层次上，并将其与纯分析的其他研究问题联系起来。第二，点对代数的使用清楚地证明了复分析的基本性质。这种特殊推演的优美阐明了复分析的基础，并促进了高维复空间的发展，其中一个是哈密顿四元数，另一个是嘉当旋量。第三，点对代数消除了 $\mathrm{i}=\sqrt{-1}$ 的定义的需要，而这个定义对于那些具有哲学思维的人来说是有疑问的。这个运算虽然可行，但却是一个逻辑上的绊脚石，无论学生学习了多少例子，或对内容的学习有多彻底，都不能忽视 $\sqrt{-1}$ 是一个令人生畏的概念，人们通常在没有充分理解其含义的情况下就会习惯于这个概念。第四，在前两个抽象原因的基础上建立起一个实践的大厦。所有的计算机算法都使用点对代数，因为还没有构造出能够计算 $\sqrt{-1}$ 的计算机。因此，为了在复平面上进行操作，必须利用点对代数的概念来建立计算算法。

我们把复数 $z=x+\mathrm{i}y$ 写成有序对的形式，称为**点对**，用 $z=((x,y))$ 表示。因为我们在本书中对其他各种实体使用单圆括号，比如函数参数甚至内积（1.5 节），我们在这里使用双圆括号 $((\cdot,\cdot))$ 来强调我们处理的是复分析的特定的点对概念。所有复数运算都要使用以下三个基本运算规则来完成：点对的加法、点对的乘法以及点对与标量的乘法。本节的目的是展示这种不同的“代数”是如何工作的。这里的展示独立于几何术语下对复数算术的讨论，这意味着这两种方法可以以任何顺序进行。最终，几何和代数这两种方法是互补的。然而，在本节我们将以纯代数的方式进行。

两个点对 $z_1=((x_1,y_1))$ 和 $z_2=((x_2,y_2))$ 服从下面定义的加法、乘法以及与标量的乘法的代数运算。在任何情况下，这些运算都不需要 $\mathrm{i}=\sqrt{-1}$ 的概念。

加法：

$$z_1+z_2\overset{\text{def}}{=}((x_1+x_2,y_1+y_2))\tag{5.49}$$

乘法：

$$z_1 z_2 \stackrel{\text{def}}{=} ((x_1 x_2 - y_1 y_2, x_1 y_2 + x_2 y_1)) \tag{5.50}$$

注意，上面的运算满足结合律、交换律和分配律。因此，$z_1 + z_2 = z_2 + z_1$，$z_1 z_2 = z_2 z_1$，$z_1 (z_2 + z_3) = z_1 z_2 + z_1 z_3$。

与标量的乘法：

$$az \stackrel{\text{def}}{=} ((ax, ay)) \tag{5.51}$$

点对的加法式（5.49）和点对与标量的乘法式（5.51）这两种运算与经典的二维向量运算相同。点对的乘法运算式（5.50）赋予复变系统的一种结构，这在我们之前的向量空间运算研究中是不存在的。

我们简要地讨论上述三个代数运算的一些含义。首先，由于式（5.49）的加法法则给出 $((x,y)) + ((0,0)) = ((x,y))$，因此得出复数零的定义：

$$0 \stackrel{\text{def}}{=} ((0,0)) \tag{5.52}$$

它是一个加法恒等元，即 $z + 0 = z$。其次，由乘法法则式（5.50）得到

$$((x,y))((1,0)) = ((x \cdot 1 - y \cdot 0, x \cdot 0 + y \cdot 1)) = ((x,y))$$

因此得出复数 1 的定义：

$$1 \stackrel{\text{def}}{=} ((1,0)) \tag{5.53}$$

它是一个乘法恒等元，即 $z \cdot 1 = 1 \cdot z = z$。一般来说，由于 $((a,0))((x,y)) = ((ax, ay)) = a((x,y))$，我们可以用 $((a,0))$ 形式的点对来定义实数 a。

实数：实数是 $z = ((x,0))$ 形式的点对。用式（5.50）对两个实数相乘得到 $((x_1,0))((x_2,0)) = ((x_1 x_2, 0))$，这与实数乘法的一般法则一致。

虚数：虚数是 $z = ((0,y))$ 形式的点对。用式（5.50）对两个虚数相乘得到 $((0,y_1))((0,y_2)) = ((-y_1 y_2, 0))$。一个纯虚数的连续整数次幂重复时会产生一个有趣的模式：

$$\begin{aligned}
((0,y))^1 &= y((0,1)) \\
((0,y))^2 &= y^2((-1,0)) \\
((0,y))^3 &= y^3((0,-1)) \\
((0,y))^4 &= y^4((1,0)) \\
((0,y))^5 &= y^5((0,1))
\end{aligned}$$

因此，在四次相乘之后，就会得到重复，即

$$((0,y))^k = y^k \times \begin{cases} ((0,1)), & k = 1 \\ ((-1,0)), & k = 2 \\ ((0,-1)), & k = 3 \\ ((1,0)), & k = 4 \end{cases}$$

混合乘法：实数和虚数的乘积产生 $((x_1,0)(0,y_2)) = ((0, x_1 y_2))$。

读者注意到，还没有定义减法和除法的算术运算。前一个运算被定义为加法的逆运算，如果 $z_1 + z_3 = z_2$，那么 $z_3 = z_2 - z_1$，从已有的关系和定义我们直接得到 $z_2 - z_1 = z_2 + (-1) z_1$。下面将分两部分讨论后一种运算——除法，首先是**乘法逆元素**，然后是**除法运算**。

乘法逆元素：对于任何复数 z_1，其乘法逆元素或倒数是复数 z_2，使 z_1z_2 为乘法恒等元（$((1,0))$）。为了求 $z_1=(x_1,y_1)$ 的乘法逆元素，我们把它写成 $z_2=(x_2,y_2)$，并且满足 $((1,0))=(x_1,y_1)(x_2,y_2)=((x_1x_2-y_1y_2,x_1y_2+x_2y_1))$。把这些等式写成

$$x_1x_2-y_1y_2=1,\quad x_1y_2+x_2y_1=0$$

解出（x_2,y_2）得到

$$x_2=\frac{x_1}{x_1^2+y_1^2},\quad y_2=-\frac{y_1}{x_1^2+y_1^2}$$

于是

$$z_2=((x_2,y_2))=\left(\left(\frac{x_1}{x_1^2+y_1^2},-\frac{y_1}{x_1^2+y_1^2}\right)\right)$$

只要 $z\neq0$，z 的倒数存在。很容易验证，

$$zz^{-1}=((x,y))\left(\left(\frac{x}{x^2+y^2},-\frac{y}{x^2+y^2}\right)\right)=((1,0))$$

除法：两个复数的除法 z_1/z_2，根据乘法运算定义为 z_1 与 z_2 的倒数的乘积。令 $z_1=((x_1,y_1))$和 $z_2=(x_2,y_2)$ 得到

$$\frac{z_1}{z_2}=((x_1,y_1))\left(\left(\frac{x_2}{x_2^2+y_2^2},-\frac{y_2}{x_2^2+y_2^2}\right)\right)=\left(\left(\frac{x_1x_2+y_1y_2}{x_2^2+y_2^2},\frac{-x_1y_2+x_2y_1}{x_2^2+y_2^2}\right)\right)$$

该表达式通过点对的运算重新获得式（5.10）。注意，负整数幂被定义为**正整数幂的倒数**。

现在我们可以将这些定义、运算和关系用于更一般的情况。

正如我们已经看到的，扩展到复域的泰勒级数是复分析的一个主要特征。然而，对于一个给定的函数，泰勒级数通常是一个多项式（尽管是无穷阶的）。因此，多项式在复分析中的重要作用要求我们分析它的基本性质。为此，我们首先采用正整数幂的概念：

$$z^n=\underbrace{(z\cdot z\cdot z\cdots\cdots z)}_{n个},\quad z^{n+m}=z^n\cdot z^m=\underbrace{(z\cdot z\cdots\cdots z)}_{n个}\underbrace{(z\cdot z\cdots\cdots z)}_{m个}$$

考虑多项式

$$P(z)=az^2+bz+c=P(x,y)$$

其中，a 和 b 是实数，c 是复数，$c=((c_r,c_i))$。根据上面的定义，我们有

$$\begin{aligned}P(z)&=a((x^2-y^2,2xy))+b((x,y))+((c_r,c_i))\\&=((ax^2-ay^2+bx+c_r,2axy+by+c_i))\end{aligned}$$

这就得到 $P(z)=((u(x,y),v(x,y)))$，其中 u 和 v 分别是多项式函数 $P(z)$ 的实部和虚部：

$$u(x,y)=ax^2-ay^2+bx+c_r,\quad v(x,y)=2axy+by+c_i$$

在此基础上，对于任何可以用泰勒级数定义的标准实函数，写出它的复扩张是很简单的。

例 5.6.1　把 e^z 写成 $e^z=e^{((x,y))}((u(x,y),v(x,y)))$。求它的实部 u 和虚部 v。

解　指数函数泰勒级数的复变量推广为

$$((u,v))=e^z=1+z+\frac{z^2}{2!}+\frac{z^3}{3!}+\cdots$$

$$
\begin{aligned}
&=((1,0))+((x,y))+\frac{1}{2!}((x,y))^2+\frac{1}{3!}((x,y))^3+\cdots \\
&=((1,0))+((x,y))+\frac{1}{2!}((x^2-y^2,2xy))+ \\
&\frac{1}{3!}((x(x^2-y^2)-2xy^2,(x^2-y^2)y+2x^2y))+\cdots
\end{aligned} \tag{5.54}
$$

首先考虑当 z 是实数 $z=(x,0)$ 时的 e^z：

$$
\begin{aligned}
e^{((x,0))} &=((1,0))+((x,0))+\frac{1}{2!}((x,0))^2+\frac{1}{3!}((x,0))^3+\cdots \\
&=((1,0))+(x,0)+\frac{1}{2!}((x^2,0))+\frac{1}{3!}((x^3,0))+\cdots \\
&=\left(\left(1+x+\frac{x^2}{2!}+\cdots,0\right)\right) \\
&=((e^x,0))
\end{aligned}
$$

现在考虑当 z 是虚数 $z=(0,y)$ 时的 e^z：

$$
\begin{aligned}
e^{(0,y)} &=((1,0))+((0,y))+\frac{1}{2!}((0,y))^2+\frac{1}{3!}((0,y))^3+\cdots \\
&=((1,0))+((0,y))+\frac{1}{2!}((-y^2,0))+\frac{1}{3!}((0,-y^3))+\frac{1}{4!}((y^4,0))+\cdots \\
&=\left(\left(1-\frac{y^2}{2!}+\frac{y^4}{4!}-\cdots,y-\frac{y^3}{3!}+\frac{y^5}{5!}-\cdots\right)\right) \\
&=((\cos y,\sin y))
\end{aligned}
$$

结合上述两种特殊情况，给出指数函数的一般形式

$$
\begin{aligned}
e^z &= e^{((x,y))} \\
&= e^{[((x,0))+((0,y))]} \\
&= [e^{((x,0))}][e^{((0,y))}] \\
&= ((e^x,0))((\cos y,\sin y)) \\
&= ((\underbrace{e^x\cos y}_{u(x,y)},\underbrace{e^x\sin y}_{v(x,y)}))
\end{aligned}
$$

事实上，点对方法运算量大且笨拙，但就计算而言，它只需要遵循基本的、明确建立的代数规则，这是计算机存在的原因。下面的例子比前面的例子简单，因为它不涉及任何泰勒级数展开，只涉及计算整理。

例 5.6.2　已知 $z=((x,y))$，求 $z^{-2}=((u(x,y),v(x,y)))$。

解　直接计算得到

$$
z^{-2}=(z^{-1})^2=\left(\left(\frac{x}{x^2+y^2},-\frac{y}{x^2+y^2}\right)\right)\left(\left(\frac{x}{x^2+y^2},-\frac{y}{x^2+y^2}\right)\right)
$$

$$=\left(\left(\frac{x^2-y^2}{(x^2+y^2)^2},\frac{-2xy}{(x^2+y^2)^2}\right)\right)$$

所以

$$u(x,y)=\frac{x^2-y^2}{(x^2+y^2)^2},\quad v(x,y)=\frac{-2xy}{(x^2+y^2)^2}$$

作为最后一个例子，我们再次考虑根的计算，但是现在，与5.3节中的例5.3.1不同，这个任务是使用点对代数完成的。

例 5.6.3 求 $\sqrt[3]{z_1}$，其中 $z_1=((x_1,y_1))=((8,0))$。

解 我们记 $z_2=\sqrt[3]{z_1}$，其中 $z_2=((x,y))$。因此 $z_2^3=z_1$，或者

$$((x,y))((x,y))((x,y))=((8,0))$$

由乘法法则得到：$((x^3-3xy^2,-y^3+3x^2y))=((8,\ 0))$或$u=x^3-3xy^2=8$ 和 $v=-y^3+3x^2y=0$。换句话说，我们得到了两个方程 $u(x,y)=8$ 和 $v(x,y)=0$。后者给出 $y(y^2-3x^2)=0$，因此 $y=0$ 和 $y=\pm\sqrt{3}x$。将这些结果代入 $u(x,y)=8$ 得到：

- $y=0\Rightarrow 8=u(x,0)=x^3$ 或 $x=2$。这个根是 $((2,0))$。
- $y^2=3x^2\Rightarrow 8=u(x,\pm\sqrt{3}x)=x^3-3x(3x^2)=-8x^3$ 或 $x^3=-1$。

因此，由 $x=-1$ 得到 $y^2=3x^2=3$ 或 $y=\pm\sqrt{3}$。这两个根是 $((-1,\sqrt{3}))$和 $((-1,-\sqrt{3}))$。

这样，$z^3=8$ 的三个根是 $((2,0))$，$((-1,\sqrt{3}))$和 $((-1,-\sqrt{3}))$。这个例子实际上是例5.3.1（求 $z^3=1$ 的三个根）的简单缩放。然而，现在求解的过程完全不同了。

为了将传统的 $\mathrm{i}=\sqrt{-1}$ 符号用复变量的点对符号来解析，注意点对 $((x,y))=((x,0))+((0,y))=((x,0))+((0,1))((y,0))$。现在用字母i表示 $(0,1)$，复数 z 可写为$z=((x,y))=((x,0))+\mathrm{i}((y,0))=x+\mathrm{i}y$。这个称为i的量满足 $\mathrm{i}^2=((0,1))^2=((-1,0))$或 $\mathrm{i}^2=-1$，它给出了 $\mathrm{i}=\sqrt{-1}$的预期意义。

在总结这篇简短的计算时，我们注意，点对表示法（显然是由著名的四元数数学家哈密顿引入的）应该是柯西非常欣赏的东西，因为它避免了 $\mathrm{i}=\sqrt{-1}$，这是他最讨厌的一个符号："我们摈弃了一个我们可以完全拒绝的象征性符号 $\sqrt{-1}$，我们毫无遗憾，因为我们不知道这个符号意味着什么，也不知道我们应该赋予它什么意义。"[⊖] 尽管柯西有这样的告诫，我们也很欣赏他的才华横溢的原创作品，但我们还是屈服于惯例，在接下来的章节中继续使用复数的习惯表示 $x+\mathrm{i}y$，而不是更精确、更优雅的点对表示法。

⊖ 译自文献［16］的法语版。

习题

5.1

1. 推导由式（5.4）和式（5.5）给出的卡尔达诺公式。为此，在三次多项式 $P(x)=x^3+ax^2+bx+c=0$ 中设 $x=y-a/3$，求解 $y^3+py+q=0$。确定 p 和 q。设 $y=u+v$ 并注意以下恒等式：
$$(u+v)^3-3uv(u+v)-(u^3+v^3)=0$$
现在请注意，当取 $p=-3uv$ 和 $q=-(u^3+v^3)$ 时，该方程与前面的关于 y 的方程（注：指 $y^3+py+q=0$）变成了同一个方程。在方程 $u^3+v^3=-q$ 中令 $v=-p/(3u)$，得到以下关于 u^3 的**二次方程**：
$$(u^3)^2+qu^3-(p/3)^3=0 \to \xi^2+q\xi-(p/3)^3=0$$
通过求解这个二次方程的 ξ 值，就可以用式（5.4）和式（5.5）给出的形式解出关于 y 的三次方程。
2. 把卡尔达诺方法应用到三次多项式 $P(x)=x^3+ax^2+bx+c=0$，其中 $a=0$，$b=-20$，$c=-25$。注意，$x=5$ 是一个解。求另外两个解，然后做出一个关于单位半径的归一化图。
3. 证明 $|\mathrm{Re}(z_1z_2)|\leqslant|z_1||z_2|$。首先证明这个表述可化简为施瓦茨不等式，$(a_1a_2+b_1b_2)^2\leqslant(a_1^2+b_1^2)(a_2^2+b_2^2)$，然后证明该不等式可通过重新定义 a_1，b_1 等转化为 $(\alpha-\beta)^2\geqslant0$。$(\alpha-\beta)^2\geqslant0$ 对于任何实数 α 和 β 总是成立的。使用 $z_1=a_1+\mathrm{i}b_1$ 和 $z_2=a_2+\mathrm{i}b_2$。
4. 证明 $|z_1+z_2|\geqslant||z_1|-|z_2||$。

5.2

1. 用标准形式 $a+ib$ 表示下面的复数：
$$\text{(a)}\ \frac{5}{(1-\mathrm{i})(2-\mathrm{i})(3-\mathrm{i})},\quad \text{(b)}\ \frac{5}{\mathrm{i}(3-2\mathrm{i})(2-\mathrm{i})}$$
2. 函数
$$f(z)=\frac{z-5}{qz+2\mathrm{i}}$$
对于某个未知的可能的复数 q 满足 $f(\mathrm{i})=\mathrm{i}$。求 $f(1)$ 和 $f(-\mathrm{i})$，分别用 $a+b\mathrm{i}$ 的形式表示。
3. 利用式（5.9）将 $f(z)=\bar{z}^2$ 写成 z 的函数，并证明得到的结果就是式（5.12）。
4. 将 $f(z)=z\bar{z}$ 写成 z 的函数，并找出（实部）u 和（虚部）v。
5. 写出复函数 $w=f(z)=\exp(-1/z)$ 的实部 u 和虚部 v。将复变量 z 写成 x 和 y 的形式，然后描述 $f(z)$ 在 $z\to0$ 时的性态。

5.3

1. 找出所有的解并显示它们在复平面中的位置：

(a) $z^5=243$，

(b) $z^4=-8+6\mathrm{i}$，

(c) $z^3=-16/(\sqrt{2}+\mathrm{i}\sqrt{2})$。

2. 重复问题1 (a)，但不使用极坐标，所有的计算用 x 和 y 来求出它的所有根。
3. 通过查找所有值和重复的值集来计算数量 $\mathrm{i}/(-\mathrm{i})^{1/3}$。
4. 计算下列表达式并显示它们在复平面中的位置：

(a) $(1+\mathrm{i})^{\mathrm{i}}$，

(b) $(1+\mathrm{i})^{1+\mathrm{i}}$，

(c) 求出 $z^{\mathrm{i}}=1+\mathrm{i}$ 的所有解。

5. 考虑复值表达式

$$\alpha=\mathrm{i}x+\sqrt{1-x^2}$$

其中 $0\leqslant x\leqslant\infty$。设 $x>1$，在这种情况下，$1-x^2=(-1)(x^2-1)=(-1)(x^2-1)$，得到

$$\alpha=\mathrm{i}x+\sqrt{(-1)(x^2-1)}=\mathrm{i}x+\mathrm{i}\sqrt{x^2-1}$$

现在把这个表达式写成它原来的形式，不是回到上一步，有

$$\alpha=\mathrm{i}x+\mathrm{i}\sqrt{(-1)(1-x^2)}=\mathrm{i}x+\mathrm{i}^2\sqrt{1-x^2}=\mathrm{i}x-\sqrt{1-x^2}$$

它的平方根项前面有一个负号，因此，与原来的表达式不一致。事实上，将原来的表达式与最后的这个表达式等价需要 $\sqrt{1-x^2}=0$，这是错误的。这种不一致是在哪里产生的，又是如何产生的？

6. 考虑方程 $\epsilon x^3+x^2+2x+c=0$，它本质上是例 5.3.2 中的二次方程（$b=1$）加上一个三次项 ϵx^3。考虑 $c=1/2$，$c=1$，$c=2$ 这三种情况。这个三次多项式必须有三个根，可以全是实数，也可以是一个实数与两个复共轭。注意，当 $\epsilon=0$ 时，这个三次方程化为只有两个根的二次方程。我们考虑**非常小但非零的** ϵ 这个最简单情况，我们假设其中两个根**几乎**满足二次方程 $x^2+2x+c=0$。为了求出第三个根，我们把三次多项式写成 $\epsilon x+1+2/x+c/x^2=0$。我们必须保留“立方项”，它现在是 ϵx。我们看到当 x 很大时，剩下的三项 1，$2/x$，c/x^2 中，$2/x$ 和 c/x^2 与 1 相比变得很小。因此，在三次多项式中有两个占主导地位的项，它近似地简化为 $\epsilon x+1=0$。这样，第三个根约为 $x=-1/\epsilon$。当 ϵ 取值 0.001，0.01，0.1 时，使用软件包并绘制数值计算的根的移动。当 ϵ 不“小”时会发生什么，比如当 $\epsilon=10$ 时？当 ϵ 为负时会发生什么，比如当 $\epsilon=-0.001,-0.01,-0.1,-10$ 时？

5.4

1. 设 C 是 C_1 和 C_2 两条路径的并集，其中 C_1 是 $z=0$ 到 $z=4$ 的直线段，C_2 是 $z=4$ 到 $z=4+3\mathrm{i}$ 的直线段。用这个路径，求出下列函数 $f(z)$ 的线积分 $\int_C f(z)\mathrm{d}z$：

$$\text{(a)}\,f(z)=z,\quad\text{(b)}\,f(z)=\bar{z},\quad\text{(c)}\,f(z)=z^3$$

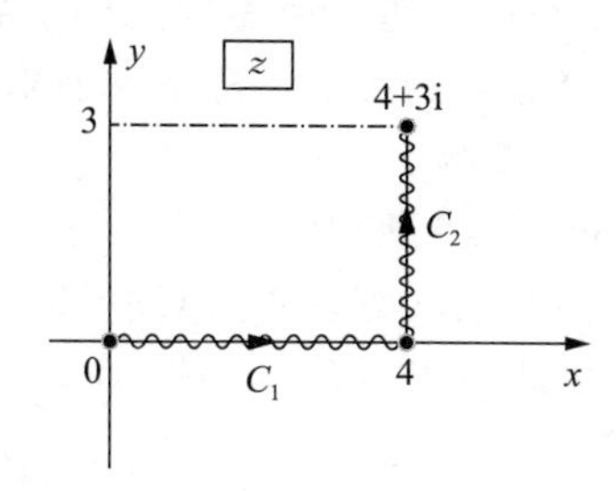

2. 对 $f(z)=\exp(z)$ 重复习题 1。
3. 验证例 5.4.1 和例 5.4.2 中 $f(z)=z^2$ 的积分首先从 $0\to 3\mathrm{i}$ 的垂直路径，然后是从 $3\mathrm{i}\to 4+3\mathrm{i}$ 的水平路径，得到 $-44/3+39\mathrm{i}$。
4. 对于相同的函数 $f(z)$ 重复习题 1，但现在是用例 5.4.2 的对角线路径。
5. 将积分路径 C 参数化为 C：$0\leqslant s\leqslant 1$，使 $x=\cos(2\pi s), y=\sin(2\pi s)$，围绕单位圆对函数 $f(z)=(x+\mathrm{i}y)^2$ 进行积分。指出至少两个其他可能的参数化方法。
6. 在从 $x=0$ 到 $x=1$ 的“病态”路径 $y=\mathrm{e}^{-1/x}$ 上，用被积函数 $f_1(z)=1$ 和 $f_2(z)=z$ 分别计算积分 I_1 和 I_2。路径函数 $y=\mathrm{e}^{-1/x}$ 在 $x=0$ 处不存在泰勒级数，因为它在原点是尖的（一阶导数不存在）。因此，确定“病态”积分路径是否会影响这一函数的积分。

5.5

下面的问题考虑了复平面上的圆和直线与黎曼球面上的圆之间的关系。作为背景，在 (x,y) 平面中，$x^2+y^2=r^2$ 表示一个以原点为圆心的半径为 r 的圆。一般来说，只要 d 不是太大，代数方程 $a(x^2+y^2)+bx+cy+d=0$（其中 $a>0$）表示一个圆。为了看清这一点，我们设 $x=\hat{x}+\beta$ 和 $y=\hat{y}+\gamma$，并选择常数 $\beta=-b/2a$ 和 $\gamma=-c/2a$，求出 $\hat{x}^2+\hat{y}^2=(1/4a^2)(b^2+c^2-4ad)$。当 $d<(b^2+c^2)/4a$ 时，右边是正的。通过将右边重新定义为 N^2，然后通过 $X=\hat{x}/N$，$Y=\hat{y}/N$ 重新缩放，我们得到 $X^2+Y^2=1$。所做的变换是**平移**和**拉伸**的组合，因为合并一步，我们有 $X=(x-\beta)/N$ 和 $Y=(y-\gamma)/N$。

1. 提供黎曼球面上的圆的数学特征。
2. 证明复 z 平面上的一条直线映射到黎曼球面上是经过北极的一个圆。
3. 证明一个复 z 平面上的圆映射到黎曼球面上是一个不经过北极 N 的圆。
4. 用例 5.5.1 和例 5.5.2 的方法，推导出直线 $x=\alpha\geqslant 1$ 和 $y=\beta\geqslant 1$ 在黎曼球面上的公式。证明映射直线在球面上的交点是保角的。

5.6

1. 复数 $a+\mathrm{i}b$ 与复向量 $x_1+\mathrm{i}x_2$ 按以下形式进行复乘法运算，得到复乘积 $y_1+\mathrm{i}y_2$：

$$\boldsymbol{A}\boldsymbol{x}=\boldsymbol{y}\quad\Rightarrow\quad\begin{bmatrix}\alpha & \beta\\ \gamma & \delta\end{bmatrix}\begin{bmatrix}x_1\\ x_2\end{bmatrix}=\begin{bmatrix}y_1\\ y_2\end{bmatrix}$$

确定 2×2 矩阵 $\boldsymbol{A}$ 的（元素）$\alpha,\beta,\gamma,\delta$ 必须满足的条件。通过这样做，你已经验证了

复乘法是线性变换类 f：$\mathbb{R}^2 \to \mathbb{R}^2$ 的一种变体。$\boldsymbol{A}$ 的特征值是什么？

2. 根据习题 1 的结果，解出逆运算的细节，这是一个复数的除法。证明该运算也是线性变换类 f：$\mathbb{R}^2 \to \mathbb{R}^2$ 的一种变体。
3. 使用点对代数写出函数 $\log z$，注意 $e^{\log z}=z$。
4. 自始至终用点对表示法求解邦贝利方程 $\xi^3-15\xi-4=0$。
5. 当 $z=z_1 z_2$ 时，用点对表示法写出函数 $|z|$ 和 $\arg z$。然后运用数学归纳法，将此推广到 $z=z_1 z_2 z_3 \cdots$ 的情况。

计算挑战问题

考虑实值 ϵ 的三次多项式 $p(z;\epsilon)=\epsilon z^3+z^2-3z+2$。根据代数基本定理，方程 $p(z;\epsilon)=0$ 有三个根 z_1, z_2, z_3，它们可以全是实数，也可以是一个实数与两个复共轭。

注意，当 $\epsilon=0$ 时，方程化为 $p(z;\epsilon)=z^2-3z+2$，得到两个根 $z_1=1$ 和 $z_2=2$。

1. 使用数值求解程序，求出 $\epsilon=1$ 和 $\epsilon=-1$ 时的根。特别要注意的是，$\epsilon=\pm 1$ 的每一种情况都产生一对复共轭根。
2. 因此，当复共轭根对与所有实根之间存在一个过渡时，至少有一个满足 $0<\epsilon<1$ 的 ϵ 值。使用数值求根法或绘制根的虚部（或某些组合），确定所有满足 $0<\epsilon<1$ 的过渡值。在这些过渡值处的根 z 是什么？
3. 类似地，至少有一个满足 $-1<\epsilon<0$ 的 ϵ 值，在所有实根和复共轭根之间也有一个过渡。同样地，找到那些过渡值和过渡值处的根。

有了这个知识，现在就可以确定根在整个复平面 $-1<\epsilon<0$ 的演化了。特别地，做下面习题。

4. 画出 $p(z;\epsilon)=0$ 的根，当 ϵ 从 1 减少到 0 时，在复 z 平面上移动，并说明这如何解释为什么当 $\epsilon=0$ 时只有两个根。因为 $\epsilon \to 0$ 问题，你的实际绘图，可能是直接的线性缩放或半对数，可能需要终止在一个小但有限的值 ϵ。
5. 通过描述 ϵ 从 0 到 $\epsilon=-1$ 发生了什么来完成分析。再次使用适当的软件绘制根的移动。

为了解决这个问题，我们现在关注发散的根，即当 $\epsilon \to 0$ 时趋于无穷大的根。对于这个发散根，把 $p(z;\epsilon)=0$ 写为 $\epsilon z+1-3/z+2/z^2=0$。现在的“立方”项已写成 ϵz，必须保留在方程中，并且必须至少与其他项中的一项平衡。可以看到：在剩下的 3 项 1，$-3/z$，$2/z^2$ 中，当 z 较大时，$-3/z$ 和 $2/z^2$ 相对于 1 变小。因此，三次多项式中两个主导项之间的平衡给出 $\epsilon z+1=0$。从而，第三个根近似为 $z=-1/\epsilon$。要验证这一点，请做下面的习题。

6. 画出在范围 $-1<\epsilon<1$ 中根为实数的那部分中的发散根与 $-1/\epsilon$ 的比值。验证该图在 $\epsilon=0$ 时通过值 1。

第 6 章　单复变量的解析函数

第 5 章介绍复变量理论的基本特征，同时也把它放在各种广泛的背景中，讨论诸如复变量的泰勒级数、幂和相关联的多重性、“向量”表示、从黎曼球面和到黎曼球面的映射，复的线积分和点对代数等问题。

我们现在开始正式阐述直接影响工程和应用科学分析的复分析方法，首先是复函数的概念，也就是一个复变量 $z=x+\mathrm{i}y$ 的函数 $f(z)=u(x,y)+\mathrm{i}v(x,y)$。当然，有些函数比其他函数更简单，所以我们从更简单的形式开始。然而，从简单函数到有奇怪限制性条件的函数（比如需要以某种方式定义一个“主”值），这是一条很短的概念性途径。多值性的问题在幂函数模型，如单项式、对数和指数函数中得到了最好的说明，这些函数每一种都有其自身的难点和微妙之处，我们将用几个说明性的例子来检验。说到这一点，尽管许多纯分析的爱好者认为没有必要使用图形和图表，但在复分析中，图形（或图）通常对理解变换的数学结构的十分重要。因此，变换（即函数）通常可以通过映射的概念将其可视化来得到最好的理解。引入复导数 $\mathrm{d}f/\mathrm{d}z$ 的定义（这是继第 5 章复积分的定义之后，涉及更多的定义），直接引出柯西-黎曼方程。这些概念用来定义所谓的解析函数，它是复分析的核心，在实分析中没有直接对应物。

如果复函数 $w=f(z)$ 是解析函数（其中 $w=u+\mathrm{i}v$），那么它的两个分量 u 和 v 满足拉普拉斯方程，因此 u 和 v 是调和的。实际上，v 被定义为 u 的调和共轭，就像流体力学中对于复速度势 $f=\phi+\mathrm{i}\psi$ 的情况一样，ψ 是 ϕ 的调和共轭。复变理论应用于理想流体流动，用几个实例说明了与流体物理学的基本分析的联系。最后回顾映射的概念（第二次审视），并研究了施瓦茨-克里斯托费尔（Schwarz-Christoffel，SC）映射的一般概念。这个映射将 z 平面上的实轴变成由一系列线段组成的连续曲线。可以选择 w 平面中不同线段之间的“连接”，从而生成闭合多边形或向复无穷延伸的曲线（形式上为开放多边形）。这可以用来确定一个阶跃或一系列阶跃的流的流线。闭映射在描述不同物理现象时十分有用，这里的分析提供了两种情况的单独的解释。

6.1　一些标准复函数

数学表达式 $y=f(x)$ 的经典解释为它代表变量 x 和 y 之间的**函数关系**（x 为独立变量，y 为因变量）。当变量 x，y 和函数 f 是实数时，我们有熟悉的初级实变微积分的单值函数。复函数以类似的方式把复数变换成其他复数。这通常被写成

$$w=f(z),\quad z=x+\mathrm{i}y,\quad w=u+\mathrm{i}v \tag{6.1}$$

正如我们在第 5 章的例子中看到的 $u=u(x,y)$ 和 $v=v(x,y)$ 的情况。我们已经考虑过的

函数列在表 6.1 中。

表 6.1

$f(z)$	$\mathrm{Re}(w)=u(x,y)$	$\mathrm{Im}(w)=v(x,y)$
z	x	y
z^2	x^2-y^2	$2xy$
$\bar{z}$	x	$-y$
$1/z$	$x/(x^2+y^2)$	$-y/(x^2+y^2)$
$\exp(z)$	$e^x\cos y$	$e^x\sin y$
$\log z$	$\log r=\log(\sqrt{x^2+y^2})$	$\theta=\arctan(y/x)$

将这些函数相乘和相加会产生新的函数，比如多项式。由于 arctan 是多值的，目前还不清楚 $\log z$ 在多大程度上应该被认为是一个函数。这一点已经在第 5 章提出了，将在本节的最后进一步阐述。

除了 $\bar{z}$，上述所有函数都有一个熟悉的实函数前身，即原始纯实函数。实际上，在这些例子中设置 $y=0$ 时，可以看到 $u(x,0)$ 提供了初始函数，而且 $v(x,0)=0$。

相反，假设我们得到一个不在上表中的纯实函数，我们要找到它的复函数推广我们应该如何做？一种方法是用原函数的泰勒级数（假设它有一个）来定义复函数。这就是在第 5 章中介绍复指数函数的方法。如前所述，泰勒级数的定义一般保证了与原实函数的一致性，即 $u(x,0)=f(x)$，$v(x,0)=0$。

一旦得到了实值函数 $f(x)$ 的复值推广 $f(z)$，就可以用它来构造相关函数，从而方便地避开求另一个泰勒级数的烦琐。例如，复函数 $\sin z$ 和 $\cos z$ 可以由复指数函数 $f(z)=\exp(z)$ 来构造。具体来说，回忆一下我们将式（5.16）记为 $\exp(i\theta)=\cos\theta+i\sin\theta$。虽然这最初是用于实数（即 θ 被理解为实数），我们现在将其推广到复数 z，形式为 $\exp(iz)=\cos z+i\sin z$。用 $-z$ 代替 z，并且要求 $\cos z$ 和 $\sin z$ 继续满足标准的关系 $\cos(-z)=\cos z$ 和 $\sin(-z)=-\sin z$（注意，这个条件可以直接由泰勒级数定义得到，因为余弦 cos 包含偶数次幂，正弦 sin 包含奇数次幂），就可得到关系式 $\exp(-iz)=\cos z-i\sin z$。有了这些结果，现在可以得到 $\cos z$ 和 $\sin z$ 的表达式：

$$\cos z \stackrel{\text{def}}{=} \frac{1}{2}(e^{iz}+e^{-iz}) \tag{6.2}$$

$$\sin z \stackrel{\text{def}}{=} -\frac{1}{2}i(e^{iz}-e^{-iz}) \tag{6.3}$$

首先考虑 $\cos z$。为了求实部和虚部，我们把 $\exp(iz)$ 写为 $\exp(iz)=\exp(i(x+iy))=\exp(-y+ix)=e^{-y}\cos x+ie^{-y}\sin x$。类似地，$\exp(-iz)=e^{y}\cos x-ie^{y}\sin x$。因此我们得到了公式：

$$\begin{aligned}\cos z &= \frac{1}{2}(e^{y}+e^{-y})\cos x+i\left[\frac{1}{2}(-e^{y}+e^{-y})\right]\sin x \\ &= \underbrace{\cos x\cosh y}_{u}+i(\underbrace{-\sin x\sinh y}_{v})\end{aligned}$$

其中我们调用了标准实变量函数 $\cosh y=(e^y+e^{-y})/2$ 和 $\sinh y=(e^y-e^{-y})/2$。注意，根据一致性准则，$u(x,0)=\cos x, v(x,0)=0$。此外，结果在 (x,y) 复平面上处处连续。我们有

$$\lim_{y\to 0}\cos(x+iy)=\cosh x,\quad \lim_{x\to 0}\cos(x+iy)=\cosh y$$

这样，$\cos z$ 在实轴和虚轴上都是实值函数。

对于 $\sin z$ 也可以采用类似的方法。我们把 $\cos z$ 和 $\sin z$ 的实部和虚部汇总在表 6.2 中。

表　6.2

$f(z)$	$\mathrm{Re}(w)=u(x,y)$	$\mathrm{Im}(w)=v(x,y)$
$\cos z$	$\cos x\cosh y$	$-\sin x\sinh y$
$\sin z$	$\sin x\cosh y$	$\cos x\sinh y$

还需要注意的是，可以将函数 $f(z)=\cos z$ 写成两个单独的复函数 $u(z)$ 和 $v(z)$ 的和，使 $f(z)=u(z)+iv(z)$，其中 $u(z)=\cos((z+\bar{z})/2)\cosh((z-\bar{z})/2i)$，$v(z)=-\sin((z+\bar{z})/2)\sinh((z-\bar{z})/2i)$。

现在，我们在各种例子的背景下考虑复三角函数的一些代数性质。

例 6.1.1　求方程 $\sin z=4i$ 的所有解。确定这些解在复平面中的位置。

解　我们把实部和虚部的分量方程写为

$$\frac{1}{2}\sin x(e^y+e^{-y})=0,\quad \frac{1}{2}\cos x(e^y-e^{-y})=4$$

第一个方程的解 $x=k\pi$，k 为所有整数。将这个解代入第二个方程得到

$$\frac{1}{2}(e^y-e^{-y})\cos(k\pi)=4\quad\Rightarrow\quad \underbrace{e^{2y}}_{(e^y)^2}-8(-1)^k e^y-1=0,$$

所以根是

$$e^y=\frac{8(-1)^k\pm\sqrt{64+4}}{2}=4(-1)^k\pm\sqrt{17}\quad\Rightarrow\quad y=\log\left(4(-1)^k\pm\sqrt{17}\right)$$

回忆一下，对数函数被定义为指数函数的反函数。因为我们在这里处理的是单独的实部和虚部，上面的对数函数必须是实数，所以只保留正根 $+\sqrt{17}$。因此

$$y=\begin{cases}\log(4+\sqrt{17})\approx 2.095, & k=2m,\ m\text{ 为整数}\\ \log(-4+\sqrt{17})\approx -2.095, & k=2m+1,\ m\text{ 为整数}\end{cases}$$

注意，上述对称性来自 $-4+\sqrt{17}=1/(4+\sqrt{17})$。综合以上结果可知，满足 $\sin z=4i$ 的复值 z 由下式给出：

$$z=\begin{cases}2m\pi+i\log(4+\sqrt{17})\\ (2m+1)\pi-i\log(4+\sqrt{17})\end{cases}\tag{6.4}$$

它们在复平面中的位置如图 6.1 所示。

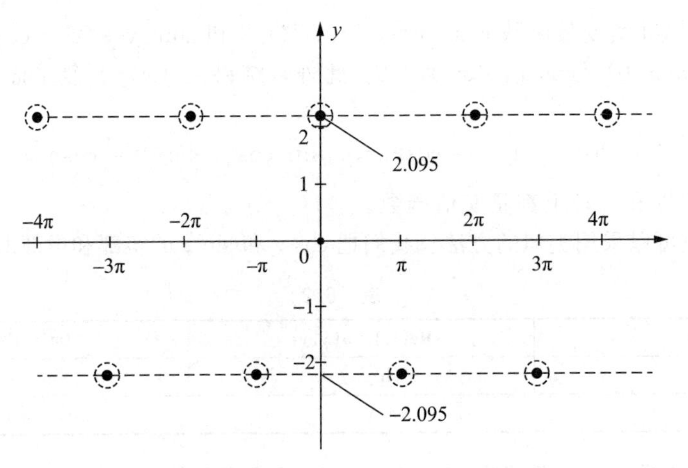

图 6.1 方程 $\sin z=4\mathrm{i}$ 的根在复平面上的位置

我们已经在复三角函数中找到了一个三角方程的根，下面考虑另一个。

例 6.1.2 求方程 $\sin^2 z+\cos^2 z=1$ 的所有解。确定这些解在复平面中的位置。对 $\sin^2 z+\cos^2 z=\mathrm{i}$ 也做同样的处理。

解 在开始求解过程之前，我们回想一下，对于所有实数 x，$\sin^2 x+\cos^2 x=1$。因此，一致性表明 $\sin^2 z+\cos^2 z=1$ 的根必须包括实轴。相比之下，$\sin^2 z+\cos^2 z=\mathrm{i}$ 在实轴上没有根。为了求出任意一个方程在复平面上的根的范围，我们直接从左边的共同表达式 $\sin^2 z+\cos^2 z$ 着手，构建以下关系：

$$\sin^2 z=\left(-\frac{1}{2}\mathrm{i}(\mathrm{e}^{\mathrm{i}z}-\mathrm{e}^{-\mathrm{i}z})\right)^2=-\frac{1}{4}(\mathrm{e}^{2\mathrm{i}z}-2+\mathrm{e}^{-2\mathrm{i}z})$$

$$\cos^2 z=\left(\frac{1}{2}(\mathrm{e}^{\mathrm{i}z}+\mathrm{e}^{-\mathrm{i}z})\right)^2=\frac{1}{4}(\mathrm{e}^{2\mathrm{i}z}+2+\mathrm{e}^{-2\mathrm{i}z})$$

加起来，得到 $(1/4)(2+2)=1$。也就是说，所有的复数 z 满足 $\sin^2 z+\cos^2 z=1$，没有复数 z 满足 $\sin^2 z+\cos^2 z=\mathrm{i}$。

例 6.1.2 说明 $\sin^2 z+\cos^2 z=1$ 对所有复数 z 成立，正如 $\sin^2 x+\cos^2 x=1$ 对所有实数 x 成立。其他关于正弦和余弦的实函数恒等式仍然适用于它们的复变量推广，例如 $\sin(\pi/2-z)=\cos z$。就像上面的例子一样，任何复函数的恒等式都必须经过证实（不能根据它对实函数是正确的，就想当然地认为对复函数也正确），这样做通常是相对简单的。

现在我们来看对数函数，它满足 $\log \mathrm{e}=1$。我们之前已经讨论了式（5.24）中的一个可能的对数函数以及随后的推广式（5.25），它是由式（5.20）的复变量定义的多重性而产生的。在那一节中，我们一致认为我们面临着一个难题：我们应该从无限集合中选择哪个值？为做好准备，我们对看似简单的表达式 $w=\log \mathrm{i}$ 求值。

例 6.1.3 求 $w=\log \mathrm{i}$ 的值。

解 因为 log 是指数函数的反函数，因此 $\mathrm{i}=\mathrm{e}^{\log \mathrm{i}}=\mathrm{e}^{w}=\mathrm{e}^{u+\mathrm{i}v}$。对比这个表达式的实部和虚部会得到

$$0=\mathrm{e}^{u}\cos v \quad 和 \quad 1=\mathrm{e}^{u}\sin v$$

第一个方程要求 $\cos v=0$，于是 $v=\pm\pi/2,\pm 3\pi/2,\cdots,\pm(2n+1)\pi/2$，其中 $n=0,\pm1,\pm2,\cdots$。第二个方程要求 $\sin v>0$，因此 n 必须是偶数，所以 $v=(4m+1)\pi/2$，其中 $m=0,\pm1,\pm2,\cdots$。这就得到 $\sin v=1$，这使得第二个方程简化为 $\mathrm{e}^{u}=1$，得到 $u=\log(1)=0$。综上所述：

$$w=\log \mathrm{i}=\log(1)+\mathrm{i}[\pi/2+2m\pi]=\mathrm{i}[\pi/2+2m\pi], \quad m=0,\pm1,\pm2,\cdots$$

这个结果直接说明了 $\log \mathrm{i}$ 的可能值是无穷多的，这与表 6.1 中出现的 $\log z$ 虚部的表达式是一致的，因为 arctan 函数是多值的。

现在已经准备好了，我们来讨论定义明确的单值的对数函数的概念。按照惯例，这个函数是通过从包含在它的虚部的那些无穷多可能值 $\pi/2+2m\pi$ 中选择一个单值的或**主值**来得到的。因此，主值就是**所选的或特殊的值**。

回忆实变量，对于反正切函数，一个标准的约定是，当允许它多值（由于多值性，它通常是模棱两可的）时，称它为 arctan，但当它被限制在主值范围 $-\pi<\theta\leqslant\pi$ 时，称它为 Arctan。根据定义，函数 $\mathrm{Arctan}\theta$ 是单值的。采用这种约定允许我们以类似的方式区分多值 arg 函数和主值 Arg 函数，即

$$\arg(z)=\arg(x+\mathrm{i}y)=\arctan(y/x)$$
$$\mathrm{Arg}(z)=\mathrm{Arg}(x+\mathrm{i}y)=\mathrm{Arctan}(y/x)$$

例如，$\arg(\mathrm{i})=\pi/2+2m\pi$，$m=0,\pm1,\pm2,\cdots$，而 $\mathrm{Arg}(\mathrm{i})=\pi/2$。

现在把这个思想推广到复对数函数。在多值复对数函数中，虚部由 $\arg(z)$ 给出，因此 $\log z$ 是一个**值的集合**。相比之下，单值 Log 函数虚部应该定义为 $\mathrm{Arg}(z)$，因此 $\mathrm{Log} z$ 是由**主值**决定的单一值。例如，$\log \mathrm{i}=\mathrm{i}(\pi/2+2m\pi)$，$m=0,\pm1,\pm2,\cdots$，而 $\mathrm{Log}\,\mathrm{i}=\mathrm{i}\pi/2$。

由 log 函数获得的不同值被定义为发生在其不同分支上。[⊖] 由 Log 决定的主值选择驻留在所选的主分支上。概括地说，

★ 对数函数的**主分支**用大写“L”表示：

$$\mathrm{Log}\, z \overset{\text{def}}{=} \log|z|+\mathrm{i}\mathrm{Arg}(z), \quad -\pi<\mathrm{Arg}(z)\leqslant\pi \tag{6.5}$$

复对数函数的多值性意味着在解释诸如 $\log(x_1x_2)=\log(x_1)+\log(x_2)$ 和 $\log(x_1^n)=n\log(x_1)$ 这样的标准实变量对数恒等式的复值推广时必须小心。这里我们注意到，如果 x_1 和 x_2 是实数和正数，那么当使用复 Log 函数时，这样的表述是正确的。这是因为在这样的条件下，它简化为标准实函数公式。例如，用复对数函数 $\mathrm{Log}\,\mathrm{e}^2=2\mathrm{Log}\,\mathrm{e}$（它们都等于 $2+0\mathrm{i}$，也就是 2）。

⊖ 将在第 6.2 节中看到，将各种分支想象成不同的“层次”通常是有帮助的，每一个新的层次都可以通过在原点上再把 θ 增加 2π 来实现。很明显，在 θ 增加和减少方向上可增加和减少的层次数都是无穷多（见图 6.7）。

然而，当我们使用复对数函数 log 时，这样的陈述不一定是正确的，即使它们被限制为正实值 x_1 和 x_2。例如，$\log \mathrm{e}=1+\mathrm{i}(2m\pi)$，$m=0,\pm1,\pm2,\cdots$，从而 $2\log \mathrm{e}=2+\mathrm{i}(4m\pi)$，$m=0,\pm1,\pm2,\cdots$。另一方面，$\log \mathrm{e}^2=2+\mathrm{i}(2n\pi)$，$n=0,\pm1,\pm2,\cdots$。因此 $z=2+\mathrm{i}2\pi$ 属于 $\log \mathrm{e}^2$ 的值的集合，而不属于 $2\log \mathrm{e}$ 的值的集合。这说明对于多值复对数函数 $\log z^n$ 和 $n\log z$ 是不一样的。此外，可以证明，对于任何复的 z_1 和 z_2，$\log(z_1z_2)$ 的值的集合与 $\log(z_1)+\log(z_2)$ 的值的集合是相同的。因此，实的恒等式 $\log(x_1x_2)=\log(x_1)+\log(x_2)$ 对于多值复推广是成立的，即使实的恒等式 $\log(x_1^n)=n\log(x_1)$ 在复推广下并不成立（至少在没有额外限制的情况下）。

当我们只关注主值时，这些问题并没有自动解决。例如，$\mathrm{Log}(-\mathrm{i})=\mathrm{i}(-\pi/2)$，所以 $2\mathrm{Log}(-\mathrm{i})=-\pi\mathrm{i}\neq\pi\mathrm{i}=\mathrm{Log}(-1)=\mathrm{Log}(-\mathrm{i})^2$。注意，我们把 $\mathrm{Log}(-1)$ 写为 $\mathrm{Log}(-1)=\mathrm{Log}|1|+\mathrm{i}\,\mathrm{Arg}(-1)=0+\mathrm{i}\pi$ 和 $(-1)=(-\mathrm{i})^2$。这个例子表明 $2\mathrm{Log}\,z$ 与 $\mathrm{Log}\,z^2$ 可能不一样。同样的计算形式 $\mathrm{Log}(-\mathrm{i})+\mathrm{Log}(-\mathrm{i})\neq\mathrm{Log}((-\mathrm{i})(-\mathrm{i}))$ 表明 $\mathrm{Log}\,z_1+\mathrm{Log}\,z_2$ 可能与 $\mathrm{Log}(z_1z_1)$ 不同。施加更多条件最终可能“解决”这个问题，这是有可能的——实际上确实可以。例如，很容易证明，如果 $\mathrm{Re}(z_1)>0$ 和 $\mathrm{Re}(z_2)>0$，那么 $\mathrm{Log}(z_1z_1)$ 确实等于 $\mathrm{Log}\,z_1+\mathrm{Log}\,z_2$。这些问题和类似的问题将在本节习题 10 中进一步探讨。更重要的是，放弃仅在代数操作的基础上寻求全面论证，更全面的理解需要从几何的角度，将指数函数和对数函数视为复平面区域之间的映射。这是下一节的主题。

6.2　复函数映射——第一次审视

在复函数理论中，抽象的数学变换 $f: z\to w$ 通过复函数 f 对 z 平面上点的作用来表达具体的意义。这个变换产生了这些点在 w 平面上的**象**。连续变换将 z 平面区域或定义域中的所有点转换为 w 平面相应区域中的象点。某些映射可以将区域变换成线或点：这些**退化**的情况值得特别考虑。

前面的抽象符号 $f: z\to w$ 可以写成标准形式 $f(z)=w$，其中函数 f 被理解为一个变换。逆变换 $z=g(w)$ 得到 $f(g(w))=w$ 和 $g(f(z))=z$。有时我们也写为 $z=g(w)=f^{-1}(w)$ 和 $w=f(z)=g^{-1}(z)$，只要我们不把它和简单的倒数运算混淆。

常数函数 $f(z)=a+\mathrm{i}b$ 可能是最简单的函数。它显然是退化的，将所有点 z 映射到单点 $w=a+\mathrm{i}b$。在形式上，这种映射可以被视为“全部对一”。这是**多对一**映射的一种极端情况，多对一映射将 z 域中的许多点映射到 w 平面上的一个点。

也许下一个最简单的函数是恒等函数，$w=f(z)=z$，它将原始 z 平面上的任意区域映射到 w 平面上的相同区域。

函数 $w=f(z)=z+\alpha(\alpha=a+\mathrm{i}b)$ 是 z 平面上所有点的简单平移。$f(z)=z$ 及其推广 $f(z)=z+\alpha$ 都是一一映射。这意味着每个点 z 映射到一个 w，每个 w 正好来自一个 z。这种对应关系正是求逆函数所需要的。

继续建立更有趣的函数，线性函数 $f(z)=\gamma z+\alpha$，其中 $\gamma=c+\mathrm{i}d$ 和 $\alpha=a+\mathrm{i}b$ 是固定的复常数，引入了乘法 γz。如果 γ 是一个正实数 $(c>0,d=0)$，那么 γz 的映射作用是将 z 沿着一条径向线向外推 $(c>1)$，保持 $z(c=1)$，或将 z 沿着一条径向线向内拉 $(0<c<1)$。

对于负实数 γ，在首先沿 z 经由原点的径向线到达原点另一侧以后，以类似的方式作用。当 $\gamma=c+\mathrm{i}d$ 和 $d\neq 0$ 时，γz 的作用更有趣。乘子 γ 的非零虚部使得 z 围绕原点旋转，这可以通过表示 $z=r\mathrm{e}^{\mathrm{i}\theta}$ 和 $\gamma=|\gamma|\mathrm{e}^{\mathrm{i}\theta_\gamma}$ 看出，其中 $\theta_\gamma=\arctan(d/c)$。

正如我们在下面的例子中将要展示的，我们现在可以继续讨论一般的二次函数和多项式函数。其他的多项式映射函数将在本节的习题中考虑。

例 6.2.1　曲线 $y=0, y=-x$ 和 $x^2+y^2=1$ 中的每条都将复 z 平面划分为两个区域。它们一起定义了 $2^3=8$ 个区域。设 Ω 为 $y\geqslant 0$ 上单位圆内 $135°$ 扇形区（见图 6.2 左上图）。把这个 Ω 作为 z 平面上的定义域，对两个映射 f 和 h 求它们在复 w 平面上的象域，其中 $f(z)=z^2$，$h(z)=\dfrac{1}{2}z^3+\mathrm{i}$。在每种情况下，指出映射是否是一对一的。

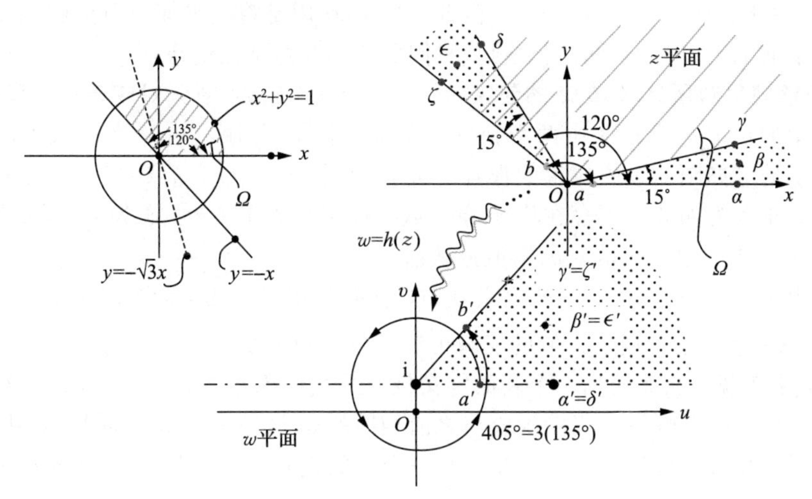

图 6.2　左上：例 6.2.1 在 z 平面中的定义域 Ω。h 把 z 映射到 $h(z)=z^3/2+\mathrm{i}$，把 z 平面上扇形区 $0<\theta<135°$ 变换成 w 上的区域，使 $0<\arg(w-\mathrm{i})=\arg(z^3/2)<405°$。右上：对于这个 h，原来的 z 平面上 $0<\theta<135°$ 扇形区边界尽头的两个 $15°$ 扇形区，每个被映射到 w 平面上相同的一组位置。下：在 w 平面上共同的 $45°$ 扇形区，是在 z 平面上两个 $15°$ 扇形区映射得到的象。两组 z 位置 $\{\alpha,\beta,\gamma\}$ 和 $\{\delta,\epsilon,\zeta\}$ 映射到 w 位置的重叠集合：$\{\alpha'=\delta', \beta'=\epsilon',\gamma'=\zeta'\}$。这种多对一性的发生是因为 w 平面上扇形区 $0<\arg(w-\mathrm{i})<\pi/4$ 与 w 平面上扇形区 $2\pi<\arg(w-\mathrm{i})<9\pi/4$ 是相同的

解　使用 $z=x+\mathrm{i}y=r\mathrm{e}^{\mathrm{i}\theta}$，我们看到 Ω 的三个边界曲线为 $\theta=0$ 的射线段 $r:0\to 1(y=0)$，$\theta=3\pi/4$ 的射线段 $r:1\to 0(y=-x)$ 和 $\theta:0\to 3\pi/4$ 的弧段 $r=1$。为了确定 $f(z)$ 和 $h(z)$ 在 w 平面上的象区域，我们首先确定每一条边界曲线如何变换。在 w 平面，我们使用 $w=u+\mathrm{i}v=\rho\mathrm{e}^{\mathrm{i}\phi}$。

(a) 取 $\rho\mathrm{e}^{\mathrm{i}\phi}=w=f(z)=z^2=(r\mathrm{e}^{\mathrm{i}\theta})^2$，可以得到 $\rho=r^2$ 和 $\phi=2\theta$。因此 $\theta=0$ 的射线段 r：$0\to 1$ 映射为 $\phi=0$ 的射线段 ρ：$0\to 1$。另一个射线段 $\theta=3\pi/4$ 的射线段 $r:1\to 0$ 映射为 $\phi=$

$3\pi/2$ 的射线段 ρ：$1\to 0$。弧段 $r=1$，θ：$0\to 3\pi/4$ 映射为弧段 $\rho=1$，ϕ：$0\to 3\pi/2$。因此，f 的作用是将 z 平面上单位圆的 135°的扇形区变换为 w 平面上单位圆的 270°的扇形区。在 270°的扇形区上每个点是一个在 135°的扇形区上特定点的象。因此，映射 $f(z)=z^2$ 对于这个 Ω 是一对一的。因而，有一个函数 f 的逆映射把 270°的象扇形区上的每个 w 位置映射回 Ω 的一个 z。

(b) 我们把 $h(z)$ 分成两个映射的序列，第一个映射 $q=h_1(z)=(1/2)z^3$，第二个映射 $h_2(z)=q+\mathrm{i}$。因此 $h(z)=h_2(h_1(z))$。注意，h_2 是一个简单的平移（虚数轴上向上移动 1 个单位），我们将注意力集中在 $h_1(z)$ 上。我们设 $q=\rho e^{\mathrm{i}\phi}$，因此 $\rho e^{\mathrm{i}\phi}=q=h_1(z)=(1/2)(re^{\mathrm{i}\theta})^3=(1/2)r^3e^{3\mathrm{i}\theta}$，对于映射 h_1，可得到 $\rho=(1/2)r^3$ 和 $\phi=3\theta$。转到如何映射 Ω 的边界，我们看到 $\theta=0$ 的射线段 r：$0\to 1$ 映射为 $\phi=0$ 的射线段 ρ：$0\to 1/2$。另一个 $\theta=3\pi/4$ 的射线段 r：$1\to 0$ 映射为 $\phi=9\pi/4$ 的射线段 ρ：$1/2\to 1$。弧段 $r=1$，θ：$0\to 3\pi/4$ 映射为弧段 $\rho=1/2$，ϕ：$0\to 9\pi/4$。由于 $\phi=9\pi/4=2\pi+\pi/4$，因此，h_1 的作用是将 z 平面上单位圆的 135°的扇形区变换为 q 平面上半径为 1/2 的整个圆。我们要特别注意下面的事实。

★ 由于该映射对所选 z 域 Ω 的包络特性，在 $0\leqslant\phi\leqslant\pi/4$ 部分对应着一个双重覆盖。

这部分中的每个 q 都是 Ω 中两个独立点的象。因此映射 $h_1(z)$ 在全域上不是一对一的，是多对一的。如图 6.2 中讨论的那样，复合映射 $h(z)=h_2(h_1(z))=h_1(z)+\mathrm{i}$ 也是类似的多对一。正因为如此，不存在将 w 象区域（即半径为 1/2，中心为 $w=\mathrm{i}$ 的圆）中的每个位置映射回 Ω 中的单个 z 的 h 的单值逆映射。

注意，由于 $0<3\theta<360°$，**削减**定义域 Ω，使其角扇形区为 $0<\theta<120°$，将消除映射 h 下重叠的 w 象区域。这种扇形区域的缩减可以通过用更陡的边界线段 $y=-\sqrt{3}x$ 代替边界线段 $y=-x$ 来实现，从而给出一个新的定义域——我们称之为 Ω_{part}——函数 $h(z)$ 在这个定义域上是一对一的。映射 h 仍然生成与之前相同的 w 区域——半径为 1/2，中心为 $w=\mathrm{i}$ 的完整圆，但现在没有重复覆盖。因此，有一个 h 的逆映射，它将 w 区域的每个点映射回 Ω_{part} 中的单个 z。

从映射的角度考虑，两个特别重要的函数是 $1/z$ 和 $\exp(z)$。下面将对它们逐一进行讨论。我们第一次遇到函数 $f(z)=1/z$ 是在 5.2 节式（5.13）中的复除法运算中。5.3 节以图 5.5 所示的映射方式讨论了函数 $1/z$，尽管当时的讨论只处理了单个复平面中两点之间的映射。例 6.2.2 回顾了这个映射，现在从更广泛的角度来看待它，即从输入 z 平面到输出 w 平面的映射。

例 6.2.2　描述函数 $w=f(z)=1/z$ 的基本映射特征。

讨论　取式（5.10）中的 $z_1=1$ 和 $z_2=z$ 证明函数 $f(z)=1/z$ 是 z 平面和 w 平面间的笛卡儿坐标的一个看似复杂的映射。相比之下，当使用极坐标或柱坐标时，映射就简单了。同样，设 $z=re^{\mathrm{i}\theta}$ 和 $w=\rho e^{\mathrm{i}\phi}$，得到 $\rho e^{\mathrm{i}\phi}=w=z^{-1}=(1/r)e^{-\mathrm{i}\theta}$。因此，$\rho=1/r$，$\phi=-\theta$。

实际（画图）映射是 z 平面上单位圆的外侧到 w 平面上单位圆的内侧的一个反演，同

时将 z 平面上单位圆的内侧重新定位到 w 平面上单位圆的外侧：内外交换位置。如图 6.3 所示，假设在 z 平面上的单位圆是沿逆时针方向走，则内部区域位于左边。这使得 w 平面上的单位圆沿顺时针走，所以在 w 平面上，左边的区域在单位圆的外面。相反，z 的单位圆的外侧是右侧区域，这个区域映射到 w 的单位圆的内部，因为它也是在右侧。

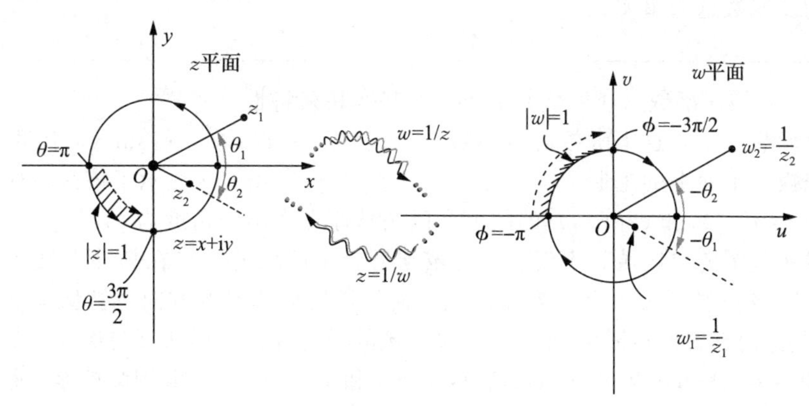

图 6.3　作为映射的反演变换 $w=1/z$ 的基本性质说明。注意，这个映射给出了 $\theta=\arg z=-\arg w=-\phi$，并且在每个平面上相对于单位圆长度进行了反演。如图所示，$|z|<1$，$\pi<\arg z<3\pi/2$ 的点映射到 $|w|>1$，$-3\pi/2<\arg w<-\pi$

回忆一下 5.5 节，如果映射保持了相交线的相对方向和相交角的值，它就被称为保角映射。上述论证很容易确立第一个条件。验证映射 $1/z$ 的角度性质也是一个简单的练习，从而证实反演映射也是保角的：任意两条相交线以相同的方式相交，并且在交点处有完全相同的角度。反演映射只改变相交的绝对方向。

$f(z)=1/z$ 的映射性质从这个映射是它自己的逆这一事实中得到了许多特征。运算 $w=f(z)=1/z$ 给出了 $z=1/w=f(w)$，因此 $f^{-1}(w)=z=1/w=f(w)$。除了 $z=0$ 之外，所有 $z\neq 0$ 的点都以一对一的方式映射到一个新的点 $w=1/z$，这样 $w=1/z=1/(1/w)$。然后点 0 映射到∞（视为一个单点，如 5.5 节关于黎曼球面的讨论所述），反之亦然（∞映射到 0）。

函数 $f(z)=1/z$ 的一个明显推广是**线性分式变换**

$$f(z)=\frac{az+b}{cz+d} \tag{6.6}$$

其中 a,b,c,d 是复常数。这个函数在本节的习题 10～15 中进行了检查，并在 6.6 节末尾的连续施瓦茨-克里斯托费尔变换中进行了讨论。

现在我们转而考虑指数函数 $f(z)=\exp(z)$，或者 e^z。这个函数本质上是多对一的，如式（5.16）所示，例如 $\exp(i\pi)=-1,\exp(i3\pi)=-1,\exp(i5\pi)=-1,\cdots$。多对一的函数生成一对多的反函数（因此不是一个正式良好定义的函数）。在目前的情况下，这意味着指数函数还没有一个正式良好定义的反函数。但是，在这里，回顾一下如何通过限定其定义域使多对一函数成为一对一函数是很有用的（例如，例 6.2.1 中的函数 $h(z)$，其中定义

域 Ω 被削减为它的一部分 Ω_{part}）。因为通常需要对指数函数进行反变换，所以为了生成一对一的映射，透彻地理解指数函数的定义域是如何被限制的是有用的。下面的例子将详细探讨这个问题。事实上，这个问题与我们之前在 6.1 节中讨论的多值的 log 和 arg 函数与它们的单值分支函数 Log 和 Arg 的各种复杂性直接相关。这种直接相关性来自对数函数是指数函数的反函数这一事实。

例 6.2.3　描述函数（或变换）$w=\mathrm{e}^z$ 的基本映射特性。

讨论　回想一下，这个函数可以写成 $w=\mathrm{e}^{x+\mathrm{i}y}=\mathrm{e}^x\cos y+\mathrm{i}\mathrm{e}^x\sin y$。让我们考虑这个函数如何变换 z 平面上的矩形 $x_1\leqslant x\leqslant x_2$，$y_1\leqslant y\leqslant y_2$。图 6.4 显示了该区域如何映射到由两条半径为 $\exp(x_1)$ 和 $\exp(x_2)$ 的圆弧和两条从原点发出的角度为 y_1 和 y_2（以弧度为单位）的射线所包围的象区域。不仅一个区域到另一个区域的映射在拓扑上被保留下来，即一个单连通区域映射到另一个单连通区域，而且该区域边界的方向也被保留下来。换句话说，z 平面的逆时针方向矩形生成 w 平面象区域的逆时针方向形状（与例 6.2.2 中 $1/z$ 函数不同）。因此，点 $a\to A$，点 $b\to B$（或者 f：$a\to A$ 和 f：$b\to B$）等等围绕矩形。通过几何计算可以证明，在$\angle DAB$ 中，直角$\angle dab$ 的大小和方向都得到了保留，其他内角也是如此。[⊖]

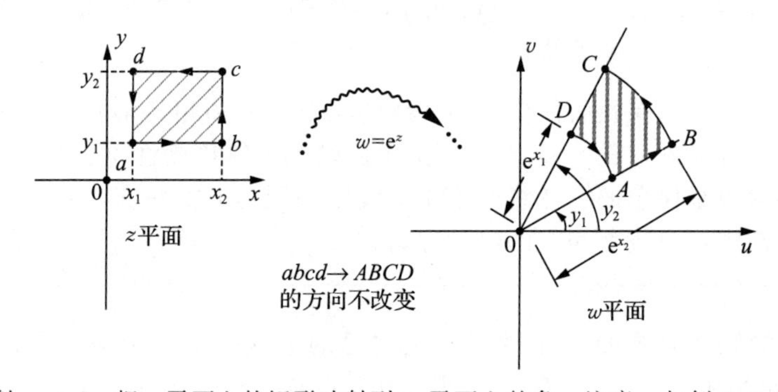

图 6.4　映射 $w=\mathrm{e}^z$，把 z 平面上的矩形映射到 w 平面上的象。注意，与例 6.2.2 的反演映射 $f(z)=1/z$ 不同，曲线在 z 平面上和 w 平面上的方向是相同的（都是上面画的逆时针方向）。这个映射是保角的

下一步考虑 z 平面右半部分的矩形半条形带：$0\leqslant x\leqslant\infty$，$-\pi/2\leqslant y\leqslant\pi/2$。如图 6.5 所示，该半条形带被变换到 w 平面上单位圆的外侧。以类似的方式，它将 z 平面左半部分的相反方向的矩形半条形带 $-\infty\leqslant x<0,-\pi/2\leqslant y\leqslant\pi/2$ 变换到 w 平面的单位圆内。将这两个半条形带连接在一起，就得到了 z 平面上的无限条形带：$-\infty\leqslant x\leqslant\infty,-\pi/2\leqslant y\leqslant\pi/2$。如图 6.5 所示，这个无限条形带映射到 w 平面的整个右半部分。

在图 6.5 中，我们已经看到$-\pi/2\leqslant y\leqslant\pi/2$ 条形带映射到 w 平面的整个右半部分，我们也可以同样地表明，下一个条形带，即 $\pi/2\leqslant y\leqslant 3\pi/2$，映射到 w 平面的整个左半部分。连接这两个 z 平面上的条形带，可以得到“双宽”条形带（$-\infty\leqslant x\leqslant\infty,-\pi/2\leqslant y\leqslant 3\pi/2$）

⊖　对于定位于每个顶点并利用复可微性的验证（将在下一节介绍），请参见 6.3 节的习题 7。

映射到整个 w 平面，如图 6.6 所示。

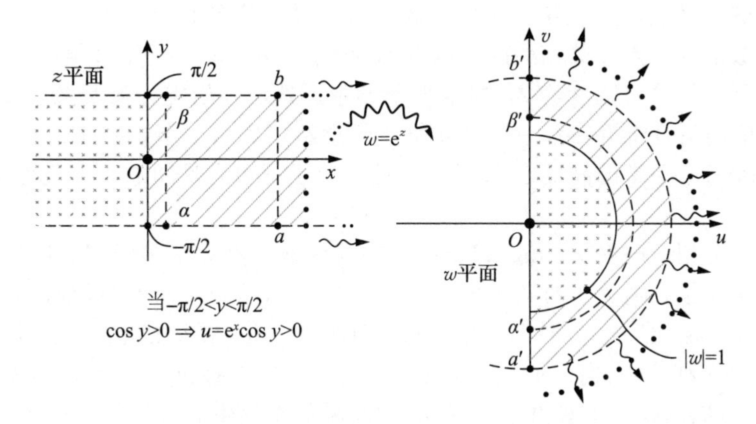

图 6.5　映射 $f(z)=\exp(z)$ 把 z 平面上的各种条形带部分映射到 w 平面上的相应部分。线 $\alpha-\beta$ 和 $a-b$ 映射到 $\alpha'-\beta'$ 和 $a'-b'$，反之亦然

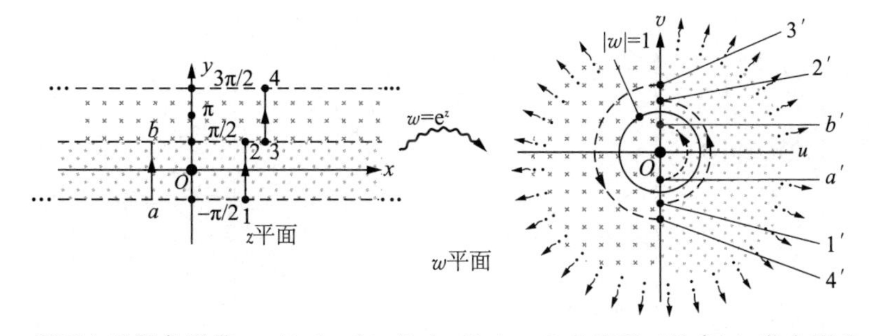

图 6.6　z 平面上无限条形带 $-\pi/2\leqslant y\leqslant 3\pi/2$ 在 $f(z)=e^z$ 变换下（的象），完全覆盖 w 平面。将用叉（×）和圆点（·）表示的区域映射到具有类似符号的区域。图中显示了 z 平面上的线 1-2，3-4，$a-b$ 的映射 $1'-2'$，$3'-4'$，$a'-b'$

综上所述，z 平面上的 $-\pi/2\leqslant y<3\pi/2$ 条形带被映射到 w 平面上，以一对一的方式完全覆盖 w 平面。不过，还剩下一个必须澄清的小技术问题。我们使用 $y<3\pi/2$ 而不是 $y\leqslant 3\pi/2$ 来指定 z 平面的上部边界，是因为 $y=-\pi/2$ 和 $y=3\pi/2$ 都映射到 w 平面的竖直 v 轴上，在每一种情况下都完全复写它。为了进行一对一的变换，我们必须从映射定义域中消除 $y=-\pi/2$ 或 $y=3\pi/2$，从而避免 v 轴的双次覆盖。

用 z 平面条形带 $-\pi/2\leqslant y<3\pi/2$ 覆盖整个复 w 平面后，在这个条形带之外的其他 z 点将映射到一个已经覆盖的点。因此，当 z 平面上限制为 $-\pi/2\leqslant y<3\pi/2$ 时，该映射是一对一的，但当该定义域扩展时，该映射是多对一的。

因为 cos 和 sin 都是 2π 周期的，所以很容易得出下一个条形带，即 $3\pi/2\leqslant y<7\pi/2$，也被映射到整个 w 平面上。当坐标 y 在下一个 2π 连续递增或递减时，这种模式就会重复。事实上，z 平面上任意高度为 2π 的水平条形带（y 的一端边界是闭的，另一端边界是开的）都可以作为 z 平面上的定义域，使映射 $w=e^z$ 以一对一的方式完全覆盖 w 平面。

例 6.2.3 说明了指数函数是多对一的程度。当一个函数是多对一时，相关的反函数，至少在最一般的意义上，是一对多的。这就相当于说它是多值的。在 6.1 节中，我们已经看到了指数函数的这一点，其相关的反函数称为 log，被定义为一个多值函数。例 6.2.3 说明了如何将 z 平面划分为宽度为 2π 的水平条形带。然后，给定任意复数点 w，z 平面上的无穷个 $\log w$ 值的集合将恰好有一个值驻留在任意给定的水平条形带上。这对任何划分都是成立的，只要每个条带的高度是 2π，并且还规定了下边界是闭的，上边界是开的（或者相反）。

给定这样的分划，映射 $z=\log w$（$w=e^z$ 的反函数）有无限多的“层次”，其中一个可以被选为主层。就像之前关于对数函数，这些可能被称为分支而不是层次，尽管，考虑到 2π 堆叠的性质，“层次”这个词肯定更容易引起共鸣。log 函数的主分支，即式（6.5）中的 Log 函数，是实现这一目标的一种方法：事实上，它是标准的或通常的方法。请注意，式（6.5）确实对应的是一个竖直边界以 2π 为间隔的条形带。下边界 $\mathrm{Arg}\ z=-\pi$ 是开的，上边界 $\mathrm{Arg}\ z=\pi$ 是闭的。图 6.7 展示了这些性质，并提供了不同层次（分支）的“堆叠”的 3/4 视图的透视图。

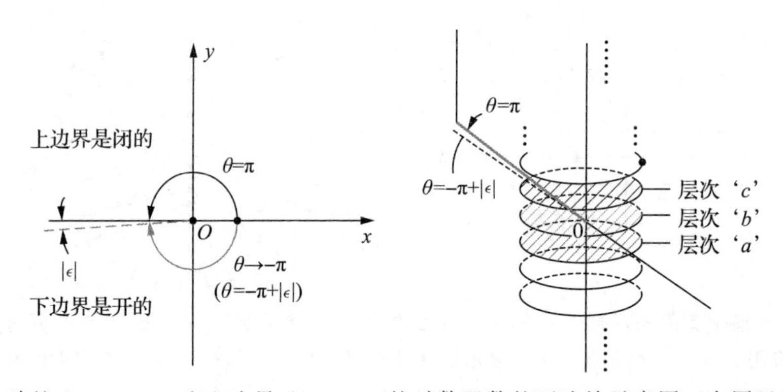

图 6.7　跨越 $\mathrm{Arg}\ z=-\pi$ 和上边界 $\mathrm{Arg}\ z=\pi$ 的对数函数的不连续示意图。右图显示了 3/4 视图的各个层次的透视图，以及由 Arg 函数生成的相关堆叠。分支（层次）的堆叠在两个方向上都是无限的

6.3　解析函数

我们对复函数的讨论已经初步接触了微积分的积分概念（5.4 节），但还没有尝试接触微积分的微分概念。现在，当我们探究允许微分概念应用于复函数的条件时，情况发生了变化。可微复函数被认为**解析的**或**全纯的**函数，它们还有一些奇怪和出人意料的性质，使其区别于实函数。解析（全纯）函数在复分析中起主导作用。

正如我们将看到的，尽管解析函数是用一种看似简单的方式定义的，但它的结果，如图 6.7 中的堆叠对数，会产生非凡而意想不到的结果。这是对复分析继续着迷的主要原因之一。

6.3.1 导数

定义导数最显然的方法是简单地扩展标准实变量概念，允许所有曾经为实值的角色现在都是复值的。这个扩展得到了导数作为差商的极限的标准的正式定义：

$$f'(z) \stackrel{\text{def}}{=} \lim_{\xi \to z} \frac{f(\xi) - f(z)}{\xi - z} \tag{6.7}$$

关于定义式（6.7），我们关心的不仅是这个极限是否存在（在实变量微积分中也会出现同样的问题），而且，如果它存在，它是否取决于极限的实现方式，换句话说，**它是否取决于 ξ 到 z 的趋近路径？**

定义 如果函数 $w=f(z)$ 的导数 $\mathrm{d}f/\mathrm{d}z$ 存在且在 z_0 的某个邻域内是唯一的，则称它在 z_0 点是**解析的或全纯的**。这里，我们所说的**唯一**是指**无论趋近路径是什么**，极限都是相同的。

在这个定义中，我们使用另一种标准导数符号 $\mathrm{d}f/\mathrm{d}z$。在下面，当我们希望表达对趋近路径的依赖可能仍然存在问题时，我们倾向于使用符号 $f'(z)$。一旦建立了趋近路径的独立性——唯一性——之后我们将交替使用这两种符号。

在介绍一些例子之前，最好回顾一下 6.2 节中的内容，即函数可以看作一种**变换**或**映射**。因此，一个解析函数或变换不仅是连续的和光滑的，而且性态足够好，允许在点 z 的邻域内的任何趋近路径上进行式（6.7）中的极限计算。事实证明，这是一个非常强的限制，在 7.4 节中将证明，它足以确保导函数本身也是解析的。因为解析函数的导函数也是解析函数，它的导函数及所有更高阶导函数都是解析函数。简单地说，解析函数所产生的变换或映射是无限光滑的。

在这个特性上，复分析的解析函数与实分析有很大的不同，实分析中低阶导数的存在并不能保证高阶导数的存在。

我们考虑几个例子。

例 6.3.1 函数 $f(z)=z$ 是解析的吗？

解 $\lim_{\xi \to z}((\xi-z)/(\xi-z))=\lim_{\xi \to z}(1)=1$，对所有 z 成立，而且这不依赖于趋近路径。函数 $f(z)=z$ 是处处解析的。

例 6.3.2 函数 $f(z)=\bar{z}$ 是解析的吗？

解 考虑由定义式（6.7）给出的极限差商，即

$$\frac{f(\xi) - f(z)}{\xi - z} = \frac{\bar{\xi} - \bar{z}}{\xi - z}$$

并记 $\xi - z = re^{i\theta}$。则 $\bar{\xi} - \bar{z} = \overline{\xi - z} = r\mathrm{e}^{-\mathrm{i}\theta}$，得到 $(\bar{\xi}-\bar{z})/(\xi-z) = r\mathrm{e}^{-\mathrm{i}\theta}/(r\mathrm{e}^{\mathrm{i}\theta}) = \mathrm{e}^{-2\mathrm{i}\theta}$。极限 $\xi \to z$ 意味着 $r \to 0$，但不同的路径对应着 $r \to 0$ 的不同方式，而 θ 会依赖于 r。因此，$f'(z) = \lim_{r \to 0} \mathrm{e}^{-2\mathrm{i}\theta}$。这表明了 $f'(z)$ 的值取决于趋近 z 点的角度：当 $\theta=0$ 时，$f'(z)=1$；当 $\theta=$

$\pi/4$ 时，$f'(z)=-\mathrm{i}$；当 $\theta=\pi/2$ 时，$f'(z)=-1$。$f(z)=\bar{z}$ 的导数值的唯一性不满足。因此 $f(z)=\bar{z}$ 在任何地方都是不可微的，因此在任何地方都不是解析的。

可以使用例 6.3.1 的方法来证明，就像对实变量一样，整数 $n>0$ 的 z^n 是导数为nz^{n-1}的解析函数。例如，$f(z)=z^2$ 得到形为 $(\xi^2-z^2)/(\xi-z)=\xi+z$ 的差商，当 ξ 趋近 z 时，$\xi+z$ 趋于 $2z$。z 的多项式在有限复平面上处处是解析的（不包括无穷远处的点）。

★ 在复平面上处处是解析函数的函数 $f(z)$ 称为一个**整函数**。

但是，例 6.3.2 表明 $\bar{z}$ 在任何地方都不是解析的——它在任何地方都是不可微的——因此，$\bar{z}$（除了常数函数）的多项式不是解析的也就不足为奇了。下面的例子考虑混合乘积 $z\bar{z}=|z|^2$。直觉告诉我们，$\bar{z}$ 的出现将使这个函数变得非解析性，正如我们将证明的那样，这是一个正确的陈述。然而，这里有一个有趣的转折。

例 6.3.3　函数 $f(z)=z\bar{z}$是解析的吗？

解　考虑由 $(\xi\bar{\xi}-z\bar{z})/(\xi-z)$ 给出的预极限差商，并通过加减 $\bar{\xi}z$ 来重写分子。这将导致

$$\frac{\xi\bar{\xi}-z\bar{z}}{\xi-z}=\frac{\bar{\xi}(\xi-z)+z(\bar{\xi}-\bar{z})}{\xi-z}=\bar{\xi}+z\frac{\bar{\xi}-\bar{z}}{\xi-z}$$

再次记 $\xi-z=re^{\mathrm{i}\theta}$。则对上述表达式取极限 $r\to0$ 得到 $f'(z)=\bar{z}+z\mathrm{e}^{-2\mathrm{i}\theta}$。在 $\theta=0$ 这条直线上，我们得到 $(z\bar{z})'=\bar{z}+z=2x$，而在 $\theta=\pi/2$ 这条直线上，我们得到 $(z\bar{z})'=\bar{z}-z=2\mathrm{i}y$。因此，由于 $2x\neq-2\mathrm{i}y$，极限计算是依赖于路径的，因此不存在唯一导数。这个论证唯一可能的例外是，如果 $x=y=0$，也就是 $z=0$。在 $z=0$ 处，式（6.7）中的差商产生 $(\xi\bar{\xi}-0/(\xi-0)=\bar{\xi}$，当 $\xi\to z=0$ 时，它趋于零，与路径无关。导数存在的唯一的地方是$z=0$。

这是否意味着这个函数在 $z=0$ 处是解析的？不一定。事实上，函数 $z\bar{z}$在任何地方都不是解析的，包括在 $z=0$ 处。它在 $z=0$ 处不是解析的，尽管它在这里是可微的，因为它不满足导数在 $z=0$ 处存在的条件：在点 $z=0$ 的邻域内存在导数。这就是上面提到的重要的“转折”。

在操作中，$\xi=z+\Delta z$ 的写法通常便于计算。注意例 6.3.2 和例 6.3.3，然后使用了相同的 $\Delta z=re^{\mathrm{i}\theta}$。用这个 Δz 符号，导数可以表示为

$$f'(z)=\lim_{\Delta z\to0}\left[\frac{f(z+\Delta z)-f(z)}{\Delta z}\right]=\lim_{\Delta z\to0}\left[\frac{\Delta w}{\Delta z}\right]\tag{6.8}$$

其中 $\Delta w=f(z+\Delta z)-f(z)$ 和 $\Delta z=\xi-z$。

例 6.3.4　函数 $f(z)=1/z$ 是解析的吗？

解　考虑差商式（6.7），它写成 $(1/\xi-1/z)/(\xi-z)$，现在使用 $\xi=z+\Delta z$，这个表达式就变成下面的两个等式，当 $\Delta z\to0$ 时，

$$\left(\frac{1}{z+\Delta z}-\frac{1}{z}\right)\left(\frac{1}{\Delta z}\right)=\frac{z-(z+\Delta z)}{(z+\Delta z)z\Delta z}=\frac{-1}{(z+\Delta z)z}\rightarrow-\frac{1}{z^2}$$

不依赖路径。因此导数存在并由 $f'(z)=-1/z^2$ 给出。麻烦只出现在 $z=0$ 处，因为这个位置需要除以 0，因此导数除点 $z=0$ 外处处存在。因为所有的 $z\neq0$ 点也有一个不包含 $z=0$ 的邻域，所以 $f(z)=1/z$ 对所有的 $z\neq0$ 是解析的。

对于 $z\neq0$，函数 $f(z)=1/z$ 不仅有一阶导数 $-1/z^2$，而且，用同样的方法可得出，它有所有阶的导数。导数由下面标准公式给出，

$$f(z)=\frac{1}{z}\quad\Rightarrow\quad f'(z)=-\frac{1}{z^2},\quad f''(z)=\frac{2}{z^3},\quad \cdots,\quad f^{(n)}(z)=\frac{(-1)^n n!}{z^{n+1}}$$

除了 $z=0$，函数 $1/z$ 在整个 z 平面上是解析的，$z=0$ 处被定义为**奇点**。对于位移式 $f(z)=1/(z-\alpha)$ 也是如此，其中 $\alpha=a+\mathrm{i}b$ 是一个固定的复数。$f(z)=1/z$ 及其各阶导数在 $z=0$ 处有奇点，而 $f(z)=1/(z-\alpha)$ 在 $z=\alpha$ 处有奇点。

当把一些函数复合在一起时，情况会变得更加复杂，如 $f(z)=z^{-1}(z-\alpha)^{-1}=(1/\alpha)[1/(z-\alpha)]-(1/\alpha)(1/z)$。这个函数在 $z=0$ 和 $z=\alpha$ 处有奇点，它在 z 平面的其他地方都是解析的。确定这个变换的 z 到 w 映射性质需要付出努力，但也会产生有趣的结果。

6.3.2　柯西-黎曼方程

把 Δz 写成实部和虚部的形式 $\Delta z=\Delta x+\mathrm{i}\Delta y$，那么 $\Delta z\rightarrow0$ 意味着 Δx 和 Δy 都趋于 0。不同的路径 Δx 和 Δy 分别以不同的相对速率趋于 0，可能一个快于另一个。将这些 Δz 增量连同对应的函数的实部和虚部增量 $\Delta w=\Delta u+\mathrm{i}\Delta v$ 引入式（6.8），把它正式写为

$$f'(z)=\lim_{\substack{\Delta x\rightarrow0\\ \Delta y\rightarrow0}}\left[\frac{\Delta u+\mathrm{i}\Delta v}{\Delta x+\mathrm{i}\Delta y}\right]\tag{6.9}$$

在 $x+\mathrm{i}y$ 处的可微性要求计算结果必须与路径无关。因此，式（6.9）使用两条不同的路径计算 $f(z)$ 是有启发性的。第一条路径平行于 x 轴，这意味着 $\Delta z=\Delta x$（即在取 Δx 的极限之前，$\Delta y=0$）。第二条路径平行于 y 轴，这意味着 $\Delta z=\mathrm{i}\Delta y$（即 $\Delta x=0$）。使用这两条路径，从两个不同的方向取极限 $\Delta z\rightarrow0$。当然，用其他路径也可以分析（比如说，两条与 x 轴和 y 轴成 45°角的相交路径）。但这里选择的路径是最简单的，也是最具说明性的。沿着第一条路径计算导数得到

$$f'(z)=\lim_{\Delta x\rightarrow0}\left(\frac{\Delta u}{\Delta x}+\mathrm{i}\,\frac{\Delta v}{\Delta x}\right)=\frac{\partial u}{\partial x}+\mathrm{i}\,\frac{\partial v}{\partial x}\tag{6.10}$$

沿着第二条路径的计算导数得到

$$f'(z)=\lim_{\Delta y\rightarrow0}\left(\frac{\Delta u}{\mathrm{i}\Delta y}+\frac{\mathrm{i}\Delta v}{\mathrm{i}\Delta y}\right)=\frac{\partial v}{\partial y}-\mathrm{i}\,\frac{\partial u}{\partial y}\tag{6.11}$$

因为两者必须得到相同的 $f'(z)$，我们推导出

$$\frac{\partial u}{\partial x}=\frac{\partial v}{\partial y},\quad \frac{\partial u}{\partial y}=-\frac{\partial v}{\partial x}\tag{6.12}$$

这些是著名的**柯西-黎曼**（Cauchy-Riemann，C-R）**方程**。特别地，式（6.12）是笛卡儿坐

标下的 C-R 方程。上面的论证表明了以下陈述。

★ 满足 C-R 方程式（6.12）是复函数 $f(z)$ 导数存在的必要条件。当导数存在时，计算导数的两个独立的、等价的公式是式（6.10）和式（6.11）。

逻辑上出现以下问题：C-R 条件是否足以保证导数的存在？也就是说，如果有的话，在什么条件下，在这两条特殊路径上计算的导数相同，会导致式（6.10）和式（6.11）保证任何其他路径也会产生相同的结果？好消息是，C-R 条件以及所有四种偏导数的连续性确实是充分条件。换句话说，

★ 满足 C-R 条件式（6.12），以及在 z 处四个偏导数 $\partial u/\partial x$，$\partial u/\partial y$，$\partial v/\partial x$，$\partial v/\partial y$ 全部连续，充分保证导数 $f'(z)$ 在 z 处存在。

现在我们举例说明 C-R 方程的用法。

例 6.3.5　通过 C-R 方程证明 $f(z)=z^2$ 对所有 z 都是可微的。写出导数的简单形式。

解　实部和虚部分别是 $u(x,y)=x^2-y^2$ 和 $v(x,y)=2xy$。一阶偏导是 $\partial u/\partial x=2x=\partial v/\partial y$ 和 $\partial v/\partial x=2y=-\partial u/\partial y$。它们处处连续。因此对于所有 z，C-R 条件是满足的，因此 $f(z)=z^2$ 是处处可微的。由式（6.10）可得导数为 $f'(z)=2x+\mathrm{i}(2y)=2z$。

上面的例子证明了 $f(z)=z^2$ 在有限 z 平面上处处是解析的，当 $|z|\to\infty$ 时它无界。观察 $f(z)=z^2$ 当 $|z|\to\infty$ 时的奇异性态的另一种方法是，取 $\xi=1/z$，然后注意到函数 $1/\xi^2$ 在 $\xi=0$ 处是奇异的（非解析的）。这些可能看起来是平凡的结果，但是，正如已经指出的，在复分析中"平凡的结果"通常具有深刻的含义。解析函数的有界性和无界性是一个重要的问题，对它的仔细处理会引出许多微妙而有用的性质。这就为各种先进的复变量求解技术打开了大门，例如在 8.7 节中将要讨论的维纳-霍普夫方法。

例 6.3.6　再次考虑例 6.3.3 中的函数 $f(z)=z\bar{z}$。现在利用 C-R 方程再一次找到函数可微的 z。

解　实部和虚部分别是 $u(x,y)=x^2+y^2$ 和 $v(x,y)=0$。它们的一阶偏导处处连续。第一个条件是 $\partial u/\partial x=2x=0=\partial v/\partial y$，第二个条件是 $\partial u/\partial y=2y=0=-\partial v/\partial x$。当且仅当 $x=0$ 和 $y=0$，这些方程满足。C-R 条件仅在 $z=0$ 处满足，这是唯一的可微点。这里要注意，这个函数在 $z=0$ 处不是解析的，因为一个孤立的可微点不具有可微的**邻域**。

现在我们将使用 C-R 条件来研究对数函数的可微性。然而，在继续进行导数计算之前，我们必须首先确定一个单值版本的对数，这样我们才能确切地知道我们在对什么求导。这意味着我们必须选择如图 6.7 所示的堆叠函数的一个特定分支。或者，我们必须选择一个长度为 2π 的区间来计算 $\arg(z)$。选择与 $\mathrm{Arg}(z)$ 相关的区间意味着我们考虑的是主值函数 $\mathrm{Log}\, z$。

例 6.3.7　证明对数函数是可微的。求其导数的简单表达式。

解　回想一下 $\log z$ 的实部和虚部分别是 $u(x,y)=\log(x^2+y^2)^{1/2}$ 和 $v=\arctan(y/x)$，对应于 arctan 所选的分支。计算偏导数：

$$\frac{\partial u}{\partial x}=\frac{x}{x^2+y^2}=\frac{\partial v}{\partial y},\quad \frac{\partial v}{\partial x}=-\frac{y}{x^2+y^2}=-\frac{\partial u}{\partial y}$$

因此 C-R 方程得到满足。对于导数，我们得到，

$$\frac{\mathrm{d}}{\mathrm{d}z}(\log z)=\frac{x}{x^2+y^2}-\frac{\mathrm{i}y}{x^2+y^2}=\frac{1}{z} \tag{6.13}$$

上面的例子给出了预期的答案——式（6.13）是相应实变量结果的明显推广。对于一般的复对数函数，导数不存在的唯一位置是奇点 $z=0$。有趣的是，虽然 $\log z$ 是多值的，但它的导数 $1/z$ 是单值的。这个结果表明 $\log z$ 的变化，通过取它的导数来衡量，在图 6.7 的每一层次（分支）上是相同的。换句话说，当我们只知道导数的值时，不可能确定是 $\log z$ 的哪个分支。一旦选择了对数函数的一个特定分支，该函数就会在跨越分支边界时成为不连续的。这使得对数函数的选定分支对于不在分支边界上的所有 z 点都是解析的。例如，$\mathrm{Log}\, z$ 对于所有的满足 $-\pi<\mathrm{Arg}(z)<\pi$ 的 z 值都是解析的，而当 $\mathrm{Arg}(z)=\pi$ 时，即沿着负实轴，则不是解析的。当以这种方式选择分支时，我们说负 x 轴是一个**分支切割**。

在结束当前关于 $\log z$ 的讨论时，我们注意到，当有某种理由将 $\log z$ 视为负实轴上的解析函数时，可以通过简单地取对数函数的不同分支来实现，也就是说，我们有另一个分支切割。位置 $z=0$ 是唯一不能被另一种分支选择所弥补的点，因为它对所有可能的分支分类都是共有的。因此 $z=0$ 是复平面上唯一不能使对数函数具有解析性的点。另一方面，每一个可能的单值对数函数都有一个分支切割，从 $z=0$ 开始，一直到无穷大。

现在我们回到一个更直接的实际问题，即在不同的平面坐标系中写出 C-R 方程。

- **C-R 方程的极坐标形式**：我们把 z 的笛卡儿坐标 $z=x+\mathrm{i}y$ 改写为极坐标 $z=re^{\mathrm{i}\theta}$。从 z 点开始的增量位移为 $z+\Delta z=(r+\Delta r)\mathrm{e}^{\mathrm{i}(\theta+\Delta\theta)}$。把这些表达式代入 $(f(z+\Delta z)-f(z))/\Delta z$，其中 $f(z)=u(r,\theta)+\mathrm{i}v(r,\theta)$。当 $\Delta\theta=0$ 时，我们得到 $f'(z)=\mathrm{e}^{-\mathrm{i}\theta}(\partial u/\partial r+\mathrm{i}\,\partial v/\partial r)$，而 $\Delta r=0$ 时，我们得到 $f'(z)=(\mathrm{e}^{-\mathrm{i}\theta}/r)(\partial v/\partial\theta-\mathrm{i}\,\partial u/\partial\theta)$。因此极坐标下的 C-R 方程是

$$\frac{\partial u}{\partial r}=\frac{1}{r}\frac{\partial v}{\partial \theta},\quad \frac{\partial u}{\partial \theta}=-r\frac{\partial v}{\partial r} \tag{6.14}$$

- **C-R 方程的抛物形式**：一个相对不常见但偶尔有用的坐标系是由映射定义的抛物坐标系，$w=(-2\bar{z})^{1/2}$。根据 $\xi=\sqrt{r-x}$ 和 $\eta=\sqrt{r+x}$，其中 $r=\sqrt{x^2+y^2}$，这个变换将 $z=x+\mathrm{i}y$ 坐标变为 $w=\xi+\mathrm{i}\eta$ 坐标。用 ξ 和 η 来表示，得到 $x=(\eta^2-\xi^2)/2$ 和 $y=\xi\eta$。因此，在式（6.12）中把 f 写为 $f=u+\mathrm{i}v$，其中坐标 (x,y) 用 (ξ,η) 表示，经过一些运算（参见 6.3 节的习题 5），得到

$$\frac{\partial u}{\partial \eta}=\frac{\partial v}{\partial \xi},\quad \frac{\partial u}{\partial \xi}=-\frac{\partial v}{\partial \eta} \tag{6.15}$$

有趣的是，抛物型 C-R 方程与笛卡儿型 C-R 方程式（6.12）具有相同的形式。稍后将

会证明，对于拉普拉斯算子也是如此。然而，这些结果是欺骗性的，因为这两个坐标系之间几乎所有的其他关系都是完全不同的：在某种意义上，上述对应表示是在 (x,y) 和 (ξ,η) 坐标系之间的穿针引线。

6.4 调和函数

满足拉普拉斯方程 $\nabla^2\phi=0$ 的函数 ϕ 称为**调和函数**。在二维坐标系下，调和函数 $\phi=\phi(x,y)$ 满足

$$\frac{\partial^2\phi}{\partial x^2}+\frac{\partial^2\phi}{\partial y^2}=0$$

拉普拉斯方程在工程分析中经常出现，包括扩散理论、流体力学和固体力学。从第 9 章开始，我们从应用偏微分方程理论的角度来研究这个方程。我们为什么在这里讨论拉普拉斯方程？其原因是解析函数与调和函数之间的根本联系，如下所示。

> 解析函数 $f(z)=u(x,y)+\mathrm{i}v(x,y)$ 的实部 $u(x,y)$ 和虚部 $v(x,y)$ 是调和的。

这是 C-R 方程式（6.12）的直接结果：

$$\left.\begin{aligned}&(1)\ \frac{\partial u}{\partial x}=\frac{\partial v}{\partial y}\quad\Rightarrow\quad\frac{\partial^2 u}{\partial x^2}=\frac{\partial^2 v}{\partial y\,\partial x}\\&(2)\ \frac{\partial v}{\partial x}=-\frac{\partial u}{\partial y}\quad\Rightarrow\quad\frac{\partial^2 v}{\partial x\,\partial y}=-\frac{\partial^2 u}{\partial y^2}\end{aligned}\right\}\frac{\partial^2 u}{\partial x^2}=-\frac{\partial^2 u}{\partial y^2}\quad\text{或}\quad\nabla^2 u=0$$

不难看出，$\nabla^2 v=0$ 也成立。因此 u 和 v 都是调和的。

例 6.4.1　证明解析函数 $f(z)=\sin z=u+\mathrm{i}v$ 的分量 $u=\sin x\cosh y$ 和 $v=\cos x\sinh y$ 是调和的。

解　很容易验证函数 u 和 v 都满足 C-R 方程：$\partial u/\partial x=\cos x\cosh y=\partial v/\partial y$，$\partial v/\partial x=-\sin x\sinh y=-\partial u/\partial y$。因此，很容易验证 $u(x,y),v(x,y)$ 都是调和的。例如，$\partial^2 u/\partial x^2=-\sin x\cosh y$ 和 $\partial^2 u/\partial y^2=\sin x\cosh y$。同样，$v$ 也是调和的。

给定任意解析函数 $f(z)=u(x,y)+\mathrm{i}v(x,y)$，根据定义，满足 C-R 方程的两个实值函数 $u(x,y)$ 和 $v(x,y)$ 称为**调和共轭函数**。具体来说，如果函数 $u(x,y)$ 和 $v(x,y)$ 满足式（6.12）的 C-R 方程，则 v 是 u 的**调和共轭**。有趣的是，因为只有一个负号，函数 u 不是 v 的调和共轭，而 $-u$ 是 v 的调和共轭。

例 6.4.2　对于函数 $f(z)=z^2=x^2-y^2+\mathrm{i}2xy$，确定 $v=2xy$ 是不是 $u=x^2-y^2$ 的调和共轭，或者 u 是不是 v 的调和共轭。

解　例 6.3.5 表明 $u=x^2-y^2$ 和 $v=2xy$ 满足 C-R 方程。因此，$2xy$ 是 x^2-y^2 的调和

共轭。这个结果与 $f(z)=z^2=x^2-y^2+\mathrm{i}2xy$ 是解析函数的事实是一致的。然而，x^2-y^2 不是 $2xy$ 的调和共轭。这个结果与 $2xy+\mathrm{i}(x^2-y^2)$ 不是解析函数的事实是一致的（检查 C-R 方程得到 $2y=-2y$ 和 $2x=-2x$）。

相比之下，很明显，$-(x^2-y^2)=(y^2-x^2)$ 是 $2xy$ 的调和共轭，因为函数 $g(z)=2xy+\mathrm{i}(y^2-x^2)$ 是解析的。注意 $g(z)=-\mathrm{i}z^2=-\mathrm{i}f(z)$；解析函数 $f(z)$ 乘以一个常数也是解析函数。

调和共轭在工程和物理学中是普遍存在的。因此，有时会出现以下相反类型的问题。

- 给定一个满足拉普拉斯方程 $\nabla^2 u=0$ 的函数 $u(x,y)$，能否找到一个伴随函数 $v(x,y)$ 使组合的复函数 $u(x,y)+\mathrm{i}v(x,y)$ 是 $z=x+\mathrm{i}y$ 的解析函数？

这相当于我们有下面的问题。

- 给定一个调和函数 $u(x,y)$，能找到它的调和共轭 $v(x,y)$ 吗？

如下面的例子所示，答案通常是肯定的，而找到这样一个 $v(x,y)$ 的方法相当于对 C-R 方程的积分。

例 6.4.3　设 $u(x,y)=2y-4x^3+axy^n$。

(a) 求出 a 和 n，使 $u(x,y)$ 是调和的。然后用这个 $u(x,y)$ 来做剩下的例子。

(b) 求出 $u(x,y)$ 的调和共轭 $v(x,y)$。

(c) 用我们迄今为止遇到的标准复函数来确定相关的 $f(z)=u+\mathrm{i}v$。

解

(a) 这就要求

$$0=\frac{\partial^2 u}{\partial x^2}+\frac{\partial^2 u}{\partial y^2}=-24x+an(n-1)xy^{n-2}\quad\Rightarrow\quad an(n-1)=24,\quad n-2=0$$

得到 $n=2$ 和 $a=12$，所以调和函数是 $u(x,y)=2y-4x^3+12xy^2$。

(b) 我们必须找到一个 v 满足两个 C-R 方程，对于这个 u，它们是

$$\frac{\partial v}{\partial y}=\frac{\partial u}{\partial x}=-12x^2+12y^2,\qquad \frac{\partial v}{\partial x}=-\frac{\partial u}{\partial y}=-2-24xy$$

这两个方程必须用积分来确定 v。对第一个方程积分得到

$$v=\int^y(-12x^2+12\zeta^2)\mathrm{d}\zeta=-12x^2y+4y^3+h(x)$$

其中 $h(x)$ 是“积分常数”，在这个阶段它是 x 的函数因为积分是关于变量 y 的。因此

$$\frac{\partial v}{\partial x}=-24xy+\frac{\mathrm{d}h}{\mathrm{d}x}$$

它和上面的第二个 C-R 方程结合起来，得到

$$\frac{\mathrm{d}h}{\mathrm{d}x}=-2\quad\Rightarrow\quad h(x)=-2x+c\quad\Rightarrow\quad v(x,y)=-12x^2y+4y^3-2x+c$$

这里 c 是一个真正的积分常数。

(c) 形成 $f(z)=u(x,y)+\mathrm{i}v(x,y)$ 得到

$$f(z) = (2y - 4x^3 + 12xy^2) + \mathrm{i}(-12x^2y + 4y^3 - 2x + c)$$
$$= \underbrace{-2x\mathrm{i} + 2y}_{-2\mathrm{i}z} - 4((x^3 - 3xy^2) + \mathrm{i}\underbrace{(-y^3 + 3x^2y)}_{z^3}) + \mathrm{i}c$$

从而有

$$f(z) = -4z^3 - 2\mathrm{i}z + \mathrm{i}c$$

这个函数 $f(z)$ 在有限 z 平面上处处是解析的，而在 $|z|=\infty$ 处是奇异的。因为实值常数 c 仍然是自由的，所以函数 $f(z)$ 通常可以用来处理额外的限制。例如，$f(0)=0$ 产生 $c=0$。

虽然上面的例子使用了 C-R 方程的笛卡儿形式，但我们也可以类似地使用其他坐标系中的 C-R 方程。事实上，给定 C-R 方程在非笛卡儿坐标系中的形式，它们就可以用来得到该坐标系中的拉普拉斯算子。

- **极坐标形式**：使用式（6.14），得出拉普拉斯算子的极坐标形式为

$$\nabla^2(\cdot) = \frac{1}{r}\frac{\partial}{\partial r}\left(r\frac{\partial(\cdot)}{\partial r}\right) + \frac{1}{r^2}\frac{\partial^2(\cdot)}{\partial\theta^2} \tag{6.16}$$

- **抛物形式**：使用式（6.15），得出抛物坐标系下的拉普拉斯算子为

$$\nabla^2(\cdot) = \frac{\partial^2(\cdot)}{\partial\xi^2} + \frac{\partial^2(\cdot)}{\partial\eta^2} \tag{6.17}$$

这显然与笛卡儿坐标中拉普拉斯方程的形式相同（如前所述，抛物 C-R 方程也是如此）。然而，如果我们考虑的不是（齐次）拉普拉斯方程，而是（非齐次）泊松方程，我们就会发现，把它从笛卡儿形式$\nabla^2\phi=\varrho(x,y)$ 变换成抛物形式产生$\nabla^2\phi=v(\xi,\eta)P(\xi,\eta)$，其中函数 $v(\xi,\eta)$ 很复杂。变换$\varrho(x,y)\rightarrow P(\xi,\eta)$ 在从笛卡儿坐标到抛物坐标的变换中通常也很复杂。

6.5　在流体力学中的应用：势流

复变量在描述流体力学的许多方面有着悠久的历史。关键的场变量是速度 $\boldsymbol{v}$ 和压强 p。我们对速度有一个直观的理解，但压力可能是神秘的。为了为流体的运动奠定基础，我们从流体静力学开始。这是流体力学的一个分支，它关注静止的流体，关注它们的压强状态，以及这种压强如何影响与流体接触的物体。这种**流体静压强**作用于一个垂直于接触面的方向，因此这是一种纯粹的法向牵引力。重力的作用使流体进入装它的容器，形成其形状，所有的自由表面都处于相同的高度（除非流体在物理上被不同的分划隔开）。流体静压强与深度，即与自由表面的距离，成正比。它的大小可以通过想象一个假定的液体柱来确定，从所讨论的位置到自由表面的位置。

根据定义，流体静压强是假定的流体柱的重量除以柱的横截面面积。通常，但不总是，流体静压强是根据自由表面的周围空气压强来计算的。此外，没有要求存在这样的流体柱；换句话说，流体静压强在任何位置都可以以这种方式计算，即使实际的液柱上面的位置会遇到装它的容器的外壁（即不再是自由表面本身，例如图 6.8 那样，出现在闸门下）。

引入位置变量 $\boldsymbol{x}$，静止流体的状态由不同的场变量表征，一个是压强 p，另一个是密度 ρ。其他可能的场变量包括温度、盐度、pH 值等，所有这些都取决于 $\boldsymbol{x}$。

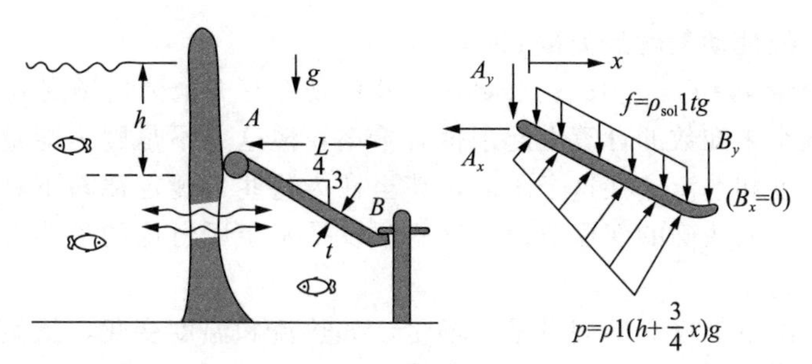

图 6.8　在自由表面下距离为 h 的 A 处有铰链的闸门。闸门由 B 处的滑动销关闭。流体可以通过如图所示的通道

例 6.5.1　图 6.8 中的流体具有恒定的密度 ρ，其自由表面位于铰链 A 上方距离为 h 处。铰链能产生水平反作用力和竖直反作用力，而 B 处的滑动销只能向下推。构成闸门的固体材料具有恒定密度 ρ_{sol}，闸门水平延伸距离 L，它的厚度是 t。A 处的铰链螺钉由于腐蚀和维修延迟，有脱落的危险。如果铰链所承受的水平反作用力过大，就会发生这种情况。地方当局希望解决这个问题，但是身为反对党的州长不愿拨款。他们唯一的办法就是降低水位。水平铰链反作用力是如何依赖流体高度 h 的？

解　这实际上是一个二维问题。我们用 (x,y) 来表示平面内坐标。在 5.5 节中，为了用 z 表示 $x+\mathrm{i}y$，引入坐标符号 $\mathfrak{z}$ 表示垂直于 (x,y) 平面的轴是很方便的。那么 B_y 将表示在平面外方向上每单位距离的竖直销力。同样地，A_x 和 A_y 表示每单位平面外距离铰链反作用的 x 和 y 分量。

流体压强 p 沿闸门下表面以垂直于闸门表面的方向作用于闸门上。它的大小随着离自由表面的竖直距离而变化。因此，$p=\rho\cdot 1\cdot[h+(3/4)x]g$，其中 1 表示在 $\mathfrak{z}$ 方向上的单位距离。闸门材料的重量是一个分散的力，竖直向下作用，但不随 x 变化。因为没有物体是加速的，作用在闸门上的所有力都必须在每个可能的方向上保持静力平衡。在 x 方向上，唯一的力的贡献是水平铰链反作用力 A_x 和在 x 方向上自行分解的部分压力。特别地，A_y，B_y 和重力（包括 ρ_{sol}）都不参与水平力平衡。水平力平衡很简单，

$$0=-A_x+\int_0^L \frac{4}{5}p\,\mathrm{d}x=-A_x+\int_0^L \frac{4}{5}\rho 1\left(h+\frac{3}{4}x\right)g\,\mathrm{d}x \quad\Rightarrow\quad A_x=\frac{4}{5}\rho g L\left(h+\frac{3}{8}L\right)$$

流体的运动

当流体运动时，时空相关的速度场变量 $\boldsymbol{v}=\boldsymbol{v}(\boldsymbol{x},t)$ 具有特殊意义。这里 t 是时间。**流体压力 $p=p(\boldsymbol{x},t)$ 现在通常取决于它在自由表面以下的深度**。事实上，当流体运动时，自由表面不一定是平坦的，正如湖泊或海洋表面的波所证实的那样。此外，流体对固体表面施加的力现在可能包括法向分量和切向分量。流体压力仍然与力的法向分量相关。任何切向力分量都是由剪切应力引起的。它们通常是摩擦的，由流体介质的黏性特性引起。

流体运动是由平衡方程控制的，平衡方程表示质量、线性动量和能量如何随 $\boldsymbol{x}$ 和 t 变化。在三维空间中，这代表五个方程，分别来自质量平衡和能量平衡，以及线性动量平衡

的三个分量方程，线性动量就是矢量 $\rho\boldsymbol{v}$。

把速度写成分量 $\boldsymbol{v}=\hat{\boldsymbol{e}}_x v_x+\hat{\boldsymbol{e}}_y v_y+\hat{\boldsymbol{e}}_z v_z$，我们现在有五个标量场变量，$\rho, p, v_x, v_y, v_z$。虽然五个方程和五个未知数的计算看起来很有希望，但这并不是因为能量平衡特别引入了额外的场量，如温度和热流。在这个阶段，甚至在为这些平衡定律写下具体的数学表达式之前，很自然地要引入明确的建模假设，这些假设是基于所讨论的流体的特定性质和所希望分析的运动类型的。

一个在各种情况下都成立的假设是，场量，如热流和温度变化，虽然对能量平衡有深刻的影响，但对质量和动量平衡的影响可以忽略不计。后两个平衡原理，在三维中代表四个方程（一个来自质量平衡，三个来自动量平衡），包含五个未知的场量：ρ, p, v_x, v_y, v_z。质量平衡方程表示为

$$\frac{\partial\rho}{\partial t}+\nabla\cdot(\rho\boldsymbol{v})=0 \tag{6.18}$$

动量平衡是基于牛顿定律的，欧拉定律适用于连续运动和变形的介质。这个定律再次表达了力等于质量乘以加速度的概念。因为加速度必须跟踪一个真实的物质，但速度 $\boldsymbol{v}$ 是在空间中一个固定的位置测量的（物质不断通过），加速度的数学表达式采用 $\partial\boldsymbol{v}/\partial t+\boldsymbol{v}\cdot\nabla v$ 的形式。现在所谓的对流加速度 $\boldsymbol{v}\cdot\nabla\boldsymbol{v}$ 在数学描述中引入了一个非线性项。将总加速度乘以密度 ρ，就得到了线性动量平衡的“质量乘以加速度”的一面。这等于一个适当的力表达式。这个力的表达有两部分。第一部分是压力梯度部分，必须确认流体产生力的方式，这取决于它的基本物理性质和它目前正在经历的运动。第二部分为外部中介：例如重力（向下作用于 y 方向）给出了一项 $-\rho g\hat{\boldsymbol{e}}_y$，其中 g 是重力加速度常数。

压力现在是应力的一部分，它为线性动量平衡贡献了一项 $-\nabla p$。应力中的非压力项可以聚集在一个张量 $\boldsymbol{\tau}$ 中，这个张量有时被称为**黏性应力张量**。角动量平衡要求 $\boldsymbol{\tau}$ 是一个对称张量。根据 2.3 节介绍的投影张量运算，黏性应力张量 $\boldsymbol{\tau}$ 可分解为

$$\begin{aligned}\boldsymbol{\tau}=&\tau_{xx}\hat{\boldsymbol{e}}_x\otimes\hat{\boldsymbol{e}}_x+\tau_{yy}\hat{\boldsymbol{e}}_y\otimes\hat{\boldsymbol{e}}_y+\tau_{zz}\hat{\boldsymbol{e}}_z\otimes\hat{\boldsymbol{e}}_z+\tau_{xy}(\hat{\boldsymbol{e}}_x\otimes\hat{\boldsymbol{e}}_y+\hat{\boldsymbol{e}}_y\otimes\hat{\boldsymbol{e}}_x)+\\&\tau_{yz}(\hat{\boldsymbol{e}}_y\otimes\hat{\boldsymbol{e}}_z+\hat{\boldsymbol{e}}_z\otimes\hat{\boldsymbol{e}}_y)+\tau_{xz}(\hat{\boldsymbol{e}}_x\otimes\hat{\boldsymbol{e}}_z+\hat{\boldsymbol{e}}_z\otimes\hat{\boldsymbol{e}}_x)\end{aligned}$$

$\tau_{xy}, \tau_{xz}, \tau_{yz}$ 为剪切应力。线性动量平衡现在可以写成

$$\rho\left(\frac{\partial\boldsymbol{v}}{\partial t}+\boldsymbol{v}\cdot\nabla\boldsymbol{v}\right)=-\nabla p+\nabla\cdot\boldsymbol{\tau}-\rho g\hat{\boldsymbol{e}}_y \tag{6.19}$$

式（6.18）和式（6.19）是流体动力学的一般方程。因为未知的场量比方程多，这些还不能产生一个适定的数学理论。因此，必须引入额外的建模假设。关于如何进行的详细探究启发人们应该做出以下选择。

- 把 ρ 看成常数（不可压缩理论）；或者用一个额外关系来描述密度 ρ 随压强 p 的变化，这个关系可以基于更深层次的理论研究，或者由实验测量决定（可压缩理论）。
- 要么提供一个关系，由速度 $\boldsymbol{v}$ 和它的梯度 $\nabla\boldsymbol{v}$，包括可能的 $\boldsymbol{v}$ 的高阶梯度，甚至它的时间历程（黏性理论）来决定 $\boldsymbol{\tau}$；或者认为 $\boldsymbol{\tau}$ 与 p（非黏性理论）相比可以忽略不计。

所有四种组合，即不可压缩和黏性、不可压缩和非黏性、可压缩和黏性、可压缩和非黏性，提供了一个合理的理论，每一种组合都适用于明显不同的物理情况。**雷诺数**（Reynolds number）是衡量惯性效应和黏性效应的相对强度的指标，可以用来确定什么类

型的理论应该用于什么类型的情况。例如，当 $\boldsymbol{\tau}$ 以标准方式确定时，不可压缩黏性理论使式（6.19）成为著名的纳维-斯托克斯方程（Navier-Stokes equation）。另外，可压缩流体处理描述了气体中的冲击波。在可压缩处理中，小振幅压力波的速度（声速）是一个关键常数，当物体在气体中的移动速度超过声速时，就会产生冲击波。

不可压缩无摩擦流：基本概念

复分析在不可压缩非黏性理论中有其独特的贡献。非黏性流体是无摩擦的，是理想无摩擦固体的流体力学模拟物——它只传递法向接触力。同样地，无摩擦流体只对压力有反应，因为它对剪切力的反应被忽略了，或者被假定为非常小以至于可以忽略。数学上，这意味着 $\boldsymbol{\tau}=\mathbf{0}$。如果非黏性流体也是不可压缩的，那么密度 ρ 在整个流动中保持恒定。在这种情况下，方程式（6.19）通常被改写为

$$\frac{\partial \boldsymbol{v}}{\partial t}+\boldsymbol{v}\cdot\nabla \boldsymbol{v}=-\frac{1}{\rho}\nabla p-g\hat{\boldsymbol{e}}_y \tag{6.20}$$

在这个阶段，定义一些关于流的其他概念是很有用的。

- 第一个是流体粒子的**路径**。这是粒子在空间中随着时间的推移所描绘的路径。
- 第二个是任意时刻的流线模式。**流线**是一条处处与速度矢量相切的曲线。如果流动是稳定的，即不随时间变化，则路径线与流线重合；然而，在不稳定的流动中，这些曲线通常是不同的。
- 第三个流的概念是流体**涡度**场 $\boldsymbol{\zeta}$。这就是速度场的旋度，$\boldsymbol{\zeta}=\nabla\times\boldsymbol{v}$。
- 第四个也是最后一个概念是流体在流动中围绕封闭曲线的**环量**。这是通过对 $\boldsymbol{v}\cdot\mathrm{d}\boldsymbol{x}$ 积分得到的标量，其中 $\mathrm{d}\boldsymbol{x}$ 是微分路径元素。

环量和涡度是由微积分中的格林积分定理联系起来的，因为 $\boldsymbol{\zeta}=\nabla\times\boldsymbol{v}$，表明通过曲线周围的积分计算出的环量等于通过该曲线所限定的任何表面的涡度。

以此为背景，我们现在将注意力限制在稳定流上。如果我们现在计算，在某个初始时间 t_1，流体中围绕任何曲线的环量，然后沿着流体粒子的流动路径跟踪，以获得同一流体粒子在 t_2 时刻的新的闭合曲线，结果表明，在 t_2 时刻，绕新曲线的环量具有相同的值。换句话说，随着流的进行，围绕物质粒子运动曲线的环量是不变的。这个结果被称为**开尔文**（Kelvin）**定理**，是方程式（6.20）的右边具有纯梯度的形式 $\nabla\cdot(-p/\rho-gy)$ 的结果。这有第二个推论：涡度 $\boldsymbol{\zeta}$ 对单个流体粒子是守恒的。这是由于格林定理中环量和涡度之间的联系。特别地，如果在某一初始时刻流的涡度为零，那么在流中，涡度将处处保持为零。事实上，怎么可能不这样呢？因为流体是非黏性的，没有可用的机制来引入涡度：这就是流体摩擦的作用和目的，它的黏性。零涡度流的标准术语是说这样的流是**无旋转的**。虽然术语**无旋转**可能给人的印象是这样的流有相当简单的流线，但并不一定是这样，正如我们将在下面的例子中看到的。

现在，我们在我们寻求检验的流中增加了非旋转性的限制。那么 $\nabla\times\boldsymbol{v}=0$，由此可以得出流场 $\boldsymbol{v}$ 可以表示为一个标量函数的梯度，即**速度势**。也就是

$$\boldsymbol{v}=\nabla\phi \tag{6.21}$$

利用这种结构，方程式（6.18）简化为拉普拉斯方程

$$\nabla^2\phi=0$$

这是因为稳定流的假设使时间导数变为 0。一般来说，这种处理方法可以应用于短暂的（瞬态的）和三维的流。式（6.18）和式（6.20）允许瞬态三维**势流解**。在笛卡儿坐标 x，y，z 中单个速度分量是

$$v_x = \frac{\partial \phi}{\partial x}, \quad v_y = \frac{\partial \phi}{\partial y}, \quad v_z = \frac{\partial \phi}{\partial z} \tag{6.22}$$

6.5.1 二维稳定流

在本节剩下的部分中，我们将注意力集中在稳定的二维（平面）流上：

$$v_x = v_x(x,y), \quad v_y = v_y(x,y), \quad v_z = 0$$

对于势流（也是无旋转和无黏性的），这使得 $\phi = \phi(x,y)$，那么只有式（6.22）的前两个式子适用。

对于稳定平面流，有一种非常强大的通解技术，不仅适用于非黏性流理论，也适用于黏性流理论。这种技术基于**流函数**的概念。由于这一概念适用于黏性流理论，它也成为生成纳维-斯托克斯方程解的有力工具。将流函数写为 $\psi(x,y)$，构造其在流线上为常数。由于速度矢量与流线相切，因此可以证明，它导致了如下的特征描述：

$$v_x = \frac{\partial \psi}{\partial y}, \quad v_y = -\frac{\partial \psi}{\partial x} \tag{6.23}$$

因此，对于满足上述稳定流、平面流、非黏性流和不可压缩流的所有要求的流，我们有势函数 $\phi(x,y)$ 和流函数 $\psi(x,y)$ 满足

$$\frac{\partial \phi}{\partial x} = v_x = \frac{\partial \psi}{\partial y}, \quad \frac{\partial \phi}{\partial y} = v_y = -\frac{\partial \psi}{\partial x} \tag{6.24}$$

暂时忽略与 v_x 和 v_y 的联系，这些方程可以视为函数 ϕ 和 ψ 的柯西-黎曼方程，即式（6.12）。因此 ϕ 和 ψ 是下面的 $z = x + \mathrm{i}y$ 的解析函数的实部和虚部，

$$f(z) = \phi(x,y) + \mathrm{i}\psi(x,y) \tag{6.25}$$

从而 ϕ 和 ψ 是调和共轭，函数 $f(z)$ 称为**复速度势**。不仅 ϕ 满足拉普拉斯方程，ψ 也满足，即 $\nabla^2 \psi = 0$。通常，给定一个复函数 $f(z)$，我们可以通过确定 ψ 为常数的流线来将流型与该函数联系起来。

在下面的例子中，我们考虑由式（6.25）给出的几种类型的复流势 $f(z)$。我们从所谓的拐角流（corner flow）开始，其势为 $f(z) = Az^n$。

例 6.5.2 考虑复流势为 $f(z) = Az^n$ 的拐角流，对于特殊情况 $A = 1$ 和 $n = 3$，给出复流势 $f(z) = z^3$。计算速度势、流函数、速度场和流线的形状。

解 函数 $f(z) = z^3$ 产生速度势

$$\phi = x^3 - 3xy^2 = r^3\cos(3\theta)$$

和流函数

$$\psi = -y^3 + 3x^2y = r^3\sin(3\theta)$$

这些函数是调和的，因为它们满足 $\nabla^2\phi = 0$ 和 $\nabla^2\psi = 0$。当曲线 $-y^3 + 3x^2y =$ 常数时，流线由流函数 ψ 推导而成。将常数设为 0，得到“零流线”：$0 = -y^3 + 3x^2y = y(\sqrt{3}x + y)(\sqrt{3}x - y)$。

这种流线具有特殊的意义，它代表通过原点的三条线：x 轴（$y=0$）和与 x 轴夹角为60°的（两条）线（$y=\sqrt{3}x$ 和 $y=-\sqrt{3}x$），给出了如图 6.9 所示的六重对称。每个扇形区域代表一个 60°拐角的流场。我们将注意力集中在第一个扇形区（$0\leqslant\theta\leqslant\pi/3$）。

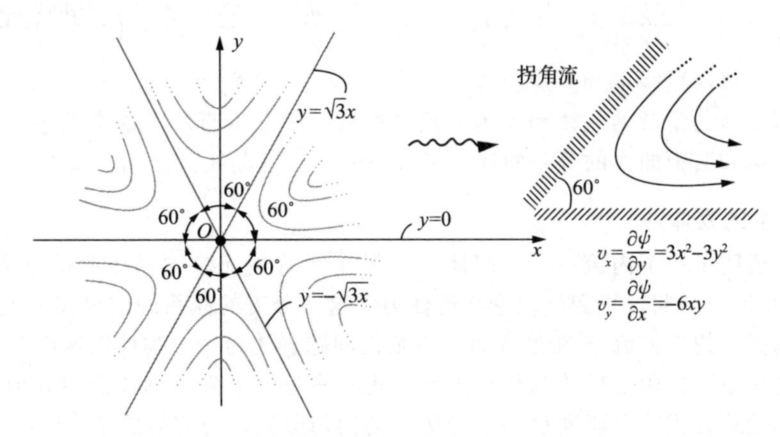

图 6.9　拐角流问题的流线（ψ 常数的线）

速度场：利用 ϕ，由式（6.23）得到速度场

$$\boldsymbol{v}=\boldsymbol{\nabla}\phi=\hat{\boldsymbol{e}}_x\underbrace{(3x^2-3y^2)}_{v_x}+\hat{\boldsymbol{e}}_y\underbrace{(-6xy)}_{v_y}$$

沿着正 x 轴（$y=0$）我们有 $\boldsymbol{v}=3x^2\hat{\boldsymbol{e}}_x$，所以流沿着这个曲面，没有流穿过这个（模拟的）不可渗透的表面。沿着直线 $y=\sqrt{3}x$，这代表 60°拐角的上表面，我们发现 $\boldsymbol{v}=-6x^2\hat{\boldsymbol{e}}_x-6\sqrt{3}x^2\hat{\boldsymbol{e}}_y$。这条线的单位法向是 $\hat{\boldsymbol{n}}=-(\sqrt{3}/2)x^2\hat{\boldsymbol{e}}_x+\hat{\boldsymbol{e}}_y/2$，因此，$\boldsymbol{v}\cdot\hat{\boldsymbol{n}}=0$。因此，这条线也代表了一个不可渗透的表面，没有流穿过它。注意 $\boldsymbol{v}$ 在拐角处等于 0，但在其他地方 $\boldsymbol{v}$ 是不会变为 0 的。如果不考虑 $A=1$ 的 $f(z)=Az^3$，而选择了不同的 A 值，那么这将简单地重新调整速度。从 $A>0$ 到 $A<0$ 就等于现在的流沿着 x 轴流入而不是流出。

注意，$w=f(z)=\phi+\mathrm{i}\psi=z^3$ 从 z 到 w 的映射是多对一的，因为 $\theta=0$ 到 $\theta=2\pi/3$、$2\pi/3$ 到 $4\pi/3$、$4\pi/3$ 到 2π 的每个区间都映射到整个 w 平面。如果在例 6.5.2 中我们只知道流函数 $\psi=-y^3+3x^2y$，我们可以从柯西-黎曼关系导出 ϕ，以获得完整的复速度势。我们演示如下：写 $\partial\phi/\partial x=\partial\psi/\partial y=3(x^2-y^2)$ 和 $\partial\phi/\partial y=-\partial\psi/\partial x=-6xy$。将这些式子积分得到 $\phi=x^3-3xy^2+$常数。复速度势 $w=f(z)=\phi+\mathrm{i}\psi=(x^3-3xy^2+C)+\mathrm{i}(3x^2-3y^2)$，其中常数 C 为实数。这相当于将上述给定的复速度势从 z^3 修改为 z^3+C，这是一个无关紧要的变化，因为一旦微分，速度势就会产生所有具有物理意义的结果。

通过式（6.25）定义了复速度势，注意，

$$\frac{\mathrm{d}f(z)}{\mathrm{d}z}=\frac{\partial\phi}{\partial x}+\mathrm{i}\frac{\partial\psi}{\partial x}=\frac{\partial\psi}{\partial y}-\mathrm{i}\frac{\partial\phi}{\partial y}=v_x-\mathrm{i}v_y \tag{6.26}$$

通过前面的研究我们可以生成几个有趣的结果。一个普遍的结果是恒定速度势 ϕ 的线和流

函数 ψ 的线形成一个相互垂直的网格。为了验证这一点，我们回忆一下向量 $\nabla\phi$ 是垂直于常数 ϕ 的线的。类似地，向量 $\nabla\psi$ 是垂直于常数 ψ 的线的。通过对 $\nabla\phi$ 和 $\nabla\psi$ 做内积并利用柯西-黎曼关系式（6.24）得出

$$\nabla\phi \cdot \nabla\psi = \left(\hat{e}_x \frac{\partial \phi}{\partial x} + \hat{e}_y \frac{\partial \phi}{\partial y}\right) \cdot \left(\hat{e}_x \frac{\partial \psi}{\partial x} + \hat{e}_y \frac{\partial \psi}{\partial y}\right) = \frac{\partial \psi}{\partial y}\frac{\partial \psi}{\partial x} + \left(-\frac{\partial \psi}{\partial x}\right)\frac{\partial \psi}{\partial y} = 0$$

注意，该结果可以用更少的符号表示 $\nabla\phi = \hat{e}_x v_x + \hat{e}_y v_y$ 和 $\nabla\psi = -\hat{e}_x v_y + \hat{e}_y v_x$ 来推导。总之，我们证明了 ψ 为常数的流线和 ϕ 为常数的势线是相互垂直的。这个结果一般适用于调和共轭曲线：调和共轭曲线的等位曲线（函数值是常数的曲线）是相互垂直的。

6.5.2　流场中的物体

例 6.5.2 说明了一个**内流**——“固体”边界用于容纳流。同样重要的是固体的**外流**。事实上，在 20 世纪早期，复变量理论与流体力学这一分支的联系的主要技术先驱是围绕机翼横截面（翼面）的二维流。[⊖] 在这方面，不是把问题表述为一个物体以速度 V 在静止的流体中移动，而是通过使用坐标的伽利略变换将其表述为一个静止物体沉浸在流体中，该流体远离该物体的地方正在以速度 $U_\infty \hat{e}_x$ 经历一场均匀层流。与均匀**层流**（laminar flow）相联系的复流势很简单：

$$f_{\mathrm{lam}}(z) = U_\infty z \tag{6.27}$$

而且，因为浸入物体扰动了附近的流，这导致总复流势采用以下形式［f_{ob} 的下标“ob”代表“object”（物体）］，

$$f(z) = U_\infty z + f_{\mathrm{ob}}(z), \quad 当\ z \to \infty\ 时, |f_{\mathrm{ob}}(z)| \to 0 \tag{6.28}$$

下面的例子演示了上述公式对几种无摩擦流体流的评估结果。首先，例 6.5.3 使用可能是最简单的潜在函数 f_{ob}，即 $1/z$，以便将可能被解释为“主体（body）”的东西插入外流中。

例 6.5.3　证明：总复势 $f(z) = U_\infty(z + 1/z)$，取 $f_{\mathrm{ob}} = 1/z$，在数学上对应的是流过单位半径的圆柱体外的流。具体描述整个流的特征。然后求出在圆柱体顶部位置的速度。对于半径为 R 的圆柱体，在 $x=0$ 上 y 的什么位置，速度在顶部值和自由流值之间的中间值？

解　用笛卡儿坐标表示这个势，

$$f = U_\infty\left(z + \frac{1}{z}\right) = U_\infty\left[x + \frac{x}{x^2+y^2} + \mathrm{i}\left(y - \frac{y}{x^2+y^2}\right)\right] \tag{6.29}$$

速度势是实部，

$$\phi = U_\infty\left(x + \frac{x}{x^2+y^2}\right) = U_\infty\left(r + \frac{1}{r}\right)\cos\theta$$

而流函数是虚部，

$$\psi = U_\infty\left(y - \frac{y}{x^2+y^2}\right) = U_\infty\left(r - \frac{1}{r}\right)\sin\theta$$

⊖ 参见 Bloor 的 *The Enigma of the Aerofoil*，文献［17］。

速度场通过对势函数或流函数求导得到：

$$v_x = \frac{\partial\phi}{\partial x} = \frac{\partial\psi}{\partial y} = U_\infty\left(1+\frac{y^2-x^2}{(x^2+y^2)^2}\right) \tag{6.30}$$

$$v_y = \frac{\partial\phi}{\partial y} = -\frac{\partial\psi}{\partial x} = U_\infty\left(\frac{-2xy}{(x^2+y^2)^2}\right) \tag{6.31}$$

由式（6.30）和式（6.31）可知，当 $r=x^2+y^2\to\infty$ 时，$v_x\to U_\infty, v_y\to 0$，证实了这对应于远离原点的层流位置。另外，在 $(x,y)=(0,0)$ 处，速度 v_x 和 v_y 都是奇异的，这表明原点应该以某种方式被排除在流之外。这不是主要困难。我们将这个奇点置于扰乱层流的固体物体内部，就可以有效地将其从外（物理的）流场中移除。

流线是 ψ 为常数的曲线，由下式给出，

$$\text{常数} = y\left(1-\frac{1}{x^2+y^2}\right) = \left(r-\frac{1}{r}\right)\sin\theta \tag{6.32}$$

因为流与流线相切，任何流线都可以作为固体物体的边界（换句话说，是固体物体的**数学表示**，因为没有流**穿过**这个“边界”）。这里的难点是确定一个流线，它提供物理兴趣的固体边界。这相当于在式（6.32）中为常数指定一个值。为此，我们注意，取常数=0会使方程因式分解，从而得到 $y=0$（x 轴）或 $x^2+y^2=1$（以原点为圆心 $r=1$ 的圆）。这个观察结果用于提供常数=0流线，现在称为零流线，作为理解这个流型的基本流线。

这个零流线如图6.10所示，以及其他流线（带有箭头的曲线）。可以看出，当 $r\to\infty$ 时，所有流线都趋近于层流型。其他流线都绕着圆流动（即“固体圆柱体”），而零流线沿 x 轴移动，并在 $(x,y)=(-1,0)$ 处与圆相遇，并在此它分成定义圆柱体的上、下两部分。在 $(x,y)=(1,0)$ 处重新连接，并在 $x>1$ 时继续作为 x 轴流线。圆柱体内部也有流线，但在图中没有显示出来。一旦将流线部分 $x^2+y^2-1=0$ 视为外流的固体边界，这些内部流线就没有直接的物理意义。该特性类似于例6.5.2，当流体被定义为定义第一个60°拐角的流线内部时，主要60°拐角外的所有流线失去了它们的物理意义。

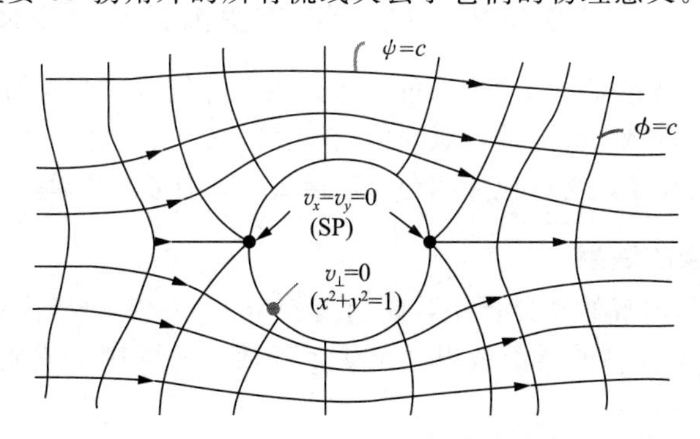

图6.10 由函数 $f(z)=U_\infty(z+1/z)$（对除 $z=0$ 外的所有 z 都解析的）描述的圆柱上方流的流线和势线。始于 $x=-\infty$ 的 x 轴流线在前驻点（SP）$(x=-1)$ 处与圆柱体接触，分为两部分来定义柱体边界，它在后驻点（SP）$(x=1)$ 处重新聚合，并最终沿到 $x=+\infty$ 的 x（正半）轴退出。这就是所谓的零流线

转到最后两个问题，“顶部”位置是 $(x,y)=(0,1)$，在这个位置，式（6.30）和式（6.31)给出 $v_x=2U_\infty$，$v_y=0$。因此，圆柱体顶部和底部的流速是其自由流速度的两倍。这个 $v_x=2v_{+\infty}$ 与自由流值 U_∞ 的中间值为 $v_x=1.5U_\infty$。将 $v_x=1.5U_\infty$ 和 $y=0$ 代入式（6.30)，求出 y，得到 $y=\pm\sqrt{2}\mathrm{i}$。这是半径为 1 的圆柱体的结果，因此，对于半径为 R 的圆柱体，其结果为 $y=\pm\sqrt{2}R\mathrm{i}$。换句话说，必须离开圆柱体顶部一段距离（$\sqrt{2}-1$）R，流速才能失去由于障碍物而获得的额外速度的一半。

在例 6.5.3 中，$(x,y)=(\pm1,0)$ 处的这两个位置是流型中最令人困惑的点。如图 6.10所示，假设流体粒子从 x 轴的绝对值很大的负 x 值开始，在这两个位置的第一个，即 $x=-1$，“裂开（分成多组)”之前，将在该轴上接近圆柱体。然后粒子在第二个位置，即 $x=1$，重新聚合。从式（6.30）和式（6.31）中注意到这一点是很有用的：这两个位置是流中 v_x 和 v_y 同时消失为 0 的仅有的位置。这样的驻点是理解流型的关键位置，不仅在这个问题中，而且在更复杂的流问题中也是如此。

例 6.5.3 中关于无摩擦流的许多附加细节可以从复流势中推导出来。比如，圆柱体上的压力分布（使用将在 7.7 节中讨论的方法来实现）和圆柱体内流线分布的性质。如果圆柱体不是固体，其本身被视为一种独立的流体，如（圆柱形）液滴，则后者变得相关。注意，这些量的计算通常可以通过在极坐标中重写这些量而变得更容易，例如速度由下面的式子给出：

$$v_r=\frac{\partial\phi}{\partial r}=\frac{1}{r}\frac{\partial\psi}{\partial\theta},\quad v_\theta=\frac{1}{r}\frac{\partial\phi}{\partial\theta}=-\frac{\partial\psi}{\partial r}\tag{6.33}$$

我们观察到，在有限 z 平面的 $z=0$ 和 $z=\infty$ 的远场中，复流势式（6.29）是非解析的。这些奇点的含义尚未被讨论。7.7 节继续本节的结果，不仅关于更复杂的流场，而且关于由于流动流体对固体物体施加的力。

6.6 复函数映射——第二次审视：施瓦茨-克里斯托费尔变换

本节正式地把映射看作一个数学变换的过程。我们首先讨论变换的概念，然后研究它在将开放区域映射到开放区域，将开放区域映射到闭合区域（多边形）的变换中的使用。[㊀] 从这个角度看，这种变换对于解决各种应用问题（包括前一节中考虑的类型）具有许多优势。

6.6.1 作为坐标变换的映射

在数学家所知道和理解的复分析中，映射变换 $w=f(z)$ 的结构对几何、代数和数论问题有重要意义。[㊁] 一个著名的泛函映射，黎曼 ζ 函数，按顺序生成质数。在这个问题上，

㊀ 我们所说的开放区域是指一个无界区域，而闭合区域是指一个独立区域，比如一个多边形的内部。换句话说，“开”和“闭”是全局属性（所以在点集拓扑的局部意义上没有被使用，也就是说，无论边界点是否是区域的一部分)。

㊁ 回想一下，代数基本定理建立在一个给定的 n 阶多项式的所有 n 个根之上，无论它们是实数、虚数还是复数都计入根。在复分析兴起之前，非实数根被描述为“虚假的”和“虚幻的”数学幽灵。

纯数学家面临的中心问题是：黎曼 ζ 函数是否生成**所有**的质数？

在工程师和科学家所知道和理解的复分析中，映射变换 $w=f(z)$ 的结构和含义不像数学家认为的那样抽象。一个具有实际意义的问题是映射作为**坐标系变换**的概念。例如，某一问题在特定的坐标系中可能难以解决甚至难以解释，但在"自然"坐标系中可能更容易观察和理解，从而更容易分析和解决。因此，科学家运用不同的坐标系，并对某些产生了偏爱。我们都熟悉三大坐标系：笛卡儿坐标系、柱坐标系和球面坐标系。其他的自然坐标系有抛物坐标系和椭圆坐标系，后者也称为扁球坐标系和长球坐标系。还有许多其他的。事实上，我们可以在如此多的坐标系中分析物理问题，而大多数坐标系都没有名称。

本节的主题施瓦茨-克里斯托费尔变换（Schwarz-Christoffel transformation，SCT）及其更简单的变体是一种方法，比如，可以把半平面映射为一个更复杂的形状，甚至在许多情况下，把半平面映射到一个复杂形状（多边形）的内部。如果这个映射被找到，并且它的表示被认为是一个解析函数，那么它就有一个反函数，该反函数相应地将复杂的形状（多边形的内部）映射到上半平面（或其他一些几何形状）。因此，这个映射本质上是一种**坐标变换**，它表明在一个坐标系中写的公式可以在另一个坐标系中表示，无论是映射 [$w=f(z)$]还是逆映射 [$z=f^{-1}(w)\equiv h(w)$]。这就是讨论施瓦茨-克里斯托费尔变换的背景，尽管我们的讨论对于那些寻求最终解决几何、代数或数论基本问题的人同样有效。

复映射的数学结构建立在一个概念之上，这个概念是从实分析中借用来的，即连续曲线的处处都有斜率。就像在经典实分析中那样，如果这条连续的曲线被分割成线段，所有这些线段的长度随着线段的数目趋于无穷而都趋于零，那么每条线段都有一个恒定的斜率，在复 z 平面用与参照实（x）轴所成的角 θ 来表示。为了说明概念的一般性质和过程，读者可以参考图 5.7，特别是其说明文字中的讨论。

有了这个概念，复映射的概念基础就变得非常简单：不是首先关注映射 $w=f(z)$ 本身，而是关注斜率 $g(z)\equiv \mathrm{d}f/\mathrm{d}z$ 的映射。斜率映射提供线段的局部角度，然后可以对其进行操作（我们将演示），以生成一个形状。一旦这些局部角有了它们预期的值，最终的映射 $w=f(z)$ 就可以通过积分得到，即 $f(z)=\int^{z} g(\xi)\mathrm{d}\xi+C$。所涉及的积分是否容易计算是另一回事，但这也是工程师和科学家研究数值方法的原因之一。此外，积分产生了积分常数 C，利用它可以在复 w 平面中定位映射图形，例如，将一个顶点固定到一个特定的几何点。

下面的例子演示了商表达式的斜率在复平面上是如何变化的，由此得出原始 z 平面上的一条直线在变换后的 w 平面上是如何变成一个更复杂的形状的。

例 6.6.1　对下面的函数求值：

$$g(z)=f'(z)=\alpha\frac{\sqrt{z+1}}{\sqrt{z-1}}$$

其中 α 是一个复常数。

(a) 考虑 $\alpha=1$ 及其对 z 平面中实线变换的作用；

(b) 然后求出 $f(z)$，并将实线从 z 平面映射到 w 平面。

解

(a) **$f'(z)$ 对实线的影响**：我们记 $z-1=r_a e^{i\theta_a}$ 和 $z+1=r_b e^{i\theta_b}$，求 $\alpha=1$ 时，形为 $g(z)=\sqrt{r_a/r_b}\exp[(1/2)i(\theta_b-\theta_a)=\rho e^{i\phi}]$ 的斜率函数，其中 $\rho=\sqrt{r_a/r_b}$ 和 $\phi=(\theta_b-\theta_a)/2$。图 6.11a 显示了上半 z 平面的一个通用点 P，通过以 $z=-1$ 和 $z=1$ 为中心的两条径向弧定位。取 P 在实轴上，即令 $z=x+iy$ 中的 $y=0$，给出 w 平面上斜率角 ϕ 的以下情况：

1. 当 $x<-1$ 时，$\theta_a=\theta_b=\pi$，使 ϕ 在这条线段上等于 0。
2. 当 $-1<x<1$ 时，$\theta_a=\pi$ 和 $\theta_b=0$，则 $\phi=-\pi/2$ 在这条线段上。
3. 对于 $x>1$，我们有 $\theta_a=\theta_b=0$，所以 $\phi=0$ 在这条线段上。

本质上，从 z 平面 $x=-\infty$ 开始，一直到 $x=-1$，在变换后的 w 平面上产生一条斜率为 0 的直线。然后从 $x=-1$ 到 $x=1$，这条线顺时针（向下）旋转到 w 平面的斜率 $-\pi/2$。对于 $x=1$ 到 $x=\infty$，后面跟着一条斜率也为 0 的直线。在 w 平面中，z 平面的 x 轴变换后得到一个单台阶的锯齿形，如图 6.11b 所示。

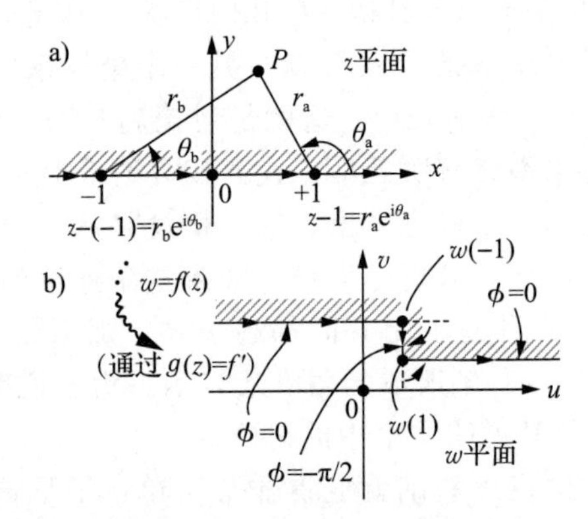

图 6.11　由 $g(z)=f'(z)=\sqrt{(z+1)/(z-1)}$ 的斜率决定的从 z 平面到 w 平面的实轴的映射。图 a 中所示的是函数在 z 平面上的表示式，分别由 $x=1$ 和 $x=-1$ 发出的半径 r_a 和 r_b 以及定位角度 θ_a 和 θ_b 表示。当点 P 在 z 平面的上半部分移动时，半径 ρ 和角度 ϕ 也会发生相应的变化。图 b 中显示的是变换后的 x 轴在 w 平面上的外观。注意，在 w 平面上，这条曲线并没有“固定”在任何特定的位置。通过适当地选择积分常数的值，可以实现特定的固定。把 α 代回 $g(z)$ 的公式中也允许这种基本形式的旋转

(b) **$f(z)$ 的解**：上面的导函数可以写成

$$g(z)=\frac{df}{dz}=\alpha\frac{z+1}{\sqrt{z^2-1}}=\alpha\left(\frac{z}{\sqrt{z^2-1}}+\frac{1}{\sqrt{z^2-1}}\right)$$

使用 C-R 方程式 (6.12)，我们发现这实际上是导数

$$\frac{df}{dz}=\alpha\frac{d}{dz}\left(\sqrt{z^2-1}+\cosh^{-1}z\right)$$

注意，等式 $z/\sqrt{z^2-1}=d(\sqrt{z^2-1})/dz$ 是相当直接的。然而，$d(\cosh^{-1}z)/dz=1/\sqrt{z^2-1}$ 就不那么明显了，因此留作 6.6 节的习题 1。

从而可以得到

$$w = f(z) = \int^{z} g(\xi)\mathrm{d}\xi + \beta = \alpha\left(\sqrt{z^2-1} + \cosh^{-1} z\right) + \beta \tag{6.34}$$

其中 β 是积分常数。

最后，我们计算式（6.34）中的常数 α 和 β，从而给出台阶的高度 h，并将台阶的底设为 $w=0$。这意味着我们确定了两个点 $z=-1$ 和 $z=1$ 与 $w=\mathrm{i}h$ 和 $w=0$，这用于构建如图 6.11b 所示的**向下台阶**。根据式（6.34），这些约束要求 $\mathrm{i}h=\alpha\cosh^{-1}(-1)+\beta, 0=\alpha\cosh^{-1}(-1)+\beta$。从后一个条件得到 $(\mathrm{e}^{\beta/\alpha}+\mathrm{e}^{-\beta/\alpha})/2=1$，这只有当 $\beta=0$ 时才能满足。在前一个约束中使用它得到 $\cosh(\mathrm{i}h/\alpha)=-1$。由于 $\cosh(\mathrm{i}h/\alpha)=\cos(h/\alpha)$，我们必须得到 $h/\alpha=\pi$（当然通过将我们自己限制在主区间，$0\leqslant h/\alpha<2\pi$）。我们得到了最终的映射

$$w = f(z) = \frac{h}{\pi}\left(\sqrt{z^2-1} + \cosh^{-1} z\right) \tag{6.35}$$

由 $w=f(z)$ 产生的全坐标变换如图 6.12 所示。原 z 平面上的矩形 (x,y) 网格被变换为 w 平面上的扭曲网格。可以看出，图 6.12 所示的所有直线继续以直角相交，这意味着新的坐标系也是正交的。注意，反过来也是正确的：映射 $z=f^{-1}(w)$ 将 w 平面的坐标系变换为 z 平面的简单的上半平面 (x,y) 网格。

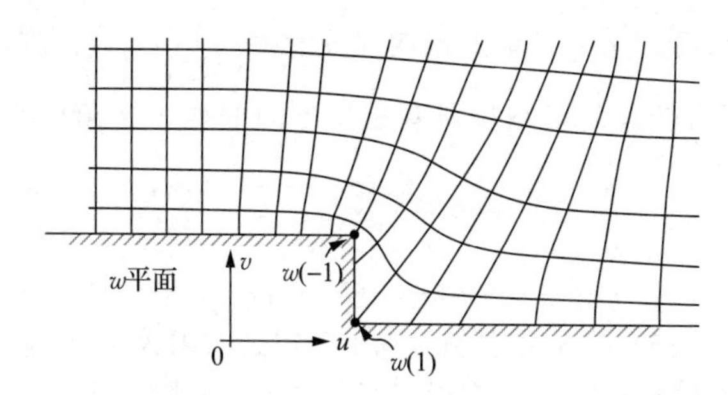

图 6.12　使用式（6.35）将坐标系从 z 中的矩形网格转换为 w 中的扭曲网格。台阶的底部在 $w=0$ 处，台阶的顶部在 $w=\mathrm{i}h$ 处

在处理偏微分方程解的问题中，逆变换通常是最有用的。这是因为逆变换将更复杂的网格映射到更简单的整个上半平面，在这个平面中，我们感兴趣的物理问题更容易解决。对于上一节的稳态二维流问题，通过将问题转化为上半平面及其相应的简单层流场，能够处理产生复流场的复杂流边界。特别地，式（6.35）的具体映射使得我们可以计算出每一步向下台阶流所对应的流线和速度矢量，如后面的例 6.6.3 所示。

6.6.2　开映射

例 6.6.1 介绍了施瓦茨-克里斯托费尔变换的关键概念特征，其中最引人注目的是它如何将 z 平面的实轴映射到 w 平面的向下台阶。通常，施瓦茨-克里斯托费尔变换允许将实轴映射成更复杂的锯齿形。w 平面上的每一个斜率不连续都与生成斜率映射 $f'(z)$ 中的一个附加项相关联。$f'(z)$ 的一般 n 项形式由下式给出：

$$g(z)=\frac{\mathrm{d}f}{\mathrm{d}z}=\text{常数}\cdot\prod_{j=1}^{N}\frac{1}{(z-x_j)^{k_j}} \tag{6.36}$$

就例 6.6.1 的 $g(z)=f'(z)=\sqrt{(z+1)/(z-1)}$ 而言，它对应 $N=2, x_1=-1$，$x_2=1$ 和 $k_1=-1/2$，$k_2=1/2$。在那个例子中，我们把 $g(z)$ 写为上述形式，是为了保证当实线从 $-\infty$ 移动到 $+\infty$ 时，点 x_1 在 x_2 的左边。同样，在例 6.6.1 中，幂 k_j 的和为零，即 $k_1+k_2=-1/2+1/2=0$。下面我们将看到，这导致 z 平面的整个上半部分被映射到 w 平面的上半部分，如图 6.11 和图 6.12 所示。更一般地，我们注意到 $k_1=-1/2$ 对应 f 在 $z=x_1=-1$ 处的作用，导致台阶下降，从而使 w 平面参数 ϕ 的变化了 $-\pi/2$。同样，$k_2=1/2$ 对应 f 在 $z=x_2=1$ 处的作用，导致 w 平面回到水平方向，因此 w 平面参数 ϕ 变化了 $\pi/2$。这些相互关系可以概括为

$$k_j=\Delta\phi/\pi,\quad -\pi<\Delta\phi\leqslant\pi \tag{6.37}$$

在下面的更复杂的变换中，将遵循例 6.6.1 设置的下列先例。

1. z 平面的上半部分将被映射到一个区域或一个图形。惯例是将被映射区域（如果它包含一个无限扩展的平面区域）也放置在上半平面中，如例 6.6.1 所示。
2. 在 z 平面上沿着 x 轴点的顺序是 $x_1<x_2<x_3<\cdots$。
3. 根据式（6.37），幂 k_j 与穿过实轴在 w 平面的映射象的矢量的方向改变有关。因此，当 z 完全扫过实轴后，这个矢量的取向总变化是 $\pi\sum_{j=1}^{N}k_j$。特别地，如果没有总变化（即所有一个方向的锯齿转角的影响被所有相反方向的锯齿转角的影响精确补偿），那么 $\sum_{j=1}^{N}k_j=0$。

例 6.6.2　由式（6.35）给出并在例 6.6.1 中得到的函数 $f(z)$ 将 z 平面实轴映射为高度 h 的下降台阶。什么样的 $f'(z)$ 会产生高度 h 的下降台阶，接着是距离 L 的平面，然后是回到高度 h 的上升台阶？

解　这样的映射将产生四个拐角，因此 $N=4$。因为 z 实轴在 w 平面上的映射象以水平线段开始和结束，所以会出现 $\sum_{j=1}^{4}k_j=0$ 的情况。为了获得相同的上、下台阶高度，我们构造 $f'(z)$，使其关于 $x=0$（即虚轴）对称。因此，取 $x_1=-2, x_2=-1, x_3=1, x_4=2$，得到 $k_1=-1/2, k_2=1/2, k_3=1/2, k_4=-1/2$。由此得到

$$g(z)=f'(z)=\alpha\frac{\sqrt{(z+2)(z-2)}}{\sqrt{(z+1)(z-1)}}=\alpha\sqrt{\frac{z^2-4}{z^2-1}}$$

这个问题不要求确定 $f(z)$，所以我们在这里不试图通过一个积分过程来确定它。然而，我们注意到任何这样的过程都会如例 6.6.1 一样，产生一个额外的常数，我们称其为 β。

在这里，我们注意到前面的例子导致了 α 和 β 的唯一值，由于将映射的实线固定在一个确定的位置，并要求台阶高度为 h。在当前的例子中，一个类似的步骤可以用来固定 w

平面上原点到中间平坦部分的中心，并使对称台阶高度都等于 h，从而确定 α 和 β。然而，这个问题还要求中间的平坦部分的距离是 L，关键是，我们似乎已经用完了所有的可以自由支配的常数。事实确实如此，所以我们现在受约束于映射中出现的中心平面距离。如果我们确实想让中间平坦距离有一个特定的长度 L，那么我们必须在计算中添加一个额外的常数。最简单的方法是保持 $x_2=-1$，$x_3=1$，但现在让 $x_1=-a$，$x_4=a$，其中 $a>1$。这使得斜率映射成

$$g(z)=f'(z)=\alpha\sqrt{\frac{z^2-a^2}{z^2-1}}$$

选择 a 的自由也就允许我们匹配所需的距离 L。

我们现在考虑 $\sum_{j=1}^{N}k_j\neq 0$ 的情况。最简单的情况是 $N=1$。考虑这种情况，取 $x_1=0$，这就得到一个对称映射：

$$f'(z)=\alpha z^{-k_1}\quad\Rightarrow\quad f(z)=\frac{\alpha}{1-k_1}z^{1-k_1}+\beta \tag{6.38}$$

为了进一步简化，取 $\alpha=1-k_1,\beta=0$，把 k_1 写为 $k_1=\Delta\phi/\pi$，得到

$$w=f(z)=z^{\left(\frac{\pi-\Delta\phi}{\pi}\right)}\quad\Rightarrow\quad z=f^{-1}(w)=w^{\left(\frac{\pi}{\pi-\Delta\phi}\right)} \tag{6.39}$$

因此，当 z 从 $x=-\infty$ 到 $x=0$ 遍历 x（负半）轴时，它的映射象 w 从 $u=-\infty$ 到 $u=0$ 遍历 u（负半）轴。然后，当 z 经过 $(x,y)=(0,0)$ 时，w 平面上的斜率在向新方向移动到 $w=\infty$ 之前经历了 $\Delta\phi$ 角的旋转。

在这种情况下，考虑 $\Delta\phi=2\pi/3$：逆时针旋转 120°。在此之前，我们注意到在下面的讨论中，理解这个映射的最简单的方法是把式（6.39）写为 $z=w^3$。[⊖] 然后使用 $z=x+\mathrm{i}y$ 和 $w=u+\mathrm{i}v$，分别考虑 $x<0,y=0$ 和 $x<0,y>0$。在 z 沿正 x 轴继续延伸时，w 平面上 $w\to\infty$ 的路径从 $(u,v)=(0,0)$ 沿直线 $v=-\sqrt{3}u$ 延伸，其中 v 从 $v=0$ 开始递增。因此，总的来说，在 w 平面的路径限制在 60°扇形区内（$120°<\phi<180°$）。描述它的映射由式（6.39）给出，其中 $\Delta\phi=2\pi/3$，即 $z=w^3$。这是我们在例 6.5.2 中遇到的映射，然而现在 z 和 w 的角色互换了。我们刚刚在 w 平面中描述的 60°扇形区，对应于图 6.9 中描述的 6 个扇形区之一。在这种情况下，施瓦茨-克里斯托费尔变换被迫放弃了我们以前遇到过的标准映射。图 6.13 显示了 $\Delta\phi=2\pi/3$ 的变换式（6.39）的基本特征，尽管这个图主要是为了 6.6.3 节的后续讨论。然而，它说明了这种变换的基本机制。

例 6.5.2 还提供了拐角几何构型的流的解，其边界与我们刚才导出的变换相关联。下面的问题是：我们如何获得其他施瓦茨-克里斯托费尔变换描述的边界构型的流场，譬如例 6.6.1中的单台阶几何构型和例 6.6.2 中的双台阶几何构型？下面的例子演示了如何找到这样的流场。

⊖ 在式（6.39）的 w 的指数中代入 $\Delta\phi=2\pi/3$ 就得到指数为 3。——译者注

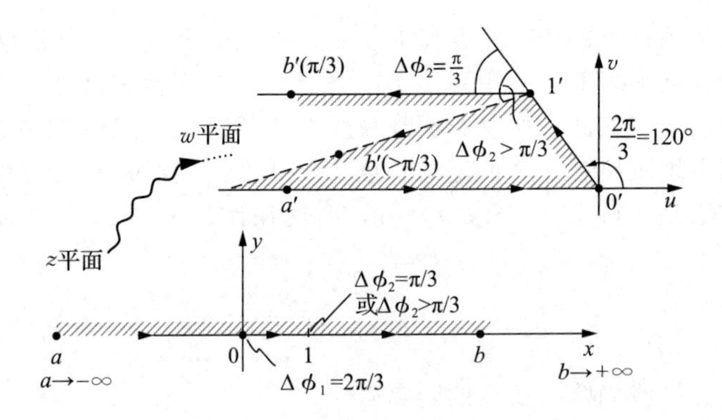

图 6.13　第二个思想实验的示意图（也是式（6.39）中 $\Delta\phi=2\pi/3$ 的映射）。从 z 平面上的点 a 开始，移动到原点 0。这两个点分别映射到 a' 和 $0'$。在 0 处，$\Delta\phi_1=2\pi/3$ 的实施，显示在 w 平面上产生 120°旋转。然后，在 $z=1$ 处发生另一个旋转。在这里，旋转 $\Delta\phi_2=\pi/3$ 产生了一条平行于 w 轴的直线，而 $\Delta\phi_2>\pi/3$ 产生了虚线所示的斜线。当 $\Delta\phi_2=\pi/3$ 时，a' 和 b' 在 $-\infty$ 上“会合”。然而，当 $\Delta\phi_2>\pi/3$ 时，这些点映射到有限的 w 平面上第三个顶点的位置，也就是三角形闭合的位置

例 6.6.3　确定图 6.12 台阶几何构型上与远场层流相一致的流的速度场。换句话说，描述上半平面中被边界上的后向台阶层流扰动的流速场。

解　现在我们感兴趣的是图 6.12 中的 w 平面表示的流场，其中台阶本身就是流线之一。这个流有一个复势 $\mathcal{F}(w)$，这个势通过一个类似式（6.26）的公式来传递 w 平面上的速度，即

$$\frac{\mathrm{d}\mathcal{F}}{\mathrm{d}w}=v_u-\mathrm{i}v_v \tag{6.40}$$

这里，速度 v_u 和 v_v 的下标 u 和 v 表示如图 6.12 所示的 $w=u+\mathrm{i}v$ 平面上的水平和竖直速度分量。

如果 w 平面内的流是简单的层流，则由式（6.27）可知，速度势 $\mathcal{F}(w)$ 由 $U_\infty w$ 给出，其中实常数 U_∞ 表示层流速度。由于台阶，情况就不一样了。相反，正是通过将流线从 w 平面映射到 z 平面，它们才成为代表层流的水平线网络。因此，层流势由 z 平面中的 Az 给出，通过式（6.35）中的映射 $w=f(z)$ 映射到 w 平面中的台阶流。这个映射的逆是 $z=f^{-1}(w)$ 或 $z=z(w)$。因此 $F(w)=Az(w)$ 是台阶流的复流势。根据式（6.40），由导数 $\mathrm{d}F/\mathrm{d}w$ 得到台阶流的速度。

幸运的是，这个导数很容易计算，不需要实际计算逆映射 $z=z(w)=f^{-1}(w)$。由链式法则，

$$v_u-\mathrm{i}v_v=\frac{\mathrm{d}\mathcal{F}}{\mathrm{d}w}=\frac{\mathrm{d}\mathcal{F}}{\mathrm{d}z}\frac{\mathrm{d}z}{\mathrm{d}w}=\left(\frac{\mathrm{d}\mathcal{F}/\mathrm{d}z}{\mathrm{d}w/\mathrm{d}z}\right)$$

其中

$$\frac{\mathrm{d}\mathcal{F}}{\mathrm{d}z}=A,\quad \frac{\mathrm{d}w}{\mathrm{d}z}=f'(z)=\alpha\frac{\sqrt{z+1}}{\sqrt{z-1}},\quad \alpha=h/\pi$$

这里的 h 为台阶高度，α 的结果来自例 6.6.1 接近末尾处的计算。

综合上述结果得到 $v_u - \mathrm{i}v_v = (\pi A/h)\sqrt{(z-1)/(z+1)}$。常数 A 是通过要求当 w 以任何方向趋于∞时，远离台阶处都是无扰动的层流速度来确定的。因为 $w\to\infty$ 对应于 $z\to\infty$，我们要求

$$U_\infty = \lim_{w\to\infty} v_u - \mathrm{i}v_v = \lim_{z\to\infty}\frac{\pi A}{h}\sqrt{\frac{z-1}{z+1}} = \frac{\pi A}{h}$$

据此，$A = hU_\infty/\pi$。水平和竖直速度分量用 $w = (h/\pi)(\sqrt{z^2-1} + \cosh^{-1} z)$ 由下式得到：

$$v_u - \mathrm{i}v_v = U_\infty\sqrt{\frac{z-1}{z+1}}$$

实际上，z 现在既参数化了物理平面上的位置 w，也参数化了这个平面上的速度分量。

6.6.3　闭映射

我们现在扩展上一小节的思想，以阐明闭形状的施瓦茨-克里斯托费尔映射的原理和操作细节。作为最初的动力，我们通过两个不同的思想实验来重新审视式（6.38）和式（6.39)中的简单映射。

第一个思想实验：在这里，我们将生成斜率的映射写成 $f'(z) = \alpha z^{-(\frac{\Delta\phi}{\pi})}$ 的形式。之前我们考虑 $\Delta\phi = 2\pi/3$，它使 w 平面的实轴（处）弯折 120°，导致在 w 平面上的一个 60°夹角(见图 6.13 及其说明)。在 w 平面的这个 60°扇形区是 z 区域上半平面的象。$\Delta\phi$ 的其他选择会生成角为 $\pi - \Delta\phi$ 的不同扇形区。因此，当 $\Delta\phi\to\pi$ 时，扇形区，即 z 区域上半平面的象，似乎会在 w 平面上折叠到负实轴。这讲得通吗?

为了看看发生了什么，我们重新考虑式（6.38）对于 $\Delta\phi = \pi$ 的情况。这对应于 $k_1 = 1$，因此 $f'(z) = \alpha/z$。对式（6.38）的积分隐含地假设 $k_1 \neq 1$。对于 $k_1 = 1$，式（6.38）的积分结果将改为 $f(z) = \log z$,在这里我们再次设 $\alpha = 1$ 和 $\beta = 0$。现在我们要为对数函数选择一个分支，所以我们取主（值）分支。函数 $\mathrm{Log}\, z$ 将正实 z 轴映射到完整的实 w 轴上，即 $w = u$，且 $-\infty < u < \infty$。它还将负实 z 轴映射到 $w = u + \mathrm{i}\pi$，且 $-\infty < u < \infty$。因此，全实轴 $z = x$ 被变换成高度为 π 的 w 平面上一长带状的边界。对数函数的不同分支选择，将向上或向下平移该带状。

我们猜测由 $f'(z) = z^{-(\Delta\phi/\pi)}$ 生成的映射，当我们取 $\Delta\phi\to\pi$ 时，将实 z 轴折叠到 w 平面上的负实轴上，如何理解这个结果呢？解决办法要求我们想象在几何图中，当 $\Delta\phi\to\pi$ 时，该极限在 w 平面会发生什么。不能简单地把扇形区压缩到关闭，极限过程也允许顶点在复平面上移动到 $w = \infty$（特别是沿正实 w 轴向外移动）。这使得扇形区的两个边界成为平行线，可以看作在无穷远处 $w = \infty$ 点相交。在这个过程中，平行线本身以 π 距离分开。在这个过程中，我们发现施瓦茨-克里斯托费尔变换的几何特性在极限情况下表现出微妙的行为。特别是，对于这个思想实验，它的结果是 $z = 0$ 映射到 $w = \infty$。因此，反过来也可以预期 $z = \infty$ 映射到 w 平面上的一个有限位置。

第二个思想实验：在第二个思想实验中，我们再次从 $f'(z)=z^{-(\Delta\phi_1/\pi)}$ 开始。现在把 $\Delta\phi$ 写成 $\Delta\phi_1$，然后再取 $\Delta\phi_1=2\pi/3$，以便在 $w=0$ 处，将 w 平面的实轴弯折 120°。现在，我们想在第一个弯折之后，在 w 区域的边界引入第二个弯折。设第二个弯折对应于 $z=1$，并且有 $\Delta\phi_2>0$，从而进一步限制 w 平面区域，即 z 区域的上半平面（$y>0$）的象。在第二次弯折后，实 z 轴的象在 w 平面上旋转了 $2\pi/3+\Delta\phi_2$。可以推测，它应该在 w 平面的第三条直线段上一直延伸到 $w=\infty$。斜率生成函数现在是 $f'(z)=z^{-2/3}(z-1)^{-(\Delta\phi_2/\pi)}$。如果我们取 $\Delta\phi_2=\pi/3$，则第三条直线段平行于第一条直线段（它是沿着负实 w 轴），从而产生一个在 w 区域上的水平半带形（连接的一侧倾斜，偏离竖直方向），如图 6.13 所示。

一般来说，取 $0<\Delta\phi_2\leqslant\pi/3$ 会使 w 区域保持为开区域，因为第三条直线段的方向避免了与第一条直线段的交点。然而，如果 $\Delta\phi_2$ 大于 $\pi/3$，则第三条直线段就有了偏向，从而产生这样一个交点，原则上在 w 平面上形成一个封闭的三角形。那么，有关交点附近映射本质的问题就出现了：例如，交点对应的是实 z 轴上的有限 x 值，还是相反，它对应的是 $z\to\infty$？在这里，我们回想一下第一个思想实验中当 $\Delta\phi\to\pi$ 时闭合极限的微妙几何性质。这种类型的问题促使我们接下来更仔细地研究施瓦茨-克里斯托费尔变换对于自闭映射的情况。本节的习题 4 研究了图 6.13 中的点 a' 和点 b' 如何以及以何种速率相互接近。

映射到多边形

为了提供一个规范的构造过程，考虑 $w=u+\mathrm{i}v$ 平面上的一个闭多边形，它有 N 个顶点 $w_j=u_j+\mathrm{i}v_j(j=1,2,\cdots,N)$，每一个顶点都是在 $z=x+\mathrm{i}y$ 平面上的点 z_j 根据变换 $w_j=f(z_j)(j=1,2,\cdots,N)$ 得到的象。同前面一样，z_j 取在 z 平面的实轴上，所以 $z_j=x_j$。使用 $w=f(z)$ 将整个 x 轴映射到 w 平面多边形的边界上。为了演示，我们在图 6.14 中展示一个六边形。如果遍历 z_j，使其通过它左侧的区域（区间），如上述第二个思想实验所示，该区域可以通过考虑由式（6.36）给出的一般形式的斜率生成映射，映射到 w 平面多边形的内部。

显然，图 6.14 中多边形的 6 个顶点 w_j 都是 w 平面上的有限点。这一点是显而易见的。然而不明显的是，相应的 z_j 是否都是 z 平面上的有限点，或者是否可以将其中一个 z_j 取为无穷远点。事实上，可以为每种可能性构建映射。下面的理论阐述是针对其中一个 z_j 是无穷远点的情况。在后面的例 6.6.4 中，我们考虑另一种可能性，所有点 z_j 有限的情况。

在图 6.14 中，我们假设原点处的顶点为 $z=\infty$ 的象。因此，我们把原点顶点标为 w_o，这样 z_o 就等于∞。有限的 $z_j=x_j$，$j=1,2,\cdots,5$ 显示在图 6.15 原先的 z 平面中。斜率生成映射式（6.36）现在对每个有限的 z_j 都有一个项。

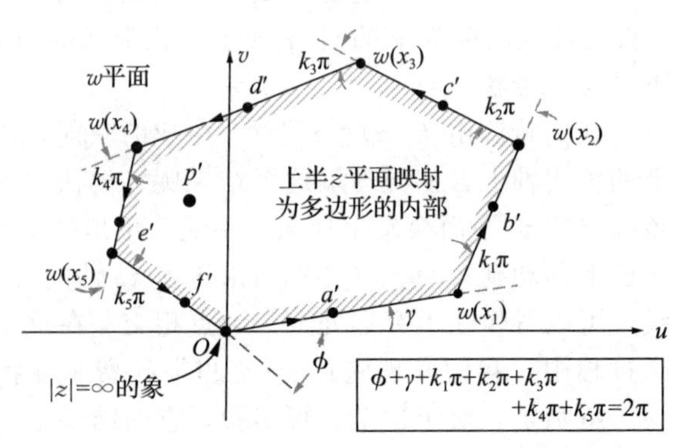

图 6.14　w 平面上的六边形。每条边都有一个斜率，斜率的选择使得多边形最终是闭的

现在我们把式（6.36）中的每一个因子和项都写成极坐标形式，即 $f'=$

$|f'|\exp(\mathrm{i}\arg f')$，const$=C\exp(\mathrm{i}\eta)$，$z-x_j\equiv r_j\exp(\mathrm{i}\theta_j)$。这样，

$$f'(z)=|f'|\mathrm{e}^{\mathrm{i}\arg f'}=C\mathrm{e}^{\mathrm{i}(\eta-\sum_{j=1}^{N}k_j\theta_j)}\prod_{j=1}^{N}r_j^{-k_j}$$

因此我们得到

$$\arg f'=\eta-\sum_{j=1}^{N}k_j\theta_j$$

各线段的 θ_j 值不同，k_j 的作用改变了不同线段的斜率。这再一次构成了施瓦茨-克里斯托费尔变换的基本理论。

图 6.15 中有六条我们感兴趣的线段：$z=-\infty$ 到 $z=x_1$，$z=x_1$ 到 $z=x_2$，$z=x_2$ 到 $z=x_3,\cdots,z=x_5$ 到 $z=+\infty$。由于图 6.15 中的 $z=-\infty$ 和 $z=+\infty$ 映射到一个点（无穷远点），我们实际上有 **5 个顶点的原象点** $\{x_1,x_2,\cdots,x_5\}$。我们将把 z 实轴上的六条线段映射到多边形的六个边上。因为多边形内部的区域对应于 u 轴的上侧，z 平面的上半部分将被映射到多边形的**内部**。

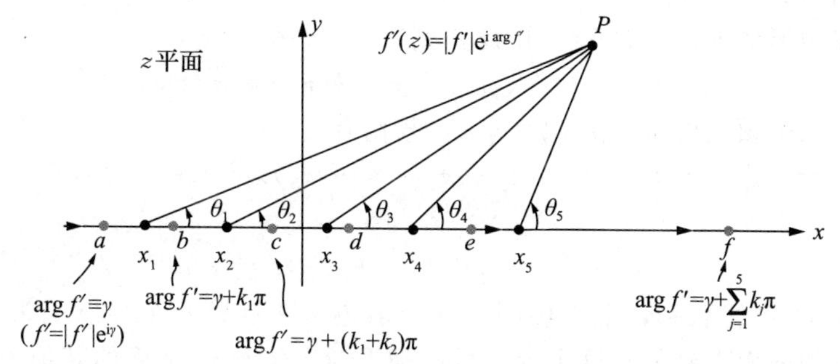

图 6.15　从 z 平面映射到图 6.14 的 w 平面的点。图中显示的不是函数 $f(z)$，而是它的导数 $f'(z)$ 沿着实轴上的不同线段的值。当角 $\arg(f')$ 在每条线段上改变时，映射后的线段的斜率也随之改变

图 6.15 还显示了上半平面的一般点 P，以及位于 x 轴上的 x_j 之间的点 $a,b,c,\cdots,f$。若将 P 点放在 $z=a$ 处，得到 $\theta_1=\theta_2=\theta_3=\theta_4=\theta_5=\pi$，因此，在 x_1 左边的 x 轴上的所有点，我们都可以写出函数 $f(z)$ 的斜率 f'，

$$\begin{aligned}\arg f'&=\eta-(k_1\pi+k_2\pi+k_3\pi+k_4\pi+k_5\pi)\\&=\eta-(k_1+k_2+k_3+k_4+k_5)\pi\equiv\gamma\end{aligned}$$

现在考虑点 $z=b$，$x_1<b<x_2$。图中有 $\theta_1=0$ 和 $\theta_2=\theta_3=\theta_4=\theta_5=\pi$，得到函数 $f(z)$ 的斜率 f' 为

$$\begin{aligned}\arg f'&=\eta-(k_1 0+k_2\pi+k_3\pi+k_4\pi+k_5\pi)\\&=\eta-(k_2+k_3+k_4+k_5)\pi\\&=\gamma+k_1\pi\end{aligned}$$

前面的这两个斜率明显不同。如此继续，在点 c 处，有 $\theta_1=\theta_2=0$ 和 $\theta_3=\theta_4=\theta_5=\pi$，得出

$$\arg f'=\eta-(k_3+k_4+k_5)\pi=\gamma+k_1\pi+k_2\pi$$

在下一线段的点 d 处有，

$$\arg f' = \gamma + (k_1 + k_2 + k_3)\pi$$

再下一线段的点 e 处有，

$$\arg f' = \gamma + (k_1 + k_2 + k_3 + k_4)\pi$$

最后，在点 f 处和这段线段上的其他点处，我们有

$$\arg f' = \gamma + (k_1 + k_2 + k_3 + k_4 + k_5)\pi$$

我们现在考虑从 $x=-\infty$ 到 x_1 的第一条直线段，沿着它有 $\arg f'=\gamma$。通过对 $f(z)$ 定义中的两个常数的适当选择，可以将无穷远点映射到 w 平面的原点。当然，也可以将无穷远点映射到 w 平面上的其他点。我们的第一条线段与 u 正轴的夹角为 γ。注意，点 a 映射到 a'，点 x_1 映射到 $w_1=f(x_1)$。当我们穿过点 x_1 时，$\arg f'$ 的值从 γ 增加（跳跃）到 $\gamma+k_1\pi$。从图 6.14 可以看到，点 b 映射到 b'，点 x_2 映射到 $w_2=f(x_2)$。以同样的方式穿过我们的五个顶点，其中仅剩下 x_3，x_4 和 x_5，我们观察到，为了使多边形**闭合**，必须选择角 $k_5\pi$ 使最后的线段与 w 平面的原点相交。这条线段与 u 正轴的夹角为 ϕ。原象 z 平面上的点 P 映射到多边形内的 P'。

因为一个多边形的外角和是 2π，由此得到

$$\phi + \gamma + k_1\pi + k_2\pi + k_3\pi + k_4\pi + k_5\pi = 2\pi$$

方便起见，在第六个顶点处定义 $\phi+\gamma=k_0\pi$，我们有

$$(k_0 + k_1 + k_2 + k_3 + k_4 + k_5)\pi = 2\pi$$

即

$$k_0 + k_1 + k_2 + k_3 + k_4 + k_5 = 2 \tag{6.41}$$

读者可以从图 6.14 中注意到，毫无疑问，这个多边形在这第六个顶点上被“钉”在 w 平面的原点上。正如前面提到的，这个顶点可以被重新定位到 w 平面的其他地方，尽管它与其他顶点的关系已经被之前选择的 k_i 确定了。

6.6.4　变换

为了从 $f'(z)$ 得到 $f(z)$，我们考虑复平面上的一个规范的积分过程。复积分的基本方面已在 5.4 节中介绍过，尽管我们还没有正式确定复积分是 6.3.1 节中定义的复微分的逆。虽然在第 7 章中将建立完整的联系，但导数由式（6.36）给出的函数 $f(z)$，可以根据 5.4 节中的步骤通过积分得到：

$$f(z) = C_1\int_{s_{\text{init}}}^{z} \prod_{j=1}^{N} \frac{\mathrm{d}s}{(s-x_j)^{k_j}} + C_2 \tag{6.42}$$

其中 C_1 为式（6.36）中的乘积常数，s 为积分的虚拟复变量，积分下限 s_{init} 为 z 平面的起始位置，C_2 为积分常数（可以为复数）。从 5.4 节可以看出，就像在实变量微积分中一样：初始值 s_{init} 与 C_2 相关，前者随后者改变使等式成立。[⊖] 一般来说，s_{init} 选为一个顶点的原象点 z_j，或者根据 z 平面上的一条对称线来选择，都很有用。

⊖ 第 7 章中的结果保证了积分式（6.42）与路径是独立的，前提是积分路径不会由于分数次幂 k_j，而与任何分支切割相交。这些技术细节不会影响本节中其余例子的讨论。

考虑式（6.42）在 $N=5$ 的情况，且 $k_1, k_2, \cdots, k_5$ 是根据图 6.14 来确定的，这提供了图 6.15 的 z 平面的上半部分到六边多边形内侧的数学变换。对于这种情况和更一般 N 的情况，积分很有挑战性，并且不容易以闭形式求值。即使积分可以求值，如果从一个多边形的内部开始，并试图生成到 z 平面上半部分的**逆**映射，这将会是一个难题。然而，无论是就一般数值计算而言，还是就通过专门的计算来揭示附加信息的能力而言，积分本身是很有用的。

正如已经提到的，因为许多问题有一个不寻常的可以变换到上半平面的几何构造，从而逆变换通常是更有价值的。在此基础上，将其变换为单位圆内更容易，在单位圆内可以应用许多定理，已有的稳健结果也可用于解决该问题。因此，实践中有用的往往不是正向施瓦茨-克里斯托费尔变换 $w=f(z)$，而是其逆变换 $z=f^{-1}(w)$。正变换（映射）和逆变换（映射）都是保角的。

我们通过最后两个例子继续说明这些流程，这些流程被视为通过施瓦茨-克里斯托费尔变换进行坐标转换的一种方法。

例 6.6.4　如图 6.16 所示，通过顶点的相互关联将 z 平面的上半部分映射到 w 平面的矩形内部。特别地，这里所有的 z_j 都是有限的，将 z_2 映射到 $w_2=0$，也就是说，左下角的顶点固定在 w 平面的原点。

评注：注意，我们还没有指定 $a>1$。有了选择 a 的自由，我们可以让矩形具有任何指定的长、宽比 α/β。在双台阶的例 6.6.2 的末尾也遇到了类似的问题，在那里有两个特征长度 h 和 L，因此有一个无单位的特征比。该问题仅在前面的例子中提到，并没有进行讨论。在本例中，我们将提供细节，以便展示因此产生的计算的性质。

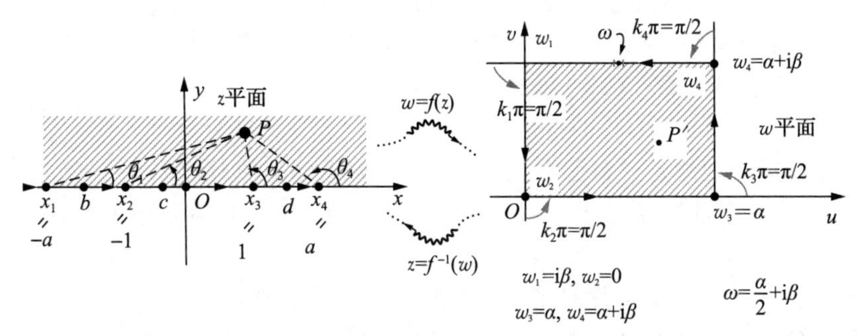

图 6.16　z 平面的上半部分到“固定”在原点的矩形内部的映射说明。施瓦茨-克里斯托费尔变换将完成这一变换。可以看出“无穷远的 z 点”映射到 $w\equiv\omega=\alpha/2+\mathrm{i}\beta$。注意 $x_1=-a$ 和 $x_4=a$，其中 a 是在求解过程中确定的

解　对于内角都是 $\pi/2$ 的矩形，我们必须有 $k_0=k_1=k_2=k_3=1/2$。由于我们把矩形与 w 平面的 u 轴和 v 轴对齐，我们要求 $\gamma=0$（见图 6.14）。这种映射和图 6.14 中的六边形之间的一个直接区别是，无穷远处的点并不映射到 w 平面的原点。事实上，在无穷远处的点映射到一个点 ω，其位置尚未确定。图 6.14 的六边形在有限 z 平面上需要 4 个区间（$x_1\to$

$x_2, x_2 \to x_3, x_3 \to x_4, x_4 \to x_5$)。然而有两个额外的区间，从有限 z 平面上相反的两侧到达"无穷点"，即 ($-\infty \to x_1, x_5 \to +\infty$)。这种映射区间的组合生成了图 6.14 中的六边形，其中 $-\infty$ 和 $+\infty$ 映射到 w 平面的原点。

然而，在当前的例子中，区间有 5 个 ($-\infty \to x_1, x_1 \to x_2, x_2 \to x_3, x_3 \to x_4, x_4 \to +\infty$)，而边只有 4 个：原因是把无穷远处的点（可以视为 $x=-\infty$ 到 $x=+\infty$ 的连接）映射到矩形中连接 w_1 和 w_4 的边的某个点 ω。这条边上的两个部分 $\omega \to w_1$ 和 $w_4 \to \omega$ 与 z 平面的实轴上的$x<x_1$ 和 $x>x_4$ 相关联。图 6.16 中 w 平面的相关对应见表 6.3。

表　6.3

区间	角	说明
w_1 到 w_2	$\arg f'=\gamma+k_1\pi=\pi/2$	$\gamma=0$，$k_1=1/2$
w_2 到 w_3	$\arg f'=\gamma+k_1\pi+k_2\pi=\pi$	$k_1=k_2=1/2$
w_3 到 w_4	$\arg f'=3\pi/2$	$k_1=k_2=k_3=1/2$
w_4 到 w_1	$\arg f'=2\pi$	$k_1=k_2=k_3=k_4=1/2$

施瓦茨-克里斯托费尔变换是

$$\begin{aligned}\frac{\mathrm{d}f}{\mathrm{d}z} &= C_1(z+a)^{-1/2}(z+1)^{-1/2}(z-1)^{-1/2}(z-a)^{-1/2} \\ &= C_1(z^2-a^2)^{-1/2}(z^2-1)^{-1/2}\end{aligned}$$

利用式 (6.42)，积分得到正式表达式

$$w = f(z) = C_1\int_0^z \frac{\mathrm{d}s}{\sqrt{(s^2-a^2)}\ \sqrt{(s^2-1)}} + C_2 \tag{6.43}$$

这里，通过取 $s_{\text{init}}=0$，我们保持了 z 平面的对称性，如图 6.16 所示。

这里我们要注意竖线 $u=\alpha/2$ 是 w 平面上（矩形）的一条对称线。这种对称性保留在式 (6.43) 中，只要我们取 $f(0)=\alpha/2$，就得到

$$C_2 = \alpha/2$$

然后将 w 平面上矩形的原点"钉"在顶点 w_2 上。w 平面上的对称线 $u=\alpha/2$ 进一步保证了 $z\to\infty$ 的象在 w 平面上的这条线上。由于当 $z\to\infty$ 时在 $v=\beta$ 的这条边上生成一个象点 ω，因此可以得出 $\omega=\alpha/2+\mathrm{i}\beta$。

还需要确定 C_1 和 a，也是我们接下来的分析要做的事情。

确定 C_1：矩形的水平底边的长度为 α。这就要求 $f(z_3)-f(z_2)=\alpha$，因此

$$\begin{aligned}\alpha &= \left[C_1\int_0^{z_3=1}(\cdot)\mathrm{d}s + C_2\right] - \left[C_1\int_0^{z_2=-1}(\cdot)\mathrm{d}s + C_2\right] \\ &= C_1\int_{-1}^1(\cdot)\mathrm{d}s = 2C_1\int_0^1 \frac{\mathrm{d}s}{\sqrt{(s^2-a^2)}\ \sqrt{(s^2-1)}}\end{aligned} \tag{6.44}$$

这样，我们得到

$$\frac{1}{C_1} = \frac{2}{\alpha}\int_0^1 \frac{\mathrm{d}s}{\sqrt{(s^2-a^2)}\ \sqrt{(s^2-1)}}$$

这个线积分表达式仍然很复杂（我们没有化简）。我们现在注意，在 z 平面上从 $x=0$ 到 $x=1$ 的直线路径，对于从 $x=0$ 开始测量的径向距离，我们有 $s=re^{i0}=r=x$，并且 $\theta_1=\theta_2=0$，$\theta_3=\theta_4=\pi$，由此得到 $s+a=x+a$，$s+1=x+1$，$s-1=r_3e^{i\theta_3}=(1-x)\ e^{i\pi}$，而且 $s-a=r_4e^{i\theta_4}=(a-x)e^{i\pi}$。因此，

$$\int_0^1 \frac{ds}{\sqrt{(s^2-a^2)}\sqrt{(s^2-1)}}=\int_0^1 \frac{dx}{\sqrt{(x+a)(x+1)(1-x)e^{i\pi}(a-x)e^{i\pi}}}$$

$$=-\int_0^1 \frac{dx}{\sqrt{(a^2-s^2)(1-s^2)}} \tag{6.45}$$

所以我们有

$$\frac{1}{C_1}=-\frac{2}{\alpha}\int_0^1 \frac{dx}{\sqrt{(a^2-x^2)(1-x^2)}} \tag{6.46}$$

方程中的每一项都是实数。在这个方程中，α 是已知的，但 C_1 和 a 是有待确定的未知数。因为这是两个未知数的一个方程，所以需要得到另一个方程。这样的方程从矩形的正确竖直高度得出。为此我们令 $f(z_4)-f(z_3)=i\beta$，得到

$$i\beta=\left[C_1\int_0^{z_4=a}(\cdot)ds+C_2\right]-\left[C_1\int_0^{z_3=1}(\cdot)ds+C_2\right]$$

$$=C_1\int_1^a \frac{ds}{\sqrt{(s^2-a^2)}\sqrt{(s^2-1)}}$$

我们现在来计算这个复积分。在复 s 平面的这一线段上（在积分中），从图 6.15 我们有 $\theta_1=\theta_2=\theta_3=0$，$\theta_4=\pi$，由此得到 $s+a=x+a$，$s+1=x+1$，$s-1=x-1$ 以及 $s-a=r_4e^{i\theta_4}=(a-x)\ e^{i\pi}$。由此，

$$\int_1^a \frac{ds}{\sqrt{(s^2-a^2)}\sqrt{(s^2-1)}}=\int_{x=1}^a \frac{dx}{\sqrt{(x+a)(x+1)(x-1)(a-x)e^{i\pi}}}$$

$$=-i\int_1^a \frac{dx}{\sqrt{(a^2-x^2)(x^2-1)}}$$

因此，我们得到 C_1 的第二个表达式，即

$$\frac{1}{C_1}=-\frac{1}{\beta}\int_1^a \frac{dx}{\sqrt{(a^2-x^2)(x^2-1)}} \tag{6.47}$$

其中 β 视为已知的，a 仍然是未知的。在式（6.46）和式（6.47）中消去 C_1，得到

$$\frac{\alpha}{2\beta}=\frac{\displaystyle\int_0^1 \frac{dx}{\sqrt{(a^2-x^2)(1-x^2)}}}{\displaystyle\int_1^a \frac{dx}{\sqrt{(a^2-x^2)(x^2-1)}}} \tag{6.48}$$

左边是已知的，因为矩形的边是指定的。唯一的未知参数是 a，它可以通过这个关系隐式求解。一旦求得 a，常数 C_1 就可以通过式（6.46）或式（6.47）求出，因为这两个方程现在一致了。

特殊情况（正方形）：对于正方形，我们有 $\alpha=\beta$，所以式（6.48）左边是 1/2。因此，

当 $a=5.822$ 时满足式（6.48）（这将在下面讨论）。然后由式（6.46）得到

$$C_1=-1.8394\alpha$$

附加的推论：通过确定 C_1 的方法可以得到 $f(x_1)=\mathrm{i}\beta$ 以及其他 $f(x_i)$ 的相应值。无穷处（的象）变为：$f_{\pm\infty}=\omega=\alpha/2+\mathrm{i}\beta$。这些计算留作本节的习题 5。将 $x^2=(1-\mu\tau^2)^{-1}$ 代入式（6.48）分母中的积分，式（6.48）可以写成简练的形式。在选取 $\mu=1-1/a^2$，然后定义 $\kappa=1/a$ 和 $\kappa'=\sqrt{1-\kappa^2}$（并将虚拟变量 τ 替换为虚拟变量 x）来整理两个积分，得到

$$\frac{\alpha}{2\beta}=\frac{K(\kappa)}{K(\kappa')},\quad K(\kappa)\equiv\int_0^1\frac{\mathrm{d}x}{\sqrt{1-x^2}\sqrt{1-\kappa^2x^2}}\tag{6.49}$$

这些计算是习题 6 的主题。用代换 $x=\sin\theta$ 可以得到积分 $K(\kappa)$ 和 $K(\kappa')$ 的一个简单形式：

$$K(\kappa)=\int_0^{\pi/2}\frac{\mathrm{d}\theta}{\sqrt{1-\kappa^2\sin^2\theta}},\quad K(\kappa')=\int_0^{\pi/2}\frac{\mathrm{d}\theta}{\sqrt{1-\kappa'^2\sin^2\theta}}$$

函数 $K(\kappa)$ 被称为第一类（实）雅可比积分。这个函数的图像如图 6.17 所示。

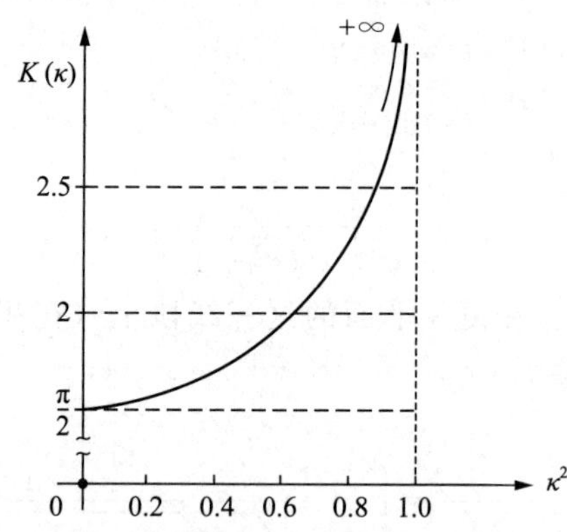

图 6.17　第一类（实）雅可比积分的图像：$K(\kappa)$ 和实数参数 κ^2 的关系曲线。可以看出，当 $\kappa=0$ 时，$K=\pi/2$，而 $\kappa\to1$ 则 $K\to\infty$

矩形边长的不同选择会产生常数 κ 的不同值。正方形有 $\alpha=\beta$，得到 $\alpha/(2\beta)=1/2=K(\kappa)/K(\kappa')$，这要求 $\kappa=0.172$，或 $a=5.822$。最后，z 平面的上半部分到固定在 w 平面原点的矩形内部的一般变换式（6.43）写成

$$w=f(z)=\frac{\alpha}{2}\left(\frac{J(z;\kappa)}{K(\kappa)}+1\right)\tag{6.50}$$

其中

$$J(z;\kappa)\equiv\int_0^z\frac{\mathrm{d}s}{\sqrt{1-s^2}\sqrt{1-\kappa^2s^2}}\tag{6.51}$$

是第一类复雅可比积分。读者应该注意到 $J(z;\kappa)$ 是式（6.43）中复积分的负常数倍。

注意，常数 C_1 是根据式（6.46）计算出来的，要用到刚定义的 κ 和 $K(\kappa)$：

$$C_1=-\frac{\alpha}{2\kappa K(\kappa)}=-\frac{\alpha}{2(0.171763)(1.58258)}=-1.8394\alpha$$

我们现在考虑一个比上面的四边矩形少一条边的多边形。就像在例 6.6.4 中那样，为了使计算产生实际形状的映射，需要谨慎。在下面的例 6.6.5 中，首先构造一个三角形的映射，然后得到两个边长变成无穷大的极限，从而通过“退化多边形”产生一个半无穷大的带状。

例 6.6.5　用施瓦茨-克里斯托费尔变换将 z 平面的上半部分映射到图 6.18c 所示的**退化多边形**的“内部”。求出映射 $w=f(z)$ 和逆映射 $z=f^{-1}(w)$。

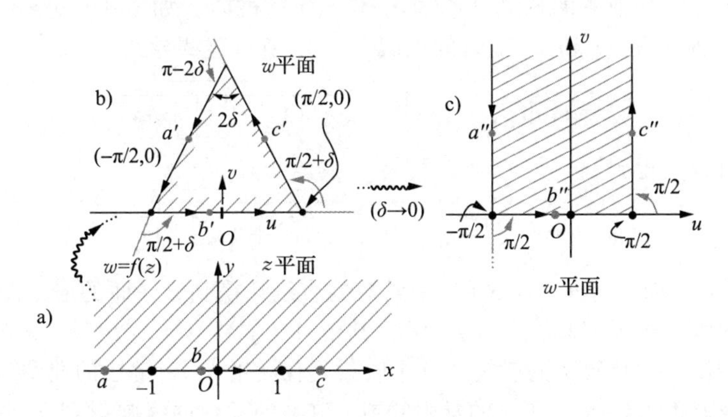

图 6.18　图 a 把 z 平面的两点 $z_1=-1$ 和 $z_2=1$ 映射为 w 平面上的图 b 等腰三角形的三个部分，当角度增量 $\delta\to 0$ 时，产生图 c 中 w 平面上的**退化多边形**

评注：读者应该注意这个例子与 6.6.3 节的讨论的相似之处，特别是第二个思想实验和图 6.13 所提供的描述。在当前的例子中，我们利用对称性来推导一个简单的解析结果，实际上对这个结果积分得到闭型变换函数 $w(z)=\sin^{-1}z$。

解　从图 6.18a 到图 6.18b 的映射具有下列斜率生成函数：

$$\frac{\mathrm{d}w}{\mathrm{d}z}=C_1\frac{1}{(z+1)^{1/2+\delta/\pi}(z-1)^{1/2+\delta/\pi}}$$

当 $\delta\to 0$ 时退化为

$$\frac{\mathrm{d}w}{\mathrm{d}z}=C_1\frac{1}{(z+1)^{1/2}(z-1)^{1/2}}=\frac{B}{\sqrt{1-z^2}}$$

其中 B 是重新命名的复常数。因为

$$\frac{\mathrm{d}}{\mathrm{d}z}\arcsin z=\frac{1}{\sqrt{1-z^2}}$$

用 $\sin^{-1}$ 表示 arcsin，可以得到 $w=B\sin^{-1}z+C$。现在把两个常数 B 和 C 用 a 与 b 重新定义为 $B=1/b$ 和 $C=a/b$，使 $w=(\sin^{-1}z+a)/b$，得到 $z=\sin(bw-a)$。为了确定常数 a 和 b，当 $w=-\pi/2$ 时，我们施加约束 $z=-1$，当 $w=\pi/2$ 时，$z=1$。我们立即推导出 $a=0$ 和 $b=1$。因此，变换 f^{-1}：$w\to z$ 是

$$z=\sin w$$

使用 $z=x+\mathrm{i}y$ 和 $w=u+\mathrm{i}v$，有

$$x+\mathrm{i}y=\sin u\cosh v+\mathrm{i}\cos u\sinh v$$

为 z 上半平面到 w 上半平面带状的逆变换。

这个变换虽然烦琐，但是可以倒过来求出 f：$z\to w$，形式上是 arcsin 运算。尽管细节将留作习题 7，但这里给出了一些关于这个过程的提示。首先注意，$x^2+y^2=r^2=\sin^2 u+\sinh^2 v$，以及 $x^2=\sin^2 u(1+\sinh^2 v)$（这里我们用了 $\cosh^2 v=1+\sinh^2 v$ 和 $\cos^2 u=1-\sin^2 u$）。将 $\sin^2 u$ 从一个表达式代入另一个表达式可以得到 $\sinh v$ 的四次多项式。因为四次（多项式）的解包含±号，仔细考虑选择什么符号需要计算极限，如 $v\to 0, y\to 0$ 和当 $r^2\to\infty$ 时 $\sinh^2 v>0$，以及对于 $x>1$ 和 $x<1$ 时的极限 $y\to 0$，所有这些导致

$$v=\sinh^{-1}\sqrt{\frac{r^2-1}{2}+\frac{1}{2}\sqrt{(1-r^2)^2+4y^2}}$$

对 u 用类似的过程，得到

$$u=\sin^{-1}\sqrt{\frac{r^2+1}{2}-\frac{1}{2}\sqrt{(r^2+1)^2-4x^2}}$$

图 6.19 是 w 平面上的 $u=$常数和 $v=$常数的直线变换到 z 平面的渲染图。w 中的竖直边界变为 z 中的水平边界“$|x|>1, y=0$”。其他 $u=$常数（$-\pi/2<u<\pi/2$）的直线，对于大的 v 值，变换成常数斜率的射线。这个映射是保角的，$v=$常数的曲线处处垂直于 $u=$常数的曲线。我们也可以将 x 和 y 的常数线或 r 和 θ 的常数曲线映射到 w 平面。这些工作是本节习题 7 的主题。

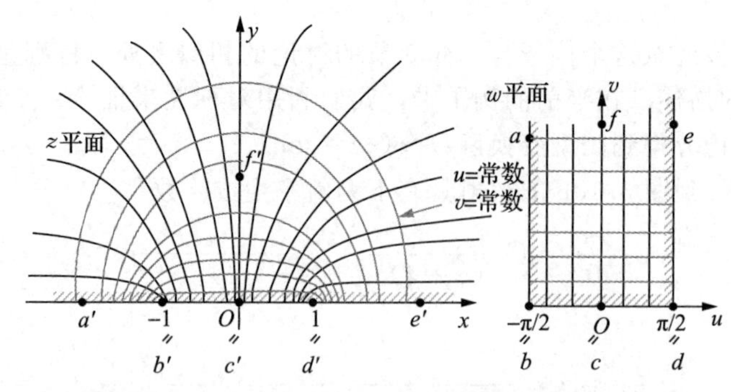

图 6.19　映射 $z=\sin w$ 和 $w=\sin^{-1}z$ 的结果为 u 和 v 的常数线被映射为随着 v 值变大而接近 z 平面中的射线和弧的曲线

在本章中，我们对施瓦茨-克里斯托费尔变换的讨论遵循了在任意多边形的近似中使用直线段的传统方法。当这种方法合适的时候——就本书所考虑的例子和传统教材的例子而言——施瓦茨-克里斯托费尔变换确实是一个强有力的工具。如 12.6 节所示，将复杂多边形映射到上半平面可以产生一个易于求解的泊松方程，并用例 6.6.4 中导出的施瓦茨-克里斯托费尔变换求解正方形域上的泊松方程（非齐次拉普拉斯方程）。在例 12.6.1 和例 12.6.2中，将多边形映射到上半平面，在上半平面中推导出闭形解。在成功实现施瓦

茨-克里斯托费尔变换之后，剩下的就是执行逆变换（回到原来的多边形），在复杂形状的情况下，这必须以数值方式完成。后面的例 12.6.1 和例 12.6.2 合在一起作为一个综合的例子，说明如何在一个复杂的边值问题中使用经典施瓦茨-克里斯托费尔变换。

然而，读者可能想知道，在讨论了直线段多边形映射之后，当一个给定的问题涉及拉普拉斯方程或泊松方程时，而原始形状**不是**直线段多边形时，该如何进行变换？经典“答案”是回归牛顿范式，通过一系列斜率相差很少的无限小的直线段来近似上述多边形上的光滑弧。然后，我们希望这种方法将导出施瓦茨-克里斯托费尔变换的一种形式，这种形式本身不再是无数项的乘积［如式（6.42）所示］，而乘积可能采取更简单、更易于管理的函数的形式。

事实上，在这种情况下，映射到上半平面的原始形状（“复杂多边形”）是一个以原点为中心的单位圆。这种形状由例 12.4.3 中的函数 $f(z)=\mathrm{i}(1-z)/(1+z)$ 来描述，它是式（6.6）的**线性分式变换**中 $a=-\mathrm{i}$，$b=\mathrm{i}$，$c=d=1$ 的一种特殊情况。实际要映射的量是 $f(z)$的导数，即 $f'(z)=-2\mathrm{i}/(1+z)^2$，它得到一般多边形施瓦茨-克里斯托费尔变换在无限小线段极限下的式（6.42）的闭形解。当然，在这种情况下积分是没有必要的，因为我们是从实际的线性分式变换开始分析的。例 12.4.3 的图 12.5 显示了映射的结果：式（12.58）为原点为圆心的单位圆内泊松方程的通解。

一般来说，要映射到上半平面的形状不会像上面考虑的以原点为圆心的单位圆那么简单。例如，如果形状是弦月（由两个相交圆弧形成），如果形状像四叶苜蓿，或如果它包含大量的弯曲弧段形成一个任意图形（例如，圆弧模拟图 6.14），然后必须实现经典施瓦茨-克里斯托费尔变换的推广。这种推广超出了目前处理复变量的范围。我们推荐读者阅读文献［18］和文献［19］中“涉及圆弧的映射”和“圆弧多边形”等标题下的优秀处理方法。

习题

6.1

1. 求方程 $\cos z=4$ 的所有解，并给出它们在复平面上的位置。
2. 求方程 $\sin z=1/2$ 的所有解，并给出它们在复平面上的位置。
3. 求方程 $\cos z=w$ 的所有解 z：(a) $w=1/2$，(b) $w=2$，(c) $w=2\mathrm{i}$，并给出它们在复平面上的位置。
4. 对以下两条连接 $z=0$ 和 $z=1+\mathrm{i}$ 的路径求积分 $\int_C \cos z\mathrm{d}z$。

   (a) $C=C_1+C_2$，其中 C_1：$0\leqslant x\leqslant 1$，$y=0$ 和 C_2：$x=1$，$0\leqslant y\leqslant 1$；

   (b) $C=C_3$，其中 C_3：$x=y$。
5. 对函数 $\cos\bar{z}$ 重复习题 4。评论一下这次的计算方法和习题 4 的计算方法的不同之处。
6. 先用泰勒级数求 $\log(1+z)$，再证明$\tan^{-1}x=(1/(2\mathrm{i}))\log((1+\mathrm{i}x)/(1-\mathrm{i}x))$。
7. 求 $z=\log(-1)$ 及其主值 $\mathrm{Log}(-1)$。

8. 求出 $\log((1+\mathrm{i})\mathrm{e})$ 的所有值，并在复平面上画出它们的位置。指出主值 $\mathrm{Log}((1+\mathrm{i})\mathrm{e})$。

9. 计算 $\mathrm{Log}((-1+2\mathrm{i})^3)$，并与 $3\mathrm{Log}(-1+2\mathrm{i})$ 的结果进行比较。

10. 求 $z=\log(-1)$ 及其主值 $\mathrm{Log}(-1)$。

(a) 把-1写为$-1=\mathrm{i}^2=\mathrm{e}^{\mathrm{i}\pi+\mathrm{i}(2m\pi)}$，所以 $\log(-1)=\mathrm{i}\pi+\mathrm{i}(2m\pi)$。然后用 $\mathrm{Log}\ z=\mathrm{Log}|z|+\mathrm{i}\Theta$ 来推算 $\mathrm{Log}(-1)$。

(b) 把-1写为$-1=\mathrm{i}^2$，所以 $z=\log \mathrm{i}^2$。问题是它是否可以写成 $2\log \mathrm{i}=2\log(\mathrm{e}^{\mathrm{i}\pi/2+\mathrm{i}(2m\pi)})=\mathrm{i}\pi+\mathrm{i}(4m\pi)$。证明 $m=0$ 对应的值与（a）中的相同，但与 $\log(-1)$ 的值不相同。

(c) 把-1写为$-1=(-\mathrm{i})^2=\mathrm{e}^{\mathrm{i}\pi+\mathrm{i}(2m\pi)}$。求 $\log(-1)$ 和 $\mathrm{Log}(-1)$，并说明这两个值都与（a）不同。

(d) 把-1写为$-1=(-\mathrm{i})(-\mathrm{i})$ 得到 $\log(-1)=\log(-\mathrm{i})^2$，假定它等于 $2\log(-\mathrm{i})$。使用（c）中的定义来得到的表达式与（c）的 $\mathrm{Log}(-1)$ 一致，而不是与 $\log(-1)$ 一致。

11. 求出 $(a+\mathrm{i}b)^{c+\mathrm{i}d}$ 的主值和所有其他值。

6.2

1. 求出在复映射 $w=\mathrm{i}z+\mathrm{i}$ 下，如图 6.20 所示的区域 $y\geqslant -x+1$ 的象。

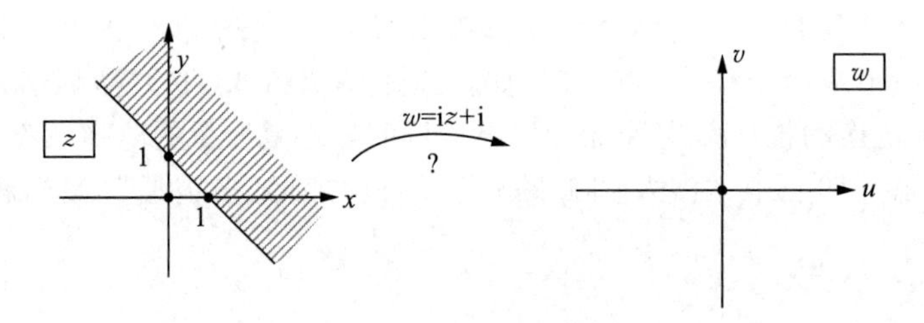

图 6.20　使用 $w=\mathrm{i}z+\mathrm{i}$ 进行映射的 z 平面中的区域

2. 对于 $w=f(z)=3+(4-\mathrm{i})z$，求出图 6.21 所示区域的象。

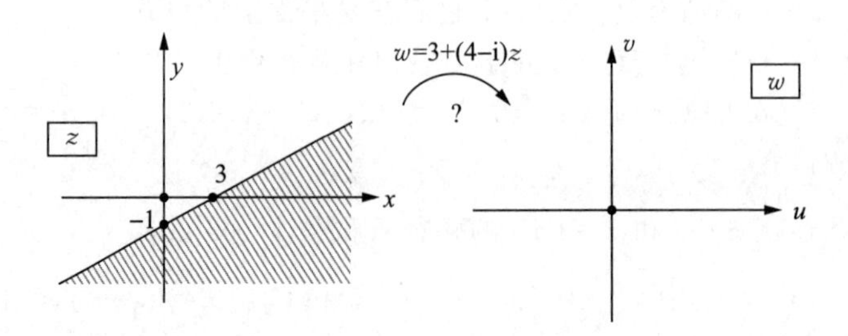

图 6.21　使用 $w=f(z)=3+(4-\mathrm{i})z$ 进行映射的 z 平面中的区域

3. 对于 $w=f(z)=z^5+\mathrm{i}$，求出图 6.22 所示区域的象。

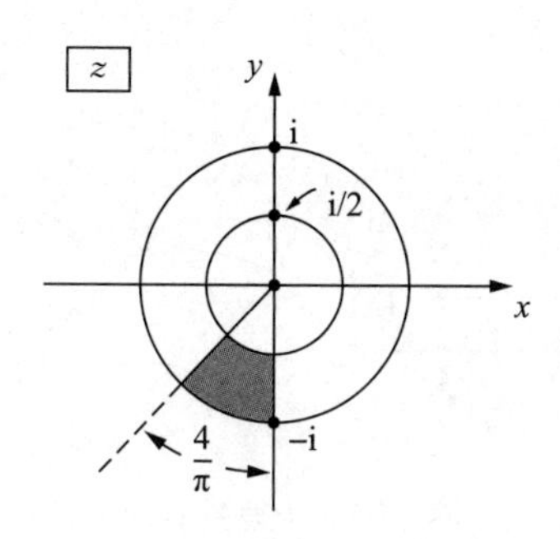

图 6.22　使用 $w=f(z)=z^5+\mathrm{i}$ 进行映射的 z 平面中的区域

4. 使用函数 $w=f(z)=\sin z$，其中 $z=x+\mathrm{i}y$，映射 z 区域 $-1\leqslant x\leqslant 1$，$0\leqslant y<\infty$ 到 w 平面。
5. 使用函数 $w=f(z)=\cos z$，其中 $z=x+\mathrm{i}y$，映射 z 区域 $-1\leqslant x\leqslant 1$，$0\leqslant y<\infty$ 到 w 平面。
6. 使用表达式 $w=f(z)=c+dz$，将 z 平面上的圆映射到 w 平面上的图形。注意，c 是位移，d 是拉伸。
7. 根据变换 $w=f(z)=1/z$，
   (a) 映射直线 $y=1$ 和 $y=2$。
   (b) 映射直线 $x=1$ 和 $x=2$。
   (c) 求出 $y=-1$，$y=-2$，$x=-1$，$x=-2$ 的象。然后，将这些结果与 (a) 和 (b) 中的结果结合起来，组合出变换 $w=f(z)=1/z$ 的一般图像。
8. 对于 $w=f(z)=1/z$，求图 6.23 所示区域的象。

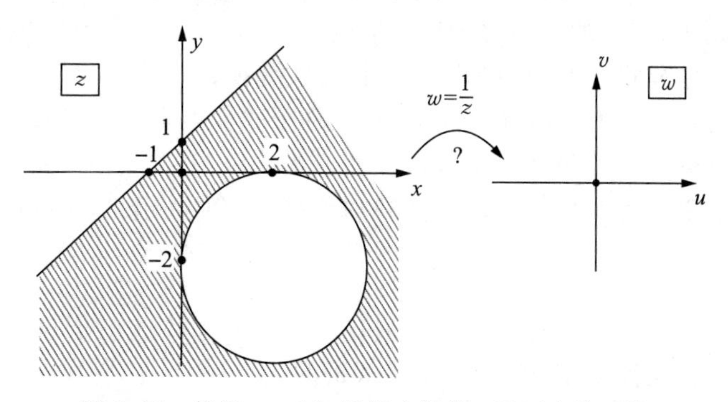

图 6.23　使用 $w=1/z$ 进行映射的 z 平面中的区域

9. 对于 $w=f(z)=1/z$，求图 6.24 所示区域映射到 w 平面上的象。
10. 式 (6.6) 所示的函数称为线性分式变换。对于下面两个这样的函数，证明 z 平面上的直线 $y=x+1$ 映射到 w 平面上的圆：

$$f(z)=\frac{z-2}{z+2},\quad f(z)=\frac{2z+\mathrm{i}}{\mathrm{i}z+2}$$

为每个函数求出圆的方程（从 $w=u+\mathrm{i}v$ 开始使用 u 和 v）。

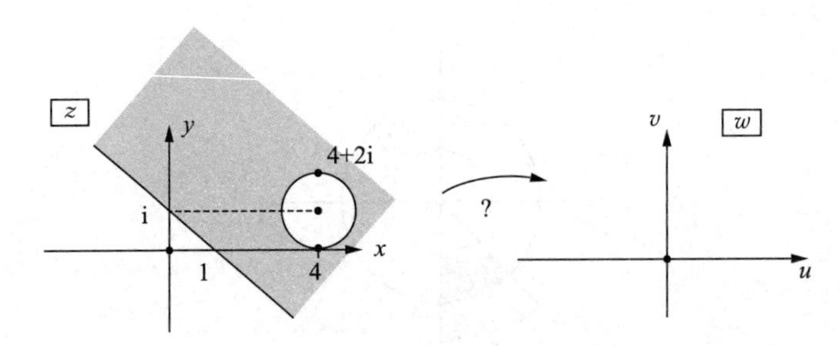

图 6.24　在 z 平面中要进行映射的区域

11. 对函数 $f(z)=(z-2)/(z+1)$ 重复习题 10，不再假设结果是一个圆。注意点 $(x, y)=(-1,0)$。
12. 对于函数 $w=f(z)=(\mathrm{i}-z)/(\mathrm{i}+z)$，求出直线 $y=0,1,2,\cdots$映射到 w 平面上的象，这可以确定 z 平面的上半部分是如何映射到 w 平面的。
13. 对直线 $y=0,-1,-2,\cdots$重复习题 12，这可以确定 z 平面的下半部分是如何映射到 w 平面的。注意直线 $y=-1$。
14. 为简单起见，假设线性分式变换 $w=f(z)=(az+b)/(cz+d)$ 中的 a，b，c，d 是实数。考虑特殊情况，例如，
    (a) $b=d=0$，得到 $w=a/c$；
    (b) $c=0$，得到 $w=b/d+(a/d)z$；
    (c) $a=d=0$，得到 $w=(b/c)/z$；
    (d) $a=0$，得到 $w=b/(cz+d)$；
    等等，根据它如何映射圆和直线来描述和分类这组变换。
15. 解出了习题 10～14 的一些习题后，证明
    (a) 一个线性分式变换的逆是一个线性分式变换；
    (b) 对于特定复数 P，Q，R，S，一个线性分式变换意味着 z 和 w 之间具有 $Pzw+Qz+Rw+S=0$ 形式的双线性关系。[⊖]
    (c) 一般来说，线性分式变换将圆映射为圆（其中一条直线可解释为通过无穷远点的圆）。

6.3

1. 用柯西-黎曼方程证明 $f(z)=\bar{z}^2$ 不是解析的。
2. 证明 $\sin z$ 是解析函数，其导数为 $\mathrm{d}\sin z/\mathrm{d}z=\cos z$。
3. 假设两个复函数 $f(z)=u(x,y)+\mathrm{i}v(x,y)$ 和 $g(z)=p(x,y)+\mathrm{i}q(x,y)$ 在 z 的某个值处均可微。对于这个相同的 z 值，适当地利用柯西-黎曼方程，可得：
    (a) 证明乘积函数 $f(z)g(z)$ 是可微的，并找出它的导数用 u，v，p，q 的偏导数表示的表达式。

⊖ 因此，线性分式变换也称为双线性变换。

(b) 利用上述结果证明，复函数具有类似实函数的求导法则。通过完成以下表达式来说明该法则：

$$\frac{\mathrm{d}}{\mathrm{d}z}(f(z)\,g(z))=?$$

并用柯西-黎曼方程和 (a) 部分的结果给出一个快速证明。

(c) 求 $h(z)=z\ \mathrm{Log}\ z$ 的导数的表达式，并在 $z=1+\mathrm{i}$ 处对 $h(z)$ 和 $\mathrm{d}h/\mathrm{d}z$ 求值。

4. 证明 $\arcsin z$ 是解析的，且导数为 $(\mathrm{d}/\mathrm{d}z)\arcsin z=1/\sqrt{1-z^2}$。提示一下，首先写出$\sinh^{-1}z=\zeta$，使 $z=(\mathrm{e}^{\zeta}-\mathrm{e}^{-\zeta})/2$，然后定义 $s=\mathrm{e}^{\zeta}$，将 z 用 s 表示。解出两个根 $s_{1,2}=\mathrm{e}^{\zeta_{1,2}}$，其中一个必须选为最终结果。这个问题类似于 6.6 节中的习题 1。
5. 推导抛物型的柯西-黎曼方程式 (6.15)。
6. 函数 $f(z)$ 是一个从 z 平面到 w 平面的**变换**。因此它必须有一个雅可比矩阵。求 $\Delta\boldsymbol{w}=\boldsymbol{J}\Delta\boldsymbol{z}$ 的雅可比矩阵 $\boldsymbol{J}$，其中

$$\Delta\boldsymbol{w}=\begin{bmatrix}\Delta u\\ \Delta v\end{bmatrix},\quad \Delta\boldsymbol{z}=\begin{bmatrix}\Delta x\\ \Delta y\end{bmatrix}$$

这里 $\Delta z=z-z_0$，其他相同。证明，柯西-黎曼方程意味着乘积 $\boldsymbol{J}\Delta\boldsymbol{z}$ 等于 Δz 乘以复数$\boldsymbol{J}\equiv f'(z_0)$。这个习题也相当于一个抽象的演示，即 $f'(z_0)=\lim_{z\to z_0}(f(z)-f(z_0))/(z-z_0)$，其中 $f'(z_0)$ 既是 $f(z)$ 的复导数，也是从 z 到 w 的变换的雅可比矩阵。
7. 通过直接计算表明，在 f 解析的地方，从 z 平面到 w 平面的变换 $w=f(z)$ 保持角度与角度的指向不变。

6.4

1. 假设 $u(x,y)=2y-4x^3+Axy^2$，其中 A 是某个实常数。
   (a) 求 A，使 $u(x,y)$ 为一个解析函数的实部。
   (b) 求出 u 的调和共轭 v。
   (c) 使用上面的 u 和 v，确定函数 $f(z)=u+\mathrm{i}v$。
2. 推导柯西-黎曼方程的极坐标形式式 (6.14)，并证明极坐标下的拉普拉斯方程由式 (6.16) 给出。
3. 推导柯西-黎曼方程的抛物型形式式 (6.15)，并证明极坐标下的拉普拉斯方程由式 (6.17) 给出。
4. 证明 $u=x$ 的调和共轭为 $v=y$，求 $u=y$ 的调和共轭。将这两个函数用复变量 z 来表示。
5. 可以展开成泰勒级数 $f(z)=\sum_0^{\infty}a_nz^n$ 的函数是解析函数。证明函数 z^n 是解析的，因此其和也是解析的，从而，任何可以展开为泰勒级数的函数也是调和的。反过来也对吗？也就是说，如果一个函数是调和的，它能展开成泰勒级数。

6.5

1. 计算如图 6.25 所示半圆形水下窗口所受的静力，单位为 N。窗口的半径为 R，其

顶部边缘距水面的距离为 H。水表面的压强 p_0 是大气压强，流体中的压强 $p=p_0+\rho gh$，其中 h 是从水面向下测量的，如图所示。

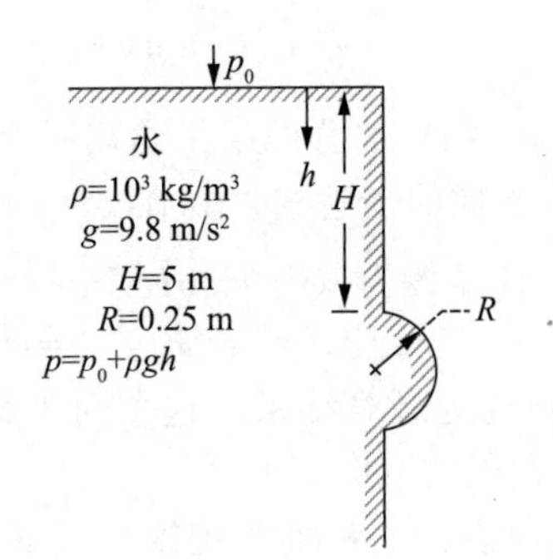

图 6.25　距离水面 H 处半径为 R 的水下半圆窗口。水的密度为 $\rho=1000\text{kg/m}^3$，$g=9.8\text{m/s}^2$。$H=5\text{m}$，$R=0.25\text{m}$

2. 计算复势函数 $f(z)=\phi+\mathrm{i}\psi=z^2$ 的流场。这包括计算速度 v_x 和 v_y 以及 $\psi=$ 常数和实势线 $\phi=$ 常数的流线。
3. （本节讨论的类型）二维非黏性不可压缩稳定流从 $x=\infty$ 流向原点，在 $(x,y)=(1,0)$ 处的水平速度为 U_0。在原点，它遇到 $45°$ 的拐角，使它转回向外。
   (a) 流体在 $(x,y)=(3,2)$ 处的速度是多少？
   (b) 在 $15°$ 射线上的什么位置，流体速度是 $U_0/2$？
4. 考虑复势 $f(z)=A\log(z-\alpha)$，其中 A 为正实数，α 为复数。证明与此势相对应的流线是从 $z=\alpha$ 发出的射线。确定流体在这些径向线上的速度，将其表示为到 $z=\alpha$ 的距离 r 的函数。然后计算流经以 $z=\alpha$ 为圆心 R 为半径的圆的流体流量。证明这个流量是向外的，与 R 无关。具体来说，如果流量是 m，那么 $A=m/2\pi$。得出的结论为：复势 $f(z)=(m/2\pi)\log(z-\alpha)$ 表示在 $z=\alpha$ 处的流体**源**（译者注：只流出不流入），流量为 m；负实数 m 使该势对应于流体**汇**（译者注：只流入不流出）。
5. 利用习题 4 的结果，考虑复势 $f(z)=(m/2\pi)\log(z+a)-(m/2\pi)\log(z-a)$，其中 $a>0$ 是实数。这表示沿实轴分离为 $2a$ 的源-汇对。
   (a) 证明流线是包含源和汇的圆。
   (b) 考虑一个半径为 R、中心在原点的圆。证明通过这样一个圆的流体流量在以下两种情况下都等于零：圆在源和汇之间（$0<R<2a$）和圆包含源和汇（$R>2a$）。
6. 当 $a\to 0$ 时，位于 x 轴上的 $-a$ 处的流量为 m 的源趋近位于 x 轴上的 a 处流量为 $-m$ 的汇时，得到一个**偶极子**。为了避免源和汇在极限中简单抵消，有必要让流量 m 随着 a 的减小而增长。确定 m 应该如何依赖于 a，从而得到一个非零有限极限。证明得到的速度势为 $\phi=U_\infty/r$，并将极限过程中的后极限值 U_∞ 与 m 和 a 联系起来。画出偶极子的流线和势线。
7. 半径为 r_0 的圆柱以恒定速度 $u\equiv U_\infty\hat{e}_x$ 在 $+x$ 方向上通过静止流体。证明流体速度

为 $\boldsymbol{v}=(r_0^2/r^2)[2\hat{e}_r(\boldsymbol{u}\cdot\hat{e}_r)-\boldsymbol{u}]$，速度势为 $\phi=(r_0^2/r)\boldsymbol{u}\cdot\hat{e}_r$。当速度 $\boldsymbol{u}$ 不恒定，即 $U_\infty=U_\infty(t)$ 时，这些表达式会改变吗？由已知 ϕ 确定流函数 ψ，然后写出式 (6.25)的复势 $f(z)$。

6.6

1. 证明 $\mathrm{d}(\cosh^{-1}z)/\mathrm{d}z=(1/\sqrt{z^2-1})$，首先把左端的函数写为 $\cosh^{-1}z=\zeta$，所以 $z=(\mathrm{e}^{\zeta}+\mathrm{e}^{-\zeta})/2$。然后定义 $s=\mathrm{e}^{\zeta}$，将前面的 z 写为 s 的函数，并由此解出两个根 $s_{1,2}=\mathrm{e}^{\zeta_{1,2}}$。然后，注意 $\mathrm{d}\zeta/\mathrm{d}z=1/\sinh\zeta$，并继续用 ζ 的这个表达式证明原结果。注意，必须选择"+"或"−"根中的一个（作为最终结果）。
2. 因为映射通常可以看成分为"顺序"或"嵌套"映射的阶段进行的，所以再次考虑线性分式变换 $w=f(z)=(az+b)/(cz+d)$，可将它现在看作在三个顺序步骤中发生。首先从原始的 z 平面，通过拉伸和平移变换到 ζ 平面：$\zeta=\alpha z+\beta$。然后由 $\eta=1/\zeta$ 从 ζ 平面求反演到 η 平面。最后，通过 $w=\gamma\eta+\delta$ 进行第二次拉伸和平移，变换到 w 平面。求常数 α，β，γ，δ 与 a，b，c，d 的关系。
3. 在例 6.6.4 中，无穷处的点变换成 $f_{\pm\infty}=\omega=\alpha/2+\mathrm{i}\beta$。按照在该例子确立的步骤，演示结果。
4. 准确地确定例 6.6.5 的模式和速率，如图 6.13 的说明所论述的那样，图中的点 a' 和 b' 以此速率彼此接近，并且 $\Delta\phi_2$ 大于 $\pi/3$。最好用计算软件并绘图。
5. 证明在例 6.6.4 中使用的通过整理复线积分来确定 C_1 的方法得到 $f(x_1)=\mathrm{i}\beta$。求其他 $f(x_i)$ 的值。证明在无穷处的点变换成 $f_{\pm\infty}=\omega=\alpha/2+\mathrm{i}\beta$。
6. 用例 6.6.4 中所建议的代换和整理得到式 (6.49)。证明用 $x=\sin\theta$ 代换可以得到实雅可比积分 $K(\kappa)$ 和 $K(\kappa')$。
7. 用例 6.6.5 中给出的提示求复变换 $z=x+\mathrm{i}y=\sin u\cosh v+\mathrm{i}\cos u\sinh v$ 的逆变换。生成例 6.6.5 讨论中剩下的细节。然后，使用这些正、逆变换，将 x 和 y 的常数线以及 r 和 θ 的常数曲线映射到 w 平面。参考图 6.19。

计算挑战问题

数学表达式中的参数经常导致解的复杂的、不可预料的性态，例如分岔、非唯一性和解的不存在。当数学关系涉及复变量时尤其如此。这样的一个例子出现在代数关系

$$m_1\mathrm{e}^{m_2}=m_2\mathrm{e}^{m_1} \tag{6.52}$$

中的以下二次多项式的两个根 m_1 与 m_2 之间：

$$\epsilon m^2-m+\lambda=0$$

这里

$$m_{1,2}=\frac{1}{2\epsilon}(1\pm\sqrt{1-4\epsilon\lambda}),\quad \epsilon,\lambda\in\mathbb{R},\quad 且\ \epsilon>0,\lambda>0$$

根据 $4\epsilon\lambda$ 的大小，有三种情况：

$$4\epsilon\lambda\begin{cases}<1, & m_1,m_2\in\mathbb{R}\\ =1, & m_1=m_2=1/2\epsilon\\ >1, & m_1,m_2\in\mathbb{C}\end{cases}$$

事实上，当 $4\epsilon\lambda>1$ 时，两根 m_1 与 m_2 是共轭复数。

给定上述的初步信息，这个习题的目的是：给定一个特定的ϵ值，找到满足式（6.52）的**特征值参数或参数** λ。使用符号代数和计算软件，如 Mathematica，你将通过解决以下问题来完成此任务。

1. 首先，将式（6.52）改写成 $S=\epsilon\log((1+S)/(1-S))$ 的形式，并确定 S。这样做可以使数值计算和理论计算都更容易。
2. 选择 $\epsilon=(0.4,0.2,0.1)$，并在 $0<\lambda\leqslant 1/(4\epsilon)$ 的数值范围内确定 S 和 $\epsilon\log((1+S)/(1-S))$ 的交点。你也可以选择更小的ϵ值，充分记录（但不用等到$\epsilon=0.1$）具体情况：以这种方式求出满足式（6.52）的 λ 值。从数值上演示，在 $0<\lambda\leqslant 1/(4\epsilon)$ 的范围内有两个值，随着ϵ的减小，λ 的最小（或第一个）值变得非常小，而下一个（或第二个）值变得很大。
3. 现在保留$\epsilon=(0.4,0.2,0.1)$，考虑 $4\epsilon\lambda>1$ [即 $\lambda\leqslant 1/(4\epsilon)$] 的情况，并找到此时 S 和 $\epsilon\log((1+S)/(1-S))$ 的交点。与上面一样，可以选择更小的ϵ值，充分记录（但不用等到$\epsilon=0.1$）具体情况。以这种方式，对于$\epsilon=0.1$，确定满足式（6.52）的 λ 值的上升集。通过图形归纳法演示这个集合有无限个 λ 值。还要演示这些值是单调增加的。
4. 对于$\epsilon=0.1$ 的情况，在实轴上画特征值 λ_n 的分布图。在这种情况下，在复平面上画出由特征值分布产生的 m_1 与 m_2 的位置。
5. 演示最小的特征值近似为 $\lambda_1\approx(1/\epsilon)\mathrm{e}^{-1/\epsilon}$，最大的特征值对于较大的 n 具有 $\lambda_n\approx 1/(4\epsilon)+\epsilon(n\pi/2)^2$ 的函数形式。
6. 现在，通过讨论满足 $\lambda>1/(4\epsilon)$ 的特征值的谱，在图 6.7 所示的对数的“堆叠”或“层次”方面，建立特征值关系与复函数性态的额外联系。相应的关系是 $z=\epsilon\log((1+z)/(1-z))$。

第 7 章　柯西积分定理

本章以前两章中提出的几个观点为基础，统一至今仍是迥然不同的导数和积分的概念。首先讨论柯西-古萨（Cauchy-Goursat）定理的基本概念，以及与之相关的用于计算复路径积分的**路径变形**的概念。这是通过绘制不同的“通道”，并定义不同和更简单的路径，从而实现完全相同的积分结果。在这种路径变形过程中，包围圆的概念至关重要。逻辑上的问题是，对于哪种类型的路径积分，这样一个令人惊叹的结果是成立的？答案是，当被积函数是**解析函数**时，它成立。

与我们的讨论相关的事实是，相比之下，**非解析函数**在相同端点之间的不同路径上的积分通常会得到不同的结果：这个结论及对它的解释阐明了前面例 5.4.2 中的一个疑惑，对于沿着不同路径的两个固定点之间的积分，只有解析函数才保证有相同的值。这就引出了关于函数的不定积分的讨论，从而将积分与 6.3 节中介绍的微分概念联系起来。统一这些关系的公式是柯西积分定理，这在复分析中特别重要，它也提供了一个完整和独立的对复泰勒级数的解释。作为一个额外的实际好处，由柯西积分定理重写的复导数的定义提供了一个计算许多复积分的方法。

此外，柯西定理给出了单位圆上复泊松方程完全解的一种简练的形式。并且，它也导致对拉普拉斯逆变换的更深层次的解释，尽管这里也必须求助于必不可少的若当引理。若当引理表明，对于某些函数，沿大的围线路径（圆形围线）的复线积分变为零，留下一个简单得多的积分来求值。

最后，7.7 节详细提供 6.5 节关于复变理论在理想无摩擦流体流中的应用的续篇。该节还讨论许多实例问题。特别有应用价值的是用复分析的方式，通过对作用在物体表面的压强做线积分，来建立作用在流体中物体上的合力的公式。压力与复速度势有关，使力的计算具有数学美感。

7.1　解析函数与非解析函数的积分

在 5.4 节中，我们对复路径积分的介绍说明了如何定义积分，以提供与标准实变量积分相对应的关系。在那里我们说明了固定端点之间的一些定积分是如何与路径无关的，而另一些则不是。有了可微性这样一个独立于方向的概念，我们现在就可以从统一的角度来理解之前的结果了，这个角度关注的是积分的概念。由此产生的理论是复分析的核心。这里讨论的各种定理都以伟大的法国数学家奥古斯丁-路易斯·柯西（Augustin-Louis Cauchy）的名字命名。这些柯西（和其他人的）定理通常是理解复积分和分析的中心，并导致了在复分析和其他数学分析学科领域更深刻的原理。

7.1.1　柯西-古萨定理

这里的基本出发点是**柯西-古萨定理**（Cauchy-Goursat theorem，CGT）。该定理陈述如下。

> 如果 $f(z)$ 在一个简单闭合路径 C 上和 C 的内部是解析的，那么 $f(z)$ 沿 C 的积分为零，即
>
> $$\oint_C f(z)\mathrm{d}z = 0 \tag{7.1}$$
>
> 就我们的目的而言，一个简单闭合路径是与自身不相交的。

前面在式（5.32）和式（5.33）中展示的结果显示了柯西-古萨定理。这两个结果都是关于函数 $f(z)$ 沿一个闭合有限路径的积分。在式（5.32）的情况下，这个函数是 $f(z)=z^2$，它在有限 z 平面上是处处解析的，从而在问题中的路径上和路径内部也是解析的。因此柯西-古萨定理保证了积分为零。在式（5.33）的情况下，被积函数是 $f(z)=\bar{z}^2$，它在任何地方的任何一点的邻域都不是解析的。因此，没有理由相信这个积分会是零，而它确实不是零。

一种较为标准的情况关于函数 $f(z)$，除了少数几个地方，该函数都是解析的。例如，函数 $f(z)=1/(z-\mathrm{i})$ 只有一个非解析点，即 $z=\mathrm{i}$。因此，积分 $\int_C (z-\mathrm{i})^{-1}\mathrm{d}z$ 将必然地在任何不包含 $z=\mathrm{i}$ 的闭合路径 C 上为零。图 7.1 中路径 C_1 就是这种情况。但是，该图中的路径 C_2 确实包含 $z=\mathrm{i}$，因此柯西-古萨定理没有提供关于路径 C_2 上积分值的信息。

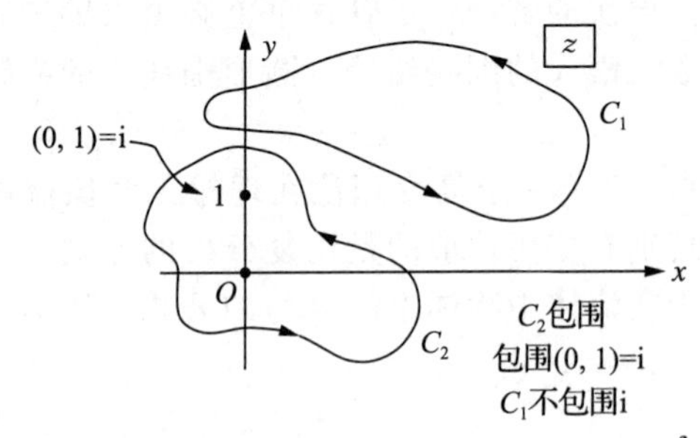

图 7.1　当被积函数 $f(z)$ 在路径上和路径内部处处解析时，积分 $\int_C (z-\mathrm{i})^{-1}\mathrm{d}z$ 为零。对于 $f(z)=1/(z-\mathrm{i})$，路径 C_1 是这种情况。路径 C_2 包含点 $z=\mathrm{i}$，在这一点被积函数不是解析的，式（7.1）就不能保证成立

虽然路径积分的方向——顺时针和逆时针——对柯西-古萨定理的有效性没有影响，但是值得注意的是，标准约定是在逆时针路径上（如图 7.1 中 C_1 和 C_2 所示）。

证明柯西-古萨定理并不难。事实上，它是柯西-黎曼方程式（6.12）结合实变微积分中的格林线积分定理的直接结果。回想一下，后者指出，如果函数 $P(x,y)$ 和 $Q(x,y)$ 在 (x,y) 平面上的闭合路径 C 上及其内部足够光滑，那么沿着该路径的路径积分等于封闭区

域 A 上的一个曲面积分。因为路径是简单的，所以有一个明确的封闭区域。具体来说（见图 7.2），

$$\underbrace{\oint_C [P\mathrm{d}x+Q\mathrm{d}y]}_{\text{路径}}=\underbrace{\iint_A\left[\frac{\partial Q}{\partial x}-\frac{\partial P}{\partial y}\right]\mathrm{d}x\mathrm{d}y}_{\text{闭合区域}}$$

用标准方法将 (x,y) 平面与复 z 平面对应，回想一下，通过式（5.27）求复积分，得到

$$\begin{aligned}\oint_C f(z)\mathrm{d}z&=\oint_C(u\mathrm{d}x-v\mathrm{d}y)+\mathrm{i}\int_C(v\mathrm{d}x+u\mathrm{d}y)\\&=\left(\iint_A\underbrace{\left[-\frac{\partial v}{\partial x}-\frac{\partial u}{\partial y}\right]}_{0}\mathrm{d}x\mathrm{d}y\right)+\mathrm{i}\left(\iint_A\underbrace{\left[\frac{\partial u}{\partial x}-\frac{\partial v}{\partial y}\right]}_{0}\mathrm{d}x\mathrm{d}y\right)=0\end{aligned}$$

其中我们用到了柯西-黎曼方程式（6.12）中的等式 $\partial u/\partial x=\partial v/\partial y$，$\partial v/\partial x=-\partial u/\partial y$。这就证实了式（7.1），从而证实了柯西-古萨定理的正确性。

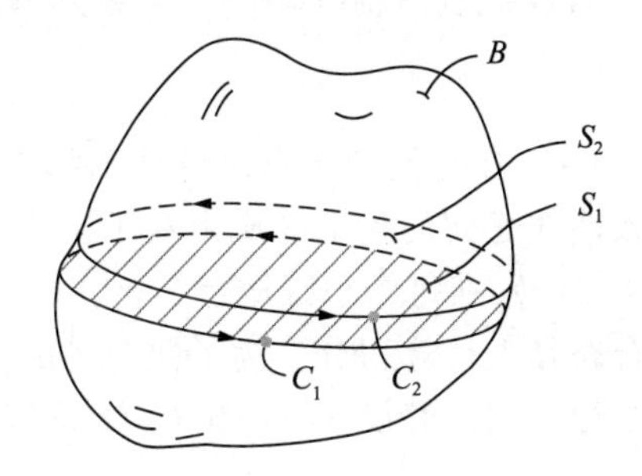

图 7.2　格林公式将一个曲面上的积分转化为该曲面边界上的线积分。如图所示，立体 B 和两条路径 C_1 和 C_2，它们将曲面 S_1 和 S_2 界定在 B 内。当路径 C_i 变得无限小且数量无限大时，就可以勾勒出立体 B 的整个体积。积分 $\int_{C_i}f(z)\mathrm{d}z$ 可以在每条边界路径 C_i 上求值

7.1.2　柯西-古萨定理对于路径积分计算的结果

柯西-古萨定理无论是对于闭合路径还是开路径的积分的计算都有直接有用的结果。让我们先考虑开路径。

图 7.3 显示了两条不同的路径 C_1 和 C_2，它们都从 $z=a$ 到 $z=b$。对于 $C=C_1$ 和 $C=C_2$，我们考虑 $\int_C f(z)\mathrm{d}z$。假设 $f(z)$ 在 C_1 和 C_2 上**以及在这两条曲线所围的中间区域都**是解析的。因此，C_1-C_2 是一个围线，[⊖] 包围一个满足柯西-古萨定理所要求的一切条件的区域。从而，$\oint_{C_1-C_2}f(z)\mathrm{d}z=0$。因为 $\oint_{C_1-C_2}f(z)\mathrm{d}z=\int_{C_1}f(z)\mathrm{d}z-\int_{C_2}f(z)\mathrm{d}z$，所以 $\int_C f(z)\mathrm{d}z$ 在 $C=C_1$ 和 $C=C_2$ 上的值是相同的。换句话说，我们有下面的结论。

⊖　回想，C_1-C_2 是"C_1 减去 C_2"或"C_1 加一个负 C_2"，即在此围线中，C_1 按一个方向遍历，C_2 按与 C_1 相反的方向遍历。

★ **相同点之间路径的独立性**：如果 C_1 和 C_2 是连接点 $z=a$ 到 $z=b$ 的两条不同的路径，并且 $f(z)$ 在 C_1 和 C_2 上**以及在这两条曲线所围的中间区域**都是解析的，则 $\int_{C_1} f(z)\mathrm{d}z=\int_{C_2} f(z)\mathrm{d}z$。

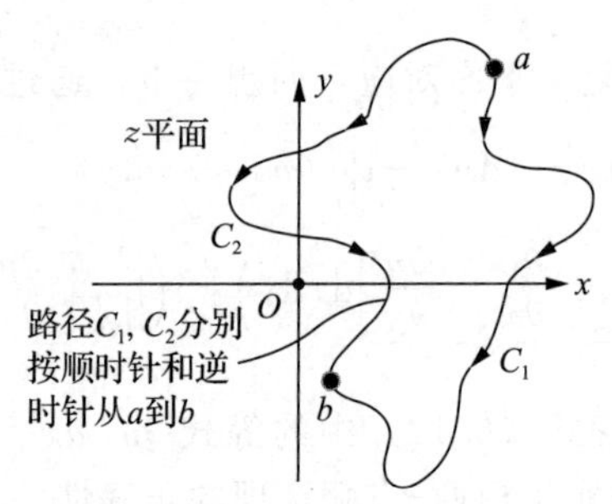

图 7.3　积分 $\int_C f(z)\mathrm{d}z$ 沿着连接点 a 到点 b 的两条连续且不相交的路径 C_1（顺时针）和 C_2（逆时针）分别求值

尽管图 7.3 显示路径 C_1 和 C_2 在它们的端点之外从不相交，但如果曲线交叉，结果仍然成立。在这种情况下，两条曲线之间的整个区域由在不同交点上相互接触的独立的小区域组成。路径独立的结果要求 $f(z)$ 在每个小区域上解析。

我们把注意力转向在闭合路径上计算积分。为了便于讨论，我们设 C_1 为在 z 平面上的逆时针方向的一个简单闭合路径。我们假设 $f(z)$ 在 C_1 上是解析的，但在封闭区域内不是处处解析的。因此积分 $\oint_{C_1} f(z)\mathrm{d}z$ 不一定等于零。因为 $f(z)$ 在 C_1 上是解析的，所以在包含 C_1 的某个区域上 $f(z)$ 仍然是解析的。这个区域在 C_1 的两边向外延伸。我们现在想象将 C_1 扰动成一个新的简单闭合路径 C_2。这个扰动 C_1 的动作使它在得到 C_2 之前经过了一系列连续的中间路径，我们要求这个连续序列中的所有路径以及 C_2 本身都保持在解析区域内。虽然我们把它称为扰动过程，但也可以把它称为变形过程，假设所有中间变形的路径都不会离开解析区域。在这种情况下，我们认为 $f(z)$ 沿 C_1 的积分值和沿 C_2 的积分值是一样的。

为了验证这一说法，我们首先考虑 C_1 和 C_2 相互交叉的情况。此时就会有偶数个这样的交叉点。连接任意两个连续交叉点的是 C_1 和 C_2 的一部分。这些部分之间的封闭区域是解析的，因此应用前面关于相同点之间路径独立性的结果，这两个不同的连接在这些区域的整个路径积分中所占的比例是相同的。将所有这些连接拼接在一起，就可以得到整个闭合路径 C_1 和 C_2 的所要的结果。类似的论证适用于如果有相交点但彼此不交叉（即相切的交点）的情况。

接下来假设 C_1 和 C_2 没有公共点。那么 C_2 要么完全在 C_1 的外部，要么完全在 C_1 的内部。图 7.4 显示了后者的一个例子。在任何一种情况下，$f(z)$ 在两条曲线之间的区域上都是解析的。为了使用柯西-古萨定理，我们必须使用一个简单闭合路径。为了达到这个目的，我们用两条非常接近的最大分隔距离为 ϵ 的不相交曲线 C_a 和 C_b 来连接 C_1 和 C_2。如

图 7.4 所示，这将在 C_1 和 C_2 之间创建一个类似于通道的连接。我们现在考虑如图 7.4 所示的封闭曲线 C，它由 $C=C_1+C_a+\mathcal{C}_2+C_b$ 组成，其中 C_a 和 C_b 方向相反。在这里，我们使用符号 $\mathcal{C}_2$ 来表示与 C_2 方向相反的曲线，即这里的“$\mathcal{C}_2$”在数学上应该理解为“$-C_2$”。这使得 C 是一个完整的闭合路径。现在应用柯西-古萨定理就得到 $\oint_C f(z)\mathrm{d}z=\int_{C_1} f(z)\mathrm{d}z+\int_{C_a} f(z)\mathrm{d}z+\int_{\mathcal{C}_2} f(z)\mathrm{d}z+\int_{C_b} f(z)\mathrm{d}z$。当 $\epsilon\to 0$ 时，C_a 和 C_b 会互相趋近，导致 $\int_{C_a} f(z)\mathrm{d}z+\int_{C_b} f(z)\mathrm{d}z\to 0$，这是由于 C_a 和 C_b 方向相反，两个积分会互相抵消。因此，这个极限使 C_1 和 C_2 闭合，从而得到 $\oint_{C_1} f(z)\mathrm{d}z=-\oint_{\mathcal{C}_2} f(z)\mathrm{d}z=\oint_{C_2} f(z)\mathrm{d}z$。换句话说，我们有以下结论。

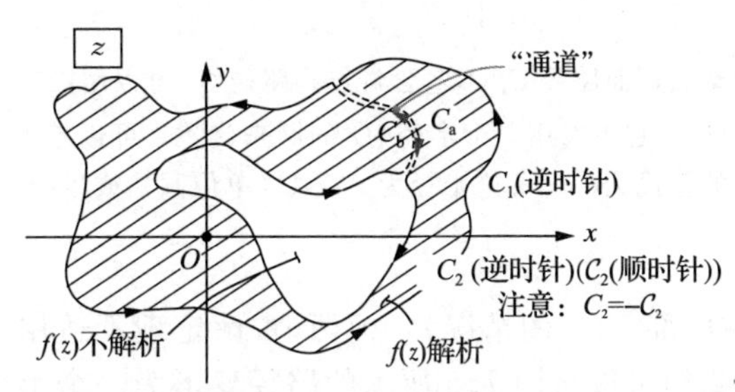

图 7.4　当函数 $f(z)$ 在阴影区域为解析函数时，沿着路径 C_1 和 C_2 的积分是相同的。一条由路径 C_a 和 C_b 组成的“通道”将路径 C_1 连接到路径 $\mathcal{C}_2$，$\mathcal{C}_2$ 与 C_2 反向，因此 C_1 与 C_2 都是逆时针方向的。沿 C_a 和 C_b 通道的积分，当它们的分离消失时，就会抵消。在数学文献中，路径 C_1 和 C_2 称为**同伦的**

★ **闭合路径扩张与收缩**：如果路径 C_1 是一个闭合路径，它完全包围另一个闭合路径 C_2，并且 $f(z)$ 在这些**路径上和路径之间**具有解析性，则 $\int_{C_1} f(z)\mathrm{d}z=\int_{C_2} f(z)\mathrm{d}z$，前提是在每条路径上的积分（顺时针或逆时针）方向相同（图 7.4）。如例 7.1.1 和后面的例子所示，这个求值并不一定等于零。

使用这个结果的主要方法之一是在替换原有路径的新路径上求积分。我们通过考虑与图 7.1 有关的情况来说明这一点，现在将所讨论的函数从 $f(z)=1/(z-\mathrm{i})$ 推广到 $f(z)=1/(z-z_0)$。

例 7.1.1　设 z_0 是复平面上任意的有限点。求 $I_C=\oint_C \mathrm{d}z/(z-z_0)$ 的值。积分路径是一条不经过 z_0 的逆时针方向的简单封闭曲线。

解　被积函数在点 $z=z_0$ 以外的所有位置 z 都是解析的。有两种情况，取决于 z_0 在积分路径包围的区域的外面还是里面。在图 7.5 中用 C_1 和 C_2 表示两种情况。

如果 z_0 在封闭区域外部（C_1 的情况），那么柯西-古萨定理给出 $I_{C_1}=0$。

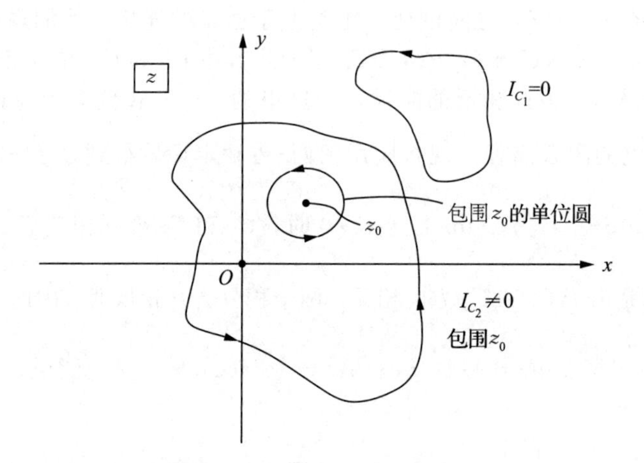

图 7.5　路径 C_2 包含奇点，而路径 C_1 不包含奇点。路径 C_2 可以用以奇点 z_0 为中心的单位圆代替。更一般地，它可以用一个半径为ϵ的圆来代替，可以趋近于 0。与图 7.4 一致，路径 C_2 和它的替代圆——不论半径为 r 或 1（单位圆）或半径为ϵ——方向都是逆时针的

如果 z_0 在封闭区域内部（C_2 的情况），柯西-古萨定理不适用，我们必须直截了当地计算这个积分。为此，我们可以将图 7.5 所示的路径变形为一个半径为 r、以 z_0 为圆心的圆。这是可能的，因为被积函数在路径 C_2 和半径为 r 的圆之间是处处解析的。我们用 C_{circ} 表示这个圆周线，在这个圆上令 $z-z_0=re^{i\theta}$。则 $dz=(dr)e^{i\theta}+re^{i\theta}(id\theta)=ire^{i\theta}d\theta$，最后一步是因为在 C_{circ}上，$dr=0$。因此，我们得到

$$I_{C_2}=I_{C_{\text{circ}}}=\oint_{C_{\text{circ}}}\frac{dz}{z-z_0}=\int_{\theta=0}^{2\pi}\frac{ire^{i\theta}}{re^{i\theta}}d\theta=i\int_0^{2\pi}d\theta=2\pi i$$

圆的半径抵消了上面的计算，使最终结果 $2\pi i$ 与 r 无关。如果最终结果确实是独立于路径选择的，这在逻辑上是必要的。半径可以选择为单位（如图 7.5 所示）或ϵ，如图 7.5 的说明所示。在本例中，只要奇点本身被排除在外，函数 $f(z)=(z-z_0)^{-1}$ 在奇点 z_0 周围的每个有限区域内是解析的。

如图 7.6 所示，最后说明解析性对于路径积分的依赖性和独立性的中心作用，设 C_R 是以原点为中心，半径为 R 的圆。对于合适的 θ，C_R 上的任意位置 z 都可以表为 $z=Re^{i\theta}$。在这个路径上，位置 $a=iR$ 和 $b=R$ 对应于 $\theta=\pi/2$ 和 $\theta=0$ [mod2π（同余）]。分解 $C_R=-C_1+C_2$，其中 C_1 和 C_2 是连接 $z=a$ 和 $z=b$ 的不同路径，这样，在路径 C_1 上，我们有 θ：$\pi/2\to 0$（顺时针），而在路径 C_2 上，我们有 θ：$\pi/2\to 2\pi$（逆时针）。如果 $f(z)$ 是解析的，那么 $f(z)$在 C_1 上的积分就等于在 C_2 上的积分。如果 $f(z)$ 不是解析函数，这种等式就不一定成立，如下面非常简单的非解析函数 $f(z)=\bar{z}$ 所示。

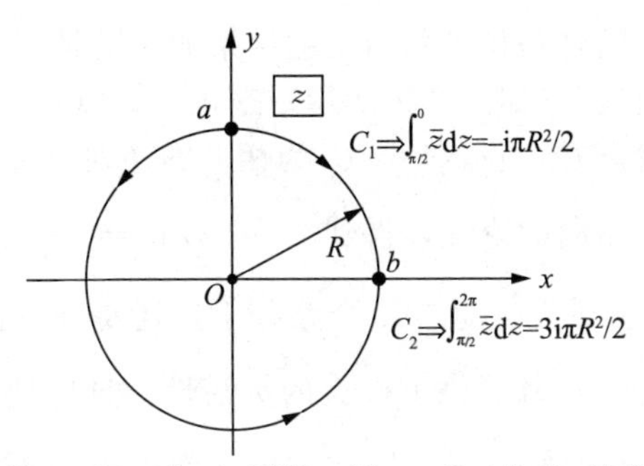

图 7.6　路径 C_1 和 C_2 都从 $z=\mathrm{i}R$（点 a）开始，到 $z=R$（点 b）结束。如果 $f(z)$ 在圆上和圆内不是解析的，就像 $f(z)=\bar{z}$ 的情况那样，那么路径积分 $\int f(z)\mathrm{d}z$ 通常会在两条曲线上计算出不同的值

例 7.1.2　例 6.3.2 表明 $f(z)=\bar{z}\pi$ 不是解析的。对于这个 $f(z)$，使用图 7.6 中定义的两条路径来求以下积分的值：

$$I_{C_1}=\int_{C_1}\bar{z}\mathrm{d}z \quad 和 \quad I_{C_2}=\int_{C_2}\bar{z}\mathrm{d}z$$

利用结果来确定 $\oint_{C_R} f(z)\mathrm{d}z$ 如何依赖于 C_R，并将其与另一个积分 $\oint_{C_R} z^{-1}\mathrm{d}z$ 进行对比。

解　把 z 写为 $z=R\mathrm{e}^{\mathrm{i}\theta}$，所以 $\bar{z}=R\mathrm{e}^{-\mathrm{i}\theta}$ 与 $\mathrm{d}z=R\mathrm{e}^{\mathrm{i}\theta}\mathrm{i}\mathrm{d}\theta$，得到

$$I_{C_1}=\int_{C_1}\bar{z}\mathrm{d}z=\int_{\pi/2}^{0}R\mathrm{e}^{-\mathrm{i}\theta}R\mathrm{e}^{\mathrm{i}\theta}\,\mathrm{i}\mathrm{d}\theta=\mathrm{i}R^2\int_{\pi/2}^{0}\mathrm{d}\theta=-\mathrm{i}\pi R^2/2$$

以及

$$I_{C_2}=\int_{C_2}\bar{z}\mathrm{d}z=\int_{\pi/2}^{2\pi}R\mathrm{e}^{-\mathrm{i}\theta}R\mathrm{e}^{\mathrm{i}\theta}\mathrm{i}\mathrm{d}\theta=\mathrm{i}R^2\int_{\pi/2}^{2\pi}\mathrm{d}\theta=3\mathrm{i}\pi R^2/2$$

这表明，当一个函数是非解析函数时，在相同端点之间，沿着不同路径的积分值通常是不同的。I_{C_1} 和 I_{C_2} 都开始于 $z=a=R\mathrm{i}$，结束于 $z=b=R$。当被积函数 $f(z)$ 不是解析函数时，这两个积分不相等的事实表明，如果没有其他关于端点之间路径的线索，表达式 $\int_a^b \bar{z}\mathrm{d}z$ 是一个相当荒谬的概念。

这个例子也得出：在逆时针方向的路径 C_R 上的积分值为 $\oint_{C_R}\bar{z}\mathrm{d}z=-I_{C_1}+I_{C_2}=2\pi\mathrm{i}R^2$。这个积分的值取决于圆的大小。与此相反，如例 7.1.1 所示，选择 $z_0=0$ 时，函数 $f(z)=1/z$ 在圆形路径 C_R 上的积分为 $2\pi\mathrm{i}$，与圆的大小无关。造成这种差异的原因是，$f(z)=1/z$ 仅在路径内 $z=0$ 这一点是非解析的，而 $f(z)=\bar{z}$ 在路径内的所有地方都是非解析的。因此，当 $f(z)=1/z$ 时，半径 R 可以改变而不影响积分的值。这是因为路径扰动是在解析点上的（尽管原点本身是非解析的，但是变形路径序列没有触及）。相反，$f(z)=\bar{z}$ 的任何半径变化对应于非解析点上的路径扰动，导致路径积分值的变化。

获得解析函数路径积分闭合路径扩张与收缩结果的关键是图 7.4 的“通道构造”。这一思想可以通过利用多个“通道”（如图 7.7 所示）来推广，以处理具有多个奇点的积分。设 $\mathcal{C}_j$ 为奇点周围的小圆顺时针路径，设 $c_j=-\mathcal{C}_j$ 为相应的逆时针路径。然后，在收敛通道边的极限下，用与单通道情形相同的论证，得到 $\int_{C_1} f(z)\mathrm{d}z=\sum_j\int_{c_j} f(z)\mathrm{d}z$。这一观点将在 7.3 节中加以阐述。这种方法对无论是在闭合路径上，还是在开路径上（有两个端点的路径）的路径积分 $\int f(z)\mathrm{d}z$ 的计算都提供了极大的灵活性。具体地说，我们已经表明，我们可以把一个路径变形到另一个路径（保持固定端点）而不影响积分值，条件是当曲线移动到新位置时，它扫过的区域是一个 $f(z)$ 在所有点上都是解析的区域。用一种更专业的方式说，我们有以下结论。

★ 如果 $f(z)$ 在原始曲线 C 上是解析的，那么为了求出 $\int_C f(z)\,\mathrm{d}z$ 的值，我们可以将原始曲线变换成一系列不同的、用来求和的积分曲线，只要当曲线“变形”到它的新位置时，没有经过奇异点。这一结果既适用于具有固定端点的曲线（在曲线的其余部分变形期间保持固定端点位置），也适用于闭合曲线（在这种情况下，整个曲线可能会变形，我们通常使用 $\oint_C$ 表示这种积分）。

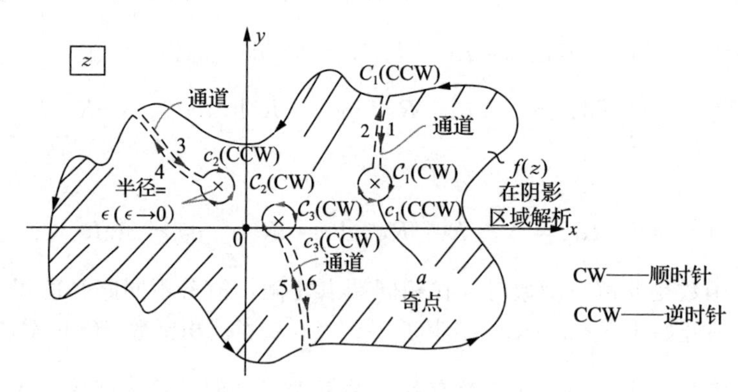

图 7.7　通过引入多个通道，大路径 C_1（逆时针方向）上的积分被转换为沿着包围 $f(z)$ 的奇（非解析）点的小路径 c_j（也是逆时针方向）的积分和

7.2　不定积分——原函数

例 7.1.2 表明，如果 $f(z)$ 不是解析的，表达式 $\int_a^b f(z)\mathrm{d}z$ 本身是没有意义的。这是因为固定端点之间的积分通常是与路径相关的，所以只有端点 $z=a$ 和 $z=b$ 的信息不足以计算这个积分。这种**与路径相关的积分**在物理和工程中经常出现。[⊖] **如果 $f(z)$ 是解析的，情**

⊖ 举个简单的例子，为了使一个物体从一点 A 移动到另一点 B 所做的功，当有摩擦力时，通常与路径有关。

况就会改变。这样积分就和路径无关了，这样的表达式就有意义了。[⊖]

更精确地说，如果 $f(z)$ 在包含 a 和 b 的某个单连通区域上是解析的，那么就 $\int_a^b f(z)\mathrm{d}z$ 而言，我们的意思是，积分可以在 a 和 b 之间的任何路径上求值，该路径仍然在该区域内。如果区域不是单连通的，也就是说，如果它包含隔离非解析性点的“孔”，则稍稍有点复杂。在这种情况下，我们可以将这个区域分割成单连通，或者等价地，我们可以在孔的任何一侧取路径。不同的绕孔方式通常会产生不同的路径积分值，尽管像往常一样，任何解析函数的路径都可以连续变形——在解析区域内——而不改变积分值。

路径独立的概念表明，我们要研究解析函数的积分如何依赖于它们的端点。具体地说，我们固定起点，并把积分看成终点的函数。设 Ω 是复平面上的一个单连通开区域，其上有解析函数 $f(z)$。固定点 $a\in\Omega$，对于任意点 $z\in\Omega$ 定义函数

$$F(z)=\int_a^z f(\xi)\mathrm{d}\xi \tag{7.2}$$

如图 7.8 所示，其中积分可以在任意连接 a 和 z 的而不离开 Ω 的路径 C 上求值。由于与路径无关，这样定义的函数 $F(z)$ 是意义明确的。

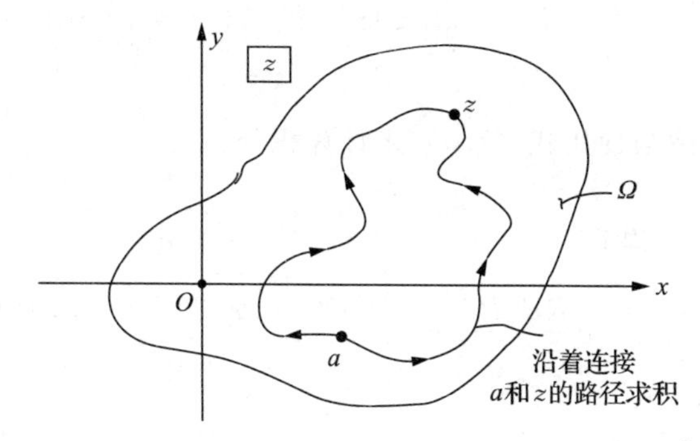

图 7.8　Ω 中的解析函数 $f(\xi)$，其路径积分产生了一个新的函数 $F(z)=\int_a^z f(\xi)\mathrm{d}\xi$，该函数可以用不离开指定区域 Ω 的连接点 a 和 z 的任意路径求值。这样定义的函数 $F(z)$ 是路径端点 z 的解析函数

直接有用的结果陈述如下。

> 在式（7.2）中定义的函数 $F(z)$ 本身对所有 $z\in\Omega$ 是解析的。它的导数为
>
> $$\frac{\mathrm{d}F}{\mathrm{d}z}=F'(z)=f(z) \tag{7.3}$$

下一个例子之后将论证此结果。这里要意识到的重点是，这个结果表明积分是微分的逆运算，和传统微积分中的结果是一样的。这个事实可以用来直接依据端点来计算积分。

⊖ 接着用做功的例子，对纯“守恒”力（重力或电场等）所做的功就与路径无关。这样的力可以从势 $\boldsymbol{F}=-\nabla\phi$ 推导出来，使得 $\boldsymbol{F}\cdot\mathrm{d}x=-\mathrm{d}\phi$ 与路径无关。

具体来说，我们有以下结论。

假设 $F(z)$ 是 Ω 上的解析函数，其导数为 $F'(z)$，那么，如果 C 是 Ω 中的任意一条从 $z=a$ 到 $z=b$ 的曲线，则有

$$\int_C F'(z)\mathrm{d}z = F(b) - F(a) \tag{7.4}$$

这也完全类似于实变量微积分的结果。在物理学中，服从这种处理的函数称为“完全微分”或“势”。在 6.5 节中讨论了这些函数的一些形式及其在流体力学中的应用。下面的例子说明这种性态的数学特征。

例 7.2.1　考虑与例 7.1.2 和图 7.6 所示相同的圆弧路径 C_1 和 C_2，但现在被积函数是 $f(z)=z$。这个函数在复平面上处处为解析函数。

(a) 通过直接求值验证积分

$$I_{C_1} = \int_{C_1} z\mathrm{d}z \quad 和 \quad I_{C_2} = \int_{C_2} z\mathrm{d}z$$

是相等的。

(b) 说明如何通过适当使用式（7.4）来计算积分。

解

(a) 再次令 $z=R\mathrm{e}^{\mathrm{i}\theta}$，得到

$$\int_C z\mathrm{d}z = \int_C \underbrace{R\mathrm{e}^{\mathrm{i}\theta}}_{z}\underbrace{R\mathrm{e}^{\mathrm{i}\theta}\mathrm{i}\mathrm{d}\theta}_{\mathrm{d}z} = \mathrm{i}R^2\int(\cos 2\theta + \mathrm{i}\sin 2\theta)\mathrm{d}\theta$$

因此，我们求出在 C_1 上，

$$I_{C_1} = \mathrm{i}R^2\int_{\theta=\pi/2}^{0}(\cos 2\theta + \mathrm{i}\sin 2\theta)\mathrm{d}\theta = R^2$$

在 C_2 上，

$$I_{C_2} = \mathrm{i}R^2\int_{\theta=\pi/2}^{2\pi}(\cos 2\theta + \mathrm{i}\sin 2\theta)\mathrm{d}\theta = R^2$$

得出 $I_{C_1}=I_{C_2}=R^2$。

(b) 因为

$$\frac{\mathrm{d}}{\mathrm{d}z}\left(\frac{1}{2}z^2\right) = z$$

从式（7.4）和 $F(z)=\frac{1}{2}z^2$ 得到

$$\int_{z=\mathrm{i}R}^{z=R} z\mathrm{d}z = \frac{1}{2}z^2\Big|_{\mathrm{i}R}^{R} = \frac{1}{2}R^2 - \frac{1}{2}(\mathrm{i}R)^2 = R^2$$

现在让我们回过头来看看为什么式（7.3）是正确的，这并不难。我们从不同的观察

结果开始，第一个是

$$F(z+\Delta z)-F(z)=\int_a^{z+\Delta z} f(\xi)\mathrm{d}\xi-\int_a^z f(\xi)\mathrm{d}\xi=\int_z^{z+\Delta z} f(\xi)\mathrm{d}\xi$$

而第二个是

$$f(z)=f(z)\frac{\Delta z}{\Delta z}=\frac{1}{\Delta z}f(z)\underbrace{\int_z^{z+\Delta z}\mathrm{d}\xi}_{\Delta z}=\frac{1}{\Delta z}\int_z^{z+\Delta z} f(z)\mathrm{d}\xi$$

这些合起来得到

$$\frac{1}{\Delta z}(F(z+\Delta z)-F(z))-f(z)=\frac{1}{\Delta z}\int_z^{z+\Delta z}(f(\xi)-f(z))\mathrm{d}\xi$$

当 $\Delta z\to 0$ 时，上式右边的表达式趋于 0。注意，如果 $f(\xi)-f(z)$ 不出现在右边，那么右边将简单地计算为 1。然而，$f(\xi)-f(z)$ 存在，并且趋于零，提供了额外的减少，这足以证明右边确实是变为 0 的。所有这些都可以用专业的 $\epsilon-\delta$ 机制来处理函数的连续性。因此，我们有

$$f(z)=\lim_{\Delta z\to 0}\frac{1}{\Delta z}(F(z+\Delta z)-F(z))=\frac{\mathrm{d}F}{\mathrm{d}z}$$

这就建立了式（7.3）。

下一个例子研究函数 $f(z)=1/z$ 沿着 z 平面的各种开路径的积分，用到了前面的所有结果。在开始之前，我们观察到，当例 7.1.1 特殊化到 $z_0=0$ 的情况时，为这个函数提供了**闭合路径**的完整处理。现在转到**开路径**，我们回想一下式（6.13）：$\log z$ 的导数是 $1/z$。这一事实正是用式（7.4）来求 $1/z$ 的开路径积分所必需的。棘手之处是使各种曲线驻留在对数函数的可解析区域内。例 7.2.2 显示了如何将这些问题联系并解决。

例 7.2.2　考虑 $f(z)=1/z$ 在图 7.9 所示的三条路径 C_1,C_2,C_3 上的积分。它们全都从 $z=-2\mathrm{i}$（点 a）开始，到 $z=4$（点 b）结束。路径 C_1 是曲线 $y^4/4+x-4=0$ 的一部分。曲线 C_2 和 C_3 都是由 $(x-1)^2+(y-1)^2=10$ 给出的半径为 $\sqrt{10}$ 的圆的一部分，$z=-2\mathrm{i}$ 和 $z=4$ 在该圆上。路径 C_2 在这个圆上是顺时针方向的（它扫过 3/4 个圆），而 C_3 是逆时针方向的（它扫过 1/4 个圆）。

（a）不计算任何积分，用例 7.1.1 的闭合路径结果，说明积分值 I_{C_1}，I_{C_2}，I_{C_3} 之间的相互关系。

（b）用式（7.4）求积分，说明结果与（a）部分一致。

解

（a）函数不是解析的唯一奇点是原点 $z=0$。利用固定端点之间的路径积分可以使路径变形（保持固定端点）的原理，我们立即得出 $I_{C_1}=I_{C_3}$，因为 C_1 可以在不经过原点的情况下变形为 C_3。对于曲线

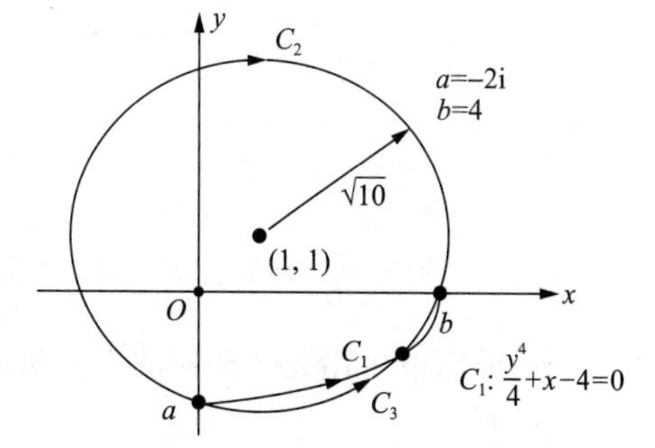

图 7.9　图示 C_1，C_2，C_3 三条路径，沿着这三条路径求函数 $f(z)=1/z$ 的积分。这个函数在原点处是奇异的，但在其他地方是解析的

C_2，情况就不同了，所以我们预期 I_{C_2} 会有一个不同的值。现在以逆时针方向的完整圆由 $C_3+(-C_2)$ 给出，这个圆包围了原点这个奇点。因此，从例 7.1.1 可以得出，

$$2\pi\mathrm{i}=\oint_{C_3+(-C_2)}\frac{\mathrm{d}z}{z}=\int_{C_3}\frac{\mathrm{d}z}{z}-\int_{C_2}\frac{\mathrm{d}z}{z}=I_{C_3}-I_{C_2}$$

合并这些结果得到

$$I_{C_1}=I_{C_3}=I_{C_2}+2\pi\mathrm{i}$$

(b) 已经建立的结果 $\mathrm{d}(\log z)/\mathrm{d}z=1/z$ 结合式 (7.4)，让我们根据对数函数在端点上的差异来计算各种路径积分。唯一的技术问题是在式 (7.2) 前面提到的解析区域 Ω。然而，这是一个关键问题。特别地，我们回想一下，任何单值对数函数都有一个分支切割，从 $z=0$ 到 $|z|=\infty$。在这个分支剪切上，对数函数仍然是有定义的，但它在这两处不是解析的（它在其他地方是解析的）。为了在本例中用式 (7.4)，我们必须选择一个分支，以避免与计算积分的曲线相交。

考虑 C_1 上的积分。这条曲线不穿过负 x 轴，负 x 轴是对数函数的标准分支切割位置[回想一下，它定义了 log 的主分支（标记为 Log）]。因此，当在 C_1 上求积分时，我们可以在式 (7.4) 中使用这个特定的对数函数分支。这就给出了（见图 7.10）

$$I_{C_1}=\int_{C_1}\frac{\mathrm{d}z}{z}=\mathrm{Log}(4)-\mathrm{Log}(-2\mathrm{i})$$

在这里，我们回忆一下函数 $\mathrm{Log}\,z=\log r+\mathrm{i}\theta$ 是如何利用极坐标表示 $z=r\mathrm{e}^{\mathrm{i}\theta}$ 的。所示的分支切割选择的角度范围为 $-\pi<\theta\leqslant\pi$。在负 y 轴上 $\theta=-\pi/2$，得到 $2\mathrm{i}=2\exp(-\mathrm{i}\pi/2)$，而在正 x 轴上 $\theta=0$，得到 $4=4\exp(\mathrm{i}0)$。因此我们得出结论

$$I_{C_1}=\log 4+0\mathrm{i}-\left(\log 2-\frac{\pi}{2}\mathrm{i}\right)=\log 2+\frac{\pi}{2}\mathrm{i}$$

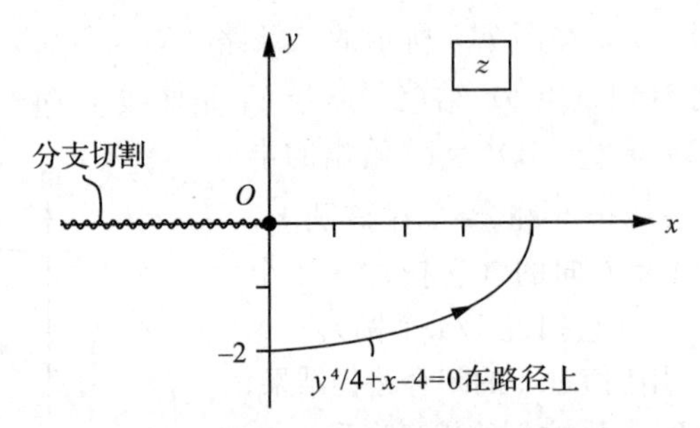

图 7.10 函数 $f(z)=1/z$ 沿着路径 C_1 $(y^4/4+x-4=0)$ 积分的分支切割选择

I_{C_3} 的求值可用完全相同的方式进行，因为图 7.10 中的分支切割的选择也避开了曲线 C_3。由此

$$I_{C_3}=I_{C_1}=\log 2+\frac{\pi}{2}\mathrm{i}$$

对于曲线 C_2，就不一样了，它通过负 x 轴，因此与图 7.10 所示的分支切割相交。因此，这个分支切割不能用于 I_{C_2} 的求值。这不是一个困难，因为我们可以简单地改变分支切割。

为了计算 I_{C_2}，我们需要一个从 $z=0$ 到 $|z|=\infty$ 的避开曲线 C_2 的分支剪切。例如，这可以通过取 $\theta=-\pi/4$ 对应的射线来实现。具体来说，我们定义了对数函数的一个分支，即 $-\pi/4<\theta\leqslant 7\pi/4$，如图 7.11 所示。沿 $+x$ 轴，$\theta=0$；沿着 $-y$ 轴，我们得到 $\theta=3\pi/2$。注意，这种分支切割的选择对于沿着先前考虑的曲线 C_1 和 C_3 求式（7.4）的积分值是无效的。这是因为，曲线 C_1 和 C_3 穿过这个分支切割，用这个分支切割定义的新 $\log z$ 函数在此处不是解析的。

一般来说，当求路径积分的值时，分支切割表示一个不可跨越的边界。

这个用图 7.11 中的分支切割定义的单值对数函数，我们再次称为 Log，这样得到

$$I_{C_2}=\int_{C_2}\frac{\mathrm{d}z}{z}=\mathrm{Log}(4)-\mathrm{Log}(-2\mathrm{i})=\log 4+0\mathrm{i}-\left(\log 2+\frac{3\pi}{2}\mathrm{i}\right)=\log 2-\frac{3}{2}\pi\mathrm{i}$$

正如所期望的，通过直接求值得到的所有结果均与之前得到的条件 $I_{C_1}=I_{C_3}=I_{C_2}+2\pi\mathrm{i}$ 一致。

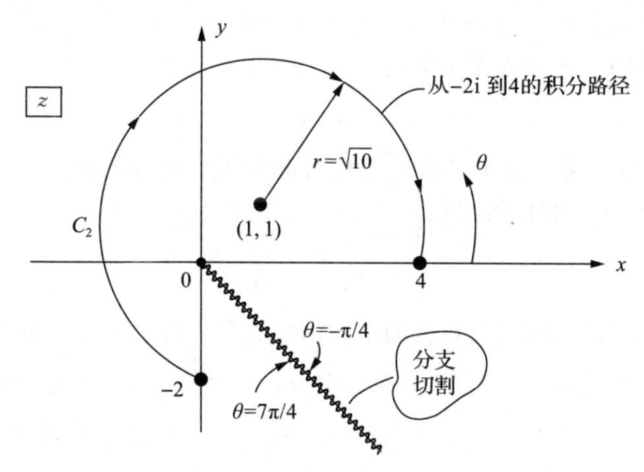

图 7.11 路径 C_2 与图 7.10 中所示的分支切割相交。因此，求 $f(z)=1/z$ 沿 C_2 的积分时，分支切割由图 7.10 变为上面所示的在 $\theta=-\pi/4$ 处的射线

7.3 柯西积分公式

假设 $f(z)$ 在一个简单闭合路径 C 内和 C 上是处处解析的。如果 z 是 C 内的任意一点，那么 $f(z)$ 可以用下面的方式表示。

$$f(z)=\frac{1}{2\pi\mathrm{i}}\oint_C\frac{f(\xi)}{\xi-z}\mathrm{d}\xi \tag{7.5}$$

积分沿 C 的正（逆时针）方向（否则将会有一个负号），如图 7.12 所示。由于 $f(z)$ 是解析的，在 C 上和 C 内的所有 ξ 点，除了 $\xi=z$，被积函数 $f(\xi)/(\xi-z)$ 本身就是复变量 ξ 的解析函数。因此，对于被积函数 $f(\xi)/(\xi-z)$ 来说，$\xi=z$ 点是一个**孤立的非解析点**。

证明式（7.5）并不难。首先需要注意的是，如果式（7.5）的右边发生变化，使得 $f(\xi)$ 变成 $f(z)$，那么这个 $f(z)$ 可以移到积分号外面，然后，直接得出结果，因为 $\oint_C \mathrm{d}\xi/(\xi-z)=2\pi\mathrm{i}$（见例 7.1.1）。根据这一观察，可以通过对式（7.5）中的分子加减 $f(z)$ 来构造一个正式证明。然后必须证明 $\oint_C (f(z)-f(\xi))/(\xi-z)\mathrm{d}\xi$ 是零。这是通过将路径缩小到围绕 $\xi=z$ 的十分小的圆而使结果变得任意小来证明。该结果利用了 f 的连续性。其过程类似于式（7.3）的不定积分（原函数）结果的证明。

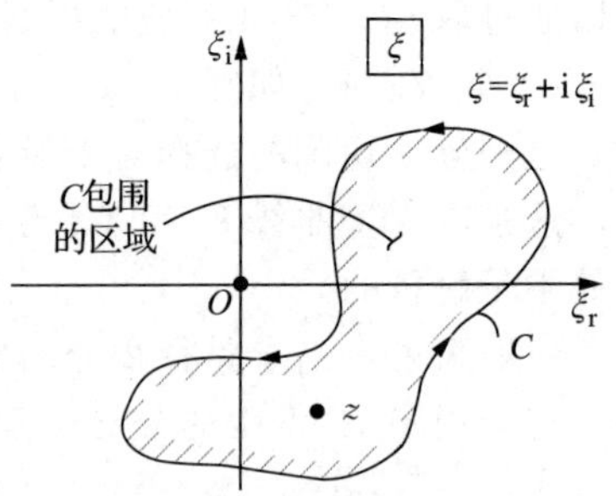

图 7.12 在柯西积分式（7.5）中，被积函数 $f(\xi)/(\xi-z)$ 在复 ξ 平面的积分路径 C 所包围的 z 点上是非解析的；它在 C 的其他地方都是解析的

柯西积分定理在复分析中有许多用途。一个直接的应用是计算复路径积分，如下一个例子所示，它说明了重要的一点：起初看起来极其复杂的计算往往通过有条理地应用一系列简单的思想和操作来解决。

例 7.3.1 考虑以下关于复 z 平面中各种可能的闭合路径的积分（只考虑以逆时针方向且不直接穿过 $z^3-1=0$ 的根的路径）。

$$I=\oint_C \frac{\mathrm{d}z}{z^3-1}$$

有多少种不同的路径可能给出这个积分的不同值？为每一种可能性求出 I 的值。

解 从例 5.3.1 我们知道 $z^3-1=0$ 有三个根：$z_1=1, z_2=-1/2+\mathrm{i}\sqrt{3}/2, z_3=-1/2-\mathrm{i}\sqrt{3}/2$，如图 7.13 所示，在单位圆上各自以 120°隔开。对于任意的路径

$$I=\oint_C \frac{\mathrm{d}z}{z^3-1}=\oint_C \frac{\mathrm{d}z}{(z-z_1)(z-z_2)(z-z_3)}$$

如果 C 不包围任何根 z_1, z_2, z_3，那么从柯西-古萨定理可以得出积分为零，即 $I_0=0$。如果 C 确实包围根，则对应于包围根的组合，有七种可能：即 $\{z_1\},\{z_2\},\{z_3\},\{z_1,z_2\},\{z_1,z_3\},\{z_2,z_3\},\{z_1,z_2,z_3\}$。这七种情况中的每一种都将得到一个积分值，其值与 C 的细节无关，因为所有这些路径都可以相互变形而不穿过任何根。我们用 $I_1, I_2, I_3, I_{1,2}, \cdots, I_{1,2,3}$ 表示路径积分 I 的对应值。

考虑 C 恰好包围一个根（例如 $z_1=1$）的情况。这里的关键是，通过识别，式（7.5）中的被积函数的分子在这里应该是（把积分变量 ξ 改写为 z）

$$f(z)=1/((z-z_2)(z-z_3))$$

该函数在积分路径上及其内部是解析的。在这种情况下，相应的路径积分可以写成

$$I_1=\oint_{C_1} \underbrace{\left(\frac{1}{(z-z_2)(z-z_3)}\right)}_{f(z)} \frac{\mathrm{d}z}{(z-1)}=2\pi\mathrm{i}f(1)=\frac{2\pi\mathrm{i}}{(1-z_2)(1-z_3)}$$

$$= \frac{2\pi i}{(1-(-1/2+i\sqrt{3}/2))(1-(-1/2-i\sqrt{3}/2))} = \frac{2\pi i}{3}$$

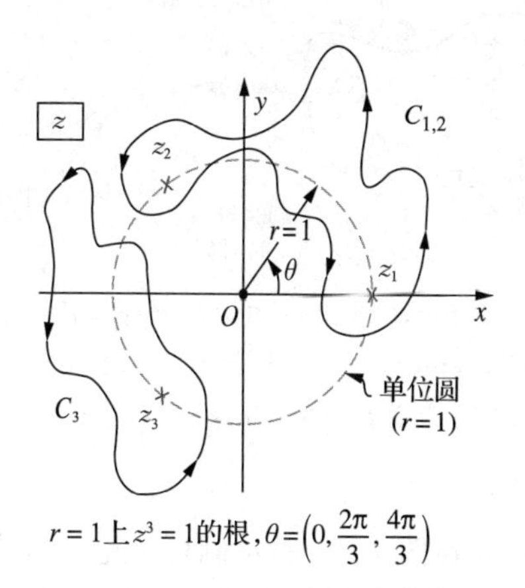

图 7.13 被积函数 $1/(z^3-1)$ 在 $z^3-1=0$ 时存在奇点。这个方程有3个根 z_1,z_2,z_3。它们位于在 z 平面的单位圆周 $\theta=0,2\pi/3,4\pi/3$ 处。这里还显示了两类路径，一类是只包围一个根 z_3 的 I_3，另一类是包围两个根 z_1 和 z_2 的 $I_{1,2}$。由柯西-古萨定理，不包围任何根 z_1,z_2,z_3 的路径得到的积分为零。柯西积分定理的结果式（7.5）可用于计算其他情况的路径积分

同样的思想也适用于 I_2 和 I_3，只要我们对 $f(z)$ 进行重新识别。例如，如果只有 $z=z_3$ 处的奇点被包围（再次参见图 7.13），那么

$$I_3 = \oint_{C_3} \underbrace{\left(\frac{1}{(z-z_1)(z-z_2)}\right)}_{f(z)} \frac{dz}{(z-z_3)} = \frac{2\pi i}{(z_3-z_1)(z_3-z_2)} = \cdots = \frac{\pi}{3}(\sqrt{3}-i)$$

类似地，$I_2=2\pi i f(z_2)=(\pi/3)(-\sqrt{3}-i)$，在这种情况下，$f(z)=1/((z-z_1)(z-z_3))$。

其余的情况是上述的一个以上的根被 C 包围。在考虑这些情况之前，我们给出一个关于路径积分的一般的有用结果。

在我们例 7.3.1 之前的闭合路径积分例子中，使用的路径要么不包围奇点，要么只包围一个奇点。为了处理包围多个奇点的情况，如图 7.13 中的路径 $C_{1,2}$ 所示，我们发展在前面的图 7.7 讨论中提到的想法。结果是，一个包围多个奇点的路径积分可以替换为包围单个奇点的多个积分的总和。

为了使观察结果更精确，我们参考图 7.14，它描述了一个闭合路径 C（在通常的逆时针意义上）包围一个区域，其中函数 $f(z)$ 有四个奇点：z_1,z_2,z_3,z_4。在封闭区域之外，函数 $f(z)$ 可能有其他的奇点，但这些与我们的讨论无关。我们想求 $f(z)$ 沿 C 的闭合路径积分。我们断言总路径积分等于 $I_1+I_2+I_3+I_4$，其中每一个 I_1,I_2,I_3,I_4 中的每一个是围绕（按逆时针方向）单个奇点计算的路径积分。换句话说，I_1,I_2,I_3,I_4 中每一个只包围一个指定的奇点，因为奇点是孤立的，且圆足够小（半径 $\epsilon_i \to 0$）。这里的论证再次依赖于

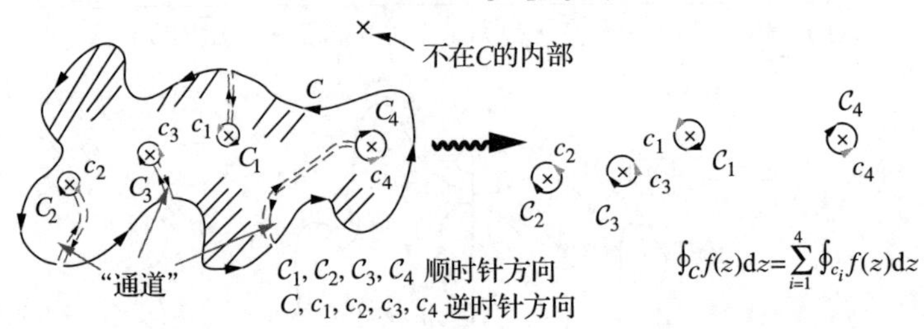

图 7.14　基于图 7.4、图 7.5，特别是图 7.7 的图解，解释为什么沿一个大路径的积分等于分别沿包围被积函数奇点 $z_1, z_2, z_3, \cdots, z_4$ 的路径上的积分的和。按逆时针方向沿着路径 C 的积分，等于按逆时针方向沿着小路径 c_1, c_2, c_3, c_4 的积分之和。奇点 z_5 在 C 之外，对积分没有贡献

图 7.7 有关“通道”的讨论，并在图 7.14 的左侧再讨论。或者，利用路径变形原理，我们可以将原始的路径缩小成一个由四个小圆和细纽带连接组成的路径。现在，每个纽带都起到了“反通道”（该区域位于纽带内部，而不是纽带外部）的作用。此外，在通道的情况下，因为纽带的两边的积分是在相反的方向进行，纽带部分的这些边对整个积分的贡献，在极限情况下变为零。这个操作在这个极限下只留下这些完整的圆。因此，原始的四个奇点周围的路径积分等于单独考虑每个奇点周围的路径积分之和。这样，我们得到了一个关于闭合路径积分的新结果，这个结果与例 7.1.2 所讨论的前一个结果是一致的。

★ 如果 $f(z)$ 在原始闭合曲线 C 上是解析的，但是在该曲线包围的区域有可数个奇点 $z_1, z_2, \cdots$，所以不是全解析的，则

$$\oint_C f(z)\mathrm{d}z = I_1 + I_2 + \cdots$$

这里 I_1 表示围绕奇点 z_1 的积分，适当地分离使得用于计算 I_1 的路径不包围其他奇点。类似的解释也适用于 $I_2, I_3, \cdots$。这个一般结果既适用于有限数目的封闭奇点，也适用于可数无限数目的奇点。

这个结果正是我们完成例 7.3.1 的解所需要的。

继续例 7.3.1：使用我们刚刚得到的结果，现在得到

$$I_{1,2} = I_1 + I_2 = \frac{2\pi\mathrm{i}}{3} + \frac{\pi}{3}(-\sqrt{3} - \mathrm{i}) = -\frac{\sqrt{3}\pi}{3} + \frac{\pi}{3}\mathrm{i}$$

$$I_{1,3} = I_1 + I_3 = \frac{2\pi\mathrm{i}}{3} + \frac{\pi}{3}(\sqrt{3} - \mathrm{i}) = \frac{\sqrt{3}\pi}{3} + \frac{\pi}{3}\mathrm{i}$$

$$I_{2,3} = I_2 + I_3 = \frac{\pi}{3}(-\sqrt{3} - \mathrm{i}) + \frac{\pi}{3}(\sqrt{3} - \mathrm{i}) = -\frac{2\pi\mathrm{i}}{3}$$

$$I_{1,2,3} = I_1 + I_2 + I_3 = 0$$

在本节中没有考虑的柯西积分定理的一个微妙方面，将在 8.7.2 节中讨论。在那里我

们研究当式（7.5）中的 z 点正好位于积分路径 C 上时，柯西积分的数学性态。问题是，当 z 点趋近积分曲线 C 上的点时，如何理解这一点。当然，z 可以从 C 的内部或外部向 C 趋近。这三种情况，即从内部趋近、从外部趋近和总是在路径上，是完全不同的，8.7.2 节提供了它们之间的基本联系。

7.4　解析函数导数的路径积分

柯西积分定理给出了关于导数的一般积分公式。这是通过考虑差商 $(f(z+\Delta z)-f(z))/\Delta z$，利用式（7.5），把 z 和 $z+\Delta z$ 都取在同一闭合路径 C 内而得来的。由此得到的积分表达式的被积函数为

$$\frac{f(\xi)}{\Delta z}\left(\frac{1}{\xi-z-\Delta z}-\frac{1}{\xi-z}\right)=\frac{f(\xi)}{(\xi-z-\Delta z)(\xi-z)}$$

取极限 $\Delta z\to 0$，得到下面的结果。

$$f'(z)=\frac{1}{2\pi\mathrm{i}}\oint_C\frac{f(\xi)}{(\xi-z)^2}\mathrm{d}\xi \tag{7.6}$$

注意，式（7.6）与式（7.5）的正式处理是一致的，即对式（7.5）两边应用 $\mathrm{d}/\mathrm{d}z$，然后通过积分传递导数。可以重复基本的差商加极限过程，得到任意阶导数的积分表达式。令 $f^{(n)}(z)$ 为 n 阶导数，只要 $f(z)$ 在 C 上和其内部解析，我们就有下面的一般结果。

$$f^{(n)}(z)=\frac{n!}{2\pi\mathrm{i}}\oint_C\frac{f(\xi)}{(\xi-z)^{n+1}}\mathrm{d}\xi \tag{7.7}$$

在式（7.5）～式(7.7）中，我们设 ξ 为积分变量，z 为定位变量。另一种常用的符号是让 z 作为积分变量，然后用另一个不同的符号来表示定位变量，比如 z_0。采用 z 和 z_0 表示法，将 f 简化为常数函数 $2\pi\mathrm{i}$，将这些结果结合柯西-古萨定理式（7.1）得到

$$\oint_C(z-z_0)^m\mathrm{d}z=\begin{cases}0, & \text{如果 } m=0,1,2,\cdots\\ 2\pi\mathrm{i}, & \text{如果 } m=-1,\text{且 } z_0 \text{ 在 } C \text{ 内部}\\ 0, & \text{如果 } m=-1,\text{且 } z_0 \text{ 在 } C \text{ 外部}\\ 0, & \text{如果 } m=-2,-3,-4,\cdots\end{cases} \tag{7.8}$$

在下一个以及后面的几个例子中，我们将展示式（7.5）和式（7.7）是如何提供计算越来越复杂的路径积分的方法的。

例 7.4.1　使用式（7.7）求出任何不直接经过使分母为零的位置的闭合路径 C（逆时针方向）的路径积分：

$$I_C=\oint_C\frac{\mathrm{d}z}{z^5-4z^4+4z^3}$$

解 被积函数$1/(z^5-4z^4+4z^3)=z^{-3}(z-2)^{-2}$在$z_1=0$和$z_2=2$处不解析。这样，$C$不能直接经过这两点中的任何一个，但它可以包围它们。根据柯西-古萨定理，如果路径积分不包围任何一个奇点，那么积分为零。如果它只包围z_1，那么它的值I_1与整个路径无关。如果它只包围z_2，也同样成立，得到的值I_2通常不同于I_1。如果它同时包围z_1和z_2，它的值是I_1+I_2。

由于$z_1=0$是分母的三重根，所以使用式（7.7），其中$n+1=3$，即$n=2$，按如下所示来计算I_1：

$$I_1=\oint_C \frac{dz}{z^3(z-2)^2}=\oint_C \underbrace{\frac{1}{(z-2)^2}}_{f(z)}\frac{dz}{z^3}=\frac{2\pi i}{2!}f^{(2)}(0)=\frac{3\pi i}{8}$$

其中$f(z)=(z-2)^{-2}$，由它得到$f'(z)=-2(z-2)^{-3}$和$f^{(2)}(z)=f''(z)=6(z-2)^{-4}$。因此，$f^{(2)}(z)=3/8$。计算$I_1$的要点是，因为$z=2$位于路径所包围的区域之外，这个$f(z)$在包围$z=0$的闭合路径内的所有地方都是解析的。因此，正如式（7.7）的要求，$f(z)$在路径上及路径内是处处解析的。

I_2的计算应用式（7.7），取$n=1$，这与式（7.6）相同。确切地说，

$$I_2=\oint_C \frac{dz}{z^3(z-2)^2}=\oint_C \underbrace{\frac{1}{z^3}}_{g(z)}\frac{dz}{(z-2)^2}=2\pi i g'(2)=-\frac{3\pi i}{8}$$

其中$g(z)=z^{-3}$，由它得到$g'(z)=-3z^{-4}$，因此$g'(2)=-3/16$。计算I_2的要点是，因为$z=0$位于C所包围的区域之外，上面确定的$g(z)$在路径内的所有地方都是解析的。

总之，如果C既不包围$z_1=0$也不包围$z_2=2$，那么积分就为零。如果C包围$z_1=0$而不包围$z_2=2$，那么积分等于$I_1=3\pi i/8$。如果C包围$z_2=2$而不包围z_1，那么积分等于$I_2=-3\pi i/8$。最后，如果路径同时包围了z_1和z_2，那么积分等于和$I_1+I_2=0$，所以再次变为零。

利用柯西积分定理和上述对导数计算的推广，可以证明更多的理论性的结果。这些通常会在复分析的课程中详细研究。

- 如果$f(z)$在某一点上是解析的，那么它在这一点上有任意阶导数。所有的导数$f^{(n)}(z)$在f解析的点上都是解析的。
- **莫雷拉（Morrera）定理：**假设$f(z)$是一个在单连通区域S上连续的复值函数。如果对于S中的所有封闭曲线C，都有$\oint_C f(z)dz=0$，那么$f(z)$在S中是解析函数。这个结果本质是柯西-古萨定理的逆命题。
- **代数基本定理：**任何m次多项式，即$a_m z^m+a_{m-1}z^{m-1}+\cdots+a_1 z+a_0$，都可以表示为$m$个线性因子的乘积$a_m(z-z_1)(z-z_2)\cdots(z-z_m)$，这里的$a_i$和$z_i(i=1,2,\cdots,m)$为复常数。
- **刘维尔（Liouville）定理：**有界的**整函数**（或**全纯函数**）是常数。回顾一下，“**整**”的简单意思是处处解析（没有奇点）。容易证明刘维尔定理。设$f(z)$为所考虑的

函数，有界 M，即 $|f(z)|\leqslant M$。对于任意 z，使用式（7.6）的一阶导数结果，其中的路径 C 是一个半径为 R 的圆。这给出了 $f'(z)$ 的一个界，其形式为 $|f'(z)|\leqslant M/R$。因为 f 是整函数，我们可以让 $R\to\infty$，从而得出 f' 为零的结论。这对所有的 z 都成立，因此 f 一定是常数。

刘维尔定理指出，**在整个 z 平面中**，不存在类似于常见的实变正弦和余弦的振荡复函数，也不存在第一类贝塞尔函数，甚至也不存在标准的衰减指数函数。如果一个复函数在整个 z 平面上是解析的，那么它要么是一个常数，要么在至少某条曲线上，当 $|z|\to\infty$ 时，是无界的。这是任意光滑实值函数和复解析函数之间最深刻的区别之一，而且它不是一个无意义的区别。刘维尔定理是**维纳-霍普夫法**（Wiener-Hopf）的理论基础，该方法解决了某些（微分方程）边值问题，通常被重新构造为处理可用线段建模的对象的积分方程：诸如水动力学中的浮板、断裂力学中的裂缝以及电动力学中的尖锐散射体等这样的对象。这一主题将在 8.7 节中讨论。

7.5 单位圆中的调和函数

关于调和函数 $u(x,y)$ 和 $v(x,y)$ 的有用结果也可以从柯西积分定理得到。为此，我们假设 $f(z)=u+\mathrm{i}v$ 在单位圆 $|z|=1$ 上和内部是解析的。对于任何 $|z|<1$，由柯西积分公式（7.5）可得

$$2\pi\mathrm{i}f(z)=\oint_{|z|=1}\frac{f(\xi)}{\xi-z}\mathrm{d}\xi$$

设 $\xi=\mathrm{e}^{\mathrm{i}\theta}$，$\mathrm{d}\xi=\mathrm{i}\xi\mathrm{d}\theta$，在单位圆上得到

$$2\pi f(z)=\int_{\theta=0}^{2\pi}f(\xi)\left[\frac{\xi}{\xi-z}\right]\mathrm{d}\theta$$

现在我们注意到函数 $f(\xi)[\xi/(\xi-1/\bar{z})]$ 在单位圆内解析。这是因为 $1/\bar{z}$ 位于单位圆之外，如图 7.15 所示。

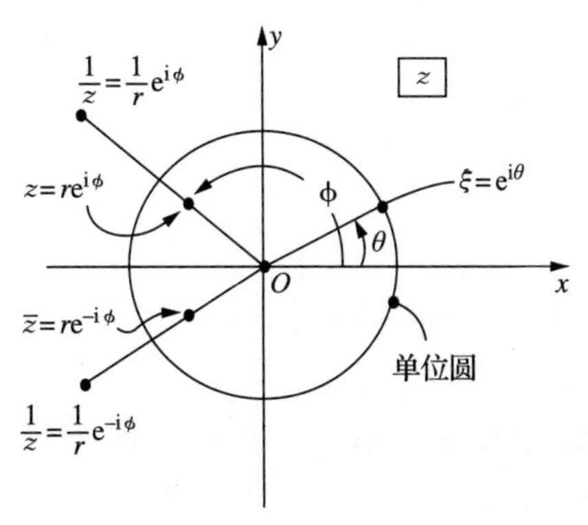

图 7.15 单位圆的参数是 θ。当 $r<1$ 时，单位圆内的固定位置为 $z=r\mathrm{e}^{\mathrm{i}\phi}$。因为 z 在单位圆内，所以位置 $1/\bar{z}=1/(r\mathrm{e}^{\mathrm{i}\phi})$ 在单位圆外。此外还显示 $\bar{z}$、$1/z$ 和单位圆上的点 $\xi=\mathrm{e}^{\mathrm{i}\theta}$

因此，$\int_0^{2\pi}f(\xi)[\xi/(\xi-1/\bar{z})]\mathrm{d}\theta=0$，我们可以从前面公式中加上或减去它，得到

$$2\pi f(z)=\int_0^{2\pi} f(\xi)\left[\frac{\xi}{\xi-z}\pm\frac{\xi}{\xi-1/\bar{z}}\right]\mathrm{d}\theta \tag{7.9}$$

此外，由于ξ是在单位圆上，因此$\xi=1/\bar{\xi}$。

在式（7.9）中取“－”号，因为$\xi=1/\bar{\xi}$，有$\xi/(\xi-1/\bar{z})=\bar{z}/(\bar{z}-\bar{\xi})$。式（7.9）的方括号中的数值为$(1-|z|^2)/|\xi-z|^2$，值为实数。综合得到

$$2\pi f(z)=\int_0^{2\pi} f(\xi)\left[\frac{1-|z|^2}{|\xi-z|^2}\right]\mathrm{d}\theta$$

令$z=re^{\mathrm{i}\phi}$，继续使用$\xi=\mathrm{e}^{\mathrm{i}\theta}$，方括号中的量为$(1-r^2)[1+r^2-2r\cos(\phi-\theta)]$。我们现在令$f(z)=u(r,\phi)+\mathrm{i}v(r,\phi)$，$f$在边界单位圆上的值写成$f(\xi)=u(1,\theta)+\mathrm{i}v(1,\theta)$。因此

$$2\pi(u(r,\phi)+\mathrm{i}v(r,\phi))=\int_0^{2\pi}(u(1,\theta)+\mathrm{i}v(1,\theta))\frac{1-r^2}{1+r^2-2r\cos(\phi-\theta)}\mathrm{d}\theta$$

取该式的实部，得到

$$u(r,\phi)=\frac{1}{2\pi}\int_0^{2\pi}u(1,\theta)\frac{1-r^2}{1+r^2-2r\cos(\phi-\theta)}\mathrm{d}\theta \tag{7.10}$$

这就是调和函数的**泊松积分公式**。它解决了单位圆上具有指定值的偏微分方程$\nabla^2 u=0$的边值问题。一个简单的坐标拉伸将结果扩展到任意大小的圆。在这个结果中取$r=0$表明，调和函数的值是任何以该点为圆心的圆上的值的平均值。更一般地（因为任何单连通区域都可以映射成圆），单连通区域中的非常数调和函数必定在该区域的边界上达到其最大值和最小值。

返回式（7.9），但现在取“＋”号。一个本质类似的计算（鼓励大家去探讨），给出

$$v(r,\phi)=v|_{r=0}+\frac{1}{2\pi}\int_0^{2\pi}u(1,\theta)\frac{2r\sin(\phi-\theta)}{1+r^2-2r\cos(\phi-\theta)}\mathrm{d}\theta \tag{7.11}$$

这里$v|_{r=0}=v(0,\phi)$，这是v在圆心的值，因此与ϕ无关。合并前面的结果，得到

$$u(r,\phi)+\mathrm{i}v(r,\phi)=\mathrm{i}v|_{r=0}+\frac{1}{2\pi}\int_0^{2\pi}u(1,\theta)\left[\frac{1+\mathrm{i}2r\sin(\phi-\theta)-r^2}{1-2r\cos(\phi-\theta)+r^2}\right]\mathrm{d}\theta$$

因此，解析函数$u(r,\phi)+\mathrm{i}v(r,\phi)$完全由中心值$v|_{r=0}$和$0\leqslant\theta<2\pi$时的边值$u(1,\theta)$确定。换句话说，**虚部的中心值与实部的周长值完全确定了单位圆内处处解析的函数$f=u+\mathrm{i}v$。**

读者往前看会发现，式（7.10）中的表达式再次出现在第12章的例12.4.3中。本例考虑单位圆上，在边界条件$u(1,\theta)=h(\theta)$下的泊松方程$\nabla^2 u=\varrho(r,\theta)$。通过看似完全不相关的过程，可以看出解是由式（12.58）给出的。式（12.58）中的第一项是非齐次部分的解，这一项只有在$\varrho(r,\theta)$非零时才参与。式（12.58）中的第二项为齐次解，与式（7.10）中的表达式相同，且满足$\nabla^2 u=0$。

7.6　应用：拉普拉斯逆变换

复路径积分可用于拉普拉斯逆变换。我们记得，定义在 $t\geqslant 0$ 上的函数 $f(t)$ 的拉普拉斯变换用各种符号表示，比如 $L\{f(t)\}$，$\mathcal{L}\{f(t)\}$，$\mathcal{L}a\{f(t)\}$，或 $F(s)$，由下式给出：

$$\mathcal{L}a\{f(t)\}=F(s)=\int_0^{\infty}f(t)\mathrm{e}^{-st}\,\mathrm{d}t \tag{7.12}$$

例如，如果 $f(t)=1$，则 $F(s)=\int_0^{\infty}1\mathrm{e}^{-st}\,\mathrm{d}t=(-1/s)\mathrm{e}^{-st}\Big|_{t=0}^{t=\infty}=(-1/s)(0-1)=1/s$。反过来，已知 $F(s)$，如何求 $f(t)$ 的问题就产生了。这里的问题在于，没有可以与式（7.12）相提并论的简单公式。在拉普拉斯变换的入门课程中，学生通常会接触到一系列特殊的公式、表格，以及其他从 $F(s)$ 得到 $f(t)$ 的逆过程。然而，如果 $F(s)$ 是复杂的，这样的方法可能不足以完成任务，需要一个更系统的方法。幸运的是，有这样一种方法，它是基于复路径积分的。具体来说，给定 $F(s)$，逆变换可以由下式来计算：

$$f(t)=\frac{1}{2\pi\mathrm{i}}\int_{\gamma-\mathrm{i}\infty}^{\gamma+\mathrm{i}\infty}F(s)\mathrm{e}^{st}\,\mathrm{d}s \tag{7.13}$$

其中的积分变量 s 是复数，尽管产生 $F(s)$ 的计算可能没有 s 是复数的概念。式（7.13）中 $\int_{\gamma-\mathrm{i}\infty}^{\gamma+\mathrm{i}\infty}$ 的意义是积分路径是复平面上通过实轴上点 $(x,y)=(\gamma,0)$ 的纵向直线。有时称此为布罗姆维奇[⊖]路径。在使用式（7.13）时，γ 的值，也就是指定路径的位置，它可以是任何值，将函数 $F(s)$ 的所有奇点放在路径的左边，或者，等价地说，纵向直线是在 F 的所有奇点的右边。下面的例子演示式（7.13）的基本用法。

例 7.6.1　用式（7.13）求出使拉普拉斯变换为 $F(s)=1/s$ 的函数 $f(t)$。

评注：我们已经知道 $f(t)=1$。本例的目的是验证这个结果，并在此过程中展示如何执行路径积分操作的基本方面，以评估式（7.13）。

解　函数 $1/s$ 在 $s=0$ 处有一个奇点。因此，为了使这个奇点在路径的左边，我们必须取 $\gamma>0$。我们想使用像式（7.5）和式（7.7）给出的那样的结果来计算该积分，然而，这需要考虑一个闭合路径。因此我们构造这样一条闭合路径，其中一部分是式（7.13）中的纵向直线路径。纵向直线路径上无穷极限的含义是：我们用有限的端点计算该路径积分，然后考虑当在它的端点趋于 $\pm\infty$ 时，求出的积分的极限。因此，当我们仍在处理纵向直线路径上的有限端点时，我们**闭合路径**：要么沿着一个大的半圆顺时针向右走，要么沿着一个大的半圆逆时针向左走。两种可能性都能得到闭合路径。然后，在纵向直线端点趋于复无穷的极限时，每个半圆也会扩展到无穷。

我们希望“大半圆”部分对路径积分的贡献在纵向直线端点趋于无穷时趋于零。**这样的趋于零发生在左侧补全的半圆上**（如图 7.16 所示），**但不会发生在右侧补全的半圆上**

⊖ Thomas John I'Anson Bromwich（1875—1929），英国数学家，哈代说他是：“剑桥应用数学家中最优秀的纯数学家，也是纯数学家中最优秀的应用数学家。”

（没有显示在图 7.16 上）。右侧路径的贡献不会趋于零，这一点很容易理解——（被积函数中）因子 e^{st} 变得无限大（回想一下，$t\geqslant 0$，s 的正实部越来越大）。图 7.16 中左侧补全路径的贡献趋于零这一事实，与 s 的实部在 y 轴左侧路径上成为一个较大的负值一致（$|e^{st}|\to 0$）。我们考虑一个半圆闭路，如图 7.16 所示。整个闭合路径用 C 表示。纵向直线部分为 C_{vert}，左侧大半圆为 C_R。当路径变得很大时，则有

$$\frac{1}{2\pi i}\oint_C \frac{1}{s}e^{st}\,ds = \underbrace{\frac{1}{2\pi i}\int_{C_{\text{vert}}}\frac{1}{s}e^{st}\,ds}_{\text{趋于式(7.13)}} + \underbrace{\frac{1}{2\pi i}\int_{C_R}\frac{1}{s}e^{st}\,ds}_{\text{趋于0}}$$

$$\to \frac{1}{2\pi i}\int_{\gamma-i\infty}^{\gamma+i\infty}\underbrace{(1/s)}_{F(s)}e^{st}\,ds = f(t)$$

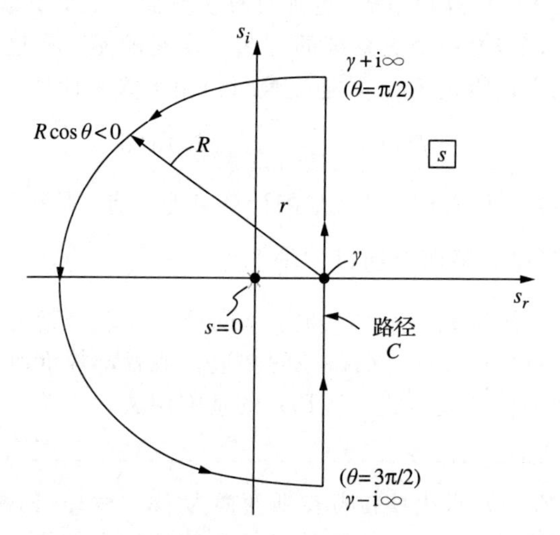

图 7.16　求复函数 $F(s)=1/s$ 的反演积分的路径。路径内 $s=0$ 处有一个奇点，这使得我们可以用柯西积分公式（7.5）计算闭合路径积分。当 $R\to\infty$ 时，半圆路径对积分的贡献趋于零，只留下 $\gamma-i\infty\to\gamma+i\infty$ 部分

另一方面，由于 C 包含了 $s=0$ 处的单个奇点，柯西积分公式（7.5）给出了

$$\oint_C \frac{1}{s}e^{st}\,ds = \oint_C \frac{1}{\xi-0}\underbrace{e^{\xi t}}_{g(\xi)}\,d\xi$$

$$= 2\pi i g(0) = 2\pi i e^{0t} = 2\pi i$$

综合以上结果有，

$$f(t) = \frac{1}{2\pi i}\int_{\gamma-i\infty}^{\gamma+i\infty}\frac{1}{s}e^{st}\,ds = \frac{1}{2\pi i}\oint_C \frac{1}{s}e^{st}\,ds = \frac{2\pi i}{2\pi i} = 1$$

这正是我们所期望的。

计算反演公式（7.13）的关键是使用图 7.16 中的左侧半圆闭合方法，利用我们之前的

闭合路径结果。这使得来自左侧半圆路径部分的积分在 $R\to\infty$ 时趋于 0，即使路径长度本身变得任意大。这是当 $R\to\infty$ 时，$|F(s)|\to 0$，加上指数因子减小的结果。对于后者，用 $s=R\cos\theta+\mathrm{i}R\sin\theta$，得到 $\mathrm{e}^{st}=\mathrm{e}^{Rt\cos\theta}\mathrm{e}^{\mathrm{i}Rt\sin\theta}$，在 $\pi/2<\theta<3\pi/2$ 和 $R\cos\theta<0$ 的虚轴左侧，因子 $e^{Rt\cos\theta}$逐渐变小趋于零。然而，这个大半圆仍然有一部分延伸到 y 轴的右侧。幸运的是，我们可以证明，当端点趋于无穷时，这种贡献并不会破坏收敛到零的极限。这个“大半圆结果”称为**若当引理**，在本节的习题 5 中进行了检验。

拉普拉斯逆变换公式（7.13）的验证

例 7.6.1 证实了式（7.13）正确地求出了 $f(t)$ 等于一个常数的拉普拉斯逆变换，这可以说是最简单的情况。**我们能否更一般地确定它是任意 $f(t)$ 的拉普拉斯变换的逆变换？**在研究这个问题之前，我们需要指出一个更基本的问题，即**我们如何知道 $F(s)$ 有唯一的逆？**换句话说，我们怎么知道两个不同的函数 $f_1(t)$ 和 $f_2(t)$ 不会生成相同的 $F(s)$ 呢？如果发生这种情况，那么 $f_1(t)$ 和 $f_2(t)$ 将是 $F(s)$ 的不同的逆变换，这意味着逆变换不是唯一的。

为了解决这个基本问题，重要的是要注意拉普拉斯变换本身是一个线性算子，即

$$\mathcal{L}a\{c_1 f(t)+c_2 g(t)\}=c_1\mathcal{L}a\{f(t)\}+c_2\mathcal{L}a\{g(t)\}$$

因为 $\mathcal{L}a\{\cdot\}$是一个将函数转换为函数的线性算子，所以我们说它是一个线性泛函。这是与有限维线性变换类似的无限维情况，我们在第 2 章和第 3 章深入研究过。其中一个结果是 $\mathcal{L}a\{0\}=0$，这个事实可以从式（7.12）立即得到验证。进一步的推论是，当 $\mathcal{L}a\{h(t)\}=0$ 的唯一解是 $h(t)=0$ 时，唯一性成立。读者可能还记得，这本质上是为有限维线性变换建立弗雷德霍姆选择定理的第一步。稍后在第 11 章中，我们将在函数的背景下重新讨论弗雷德霍姆选择定理。现在我们只是用这个结果来断言逆变换是唯一的，即如果 $\mathcal{L}a\{h(t)\}=0$，则 $h(t)=0$。[㊀]

现在让我们回到验证式（7.13）的问题。为此，我们考虑

$$\mathcal{L}a\left\{f(t)-\frac{1}{2\pi\mathrm{i}}\int_{\gamma-\mathrm{i}\infty}^{\gamma+\mathrm{i}\infty}F(s)\mathrm{e}^{st}\,\mathrm{d}s\right\}=F(s)-\int_0^\infty\left[\frac{1}{2\pi\mathrm{i}}\int_{\gamma-\mathrm{i}\infty}^{\gamma+\mathrm{i}\infty}F(\xi)\mathrm{e}^{\xi t}\,\mathrm{d}\xi\right]\mathrm{e}^{-st}\,\mathrm{d}t$$

在这里，因为我们希望保留 s 作为最终的拉普拉斯变换变量，我们在最后的积分中使用 ξ 值来表示一个哑变量。我们现在关注二重积分。改变积分顺序，得到

$$\int_0^\infty\left[\frac{1}{2\pi\mathrm{i}}\int_{\gamma-\mathrm{i}\infty}^{\gamma+\mathrm{i}\infty}F(\xi)\mathrm{e}^{\xi t}\,\mathrm{d}\xi\right]\mathrm{e}^{-st}\,\mathrm{d}t=\frac{1}{2\pi\mathrm{i}}\int_{\gamma-\mathrm{i}\infty}^{\gamma+\mathrm{i}\infty}F(\xi)\left[\int_0^\infty\mathrm{e}^{-(s-\xi)t}\,\mathrm{d}t\right]\mathrm{d}\xi=\frac{1}{2\pi\mathrm{i}}\int_{\gamma-\mathrm{i}\infty}^{\gamma+\mathrm{i}\infty}\frac{F(\xi)}{s-\xi}\mathrm{d}\xi$$

最后一步，在 $\mathrm{Re}(s-\xi)>0$ 的假设下求积分 $\int_0^\infty\mathrm{e}^{-(s-\xi)}\,\mathrm{d}t$。因此，纵向积分路径必须位于点 s 的左侧。

㊀ 由捷克数学家马蒂亚斯·莱赫（Matthias Lerch，1860—1922）提出的莱赫定理，见文献［65］。

考虑上面最后一个积分，注意（被积函数）分母是$-(\xi-s)$。由柯西积分公式（7.5）可知，当ξ平面上的积分路径是一个以$\xi=s$为中心ϵ为半径的顺时针方向的小圆时，该积分可化为$F(s)$。要得出这一结论，我们必须假定s是F的解析点，并且F在小圆路径上和小圆路径内也是处处解析的。

考虑这样的路径，称它C_ϵ。当C_ϵ变形为另一个路径时，积分的值不会改变，条件是新的路径也包含$\xi=s$，且变形序列中的每一个路径始终保持在F的解析区域内。[⊖]我们利用这一点将原始路径C_ϵ变形为s左侧的纵向线段和补全的环绕s右侧的弧。设纵向线段在ξ平面上于$\xi=\gamma$处穿过实轴，在$\xi=\gamma\pm iR$处终止。当R足够大时，补全的弧是以$\xi=\gamma$为中心的一个半圆。然后我们用C_R表示这个半圆路径。这些关系如图7.17所示。

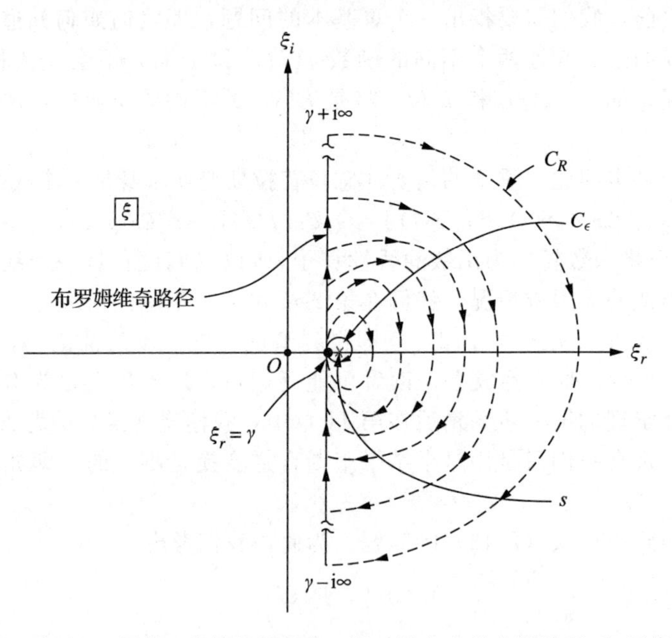

图7.17　在复ξ平面上，围绕s点的路径积分。顺时针方向的小圆路径C_ϵ逐渐扩展为通过$\xi=\gamma$的纵向路径和右侧闭合的大圆路径C_R。当$R\to\infty$时，在C_R上的计算值趋于零，而留下在纵向路径（布罗姆维奇路径）上的计算值。沿着C_ϵ的积分结果与沿着布罗姆维奇路径的计算结果相同，因为所有的奇点都在布罗姆维奇路径的左侧，所以不在路径变形发生的区域内

当$R\to\infty$极限时，整体闭合路径的纵向部分趋于式（7.13）中的布罗姆维奇积分路径。因此，**如果**在C_R上的积分随着$R\to\infty$而变为零，那么就会是以下情况：

$$F(s)=\frac{1}{2\pi i}\oint_{C_\epsilon}\frac{F(\xi)}{s-\xi}d\xi=\frac{1}{2\pi i}\int_{\gamma-iR}^{\gamma+iR}[\cdots]d\xi+\underbrace{\frac{1}{2\pi i}\int_{C_R}[\cdots]d\xi}_{\to 0}$$

⊖　用7.1节的最终结果。

$$=\frac{1}{2\pi\mathrm{i}}\int_{\gamma-\mathrm{i}\infty}^{\gamma+\mathrm{i}\infty}\frac{F(\xi)}{s-\xi}\mathrm{d}\xi \quad 当 R\to\infty \tag{7.14}$$

“当 $\xi\to\infty$ 时，$F(\xi)\to 0$” 是保证 C_R 上的积分在大 R 极限下变为零的一个充分条件。综合上述所有结果——同时继续假设所有所需条件都成立——可以得出

$$\mathcal{L}a\left\{f(t)-\frac{1}{2\pi\mathrm{i}}\int_{\gamma-\mathrm{i}\infty}^{\gamma+\mathrm{i}\infty}F(s)\mathrm{e}^{st}\mathrm{d}s\right\}=F(s)-F(s)=0$$

这反过来得到

$$f(t)-\frac{1}{2\pi\mathrm{i}}\int_{\gamma-\mathrm{i}\infty}^{\gamma+\mathrm{i}\infty}F(s)\mathrm{e}^{st}\mathrm{d}s=0$$

这一结果证实了式（7.13）作为拉普拉斯变换的反演积分的正确性。

一个更复杂的证明将使用半边傅里叶变换的概念：这个证明将在 8.7 节的习题 3 中讨论。还应该注意的是，在上述验证论据中提及的 F 的各种条件实际上可以提前检查任何试图考虑的 F。例如例 7.6.1 中考虑的 $F(s)=1/s$ 的情况，当 $s\to\infty$ 时，显然满足 $F(s)\to 0$ 的条件。更一般地，根据 F 的性质，我们可以证明所要求的条件是合理的，这些性质是通过原始式（7.12）计算得到的。

继续向前，我们注意到上面的验证论据使用了“右侧补全半圆路径”，而不是实际使用式（7.13）时使用的“左侧补全半圆路径”，如例 7.6.1 所示。在使用式（7.13）时，使用左侧补全路径的原因是利用了这一侧指数衰减的优势。相反，上面由式（7.14）构造的验证论据使用的是一个不包含指数的积分，因此这些考虑并不适用。事实上，验证论据与式（7.13）的任何实际应用不同，它不需要求助于若当引理。

用式（7.13）求多奇点拉普拉斯逆变换

我们选择提供上述对式（7.13）的验证论据，不仅是因为它的完备性，而且因为它是柯西积分公式应用的一个很好的证明，还因为式（7.13）的证明在应用数学课本中经常没有给出。然而，我们要强调的是，实际使用式（7.13）并不需要理解验证论据。这就是为什么我们选择在给出这个论证之前给出例 7.6.1。为了强调式（7.13）的易用性，我们现在考虑对前面的例 7.6.1 做一点推广。在以下例子中，多个奇点出现在布罗姆维奇路径的左边。因此，调整相关的闭合路径 C，以与图 7.7 一致的方式包围它们。第 8 章将考虑更高级的拉普拉斯逆变换计算，包括有分支剪切的情况。

例 7.6.2　用式（7.13）求拉普拉斯变换为 $Y(s)=\omega/(s^2+\omega^2)$ 的函数 $y(t)$，其中 $\omega>0$ 是给定的实数。

评注： 这个 $Y(s)$ 来自求解满足初始条件 $y(0)=0$，$\mathrm{d}y/\mathrm{d}t|_0\neq 0$ 的常微分方程 $\mathrm{d}^2y/\mathrm{d}t^2+\omega^2y=0$（见 7.6 节的习题 4）。这是频率为 ω 的谐振子方程。

解　函数 $\omega/(s^2+\omega^2)$ 在虚 s 轴上有两个奇点 $s=\pm\mathrm{i}\omega$。为了使这些奇点位于路径的左侧，我们必须取 $\gamma>0$。在图 7.18 中所示的是由纵向直线与左侧补全大半圆所组成的闭合路径结构。如在例 7.6.1 中那样，这个大半圆（对积分）的贡献在无限半径的极限中趋于零。图中还显示了虚线曲线，它们使整个闭合路径上的积分可以用在以两个奇点 $\pm\mathrm{i}\omega$ 为圆心 ϵ 为半径的小圆上计算的积分来替换。同样，如图 7.7 和图 7.14 所示，这是因为在连接

通道的对边的积分抵消了。

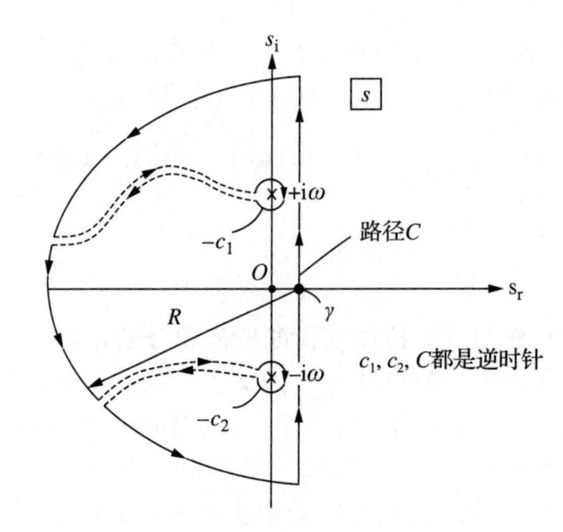

图 7.18 求复函数 $Y(s)=\omega/(s^2+\omega^2)$ 反演积分的路径。在路径内有两个奇异点 $s=\pm i\omega$，这使得我们可以用式（7.5）计算闭合路径积分。注意，路径 C 上的积分被替换为圆形路径 c_1 和 c_2 上的两个积分，所有 3 个路径都是逆时针方向。如例 7.6.1 一样，半圆路径对积分的贡献在 $R\to\infty$ 时趋于零，只留下 $\gamma-i\infty\to\gamma+i\infty$ 部分的贡献

把 $Y(s)$ 表示为

$$Y(s)=\frac{\omega}{s^2+\omega^2}=\frac{-i/2}{s-i\omega}+\frac{i/2}{s+i\omega} \tag{7.15}$$

我们发现右边两个求和项中的第一项对 c_2 的积分没有作用，而第二项对 c_1 的积分没有作用。综合这些结果有

$$\begin{aligned} y(t) &= \frac{1}{2\pi i}\int_{\gamma-i\infty}^{\gamma+i\infty} Y(s)e^{st}\,ds = \lim_{R\to\infty}\frac{1}{2\pi i}\oint_C \frac{\omega}{s^2+\omega^2}e^{st}\,ds \\ &= \frac{1}{2\pi i}\oint_{c_1}\frac{-i/2}{s-i\omega}e^{st}\,ds+\frac{1}{2\pi i}\oint_{c_2}\frac{i/2}{s+i\omega}e^{st}\,ds \end{aligned} \tag{7.16}$$

在路径 c_1 上 $s=i\omega+\epsilon e^{i\theta}$，在路径 c_2 上 $s=-i\omega+\epsilon e^{i\theta}$。用 $ds=i\epsilon e^{i\theta}d\theta$ 对 θ 从 0 到 2π 积分。做这些替换会导致

$$y(t)=-\frac{i}{4\pi}\int_0^{2\pi}e^{(i\omega+\epsilon e^{i\theta})t}\,d\theta+\frac{i}{4\pi}\int_0^{2\pi}e^{(-i\omega+\epsilon e^{i\theta})t}\,d\theta \tag{7.17}$$

结果保证与 ϵ 无关，因此可以在 $\epsilon\to0$ 的极限下求值。这就给出了

$$y(t)=\frac{1}{4\pi i}\underbrace{\int_0^{2\pi}e^{i\omega t}\,d\theta}_{2\pi e^{i\omega t}}-\frac{1}{4\pi i}\underbrace{\int_0^{2\pi}e^{-i\omega t}\,d\theta}_{2\pi e^{-i\omega t}}=\frac{e^{i\omega t}-e^{-i\omega t}}{2i}=\sin\omega t$$

$\sin\omega t$ 的拉普拉斯变换是 $\omega/(s^2+\omega^2)$；$\omega/(s^2+\omega^2)$ 的逆变换是 $\sin\omega t$。

这个例子说明了许多处理拉普拉斯变换及其逆的通常有用的过程。首先，分解

式（7.15）被称为部分分式展开，它的使用是将具有多项式分母的函数重构为具有更简单分母的函数的和的标准方法。然后，在得到式（7.16）之后，我们选择直接对积分求值，将其变形为式（7.17）。或者，柯西积分公式（7.5）可以用来计算式（7.16）中的每个积分，这也会得到 $y(t)=\sin\omega t$。

7.7　势流再论：流动流体所施加的力

在 6.5 节中，我们就不可压缩稳定二维流推导了复变量分析与流体力学之间的联系。[㊀]这种联系被式（6.25）中的复速度势 $f(z)$ 所简要描述，它可以确定流场流线模式，也可以通过式（6.26）确定流体速度。现在，我们把注意力转到流体压力的测定上来，进一步阐述这一推导。这使得计算流体对流场中的物体施加的总力成为可能。然后我们继续考虑带有吹气的流，以及流经非标准形状体（如钝体）的流。后者允许我们演示非标准坐标系（如前面讨论过的抛物坐标）的适用性。

确定流体压力的关键步骤可以归功于莱昂哈德·欧拉（Leonhard Euler），他将式（6.20）沿着流线积分。其结果（大约始于 1750 年）就是著名的**伯努利**（Bernoulli）**方程**[㊁]

$$\frac{1}{2}(v_x^2+v_y^2)+\frac{p}{\rho}+gy=\text{常数} \tag{7.18}$$

将式（7.18）式乘以恒定的密度 ρ，我们看到单位变成了每单位面积上的力，也就是每单位体积上的能量。式（7.18）的每一项都有一个能量解释：第一项 $\rho(v_x^2+v_y^2)/2$ 是动能，第三项 ρgy 是重力势能。这两项在考虑一般的质量-弹簧系统时是很常见的（见图 4.2）。任何这样的质量-弹簧问题在能量平衡中通常会有以下三种类型的能量：刚才描述的动能和重力势能，以及由弹簧本身产生的弹性势能（对于一个经典的线性弹簧来说，弹性势能是弹簧挠度的二次项）。将这种弹簧-质量系统的能量平衡与伯努利条件式（7.18）进行比较，我们注意到，唯一真正的变化是弹性弹簧能量被压力所取代。尽管这种类比不精确，但是式（7.18）中的压力项可以看作流体介质固有的能量的一种形式，就如弹性弹簧能量是弹簧-质量系统的弹性材料固有的一样。[㊂]

在许多情况下，式（7.18）中重力项的相对贡献比压力项 p/ρ 或动能项 $(v_x^2+v_y^2)/2$ 要小得多。即使是在空气动力学的应用中，这种情况也经常出现，因为这种应用的目的是克服重力的影响。因此，下面我们忽略式（7.18）中的重力势能项。去掉这一项，然后乘以 ρ 得到

$$\frac{1}{2}\rho(v_x^2+v_y^2)+p=p_0 \tag{7.19}$$

㊀ 这种联系也可以应用于固体力学、静电学或任何可以用势能理论来描述的学科。

㊁ 伯努利方程统一了流体静力学，见式（7.18）中的流体静力项 $p/\rho+gy$ 与流体动力对流项 $(v_x^2+v_y^2)/2$。援引文献［66］中斯宾塞（D. Speiser）的话："这种统一是通过著名的伯努利方程实现的，正如特鲁斯德尔 Truesdell）仔细解释的那样，这个方程绝不是由伯努利以我们今天所知道的形式写成的。事实上，在欧拉使其以一目了然的形式成为可能之前，至少需要四个重大发现。"

㊂ 这也可以通过想象少量的流体可压缩性来理解，在这种情况下，高压流体被压缩得更紧，因此储存了更多的能量。就像任何类比一样，它只能走到这一步。例如，一个不同之处是，流体压力不能产生张力（液体形成空洞），而弹簧可以从其自然无应力长度上伸展和收缩。

其中，常数被写成 p_0。在这种形式中，p_0 被解释为流线上速度变为零（即 $v_x=v_y=0$）的任意点上的压力。在任何给定的流线上，这样的点可能存在，也可能不存在。例如，在例 6.5.3中，那些围绕圆形物体弯曲的流线不包含任何这样的点。另一方面，定义圆形物体的特定流线，在其前后都与 x 轴重合，即为特殊的边界流线（图 6.10 中的零流线）。在这条流线上，速度在 $(x,y)=(\pm 1,0)$ 处变为零，即图 6.10 中 SP 表示的所谓**驻点**。

由于式（7.19）适用于每条流线，因此该方程中的常数 p_0 可以随流线的变化而变化。如果流线具有共同的远场流型，如例 6.5.3 中的情况，则不会出现这样的复杂情况。在这种情况下，式（7.19）适用于整个流场，p_0 为流场中物体表面的驻点压力（再次参见图 6.10）。特别地，这表明在整个流动，压强 p 与速度大小 $|\boldsymbol{v}|$ 呈反比关系，即在速度最小的地方压强最大，反之亦然。[㊀] 由于物体上的压强会随着速度的变化而变化，适当安排的气流可以产生升力（和阻力）。

特别地，非黏性二维流体流对浸入物体 $\mathcal{B}$ 施加的力（单位平面外 z 距离）为

$$F_x\hat{\boldsymbol{e}}_x+F_y\hat{\boldsymbol{e}}_y=\int_{\partial\mathcal{B}}(-p)\hat{\boldsymbol{n}}\mathrm{d}s \tag{7.20}$$

其中积分是围绕物体的，$\hat{\boldsymbol{n}}$ 是一个指向物体外的单位法向量。当流动也是稳定且不可压缩时，p 的值由式（7.19）给出。作为一个快速的演示，这个结果立即给出了例 6.5.3 中流过圆柱体的流体对圆柱体没有施加整体的力。由于流场的上下对称性，不存在整体的纵向力 F_y；对于柱面边界 $\partial\mathcal{B}$ 上的一点 (x,y) 对 F_y 的每一个贡献，都有 $(x,-y)$ 处的位置对 F_y 的相等且相反的贡献。类似地，左右对称性确保了没有整体水平力 F_x。

在空气动力学语言中，F_y 是**升力** L，F_x 是**阻力** D。我们现在展示，当流动是稳定和不可压缩时，复分析如何在计算升力和阻力方面提供简练和有用的结果。历史上，决定机翼形状能产生多大的升力，以及与该形状相关的阻力，是政治家在第一次世界大战前夕认为做这样的工作应得到充足资金的原因。[㊁]

升力

我们首先用复变量 $F_x+\mathrm{i}F_y$ 重铸整体力向量，为了求积分，用 $\mathrm{d}z=\mathrm{d}x+\mathrm{i}\mathrm{d}y$ 考虑线积分的一小部分。参考图 7.19，我们有 $\mathrm{d}F_x=-p\mathrm{d}y$ 和 $\mathrm{d}F_y=p\mathrm{d}x$，因此

$$\mathrm{d}F=\mathrm{d}F_x+\mathrm{i}\mathrm{d}F_y=-p\mathrm{d}y+\mathrm{i}p\mathrm{d}x=\mathrm{i}p(\mathrm{d}x+\mathrm{i}\mathrm{d}y)=\mathrm{i}p\mathrm{d}z$$

从而

$$F_x+\mathrm{i}F_y=\mathrm{i}\oint_C p\,\mathrm{d}z=-\frac{1}{2}\mathrm{i}\rho\oint_C(v_x^2+v_y^2)\mathrm{d}z \tag{7.21}$$

我们已经使用了式（7.19），同时绕整个物体的积分常数 p_0 也变为零。

回忆一下，复速度势 $f(z)=\phi+\mathrm{i}\Psi$ 是通过式（6.26）得到速度的，因此式（7.21）中的被积函数可以写成

$$v_x^2+v_y^2=(v_x+\mathrm{i}v_y)\underbrace{(v_x-\mathrm{i}v_y)}_{\frac{\mathrm{d}f}{\mathrm{d}z}}=\overline{\left(\frac{\mathrm{d}f}{\mathrm{d}z}\right)}\left(\frac{\mathrm{d}f}{\mathrm{d}z}\right) \tag{7.22}$$

㊀ 这反映了弹簧的速度大小和储存的势能之间的关系。

㊁ 参见 Bloor 的文献 [17] ——*The Enigma of the Aerofoil*——的第 6 章。

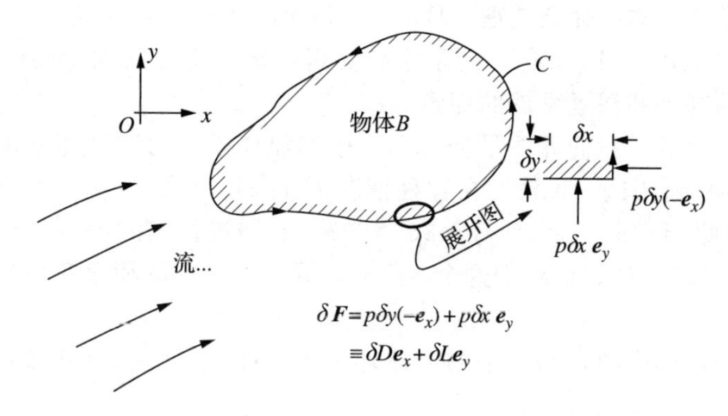

图 7.19 整个二维物体 B 和一个单独边界单元图，显示局部压力对纵向升力（在 $+\hat{e}_y$ 方向上 $\delta L=p\delta x$）和水平阻力（在 $\hat{e}_x$ 方向上 $\delta D=-p\delta y$）的贡献。在图中物体固定坐标系中，物体是静止的。如图所示，稳定流从左向右。向右的阻力阻碍了物体在地面坐标系或绝对坐标系中的向左运动。积分是在二维物体上逆时针方向的路径 C 上进行的

使用这个结果，并引入阻力符号 $D=F_x$ 和升力符号 $L=F_y$，得到

$$D+\mathrm{i}L=-\frac{1}{2}\mathrm{i}\rho\oint\overline{\left(\frac{\mathrm{d}f}{\mathrm{d}z}\right)}\left(\frac{\mathrm{d}f}{\mathrm{d}z}\right)\mathrm{d}z \tag{7.23}$$

在上面，我们设 α 为流体速度的极角，这样

$$\overline{\left(\frac{\mathrm{d}f}{\mathrm{d}z}\right)}=v_x+\mathrm{i}v_y=\left(\sqrt{v_x^2+v_y^2}\right)\mathrm{e}^{\mathrm{i}\alpha},\quad \frac{\mathrm{d}f}{\mathrm{d}z}=\overline{\overline{\left(\frac{\mathrm{d}f}{\mathrm{d}z}\right)}}=\left(\sqrt{v_x^2+v_y^2}\right)\mathrm{e}^{-\mathrm{i}\alpha}$$

特别地，这给出了

$$\overline{\left(\frac{\mathrm{d}f}{\mathrm{d}z}\right)}=\mathrm{e}^{2\mathrm{i}\alpha}\frac{\mathrm{d}f}{\mathrm{d}z}$$

我们现在利用这样一个事实：物体的边界是不可透过的表面，没有流通过。因此，式（7.23）中的 $\mathrm{d}z$ 与 $v_x+\mathrm{i}v_y$ 方向相同，从而可用相同的极角 α。用沿路径 C 的标量弧长 s 表示，这意味着 $\mathrm{d}z=\mathrm{e}^{\mathrm{i}\alpha}\mathrm{d}s$ 和 $\overline{\mathrm{d}z}=\mathrm{e}^{-\mathrm{i}\alpha}\mathrm{d}s$。所以在这个物体的边界上，

$$\overline{\mathrm{d}z}=\mathrm{e}^{-2\mathrm{i}\alpha}\mathrm{d}z\quad\Rightarrow\quad\overline{\left(\frac{\mathrm{d}f}{\mathrm{d}z}\right)}\,\overline{\mathrm{d}z}=\left(\mathrm{e}^{2\mathrm{i}\alpha}\frac{\mathrm{d}f}{\mathrm{d}z}\right)(\mathrm{e}^{-2\mathrm{i}\alpha}\mathrm{d}z)=\frac{\mathrm{d}f}{\mathrm{d}z}\mathrm{d}z$$

为了利用这一结果，我们首先取式（7.23）的复共轭。结果是

$$D-\mathrm{i}L=\frac{1}{2}\mathrm{i}\rho\oint_C\underbrace{\overline{\overline{\left(\frac{\mathrm{d}f}{\mathrm{d}z}\right)}}}_{\frac{\mathrm{d}f}{\mathrm{d}z}}\underbrace{\overline{\left(\frac{\mathrm{d}f}{\mathrm{d}z}\right)}\,\overline{\mathrm{d}z}}_{\frac{\mathrm{d}f}{\mathrm{d}z}\mathrm{d}z}=\frac{1}{2}\mathrm{i}\rho\oint_C\left(\frac{\mathrm{d}f}{\mathrm{d}z}\right)^2\mathrm{d}z \tag{7.24}$$

乘以 i 就得到下面形式的合力的最终表达式

$$L+\mathrm{i}D=-\frac{\rho}{2}\oint_C\left(\frac{\mathrm{d}f}{\mathrm{d}z}\right)^2\mathrm{d}z \tag{7.25}$$

式（7.25）被称为**布拉休斯定理**（Blasius theorem）。[⊖]布拉休斯（1883—1970）是路德维希·普朗特（Ludwig Prandtl）的学生和女婿，他在哥廷根大学的研究小组负责固体力学和流体力学的基础和深远发展的探索。

在式（7.20）之后，我们评注了例 6.5.3 中的流体没有对圆柱体施加整体力，我们可以直接从式（7.25）确认这一说法。在这种情况下 $f(z)$ 由式（6.29）给出，于是 $\mathrm{d}f/\mathrm{d}z=U_\infty(1-z^{-2})$，因此$(\mathrm{d}f/\mathrm{d}z)^2=U_\infty^2(1-2z^{-2}+z^{-4})$。然后，在 $m=0,-2,-4$ 的情况下，使用 $z_0=0$ 从式（7.8）得到，对于这个 $\mathrm{d}f/\mathrm{d}z$，式（7.25）的积分变为零。

涡度和环量

第 6 章介绍了流体中闭合路径中的流体环量 Γ。对于我们已经考虑的一类二维流，它由下式给出：

$$\Gamma=\oint_C v_x\mathrm{d}x+v_y\mathrm{d}y$$

由于流势 f 给出了 $v_x-\mathrm{i}v_y=\mathrm{d}f/\mathrm{d}z$，由此得到

$$\oint_C\frac{\mathrm{d}f}{\mathrm{d}z}\mathrm{d}z=\oint_C(v_x-\mathrm{i}v_y)(\mathrm{d}x+\mathrm{i}\mathrm{d}y)=\oint_C\Big((v_x\mathrm{d}x+v_y\mathrm{d}y)+\mathrm{i}(-v_y\mathrm{d}x+v_x\mathrm{d}y)\Big)$$

所以

$$\Gamma=\mathrm{Re}\left(\oint_C\frac{\mathrm{d}f}{\mathrm{d}z}\mathrm{d}z\right)\tag{7.26}$$

对于例 6.5.3 中的绕柱流动，我们有 $\mathrm{d}f/\mathrm{d}z=U_\infty(1-z^{-2})$。因此，我们也可以从式（7.8）推导得到：流体中任何沿闭合曲线的环量为零。这包括环绕物体或不环绕物体的曲线（见图 6.10）。

什么类型的流会有一个非零环量？如果这样的流具有 z 的幂的流势，那么从式（7.8）可以得出：这样的流的 $\mathrm{d}f/\mathrm{d}z$ 必须包含 $1/z$ 的幂。更具体地说，因为$\oint_C z^{-1}\mathrm{d}z$ 是 $2\pi\mathrm{i}$（当 C 包围原点时），因此是虚数。为得到式（7.26），需要将项 $1/z$ 乘以一个虚数，从而生成一个式（7.26）那样非零的实部。因此，可以考虑的最简单的可能性似乎是流势 f 满足 $\mathrm{d}f/\mathrm{d}z=\mathrm{i}A/z$，其中 A 是实标量。这意味着 $f(z)=\mathrm{i}A\log z$（加上一个非本质常数）。由于式（7.8)给出了$\oint_C\mathrm{i}Az^{-1}\mathrm{d}z=-2\pi A$，所以由式（7.26）可知，可以方便地将 A 改写为 $A=-\Gamma/2\pi$。这样我们就得到了复的流势

$$f(z)=\phi+\mathrm{i}\Psi=-\mathrm{i}\frac{\Gamma}{2\pi}\log z=\frac{\Gamma\theta}{2\pi}-\mathrm{i}\frac{\Gamma}{2\pi}\log r\tag{7.27}$$

因此，流线（Ψ=常数的曲线）是以原点为圆心的同心圆。在极坐标中，速度由式（6.33）的形式所示：

$$v_r=0,\quad v_\theta=\frac{\Gamma}{2\pi r}\tag{7.28}$$

[⊖] 与此对非黏性流理论的贡献一样重要的是黏性流的布拉休斯边界层理论，后者的贡献可能更大。后者采用相似变换或边界层变换，使流体力学、传热和传质问题的分析成为可能。这些技术的使用继续产生重要的结果。例如，我们发现这项工作对相似变换理论和匹配渐近展开方法产生影响。

这表明这个速度场是围绕原点的纯旋转。对于正的 Γ，旋转的方向是逆时针的。在每个半径为 R 的圆（以原点为圆心）上，速度是恒定的。因为圆的周长是 $2\pi R$，所以在这条路径上的环量是$2\pi R v_\theta=\Gamma$，因此可以确定 Γ 确实是这样一条路径上的环量。式（7.28）的形式成为把式（7.27）给出的复速度势所得到的流场命名为**非黏性涡旋**的原因。

到目前为止，我们一直在讨论流势式（7.27），就好像它描述的是一个没有障碍的流场。然而，我们还记得，我们总是可以将任何封闭的流线路径视为描述障碍的路径，因为这样的路径满足在这些位置上没有法向（垂直）流的条件。因此，式（7.27）也描述了围绕圆柱的圆周流，在这种情况下是任意半径的圆柱。[㊀]这样的气流对圆柱施加的力是多少？我们再次使用式（7.25），其中被积函数$(\mathrm{d}f/\mathrm{d}z)^2=(-\mathrm{i}\Gamma/2\pi)^2z^{-2}$。利用式（7.8），其中 $m=-2$，我们看到这种流对圆柱施加的力也是零。

到目前为止，我们已经描述了关于圆柱体的两个非常不同的流场，即例 6.5.3 中的摄动均匀流和刚才描述的非黏性涡旋。前者没有环量，后者有环量。两种流体都不对物体施加任何力。

什么样的气流会对这样一个圆形障碍物施加力？实际上，我们现在可以通过将上述两个流场简单地结合起来构造这样的流。换句话说，我们考虑复速度势

$$f(z)=U_\infty\left(z+\frac{1}{z}\right)-\mathrm{i}\,\frac{\Gamma}{2\pi}\log z=\phi+\mathrm{i}\Psi \tag{7.29}$$

我们可以把它写成极坐标：

$$f=\underbrace{\left[U_\infty\left(r+\frac{1}{r}\right)\cos\theta+\frac{\Gamma\theta}{2\pi}\right]}_{\phi}+\mathrm{i}\underbrace{\left[U_\infty\left(r-\frac{1}{r}\right)\sin\theta-\frac{\Gamma}{2\pi}\log r\right]}_{\Psi} \tag{7.30}$$

在这个流场中，有效的障碍是任何由闭合流线描述的形状，即任何满足 $\Psi=$常数的闭合曲线。特别地，$r=1$ 的圆使得 $\Psi=0$。因此式（7.29）给出的 f 再次描述了一个围绕半径为 1 的圆柱体的流场，现在在远场中它是一个均匀流场，并在物体的周围有一个非黏性涡旋。下面的例子将探讨它的细节。

例 7.7.1　对于具有复势流式（7.29），确定环量如何改变例 6.5.3 图 6.10 中所示的流线。这是如何改变液体对物体施加的压强的？计算在这种流中圆柱体的升力和阻力。

解　对式（7.30）的复势用式（6.33），发现速度场由下面的式子给出：

$$v_r=U_\infty\left(1-\frac{1}{r^2}\right)\cos\theta$$

$$v_\theta=-U_\infty\left(1+\frac{1}{r^2}\right)\sin\theta+\frac{\Gamma}{2\pi r}$$

注意，在 $r=1$ 时 $v_r=0$，这确认了流与圆柱边界相切。切向边界流的大小为 $v_\theta\,|_{r=1}=-2U_\infty\sin\theta+\Gamma/(2\pi)$。设此等式为零，驻点在 $\theta=\arcsin(\Gamma/(4\pi U_\infty))$处。因此，当 $\Gamma=0$ 时，驻点在 $\theta=0$，π 处，如图 6.10 所示。对于 $\Gamma>0$，驻点向上移动到 x 轴上方对称排列

㊀ 这也有从实际流场中去除 $z=0$ 处奇点的有益效果。

的位置。相反，$\Gamma<0$ 时，表示 x 轴下方对称排列的驻点，如图 7.20 所示。我们考虑 $\Gamma<0$（顺时针环量），观察到当 $|\Gamma|$ 增加时，驻点在柱面上向下移动，当 $\Gamma=-4\pi U_\infty$ 时，驻点最终在 $\theta=-\pi/2$ 处合并。

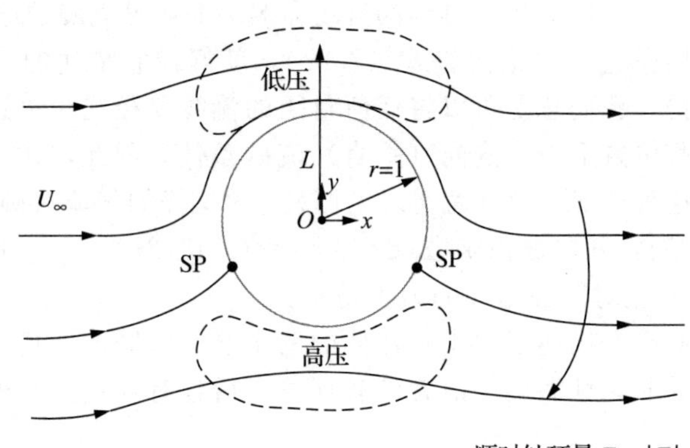

图 7.20　由式（7.29）中 $\Gamma<0$ 的复速度势函数所描述的顺时针环量在圆柱体上的流的流线。顺时针的环量将驻点（SP）推到 x 轴下方

根据质量守恒定律，$v_\theta\mid_{r=1}$ 的分布同时确保两个流体粒子同时到达左侧驻点附近，其中一个沿着圆柱的顶部按顺时针旋转，另一个沿着圆柱的底部按反时针旋转，它们在右侧驻点附近再次相遇。因此，圆柱体顶部的流体速度高于底部周围的流体速度。根据式（7.19），这使得圆柱底部的压强更大。

通过式（7.25）计算升力和阻力，则被积函数为

$$\left(\frac{\mathrm{d}f}{\mathrm{d}z}\right)^2=U_\infty^2\left(1-\frac{1}{z^2}\right)^2-\left(\frac{\Gamma}{2\pi z}\right)^2-\mathrm{i}\,\frac{U_\infty\Gamma}{\pi z}\left(1-\frac{1}{z^2}\right)$$

再次根据式（7.8），只有 $1/z$ 项对式（7.25）有贡献。由此得到

$$L+\mathrm{i}D=\left(-\frac{\rho}{2}\right)\left(-\mathrm{i}\,\frac{U_\infty\Gamma}{\pi}\right)(2\pi\mathrm{i})=-\rho U_\infty\Gamma$$

因此，升力 $L=-\rho U_\infty\Gamma$，阻力 $D=0$。对于顺时针环量（$\Gamma<0$），升力确实是向上的，就如同从圆底部增加的压强可以预期到的，如图 7.20 所示。

物理上，根据伯努利方程式（7.19），升力的产生是因为，当速度的平方增加时压强相应减少（反之亦然）。通过以原点为中心的涡旋引入顺时针环量后，由自由流加上涡旋旋转的速度增量在圆柱体上方产生（因此那里的压强较低），而相应的由自由流减去涡旋的速度减量在圆柱体下方产生（因此那里的压力更高）。这种表面压强不平衡的综合产生了升力。

我们发现，当环量是逆时针方向时，压强是反向的，圆柱体的反应是向下移动。在横流中向上、向下或侧向运动的圆柱体（引申开来，像网球一样的球体）被称为**马格努斯效应**（Magnus effect），早在 1852 年就在旋转网球运动的背景下被描述过。

从几何角度来看，环量的引入打破了流线的上下对称性，而不是左右对称性。因此，现在存在一个非零的纵向力（升力），而水平力（阻力）仍然为零，这就不足为奇了。即

便如此，从直觉的角度来看，零阻力的结果经常被认为是令人惊讶的，以至于它被称为**达朗贝尔悖论**（d'Alembert's paradox）。这无疑与非黏性流假设的微妙性质有关。物理上，当流动是非黏性的时候，涡度如何出现？前面提到的开尔文定理指出，在非黏性流中环量不能自行产生。

一个相当聪明的可接受的普遍看法是基于这样一个概念，即使是一个稳态流也必须在之前的某个时间开始。因此，当流开始时，可以认为它是一种非黏性流动，其黏性——表现为流体颗粒与物体的黏附——产生薄的剪切层，称为流在物体附近的边界层。任何非零流体环量的建立都发生在流充分发展期间。在此之后，最终的稳态流可以认为是非黏性的（例如，不再需要黏性流方程来描述离开物体或尾流的流型）。但是，最初引入的环量仍然存在，并且根据开尔文定理，在之后的流场中始终保持$\Gamma \neq 0$。

吹气圆柱

接下来，我们考虑圆柱上流问题的另一个扩展。在这里，我们研究一个圆柱体，它的表面可能通过很多非常小的气孔发出径向流。这就是所谓的“吹气圆柱”。吹气的结果是在圆柱前产生一个速度为零的单一驻点。在这个流中，一个流源于$x=-\infty$，而另一个流源于圆柱表面的$r=r_0$。在圆柱（前方）的上游区域，这些反向流碰撞产生了指定的驻点（见图7.21）。将会看到，当横流和吹气的大小不同时，这一点的位置也会发生变化。与例6.5.3的无吹气圆柱相比，圆柱下游一侧没有驻点。

吹气圆柱问题与强迫横流中的液滴燃烧有关，例如，由太阳发出的带电粒子组成的太阳风与地球磁场的相互作用。我们必须理解，这里表述的问题是实际的三维问题的二维版本，因此相似之处只是定性的。如前面的例子，解将利用拉普拉斯方程中速度势的笛卡儿坐标和极坐标形式的组合。

我们现在为流过一个吹气圆柱表面的稳定流构造复速度势和流函数。第一部分是半径为$r=r_0$［把式（6.29）中的单位1换为$r=r_o$］的圆柱上的流的复势：

$$f = U_\infty\left(z+\frac{r_o^2}{z}\right) \tag{7.31}$$

第二部分是纯吹气流的速度势。这个从二维圆柱表面发出的流仅仅是径向坐标r的函数。该流的拉普拉斯方程式（6.16）化为$(1/r)\mathrm{d}(r\mathrm{d}\phi/\mathrm{d}r)/\mathrm{d}r=0$，其解为$\phi=D\log r+E$，其中$D$和$E$为积分常数。在圆柱的表面，从条件$v_r(r=r_o)=v_{r_o}=D/r_o$得到$D=r_o v_{r_o}$。因此速度势为

$$\phi = r_o v_{r_o}\log r + C \tag{7.32}$$

其中C是另一个积分常数。当$r \geqslant r_o$时，这个解是合理的。我们使用式（6.33）求调和共轭Ψ。通过简单的计算得到

$$\Psi = r_o v_{r_o}(\theta - \pi) \tag{7.33}$$

当$\theta=\pi$时，满足$\Psi=0$：这个上游的流入流线是零流线。结合式（7.32）和式（7.33）得到纯吹气流的复势

$$f = r_o v_{r_o}(\log z - \mathrm{i}\pi) \tag{7.34}$$

通过考虑一个有限半径的在其表面的吹气径向流速度为v_{r_o}的圆柱而得到式（7.34）后，值得注意的是，现在缩小r_o使$r_o \to 0$，同时让v_{r_o}像$1/r_o$一样增长以固定乘积$r_o v_{r_o}$在A处，

得到流势 $f=A\log z+C$，其中 $C=-\mathrm{i}\pi A$。正如在 6.5 节的习题中讨论过的那样，这是原点处二维源的流势。

回到吹气圆柱，结合式（7.31）和式（7.34），通过吹气圆柱的稳定流的复速度势为

$$f=\underbrace{\left[U_{\infty}\left(r+\frac{r_{\mathrm{o}}^{2}}{r}\right)+r_{\mathrm{o}}v_{r_{\mathrm{o}}}\log r\right]}_{\phi}+\mathrm{i}\underbrace{\left[U_{\infty}\left(r-\frac{r_{\mathrm{o}}^{2}}{r}\right)\sin\theta+r_{\mathrm{o}}v_{r_{\mathrm{o}}}(\theta-\pi)\right]}_{\Psi}\tag{7.35}$$

目前我们将注意力集中在 Ψ 上，通过定义无量纲因变量 $\widetilde{\Psi}=\Psi/U_{\infty}r_{\mathrm{o}}$、无量纲自变量 $\widetilde{r}=r/r_{\mathrm{o}}$（我们不考虑已经无量纲的 θ）和无量纲速度比 $\epsilon=v_{r_{\mathrm{o}}}/U_{\infty}$ 来对 Ψ 进行无量纲化。因此[⊖]

$$\widetilde{\Psi}=\left(\widetilde{r}-\frac{1}{\widetilde{r}}\right)\sin\theta+\epsilon(\theta-\pi)\tag{7.36}$$

这个流中很多重要的信息都可以从这个表达式推导出来。例 7.7.2 提供了一些细节。

例 7.7.2　利用式（7.36）计算出如图 7.21a 所示的横流中吹气圆柱的流线、速度分量、压力场和驻点。

流线的解：在流线上，我们在式（7.36）中令 $\widetilde{\Psi}=C$。我们在该公式中定义 $G(\theta)=[C+\epsilon(\pi-\theta)]/(2\sin\theta)$，使流线上的 $\widetilde{r}$ 和 θ 根据 $\widetilde{r}^{2}-2G(\theta)\widetilde{r}-1=0$ 相联系。据此，$\widetilde{r}(\theta)=G(\theta)+\sqrt{G(\theta)^{2}+1}$（因为 $\widetilde{r}$ 不可能是负的）。在圆柱的顶部，我们有 $0<\theta<\pi$，从而 $G(\theta)>0$。由于关于水平轴对称，只须考虑顶部。流线如图 7.22 所示。这些图中显示的是常数 C 的值，在远场横流为正，吹气层为负，在分离流线处为零。如前所述，在零流线的相反两侧产生的流线从不接触。

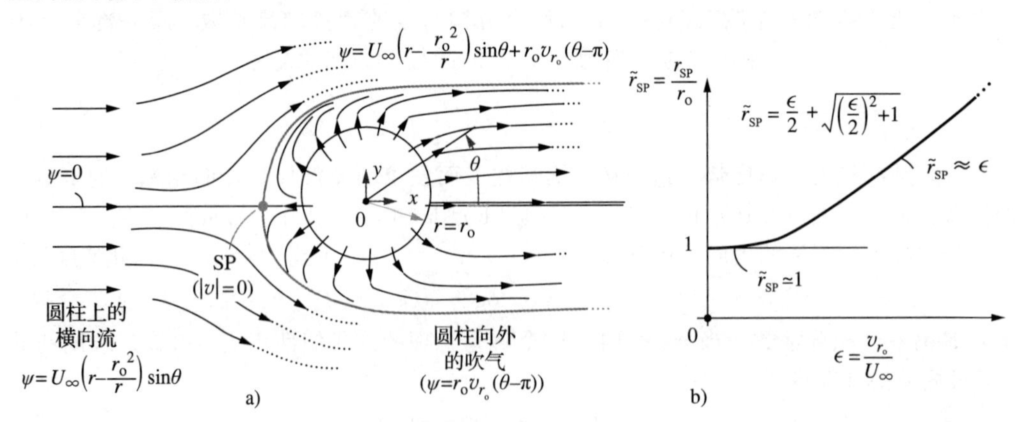

图 7.21　a）水平面上从左到右的横流与圆柱径向向外吹出的流相结合。b）驻点（SP）无量纲半径 $\widetilde{r}_{\mathrm{SP}}=r_{\mathrm{SP}}/r_{\mathrm{o}}$ 对无量纲速度比 $\epsilon=v_{r_{\mathrm{o}}}/U_{\infty}$ 的依赖关系。当 ϵ 变得非常小时，吹气基本上为零，且驻点移动到上游的圆柱表面，$\widetilde{r}=1$。当吹气变大时，驻点从圆柱向外移动，与吹气成比例，即 $\widetilde{r}_{\mathrm{SP}}\approx\epsilon$

⊖　提醒大家：在流体力学的讨论中，上面有波浪线的量是无量纲的。这些量不应与共轭复数相混淆。

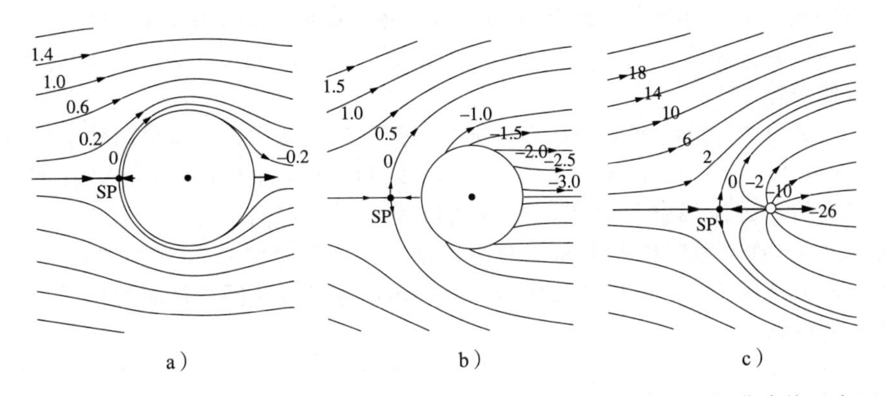

图 7.22　不同横流比ϵ的吹气圆柱的流线。a）当$\epsilon=0.01$时，驻点（SP）非常接近表面，但与表面有很小的距离。b）对于$\epsilon=1$，驻点与表面的距离是圆柱半径的量级。c）对于$\epsilon=10$，现在驻点与表面的距离比圆柱半径大得多

速度的解：使用先前式（6.33）给出的定义，来计算径向速度和角速度，得到

$$v_r=U_\infty\left(1-\frac{r_\circ^2}{r^2}\right)\cos\theta+\frac{r_\circ}{r}v_{r_\circ}$$

$$v_\theta=-U_\infty\left(1+\frac{r_\circ^2}{r^2}\right)\sin\theta$$

利用这些表达式，就有可能确定压力场（我们把它写成无量纲形式），

$$\tilde{p}\equiv\frac{p}{p_{\mathrm{SP}}}=1-E\left[1+\frac{1}{\tilde{r}^4}-\frac{2}{\tilde{r}^2}\cos 2\theta+\frac{2\epsilon}{\tilde{r}}\left(1-\frac{1}{\tilde{r}^2}\right)\cos\theta+\frac{\epsilon^2}{\tilde{r}^2}\right]$$

其中，$\tilde{v}_r=v_r/U_\infty$，$\tilde{v}_\theta=v_\theta/U_\infty$是无量纲速度，方括号中是$\tilde{v}^2=\tilde{v}_r^2+\tilde{v}_\theta^2$，且$E\equiv\rho U_\infty^2/(2p_{\mathrm{SP}})$是欧拉数。显然$\tilde{p}$在驻点处具有最大值1，当$\tilde{r}\to\infty$时，在远域上具有最小值$1-E$。当存在吹气（即$\epsilon>0$）时，由吹气圆柱而引起的压力场扰动按照$1/\tilde{r}$的大小消失。当不存在吹气（即$\epsilon=0$）时，由吹气圆柱而引起的压力场扰动按照$1/\tilde{r}^2$的大小消失得更快。7.7 节的习题 3 处理圆柱上的合力及其方向的问题。

驻点的解：在驻点处，我们有$\theta=\pi$，当$\theta=\pi$时，我们总是满足$v_\theta=0$。当$\tilde{r}^2-\epsilon\tilde{r}-1=0$或$\tilde{r}=\epsilon/2+\sqrt{(\epsilon/2)^2+1}$时，径向速度$v_r$变为零。对于小的和大的$\epsilon$，分别得到$\tilde{r}\simeq 1$和$\tilde{r}\simeq\epsilon$，如图 7.21b 所示。因此，随着$\epsilon$的增加，驻点向上游横流进一步迁移。通过分析上述$v_r$和$v_\theta$的解，可以看出驻点实际上是一个“鞍”点。关于驻点的象限，我们发现在驻点附近，流在第一象限是向上向左的，在第二象限是向上向右的，在第三象限是向下向右的，在第四象限是向下向左的。

例 6.5.3、例 7.7.1 和例 7.7.2 中一个有趣的特性是流中驻点的出现。由式（7.18）表示的这些驻点为局部高压区域。例 6.5.3 中，驻点位于上游和下游点$x=\pm 1$处。在例 7.7.1中，这些驻点因环量从水平轴向下移动，从而产生升力。环量速度势如式（7.27）

所示，一般形式为 $f=A\mathrm{i}\log z$，其中 A 为实数。然后在例 7.7.2 中，我们遇到了一个吹气势，根据式（7.32）和式（7.33），它的一般形式为 $f=A\log z$，其中 A 为实数。这种势通常称为**流体源势**。㊀

在例 7.7.2 中，源流将前面的驻点从圆柱表面移到流体中，并有效消除了后面的驻点，如图 7.21 所示。例 6.5.3、例 7.7.1 和例 7.7.2 之间在物理上的区别在于，在例 7.7.2 中，源自稳定流中的上游流线被源自表面的分离流线分开，它们永远不会接触。例 6.5.3 和例 7.7.2中的零流线沿着圆柱上游和下游的 x 轴方向，尽管例 6.5.3 中的零流线也是沿着圆柱体表面，但是例 7.7.2 中的零流线由于径向流的原因而从圆柱体表面移开。

横流中的钝体

对于经过吹气圆柱的流，从驻点发出的零流线部分继续绕过圆柱并远离圆柱，用于隔离两个非常不同的流区：来自流线和来自吹气的流区。由于任何流线都可以看作流中定义了一个固体障碍物，因此可以将**流动区域本身**看作围绕由零流线的这个隔离部分界定形状的固体障碍物的流动。对于如图 7.22 所示的大的 ϵ，流动区域的流类似于经过**钝体**的流，如导弹、飞艇或（亚音速）飞机的机头。最简单的情况对应于让 $\epsilon\to\infty$，这通过适当的缩放，就对应于从式（7.35）式中消去 $1/r$ 项。这是由图 7.22 的 $\epsilon=10$ 的图所显示的，其中圆柱的有限半径开始有微不足道的影响，分离零流线包括驻点在顶点，取抛物线形状。

在数学上，这种钝体流的特征是将一个源置于均匀流中。在二维平面几何中，将原点处的源与一个恒定的从左到右的横流相结合，可以分别得到如下所示的笛卡儿坐标和极坐标混合的速度势和流函数：

$$\phi=U_{\infty}x+K\log r \tag{7.37}$$

$$\Psi=U_{\infty}y-K(\pi-\theta) \tag{7.38}$$

其中，$r=\sqrt{x^2+y^2}$，$\theta=\tan^{-1}(y/x)$。速度势和流函数满足拉普拉斯方程和柯西-黎曼方程式（6.24）。前面提到的 $\epsilon=10$ 分离流线与抛物线的相似之处表明，在对这种流进行更详细的检查时，应该使用抛物坐标。这一检查将证实，定义在柯西-黎曼方程式（6.15）之上的抛物坐标 $\xi=\sqrt{r-x}$ 和 $\eta=\sqrt{r+x}$，后来在拉普拉斯方程式（6.17）中使用，确实是这个特殊问题的**自然坐标**。

按照该建议，用式（6.15）所给出的直角坐标到抛物坐标的变换，以式（6.17）的形式得到 $\nabla^2\phi=\nabla^2\Psi=0$。由式（7.37）和式（7.38）给出的速度势和流函数可以在抛物坐标中重写，然后合并得到复速度势：

$$\begin{aligned} f(z)&=\phi+\mathrm{i}\Psi \\ &=U_{\infty}\left[\left(\frac{\eta^2-\xi^2}{2}\right)+\mathrm{i}\eta\xi\right]+K\left[\log\left(\frac{\eta^2+\xi^2}{2}\right)+\mathrm{i}\tan^{-1}\left(\frac{2\eta\xi}{\eta^2-\xi^2}\right)\right] \end{aligned} \tag{7.39}$$

其中，第一项描述流，第二项来自源。

例 7.7.3 求式（7.39）给出的流势的速度分量。具体来说，证明：驻点下游的驻点

㊀ 见 6.5 节习题 4。

流线是一个抛物线，因此这是一个自然坐标系，也表明驻点流线外部的流描述了一个抛物形钝体上的流动。

解 两个坐标方向 (η,ξ) 上的速度由下式确定：

$$v_\eta = \frac{\partial \phi}{\partial \eta},\quad v_\xi = \frac{\partial \phi}{\partial \xi}$$

因此，我们得到

$$v_\eta(\eta,\xi) = \eta\cdot\left(U_\infty + \frac{2K}{\eta^2+\xi^2}\right)$$
$$v_\xi(\eta,\xi) = \xi\cdot\left(-U_\infty + \frac{2K}{\eta^2+\xi^2}\right)$$

横过钝体前方的零流线 $\eta=0$ 处没有流动。从而，$v_\eta(0,\xi)=0$。而**流向**（沿流的方向）的速度 $v_\xi(0,\xi)$ 则指向驻点（SP）（见图 7.23），它的值逐渐减小，直到在 $(\eta,\xi)=(0,\pm\sqrt{2K/U_\infty})$ 时变为零，这是一个驻点。由于 ξ 是正数，所以只取正数根。

驻点将停滞流线与下游流线连接起来，下游流线可以看作流动中的静止障碍，也可以看作流中的运动物体，流在距离物体足够远的地方静止不动。横过这条流线上没有流动；然而，有流体沿着物体（与物体相切）流动（因为流动是无摩擦的）。当流体向 x 增加的下游移动时，这个物体流线向外位移，显示在横向上，越来越远离水平轴：它是钝体，在正 x 方向上变得更厚。沿着这条流线，速度 $v_\xi(\eta,\xi)=0$。坐标 ξ 值由与 $\eta=0$ 交点处的值确定，即 $\xi=\sqrt{2K/U_\infty}$。因此，$v_\xi(0,\sqrt{2K/U_\infty})=0$。由于 $\xi=\sqrt{r-x}$，这直接导出了结果

$$y=\pm\frac{2K}{U_\infty}\sqrt{1+\frac{U_\infty x}{K}}$$

这条抛物线可以写成一般形式 $\bar{y}=\pm 2\sqrt{1+\bar{x}}$，如图 7.23 所示。因此，抛物坐标系被确定为该流和描述流场形成的物体形状的自然坐标系。

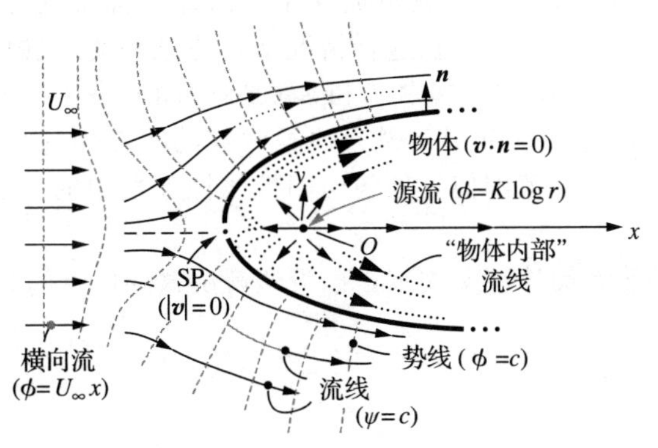

图 7.23 由从左到右的横向流和源自原点的径向源流叠加而成的流图。由此产生的流类似于通过钝体（如火箭的头部）的流

流体动力学概要和其他更广泛的联系

用势理论描述流动的技术，虽然在数学上很优美，但还不足以描述大量常见的流体运

动的特征。伟大的莱昂哈德·欧拉早在18世纪中期就知道了这一点。例如，固体在某一点上的旋转不能被描述为一种势流，但我们知道流体的固体旋转发生在自然界和实验室中，是在旋涡的中心产生的。这些类型的流被归类在**黏性流**的标题下，这是流体动力学、空气动力学和一般流体力学的一个巨大的主题领域。黏性流在许多著名的教材和专著中都有讨论，这些著作处理边界层、非牛顿流体流动、湍流、微流体，以及许多其他与真实流体流动和行为相关的学科，其中也包括生物流体动力学这一新兴学科。这些研究对象超出了我们前面在非黏性流的标题下讨论的流体动力学方程专门且优美的数学特征的范围。在这里考虑的特殊情况，水动力学方程服从本章中概述的复变量公式。

然而，当“物体”被理解为这里所呈现的意义时，即，作为一个没有法向流穿过的边界，并且当我们只考虑离物体“远”的流的特征时，在产生涡度的边界层之外，流场被充分地描述为**非黏性的**，实际上与这里导出的数学解非常相似。㊀这种一致性有很强的和令人信服的理由，最明显的是，这些黏性很重要的固体边界附近的区域实际上非常薄，这就是为什么它们被称为**边界层**。对这些专题的讨论将延伸到其他专业研究领域的技术基础。

更一般地说，这里所考虑的这种类型的势流方法可以应用到物理科学的其他领域，只要模型二维系统是由拉普拉斯方程控制的。在固体力学中，描述各向同性线性弹性梁在扭转载荷作用下的横截面翘曲的方程可以采用类似的处理方法。㊁扭转载荷，例如由沿梁变化的扭矩产生的载荷，导致每个截面旋转和翘曲出平面。后者由一个满足二维拉普拉斯方程的翘曲函数描述，因此可以被识别为解析函数 $f(z)$ 的实部。同一函数的虚部可以用来产生作用于截面平面的剪切应力；这需要一个微分过程，其中与翘曲函数的连接利用了柯西-黎曼方程。

在各向同性线性弹性的背景下，但现在考虑更一般的载荷，提供比与扭转相关的平面内旋转更复杂的平面内变形，人们发现自然场量不再满足$\nabla^2\phi=0$。反而，平面内变形可以用一个更多参与的由双调和方程$\nabla^2\nabla^2\phi=0$控制的函数来表示。一个满足拉普拉斯方程的函数当然也会满足双调和方程，反之就不成立了。因此，将注意力局限于解析函数 $f(z)$ 不足以解决全部范围的双调和函数。在这种情况下，考虑一类特殊的非解析复函数是有用的，即 $f(z)+\bar{z}g(z)$ 形式的函数，其中 f 和 g 都是解析的，$\bar{z}$ 是 z 的复共轭。这类函数包括解析函数 $[g(z)=0]$，它特别有用，因为这类函数的实部和虚部满足$\nabla^2\nabla^2\phi=0$。然后可以证明，这个更广泛的函数范围使处理各向同性线性弹性中的平面问题所需的更一般的方法成为可能。

我们鼓励有兴趣的读者阅读更多文献，以设法解决这些广泛的联系。

习题

7.1

1. 通过直接积分证明，$1/(z-\mathrm{i})$ 围绕任意半径的圆形路径的积分与围绕点 $z=\mathrm{i}$ 的正

㊀ 我们注意到非黏性流与非黏性流体是完全不同的东西。黏性流体可以以非黏性的方式流动，这使非黏性流这一概念比非黏性流体的概念要普遍得多，必须承认，非黏性流体是一个理想化的概念。

㊁ 例如，参见文献[20]，它提供了一个全面的对线性各向同性弹性的处理与许多历史参考。

方形路径的积分相同。

2. 证明 $1/(z-\mathrm{i})$ 绕半径 r 为 1 的闭合圆路径的积分与半径为 2 时的积分相同。通过构建一条“通道”来证明这一点，这条“通道”的一边将 $r=2$ 的圆与 $x=\epsilon$ 处的 $r=1$ 的圆连接起来，而另一边将 $r=1$ 的圆与 $x=-\epsilon$ 处的 $r=2$ 的圆连接起来。通过直接求积分中 $\epsilon\to 0$ 的极限，来证明柯西-古萨定理的合理性。你可以在极坐标下做圆积分。
3. 求函数 $f(z)=z\bar{z}$ 在单位半径路径上从 $\theta=0$ 到 $\theta=\pi/2$ 和从 $\theta=0$ 到 $\theta=-3\pi/2$ 的线积分。这些值相同吗?

7.2

1. 直接对例 7.2.2 进行线积分证明，沿路径 C_1：$y^2/4+x-4=0$ 积分得到 $I_{C_1}=\log 2+\pi\mathrm{i}/2$。
2. 除了（例 7.2.2 中的）路径 C_1,C_2,C_3 以外，我们添加第四部分 C_4：$y=x/2-2$，连接点 $(x,y)=(4,0)$ 与 $(x,y)=(0,-2)$，并与路径 C_1 形成一个闭合环路。根据 7.1 节中所述的步骤直接求出这些积分。
3. 证明：对于任何连接 $r=0$ 和 $r=\infty$ 且 $\theta=-\delta$ 的径向分支剪切，也得到与图 7.11 中 I_{C_2} 相同的结果，其中 $0<\delta<\pi/2$。该分支剪切将单值对数函数限制在 $-\delta<\theta<2\pi-\delta$。计算一般结果，证明无论为 log 选择哪个分支，结果都是相同的。
4. 计算

$$\int_C\left(\log z+\frac{z-2}{z}\right)\mathrm{d}z$$

其中，C 是复平面上 $z=1-\mathrm{i}$ 到 $z=1+\mathrm{i}$ 的一条纵向路径。

提示：

$$\frac{\mathrm{d}}{\mathrm{d}z}((z-b)\log(z-a))=\log(z-a)+\frac{z-b}{z-a}$$

远离任何奇点和分支剪切。

7.3

1. 计算积分

$$\oint_C\frac{\sin z}{z-2\mathrm{i}}\mathrm{d}z$$

C 有通常的逆时针走向：

(a) C 是以原点为中心，半径为 1 的圆；

(b) C 是以原点为中心，半径为 3 的圆。

2. 计算积分

$$\oint_C\frac{z^2}{z^2-9}\mathrm{d}z$$

C 有通常的逆时针走向：

(a) C 是以 $z=1$ 为中心，半径为 1 的圆；

(b) C 是以 $z=1$ 为中心，半径为 3 的圆；

(c) C 是以 $z=1$ 为中心，半径为 5 的圆。

3. 计算积分

$$\oint_C \frac{1}{z^3(z^2+9)}\mathrm{d}z$$

其中 C 是逆时针方向的曲线 $x^2+(y+2)^2=3$。

4. 计算积分

$$\oint_C \frac{z\cos z}{z-1}\mathrm{d}z$$

其中 C 是逆时针方向的曲线 $x^2+y^2=4$。

5. 例 7.3.1 沿着路径 C 求积分，C 可以包含函数 $f(z)=1/(z^3-1)=1/((z-z_1)(z-z_2)(z-z_3))$的 0 个、1 个、2 个或全部 3 个奇点。对下面函数重复例 7.3.1 中的积分：

(a) $f(z)=1/(z^2-1)$；

(b) $f(z)=1/(z^4-1)$。

从结果中判断是否出现了一个模式。你可以参考例 7.3.1 继续部分中建立的规约。

6. 考虑下述关于复 z 平面上的各种可能闭合路径 C 的积分：

$$I=\oint_C \frac{z\mathrm{d}z}{z^2-2\mathrm{i}z+3}$$

(只考虑逆时针方向且不直接经过 $z^2-2\mathrm{i}z+3=0$ 的根的路径。) 有多少种不同的可能路径使得这个积分有不同的值？为每一种可能性计算 I 的值。

7. 考虑下述关于复 z 平面上的各种可能闭合路径 C 的积分：

$$I=\oint_C \frac{\sin z\mathrm{d}z}{z^2-2\mathrm{i}z+4}$$

(只考虑逆时针方向且不直接经过 $z^2-2\mathrm{i}z+4=0$ 的根的路径。) 有多少种不同的可能路径使得这个积分有不同的值？为每一种可能性计算 I 的值。

8. 由式 (7.5) 求出 $f(z)$ 各阶导数的表达式，即 $f'(z),f''(z),\cdots,f^{(n)}(z)$。

9. 在 7.3 节关于积分路径变形的讨论中，描述了一种替代“通道”的过程，即利用在奇点周围绘制的孤立路径之间的连接“纽带”。从图 7.14（左）开始，绘制基于纽带的路径变形方法。

7.4

1. 计算积分

$$\oint_C \frac{z\cos z}{(z-7\pi/3)^2}\mathrm{d}z$$

C 有通常的逆时针走向：

(a) C 是以原点为中心，半径为 5 的圆；

(b) C 是以原点为中心，半径为 10 的圆。

2. 考虑下述关于复 z 平面上的各种可能的闭合路径 C 的积分：

$$I=\oint_C \frac{\mathrm{d}z}{z^5+16z^3}$$

(只考虑逆时针方向且不直接经过 $z^5+16z^3=0$ 的根的路径。) 有多少种不同的可能路径使得这个积分有不同的值？为每一种可能性计算 I 的值。

3. 考虑下述关于复 z 平面上的各种可能的闭合路径 C 的积分：

$$\oint_C \frac{\mathrm{e}^{\pi z}}{z^4-\mathrm{i}z^3+2z^2}\mathrm{d}z$$

只考虑不直接经过奇点的路径。

4. 计算不同闭合路径 C 的积分：

$$I_C=\oint_C \frac{\mathrm{d}z}{z^3+2z^2+z}$$

5. 计算不同闭合路径 C 的积分：

$$I_a=\oint_C \frac{\sin \pi z\mathrm{d}z}{z^3+2z^2+z},\quad I_b=\oint_C \frac{\cos \pi z\mathrm{d}z}{z^3+2z^2+z}$$

6. 计算不同闭合路径 C 的积分：

$$I_C=\oint_C \frac{z^4+1}{z^3-6z^2+9z}\mathrm{d}z$$

7. 本题考察解析函数的一般性质。

(a) 函数 $f(z)\neq 0$ 是解析的。因此商 $f'(z)/f(z)$ 也是解析的，可以写成另一个解析函数的导数，称为 $g'(z)$。记 $g'(z)=f'(z)/f(z)$，然后通过积分来求 $f(z)$。证明每一个这样的解析函数都可以写成这种一般形式。

(b) 现在考虑在 z_0 处 $f(z)=0$。在这种情况下，$f(z)$ 在 z_0 处可以通过添加一个常数被重构为解析的和非零的，即在 z_0 处 $h(z)=f(z)+C\neq 0$ 是非零且解析的。通过检验 $h'(z)/h(z)$，推导 $f(z)$ 的一般形式。

8. 用柯西积分定理式 (7.5) 来证明

$$\oint_C \frac{f'(\xi)}{\xi-z}\mathrm{d}\xi=\oint_C \frac{f(\xi)}{(\xi-z)^2}\mathrm{d}\xi \tag{7.40}$$

演示该结果在下列案例中的应用：

(a) $f(z)=a+bz$；

(b) $f(z)=\sin z$；

(c) $f(z)=\mathrm{e}^z$。

7.5

1. 按照类似于导出式 (7.10) 的过程，使用在导出该式的讨论中提供的提示，生成式 (7.11)。

2. 求在单位圆 $z=\mathrm{e}^{\mathrm{i}\theta}$ 上满足 $\mathrm{Im}(f(0))=1$ 和 $\mathrm{Re}(f(z))=\cos\theta+1$ 的解析函数 $f(z)$。

3. 求在单位圆 $z=\mathrm{e}^{\mathrm{i}\theta}$ 上满足 $\mathrm{Im}(f(0))=2$ 和 $\mathrm{Re}(f(z))=\cos^2\theta-\sin^2\theta+2\cos\theta-2\sin\theta$ 的解析函数 $f(z)$。

4. 数学分析难题：求式（7.10）当 $r\to 1^-$ 时的极限，此时式（7.10）中的 z 点接近单位圆上的一点。证明：边界值 $u(1,\theta)=f(\theta)$ 乘以泊松函数

$$P(r,\theta-\phi)=\frac{1-r^2}{1+r^2-2r\cos(\phi-\theta)}$$

沿着单位圆积分得到 $f(\phi)$。考虑以下提示。

(a) 由于 $u(1,\theta)=f(\theta)$，我们可以将式（7.10）写成更简单的形式：$u(r,\phi)=(1/2\pi)\int_0^{2\pi} f(\theta)P\mathrm{d}\theta$，其中 $P\equiv P(r,\theta-\phi)$ 是 r 和 $\theta-\phi$ 的函数。注意，当 $f(\theta)=1$ 时，我们有 $1=(1/2\pi)\int_0^{2\pi}P\mathrm{d}\theta$，我们利用这个等式，把极限式写为

$$\lim_{r\to 1}[u(r,\phi)-f(\phi)]=\lim_{r\to 1}\frac{1}{2\pi}\int_0^{2\pi}P[f(\theta)-f(\phi)]\mathrm{d}\theta$$

(b) 现在从 $\theta=\phi-\epsilon$ 经过 $\theta=\phi$ 到 $\theta=\phi+\epsilon$ 积分，然后绕单位圆的其余部分积分。这就得到

$$\lim_{r\to 1}\frac{1}{2\pi}\int_{\theta=0}^{\theta=2\pi}P[f(\theta)-f(\phi)]\mathrm{d}\theta=\lim_{r\to 1}(I_1+I_2)$$

其中

$$I_1=\frac{1}{2\pi}\int_{\theta=\phi-\epsilon}^{\theta=\phi+\epsilon}P[f(\theta)-f(\phi)]\mathrm{d}\theta$$

以及

$$I_2=\frac{1}{2\pi}\int_{\phi+\epsilon}^{2\pi+\phi-\epsilon}P[f(\theta)-f(\phi)]\mathrm{d}\theta$$

(c) 将积分变量 θ 改为 $\alpha=\theta-\phi$，考虑 $\epsilon\to 0$ 的极限，然后证明：当 $r\to 1$ 时 I_1 和 I_2 为零。最终结果应该是

$$f(\phi)=\lim_{r\to 1}\frac{1}{2\pi}\int_0^{2\pi}f(\theta)\frac{1-r^2}{1+r^2-2r\cos(\phi-\theta)}\mathrm{d}\theta \qquad (7.41)$$

这是狄拉克 δ 函数的一种形式，将在第 11 章中正式讨论它。

7.6

1. 对于 $f(t)=t\mathrm{e}^{-2t}$，先使用式（7.12）求出 $F(s)$。然后验证式（7.13）将结果变换回原来的 $f(t)$。
2. 求出函数，它们的拉普拉斯变换由下面的式子给出：
   (a) $s/(s^2+\omega^2)$；
   (b) $s/(s^2-a^2)$；
   (c) $4a/(s^2-a^2)$。
3. 重新推导由式（7.13）给出的拉普拉斯逆变换公式。尽可能多地提供遗漏的细节，无论这些细节看起来多么琐碎，都要明确指出它们是什么。
4. 考虑具有初始条件的常微分方程（ODE）：

$$\frac{\mathrm{d}^2y}{\mathrm{d}t^2}+\omega^2y=0,\quad y(0)=0,\quad \left.\frac{\mathrm{d}y}{\mathrm{d}t}\right|_0=A$$

通过对常微分方程应用拉普拉斯变换，证明解 $y(t)$ 的拉普拉斯变换是 $Y(s)=A/(s^2+\omega^2)$。利用例 7.6.2 的结果得出 $y(t)=(A/\omega)\sin\omega t$。尽管这个问题的解决不需要这种程度的费力方法，但它确实说明了在一个众所周知的环境中使用拉普拉斯变换来求解常微分方程。

5. 由于若当引理在求复积分中的重要性，本题概述它的一个证明。[⊖]考虑例 7.6.1 中计算的大半圆积分（如图 7.16 所示）。那个积分在这里写为

$$I=\frac{1}{2\pi i}\int_{C_R}F(z)e^{az}dz$$

其中，C_R 是路径 $z=Re^{i\theta}$，$\pi/2\leqslant\theta\leqslant 3\pi/2$。例 7.6.1 检验了当 $F(z)=1/z$ 且当 $a=t>0$为类时参数时的积分。另外，这个例子用标准符号 $z=s$ 表示拉普拉斯变换变量。这里采用了一种更普遍的符号。

情况 1： $a>0$

例 7.6.1 检查了这种情况，其中路径是完整的，如图 7.16 所示。为了证明这一点，首先把 z 写为 $z=Re^{i\theta}=R(\cos\theta+i\sin\theta)$，从而 $dz=Re^{i\theta}id\theta$。证明当 $|(F(Re^{i\theta})|<f(R)$ 时，根据 $|I|<2Rf(R)\int_{\pi}^{3\pi/2}e^{aR\cos\theta}d\theta$，积分 I 有界。接下来，注意在积分区间 $\pi<\theta<3\pi/2$ 有不等式：$e^{aR\cos\theta}\leqslant e^{aR(-3+2\theta/\pi)}$。这个不等式可以通过绘图和比较两个指数的辐角来证明。因此，先前的 I 的界值可以重写为 $|I|<2Rf(R)\int_{\pi}^{3\pi/2}e^{aR(-3+2\theta/\pi)}d\theta$。证明施加这两个严格的上界会得到

$$|I|<\frac{\pi f(R)}{a}[1-e^{-aR}]$$

因此，当$\lim_{R\to\infty}f(R)=0$ 时，可以保证$\lim_{R\to\infty}|I|=0$。当这个成立时，沿大半圆的积分在 $R\to\infty$时变为零。这个结果被称为若当引理。从例 7.6.1 中可以看出，当 $0<b<1$ 时，$F(z)=1/z$，因此 $|F(Re^{i\theta})|=\frac{1}{R}<\frac{1}{R^b}\equiv f(R)$。由于$\lim_{R\to\infty}\left|\frac{1}{R^b}\right|=0$，满足上述条件，大半圆上的积分变为零。

情况 2： $a<0$

使用与情况 1 相同的论证，确定适当的补全路径并调整计算来证明大半圆上的积分为零。

7.7

1. 由式（7.28）描述的非黏性涡旋具有纯圆周运动，可以写成 $v_r=0$，$v_\theta=Ar^n$，且 $n=-1$。如果 n 取另一个非零值，如 $n=1$ 或 $n=-2$，这是一个合理的不可压缩非黏性流吗？请解释。

⊖ 法国数学家马里·埃内芒·卡米尔·若当（Marie Ennemond Camille Jordan，1838—1922）因其在数学分析的几个分支的杰出工作而闻名。他的发现包括高斯-若当消去法和若当标准型。还有一些方法、证明、引理和基本观察也以他的名字命名。

2. 图 7.20 显示了当 $-4\pi U_\infty < \Gamma < 0$ 时，由式（7.29）给出的流势的流线模式。确定 $\Gamma < -4\pi U_\infty$ 时相应的流线模式。
3. 吹气圆柱的再审视：当流过圆柱的流的复流势 $f(z)$ 为式（7.31）的和，以及通过假设非对称表面吹气速度具有泛函形式 $v_r(r_0,\theta)=A+B\theta(A,B$ 是常量，$0\leqslant\theta\leqslant 2\pi)$ 而导出的势，使用布拉休斯公式（7.25），求出合力。利用例 7.7.2 中对称吹气圆柱体的解（它产生吹气速度 $v_r=(r_0/r)v_{r_0}$）的知识，从 $\nabla^2\phi=0$ 求出速度势。注意，吹气在表面是纯径向的。然后求解流函数 Ψ，从而得到复势 $f(z)$。计算圆柱上的净压力。力的分布是违反直觉的吗？
4. 证明：形式为 $h(z,\bar{z})=f(z)+\bar{z}\,g(z)$（其中 f 和 g 都是解析的）的复函数的实部和虚部满足双调和方程。

计算挑战问题

本章讨论了许多势流。当前问题的目标是用计算方法来检验有环量和无环量圆柱上的非黏性流。读者将看到可能存在一系列有趣的性态，在圆柱之外（如预期）存在流，在圆柱**内部**也存在流。后一种情况的出现是因为圆柱的“边界”是一个数学上的分界线，它将定义在整个实平面上的流场的两部分分开。此外，随着环量的变化，流型变得越来越复杂。

计算和符号操作软件，如 Mathematica 或 MATLAB，将足以检验这个问题。

该流的流函数由式（7.30）给出，即

$$\Psi = U_\infty\left(r-\frac{1}{r}\right)\sin\theta-\frac{\Gamma}{2\pi}\log r$$

在例 7.7.1 的讨论中可以理解，当 $\Gamma<0$ 时，流场类似于图 7.20 所示。换句话说，当 $\Gamma<0$ 时，非黏性涡旋是顺时针旋转的（根据约定，是负向），从而产生更高的下方压力和更低的上方压力，从而产生如图所示的正升力。

为方便起见，定义归一化流函数 $\widetilde{\Psi}=\Psi/U_\infty$ 和归一化环量函数 $\widetilde{\Gamma}=\Gamma/(4\pi U_\infty)$。然后得到无参数表达式

$$\widetilde{\Psi} = \left(r-\frac{1}{r}\right)\sin\theta-2\widetilde{\Gamma}\log r$$

$\widetilde{\Gamma}$ 有两个不同的值和两个不同的取值范围。

- $\widetilde{\boldsymbol{\Gamma}}=0$　此时没有环量，流关于直线 $y=0$ 对称。在 $y=0$，$x=\pm1$ 处有两个驻点。零流线 $\widetilde{\Psi}=0$ 位于 x 轴和圆弧 $r=1$ 上，圆弧 $r=1$ 是圆柱的表面。流场中也存在 $\widetilde{\Psi}>0$ 和 $\widetilde{\Psi}<0$ 的区域。
- $\widetilde{\boldsymbol{\Gamma}}=-1$　此时存在临界环量，两个驻点在 $x=0$，$y=-1$ 处合并。零流线 $\widetilde{\Psi}=0$ 现在取更复杂的形状，但圆弧 $r=1$ 仍然是零流线的一部分。流场中存在 $\widetilde{\Psi}>0$ 和 $\widetilde{\Psi}<0$ 的区域。
- $-1<\widetilde{\boldsymbol{\Gamma}}<0$　此时，当 $\widetilde{\Gamma}$ 的（绝对值）大小从 0 增加到 1 时，驻点沿圆柱对称移动，从 $y=0$，$x=\pm1$ 到 $x=0$，$y=-1$。

- $\widetilde{\boldsymbol{\Gamma}}<-\mathbf{1}$　此时，两个驻点汇合成一个，这个驻点在进入流场时已经从圆柱中分离出来。

你要完成以下任务。

1. 知道归一化流函数 $\widetilde{\Psi}$ 可以取 $-\infty$ 到 ∞ 的值，通过为零环量（$\widetilde{\Gamma}=0$）的情况选择合适的取值范围开始计算。这组模拟与上面的第一点（即 $\widetilde{\Gamma}=0$）相对应。要特别注意圆柱**内部**的流动，也要注意 $\widetilde{\Psi}>0$ 和 $\widetilde{\Psi}<0$ 的总流场区域。确定沿圆柱体内和圆柱体外流线的流动方向。
2. 现在用 $\widetilde{\Gamma}\neq 0$。证明：当 $\widetilde{\Gamma}<0$ 时，流场类似于图 7.20，升力方向为向上。证明：当 $\widetilde{\Gamma}=-1$ 时，两个驻点在圆柱底部汇合。也要注意当 $\widetilde{\Gamma}<0$ 时，圆柱内流场的演变减小。
3. 继续任务 2，求驻点恰好在 $\theta=-\pi/4$ 和 $\theta=5\pi/4$ 处的 $\widetilde{\Gamma}$ 值。
4. 再次继续任务 2，求出将单个分离的驻点恰好放置在低于实际圆柱体半径的一个圆柱体半径上［即 $(x,y)=(0,-2)$］的 $\widetilde{\Gamma}$ 值。
5. 对于 $\widetilde{\Gamma}=-1.1$，将模拟输出集中在圆柱底部和分离驻点之间的位置。检查该区域流线的特征。注意流线的流动方向。

第 8 章　级数展开和路径积分

在本章开始，我们通过重新审视泰勒级数来讨论复函数的幂级数表示。在解析点上，泰勒级数展开总是收敛于一个以该点为圆心的容易确定的圆上。同样值得注意的是，在这最重要的收敛圆之外还有另一个表达这个函数的收敛级数，它涉及幂的倒数。这就是极重要的洛朗级数（Laurent series）。在函数的非解析点上没有收敛的泰勒级数，但是仍然存在一个收敛的洛朗级数。洛朗级数的这一特征提供了一个与路径积分的关键联系，因为已经看到了奇点在利用路径变形来计算路径积分中的作用。**留数**的概念将这种联系具体化了，它是对各种路径积分进行简洁计算的关键工具。

在阐明了幂级数和留数的概念之后，读者就可以把对初等路径积分的研究推进到更有挑战性的积分，这些积分包含各种奇点，现在被归类为极点。难以计算的实变量积分可以通过定义适当的复数扩展，同时使用路径变形来计算。这些扩展可以很自然地在积分的复平面上引入分支切割，这通常会产生良好的效果。利用分支切割技术对几个实例进行了计算。在某些特殊情况下，可以人为地引入分支函数来计算一个积分。在这些计算中，如果被积函数是特定的类型，那么若当引理的使用起着关键作用。实际上，如果没有它，这些积分的求值将是很麻烦的，而且将一个实积分重新构成一个复积分也没有什么好处。

在本章后面几节中，我们将再次使用这些思想来求拉普拉斯逆变换的值，其中一些很有挑战性。我们将以三个前沿主题结束本章。第一个是将傅里叶变换推广到复平面。第二个是**普莱梅利公式**（the Plemelj formulae），它可以处理**沿着**路径的奇点，也就是嵌入积分曲线中的奇点——这个问题我们之前规避了。第三个也是最后一个前沿主题是解析延拓的概念，从理论上讲，它使人们能够利用小块上的解析函数的知识来确定大区域上的函数。乍一看，人们可能会打赌，像这样看似晦涩难懂的话题可能只有纯数学家感兴趣，但最好不要这样打赌。原因之一是解析延拓与复傅里叶变换相结合，为**维纳-霍普夫技术**提供了基础，该技术是一种求解拉普拉斯方程的有力方法，它具有所谓的“分裂”边界条件，即一类边界条件突然转变为另一类边界条件。

8.1　泰勒级数

实变量微积分中常用的幂级数展开式的概念，在复变量理论中有新的和意想不到的重要性。有两个特征描述了复函数 $f(z)$ 的收敛级数展开的性质。第一个特征指定函数关于哪个值展开，比如 z_0。第二个特征严格地确定了函数相对于 z_0 的解析位置。

我们指定一个 z_0 的值，首先，假设 $f(z)$ 在以 z_0 为中心，半径为 R_0 的圆形区域内处处解析。对于圆内的每个 z，函数 $f(z)$ 可表示为 $z-z_0$ 的收敛泰勒级数，即

$$f(z)=a_0+a_1(z-z_0)+a_2(z-z_0)^2+\cdots=\sum_{n=0}^{\infty}a_n(z-z_0)^n \tag{8.1}$$

这里，$a_0=f(z_0)$，$a_1=f'(z_0)$，$a_2=f^{(2)}(z_0)/2!$，等等，或使用一般符号：

$$a_n=\frac{1}{n!}f^{(n)}(z_0) \tag{8.2}$$

这些是经典泰勒系数。展开是唯一的，但是，正如下面所示，求值常常很烦琐。

例 8.1.1　求 $f(z)=z^2+9$ 关于 $z_0=1+\mathrm{i}$ 点的泰勒级数，指出收敛圆。

解　虽然我们可以很容易用式（8.2）计算系数 a_n，但更容易把 $f(z)$ 写为

$$\begin{aligned}z^2+9&=(z-(1+\mathrm{i})+(1+\mathrm{i}))^2+9\\&=(z-(1+\mathrm{i}))^2+\underbrace{2(1+\mathrm{i})}_{a_1}(z-(1+\mathrm{i}))+\underbrace{(1+\mathrm{i})^2-9}_{a_0}\end{aligned}$$

因此，正如我们对二次函数所期望的那样，泰勒展开在二阶项之后终止了。三个非零系数是

$$a_0=-9+2\mathrm{i},\quad a_1=2+2\mathrm{i},\quad a_2=1$$

该函数是整函数（处处解析），因此对所有 z 都是收敛的。因此，收敛半径是无穷的。这很简单，因为函数 $f(z)=z^2+9$ 在任何地方都是解析的。

下一个例子更具挑战性，因为它有一个分母，这个分母在两个位置为零。

例 8.1.2　求 $f(z)=(z^2+9)^{-1}$ 关于 $z_0=1+\mathrm{i}$ 点的泰勒级数，指出收敛圆。

解　函数 $f(z)$ 在分母为零的地方 $z^2+9=0$ 或 $z=\pm 3\mathrm{i}$ 处不是解析的。这些点是一阶**极点**。以 $z_0=1+\mathrm{i}$ 为中心，由解析点组成的最大圆只延伸到最近的奇点。分母的根 $3\mathrm{i}$ 比根 $-3\mathrm{i}$ 更接近 $z_0=1+\mathrm{i}$。因此，$1+\mathrm{i}$ 和 $3\mathrm{i}$ 之间的距离确定了收敛半径 $R_0=\sqrt{5}$。这个结果保证了该函数在圆 $|z-(1+\mathrm{i})|<\sqrt{5}$ 或 $(x-1)^2+(y-1)^2<5$ 内具有式（8.1）形式的收敛幂级数。

1. **直接使用式（8.1）的方法：** 利用一般的导数公式，我们计算系数为 $a_0=f(1+\mathrm{i})=9/85-\mathrm{i}2/85$，$a_1=f'(1+\mathrm{i})=-2(1+\mathrm{i})\ (77-36\mathrm{i})/(36^2+77^2)$，等等。这个过程显然很烦琐，因为 a_n 的一般表达式不能立即得到。

2. **给出几何级数的改进方法：** 第二种求系数的方法要方便得多，首先用部分分式重写 $f(z)$，然后利用经典分析中的标准几何级数。这样，

$$\frac{1}{z^2+9}=\frac{1}{(z+3\mathrm{i})(z-3\mathrm{i})}=\frac{\mathrm{i}/6}{z+3\mathrm{i}}-\frac{\mathrm{i}/6}{z-3\mathrm{i}} \tag{8.3}$$

现在，这两项中的每一项都可以通过在每个分母上加减 z_0 来重写，即

$$\frac{1}{z+3\mathrm{i}}=\frac{1}{z-(1+\mathrm{i})+(1+\mathrm{i})+3\mathrm{i}}=\frac{1}{(1+4\mathrm{i})(1+[(z-(1+\mathrm{i}))/(1+4\mathrm{i})])}$$

当 z 接近 $1+i$ 时，方括号内的量很小，因此我们用几何级数 $(1+\epsilon)^{-1}=1-\epsilon+\epsilon^2-\epsilon^3+\epsilon^4-\cdots$ 来求得

$$\frac{1}{z+3i}=\frac{1}{1+4i}\left[1-\left(\frac{z-(1+i)}{1+4i}\right)+\left(\frac{z-(1+i)}{1+4i}\right)^2-\cdots\right]$$

式（8.3）的另一项用类似形式有

$$\frac{1}{z-3i}=\frac{1}{z-(1+i)+(1+i)-3i}$$

$$=\frac{1}{1-2i}\left[1-\left(\frac{z-(1+i)}{(1-2i)}\right)+\frac{(z-(1+1))^2}{(1-2i)^2}-\cdots\right]$$

综合这些结果，在 $z=1+i$ 的小邻域内有

$$\frac{1}{z^2+9}_{\text{near } z=1+i}=\sum_{n=0}^{\infty}a_n(z-(1+i))^n \tag{8.4}$$

其中

$$a_n=\frac{i(-1)^n}{6}\left[\frac{1}{(1+4i)^{n+1}}-\frac{1}{(1-2i)^{n+1}}\right] \tag{8.5}$$

这种方法很容易产生一般的第 n 项，因此比上面第一种方法中用式（8.2）更方便。由于在收敛圆 $|z-(1+i)|<\sqrt{5}$ 内存在一个收敛的幂级数，所以上述结果确实是我们所期望的幂级数。

为了显示幂级数是收敛的，下表给出了用例 8.1.2 中的式（8.4）和式（8.5）求 $f(z)=1/(z^2+9)$ 的幂级数。计算了两个 z 值的情况，这两个 z 值都在实轴上，分别是 $z=2$ 和 $z=4$，如图 8.1 所示。第一个在收敛半径为 $R_0=\sqrt{5}$ 的收敛圆内，第二个不在。表 8.1 显示了在有限项后被截断的幂级数结果。

表　8.1

项数为 $n+1$	$f(2)=1/13=0.0769$	$f(4)=1/25=0.0400$
$n=0$	$0.1059-0.0235i$	$0.1059-0.0235i$
$n=1$	$0.0633-0.0036i$	$0.0007-0.0263i$
$n=2$	$0.0894+0.0053i$	$0.0437+0.1049i$
$n=5$	$0.0762-0.0029i$	$0.2594+0.1631i$
$n=10$	$0.0766+(5.6\times10^{-5})i$	$0.2532+1.4951i$
$n=20$	$0.0769-(3.5\times10^{-7})i$	$-47.7467+6.8266i$

该表提供了 $z=2$ 处收敛的数值验证，以及 $z=4$ 处不收敛的验证。这一结果与已知的收敛域 $|z-(1+i)|<\sqrt{5}$ 是一致的。

更详细地检查 $z=4$ 处的不收敛性（换句话说，发散）是有启发的。为此，我们回顾一下展开过程是基于式（8.3）中每个部分分式表达式的单独展开。当 $z=4$ 时，式（8.3）中

的第一个部分分式表达式（i/6)/(z+3i）的计算结果为（3+4i)/150=0.02+0.0266i。这个结果应该对应于式（8.5）方括号中的第一项。类似地，当 $z=4$ 时，式（8.3）中的第二个部分分式表达式−(i/6)/(z−3i）的计算结果为（3−4i)/150=0.02−0.0266i。这个结果应该对应于式（8.5）方括号中的第二项。

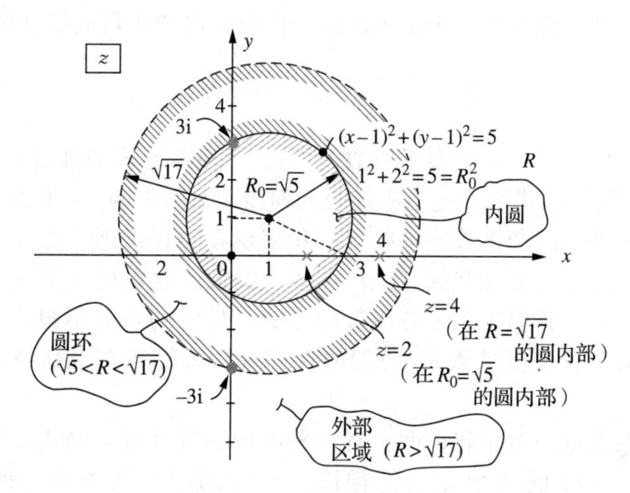

图 8.1　泰勒级数的收敛半径 $R_0=\sqrt{5}$。这是从展开点 $z_0=1+i$（圆的圆心）到最近的分母 z^2+9 的奇点（$z=3i$）的距离。中间的圆环 $\sqrt{5}<R<\sqrt{17}$ 和外部区域 $R>\sqrt{17}$ 与例 8.1.2 所述问题无关，但对于更一般的洛朗展开具有重要意义

问题是，当 $z=4$ 时，泰勒级数的两项都不收敛，还是只有一项不收敛？表 8.2 回答了这个问题。

表　8.2

项数为 $n+1$	$z=4$ 处的项（i/6)/(z+3i)=0.0200+0.0266i	$z=4$ 处的项−(i/6)/(z−3i)=0.0200−0.0266i
$n=0$	0.0392+0.0098i	0.0667−0.0333i
$n=1$	0.0340+0.0404i	−0.0333−0.0667i
$n=2$	0.0103+0.0382i	0.0333+0.0667i
$n=5$	0.0261+0.0297i	0.2333+0.1333i
$n=10$	0.0199+0.0285i	0.2333+1.4667i
$n=20$	0.0199+0.0266i	−47.7667+6.8000i

式（8.3）中由（i/6)/(z+3i）产生的泰勒级数收敛，但由−(i/6)/(z−3i）产生的泰勒级数不收敛。

这些结果很容易理解。第一个部分分式表达式（i/6)/(z+3i）本身对除 $z=-3i$ 外的所有 z 值是解析的。以 $z_0=1+i$ 为圆心并向外延伸到 $z=-3i$ 的圆将 $z=4$ 包围在一个半径为 $R=\sqrt{17}$ 的圆中。因此，$z=4$ 在（i/6)/(z+3i）关于 z_0 展开的收敛圆内。第二个部分分式表达式−(i/6)/(z−3i）对除 $z=3i$ 外的所有 z 值是解析的，而以 $z_0=1+i$ 为圆心并延

伸到 $z=3i$ 的圆并不将 $z=4$ 包围在一个半径为 $R=\sqrt{5}$ 的圆中。因此，$z=4$ 在 $-(i/6)/(z-3i)$ 关于 z_0 展开的收敛圆外。

结论是，$z=4$ 在包含 $z=3i$ 的圆之外，但在包含 $z=-3i$ 的圆内，这一几何观测解释了前者的发散和后者的收敛。在下一节中，我们将继续研究这个观察结果，以便在泰勒级数不收敛时提供另一种替代方法。为了解决这个问题，洛朗级数的概念应运而生。

8.2 洛朗级数

在 8.1 节中，我们演示了一个泰勒级数，即式（8.1）形式的幂级数，在复平面上具有确定的收敛半径。[⊖]我们还描绘了这个半径是如何由距离展开点 z_0 最近的特定非解析点确定的。在收敛半径之外，泰勒级数不再收敛。我们现在更详细地考虑这个问题，对于相同的函数 $f(z)$ 和相同的 z_0，尝试找到 $f(z)$ 在泰勒级数不收敛的 z 值关于 $z-z_0$ 的收敛展开。为了达到这个目的，我们扩大了幂级数的形式，使它的指数不限于为正，尽管幂仍然只包含整数（即指数可以是负整数）。我们的目标是让幂级数在泰勒级数收敛圆外的 z 值收敛。

具体来说，我们在这一节中将说明，有一种不同的展开式，利用 $z-z_0$ 的负整数幂的展开，它是收敛的。对于同一个 z_0，同样以 $z-z_0$ 的项表示的另一种展开式称为**洛朗级数**。

尽管会觉得有点过度讨论例 8.1.2，但是让我们现在回想一下，各种展开都是基于经典几何级数的结果$(1+\epsilon)^{-1}=1-\epsilon+\epsilon^2-\epsilon^3+\cdots$，并且在实变量分析中，当$|\epsilon|<1$ 时，这个级数收敛。这个结果在复幂级数中也存在。当跨越收敛半径时，这样的幂级数展开就会失效，从而产生下面的展开：

$$\begin{aligned}\frac{-i/6}{z-3i}&=\frac{-i/6}{z-(1+i)+(1+i)-3i}\\&=\frac{-i/6}{(1-2i)(1+[(z-(1+i))/(1-2i)])}\\&=\frac{-i/6}{1-2i}\left[1-\left(\frac{z-(1+i)}{(1-2i)}\right)+\frac{(z-(1+i))^2}{(1-2i)^2}-\cdots\right]\end{aligned}\tag{8.6}$$

在这个几何级数展开中对应于ϵ的个体是 $(z-(1+i))/(1-2i)$。因此，收敛要求$|(z-(1+i))/(1-2i)|<1$，这等价于例 8.1.2 中已知的幂级数的收敛域方程$|z-(1+i)|<|1-2i|=\sqrt{5}$。

假设 z 在这个收敛域之外，这意味着 z 满足前面讨论的点 $z=4$ 的情况，$|z-(1+i)|>\sqrt{5}$，如图 8.1 所示。在这种情况下，我们可以推导另一种 $z-(1+i)$ 的展开式，来代替式（8.6）。具体来说，我们可以通过简单的观察发现：$|z-(1+i)|>\sqrt{5}$意味着$|(1-2i)/(z-(1+i)|<1$。这激发了另一种处理：

⊖ 读者应该注意，术语“收敛半径”通常用于单变量的实幂级数，尽管这个“半径”并不具有通常的几何意义，但它在复分析中有如此明显的几何意义。

$$
\begin{aligned}
\frac{-\mathrm{i}/6}{z-3\mathrm{i}} &= \frac{-\mathrm{i}/6}{z-(1+\mathrm{i})+(1+\mathrm{i})-3\mathrm{i}} \\
&= \frac{-\mathrm{i}/6}{z-(1+\mathrm{i})}\frac{1}{1+[(1-2\mathrm{i})/(z-(1+\mathrm{i})]} \\
&= \frac{-\mathrm{i}/6}{z-(1+\mathrm{i})}\left[1-\left(\frac{1-2\mathrm{i}}{z-(1+\mathrm{i})}\right)+\left(\frac{1-2\mathrm{i}}{z-(1+\mathrm{i})}\right)^2-\cdots\right]
\end{aligned} \tag{8.7}
$$

如果我们对式（8.3）中的$-(\mathrm{i}/6)/(z-3\mathrm{i})$进行上述展开，但对另一项$(\mathrm{i}/6)/(z+3\mathrm{i})$继续采用前面的级数展开，则得到$f(z)=1/(z^2+9)$的下面的级数表示：

$$
\frac{1}{z^2+9}=\sum_{n=0}^{\infty}a_n(z-(1+\mathrm{i}))^n+\sum_{n=1}^{\infty}\frac{b_n}{(z-(1+\mathrm{i}))^n} \tag{8.8}
$$

其中

$$
a_n=\frac{\mathrm{i}(-1)^n}{6(1+4\mathrm{i})^{n+1}},\quad b_n=\frac{\mathrm{i}(-1)^n}{6}(1-2\mathrm{i})^{n-1} \tag{8.9}
$$

与式（8.4）的幂级数展开不同，式（8.8）的级数同时包含$z-(1+\mathrm{i})$的正、负幂。这个幂级数展开是泰勒级数的推广，称为**洛朗展开**。取$z=4$，并使用式（8.8）和式（8.9），我们现在发现这个级数确实收敛于$f(4)=0.04$。更一般地说，用系数式（8.9）的展开式式（8.8）对于同时比$-3\mathrm{i}$更接近z_0，但比$3\mathrm{i}$距离z_0更远的所有z都是收敛的。或者说，$3\mathrm{i}$和$-3\mathrm{i}$确立了一个$\sqrt{5}<R<\sqrt{17}$且以$z_0=1+\mathrm{i}$为中心的**环**（或**圆环域**），见图 8.1。在这个环内，以式（8.9）为系数的洛朗级数式（8.8）收敛于原来的$f(z)$。

这就是事情的结局吗？也就是说，我们的例子中的$f(z)=(z^2+9)^{-1}$和$z_0=1+\mathrm{i}$是这种情况吗？即或者是具有系数式（8.5）的级数式（8.4），或者是具有系数式（8.9）的级数式（8.8）。答案是否定的，因为我们还没有考虑环外$R>\sqrt{17}$的区域，也就是说，在以z_0为中心的大圆之外，在其圆周界上有第二个奇点$-3\mathrm{i}$。

例如，在实轴上$z=6$处，我们发现$-(\mathrm{i}/6)/(z-3\mathrm{i})$的展开式（8.7）是收敛的，但例 8.1.2 中对于$(\mathrm{i}/6)/(z+3\mathrm{i})$的幂级数展开现在是发散的。补救措施很清楚，即现在必须执行类似于导致式（8.7）的操作，以获得$(\mathrm{i}/6)/(z+3\mathrm{i})$的替代展开。

让我们总结这些发现，再次讨论函数$f(z)=(z^2+9)^{-1}$及其两个非解析点$\pm 3\mathrm{i}$，以及解析点$z_0=1+\mathrm{i}$的展开。我们发现有三个收敛的展开式。

- 系数为式（8.5）的展开式（8.4）在半径为$\sqrt{5}$以z_0为圆心的圆（延伸到第一个奇点）的内部收敛。
- 由式（8.8）给出系数的展开式（8.9）在以z_0为圆心，内半径为$\sqrt{5}$，外半径为$\sqrt{17}$的圆环域（向外延伸至第二个奇点，见图 8.1）内收敛。
- 第三个展开式收敛于半径为$\sqrt{17}$的圆以外的区域，它延伸到复无穷而不再遇到任何奇点。

还要注意，最里面的展开不涉及任何倒数幂，而最外面的展开只涉及倒数幂——这两个都是在相关域上收敛所必需的。由式（8.8）给出系数的式（8.9）的中间展开式包含了倒数和非倒数的幂。

虽然我们用一个具体例子发展了这一展开想法，但这些想法可以归纳如下。

定理　如果 C_1，C_2 是以 z_0 为圆心的同心圆，而且 $f(z)$ 在这些圆上和在这些圆之间是解析的，那么在这个围住的区域内，函数可以表示为一个收敛级数，其形式为

$$f(z)=\sum_{n=0}^{\infty}a_n(z-z_0)^n+\sum_{n=1}^{\infty}\frac{b_n}{(z-z_0)^n} \tag{8.10}$$

称其为洛朗级数。系数 a_n 和 b_n 由下式给出：

$$a_n=\frac{1}{2\pi i}\oint_C\frac{f(s)}{(s-z_0)^{n+1}}ds,\quad b_n=\frac{1}{2\pi i}\oint_C\frac{f(s)}{(s-z_0)^{-n+1}}ds \tag{8.11}$$

其中 C 是圆环域内部的任何闭合曲线，围绕圆环域形成一个完整的逆时针回路。

正如我们前面讨论所表明的那样，展开系数在离开一个收敛域进入另一个收敛域时是变化的。式（8.11）根据指定域内路径积分提供这些系数的值。这些公式是由我们前面的结果式（7.8）推导出来的。或者，可以用例 7.1.1 的方法直接得到式（8.11）；请参阅 7.1 节的习题 1。

从实用的角度来看，很少通过式（8.11）得到展开系数 a_n 和 b_n。例如，$-(i/6)/(z-3i)$ 关于 $z_0=1+i$ 的可选展开式可以用式（8.6）找到，要不然用式（8.7）找到，二者都没有用式（8.11）。事实上，通常的情况是相反的，即用一个独立的过程找到洛朗展开系数，然后用式（8.11）来确定关于特定路径积分的一些有趣和有用的结果。

同样重要的一点是，上面的定理并不要求 $f(z)$ 在 z_0 处是解析的。尽管例 8.1.2 及其随后的讨论使用了解析点 $z_0=1+i$，但对于非解析点的展开也得到了类似的结果。上面的定理适用于这两种情况。下面的例子考虑了这种情况。

例 8.2.1　再次考虑 $f(z)=(z^2+9)^{-1}$。关于奇点 $z_0=3i$ 展开 $f(z)$。

解　因为 $(z^2+9)^{-1}=(z-3i)^{-1}(z+3i)^{-1}$，下一个奇点是 $z=-3i$。因此，我们考虑以 $z_0=3i$ 为圆心和 $R=6$ 的圆，使另一个奇点 $-3i$ 位于圆周。为了应用这个定理，我们还可以设想在 $z_0=3i$ 周围有一个半径为 ϵ 的小圆来隔离奇点（如图 8.2 所示）。接下来重复部分分式分解式（8.3）作为第一步仍然有用，即

$$\frac{1}{z^2+9}=\frac{i/6}{z+3i}-\frac{i/6}{z-3i} \tag{8.12}$$

第二个表达式已经是正确的形式。第一个表达式现在是 z 在 $z_0=3i$ 附近的幂级数展开，

$$\begin{aligned}\frac{1}{z+3i}&=\frac{1}{6i+(z-3i)}=\frac{1}{6i}\left[\frac{1}{1+(z-3i)/6i}\right]\\&=\frac{1}{6i}\left[1-\frac{(z-3i)}{6i}+\left(\frac{z-3i}{6i}\right)^2-\left(\frac{z-3i}{6i}\right)^3+\cdots\right]\end{aligned}$$

结合式（8.12）的结果，得出

$$\frac{1}{z^2+9}=\frac{-i/6}{(z-3i)}+\frac{1}{36}-\frac{(z-3i)}{6^3 i}+\frac{(z-3i)^2}{6^4 i^2}-\frac{(z-3i)^3}{6^5 i^3}+\cdots$$

它为区域 $|z-3i|<6$ 中的洛朗级数产生以下式（8.10）里的系数：

$$b_1=-\mathrm{i}/6,\ b_n=0$$
$$a_0=1/36,\ a_1=\mathrm{i}/6^3,\ a_2=-1/6^4,\ a_3=-\mathrm{i}/6^5,$$
$$a_n=(1/36)(\mathrm{i}/6)^n,\ n\geqslant 0$$

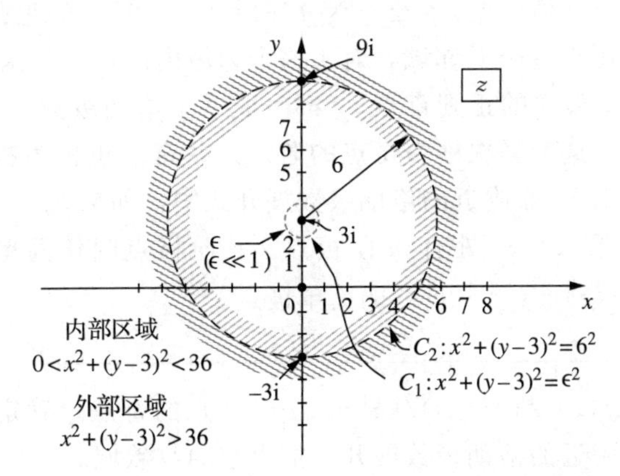

图 8.2　半径为 $R=6$，以 $z=3\mathrm{i}$ 为中心的圆，将两个区域分开，在这两个区域上，不同的洛朗级数可按照 $z-3\mathrm{i}$ 展开。大路径 C_2 由 $x^2+(y-3)^2=6^2$ 给出，小路径 C_1 由 $x^2+(y-3)^2=\epsilon^2$ 给出，其中 ϵ 极小。内部展开在区域 $0<x^2+(y-3)^2<6^2$ 或 $0<R<6$ 上成立，外部展开在区域 $R>6$ 上成立

对于 $R=|z-3\mathrm{i}|>6$，得到 $1/(z+3\mathrm{i})$ 的适当收敛展开式：

$$\frac{1}{z+3\mathrm{i}}=\frac{1}{6\mathrm{i}+(z-3\mathrm{i})}=\frac{1}{z-3\mathrm{i}}\left[\frac{1}{1+[6\mathrm{i}/(z-3\mathrm{i})]}\right]$$
$$=\frac{1}{z-3\mathrm{i}}\left[1-\frac{6\mathrm{i}}{(z-3\mathrm{i})}+\left(\frac{6\mathrm{i}}{z-3\mathrm{i}}\right)^2-\left(\frac{6\mathrm{i}}{z-3\mathrm{i}}\right)^3+\cdots\right]$$

再结合式（8.12）中的结果，得到 $f(z)=(z^2+9)^{-1}$ 在区域 $|z-3\mathrm{i}|>6$ 中以 $z-3\mathrm{i}$ 的幂展开的整个洛朗级数式（8.10）中的系数值：

$$a_n=0,\ \text{对所有的}\ n$$
$$b_1=0,\ b_n=-(1/36)(-6\mathrm{i})^n\ (n\geqslant 2)$$

如例 8.1.2 所示，函数 $f(z)$ 关于解析点 z_0 展开，在最内域（包含 z_0 的圆）得到一个标准的泰勒级数（正指数的级数）。然而，如例 8.2.1 所示，关于非解析点 z_0 的展开得到了在最内域（点 z_0 除外的圆）至少有一些负指数的洛朗展开。在外环，解析和非解析的 z_0 的两种情况都产生了一个只有负指数的洛朗展开。在外环，泰勒级数形式是发散的。

我们在这里注意到重要的一点：例 8.1.2 和例 8.2.1 都没有讨论在分隔不同圆和环的边界线上发生了什么。因此，在例 8.1.2 有两条边界线，内部边界线 $R_0=\sqrt{5}$ 和外部边界线 $R=\sqrt{17}$，两者都以 $z_0=1+\mathrm{i}$ 为圆心（见图 8.1），而在例子 8.2.1 只有一条边界线位于 $R=6$，以 $z_0=3\mathrm{i}$ 为圆心（见图 8.2）。没有一个给定的展开式在这些边界线上收敛。

洛朗级数是将标准幂级数推广到在展开点 z_0 附近具有**正则奇性**的函数。函数 $f(z)$ 的**正则奇点** z_0 是一个 $f(z)$ 在它上面具有反幂律性态的点：$f(z)=K(z-z_0)^{-n}+\text{h.o.t}$，其中 K 是一个常数，n 是一个实的正整数，而 h. o. t.（higher order term）表示高阶项，意思是不如首项 $K(z-z_0)^{-n}$奇异。点 $z=\pm 3\text{i}$ 为 $f(z)=(z^2+9)^{-1}$的正则奇点。这些奇点也是**孤立的**，这意味着可以画出一个开邻域，对于这个邻域内的点，复函数 $f(z)$ 是解析的。

函数 $f(z)$ 的每一个孤立的正则奇点 z_0 都生成一个洛朗级数，它在 z_0 的邻域内终止于 $z-z_0$ 的有限负幂次。这种幂次称为**奇点的阶**。这些奇点也称为**极点**，奇点的阶也称为**极点的阶**。确切地说，对于 z_0 附近的洛朗级数展开式中，如果 $b_m\neq 0$，而对所有的 $n>m$，$b_n=0$，则我们说 $f(z)$ 在 $z=z_0$ 处有 m 阶极点。一阶极点叫作**简单极点**。如例 8.1.2 所述，$z=\pm 3\text{i}$ 都是函数 $f(z)=(z^2+9)^{-1}$的简单极点。

例 8.2.2 求函数 $f(z)=(z-2\text{i})/(z^4-z^3-2z^2)$ 的奇点。确定每个奇点的阶。对于最高阶奇点，写出该点附近的洛朗级数展开。指出它的收敛域。

解 当分母为零时，即 $0=z^2(z^2-z-2)=z^2(z-2)(z+1)$ 时，函数是非解析的，因此 $f(z)$ 在 $z=0,2,-1$ 处是非解析的。每一个都是孤立奇点。考虑 $z=2$。分解 $f(z)=(1/(z-2))g(z)$，其中 $g(z)=(z-2\text{i})/(z^2(z+1))$，这表明 $g(z)$ 在 $z=2$ 处是解析的。因此，$g(z)$自身在 $z=2$ 附近有 $z-2$ 的正幂级数展开，即 $g(z)=a_0+a_1(z-2)+a_2(z-2)^2+\cdots$。从而 $f(z)=(1/(z-2))g(z)=a_0/(z-2)+a_1+a_2(z-2)+\cdots$，这表明 $z=2$ 是一阶极点。类似地，$z=-1$ 也是简单极点。然而，$z=0$ 是一个二阶极点，因为必须提出$1/z^2$ 才能得到 $z=0$ 处的解析函数。

最高阶奇点在 $z=0$ 处。因此，我们在一个关于原点的圆盘上推导它的洛朗展开，这个原点排除了奇点本身。从 $f(z)$中提出$1/z^2$，并使用部分分式处理剩余的因子，为得到洛朗级数提供了一个有用的开始形式，即

$$f(z)=\frac{1}{z^2}\left[\frac{2(1-\text{i})/3}{z-2}+\frac{(1+2\text{i})/3}{z+1}\right]$$

现在将$(z-2)^{-1}$和$(z+1)^{-1}$在 $z_0=0$ 附近关于 z 展开如下：

$$\begin{aligned}\frac{1}{z-2}&=-\frac{1}{2}\left[\frac{1}{1-z/2}\right]\\&=-\frac{1}{2}\left[1+\frac{z}{2}+\left(\frac{z}{2}\right)^2+\left(\frac{z}{2}\right)^3+\cdots\right]=-\frac{1}{2}\sum_{n=0}^{\infty}\left(\frac{z}{2}\right)^n\end{aligned}$$

$$\frac{1}{z+1}=\frac{1}{1+z}=\sum_{n=0}^{\infty}(-z)^n$$

合在一起得到

$$f(z)=\frac{1}{z^2}\left\{\frac{2(1-\text{i})}{3}\left(-\frac{1}{2}\right)\sum_{n=0}^{\infty}(z/2)^n+\frac{1}{3}(1+2\text{i})\sum_{n=0}^{\infty}(-z)^n\right\}$$

因此，与经典洛朗展开式［由式（8.10）给出，$z_0=0$］相比较，我们可以看到

$$b_1 = \frac{1}{2}\left(-\frac{1}{3}(1-\mathrm{i})\right)-\frac{1}{3}(1+2\mathrm{i})$$

$$b_2 = -\frac{1}{3}(1-\mathrm{i})+\frac{1}{3}(1+2\mathrm{i})$$

$$b_3 = b_4 = \cdots = 0$$

$$a_0 = \left(\frac{1}{2}\right)^2\left(-\frac{1}{3}(1-\mathrm{i})\right)+\frac{1}{3}(1+2\mathrm{i})$$

$$a_n = -\frac{(1-\mathrm{i})}{3\cdot 2^{n+2}}+\frac{(-1)^n(1+2\mathrm{i})}{3},\quad n=1,2,\cdots$$

上述表达式提供了圆盘 $0<|z|<1$ 或 $0<x^2+y^2<1$ 中的展开系数。在这个圆盘边界外的展开是由下一个最近的奇点决定的：在这种情况下，$z=-1$ 恰巧在边界圆 $x^2+y^2=1$ 上。在前面的例子中，剩余奇点的位置决定了其他各种收敛域。在这里，这些收敛域由一个中间环 $1<|z|<2$ 和一个外部域 $|z|>2$ 组成。在这些域中可以得到另一种洛朗展开式，与最内层域中的洛朗级数不同，这些洛朗级数不会以倒数幂终止。这些其他展开式的计算留作习题。

例 8.1.1、例 8.1.2、例 8.2.1 和例 8.2.2 是基于在有限的点上不能解析的函数 $f(z)$ 的。然而，许多函数在无限多个位置上都是奇异的。例如，函数 $f(z)=1/\sin \pi z$ 在实轴位置 $z=0$，± 1，± 2，…处是奇异的。每一个点都是孤立奇点。

函数 $f(z)=1/\sin(\pi/z)$ 也有无穷个奇点。它们出现在使 $\pi/z=n\pi$，或者 $z=1/n(n=\pm 1,\pm 2,\cdots)$ 处。$z=\pm 1/n$，$n=1,2,3,\cdots$ 是孤立奇点，因为它们被不断减小的 ϵ 邻域分开。点 $z=0$ 也是奇异的，然而，它不是孤立的，因为每个包含 $z=0$ 的有限邻域包含其他奇点。

当我们考虑更多的病态奇点时，就会遇到非正则奇点的性态。例如，具有负分数幂性态的奇点称为**非正则奇点**。这种类型的奇点用分支来描述，在工程和物理科学应用中具有相当重要的意义。在考虑施瓦茨-克里斯托费尔变换（6.6 节）时，我们已经遇到了分数幂。在本章后面的章节我们将碰到更多。较强程度的奇点和性态怪异的奇点两者都是**本质奇点**（essential singularity），我们将通过下面的经典例子来讨论这个问题。

函数 $\mathrm{e}^{1/z}$： 函数 $f(z)=\exp(1/z)$ 在 $z=0$ 处是奇异的。我们记 $\zeta=1/z$，用经典的关于 e^{ζ} 的泰勒展开式来分析这种奇异性。这就得到

$$\mathrm{e}^{1/z} = 1+\frac{1}{z}+\frac{1}{2!}\left(\frac{1}{z}\right)^2+\frac{1}{3!}\left(\frac{1}{z}\right)^3+\cdots=\sum_{n=0}^{\infty}\frac{1}{n!}z^{-n} \tag{8.13}$$

在这个特殊的例子中，函数 $\mathrm{e}^{1/z}$ 在奇点的洛朗展开中有无限个非零系数项 $b_m=1/(m!)$。因此，奇点 $z=0$ 不是极点。它是**本质奇点**，因为当 $z\to 0$ 时，倒数幂展开中的每一项都比前一项更快地趋近于无穷大。如前所述，在本质奇点附近的函数的性态是奇怪的。本质奇点的奇异特征可概括为下列定理。

皮卡定理（Picard's theorem） 在本质奇点的任何邻域内，函数 $f(z)$（除一个可能的例外）无数次取所有可能的有限值。

这个听起来模糊的定理需要通过一个例子来澄清。

例 8.2.3 证明皮卡定理对于函数 $f(z)=e^{1/z}$ 的本质奇点 $z=0$ 成立。

解 我们必须证明，除了一个可能的例外 w，方程 $e^{1/z}=w$ 在 $z=0$ 的任意邻域有无穷多个解 z。一种方法是采用两个步骤 $e^{\zeta}=w$，$\zeta=1/z$。这揭示了 w 的一个不给出解的值是 $w=0$，因为 $e^{\zeta}=0$ 没有解 ζ。如果 $w\neq0$，我们可以写成 $w=\rho e^{i\phi}$，其中 $\rho>0$。然后利用多值对数函数给出 $\zeta=\log w=\log(\rho e^{i\phi})=\log\rho+i(\phi+2n\pi)$，$n=0,\pm1,\pm2,\cdots$。这样，我们得到根

$$z=\frac{1}{\log\rho+i(\phi+2n\pi)}=\frac{1}{(\log\rho)^2+(\phi+2n\pi)^2}(\log\rho-i(\phi+2n\pi)) \tag{8.14}$$

$(n=0,\pm1,\pm2,\cdots)$。令 $z=re^{i\theta}$，其中 $r=\sqrt{z\bar{z}}$，得到

$$r=\frac{1}{\sqrt{(\log\rho)^2+(\phi+2n\pi)^2}}$$

给定 $\epsilon>0$，我们现在可以确定一个值 N，对于 $n=\pm N$，$\pm(N+1)$，$\pm(N+2)$，$\cdots$，

$$\frac{1}{\sqrt{(\log\rho)^2+(\phi+2n\pi)^2}}<\epsilon \tag{8.15}$$

在式（8.14）中使用这些 n 值，方程 $e^{1/z}=w$ 在一个以 $z=0$ 为圆心，半径为 ϵ 的圆内可以得到无穷多个根 z。这表明，只要 $w\neq0$，关于原点的每一个圆都包含方程 $e^{1/z}=w$ 的无穷多个解。显然 $w=0$ 是皮卡定理中提到的那个例外值。

8.3 留数和留数定理

现在我们用洛朗级数来计算路径积分。这样做，我们可以为式（8.11）后面那个谜一般的评论提供一个后续跟进，即由式（8.11）给出的洛朗系数结果可以用于计算路径积分。在这个过程中，关键的操作工具是最内层展开区域的 $1/(z-z_0)$ 项的洛朗系数。这个系数称为**留数**（或残数）。

留数的定义 函数 $f(z)$ 的奇点 z_0 的**留数**是 $f(z)$ 在 z_0 附近的，即在最内层区域的洛朗展开的系数 b_1。换句话说，如果当 $z\to z_0$ 时，

$$f(z)=\sum_{n=0}^{\infty}a_n(z-z_0)^n+\frac{b_1}{z-z_0}+\frac{b_2}{(z-z_0)^2}+\cdots$$

则 b_1 是 $f(z)$ 在 z_0 的留数。

回顾 8.2 节中考虑的各种例子，我们可以看到下面的命题是成立的。

- 例 8.2.1 中函数 $1/(z^2+9)$ 有两个孤立奇点 $z_0=\pm 3\mathrm{i}$。在 $z_0=3\mathrm{i}$ 处的留数为 $-\mathrm{i}/6$。关于 $z_0=-3\mathrm{i}$ 的洛朗展开还没有研究，因此它的留数还有待发现。
- 例 8.2.2 中函数 $(z-2\mathrm{i})/(z^4-z^3-2z^2)$ 有三个孤立奇点 $z_0=0,2,-1$。在 $z_0=0$ 处的留数为 $-1/2-\mathrm{i}/2$。关于 $z_0=2,-1$ 的洛朗展开还没有研究，因此这些留数还有待发现。
- 由式（8.13）可知，函数 $\mathrm{e}^{1/z}$ 在 $z=0$ 处是奇异的，其留数是 1。

我们现在考虑另一个确定复函数留数的例子。

例 8.3.1　函数 $f(z)=(z^2-2z+3)/(z-5)$ 仅在 $z=5$ 处是非解析的。求它的留数。

解　这个 $f(z)$ 可以写为

$$f(z)=z+3+\frac{18}{z-5}=(z-5)+8+\frac{18}{z-5}$$

由此可知，关于 $z=5$ 的洛朗展开的展开系数为 $a_0=8$，$a_1=1$，$b_1=18$（当 $n\geqslant 2$ 时，$a_n=0$，$b_n=0$）。$f(z)$ 在 $z=5$ 处的留数为 18。

例 8.3.1 中的奇点是一个简单极点。对于由分母中的 $z-z_0$ 因子所产生的简单极点，可以简单地用下列方法求留数。

★ 如果 $f(z)$ 在 z_0 处有一个简单极点，那么它在 z_0 处的留数由下式给出：

$$\text{留数}=\lim_{z\to z_0}(z-z_0)f(z) \tag{8.16}$$

因此，在例 8.3.1 中获取留数的另一种方法是计算

$$\lim_{z\to 5}(z-5)f(z)=\lim_{z\to 5}(z^2-2z+3)=18$$

关注留数的原因是它们为计算路径积分提供了一个出色的运算工具。这个工具是著名的留数定理的副产品，留数定理可以表述如下。

留数定理　设 C 是一个简单的闭合路径（逆时针方向），$f(z)$ 除了在 C 内部有有限个奇点 $z_1,z_2,\cdots,z_n$，在 C 上与 C 内是解析的，如图 7.14 所示。我们把在这些奇点上的留数表示为 $B_1,B_2,\cdots,B_n$，则

$$\oint_C f(z)\mathrm{d}z=2\pi\mathrm{i}(B_1+B_2+\cdots+B_n)=2\pi\mathrm{i}\sum_{k=1}^{n}B_k \tag{8.17}$$

为证明这一定理，首先引用 7.3 节的积分结果，将积分化简为 n 个独立的路径积分的和，每个积分路径 C_k 是以 z_k 为中心的一个小圆（$k=1,2,\cdots,n$）。在每种情况下，圆都可以小到足以包含在 z_k 附近的洛朗级数收敛域内。因此，在每一个圆 C_k 中，函数 $f(z)$ 可以写成

$$\sum_{m=0}^{\infty}a_{m,k}(z-z_k)^m+\frac{B_k}{(z-z_k)}+\frac{b_{2,k}}{(z-z_k)^2}+\frac{b_{3,k}}{(z-z_k)^3}+\cdots$$

其中我们已经使用了留数的定义 $b_{1,k}=B_k$。就像 $b_{2,k}$，$b_{3,k}$ 等的积分一样，$a_{m,k}$ 的积分都为零，[再一次参见式（7.8)] 只留下 B_k 的积分起作用。因此，

$$\oint_C f(z)\mathrm{d}z=\int_{C_1}\frac{B_1}{z-z_1}\mathrm{d}z+\int_{C_2}\frac{B_2}{z-z_2}\mathrm{d}z+\cdots+\int_{C_n}\frac{B_n}{z-z_n}\mathrm{d}z=2\pi\mathrm{i}\sum_{k=1}^{n}B_k$$

留数定理是计算各种具有挑战性的积分的基础，将在 8.5～8.7 节中详细介绍。然而，在本节的其余部分和 8.4 节中，我们将首先解决一些更直接的问题。从实际工程和应用科学的角度来看，这些简单例子的结果已经在表和商业软件中得到了很好的记录。相比之下，从工程方法论的角度来看，其思想是学习并应用各种解决方法，通过解决这些练习获得的知识将在处理更复杂和可能尚未解决的问题时大有裨益。

例 8.3.2 用 $f(z)=(z+1)/(z^2+9)$ 求 $\oint_C f(z)\mathrm{d}z$。路径 C 是逆时针方向的一个简单闭合路径，包围了 $f(z)$ 的所有奇点。

解 分母 $z^2+9=(z+3\mathrm{i})(z-3\mathrm{i})$，所以 $f(z)$ 在 $z=\pm 3\mathrm{i}$ 有简单极点。在 $z_1=3\mathrm{i}$ 处的留数等于

$$B_1=\lim_{z\to 3\mathrm{i}}(z-3\mathrm{i})\underbrace{\left(\frac{z+1}{(z+3\mathrm{i})(z-3\mathrm{i})}\right)}_{f(z)}=\frac{3\mathrm{i}+1}{3\mathrm{i}+3\mathrm{i}}=\frac{1}{2}-\mathrm{i}\frac{1}{6} \tag{8.18}$$

类似地，在 $z_2=-3\mathrm{i}$ 处的留数是 $B_2=1/2+\mathrm{i}/6$，它是 z_1 处留数的共轭复数。由式（8.17）可知，任何包围 z_1 和 z_2 的闭合路径 C 的积分为

$$\oint_C\frac{z+1}{z^2+9}\mathrm{d}z=2\pi\mathrm{i}(B_1+B_2)=2\pi\mathrm{i}\left[\left(\frac{1}{2}-\mathrm{i}\frac{1}{6}\right)+\left(\frac{1}{2}+\mathrm{i}\frac{1}{6}\right)\right]=2\pi\mathrm{i}$$

当留数可以在不正式展开整个洛朗级数的情况下得到时，留数定理就得到了它的全值。这表明，寻找求奇点 z_0 处的留数的简单方法是有益且方便的。其中一种标准方法是处理函数 $f(z)$，它可以被写成其他两个函数的商，即

$$f(z)=\frac{p(z)}{q(z)}，\text{其中 } q(z_0)=0，\ p(z_0)\neq 0 \tag{8.19}$$

下面的结果推广了式（8.16）的结果。

★ 如果 $f(z)$ 满足式（8.19），且 $q'(z_0)=\mathrm{d}q/\mathrm{d}z\,|_{z_0}\neq 0$，则 $f(z)$ 在 z_0 处有一个简单极点，其留数为

$$\text{留数}=\frac{p(z_0)}{q'(z_0)} \tag{8.20}$$

这样，在刚结束的例 8.3.2 中，我们有 $f(z)=(z+1)/(z^2+9)$。利用式（8.19），可以定义 $p(z)=z+1$，$q(z)=z^2+9$，奇点 z_0 分别为 $z_1=3\mathrm{i}$，$z_2=-3\mathrm{i}$（或 $z_k=\pm 3\mathrm{i}$）。则 $p(z_k)=1\pm 3\mathrm{i}$。注意 $q'(z_k)=2z_k=\pm 6\mathrm{i}$，得出这两个点都是简单极点，留数分别由 $(1\pm 3\mathrm{i})/(\pm 6\mathrm{i})$ 或 $1/2-\mathrm{i}/6$ 与 $1/2+\mathrm{i}/6$ 给出。

尽管式（8.16）和式（8.20）对于处理简单极点差不多同样有用，这是因为有一个单

项式分母；在通常情况下，式（8.20）在处理含有三角函数或其他非多项式函数的简单极点时更胜一筹。

例 8.3.3　计算

$$\oint_C f(z)\mathrm{d}z = \oint_C \frac{\mathrm{d}z}{4\mathrm{i} - \sin z} \tag{8.21}$$

路径 C 是逆时针方向的以原点为中心，半径为 $R=3$ 的圆。

解　函数 $f(z)$ 的分母是 $4\mathrm{i}-\sin z$。例 6.1.1 考虑过方程 $\sin z = 4\mathrm{i}$ 的根。因此，图 6.1 中的根的图解就是 $f(z)$ 的奇点的图解。图中显示路径 C 只包含 $z=\mathrm{i}\ln(4+\sqrt{17})$ 处的奇点。因此，这个问题简化为计算该点的留数。利用式（8.19），我们取 $p(z)=1$，$q(z)=4\mathrm{i}-\sin z$，$z_0=\mathrm{i}\ln(4+\sqrt{17})$。那么

$$\begin{aligned} q'(z_0) &= -\cos z_0 = -\cos 0\cosh(\ln(4+\sqrt{17})) + \mathrm{i}\sin 0\sinh(\ln(4+\sqrt{17})) \\ &= -\frac{1}{2}(\mathrm{e}^{\ln(4+\sqrt{17})} + \mathrm{e}^{-\ln(4+\sqrt{17})}) = -\frac{1}{2}\left(4+\sqrt{17}+\frac{1}{4+\sqrt{17}}\right) = -\sqrt{17} \end{aligned}$$

因此在奇点 $\mathrm{i}\ln(4+\sqrt{17})$ 处的留数等于 $-1/\sqrt{17}$。由留数定理式（8.17）得到 $\oint_C f(z)\mathrm{d}z = -2\pi\mathrm{i}/\sqrt{17}$。

式（8.16）和式（8.20）处理的都是简单极点。回到式（8.19）的商表示，当 $q'(z_0)=0$ 时，奇点不是一个简单极点，而是一个**更高阶极点**。幸运的是，这种情况也可以用函数 $p(z)$ 和 $q(z)$ 来处理。

现在让我们考虑 $q(z_0)=q'(z_0)=0$，但 $q''(z_0)\neq 0$ 的情况。在这种情况下，$q(z)$ 在 z_0 附近的幂级数为 $q(z)=(1/2!)\,q''(z_0)(z-z_0)^2+\cdots$，因此函数 $f(z)$ 在 z_0 附近的性态是根据下式确定：

$$\begin{aligned} f(z) &= \frac{p(z_0)+p'(z_0)(z-z_0)+\cdots}{(1/2!)q''(z_0)(z-z_0)^2+(1/3!)q'''(z_0)(z-z_0)^3+\cdots} \\ &= \frac{2p(z_0)/q''(z_0)}{(z-z_0)^2} + \frac{b_1}{z-z_0} + a_0 + a_1(z-z_0) + \cdots \end{aligned} \tag{8.22}$$

所以函数 $f(z)$ 在 z_0 处有一个二阶极点。上面表达式中的留数是 b_1。将式（8.22）中的第一个（大）分母展开，乘以分子，仔细收集各项，找出 $(z-z_0)^{-1}$ 的乘数即可提取留数。对于更高阶的极点［即具有 $q'(z_0)=0$，$q''(z_0)=0$，…的极点］，也可以进行类似的处理，但这样的过程很快就会变得烦琐（如果还不烦琐的话）。这表明需要一种更好的——也就是更巧妙和简洁的——提取留数的方法。

其中一种方法是基于这样一个事实，只要 C 包围的 f 的唯一奇点是 z_0 处的极点，在式（8.11）中取 $n=1$，则留数也可由下式得到：

$$\text{留数} = \frac{1}{2\pi\mathrm{i}}\oint_C f(s)\mathrm{d}s \tag{8.23}$$

式（8.23）对于任何阶的极点都成立。如果 $f(z)$ 在 z_0 处有一个 m 阶极点，那么函数

$$g(z)=(z-z_0)^m f(z) \tag{8.24}$$

在 $z=z_0$ 处是解析的，即使 $f(z)$ 不是——通过乘以 $(z-z_0)^m$ 已经移除了奇点。因此柯西积分公式适用于函数 $g(z)$ 在 $z=z_0$ 处的情况。特别地，在式（7.7）中对解析函数 $g(z)$ 取 $n=m-1$，可以得到

$$\left.\frac{\mathrm{d}^{m-1}g(z)}{\mathrm{d}z^{m-1}}\right|_{z_0}=\frac{(m-1)!}{2\pi\mathrm{i}}\oint_C\frac{g(s)}{(s-z_0)^m}\mathrm{d}s=\frac{(m-1)!}{2\pi\mathrm{i}}\oint_C f(s)\mathrm{d}s$$

将这个结果［再使用式（8.24）］与式（8.23）进行比较，前者得到的是一般的、巧妙的和简洁的结果。

★ 如果 $f(z)$ 在 z_0 处有 m 阶极点，那么它的留数由下式给出：

$$\text{留数}=\frac{1}{(m-1)!}\left(\frac{\mathrm{d}^{m-1}}{\mathrm{d}z^{m-1}}[(z-z_0)^m f(z)]\right)\bigg|_{z=z_0} \tag{8.25}$$

对于简单极点（$m=1$），这将重新得到式（8.16）的结果，而对于一个二阶极点，

$$\text{留数}=\left(\frac{\mathrm{d}}{\mathrm{d}z}[(z-z_0)^2 f(z)]\right)\bigg|_{z=z_0} \tag{8.26}$$

将此结果应用于前面的式（8.22），利用商求导数法则，可得到

★ 如果 $f(z)$ 满足式（8.19），且 $q'(z_0)=0$ 与 $q''(z_0)\neq 0$，则 $f(z)$ 在 z_0 处有一个二阶极点，其留数由下式给出：

$$\text{留数}=\frac{2p'(z_0)}{q''(z_0)}-\frac{2p(z_0)q'''(z_0)}{3(q''(z_0))^2} \tag{8.27}$$

这是式（8.22）中 b_1 的值。

例 8.3.4　计算

$$\oint_C\frac{\mathrm{d}z}{(\mathrm{e}^z-1)\sin z}$$

其中路径 C 是逆时针方向以原点为圆心的单位半径的圆。

解　$f(z)=1/[(\mathrm{e}^z-1)\sin z]$ 的分母有两个为零的因子。因子 $\sin z$ 在 $z=n\pi$ 处为零。因子 e^z-1 在 $z=0$ 处为零。在这个分母的根的集合中，只有 $z=0$ 位于 C 内。因此，留数定理适用于这个奇点，问题简化为确定 $z=0$ 处的留数。

由于 $z=0$ 导致两个分母因子都为零，我们预计 $z=0$ 是一个比简单极点更高阶的奇点。令 $p(z)=1$，$q(z)=(\mathrm{e}^z-1)\sin z$，$z_0=0$ 满足式（8.19）的条件。因此，

$$q'(z)=(\mathrm{e}^z-1)\cos z+\mathrm{e}^z\sin z,\quad q''(z)=2\mathrm{e}^z\cos z+\sin z$$

所以 $q'(0)=0$，$q''(0)=2\neq 0$。因此 $z_0=0$ 是二阶极点。因此，我们可以用式（8.27），但是需要求出 $p'(z_0)$ 和 $q'''(z_0)$。对于前者，$p'(0)=0$，而

$$q'''(z)=(2\mathrm{e}^z+1)\cos z-2\mathrm{e}^z\sin z,\quad\Rightarrow\quad q'''(0)=3$$

因此，由式（8.27）得到

$$\text{留数}=\frac{2\times 0}{2}-\frac{2\times 1\times 3}{3(2)^2}=-\frac{1}{2}$$

由留数定理式(8.17) 得到$\oint_C f(z)\mathrm{d}z = 2\pi\mathrm{i}\left(-\frac{1}{2}\right) = -\pi\mathrm{i}$。

在这里值得说明的是，即使粗略地阅读有关复积分的留数这一节，也会发现复积分的求值似乎与实积分的求值完全不同。事实上，求解方法的种类似乎是不同的，并且彼此所依赖的技术几乎没有任何关系，因此实际上没有重叠。例如，在实分析中，计算积分时扮演如此重要角色的变量替换和变换，如果不是完全无关紧要的话，在复积分的情况下更像是事后的想法。

然而，这种看法其实是超前的。将在本章后面说明，某些富于挑战性的实积分可以改组为等价的，或者至少是密切相关的复积分，然后可以使用这里发现的技术以及实分析的诸如变量替换和变换的技术来计算。从本质上说，在实分析和复分析之间将建立另一种广泛而深刻的联系，这对两门学科都有好处。

8.4 包围各种极点的路径积分

留数定理为我们到目前为止考虑过的许多路径积分问题提供了一个统一的原理。作为简单的相关例子，如例 7.3.1 和例 7.4.1 等，不是显式地利用留数定理（因为它尚未介绍），而是基本上遵循一种程序，这种程序在某种意义上“推导”出相当于留数定理的解决问题的方法。这些问题现在可以根据留数定理重新处理，计算结果更加有效。此外，我们注意到，式（7.8）实际上是留数定理的一个直接结果，这个结果自从引入以来我们一直使用得很有效。柯西导数公式（7.7）也是如此，如下面的例子所示。

例 8.4.1 函数$g(s)$ 在复 s 平面的路径 C 上及内部是解析的。求积分$\oint_C [g(s)/(s-z)^m]\mathrm{d}s$，其中 C 包围且不经过点 $s=z$。

解 除了 $s=z$ 之外，函数 $g(s)/(s-z)^m$ 在 C 内部的所有点上都是解析的。留数定理表明，这个积分等于 $2\pi\mathrm{i}$ 乘以 $g(s)/(s-z)^m$ 在 $s=z$ 处的留数，在该点 $g(s)/(s-z)^m$ 有一个 m 阶极点。因此留数由式（8.25）给出，其中 $z\to s$，$z_0\to z$，$f(z)\to g(s)/(s-z)^m$，即

$$\begin{aligned}\text{留数} &= \frac{1}{(m-1)!}\left(\frac{\mathrm{d}^{m-1}}{\mathrm{d}s^{m-1}}\left[(s-z)^m\left(\frac{g(s)}{(s-z)^m}\right)\right]\right)\bigg|_{s=z} \\ &= \frac{1}{(m-1)!}\left(\frac{\mathrm{d}^{m-1}}{\mathrm{d}z^{m-1}}[g(z)]\right)\end{aligned}$$

总的结果是

$$\oint_C \frac{g(s)}{(s-z)^m}\mathrm{d}s = 2\pi\mathrm{i}\cdot\text{留数} = \frac{2\pi\mathrm{i}}{(m-1)!}\frac{\mathrm{d}^{m-1}g(z)}{\mathrm{d}z^{m-1}}$$

这是式（7.7）稍加改写的形式。

现在我们将考虑另外的例子，在这些例子中，留数定理的结果得到了加强，并探讨了

路径的相关影响。这里所采用的方法是 8.7 节中考虑更复杂的路径积分的必要前导，那里必须首先处理被积函数或路径，或两者。

我们首先考虑留数定理在多分布简单极点积分中的应用。我们推广例 8.3.3，考虑被积函数 $f(z)=1/(4\mathrm{i}-\sin z)$ 的路径积分，当路径 C 只包围 $z=\mathrm{i}\log(4+\sqrt{17})$ 处的极点时，得到的积分结果为 $-2\pi\mathrm{i}/\sqrt{17}$。这里我们回忆一下，例 6.1.1 展示了方程 $\sin z=4\mathrm{i}$ 是如何生成如图 6.1 所示的无穷多的根的，这些根在平行于实轴的直线 $y=\pm\log(4+\sqrt{17})$ 上。这些根提供了函数 $f(z)=1/(4\mathrm{i}-\sin z)$ 的所有极点。对于这个 $f(z)$，下面的例子考虑更一般的路径 C 对积分 $\oint f(z)\mathrm{d}z$ 的影响。

例 8.4.2　在例 8.3.3 的式（8.21）中对沿着复 z 平面的闭合路径 C 求积分，路径 C 包围 $y=\log(4+\sqrt{17})$ 上的 M 个奇点和 $y=-\log(4+\sqrt{17})$ 上的 N 个奇点，其中 $z=x+\mathrm{i}y$。除此之外，曲线 C 是随机的，它是逆时针方向的，并且不会直接经过任何奇点。

解　如例 8.3.3，我们有 $p(z)=1$，$q(z)=4\mathrm{i}-\sin z$，所以 $q'(z_0)=-\cos z_0$。由式（6.4）分别得到顶部直线 $y=\log(4+\sqrt{17})$ 和底部直线 $y=-\log(4+\sqrt{17})$ 上的所有极点处 $q'(z_0)=-\sqrt{17}$ 和 $q'(z_0)=\sqrt{17}$。因此，顶部直线和底部直线上各极点的留数分别为 $-1/\sqrt{17}$ 和 $1/\sqrt{17}$。由此可得，

$$I(C)\equiv\oint_C\frac{\mathrm{d}z}{4\mathrm{i}-\sin z}=\frac{2\pi\mathrm{i}}{\sqrt{17}}(N-M)$$

在例 8.4.2 中，尽管上、下极点的符号不同，但是所有的极点都具有相同的强度。任何和或差都等于加上或减去同一项（见图 8.3）。多分布简单极点是涉及三角函数的积分的一个特征。

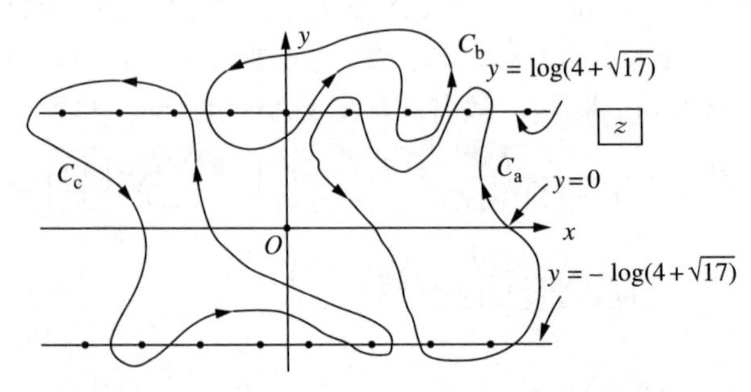

图 8.3　计算式（8.21）的积分的三条路径如图所示。顶部和底部极点的贡献分别为 $-2\pi\mathrm{i}/\sqrt{17}$ 和 $2\pi\mathrm{i}/\sqrt{17}$。在 C_a 上，正留数和负留数抵消（$M=N=2$），因此 $I(C_a)=0$。路径 C_b 包围三个顶部极点（$M=3,N=0$），因此 $I(C_b)=-6\mathrm{i}\pi/\sqrt{17}$。路径 C_c 包围三个顶部极点和两个底部极点（$M=3,N=2$），因此 $I(C_c)=-2\mathrm{i}\pi/\sqrt{17}$

下面的例子研究了奇点（极点）聚集在 z 平面的有限区域，并且生成极点的函数是非三角函数的情况。这个例子的有限区域是单位圆，极点的数目可以从 1 调整到一个非常大的趋近无穷大的数。这些类型函数的性态可能与例 8.4.2 中的三角函数不同。

例 8.4.3　考虑

$$I_C(n)=\oint_C f(z)\mathrm{d}z,\quad f(z)=\frac{z}{z^n-1}$$

其中 n 是正整数。描述当 $n=1,2,3$ 时 C 如何影响 $I_C(n)$ 的各种可能性。然后求出 $I_{\text{all}}(n)$，即 C 是包围 $f(z)$ 所有奇点的路径时的表达式。

解　将被积函数写成 $f(z)=p(z)/q(z)$，其中 $p(z)=z$，$q(z)=z^n-1$，由此得到 $f(z)$ 的奇点出现在 $q(z)=0$ 处，即单位圆上 $z=\sqrt[n]{1}$ 处。用 $z_k\equiv\exp(\mathrm{i}2k\pi/n)(k=0,1,2,\cdots,n-1)$ 表示这些 n 次单位根的第 k 个值。因为 $p(z_k)=z_k\neq0$，$q'(z_k)=\mathrm{d}q/\mathrm{d}z\mid_{z_k}=nz_k^{n-1}\neq0$，由式（8.20）可知，每个 z_k 都是 $f(z)$ 的一个简单极点，其留数由 $z_k/(nz_k^{n-1})=z_k^2/n$ 给出，其中我们使用了 $z_k^{-n}=(\exp(\mathrm{i}2k\pi/n))^{-n}=1$。因此 $f(z)$ 在每个极点 $z=z_k$ 处的留数值为 $z_k^2/n=(1/n)\exp(\mathrm{i}4k\pi/n)$。由留数定理得到

$$I_C(n)=2\pi\mathrm{i}\left(\frac{1}{n}\sum_{\text{被包围的}z_k}\mathrm{e}^{\mathrm{i}4k\pi/n}\right)\tag{8.28}$$

也就是说，这个和式包括在 C 内的所有 k 个 z_k 对应的值。现在我们考察各种情况。

1. $\boldsymbol{n=1}$　当 $n=1$ 时，$z=1$ 处的简单极点给出留数 1。由式（8.28），对于包围该极点的任何闭合路径，$I_C(1)=2\pi\mathrm{i}$。如果闭合路径不包围这个极点，则结果为 $I_C(1)=0$。

2. $\boldsymbol{n=2}$　在 $z=\pm1$ 处的两个简单极点各产生留数 1/2。任何包围两个极点的闭合路径都得到 $I_C(2)=2\pi\mathrm{i}(1/2+1/2)=2\pi\mathrm{i}$。如果闭合路径只包围 1 个极点，则 $I_C(2)=\pi\mathrm{i}$。如果它不包围极点，则 $I_C(2)=0$。

一种模式**似乎**产生：在任何包围单位圆上所有极点的闭合路径上的积分 $I_C(n)$ 取值 $2\pi\mathrm{i}$。然而，当 $n\geqslant3$ 时，这种模式就改变了。

3. $\boldsymbol{n=3}$　当 $n=3$ 时，我们考察如图 8.4 所示的三条路径 $C_{\mathrm{a}},C_{\mathrm{b}},C_{\mathrm{c}}$。$z^3=1$ 的三个根是 $\exp(\mathrm{i}2k\pi/3)$，$k=0,1,2$。路径 C_{c} 不包围任何极点：

$$I_{C_{\mathrm{c}}}(3)=\oint_{C_{\mathrm{c}}}\frac{z}{z^3-1}\mathrm{d}z=0$$

路径 C_{b} 只包围两个复共轭极点。这些对应于当 $k=1,2$ 时的 z_k：

$$I_{C_{\mathrm{b}}}(3)=\oint_{C_{\mathrm{b}}}\frac{z}{z^3-1}\mathrm{d}z=2\pi\mathrm{i}\left(\frac{1}{3}\sum_{k=1,2}\mathrm{e}^{\mathrm{i}4k\pi/3}\right)$$

$$=\frac{2\pi\mathrm{i}}{3}\left[-2\cos\frac{\pi}{3}\right]=-\frac{2\pi\mathrm{i}}{3}$$

路径 C_{a} 包围所有三个极点：

$$I_{C_{\mathrm{a}}}(3)=\oint_{C_{\mathrm{a}}}\frac{z}{z^3-1}\mathrm{d}z=2\pi\mathrm{i}\left(\frac{1}{3}\sum_{k=0,1,2}\mathrm{e}^{\mathrm{i}4k\pi/3}\right)$$

$$= \frac{2\pi i}{3}\left[1 - 2\cos\frac{\pi}{3}\right] = 0$$

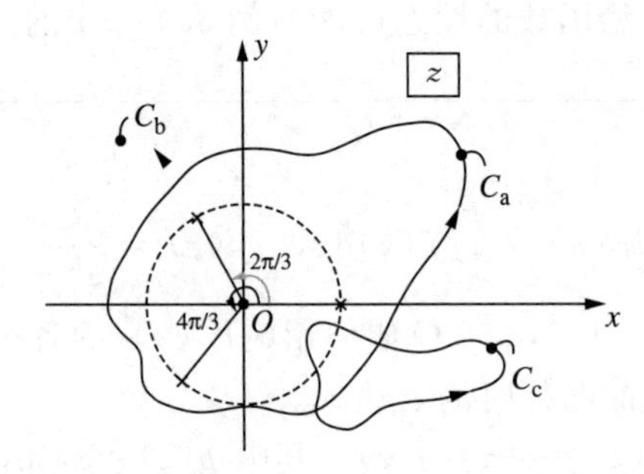

图 8.4　当 $f(z)=z/(z^3-1)$ 时，单位圆上 $\theta=0,2\pi/3,4\pi/3$ 处的三个单位立方根为极点。路径 C_a 包围所有三个极点，路径 C_b 包围两个极点，路径 C_c 不包围任何极点

4. $n\geqslant 4$　现在发现新的结果 I_{all} 为零了，它开始于 $n=3$ 的包围所有极点的路径，现在发现当 $n\geqslant 4$ 时继续成立。虽然对于任何特定的 n，这可以用蛮力来验证，但我们可以证明，对于任意 $n\geqslant 3$，这是正确的。首先观察式（8.28），它给出

$$I_{all}(n) = \frac{2\pi i}{n}\sum_{k=0}^{n-1} e^{i4k\pi/n} = \frac{2\pi i}{n}(1 + a + a^2 + \cdots + a^{n-1}) = \frac{2\pi i}{n}S \tag{8.29}$$

其中 $a=e^{i4\pi/n}$，而 S 是 n 项的级数和。这个和的计算方法是，先写出 $aS=a+a^2+\cdots+a^n$，然后从 S 中减去它，也就是

$$(1-a)S = 1 - a^n \tag{8.30}$$

然后，由于 $a^n=(e^{i4\pi/n})^n=e^{i4\pi}=1$，上面的表达式为 $1-a^n=1-1=0$，因此由式（8.30）得到

$$(1-a)S=0 \quad \Rightarrow \quad a=1 \text{ 或 } S=0$$

如果 $n=1$ 或 $n=2$，那么 $a=e^{i4\pi/n}=1$，在这些情况下，我们已经看到 $S\neq 0$。相反，当 $n\geqslant 3$ 时，我们有 $a=e^{i4\pi/n}\neq 1$，因此我们得出 $S=0$。因此，当 $n\geqslant 3$ 时，$I_{all}(n)=0$，而 $I_{all}(1)=I_{all}(2)=I_{all}(n)=2\pi i$。

现在延伸我们的讨论，来考虑上面例子中的积分是如何随着路径的改变而改变的。正如我们将看到的，选择不同的路径改变了理解。此外，将路径从逆时针方向反转到顺时针方向，积分的符号就反转了。路径积分的所有这些方面将在下一个例子中明确地演示。

例 8.4.4　对于例 8.4.3 中的被积函数，定义逆时针积分路径 $C_{exclude}$ 包围除 $z=1$ 实极点外的所有极点，这个实极点被认为在路径之外（图 8.5）。对 $n=1,2,3,\cdots$ 求积分 $I_{exclude}(n)=\oint_{C_{exclude}}(z/(z^n-1))dz$，并对结果发表评论。

解 我们首先给出一个纯代数解，然后在第二种方法中，把它与路径操作联系起来。

方法 1：对于 $n=1$ 的情况，它不包含 $z=1$ 处的单极点，则 $I_{\text{exclude}}(1)=0$。当 $n=2$ 时，$I_{\text{exclude}}(2)=\pi\text{i}$。现在考虑 $n\geqslant3$ 的情况。由于在 $z=1$ 处的留数总是 $1/n$，将此处的值从之前的式（8.29）所给出的结果中减去得到：

$$I_{\text{exclude}}(n)=\frac{2\pi\text{i}}{n}\sum_{k=1}^{n-1}\text{e}^{\text{i}4k\pi/n}-\frac{2\pi\text{i}}{n}=\frac{2\pi\text{i}}{n}(S-1)=-\frac{2\pi\text{i}}{n}\tag{8.31}$$

对于最后一个等式，我们使用了例 8.4.3 的结果：当 $n\geqslant3$ 时，$S=0$。积分路径如图 8.5 所示。$I_{\text{exclude}}(n)$ 与 n 的关系如图 8.7 所示。

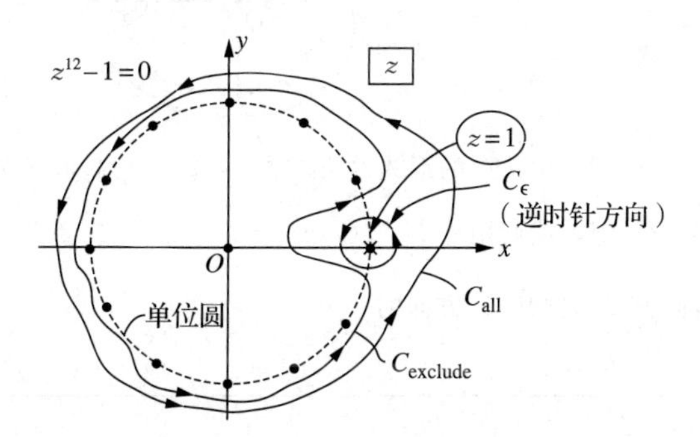

图 8.5 如图所示的是两条路径：一条包围 $z^{12}-1=0$ 的所有极点，可以在例 8.4.3 中使用，另一条路径 C_{exclude} 包围除 $z=1$ 的所有极点。第三条小的、围绕 $z=1$ 的路径 C_ϵ 可以用来从 I_{all} 中消除该极点的影响，从而提供 I_{exclude} 的值。图 8.6 显示了路径的演变，以及路径对沿着它的积分值所产生的影响

方法 2：方法 1 的代数过程有一个直接的几何解释，因为

$$I_{\text{all}}(n)=I_{\text{exclude}}(n)+\oint_{C_\epsilon}\frac{z}{z^n-1}\text{d}z$$

其中 C_ϵ 是围绕被排除的极点 $z=1$ 的逆时针方向路径（不包含其他极点）。因此，当 $n\geqslant$ 3 时，

$$I_{\text{exclude}}(n)=\underbrace{I_{\text{all}}(n)}_{0}-\oint_{C_\epsilon}\frac{z}{z^n-1}\text{d}z=-2\pi\text{i}(\text{留数}\mid_{z=1})\tag{8.32}$$

负号可以看作将 C_ϵ 上逆时针方向的积分转换为顺时针方向的积分。读者应该查看图 8.6，图中显示了所考虑的路径的演变。

这个计算最终表明，我们可以从一个已经确立的结果中排除奇点，方法是在顺时针方向上围绕奇点积分。在 $z=1$ 处，留数是 $1/n$。因此，$I_{\text{exclude}}=-2\pi\text{i}/n$，加上负号，因为排除的路径 C_ϵ 是顺时针方向的。

方法 2 显示，不仅路径的形状（方法 1）和所包围的极点数（方法 1），而且它的方向也有影响。在方法 2 中，顺时针方向的 C_ϵ（图 8.6 中写为 $-C_\epsilon$）消除了 $x=1$ 处的实极点。

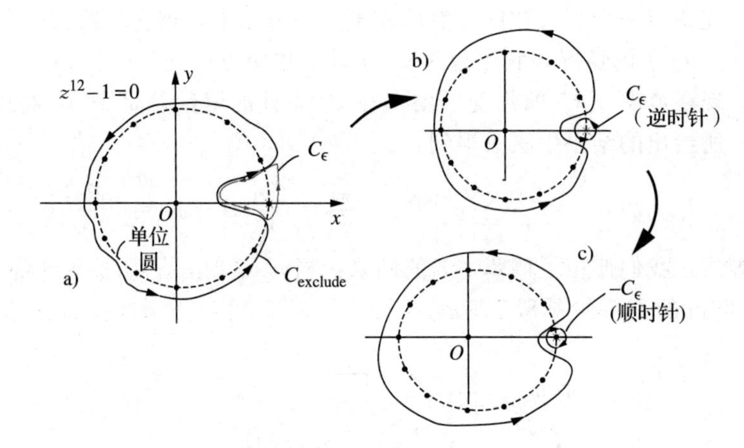

图 8.6　路径演变成式（8.32）中使用的形式的方式图。路径 C_ϵ 起源于如图所示的逆时针路径。在式（8.32）中，我们用 $-\oint_{C_\epsilon} f(z)\mathrm{d}z=\oint_{-C_\epsilon} f(z)\mathrm{d}z$ 重写了积分。路径 C_ϵ 是逆时针方向的，而 $-C_\epsilon$ 是顺时针方向的

单位圆上有简单极点的积分式（8.28）和式（8.31）的结果表明，即使是对于可以利用留数定理轻松计算的积分，理解它们的难度也很大。当 $n\to\infty$ 时，积分 $I_{exclude}\to 0$，即使随着 n 的增加，加入了更多的极点。与直觉相反，越来越多的极点会产生越来越小的积分值。这个代数事实来自分母 $q(z)=z^n-1$，它的一阶导数与 n 成比例。

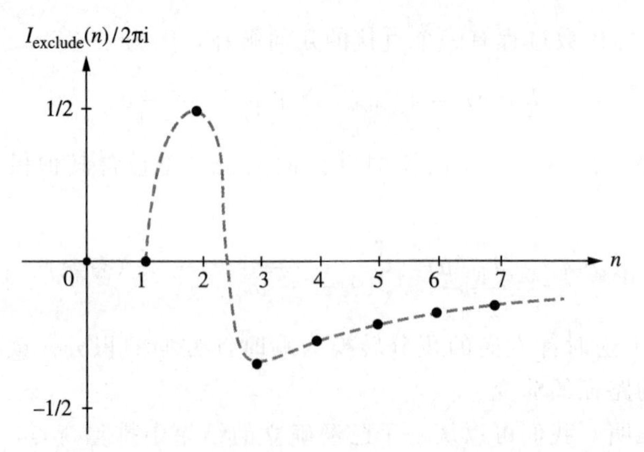

图 8.7　当 $n\geqslant 1$ 时，函数 $I_{exclude}(n)/(2\pi i)$ 与 n 的关系图。这些值是离散的，因此虚线只表示一般的函数相关性。由此可以看到，当 $n\to\infty$ 时，$I_{exclude}\to 0$

即使单位圆上的极点数可以接近无穷大，它们仍然是孤立的，因为在每个极点附近都存在一个极小但有限的 ϵ 邻域。这与 8.2 节中描述的本质奇点不同。

8.5　可以计算实积分的复路径积分

现在我们理解了奇点、极点、留数的性质，特别是从例 8.4.4 理解了路径可能会变形，甚至可能改变方向以包围不同的极点和奇点的方式，我们将注意力转向对计算实积分会产生有用结果的积分路径。在下面的例子中，我们通过将被积函数重新定义为复函数来计算在实积分区间上困难而有趣的实积分。然后这个复积分在一个闭合路径上求值，闭合路径的一段是原始积分的实路径，或原始积分范围。这使我们能够利用留数定理以一种非常简洁的方式得到结果。

在实变量微积分中，求实积分的经典方法是变量变换。下面例子中要考虑的实积分可以用这种方法求值。然而，一种绕过这种基本方法的改进方法是使用路径变换，但保持变量不变。

例 8.5.1　计算实的定积分 $I=\int_0^{\infty}1/(1+x^2)\mathrm{d}x$。

解　首先，把 I 重写为整个实直线上的积分：$I=(1/2)\int_{-\infty}^{\infty}1/(1+x^2)\mathrm{d}x$。然后考虑复平面上闭合路径 C 的积分 $J=(1/2)\oint 1/(1+z^2)\mathrm{d}z$，该闭合路径 C 本身有两部分：沿着实轴 x，满足 $-R<x<R$ 的线段 C_x，以及 z 平面上半部分的半圆弧 C_θ。因此

$$J=\frac{1}{2}\oint_C\frac{\mathrm{d}z}{1+z^2}=\frac{1}{2}\int_{C_x}\frac{\mathrm{d}z}{1+z^2}+\frac{1}{2}\int_{C_\theta}\frac{\mathrm{d}z}{1+z^2}$$

路径 C 是逆时针方向的，如图 8.8 所示。沿线段 C_x，$z=x(-R<x<R)$，$\mathrm{d}z=\mathrm{d}x$。沿着 C_θ，$z=R\mathrm{e}^{\mathrm{i}\theta}$，$\mathrm{d}z=\mathrm{i}\,R\mathrm{e}^{\mathrm{i}\theta}\mathrm{d}\theta$，其中 θ 从 0 到 2π 变化。因此，在图 8.8 所示的路径上，我们有

$$J=\frac{1}{2}\int_{-R}^{R}\frac{\mathrm{d}x}{1+x^2}+\frac{1}{2}\int_{\theta=0}^{2\pi}\frac{\mathrm{i}R\mathrm{e}^{\mathrm{i}\theta}\mathrm{d}\theta}{1+R^2\mathrm{e}^{2\mathrm{i}\theta}}$$

现在讨论 $R\to\infty$ 时的极限。在这个极限下，C_θ 对积分的贡献为零。这是因为被积函数像 $1/R$ 一样趋于零，而积分变量与 R 无关。同时，第一个积分，沿着 C_x 的积分，在这个极限中给出了 I 的值。换句话说，复积分 J 等于实积分 I，因此，可以通过用留数定理求出 J 而得到 I（不需要变量变换，只做路径变换）。

为了得到留数，我们注意到 J 的被积函数是

$$\frac{1}{1+z^2}=\frac{1}{(z+\mathrm{i})(z-\mathrm{i})}=\frac{\mathrm{i}/2}{z+\mathrm{i}}-\frac{\mathrm{i}/2}{z-\mathrm{i}}\left(\text{极点：}\begin{array}{l}z_1=\mathrm{i}\\ z_2=-\mathrm{i}\end{array}\right)$$

在 $z=-\mathrm{i}$ 处的极点的留数在路径 C 之外，因此它对积分不起作用。在 $z=\mathrm{i}$ 处的简单极点的留数为 $-\mathrm{i}/2$。因此，

$$J=\frac{1}{2}2\pi\mathrm{i}\sum(C\text{ 内部的留数})=\frac{1}{2}2\pi\mathrm{i}(-\mathrm{i}/2)=\frac{\pi}{2}$$

结果是 $I=\int_0^{\infty} 1/(1+x^2)\mathrm{d}x=\pi/2$。

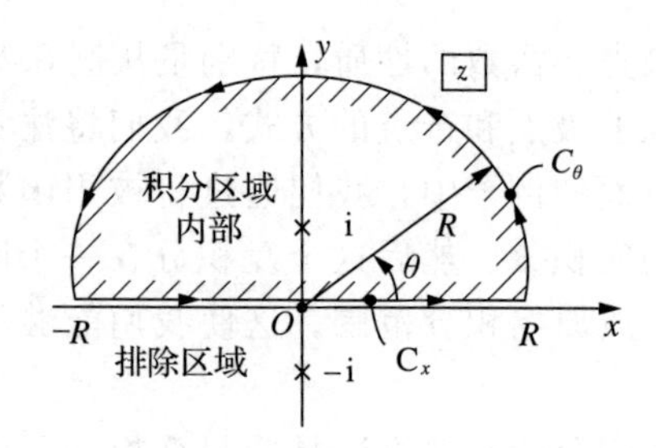

图 8.8　实积分是通过考虑在 C_x 和 C_θ 上的复积分来计算的。C_x 部分是 $-R$ 和 R 之间的实轴。C_θ 部分是半径为 R 的大半圆。当取极限 $R\to\infty$ 时，C_θ 部分的积分为零，使得路径积分等于沿实轴部分的积分

例 8.5.1 也可以在下半平面中使用闭合路径，这是被积函数代数性质的一个结果（虽然有一个 $\mathrm{e}^{\mathrm{i}\theta}$ 项，但没有 e^z 项）。这个计算，现在使用位于 $z=-\mathrm{i}$ 处的极点，并考虑顺时针路径方向，将产生相同的结果 $I=\pi/2$。虽然这个积分很容易用实微积分的标准方法求值，但上面的计算表明，用复分析求值既简洁，又不会陷入变换、不定积分等标准方法中。

下面的例子考虑积分路径包围多极点的情况。像前面的例子一样，原始的要计算的积分是实积分。同样，如在例 8.5.1 中的计算那样，沿着复路径的求值利用了大半径部分的积分值趋于零。在这里，各极点的留数的和是通过对级数和的简单操作得到的。

例 8.5.2　计算实积分 $I=\int_{-\infty}^{\infty}(x^4/(1+x^8))\mathrm{d}x$

解　通过一个本质上与例 8.5.1 相同的论证，我们设法把 I 写为在图 8.9 显示的路径 C 上的积分：

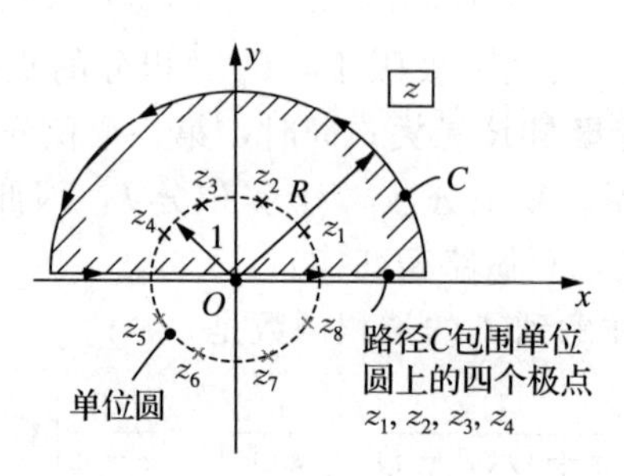

图 8.9　积分 J 的逆时针方向的积分路径 C 包围被积函数的四个简单极点 z_1,z_2,z_3,z_4。在 x 轴下方的四个极点 z_5,z_6,z_7,z_8 对 J 的值没有贡献

$$I=\int_{-\infty}^{\infty}\frac{x^4}{1+x^8}\mathrm{d}x=\oint_C\frac{z^4}{1+z^8}\mathrm{d}z\equiv J$$

这是因为在大 R 极限下，我们有

$$J=\oint_C\frac{z^4}{1+z^8}\mathrm{d}z=\int_{-\infty}^{\infty}\frac{x^4}{1+x^8}\mathrm{d}x+\lim_{R\to\infty}\int_{\theta=0}^{\pi}\frac{R^4\mathrm{e}^{\mathrm{i}4\theta}}{1+R^8\mathrm{e}^{\mathrm{i}8\theta}}\mathrm{i}R\mathrm{e}^{\mathrm{i}\theta}\mathrm{d}\theta$$

而且当 $R\to\infty$ 时，第二个积分趋于零。路径 C 内的 J 的极点是 $z_1=\mathrm{e}^{\mathrm{i}\pi/8}$，$z_2=\mathrm{e}^{3\mathrm{i}\pi/8}$，$z_3=\mathrm{e}^{5\mathrm{i}\pi/8}$，$z_4=\mathrm{e}^{7\mathrm{i}\pi/8}$。因此，每个这些简单极点上的留数是 $p(z_k)/q'(z_k)=z_k^4/(8z_k^7)=\frac{1}{8}z_k^{-3}$，从而

$$\begin{aligned}I=J&=2\pi\mathrm{i}\sum(C\text{ 内部的留数})\\&=\frac{2\pi\mathrm{i}}{8}\left(\frac{1}{z_1^3}+\frac{1}{z_2^3}+\frac{1}{z_3^3}+\frac{1}{z_4^3}\right)=\frac{\pi\mathrm{i}}{4}S\end{aligned}$$

其中 $S=a+a^3+a^5+a^7$，$a=\mathrm{e}^{-3\mathrm{i}\pi/8}$。求和的计算过程类似于例 8.4.3 中的式（8.30），得到

$$S=a(1+a^2+a^4+a^6)=a\cdot\frac{1-a^8}{1-a^2}=\frac{1}{\mathrm{i}\ \sin(3\pi/8)}$$

综上得到

$$I=J=\frac{\pi}{4\sin(3\pi/8)}=\frac{\pi}{4}\sec\left(\frac{\pi}{8}\right)$$

在上面的例子中，如例 8.5.1 一样，原始的实积分 I 可以用在下半平面上补全路径来求值。它也可以使用其他可能只包括某些极点的路径来计算，通过路径的一部分，例如沿 y 轴，将它的实部减少到 I 的小的倍数，或者通过形成一个区域再次产生 I 的倍数。这些想法将在 8.5 节的习题 2 中进一步阐述。

我们现在研究一个实积分，它的被积函数是三角函数和多项式函数的混合。如例 8.5.2 所示，并不是所有极点都需要确定值。

例 8.5.3　对任意实数 α 和任意正实数 β，计算

$$I(\alpha,\beta)=\int_{-\infty}^{\infty}\frac{\cos x}{(x+\alpha)^2+\beta^2}\mathrm{d}x$$

解　把 I 写为对一个闭合路径 C 的积分：

$$\begin{aligned}I&=\mathrm{Re}\left\{\int_{-\infty}^{\infty}\frac{\mathrm{e}^{\mathrm{i}x}}{(x+\alpha)^2+\beta^2}\mathrm{d}x\right\}=\mathrm{Re}\left\{\oint_C\frac{\mathrm{e}^{\mathrm{i}z}}{(z+\alpha)^2+\beta^2}\mathrm{d}z\right\}\\&=\mathrm{Re}\left[2\pi\mathrm{i}\sum_{\text{包围}j}(\text{留数})_j\right]\end{aligned}$$

C 包含区间 $-R<x<R$，只要当 $R\to\infty$ 时，C 的补全部分的积分为零。被积函数包含 $\mathrm{e}^{\mathrm{i}z}=\mathrm{e}^{\mathrm{i}(x+\mathrm{i}y)}=\mathrm{e}^{\mathrm{i}x}\mathrm{e}^{-y}$：在上半平面包含实衰减指数函数 $\mathrm{e}^{-y}=\mathrm{e}^{-|y|}$，在下半平面包含实增长指数函数 $\mathrm{e}^{-y}=\mathrm{e}^{|y|}$。因此，路径在上半平面补全，如图 8.10 所示。

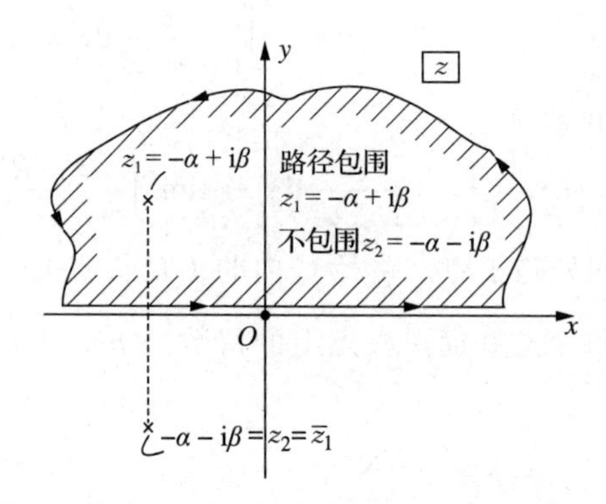

图 8.10　路径 C 在上半平面上补全，包围被积函数的两个复共轭极点 $\alpha \pm i\beta$ 之一。包围极点 z_1 的路径足以计算积分

值得注意的是，有一点不同于例 8.5.1 和例 8.5.2 中考虑的积分，在那里，路径既可以在上半平面补全，也可以在下半平面补全。在当前的例子中，路径必须在上半平面补全，因为积分路径在下半平面补全的积分不收敛（这里我们回忆一下在例 7.6.1 后面讨论的关于积分沿着圆弧段如 C_θ 在极限 $R \to \infty$ 时趋于零所需的通用条件的若当引理）。

分母的零点满足 $(z+\alpha)^2+\beta^2=0$，此时二次公式给出 $(z-z_1)(z-z_2)=0$，其中 $z_{1,2}=\alpha \pm i\beta$。其中，只有 $z_1=-\alpha+i\beta$ 位于实轴之上。这个简单极点上的留数由下式给出：

$$\frac{p(z_1)}{q'(z_1)} = \frac{e^{iz_1}}{2(z_1+\alpha)}\bigg|_{z_1=-\alpha+i\beta} = \frac{e^{-\beta}}{2i\beta}(\cos\alpha - i\sin\alpha)$$

综合得到

$$I(\alpha,\beta) = \mathrm{Re}\left[2\pi i\left(\frac{e^{-\beta}}{2i\beta}\right)(\cos\alpha - i\sin\alpha)\right] = \frac{\pi}{\beta}e^{-\beta}\cos\alpha$$

到目前为止，前面的三个实积分计算的例子都涉及广义积分，其积分区间延伸到无穷大。在下面的例子中，实积分区间就是从 0 到 2π。这个问题转化为一个复路径积分，不是通过考虑一条无限延伸的路径，而是通过沿单位圆积分——当然是在复平面上。

例 8.5.4　对于满足 $|\epsilon|<1$ 的实数 ϵ，计算

$$I(\epsilon) = \int_0^{2\pi} \frac{d\theta}{(1+\epsilon\sin\theta)^2}$$

评注： 注意，当 $\epsilon=\pm 1$ 时，被积函数在积分区间上 $1\pm\sin\theta$ 为零的点变成无穷大。这个问题是求关于 ϵ 值的 $I(\epsilon)$ 以避免这种奇异性态；因此这个积分在各方面都是正常的。我们还注意到 $I(0)=2\pi$。

解　让 $z=e^{i\theta}$，这个实积分可以写成复变量 z 的形式。具体来说，$dz=iz d\theta$，且当 θ：$0 \to 2\pi$ 时，变量 z 在复 z 平面上按逆时针方向遍历单位圆 $|z|=1$。此外，将三角正弦函数转化为代数函数：$\sin\theta=(z-1/z)/(2i)=-(i/2)(z-1/z)$。这在复分析中是一个非常

有用的变换，因为代数函数产生极点，这很容易由留数定理处理。从 θ 到 z 的变换，在定义

$$f(z)=\frac{z}{(z^2+(2\mathrm{i}/\epsilon)z-1)^2}=\frac{z}{(z-z_1)^2(z-z_2)^2}$$

后［其中 z_1 和 z_2 是 $f(z)$ 分母的根］，使得

$$\frac{\mathrm{d}\theta}{(1+\epsilon\ \sin\theta)^2}=\frac{\mathrm{d}z/\mathrm{i}z}{\left(1-\frac{1}{2}\mathrm{i}\epsilon(z-1/z)\right)^2}=\left(\frac{4\mathrm{i}}{\epsilon^2}\right)f(z)\mathrm{d}z$$

根 $z_{1,2}=(\mathrm{i}/\epsilon)(-1\pm\sqrt{1-\epsilon^2})$。因此积分 $I(\epsilon)$ 就变成

$$I(\epsilon)=\frac{4\mathrm{i}}{\epsilon^2}\oint_{|z|=1}f(z)\mathrm{d}z=\frac{4\mathrm{i}}{\epsilon^2}\oint_{|z|=1}\frac{z}{(z-z_1)^2(z-z_2)^2}\mathrm{d}z \tag{8.33}$$

与任何闭合路径积分一样，我们探究被积函数的解析性。$f(z)$ 的形式表明它在 z_1 和 z_2 处有两个二重（阶）极点。那么问题来了，哪个极点在积分曲线内？对于 $\epsilon>0$，这些极点对 ϵ 的依赖关系如表 8.3 所示。

表　8.3

ϵ	$z_1=(\mathrm{i}/\epsilon)(-1+\sqrt{1-\epsilon^2})$	$z_2=(\mathrm{i}/\epsilon)(-1-\sqrt{1-\epsilon^2})$
0.01	−0.005i	−199.995i
0.2	−0.101i	−9.899i
0.5	−0.268i	−3.3732i
0.8	−0.5i	−2.0i
0.95	−0.724i	−1.381i
0.999	−0.956i	−1.046i

对于 $\epsilon<0$，由于因子 i/ϵ 的影响，发生了简单的符号变化。因此极点 z_1 总是在单位圆内，而极点 z_2 总是在单位圆外。如图 8.11 所示。这一结果也可以进行分析验证。对于接近 1 的 $|\epsilon|$，两个极点都靠近圆周。当 $|\epsilon|$ 减小到 0 时，极点 z_1 靠近圆心，极点 z_2 沿着正虚轴或负虚轴趋于无穷，方向由 ϵ 的符号决定。

由此可知，这个积分很容易用留数定理求出——我们所要做的就是求出被包围的极点 z_1 处的留数。因为这是一个二阶极点，所以我们尝试使用二阶极点公式（8.27），用 z_1 代替 z_0。因此，我们取 z_1 处解析分子为 $p(z)=z/(z-z_2)^2$，并取为零的分母为 $q(z)=(z-z_1)^2$（它在 z_1 处有二重根）。然后我们注意 $q'''(z_1)=0$，因此通过式（8.27）的留数计算简化为 $2p'(z_1)/q''(z_1)$。现在 $q''(z_1)=2$，简单的计算就得到 $p'(z_1)=-(z_1+z_2)/(z_1-z_2)^3$。由于 $z_1+z_2=-2\mathrm{i}/\epsilon$ 和 $z_1-z_2=2\mathrm{i}\sqrt{1-\epsilon^2}/\epsilon$，我们得到了留数值 $-(1/4)\epsilon^2/(1-\epsilon^2)^{3/2}$。利用留数定理结合这些结果得到

$$I(\epsilon)=\frac{4\mathrm{i}}{\epsilon^2}\cdot 2\pi\mathrm{i}\left(-\frac{\epsilon^2}{4(1-\epsilon^2)^{3/2}}\right)=\frac{2\pi}{(1-\epsilon^2)^{3/2}}$$

有趣的是，外部极点 z_2 在 ϵ 经过零时发散到复无穷，例如，当 ϵ 经过正实值接近零时，z_2

沿着虚轴向下运动到无穷。当ϵ取小的负实数时，这个极点然后在虚轴的顶部无穷出现。与此同时，其留数决定$I(\epsilon)$的伴随极点z_1，简单地向上通过原点。当$\epsilon=0$时，这过程证实了$I(0)=2\pi$，这是由$I(0)=\int_0^{2\pi}\mathrm{d}\theta$直接得到的结果。

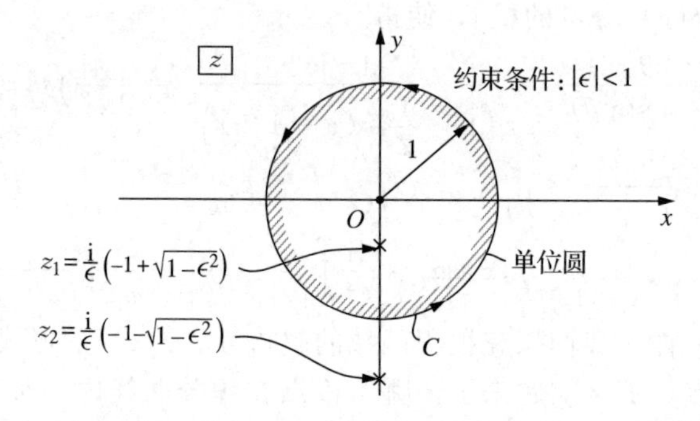

图 8.11 式(8.33)中的被积函数有两个极点z_1和z_2，分别位于$|\epsilon|<1$的积分单位圆路径内外。对图中的情况，参数ϵ是正实数。如果ϵ是复数，极点也会显示出类似的性态，但它们不再局限于虚轴。这使得$I(\epsilon)$的确定可以推广到复值ϵ

接下来，下一节将把这一新引进的东西扩展到路径积分，以便深入研究积分的求解。为此，我们必须熟悉分支和分支切割的数学机制，再加上留数定理，然后就可以将它们应用于复路径积分的日益复杂的处理。下一节首先从一般的角度重新审视分支、分支映射和分支切割，以便为这些更复杂的处理奠定基础。

8.6 分支和分支切割

分支已经在6.2节中简单地讨论过了，特别是在图6.7中，它蕴含了复对数函数的不同层次的分离。在例7.2.2中，我们用一个分支切割来计算涉及这类多层函数的积分。本节的目的有两个，首先介绍一个稍微更基本的概念，即分支和分支映射，然后使用这些概念来处理更有挑战性的积分类。

8.6.1 分支映射

对于复映射，一个主要的考虑是在变换$f: z\to w$后确定特定区域映射到哪里。如下面所讨论的，分数幂，如$f(z)=z^{\pm p/q}$，其中p和q为满足$q>p$的正整数，可以使原始映射域中的扇形区域收缩。这个过程可以看作生成了一个类似于图6.7中绘制的**黎曼曲面**的分支图。这些分支并不“适合”复平面上通常的$0\leqslant\theta<2\pi$区间，而是要求用原来2π环线之外的延续来实现补全表示。下面的例子阐明这一陈述。

例 8.6.1 通过映射$w=f(z)=z^{-1/2}=1/\sqrt{z}$从$z$平面映射到$w$平面，计算出所有可能的$w$值。

解 将 z 写为 $z=re^{i\theta}$，将映射 $w=f(z)=1/\sqrt{z}$ 写成极坐标 $w=\rho e^{i\phi}$，其中 $\rho=r^{-1/2}$，$\phi=-\theta/2$。我们从 $\arg z=\theta=-\pi$ 开始通过增加 θ（表 8.4 显示 $\pi/2$ 的增量）到 $\theta=\pi$ 来映射这个函数。这产生了一个完整的绕 z 平面原点的环线，w 值由表 8.4 给出。

表 8.4

θ	ϕ	$w=1/\sqrt{z}$	(u, v)
$-\pi$	$\pi/2$	$i\rho$	$\rho(0, 1)$
$-\pi/2$	$\pi/4$	$\sqrt{2}\rho(1+i)/2$	$\rho(1/\sqrt{2}, 1/\sqrt{2})$
0	0	ρ	$\rho(1, 0)$
$\pi/2$	$-\pi/4$	$\sqrt{2}\rho(1-i)/2$	$\rho(1/\sqrt{2}, -1/\sqrt{2})$
π	$-\pi/2$	$-i\rho$	$\rho(0, -1)$

$\theta=-\pi$ 和 $\theta=\pi$ 的值位于 z 平面的负 x 轴上的同一组点。然而，在 w 平面上对应的值**是不一样的**：$\theta=-\pi$ 给出 $w=i\rho$，而 $\theta=\pi$ 给出 $w=-i\rho$。下面的事实值得注意：**z 平面中的负实轴线上的每个点依照其长度产生两组不同的 w 值**。其中一个是一个正的虚数集，它可以被视为始于底部（$\theta=-\pi$），另一个是一个负的虚数集，它始于顶部（$\theta=\pi$）（参见图 8.12）。

我们解释为什么会这样：平方根分数次幂将整个 z 平面只映射到 w 平面的右边。如果要"填满"整个 w 平面，就必须在 z 平面上再做一圈环线。换句话说，**要映射出整个（变换后的）w 平面，需要在（原）z 平面上有两个完整的环线**。如果我们继续上一个表（如表 8.5 所示），这会很清楚。

表 8.5

θ	ϕ	$w=1/\sqrt{z}$	(u, v)
π	$-\pi/2$	$-i\rho$	$\rho(0, -1)$
$3\pi/2$	$-3\pi/4$	$\sqrt{2}\rho(-1-i)/2$	$\rho(-1/\sqrt{2},-1/\sqrt{2})$
2π	$-\pi$	$-\rho$	$\rho(-1,0)$
$5\pi/2$	$-5\pi/4$	$\sqrt{2}\rho(-1+i)/2$	$\rho(-1/\sqrt{2},1/\sqrt{2})$
3π	$-3\pi/2$	$i\rho$	$\rho(0,1)$

如图 8.12 所示，在 $\theta=-\pi$ 碰到 $\theta=\pi$ 处引入的"分支切割"，本质上是一个"分界线"，或者更形象地说，它是 z 平面上连接"第一层"或**第一环线**（从 $\theta=-\pi$ 到 $\theta=\pi$）和"第二层"或**第二环线**的 2π 弧度（从 $\theta=\pi$ 到 $\theta=3\pi$）的"楼梯"。在 $\theta=3\pi$ 处，函数 $f(z)=z^{-1/2}$ 返回到它在 $\theta=-\pi$ 时沿负 x 轴的原始值集。因此，**分支切割**类似于莫比乌斯带，弯曲发生在沿着负 x 轴的一条无限小的细线上。

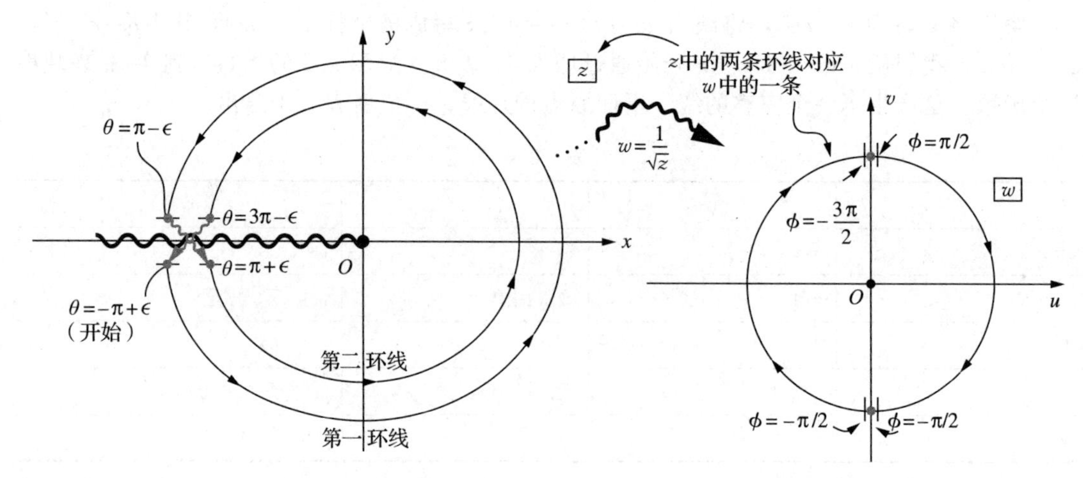

图 8.12　函数 $z^{-1/2}$ 的可能分支切割结构，这种结构允许遍历 z 平面两次以便用变换完全覆盖 w 平面。在例 8.6.2 中，我们将进一步探讨这个分支切割以及它的替代方法

例 8.6.1 给出的几何图是在 z 平面上有两个层次的函数 $f(z)=1/\sqrt{z}$，这两个层次被称为**分支切割**的“楼梯”隔开。从代数的角度来看，分支切割用于确定 z 平面上 θ 的特定值，当制作“第一环线”时，该值要乘以幂 $-1/2$，以获得 w 平面上 ϕ 的值。这点很重要，因为刚好差 2π 的 θ 值（即“第二环线值”）对应相同的 z，但给出了不同的 w。然而，如果两个 θ 值相差 4π，那么它们不仅给出相同的 z，而且给出相同的 w。在 $f(z)=1/\sqrt{z}$ 的情况下，正好有两条环线，分支切割位于两条环线之间的楼梯处。在例 8.6.1 中，用的是负 x 轴，**这本质上是由我们开始制作环线的方式决定的**。然而，**任何**从 $z=0$ 到 $z=\infty$ 的非相交连续曲线都可以用于形成一个分支切割。这个主题将在下一个例子中讨论。

例 8.6.2　在说明实际问题之前，这个例子需要背景和解释。图 8.13 给出了图 8.12 的原分支切割曲线和可选分支切割曲线。在每一种情况下，在 $w=f(z)=1/\sqrt{z}=(re^{i\theta})^{-1/2}$ 中，在 z 平面上的第一环线的 z 的代表参数 θ 在正实轴上被视为零。这一规定结合分支切割曲线的选择，完全确定了 $f(z)$ 在复 z 平面上所有位置的第一个分支。

这里我们强调，对于负 x 轴分支切割，既存在第一环线（给出 w 值的第一分支），也存在第二环线（给出 w 值的第二分支）。类似地，对于可选锯齿形分支切割，同时存在第一环线（或第一分支）和第二环线（或第二分支）。为了避免混淆，当切割本身被选择后，我们将用“第一”和“第二”来指代分支。我们不用“第一”和“第二”来指代分支切割选择本身，而应使用术语“原始”（负 x 轴切割）和“可选”（锯齿形切割）。

在此背景下，当前例子特别关注 $w=u+iv$ 在 z 平面的直线 $y=x+1$ 上计算时的第一分支值。问题如下所述。

1. 对于每个分支切割，对于函数 $w=f(z)=1/\sqrt{z}=(re^{i\theta})^{-1/2}$，将 v 作为 x 的函数，

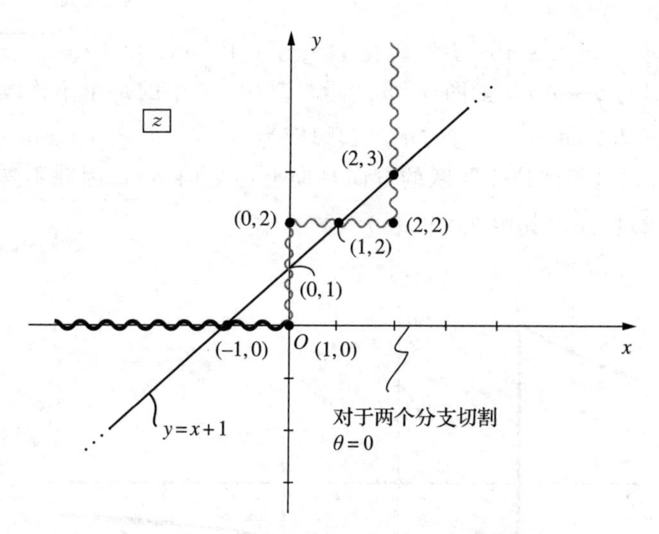

图 8.13 在负实轴上从原点到无穷处的原始分支剪切，以及在函数 $w=f(z)=1/\sqrt{z}$ 的不同分支之间过渡的可选锯齿形分支切割

画出当 x 沿着直线 $y=x+1$ 变化时，v 的第一分支值。要特别注意不连续的地方。

2. 如果用类似的方法画出 u 的作为 x 的函数沿这条直线的第一分支值的话，请评注一下不连续点的位置。

解 我们首先考虑 θ 作为 x 的函数沿 $y=x+1$ 的第一分支值，这是由两个不同的分支切割决定的。图 8.14 显示了不同分支切割的 $\theta=\theta(x)$。直线 $y=x+1$ 仅在 $x=-1$ 处与原分支切割相交，因此这是使用原分支切割时 θ 中唯一的不连续点，θ 从 π 到 $-\pi$ 跳跃了 2π，如图所示。曲线 $y=x+1$ 在 $x=0$，$x=1$，$x=2$ 处穿过可选分支切割，因此对于该分支切割的选择，作为 x 的函数的 θ 有三个不连续点。在每一个不连续点处，θ 都有一个 2π 的跳跃。

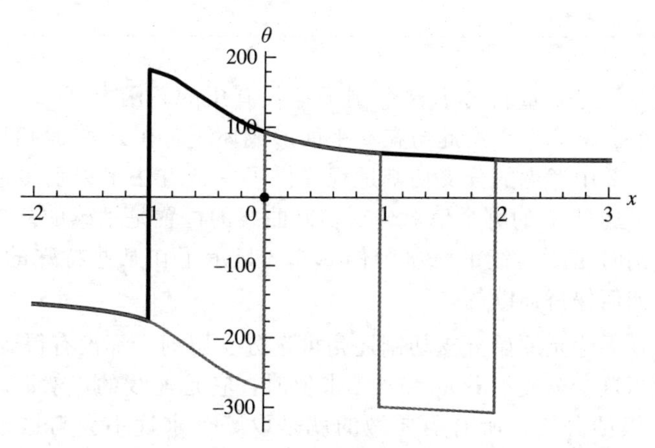

图 8.14 对于不同的分支切割曲线选择，辐角 θ 表示为 x 在 $y=x+1$ 上的函数。这里 θ 是度数，为了清晰起见，两条曲线略有偏移。当 $x\to-\infty$，$\theta\to-135°$，而当 $x\to+\infty$，$\theta\to 45°$

$f(z)$ 的虚部为 $v=r^{-1/2}\sin(-\theta/2)$。在 $y=x+1$ 上，$r(x)=\sqrt{x^2+(x+1)^2}$，$\theta(x)$ 如图 8.14 所示。得到的 $v=v(x)$ 如图 8.15 所示，其中，θ 中的每个不连续点都可以看到在 v 中产生一个不连续点。每个不连续点的跳跃幅度为 $|\sin(-\theta^+/2)-\sin(-\theta^-/2)|/\sqrt{r}$。由于 $\theta^+=\theta^-\pm2\pi$（$\pm$ 的选择取决于跳跃的方向是向上还是向下），因此不连续幅度的表达式简化为 $2|\sin(-\theta/2)|/\sqrt{r}$，其中 θ 可以取 θ^+ 或 θ^-。

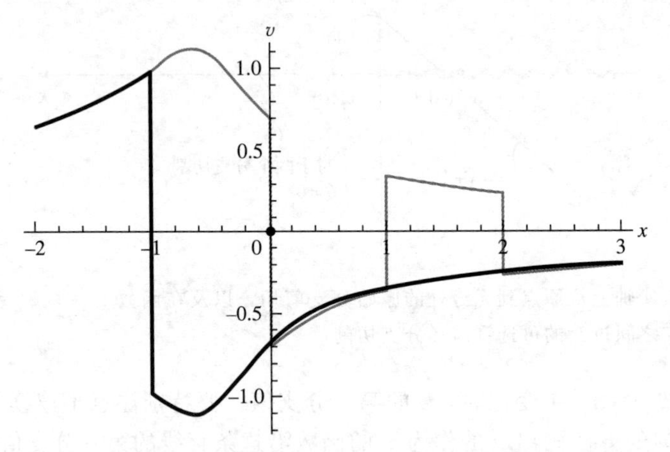

图 8.15　对于不同的分支切割曲线，$f(z)=1/\sqrt{z}$ 沿 $y=x+1$ 的虚部 $v=v(x)$

实部 $u=r^{-1/2}\cos(-\theta/2)$ 的对应图也可以类似求出。在相同的 x 位置上可以再次看到不连续点。不连续幅度现在是 $2|\cos(-\theta/2)|/\sqrt{r}$。这里我们注意到，对于原始分支切割，唯一的不连续点在 $x=-1$ 处，其中 $\theta^-=-\pi$ 和 $\theta^+=+\pi$。在这个位置，$|\cos(-\theta/2)|=0$，这样，当直线 $y=x+1$ 与原始分支切割相交时，函数 $u(x)$ 实际上没有间断。但是，由于 f 的连续性要求它的实部和虚部都具有连续性，所以当分支切割相交时，f 的第一分支值仍然是不连续的。

通过关注多值性问题来重新考虑这个例子是很有用的。函数 $f(z)=1/\sqrt{z}$ 自然是多值的，因为它有平方根。例 8.6.1 将此与在 z 平面形成环线时在 w 平面扫过不同值的想法相关联。然后在例 8.6.2 中考虑的分支切割过程提供了一种方法来识别多值函数的单值版本或**分支**。对于每个 z 选择 w 的哪个值对分支切割曲线的位置是敏感的。单值分支函数通常在跨越一个分支切割时是不连续的，尽管例 8.6.2 显示了在某些特殊的分支切割选择下，实部或虚部本身是如何保持连续的。

在例 8.6.2 中，无论是原始分支切割还是可选分支切割，都没有得到函数 $f(z)=1/\sqrt{z}$ 的一个分支，使得当这个分支沿着 $y=x+1$ 求值时，它是连续的。然而，这个函数也有沿着直线 $y=x+1$ 连续的分支；所有需要做的就是取一个永远不会与这条线相交的分支切割，例如将分支切割放在负 y 轴上。这是否意味着总是可以避免与分支切割相交？这取决于问题本身。函数 $f(z)=1/\sqrt{z}$ 可以在 $y=x+1$ 上处处连续，但这个函数在任何情况下都不能在单位圆上处处连续。这是因为分支切割必须从 $z=0$ 到 $z=\infty$，所以函数 $1/\sqrt{z}$ 的所有分支切割选择最终都会穿过这个单位圆。

类似的问题也出现在任何使用分支切割的函数中。例如，将函数 $f(z)$ 从 $1/\sqrt{z}$ 更改为 $1/\sqrt{z-\mathrm{i}}$ 将会简单地将所有内容移至 $z=\mathrm{i}$。一般来说，定义 $1/\sqrt{z-z_0}$（或 $\sqrt{z-z_0}$ 或 $\sqrt[7]{z-z_0}$ 等）的单值分支，其中 z_0 是一个固定复数，需要从 $z=z_0$ 到 $z=\infty$ 进行分支切割。

现在考虑函数 $1/\sqrt{z^2+z+1}=1/\sqrt{(z-z_1)(z-z_2)}$，其中 $z_{1,2}\equiv(-1\pm\mathrm{i}\sqrt{3})/2$。写 $\sqrt{(z-z_1)(z-z_2)}=\sqrt{z-z_1}\sqrt{z-z_2}$ 表明这在逻辑上需要两个分支切割，一个连接 z_1 到 ∞，另一个连接 z_2 到 ∞。这就提出了一个有趣的问题：**如果两个分支切割合并，然后都沿着一条共同曲线连接到∞，会发生什么？**如果一个分支切割很难处理，那么重叠的分支切割不就更加困难了吗？下一个例子考虑这种情况。

例 8.6.3　设 $\alpha<\beta$ 为实数，并考虑复函数

$$f(z)=\frac{1}{\sqrt{(z-\alpha)(z-\beta)}} \tag{8.34}$$

取 $z-\alpha$ 的一个分支切割为 α 左侧的实轴部分。同样，取 $z-\beta$ 的一个分支切割为 β 左侧的实轴部分。在 α 和 β 之间（实轴上）只有 $z-\beta$ 的一个分支切割。然而，在 α 的左边（也在实轴上），两个分支切割重叠，形成双分支切割。使用这些分支切割来确定极坐标角 θ_1 和 θ_2，任意 z 都可以表示为 $z=\beta+r_1\mathrm{e}^{\mathrm{i}\theta_1}$ 和 $z=\alpha+r_2\mathrm{e}^{\mathrm{i}\theta_2}$，使得在实轴上没有分支切割的部分 $\theta_1=\theta_2=0$。或者，$r_1,r_2,\theta_1,\theta_2$ 通过下式定义：

$z-\beta=r_1\mathrm{e}^{\mathrm{i}\theta_1}$，$z-\alpha=r_2\mathrm{e}^{\mathrm{i}\theta_2}$ 以及在 $x>\beta$，$y=0$ 上 $\theta_1=\theta_2=0$ 我们现在可以定义 $f(z)$ 的一个单值分支，

$$f(z)=\frac{1}{\sqrt{r_1r_2}}\mathrm{e}^{-\mathrm{i}(\theta_1+\theta_2)/2}$$

这里隐含地使用了这些分支切割的定义。

在此基础上，确定当 $f(z)$ 穿过单个分支切割和两个分支切割时，它的不连续性。

解　在单分支切割上，我们有 $z=x+\mathrm{i}y$，$y=0$ 和 $\alpha<x<\beta$。在切割的上方，我们有 $\theta_1=\pi$，$\theta_2=0$，$r_2=x-\alpha$，$r_1=\beta-x$，这就得到

$$f(z)\big|_{上方}=\frac{1}{\sqrt{(x-\alpha)(\beta-x)}}\mathrm{e}^{-\mathrm{i}(\pi+0)/2}=\frac{-\mathrm{i}}{\sqrt{(x-\alpha)(\beta-x)}} \tag{8.35}$$

在切割的下方，$\theta_1=-\pi$，$\theta_2=0$，r_1，r_2 和之前一样，由此得到

$$f(z)\big|_{下方}=\frac{1}{\sqrt{(x-\alpha)(\beta-x)}}\mathrm{e}^{-\mathrm{i}(-\pi+0)/2}=\frac{\mathrm{i}}{\sqrt{(x-\alpha)(\beta-x)}} \tag{8.36}$$

上方和下方的结果有个因子 -1 的差别，并且

$$f(z)\big|_{上方}-f(z)\big|_{下方}=\frac{-2\mathrm{i}}{\sqrt{(x-\alpha)(\beta-x)}}$$

因此，函数 $f(z)$ 与此单个分支切割相交时是不连续的。

现在考虑双（重叠）分支切割。这里 $z=x+\mathrm{i}y$，$y=0$ 和 $x<\alpha$。在这双切割的上方，我们有 $\theta_1=\theta_2=\pi$，$r_2=\alpha-x$，$r_1=\beta-x$，这就得到

$$f(z)\Big|_{上方}=\frac{1}{\sqrt{(\alpha-x)(\beta-x)}}\mathrm{e}^{-\mathrm{i}(\pi+\pi)/2}=\frac{-1}{\sqrt{(\alpha-x)(\beta-x)}}$$

在这双切割的下方，我们有 $\theta_1=\theta_2=-\pi$，r_1，r_2 和之前一样，由此

$$f(z)\Big|_{下方}=\frac{1}{\sqrt{(\alpha-x)(\beta-x)}}\mathrm{e}^{-\mathrm{i}(-\pi-\pi)/2}=\frac{-1}{\sqrt{(\alpha-x)(\beta-x)}}$$

上方和下方的结果是一样的：**函数没有不连续度（差值）**。重叠的分支切割有效地彼此抵消，换句话说，它们**弥合**了彼此。事实上，如图 8.16 所示，用这种方法定义的函数 $f(z)$ 除了连接 $z=\alpha$ 到 $z=\beta$ 的单分支切割部分，在任何地方都是解析的。

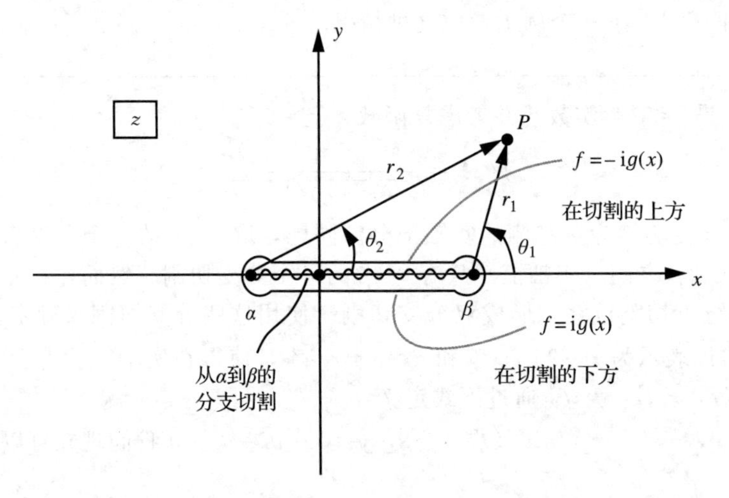

图 8.16　函数 $f(z)=1/\sqrt{(z-\alpha)\ (z-\beta)}$ 的定义是借助于一条连接 $z=\alpha$ 到 $z=\beta$ 的单一有限长度分支切割。除了在有限分支切割段 $g(z)=1/\sqrt{(x-\alpha)\ (\beta-x)}$ 外，函数是处处解析的

虽然在前面的例子中，我们使用平方根倒数函数来说明分支切割的特点和使用，更一般地为了正确地定义单值函数，包括分数幂（负分数如平方根倒数，以及正分数如平方根本身），分支切割是必要的。例如，$f(z)=\sqrt{(z-\alpha)\ (z-\beta)}$ 和 $f(z)=\sqrt{(z-\alpha)\ /\ (z-\beta)}$ 需要从 $z=\alpha$ 和 $z=\beta$ 到无穷远点的分支切割。在每一种情况下，重叠的趋于无限的分支切割可以弥合间断。

必须小心谨慎，不要根据上述观察得出关于弥合的未经证实的结论。例如，函数 $f(z)=(1/\sqrt{z-\alpha})+(1/\sqrt{z-\beta})$ 的相同分支切割位置不会导致任何这种弥合，函数 $f(z)=\sqrt[3]{(z-\alpha)(z-\beta)}$ 的弥合也不会发生。在这些情况下，当与重叠的分支切割相交时，函数直到 $z=\infty$ 都将保持不连续。

从更广泛的角度来看，对于由我们已经考虑过的标准结构函数（幂函数、根函数、三角函数、反三角函数、指数函数、对数函数）构造的函数，分支切割和极点的位置是函数

非解析的位置。因此，给定任何复函数 $f(z)$，绘制显示其极点和分支切割的所有位置的 z 平面是理解该函数性态的强有力的第一步。这也使我们能够理解映射 $w=f(z)$。

8.6.2　带分支的积分：椭圆积分

在积分计算中，分支切割的使用利用了切割两边被积函数的不同值。因此，我们对某些感兴趣的纯实积分有时可以表示为复平面上的路径积分，路径同时包括一个分支切割的两边。这为使用复分析技术研究实积分提供了另一个切入点。

例 8.6.4　对于实数 $\beta>\alpha$，积分

$$I(\alpha,\beta)=\int_{\alpha}^{\beta}\frac{\mathrm{d}x}{\sqrt{(\beta-x)(x-\alpha)}} \tag{8.37}$$

出现在椭圆积分研究中。将其与复路径积分 $\oint_C f(z)\mathrm{d}z$ 联系起来。其中 $f(z)$ 由式（8.34）给出，它在复平面上解析，而 C 是在复平面上适当选择的简单闭合路径。

解　鉴于例 8.6.3 中描述的 $f(z)$ 在线段 $\alpha<x<\beta$ 上的分支切割结构，显然第一步是尝试构造闭合路径 C，它包围但不与分支剪切相交。因为 $f(z)$ 在除分支切割以外的地方是处处解析的，所以在这样的曲线 C 上 $f(z)$ 为解析的，即使 C 包围非解析点（分支切割）。当然，包围非解析点的情况并不少见。我们遇到过许多闭合路径积分，其中 C 包围具有极点形式的奇点。现在我们遇到一个闭合路径积分，它包围一个分支切割。此外，沿着所有包围分支切割而不与之相交的，且逆时针方向的闭合路径 C，计算出相同的积分值。这是因为我们可以在任意两条这样的不经过 $f(z)$ 非解析区域的路径之间变形。因此，任何路径形状（逆时针方向且与切割无交点）都可以用来将 $\oint_C f(z)\mathrm{d}z$ 与 $I(\alpha,\beta)$ 联系起来。

为了将 $\oint_C f(z)\mathrm{d}z$ 与 $I(\alpha,\beta)$ 联系起来，我们取 C 尽可能靠近分支切割。因此，我们设想将任何原始 C 缩小，使它无限接近切割。对于这样的缩小曲线，我们确定了四个曲线部分：C_1，C_α，C_2，C_β，如图 8.17a 所示。因此，C_1 和 C_2 分别沿着切割的顶部和底部，而 C_α 和 C_β 则围绕端点 α 和 β。现在让我们从 C_α 开始，考虑沿着每一部分的积分 $\int f(z)\mathrm{d}z$。

C_α 部分　这是一个半径 ϵ 趋于零的圆，因此可以写成 $z-\alpha=\epsilon\mathrm{e}^{\mathrm{i}\phi}$，其中 $0<\phi<2\pi$，得到 $\mathrm{d}z=\epsilon\mathrm{i}\mathrm{e}^{\mathrm{i}\phi}\mathrm{d}\phi$。这使得 $z-\beta=\alpha-\beta+\epsilon\mathrm{e}^{\mathrm{i}\phi}$，从而式（8.37）的被积函数变为

$$f(z)=\frac{1}{\sqrt{\epsilon\mathrm{e}^{\mathrm{i}\phi}(\alpha-\beta+\epsilon\mathrm{e}^{\mathrm{i}\phi})}}\sim\frac{1}{\sqrt{\epsilon\mathrm{e}^{\mathrm{i}\phi}(\alpha-\beta)}}=\frac{-\mathrm{i}}{\sqrt{\epsilon\mathrm{e}^{\mathrm{i}\phi}(\beta-\alpha)}}$$

因此，当 $\epsilon\to0$ 时，

$$\int_{C_\alpha}f(z)\mathrm{d}z\sim\int_0^{2\pi}\frac{(-\mathrm{i})\,\epsilon\mathrm{i}\mathrm{e}^{\mathrm{i}\phi}}{\sqrt{\epsilon\mathrm{e}^{\mathrm{i}\phi}(\beta-\alpha)}}\mathrm{d}\phi=4\mathrm{i}\sqrt{\frac{\epsilon}{\beta-\alpha}}\to0 \tag{8.38}$$

这个结果是可以预料到的，因为尽管函数像 $O(1/\sqrt{\epsilon})$ 那样增大，但曲线长度却像 $O(\epsilon)$ 那样缩小，从而产生了如式（8.38）所证实的，$O(\sqrt{\epsilon})$ 这样的整体依赖关系。

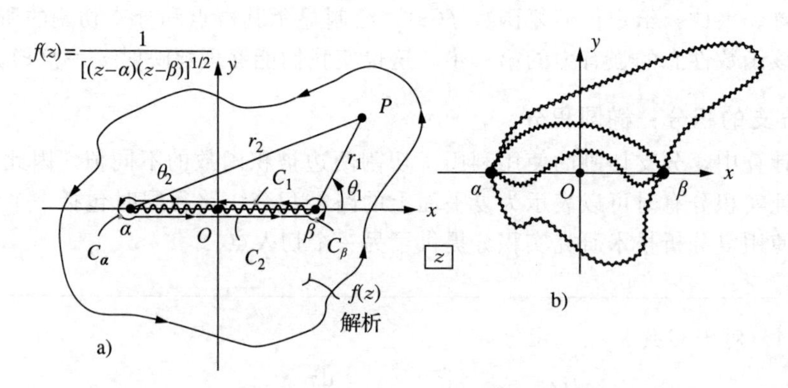

图 8.17　a）任何围绕 $f(z)$ 分支切割的简单闭合路径都可以缩小为围绕分支切割的哑铃形路径。b）$z=\alpha$ 和 $z=\beta$ 之间的可选分支切割也可以考虑，这将在该例子正式完成后进行讨论。图中显示了四个这样的分支切割

C_β 部分　通过类似的论证，沿着 C_β 段的积分在极限情况下为零。

C_2 部分　这是分支切割的下方，我们已经在式（8.36）中确定了 $f(z)$ 用 x 表示的表达式，这里我们还有 $\mathrm{d}z=\mathrm{d}x$，所以

$$\int_{C_2} f(z)\mathrm{d}z=\int_\alpha^\beta \frac{\mathrm{i}}{\sqrt{(x-\alpha)(\beta-x)}}\mathrm{d}x=\mathrm{i}I(\alpha,\beta)$$

C_1 部分　这是分支切割的上方，我们已经在式（8.35）中确定了 $f(z)$ 用 x 表示的表达式，我们再次得到 $\mathrm{d}z=\mathrm{d}x$，然而现在积分的方向是 $\beta\to\alpha$，因此

$$\int_{C_1} f(z)\mathrm{d}z=\int_\beta^\alpha \frac{-\mathrm{i}}{\sqrt{(x-\alpha)(\beta-x)}}\mathrm{d}x=-\int_\alpha^\beta \frac{-\mathrm{i}}{\sqrt{(x-\alpha)(\beta-x)}}\mathrm{d}x=\mathrm{i}I(\alpha,\beta)$$

综合这些结果，得到

$$\oint_C f(z)\mathrm{d}z=\underbrace{\int_{C_1} f(z)\mathrm{d}z}_{\mathrm{i}I(\alpha,\beta)}+\underbrace{\int_{C_\alpha} f(z)\mathrm{d}z}_{0}+\underbrace{\int_{C_2} f(z)\mathrm{d}z}_{\mathrm{i}I(\alpha,\beta)}+\underbrace{\int_{C_\beta} f(z)\mathrm{d}z}_{0}$$

或等价地，

$$I(\alpha,\beta)=-\frac{\mathrm{i}}{2}\oint_C \frac{\mathrm{d}z}{\sqrt{(z-\alpha)(z-\beta)}} \tag{8.39}$$

关于这个例子出现的一个问题是：如果选择一个不同的路径 C 和一个不同的连接 α 和 β 的分支切割，会发生什么？图 8.17b 显示了这种可选分支切割的几种可能性。答案是**没有任何变化**，即只要新的 C 包含新的分支切割而不与之相交，式（8.39）就继续保持不变。我们援引已经讨论过的事实，即我们可以对 C 进行固定分支切割的变形而不影响结果。如果我们希望改变分支切割，首先设想扩展如图 8.18a 所示的路径 C_a 到图 8.18b 的路径 C_b 来包围原始分支切割和新分支切割的位置，以便扩展了的 C_b 远离分支切割和 C_a 的原始路径。由于 $f(z)$ 在 C_a 和 C_b 之间处处解析，沿着这两条路径的积分是相同的。然后，

保持扩展了的 C_b 固定，将分支剪切从图 8.18a 和 b 的形状变形到图 8.18c 所示的弯曲位置。这通常会在由变形分支切割所扫过的区域内改变函数 f，但在扫过的区域外 f 不会改变。因此，无论分支切割位置如何，沿着 C_c 的值保持不变（积分路径不变）。最后，在建立新的分支切割后，将 C_c 变形到最终关注的 C_d 上，这三个步骤都不会改变 $\oint_C f(z)\mathrm{d}z$ 的值。

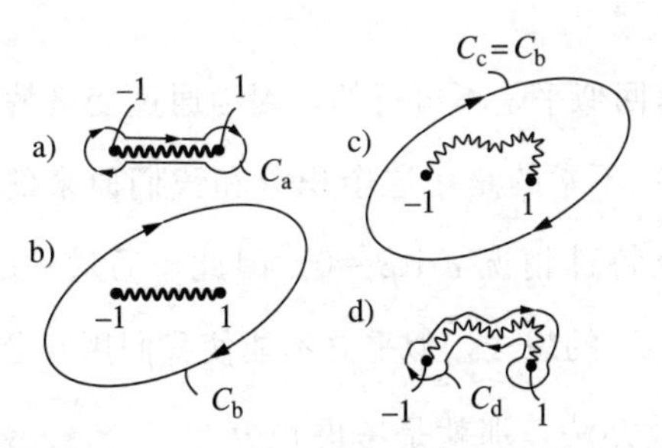

图 8.18　图 a 中所示的是连接点 $z=-1$ 和 $z=1$ 的一条直线所成的原始分支切割，图 d 中所示的是一条弯曲线所成的分支切割。图中显示了从 a 到 d 的逐步演化过程。首先，将外路径从 C_a 扩展到 C_b，如图所示。其次，由于 $f(z)$ 沿着 C_a 和 C_b 的积分不变，所以分支切割可以改变为 c 所示的弯曲形状，由于 $f(z)$ 沿着现在扩展了的积分路径具有解析性，积分值仍然不变。最后，由于 $f(z)$ 在新的弯曲分支切割之外处处解析，因此积分路径可以压缩为 d 所示的

由式（8.37）给出的积分，当在两个实数上、下限之间求值时（下限通常为零），通常表示雅可比椭圆积分的一个子类。它们在动力学和变分学等领域有广泛的应用。即使它们的外观相对良性，除非 α 和 β 取特殊值，通常难以以封闭的形式计算。一个简单的例子是 $\alpha=-1$ 和 $\beta=1$，这样得到

$$I(-1,1)=\int_{-1}^{1}\frac{\mathrm{d}x}{\sqrt{(1-x^2)}}=\int_{-\pi/2}^{\pi/2}\frac{\cos\theta\mathrm{d}\theta}{\sqrt{1-\sin^2\theta}}=\pi \tag{8.40}$$

8.6.3　带分支的积分：多项式、对数和分数幂

某些复路径积分，其被积函数包括分数幂、对数和其他固有的多值函数，在被积函数的特定分支被规定之前，其含义常常是模糊的。这是通过一个适当的分支切割来解决的，有时可以用一个围绕分支切割的复积分来表示一个实积分，如例 8.6.4 所示。因为被积函数本身包含分数幂，所以分支切割的出现是可以提前预测的。我们现在考虑一些将分支函数人为地引入积分中的情况。例 8.6.5 插入 $\log z$，而例 8.6.6 插入分数幂 z^γ。

例 8.6.5　对于实数 $\beta>\alpha>0$ 计算积分

$$I=\int_0^\infty\frac{\mathrm{d}x}{x^2+(\alpha+\beta)x+\alpha\beta} \tag{8.41}$$

解　该积分显然是实的，并与复积分 $\int_{C_{\mathrm{Re}^+}}(z^2+(\alpha+\beta)z+\alpha\beta)^{-1}\mathrm{d}z$ 一致，其中 C_{Re^+}

是 z 平面上从原点到 $z=\infty$ 的正实轴。然而，为了使这样的结果有用，路径 C_{Re^+} 必须通过添加曲线在 z 平面中生成一个闭合路径。这必须以这样一种方式来完成：附加的（补全）路径产生的积分既能够很容易求值，也能够直接与原始积分式（8.41）相关。这里我们看到，大圆（$z\to\infty$ 的圆弧）不存在任何问题，因为被积函数是 $O(1/R^2)$，而路径长度是 $O(R)$，当 $R\to\infty$ 时，所有这样的大圆积分趋于 0。这样，虽然 C_{Re^+} 将带我们走向一个大圆，而且一个大圆适合我们的目的，但如何沿着不同的路径返回 $z=0$ 并产生一致的结果并不明显。

特别地，在负实轴上返回似乎是不可行的，因为通过变量替换 $x\to-\zeta$，返回的积分变成 $\int_0^{\infty}(\xi^2-(\alpha+\beta)\xi+\alpha\beta)^{-1}\mathrm{d}\xi$。不幸的是，这个积分和我们原来的积分式（8.41）没有直接关系，除非我们碰巧是在研究特殊情况 $\alpha+\beta=0$。因此，通过一个巧妙的返回路径选择完成 $\int_{C_{\mathrm{Re}^+}}(z^2+(\alpha+\beta)z+\alpha\beta)^{-1}\mathrm{d}z$ 的想法，似乎并不能使我们用复分析的方法来计算式（8.41）。

幸运的是，有一个补救办法，那就是考虑积分

$$\oint_C \frac{\log z}{z^2+(\alpha+\beta)z+\alpha\beta}\mathrm{d}z \tag{8.42}$$

其中，为了定义一个 $0\leqslant\theta<2\pi$ 的分支，选择 $\log z=\log r+\mathrm{i}\theta$ 的分支切割在正 x 轴上。路径 $C=C_1+C_R+C_2+C_\epsilon$ 由四部分组成，如图 8.19 所示。注意，分支切割不与路径相交，但与路径接近。C_1 从它的上方接近，C_2 从它的下方接近。这使得 $C_1\to C_{\mathrm{Re}^+}$ 有相同的方向（从原点到无穷）。曲线 C_2 也接近 C_{Re^+}，但是方向相反。由于分支切割，被积函数在 C_1 和 C_2 上取不同的值。这就是为什么沿 C_1 的积分不能抵消沿 C_2 的积分，这提供了一个可能有用的结果的希望。我们现在考虑沿每一部分的积分。

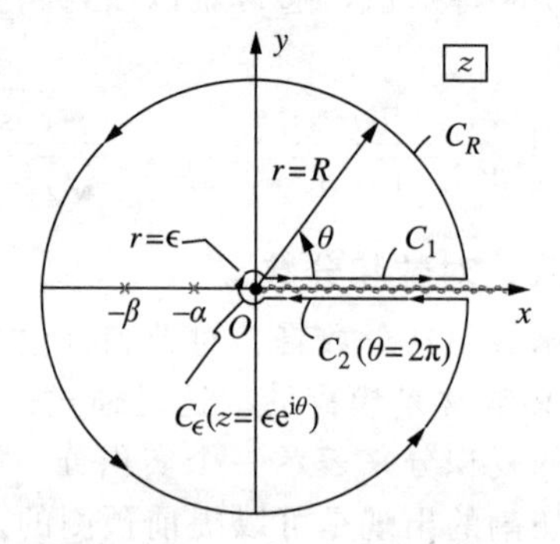

图 8.19　用来为式（8.42）求值的闭合路径 C 沿着正实轴有一个分支切割。整个路径有沿正实轴（$\theta=0$）的线段 C_1、大圆弧 C_R、沿正实轴（$\theta=2\pi$）的返回线段 C_2 和环绕 $z=0$的小圆路径 C_ϵ。整个路径包围 $z=-\alpha$ 和 $z=-\beta$ 两个简单极点

C_1 部分　这部分 $\theta=0$，位于正实轴的上方。积分的复变量为$z=x\mathrm{e}^{\mathrm{i}0}=x$，所以

$$\int_{C_1}\frac{\log z}{z^2+(\alpha+\beta)z+\alpha\beta}\mathrm{d}z=\int_0^{\infty}\frac{\log x}{x^2+(\alpha+\beta)x+\alpha\beta}\mathrm{d}x \tag{8.43}$$

在这一阶段，$\log x$ 出现在分子上，这让我们开始怀疑我们是否在解决问题的正确轨道上。

C_R 部分　在这半径为 R 的圆弧上，把 z 写为 $z=Re^{i\theta}$（其中 $0<\theta<2\pi$），当 $R\to\infty$ 时就能求出

$$\int_0^{2\pi}\frac{\log(Re^{i\theta})Re^{i\theta}}{R^2e^{2i\theta}+(\alpha+\beta)Re^{i\theta}+\alpha\beta}id\theta\to 0$$

这是对我们之前在分子上插入对数之前的论证的一个小修改。现在我们有一个被积函数，它是 $O(\log(R)/R)$，又因为积分变量与 R 无关，从而路径长度与积分值无关，使得所有这样的大圆积分都是 $O(\log(R)/R)$。回想一下，$\log R$ 到趋于无穷的速度比 R 的任何正幂都慢，这意味着 $\lim\limits_{R\to\infty}\log(R)/R\to 0$。

C_2 部分　这里 $\theta=2\pi$，由此 $z=xe^{2i\pi}$，其中 x 从 ∞ 到 0 变化。（被积函数的）分子是 $\log x+2\pi i$，而分母还是 $x^2+(\alpha+\beta)x+\alpha\beta$。这就得到

$$\int_{C_2}\frac{\log z}{z^2+(\alpha+\beta)z+\alpha\beta}dz=\int_\infty^0\frac{\log x}{x^2+(\alpha+\beta)x+\alpha\beta}dx+ i2\pi\int_\infty^0\frac{dx}{x^2+(\alpha+\beta)x+\alpha\beta}$$

这个结果有两个重要和有用的方面。第一个是右边的第二个积分是 $-2\pi i$ 乘以我们的积分式（8.41），其中负号是积分方向相反的结果。第二个是右边的第一个积分抵消了我们沿 C_1 积分得到的积分式（8.43）。

C_ϵ 部分　对于这个环绕原点半径为 ϵ 的小圆环，把 z 写为 $z=\epsilon e^{i\theta}$，其中 θ：$2\pi\to 0$。从而 $\log z=\log\epsilon+i\theta$，当 $\epsilon\to 0$ 时，这部分积分为

$$\int_{2\pi}^0\frac{(\log\epsilon+i\theta)\epsilon e^{i\theta}}{\epsilon^2e^{2i\theta}+(\alpha+\beta)\epsilon e^{i\theta}+\alpha\beta}id\theta\to 0$$

这是因为整个积分为 $o(\epsilon\log\epsilon)$，当 $\epsilon\to 0$ 时，它趋于零。

再次注意到 C_1 和 C_2 部分之间的积分抵消，我们这就证明了

$$\underbrace{\oint_C\frac{\log z}{z^2+(\alpha+\beta)z+\alpha\beta}dz}_{\oint_C f(z)dz}=-2\pi i\underbrace{\int_0^\infty\frac{dx}{x^2+(\alpha+\beta)x+\alpha\beta}}_{I}\tag{8.44}$$

我们现在通过简单地使用留数定理来计算出现在式（8.44）左侧的复路径积分 $\oint_C f(z)dz$，然后利用上式结果来确定式（8.41）中的积分 I。除了位于分母为零处的奇点外，被积函数 $f(z)$ 在 C 内部的任何地方都是解析的（分支切割在 C 之外）。设 $z^2+(\alpha+\beta)z+\alpha\beta=(z+\alpha)(z+\beta)=0$，表明在负 x 轴上 $z_1=-\alpha=\alpha e^{i\pi}$ 和 $z_2=-\beta=\beta e^{i\pi}$ 是简单极点。通过把 $f(z)$ 写为

$$f(z)=\frac{\log z}{(z+\alpha)(z+\beta)}=\frac{1}{\beta-\alpha}\left[\frac{\log z}{z+\alpha}-\frac{\log z}{z+\beta}\right]$$

分别得到 $-\alpha$ 和 $-\beta$ 处的留数值 $\log(\alpha e^{i\pi})/(\beta-\alpha)$ 和 $-\log(\beta e^{i\pi})/(\beta-\alpha)$。因此由留数定理得到

$$\oint_C \frac{\log z}{z^2+(\alpha+\beta)z+\alpha\beta}\mathrm{d}z=\frac{2\pi\mathrm{i}}{\beta-\alpha}[\log(\alpha\mathrm{e}^{\mathrm{i}\pi})-\log(\beta\mathrm{e}^{\mathrm{i}\pi})]=\frac{2\pi\mathrm{i}}{\beta-\alpha}\log\left(\frac{\alpha}{\beta}\right)$$

结合式（8.44）得出

$$I=\int_0^\infty \frac{\mathrm{d}x}{x^2+(\alpha+\beta)x+\alpha\beta}=-\frac{1}{\beta-\alpha}\log\left(\frac{\alpha}{\beta}\right)=\frac{1}{\beta-\alpha}\log\left(\frac{\beta}{\alpha}\right) \tag{8.45}$$

当α或β为负实数时，请读者试着解出式（8.41）中的I。例如，尝试$\beta=1$和$\alpha=-1$，得到被积函数$[(x+1)(x-1)]^{-1}$。将这个积分在实线$x\in[0,\infty]$上计算为实积分，需要在$x=1$处的奇点附近的柯西主值概念。如果这个积分现在重构成一个被积函数为$[(z+1)(z-1)]^{-1}$的复积分，则$z=1$处的极点位于积分路径上。为了计算这个复积分，有必要将后面8.7.2节中提出的一些观点纳入其中。

例8.6.5中描述的方法的本质是生成一个积分，比如I_1，它沿着分支切割的计算又产生了原始的积分I。具体方法是将形式为$1/(x^n+a_{n-1}x^{n-1}+\cdots+a_1x+a_0)$的被积函数替换为$\log z/(z^n+a_{n-1}z^{n-1}+\cdots+a_1z+a_0)$，将非分支被积函数替换为分支被积函数，它利用了两个事实：

- 每一个沿着常数θ分支切割的对边的积分将产生$\log|z|$积分，由于积分方向相反，它们会相互抵消，留下原始积分乘以一个数值因子（2π角差乘以i）；
- 多项式$z^n+a_{n-1}z^{n-1}+\cdots+a_1z+a_0$的根位于路径内的所有留数点，利用留数定理可以很容易确定总积分。

引入对数函数对原被积函数进行修改是求积分的一种有力方法。也可以考虑插入其他分支切割的修改，如下一个例子所示，它提供了计算式（8.41）的另一种方法。

例8.6.6　使用与例8.6.5一样的C，考虑

$$J=\oint_C \frac{z^\gamma}{z^2+(\alpha+\beta)z+\alpha\beta}\mathrm{d}z \tag{8.46}$$

证明这使得我们能够通过考虑$\gamma\to 0$时的极限来计算式（8.41）中的积分I。

解　z^γ的分支切割沿正x轴并且在闭合路径之外。除$z=-\alpha$和$z=-\beta$外，被积函数在路径内是解析的。首先用留数定理求积分J：

$$J=\frac{1}{\beta-\alpha}\oint_C\left[\frac{z^\gamma}{z+\alpha}-\frac{z^\gamma}{z+\beta}\right]\mathrm{d}z=2\pi\mathrm{i}\left[\mathrm{e}^{\mathrm{i}\gamma\pi}\frac{\alpha^\gamma-\beta^\gamma}{\beta-\alpha}\right]$$

接下来，我们确定图8.19所示的路径C上每一部分的J的表达式。和前面一样，沿C_R和C_ϵ的积分为零，只剩下沿C_1和C_2的积分。结果是

$$J=(1-\mathrm{e}^{2\mathrm{i}\gamma\pi})\int_0^\infty \frac{x^\gamma}{x^2+(\alpha+\beta)x+\alpha\beta}\mathrm{d}x$$

使这两个版本的J相等就得到了一般的结果，

$$\int_0^\infty \frac{x^\gamma}{x^2+(\alpha+\beta)x+\alpha\beta}\mathrm{d}x=2\pi\mathrm{i}\frac{\mathrm{e}^{\mathrm{i}\gamma\pi}}{1-\mathrm{e}^{2\mathrm{i}\gamma\pi}}\frac{\alpha^\gamma-\beta^\gamma}{\beta-\alpha} \tag{8.47}$$

由于式（8.47）左边的积分由定义为实数，因此很方便将等式右边的积分重设为明显的实数，即

$$\int_0^{\infty} \frac{x^\gamma}{x^2+(\alpha+\beta)x+\alpha\beta}\mathrm{d}x = \frac{\pi}{\sin\gamma\pi}\frac{\beta^\gamma-\alpha^\gamma}{\beta-\alpha}$$

这本身就是一个有用的结果。最后，返回式（8.47），并通过极限 $\gamma\to 0$（把洛必达法则用于“0/0”不定式 $(\alpha^\gamma-\beta^\gamma)/(1-\mathrm{e}^{2\mathrm{i}\gamma\pi})$）再次得到例 8.6.5 的式（8.45）。

例 8.6.5 和例 8.6.6 演示了如何通过替换被积函数来引入分支切割，从而实现沿着整个复路径恢复实积分。特别是，$\log z$ 和 z^γ 可以用于此目的。在求式（8.41）时，后者还要求取极限 $\gamma\to 0$，因此，对于这个特定的积分，使用对数稍微容易一些。

8.6.4　带分支的积分：拉普拉斯逆变换

7.6 节介绍了一般的**拉普拉斯变换的反演路径积分**公式（7.13），用于确定产生特定拉普拉斯变换 $F(s)$ 的函数 $f(t)$。然后是两个简单的例子，即 $F(s)=1/s$ 和 $F(s)=\omega/(s^2+\omega^2)$，其中式（7.13）是使用诸如柯西积分公式（7.5）和柯西导数公式（7.7）等工具计算的。这些例子是公认的“教学例子”，这意味着得到的结果是众所周知的，可以通过标准技术来获得，这些技术将特定的 $F(s)$ 巧妙地处理成具体的、易于识别的形式，并与已知的 $F(t)$ 直接相关。然而这种识别技术通常是一个有用的学习拉普拉斯变换的方法，当我们用式（7.13）结合包括留数定理的全范围的复路径积分，在适当的时候使用分支函数，是可以处理更广范围的问题的。

例 8.6.7　求拉普拉斯变换函数 $F(s)=1/(\sqrt{s}(\sqrt{s}+a))$ 的逆 $f(t)$，$t\geqslant 0$。常数 a 是正实数。

解　由式（7.13），要计算的拉普拉斯变换反演积分为

$$f(t)=\frac{1}{2\pi\mathrm{i}}\int_{\gamma-\mathrm{i}\infty}^{\gamma+\mathrm{i}\infty}\frac{1}{\sqrt{s}(\sqrt{s}+a)}\mathrm{e}^{st}\,\mathrm{d}s \tag{8.48}$$

必须选择位于积分的纵向直线上的实数 γ，使所有奇点，包括分支切割，位于其左侧。这源于对反演公式（7.13）的合理解释，该公式要求被积函数在积分路径右侧是解析的（以允许图 7.17 所示的路径构造）。在当前的例子中，$\sqrt{s}$ 需要一个分支切割连接 $s=0$ 和复无穷。被积函数的分母表明，奇点出现在 $s=0$ 处（它已经在分支切割上），以及使 $\sqrt{s}+a=0$ 的位置 s。对于平方根的分支，我们还是取通常的那个，所以，分支切割再次取负实轴。这使得 $\sqrt{s}$ 在正实轴上与传统的平方根重合，这样我们就会和 $F(s)$ 中定义平方根的方式一致了。由于它将 $s=R\mathrm{e}^{\mathrm{i}\theta}$（其中 $-\pi<\theta\leqslant\pi$）映射到 $\sqrt{s}=\sqrt{R}\,\mathrm{e}^{\mathrm{i}\theta/2}$（其中 $-\pi/2<\theta/2\leqslant\pi/2$）的位置，可以得出，对于复 s 平面上的任意 s 的这个平方根函数分支 $\sqrt{s}+a\neq 0$。因此，被积函数的唯一奇点在分支切割上，也就是在负 x 轴上。取 $\gamma>0$ 可以正确地定位反演路径。

从 $\gamma-\mathrm{i}\infty$ 到 $\gamma+\mathrm{i}\infty$ 的纵向路径现在成为更大的闭合路径 C 的一部分，该路径上的积分

定义为 $J(C)$。如果我们把 C 在 γ 的左边闭合，我们必须处理分支切割。如果我们在右边闭合纵向路径，就不需要处理分支切割，但因为 t 是非负的实数，e^{st} 中的指数会包含一个正的实数部分，**会在任意大的圆上变成无穷大**。这就是拉普拉斯变换反演积分总是在左边闭合的原因：再一次，可以使用若当引理。由于没有和分支切割相交，我们得到了如图 8.20 所示的整体路径形状 C。

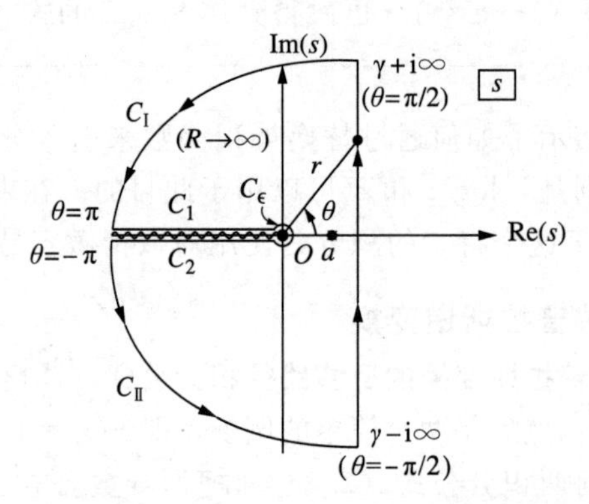

图 8.20　用于计算式（8.48）的路径，假设实数 $a>0$。纵向积分直线 $x=\gamma$ 位于原点的右边（和 a 一样）。注意，在 C_1 上 $\theta=\pi$，在 C_2 上 $\theta=-\pi$，沿着围绕分支点 $s=0$ 的路径 C_ϵ，θ 的取值范围为 π 到 $-\pi$

现在被积函数在 C 上和 C 内的所有点上都是解析的，因此，根据留数定理（或者更根本的，柯西-古萨定理），可以得出

$$\mathcal{J}(C)=0 \text{ 及 } \mathcal{J}(C)=\frac{1}{2\pi \mathrm{i}}\left(\int_{\gamma-\mathrm{i}\infty}^{\gamma+\mathrm{i}\infty}+\int_{C_{\mathrm{I}}}+\int_{C_1}+\int_{C_\epsilon}+\int_{C_2}+\int_{C_{\mathrm{II}}}\right)$$

因此，我们得到

$$f(t)=\frac{1}{2\pi \mathrm{i}}\int_{\gamma-\mathrm{i}\infty}^{\gamma+\mathrm{i}\infty}=-\frac{1}{2\pi \mathrm{i}}\left(\int_{C_{\mathrm{I}}}+\int_{C_1}+\int_{C_\epsilon}+\int_{C_2}+\int_{C_{\mathrm{II}}}\right) \tag{8.49}$$

我们现在通过对式（8.49）的括号内的各种积分求值来确定 $f(t)$。我们从所有的圆弧开始。

C_{I} 部分　令 $s=Re^{\mathrm{i}\theta}$，其中 $\pi/2<\theta<\pi$。当 $R\to\infty$ 时，

$$\int_{C_{\mathrm{I}}}=\int_{\pi/2}^{\pi}\frac{1}{\sqrt{Re^{\mathrm{i}\theta}}\left(\sqrt{Re^{\mathrm{i}\theta}}+a\right)}e^{tR\cos\theta+\mathrm{i}tR\sin\theta}\mathrm{i}Re^{\mathrm{i}\theta}\mathrm{d}\theta\to 0$$

这提供了一个正式的过程来显示指数项是如何衰减而不是增长的，因为 $tR\cos\theta\leqslant 0$，这也是为什么我们需要在左边闭合 C。

C_{II} 部分　这类似于 C_{I} 部分，但现在 θ 的范围是 $-\pi$ 到 $-\pi/2$。同样令 $s=Re^{\mathrm{i}\theta}$，当 $R\to\infty$ 时，被积函数中的项 $e^{tR\exp(\mathrm{i}\theta)}\to 0$，因为此时 $\cos\theta<0$。所以 C_{II} 上的积分在大 R 的极限下也是零。

C_ϵ 部分　定义 $s=\epsilon e^{\mathrm{i}\theta}$。在与 C_{I} 相连的点上，$\theta=\pi$。绕 $s=0$ 旋转 2π，在与 C_{II} 连接的点上得到 $\theta=-\pi$。这样

$$\lim_{\epsilon \to 0} \int_{\pi}^{-\pi} \frac{1}{\sqrt{\epsilon e^{i\theta}}(\sqrt{\epsilon e^{i\theta}}+a)} i\,\epsilon e^{i\theta} d\theta = 0$$

因此，所有的圆弧积分，即沿 C_{I}，C_{II}，C_ϵ 的圆弧积分在大 R 和小 ϵ 的极限下为零。

式（8.49）简化为分支切割两边的两个积分，即

$$f(t) = -\frac{1}{2\pi i}\left[\int_{C_1} + \int_{C_2}\right] \tag{8.50}$$

我们通过令 $s=ue^{i\theta}$ 来计算这两个积分。在 C_1 上，$\theta=\pi$，得到 $\sqrt{s}=ue^{i\pi/2}=iu$，$ds=idu$。在 C_2 上，$\theta=-\pi$，因此 $\sqrt{s}=ue^{-i\pi/2}=-iu$，$ds=-idu$。然后计算如下

$$\begin{aligned} f(t) &= -\frac{1}{2\pi i}\left[\int_{C_1} + \int_{C_2}\right] = -\frac{1}{2\pi i}\left[\frac{1}{i}\int_0^\infty \frac{e^{-ut}}{\sqrt{u}(a+i\sqrt{u})}du + \frac{1}{i}\int_0^\infty \frac{e^{-ut}}{\sqrt{u}(a-i\sqrt{u})}du\right] \\ &= \frac{a}{\pi}\int_0^\infty \frac{e^{-ut}}{\sqrt{u}(a^2+u)}du \end{aligned}$$

虽然这有点复杂，但现在可以将这个实积分处理成一种形式，使人们能够认识到互补误差函数（complementary error function，erfc）的标准定义（参见 8.6 节的习题 3）。现在，实积分可以进一步简化成以下形式：

$$f(t) = e^{a^2 t}\operatorname{erfc}\sqrt{a^2 t} \tag{8.51}$$

前几个例子不仅让我们了解了复平面中的几个圆，也许更重要的是，我们还了解了一个概念上的完整圆（conceptual full circle）。这个概念的第一部分涉及实积分的求值，首先将实积分重新定义为复积分，然后使用复路径积分的技术（例如，例 8.6.5）来求解它们。这些使用留数定理的求解很简洁，通常不需要求助于计算很多实积分所必需的困难变换。这个概念上的完整圆的剩余部分涉及化简困难的复路径积分——比如拉普拉斯变换反演积分，其中一些有分支切割——为纯粹的实值积分（如例 8.6.7），它可以铸造各种著名的特殊函数，如误差函数。"我们应该把实积分转化成复积分，还是反之？"这个问题没有简单的二元答案，因为正如我们所看到的，每个具体的问题都是不同的，并提出了独特挑战，需要我们仔细思考并掌握技巧。事实上，我们遇到的各种解决方法是互补的，它们利用了复积分的不同特征，并发挥了拓宽和深化技能与经验水平的教学功能，这些技能与经验是解决数学问题所需的，这些问题是读者在推导特定的物理理论或解决一个数学模型时可能得到的。

8.7　路径积分的高级主题

在这一节中，我们讨论三个高级主题。第一个是傅里叶变换，现在被推广到复函数。这个变换，以及已经介绍过的拉普拉斯变换，将在本书的最后一部分（第三部分）中用于处理常微分方程和偏微分方程。然后，我们利用柯西定理对特殊情况下的路径积分进行简单讨论，如例 8.6.5 所述，当奇点（如极点）位于路径上时。最后，我们在复傅里叶变换的背景下讨论解析延拓，这是一种标准方法，读者可能已经在实函数中遇到过。

8.7.1　复傅里叶变换

对于我们的目的，函数 $f(z)$ 的傅里叶变换是

$$\mathcal{F}\{f(z)\} = F(\xi) = \int_{-\infty}^{\infty} f(z)\mathrm{e}^{\mathrm{i}\xi z}\,\mathrm{d}z \tag{8.52}$$

从 F 还原为 f 的逆变换是

$$f(z) = \frac{1}{2\pi}\int_{-\infty}^{\infty} F(\xi)\mathrm{e}^{-\mathrm{i}\xi z}\,\mathrm{d}\xi \tag{8.53}$$

这里介绍的傅里叶变换从一开始就是关于复函数 $f(z)$ 的，尽管同样的公式适用于 f 是实函数的情况（只是用 x 代替 z）。

不同的教材可能为独立的变换和逆变换提供了不同的定义，例如，式（8.52）和式（8.53）中每个单独部分将 $1/2\pi$ 分割为 $1/\sqrt{2\pi}$，但仍然产生相同的总的变换对。这里回顾一下也很有用：拉普拉斯变换通常应用于具有时间型参数的函数 f（即 $f=f(t)$，当 $t<0$ 时，f 要么为 0，要么没有定义）。对于傅里叶变换，通常 f 是有定义的，并且在整个自变量范围 $-\infty<z<\infty$ 上基本上是非零的，因此傅里叶变换通常是取空间型自变量。

例 8.7.1　函数 $f(\xi)=\sqrt{(\xi-\mathrm{i})/(\xi+\mathrm{i})}$ 是函数 $f(z)$ 的傅里叶变换，$f(z)$ 必须用式（8.53）求出。F 从 $\xi=\mathrm{i}$ 处开始的分支切割沿着正虚轴向上，$\xi=-\mathrm{i}$ 处开始的分支切割沿着负虚轴向下。说明如何在 z 为负实数的情况下对傅里叶变换进行逆变换来得到 $f(z)$。讨论一下，如果 z 是正实数，该如何进行。

解　利用式（8.53）得到

$$f(z) = \frac{1}{2\pi}\int_{-\infty}^{\infty} \sqrt{\frac{\xi-\mathrm{i}}{\xi+\mathrm{i}}}\,\mathrm{e}^{-\mathrm{i}\xi z}\,\mathrm{d}\xi \tag{8.54}$$

分支切割的设置保证了在 ξ 为实数时，积分可以沿着横轴不受阻碍地进行。为了利用复平面积分理论，我们尝试在 ξ 平面内处理闭合路径。因此，为了计算整个实轴上的积分，我们再次考虑大圆补全路径。接下来问题出现了：这个补全应该发生在上半平面还是下半平面？显然，当我们确定在大 R 极限下大圆积分为零的条件时，被积函数中的指数项控制其他项（这个结果由若当引理定形）。因此，我们把 ξ 写为 $\xi=R\cos\theta+\mathrm{i}R\sin\theta$，以及考虑 $\mathrm{e}^{-\mathrm{i}\xi z}=\mathrm{e}^{-\mathrm{i}zR\cos\theta}\times\mathrm{e}^{zR\sin\theta}$。当 z 取实数时，就可以把它写成 x，当 $x\sin\theta<0$ 时，它就满足了指数衰减的要求。这样，如果 $x>0$，我们需要 $\sin\theta<0$，因此需要一个下圆补全。如果 $x<0$，我们需要 $\sin\theta>0$，因此需要一个上圆补全。

对于 z 为负实数的情况，ξ 平面的上圆补全如图 8.21 所示。构造整个补全闭合路径，使其不与分支切割相交。为此，原始实轴路径增加了 5 个额外的分段：（圆弧）C_{I}，（纵线）C_1，C_ϵ，C_2，C_{II}。整个路径不包围极点，因此 $\oint=0$。基于以上大圆的考量，在 $R\to\infty$ 极限下，积分在（圆弧）C_{I} 和 C_{II} 上均为零。通过与前面诸如例 8.6.7 等例子类似的推理，当小圆坍缩到分支点 $\xi=\mathrm{i}$ 时，环绕 C_ϵ 的积分也为零。这就只剩下路径（纵线）C_1 和 C_2。由此可见，

$$f(z)=-\frac{1}{2\pi}\left[\int_{C_1}\sqrt{\frac{\xi-\mathrm{i}}{\xi+\mathrm{i}}}\,\mathrm{e}^{-\mathrm{i}\xi z}\,\mathrm{d}\xi+\int_{C_2}\sqrt{\frac{\xi-\mathrm{i}}{\xi+\mathrm{i}}}\,\mathrm{e}^{-\mathrm{i}\xi z}\,\mathrm{d}\xi\right] \tag{8.55}$$

最终的答案只取决于沿着分支切割两边 C_1 和 C_2 段的积分。

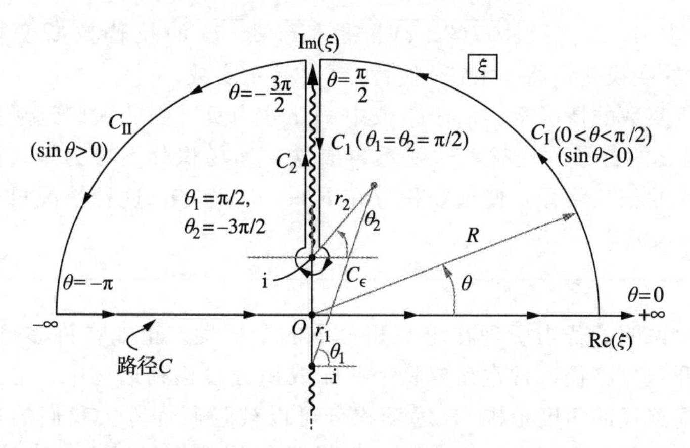

图 8.21　当 z 为负实数时的反演路径，可以看出在该路径的各分段中，原始部分是沿实轴的分段。角量 θ_2 的变化很重要，因为它有助于合并沿（纵线）C_1 和 C_2 路径段的积分的贡献

C_1 部分　设 $\xi-\mathrm{i}=r_2\exp(\mathrm{i}\theta_2)$，$\xi+\mathrm{i}=r_1\exp(\mathrm{i}\theta_1)$。在 C_1 上，$\theta_1=\theta_2=\pi/2$，$r_1=2+r_2$。这使得 $\xi=\mathrm{i}+r_2\mathrm{e}^{\mathrm{i}\pi/2}=\mathrm{i}+\mathrm{i}r_2$ 和 $\mathrm{d}\xi=\mathrm{i}\mathrm{d}r_2$，我们可以用 r_2：$\infty\to0$（从 ∞ 变化到 0）来参数化曲线。综合得到

$$\int_{C_1}\sqrt{\frac{\xi-\mathrm{i}}{\xi+\mathrm{i}}}\,\mathrm{e}^{-\mathrm{i}\xi z}\,\mathrm{d}\xi=\int_{\infty}^{0}\left(\frac{r_2\mathrm{e}^{\mathrm{i}\pi/2}}{(2+r_2)\mathrm{e}^{\mathrm{i}\pi/2}}\right)^{1/2}\underbrace{\mathrm{e}^{-\mathrm{i}z(\mathrm{i}+\mathrm{i}r_2)}}_{\mathrm{e}^{z}\mathrm{e}^{zr_2}}\mathrm{i}\mathrm{d}r_2$$

$$=\mathrm{i}\mathrm{e}^{z}\int_{\infty}^{0}\sqrt{\frac{r_2}{2+r_2}}\,\mathrm{e}^{zr_2}\,\mathrm{d}r_2=-\mathrm{i}\mathrm{e}^{z}\int_{0}^{\infty}\sqrt{\frac{r_2}{2+r_2}}\,\mathrm{e}^{zr_2}\,\mathrm{d}r_2$$

C_2 部分　如同在 C_1 上，再次设 $\xi-\mathrm{i}=r_2\exp(\mathrm{i}\theta_2)$，$\xi+i=r_1\exp(\mathrm{i}\theta_1)$，但现在 $\theta_1=\pi/2$，$\theta_2=-3\pi/2$，而且 r_2：$0\to\infty$（参见图 8.21）。如同在 C_1 上，$r_1=2+r_2$ 和 $\mathrm{d}\xi=\mathrm{i}\mathrm{d}r_2$。综合得到

$$\int_{C_2}\sqrt{\frac{\xi-\mathrm{i}}{\xi+\mathrm{i}}}\,\mathrm{e}^{-\mathrm{i}\xi z}\,\mathrm{d}\xi=\int_{0}^{\infty}\left(\frac{r_2\mathrm{e}^{-\mathrm{i}3\pi/2}}{(2+r_2)\mathrm{e}^{\mathrm{i}\pi/2}}\right)^{1/2}\underbrace{\mathrm{e}^{-\mathrm{i}z(\mathrm{i}+\mathrm{i}r_2)}}_{\mathrm{e}^{z}\mathrm{e}^{zr_2}}\mathrm{i}\mathrm{d}r_2$$

$$=\mathrm{i}\mathrm{e}^{z}\int_{0}^{\infty}\sqrt{\frac{r_2}{2+r_2}}\underbrace{(\mathrm{e}^{-2\pi\mathrm{i}})^{1/2}}_{\mathrm{e}^{-\mathrm{i}\pi}=-1}\mathrm{e}^{zr_2}\,\mathrm{d}r_2$$

$$=-\mathrm{i}\mathrm{e}^{z}\int_{0}^{\infty}\sqrt{\frac{r_2}{2+r_2}}\,\mathrm{e}^{zr_2}\,\mathrm{d}r_2$$

我们现在在式（8.55）中使用这些 C_1 和 C_2 上的结果，我们用 t 代替 r_2，而且因为 z 是负

实数，把 z 写为 $z=-|z|$。这就得到

$$f(z)=2\mathrm{i}\mathrm{e}^{-|z|}\int_0^{\infty}\sqrt{\frac{t}{2+t}}\mathrm{e}^{-|z|t}\mathrm{d}t=2\mathrm{i}\mathrm{e}^{-|z|}\mathcal{L}\mathfrak{a}_{|z|}\left\{\sqrt{\frac{t}{2+t}}\right\}$$

根据式（7.12），其中 $\mathcal{L}\mathfrak{a}_{|z|}\{\sqrt{t/(2+t)}\}$ 是 $\sqrt{t/(1+t)}$ 的拉普拉斯变换。符号 $\mathcal{L}\mathfrak{a}_{|z|}\{\cdot\}$ 表示用通常的变换变量将 s 用 $|z|$ 代替，$|z|$ 是正实数。

在上述 z 为负实数的情况下，由于指数中 $z\sin\theta$ 为负，因此大圆远场路径上的积分在 $R\to\infty$ 时为零。当 z 的符号改变时，这就不再成立，远场积分不再为零，而是无界。此时需要补全下半平面的积分路径，使远场积分在 $R\to\infty$ 时为零。这种情况可以使用上面给出的相同方法解出 $f(z)$。

例 8.7.1 再次说明了若当引理在求复积分中的重要性。正如在许多例子中所看到的，为了闭合原来的开积分路径，常常需要将一些弧或积分段移到远场中。通过明智而审慎地选择扇形（即远场路径的角度范围），远场积分可以被强制为零。我们的目标是保持原始积分（在这个例子中是一个傅里叶逆变换）以及可能的其他可以方便求值的附加项不变。如前所述，实变量微积分中的标准积分与复积分的区别主要在于，后者相当于熟练地使用路径（闭合未闭合的路径、变形路径）变换，而前者主要包括被积函数的巧妙变换。

8.7.2　积分路径上的奇点：普莱梅利公式

我们现在要问，如果路径直接经过奇点，路径积分会发生什么？例如，当点 z 位于积分路径上时，我们如何计算式（7.5）的柯西积分公式？此外，我们构造这样的积分是什么意思？或者，换句话说，**我们如何从第一原理出发定义这样的积分？**

解答这两个问题的第一步可能是首先指定点 z 是从内侧还是外侧逼近路径。毕竟，柯西积分是一个路径积分，路径意味着**两侧**或**两边**的存在。对于柯西积分公式（7.5），如果点 z 从路径 C **内侧**到达路径，则结果为 $f(z)$，如果点 z 从周线**外侧**到达路径，则结果为零。我们看到这样的定义是与路径相关的，因此不是直接有用的。然而，**边**的概念在以后的工作中仍然具有核心重要性，因此，我们对答案的尝试不是徒劳的。

另一种定义是让 z 从一开始就位于路径上，然后在 z 的每一边删除一小段积分路径。为此，设 Ω_ϵ 是一个半径为 ϵ 中心在 z 的小圆，则路径中删除的部分 C_ϵ 是原路径中在 Ω_ϵ 内的部分。去除奇点后，用 5.4 节的原始方法求剩余积分。这将产生一个可能依赖 ϵ 的结果。现在取这个值在 $\epsilon\to 0$ 时的极限。这个过程产生的结果称为**积分主值**（the Principal Value of the integral）。表示这样的主值积分的符号有很多（取决于文章或教科书）。包括以某种方式使用特殊的 P 或 PV，以及使用一个小破折号穿过积分符号（很像用一个小圆来表示一个闭合路径积分），即

$$p\left(\int\frac{g(\xi)}{\xi-z}\mathrm{d}\xi\right)=⨍\frac{g(\xi)}{\xi-z}\mathrm{d}\xi\overset{\mathrm{def}}{=}\lim_{\epsilon\to 0}\int_{C-C_\epsilon}\frac{g(\xi)}{\xi-z}\mathrm{d}\xi$$

其中 C 是原始路径（通过 z），C_ϵ 是包含 z 的被移除的路径部分。

既然这样定义了主值积分，我们自然会问，它是如何通过 5.4 节的方法与它的计算联系

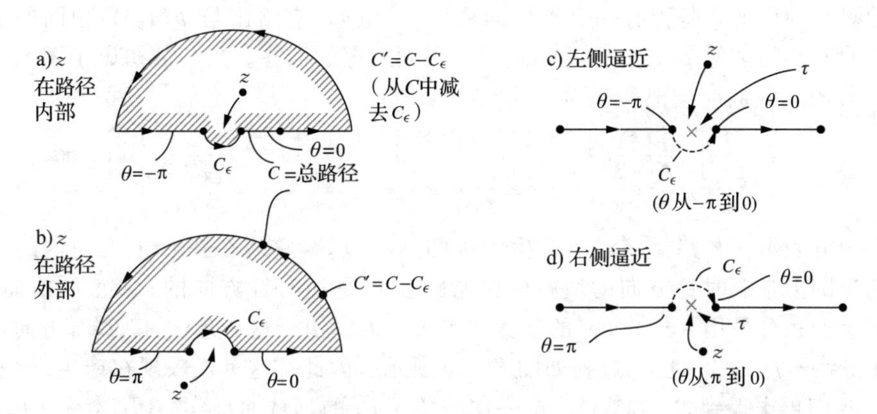

图 8.22　当 z 点从闭合路径 C 的内部图 a 和外部图 b 接近积分路径时的路径变形。对于前者，调整后的小半圆是逆时针方向的，角度 θ 从 $-\pi$ 变化到 0；对于后者，当 z 点位于路径外时，调整后的小半圆是顺时针方向的，角度 θ 从 π 变化到 0。图 c 和图 d 部分显示了积分不是沿着闭合路径，而是沿着有端点的开路径的。在这里，内部和外部的概念不适用，分别被左侧和右侧所代替。图 c 部分的小半圆缩进路径的约定对应于图 a 部分的约定（都是向下缩进），图 d 部分的约定对应于图 b 部分的约定（都是向上缩进）。请注意，Ω_ϵ 区域是被很小的圆形路径所包围的整个小圆，或“光点”。在图 a 和图 b 中，只有Ω_ϵ 的一半被从 C 所包围的原始区域中加上或减去

起来的，它是如何与本章和前一章更多的理论发展联系起来的。回到柯西积分公式（7.5），为了便于讨论，可以认为 z 点最初位于路径 C 内，然后让它逼近路径，如图 8.22a 所示。当它与路径接触时，可以把它想象成将路径稍微向外推，从而产生如图所示的微小的向外“光点”。更确切地说，我们可以把光点想象成一个半径为ϵ的半圆围绕着该点。这使得光点等于Ω_ϵ 的一半边界，因为小半圆是逆时针方向的整个路径的一部分，所以在半圆上，$\xi-z=e^{i\theta}$，其中 $\theta=-\pi$ 在 z 点的左边和 $\theta=0$ 在 z 点的右边。

从式（7.5），我们有

$$I_{内}=\underbrace{\frac{1}{2\pi i}\oint_C\frac{f(\xi)}{\xi-z}d\xi}_{f(z)}=\underbrace{\frac{1}{2\pi i}\int_{C'}\frac{f(\xi)}{\xi-z}d\xi}_{\to p(I_{in})}+\frac{1}{2\pi i}\int_{-\pi}^{0}\frac{f(z+\epsilon e^{i\theta})}{\epsilon e^{i\theta}}\epsilon ie^{i\theta}d\theta$$

其中路径部分 $C'=C-C_\epsilon$ 为排除小半圆的路径。在小半圆上的积分是上式的最后一个积分，用上面的替换 $\xi-z=\epsilon e^{i\theta}$来表示。

现在，**路径部分 C' 与出现在主值定义中的路径$C-C_\epsilon$ 是一致的。**因此，在$\epsilon\to0$ 的极限下，上述路径 C'的积分逼近I_{in}的**主值**。最后一个（在半圆上的）积分在极限下很容易求出，为 $f(z)/2$。因此在极限情况下，等式变成 $f(z)=p(I_{in})+f(z)/2$，或者

$$p(I_{内})=\frac{1}{2}f(z) \tag{8.56}$$

这种推导的一个令人不安的特点是，它暗示着，这是一个用$I_{内}$定义的积分的主值，即从路径的某一侧逼近奇点。主值概念难道不应该仅仅是路径上的一点，不知道它是如何被放置

在那里的吗？同样地，是否有一个类似的概念 $p(I_{外})$，它给出与 $p(I_{内})$ 相同的值，以产生所声称的明确的主值 $p(I)$？这些问题可以得到肯定的回答。当 z 最初位于图 8.22b 所示的路径 C 外时，我们应该把 $I_{外}$ 写为

$$I_{外}=\underbrace{\frac{1}{2\pi\mathrm{i}}\oint_C\frac{f(\xi)}{\xi-z}\mathrm{d}\xi}_{0}=\underbrace{\frac{1}{2\pi\mathrm{i}}\int_{C'}\frac{f(\xi)}{\xi-z}\mathrm{d}\xi}_{\to p(I_{外})}+\frac{1}{2\pi\mathrm{i}}\int_{\pi}^{0}\frac{f(z+\epsilon\mathrm{e}^{\mathrm{i}\theta})}{\epsilon\mathrm{e}^{\mathrm{i}\theta}}\epsilon\mathrm{i}\mathrm{e}^{\mathrm{i}\theta}\mathrm{d}\theta$$

最后一个积分表示 z 与路径接触所产生的半圆“光点”。它现在在 C 上是向内的，所以现在在它的半圆上是顺时针方向的，即使原始路径 C 是逆时针方向的。[1]正如前面的推导，这个半圆上的积分是用 $\xi-z=\epsilon\mathrm{e}^{\mathrm{i}\theta}$ 的参数化来表示的。由于这个光点的新局部方向，当 $\epsilon\to0$ 时，现在得到 $-f(z)/2$。这一过程如图 8.22b 所示。因此，这个极限现在产生 $0=p(I_{外})-f(z)/2$，我们再次得到式 (8.56)，这一次是关于 $I_{外}$ 的，从而证实 $p(I_{内})=p(I_{外})$，因此主值是唯一的：$p(I)=f(z)/2$。[2]

上述的推导，虽然澄清了一个关于柯西积分公式 (7.5) 的问题，但如果到此为止的话，其效用是有限的。更广泛的观点是，同样的思想适用于 $f(z)$ 在 C 内不是处处解析的情况，也适用于图 8.22c 和 d 所示的 C 是开路径（有端点的曲线）的情况。当路径是开的时，如图所示，没有“内部”和“外部”的概念，但有一个沿着路径的左侧或右侧计算积分的概念。设 I_+ 表示左侧（对逆时针闭合路径来说是内侧），设 I_- 表示右侧。

现在我们使用 τ 来确定路径上的一个点。设 z 是一个离开路径但靠近 τ 的点，位于路径的左侧或右侧，如图 8.22c 和 d 所示。路径积分的主值仍然定义为 $p(I(\tau))=\lim_{\epsilon\to0}(1/2\pi\mathrm{i})\int_{C-C_\epsilon}(f(\xi)/(\xi-\tau))\mathrm{d}\xi$。考虑 z 趋于 τ。如果 z 从左侧逼近 τ（图 8.22c），围绕 C_ϵ 的微小光点积分再次得到 $f(z)/2$；如果从右逼近（图 8.22d），则再次得到 $-f(z)/2$。这样，当 z 从左侧逼近 τ，我们就得到，

$$I_+(\tau)=\frac{1}{2\pi\mathrm{i}}\int_{C_+}\frac{f(\xi)}{\xi-\tau}\mathrm{d}\xi=p(I(\tau))+\frac{f(\tau)}{2}$$

而当 z 从右侧逼近 τ，

$$I_-(\tau)=\frac{1}{2\pi\mathrm{i}}\int_{C_-}\frac{f(\xi)}{\xi-\tau}\mathrm{d}\xi=p(I(\tau))-\frac{f(\tau)}{2}$$

这就是**普莱梅利公式**。注意

$$p(I(\tau))=\frac{1}{2}[I_+(\tau)+I_-(\tau)] \tag{8.57}$$

$$f(\tau)=I_+(\tau)-I_-(\tau) \tag{8.58}$$

理解这一结果的意义的一种方法是想象路径 C 和一个在其上性态良好的函数 $f(\xi)$，那么由积分 $(1/2\pi\mathrm{i})\int_C(f(\xi)/(\xi-\tau))\mathrm{d}\xi$ 定义的函数 $I(\tau)$ 在复 τ 平面上 C 之外是解析的，但在 C 上不解析。在 C 上，函数 $I(\tau)$ 是不连续的，有一个跳跃，其值由式 (8.58) 给出。

---

[1] 这实际上是 Ω_ϵ 边界的另一半。

[2] 值得强调的是，即使 $f(z)=I_{内}\neq I_{外}=0$，仍然有 $p(I_{内})=p(I_{外})=f(z)/2$。

例 8.7.2　构造一个函数，除了端点为 $z=1+2\mathrm{i}$、斜率为 3 的射线外，在复平面上处处解析。当穿过这条射线时，函数是不连续的，当从下到上穿越时，（左、右极限）差值为 $5-7\mathrm{i}$。

解　上面的信息表明我们应该考虑

$$I(\tau)=\frac{1}{2\pi\mathrm{i}}\int_C\frac{f(\xi)}{\xi-\tau}\mathrm{d}\xi,\quad 其中\ f(\xi)=-5+7\mathrm{i}$$

其中，C 从 $1+2\mathrm{i}$ 向外。f 的负号说明，沿这条路径向外走，左减右（或 I_+-I_-）就是从路径的上方到下方的跳跃。利用代换 $q=\xi-\tau$，我们正式将路径积分写成

$$I(\tau)=\frac{-5+7\mathrm{i}}{2\pi\mathrm{i}}\int_{1+2\mathrm{i}}^{\infty}\frac{\mathrm{d}\xi}{\xi-\tau}=\frac{7+5\mathrm{i}}{2\pi}\int_{1+2\mathrm{i}-\tau}^{\infty}\frac{\mathrm{d}q}{q}=\frac{7+5\mathrm{i}}{2\pi}\log q\Big|_{1+2\mathrm{i}-\tau}^{\infty} \tag{8.59}$$

各种正式处理揭示了一个传递到复无穷的问题，这显然源于这样一个事实，即在获得式（8.57)和式（8.58）时没有特别考虑这种可能性。然而，这个问题更有用的一点是，如果关注下限，我们就可以得到函数

$$F(z)=-\frac{7+5\mathrm{i}}{2\pi}\log(1+2\mathrm{i}-z)$$

其中，我们选择将 τ 替换为 z 以便将结果转化到熟悉的复 z 平面。因为这个结果包含一个对数函数，所以有必要指定一个分支切割，它必须从 $1+2\mathrm{i}-z=0$ 开始，然后必须继续到复无穷。要考虑的明显的选择当然是问题陈述中的原始曲线 C。

现在，有了分支切割的选择，验证这个 $F(z)$ 满足所有的要求就很简单了，换句话说，它解决了问题。更一般地说，我们可以将任何整函数添加到这个解中（例如 z 的一个多项式)，然后仍然有一个解。再一次，对传递到复无穷相关的问题进行更详细的考虑（包括当 $z\to\infty$ 时所需的函数性态)，可能用来指定要添加到 $F(z)$ 的任何这样的整函数。事实上，这样一个附加的整函数可以看作对式（8.59）中的上限的求值。

在例 8.7.2 中，积分路径成为积分函数的分支切割。下一个例子提供了这种类型性态的另一种情况，但现在是在有限长度的分支切割的背景下。此外，不像例 8.7.2 只使用了式（8.58)，例 8.7.3 同时使用了普莱梅利公式（8.57）和式（8.58)。

例 8.7.3　考虑积分

$$J(\tau)=\int_{-1}^{1}\frac{(\xi+1)^{a-1}}{(1-\xi)^{a}}\frac{\mathrm{d}\xi}{(\xi-\tau)}$$

其中 $0<a<1$。取 τ 为实数，这就定义了一个实值函数。如果 τ 是复数，该积分仍然定义了一个函数，一个通常的复值函数。如果 τ 为实数，且在区间 $-1<\tau<1$ 上，该积分为主值积分。显式地求出该情况下的主值 $p(J(\tau))$。

解　在用复变量来处理这个积分时，可以看出，分数次幂 $a-1$ 和 a 需要引入分支切割，一个在 $\xi=1$ 处开始，另一个在 $\xi=-1$ 处开始。为了用普莱梅利公式解出这个问题，

需要得到一个在积分路径（$-1<\xi<1$）外解析的函数，并且在穿过积分路径时它有一定的差值。为将非解析性限制在线段$-1<\xi<1$上，当分支切割到无穷远时，它们应该重叠，用来相互抵消（或“弥合”）。为此，将两个分支切割设在负ξ轴上，使得它们在$-\infty<\xi<-1$上有重叠，而在$-1<\xi<1$上没有重叠。

因此考虑具有刚才所示的分支切割的复函数$h(\xi)=\dfrac{(\xi+1)^{a-1}}{(\xi-1)^{a}}$。记$\xi-1=r_1\mathrm{e}^{\mathrm{i}\theta_1}$和$\xi+1=r_2\mathrm{e}^{\mathrm{i}\theta_2}$。在该分支切割从$\xi=1$到$\xi=-1$的顶部，我们有$\theta_1=\pi$，$\theta_2=0$和$r_1=1-\xi$，$r_2=1+\xi$，其中$h(\xi)$取值$h_+(\xi)=\mathrm{e}^{-\mathrm{i}a\pi}\dfrac{(1+\xi)^{a-1}}{(1-\xi)^{a}}$。在该分支切割底部，我们有$\theta_1=-\pi$，$\theta_2=0$，所提议的函数$h(\xi)$取值$h_-(\xi)=\mathrm{e}^{\mathrm{i}a\pi}\dfrac{(1+\xi)^{a-1}}{(1-\xi)^{a}}$。这使得在$-1<\xi<1$上$h_+(\xi)\neq h_-(\xi)$。还要注意，这表明$J(\tau)$的被积函数实际上是$\dfrac{h_+(\xi)}{\mathrm{e}^{\mathrm{i}a\pi}(\xi-\tau)}=\dfrac{h_-(\xi)}{\mathrm{e}^{-\mathrm{i}a\pi}(\xi-\tau)}$。此外，这一步是至关重要的，我们可以看到，在从$\xi=-1$延伸回$\xi=-\infty$的分支切割的顶部，有$\theta_1=\theta_2=\pi$，$r_1=1-\xi$，$r_2=-1-\xi$，而在这个半无限部分的底部，有同样的$r_1$，$r_2$，但现在$\theta_1=\theta_2=-\pi$。这使得在$-\infty<\xi<-1$上$h_+(\xi)=h_-(\xi)$，这正是所需要的弥合。因此，$h(\xi)$除了$J(\tau)$的积分路径的实轴部分$-1<\xi<1$，是$\xi$的解析函数。如果在分支切割$-1<\tau<1$的顶部和底部，将$h$视为$\tau$的函数，则有

$$h_+(\tau)+h_-(\tau)=-\frac{(1+\tau)^{a-1}}{(1-\tau)^{a}}(2\cos\pi a) \tag{8.60}$$

$$h_+(\tau)-h_-(\tau)=\frac{(1+\tau)^{a-1}}{(1-\tau)^{a}}(2\mathrm{i}\sin\pi a) \tag{8.61}$$

现在可以调用普莱梅利过程了。这对应于处理复路径积分$I(\tau)=\dfrac{1}{2\pi\mathrm{i}}\displaystyle\int_C\frac{h(\xi)}{\xi-\tau}\mathrm{d}\xi$，重点关注从$\xi=-1$到$\xi=1$的路径$C_+$和$C_-$，其中$C_+$在轴的上方，$C_-$在轴的下方。这就得到$I_+(\tau)=\dfrac{1}{2\pi\mathrm{i}}\displaystyle\int_{C_+}\frac{h(\xi)}{\xi-\tau}\mathrm{d}\xi$和$I_-(\tau)=\dfrac{1}{2\pi\mathrm{i}}\displaystyle\int_{C_-}\frac{h(\xi)}{\xi-\tau}\mathrm{d}\xi$。从式（8.58）得出$h(\tau)=I_+(\tau)-I_-(\tau)$，这又反过来给出

$$h(\tau)=\frac{\mathrm{e}^{-\mathrm{i}a\pi}-\mathrm{e}^{\mathrm{i}a\pi}}{2\pi\mathrm{i}}\int_{-1}^{1}\frac{(\xi+1)^{a-1}}{(1-\xi)^{a}}\frac{\mathrm{d}\xi}{(\xi-\tau)}=-\frac{\sin\pi a}{\pi}J(\tau)$$

这证明了$I(\tau)$的主值是$p(I(\tau))=-\dfrac{\sin\pi a}{\pi}p(J(\tau))$。而普莱梅利公式（8.57）给出$p(I(\tau))=\dfrac{1}{2}[h_+(\tau)+h_-(\tau)]=\dfrac{(1+\tau)^{a-1}}{(1-\tau)^{a}}\cos\pi a$。这两个$p(I(\tau))$的表达式相等，得到

$$p(J(\tau))=-\frac{(1+\tau)^{a-1}}{(1-\tau)^{a}}\pi\cot\pi a$$

注：这就完成了演示，不过还需要一些补充说明。首先通过一个简单的观察发现，当$a=1/2$时，$p(J(\tau))=0$。

其次，读者可能会感到困惑，为什么我们用$h(\xi)=(\xi+1)^{a-1}/(\xi-1)^{a}$而不是$h(\xi)=$

$(\xi+1)^{a-1}/(1-\xi)^a$？我们可以继续进行另一种定义并得到相同的结果，但是当我们记 $\xi-1=r_1\mathrm{e}^{\mathrm{i}\theta_1}$ 时，$\xi-1$ 的使用在上下文上更容易理解。

最后，需要指出的是，使用式（8.57）和式（8.58）的普莱梅利过程从本质上提供了一种通用的、有点抽象的程序，它最终是一种处理复路径积分的方法。为了说明这一点，考虑积分 $\mathcal{J}(z)=\int_C\frac{(\xi+1)^{a-1}}{(1-\xi)^a}\frac{\mathrm{d}\xi}{\xi-z}$，其中 $\frac{(\xi+1)^{a-1}}{(1-\xi)^a}$ 具有先前指出的作为 ξ 函数的分支切割结构。设 z 是分支切割上的一个点，意味着 $z=\tau$ 是一个实数，满足 $-1\leqslant\tau\leqslant1$。那么被积函数 $\frac{(\xi+1)^{a-1}}{(1-\xi)^a(\xi-\tau)}$ 除了在分支切割上以外是 ξ 的解析函数。设 C 是 ξ 平面上包围这个分支切割的闭合路径。于是，所有路径 C 的 $\mathcal{J}(z)$ 值是相同的，因为它们可以在解析区域内相互变形。特别地，取 C 为一个半径趋近于无穷的大圆时，$\mathcal{J}(z)\equiv0$。

现在考虑在极限意义上挤压到分支切割上的路径。在完全挤压的极限下，该路径有八个独立的部分。两个是围绕分支点 $\xi=\pm1$ 的小半圆。沿着这些端点路径的积分在完全压缩的极限下都为零。沿着分支的底部，我们确定了三个独立的部分：在 $\xi=\tau$ 处的“下”半圆形光点和在光点左、右的独立直线段［参见图 8.22c］。在极限下，两个直线段一起计算为 $\mathrm{e}^{\mathrm{i}a\pi}p(J(\tau))$。光点积分为 $\pi\mathrm{i}h_-(\tau)=\pi\mathrm{i}\mathrm{e}^{\mathrm{i}a\pi}\frac{(1+\tau)^{a-1}}{(1-\tau)^a}$。以类似的方式，我们沿着分支的顶部有三个独立的路径部分：两个直线段以及在 $\xi=\tau$ 处分隔它们的光点。在极限下，两个直线段一起计算出的值为 $-\mathrm{e}^{-\mathrm{i}a\pi}p(J(\tau))$，前面的负号是由于路径从 $\xi=1$ 到 $\xi=-1$ 造成的。顶部光点积分计算为 $\pi\mathrm{i}h_+(\tau)=\pi\mathrm{i}\mathrm{e}^{-\mathrm{i}a\pi}\frac{(1+\tau)^{a-1}}{(1-\tau)^a}$，前面没有负号，因为光点再次在以 $\xi=\tau$ 为中心的逆时针半圆上。因此，如上所示，将所有这些对 $\mathcal{J}(z)$ 的贡献加起来等于零，就得到

$$\mathrm{e}^{\mathrm{i}a\pi}p(J(\tau))+\pi\mathrm{i}\mathrm{e}^{\mathrm{i}a\pi}\frac{(1+\tau)^{a-1}}{(1-\tau)^a}-\mathrm{e}^{-\mathrm{i}a\pi}p(J(\tau))+\pi\mathrm{i}\mathrm{e}^{-\mathrm{i}a\pi}\frac{(1+\tau)^{a-1}}{(1-\tau)^a}=0$$

从中解出 $p(J(\tau))$ 就得到前面的结果。

这个例子是文献［21］中讨论的一个例子的变体，在文献［21］中可以找到关于使用普莱梅利公式的其他有用信息。这包括对 $f(z)$ 限制较少的平滑要求，以便小的“光点”积分收敛到 $\pm f(z)/2$，以及讨论如何将结果推广到局部不直的路径位置（即弯折和拐角）。更一般地说，普莱梅利公式（8.57）和式（8.58）是处理广义积分方程的关键，这一主题超出了本书的范围。

8.7.3 解析延拓

我们在复变量理论中考虑的最后一个高级主题是解析延拓。广义上来说，解析延拓是指在一个小区域上取一个解析函数，向外“生长”它，从而将它的定义域扩展到一个相邻的更大区域。一个概念性的例子是泰勒级数。当我们在初级微积分课上遇到各种泰勒级数时，我们把它们看作一个函数，比如在一个小区域内的 $f(x)$。然而，在 8.1 节中，我们看

到了泰勒级数实际上是如何在一个增长圆中定义一个解析函数的，它的半径可以增加，直到圆周遇到一个位置（例如一个点），在这个位置上函数变成非解析函数。此时函数有一个奇点。在这个点之外，第二（外）环上的洛朗级数将解析函数的范围进一步扩展到第二个圆的半径，在第二个圆的半径处出现了另一个奇点（参见 8.2 节的讨论）。

正如我们最近所展示的，分支切割也是复函数非解析的位置。此外，我们已经多次看到，为了使用路径操作和留数定理的组合来解决问题，分支切割可以用巧妙的方式进行处理。让我们再次考虑例 8.7.1 中的积分式（8.54）。被积函数有两个不同的分支切割，每个分支切割延伸向无穷的方向不同（参见图 8.21）。正如我们现在所讨论的，这个问题可以看作有两个可解析平面重叠的问题。这也与**解析延拓**的概念有关。

为了便于讨论，可以将式（8.54）中的积分变量看作位于复 z 平面上。因此，我们先将式（8.54）中的 z 替换为 λ，再将 ξ 替换为 z（即 $z\to\lambda$，然后 $\xi\to z$），这样积分就变成了下面的形式，

$$\frac{1}{2\pi}\int_{-\infty}^{\infty}\frac{A_-(z)}{B_+(z)}\mathrm{e}^{-\mathrm{i}\lambda z}\,\mathrm{d}z,\quad \text{其中 } A_-(z)=\sqrt{z-\mathrm{i}},B_+(z)=\sqrt{z+\mathrm{i}}\tag{8.62}$$

函数 $A_-(z)$ 除了从 $z=\mathrm{i}$ 开始沿着虚轴向上的分支，在任何地方都是解析的，在“下半平面”$[\mathrm{Im}(z)<1]$ 也是解析的。这就是符号 $A_-(z)$ 中减号的原因。相反，函数 $B_+(z)$ 除了从 $z=-\mathrm{i}$ 开始沿着虚轴向下的分支外，在任何地方都是解析的，因此，特别在“上半平面”$[\mathrm{Im}(z)>-1]$ 中具有解析性。在带状 $-1<\mathrm{Im}(z)<1$ 上存在重叠，该带状包含图 8.21所示的原始实轴积分路径。因此，如果需要，我们可以在不改变积分的情况下改变这条带状中的路径，因为不会遇到奇点（图 8.23）。

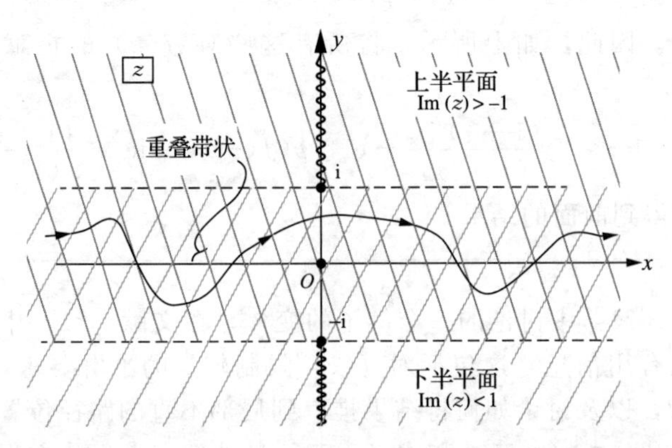

图 8.23　图中显示上半平面 $[\mathrm{Im}(z)>-1]$ 和下半平面 $[\mathrm{Im}(z)<1]$ 以及图 8.21 的积分路径通过的重叠带状：$-1<\mathrm{Im}(z)<1$。重叠带状表示在上、下半平面中函数的“延拓”

解析延拓的概念所涉及的函数，不仅是在公共开区域上解析的函数，如上面的带状 $-1<\mathrm{Im}(z)<1$，而且在这个公共区域上彼此相等。㊀

㊀ 因此，式（8.62）中的 $A_-(z)$ 和 $B_+(z)$ 虽然满足第一个条件，但它们没有达到标准，因为它们不满足相等所需的第二个条件。

★ 设Ω_f 和Ω_g 是复 z 平面上具有非平凡交点的区域（开区域、曲线的一部分等）。假设 $f(z)$ 在Ω_f 中是解析的，$g(z)$ 在Ω_g 中是解析的，使得 f 和 g 在交集$\Omega_f \cap \Omega_g$ 上重合，则在Ω_f 中定义为等于 f，在Ω_g 中定义为等于 g 的合成函数在这两个区域的并集中是解析的。

我们称 g 是 f 在之前没有定义的区域上的 f 的**解析延拓**，反之亦然。这个简单的结果可能是微不足道的预期结果，却具有深远的影响，这将在本节的最后一个例子中演示。作为准备，下面的例子只处理总体概念的基本操作机制。

例 8.7.4 考虑式（8.62）中的 $A_-(z)$ 和 $B_+(z)$。又假设 $C_-(z)$ 和 $D_+(z)$ 在各自的半平面 $\mathrm{Im}(z)<1$ 和 $\mathrm{Im}(z)>-1$ 中具有同样的解析性。最后假设所有这些函数在重叠区域 $-1<\mathrm{Im}(z)<1$ 都满足

$$\frac{A_-(z)}{B_+(z)}\left(C_-(z)+\frac{2}{z-6-5\mathrm{i}}+\frac{\mathrm{i}}{z+\mathrm{i}}\right)=D_+(z) \tag{8.63}$$

利用这些信息，用以下的方式定义一个函数 $\Psi(z)$，它在整个 z 平面上是解析的（即整函数）：用 $A_-(z)$ 和 $C_-(z)$ 确定在 $\mathrm{Im}(z)<1$ 上的 Ψ，用 $B_+(z)$ 和 $D_+(z)$ 确定 $\mathrm{Im}(z)>-1$ 上的 Ψ。

解 我们设法处理式（8.63），使等式的一边在 $\mathrm{Im}(z)<1$ 中是解析的（给出一个“－”函数），而另一边在 $\mathrm{Im}(z)>-1$ 中是解析的（给出一个“＋”函数）。作为这个计算过程的一部分，我们注意到 $2/(z-6-5\mathrm{i})$ 在除 $z=6+5\mathrm{i}$ 之外的任何地方都是解析性的，因此在 $\mathrm{Im}(z)<1$ 时也是解析性的，因此它是一个“－”函数。相反，$\mathrm{i}/(z+\mathrm{i})$ 在除 $z=-\mathrm{i}$ 之外的任何地方都是解析性的，因此，在 $\mathrm{Im}(z)>-1$ 中它是解析性的，因此它是一个“＋”函数［在 $\mathrm{Im}(z)=-1$ 上，它不是解析的，但这并不重要］。

在此基础上我们定义

$$E_-(z)=\frac{2}{z-6-5\mathrm{i}},\quad F_+(z)=\frac{\mathrm{i}}{z+\mathrm{i}}$$

把式（8.63）写成

$$\underbrace{A_-(z)(C_-(z)+E_-(z))}_{\text{“－”函数}}+A_-(z)F_+(z)=\underbrace{D_+(z)B_+(z)}_{\text{“＋”函数}} \tag{8.64}$$

在这种形式下，等式的右边在 $\mathrm{Im}(z)>-1$ 上是解析的，但左边在 $\mathrm{Im}(z)<1$ 上不是解析的，因为有一个违规项 $A_-(z)F_+(z)$。这一项可以移到等式的另一边，但这只是改变了难度。为了解决这个难题，我们首先考察这一项，注意，我们可以把它分成“＋”和“－”两个部分。这个过程称为**因子分解**。这样，我们把这一项写为

$$\begin{aligned}A_-(z)F_+(z)&=\frac{\mathrm{i}\sqrt{z-\mathrm{i}}}{z+\mathrm{i}}\\&=\frac{\mathrm{i}\sqrt{z-\mathrm{i}}}{z+\mathrm{i}}-(\mathrm{i}\sqrt{z-\mathrm{i}})\Big|_{z=-\mathrm{i}}\left(\frac{1}{z+\mathrm{i}}\right)+(\mathrm{i}\sqrt{z-\mathrm{i}})\Big|_{z=-\mathrm{i}}\left(\frac{1}{z+\mathrm{i}}\right)\\&=\underbrace{\frac{\mathrm{i}\sqrt{z-\mathrm{i}}}{z+\mathrm{i}}-\frac{\mathrm{i}\sqrt{-2\mathrm{i}}}{z+\mathrm{i}}}_{G_-(z)}+\underbrace{\frac{\mathrm{i}\sqrt{-2\mathrm{i}}}{z+\mathrm{i}}}_{H_+(z)}=G_-(z)+H_+(z)\end{aligned}$$

原始形式 $A_-(z)F_+(z)$ 在下半平面（在 $z=-\mathrm{i}$）有一个极点，在上半平面（$z=\mathrm{i}$ 到 $z=\infty$）有一个分支切割。减 $\mathrm{i}\sqrt{-2\mathrm{i}}/(z+\mathrm{i})$ 的作用去掉了极点，得到一个只有上半平面分支切割的函数，因此这个函数称为 G_-。补偿项 $\mathrm{i}\sqrt{-2\mathrm{i}}/(z+\mathrm{i})$ 只包含极点，因此是一个"+"函数，我们称它为 H_+。

现在用加性分解 $G_-(z)+H_+(z)$ 替换式（8.64）中的乘积 $A_-(z)F_+(z)$，整理得到

$$\underbrace{A_-(z)(C_-(z)+E_-(z))+G_-(z)}_{\text{“}-\text{”函数}}=\underbrace{D_+(z)B_+(z)-H_+(z)}_{\text{“}+\text{”函数}}$$

这个分解过程得到了预期的结果，即两个独立的解析函数，上式左侧的"−"函数和上式右侧的"+"函数。这些函数在 $-1<\mathrm{Im}(z)<1$ 的重叠区域内重合。因此，通过**解析延拓**，新函数 $\Psi(z)$（它实际上是整函数）的定义如下：

$$\Psi(z)=\begin{cases}A_-(z)(C_-(z)+E_-(z))+G_-(z), & \mathrm{Im}(z)<1\\ D_+(z)B_+(z)-H_+(z), & \mathrm{Im}(z)>-1\end{cases}\tag{8.65}$$

整函数 $\Psi(z)$ 不包含极点或分支切割（这类似于其他整个函数，如 $\sin z$）。根据式（8.65）中 $A_-(z)$，$E_-(z)$，$G_-(z)$，$B_+(z)$ 和 $H_+(z)$ 的特定表达式，我们可以看出 $\Psi(z)$ 的公式也可以表示为

$$\Psi(z)=\begin{cases}(\sqrt{z-\mathrm{i}})C_-(z)+\dfrac{2\sqrt{z-\mathrm{i}}}{z-6-5\mathrm{i}}+\dfrac{\mathrm{i}(\sqrt{z-\mathrm{i}}-\sqrt{-2\mathrm{i}})}{z+\mathrm{i}}, & \mathrm{Im}(z)<1\\[2ex] (\sqrt{z+\mathrm{i}})D_+(z)-\dfrac{\mathrm{i}\sqrt{-2\mathrm{i}}}{z+\mathrm{i}}, & \mathrm{Im}(z)>-1\end{cases}\tag{8.66}$$

特别地，这个结果对于任何满足最初规定的条件的 $C_-(z)$ 和 $D_+(z)$ 是普遍成立的。

读者可能想知道例 8.7.4 中处理的这类问题如何能有任何应用或相关性。在本节的最后，我们将简要讨论这个问题，但为了给这个讨论奠定基础，我们考虑另外两个例子。

下面的例子给出了一个在单位圆路径内、外都有奇点的积分，其方式随被积函数中一个复参数的值而变化。这个例子阐明了在 7.4 节中已经陈述过的刘维尔定理的含义。

例 8.7.5　通过求下面这个积分的值，来得到它的简单表达式：

$$I(z)=\int_{-1}^{1}\frac{\sqrt{1-\xi^2}}{\xi-z}\mathrm{d}\xi$$

然后使用所求的表达式，验证 $I(z)$ 是连续的和有界的。

解　设 $\xi=\sin\theta$ 和 $s=\exp(\mathrm{i}\theta)$，将 $I(z)$ 表示为复 s 平面单位圆上逆时针方向的路径积分：

$$I(z)=\int_{-\pi/2}^{\pi/2}\frac{\cos^2\theta}{\sin\theta-z}\mathrm{d}\theta=\frac{1}{2}\int_{-\pi}^{\pi}\frac{\cos^2\theta}{\sin\theta-z}\mathrm{d}\theta=\frac{1}{4}\oint_{|s|=1}\frac{s^4+2s^2+1}{s^2(s-\alpha)(s-\beta)}\mathrm{d}s$$

其中

$$\alpha=\mathrm{i}z+\sqrt{1-z^2},\quad \beta=\mathrm{i}z-\sqrt{1-z^2}$$

由$\int[\cdot]d\theta$到$\oint[\cdot]ds$的过渡利用了$d\theta = ds/(is)$，$\cos\theta = (s^2+1)/2s$和$\sin\theta = (s^2-1)/(2is)$。使用部分分式，得到

$$\frac{1}{s^2(s-\alpha)(s-\beta)} = \frac{A}{s} + \frac{B}{s^2} + \frac{C}{s-\alpha} + \frac{D}{s-\beta}$$

其中 $A = (\alpha+\beta)/(\alpha\beta)^2 = 2iz$，$B = 1/\alpha\beta = -1$，$C = 1/(\alpha^2(\alpha-\beta)) = 1/[2\sqrt{1-z^2}(iz-\sqrt{1-z^2})^2$ 和 $D = 1/\beta^2(\beta-\alpha) = 1/[2\sqrt{1-z^2}(iz-\sqrt{1-z^2})^2]$。因此，

$$I(z) = \frac{1}{4}\oint_{|s|=1}(s^4+2s^2+1)\left(\frac{A}{s}+\frac{B}{s^2}+\frac{C}{s-\alpha}+\frac{D}{s-\beta}\right)ds$$

在$|z|<1$的情况下，把极点$s=\alpha$放在单位圆$|s|=1$内，把极点$s=\beta$放在单位圆外，从而

$$I(z) = \frac{1}{4}\left[2\pi i\left(A\cdot 1 + \frac{d}{ds}(B(s^4+2s^2+1))\right)\bigg|_{s=0} + C(\alpha^4+2\alpha^2+1)\right]$$

$$= \frac{2\pi i}{4}[A + C(\alpha^4+2\alpha^2+1)] = \pi[i\sqrt{1-z^2}-z]$$

其中利用了式（8.26）来求双极点项的留数。

当$|z|>1$时，α在单位圆外，而β在单位圆内，得到

$$I(z) = \frac{2\pi i}{4}[A + D(\beta^4+2\beta^2+1)] = \pi(\sqrt{z^2-1}-z)$$

把这些合起来，就给出

$$I(z) = \pi\begin{cases} i\sqrt{1-z^2}-z, & |z|<1 \\ \sqrt{z^2-1}-z, & |z|>1 \end{cases} \tag{8.67}$$

我们观察到$I(z)$的极限值在$|z|=1$上是相同的，因此$I(z)$是连续的。我们还观察到式（8.67）在$|z|\to\infty$时给出$I\sim -1/(2z)$。因此$\lim_{z\to\infty}I(z)=0$，特别地，$I(z)$是有界的。

这个例子产生了一个由式（8.67）给出的复函数$I(z)$，它在z平面上处处有界，包括单位圆的内部和外部。因此，$I(z)$似乎满足了刘维尔定理的所有条件。是这样吗？回忆一下，刘维尔定理指出一个有界的整函数必须是常数。因为$I(z)$是有界的，它不是常数的事实意味着它在z平面的某个地方一定不是解析的。求导数，得到

$$\frac{dI(z)}{dz} = \pi\begin{cases} -iz/\sqrt{1-z^2}-1, & |z|<1 \\ z/\sqrt{z^2-1}-1, & |z|>1 \end{cases} \tag{8.68}$$

这表明$dI(z)/dz$在$|z|=1$上不连续。具体来说，$I(z)$在$|z|<1$和$|z|>1$中是解析的，但在曲线$|z|=1$上不是解析的。因此，式（8.67）给出的$I(z)$不满足应用刘维尔定理所需的限制条件。这个函数处处有界，但它不是常数；它在圆$|z|=1$上是非解析的。此外，我们注意到式（8.67）中的两个表达式并不是彼此的解析延拓，因为没有重叠的解析区域。

我们的最后一个例子回到例 8.7.4 中考虑的情况，问题评注中给出了更多信息。

例 8.7.6 函数 $C_-(z)$ 和 $D_+(z)$ 在各自的半平面 $\mathrm{Im}(z)<1$ 和 $\mathrm{Im}(z)>-1$ 上是解析的，而且使 $zC_-(z)$ 和 $zD_+(z)$ 在相应的区域有界。它们在重叠区域满足下面的等式：

$$\sqrt{\frac{z-\mathrm{i}}{z+\mathrm{i}}}\left(C_-(z)+\frac{2}{z-6-5\mathrm{i}}+\frac{\mathrm{i}}{z+\mathrm{i}}\right)=D_+(z) \tag{8.69}$$

在式 (8.69) 中，分支切割从 $z=\mathrm{i}$ 和 $z=-\mathrm{i}$ 分别沿着虚轴向上和向下直至无穷。通过找到它们在各自的解析区域上的显式表达式来确定 $C_-(z)$ 和 $D_+(z)$。

评注： 尽管本例中的问题是为了仅使用符号 $C_-(z)$ 和 $D_+(z)$ [即不使用符号 $A_-(z)$ 和 $B_+(z)$]，式 (8.69) 与例 8.7.4 中的式 (8.63) 相同。这个问题似乎比例 8.7.4 中考虑的更费劲，因为它寻求具体的 $C_-(z)$ 和 $D_+(z)$。在例 8.7.4 中有可能提出这样的要求吗？答案是否定的，因为那个例子没有给出关于 $C_-(z)$ 和 $D_+(z)$ 的足够多的初步信息，尽管我们必须仔细比较这两个问题陈述才能发现这个例子中提供的额外信息。

解 除了 $zC_-(z)$ 和 $zD_+(z)$ 在其定义域上有界的新信息外，问题细节与例 8.7.4 中的相同。因此，前面例子中的所有结果继续适用，因此我们再次得出结论，式 (8.66) 所示的 $\Psi(z)$ 是一个整函数。这个必要的第一步也解释了为什么前面的例子以如此独特的方式提出。

关于有界性的附加信息足以确保式 (8.66) 中的每个表达式本身是有界的。这样，$\Psi(z)$ 是一个有界的整函数，根据刘维尔定理，$\Psi(z)$ 是常数。这个常数的值可以通过考虑两个表达式中的无穷远处的极限 $z\to\infty$ 来确定，因为两个表达式都给出 $\Psi\to 0$，因此 $\Psi(z)$ 恒等于零。在式 (8.66) 中令每个表达式等于 0，就能解出 $C_-(z)$ 和 $D_+(z)$。因此我们推断出

$$C_-(z)=-\frac{2}{z-6-5\mathrm{i}}-\frac{\mathrm{i}}{\sqrt{z-\mathrm{i}}}\left(\frac{\sqrt{z-\mathrm{i}}-\sqrt{-2\mathrm{i}}}{z+\mathrm{i}}\right) \quad \text{当 } \mathrm{Im}(z)<1 \text{ 时} \tag{8.70}$$

$$D_+(z)=\frac{\mathrm{i}\sqrt{-2\mathrm{i}}}{(z+\mathrm{i})^{3/2}} \quad \text{当 } \mathrm{Im}(z)>-1 \text{ 时} \tag{8.71}$$

我们现在讨论前面提示过的问题，即为什么人们希望考虑一个诸如解析延拓的主题？对于我们来说，这是因为使用傅里叶变换（和其他变换方法）来解决偏微分方程的边值问题，在某些情况下，会导致代数表达式包含由边值问题的傅里叶变换得到的、在复平面不同部分的解析函数（例如例 8.7.5）。

更具体地说，使用傅里叶（和其他）变换是处理边值问题的一种常见方法（我们将在第三部分中看到）。适用于傅里叶变换的问题通常是那些在一条直线（例如，整个 x 轴）上指定边界条件的问题。一个标准的在这条直线上指定的边界条件是函数本身，或者它的法向导数。在这种情况下，在傅里叶空间中分析变换后的问题相对简单。然而，有大量的问题涉及这样的边界条件：**直线的一半指定了函数本身，而直线的另一半指定了它的法向导数。**这种“分裂的”边界条件阻碍了通常的傅里叶变换过程。

一个补救方法，被称为维纳-霍普夫过程，是引入未知的边界值（对于未指定的部分），

同时仍处理它们的傅里叶变换。换句话说，我们没有放弃傅里叶变换，而是调整并推广了傅里叶变换的用法。维纳-霍普夫过程提供了一种求解这些未知傅里叶变换的方法。尽管式(8.69)是为了演示，但它代表了一种类型的方程，我们有时可以推导出边界值的未知部分的傅里叶变换。例如，函数 $C_-(z)$ 可能是指定函数本身的边界上的法向导数未知部分的傅里叶变换，而 $D_+(z)$ 可能是指定法向导数的边界上的函数未知部分的傅里叶变换。

关于复变量的进一步阅读

复分析学科及相关文献很庞大且在不断增长。一个完整的文献指南可能能放一书架，因此引用的文献和推荐阅读将限制在一个较小的范围内，以适合工程和应用科学的学生。在 Morse 和 Feshbach 的经典著作（文献 [22]）中可以找到基于较早的物理学而进行的严格陈述，在 Mathews 和 Walker 的著作（文献 [23]）中可以找到极好的和具有挑战性的例子和练习。在 Courant 的课程讲义（文献 [24]）中可以找到一个老的但仍然出色的重要数学细节的说明。读者可能很难为这些资料找到位置，但它们是一个任何有抱负的应用数学家或应用科学家的书架上有价值的补充。至于由真正的数学家所做的数学性很强的介绍，Churchill 和合著者（文献 [25]、[26] 和 [27]）以及 Hildebrand 的书（文献 [28]）是基础材料的极好来源，并包含了数百个有价值的、可解的练习。Churchill 的杰出著述是特别针对工程师和科学家的，尽管对重要的主题进行了严格论述，并提供了大量易读的证明，但读起来津津有味。这些都是优秀的参考书，也是针对想要学习复变量的高水平的学生的。Churchill 关于运算数学的书（文献 [29]）涵盖了复分析的一些方面，特别是拉普拉斯变换的复反演。这些材料在 Churchill 关于复变量的书（文献 [25]、[26] 和 [27]）中没有找到。Ahlfors 的经典著作（文献 [30]）涉及的内容较少，但提供了所有的数学细节和必要的证明，这本书是为认真研究复分析的学生准备的。

在第 5～8 章中，我们讨论了那些在我们遇到的研究中出现得最频繁的主题：有实根和复根的代数方程的解、路径积分的各种操作、微分的概念和相关的解析概念以及柯西的各种定理和柯西积分，当然还有一般的路径积分。在这个过程中，出现了一些课题，比如映射及其通过施瓦茨-克里斯托费尔变换的正式化，以及拉普拉斯变换的逆变换。当正变换未知时，逆变换就变得很重要了：当读者在研究工作使用拉普拉斯变换时，可能会惊讶于，当逆变换不存在时，有多少原则上可以用这种技术解决的问题完全搁置了。第 8 章还简要讨论了在“分裂的”边界条件下求解偏微分方程的维纳-霍普夫方法的基础。这里介绍的材料可以作为对该主题进行深入研究的跳板和参考。

最近有一本写得很好的书，讨论了数学许多领域的重要特征，是 Garrity 的 *All the Mathematics You Missed: But Need to Know for Graduate School*（文献 [31]），旨在为研习数学提供指导。关于复变量的那一章写得真是出彩，而且包含了详尽的参考文献，比这里更适合一个纯粹的数学家阅读。

Carrier、Krook 和 Pearson 的书（文献 [21]）是关于工程师和科学家复分析的经典著作，除了对解决现实世界问题的复分析相关的所有主题进行高水平的讨论，还提供了丰富的具有挑战性的练习。所有的作者都是数学家，所以这本书有明显的数学风味。关于维纳-

霍普夫方法的那一章非常出色，对于任何希望学习这种分析方法的学生来说，这一章都是非常值得推荐的。正如前面提到的，我们的讨论将文献［21］的陈述提炼为其核心特性。一个值得注意的、最近的文献是 Ablowitz 和 Fokas 的文献［18］，它涵盖了基础知识和一些高级主题，如保角映射、使用渐近分析的积分计算，以及黎曼-希尔伯特问题。后者是一组比那些能用维纳-霍普夫方法解决的数学问题更一般化的数学问题。

至于讨论小主题的专著，我们推荐 Noble 关于维纳-霍普夫方法的专著（文献［32］），以及 Driscoll 和 Trefethen 关于施瓦茨一克里斯托费尔映射的专著（文献［19］）。后者包含许多示例，演示了如何使用计算技术产生最终结果，并描述了许多复杂的与研究相关的映射。

也有大量文献涉及复分析的历史，这本身是一个极有吸引力的学科。$\sqrt{-1}$的概念，科学家和外行都很感兴趣。本书所引用的较早的历史文献，由 Ball 所著的文献［15］和由 Bell 所著的文献［16］，是用不久前还很流行的简洁明了的风格写成的。它们读起来很有趣，也很有见地，因为作者本身就是数学家，不会对数学误传或误解，尽管不同的科学历史学家可能会对这件或那件逸事的真实性吹毛求疵。任何关于数学历史的讨论都不能不提到欧拉和柯西的贡献，这些贡献已经被机械师、自然哲学家和杰出的作家 Clifford Truesdell 详细地讨论过。因此，强烈推荐文献［33］。Nahin 在他的书［34］中讨论了$\sqrt{-1}$这个谜，但必须指出的是，这本书是一位工程师写的，曾受到一位审阅此书的数学家的严厉批评。显然，数学写作呈现出一个雷区，数学家批评非数学家，如 Nahin 的文献［34］，历史学家批评数学家，如 Ball 的文献［15］和［16］。Truesdell 和其他像他一样的人都煞费苦心地要把历史和数学都弄对。

习题

8.1

1. 对函数 $f(z)=(z^2+16)^{-1}$，重做例 8.1.2。在这个例子中，求关于 $z_0=1+\mathrm{i}$ 的幂级数。生成一个类似式（8.4）和式（8.5）的级数解。在两个点计算这些级数，其中一个在收敛圈内，另一个不是，最好是整数。
2. 看似简单的积分$\int_a^b(\sin z/z)\mathrm{d}z$ 与**正弦积分** $\mathrm{Si}(x)=\int_0^x(\sin t/t)\mathrm{d}t$ 密切相关，其中 x 和 t 都是实数。证明 $\mathrm{Si}(z)$ 有一个关于 $z<\infty$ 收敛的泰勒级数解。首先将 $f(z)\equiv\sin z/z$ 展开成一个泰勒级数，写成无穷级数的形式，然后逐项积分 $f(z)$。对单位圆上的几个 z 值进行计算，并绘制这些结果。讨论当 $z=R\mathrm{e}^{\mathrm{i}\theta}$ 时级数的性态，并考虑极限 $R\rightarrow\infty$。
3. 对**余弦积分** $\mathrm{Cin}(x)=\int_0^x((1-\cos t)/t)\mathrm{d}t$ 重做习题 2。

8.2

1. 利用例 7.1.1 的结果，证明式（8.10）的系数是由式（8.11）给出的。

2. 考虑 $f(z)=(z^2+16)^{-1}$。关于奇点 $z_0=4\mathrm{i}$ 展开 $f(z)$。使用例 8.2.1 作为指南。
3. 利用式（8.15），得到用 ρ，ϕ 和 ϵ 表示的显式值 N。详细说明解的性质及其与皮卡定理的对应关系。
4. 在例 8.2.2 的末尾，我们注意到在 $1<|z|<2$ 区域也可以推导洛朗展开。确定这个洛朗展开。

8.3

1. 求例 8.3.1 中考虑的函数的积分：

$$\oint_C \frac{z^2-2z+3}{z-5}\mathrm{d}z$$

2. 求积分

$$\oint_C \frac{\mathrm{d}z}{4\mathrm{i}-\cos z}$$

3. 求 $\oint_C f(z)\mathrm{d}z$，其中

$$f(z)=1/[z(\mathrm{e}^z-1)]$$

路径 C 是一个以原点为中心半径为 1 的逆时针方向的圆。

8.4

1. 当 $f(z)=\tan z$ 时，求沿着各种各样的路径的复积分 $I=\int_C f(z)\mathrm{d}z$ 的值。
2. 求函数 $(k^2+\beta^2)^{-1}$ 的傅里叶积分

$$I(x,\beta)=\int_{-\infty}^{+\infty}\frac{\mathrm{e}^{\mathrm{i}kx}}{k^2+\beta^2}\mathrm{d}k,\quad x>0$$

将 $k=k_r+\mathrm{i}k_\mathrm{i}$ 代入指数因子，确定计算 $I(x,\beta)$ 的闭合路径应在复 k 平面的上半部分还是下半部分补全。求路径积分，然后求 $(k^2+\beta^2)^{-1}$ 的**傅里叶变换**。

3. 用两条路径求复积分 $I=\int_C 1/((z^2+1)\sin z)\mathrm{d}z$ 的值：(1) 一条闭合路径，它包围 $\sin z$ 的所有极点，但不包围 $z=\pm\mathrm{i}$ 处的极点；(2) 一条路径，它不包围 $\sin z$ 的极点，但包围 $z=\pm\mathrm{i}$ 处的极点。通过这种设计，将方法 (1) 的**无穷和**转换为方法 (2) 的**两项和**。在 Mathews 和 Walker 的文献 [23] 的第 3 章中将此称为"Sommerfeld-Watson 变换"。在一般的 Sommerfeld-Watson 变换中，积分路径也可能是有限的，见文献 [23] 的第 75 页。

8.5

1. 利用复积分技术，求实积分 $I=\int_0^\infty 1/(1+x^3)\mathrm{d}x$。
2. 例 8.5.2 的积分 I 可以重写为 $I=2\int_0^\infty (x^4/(1+x^8))\mathrm{d}x$。使用此形式，可以导出一个复积分；它是沿着基于 z 平面**第一象限**的可选闭合路径的复积分。这个闭合路径

将包围图 8.9 所示的一个或两个极点。生成已经在例 8.5.2 中得出的 I 的结果。

3. 对满足 $|\epsilon|<1$ 的实数 ϵ，求

$$I=\int_0^{2\pi}\frac{\mathrm{d}\theta}{1+\epsilon\sin\theta}$$

这是例 8.5.4 中所考虑的问题的一个版本，在这个版本中，一个简单的极点取代了之前例 8.5.4 中的双极点。对于所有 ϵ，答案必须是正实数，其中当 $\epsilon=0$ 时，得到 $I=2\pi$。

8.6

1. 例 8.6.4 显示，有许多条路径可以连接两个分支点。选择一条可选路径用在这个例子中，并尝试计算积分。
2. 在式 (8.40) 中，$\alpha=-1$ 和 $\beta=1$ 的选择产生了一个特别简单的结果。这里，假设 $\alpha=-\beta$，但 $\beta\neq1$。引入一个变换（比如 $x=\beta\xi$）来写出 $I(-\beta,\beta)$ 的单参数积分。如果可能，当这个参数变得非常大和非常小时，在极限下解析地求这个积分。
3. 在例 8.6.7 中，结果表示为实积分 $I(a^2)=\int_0^\infty(\mathrm{e}^{-st}/(\sqrt{t}/(t+a^2)))\mathrm{d}t$。这里我们做了替换 $t\to s$ 和 $u\to t$，得到式 (8.51)。这样写积分表明它是函数 $f(t)=1/(\sqrt{t}/(t+a^2))$ 的拉普拉斯变换 $F(s)$。现在通过首先乘以且除以 e^{a^2s} 来求 I，得到

$$I=\mathrm{e}^{a^2s}\int_0^\infty(\mathrm{e}^{-s(t+a^2)}/(\sqrt{t}/(t+a^2)))\mathrm{d}t=\mathrm{e}^{a^2s}I_0$$

求积分 I_0 对 s 的导数，并消去 $t+a^2$ 项，然后用误差函数来计算剩下的部分（使用 $t=\tau^2$ 的替换）。积分常数可以在 $t=0$ 或 $t=\infty$ 时计算。误差函数定义为 $\mathrm{erf}(x)=(2/\sqrt{\pi})\int_0^x\mathrm{e}^{-v^2}\mathrm{d}v$，互补误差函数定义为 $\mathrm{erfc}(x)=1-\mathrm{erf}(x)$。

4. 求 $I=\int_0^\infty(x^{\alpha-1}/(1+x))\mathrm{d}x$，$0<\alpha<1$。为此，绘制一个沿着正实轴，从 $z=0$ 到 $z=\infty$ 的分支切割。然后沿着这个路径计算 $J=\oint_C(z^{\alpha-1}/(1+z))\mathrm{d}z$。
5. 利用分支切割的概念和若当引理的适当变体，求积分 $I=\int_0^\infty(\cos x/x^{1-\alpha})\mathrm{d}x$，$0<\alpha<1$。作为奖励，你还可以计算 $\int_0^\infty(\sin x/x^{1-\alpha})\mathrm{d}x$。
6. 考虑复积分 $I_1(z)=\int_C t^{z-1}\mathrm{e}^t\mathrm{d}t$ 和 $I_2(z)=\int_C t^{z-1}\mathrm{e}^{-t}\mathrm{d}t$，其中 C 是一条尚未确定的积分路径，$z=x+\mathrm{i}y$。

   (a) 路径是从 $x=-R$ 开始，连接到 $x=-\epsilon$，接着顺时针围绕原点（半径 ϵ），然后沿着实轴的底部返回 $x=-R$。通过令 $R\to\infty$，$\epsilon\to0$，证明 $I_1(z)=f(z)\Gamma(z)$，或 $\Gamma(z)=I_1(z)/f(z)$，其中 $\Gamma(z)=\int_0^\infty r^{z-1}\mathrm{e}^{-r}\mathrm{d}r$ 是伽马函数。求出 $f(z)$。

(b) 重做上面的积分，这次是从 $x=R$ 沿着正实轴底部向内积分，顺时针绕着小 ϵ 向外到 $x=R$ 沿着正实轴顶部积分。证明现在的结果是 $I_2(z)=g(z)\Gamma(z)$ 或 $\Gamma(z)=I_2(z)/g(z)$。求出 $g(z)$。

(c) 证明 $\Gamma(z)$ 在 $z=0$ 处是非解析的，在 $z=1,2,3,\cdots$ 处是解析的。令 $r^{z-1}=\mathrm{e}^{(z-1)\log r}$ 可能会有帮助。

8.7

1. 求以下实函数的傅里叶变换：

$$f(x)=\begin{cases}0, & x<0\\ \mathrm{e}^{-ax}, & x\geqslant 0\end{cases}\tag{8.72}$$

其中 a 是一个正实数。然后验证：逆变换得到了原始的 $f(x)$。

2. 考虑 $y\geqslant 0$ 上关于 $u(x,y)$ 的控制偏微分方程（PDE）$\nabla^2 u=0$ 的边值问题，其中 u 满足 $u(x,0)=f(x)$ 的边界条件，$f(x)$ 由式（8.72）给出。对控制偏微分方程和边界条件进行傅里叶变换（关于 x），求解所得到的傅里叶空间上的关于 y 的常微分方程（ODE），以得到边值问题解 $u(x,y)$ 的傅里叶变换 $U(\xi,y)$。

3. 从式（8.52）和式（8.53）给出的复傅里叶变换对开始。通过令 $z\to x$ 和 $\xi\to k$ 以更熟悉的符号写出这个变换，然后用下面的分段函数替换 $f(x)$，

$$f(x)\to\begin{cases}0, & x<0\\ \mathrm{e}^{-cx}f(x), & x\geqslant 0\end{cases}$$

首先证明新的变换对生成公式

$$f(x)\mathrm{e}^{-cx}=\frac{1}{2\pi}\int_{-\infty}^{\infty}\mathrm{e}^{-\mathrm{i}kx}\,\mathrm{d}k\left[\int_0^{\infty}\mathrm{e}^{\mathrm{i}kt}\,\mathrm{e}^{-ct}f(t)\,\mathrm{d}t\right]$$

其中 t 是哑变量。令 $c-\mathrm{i}k=s$ 证明

$$f(x)=\frac{1}{2\pi\mathrm{i}}\int_{c-\mathrm{i}\infty}^{c+\mathrm{i}\infty}F(s)\mathrm{e}^{sx}\,\mathrm{d}s$$

其中

$$F(s)\equiv\int_0^{\infty}f(t)\mathrm{e}^{-st}\,\mathrm{d}t$$

这个拉普拉斯变换对的证明是对 7.6 节中用柯西定理所做的证明的补充。

4. 考虑例 8.7.2，解决下面的问题。首先，如果对问题的陈述进行了以下修改（每一项修改都是单独进行的，而问题的其余部分没有改变），考虑会发生什么变化。

(a) 射线端点被指定为 $11+13\mathrm{i}$。

(b) 射线斜率取为 17。

(c) 从下到上穿过这条射线时，其不连续度（差值）为 $5+7\mathrm{i}$。

(d) 要求不连续度为 $19+23\mathrm{i}$。

(e) 要求不连续度为 $29+31\mathrm{i}$。

(f) 射线不会通向复无穷，而是在复平面上走了 37 的距离。

然后对最后一种情况（f）生成 $F(z)$ 的显式表达式，并将结果与例 8.6.3 中所述

的分支剪切弥合的概念联系起来。

5. 构造一个除了实轴上的两个线段外处处解析的函数，第一条线段从 $z=-2$ 到 $z=-1$，第二个线段从 $z=1$ 到 $z=2$。穿过第一条线段时，函数是不连续的，上、(减)下差值为 i，在第二条线段上，函数是不连续的，上、下差值为 $-\mathrm{i}$。
6. 考虑在 $y\geqslant 0$ 上关于 $u(x,y)$ 的控制偏微分方程

$$\nabla^2 u-\frac{\partial u}{\partial x}=0$$

的边值问题，其中 u 受边界条件 $u(x,0)=f(x)$ 约束，$f(x)$ 由式 (8.72) 给出。对控制偏微分方程和边界条件进行傅里叶变换（关于 x），求解所得到的傅里叶空间上的关于 y 的常微分方程，以得到边值问题解 $u(x,y)$ 的傅里叶变换 $U(\xi,y)$。
7. 重做习题 6，唯一的变化是 $y=0$ 上的边界条件变成了 $\partial u/\partial y=f(x)$，其中 $f(x)$ 再次由式 (8.72) 给出。
8. 考虑例 8.7.1，在 z 为正实数的情况下确定 $f(z)$ 的表达式。
9. 函数 $P_-(z)$ 和 $Q_+(z)$ 在各自的半平面 $\mathrm{Im}(z)<2$ 和 $\mathrm{Im}(z)>0$ 上是解析的。在重叠区域它们满足等式

$$\sqrt{\frac{z-2\mathrm{i}}{z}}\left(P_-(z)-\frac{\mathrm{i}}{z-7-\mathrm{i}}+\frac{3}{z+4\mathrm{i}}\right)=Q_+(z)$$

分支切割分别从 $z=2\mathrm{i}$ 和 $z=0$ 沿着虚轴上、下移动，一直延伸到无穷。定义一个函数 $\Lambda(z)$，它在整个 z 平面上是解析的（即整函数），用 $P_-(z)$ 来确定 $\mathrm{Im}(z)<2$ 上的 Λ，用 $Q_+(z)$ 来确定 $\mathrm{Im}(z)>0$ 上的 Λ。
10. 求 $I(z)=\int_{-1}^{1}((1-\xi^2)^{3/2}/(\xi-z))\mathrm{d}\xi$。提示：首先设 $\xi=\sin\theta$。
11. 函数 $P_-(z)$ 和 $Q_+(z)$ 在各自的半平面 $\mathrm{Im}(z)<2$ 和 $\mathrm{Im}(z)>0$ 上是解析的，使得 $zP_-(z)$ 和 $zQ_+(z)$ 在那里有界。在重叠区域它们满足等式

$$\sqrt{\frac{z-2\mathrm{i}}{z}}\left(P_-(z)-\frac{\mathrm{i}}{z-7-\mathrm{i}}+\frac{3}{z+4\mathrm{i}}\right)=Q_+(z)$$

分支切割分别从 $z=2\mathrm{i}$ 和 $z=0$ 沿着虚轴上、下移动，一直延伸到无穷。通过给出它们在各自解析域上的简单表达式，确定 $P_-(z)$ 和 $Q_+(z)$。
12. 考虑在 $y\geqslant 0$ 上关于 $u(x,y)$ 的控制偏微分方程

$$\nabla^2 u-\frac{\partial u}{\partial x}=0$$

的边值问题，其中 u 在 $y=0$ 上受边界条件

$$\left.\frac{\partial u}{\partial y}\right|_{y=0}=0,\quad x<0$$

和

$$u(x,0)=\mathrm{e}^{-ax},\quad x\geqslant 0$$

约束。定义

$$P(\xi)=\int_{-\infty}^{0}u(x,0)\mathrm{e}^{\mathrm{i}\xi x}\mathrm{d}x,\quad Q(\xi)=\int_{0}^{\infty}\left.\frac{\partial u}{\partial y}\right|_{y=0}\mathrm{e}^{\mathrm{i}\xi x}\mathrm{d}x$$

它们利用了未知的边界值。注意，例如，$Q(\xi)$ 是法向导数在边界上的傅里叶变换（因为规定法向导数在 $x<0$，$y=0$ 时为零）。取偏微分方程的傅里叶变换和 u 的值以及在 $y=0$ 上的法向导数值，然后使用这些得到 $P(\xi)$ 和 $Q(\xi)$ 的各种关系。证明 $P(\xi)$ 在 $\mathrm{Im}(\xi)<1$ 上是解析的，$Q(\xi)$ 在 $\mathrm{Im}(\xi)>0$ 上是解析的，并得到 $P(\xi)$ 和 $Q(\xi)$ 在重叠区域上的关系式。

计算挑战问题

例 8.1.2 考察了 $f(z)=(z^2+9)^{-1}$ 关于展开点 $z_0=1+\mathrm{i}$ 的泰勒级数，并把具体的收敛和发散性（非收敛性）结果显示在该例后面给出的两个表中。在相同点的这个函数的洛朗展开，只是在“下一个环外面”产生并在式（8.8）和式（8.9）中展示。以此为背景，使用计算和符号操作软件，如 Mathematica 或 MATLAB，来完成以下操作。

1. 验证表 8.1 和表 8.2 中给出的结果的正确性。
2. 考虑由式（8.8）和式（8.9）给出的洛朗级数。对于 $z=2$ 和 $z=4$ 这两个评估点，得到与前面表格相似的“收敛或发散”结果。解释为什么具体的收敛性或发散性是预期的结果。
3. 重复问题 2，但是现在是评估点 $z=6$。
4. 确定适用于最外层区域（展开点仍然是 $z_0=1+\mathrm{i}$）的正确洛朗级数，并得到评估点 $z=6$ 的相应收敛结果。
5. 对评估点 $z=3$ 检查所有三个级数（内圆纯泰勒级数、中间洛朗级数和最外层洛朗级数）。为什么这个评估点导致所有三个展开都是发散的？
6. 我们预计，随着评估点 z 越来越接近收敛域的边界，收敛速度会变慢。利用中间洛朗级数，考虑 $z=4$，$z=3.1$，$z=3.01$ 这三个评估点，来证明情况就是这样。使用复平面上的标准距离度量 $|w|=\sqrt{w\overline{w}}$，定义相对误差百分比为 $100\times|$精确$-$近似$|/|$精确$|$。
   (a) 证明当评估点 $z=4$ 时，洛朗级数中需要 31 项才能使相对误差百分比小于 1%（31 项意味着使用的是 $n=-15$ 到 $n=15$ 之间的项）。
   (b) 当评估点 $z=3.1$ 时，洛朗级数中需要多少项使相对误差百分比小于 1%？
   (c) 对于 $z=3.01$，洛朗级数中需要多少项使相对误差百分比小于 1%？

第三部分
偏微分方程

第 9 章　线性偏微分方程

本书第三部分（第 9～13 章）将重点研究常微分方程和偏微分方程，特别是线性常微分方程和偏微分方程。这可能看起来很奇怪，因为工程师和科学家在技术和自然方面分析的很多东西本质上是非线性的。然而，掌握线性常微分方程和偏微分方程是一个人可以开始完全学习和解决非线性常微分方程和偏微分方程的合乎逻辑的第一步。更重要的是，正如我们在 6.5 节和 7.7 节对流体力学的考察中所看到的，拉普拉斯方程 $\nabla^2 u=0$ 是线性的，它自然地描述了稳态非黏性不可压缩流的过程。事实上，有相当多的自然现象可以用线性常微分方程和偏微分方程来充分描述。例如，在固体力学中，小应变弹性理论及其线性偏微分方程是第一次研究任何应力分析问题的基础。通常这就是所需要的一切，在许多情况下都非常准确。振动理论、热传导理论、电磁场理论、量子力学，等等，都是如此。因此，线性常微分方程和偏微分方程理论现在得到了高度发展，并且作为一种数学工具是如此的成功，以至于有时即使它不再是一个准确的描述，工程师和科学家还是倾向于继续使用它。[⊖]必须始终防止在“超出线性范围”时使用线性方法。当然，第一步是准确地理解在有限的线性范围内能做什么。最后，当一个过程确实需要用非线性常微分方程或偏微分方程来描述时，方程往往变得非常困难，以至于必须通过计算来处理它——大多数计算过程不可避免地将问题分解为大量的小过程（或者是用小的时间步长或者用小的空间分隔），这就不可避免地导致了第一部分中遇到的那种大型线性方程组。

本章主要讨论包含拉普拉斯算子 ∇^2 的偏微分方程。这包括拉普拉斯方程的非齐次版本，即泊松方程。这两个方程——拉普拉斯方程和泊松方程——自然地描述了平衡构型和稳态过程。平衡构型通常与能量最小化有关，拉普拉斯方程也是如此。7.5 节给出了拉普拉斯方程的一个特别简洁的解，当函数本身在单位圆周上已知时，它提供了方程在单位圆内部的通解。然而，这个解不仅仅是简洁的：它强有力地代表了拉普拉斯方程和泊松方程解的基本性态。认真的读者最好回顾一下这个讨论。

我们以重新认识分离变量的经典技术作为本章的开始。这种技术的基本方面是众所周知的，但在这里我们将进一步深入研究，以理解在偏微分方程中包含的动态项和瞬态项的影响，这类偏微分方程可以配置扩散方程或波动方程。我们的研究将导致现在由常微分方程来描述的各种分离问题的特征值和特征函数，从而建立与第一部分中描述的线性代数系统的特征值概念的有力联系。

当考虑常微分方程和偏微分方程的特征值问题的积分形式时，自然会出现一个被称为

⊖ 在哲学上，这种做法被理解为将真理夸大为谬误。真理——数学模型——被夸大了，因为它不合理地扩大了它的适用范围，试图描述它不能描述的过程。

瑞利商的积分之比。这个比值将特征值、特征函数、边界形状和边界条件联系在一个方程中，这里探讨它在估计拉普拉斯方程$\nabla^2 u=0$的特征值中的应用。我们随后对区间上定义的连续函数的正交性和规范正交性的讨论与第一部分的线性代数中同一主题的讨论有关。在利用正弦和余弦的**特征函数展开**式中，最优系数被证明是傅里叶系数——不应该感到奇怪。当使用其他特征函数作为基函数（即不是正弦和余弦）时，特征函数展开式仍然是最理想的表征。这些不同的特征函数出现在问题的几何构形变得更复杂的时候，例如圆柱形、球形，或其他一些构形。不可避免地，非笛卡儿几何带来了额外的困难，如正交积分中的加权因子，但是，一旦学习了适当的分析技术，这些额外的障碍和困难是可以适应的。最后，我们讨论了一个例子，其中分离变量解变为相似解，因为定义域的形状转变为可以支持相似解这一概念的形状。本章将对偏微分方程相似解的一般性质进行简要讨论。

在本章的结论部分，将处理各种偏微分方程问题，几乎所有这些问题都归结为可解的常微分方程。这激发了在后面第 10 章和第 11 章讨论的话题，重点强调扩展可解常微分方程的功能（第 10 章）和常微分方程的格林函数解（第 11 章）。这反过来又导致更复杂的方法，用于解决在求解偏微分方程时出现的常微分方程。以这些方法为工具可以开启解决本章遇到的偏微分方程的其他方法：从第 12 章开始到第 13 章结束更深入地重新审视这些方法。

9.1　平衡和稳态

我们已在复变量的研究中看到，解析函数的实部和虚部满足二维拉普拉斯方程$\nabla^2 u=0$。[⊖]反过来，满足二维拉普拉斯方程的函数 u 具有调和共轭 v，它可通过求解柯西-黎曼方程得到；而得到的复变函数 $u+\mathrm{i}v$ 在平面上是解析的。拉普拉斯算子∇^2是线性微分算子的一个例子，建立在该算子基础上的偏微分方程$\nabla^2 u=0$支配着许多平衡过程。

例如在忽略重力的情况下，一个拉紧的膜的形状，其边界（边缘位置）指定在(x,y)平面，很明显将是该平面的一个平的表面。如果使边界稍微偏离(x,y)平面，则平的形状与边界条件不相容，膜所呈现的形状不再明显。让 $u(x,y)$ 为膜与平面性偏离的数学描述，要求膜内部应力平衡导致的结论是，必须与满足指定的（非平面化）边界值匹配的 $u(x,y)$可以通过求解$\nabla^2 u=0$来得到。如果边界偏离平面性较大，则应力平衡导致非线性的偏微分方程

$$\left(1+\left(\frac{\partial u}{\partial y}\right)^2\right)\frac{\partial^2 u}{\partial x^2}-2\frac{\partial u}{\partial x}\frac{\partial u}{\partial y}\frac{\partial^2 u}{\partial x\,\partial y}+\left(1+\left(\frac{\partial u}{\partial x}\right)^2\right)\frac{\partial^2 u}{\partial y^2}=0 \tag{9.1}$$

这是最小曲面方程。在 $\partial u/\partial x\to 0$ 和 $\partial u/\partial y\to 0$ 的极限下线性化为拉普拉斯方程。因此，当$|\partial u/\partial x|$和$|\partial u/\partial y|$足够小时（也就是远远小于 1），根据拉普拉斯方程确定膜的形式是高度精确的。

在应力分析中，上述最小曲面方程在几何上精确地描述了膜的曲率。然而，它没有考虑膜应力-应变力学响应中可能的非线性性质，这有可能使控制偏微分方程更加非线性。更

⊖ 参见第 6 章，特别是 6.3～6.5 节。

一般地说，偏微分方程式（9.1）描述了流体力学和固体力学中的许多其他现象的受体。在流体力学中，它支配着气体动力学中的恰普雷金-卡门-钱（学森）（Chaplygin-Kármán-Tsien）近似的二维可压缩流。在非线性弹性力学中，反平面剪切的平衡变形由 neo-Hookean 材料模型中所谓的 $n=1/2$ 的诺尔斯（Knowles）幂律推广的式（9.1）控制。对于幂 n 的其他值，除 $n=1$ 外，控制反平面剪切方程采用更复杂的非线性形式见文献［35］。相反，当 $n=1$ 时，诺尔斯幂律模型得到了著名的 neo-Hookean 材料，偏微分方程则简化为拉普拉斯方程。

回到拉普拉斯方程 $\nabla^2 u=0$，偏微分方程与规定的边界条件共同定义基本的边界值问题，很多平衡过程由这样的边界值问题描述。各种稳态过程也是如此，例如稳态温度分布和稳态流场（我们已经在 6.5 节中看到）。

根据坐标系和空间维数的不同，拉普拉斯算子有不同的形式。

- 一维：

$$\nabla^2=\frac{\mathrm{d}^2}{\mathrm{d}x^2}$$

- 二维笛卡儿坐标：

$$\nabla^2=\frac{\partial^2}{\partial x^2}+\frac{\partial^2}{\partial y^2}$$

二维极坐标：

$$\nabla^2=\frac{\partial^2}{\partial r^2}+\frac{1}{r}\frac{\partial}{\partial r}+\frac{1}{r^2}\frac{\partial^2}{\partial \theta^2}=\frac{1}{r}\frac{\partial}{\partial r}\left(r\frac{\partial u}{\partial r}\right)+\frac{1}{r^2}\frac{\partial^2}{\partial \theta^2}$$

- 三维笛卡儿坐标、极坐标与球坐标如下。

笛卡儿坐标：

$$\nabla^2=\frac{\partial^2}{\partial x^2}+\frac{\partial^2}{\partial y^2}+\frac{\partial^2}{\partial z^2}$$

尽管我们以前经常使用 z 作为通用复变量，但我们在 5.5 节中使用了 $z\to\mathfrak{z}$ 来代替它。或者，我们也可以用索引表示法表示三维笛卡儿形式，

$$\nabla^2=\frac{\partial^2}{\partial x_1^2}+\frac{\partial^2}{\partial x_2^2}+\frac{\partial^2}{\partial x_3^2}$$

极坐标：

$$\nabla^2=\frac{\partial^2}{\partial r^2}+\frac{1}{r}\frac{\partial}{\partial r}+\frac{1}{r^2}\frac{\partial^2}{\partial \theta^2}+\frac{\partial^2}{\partial x_3^2}$$

球坐标：

$$\nabla^2=\frac{\partial^2}{\partial \zeta^2}+\frac{2}{\zeta}\frac{\partial}{\partial \zeta}+\frac{1}{\zeta^2\sin^2\phi}\frac{\partial^2}{\partial \theta^2}+\frac{1}{\zeta^2}\frac{\partial^2}{\partial \phi^2}+\frac{1}{\zeta^2\tan\phi}\frac{\partial}{\partial \phi}$$

这里我们对径向球坐标使用 ζ，以区别于径向极坐标 r。在后面的章节中，我们将用 r 代替 ζ，以解决一开始使用球坐标的情况。在上述等式中，各种坐标由 $x_1=r\cos\theta=\zeta\sin\phi\cos\theta$，$x_2=r\sin\theta=\zeta\sin\phi\sin\theta$，与 $x_3=\zeta\cos\phi$ 相联系。角 θ 有一个完整的 2π 范围，被称为方位角——它类似于经度。角度 ϕ 的范围从 0 到 π，北极在 $\phi=0$ 处，南极在 $\phi=\pi$ 处，它类似

于纬度，但从北极开始测量（见图 9.1）。

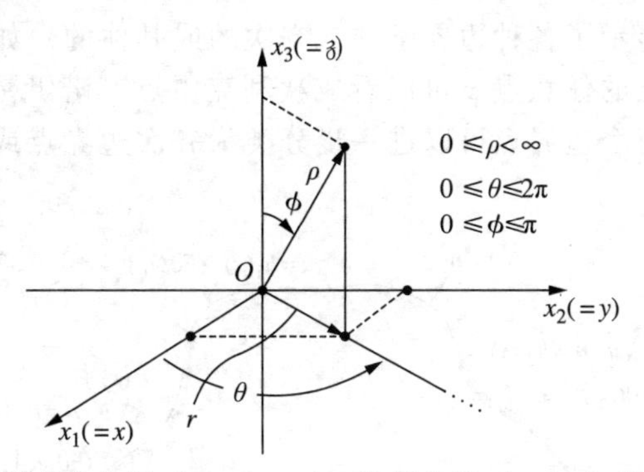

图 9.1　三维坐标系中笛卡儿坐标（x_1,x_2,x_3），柱极坐标（r,θ,z）和球面坐标（ζ,θ,ϕ）的关系。这里定义 ϕ 的方式与图 5.12 中黎曼球的定义方式不同。此外，注意（x_1,x_2,x_3）与经典的（x,y,z）相对应

用 $\boldsymbol{x}$ 表示所考虑的无论什么维数的空间中的位置，我们回顾应用线性偏微分方程理论在经典边界值问题中的一些基本运算。边界值问题本身需要确定自变量 $\boldsymbol{x}$ 的适当定义域 Ω。如果这是一个二维区域，那么 Ω 是平面上的区域（不一定是单连通的），其边界用 $\partial\Omega$ 表示，是一条闭合曲线或一系列闭合曲线。如果 Ω 是一个三维区域，那么它是一个空间区域，其边界仍然用 $\partial\Omega$ 表示，由一个或多个曲面组成。无论是曲线、曲面，还是高维流形，$\partial\Omega$ 都假定为足够平滑的：单位法向量 $\boldsymbol{n}=\boldsymbol{n}(\boldsymbol{x})$ 在 $\partial\Omega$ 上的几乎每一个 $\boldsymbol{x}$ 处可以被确定，例外点是拐角、边，等等。法向 $\boldsymbol{n}(\boldsymbol{x})$ 按常规从 $\partial\Omega$ 指向外面。

边界条件是在 $\partial\Omega$ 上指定的描述在那里成立的物理条件。边界条件有三种标准类型。它们的数学表述，以及 u 描述稳态温度场的情况的解释如下。

- **狄利克雷边界条件**，其中 u 在 $\partial\Omega$ 上的值是

$$u(\boldsymbol{x})=h(\boldsymbol{x})$$

  对于齐次狄利克雷条件，$h(\boldsymbol{x})=0$。对于温度为 u 的稳态热过程，狄利克雷条件描述了给定的边界温度。

- **诺伊曼边界条件**，其中 u 在 $\partial\Omega$ 上的法向导数为

$$\frac{\partial u}{\partial \boldsymbol{n}}(\boldsymbol{x}) \equiv \nabla u(\boldsymbol{x})\cdot\boldsymbol{n}(\boldsymbol{x}) = h(\boldsymbol{x})$$

  对于齐次诺伊曼条件，$h(\boldsymbol{x})=0$。对于温度为 u 的稳态热过程，诺伊曼条件描述了给定的热通量。

- **混合或“罗宾”边界条件**，给出在 $\partial\Omega$ 上 u 的函数值和导数的线性组合：

$$u+k\frac{\partial u}{\partial \boldsymbol{n}} \equiv u(\boldsymbol{x})+k\nabla u(\boldsymbol{x})\cdot\boldsymbol{n}(\boldsymbol{x}) = h(\boldsymbol{x})$$

  对于齐次混合条件，$h(\boldsymbol{x})=0$。在以 u 表示温度的稳态热过程，罗宾条件描述了热通量与温度之间的关系，例如牛顿的冷却定律（根据该定律，热通量与边界与邻近环境温度之差成正比）。

边界条件的某一类作用于 $\partial\Omega$ 的一部分而另一类作用于 $\partial\Omega$ 的另一部分是有可能的。图 9.2 是一个示意图，显示了各种边界条件（齐次的或其他的）如何应用于边界的不同部分。更一般地说，边界上的任意点 $\boldsymbol{x}$ 可以看成狄利克雷点、诺伊曼点或罗宾点，这取决于该点的边界条件类型。每个边界点可以进一步分类为齐次边界点或非齐次边界点，这取决于 h 在该位置是否为零。

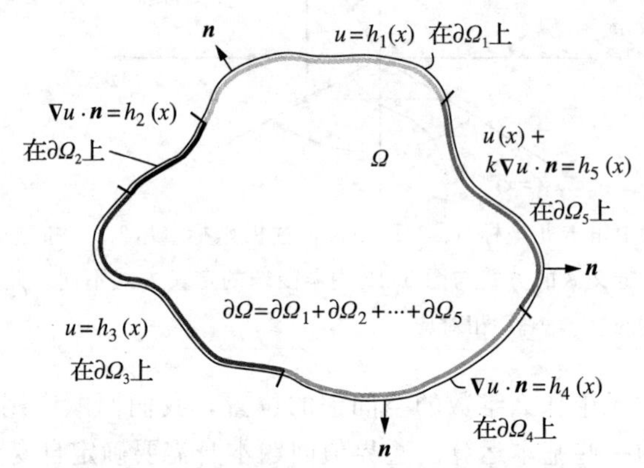

图 9.2　在定义域 Ω 边界上的每一个位置施加狄利克雷、诺伊曼或混合（罗宾）类型的边界条件。法向 $\boldsymbol{n}(\boldsymbol{x})$ 从 $\partial\Omega$ 指向外面

一旦定义域 Ω 被指定，拉普拉斯方程 $\boldsymbol{\nabla}^2 u=0$ 就会有一个特定的边值问题以及这个定义域边界 $\partial\Omega$ 上的边界条件。注意，如果边界条件在所有边界点都是齐次的（即在 $\partial\Omega$ 上 $h(\boldsymbol{x})=0$），那么 $u(\boldsymbol{x})\equiv 0$ 是边界值问题的解。因此拉普拉斯方程的边界值问题是非平凡的，也就是说，只有边界条件在 $\partial\Omega$ 上某处不是齐次的，才有非零解。这样的边界条件作为一个整体被称为非齐次边界条件（即使某些边界点满足齐次边界条件），而非齐次边界条件成为使输出 u 在 Ω 上非零的输入代理。

考虑这样一个非平凡的边界值问题，需要找到解 $u(\boldsymbol{x})$。再假设解决问题的工程师或科学家发现了一个函数 $w(\boldsymbol{x})$，它对 Ω 中的所有 $\boldsymbol{x}$ 都是这样定义的：

(a) w **满足**在 $\partial\Omega$ 上的非齐次边界条件；

(b) w **不满足**拉普拉斯方程，即至少在 Ω 的某处 $\boldsymbol{\nabla}^2 w\neq 0$。

由于条件 (b)，函数 w 不满足边值问题，即 $u\neq w$。然而，观察差函数 $v(\boldsymbol{x})\equiv u(\boldsymbol{x})-w(\boldsymbol{x})$ 在 Ω 中也处处有定义，可以得出：

(c) v 在每个边界位置均满足齐次边界条件；

(d) 我们有

$$\boldsymbol{\nabla}^2 v=\underbrace{\boldsymbol{\nabla}^2 u}_{0}-\boldsymbol{\nabla}^2 w,\quad \text{在 } \Omega \text{ 中}$$

仔细推敲边界条件 (c)：如果 $\boldsymbol{x}\in\partial\Omega$ 是 u 的原始边值问题的诺伊曼点，那么在这个 $\boldsymbol{x}$ 处，我们有

$$\frac{\partial v}{\partial \boldsymbol{n}}=\frac{\partial}{\partial \boldsymbol{n}}(u-w)=\frac{\partial u}{\partial \boldsymbol{n}}-\frac{\partial w}{\partial \boldsymbol{n}}=h(\boldsymbol{x})-h(\boldsymbol{x})=0$$

这就使 $\boldsymbol{x}$ 成为函数 v 的齐次诺伊曼点。对于狄利克雷和罗宾边界点也有类似的结论。对于 (d)，由于 w 是已知的，$-\nabla^2 w$ 也是。方程 $\nabla^2 v=-\nabla^2 w$ 是**泊松方程**

$$\nabla^2 v = f(\boldsymbol{x}) \tag{9.2}$$

的特例，其中 $f(\boldsymbol{x})$ 是已知的力函数。因此 v 在同一个域 Ω 上满足另一个边界值问题。v 的偏微分方程为式 (9.2)，其中 $f=-\nabla^2 w$，而 v 的边界条件为原边界值问题的边界条件的齐次版本。

与驱动代理为非齐次边界条件的 u 问题不同，v 问题不是由处处都齐次的边界条件驱动，而是由场量 f 驱动。如果 v 的边界值问题可以解，那么原边界值问题的解 u 就是 $u=v+w$。

例 9.1.1　设 Ω 是二维正方形域 $0<x<H$，$0<y<H$。考虑 Ω 上 $u(x,y)$ 的边界值问题，其中 u 满足拉普拉斯方程，以及在四边上的以下边界条件：$u(0,y)=0$，$u(x,0)=0$，$u(H,y)=y^2$，$u(x,H)=x^2$。注意函数 $w=x^2y^2/H^2$ 满足 u 的边界条件，为具有齐次边界条件的偏微分方程式 (9.2) 制定一个边值问题，从而得到原问题的解 u。

解　定义 $v=u-w$，函数 $v(x,y)$ 具有控制偏微分方程

$$\nabla^2 v = \underbrace{\nabla^2 u}_{0} - \underbrace{\nabla^2 w}_{2(y^2+x^2)/H^2} = -\frac{2}{H^2}(x^2+y^2) \tag{9.3}$$

和齐次边界条件

$$\begin{aligned} v(x,0) &= u(x,0) - w(x,0) = 0 \\ v(0,y) &= u(0,y) - w(0,y) = 0 \\ v(x,H) &= u(x,H) - w(x,H) = x^2 - x^2 = 0 \\ v(H,y) &= u(H,y) - w(H,y) = y^2 - y^2 = 0 \end{aligned} \tag{9.4}$$

因此，我们将有非齐次边界条件的关于 u 的拉普拉斯方程 $\nabla^2 u=0$ 替换为由式 (9.4) 给出的齐次边界条件的关于 v 的泊松方程式 (9.3)。图 9.3 说明了这两个边界值问题。我们将在第 12 章重新讨论这个例子，在那里我们将讨论由式 (9.3) 和式 (9.4) 描述的这类边界值问题的解中格林函数的使用。

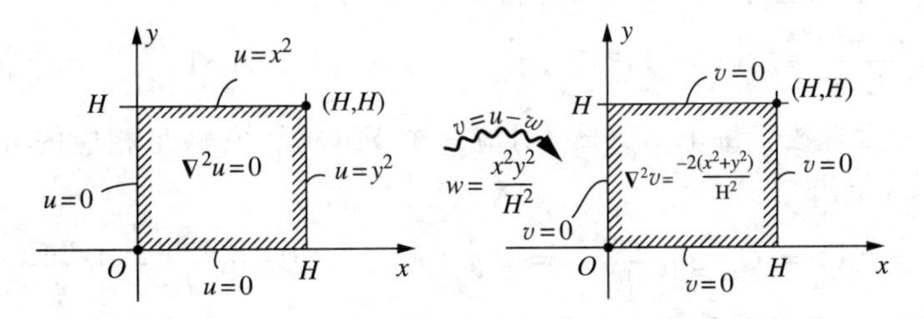

图 9.3　函数 $u(x,y)$ 的边界值问题（左）和 $v(x,y)$ 的边界值问题（右），图中显示了关于 u 的具有非齐次边界条件的拉普拉斯方程，如何通过变换 $u=v-w(w=x^2y^2/H^2)$ 转化为关于 v 的具有齐次边界条件的泊松方程

泊松方程式（9.2）是拉普拉斯方程的非齐次版本，我们将在第12章中进行广泛讨论。上述推导表明，解非齐次边界条件的拉普拉斯方程的一种方法是将其转化为齐次边界条件的泊松方程。这种讨论是双向的：解齐次边界条件的泊松方程的一种方法是把它转换成非齐次边界条件的拉普拉斯方程。

9.1.1　变量分离、特征值和特征函数

下面的例子回顾了用标准分离变量技术求解非齐次边界条件的拉普拉斯方程，并展示了由于在过程中引入了分离参数，特征值和特征函数是如何出现的。

例 9.1.2　设 Ω 为二维矩形域 $0<x<L$，$0<y<H$。确定 $u(x,y)$，它是在 Ω 上的满足方程 $\nabla^2 u=0$ 在以下边界条件限制下的解：矩形三条边 $x=0$，$x=L$，$y=0$ 上的齐次狄利克雷边界条件以及在 $y=H$ 上的非齐次狄利克雷条件 $u(x,H)=h(x)$，其中 $h(x)$ 已知。

评注：解 $u(x,y)$ 不是平凡的，因为 $h(x)$ 驱动这个过程。这个问题可以这样描绘，取一个原来是平的矩形框线，然后永久地使一边变形，这样这一边的中间就不在平面上了。然后将膜固定在弯曲的线框上（或将其浸入洗涤剂中形成肥皂薄膜）。它也可以描绘为一个矩形物体的温度分布［第三个方向（平面外）很长，或者这个方向很短，但在顶部和底部是绝缘的］，这样矩形四边中的一个边的温度就会偏离周围环境。

解　首先求一个形为 $u(x,y)=X(x)Y(y)$ 的**分离解**。因此，$\partial^2 u/\partial^2 x=X''(x)Y(y)$，$\partial^2 u/\partial^2 y=X(x)Y''(y)$。用这种形式代入 $\nabla^2 u=0$，除以 $u(x,y)=X(x)Y(y)$，重新整理得到

$$-\frac{X''}{X}=\frac{Y''}{Y}=\lambda\quad（常数）\tag{9.5}$$

该式是 X''/X 与 y 无关以及 Y''/Y 与 x 无关的结果。分离的 X 和 Y 问题，以及继承自原始边界值问题的特定齐次边界条件是

$$X''+\lambda X=0,\quad 0<x<L,\quad X(0)=0,\quad X(L)=0\tag{9.6}$$

和

$$Y''-\lambda Y=0,\quad 0<y<H,\quad Y(0)=0$$

只有 λ 在下列序列中取值时，$X(x)$ 才存在非平凡解：

$$\lambda=\frac{n^2\pi^2}{L^2}\equiv\lambda_n(n=1,2,3,\cdots)\quad\Rightarrow\quad X(x)=A_n\sin\frac{n\pi x}{L}\equiv X_n(x)\tag{9.7}$$

这里 A_n 是一个任意常数。每个 $X_n(x)$ 对应一个 $Y_n(y)$，它满足相应的分离 Y 问题的条件。这些是由下式给出

$$Y_n(y)=C_n\sinh\frac{n\pi y}{L}\quad\Rightarrow\quad u_n(x,y)=B_n\sin\frac{n\pi x}{L}\sinh\frac{n\pi y}{L}$$

每个 $u_n(x,y)$ 都将解出拉普拉斯方程以及在三条边上的齐次边界条件。我们现在能够以无限级数的形式构造一个更一般的解，它满足偏微分方程和边界条件的齐次部分，即

$$u(x,y)=\sum_{n=1}^{\infty}B_n\sin\frac{n\pi x}{L}\sinh\frac{n\pi y}{L}$$

因此，如果对于 B_n 的某个序列（有限或无限），非齐次边界值 $h(x)$ 恰好由 $\sum_{n=1}^{\infty} B_n \sin(n\pi x/L)\sinh(\pi x H/L)$ 给出，那么使用这些 B_n，就可以得出以上这种形式的边界值问题的解。

在这一点上，傅里叶级数的理论表明，我们实际上已经确定了一般 $h(x)$ 问题的解（受 $h(x)$ 的某些合理限制）。这是因为任何符合 $h(0)=h(L)=0$ 的函数 $h(x)$ 都可以展开为傅里叶正弦级数，即

$$h(x)=\sum_{n=1}^{\infty} D_n \sin\frac{n\pi x}{L}, \quad 其中 D_n=\frac{2}{L}\int_0^L h(x)\sin\frac{n\pi x}{L}\mathrm{d}x \tag{9.8}$$

对于每个 $n=1,2,3,\cdots$，取 $D_n=B_n\sinh(n\pi H/L)$ 得到如下无穷级数表示的通解：

$$u(x,y)=\frac{2}{L}\sum_{n=1}^{\infty}\left(\int_0^L h(\xi)\sin\frac{n\pi\xi}{L}\mathrm{d}\xi\right)\frac{\sin(n\pi x/L)\sinh(n\pi y/L)}{\sinh(n\pi H/L)}$$

诚然，我们在这个例子中跳过了几个步骤，因为我们认为大多数读者都熟悉这些内容。其中某些步骤将在后面的小节中进行更详细的讨论。本节习题 5～8 考察不同边界条件类型的齐次拉普拉斯方程的解。

9.1.2　带参数的边界值问题和非平凡解

例 9.1.2 中使用的分离变量技术将拉普拉斯偏微分方程简化为 $X(x)$ 和 $Y(y)$ 的两个常微分方程的系统。这两个常微分方程之间唯一的联系是耦合参数 λ。原始问题中的齐次边界条件，没有考虑所有的边界条件 [$Y(y)$ 的常微分方程问题没有对 $Y(H)$ 施加任何条件)]，导致耦合常微分方程的齐次边界条件。在所有情况下，意味着对于所有的 λ 值，这个耦合问题的一个解是 $X(x)$ 和 $Y(y)$ 处处为零。这个明显而平凡的解对于解原来的边界值问题没有帮助。对于大多数 λ 值，包括 $\lambda=0$，这是常微分方程问题的唯一解。对 $\lambda\neq0$ 值的考虑只对 λ 的某些特殊值产生**非平凡解**；这些值就是**特征值**。对应的特殊非平凡解就是**特征函数**。分离变量方法利用这样的事实：满足 $X(0)=X(L)=0$ 的 $\mathrm{d}^2X/\mathrm{d}x^2=0$，只有平凡解 $X(x)=0$，对于更一般的同样的边界条件的常微分方程 $\mathrm{d}^2X/\mathrm{d}x^2=-\lambda X$，当且仅当对一些整数 n，λ 的值是 $(n\pi/L)^2$ 时给出解 $X_n(x)=A_n\sin(n\pi x/L)$。

在例 9.1.2 中，参数 λ 作为**分离常数**出现，因为在式（9.5）的分离过程中，我们让 x 的一个函数与 y 的一个函数相等。工程分析中的大多数问题都包含各种物理参数（常数），因此控制算子通常比这里考虑的拉普拉斯算子更复杂。而且，尽管缩放和参数整合技术通常简化了控制算子，[⊖]在控制偏微分方程中经常存在某些参数组合，如流体力学方程中的雷诺数。然而，分离变量的使用引入了额外的分离常数，因此所有这些参数（如雷诺数和数学分离常数等“自然”参数）将决定哪些解是可能的，哪些是不可能的。各种参数项有许多变化：如例 9.1.2，可以简单地表示为一个单独的常数乘以原始因变量，即 $-\lambda X$，也

⊖ 在工程分析中，这种技术经常被称为标度分析，这种技术的前提是对所描述的方程进行审慎的无量纲化。

可以是非齐次（强制）项，或包含因变量的其他项。

在6.5节的流体动量平衡方程式（6.19）中可以看到一些这种变化，其中包含表示瞬态效应的术语，如对流（即流）、压力、黏性力和重力（即浮力）。其中的某些效应可以在流场的一个区域产生主要影响，但在同一流场的其他区域的影响可以忽略不计。在这种情况下决定如何进行需要数学敏锐性和物理洞察力的结合。

9.2　时间相关过程的偏微分方程及特征值的作用

时间相关过程用场变量来描述，这里用 v 表示，场变量不仅与空间位置 $\boldsymbol{x}$ 有关，还与时间 t 有关。因此 $v=v(\boldsymbol{x},t)$，任何描述这种现象的偏微分方程通常都包含对 $\boldsymbol{x}$ 和 t 的微分。通常，一个时间相关的物理过程要么受扩散效应（热流、种群迁移、污染物渗流）控制，要么受惯性效应（波传播和牛顿第二定律）控制。描述这类过程的偏微分方程扩充并推广了9.1节中遇到的平衡态和稳态偏微分方程。

拉普拉斯方程和更一般的泊松方程是一类偏微分方程——**椭圆型**的代表。另外两类偏微分方程是**双曲型**和**抛物型**。然而这种分类是非常普遍的，并不局限于涉及拉普拉斯算子的偏微分方程，甚至不限于线性偏微分方程，但确实，最著名的例子涉及拉普拉斯算子，因此，这导致了下面的分类。

- $0=\nabla^2 v+q(\boldsymbol{x},t)$：椭圆型，或解 $v(\boldsymbol{x})$ 的**平衡形式**。
- $\dfrac{1}{\alpha}\dfrac{\partial v}{\partial t}=\nabla^2 v+q(\boldsymbol{x},t)$：解 $v(\boldsymbol{x},t)$ 为抛物型或**扩散形式**。常数 α 为扩散系数，维数为(长度)^2/(时间)。
- $\dfrac{1}{c^2}\dfrac{\partial^2 v}{\partial t^2}=\nabla^2 v+q(\boldsymbol{x},t)$：解 $v(\boldsymbol{x},t)$ 为双曲型或**波的传播形式**。常数 c 是**波速**，维数为（长度)/(时间)。

在这些方程中，q 起着外力的作用，即 q 对应于式（9.2）中的 $-f$。对于抛物型和双曲型偏微分方程，通常也规定了初始条件，因此现在可以解决组合的**初始边界值问题**。因为这个术语很麻烦，通常也用更简单的术语边界值问题来描述这些问题，$t=0$ 可以视为一个“时间边界”。

上面给出的椭圆型、抛物型和双曲型偏微分方程的线性版本通常可以用叠加法求解。如果 $q\equiv 0$，则偏微分场方程称为是齐次的。即使 q 不为零，我们也可以将**齐次解部分** v_{H} 确定为以下情形的解：

- 椭圆型：$\nabla^2 v_{\mathrm{H}}=0$，解为 $v_{\mathrm{H}}(\boldsymbol{x})$；
- 抛物型：$\nabla^2 v_{\mathrm{H}}=\dfrac{1}{\alpha}\dfrac{\partial v_{\mathrm{H}}}{\partial t}$，解为 $v_{\mathrm{H}}(\boldsymbol{x},t)$；
- 双曲型：$\nabla^2 v_{\mathrm{H}}=\dfrac{1}{c^2}\dfrac{\partial^2 v_{\mathrm{H}}}{\partial t^2}$，解为 $v_{\mathrm{H}}(\boldsymbol{x},t)$。

类似地，我们可以将静平衡解部分 $v=v_{\mathrm{E}}(\boldsymbol{x},t)$ 确定为下列方程的解：

$$\nabla^2 v_{\mathrm{E}}+q=0$$

如果 q 不随时间变化，则 $v_E=v_E(\boldsymbol{x})$ 和 $v=v_H+v_E$ 解出原始控制偏微分方程。即使 q 依赖于 t，也有可能找到一个 v_E，尽管它现在依赖于 t。这种 q 变化的静平衡解称为**参数解**。这就像为每个时刻解决一个不同的平衡问题，函数 $v_E(\boldsymbol{x},t)$ 描述了物理系统的准静态演化。

下面的例子提醒我们，变量分离对于时间相关的偏微分方程是一种有用的解决方法。

例 9.2.1　设 Ω 为一维线段域 $0<x<L$。确定 $u(x,t)$，它是偏微分方程

$$\frac{1}{c^2}\frac{\partial^2 u}{\partial t^2}=\frac{\partial^2 u}{\partial x^2} \tag{9.9}$$

（$x\in\Omega$ 和 $t>0$）的解，在 $x=0$ 和 $x=L$ 满足齐次狄利克雷边界条件，并且在 $t=0$ 满足初始条件 $u=g(x)$ 和 $\dot{u}=0$。

回忆：$\dot{u}$ 是 $\partial u/\partial t$ 的缩写。

评注：式（9.9）为一维线性双曲波动方程。很容易证明，对于任意函数 Φ 和 Ψ，$v(\boldsymbol{x},t)=\Phi(x-ct)+\Psi(x+ct)$ 提供了方程式（9.9）的一个解；然而，我们求解的过程不能基于这个观察。式（9.9）控制了固定在 $x=0$ 和 $x=L$ 处绷紧弦（没有重力作用）在初始形状为 $g(x)$ 的情况下从静止状态（$\dot{u}=0$）释放时的运动。在这种情况下 $c=\sqrt{F/\rho}$，其中 F 是弦的张力，而 ρ 是弦的每单位长度的密度。

解　首先求一个分离解 $u(x,t)=X(x)T(t)$。这样，$\partial^2 u/\partial x^2=X''(x)T(t)$，$\partial^2 u/\partial t^2=X(x)\ddot{T}(t)$。把这种形式代入方程式（9.9），除以 $u(x,t)=X(x)T(t)$ 得到

$$\frac{1}{c^2}\frac{\ddot{T}}{T}=\frac{X''}{X}=-\lambda\quad（一个常数） \tag{9.10}$$

该式是 X''/X 与 t 无关，$\ddot{T}/T$ 与 x 无关的结果。注意这个方程与例 9.1.2 中的式（9.5）的相似之处。

分离的 X 和 T 问题，连同任何齐次边界条件或从原始边值问题继承而来的齐次初始条件是

$$X''+\lambda X=0,\quad 0<x<L,\quad X(0)=0,\quad X(L)=0 \tag{9.11}$$

和

$$\ddot{T}+\lambda c^2 T=0,\quad t>0,\quad \dot{T}(0)=0$$

注意，这个分离的 X 问题与我们前面的例子完全匹配（这就是在式（9.10）中 λ 前面用减号的原因）。相反，分离的 T 问题，与在例 9.1.2 中分离的 Y 问题有很大的不同。

因此分离的 X 问题具有与例 9.1.2 完全相同的非平凡解。即 λ 在序列中只能取一个特定的值。

$$\lambda=\frac{n^2\pi^2}{L^2}\equiv\lambda_n(n=1,2,3,\cdots)\quad\Rightarrow\quad X(x)=A_n\sin\left(\frac{n\pi x}{L}\right)\equiv X_n(x)$$

其中 A_n 是任意常数。对应于每个 $X_n(x)$ 的是 $T_n(t)$，它由下式给出：

$$T_n(t)=C_n\cos\left(\frac{n\pi ct}{L}\right)$$

因此，每个

$$u_n(x,y) = B_n \sin\left(\frac{n\pi x}{L}\right)\cos\left(\frac{n\pi ct}{L}\right)$$

解出了满足 $x=0$ 和 $x=L$ 处的边界条件以及零初速度条件的一维控制波动方程。由此得到，无穷级数形式

$$u(x,t) = \sum_{n=1}^{\infty} B_n \sin\left(\frac{n\pi x}{L}\right)\cos\left(\frac{n\pi ct}{L}\right)$$

满足**所有的**这些条件。为了满足剩下的条件 $u(x,0)=g(x)$，再次调用傅里叶正弦级数的结果。所以

$$u(x,t) = \frac{2}{L}\sum_{n=1}^{\infty}\left(\int_0^L g(\xi)\sin\left(\frac{n\pi\xi}{L}\right)\mathrm{d}\xi\right)\sin\left(\frac{n\pi x}{L}\right)\cos\left(\frac{n\pi ct}{L}\right)$$

我们故意使例 9.1.2 和例 9.2.1 非常相似，以便在描述非常不同的物理情况时突出分离变量方法的共同特性：例 9.1.2 中的二维椭圆型和例 9.2.1 中的一维双曲型。当然，自变量的数量是相同的，因为时间 t 可以看作在一维双曲型中增加了一个维度。本节习题 4 考察类似的一维抛物型问题，以便做另一个比较。习题 5～7 将探讨不同边界条件和初始条件的效果，所有这些都修改了解的细节，而不改变它们的主要共同点：解都是无限级数形式。

无穷求和法的成功关键在于得到了写在式（9.6）或式（9.11）中的等价的简单小问题，然后识别关于分离常数 λ 的特殊值的非平凡解。这些问题可以概括地表示为

$$\mathcal{H}u = -\lambda u \tag{9.12}$$

在式（9.6）或式（9.11）中，$\mathcal{H}$ 是常微分方程算子 $\mathrm{d}^2/\mathrm{d}x^2$，在 $x\in(0,L)$ 中作用于 $X(x)$：该问题在齐次边界条件限制下求解。然而，当 $\mathcal{H}$ 是 $\boldsymbol{x}\in\Omega$ 中作用于 $u=u(\boldsymbol{x})$ 的一般线性微分算子时，式（9.12）中的表示法也适用。因此，一般算子 $\mathcal{H}$ 可以是常微分方程，也可以是偏微分方程。通过与式（9.6）或式（9.11）类比，我们也考虑一般式（9.12）在 $\partial\Omega$ 上的齐次边界条件。

注意，当 $\mathcal{H}=\nabla^2$ 时，式（9.12）被称为**亥姆霍兹**（Helmholtz）**方程**。亥姆霍兹方程和适当的边界条件将在本章的其余部分详细研究。为了这项扩展研究，我们做一些额外的观察。

- 尽管例 9.1.2 中的原始问题或源问题是二维的，但例 9.1.2 和例 9.2.1 对于方程式（9.12）所描述的问题都涉及一维域。在表示法上，两个例子都用 $X(x)$ 而不用 u，并且都有一维算子 $\mathcal{H}=\mathrm{d}^2/\mathrm{d}x^2$。
- 式（9.12）所表述的问题并没有将 $\mathcal{H}$ 限制在一个空间维度，尽管通常会考虑一维的情况。
- 式（9.12）在齐次边界条件下的一个解是 $u\equiv0$，即**平凡解**。我们的目标是：如果有的话，找到 λ 值，该值也允许式（9.12）在相同齐次边界条件限制下的**非平凡解** u。

• 除了为了方便在式（9.12）中的引入负号，这个问题在结构上与我们在第 4 章中考虑的线性代数的特征值问题相同。我们回忆一下，对于线性变换 $\boldsymbol{B}$：$\mathbb{R}^n \to \mathbb{R}^n$，如果有一个非零向量 $\boldsymbol{x} \in \mathbb{R}^n$ 使 $\boldsymbol{Bx} = \lambda \boldsymbol{x}$，则 $\boldsymbol{B}$ 有特征值 λ。这在形式上与 $\mathcal{H}u = \lambda u$ 相同，而且 λ 再次作为特征值。

鉴于上述观察结果，我们做出如下定义。

> 假设控制方程式（9.12）在齐次边界条件下的边值问题有一个非平凡解 u，则称 λ 为算子 $\mathcal{H}$ 的边界值问题的**特征值**，称相应的非平凡的 u 为**特征函数**。

关于一般的对于线性代数和当前的方程式（9.12）的特征值和特征函数，这样的问题出现了：是首先找到一个特征函数，然后找特征值，还是按照相反的顺序。在这两种情况下，整体概念基于一个非平凡的特征函数的存在，因此显然应该首先找到特征函数，而对于线性代数的情况和小问题式（9.6）或式（9.11），实际的过程首先决定特征值。现在，我们通过首先关注一维情况来探讨方程式（9.12）中这个问题的各个方面。

一维亥姆霍兹方程（$\mathcal{H} = \mathrm{d}^2/\mathrm{d}x^2$）

考虑一维拉普拉斯算子 $\mathcal{H} = \mathrm{d}^2/\mathrm{d}x^2$。为了在表示上与方程式（9.12）一致，我们在小问题式（9.6）或式（9.11）中把 $X(x)$ 写为 $u(x)$，则在 $0 < x < L$ 上这些分离的常微分方程的控制方程式（9.6）或式（9.11），对应于具有边界条件 $u(0) = u(L) = 0$ 的一维拉普拉斯算子的特征值问题为

$$\frac{\mathrm{d}^2 u}{\mathrm{d}x^2} + \lambda u = 0 \tag{9.13}$$

对于下一个结果，有必要将这个一维定义域推广到 Ω：$a < x < b$。我们首先对定义在上述 Ω 上的任意函数 $u(x)$ 和 $v(x)$ 进行一系列纯数学运算，而不需要调用常微分方程式（9.13）。也就是说，我们考虑

$$\int_a^b v \frac{\mathrm{d}^2 u}{\mathrm{d}x^2} \mathrm{d}x = \int_a^b \frac{\mathrm{d}}{\mathrm{d}x}\left(v \frac{\mathrm{d}u}{\mathrm{d}x}\right) \mathrm{d}x - \int_a^b \frac{\mathrm{d}v}{\mathrm{d}x} \frac{\mathrm{d}u}{\mathrm{d}x} \mathrm{d}x \tag{9.14}$$

因为将 u 和 v 互换，我们可以写出同样的纯数学关系，于是我们有

$$\int_a^b \left[v \frac{\mathrm{d}^2 u}{\mathrm{d}x^2} - u \frac{\mathrm{d}^2 v}{\mathrm{d}x^2}\right] \mathrm{d}x = \int_a^b \frac{\mathrm{d}}{\mathrm{d}x}\left(v \frac{\mathrm{d}u}{\mathrm{d}x} - u \frac{\mathrm{d}v}{\mathrm{d}x}\right) \mathrm{d}x = \left(v \frac{\mathrm{d}u}{\mathrm{d}x} - u \frac{\mathrm{d}v}{\mathrm{d}x}\right)\Bigg|_a^b \tag{9.15}$$

另外，我们可以令式（9.14）中的 $u = v$，得到

$$\int_a^b \left(\frac{\mathrm{d}u}{\mathrm{d}x}\right)^2 \mathrm{d}x = \left(u \frac{\mathrm{d}u}{\mathrm{d}x}\right)\Bigg|_a^b - \int_a^b u \frac{\mathrm{d}^2 u}{\mathrm{d}x^2} \mathrm{d}x \tag{9.16}$$

这也可以直接用分部积分法求出来。式（9.16）将在本节的最后推广到多维情况。

现在我们回到 $(a,b) = (0,L)$，并假设 u 在这个定义域上满足方程式（9.13），则由式（9.16）得到

$$\int_0^L \left(\frac{\mathrm{d}u}{\mathrm{d}x}\right)^2 \mathrm{d}x = \left(u \frac{\mathrm{d}u}{\mathrm{d}x}\right)\Bigg|_0^L + \lambda \int_0^L u^2 \mathrm{d}x$$

边界条件 $u(0) = u(L) = 0$ 使得边界值项 $u \left.\dfrac{\mathrm{d}u}{\mathrm{d}x}\right|_0^L$ 为零，之后我们可以解出特征值 λ 形为

$$\lambda = \frac{\int_0^L \left(\frac{\mathrm{d}u}{\mathrm{d}x}\right)^2 \mathrm{d}x}{\int_0^L u^2 \mathrm{d}x} \tag{9.17}$$

利用控制方程式（9.13）及其边界条件，由数学恒等式（9.16）得到的比值式（9.17）提供了非常有用的特征值的特性描述或表征。

例 9.2.2 对于相同的一维小问题式（9.6）或式（9.11），验证式（9.17）。

解 如例 9.1.2 和例 9.2.1 所讨论的，在 $u(0)=u(L)=0$ 的条件下，方程式（9.13）有一个特征函数序列。这个数列由 $u(x)=\phi_n(x)$ 给出，其中

$$\phi_n(x) = A_n \sin\left(\frac{n\pi x}{L}\right) \quad \Rightarrow \quad \frac{\mathrm{d}\phi_n}{\mathrm{d}x} = \frac{n\pi A_n}{L}\cos\left(\frac{n\pi x}{L}\right)$$

因此，

$$\int_0^L (\phi_n(x))^2 \mathrm{d}x = A_n^2 \int_0^L \left(\sin\left(\frac{n\pi x}{L}\right)\right)^2 \mathrm{d}x = \frac{1}{2} L A_n^2$$

$$\int_0^L \left(\frac{\mathrm{d}\phi_n}{\mathrm{d}x}\right)^2 \mathrm{d}x = \left(\frac{n\pi A_n}{L}\right)^2 \int_0^L \left(\cos\left(\frac{n\pi x}{L}\right)\right)^2 \mathrm{d}x = \frac{1}{2} L \left(\frac{n\pi A_n}{L}\right)^2$$

利用这些表达式，我们发现式（9.17）为

$$\frac{\int_0^L \left(\frac{\mathrm{d}\phi_n}{\mathrm{d}x}\right)^2 \mathrm{d}x}{\int_0^L \phi_n^2 \mathrm{d}x} = \frac{n^2 \pi^2}{L^2} = \lambda_n$$

这验证了式（9.17）。这些特征值如图 9.4 所示。

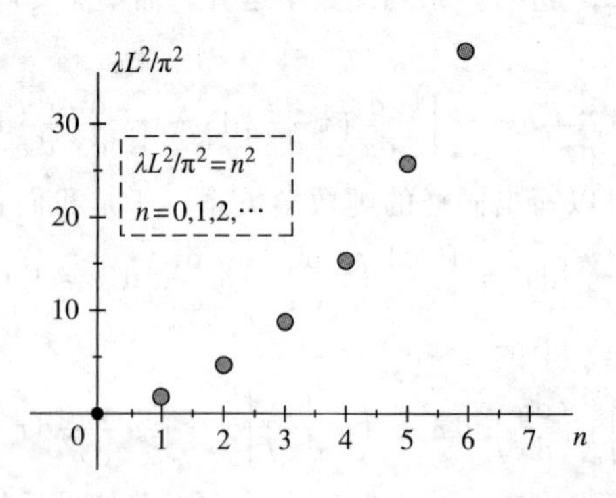

图 9.4 式（9.13）在条件 $u(0)=u(L)=0$ 下的特征值 λ_n，也是由式（9.17）产生的，作为离散值出现，而不是作为连续分布。注意，$n=0$ 在技术上不是一个特征值，因为我们需要非平凡的特征函数

通常称式（9.17）中的商为**瑞利商**。因为我们将在接下来的几节中推广并建立这个“通过商的特征值”的思想，所以后面会有一些附加的注释。

- 式（9.13）的特征值是离散正数。对于给定的边界条件 $u(0)=u(L)=0$，它们是 $(\pi/L)^2$ 的正整数平方（n^2）倍。
- 如果将一个不是特征函数的函数代入式（9.17），得到的商就不是特征值。更多的内容将在 9.3 节中介绍，在那里，式（9.17）中使用的候选 $u(x)$ 被称为一个**试验函数**或一个**测试函数**。将一个测试函数乘以一个常数（即通过 $u(x)\to Au(x)$ 改变其大小，其中 $A\neq 0$ 可以是正的或负的）对瑞利商没有影响。
- 只有 λ 的特殊离散值才有边值问题的精确解（特征函数）。没有值的“连续体”，因此也没有函数的连续体来产生 λ 相对于某些参数（类似于 n）的连续曲线。
- 改变边界条件，同时保持相同的特征值的常微分方程式（9.13），通常会产生完全不同的特征函数和特征值的无穷序列。为了使这些改变后的边界条件的特征值再次服从式（9.17），必须使改变后的边界条件继续使**边界值项**满足 $u\left.\dfrac{\mathrm{d}u}{\mathrm{d}x}\right|_0^L=0$。

例 9.2.3 再次考虑一维常微分方程式（9.13）。描述除 $u(0)=u(L)=0$ 以外使边界值项为零的边界条件。然后选择一个备选边界条件，求解对应的特征值 λ_n 和特征函数 $u_n(x)$。

解 这要求

$$u\left.\frac{\mathrm{d}u}{\mathrm{d}x}\right|_0^L=0 \quad\Rightarrow\quad u\left.\frac{\mathrm{d}u}{\mathrm{d}x}\right|_L=u\left.\frac{\mathrm{d}u}{\mathrm{d}x}\right|_0$$

以下是强制实施此条件的方法。

1. **函数值在两端为零：** $u(0)=u(L)=0$。
2. **函数值在一端为零，导数在另一端为零：** 要么

$$u(0)=\left.\frac{\mathrm{d}u}{\mathrm{d}x}\right|_L=0$$

要么

$$\left.\frac{\mathrm{d}u}{\mathrm{d}x}\right|_0=u(L)=0$$

3. **导数在两端为零：**

$$\left.\frac{\mathrm{d}u}{\mathrm{d}x}\right|_0=\left.\frac{\mathrm{d}u}{\mathrm{d}x}\right|_L=0$$

4. **函数值和斜率在两端都是周期性的：**

$$u(0)=u(L) \quad 和 \quad \left.\frac{\mathrm{d}u}{\mathrm{d}x}\right|_0=\left.\frac{\mathrm{d}u}{\mathrm{d}x}\right|_L$$

5. **每个端点的函数值等于另一个端点的斜率：**

$$u(0)=\left.\frac{\mathrm{d}u}{\mathrm{d}x}\right|_L \quad 和 \quad \left.\frac{\mathrm{d}u}{\mathrm{d}x}\right|_0=u(L)$$

为了得到所有这些情况下的特征值和特征函数我们从一般齐次解 $u(x)=A\sin\sqrt{\lambda}x+B\cos\sqrt{\lambda}x$ 开始。然后，我们施加边界条件，使得获得的解中 A 和 B 不能同时为零。我们以下面情况为例：

$$u(0)=\left.\frac{\mathrm{d}u}{\mathrm{d}x}\right|_{L}=0$$

第一个条件给出 $0=u(0)=B$，然后第二个条件给出

$$0=\left.\frac{\mathrm{d}u}{\mathrm{d}x}\right|_{L}=\sqrt{\lambda}A\cos\sqrt{\lambda}L$$

当特征值 λ 满足条件 $\sqrt{\lambda}=(n+1/2)\pi/L$ 时，可以得到与 $A=0$ 无关的解。因此，特征值为 $\lambda_n=(n+1/2)^2\ \pi^2/L^2$，对应的特征函数为 $u_n=A_n\sin\sqrt{\lambda_n}x$。

恒等式 (9.16) 的多维版本

在我们讨论了一维情况之后，我们现在关注式（9.12）在 $\mathcal{H}$ 为三维拉普拉斯算子 ∇^2 时的情况。我们假定 $u(\boldsymbol{x})$ 和 $v(\boldsymbol{x})$ 是在三维域 Ω 中定义的，并且所有三个参数（u,v,Ω）都足够光滑，发散定理和标准操作可以通过完全遵循式（9.14）～(9.16）的模式来应用。由此，我们得到了类似于式（9.14）的数学恒等式：

$$\begin{aligned}\iiint_{\Omega} v\ \nabla^2 u\mathrm{d}V&=\iiint_{\Omega}(\nabla\cdot(v\nabla u)-\nabla v\cdot\nabla u)\mathrm{d}V\\&=\iint_{\partial\Omega}(v\nabla u)\cdot\boldsymbol{n}\mathrm{d}A-\iiint_{\Omega}\nabla v\cdot\nabla u\mathrm{d}V\end{aligned}\tag{9.18}$$

将 u 和 v 互换，然后相减，得到类似于式（9.15）的结果：

$$\iiint_{\Omega}(v\ \nabla^2 u-u\ \nabla^2 v)\mathrm{d}V=\iint_{\partial\Omega}\left(v\frac{\partial u}{\partial n}-u\frac{\partial v}{\partial n}\right)\mathrm{d}A\tag{9.19}$$

其中，法向导数 $\partial u/\partial\boldsymbol{n}=\nabla u\cdot\boldsymbol{n}$。在式（9.18）中令 $u=v$，得到类似于式（9.16）的结果：

$$\iiint_{\Omega}(\nabla u\cdot\nabla u)\mathrm{d}V=\iint_{\partial\Omega}u\frac{\partial u}{\partial n}\mathrm{d}A-\iiint_{\Omega}u\ \nabla^2 u\mathrm{d}V\tag{9.20}$$

式（9.19）和式（9.20）是恒等式，u 和 v 除了要满足上述光滑条件外，不需要满足其他任何限制。

类似地，积分恒等式对｛式（9.14），式（9.18）｝、｛式（9.15），式（9.19）｝和｛式（9.16），式（9.20）｝适用于任意维空间，包括重要的二维情况。它们当然可以通过在式（9.18）～(9.20）中增加或减少积分符号的数量来表示。或者，可以使用一个积分符号来统一所有这些情况。那么，我们用 Ω 和 $\mathrm{d}V$ 表示“定义域积分”，用 $\partial\Omega$ 和 $\mathrm{d}A$ 表示“边界积分”。这样，

$$\int_{\Omega}(\nabla u\cdot\nabla u)\mathrm{d}V=\int_{\partial\Omega}u\frac{\partial u}{\partial n}\mathrm{d}A-\int_{\Omega}u\ \nabla^2 u\mathrm{d}V\tag{9.21}$$

在一维上表示式（9.16），在三维上表示式（9.20），可以推广到任意维数的空间。下面我们将沿用这一符号。

9.3 亥姆霍兹方程的特征函数和特征值的性质

一维亥姆霍兹方程式（9.13）的特征值的商表达式（9.17）引出了大量有用的结论，如例 9.2.2 后面所述。对于高维偏微分方程的特征值问题式（9.12），通常可以得到类似的

一般性质的结论。在本节中，我们以 P1～P3（性质 1～性质 3）的形式得到并总结了三个这样的重要结论。在这个过程中，用正交函数表示的解格外重要。

9.3.1 瑞利商：特征函数和特征值的结果

首先，我们考虑亥姆霍兹方程，其中 $\mathcal{H}=\nabla^2$。关于边界条件，我们重点关注限制在 $\partial\Omega$上的狄利克雷类型（$u=0$）或诺伊曼类型（$\partial u/\partial \boldsymbol{n}=0$）的齐次边界条件。这意味着，在每一点上，要么是齐次狄利克雷条件，要么是齐次诺伊曼条件。然而，如图 9.2 所示，$\partial\Omega$ 上的条件可以改变。例如，在一维空间中，$\partial\Omega$ 是区间的两个端点，比如 $x=0$ 和 $x=L$；齐次狄利克雷条件在一端成立，齐次诺伊曼条件在另一端成立。这个问题在例 9.2.3 中得到了解决。更一般地，在任何维空间中，我们有恒等式（9.21），这意味着

$$\int_{\partial\Omega} u\frac{\partial u}{\partial n}\mathrm{d}A=0$$

我们现在用恒等式（9.21）和这个为零的边界积分来得到亥姆霍兹方程$\nabla^2 u=-\lambda u$ 的特征值和特征函数的关键性质。这些特征值（比如 $\lambda_1<\lambda_2<\cdots$）和特征函数（比如 $\phi_1(\boldsymbol{x})$，$\phi_2(\boldsymbol{x})$，…）主要依赖于边界形状 $\partial\Omega$ 以及沿边界成立的狄利克雷和诺伊曼条件的特定混合。改变形状或这种混合通常会改变特征值 λ_i 和特征函数 $\phi_i(\boldsymbol{x})$ 的完整序列。[⊖]在式（9.21）中设$u=\phi_i$ 和 $\boldsymbol{\nabla}^2\phi_i=-\lambda_i\phi_i$，由边界积分为零可知，特征值 λ_i 为

$$\lambda_i=\frac{\int_{\Omega}(\boldsymbol{\nabla}\phi_i\cdot\boldsymbol{\nabla}\phi_i)\mathrm{d}V}{\int_{\Omega}(\phi_i)^2\mathrm{d}V} \tag{9.22}$$

这个特征值的重要刻画被称为**瑞利商**。在一维情况下，它是我们之前的结果式（9.17）。更一般地，在任意维空间中，它将算子 $\mathcal{H}=\boldsymbol{\nabla}^2$ 与边界条件直接联系到其相关的特征函数和特征值。这个特征值的瑞利商刻画的一个直接结果是

★ 如果 λ 是 $\boldsymbol{\nabla}^2$的特征值，则 $\lambda\geqslant 0$。

在式（9.19）中令$v=\phi_i$，$u=\phi_j$，则 $\boldsymbol{\nabla}^2\phi_i=-\lambda_i\phi_i$，$\boldsymbol{\nabla}^2\phi_j=-\lambda_j\phi_j$。式（9.19）式中的边界项再次为零，得到

$$(\lambda_i-\lambda_j)\int_{\Omega}\phi_i\phi_j\mathrm{d}V=0 \tag{9.23}$$

提醒读者，我们现在使用的是单积分符号“约定”。由于 $\lambda_i\neq\lambda_j$，因此式（9.23）中的积分必须为零。这个积分对应于定义在 Ω 上的函数的标准内积。因此，

★ 对应$\boldsymbol{\nabla}^2$的不同特征值的特征函数使用标准内积时相互正交。

该结果可以用例 9.2.2 的显式解直接对一维问题进行验证。目前的研究表明，**特征值正性**和**特征函数正交性**条件是拉普拉斯算子的普遍特征，不仅在一维上，而且在多于一维的空间上都是如此。事实上，在工程和科学中自然地出现了一大类线性微分算子 $\mathcal{H}$，其齐次边界条件的相关特征值问题式（9.12）与刚才描述的 $\mathcal{H}=\boldsymbol{\nabla}^2$具有相似的特征。具体来说，它们的特征值和特征函数具有以下两个性质。

⊖ 这句话包含了大量的数学知识。鼓励读者查询文献［36］和文献［37］。

- P1：特征值是正的，它们形成一个无穷序列，其值无界增长，即当 $n\to\infty$ 时 $\lambda_n\to\infty$。
- P2：与不同的特征值相关联的特征函数 $\phi_i(x)$，在适当的内积下是正交的。

性质 P1，除了说明特征值的正性之外，还说明了无限的特征值序列是无界增长的。我们已经在例 9.2.2 中看到过，其中特定的值由 $\lambda_n=n^2\ (\pi/L)^2$ 给出。对于 P2，**提供正交性的特定内积**依赖于 $\mathcal{H}$ 的特定形式。它的一般形式为

$$(u,v)=\int_{\Omega}uvs\,\mathrm{d}V \tag{9.24}$$

其中 $s=s(\boldsymbol{x})>0$ 是定义在 Ω 上的函数。注意式（9.24）是一个加权内积的例子，类似于第一部分中关于线性代数的式（1.23）。在后面的几节中，我们将说明如何从 $\mathcal{H}$ 的具体形式推导出 $s(\boldsymbol{x})$ 的表达式。[⊖]

和一般的内积一样，式（9.24）的加权内积建立了任意函数 u 的范数 $\|\cdot\|$，取 $\|u\|=\sqrt{(u,u)}$。迄今为止遇到的拉普拉斯算子的特征函数，对应于相关内积的权值为 $s(\boldsymbol{x})=1$ 的特殊情况。

性质 P2 保证了特征函数的正交性。通常，让它们都有一个共同的长度（即一个共同的范数）是很方便的。特征值问题的线性性质允许把已经正交的特征函数标准化，使 $(\phi_i,\phi_i)=1$。这样的特征函数构成一个标准正交集合。我们把这种情况总结为

$$(\phi_i,\phi_j)=\begin{Bmatrix}1, i=j\\ 0, i\neq j\end{Bmatrix}\equiv\delta_{ij} \tag{9.25}$$

以这种方式定义的符号 δ_{ij}，我们以前遇到过，是**克罗内克 δ 函数**（Kronecker delta）。

9.3.2 正交函数集

由于正交函数的重要性，我们在接下来的两个例子中研究一般的标准正交函数，这里我们指的是满足式（9.25）的函数集合。这样的函数可以作为特征函数出现，但也可以通过其他方式出现。

如下例所示，标准正交函数也就是集合 $\{u_i\}$，满足 $\{u_i,u_j\}=\delta_{ij}$，可以通过类似于 1.6 节中讨论的格拉姆-施密特正交化过程来构造。

例 9.3.1 构造 $0\leqslant x\leqslant 1$ 上的标准正交函数，其中第 n 个函数是 $n-1$ 次多项式。首先对标准内积做这个运算，然后对权重函数为 $s(x)=x$ 的内积做这个运算。

解 对于 $s(x)=1$ 和 $s(x)=x$ 这两种情况，我们将构造前三个这样的函数。对于每一种情况，我们将首先构造正交函数，然后规范化（标准化）。

$s(x)=1$ 我们从 $u_1(x)=1$，$u_2(x)=1+Ax$，$u_3(x)=1+Bx+Cx^2$ 开始。要求 $(u_2,u_1)=0$，得到

$$0=\int_0^1(1+Ax)\mathrm{d}x=1+\frac{1}{2}A\quad\Rightarrow\quad u_2(x)=1-2x$$

⊖ 在 9.5 节进行简要介绍，然后在 10.4 节进行更系统的介绍。

要求 $(u_3,u_1)=0$ 和 $(u_3,u_2)=0$，得到

$$0=\int_0^1(1+Bx+Cx^2)\mathrm{d}x=1+\frac{1}{2}B+\frac{1}{3}C$$

$$0=\int_0^1(1+Bx+Cx^2)(1-2x)\mathrm{d}x=-\frac{1}{6}B-\frac{1}{6}C$$

因此，$B=-6$，$C=6$，这就确定了 u_3。对所有三个函数进行规范化就会得到标准正交集合

$$s(x)=1\quad\Rightarrow\quad\{\phi_1(x),\phi_2(x),\phi_3(x),\cdots\}$$

$$=\{1,\sqrt{3}(1-2x),\sqrt{5}(1-6x+6x^2),\cdots\}$$

$\boldsymbol{s(x)=x}$　我们从 $u_1(x)=1$，$u_2(x)=1+Ax$，$u_3(x)=1+Bx+Cx^2$ 开始，进行类似的运算。那么，$(u_2,u_1)=0$ 给出

$$0=\int_0^1(1+Ax)x\mathrm{d}x=\frac{1}{2}+\frac{1}{3}A\quad\Rightarrow\quad u_2(x)=1-\frac{3}{2}x$$

要求 $(u_3,u_1)=0$，$(u_3,u_2)=0$，得到

$$0=\int_0^1(1+Bx+Cx^2)x\mathrm{d}x=\frac{1}{2}+\frac{1}{3}B+\frac{1}{4}C$$

$$0=\int_0^1(1+Bx+Cx^2)\left(1-\frac{3}{2}x\right)x\,\mathrm{d}x=-\frac{1}{24}B-\frac{1}{20}C$$

求解 B 和 C，从而确定 u_3，然后规范化得到

$$s(x)=x\quad\Rightarrow\quad\{\phi_1(x),\phi_2(x),\phi_3(x),\cdots\}$$

$$=\{\sqrt{2},4-6x,\sqrt{6}(3-12x+10x^2),\cdots\}$$

标准正交函数在逼近其他更复杂的函数时非常有用。即使标准正交函数没有作为一些可能感兴趣的边值问题的特征函数，这也是正确的。例如，在例 9.3.1 中得到的结果与特征值问题无关。用标准正交函数逼近的一般结果如下。

> 通过取 $c_i=(f,\phi_i)$，可以得到与函数 $f(x)$ 最佳逼近的标准正交函数的线性组合 $\sum_{i=1}^{N}c_i\phi_i$。

所谓最佳逼近，就是使赋范误差尽可能小。因此，我们正式地定义逼近函数

$$f_{\mathrm{ap}}(x)=\sum_{i=1}^{N}c_i\phi_i(x)\tag{9.26}$$

其中系数 c_i 是通过最小化 $\|f-f_{\mathrm{ap}}\|$ 来确定的。这等价于最小化 $(f-f_{\mathrm{ap}},f-f_{\mathrm{ap}})$，这在形式上是 c_i 的一个函数。考虑到

$$(f-f_{\mathrm{ap}},f-f_{\mathrm{ap}})=(f,f)-2\sum_{i=1}^{N}c_i(f,\phi_i)+\sum_{i=1}^{N}\sum_{j=1}^{N}c_ic_j\underbrace{(\phi_i,\phi_j)}_{\delta_{ij}}$$

$$= (f,f) - 2\sum_{i=1}^{N} c_i(f,\phi_i) + \sum_{i=1}^{N} c_i^2$$

我们可以看到

$$\frac{\mathrm{d}}{\mathrm{d}c_k}(f - f_{\mathrm{ap}}, f - f_{\mathrm{ap}}) = -2(f,\phi_k) + 2c_k$$

因此极小化的条件是

$$\frac{\mathrm{d}}{\mathrm{d}c_k}(f - f_{\mathrm{ap}}, f - f_{\mathrm{ap}}) = 0 \quad \Rightarrow \quad c_i = (f,\phi_i)$$

这正是所断言的。需要指出的是，这个过程本质上模仿了我们之前在3.5节中遇到的最小二乘误差的最小化过程。

这个近似结果的一个吸引人的性质是，我们总是可以通过增加更多的项来改进近似，**在这个过程中，不需要改变与先前的项相关的常数值。**[⊖]这是用标准正交函数集逼近的关键优势之一。

把刚刚结束的分析放在向量空间方法的背景中，就会有更多理解。（线性无关的）函数 $u_1, u_2, \cdots, u_N$ 的任意线性组合，构成一个函数向量空间，即函数空间，其中 $\{u_1, u_2, \cdots, u_N\}$ 作为这个向量空间的一组基。因此这个函数空间是有限维的。任何单个函数 u_i 的倍数就构成了一个子空间。当函数 u_i 是**正交的**时候，相关的子空间如同在1.6节中的一样也是正交的。

有了这个背景，现在处理满足式（9.25）的**标准正交集** ϕ_i，考虑$(\phi_i, f-f_{\mathrm{ap}})$，其中 f_{ap} 再次是形为式（9.26）的逼近函数，则$(\phi_i, f-f_{\mathrm{ap}}) = (\phi_i, f) - (\phi_i, \sum_{i=1}^{N} c_i\phi_i) = (\phi_i, f) - c_i$，所以

$$c_i = (f,\phi_i) \quad \Leftrightarrow \quad (f - f_{\mathrm{ap}}, \phi_i) = 0 \tag{9.27}$$

差值 $f-f_{\mathrm{ap}}$ 现在就是逼近时的误差。我们还记得2.3节的向量空间投影运算，其中正交子空间允许用内积来确定投影。因此，由式（9.27）可知，

★ 最优系数选择 $c_i = (\phi_i, f)$ 要求投影到 ϕ_i 张成的函数子空间上的误差必须为零。

下面的例子展示了这个过程对权重函数 $s(x)$ 的选择是如何敏感的。

例 9.3.2　用例9.3.1中构造出的函数对函数 $f(x) = \sin\pi x$ 在区间 Ω：$0 \leqslant x \leqslant 1$ 上构造三项逼近。

解　我们用式（9.27）计算各自的三项展式的常数。

$s(x)=1$　例9.3.1的正交多项式允许我们写出三项逼近 $f_{\mathrm{ap}} = c_1 + c_2\sqrt{3}(1-2x) + c_3\sqrt{5}(1-6x+6x^2)$，其中

$$c_1 = \int_0^1 \sin\pi x \mathrm{d}x = \frac{2}{\pi} \approx 0.6366$$

⊖ 我们回想一下，向量集合的格拉姆-施密特正交化过程（见1.6节）是单向的，不需要重新计算任何已经正交化的向量。

$$c_2 = \int_0^1 \sqrt{3}(1-2x)\sin\pi x \mathrm{d}x = 0$$

$$c_3 = \int_0^1 \sqrt{5}(1-6x+6x^2)\sin\pi x \mathrm{d}x = \frac{2\sqrt{5}}{\pi^3}(\pi^2-12) \approx -0.3073$$

综合得出 $s(x)=1$ 时的最优三项逼近函数

$$f_{\mathrm{ap}}(x) = -4.1225x^2 + 4.1225x - 0.0505 \tag{9.28}$$

$s(x)=x$　对于例 9.3.1 中权函数为 $s(x)=x$ 的多项式，我们可以写 $f_{\mathrm{ap}}=c_1\sqrt{2}+c_2(4-6x)+c_3\sqrt{6}(3-12x+10x^2)$，其中

$$c_1 = \int_0^1 \sqrt{2}(\sin\pi x)x\mathrm{d}x = \frac{\sqrt{2}}{\pi}$$

$$c_2 = \int_0^1 (4-6x)(\sin\pi x)x\mathrm{d}x = \frac{24-2\pi^2}{\pi^3}$$

$$c_3 = \int_0^1 \sqrt{6}(3-12x+10x^2)(\sin\pi x)x\mathrm{d}x = \frac{\sqrt{6}}{\pi^3}(\pi^2-12)$$

综合结果表明，权函数为 $s(x)=x$ 的三项逼近与权函数为 $s(x)=1$ 的式（9.28）相同。但是，请注意，$s(x)=1$ 的两项最优逼近函数是简单的 $f_{\mathrm{ap}}=2/\pi$，这与 $s(x)=x$ 的两项最优逼近函数（包含 x 的线性项）不同。

这个例子表明，“最佳逼近”的定义意味着使误差的特定范数值尽可能小，这时范数本身，以及因此计算的误差，对权重函数 $s(x)$ 的选择是敏感的。对 $s(x)$ 的不同选择可能会给出不同的计算误差，从而得到不同的“最佳逼近”。

9.3.3　正交函数的完备集

因为 $\sum_{i=1}^{N} c_i u_i$ 是一个有限和（当 N 有限时），它不能准确地表示大多数函数 $f(x)$。当然，随着 N 的增加近似会越来越好。一个很明显的问题是，当 $N\to\infty$ 时，表示是否精确？我们回想一下，这种精确性一般适用于傅里叶级数，包括例 9.2.2 中使用 $u_n(x)$ 的傅里叶正弦级数。傅里叶级数收敛于函数 $f(x)$ 在每个连续点 x 处的值。在 $f(x)$ 不连续的点 x 处，收敛于中间的间断值（左边极限值和右边极限值的平均值）。[⊖]当无穷函数序列给出这样的收敛结果时，就说这个函数集是**完备**的。这样，各种傅里叶级数函数集就是完备的。

这是一个很好的机会，把特征函数带回到讨论中。与特征函数的联系是，傅里叶正弦级数是在端点为零的情况下一维拉普拉斯算子的特征函数。其他傅立叶级数，如傅立叶余弦级数，在可选的齐次边界条件下得到。在提供收敛性的意义上，所有这些都是完备的。

⊖ 根据对 $f(x)$ 的具体要求和收敛的准确含义，这个陈述可以得到确切的表达。还要注意的是，我们现在处理的函数空间具有无限个基函数，即无限维向量空间。

这种完备性的结果一般适用于从方程式（9.12）的解得到的任何一组特征函数。

在这里，我们回顾一下 $\partial\Omega$ 上的拉普拉斯算子在每一点都服从狄利克雷或诺伊曼类型的齐次边界条件下，导致了构成式（9.19）的右端边界项为零。为了特征函数的完备性，我们通常需要考虑算子 $\mathcal{H}$ 的特定形式的相应结果。因此，我们关注使右端边界项为零的齐次边界条件的算子 $\mathcal{H}$。具体来说，这意味着，每当 u 和 v 都满足齐次边界条件时，$\mathcal{H}$ 必须具有以下性质。

- P3：

$$\int_{\Omega}[v\mathcal{H}u - u\mathcal{H}v]s\mathrm{d}V = 0$$

上面的积分可以是单积分、二重积分、三重积分等，这取决于空间的维数。

> 对于所有满足齐次边界条件的 u 和 v，一个符合条件 P3 的算子 $\mathcal{H}$ 称为**自伴算子**。

由式（9.19）中边界积分为零，得到 $\int_{\Omega}[v\nabla^2 u - u\nabla^2 v]\mathrm{d}V = 0$，这与 $\mathcal{H}=\nabla^2$，$s=1$ 时，三维中的 P3 相同，因此拉普拉斯算子是自伴的。

9.4 用瑞利商近似特征值

我们返回在 $\partial\Omega$ 上具有齐次边界条件的域 Ω 上算子 $\mathcal{H}$ 的方程式（9.12）的特征值问题。我们假定 $\mathcal{H}$ 是刚由 P3 性质所描述的自伴算子。回顾式（9.22）在 $\mathcal{H}$ 为拉普拉斯算子时对特征值的商刻画，我们将其推广定义为

$$\Lambda(w) \stackrel{\text{def}}{=} -\frac{(w,\mathcal{H}w)}{(w,w)} = \frac{(w,-\mathcal{H}w)}{(w,w)} \tag{9.29}$$

式（9.29）定义的量 Λ 在技术上是一个**泛函**，即 Λ 是函数的函数。在这里，我们写为 $\Lambda=\Lambda(w)$，这表明 Λ 的数值取决于函数 w 的确切性质，而且，函数 w 在表达式 $\mathcal{H}u$ 中运算，并在式（9.29）的右边的关于（$w,\mathcal{H}w$）和（w,w）的运算中积分。

由式（9.29）定义的特殊泛函有时被称为**算子 $\mathcal{H}$ 的瑞利商泛函**。如果 w 满足式（9.12），即 $\mathcal{H}w=-\lambda w$，则 $\Lambda(w)=\lambda$。这就解释了式（9.29）中的负号。如果 w 不是一个特征函数，那么 $\Lambda(w)$ 通常不会提供一个特征值。然而，如果 w 接近于一个特征函数，那么，由连续性，$\Lambda(w)$ 将接近相应的特征值。

例 9.4.1 在例 9.3.2 中，我们得到了由式（9.28）给出的函数 $f(x)=\sin\pi x$ 的二次逼近 $f_{\text{ap}}(x)$。从例 9.2.2 我们可以看出 $f(x)=X_1(x)$，其中 $X_1(x)$ 是拉普拉斯算子在区间长度 $L=1$ 时的第一个特征函数。其特征值为 $\lambda_1=\pi^2\approx 9.8696$。使用瑞利商泛函式（9.29）中的 $f_{\text{ap}}(x)$，看看它给出的近似与 λ_1 有多接近。

解 用式（9.28）的 f_{ap} 得到的近似特征值为

$$\Lambda(f_{ap})=-\frac{\int_0^1(-4.123x^2+4.123x-0.050)((\mathrm{d}^2/\mathrm{d}x^2)(-4.123x^2+4.123x-0.050))\mathrm{d}x}{\int_0^1(-4.123x^2+4.123x-0.050)^2\mathrm{d}x}$$

$$=\frac{8.246\int_0^1(-4.123x^2+4.123x-0.050)\mathrm{d}x}{\int_0^1(-4.123x^2+4.123x-0.050)^2\mathrm{d}x}=10.499$$

很显然，这种计算方式对舍入误差很敏感。

虽然这个例子提供了第一个特征值的近似，但它是基于第一次逼近已知的特征函数。瑞利商的真正用处在于，我们可以在不知道特征函数的情况下近似特征值。这是基于下面的有用结果。

★ 如果 w 是特征函数 u 的一阶近似，那么 $\Lambda(w)$ 是相应的特征值的二阶近似。

为了使这一陈述的语言更加准确，我们用拉格朗日变分微积分，把 w 写为

$$w=u+\epsilon v \tag{9.30}$$

这里 u 为具有特征值 λ 的实际特征函数，即 $-\mathcal{H}u=\lambda u$，ϵ 是一个小参数。w 和 u 都满足齐次边界条件，所以 v 也满足齐次边界条件，这使得 ϵv 是一个**容许变分**。因此

$$\Lambda(w)=\frac{(u+\epsilon v,-\mathcal{H}(u+\epsilon v))}{(u+\epsilon v,u+\epsilon v)}=\frac{(u,-\mathcal{H}u)+2\epsilon(v,-\mathcal{H}u)+\epsilon^2(v,-\mathcal{H}v)}{(u,u)+2\epsilon(u,v)+\epsilon^2(v,v)}$$

$$=\frac{\lambda(u,u)+2\lambda\,\epsilon(v,u)-\epsilon^2(v,\mathcal{H}v)}{(u,u)+2\epsilon(u,v)+\epsilon^2(v,v)}$$

这里我们使用了自伴随条件 $(u,\mathcal{H}v)=(v,\mathcal{H}u)$。标准的运算得到

$$\Lambda(w)=\frac{1}{(u,u)}[\lambda(u,u)+2\lambda\,\epsilon(v,u)-\epsilon^2(v,\mathcal{H}v)]$$

$$\times\left[1-\left[\frac{2\epsilon(u,v)+\epsilon^2(v,v)}{(u,u)}\right]+\left[\frac{2\epsilon(u,v)+\epsilon^2(v,v)}{(u,u)}\right]^2+O(\epsilon^3)\right]$$

$$=\lambda-\epsilon^2\left[\frac{(v,\mathcal{H}v)+\lambda(v,v)}{(u,u)}\right]+O(\epsilon^3) \tag{9.31}$$

这是因为 $O(\epsilon)$ 项被抵消了。因此，当 $w=u+O(\epsilon)$，即 w 是 u 的 ϵ^1 阶近似，我们发现，正如上文所述，$\Lambda(w)=\lambda+O(\epsilon^2)$，即 w 是 λ 的 ϵ^2 阶近似。将 $\Lambda(w)=(u+\epsilon v)$ 作为 ϵ 的函数，由式（9.31）可知

$$\Lambda(w)=\lambda \iff \lim_{\epsilon\to 0}\left(\frac{\mathrm{d}\Lambda}{\mathrm{d}\,\epsilon}\right)=0 \tag{9.32}$$

换句话说，当 w 与特征函数重合时，泛函 $\Lambda(w)$ 是稳定的。**特征值对应瑞利商的极值。**这一事实为逼近特征值提供了一种强有力的方法。

例 9.4.2　不直接使用特征函数本身，找到下列问题的特征值的近似值。

$$\frac{\mathrm{d}^2u}{\mathrm{d}x^2}+\lambda u=0,\quad u(0)=u(1)=0 \tag{9.33}$$

评注：注意，这也是由式（9.6）或式（9.11）控制的问题，也在例 9.2.2 中进行了检验。但是在这里，（右端点）$L=1$。因此特征值为 $\lambda_n=n^2\pi^2$，特征函数为 $u_n=A_n\sin\sqrt{\lambda_n}x$。

解　这里 $\mathcal{H}=\mathrm{d}^2/\mathrm{d}x^2$，瑞利商是

$$\Lambda(w)=-\frac{\int_0^1 w(\mathrm{d}^2w/\mathrm{d}x^2)\mathrm{d}x}{\int_0^1 w^2\mathrm{d}x}$$

有必要考虑服从边界条件的函数 w。我们首先考虑 $w(x,\alpha)=x(1-x)(1+\alpha x)=x-x^2+ax^2-ax^3$，其中 a 是一个可调参数。注意 $w(0)=w(1)=0$。将 w 代入 $\Lambda(w)$ 的表达式，得到

$$\Lambda(w)=-\frac{\int_0^1(x-x^2+\alpha x^2-\alpha x^3)(-2+2\alpha-6\alpha x)\mathrm{d}x}{\int_0^1(x-x^2+\alpha x^2-\alpha x^3)^2\mathrm{d}x}$$

$$=\frac{14(5+5\alpha+2\alpha^2)}{7+7\alpha+2\alpha^2}\equiv\hat{\Lambda}(\alpha)\tag{9.34}$$

我们把所得结果的关于 α 的函数写为$\hat{\Lambda}(\alpha)$，如图 9.5 所示。它有两个局部极值：$\alpha=-2$ 处的局部最大值和 $\alpha=0$ 处的局部最小值。当 $\alpha=-2$ 时，$\hat{\Lambda}$ 值为 42。当 $\alpha=0$ 时，$\hat{\Lambda}$ 值为 10。当 $\alpha\to\pm\infty$时，我们知道，$\hat{\Lambda}\to 14$。

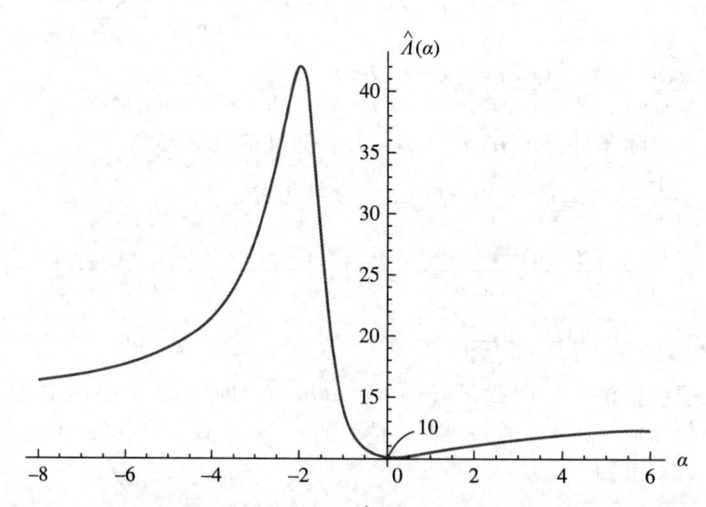

图 9.5　用估计的特征函数 $w(x,\alpha)$ 表示的函数$\hat{\Lambda}(\alpha)=\Lambda(w)$ 的图，显示了估计特征值的连续分布。感兴趣的点是位于 $\alpha=-2$ 和 $\alpha=0$ 的局部极值。这两种选择提供了两个近似的特征函数 $w(x,-2)$ 和 $w(x,0)$

- **极值点 $\alpha=0$**：此时得到 $w(x,0)=x(1-x)=x-x^2$。w 在 $x=1/2$ 处达到最大值，$w(1/2,0)=1/4$，所以这个函数类似于 $\sin\pi x/4$。我们重新缩放 w 来定义近似的特征函数$\tilde{u}_1(x)=4w(x,0)$，因为它接近第一个特征函数的标准倍数（图 9.6）。由式（9.34）得到$\hat{\Lambda}(0)=10$，$\lambda_1=\pi^2=9.8696$。误差为 1.3%。

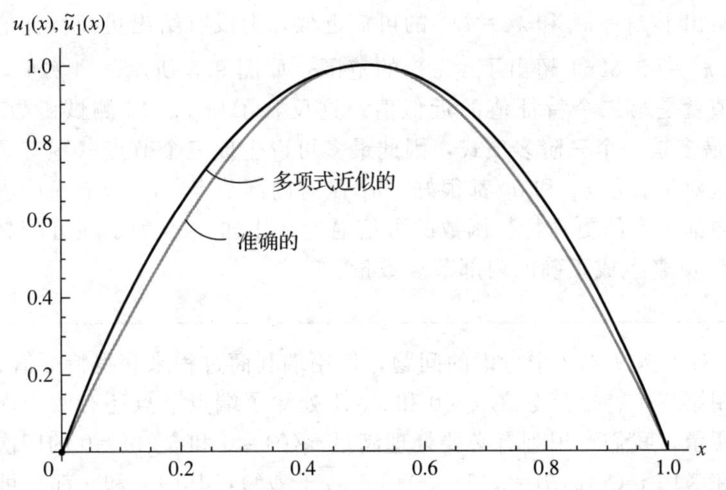

图 9.6　$\tilde{u}_1(x)=4x(1-x)$ 和准确的第一个特征函数 $u_1(x)=\sin\pi x$ 的比较。可以得出 $\Lambda(\tilde{u}_1)=10\approx\pi^2=\lambda_1=\Lambda(u_1)$

- **极值点 α＝－2**：此时得到 $w(x,-2)=x(1-x)(1-2x)$。除了在端点 $x=0$ 和 $x=1$ 处为零外，它还在区间中点 $x=1/2$ 处为零。因此，它的形状类似于 $\sin 2\pi x$，（如图 9.7）我们将 $w(x,-2)$ 除以 $w(0.2113,-2)=0.0962$ [⊖]，使 $w(x,-2)$ 在 $0\leqslant x\leqslant 1$ 的最大值为 1。无论如何归一化，它给出了第二个特征值的近似，即 $\hat{\Lambda}(-2)=42\approx 4\pi^2=39.478$。误差为 6.4%。

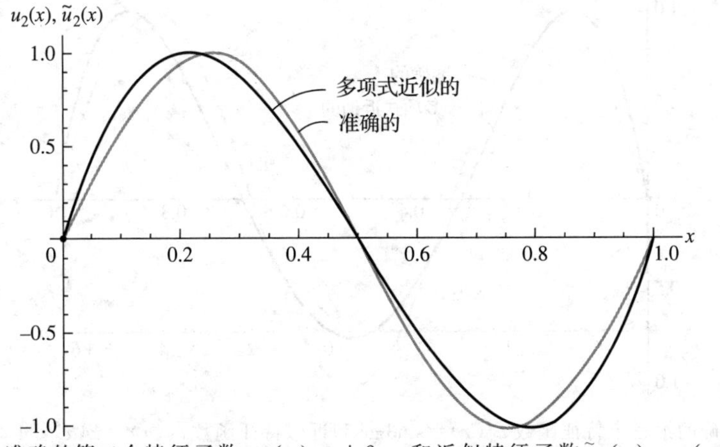

图 9.7　准确的第二个特征函数 $u_2(x)=\sin 2\pi x$ 和近似特征函数 $\tilde{u}_2(x)=w(x,-2)/0.0962$ 的比较。可以得出 $\Lambda(\tilde{u}_2)=42\approx 4\pi^2=\lambda_2=\Lambda(u_2)$

⊖ 译者用 MATLAB 算过：$\frac{\mathrm{d}w}{\mathrm{d}x}=0\Rightarrow x_1=0.7887$，$x_2=0.2113$；$x_2$ 处有极大值 $\sqrt{3}/18\approx 0.0962$，不是 0.9622！

这个例子给出了 $\lambda_1=\pi^2$ 和 $\lambda_2=4\pi^2$ 的可信近似，但没有给出更高特征值的近似。下一个特征值 $\lambda_3=9\pi^2=88.8264$ 超出了 $\hat{\Lambda}(\alpha)$ 的范围，如图 9.5 所示。事实上，$\hat{\Lambda}(\alpha)$ 在这个范围内的最大值就是第二个特征值的近似值。这反映了例 9.4.2 测试函数 $w(x,\alpha)=x-x^2+\alpha x^2-\alpha x^3$ 最多是一个三阶多项式，因此最多可以生成三个节点（零交叉点）和最多一个内部节点。这对于表示 u_1 和 u_2 都很好，u_1 没有内部节点，u_2 只有一个内部节点，但这不允许有更多内部节点的更高特征函数的可信逼近，比如 u_3。为了逼近较高的特征值，需要使用测试函数 w 来生成正确的内部节点数量。

例 9.4.3　对于例 9.4.2 中考虑的问题，使用瑞利商过程来获得特征值 λ_3 的近似。

解　仅利用第三个特征函数在 $x=0$ 和 $x=1$ 处除了端点节点还有两个内部节点这一事实，如图 9.8 所示，我们意识到有必要处理满足 $w(0)=0$ 和 $w(1)=0$ 的四次多项式 $w(x)$。因此，我们现在考虑 $w(x,\alpha,\beta)=x(1-x)(1+\alpha x+\beta x^2)$，其中 α 和 β 都是可调参数。将 w 代入 $\Lambda(w)$，得到

$$\Lambda(w)=-\frac{\int_0^1 w\frac{\mathrm{d}^2w}{\mathrm{d}x^2}\mathrm{d}x}{\int_0^1 w^2\,\mathrm{d}x}$$

$$=\frac{420+420\alpha+252\beta+168\,\alpha^2+252\alpha\beta+108\beta^2}{42+42\alpha+24\beta+12\,\alpha^2+15\alpha\beta+5\beta^2}\equiv\hat{\Lambda}(\alpha,\beta)\tag{9.35}$$

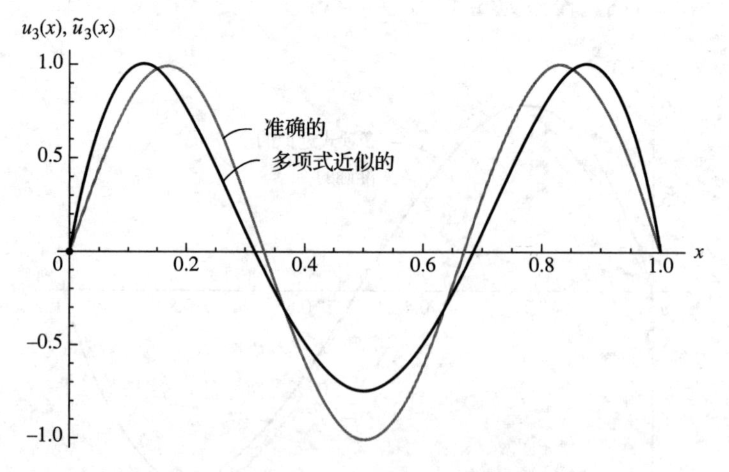

图 9.8　准确的第三个特征函数 $u_3(x)=\sin 3\pi x$ 和近似特征函数 $\tilde{u}_3(x)=w(x,-4.633,4.633)/0.5396$ 的比较。缩放，即除以 0.5396，是用来给 $\tilde{u}_3(x)$ 在 $0\leqslant x\leqslant 1$ 上产生最大值 1，这有助于图形比较。正如文中所讨论的，w 的整体尺度对 $\Lambda(w)$ 没有影响

我们通过考虑下面这两个分别包含 α 和 β 两个未知数的方程，来寻找极值。

$$\frac{\partial\hat{\Lambda}}{\partial\alpha}=0\quad 和\quad \frac{\partial\hat{\Lambda}}{\partial\beta}=0$$

一个标准的数值求根方法产生 7 个根 (α,β)，其中 4 个涉及一个或两个复数。仅涉及实数的 3 个根对分别为 $(\alpha,\beta)=(-2,0)$，$(\alpha,\beta)=(1.133,-1.133)$，$(\alpha,\beta)=(-4.633,4.633)$。

根 $(\alpha,\beta)=(-2,0)$，因为 $\beta=0$，它与例 9.4.2 中的 $\alpha=-2$ 重合。这个根复制了 λ_2 的近似 $\Lambda=42$。

根 $(\alpha,\beta)=(1.133,-1.133)$ 产生了一个没有内部节点的函数 $w(x,\alpha,\beta)$，因此可以得到 $\lambda_1=\pi^2=9.8696$ 的近似 $\hat{\Lambda}(1.133,-1.133)=9.86975$。这显然比在前面的例子中得到的这个特征值的近似值 10 有了改进。

第三个也是最后一个实根 $(\alpha,\beta)=(-4.633,4.633)$ 产生了一个有两个内部节点的函数 $w(x,\alpha,\beta)$，从而提供了 λ_3 的近似。$\lambda_3=9\pi^2=88.8264$，其近似为 $\hat{\Lambda}(-4.633,4.633)=102.13$。

通过将检验函数 w 以特征函数本身的形式展开，我们可以深入了解 w 在特征值附近的极值的性质。也就是说，我们再次设 $\{\phi_1(x),\ \phi_2(x),\ \cdots\}$ 是具有相应的正特征值 $\lambda_1<\lambda_2<\lambda_3<\cdots$ 的标准正交特征函数的完备集。那么任意测试函数都可以表示为 $w=c_1\phi_1+c_2\phi_2+\cdots$，其中 $c_i=(w,\phi_i)$。瑞利商 $\Lambda(w)$ 变为

$$\Lambda\left(\sum_{i=1}^{\infty}c_i\phi_i\right)=-\frac{\left(\sum_{i=1}^{\infty}c_i\phi_i,\sum_{j=1}^{\infty}c_j\mathcal{H}\phi_j\right)}{\left(\sum_{i=1}^{\infty}c_i\phi_i,\sum_{j=1}^{\infty}c_j\phi_j\right)}=\frac{\sum_{i=1}^{\infty}\sum_{j=1}^{\infty}\lambda_j c_i c_j\overbrace{(\phi_i,\phi_j)}^{\delta_{ij}}}{\sum_{i=1}^{\infty}\sum_{j=1}^{\infty}c_i c_j\underbrace{(\phi_i,\phi_j)}_{\delta_{ij}}}=\frac{\sum_{i=1}^{\infty}\lambda_i c_i^2}{\sum_{i=1}^{\infty}c_i^2}$$

因为 $0<\lambda_1<\lambda_2<\lambda_3<\cdots$，我们看到分子大于或等于

$$\lambda_1\sum_{i=1}^{\infty}c_i^2=\sum_{i=1}^{\infty}\lambda_1 c_i^2$$

使得 $\Lambda(w)$ 大于或等于 λ_1。只有当 $c_2=c_3=c_4=\cdots=0$，即当 w 本身是第一个特征函数时，$\Lambda(w)=\lambda_1$，才能取等于。更一般地，如果前 $n-1$ 系数为零，即 $c_1=c_2=\cdots=c_{n-1}=0$，则同样可以得出，$\Lambda(w)\geqslant\lambda_n$。如果 w 本身是第 n 个特征函数，则在这个有限的函数类中得到等于。通过检查 $i=1,2,\cdots,n-1$ 时 $(w,\phi_i)=0$ 是否成立，容易确定前 $n-1$ 个系数是否为 0。汇集这些结果，我们建立以下**特征值的最小化表征**。

> 假设在 $\partial\Omega$ 上具有齐次边界条件的域 Ω 上的控制方程式（9.12）定义了一个自伴特征值问题。如果 w 是从在 $\partial\Omega$ 上满足齐次边界条件的函数类中得到的，则
>
> $$\lambda_1=\min_{w}\Lambda(w),\qquad \lambda_n=\min_{\substack{w\\(w,\phi_i)=0\\i=1,2,\cdots,n-1}}\Lambda(w)$$

这一表征描述提供了一个准确的几何解释：当瑞利商稳定时，它是如何传递特征值的。也就是说，通过满足齐次边界条件，任何测试函数 w 都可以从正交集 $\{\phi_1(x),\phi_2(x),\cdots\}$ 张成的函数空间中自动得到。通过在此空间内最小化，得到第一个特征值 λ_1。剩余的特征值以 Λ 的鞍点的形式出现，其中关于 λ_n 的鞍点在 $\{\phi_n,\phi_{n+1},\cdots\}$ 所张成的方向上是最小的，但在 $\{\phi_1,\phi_2,\cdots,\phi_{n-1}\}$ 所张成的方向上是局部最大值。因此，在消去了这些坐标方向后，鞍点就成为函数在受限制的子空间中的一个极小点。

9.5　非笛卡儿坐标下的变量分离

本章中使用的分离变量过程产生了单坐标特征值问题——比如小问题式（9.6）或式（9.11）——到目前为止所有的特征函数都只包含正弦、余弦或指数。这是分离变量机制中得到的各种常微分方程都是线性常系数常微分方程这一事实的副产品。然而，在许多应用中，人们遇到的情况是一个常微分方程——如果原始偏微分方程是线性的，它仍然是线性的——具有**非常数系数**。

出现非常数系数常微分方程的一种方式是，当原始偏微分方程具有非常数系数时。为了便于讨论，我们假设原始线性偏微分方程是可分离的。那么至少有一个分离的常微分方程也会有非常数系数，因此这个常微分方程的解将需要比正弦、余弦和指数更复杂的函数。

出现非常数系数常微分方程的另一种方式是，当使用分离变量时，原始偏微分方程在一个坐标系中是常系数的，但在现在寻求解决问题的另一个坐标系中变为非常数系数的。对第二个坐标系执行分离变量技术将导致非常数系数常微分方程，因此其解的函数比正弦、余弦和指数更复杂。

拉普拉斯方程 $\nabla^2 u=0$ 是最简单的高阶偏微分方程。根据 9.1 节中关于 ∇^2 算符的各种表示，该算符在笛卡儿坐标系中为常系数，但在极坐标和球坐标系中为非常数系数。将分离变量技术应用于非笛卡儿坐标系下的拉普拉斯方程，可以得到非常数系数线性常微分方程。

既然有正弦、余弦和指数的简单性，为什么会有人想用非笛卡儿的方式分离变量呢？原因是工程和应用科学产生的边界值问题不仅由场方程的偏微分方程控制，而且由边界 $\partial\Omega$ 的特殊形状控制。如果边界是一个正方形或矩形，那么我们应该将变量 (x,y,z) 分开，以得到整齐的正弦、余弦和指数。然而，如果边界不是矩形的，这样的过程产生的整齐的解与边界形状无关，这对解决实际的边界值问题基本上是无用的。

下一个例子揭示了在非笛卡儿坐标系中使用分离变量时出现的各种挑战和障碍。这是一个冗长而详细的例子，但实际上是工程分析的一个经典问题。因此，仔细研究它是明智的。更重要的是，这个问题的整体解决方法在结构上与非笛卡儿坐标系中许多涉及偏微分方程的问题所采用的方法相似。

例 9.5.1　设 Ω 为二维圆域 $0\leqslant r<L$，$0\leqslant\theta<2\pi$，其中圆半径用 L 表示，用分离变量求出关于位置 $(r,\theta)\in\Omega$ 和 $t\geqslant 0$，满足圆域边界 $r=L$ 上的齐次狄利克雷边界条件和初始条件 $u=u_0(r,\theta)$ 和 $\dot{u}=0$ 的以下问题的解 $u(r,\theta,t)$：

$$\frac{1}{c^2}\frac{\partial^2 u}{\partial t^2}=\nabla^2 u \tag{9.36}$$

评注 1：例 9.2.1 处理了完全类似的一维问题。那里的定义域是一条线段，定义域的边界是线段的两个端点。现在定义域是圆的内部：$r<L$，边界是 $\partial\Omega$：$r=L$。前面的问题描述了绷紧弦的小振幅振动。这个问题描述了像鼓一样绷紧的圆形膜，在释放的某一瞬间（速度为零）在特定位移的初始条件下的小振幅振动。常数 c 是与膜纵向位移相关的波（信号）速度。为了解决当前的问题，我们需要研究例 9.2.1，其中分离变量自然地导致了分离出的 $X(x)$ 函数中的特征值问题。我们还看到，整个问题是由位移的初始条件 $u(x,0)=g(x)$ 驱动的。

评注 2：注意拉普拉斯算子只描述了式（9.36）的空间部分。左边也有与时间有关的部分。

解　将方程式（9.9）中的一维拉普拉斯算子替换为二维拉普拉斯算子，就得到控制方程式（9.36）。因为定义域是一个圆，所以使用极坐标。因此，控制方程可以写成

$$\frac{1}{c^2}\frac{\partial^2 u}{\partial t^2}=\frac{\partial^2 u}{\partial r^2}+\frac{1}{r}\frac{\partial u}{\partial r}+\frac{1}{r^2}\frac{\partial^2 u}{\partial \theta^2} \tag{9.37}$$

膜固定在圆形边界 $\partial\Omega$，给出边界条件 $u(L,\theta,t)=0$。初始条件为初始边界位移 $u(r,\theta,0)=u_0(r,\theta)$ 和零初始速度 $\dot{u}(r,\theta,0)=0$。见图 9.9。

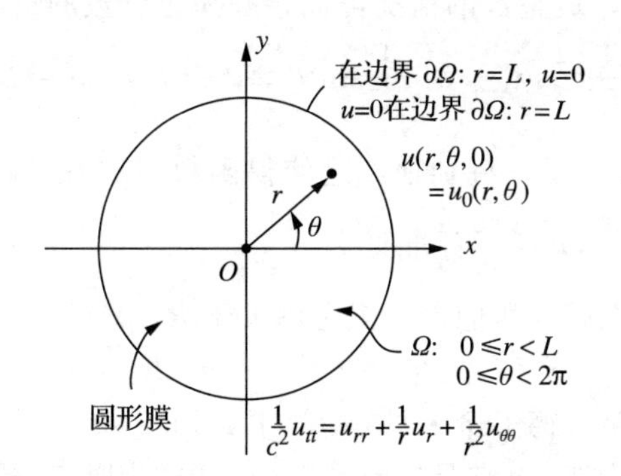

图 9.9　圆形膜在 Ω：$0\leqslant r<L$ 范围内的小振幅振动由线性波动方程式（9.37）控制。边界 $r=L$ 具有零位移，初始条件为指定的任意（但较小）位移 $u_0(r,\theta)$。利用分离变量求出解，并用这个过程来生成贝塞尔函数。解必须在整个域 Ω 内是有界的：$u<\infty$。在边界 $\partial\Omega$ 上显然是有界的

我们用 $u(r,\theta,t)=R(r)\Theta(\theta)T(t)$ 构造分离变量解，得到

$$\frac{1}{c^2}\frac{\ddot{T}}{T}=\frac{R''}{R}+\frac{1}{r}\frac{R'}{R}+\frac{1}{r^2}\frac{\Theta''}{\Theta} \tag{9.38}$$

其中，我们再次使用上点符号来表示时间导数，并扩展了对于任何类空间导数的上标符号（$'$）的使用（$R'=\mathrm{d}R/\mathrm{d}r$，$\Theta'=\mathrm{d}\Theta/\mathrm{d}\theta$，等等）。右边只是 r 和 θ 的函数（或者，不是 t 的函数），而左边只是 t 的函数（或者，不是 r 和 θ 的函数）。逻辑上，只有当两边都是常量时，才可能是等式。在这个阶段，**分离常数**可以是正的、负的或零。虽然我们可以检验所有这

些可能性，但下面将确定这个分离常数不可能是正的（稍后会详细介绍）。期待这个结果，我们把它写成$-\gamma^2$。关于$T(t)$的问题变成$\ddot{T}+\omega^2 t=0$，其中$\omega\equiv c\gamma$受$\dot{T}(0)=0$的约束，因为这是初始速度为零的条件。这是我们现在能应用的唯一初始条件，因为另一个初始条件是驱动整个问题的非零初始位移$u_0(r,\theta)$。该驱动初始条件在一般解收集**以后**应用，并将再次允许估算展开系数。因此我们得到$T(t)=C\cos\omega t$。

转向式（9.38）的右边，我们现在得到

$$\frac{R''}{R}+\frac{1}{r}\frac{R'}{R}+\frac{1}{r^2}\frac{\Theta''}{\Theta}=-\gamma^2$$

我们消除只与θ相关的项Θ''/Θ中的径向因子，并再次调用分离变量，得出

$$\frac{r^2R''}{R}+\frac{rR'}{R}+\gamma^2r^2=-\frac{\Theta''}{\Theta}=\beta$$

最左边的（三项）表达式不是θ的函数，中间的表达式不是r的函数，只有当两者都等于一个常数（在上面的方程中是β）时，这在逻辑上是可能的。

将上述方程的各个部分分离出来，对于角θ部分，$\Theta''(\theta)+\beta\Theta=0$，其解可以写成$\Theta=A\cos\sqrt{\beta}\theta+B\sin\sqrt{\beta}\theta$。这里我们选择用 sin 和 cos 而不是指数形式，因为我们需要坐标θ每2π重复［在数学上，对于所有整数n，我们必须有$\Theta(\theta)=\Theta(\theta+2n\pi)$］。因此要求$\sqrt{\beta}=0,1,2,\cdots$，通过变化$A$和$B$，负整数的情况可以合并为正整数的情况，我们把解写为

$$\Theta=A_n\frac{1}{\sqrt{\pi}}\cos n\theta+B_n\frac{1}{\sqrt{\pi}}\sin n\theta\equiv\Theta_n(\theta),\quad n=0,1,2,\cdots$$

加入因子$1/\sqrt{\pi}$是为了以后方便。特别地，这使得函数$(1/\sqrt{\pi})\cos n\theta$和$(1/\sqrt{\pi})\sin n\theta$在标准内积$\int_0^{2\pi}f(\theta)g(\theta)\mathrm{d}\theta\equiv(f,g)_\theta$下标准正交。

在处理了θ依赖关系之后，我们接下来考虑关于$R(r)$的方程，它变成了

$$r^2R''+rR'+(\gamma^2r^2-n^2)R=0\tag{9.39}$$

这个方程以德国天文学家弗里德里希·贝塞尔（Friedrich Bessel）的名字命名，是现存最著名、研究最多的常微分方程之一。它是二阶常微分方程，因此需要两个边界条件。对于边界条件$u(L,\theta,t)=0$的边界值问题，很明显，方程式（9.39）的一个边界条件是$R(L)=0$。

$R(r)$的另一个边界条件是什么？为了回答这个问题，我们离题考虑方程式（9.39）在极限$\omega/c=\gamma\to0$中出现的非平凡特殊情况。这个极限对应的是信号速度c变得无界大（这是由于膜被“无限紧地”拉伸到圆形框架上）。贝塞尔方程化简为$r^2R''+rR'-n^2R=0$，即著名的**柯西-欧拉**方程，其解为$R(r)=Cr^n+Dr^{-n}$。因为r^{-n}在$r=0$时变得无限大，r^{-n}解必须排除考虑，从而得到简化后的$R(r)=Cr^n$。通过将第二个边界条件取为“**在$r\to0$时，$R(r)$的性态必须良好**（例如，有界）”，自然可以得到这种简化。

回到方程式（9.39）的一般情况，其中$\gamma\neq0$，我们现在寻求在$R(L)=0$和在$r\to0$时，$R(r)$的性态良好的边界条件下，解这个贝塞尔方程。因此，我们立即观察到这个问题的一个这样的解就是$R(r)$恒等于零，即平凡解。关于分离函数$X(x)$，在例9.2.1中遇到了类似的情况：寻找非平凡解导致特征值问题。在当前的例子中出现了类似的情况，这使我

们能够找到分离常数$-\gamma^2$ 的特殊值（它已经以一种最自然的方式引入，但尚未确定）。通过将方程式（9.39）改变为如下形式：

$$\underbrace{R''+\frac{1}{r}R'-\frac{n^2}{r^2}R}_{\mathcal{H}R}=-\underbrace{\gamma^2}_{\lambda}R \tag{9.40}$$

然后将此与方程式（9.12）进行比较，我们确定方程式（9.40）为下列算子的特征值问题：

$$\mathcal{H}=\frac{\mathrm{d}^2}{\mathrm{d}r^2}+\frac{1}{r}\frac{\mathrm{d}}{\mathrm{d}r}-\frac{n^2}{r^2}\equiv\mathcal{H}_n \tag{9.41}$$

其中，符号 $\mathcal{H}_n$ 表示存在一个无限的算子序列（$n=0,1,\cdots$）。对于每一个特征值问题 $\mathcal{H}_nR=\lambda R$，都有特征值和特征函数，我们用 $m=1,2,\cdots,M_n$ 标记。特征值和特征函数分别用 $\lambda_{(n,m)}$ 和 $\phi_{(n,m)}(r)$ 表示。整数 M_n 是每个序列的最后一个指标，可能基于我们能成功确定的特征函数或者我们想要处理的特征函数。每个特征函数均满足相关的边界条件 $\phi_{(n,m)}(L)=0$ 和 $\phi_{(n,m)}(r)$ 在 $r=0$ 处的良好性态。我们进一步假设对于每一个算子 $\mathcal{H}_n$，特征函数 $\phi_{(n,m)}$，$m=1,2,\cdots,M_n$ 在式（9.25）的意义上关于适当的内积 $\int_0^L f(r)\,g(r)s(r)\mathrm{d}\theta\equiv(f,g)_r$ 是正交的。在上述陈述中，我们进一步假设在 $\mathcal{H}_n$ 中对每个指标 n 都是相同的内积[也就是说，$s(r)$ 与 n 无关]。

综合结果，得到非平凡解 $u_{(n,m)}(r,\theta,t)=\phi_{(n,m)}(r)\Theta_n(\theta)\cos\omega t$，每个解满足偏微分方程式（9.37），以及边界条件 $u(L,\theta,t)=0$ 和初速度条件 $\dot{u}(r,\theta,0)=0$。这里注意，$\lambda=\gamma^2$ 和 $\omega=c\gamma$ 的组合条件实际上已经确定了 ω 的值，因为 $\omega=c\gamma=c\sqrt{\lambda}=c\sqrt{\lambda_{(n,m)}}\equiv\omega_{(n,m)}$。回想一下，每一个 $\Theta_n(\theta)$ 都包含一个 cos 部分和一个 sin 部分，我们可以看到

★ 我们已经得到了一组双指标值 $\omega_{(n,m)}$ 集合，其中每一个都是二维域上两个模态振型振动的**特征频率**：$(1/\sqrt{\pi})\phi_{(n,m)}(r)\cos n\theta$ 和 $(1/\sqrt{\pi})\phi_{(n,m)}(r)\sin n\theta$。

每一个 $u_{(n,m)}(r,\theta,t)$ 满足原始问题陈述中给出的所有齐次（或“非驱动”）条件。因此它们的叠加

$$u(r,\theta,t)=\frac{1}{\sqrt{\pi}}\sum_{n=1}^{\infty}\sum_{m=1}^{M_n}[a_{(n,m)}\cos n\theta+b_{(n,m)}\sin n\theta]\phi_{(n,m)}(r)\cos\omega_{(n,m)}t \tag{9.42}$$

也满足所有齐次条件。该问题由剩余的非齐次条件驱动，即初始条件 $u(r,\theta,0)=u_0(r,\theta)$ 给出膜的初始位移。

上述双级数形式是任意 $u_0(r,\theta)$ 问题的解，对于系数 $a_{(n,m)}$ 和 $b_{(n,m)}$ 的某些选择，它可以表示为

$$u_0(r,\theta)=\frac{1}{\sqrt{\pi}}\sum_{n=1}^{\infty}\sum_{m=1}^{M_n}[a_{(n,m)}\cos n\theta+b_{(n,m)}\sin n\theta]\phi_{(n,m)}(r) \tag{9.43}$$

为了利用式（9.42），我们必须解决两个基本问题。

- 如果 u_0 确实是由式（9.43）给出的形式，即使没有意识到这个偶然的事实，如何找到系数 $a_{(n,m)}$ 和 $b_{(n,m)}$？
- 如果 u_0 不是由式（9.43）给出的形式，可以找到系数 $a_{(n,m)}$ 和 $b_{(n,m)}$ 的最佳近似解吗？

这两个问题的共同答案直接由我们在 9.3 节中对正交函数的一般性研究得出。在例 9.3.1的后面，我们提供了用一系列标准正交函数来确定任意函数的最佳近似的系数的方法。这适用于目前的情况，因为我们断言模态振型$(1/\sqrt{\pi})\phi_{(n,m)}(r)\cos n\theta$和$(1/\sqrt{\pi})\phi_{(n,m)}(r)\sin n\theta$是一个标准正交集。为了验证这一结论，我们注意角部分$(1/\sqrt{\pi})\cos n\theta$和$(1/\sqrt{\pi})\sin n\theta$在一维内积$(f,g)_\theta$下是正交的。对于每个固定的$n$，径向部分$\phi_{(n,m)}(r)$在一维内积$(f,g)_r$下被假定为正交的。综上所述，这表明模态振型在如下的"二维内积"下是正交的：

$$(f,g)=\int_0^{2\pi}\int_0^L f(r,\theta)g(r,\theta)s(r)\mathrm{d}r\mathrm{d}\theta \tag{9.44}$$

由此我们可以看出展开系数的正确选择是

$$a_{(n,m)}=\frac{1}{\sqrt{\pi}}\int_0^{2\pi}\int_0^L u_0(r,\theta)\phi_{(n,m)}(r)s(r)\mathrm{d}r\cos n\theta\mathrm{d}\theta \tag{9.45}$$

$$b_{(n,m)}=\frac{1}{\sqrt{\pi}}\int_0^{2\pi}\int_0^L u_0(r,\theta)\phi_{(n,m)}(r)s(r)\mathrm{d}r\sin n\theta\mathrm{d}\theta \tag{9.46}$$

在式（9.42）中使用这些系数就提供了我们的解。

例 9.5.1 的结束相当突然，尽管我们还没有回答一些问题，尤其是下面的问题。

- 为了获得对任何实际解都是必要的$\lambda_{(n,m)}$和$\phi_{(n,m)}(r)$，我们如何解方程式（9.40）的特征值和特征函数问题？
- 我们如何知道$\phi_{(n,m)}(r)$对某些假定的内积$(f,g)_r$是正交的，具体来说，什么样的权函数$s(r)$能够成功地提供这样的内积？

这些都是至关重要的问题。为了提出一个更广泛的观点，我们暂时没有解决这些问题，即在得到方程式（9.42）、式（9.45）和式（9.46）给出的解时所使用的**程序结构**。这种程序结构是**很多边界值问题的共同特征**。特别地，分离变量技术应用于用各种不同坐标系中表示的标准线性偏微分方程，会产生类似的级数表示。特征值和特征函数会随着偏微分方程、初始条件、边界条件和坐标系的变化而变化。类似地，$s(r)$的类似物也会根据坐标系的不同而改变。但是，自变量的结构和解的形式将会保持不变。换句话说，

★ 例 9.5.1 是许多经典分离变量问题的范例，分离变量问题出现在各种坐标系（笛卡儿、极坐标、球面，等等）中，以及工程和科学的各种领域（振动和波传播、流体动力学、电磁学、传热、多孔介质中的扩散，等等）中。

现在探讨上面未解决的第一个问题，注意，对特征值或特征函数的任何调查，方程式（9.40）必然从对贝塞尔方程式（9.39）通解的更深入的探究开始。为了当前的目的，我们观察参数γ可以通过$x=\gamma r$从式（9.40）剥离出来。然后方便地使$R(r)=y(x)$并引入$\kappa=n$。这将把方程式（9.39）（通过链式法则）转换为（笛卡儿坐标下的）单参数形式

$$x^2y''+xy'+(x^2-\kappa^2)y=0 \tag{9.47}$$

其中，$y'=\mathrm{d}y/\mathrm{d}x$，$y''=\mathrm{d}^2y/\mathrm{d}x^2$。将该式视为四项之和，注意，$x^2y''$，$xy'$和$\kappa^2y$这三项中

的每一项都“关于 x 是等量纲的”；它的三项之和形式是经典的柯西-欧拉（C-E）形式，本身可以得到简单的解表达式。然而，由于额外的 $x^2 y$ 项破坏了简单的 C-E 形式，我们必须求助于复杂的处理。参数 κ 现在被视为任意实数（它不局限于整数）。我们将在后面的章节中更深入地探讨这个常微分方程，特别是在关于特殊函数的 10.3 节，它提供了贝塞尔函数的详细研究。

最后，对未解决的第二个问题进行探究，通过研究该问题与 9.3 节讨论的性质 P1～P3 之间的关系，可取得实质性的进展。下一个例子说明了为什么会这样。

例 9.5.2　回忆 9.3.3 节关于性质 P3 的自伴定义。证明在 $0\leqslant r<L$ 上选择合适的权函数 $s(r)$ 会使方程式（9.41）中给出的算子 $\mathcal{H}_n$ 产生一个自伴问题。这里要求边界条件（BC）为例 9.5.1 中的边界条件，即 BC1：$R(L)=0$；BC2：$R(r)$ 在 $r=0$ 处性态良好。

利用这个 $s(r)$，讨论性质 P1 和性质 P2 在多大程度上也得到了保证。

解　这个问题只涉及分离的 r 方程，因此这种情况下的定义域为 Ω：$0\leqslant r<L$。由性质 P3 可知，所需的 $s(r)$ 必须对所有的满足边界条件 BC1 和 BC2 的 $u(r)$ 和 $v(r)$，使得下式成立：

$$\int_0^L v\left(u''+\frac{1}{r}u'-\frac{n^2}{r^2}u\right)s\,\mathrm{d}r=\int_0^L u\left(v''+\frac{1}{r}v'-\frac{n^2}{r^2}v\right)s\,\mathrm{d}r$$

未微分的项（即包含 n^2 的那些项）相同，因此问题简化为

$$\int_0^L v\left(u''+\frac{1}{r}u'\right)s\,\mathrm{d}r=\int_0^L u\left(v''+\frac{1}{r}v'\right)s\,\mathrm{d}r \tag{9.48}$$

为此，我们处理左边的积分，执行必要的分部积分过程，从而从 u 中除去所有的导数。结果为

$$\int_0^L v\left(u''+\frac{1}{r}u'\right)s\,\mathrm{d}r=\left[(u'v-uv')s+uv\left(\frac{1}{r}s-s'\right)\right]_0^L$$
$$+\int_0^L\left(uv''+uv'\left(-\frac{1}{r}s+2s'\right)+uv\left(\frac{1}{r^2}s-\frac{1}{r}s'+s''\right)\right)\mathrm{d}r \tag{9.49}$$

由于 BC1，在 $r=L$ 处第一边界项为零。在 $r=0$ 处，由 BC2 得到：u,v,u',v' 有界但可取任意值。因此，使边界项在 $r=0$ 处为零就需要

$$s(0)=0\quad 和\quad \lim_{r\to 0}\left(\frac{1}{r}s-s'\right)=0$$

式（9.49）右边的积分必须与式（9.48）右边的积分相匹配，得到

$$-\frac{1}{r}s+2s'=\frac{1}{r}s\quad 和\quad \frac{1}{r^2}s-\frac{1}{r}s'+s''=0 \tag{9.50}$$

这两个常微分方程中的第一个是 $s'=s/r$，得到 $s(r)=Cr$，其中 C 为常数。因为 s 必须提供内积，所以这个常数必须是正的。接下来，很容易验证 $s(r)=Cr$ 与 $C>0$ 可以满足由式（9.49）产生的其他条件。为简单起见，取 $C=1$，我们看到 $s(r)=r$ 满足式（9.48），这使得问题成为自伴的。

我们现在断言，这就是例 9.5.1 中证明正交性所需要的 $s(r)$。这里我们还注意到，正

如例 9.5.1 中所述，$s(r)$ 确实与参数 n 无关，导出式（9.45）和式（9.46）。

我们必须证明的特定正交性是，如果 $m\neq p$，$(\phi_{(n,m)},\ \phi_{(n,p)})_r=0$，这里，由于 $s(r)=r$，内积为$(u,v)_r=\int_0^L u(r)v(r)r\mathrm{d}r$。上述自伴结果确立了以下结论：对于所有满足 BC1 和 BC2 的 u 和 v，成立 $(\mathcal{H}_n u,v)_r=(u,\mathcal{H}_n v)_r$。我们再一次注意到自伴与边界条件的相互依赖：在常微分方程理论中，这些关系从根本上是不可分割的。由于 $\phi_{(n,m)}$ 和 $\phi_{(n,p)}$ 都满足这些边界条件，我们得到 $(\mathcal{H}_n\phi_{(n,m)},\phi_{(n,p)})_r=(\phi_{(n,m)},\mathcal{H}_n\phi_{(n,p)})_r$。另一方面，$\mathcal{H}_n\phi_{(n,m)}=\lambda_{(n,m)}\phi_{(n,m)}$ 和 $\mathcal{H}_n\phi_{(n,p)}=\lambda_{(n,p)}\phi_{(n,p)}$。综合这两个结果，得出 $\lambda_{(n,m)}(\phi_{(n,m)},\phi_{(n,p)})_r=\lambda_{(n,p)}(\phi_{(n,m)},\phi_{(n,p)})_r$ 或者，$(\lambda_{(n,m)}-\lambda_{(n,p)})(\phi_{(n,m)},\phi_{(n,p)})_r=0$。由于 $\lambda_{(n,m)}$ 和 $\lambda_{(n,p)}$ 在 $m\neq p$ 时是不同的特征值，由此得出 $(\phi_{(n,m)},\phi_{(n,p)})_r=0$。细心的读者会注意到，这基本上是与式（9.23）相关的拉普拉斯特征函数正交性论证的再现。

到目前为止，我们已经证明了，只要内积 $(u,v)_r$ 是取 $s(r)=r$ 得到的，性质 P3 和性质 P2 都适用于式（9.41）中的 $\mathcal{H}_n$。现在转向性质 P1，我们可以建立特征值的正性。为此，我们使用式（9.29）中的瑞利商表征形式

$$\lambda_{(n,m)}=-\frac{(\phi_{(n,m)},\mathcal{H}_n\phi_{(n,m)})_r}{(\phi_{(n,m)},\phi_{(n,m)})_r}$$

由于$(\phi_{(n,m)},\ \phi_{(n,m)})_r>0$，如果分子上的内积 $(\phi_{(n,m)},\ \mathcal{H}_n\phi_{(n,m)})_r$ 为负，则特征值为正。事实上，我们断言，对于任何满足条件 BC1 和条件 BC2 的 u，$(u,\mathcal{H}_n u)_r<0$。为了看到这一点，我们检查

$$\begin{aligned}(u,\mathcal{H}_n u)_r&=\int_0^L u\left(u''+\frac{1}{r}u'-\frac{n^2}{r^2}u\right)r\,\mathrm{d}r\\&=\underbrace{uu'r\,\big|_0^L}_{0-0}-\int_0^L\underbrace{\left((u')^2r+\frac{n^2}{r}u^2\right)}_{>0}\mathrm{d}r<0\end{aligned}$$

因此 $(\phi_{(n,m)},\ \mathcal{H}_n\phi_{(n,m)})_r<0$，得到 $\lambda_{(n,m)}>0$。必须再次注意齐次边界条件在产生这一结果中的关键作用。

例 9.5.2 对例 9.5.1 的径向特征函数和特征值证实了性质 P3、性质 P2，以及性质 P1 的正特征值断言。我们从这些性质中唯一没有正式证实的问题是，存在一个无限的无界增长的特征值序列（性质 P1）。我们也没有证明 9.3.3 节所描述的收敛性和完备性结果。我们断言这些结果同样适用于 $\lambda_{(n,m)}$ 和 $\phi_{(n,m)}$（具体来说，对于每个固定的 n，当 $m\to\infty$ 时结果成立）。这意味着，我们可以在式（9.42）中取 $M_n=\infty$，因此，该式就变成了例 9.5.1 中处理的边界值问题的精确解的表示。

收敛性和完备性结果的证明将超出本书的范围。然而，我们离证明这样的结果不远了。这是为什么呢？因为后面我们将讨论格林函数，它能够使常微分方程的各种特征值或特征函数问题重新表述为积分方程的等价问题，这些问题可用于允许正式证明的解析技术。这些技术类似于你在初级微积分课中建立各种级数收敛结果时使用的那些技术——你只需要增强这些标准的微积分技术，就可以得到这里所说的级数收敛结果。

因此，学习收敛性和完备性的更深层次的一个好策略是，首先在傅里叶级数（sin 和 cos）的积分方程处理的背景中彻底理解这一主题。请注意，这种处理方法不用 sin 和 cos 的直接性质，只用 $\sin\lambda x$ 和 $\cos\lambda x$ 满足一个对应于$y''+\lambda^2 y=0$ 的积分方程。这些论点很容易推广到各种特殊函数，其中一些我们将在第 10 章遇到，使用它们所满足的积分方程的一般形式。

9.6 稳态极限、瞬变衰减、无限域和相似解

在 9.5 节，特别是在例 9.5.1 中，我们提供了在一般分离变量过程中应该遵循的一般数学要点。现在我们考虑应用中出现的一些物理情况。为此，恢复到单个空间维度会很方便。同样不同于例 9.5.1 所描述的波动方程，我们这里考虑的是（抛物）扩散方程。在这种情况下，下一个例子考虑脉冲荷载的概念以及与稳态响应相关的大时间方法。

例 9.6.1 设 Ω 为一维线段域 $0<y<L$。对于 $y\in\Omega$ 和 $t\geqslant 0$，求满足齐次初始条件 $u(y,0)=0$以及边界条件 $u(0,t)=f_0$（f_0 为固定的非零常数）和 $u(0,L)=0$ 的下述方程的解 $u(y,t)$：

$$\frac{\partial u}{\partial t}=\kappa\frac{\partial^2 u}{\partial y^2} \tag{9.51}$$

评注： 式（9.51）是经典一维扩散方程，它描述了许多现象。其中之一是热扩散（分子振动），这时 u 为温度（或温差），$\kappa>0$ 为热扩散系数。用 ϑ 描述绝对温度，用ϑ_{init} 描述长度为 L 的棒的某个初始温度；棒沿着它的长度绝缘，但是在其端点 $y=0$ 和 $y=L$ 处不绝缘。所述的关于 $u=\vartheta-\vartheta_{\text{init}}$ 的初始边界值问题（IBVP）描述了当 $y=L$ 处维持在原来的温度，$y=0$ 处的温度突然（脉冲式地）改变（增加或减少，然后保持）一个量 f_0 时的温度变化。$t=0$ 时刻 $x=0$ 处温度的突变使其成为**脉冲扩散**的一个例子，如图 9.10 所示。

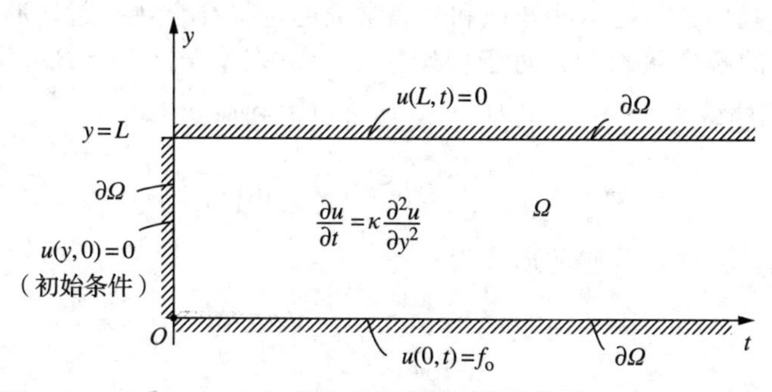

图 9.10 有限域 $0<y<L$ 和 $t>0$ 上初始边界值问题的脉冲扩散问题。扩散量可以是动量、能量或质量（种类）

这个例子应该与例 9.2.1 进行比较。将空间变量的名称从那里的 x 改为这里的 y 是无关紧要的。重要的变化是：现在运算符的时间部分为 $\partial/\partial t$，它是一阶的（例 9.2.1 是二阶的）；因此只给出一个初始条件。这很自然地与实际情况相适应（参考 9.2 节开始时的讨论和分类）。此外，在这个问题中，是在 $y=0$ 处的边界条件制约这个问题，而在例 9.2.1 中

是初始条件制约问题。

解　从物理角度看，随着时间的增加，解 $u(y,t)$ 将接近**稳态解**

$$u_{ss}(y)=f_{o}\left(1-\frac{y}{L}\right) \tag{9.52}$$

它就是式（9.51）的满足边界条件的时间无关解。当边界条件与时间无关时，这种解是可能的。稳态解体现了这样一种理念：在这种情况下，随着时间的增加，初始条件变得越来越无关紧要。在连续介质力学中，这被生动地描述为“记忆丧失”。

在这种情况下，人们可以采用常见的“技巧”，将整体解写成稳态解加上不稳定演变部分（瞬态部分）$v(y,t)$ 的和，即

$$u(y,t)=u_{ss}(y)+v(y,t) \tag{9.53}$$

我们的期望是，瞬态部分将会消失，即当 $t\to\infty$ 时，对于区间内的所有 y，$v(y,t)\to 0$。将式（9.53）代入控制方程、初始条件和边界条件，可以很容易地提取关于 $v(y,t)$ 的数学问题。因此 $v(y,t)$ 满足式（9.51）（u 被 v 代替）和边界条件

$$v(0,t)=v(L,t)=0 \tag{9.54}$$

函数 $v(y,t)$ 现在受制于初始条件

$$v(y,0)=u(y,0)-u_{ss}(y)=-f_{o}\left(1-\frac{y}{L}\right) \tag{9.55}$$

为了解这个问题，我们设 $v(y,t)=Y(y)T(t)$。将其代入式（9.51）和边界条件，得到在区间 $0<y<L$ 满足 $Y(0)=0$ 和 $Y(L)=0$ 的 Y 问题的下列形式：

$$Y''+\beta^{2}Y=0 \tag{9.56}$$

$T(t)$ 的控制方程为

$$\dot{T}=-\kappa\beta^{2}T \tag{9.57}$$

$Y(y)$ 问题在数学上等价于由式（9.6）或式（9.11）提出的问题，从后面的分析知，其中分离常数 λ 为正。我们已经把这些知识和分离常数的选择结合在一起，形成 β^{2}。

因此，Y 问题的解是熟悉的：对于特殊值 $\beta_{n}=n\pi/L$，$Y_{n}(y)=B_{n}\sin(n\pi y/L)$，$n=1,2,\cdots$。对应的 T 问题解为 $T_{n}(t)=\mathrm{e}^{-\kappa\beta_{n}^{2}t}$。叠加可以得到通解

$$v(y,t)=\sum_{n=1}^{\infty}B_{n}\mathrm{e}^{-\kappa\left(\frac{n\pi}{L}\right)^{2}t}\sin\left(\frac{n\pi y}{L}\right)$$

还需要处理 v 的初始条件，取它的形式为

$$v(y,0)=\sum_{n=1}^{\infty}B_{n}\sin\left(\frac{n\pi y}{L}\right)$$

这当然与式（9.8）的傅里叶正弦级数结果完全一致，B_{n} 可以取为

$$B_{n}=-\frac{2f_{o}}{L}\int_{0}^{L}\left(1-\frac{\xi}{L}\right)\sin\left(\frac{n\pi\xi}{L}\right)\mathrm{d}\xi=-\frac{2f_{o}}{n\pi}$$

将瞬态部分的这些结果与先前给出的稳态解结合起来，整体解表示为

$$u(y,t)=f_{o}\left(1-\frac{y}{L}\right)-\frac{2f_{o}}{\pi}\sum_{n=1}^{\infty}\frac{1}{n}\mathrm{e}^{-\kappa\left(\frac{n\pi}{L}\right)^{2}t}\sin\left(\frac{n\pi y}{L}\right) \tag{9.58}$$

理解例 9.6.1 的一种方法是将初始零条件视为最终稳态解及其负象的和，后者是瞬态问题的初始条件。然后，这个负的初始象被分解为傅里叶模态，每个这样的模态以与其模态相关的衰减速率消失，从而“展现”最终的稳态解。当然，频率更高（n 更大）的模态衰减更快（n^2 阶）。然而，为了解决 $y=0$，$t=0$ 时温度的急剧变化，这些高频模态是必要的。因此，我们发现，即使对于相对较小的 $t>0$，初始的温度突变也被相当迅速地平滑掉了。

例 9.6.1 中问题的正式特征值是 $\beta_n^2=n^2\pi^2/L^2\equiv\lambda_n$，我们发现，当 $L\to\infty$ 时，它们的间隔 $\lambda_{n+1}-\lambda_n=(2n+1)\pi^2/L^2\to 0$。显然，这个 $L\to\infty$ 极限对应于一个脉冲式加热的“无限棒”。这个数学问题还描述了各种其他情况，包括脉冲式打开的无限扩散气体平面，以及流体力学中脉冲式启动无限平板的经典“斯托克斯问题”。在后一种情况下，场变量 $u(y,t)$ 对应流体速度。这个关系在本节的习题 1 中建立。在这类脉冲扩散问题中，初始静止（对于所有时刻 $t<0$）的介质，在时刻 0 时，会沿其整个下界（这里定义为 $y=0$）发生阶跃变化。这种效应随后（时间 $t>0$）扩散到位于 $y>0$ 的介质中。在 $L\to\infty$ 处的远场边界足够远，可以在周围环境永远保持不受干扰的条件。随着时间的增加，$y=0$ 处的“信号”以不断降低的速率进一步传播到介质中，这个速率接近于零，但永远不会达到零。

例 9.6.2　设 Ω 是半直线域 $y>0$。确定满足齐次初始条件 $u(y,0)=0$，非齐次边界条件 $u(0,t)=f_0$ 以及静止远场［当 $y\to\infty$ 时，对所有的 t，$u(y,t)\to 0$］的扩散方程式 (9.51)的解 $u(y,t)$。这个问题的图解如图 9.11 所示。

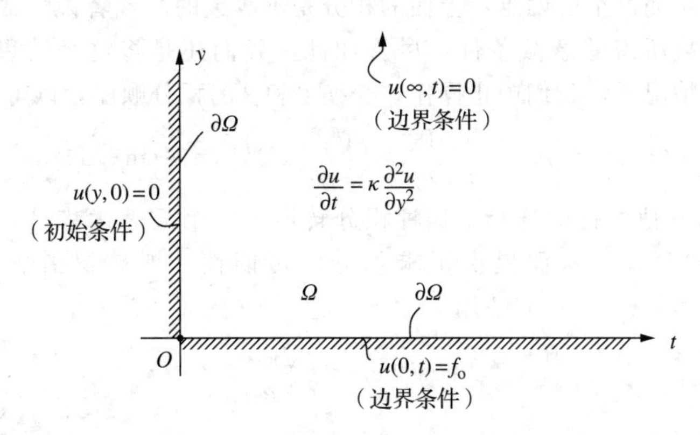

图 9.11　对于脉冲扩散问题的定义域 $0<y<\infty$ 和 $t>0$ 上的初始边界值问题。扩散量可以是动量、能量或质量（种类）

评注：这个初始边界值问题的一个显著特征是缺乏长度尺度（空间域是无限的，而“无限”不是可测量的长度）。这与例 9.6.1 相反，在例 9.6.1 中，域长度 L 提供了具体的长度尺度。另外，两个例子都没有时间尺度（这也是脉冲强迫的一个显著特征）。

得到正式解的一种方法是从例 9.6.1 的解开始，该解依赖于 L，然后求 $L\to\infty$ 的极限。这确实会提供正式解。然而，在实践中，我们必须建立处理无限域的方法，这比构建类似有限域的原型、求解有限域原型和确定原型解的无限域极限这一耗时的三步程序更直接。因此，我们直接进入无限域问题。

解　与例 9.6.1 一样，确定稳态响应是有意义的，简单地说 $u_{ss}(y)=f_o$。因此，$u(y,t)=u_{ss}(y)+v(y,t)=f_o+v(y,t)$。而瞬态响应 $v(y,t)$ 满足相同的扩散偏微分方程，服从 $v(0,t)=0$ 和 $v(y,0)=-f_o$。分离变量 $v(y,t)=Y(y)T(t)$ 表明分离的 Y 和 T 场方程仍然是式（9.56）和式（9.57）。解是 $Y(y)=A(\beta)\cos\beta y+B(\beta)\sin\beta y$ 和 $T(t)=\mathrm{e}^{-\kappa\beta^2 t}$。条件 $v(0,t)=0$ 使得所有 β 都有 $A(\beta)=0$。在例 9.6.1 中，有限长度 L 导致离散值 β。现在没有这样的离散化，所以 β 可以取任何有限正值。我们通过在所有可能的 β 值上对基本解形式 $\mathrm{e}^{-\kappa\beta^2 t}B(\beta)\sin\beta y$ 进行积分来构造 v 的一个解。包括稳态解，得到

$$u(y,t)=f_o+\int_{\beta=0}^{\beta=\infty}\mathrm{e}^{-\kappa\beta^2 t}B(\beta)\sin\beta y\,\mathrm{d}\beta \tag{9.59}$$

其中乘数函数 $B(\beta)$ 依然必须求出。

余下的只需要满足初始条件，其形式如下，给出了确定 $B(\beta)$ 的积分方程。

$$-f_o=\int_0^{\infty}B(\beta)\sin\beta y\,\mathrm{d}\beta \tag{9.60}$$

实际上，式（9.60）是函数 f_o 的傅里叶正弦积分表示形式［参见 9.3 节习题 2 中的式（9.68）］。因此，同样由式（9.68）可知，

$$B(\beta)=\frac{2}{\pi}\int_0^{\infty}(-f_o)\sin\beta\xi\,\mathrm{d}\xi \tag{9.61}$$

这种形式有一个直接而严重的困难：上面的积分是不收敛的。或者说，常数函数如 $-f_o$ 不满足应用傅里叶变换所需的衰减条件。尽管如此，我们还是将这个结果代入式（9.59）。在几乎没有损失的情况下，我们中止操作，交换 ξ 和 β 的积分顺序，以得到

$$u(y,t)=f_o-\frac{2f_o}{\pi}\int_{\xi=0}^{\xi=\infty}\left(\int_{\beta=0}^{\beta=\infty}\mathrm{e}^{-\kappa\beta^2 t}\sin\beta\xi\sin\beta y\,\mathrm{d}\beta\right)\mathrm{d}\xi \tag{9.62}$$

除了我们没有任何其他可行的选择，这种积分转换的一个显著优势是，现在第一次积分得益于衰减指数的存在，从而提供了求积分的可能性。把被积函数写为 $\sin\beta\xi\sin\beta y=[\cos\beta(y-\xi)-\cos\beta(y+\xi)]/2$，并使用

$$\int_0^{\infty}\mathrm{e}^{-a^2\beta^2}\cos b\beta\,\mathrm{d}\beta=\frac{\sqrt{\pi}}{2|a|}\mathrm{e}^{-b^2/4a^2}$$

就能计算内层积分

$$\int_0^{\infty}\mathrm{e}^{-\kappa\beta^2 t}\sin\beta\xi\sin\beta y\,\mathrm{d}\beta=\frac{\sqrt{\pi}}{4\sqrt{\kappa t}}\left(\mathrm{e}^{-(\xi-y)^2/4\kappa t}-\mathrm{e}^{-(\xi+y)^2/4\kappa t}\right) \tag{9.63}$$

对于式（9.62）的求值，将式（9.63）从 $\xi=0$ 到 $\xi=\infty$ 积分。标准的替换和操作（在章末习题中复习）将式（9.62）变成

$$u(y,t)=f_o\left(1-\frac{2}{\sqrt{\pi}}\int_0^{y/\sqrt{4\kappa t}}\mathrm{e}^{-\zeta^2}\,\mathrm{d}\zeta\right) \tag{9.64}$$

或

$$u(y,t) = f_0[1 - \text{erf}(\eta)] \tag{9.65}$$

这里我们回想一下，$\text{erf}(\eta)=(2/\sqrt{\pi})\int_0^\eta e^{-\zeta^2}d\zeta$ 是标准**误差函数**。这个函数在10.3节中有更正式的介绍和研究。在引入**互补误差函数** $\text{erfc}(\eta)=1-\text{erf}(\eta)$（同样在10.3节中检查）后，式（9.65）的结果取为紧凑的形式

$$u(y,t) = f_0\text{erfc}(y/\sqrt{4\kappa t}) \tag{9.66}$$

关于式（9.66）给出的解的第一个引人注目的方面是，在求解过程中处理了各种可疑的非收敛积分，最后，式（9.66）的最终形式定义明确，性态良好，易于使用。这在用傅里叶变换方法处理的问题中并不罕见。

式（9.66）的第二个引人注目的特点是，即使它始于分离变量的解的形式（设 $f(y,t)$ 为 $Y(y)T(t)$），它完全变形——使用傅里叶积分方法，这是连续版本的离散傅里叶级数方法——变为所谓的一个**相似解**，此处偏微分方程、初始条件和两个边界条件共同得出了一个仅依赖于一个统一自变量 $\eta=y/\sqrt{4\kappa t}$ 的数学解。

最后得到的相似解形式的式（9.66）与之前观察到的例9.6.2中的问题既没有固有的长度尺度，也没有固有的时间尺度相联系。这使得对相似变量 η 进行量纲分析以确定其单位具有指导意义。κ 的量纲为［长度^2/时间］。因此 η 的量纲为

$$[\eta] = [y]/(\sqrt{[\kappa][t]} = [\text{长度}]/\sqrt{[\text{长度}^2]}$$

这表明所有的单位都消掉了。因此相似变量 $\eta=y/\sqrt{4\kappa t}$ 为**无量纲变量**。在初始条件和边界条件中，由于缺乏约束长度尺度和约束时间尺度，所以能够以单一无量纲变量的函数形式写出解。相反，任何这样的尺度都会妨碍相似解的存在，如例9.6.1中的情况。

由于它们在阐释偏微分方程解的最基本性态方面的重要性，认识到可以**通过更直接的程序获得相似解**是很重要的，即通过一种比例9.6.2中使用的方法更直接的方法，最终得到式（9.66）。假设我们希望得到式（9.51）的相似解。让我们进一步假设，我们不知道如何获得相似变量（即上文讨论的 η）。如上所示，我们可以在量纲分析的基础上继续进行，得到相似变量的形式。另一种方法是以纯数学的方式进行，对需要确定的 q 的某个值，以相当一般的形式寻找一个相似变量 $\zeta=yt^q$。依据这个 ζ，对某个未知函数 $h(\cdot)$ 有 $u(y,t)=h(\zeta)$ 的相似解形式。一个简单的链式法则计算给出了

$$\frac{\partial u}{\partial t} = h'(\zeta)qyt^{q-1} = q\zeta t^{-1}h'(\zeta), \quad \frac{\partial^2 u}{\partial y^2} = \frac{\partial}{\partial y}(h'(\zeta)t^q) = t^{2q}h''(\zeta)$$

将这些式子代入式（9.51），得到 $q\zeta t^{-1}h'(\zeta)t^{-1}=\kappa t^2h''(\zeta)$，于是我们看到，从问题中清除 t 的条件是 $-1=2q$ 或 $q=-1/2$。由此得到相似变量 $\zeta=y/\sqrt{t}$，将式（9.51）关于 y 和 t 的偏微分方程转化为 ζ 的常微分方程：

$$\kappa h''(\zeta) + \frac{1}{2}\zeta h'(\zeta) = 0$$

临时使用 $g(\zeta)=h'(\zeta)$，我们重写上式，以便于积分：

$$\frac{\mathrm{d}g}{g}=-\frac{1}{2\kappa}\zeta\mathrm{d}\zeta \quad\Rightarrow\quad h'(\zeta)=g(\zeta)=c_1\mathrm{e}^{-\frac{\zeta^2}{4\kappa}}$$

两次积分得到

$$u(y,t)=h(\zeta)=c_1\int^{\zeta}\exp\left(-\frac{\xi^2}{4\kappa}\right)\mathrm{d}\xi+c_2,\quad \zeta=\frac{y}{\sqrt{t}} \tag{9.67}$$

在此，我们已经把这个相似解用一个有两个积分常数的不定积分来表示。最后，一个简单的变量变换 $\eta=\zeta/\sqrt{4\kappa}$ 将这个结果转化为，

$$u(y,t)=c_3\int^{\eta}\exp(-v^2)\mathrm{d}v+c_2,\quad \eta=\frac{y}{\sqrt{4\kappa t}}$$

其中 $c_3=\sqrt{4\kappa}c_1$。因此，我们得到了与之前的相似形式式（9.66）完全相同的相似变量。

与式（9.65）和式（9.66）的详细联系需要考虑边界条件和初始条件。让我们继续用我们刚刚得到的式（9.67）形式的相似解。边界 $y=0$ 对应于对所有的 t，$\zeta=0$。因为 $u(0,t)=f_0$，这就产生了必要条件 $h(0)=f_0$。如果边界条件与 t 有任何关系，就不可能使用相似解形式。同样，初始时间 $t=0$ 形式上对所有 y，有 $\zeta=\infty$。因为 $u(y,0)=0$，这就产生了必要条件 $h(\infty)=0$。如果我们的初始条件与 y 有关，那么我们也无法使用相似解形式。

这两个条件 $h(0)=f_0$ 和 $h(\infty)=0$ 可以计算式（9.67）中的常数，或者，等价地，将解重铸为定积分的解。在这样做的过程中，我们会发现式（9.67）就会变成式（9.66）的形式。

这里重要的是要注意 $\zeta\to\infty$ 不仅对所有的 y 对应 $t=0$，而且对所有的 t 对应 $y\to\infty$。因此，当写成相似变量，初始条件和远场边界条件实际上是相同的。如果这两个条件中的任何一个是不同的，就不可能有相似解。换一种说法，为了使初始边界值问题转化为 ζ 的常微分方程，这两个条件必须彼此一致。从这个意义上说，相似解的结构证实了我们的物理直觉：如果一个人离干扰源足够远，它的影响是不可检测的。

习题

9.1

基本概念问题

习题1～4都是关于函数 $u(x,y)$ 在二维方形域 Ω（由 $0<x<H$，$0<y<H$ 给出）上的边界值问题。

1. 要求 u 满足拉普拉斯方程，并在四边满足以下边界条件：$u(0,y)=0$，$u(x,0)=0$，$u(H,y)=y$，$u(x,H)=x$。函数 $u(x,y)=xy/H$ 是这个问题的解吗（为什么）？
2. 要求 u 满足拉普拉斯方程，并在四边满足以下边界条件：$u(0,y)=0$，$u(x,0)=0$，$u(H,y)=y^3$，$u(x,H)=x^3$。函数 $u(x,y)=x^3y^3/H^3$ 是这个问题的解吗（为什么）？
3. 设 $u(x,y)$ 为习题2中边界值问题的解，习题2是适用于非齐次边界条件的拉普拉斯方程。证明如何通过求满足边界条件齐次版本问题的解 $v(x,y)$ 来确定 $u(x,y)$，并适当地得到泊松方程。

4. 要求 u 满足泊松方程 $\nabla^2 u = xy$，同时满足所有四边的齐次边界条件 $u=0$。把这个问题转化成一个满足一组非齐次边界条件的拉普拉斯方程的问题。

变量分离问题

5. 设 Ω 为二维矩形域 $0<x<L$，$0<y<H$，确定解 Ω 上 $\nabla^2 u=0$ 且同时满足以下边界条件的函数 $u(x,y)$：
   (a) 在两边 $x=0$ 和 $x=L$ 上的齐次狄利克雷边界条件，
   (b) 在 $y=0$ 上的齐次诺伊曼条件，
   (c) 在 $y=H$ 上的非齐次狄利克雷条件，形式为 $u(x,H)=h(x)$，其中 $h(x)$ 给定。
6. 设 Ω 为二维矩形域 $0<x<L$，$0<y<H$。考虑 $u(x,y)$ 在两边 $y=0$ 和 $y=H$ 上满足齐次诺伊曼条件下，Ω 上 $\nabla^2 u=0$ 的边界值问题。边界 $x=0$ 服从齐次狄利克雷条件，边界 $x=L$ 服从非齐次狄利克雷条件 $u(L,y)=g(y)$，其中 $g(y)$ 给定。
   (a) 给出分离变量解的一般形式。注意充分考虑分离常数的所有可能性。
   (b) 对于 $g(y)=H-y$ 的情况，产生级数解的显式形式。
7. 设 Ω 为二维矩形域 $0<x<L$，$0<y<H$。确定在 Ω 上 $\nabla^2 u=0$ 且同时满足以下边界条件的函数 $u(x,y)$：两边 $x=0$，$y=0$ 上的齐次狄利克雷边界条件，以及 $x=L$ 和 $y=H$ 上的非齐次狄利克雷条件，形式为 $u(L,y)=g(y)$ 和 $u(x,H)=h(x)$，其中 $g(y)$ 和 $h(x)$ 给定。
8. 利用习题 7 的结果解出习题 2 中的边值问题。

9.2

1. 考虑 9.2 节通过叠加构造解的讨论。证明 $v_{\mathrm{H}}+v_{\mathrm{E}}$ 是一个特解。
2. 在 9.2 节关于通过叠加构造解的讨论中，我们为什么要在断言 $v_{\mathrm{H}}+v_{\mathrm{E}}$ 是一个特解之前提出条件“假设 q 不随时间变化……”？
3. 考虑方形域 $0<x<H$，$0<y<H$ 上的非齐次波动方程 $-(1/c^2)\ddot{v}+\nabla^2 v-xy=0$ 的初始边界值问题，它的四边满足齐次边界条件：$v(0,y,t)=0$，$v(x,0,t)=0$，$v(H,y,t)=0$，$v(x,H,t)=0$，以及齐次初始条件 $v(x,y,0)=0$，$\dot{v}(x,y,0)=0$。
   (a) 证明 $v_{\mathrm{E}}(x,y)=x^3y/6$ 是一个静态平衡解。还有其他静态平衡解吗？
   (b) 如果 $v=v_{\mathrm{H}}+v_{\mathrm{E}}$ 和 $v_{\mathrm{E}}(x,y)=x^3y/6$，那么 v_{H} 是什么问题的解？
4. 设 Ω 为一维线段域 $0<x<L$。对 $x\in\Omega$ 和 $t>0$，求一维扩散方程 $\partial u/\partial x=\alpha\,\partial^2 u/\partial x^2$ 的解 $u(x,t)$，满足在 $x=0$ 和 $x=L$ 上的齐次狄利克雷边界条件，以及初始条件 $u=f(x)$。
5. 设 Ω 为一维线段域 $0<x<L$。对 $x\in\Omega$ 和 $t>0$，求波动方程式 (9.9) 的解 $u(x,t)$，满足在两边 $x=0$ 和 $x=L$ 上的齐次狄利克雷边界条件，以及初始条件 $u=0$ 和 $\dot{u}=h(x)$。
6. 设 Ω 为一维线段域 $0<x<L$。对 $x\in\Omega$ 和 $t>0$，求波动方程式 (9.9) 的解 $u(x,t)$，满足在两边 $x=0$ 和 $x=L$ 上的齐次狄利克雷边界条件，以及初始条件 $u=g(x)$ 和 $\dot{u}=h(x)$。
7. 设 Ω 为一维线段域 $0<x<L$。对 $x\in\Omega$ 和 $t>0$，求波动方程式 (9.9) 的解 $u(x,t)$，

满足在 $x=0$ 上的齐次狄利克雷边界条件和在 $x=L$ 上的齐次诺伊曼条件，以及初始条件 $u=g(x)$ 和 $\dot{u}=0$。

8. 回想例 9.2.3 中的问题，求满足下列边界条件的特征值和特征函数。

$$\left.\frac{\mathrm{d}u}{\mathrm{d}x}\right|_0=\left.\frac{\mathrm{d}u}{\mathrm{d}x}\right|_L=0$$

9. 回想例 9.2.3 中的问题，求满足下列边界条件的问题的特征值和特征函数。

$$u(0)=\left.\frac{\mathrm{d}u}{\mathrm{d}x}\right|_L,\quad \left.\frac{\mathrm{d}u}{\mathrm{d}x}\right|_0=u(L)$$

9.3

1. 我们在式 (9.8) 中引用了傅里叶正弦级数的结果，这里为了方便复述。本质上说，如果 $h(x)$ 是定义在 $0<x<L$ 上的函数，其中 $h(0)=h(L)=0$，那么我们可以把它表示为

$$h(x)=\sum_{n=1}^{\infty}D_n\sin\left(\frac{n\pi x}{L}\right),\quad D_n=\frac{2}{L}\int_0^L h(x)\sin\left(\frac{n\pi x}{L}\right)\mathrm{d}x$$

假设你对这个结果未知，证明 D_n 中的因子 $2/L$ 可以从这一节的结果简单地预测出来。

2. 假设在 $x\geqslant 0$ 上，定义 $h(x)$ 满足 $h(0)=0$。通过考虑式 (9.8) 当 $L\to\infty$ 时的极限，来推导傅里叶积分表达式

$$h(x)=\int_{\beta=0}^{\beta=\infty}B(\beta)\sin\beta x\,\mathrm{d}\beta,\quad B(\beta)=\frac{2}{\pi}\int_0^{\infty}h(\xi)\sin\beta\xi\,\mathrm{d}\xi \tag{9.68}$$

3. 用一种类似习题 1 的方法得到傅里叶余弦级数。特别地，确定产生这个级数的特征函数的边界值问题。

4. 通过将习题 3 的结果与习题 2 的分析类型结合，得到傅里叶余弦变换。

5. 在例 9.3.2 的前面，我们展示了 $c_i=(f,u_i)$ 提供了最小化 $(f-f_{\mathrm{ap}},f-f_{\mathrm{ap}})$ 的最佳系数。由于这个结果是由一阶导数条件得到的，我们已经证明了它是一个极值（即我们还没有确定极值是最小值）。通过计算适当的二阶导数，证明它确实是最小值。

6. 求例 9.3.1 中考虑的两种标准正交函数序列中的下一个正交函数。换句话说，在 $s(x)=1$ 和 $s(x)=x$ 的情况下求 u_4。

7. 考虑在 $0\leqslant x\leqslant 1$ 上的标准正交函数，使第 n 个函数是 $n-1$ 次多项式，使用权函数为 $s(x)=x^p$ 的内积，其中 p 要么是 0，要么是正整数。具体来说，找出前三个函数的公式。在 $p=0$ 和 $p=1$ 的情况下，证明你的一般结果与例 9.3.1 的结果一致。

8. 使用例 9.3.1 中的正交函数 u_1,u_2,u_3，求出函数 $f(x)=x^3$ 的最佳三项近似 $f_{\mathrm{ap}}(x)=c_1u_1+c_2u_2+c_3u_3$。集合 $\{u_1,u_2,u_3\}$ 与 $s(x)=1$ 以及该集合与 $s(x)=x$ 这两种情况都要计算。

9. 本题假定有习题 6 和习题 8 的解。对于 $s(x)=1$ 和 $s(x)=x$ 的每一种情况，使用正交函数 u_1,u_2,u_3,u_4 来求出函数 $f(x)=x^3$ 的最优四项近似 $f_{\mathrm{ap}}(x)=c_1u_1+c_2u_2+c_3u_3+c_4u_4$。

10. **这不是自伴问题。**考虑定义在区间 $0<x<1$ 上满足边界条件 $\mathrm{d}u/\mathrm{d}x(0)=0$，$u(1)=0$，$\mathcal{H}u=\epsilon\ \mathrm{d}^2u/\mathrm{d}x^2-\mathrm{d}u/\mathrm{d}x$ 的特征值问题式（9.12）。取权函数为 $s(x)=1$ 的内积，开始计算内积 $(v,\mathcal{H}u)=\int_0^1 v(x)\mathcal{H}u(x)\mathrm{d}x$，以验证或否定 9.3.3 节的性质 P3。(a) 边界项得到什么？(b) 不考虑边界项，在将算子 $\mathcal{H}$ 的所有导数从 u 移动到 v 之后，是否可能得到形为 $(u,\mathcal{H}v)$ 的积分，或者是否得到一些新的修正算子，比如 $\mathcal{H}_{\text{new}}$，即 $(u,\mathcal{H}_{\text{new}}v)$？（还要注意，在极限 $\epsilon\to 0$ 时，这个边界值问题的性质。）我们将在 13.3 节中更系统地探讨这些问题。

9.4

1. 例 9.4.2 使用测试函数 $w(x,\alpha)=x(1-x)(1+\alpha x)$ 来近似问题式（9.33）的特征值。学生谷弗斯建议使用双参数测试函数 $w(x,\alpha,\gamma)=x(1-x)(\gamma+\alpha x)$，以产生一个更好的近似。同学加伦特不同意这种说法。谁是正确的？
2. 例 9.4.2 使用测试函数 $w(x,\alpha)=x(1-x)(1+\alpha x)$ 来近似问题式（9.33）的特征值。使用另一种测试函数 $w(x,\alpha)=x(1-x)(\alpha+x^2)$ 来找到另一种逼近。将这种单参数测试函数的结果与例 9.4.2 中的结果进行比较。
3. 考虑将右端点的齐次狄利克雷条件变为齐次诺伊曼条件，从而得到对式（9.33）的修正的特征值问题。利用瑞利商对特征值进行近似，确定以下四个参数化函数（参数为 α）中哪一个可以作为测试函数：

   (a) $w(x,\alpha)=\alpha x^3-\frac{1}{2}(1+2\alpha)x^2+x$　　(b) $w(x,\alpha)=\alpha x^3-\frac{1}{2}(1+3\alpha)x^2+x$

   (c) $w(x,\alpha)=\alpha x^3-\frac{1}{2}(1+4\alpha)x^2+x$　　(d) $w(x,\alpha)=\alpha x^4-\frac{1}{2}(1+4\alpha)x^2+x$
4. 求出习题 3(a)～(d) 第一个可接受答案得到的前两个特征值的近似值。求出对于 λ_1 和 λ_2 的每一个近似的误差百分比。

9.5

1. 证明下列非常数系数偏微分方程是可分离的：

$$x\frac{\partial u}{\partial x}+3\frac{\partial u}{\partial y}+x^2u=0$$

   然后求出所得到的分离常微分方程的解的一般形式（这个问题没有边界条件）。
2. 下面的偏微分方程在形式上与习题 1 类似：

$$3\frac{\partial u}{\partial x}+x\frac{\partial u}{\partial y}+x^2u=0$$

   证明它是可分离的。
3. 下面的偏微分方程在形式上与习题 1 类似：

$$y\frac{\partial u}{\partial x}+3\frac{\partial u}{\partial y}+x^2u=0$$

证明它是不可分离的。

4. 下面的偏微分方程中，一个是可分离的，另一个是不可分离的：

(a) $(1+t^2)\dfrac{\partial^3 u}{\partial x^3}+6u=\dfrac{\partial u}{\partial t}$ (b) $(x^2+t^2)\dfrac{\partial^2 u}{\partial x^2}=\dfrac{\partial u}{\partial t}$

确定哪一个是可分离的偏微分方程，并为该偏微分方程找到分离的常微分方程的一般形式解（此问题没有边界条件或初始条件）。

5. 请回答以下 (a)～(e) 关于例 9.5.1 的简短问题。

(a) 回忆这句话："在上述陈述中，我们进一步假设在 $\mathcal{H}_n$ 中对每个指标 n 都是相同的内积 [也就是说，$s(r)$ 与 n 无关]。"这个假设在后面的例子中是如何使用的？具体来说，如果这种假设不成立，会出现什么问题？

(b) 考虑径向特征函数 $\phi_{(1,1)}(r)$，$\phi_{(1,2)}(r)$，$\phi_{(2,1)}(r)$，等等。使用一维内积 $(f,g)_r$，计算下面的值。

$$(\phi_{(1,1)},\phi_{(1,1)})_r,\quad (\phi_{(1,1)},\phi_{(1,2)})_r,\quad (\phi_{(1,1)},\phi_{(2,1)})_r,$$
$$(\phi_{(1,2)},\phi_{(2,1)})_r,\quad (\phi_{(2,1)},\phi_{(2,1)})_r,\quad (\phi_{(2,1)},\phi_{(2,2)})_r$$

(c) 让我们给二维 cos 模形函数赋上符号 $v_{(n,m)}(r,\theta)=(1/\sqrt{\pi})\phi_{(n,m)}(r)\cos n\theta$。用式 (9.44) 来计算下列式子。

$$(v_{(1,1)},v_{(1,1)}),\quad (v_{(1,1)},v_{(1,2)}),\quad (v_{(1,1)},v_{(2,1)}),$$
$$(v_{(1,2)},v_{(2,1)}),\quad (v_{(2,1)},v_{(2,1)}),\quad (v_{(2,1)},v_{(2,2)})$$

(d) 对比 (b) 部分和 (c) 部分，为什么"没有信息"的两种情况都变成了零？

(e) 让我们给二维 sin 模形函数赋上符号 $w_{(n,m)}(r,\theta)=(1/\sqrt{\pi})\ \phi_{(n,m)}(r)\sin n\theta$。用式 (9.44) 来计算下列式子。

$$(v_{(1,1)},w_{(1,1)}),\quad (v_{(1,1)},w_{(1,2)}),\quad (v_{(1,1)},w_{(2,1)}),$$
$$(v_{(1,2)},w_{(2,1)}),\quad (v_{(2,1)},w_{(2,1)}),\quad (v_{(2,1)},w_{(2,2)})$$

6. 考虑贝塞尔方程式 (9.39) 中 $\gamma=0$ 的特殊情况。在这种情况下，证明式 (9.42) 专门用于

$$u(r,\theta,t)=R(r)\Theta(\theta)T(t)=\sum_{n=0}^{\infty}r^n(a_n\cos n\theta+b_n\sin n\theta)\cos\omega t$$

然后证明在这种情况下，常数 a_n，b_n 可以通过应用初始条件 $u(r,\theta,t)=u_{\text{o}}(r,\theta)$ 得到。写出 a_n 和 b_n 的表达式。

9.6

1. 使用流体力学方程，展示例 9.6.2 中阐述的问题是如何描述由脉冲启动的无限长平板的斯托克斯问题的。方程与图 9.11 所示相同。边界条件也是完全一样的。定义域从一开始就是无限的，没有必要把一个有限 L 解变成 $L\to\infty$ 解。

2. 利用下面的解决方法，给出例 9.6.2 中式 (9.62) 和式 (9.63) 到式 (9.64) 的步骤。首先考虑在式 (9.62) 中对 ξ 的积分。用式 (9.63)，将其分解为两个积分，将 $\sqrt{\pi/\kappa t}/4$ 提出，并对最左边的积分进行变量替换 $\zeta=(\xi-y)\sqrt{4\kappa t}$，最右边的积分

变量替换 $\zeta=(\xi+y)\sqrt{4\kappa t}$。证明：这两个被积函数的形式为$Ce^{-\zeta^2}$，有一个你必须确定的公共常数 C。对 ζ 积分，左边积分涉及 ζ：$-y/\sqrt{4\kappa t}\to\infty$，右边积分涉及 ζ：$y/\sqrt{4\kappa t}\to\infty$。由于减号将两个积分分隔开，而两个积分具有相同的被积项和不同的积分限，因此两个积分合并为一个 ζ：$-y/\sqrt{4\kappa t}\to y/\sqrt{4\kappa t}$。最后注意，这个积分有一个偶函数的被积函数，这使得积分可以用 ζ：$0\to y/\sqrt{4\kappa t}$求值。现在将结果合并到整个解的表达式（9.62）的背景中。

3. 对式（9.63）积分的另一种方法是将其重写为拉普拉斯变换。证明一下如何在下列相关积分的情况下做到这一点。

$$\int_{\beta=0}^{\beta=\infty} e^{-\kappa\beta^2 t}\cos\beta(y-\xi)\,d\beta$$

这在例 9.6.2 的相关问题中出现。具体来说，在上式中令$\tau=\beta^2$，$2\sqrt{\alpha}=y-\xi$ 和 $s=\kappa t$，得到

$$\int_0^{\infty} e^{-\kappa\beta^2 t}\cos\beta(y-\xi)\,d\beta=\int_0^{\infty}\frac{\cos 2\sqrt{\alpha\tau}}{2\sqrt{\tau}}e^{-s\tau}\,d\tau=\mathcal{L}(g(\tau))$$

这是函数 $g(\tau)=\dfrac{1}{2}\cos(2\sqrt{\alpha\tau})/\sqrt{\tau}$的拉普拉斯变换。现在，用复变量积分法，证明这个计算结果为

$$\mathcal{L}\left(\frac{\cos 2\sqrt{\alpha\tau}}{2\sqrt{\tau}}\right)=\frac{1}{2}\sqrt{\frac{\pi}{s}}e^{-\alpha/s}=\sqrt{\frac{\pi}{4\kappa t}}e^{-\frac{(y-\xi)^2}{4\kappa t}}$$

4. 直接由式（9.58）取 $L\to\infty$的极限，得到式（9.66）。在接下来直到最后一步可能需要使用恒等式

$$\operatorname{erf}(x)=\frac{1}{\pi}\int_0^{\infty}\frac{1}{s}\sin(2x\sqrt{s})e^{-s}\,ds$$

这个恒等式是在 10.3 节的习题 14 中提出的。

5. 为了得到由式（9.67）给出的相似解形式，我们从 yt^q 形式的相似解自变量开始，其中 q 有待确定（我们得到 $q=-1/2$）。一个学生认为这是幸运的，在更一般情况下，我们应该从假设的自变量形式 $y^p t^q$ 开始，其中 p 和 q 都有待确定。另一个学生不同意。哪个学生是正确的？

6. 完成应用$h(0)=f_0$ 和 $h(\infty)=0$ 的细节，使式（9.67）变成式（9.65）的形式。

提示：10.3 节的习题 13（处理特殊函数）推导了关系式 $\int_0^{\infty}e^{-v^2}\,dv=\sqrt{\pi}/2$。

计算挑战问题

为了用瑞利商法估计经典常微分方程特征值问题式（9.33）的特征值和特征函数，例 9.4.2考虑了单参数逼近函数 $w(x,\alpha)=x(1-x)(1+\alpha x)$，而例 9.4.3 将分析推广到双参数逼近函数 $w(x,\alpha,\beta)=x(x-1)(1+\alpha x+\beta x^2)$。因此，当 $\beta=0$ 时，双参数逼近包含单参数逼近。两者都可以近似第一个、第二个特征函数和特征值，而只有双参数函数可以近似

第三个特征函数和特征值。正如预期的那样，双参数逼近在估计第一个特征值或特征函数方面是更好的。然而，也许令人惊讶的是，它在估计第二个特征值或特征函数方面并没有更好（它给出 $\beta=0$，因此简化为一个参数的情况）。

在此背景下，考虑另一个双参数逼近函数 $\psi(x,\alpha,\beta)=x(x-1)(1+\alpha x^2+\beta x^4)$。使用计算或符号操作软件，如 Mathematica 或 MATLAB，证明该 ψ 在估计第二个特征值或特征函数方面有改进，然后证明它在估计第三个特征值或特征函数时做得很差。

第 10 章　线性常微分方程

第 9 章提供了几类线性偏微分方程的讨论，经过一些工作，得到了分离变量法。在此过程中，产生了常微分方程，出现了特征函数及其相关的特征值。简而言之，线性偏微分方程的解在许多情况下可以简化为一组合适的常微分方程的解。这些常微分方程有自己的"结构"，可以使用各种解决方法研究该结构。我们假定本书的读者已经接触过处理线性常微分方程的主要求解方法。我们将在 10.1 节中简要回顾其中的一些内容。

然后在 10.2 节中，这些常微分方程的分析被暂时映射到复平面。作为常微分方程的自变量的空间或时间坐标根据其值分为正常的、正则奇异的和非正则奇异的，这取决于该值是否在常微分方程本身中产生奇点，以及如果有奇点，是严重的还是轻微的。在正常点附近得到泰勒级数解。在正则奇点附近得到了另一种级数解，称为弗罗贝尼乌斯（Frobenius）级数。即使对常微分方程具有实际重要性的唯一解是纯实变量的纯实函数，复平面分析所提供的更广泛的观点也揭示了根本性的深刻见解。这个更广泛的观点所提供的级数解对于在非笛卡儿坐标系中分离变量处理下自然产生的常微分方程具有特殊意义。

这就需要考虑所谓的特殊函数。先前考虑的分离变量过程通过某种耦合参数将偏微分方程简化为常微分方程。这个耦合参数通常是由常微分方程的特征值问题确定的。对于给定的偏微分方程，分离的常微分方程形式对产生分离的坐标系高度敏感。在极坐标下，拉普拉斯算子上的分离变量可以导出贝塞尔方程。在球坐标下，它得到勒让德（Legendre）方程。这些方程的解的性质，即贝塞尔函数和勒让德多项式函数，将在 10.3 节中讨论。在这里，我们把本章前面讨论的级数解和前面复路径积分的主题联系起来。

这反过来激发了在施图姆-刘维尔（Sturm-Liouville）公式框架中处理二阶常微分方程，其基本特征见 10.4 节。虽然这个公式将在后面的章中给我们的讨论提供很多指导，但在本章中，它将立即引出常微分方程相关的特殊内积。这个内积公式提供了正交性关系，该正交性关系对于涉及各种特殊函数的任何一组特征函数都是特定的。

10.1　线性常微分方程基本概念回顾

正如我们在学习线性代数之前在 1.1 节回顾了矩阵的基本方面一样，这一节提供关于线性常微分方程的各个方面的简要概述，然后将其应用于以后的各种应用课程，如振动理论。作为一个起点，我们认为读者熟悉这些基本概念，我们简要地回顾如下。

- **线性常微分方程的结构：** $y=y(x)$ 的 n 阶线性常微分方程可以写成

$$\frac{\mathrm{d}^n y}{\mathrm{d}x^n}+p_1(x)\frac{\mathrm{d}^{n-1}y}{\mathrm{d}x^{n-1}}+\cdots+p_{n-1}(x)\frac{\mathrm{d}y}{\mathrm{d}x}+p_n(x)y=g(x) \tag{10.1}$$

其中 $p_1(x), p_2(x), \cdots, p_n(x)$ 是给定函数，有时称为**系数函数**，$g(x)$ 也是给定函数，有时称为**强迫函数**。如果 $g(x)=0$，常微分方程称为齐次的，否则称为非齐次。有时，导数会用 $y', y'', y''', \cdots$ 之类的符号。这包括 $y^{(n)}$ 表示 n 阶导数。因为方程是线性的，如果 $g(x)=a_{\mathrm{I}}\, g_{\mathrm{I}}(x)+a_{\mathrm{I}}\, g_{\mathrm{II}}(x)$（其中 a_{I} 和 a_{II} 是常数），$y_{\mathrm{I}}(x)$ 是强迫函数 $g_{\mathrm{I}}(x)$ 的常微分方程的解，$y_{\mathrm{II}}(x)$ 是强迫函数 $g_{\mathrm{II}}(x)$ 的常微分方程的解，那么 $y(x)=a_{\mathrm{I}}\, y_{\mathrm{I}}(x)+a_{\mathrm{II}}\, y_{\mathrm{II}}(x)$ 是强迫函数 $g(x)=a_{\mathrm{I}}\, g_{\mathrm{I}}(x)+a_{\mathrm{II}}\, g_{\mathrm{II}}(x)$ 的解。这又是叠加原理。

- **线性无关齐次解**：显然，y 等于 0 是 n 阶齐次线性常微分方程的解。这叫作平凡齐次解。关于非平凡齐次解的可能性，可以证明存在 n 个线性无关的非平凡解，例如 $y_1(x), y_2(x), \cdots, y_n(x)$。因此，对任意常数 $c_1, c_2, \cdots, c_n$，n 阶齐次线性常微分方程的一般解就变成了

$$y(x)=c_1 y_1(x)+c_2 y_2(x)+\cdots+c_n y_n(x)$$

有一个测试来确定 n 个函数 $u_1(x), u_2(x), \cdots, u_n(x)$ 在 x 的某个给定区间内是线性无关的，它是基于这些函数的朗斯基（Wronskian）行列式 $W(x)$ 的值：

$$W(x)=W[u_1(x), u_2(x), \cdots, u_n(x)]$$
$$=\det\begin{bmatrix} u_1 & u_2 & \cdots & u_n \\ u_1' & u_2' & \cdots & u_n' \\ \vdots & \vdots & & \vdots \\ u_1^{(n-1)} & u_2^{(n-1)} & \cdots & u_n^{(n-1)} \end{bmatrix} \tag{10.2}$$

如果 $W(x)$ 在区间上处处为零，那么这 n 个函数是线性相关的。如果 W 不恒等为零，那么这些函数是线性无关的。对于 n 个线性无关的满足齐次线性常微分方程的 $y_k(x)$，可以证明朗斯基行列式 W 满足一阶常微分方程 $W'(x)+p_1(x)W(x)=0$。直接积分，就能得出结论，$W(x)$是 $\exp\left[-\int^x p_1(\xi)\mathrm{d}\xi\right]$ 的倍数，这一结果被称为**阿贝尔公式**（Abel's formula）。

- **降阶**：如果 $y_k(x)$ 是一个齐次解（即齐次常微分方程的解），那么可以找到其他形为 $v(x)y_k(x)$ 的齐次解，将该形式代入方程，并提取关于 $v(x)$ 的控制齐次线性常微分方程。$v(x)$ 的方程也将是 n 阶的，但将有不同的系数函数 $p_1(x), p_2(x), \cdots, p_n(x)$。这很有用，因为原来 $v(x)$ 的方程中最后一个系数函数 $p_n(x)$ 等于零，也就是说，$p_n(x)\equiv 0$。这就得到了关于导数 $v'(x)$ 的 $n-1$ 阶常微分方程。
- **非齐次线性常微分方程的特解和通解**：对于非齐次常微分方程，如果我们能找到非齐次常微分方程的**任意**解 $y_{\mathrm{p}}(x)$，那么该常微分方程的任何其他解必须是这样的形式

$$y(x)=y_{\mathrm{p}}(x)+c_1 y_1(x)+c_2 y_2(x)+\cdots+c_n y_n(x)$$

其中 $y_1(x), y_2(x), \cdots, y_n(x)$ 是线性无关齐次解的集合，$y_{\mathrm{p}}(x)$ 被称为非齐次方程的特解，总的结果通常被表述为“非齐次问题的通解是一个特解和一个（一般）齐次解的和”。

- **边界和初始条件**：非齐次常微分方程的通解，如上所述，包含 n 个可调常数 $c_1, c_2, \cdots, c_n$。这允许有 n 个附加条件。因此，n 阶常微分方程的适定问题——我们指的是数学上的适定问题，从它有唯一解（即不是通解）来说——通常涉及 n 个附加

限制条件。产生相关数学问题的物理问题几乎总是自然而然地产生这样的限制条件。这些通常被称为初始条件（如果自变量是时间型的，并且所有的条件同时作用于“时间”）或边界条件（如果自变量是空间型的）。一个典型的解过程首先涉及特解$y_p(x)$和线性无关的齐次解集 $y_1(x),y_2(x),\cdots,y_n(x)$。在此基础上，所施加的$n$个限制条件，给出了$n$个线性方程以$c_1,c_2,\cdots,c_n$为未知常数的线性代数问题。这个系统的可逆性取决于$y_1(x),y_2(x),\cdots,y_n(x)$是否线性无关。

- **常系数方程**：如果系数函数$p_1(x),p_2(x),\cdots,p_n(x)$都是常数，即与$x$无关，那么齐次解$y_1(x),y_2(x),\cdots,y_n(x)$可以通过假设每个都是$e^{ax}$的形式以标准的方式找到，其中$a$是要确定的。这就得到了关于$a$的一个$n$阶多项式方程，如果有$n$个不同的根，那么所有的线性无关齐次解都可立刻得到。如果存在重根，则利用已知的具有重根的指数解$y_k(x)$，通过参数变化法可以找到不明显的“缺失”的齐次解。$y_k(x)$乘上函数$v(x)$，通过$v(x)y_k(x)$得到了新的解，然后得到了二重根下的解$xy_k(x)$，三重根下的解$x^2y_k(x)$，等等。对于非齐次问题，如果强迫函数$g(x)$是标准函数的和以及乘积，标准函数包括x的幂函数（参数是x倍数的指数函数）或者sin和cos（参数也是x倍数的函数），那么通常就有可能猜出特解的基本形式，意味着最后相差一个标量系数。标量系数可以由正式的替换过程确定。这有时被称为待定系数法。
- **等维方程**：如果系数函数是$p_1(x),\cdots,p_k(x),\cdots,p_n(x)$的形式均为$p_k(x)=a_k/x^k$，$a_k$为常数值，则方程为**等维方程**。将$x=e^\xi$代入$y(x)=y(e^\xi)=u(\xi)$，得到关于$u$的同阶常系数常微分方程，因此可采用常系数常微分方程技术。更直接地，可以求出形为$y(x)=x^\mu$的齐次解：μ值需要求出。这也引出了关于μ的一个n阶多项式方程。如果有n个不同的根，那么所有的线性无关齐次解都立刻得到。如果有重根，那么不明显的“缺失”的齐次解可以通过降阶再次找到，并变成二重根的$x^\mu\ln x$，三重根的$x^\mu(\ln x)^2$，等等。

当然，还有许多其他技术和方法可以用于处理常微分方程，一般来说取决于广泛的常微分方程类的附加特性。此外，我们在这里不讨论非线性常微分方程的问题，这本身是一个庞大的学科。最后，在处理线性常微分方程，特别是常系数常微分方程时，一个特别实用的方法是拉普拉斯变换法。我们用一些关于这个主题的更广泛的讨论来结束这个基本的回顾部分。

拉普拉斯变换法

对于常系数$p_1,p_2,\cdots,p_n$的常微分方程，在拉普拉斯变换的帮助下，可以很容易找到解。当强迫函数g不太适合上述待定系数法时，这可能特别有用。为了便于讨论，我们假定自变量为时间t，因此$y'=dy/dt$，等等。这个过程可以被看作分三个步骤进行的。

1. 通过拉普拉斯变换定义式（7.12）将问题转化为拉普拉斯变换域，导致$y\to Y$和$t\to s$。
2. 用代数方法在变换域中解出$Y(s)$。
3. 求拉普拉斯变换的逆变换，将$Y(s)$转换为所需解$y(t)$。

第一步需要将常微分方程中的导数 $y',y'',\cdots$ 进行转化。这利用了拉普拉斯变换性质 $\mathcal{L}a\{y'\}=s\mathcal{L}a\ \{y\}-y(0)=sY(s)-y(0)$，这也引入了初始值 $y(0)$。对 k 阶导数进行类似的变换，得到 $\mathcal{L}a\{y^{(k)}\}=s^kY(s)-s^{(k-1)}y(0)-\cdots-y^{(k-1)}(0)$，对各阶导数引入初始条件。转换常微分方程中所需的初始条件完全符合与数学上适定问题相关联的初始条件。只要强迫函数 $g(t)$ 的拉普拉斯变换很容易求值（通常情况下是这样的），给定 $G(s)$，很容易得到形为 $Y(s)=[G(s)-B(s)]\ /T(s)$ 的 $Y(s)$，其中 $B(s)$ 引入各种初始值，而 $T(s)=s^n+p_1s^{n-1}+\cdots+p_n$ 直接从常微分方程产生［$T(s)$ 有时被称为传递函数］。

这就把我们带到了第 3 步，也是最难的一步。在一个典型的拉普拉斯变换的首次介绍中，这一步通常是用各种特殊的规则来解释的，这些规则基于对正向变换的各种结果的编纂、解释和制表。它们有各种各样的名称，例如，取决于参考文献，时域的平移定理，变换域的平移定理（这是一件不同的事情），部分分式法，等等。然而，最终，对上述反演技术的了解会妨碍对本主题进行一般性处理的理解。这样的介绍通常缺乏复变理论的基础，因此实际的反演公式（7.13）是不可用的。相反，有了我们所掌握的反演公式（7.13），我们就有了执行这困难的第 3 步的直接方法。在第 7 章和第 8 章中，特别是在例 7.6.2 和例 8.6.7 中演示了公式（7.13）的使用。特别地，在 7.6 节习题 2 中遇到的商表达式提供了特别有代表性的用拉普拉斯变换处理常系数常微分方程时出现的那种逆运算。最后我们以一个演示例子结束本节。

例 10.1.1　用拉普拉斯变换解 $y''+2y'+y=4\mathrm{e}^{-5t}$，满足 $y(0)=1$ 和 $y'(0)=1$ 的初值问题。

解　我们来执行拉普拉斯变换的步骤。

1. 将常微分方程表示为 $0=y''+2y'+y-4\mathrm{e}^{-5t}$，利用 $\mathcal{L}a\{0\}=0$ 和线性性质求常微分方程本身的拉普拉斯变换，得到

$$
\begin{aligned}
0&=\mathcal{L}a\{y''\}+2\mathcal{L}a\{y'\}+\mathcal{L}a\{y\}-4\mathcal{L}a\{\mathrm{e}^{-5t}\}\\
&=\Big(s^2Y-sy(0)-y'(0)\Big)+2\Big(sY-y(0)\Big)+Y-4/(s+5)\\
&=\underbrace{(s^2+2s+1)}_{T(s)}Y+\underbrace{\Big(-y(0)s-y'(0)-2y(0)\Big)}_{B(s)}-\underbrace{4/(s+5)}_{G(s)}\\
&=(s^2+2s+1)Y-s-3-4/(s+5)
\end{aligned}
$$

2. 我们从上述表达式解出 $Y=Y(s)$：

$$
Y(s)=\frac{s+3}{s^2+2s+1}+\frac{4}{(s^2+2s+1)(s+5)}=\frac{s^2+8s+19}{(s+1)^2(s+5)}
$$

这也可以直接由 $Y(s)=(G(s)-B(s))/T(s)$ 得到。

3. 现在我们必须通过对 $Y(s)$ 进行逆变换来得到 $y(t)$。如前所述，不需要借助式（7.13），我们可以通过将首次接触拉普拉斯变换时学到的一系列程序串在一起来进行这种反演。恰当地收集这些巧妙手法和策略，确实能够实现上述 $Y(s)$ 的反演。或者，也可以把这个 $Y(s)$ 放入反演公式（7.13），将问题转化为路径积分的计算。假设读者熟悉第

8 章，我们将按照后面的步骤来结束这个例子。如果读者还不熟悉那一章，但熟悉第 7 章的方法，那么可以使用那里描述的不那么精简的方法来计算积分。

现在转向式（7.13），布罗姆维奇路径必须在复平面中所有奇点（在这种情况下，在 $s=-1$ 和 $s=-5$ 处出现）的右边。在前面的路径积分计算中，路径可以通过一个大的半圆在左边闭合，随着其半径的增加，其影响在极限处消失。然后，像 8.4 节中那样，运用留数定理，原始积分就被简化为被积函数 $Y(s)\mathrm{e}^{st}$ 在奇点 $s=-1$ 和 $s=-5$ 处的留数值的计算（注意 $2\pi\mathrm{i}$ 因子的抵消）。换句话说，

$$y(t)=\text{留数}\left[\frac{(s^2+8s+19)\mathrm{e}^{st}}{(s+1)^2(s+5)}\right]_{\text{在}s=-1\text{处}}+\text{留数}\left[\frac{(s^2+8s+19)\mathrm{e}^{st}}{(s+1)^2(s+5)}\right]_{\text{在}s=-5\text{处}}$$

点 $s=-5$ 是一个简单极点，因此留数值直接通过式（8.16）计算，得到

$$\text{留数}\left[\frac{(s^2+8s+19)\mathrm{e}^{st}}{(s+1)^2(s+5)}\right]_{\text{在}s=-5\text{处}}=\left[\frac{(s^2+8s+19)\mathrm{e}^{st}}{(s+1)^2}\right]\Bigg|_{s=-5}=\frac{1}{4}\mathrm{e}^{-5t}$$

点 $s=-1$ 是一个二阶极点，因此留数值可以通过式（8.16）计算，得到

$$\begin{aligned}&\text{留数}\left[\frac{(s^2+8s+19)\mathrm{e}^{st}}{(s+1)^2(s+5)}\right]_{\text{在}s=-1\text{处}}\\&=\frac{\mathrm{d}}{\mathrm{d}s}\left(\frac{(s^2+8s+19)\mathrm{e}^{st}}{s+5}\right)\Bigg|_{s=-1}\\&=\left(\frac{(s^2+10s+21)\mathrm{e}^{st}}{(s+5)^2}+\frac{(s^2+8s+19)t\mathrm{e}^{st}}{s+5}\right)\Bigg|_{s=-1}\\&=\frac{3}{4}\mathrm{e}^{-t}+3t\mathrm{e}^{-t}\end{aligned}$$

结合所有这些结果，得到解

$$y(t)=\frac{1}{4}\mathrm{e}^{-5t}+\frac{3}{4}\mathrm{e}^{-t}+3t\mathrm{e}^{-t}$$

10.2　复平面上的微分方程

在第 9 章中使用的分离变量技术总是产生常微分方程。特别地，经典弦模型方程式（9.11）和贝塞尔方程式（9.39）都是从这样的考虑中产生的，而其他的经典常微分方程也同样会从另外的分离技术的考虑中产生。常微分方程式（9.11）和式（9.39）用通常的方式考虑——它们可用一个实变量的实函数来解。该实变量在式（9.11）中为 x，在式（9.39）中为 r。正如我们将在本节中要展示的，当将这样的常微分方程视为复变量 z 的函数时，可以获得更深入的理解。

为了开始这一研究，首先让我们把式（9.11）和式（9.39）重写为 z 的函数，因此我们在前者有 $X(z)$，在后者有 $R(z)$。两者都是二阶线性常微分方程。我们将它们汇总在下面，对于后一个常微分方程，我们通过对各项乘以一个共同因子，使得两个方程首项二阶

导数的系数都为1，与式（10.1）一致。我们还简化了常数，以便每个方程只包含一个常数，这里用 b 表示，它的值可以根据所感兴趣的问题而变化。考虑到更广泛的讨论，b 的值应该可以是复数。综合得到方程

$$\frac{\mathrm{d}^2 X}{\mathrm{d}z^2}+bX=0 \tag{10.3}$$

和

$$\frac{\mathrm{d}^2 R}{\mathrm{d}z^2}+\frac{1}{z}\frac{\mathrm{d}R}{\mathrm{d}z}+\left(1-\frac{b}{z^2}\right)R=0 \tag{10.4}$$

在下面的讨论中，$X(z)$ 和 $R(z)$ 都是复值函数。

10.2.1　线性常微分方程的泰勒展开解

在这里，我们回顾一下，如果一个复值函数在某一点是解析的，比如 z_0，那么这个函数有一个形式为式（8.1）的泰勒展开，它在这个点的某个半径内是收敛的。因此，我们首先寻找 $X(z)$ 的标准形式的泰勒展开表示

$$X(z)=\sum_{n=0}^{\infty}a_n(z-z_0)^n \tag{10.5}$$

将式（10.5）代入式（10.3）是一件简单的事情，这就得到

$$\sum_{n=2}^{\infty}n(n-1)a_n(z-z_0)^{n-2}+b\sum_{n=0}^{\infty}a_n(z-z_0)^n=0 \tag{10.6}$$

指标 n 在每个级数（它是求和的）中都是一个虚拟计数器，因此我们可以在第一个和式中设 m 为 $n-2$，或者等价地设 $n=m+2$。进行这个更改，并在第二个和式中设 $n=m$，结果为

$$\sum_{m=0}^{\infty}(m+2)(m+1)a_{m+2}(z-z_0)^m+b\sum_{m=0}^{\infty}a_m(z-z_0)^m=0 \tag{10.7}$$

结合这两个求和式，就会得到

$$\sum_{m=0}^{\infty}((m+2)(m+1)a_{m+2}+ba_m)(z-z_0)^m=0 \tag{10.8}$$

由于每个因子 $(z-z_0)^m$ 是线性无关的，当每个系数因子为零时，这个表达式对所有 z 都为零。这又产生了泰勒级数系数的递归关系：

$$a_{m+2}=\frac{-b}{(m+1)(m+2)}a_m \tag{10.9}$$

偶数 m 的系数从 a_0 开始。奇数 m 的系数从 a_1 开始。具体地说，

$$a_2=\frac{-1}{2!}ba_0,\quad a_4=\frac{1}{4!}b^2a_0,\quad \cdots,\quad a_{2k}=\frac{(-1)^k}{(2k)!}b^ka_0 \tag{10.10}$$

和

$$a_3=\frac{-1}{3!}ba_1,\quad a_5=\frac{1}{5!}b^2a_1,\quad \cdots,\quad a_{2k+1}=\frac{(-1)^k}{(2k+1)!}b^ka_1 \tag{10.11}$$

每一个都生成原常微分方程式（10.3）的独立解。第一个是

$$a_0\left(1-\frac{1}{2!}b\,(z-z_0)^2+\frac{1}{4!}b^2\,(z-z_0)^4-\cdots\right)=a_0\cos\left(\sqrt{b}\,(z-z_0)\right) \tag{10.12}$$

第二个是

$$a_1\left((z-z_0)-\frac{1}{3!}b\,(z-z_0)^3+\frac{1}{5!}b^2\,(z-z_0)^5-\cdots\right)=\frac{a_1}{\sqrt{b}}\sin\left(\sqrt{b}\,(z-z_0)\right) \tag{10.13}$$

这些熟悉的泰勒展开在任何地方都是收敛的，因此我们用 sin 和 cos 来恢复已知的解，在这种情况下参数是 $\sqrt{b}(z-z_0)$。如果 X 和它的导数 X' 在一个特定的位置被指定，那么 z_0 取这个位置是很方便的。这又给出了 $a_0=X(z_0)$ 和 $a_1=X'(z_0)$，从而提供了 $X(z)=X(z_0)\cos(\sqrt{b}(z-z_0))+(X'(z_0)/\sqrt{b})\sin(\sqrt{b}(z-z_0))$ 形式的期望解。

在处理常微分方程式（10.3）时，已经演示了泰勒级数方法的简易性和潜在的实用价值，现在让我们在常微分方程式（10.4）中进行类似的尝试。因此我们取

$$R(z)=\sum_{n=0}^{\infty}a_n\,(z-z_0)^n \tag{10.14}$$

其中 z_0 还没有指定。由于这也是一个二阶常微分方程，我们试图通过消去除两个常数 a_n 以外的所有常数来发现两个独立的解。从前面对常微分方程式（10.3）的考虑也可以清楚地看出，这个过程将涉及将各阶导数的表达式替换到常微分方程中，这将产生一个关于 n 的幂不协调的初始表达式。这将推动一系列的操作，包括在各种无穷级数表达式中用另一个虚拟计数器（也就是 m）替换 n，从而产生一种我们希望的具有公因子 $(z-z_0)^m$ 的形式，代价是在各种 a 系数上使用不同的下标。这个过程，如果成功，将在原则上可能确定递归关系。

在这一过程中，常微分方程的所有方面都必须用 $z-z_0$ 的幂来表示。因此，对于常微分方程式（10.4），当它是这种形式时，一阶导数的系数项变成

$$\frac{1}{z}=\frac{1}{z-z_0+z_0}=\frac{1}{z_0}\frac{1}{1+(z-z_0)/z_0}$$

$$=\frac{1}{z_0}\left(1-\left(\frac{z-z_0}{z_0}\right)+\left(\frac{z-z_0}{z_0}\right)^2+\cdots\right)$$

或

$$\frac{1}{z}=\sum_{n=0}^{\infty}\frac{(-1)^n}{z_0^{n+1}}\,(z-z_0)^n \tag{10.15}$$

类似的考虑也适用于式（10.4）中 R 的系数项。将所有这些表达式代入常微分方程将产生常微分方程的初始表达式——幂仍然不协调的表达式——在这种形式中

$$\left[\sum_{n=2}^{\infty}n(n-1)a_n\,(z-z_0)^{n-2}\right]+\left[\sum_{n=0}^{\infty}\frac{(-1)^n}{z_0^{n+1}}\,(z-z_0)^n\right]\left[\sum_{n=1}^{\infty}na_n\,(z-z_0)^{n-1}\right]+$$

$$\left(1-b\left[\sum_{n=0}^{\infty}\frac{(-1)^n}{z_0^{n+1}}\,(z-z_0)^n\right]^2\right)\left[\sum_{n=0}^{\infty}a_n\,(z-z_0)^n\right]=0 \tag{10.16}$$

当我们的目标是生成一个递归关系时，处理这个表达式，尤其是处理无穷级数和其他无穷级数的乘积，显然是令人却步的。不久将会考虑一种更好的方法。然而，上述形式确实提

供了深入的考虑，即一旦确定了式（10.14）中的系数 a_n，泰勒级数本身是否收敛。这是因为幂级数的收敛半径是由到复平面中最近的奇点的距离给出的。因此，式（10.15）中 $1/z$ 的泰勒展开式对于 $|z-z_0|<|z_0|$ 是收敛的，因为 $1/z$ 的奇点 $z=0$ 在圆 $|z-z_0|=|z_0|$ 上。毫无疑问，常微分方程的泰勒展开解的收敛半径（即它到它的第一个奇点的距离）在复平面的区域内是收敛的，在这个区域内常微分方程中所有的泰勒展开式本身都是收敛的。因此，由式（10.16）得到的任何泰勒展开解对于 $|z-z_0|<|z_0|$ 都是收敛的。特别地，只要 $z_0\neq 0$，至少存在一个以 z_0 为中心的圆形区域，在这个区域中，式（10.4）的泰勒展开解是收敛的。

这个论证适用于一般的线性齐次常微分方程，如下所示。

下列 n 阶复常微分方程

$$\underbrace{1}_{\uparrow}\frac{\mathrm{d}^n y}{\mathrm{d}z^n}+p_1(z)\frac{\mathrm{d}^{n-1}y}{\mathrm{d}z^{n-1}}+\cdots+p_n(z)y=0 \tag{10.17}$$

有一个泰勒级数解

$$y(z)=\sum_{m=0}^{\infty}a_m(z-z_0)^m$$

它在以 z_0 为圆心的圆上是收敛的，这个圆延伸到系数函数 $p_1(x),p_2(x),\cdots,p_n(x)$ 中有一个不解析的点。

确定幂级数收敛半径的一个关键点是最高阶导数项必须乘以 1（单位），这是为了确定系数函数的奇点（因此在上式中有↑）。此外，我们说 z_0 是方程的一个**正常点**，因为在该点附近的任何解都有收敛的泰勒级数表示。

现在我们回到实际确定式（10.4）的泰勒级数展开式（10.14）的问题。为此，我们通过乘以 z^2 来将常微分方程转化为更方便的形式来进行一系列操作，

$$z^2\frac{\mathrm{d}^2R}{\mathrm{d}z^2}+z\frac{\mathrm{d}R}{\mathrm{d}z}+(z^2-b)R=0 \tag{10.18}$$

现在，我们可以很容易地把每一个系数写成 $z-z_0$ 的形式，只须将 z 替换为 $(z-z_0)+z_0$，并适当展开即可。因此，式（10.18）中的第一项变为

$$\begin{aligned}z^2\frac{\mathrm{d}^2R}{\mathrm{d}z^2}&=\Big((z-z_0)^2+2z_0(z-z_0)+z_0^2\Big)\sum_{n=2}^{\infty}n(n-1)a_n(z-z_0)^{n-2}\\&=\sum_{m=0}^{\infty}\Big(m(m-1)a_m+2z_0(m+1)ma_{m+1}+z_0^2(m+2)(m+1)a_{m+2}\Big)(z-z_0)^m\end{aligned}$$

这里我们注意一个技术要点，计数器 m 对每一项可以从 $m=0$ 开始。[⊖]

类似地，涉及一阶导数的整个项为

⊖ 例如，a_m 项的计数器将正式从 $m=2$ 开始，因为对于这一项，m 等于原始的 n（从 $n=2$ 开始）。然而，它可以正式地从 $m=0$ 开始，因为 $m=0$ 项和 $m=1$ 项都没有任何贡献，对这两个值，$m(m-1)$ 为零。

$$z\frac{\mathrm{d}R}{\mathrm{d}z}=\Big((z-z_0)+z_0\Big)\sum_{n=1}^{\infty}na_n(z-z_0)^{n-1}$$

$$=\sum_{m=0}^{\infty}\Big(ma_m+z_0(m+1)a_{m+1}\Big)(z-z_0)^m$$

同样，每一项都从 $m=0$ 开始。

与 R 有关的项是

$$(z^2-b)R=\Big((z-z_0)^2+2z_0(z-z_0)+z_0^2-b\Big)\sum_{n=0}^{\infty}a_n(z-z_0)^n$$

$$=\sum_{m=0}^{\infty}\Big(a_{m-2}+2z_0a_{m-1}+(z_0^2-b)a_m\Big)(z-z_0)^m$$

每一项的计数器可以从 $m=0$ 开始，只要我们定义

$$a_{-1}=a_{-2}=0 \tag{10.19}$$

现在把所有这些单独的项表达式代回原始方程，在满足式（10.19）的条件下，得到 a_{m+2}，$a_{m+1},a_m,a_{m-1},a_{m-2}$之间的递归代数关系：

$$a_{n+2}=-\frac{2n+1}{z_0(n+2)}a_{n+1}-\frac{z_0^2-b+n(n-1)}{z_0^2(n+2)(n+1)}a_n-\frac{2}{z_0(n+2)(n+1)}a_{n-1}-$$

$$\frac{1}{z_0^2(n+2)(n+1)}a_{n-2},\quad n=0,1,2,\cdots$$

当允许 a_0 和 a_1 为自由参数时，剩下的 $a_2,a_3,\cdots$是 a_0 和 a_1 的线性组合，它们也依赖于 z_0 和 b。例如，

$$a_2=-\frac{1}{2z_0}a_1-\frac{z_0^2-b}{2z_0^2}a_0$$

$$a_3=-\frac{1}{z_0}a_2-\frac{z_0^2-b}{6z_0^2}a_1-\frac{1}{3z_0}a_0=\frac{-z_0^3+bz_0+3}{6z_0^2}a_1+\frac{3z_0^2-3b-2z_0}{6z_0^2}a_0$$

$$\vdots$$

由此得到 $R(z)=a_1R_1(z)+a_0R_0(z)$，其中

$$R_1(z)=(z-z_0)-\left(\frac{1}{2z_0}\right)(z-z_0)^2+\left(\frac{-z_0^3+bz_0+3}{6z_0^2}\right)(z-z_0)^3+\cdots$$

$$R_0(z)=1-\left(\frac{z_0^2-b}{2z_0^2}\right)(z-z_0)^2+\left(\frac{3z_0^2-3b-2z_0}{6z_0^2}\right)(z-z_0)^3+\cdots$$

都是显式幂级数。这些显然对应于式（10.4）的两个线性独立解。如前所述，每个幂级数在半径为$|z_0|$的圆上，都是关于 z_0 收敛的。唯一不能收敛的地方是 $z_0=0$，这与观察一致，这是在递归关系或最终解中出现的除以 0 的唯一情况。

现在，我们将在另一个重要的示例中演示这种方法的使用。

例 10.2.1　函数 $y(x)$ 满足二阶常微分方程和条件

$$(x^2-6x+10)\frac{\mathrm{d}^2y}{\mathrm{d}x^2}+\frac{\mathrm{d}y}{\mathrm{d}x}+\frac{x^2-6x+10}{x-6}y=0,\quad y(4)=3,\quad y'(4)=0$$

确定 $y(x)$ 在 $x=4$ 附近的性态，并指出你对结果有把握的 x 区间。

解　虽然我们感兴趣的是实 y 和实 x，但我们在复平面上工作，保持 y 为因变量，使用 z 表示自变量，即 $y=y(z)$。我们用下面泰勒级数来求解

$$y(z)=\sum_{n=0}^{\infty}a_n(z-4)^n \tag{10.20}$$

这里，选择 $z_0=4$ 是受问题陈述的激发。这种展开保证收敛于以 $z=4+0\mathrm{i}$ 为圆心的复 z 平面上的一个圆，这个圆延伸到方程的最近奇点，这是由方程式（10.17）的形式决定的。在这种情况下，得到

$$\frac{\mathrm{d}^2y}{\mathrm{d}z^2}+\underbrace{\frac{1}{z^2-6z+10}}_{p_1(z)}\frac{\mathrm{d}y}{\mathrm{d}z}+\underbrace{\frac{1}{z-6}}_{p_2(z)}y=0$$

所以

$$p_1(z)=\frac{1}{(z-(3+\mathrm{i}))(z-(3-\mathrm{i}))}\quad p_2(z)=\frac{1}{z-6}$$

奇点分别为 $3\pm\mathrm{i}$ 和 6。展开点 $z_0=4$ 到复平面前两个奇点的距离为 $\sqrt{2}$，到最后一个奇点的距离为 2：保证收敛的半径为 $\sqrt{2}$。因此，我们的泰勒级数解一旦得到，将收敛于 $4-\sqrt{2}<x<4+\sqrt{2}$。

为了得到展开式本身，我们现在考虑方程的另一种形式，去掉所有分式，即

$$(z^3-12z^2+46z-60)\frac{\mathrm{d}^2y}{\mathrm{d}z^2}+(z-6)\frac{\mathrm{d}y}{\mathrm{d}z}+(z^2-6z+10)y=0$$

为了方便表示，以 $z-4\equiv\zeta$ 的形式工作是方便的。设 $y(z)=y(\zeta+4)=w(\zeta)$。在这些变换下，常微分方程问题重写为

$$(\zeta^3-2\zeta-4)\frac{\mathrm{d}^2w}{\mathrm{d}\zeta^2}+(\zeta-2)\frac{\mathrm{d}w}{\mathrm{d}\zeta}+(\zeta^2+2\zeta+2)w=0,\quad w(0)=3\quad w'(0)=0$$

而泰勒展开简单地为

$$w(\zeta)=\sum_{n=0}^{\infty}a_n\zeta^n \tag{10.21}$$

这里需要强调的是，式（10.20）和式（10.21）中的系数 a_n 是相同的。我们再次考虑方程中的每一项。一阶导数是最简单的，它给出了

$$\begin{aligned}(\zeta-2)\frac{\mathrm{d}w}{\mathrm{d}\zeta}&=(\zeta-2)\sum_{n=1}^{\infty}na_n\zeta^{n-1}=\sum_{n=1}^{\infty}(na_n\zeta^n-2na_n\zeta^{n-1})\\&=\sum_{m=0}^{\infty}\Big(ma_m-2(m+1)a_{m+1}\Big)\zeta^m\end{aligned}$$

未微分的 w 项利用 $a_{-2}=a_{-1}=0$，给出

$$(\zeta^2+2\zeta+2)w=(\zeta^2+2\zeta+2)\sum_{n=0}^{\infty}a_n\zeta^n=\sum_{n=1}^{\infty}(a_n\zeta^{n+2}+2a_n\zeta^{n+1}+2a_n\zeta^n)$$

$$-\sum_{m=0}^{\infty}(a_{m-2}+2a_{m-1}+2a_m)\zeta^m$$

最后，二阶导数项也利用 $a_{-1}=0$（这样对 a_{m-1} 求和就可以从 $m=0$ 开始）得到

$$(\zeta^3-2\zeta-4)\frac{\mathrm{d}^2w}{\mathrm{d}\zeta^2}=(\zeta^3-2\zeta-4)\sum_{n=2}^{\infty}n(n-1)a_n\zeta^{n-2}$$

$$=\sum_{m=0}^{\infty}\Big((m-1)(m-2)a_{m-1}-2(m+1)ma_{m+1}-$$

$$4(m+2)(m+1)a_{m+2}\Big)\zeta^m$$

然后，因为 ζ 的单项式是线性无关的——见与式（10.2）相关的线性独立性讨论——当且仅当每个 $k_m=0$ 时，一般 ζ 的和式 $\sum_{m=0}^{\infty}k_m\zeta^m=0$。这使我们能够在结合所有项后提取以下关系：

$$-4(m+2)(m+1)a_{m+2}-2(m+1)^2a_{m+1}+(m+2)a_m+$$

$$(m^2-3m+4)a_{m-1}+a_{m-2}=0 \tag{10.22}$$

通过解出 a_{m+2} 给出正式的递归关系。现在我们注意，$y(4)=w(0)=3$ 导致 $a_0=3$，而 $y'(4)=w'(0)=0$ 导致 $a_1=0$。这样，就可以对 $m=0,1,2,\cdots$ 确定系数，其中 $a_{-2}=a_{-1}=a_1=0$ 和 $a_0=3$。从而

$$m=0\ \Rightarrow\ -8a_2+2\underbrace{a_0}_{3}=0\ \Rightarrow\ a_2=3/4$$

$$m=1\ \Rightarrow\ -24a_3-8\underbrace{a_2}_{3/4}+2\underbrace{a_0}_{3}=0\ \Rightarrow\ a_3=0$$

$$m=2\ \Rightarrow\ -48a_4+4\underbrace{a_2}_{3/4}+\underbrace{a_0}_{3}=0\ \Rightarrow\ a_4=1/8$$

$$m=3\ \Rightarrow\ -80a_5-32\underbrace{a_4}_{1/8}+4\underbrace{a_2}_{3/4}=0\ \Rightarrow\ a_5=1/80$$

$$\vdots$$

在用实变量重写所有这些关系后，发现 $x=4$ 附近的解表现为

$$y(x)=3+\frac{3}{4}(x-4)^2+\frac{1}{8}(x-4)^4+\frac{1}{80}(x-4)^5+\cdots$$

该级数在 $4-\sqrt{2}<x<4+\sqrt{2}$ 范围内收敛。

10.2.2　线性常微分方程的弗罗贝尼乌斯展开解

对于经典的常微分方程式（10.3）和式（10.4），前者在每个点上都能得到泰勒级数展开解，后者在除了 $z_0=0$ 的每个点上都能得到泰勒级数展开解。此外，例 10.2.1 前面的关于 $R_1(r)$ 和 $R_0(r)$ 的公式显示了为什么过程在 $z_0=0$ 时失败——该过程需要除以 z_0，在这种情况下，z_0 是零。

这里值得强调的是，当常微分方程由式（10.4）给出时，$z_0=0$ 点是式（10.17）中 $p_1(z)$或 $p_2(z)$ 奇异（非解析）的唯一位置。

然而，即使在这样的奇点，我们不希望放弃级数解的想法。在展示获得这样一个解的过程之前（前提是，我们将看到，$p_1(z)$ 和 $p_2(z)$ 不是“太奇异”），我们可能会合理地问：“为什么要在这样特殊的点上费力地寻找一个级数解呢?”我们对复变量的研究中得到的答案在这个阶段有相当好的启发，那就是**奇点的性态通常支配着问题最重要的特征**。我们在闭合路径积分中看到了这一点，积分的值完全由所包围的奇点的性质决定。

回到级数展开式，方法是将展开式自左乘以$z-z_0$ 的 β 次幂（β 不一定是整数）。非整数幂可理解为表征 z_0 附近的奇异性态，而剩下的因素将表征其解析泛函性态。由于式（10.4）的奇点位于 $z_0=0$，因此相关的展开为

$$R(z)=z^{\beta}\sum_{n=0}^{\infty}a_nz^n=\sum_{n=0}^{\infty}a_nz^{\beta+n} \tag{10.23}$$

从而

$$R'(z)=\sum_{n=0}^{\infty}a_n(\beta+n)z^{\beta+n-1},\quad R''(z)=\sum_{n=0}^{\infty}a_n(\beta+n)(\beta+n-1)z^{\beta+n-2}$$

把它们代入式（10.4），得到

$$\sum_{n=0}^{\infty}(a_n(\beta+n)(\beta+n-1)z^{\beta+n}+a_n(\beta+n)z^{\beta+n}+a_nz^{\beta+n+2}-ba_nz^{\beta+n})=0$$

在这个原始形式中，所有的 a 系数都有相同的下标，但在该表达式中 z 的幂是不同的。现在我们重新整理并重新标引，使得该表达式给出 z 的相同幂次（一般来说 a 的下标值不同）。分离出前面关于 z^{β} 和 $z^{\beta+1}$ 的两项，即 $n=0$ 与 $n=1$ 的两项，然后对剩下的项，重新标引，得到

$$(\beta^2-b)a_0z^{\beta}+(\beta^2+2\beta+1-b)a_1z^{\beta+1}+$$
$$\sum_{n=2}^{\infty}\Big([(\beta+n)(\beta+n-1)+(\beta+n)-b]a_n+a_{n-2}\Big)z^{\beta+n}=0$$

经过一些简化，得出非平凡解的可能性是

$$\beta^2-b=0,\quad a_1=0$$

或

$$a_0=0,\quad (\beta+1)^2-b=0$$

- 以及递归关系

$$\Big((\beta+n)^2-b\Big)a_n+a_{n-2}=0,\quad n=2,3,\cdots$$

我们现在已经在寻找特定解的过程中了。为了使结果对以后的推导更有用，我们继续讨论，但用 v^2 代替了 b。因此式（10.4）变成

$$\frac{\mathrm{d}^2R}{\mathrm{d}z^2}+\frac{1}{z}\frac{\mathrm{d}R}{\mathrm{d}z}+\Big(1-\frac{v^2}{z^2}\Big)R=0 \tag{10.24}$$

这与例 9.5.1 中的各种常微分方程形式形成了更直接的对应关系，正是这些形式最初激发

了我们对这个常微分方程的研究。具体来说，它使我们与式（9.39）～式(9.41）中的方程保持一致。事实上，式（10.24）的形式是贝塞尔常微分方程的标准表达方式之一，它被称为 ν 阶贝塞尔方程。因为自变量 z 是一个复变量，这是贝塞尔方程的复版本；实版本会简单地将 z 视为实数，或者，等价地，将 z 替换为一个通常与实数相关的变量名（通常是 r，这是考虑到这个方程在处理环形域上的拉普拉斯算子时自然产生）。

因为 β 由我们处置，我们修改上面的表达式，以便陈述当前的结果如下：如果

$$\beta=\pm\nu \quad 且 \quad a_1=0$$

或如果

$$\beta=-1\pm\nu \quad 且 \quad a_0=0$$

以及递归关系

$$a_{n+2}=\frac{-1}{(n+2+\beta)^2-\nu^2}a_n,\quad n=0,1,2,\cdots$$

成立，则级数的形式式（10.23）生成贝塞尔方程式（10.24）的非平凡解。

乍一看，这组“非此即彼”的条件似乎给出了四种广泛的可能性。但是，很容易验证第二组（$a_0=0$ 那一组）只是重新生成第一组（与 $a_1=0$ 相关联的那一组）。逻辑上，这必须是这样，因为选择 β 的自由意味着它可以被选来补充第一个非零的 a_n 系数；换句话说，取 $a_0\neq0$ 没有损失。因此，$\beta=\pm\nu$，$a_1=0$，而且递归关系表明，a_n 序列中只剩下偶数的 n 值。**两个值 $\boldsymbol{\beta}=\pm\boldsymbol{\nu}$ 产生方程的两个独立解**。关于 $z=0$ 这两个级数解取以下形式：

$$R(z)=z^{\beta}\sum_{k=0}^{\infty}a_{2k}z^{2k}=\sum_{k=0}^{\infty}a_{2k}z^{\beta+2k},\quad \beta=\pm\nu \tag{10.25}$$

经过重新整理，对 β 的每个取值，系数由下式给出：

$$a_{2k+2}=\frac{-1}{4(k+1+\beta)(k+1)}a_{2k},\quad k=0,1,2,\cdots$$

当 $\beta=\nu$ 时，我们现在在 a_n 上用加号上标（+），当 $\beta=-\nu$ 时用减号上标（−）。当 $\beta=\nu$ 时，系数为

$$a_2^+=\frac{-1}{4(1+\nu)}a_0^+$$

$$a_4^+=\frac{-1}{4(2+\nu)2}a_2^+=\frac{1}{4^2(2+\nu)(1+\nu)2}a_0^+$$

$$a_6^+=\frac{-1}{4\times(3+\nu)3}a_4^+=\frac{-1}{4^3(3+\nu)(2+\nu)(1+\nu)3\times2}a_0^+$$

$$a_{2k}^+=\frac{(-1)^k}{2^k(2k+2\nu)(2(k-1)+2\nu)\cdots(2+2\nu)(k\times(k-1)\times\cdots\times1)}a_0^+$$

通项为

$$a_{2k}^+=\frac{(-1)^k}{2^{2k}\underbrace{(k+\nu)((k-1)+\nu)\cdots(1+\nu)}_{k个不同因子}k!}a_0^+ \tag{10.26}$$

以类似的方式可知，$\beta=-\nu$ 时得到的系数是以下形式：

$$a_2^- = \frac{-1}{4(1-\nu)}a_0^-$$

$$a_4^- = \frac{-1}{4(2-\nu)2}a_2^- = \frac{1}{4^2(2-\nu)(1-\nu)2}a_0^-$$

等等，表明在这种情况下，通解是

$$a_{2k}^- = \frac{(-1)^k}{2^{2k}\underbrace{(k-\nu)((k-1)-\nu)\cdots(1-\nu)}_{k\text{个不同因子}}k!}a_0^- \tag{10.27}$$

关于这些级数解的后续内容将在 10.3.1 节中给出，其中重点是贝塞尔方程解的更一般性质。

现在，在展示了将泰勒级数解推广到式（10.23）中更一般的形式的潜力之后，我们更系统地探讨这种方法的使用。基本思想是采用以下形式的级数：

$$f(z) = (z-z_0)^\beta \sum_{n=0}^{\infty} a_n (z-z_0)^n = \sum_{n=0}^{\infty} a_n (z-z_0)^{\beta+n} \tag{10.28}$$

当系数函数 $p_1(z), p_2(z), \cdots, p_n(z)$ 在 $z=z_0$ 处并不都是解析时，它作为一种方法，可以得到式（10.17）的级数解。这就是著名的弗罗贝尼乌斯方法，[㊀]而对应的级数解式(10.28）被称为弗罗贝尼乌斯展开。

我们的讨论仅限于二阶常微分方程的情况。这类方程的特征是函数 $p_1(z)$ 和 $p_2(z)$，其中至少有一个在 $z=z_0$ 处不是解析的。[㊁]我们发现，如果任何非解析的 $p_1(z)$ 具有简单极点的奇异性，任何非解析的 $p_2(z)$ 具有简单极点或二阶极点的奇异性，那么基于弗罗贝尼乌斯展开式（10.28）的方法将是成功的。这意味着我们可以把它们写为

$$p_1(z) = \frac{Q_1(z)}{z-z_0}, \quad p_2(z) = \frac{Q_2(z)}{(z-z_0)^2}$$

其中，$Q_1(z)$ 和 $Q_2(z)$ 在$z=z_0$ 时都是解析的。当 p_1 和 p_2 在这种情况下奇异时，也就是说它们是奇异的，但不是太奇异，我们说 z_0 是常微分方程的**正则奇点**。如果奇异性较严重，则该位置称为常微分方程的非正则奇点。

对于正则奇点，可以通过求解下面方程得到原来未知的幂 β 的值：

$$\beta(\beta-1) + Q_1(z_0)\beta + Q_2(z_0) = 0 \tag{10.29}$$

这个二次方程有两个解。每一个都生成原始常微分方程的两个线性无关解中的一个。显然，该方程可能存在重根，在这种情况下，可以找到求第二个线性无关解的替代程序。同样，当两个根差一个整数时，弗罗贝尼乌斯方法只能给出两个解中的一个：[㊂]这种情况也需要特殊处理。处理所有这些例外情况超出了我们这里的意图范围，但可以在专注于一般弗罗贝尼乌斯理论的详细讨论中可靠地找到信息（如 13.6 节所讨论的）。我们用一个示例来说明重要的操作细节，从而结束这里的讨论。

㊀ 费迪南德·格奥尔格·弗罗贝尼乌斯（Ferdinand Georg Frobenius，1849—1917）除了在微分方程方面的工作，还在代数、数论和群论的发展中发挥了重要作用。

㊁ 如果两者在 z_0 处都是解析的，那么它就是一个普通点，可以使用 10.2.1 节描述的过程找到泰勒级数解。

㊂ 见本节习题 12。

例 10.2.2　考虑 $x>0$ 上关于 $y=y(x)$ 的常微分方程：

$$6(x-4)^2\frac{\mathrm{d}^2y}{\mathrm{d}x^2}-4(x-4)\frac{\mathrm{d}y}{\mathrm{d}x}-xy=0$$

（1）在什么样的位置 x_0 这个方程的两个解有泰勒展开形式？

（2）对于不能保证这种泰勒展开解的任何位置 x_0，用$x-x_0$ 展开，并在每个展开式中展示前三个非平凡项。

解　（1）将这个方程写成复自变量 z 的式（10.17）的形式，我们确定

$$p_1(z)=-\frac{\frac{2}{3}}{z-4},\quad p_2(z)=-\frac{\frac{1}{6}z}{(z-4)^2}$$

函数 $p_1(z)$ 和 $p_2(z)$ 对除 $z=4$ 以外的所有 z 都是解析的。换句话说，除 $x_0=4$ 外，所有的 x_0 都将生成$x-x_0$ 的幂的泰勒展开解。

（2）在 $z=4$ 处，函数 p_1 和 p_2 的极点分别为一阶和二阶。因此，对于接近 $z_0=4$ 处的弗罗贝尼乌斯处理，方程并不“太奇异”。我们确定$Q_1(z)=-2/3$ 和$Q_2(z)=-(1/6)z$。关于β的方程为

$$\beta(\beta-1)-\frac{2}{3}\beta-\frac{2}{3}=0\Rightarrow\beta_1=2,\quad\beta_2=-\frac{1}{3}$$

回到实变量，我们得出，对于展开点 $x_0=4$，一个解 $y_1(x)$ 的形式为

$$y_1(x)=(x-4)^2\sum_{n=0}^{\infty}a_n(x-4)^n=\sum_{n=0}^{\infty}a_n(x-4)^{n+2}\tag{10.30}$$

所以它在 $x=4$ 附近性态很好。另一个解 $y_2(x)$ 的形式为

$$y_2(x)=(x-4)^{-\frac{1}{3}}\sum_{n=0}^{\infty}b_n(x-4)^n=\sum_{n=0}^{\infty}b_n(x-4)^{n-\frac{1}{3}}\tag{10.31}$$

所以当 $x\to4$ 时发散。我们现在找到了每种情况下的前三个非平凡项。

如同在例 10.2.1 一样，可以方便地定义$x-x_0=\zeta$ 和 $y(x)=y(\zeta+x_0)=w(\zeta)$，再次用 $x_0=4$，此时方程变为

$$6\zeta^2\frac{\mathrm{d}^2w}{\mathrm{d}\zeta^2}-4\zeta\frac{\mathrm{d}w}{\mathrm{d}\zeta}-(\zeta+4)w=0$$

尽管现在用 ζ 表示的展开式写得更紧凑，但是这些简单的改变并没有改变系数 a_n 和 b_n：

$$w_1(\zeta)=\sum_{n=0}^{\infty}a_n\zeta^{n+2},\quad w_2(\zeta)=\sum_{n=0}^{\infty}b_n\zeta^{n-\frac{1}{3}}$$

首先看解W_1 的展开式，我们有二阶导数项

$$6\zeta^2\frac{\mathrm{d}^2w_1}{\mathrm{d}\zeta^2}=\sum_{n=0}^{\infty}6(n+2)(n+1)a_n\zeta^{n+2}$$

$$=12a_0\zeta^2+\sum_{n=1}^{\infty}6(n+2)(n+1)a_n\zeta^{n+2}$$

这里，我们从无穷和中提出了ζ^2 项。继续看一阶导数项，我们有

$$-4\zeta\frac{\mathrm{d}w_1}{\mathrm{d}\zeta}=-\sum_{n=0}^{\infty}4(n+2)a_n\zeta^{n+2}$$

$$=-8a_0\zeta^2-\sum_{n=1}^{\infty}4(n+2)a_n\zeta^{n+2}$$

最后是未微分项：

$$-(\zeta+4)w_1=-\sum_{n=0}^{\infty}a_n\zeta^{n+3}-4\sum_{n=0}^{\infty}a_n\zeta^{n+2}$$

$$=-\sum_{m=1}^{\infty}a_{m-1}\zeta^{m+2}-4\sum_{n=0}^{\infty}a_n\zeta^{n+2}$$

$$=-4a_0\zeta^2-\sum_{n=1}^{\infty}(a_{n-1}+4a_n)\zeta^{n+2}$$

把这些项加起来，并将结果设为零，可以使常微分方程以代数形式重新构成

$$(12-8-4)a_0\zeta^2$$

$$+\sum_{n=1}^{\infty}\Big(6(n+2)(n+1)a_n-4(n+2)a_n-(a_{n-1}+4a_n)\Big)\zeta^{n+2}=0$$

特别地，我们注意ζ^2 项恒等为零。这是因为选择 β 的值是为了满足式（10.29）。经过代数化简和重排，使得 ζ 的各个幂次方必须为零得到，

$$a_n=\frac{1}{2n(3n+7)}a_{n-1},\quad n=1,2,\cdots$$

因此 $a_1=\frac{1}{20}a_0$ 和 $a_2=\frac{1}{76}a_1=\frac{1}{1520}a_0$，这就产生了无穷级数的前三项

$$y_1(x)=a_0\Big((x-4)^2+\frac{1}{20}(x-4)^3+\frac{1}{1520}(x-4)^4+\cdots\Big)$$

现在转向另一个解 $y_2(x)=W_2(\zeta)$ 的展开，我们有下列各项：

$$6\zeta^2\frac{\mathrm{d}^2w_2}{\mathrm{d}\zeta^2}=\frac{8}{3}b_0\zeta^{-1/3}+\sum_{n=1}^{\infty}6\Big(n-\frac{1}{3}\Big)\Big(n-\frac{4}{3}\Big)b_n\zeta^{n-\frac{1}{3}}$$

$$-4\zeta\frac{\mathrm{d}w_2}{\mathrm{d}\zeta}=\frac{4}{3}b_0\zeta^{-1/3}-\sum_{n=1}^{\infty}4\Big(n-\frac{1}{3}\Big)b_n\zeta^{n-\frac{1}{3}}$$

$$-(\zeta+4)w_2=-4b_0\zeta^{-1/3}-\sum_{n=1}^{\infty}(b_{n-1}+4b_n)\zeta^{n-\frac{1}{3}}$$

和之前一样，把这些项加起来，将结果设为零，重新构造方程，得到

$$\Big(\frac{8}{3}+\frac{4}{3}-4\Big)b_0\zeta^{-1/3}+$$

$$\sum_{n=1}^{\infty}\Big(6\Big(n-\frac{1}{3}\Big)\Big(n-\frac{4}{3}\Big)b_n-4\Big(n-\frac{1}{3}\Big)b_n-(b_{n-1}+4b_n)\Big)\zeta^{n-\frac{1}{3}}=0$$

首项$\zeta^{-1/3}$再次恒等为零。现在剩下的无穷和形式提供了递归关系

$$b_n = \frac{1}{2n(3n-7)} b_{n-1}, \quad n = 1,2,\cdots$$

因此 $b_1 = -\frac{1}{8}b_0$ 和 $b_2 = -\frac{1}{4}b_1 = \frac{1}{32}b_0$，这就给出了无穷级数的前三项

$$y_2(x) = b_0\left((x-4)^{-1/3} - \frac{1}{8}(x-4)^{2/3} + \frac{1}{32}(x-4)^{5/3} + \cdots\right)$$

注意在 $x=4$ 处 $(x-4)^{-1/3}$ 奇异性的出现。

本节的内容再次展示了通过利用复分析提供的更广泛、更深入的常微分方程视野而获得的能力、实用性和清晰度。虽然这里考虑的例子没有使用来自复分析的最复杂的思想，但这里所执行的操作确实揭示了关键信息。其中一个深刻的见解是收敛半径的概念，以及它如何直接与复平面上常微分方程的奇异结构相联系。当极点为一阶和二阶时，奇点被定义为正则的。然而，如果奇异性更加严重，这个点就会变成非正则奇点。

本节讨论的级数解技术相当于与数学问题局部分析相关的一般方法的具体例子。通过这种方法我们设法得到问题中某个自变量的某个特定值附近的局部行为。这是应用数学中一个研究很深入的专题，而我们只触及了表面。扰动方法和边界层分析程序详细地解决了这些局部分析问题。研究这些重要和有用的程序，远远超出这里的范围，将使我们远离我们所阐明的目标。然而，我们希望读者现在有足够的动力去进一步研究局部分析技术和其他近似分析方法。

10.3 特殊函数

由经典偏微分方程的解产生的经典常微分方程的解通常被称为“特殊函数”。其中最著名的是贝塞尔函数；例 9.5.1 展示了关于拉普拉斯方程的分离变量过程如何推导出经典的常微分贝塞尔方程式（9.39）。事实上，正如那个例子所示，产生这些特殊函数的常微分方程通常是特征值问题的一部分，所以特殊函数本身作为我们感兴趣的常微分方程的特征函数。更根本的有，正弦函数和余弦函数是与常微分方程特征值问题式（9.6）相关的特殊函数，尽管这些函数是如此知名，以至于它们已经被有效地“提升”出了特殊函数的行列。即便如此，为了理解通常如何处理特殊函数，将正弦函数和余弦函数视为特殊函数是有用的。

第二类所谓的“特殊函数”是各种微分方程或积分方程的解的积分，是自然产生的(如在变分微积分中，产生了雅可比积分)。在前面的例 9.6.2 中就发生了这种情况，产生了误差函数和互补误差函数。另一个例子是伽马函数，

$$\Gamma(x) \equiv \int_0^\infty t^{x-1}\mathrm{e}^{-t}\,\mathrm{d}t \tag{10.32}$$

这个函数将在后面的 10.3.3 节中讨论，在式（10.101）中有更正式的介绍，并建立许多性质，包括我们熟知的性质：$\Gamma(x+1)=x\Gamma(x)$ 和对于正整数，$\Gamma(n+1)=n!$。第二类广义函数之所以“特殊”，其中一个原因是，在工程和物理中，各种各样的积分，就像 π 一样，

似乎出现在许多不同的问题和无数的语境中。[㊀]

特殊函数呈现出一系列复杂的性态、函数相关性和详细的代数相互关系，这些关系通常以无穷和的形式表示。当各种特殊函数的参数很复杂时，尤其如此。特殊函数通常首先以无穷级数的形式出现——正如我们在 10.2 节中看到的那样，无穷级数可能很乏味。然而，在许多情况下，泰勒级数（10.2.1 节）或弗罗贝尼乌斯级数（10.2.2 节）都足以描述给定特殊函数的最基本特性。这些级数经过处理以产生“递归”公式，当它们按顺序应用并嵌套时，这些“递归”公式变得难以处理：虽然递归公式作为一个单独的且不同的公式通常是一个简单的代数关系，如式（10.9）。

研究这一课题时我们常常发现令人烦恼的是，在各种特殊函数之间，除了用来产生无穷级数的技术之外，没有直接明显的联系。此外，一组多项式（比如贝塞尔函数）的推导与另一组多项式（比如勒让德多项式，或者埃尔米特多项式）的推导相比，通常会有细微的区别。这些多项式有的在某些临界点发散，有的在无穷区间定义，有的在有限区间定义，有的与权函数形成正交集，还有的根本不需要权函数。事实上，“特殊函数”是数学家对判例法的类比：它们包含了大量的个体案例，这些案例通过一个连贯统一的原则联系在一起，即使在最好的情况下也是脆弱的。即使存在这样的联系，也很少被讨论。这也是为什么工程师和科学家对这些特殊函数又爱又恨的原因之一。它们迷人但也令人沮丧，强大但有限，优雅但笨拙，非常有用但往往不值得把精力和烦恼花费在这些无数的置换和特殊的情况中。

在继续讨论几个特殊函数之前，我们将处理一个示例，该示例演示了描述和表征特殊函数的多种方式。因此，作为我们讨论典型的特殊函数的前奏，我们首先对最简单的特殊函数，即 sin 函数和 cos 函数，进行启发性说明。在这里，我们认为它们是由解方程 $y''=-\lambda y$ 在 $0\leqslant x\leqslant\pi$ 上产生的，因此特征值由 $\lambda=n^2$ 给出。三角特征函数可以用 $y_n(x)=\mathrm{e}^{inx}$ 表示。

例 10.3.1　讨论由求解常微分方程 $y''=-n^2y$ 产生的特殊函数 $\sin nx$ 和 $\cos nx$，该方程来自应用标准或“自然”的边界条件，要求使用 $\lambda=n^2$。针对这个问题，从泰勒级数推导出原始形式，**确定**不同特征值的特征函数之间的关系，**提供**积分形式，**检查**生成函数，**推导**递归关系，**讨论**正交性，**导出**复路径积分表示。

评注：在前面的句子中给出的要求，带有大量的动词，这是有目的的漫不经心——我们乐意承认，我们没有提供上述几个术语的确切含义。事实上，这就是练习的重点，因为它们的意义将在推导中显现。本例旨在在最简单的背景中引入几个概念，然后在后面针对其他特殊函数进行进一步阐述。

解

1. **级数解：**将 $y=\sum_{n=0}^{\infty}a_nx^n$ 代入 $y''=-n^2y$，并执行必要的操作，得到

㊀ 在 8.6 节的习题 6 中对伽马函数做了简要的介绍性讨论。

$$y_n = a_0\left(1-\frac{(nx)^2}{2!}+\frac{(nx)^4}{4!}-\cdots\right)+a_1\left(nx-\frac{(nx)^3}{3!}+\frac{(nx)^5}{5!}-\cdots\right)$$
$$= a_0\cos nx + a_1\sin nx = b_0 e^{inx} + b_1 e^{-inx}$$

其中 $b_0=\frac{1}{2}(a_0-ia_1)$，$b_1=\frac{1}{2}(a_0+ia_1)$，这里已经应用 $\cos nx=(e^{inx}+e^{-inx})/2$ 等。这样，如果我们同时使用正、负整数 n，我们可以只用下式来写出解：

$$f_n(x)\equiv e^{inx}$$

2. **不同特征值的特征函数之间的关系**：因为 $e^{inx}=(e^{ix})^n$，任意 n 的特征函数都是 $n=1$ 时的解的乘积；因此，只需要详细确定 $n=1$ 时的解。例如，当 $n=2$ 时，取实部和虚部后，我们发现 $\cos 2x=\cos^2 x-\sin^2 x$ 和 $\sin 2x=2\cos x\sin x$。我们还注意到

$$\frac{d}{dx}\cos x=-\sin x$$

因此，从技术上来说，为了推导出所有的高次特征函数所需要的就是 $\cos x$。注意，我们也可以写 $e^{inx}=e^{ix}e^{i(n-1)x}$，因此，

$$\cos nx=\cos x\cos(n-1)x-\sin x\sin(n-1)x$$
$$\sin nx=\sin x\cos(n-1)x+\cos x\sin(n-1)x$$

这个特殊的关系提供了第 n 个特征函数用第 $n-1$ 个和 $n=1$ 时的特征函数来表示的形式。这一思想的更正式的发展呈现在递归关系的概念中，这是下面递归公式讨论的内容。

3. **积分形式**：特征函数 $f_n(x)$ 满足以下关系：

$$e^{inx} = 1+in\int_0^x e^{ins}ds$$

出现这个明显的结果是因为这里考虑的特征函数和特征值问题是如此简单。

4. **生成函数**：我们现在冒险去一个更复杂的地方。考虑无穷级数

$$g(z;\xi)\equiv\sum_{n=0}^{\infty}f_n(z)\xi^n \tag{10.33}$$

其中 $z=x+iy$ 是复数。对于目前正在考虑的 $f_n(z)=e^{inz}$ 的集合，这将产生

$$g(z;\xi)=\sum_{n=0}^{\infty}e^{inz}\xi^n=\sum_{n=0}^{\infty}(\xi e^{iz})^n$$

注意，我们不考虑从 $n=-\infty$ 到 $n=-1$ 的项，因为当 $|\xi|\leqslant 1$ 时，该级数发散。此外，通过包含 $n=-\infty$ 到 $n=-1$ 项所能实现的就是虚部 $\sin nz$，它只是 $n=1$ 到 $n=\infty$ 的相同项的负项。反过来说，当 $0<\xi<1$ 时，有 $|\xi e^{iz}|<1$，使其成为公比小于 1 的几何级数。因此，它直接等于

$$g(z;\xi)=\frac{1}{1-\xi e^{iz}} \tag{10.34}$$

式（10.34）右边给出的函数是 $f_n(z)=e^{inz}$ 的**生成函数**，因为将式（10.34）的右边展开为关于 $\xi=0$ 的 ξ 的泰勒级数，可以确定 $f_n(z)$ 作为 ξ^n 的幂级数系数。由于 $e^{iz}=f_1(z)$，我们可以将本例中的生成函数表示为

$$g(z;\xi)=\frac{1}{1-\xi f_1(z)} \tag{10.35}$$

5. **递归公式**：递归公式将不同的顺序参数值的特殊函数联系在一起。在目前情况下，顺序参数为 n。式（10.35）（两边）对 ξ 求微分，重新整理，得到一阶偏微分方程

$$(1-\xi f_1(z))\frac{\partial g}{\partial \xi}=f_1(z)\,g$$

现在该式左边的偏导数用幂级数 $g=\sum_{n=0}^{\infty}\xi^n f_n(z)$ 的（各项的）导数代入。再令结果表达式中 ξ 的幂相同的项的系数相等，得到关于 $f_n(z)$ 的特征函数的递归公式：

$$\xi^{n+1}\text{ 项的系数}\quad\Rightarrow\quad f_{n+1}(z)=f_1(z)f_n(z) \tag{10.36}$$

事实上，因为 $\mathrm{e}^{\mathrm{i}(n+1)x}=\mathrm{e}^{\mathrm{i}x}\mathrm{e}^{\mathrm{i}nx}$，我们已经知道了这个结果，但这不是推导的目的。对于更一般和抽象的多项式序列，求生成函数可以通过下面类似的过程来发现复杂的递归关系。当我们在式（10.35）（两边）对 z 求微分，重新整理，我们得到

$$(1-\xi f_1(z))\frac{\partial g}{\partial z}=\mathrm{i}\xi f_1(z)\,g$$

经过一些工作，再次发现得到的特征函数递归公式由式（10.36）给出。

递归关系也可以用特殊函数的导数来表示。在本例中，关于 $f_n(z)=\mathrm{e}^{\mathrm{i}nz}$ 显然是这样的：

$$\frac{\partial f_n(z)}{\partial z}=\mathrm{i}nf_n(z) \tag{10.37}$$

这是下面递归公式的一个特别简单的例子，

$$\frac{\partial f_n(z)}{\partial z}=A(z,n)f_n(z)+B(z,n)f_{n+1}(z) \tag{10.38}$$

这通常用于更复杂的特殊函数（贝塞尔、勒让德等）。

6. **正交性**：考虑两个一般特征解，这里写成 $\mathrm{e}^{\mathrm{i}nx}$ 和 $\mathrm{e}^{-\mathrm{i}mx}$。这种选择是受 $y''=-n^2y$ 的通解可以用 $\cos nx=(\mathrm{e}^{\mathrm{i}nx}+\mathrm{e}^{-\mathrm{i}nx})/2$ 和 $\sin nx=(\mathrm{e}^{\mathrm{i}nx}-\mathrm{e}^{-\mathrm{i}nx})/(2\mathrm{i})$ 表示的启发。写出两个一般解的乘积，并在 $x\in(0,2\pi)$ 上积分，得到

$$\frac{1}{2\pi}\int_0^{2\pi}\mathrm{e}^{\mathrm{i}nx}\mathrm{e}^{-\mathrm{i}mx}\,\mathrm{d}x=\begin{cases}0,m\neq n\\1,m=n\end{cases} \tag{10.39}$$

这个正交性准则对傅里叶级数的易用性至关重要。

7. **罗德里格斯（Rodrigues）公式**：函数 $\mathrm{e}^{\mathrm{i}nz}$ 的简单性质立即给出

$$\mathrm{e}^{\mathrm{i}nz}=\frac{1}{(\mathrm{i}n)^n}\frac{\mathrm{d}^n}{\mathrm{d}z^n}(\mathrm{e}^{\mathrm{i}nz})=\frac{\mathrm{d}^n}{\mathrm{d}z^n}\left(\frac{(\mathrm{e}^{\mathrm{i}z})^n}{(\mathrm{i}n)^n}\right)$$

或者，因为 $f_n(z)=\mathrm{e}^{\mathrm{i}nz}$，

$$f_n(z)=\frac{\mathrm{d}^n}{\mathrm{d}z^n}(h(z,n)),\quad h(z,n)=\frac{(\mathrm{e}^{\mathrm{i}z})^n}{(\mathrm{i}n)^n}=\left[\frac{f_1(z)}{\mathrm{i}n}\right]^n \tag{10.40}$$

这是**罗德里格斯公式**的一个例子，意味着 $f_n(z)$ 是**源**函数［这里称为 $h=h(z,n)$］的 n 阶导数。

对于大多数特殊函数集 $\{f_n(z)\}$，$f_n(z)$ 没有特定表达式，找到罗德里格斯公式需要直接处理常微分方程或处理从常微分方程产生的表达式，如无穷级数表示。这种方法作为获得罗德里格斯公式的一种手段，对于终止于有限项的多项式特殊函数尤其成功。这包括勒让德多项式和埃尔米特多项式，当它们的变量 z 被视为复变量时，它们是解析函数。这里回想一下解析函数的 n 阶导数的柯西积分公式（7.7）也是有用的；对于罗德里格斯公式描述的特殊函数 $f_n(z)=(\mathrm{d}^n/\mathrm{d}z^n)h(z,n)$，它给出了积分关系

$$f_n(z)=\frac{n!}{2\pi\mathrm{i}}\oint\frac{h(\xi,n)}{(\xi-z)^{n+1}}\mathrm{d}\xi$$

其中，闭合路径包围点 z。正如我们已经看到，这些积分可以用留数定理来求值。更一般地说，函数的路径积分表示可以确定函数的基本性质和具体性态，例如实 z 的零交叉点间距（即节点频率）和 $z\to\infty$ 时的渐近性态。下面继续探索另一种可能的积分表示。

8. **复积分：** 考虑闭合路径积分 $\oint[\cdot]\,\xi^{-(n+1)}\mathrm{d}\xi$ 的作用，其中路径以通常的逆时针方向围绕原点 $\xi=0$。这个作用适用于［·］是式（10.33）的一般形式的无穷级数的情况，使用式（7.8）得到

$$\oint\Big[\sum_{k=0}^{\infty}f_k(z)\xi^k\Big]\frac{1}{\xi^{n+1}}\mathrm{d}\xi=\sum_{k=0}^{\infty}f_k(z)\underbrace{\oint\frac{\xi^k}{\xi^{n+1}}\mathrm{d}\xi}_{2\pi\mathrm{i}\delta_{kn}}=2\pi\mathrm{i}f_n(z)$$

我们回忆一下：当 $k=n$ 时，克罗内克函数 δ_{kn} 的值为 1；否则为零。这是一个一般结果，为了将来使用，我们可以更直接地写成

$$f_n(z)=\frac{1}{2\pi\mathrm{i}}\oint\frac{1}{\xi^{n+1}}\Big(\sum_{k=0}^{\infty}f_k(z)\xi^k\Big)\mathrm{d}\xi=\frac{1}{2\pi\mathrm{i}}\oint\frac{g(z;\xi)}{\xi^{n+1}}\mathrm{d}\xi \tag{10.41}$$

总的来说，它显示了柯西积分公式是如何过滤掉无穷级数的第 n 项的。当我们有一个关于求和的无穷级数的显式形式表达式 $g(z;\xi)$ 时，正如我们在本例中对 $f_n(z)=\mathrm{e}^{\mathrm{i}nz}$ 所做的，它具有特殊意义，因为式（10.34）确定了 $g(z;\xi)=\sum_{k=0}^{\infty}\mathrm{e}^{\mathrm{i}kz}\,\xi^k=(1-\xi\mathrm{e}^{\mathrm{i}z})^{-1}$。因此，我们有

$$\mathrm{e}^{\mathrm{i}nz}=\frac{1}{2\pi\mathrm{i}}\oint\frac{g(z;\xi)}{\xi^{n+1}}\mathrm{d}\xi=\frac{1}{2\pi\mathrm{i}}\oint\frac{\mathrm{d}\xi}{\xi^{n+1}(1-\xi\mathrm{e}^{\mathrm{i}z})} \tag{10.42}$$

现在我们已经相当迅速地介绍了一些用于推导、阐述和理解由一个简单特征值问题产生的特殊函数的方法，然后我们使用它们来研究贝塞尔函数和勒让德多项式。虽然并不是上面例 10.3.1 中描述的每个特性都可以直接用于这些更复杂的特殊函数，但许多特性都可以，因此为揭示它们的基本性态和识别基本模式提供了强大的工具。例如，式（10.38）的递归关系可以视为用 f_{n+1} 表示的关于 f_n 的微分方程。它的积分因子是 $\mathrm{e}^{-\int^z A(\xi,n)\mathrm{d}\xi}$，并且有

$$\mathrm{e}^{-\int^z A(\zeta,n)\mathrm{d}\zeta}\Big(\frac{\partial f_n(z)}{\partial z}-A(z,n)f_n(z)\Big)=B(z,n)\mathrm{e}^{-\int^z A(\zeta,n)\mathrm{d}\zeta}f_{n+1}(z)$$

或

$$\frac{\mathrm{d}}{\mathrm{d}z}\left(\mathrm{e}^{-\int^{z}A(\zeta,n)\mathrm{d}\zeta}f_{n}(z)\right)=B(z,n)\mathrm{e}^{-\int^{z}A(\zeta,n)\mathrm{d}\zeta}f_{n+1}(z) \tag{10.43}$$

此外，积分得到用 f_{n+1} 的积分形式表示的 f_n 的表达式。

继续向前，重要的是我们要注意以下限制：作为正交特征函数出现的特殊函数，就像例 10.3.1 中的指数函数一样，有两类：(1) 多项式级数在有限项后终止的特殊函数，如埃尔米特多项式、雅可比多项式、拉盖尔多项式和勒让德多项式；(2) 多项式级数为无穷的特殊函数，如指数函数、艾里函数、贝塞尔函数和汉克尔函数。一般来说，(1) 类的特殊函数更容易以罗德里格斯公式、施勒夫利（Schläfli）积分和生成函数的形式重述。它们往往是具有相对较少的区别和复杂性的递归关系。(2) 类的函数更难处理成抽象形式。它们往往会产生更多递归公式，通常没有办法实现简单的罗德里格斯公式［在 (1) 类特殊函数的情况下，该公式可以直接直观地过渡到复变量］。因此，即使是建立在正交代数多项式上的特殊函数也有区别。

10.3.1 贝塞尔函数

在 10.2.2 节中，我们得到了贝塞尔方程式 (10.24) 的弗罗贝尼乌斯级数解，为了方便起见，下面复述该解。为了方便当前讨论，我们使用更传统的径向自变量 r，因此常微分方程写成

$$\frac{\mathrm{d}^2 R}{\mathrm{d}r^2}+\frac{1}{r}\frac{\mathrm{d}R}{\mathrm{d}r}+\left(1-\frac{\nu^2}{r^2}\right)R=0 \tag{10.44}$$

这是 ν 阶贝塞尔方程。在例 9.5.1 中，我们看到它是如何从在极坐标下使用分离变量来考虑线性波动偏微分方程中自然产生的。更一般地说，这个常微分方程是由其他涉及拉普拉斯算子的线性偏微分方程（比如极坐标下的扩散偏微分方程），在分离变量下衍生而来的。正如我们将在本节后面讨论的那样，贝塞尔方程的这个版本实际上是直接从分离变量分析中产生的更参数化的特征值或特征函数问题的改进版本。然而，我们暂时不讨论特征函数，因此简化的贝塞尔方程式 (10.44) 足以满足我们的用途。

式 (10.26) 中给出的弗罗贝尼乌斯级数解的系数 a_{2k}^{+} 包含一个涉及 ν 的扩展分母表达式，它是 k 个不同因子的乘积。这个烦琐的表达式可以用伽马函数 Γ［在式 (10.32) 中已给出，在 10.3.3 节中有更详细的讨论］简洁地写为

$$(k+\nu)((k-1)+\nu)\cdots(1+\nu)=\frac{\Gamma(k+1+\nu)}{\Gamma(1+\nu)}$$

在推导中，取 $a_0^{+}=2^{-\nu}/\Gamma(1+\nu)$ 会产生一个用符号 J_ν 表示的函数。因此

> ν 阶贝塞尔方程式 (10.44) 的解是关于奇点 $r=0$ 的级数展开的以下形式的函数 $J_\nu(r)$：
>
> $$J_\nu(r)=\sum_{k=0}^{\infty}\frac{(-1)^k}{k!\,\Gamma(k+1+\nu)}\left(\frac{r}{2}\right)^{\nu+2k} \tag{10.45}$$

对于 a_0^- 也可以做类似的选择，因此，

ν 阶贝塞尔方程式（10.44）的解是关于奇点 $r=0$ 的级数展开的以下形式的函数 $J_{-\nu}(r)$：

$$J_{-\nu}(r)=\sum_{k=0}^{\infty}\frac{(-1)^k}{k!\Gamma(k+1-\nu)}\left(\frac{r}{2}\right)^{-\nu+2k} \tag{10.46}$$

注意，$J_\nu(r)$ 和 $J_{-\nu}(r)$ 符号的一致性，即在式（10.45）中用 $-\nu$ 替换 ν 就得到式（10.46）。

现在，当参数 $\nu=n(n=0,1,2,\cdots)$ 时，贝塞尔函数的理论和应用已经足够复杂了。当 ν 是一个非整数分数或无理数时，贝塞尔函数的理论可以变得更加专业和微妙。在这里我们只会提到上面显示的分数阶贝塞尔函数 $J_\nu(r)$ 和 $J_{-\nu}(r)$ 的一个要点，即对于 ν 的正的非整数值，例如 $\nu=3/2$，$J_\nu(r)$ 的级数在 $r=0$ 处为零（即 $J_\nu(0)=0$），而 $J_{-\nu}(r)$ 的级数在 $r\to 0$ 时发散为 $1/r^\nu$。因此这两个级数是线性无关的，所以贝塞尔方程式（10.44）在 ν 为分数或非整数时的通解由下式给出：

$$R(r;\nu)=c_1J_\nu(r)+c_2J_{-\nu}(r) \tag{10.47}$$

其中 c_1 和 c_2 是与二阶常微分方程通解相关的任意常数。

正整数阶的贝塞尔函数

我们已经注意到正整数 n 使得 $\Gamma(n+1)=n!$ 因此，由式（10.45）可知

$$J_n(r)=\sum_{k=0}^{\infty}\frac{(-1)^k}{k!(n+k)!}\left(\frac{r}{2}\right)^{n+2k} \tag{10.48}$$

由于对整数 k，$(-r)^{2k}=r^{2k}$，我们看到 $J_n(-r)=(-1)^nJ_{-n}(r)$：贝塞尔函数 $J_0,J_2,\cdots$ 是 r 的对称（偶）函数。反之，$J_1,J_3,\cdots$ 是 r 的反对称（奇）函数。在这里我们指出，在原始物理问题中，r 很可能被限制为非负实数。然而，这并不排除考虑贝塞尔函数的任意参数值，包括复数。正如我们反复看到的，一个开阔的视角经常会揭示之前隐藏的关系。

给定 $J_n(r)$ 和 $J_{-n}(r)$，我们通过问一个更复杂的后续问题来进行更深入的探索：因为当 ν 是非整数时，$J_\nu(r)$ 和 $J_{-\nu}(r)$ 是线性无关的解，当 ν 是整数时，$J_n(r)$ 和 $J_{-n}(r)$ 是否同样是方程式（10.44）的线性无关解？要回答这个问题，我们需要计算 $J_{-n}(r)$。

1. $\boldsymbol{J_{-n}(r)=(-1)^nJ_n(r)}$ **的证明**：在式（10.48）中设 $n\to -n$，得到一个级数，展开为

$$J_{-n}(r)=\overbrace{\frac{(-1)^0}{0!(-n)!}\left(\frac{r}{2}\right)^{-n}+\frac{(-1)^1}{1!(1-n)!}\left(\frac{r}{2}\right)^{-n+2}+\cdots+\frac{(-1)^{n-1}}{(n-1)!(-1)!}\left(\frac{r}{2}\right)^{n-2}}^{k=0,1,\cdots,n-1}+$$
$$\underbrace{\frac{(-1)^n}{n!0!}\left(\frac{r}{2}\right)^{n}+\frac{(-1)^{n+1}}{(n+1)!1!}\left(\frac{r}{2}\right)^{n+2}+\frac{(-1)^{n+2}}{(n+2)!2!}\left(\frac{r}{2}\right)^{n+4}+\cdots}_{k=n,n+1,n+2,\cdots}$$

对应于 $k=0,1,\cdots,n-1$ 的项，其分母中都包含一个负整数的阶乘。如何计算这些项？

虽然严格的处理将再次基于 Γ 函数（如 10.3.3 节所示），但是明确 $0!=1$，并且向后计算就足以满足我们的直接目的：使用 $n!=n\times(n-1)!$ 或 $(n-1)!=n!/n$ 得到 $(-1)!=0!/0=1/0$，表示 $(-1)!$ 是形式上的无穷大。对于所有的负整数阶乘都有相应的结果。严格的 Γ 函数处理确实给出负整数是阶乘函数的奇点。换句话说，在上面的级数表达式中，出于运算的目的，负整数阶乘可以形式上视为无穷大。它们出现在分母中的相应于 $k=0,1,\cdots,n-1$ 的那些项为零，只剩下 $k\geqslant n$ 的项，即

$$\begin{aligned}J_{-n}(r)&=\frac{(-1)^n}{0!n!}\left(\frac{r}{2}\right)^n+\frac{(-1)^{n+1}}{1!(n+1)!}\left(\frac{r}{2}\right)^{n+2}+\cdots\\&=(-1)^n\left(\frac{(-1)^0}{0!n!}\left(\frac{r}{2}\right)^n+\frac{(-1)^1}{1!(n+1)!}\left(\frac{r}{2}\right)^{n+2}+\cdots\right)\\&=(-1)^nJ_n(r)\end{aligned}\tag{10.49}$$

由此得出，无论 n 是偶数还是奇数，$J_{-n}(r)$ 等于 $\pm J_n(r)$。在这两种情况下，$J_n(r)$ 和 $J_{-n}(r)$ 是线性**相关**的。因此，当 $\nu=n$ 时，式（10.47）不提供通解。这也可以通过计算 J_n 和 J_{-n} 的朗斯基行列式来证明。由此可见，与 $J_n(r)$ 线性无关的第二个解仍有待求出。该解称为**第二类**贝塞尔函数，记作 $Y_n(r)$。

2. **第二类贝塞尔函数 $\boldsymbol{Y_n(r)}$**：有了式（10.48）给出的一个解，我们通过对贝塞尔方程式（10.44）降阶（10.1 节）来找到第二个线性无关的解。设 $\nu=n$，并将 $R(r)$ 写成 $R_n(r)=J_n(r)\nu_n(r)$，降阶技术将导致未知函数 $\nu_n(r)$ 的二阶线性常微分方程。它的优点是，这个常微分方程将明确地包含 $\nu_n'(r)$ 和 $\nu_n''(r)$，而不包含 $\nu_n(r)$，因此它关于 ν_n'' 是一阶的，因此很容易积分。执行必要的基本运算将得到

$$\nu_n(r)=\int^r\frac{\mathrm{d}\tau}{\tau\,(J_n(\tau))^2}$$

因此，整数阶贝塞尔方程式（10.44）的第二个解是

$$R_n(r)=J_n(r)\nu_n(r)=J_n(r)\int^r\frac{\mathrm{d}\tau}{\tau\,(J_n(\tau))^2}$$

习惯上（参见文献［38］第 9 章的式（9.1.11）），固定积分常数（等价地，选择积分下限），然后继续运算，直到第二个解被重新整理成某种与下式关系密切的形式，

$$\begin{aligned}Y_n(r)=&\frac{2}{\pi}J_n(r)\left[\log\left(\frac{r}{2}\right)+\gamma\right]-\\&\frac{(r/2)^{-n}}{\pi}\sum_{k=0}^{n-1}\frac{(n-k-1)!}{k!}\left(\frac{r}{2}\right)^{2k}-\\&\frac{(r/2)^n}{\pi}\sum_{k=0}^{\infty}\frac{[\psi(k+1)+\psi(n+k+1)]}{k!(n+k)!}(-1)^k\left(\frac{r}{2}\right)^{2k}\end{aligned}\tag{10.50}$$

其中，$\psi(1)=\gamma$, $\psi(m)=-\gamma+\sum_{j=1}^{m-1}j^{-1}$，$\gamma=0.5772156649\cdots$ 是欧拉常数。[⊖] 重要的函数性态

⊖ 欧拉常数由下列极限公式得到：$\gamma=\lim_{m\to\infty}\left[1+\frac{1}{2}+\frac{1}{3}+\cdots+\frac{1}{m}-\log m\right]$。

可以很容易地从 $Y_n(r)$ 中得到。例如，在 $n=0$ 的情况下，我们看到 $r=0$ 点是奇异的，因为 $(2/\pi)J_0(0)\log(r/2)\propto\log r$，因此 $\lim_{r\to0}Y_n(r)=-\infty$，第二类 0 阶贝塞尔函数在 $r\to0$ 时发散。对于 $n=1,2,\cdots$，我们看到，第二项给出 $\lim_{r\to0}Y_n(r)\propto r^{-n}\to-\infty$。$r=0$ 处奇异的严重程度随着 n 的增加而增加。

我们结束对第二类贝塞尔函数的讨论，暂时回到 ν 不需要是正整数的情况。在这种情况下，仍然可以使用 $J_\nu(r)$ 以与上面给出的相应的方式来执行降阶过程。得到的 $Y_\nu(r)$ 是第二个线性无关的解，可以用来代替 $J_{-\nu}(r)$。第二类贝塞尔函数与第一类贝塞尔函数之间的一般关系由下式给出：

$$Y_\nu(r)=\frac{\cos(\nu\pi)\,J_\nu(r)-J_{-\nu}(r)}{\sin(\nu\pi)}\tag{10.51}$$

我们不给出这个公式的推导，但是可以通过计算朗斯基行列式证实，J_ν 和 Y_ν 确实是线性无关的。式（10.51）在 $\nu\to0$ 和 $\nu\to n$ 的极限可以求得，毫无疑问，当 ν 等于一个正整数时，我们很容易确认 $Y_\nu(r)$ 会变成前面的 $Y_n(r)$。因此 ν 阶贝塞尔方程的通解可以写成

$$R(r;\nu)=c_1\,J_\nu(r)+c_2\,Y_\nu(r)\tag{10.52}$$

不像式（10.47）没有给出 ν 是一个正整数的情况的通解，式（10.52）对所有可能 ν 提供了通解。

$J_\nu(0)=0$，而当 $r\to0$ 时 $|Y_\nu(r)|\to\infty$，这一事实在使用式（10.52）构造工程问题的解时会产生直接结果。正如我们看到的，在对具有拉普拉斯空间部分的偏微分方程算子进行分离变量分析时，经常会很自然地出现式（10.44）。根据上面描述的 $r=0$ 时的性态，如果定义域包括 $r=0$，那么有界解的要求将需要取 $c_2=0$，只留下 $J_\nu(r)$ 作为物理上相关的解。另外，如果定义域不包括原点，例如，如果它是一个圆环域（一个环，比如 $r_0<r<r_1$），那么函数 $Y_\nu(r)$ 会保留在解中，因为它在 $r=0$ 处的奇异性不重要。这些观察结果将在后面的例子中起到关键作用，例如例 13.4.2，最终将用第一类和第二类贝塞尔函数来求解。

3. **递归公式：**贝塞尔函数的递归公式的推导是很有挑战性的。例 10.3.1 讨论了更简单的常微分方程 $y''+n^2y=0$ 的递归公式的推导，由此得出所有高阶解都可以通过最低阶解 $\cos x$ 和 $\sin x$ 的直接倍数计算出，另外 $\sin x$ 是 $\cos x$ 的负导数。因此，一旦 $\cos x$ 被完全确定（或者用经典的说法是“表格化”），所有其他的特征函数都可以通过递归关系得到。类似地，所有高整阶贝塞尔函数 J_n 都可以写成 J_0 和 J_1 的直接倍数，因此这是唯一两个需要表格化的贝塞尔函数。此外，J_1 可以表示为 J_0 的导数，因此**只有 J_0 必须表格化**。

为了开始寻找这些递归关系，我们首先将式（10.48）乘以 r^{-n}，因此在右边 r 的唯一幂是 r^{2k}。然后我们对得到的表达式关于 r 求导，注意，和式的第一项，即 $k=0$ 的项为零。因此，我们将求和指标 k 替换为 $k=j+1$，以便将幂级数重新设置在 $j=0,2,\cdots,\infty$ 的范围。然后识别出修正后的右边是简单的 $-r^{-n}J_{n+1}(r)$，由此我们得到如下形式的第一个递归关系，对 $n=0,1,\cdots$，

$$\frac{\mathrm{d}}{\mathrm{d}r}[r^{-n}\,J_n(r)]=-r^{-n}\,J_{n+1}(r)$$

当 $n=0$ 时，我们得到

$$\frac{\mathrm{d}J_0(r)}{\mathrm{d}r}=-J_1(r)$$

这说明，一旦已知 J_0，通过微分得到 J_1。这完全类似于前面提到的 sin 和 cos 函数，$J_0(r)$ 扮演 $\cos x$ 的角色：$(\mathrm{d}/\mathrm{d}x)\cos x=-\sin x$。

现在我们遵循与上面相同的基本步骤，即将式（10.48）乘以 r^n。在这种情况下，甚至不需要重新定义求和指标。对 $n=1,2,\cdots$，这个递归公式就是

$$\frac{\mathrm{d}}{\mathrm{d}r}[r^n J_n(r)]=r^n J_{n-1}(r)$$

执行所示的微分运算和结合消去 $\mathrm{d}J_n(r)/\mathrm{d}r$ 得到的结果，稍加整理后，由 J_n 和 J_{n-1} 得到 J_{n+1} 的递归关系为：对 $n=1,2,\cdots$，

$$J_{n+1}(r)+J_{n-1}(r)=\frac{2n}{r}J_n(r) \tag{10.53}$$

在 $n=1$ 的情况下，J_2 用 J_1 和 J_0 表示，因此所有高阶的 J_n 都可以表示为 J_1 和 J_0 的倍数。通过求和立刻得到第二个关系式：

$$\frac{\mathrm{d}J_n(r)}{\mathrm{d}r}=\frac{1}{2}[J_{n-1}(r)-J_{n+1}(r)] \tag{10.54}$$

将它与式（10.53）结合可得公式

$$\frac{\mathrm{d}J_n(r)}{\mathrm{d}r}=\frac{n}{r}J_n(r)-J_{n+1}(r) \tag{10.55}$$

这就是前面的式（10.38）的形式，那里是特别对贝塞尔函数的，我们有 $A(r,n)=n/r$ 和 $B(r,n)=-1$。因此，这里的结果比例 10.3.1 中的复指数函数要复杂一些，那里 $A=\mathrm{i}n$，$B=0$。

4. **通用递归公式——*F* 方程**：现在用贝塞尔函数 $J_n(r)$ 及其递归因子 $A(r,n)=n/r$ 定义式（10.43）中积分因子运算相关的函数，即

$$g_n(r)\equiv J_n(r)\exp\left(-\int^r A(\zeta,n)\mathrm{d}\zeta\right)=\frac{J_n}{r^n}$$

把 $J_n=r^n g_n$ 代入式（10.55）得到

$$\frac{\partial g_n(r)}{\partial r}=-r g_{n+1}(r)$$

这里，我们用对 r 的偏导数是为了强调参数 n 在微分过程中是不变的。定义一个新的自变量 $\xi=-r^2/2$（注意 ξ 与 n 无关），并设 $g_n(r)\equiv F_n(\xi)$，求出 F_n 的特鲁斯德尔（Truesdell）的线性微分或差分“F 方程”（参见文献［39］），即

$$\frac{\partial F_n(\xi)}{\partial \xi}=F_{n+1}(\xi) \tag{10.56}$$

这种**递归方程的通用形式**非常适合用于 $F_n(\xi)$ 的泰勒级数展开，其中

$$\begin{aligned}F_n(\xi+\delta)&=F_n(\xi)+\frac{\delta^1}{1!}\frac{\partial F_n(\xi)}{\partial\xi}+\frac{\delta^2}{2!}\frac{\partial^2 F_n(\xi)}{\partial\xi^2}+\cdots\\&=F_n(\xi)+\frac{\delta^1}{1!}F_{n+1}(\xi)+\frac{\delta^2}{2!}F_{n+2}(\xi)+\cdots\end{aligned}$$

$$= \sum_{j=0}^{\infty} F_{n+j}(\xi) \frac{\delta^j}{j!} \tag{10.57}$$

特别地，我们注意，设 $\xi=0$，并做替换 $\delta \to z$，得到

$$F_n(z) = \sum_{j=0}^{\infty} F_{n+j}(0) \frac{z^j}{j!} \tag{10.58}$$

根据 F 方程的分析，可以推导出罗德里格斯公式和施勒夫利积分。此外，如果这种通用形式可以发展为其他多项式（如拉格朗日多项式、埃尔米特多项式、拉盖尔多项式和雅可比多项式等），则递归公式总可以写成式（10.56）的形式，那么一组标准正交多项式（如勒让德多项式）可以用另一组多项式（如埃尔米特多项式）表示。特鲁斯德尔对此进行了详细的讨论，参见文献 [39]。

贝塞尔积分和复变量

当贝塞尔函数用复分析的镜头检查时，附加性质出现了。接下来将讨论由此产生的一些非常有趣的性态，我们从提供与复分析直接联系的积分形式开始。

1. **$J_n(z)$ 的贝塞尔积分**：贝塞尔函数 $J_n(z)$ 满足 n 阶复贝塞尔方程，

$$z\frac{\mathrm{d}}{\mathrm{d}z}\left[z\frac{\mathrm{d}J_n(z)}{\mathrm{d}z}\right]+(z^2-n^2)J_n(z)=0 \tag{10.59}$$

这是式（10.44）中三个量 $(r,R(r),\nu)$ 分别用 $(z,J_n(z),n)$ 替换得到的。贝塞尔函数 $J_n(z)$ 由式（10.48）以无穷幂级数形式给出，其中 $r\to z$（r 替换为 z）。此外，本节习题 4 将说明，J_n 也可以写成一种更紧凑和简洁的形式：所谓的**贝塞尔积分**

$$J_n(z) = \frac{1}{\pi}\int_0^{\pi}\cos(n\theta - z\sin\theta)\mathrm{d}\theta, \quad n = 0, \pm 1, \pm 2, \cdots \tag{10.60}$$

读者会注意到 $J_n(z)$ 对于 z 的所有有限值都是连续的和解析的。

2. **$J_n(z)$ 的复积分（即施勒夫利积分**[㊀]**）**：由于 cos 是偶函数，sin 是奇函数，式（10.60）可以写成

$$J_n(z) = \frac{1}{2\pi}\int_{-\pi}^{\pi} \mathrm{e}^{-\mathrm{i}n\theta+\mathrm{i}z\sin\theta}\mathrm{d}\theta \tag{10.61}$$

这里，对称（余弦的偶性）和非对称（正弦的奇性）的条件使得积分域可以方便地从 $\theta\in(0,\pi)$ 扩展到 $\theta\in(-\pi,\pi)$。设 $\xi=\mathrm{e}^{\mathrm{i}\theta}$，以便将对 θ 的积分转化为复 ξ 平面上单位圆上的路径积分：

$$J_n(z) = \frac{1}{2\pi\mathrm{i}}\oint_{|\xi|=1}\frac{\mathrm{e}^{\frac{1}{2}z(\xi-\xi^{-1})}}{\xi^{n+1}}\mathrm{d}\xi \tag{10.62}$$

这是关于 $J_n(z)$ 的**施勒夫利积分**。这些复变量的各种积分使我们能够验证先前得到的实变量情况的递归公式。

㊀ 路德维希·施勒夫利（1814—1895）是一位瑞士数学家，他最重要的工作是处理非欧几里得几何和高维线性空间。他在语言方面也很有天赋，会读、会说、会写多种语言，包括梵文。

例 10.3.2　从贝塞尔积分或施勒夫利积分推导出实变量递归公式（10.53）的复版本。

解　如前所述，式（10.60）～式(10.62）中的各种积分都很容易相互转化。我们将使用式（10.61)，但首先我们用 $\eta=\mathrm{i}\theta$ 进行额外的小变换，将其重写为

$$J_n(z)=\frac{1}{2\pi \mathrm{i}}\int_{\eta=-\pi\mathrm{i}}^{\pi\mathrm{i}}\mathrm{e}^{z\sinh\eta-n\eta}\mathrm{d}\eta=\frac{1}{2\pi\mathrm{i}}\int_0^{2\pi\mathrm{i}}\mathrm{e}^{z\sinh\eta-n\eta}\mathrm{d}\eta$$

其中我们使用了 $\sinh\eta=(\mathrm{e}^{\eta}-\mathrm{e}^{-\eta})/2=(\mathrm{e}^{\mathrm{i}\theta}-\mathrm{e}^{-\mathrm{i}\theta})/2=\mathrm{i}\sin\theta$ 以及基本周期性。利用这个积分，我们形成了线性组合 $aJ_{n+1}+bJ_{n-1}+cJ_n$，其中 a，b，c 是常数（与 η 无关），尚待选择。这使我们能够写为

$$aJ_{n+1}+bJ_{n-1}+cJ_n=\frac{1}{2\pi\mathrm{i}}\int_0^{2\pi\mathrm{i}}(a\mathrm{e}^{-\eta}+b\mathrm{e}^{\eta}+c)\mathrm{e}^{z\sinh\eta-n\eta}\mathrm{d}\eta$$

现在我们要巧妙地选择这三个常数：$a=b=z/2$，$c=-n$。这样做，我们看到被积函数括号中的因子成为指数对 η 的导数，即 $z\sinh\eta-n\eta\equiv\Phi$。因此，

$$\frac{z}{2}J_{n+1}+\frac{z}{2}J_{n-1}-nJ_n=\frac{1}{2\pi\mathrm{i}}\int_{\Phi=z\sinh 0-\mathrm{i}n0}^{\Phi=z\sinh 2\pi\mathrm{i}-2\mathrm{i}n\pi}\mathrm{e}^{\Phi}\mathrm{d}\Phi$$

下限和上限的值各自为 0 和 $-2\mathrm{i}n\pi$，因此积分为 $\int_0^{-2\mathrm{i}n\pi}\mathrm{e}^{\Phi}\mathrm{d}\Phi=0$，使右边为零。重新整理这个结果得到

$$J_{n+1}(z)+J_{n-1}(z)=\frac{2n}{z}J_n(z)$$

这与式（10.53）有相同的函数形式。

---

3. **$J_n(z)$ 的生成函数**：我们回想一下例 10.3.1 的第 4 项中关于生成函数的概念。对于贝塞尔函数，它是通过对下列无穷级数求和得到的：

$$\sum_{-\infty}^{+\infty}J_n(z)\xi^n\equiv\mathcal{F}(z;\xi)\tag{10.63}$$

我们现在证明

$$\mathcal{F}(z;\xi)=\mathrm{e}^{\frac{z}{2}\left(\xi-\frac{1}{\xi}\right)}\tag{10.64}$$

是贝塞尔函数 $J_n(z)$ 的生成函数。

- **证明 1**：根据式（10.33）和式（10.41）所体现的滤波特性，可以得到生成函数 $\mathcal{F}(z;\xi)$ 满足

$$J_n(z)=\frac{1}{2\pi\mathrm{i}}\oint\frac{\mathcal{F}(z;\xi)}{\xi^{n+1}}\mathrm{d}\xi$$

其中，逆时针的路径围绕 $\xi=0$。它包括单位圆，与施勒夫利积分式（10.62）进行比较，得到生成函数式（10.63）。

- **证明 2**：（一个不需要预先知道施勒夫利积分式（10.62）的证明。）直接对式（10.63）求导，然后使用递归关系式（10.54）求出

$$\frac{\partial \mathcal{F}}{\partial z}=\sum_{n=-\infty}^{n=\infty}\xi^{n}\frac{\mathrm{d}J_{n}}{\mathrm{d}z}=\sum_{-\infty}^{\infty}\xi^{n}\left[\frac{J_{n-1}(z)}{2}-\frac{J_{n+1}(z)}{2}\right]$$

$$=\frac{\xi}{2}\sum_{-\infty}^{\infty}\xi^{n-1}J_{n-1}(z)-\frac{1}{2\xi}\sum_{-\infty}^{\infty}\xi^{n+1}J_{n+1}(z)$$

$$=\left(\frac{\xi}{2}-\frac{1}{2\xi}\right)\mathcal{F}(z;\xi)$$

对它积分得到 $\mathcal{F}(z;\xi)=C(\xi)\mathrm{e}^{\frac{z}{2}\left(\xi-\frac{1}{\xi}\right)}$。为了计算积分常数，我们令 $z=0$，使 $C(\xi)=\sum_{-\infty}^{\infty}J_{n}(0)\xi^{n}$。依赖关系式（10.49）使得 $C(\xi)$ 改写为偶数项之和：

$C(\xi)=J_{0}(0)+2J_{2}(0)+2J_{4}(0)+\cdots$。由原贝塞尔函数级数式（10.48）可知，$J_{0}(0)=1$，以及 $J_{2}(0)=J_{4}(0)=\cdots=0$。结果是 $C(\xi)=1$，因此 $\mathcal{F}(z;\xi)=\mathrm{e}^{\frac{z}{2}\left(\xi-\frac{1}{\xi}\right)}$，即式（10.63），与证明 1 一致。

4. **对于较大的 z，$J_n(z)$ 的性态**：我们不计算 $J_n(z)$ 的生成函数形式或 $J_n(z)$ 的积分形式，而选择演示另一种有效的技术来梳理特殊函数的性质，在这种情况下是渐近性态。这种技术是参数变分法的一种变体。然而，一旦已知第一个解，我们就不去寻找“第二个”解，而是假设根本不知道解。将 $J_n(z)=u(z)\Pi(z)$ 代入式（10.59），得到

$$u''\Pi+u'\left(2\,\Pi'+\frac{\Pi}{z}\right)+u\left(\Pi''+\frac{\Pi'}{z}+\left[1-\frac{n^{2}}{z^{2}}\right]\Pi\right)=0$$

现在选择 Π，从而消去一阶导数项 u'，其中 $\Pi(z)=1/\sqrt{z}$，积分常数无关紧要。结果为不含中间项的下列关于 $u(z)$ 的二阶方程：

$$\frac{\mathrm{d}^{2}u}{\mathrm{d}z^{2}}+\left(1+\frac{1-4n^{2}}{4z^{2}}\right)u=0$$

显然，当 $z\to\infty$ 时，我们看到 $u(z)$ 将越来越接近 $\cos z$ 和 $\sin z$ 的某个线性组合，因此 $J_n(z)$ 的函数性态，不管 n 的值是多少，由下式给出：

$$J_{n}(z)\sim\frac{1}{\sqrt{z}}(C\cos z+D\sin z),\quad 当\ z\to\infty$$

一般情况下，各阶贝塞尔函数的零点是交错的，因为通过更深入的研究发现，在上述推导中缺失的细节是在 sin 和 cos 项中出现了一个附加的与 n 相关的相位滞后项 $\phi(n)$。然而，相关的关键特征是贝塞尔函数的衰减与 $z^{-1/2}$ 成比例。这种消除中间项的技术非常高效，它产生了一个所谓的 WKB 方程，[⊖] 这本质上是一个具有空间可变频率的谐振子。关于 WKB 类型的常微分方程有大量的文献：在第 13 章末尾的进一步阅读部分提供了一些参考资料。

⊖ 这三个名字的首字母分别代表德国、荷兰和法国物理学家温策尔（G. Wentzel）、克雷默斯（H. Kramers）和布里卢安（L. Brillouin）。他们致力于解形为 $\upsilon(z)''+\Omega(z)\upsilon(z)=0$ 的方程，这在量子力学理论中无处不在。英国数学家哈罗德·杰弗里斯爵士（Sir Harold Jeffreys）也对这个方程的文献做出了巨大贡献，以至于该解方法被称为 WKBJ 方法。他和他的妻子是影响深远的《数学物理方法》（1946）的作者，该书最后一次重印是在 1999 年。

10.3.2 勒让德多项式

就像在带有拉普拉斯空间部分（变量）的偏微分方程中使用极坐标的分离变量会产生贝塞尔常微分方程一样，在带有拉普拉斯空间（变量）部分的偏微分方程中使用球坐标的分离变量会产生勒让德常微分方程。我们回忆一下，从 9.1 节开始，拉普拉斯方程考虑了在这两个坐标系中的各种形式。

例如，考虑 $\nabla^2 u=\lambda u$ 在球坐标下的特征值问题，其中

$$\nabla^2 u = \frac{\partial^2 u}{\partial r^2}+\frac{2}{r}\frac{\partial u}{\partial r}+\frac{1}{r^2\sin\phi}\frac{\partial}{\partial\phi}\left(\sin\phi\frac{\partial u}{\partial\phi}\right)+\frac{1}{r^2\sin^2\phi}\frac{\partial^2 u}{\partial\theta^2}$$

其中，我们用 r 表示球面径向距离。将定义域 Ω 取为 $a<r<b$，$0\leqslant\theta<2\pi$，$0\leqslant\phi\leqslant\pi$，且 $a\geqslant 0$。仅详细研究方位对称的情况，这意味着不依赖 θ，所以 $u=u(r,\phi)$。注意，$\nabla^2 u$ 的形式与 9.1 节中的相同——不同的是，这里用 r 表示球面半径，而那里用 ζ。

在上述条件下，分离变量涉及 $u(r,\phi)=R(r)\Phi(\phi)$。这导致分离的常微分方程为 $R''+(2/r)R'-(\kappa/r^2+\lambda)R=0$ 和 $(\sin\phi\Phi')'+\kappa\sin\phi\Phi=0$。这里的 κ 是分离常数，对于常微分方程 $R(r)$，$\Phi(\phi)$，“撇”符号的含义分别是 $\mathrm{d}/\mathrm{d}r$，$\mathrm{d}/\mathrm{d}\phi$。我们现在关注的是 Φ 方程，我们会看到，它可以写成**勒让德微分方程**的经典形式。[㊀]为此，我们做变量变换 $x=\cos\phi$，立即得到

$$\frac{\mathrm{d}}{\mathrm{d}x}\left((1-x^2)\frac{\mathrm{d}\Phi}{\mathrm{d}x}\right)+\kappa\Phi=0 \tag{10.65}$$

我们现在认为 $\Phi=\Phi(x)$。上面方程中的 x，是一个新的自变量的符号，当然不应该与任何原始空间坐标相混淆，可能在原始问题陈述中使用了这个符号。事实上，$0\leqslant\phi\leqslant\pi$ 表示 x 的取值范围为 $-1\leqslant x\leqslant 1$。展开上面的方程，得到

$$(1-x^2)\frac{\mathrm{d}^2\Phi}{\mathrm{d}x^2}-2x\frac{\mathrm{d}\Phi}{\mathrm{d}x}+\kappa\Phi=0 \tag{10.66}$$

在这个版本中，根据我们先前关于奇点的讨论，可以清楚地看出 $x=\pm 1$ [即原始 $\Phi(\phi)$ 中 $\phi=0$ 和 π 点] 是勒让德方程式（10.66）的奇点。[㊁]

我们从得到关于 $x=0$ 的纯泰勒展开式，即我们现在熟悉的形式 $\Phi(x)=\sum_{n=0}^{\infty}a_n x^n$ 开始分析。由于区间 $-1<x<1$ 中没有奇点，根据前面 10.2.2 节中关于正则奇点的性质和影响的讨论，我们预计泰勒级数将在 $-1<x<1$ 中收敛。我们还猜想它会在两个奇点 $x=\pm 1$ 处发散。

将它代入式（10.66），执行与式（10.18）和例 10.2.1 中完全相同的运算，得到

$$(2a_2+\kappa a_0)x^0+[6a_3-(2-\kappa)a_1]x^1$$

㊀ 还有一个修正的勒让德方程，其检验过程也类似。当原始偏微分方程保留了对方位坐标 θ 的依赖关系时，得到了修正的勒让德方程。例如，它出现在氢原子的薛定谔方程的解中。

㊁ 我们注意到式（10.65）是用易于接受经典斯图姆-刘维尔分析（10.4 节）的方便形式写的，在本节的后面，当我们演示勒让德多项式的正交性时将利用它。

$$+\sum_{n=2}^{\infty}\Big((n+1)(n+2)a_{n+2}-[n(n-1)+2n-\kappa]a_n\Big)x^n=0 \tag{10.67}$$

由上得到 $a_2=-\kappa a_0/2$ 和 $a_3=(2-\kappa)a_1/6$，当 $n\geqslant 2$ 时，递归公式如下：

$$a_{n+2}=\left(\frac{n(n+1)-\kappa}{(n+1)(n+2)}\right)a_n \tag{10.68}$$

这个级数可以是 x 的偶数次幂也可以是奇数次幂，因此，当很大的 n 满足 $n(n+1)>\kappa$ 时，级数中的所有项都有相同的符号。事实上，当我们让 $n\to\infty$ 时，我们可以从式（10.68）中看到 $a_{n+2}/a_n\to 1$，因此当 $x\to\pm 1$ 时，级数变成 a_n 的值乘以无穷多的 1 的和。正如所料，泰勒级数在 $x=\pm 1$ 处发散。

这种发散提出了一个逻辑难题。实际的物理解必须在 x 的所有物理值上保持有界，包括边界点 $x=\pm 1$，因为它们对应的是 $\phi=0$ 和 π，它们在问题的定义域中。这与贝塞尔函数 $Y_\nu(r)$ 在 $r=0$ 处的发散不同，因为它们仍然可以用于 $r=0$ 不属于问题定义域的问题；当 $r=0$ 在问题定义域 Ω 内时，排除 $Y_\nu(r)$ 类似于计算边界条件。这不是我们现在在 $x=\pm 1$ 处要面对的，这两个点都属于定义域的边界 $\partial\Omega$。

幸运的是，我们的故事还没有结束，才华横溢的勒让德[㊀]坚持他的研究，指出可以通过有限项终止级数来阻止这种不可接受的发散。这种“拯救”是通过把 $l(l+1)$ 赋值给到目前为止未指定的参数 κ 来实现的。[㊁]由式（10.68）可知，如果 l 是偶数，则偶数级数终止；如果 l 是奇数，则奇数级数终止。这种情况下的想法是简单地消去其他级数，例如，当 l 为奇数时，令 $a_0=0$，当 l 为偶数时，令 $a_1=0$。实际上，$\kappa=l(l+1)$ 是勒让德方程的第 l 个特征值。对于这些特殊的值（注意参数 l 可以从 $-\infty$ 到 $+\infty$），式（10.65）的解在 Ω_x：$-1\leqslant x\leqslant 1$ 中处处有界。还要注意，当 $l=0$ 或 $l=-1$ 时，$\kappa=0$，当 $l=1$ 或 $l=-2$ 时，$\kappa=2$，依此类推。因此，κ 依次按序列 $\kappa=\{0,2,6,12,20,30,\cdots\}$ 取值，相应于从下面集合中取出的一对 l 值：$l=\{(0,-1),(1,-2),(2,-3),(3,-4)\ (4,-5)(5,-6),\cdots\}$。当 l 的值在 0 到 $+\infty$ 与 $-\infty$ 变化时，勒让德方程式（10.65）的特征值 κ 形成一个递增的非负序列。这个结果让人想起了更简单的例 9.2.2，其中特征值同样形成了一组单调递增的离散正值。

然而，这里所研究的各种幂级数解之间的主要区别之一是，其中一些（幂级数）会终止（勒让德方程），而另一些不会终止（贝塞尔方程）。这种差异虽然重要，但不足以改变这些多项式的一般分类法。因此，这两个类产生生成函数、施勒夫利积分和罗德里格斯公式，而且一般符合特鲁斯德尔通用 F 方程公式。

通过使用递归公式计算各种常数，然后将它们收集到泰勒级数中对 Φ 求和，我们可以

㊀ 阿德利昂·玛利·勒让德（Adrien-Marie Legendre），1752—1833。他在数学方面的许多成就被刻在埃菲尔铁塔上以示纪念。

㊁ 一个未受约束的参数可以认为是微分方程中的一个自由度。特征函数和特征值问题通过具有这种自由度来区分，这种自由度通过选择参数来耗尽，从而使解能够适应边界条件。更一般地说，解决这个难题的方法包括将问题的一部分联系起来，在这种情况下，确定 κ，这似乎是一个无关的问题。永远不要忘记问题的所有深远方面，并在需要时让它们重新发挥作用，这让人想起路易斯·巴斯德（Louis Pasteur）的一句话：“命运总是眷顾有准备的头脑。”

得到偶项和

$$\Phi_{偶} = a_0\left[1-\frac{\kappa}{2}x^2-\frac{\kappa(6-\kappa)}{2\times 12}x^4-\frac{\kappa(6-\kappa)(20-\kappa)}{2\times 12\times 20}x^6-\cdots\right] \tag{10.69}$$

以及奇项和

$$\Phi_{奇} = a_1\left[x+\frac{2-\kappa}{6}x^3+\frac{(2-\kappa)(12-\kappa)}{6\times 20}x^5+\frac{(2-\kappa)(12-\kappa)(30-\kappa)}{6\times 20\times 30}x^7+\cdots\right] \tag{10.70}$$

那么通解 $\Phi(x)$ 就是奇、偶部分之和，即 $\Phi=\Phi_{\text{even}}+\Phi_{\text{odd}}$。现在我们将 $\kappa=l(l+1)$ 代入，将偶项级数写为

$$\Phi_{偶} = a_0\left[x^{(2\cdot 0)}-\frac{l(l+1)x^{(2\cdot 1)}}{(2\cdot 1)!}+\frac{l(l+1)(l-2)(l+3)x^{(2\cdot 2)}}{(2\cdot 2)!}-\frac{l(l+1)(l-2)(l+3)(l-4)(l+5)x^{(2\cdot 3)}}{(2\cdot 3)!}+\cdots\right] \tag{10.71}$$

以及奇项级数为

$$\Phi_{奇} = a_1\left[\frac{x^{(2(0)+1)}}{2(0)+1}-\frac{(l-1)(l+2)x^{(2(1)+1)}}{(2(1)+1)!}+\frac{(l-1)(l+2)(l-3)(l+4)x^{(2(2)+1)}}{(2(2)+1)!}-\frac{(l-1)(l+2)(l-3)(l+4)(l-5)(l+6)x^{(2(3)+1)}}{(2(3)+1)!}+\cdots\right] \tag{10.72}$$

很容易验证，第 j 个偶项级数项有一般形式

$$(-1)^j\frac{\overbrace{l(l+1)(l-2)(l+3)\cdots(l-(2j-2))(l+(2j-1))}^{因子\mathcal{K}}}{(2j)!}x^{2j} \tag{10.73}$$

而第 j 个奇项级数项有一般形式

$$(-1)^j\frac{\overbrace{(l-1)(l+2)(l-3)(l+4)\cdots(l-(2j-1))(l+(2j))}^{因子\mathcal{J}}}{(2j+1)!}x^{2j+1} \tag{10.74}$$

接下来我们将推导偶项级数表达式的一般形式。剩下的奇项级数作为练习，具有相同的基本过程。首先，将 l 因子的乘积补满并除以相同的项，即将式（10.73）中的因子 $\mathcal{K}$ 写为

$$\mathcal{K}=\frac{[(l+1)(l+2)\cdots(l+2j-1)(l+2j)]}{[(l+2)(l+4)\cdots(l+2j-2)(l+2j)]}\times[(l-0)(l-2)(l-4)\cdots(l-2j-2)]$$

现在我们能够破解上述三种不同的乘积。乘积 $[(l+1)(l+2)(l+3)\cdots](l+2j-1)(l+2j)]$ 等于 $(l+2j)!/l!$。容易证明乘积 $(l-0)(l-2)(l-4)\cdots(l-2j-2)$ 是 $2^j(l/2)!/(l/2-j)!$，而分母中的乘积 $(l+2)(l+4)\cdots(l+2j-2)(l+2j)$ 是 $2^j(l/2+j)!/(l/2)!$。对于后两个表达式，唯一需要了解的是从每个因子中策略地提取因子 2，然后颠倒因子相乘的顺序。现在从最后的一般项中所遗漏的是因子 a_0，$(-1)^j$ 和 $x^{2j}/(2j)!$，偶项级数变成

$$\Phi_{偶}(x)=a_0\sum_{j=0}^{j=l/2}(-1)^j\frac{(l+2j)!(l/2)!(l/2)!}{l!(l/2+j)!(l/2-j)!}\cdot\frac{x^{2j}}{(2j)!} \tag{10.75}$$

当 $l=\{0,2,4,6,\cdots\}$ 时，该级数终止于有限项数，成为 $\Omega_x: -1\leqslant x\leqslant l$ 中的有限值多项式。如果这个多项式被写成复变量 z 的形式，它将是一个**解析**函数，这意味着除了在 $z=\infty$ 处这个多项式不是解析的，所有地方都是无限光滑可微的。级数的收敛也不是问题，因为项数有限。最后，通过定义新的求和指标 $m=l/2-j$，将该级数压缩成更紧凑的形式：

$$\Phi_{偶}(x) = c_0 \sum_{m=0}^{m=l/2} (-1)^m \frac{(2l-2m)!}{m!(l-m)!} \cdot \frac{x^{l-2m}}{(l-2m)!} \tag{10.76}$$

其中

$$c_0 = a_0(-1)^{l/2} \frac{[(l/2)!]^2}{l!}$$

是一个常数因子。

奇项级数是习题 5 的主题。在那里我们将证明，除了两点区别，所得的结果与式（10.76)完全相同。不重要的区别是具体的常数因子略有不同。这个常数因子还有待确定，因此在分析的这一阶段，它的中间值并不重要。重要的区别是，奇项和的上限不再是 $m=l/2$，而是 $m=(l-1)/2$。因此，这两个级数在功能上是相同的，并且将上限（现在既适用于偶项和也适用于奇项和）定义为 $m=[l]/2$，其中 $[l]$ 表示比上限 $l/2$ 或 $(l-1)/2$ 小的下一个整数。因此，上限的选择决定了之前的偶次幂或奇次幂的不同的和。

在习题 6 中证明，如果常数因子等于$1/2^l$，l 的所有值都将得到规范化 $P_l(1)=1$。因此，我们最终将式（10.65）[等价于式（10.66)] 的第一个解写成

$$P_l(x) = \frac{1}{2^l} \sum_{m=0}^{m=[l]/2} (-1)^m \frac{(2l-2m)!}{m!(l-m)!} \cdot \frac{x^{l-2m}}{(l-2m)!} \tag{10.77}$$

这叫作 ***l* 阶勒让德多项式**。由于特征值固定为 $\kappa=l(l+1)$，该解满足有界性条件，因此表示式（10.65）和式（10.66）的一个解。第二个解称为$Q_l(x)$，它是用 $\Theta(x)=v(x)P_l(x)$ 的形式进行降阶得到的。该操作在习题 7 中进行。因此，$\Phi(x)$ 的通解为

$$\Phi(x) = c_P\, P_l(x) + c_Q\, Q_l(x) \tag{10.78}$$

其中常数 c_P，c_Q由从具有完整偏微分方程的原始问题导出的强加边界条件决定。

现在我们根据前面的例 10.3.1 推导勒让德多项式的关系。

1. **罗德里格斯公式**[⊖] **(第 1 部分)**：我们在这里给出了罗德里格斯公式的经典推导。本节稍后将介绍另一种更新的推导方法。我们首先观察，对单项 x^{2l-2m}进行 l 次导数，得到 $\mathrm{d}^l(x^{2l-2m})/\mathrm{d}x^l=(2l-2m)\cdots(l+1-2m)x^{l-2m}=[(2l-2m)!/(l-2m)!]\ x^{l-2m}$。把它代入式（10.77)，得到

$$P_l(x) = \frac{1}{2^l} \frac{\mathrm{d}^l}{\mathrm{d}x^l} \sum_{m=0}^{m=[l]/2} (-1)^m \frac{1}{m!(l-m)!} \cdot x^{2l-2m} \tag{10.79}$$

这里的微分运算从求和符号中移出，因为它们只依赖于非求和的参数 l。注意，现在我们可以将右边乘以和除以因子 $l!$，给出

⊖ 本杰明·奥林德·罗德里格斯（Benjamin Olinde Rodrigues，1795—1851)，在法国出生和长大，接受了系统正规的数学教育。1815 年他 20 岁时完成的博士论文中提出了现在被称为“罗德里格斯公式”的理论。出身富裕家庭的他后来成为了一名银行家，同时也在推动社会改革。后来，他在正交变换理论方面做了重要的工作。

$$P_l(x) = \frac{1}{2^l l!} \frac{\mathrm{d}^l}{\mathrm{d}x^l} \sum_{m=0}^{m=[l]/2} (-1)^m \frac{l!}{m!(l-m)!} \cdot (x^2)^{l-m}$$

习题 8 探讨牛顿二项式公式，可以把右边的和表示为$(x^2-1)^l$。其结果是由罗德里格斯公式给出的勒让德多项式的一个简洁版本，即

$$P_l(x) = \frac{1}{2^l l!} \frac{\mathrm{d}^l}{\mathrm{d}x^l} (x^2-1)^l \tag{10.80}$$

我们已经从式（10.77）的从高次幂到低次幂的一个相当笨拙的求和（即从 $m=0$ 时的 x^l 到 $m=[l]/2$ 时的 $x^{l-[l]/2}$），得到 $P_l(x)$ 的一个不包含任何求和的简洁公式。

2. **$P_l(x)$ 的正交性**：当 $k=l(l+1)$ 时，勒让德多项式 $P_l(x)$ 满足式（10.65），因此我们考虑这个方程的第 k 个和第 l 个版本。将第 k 个方程式（10.65）乘以 P_l，将第 l 个方程式（10.65）乘以 P_k，对它们做差，在定义域 Ω_x：$-1\leqslant x\leqslant 1$ 上积分，得到

$$\int_{-1}^{1} [P_l((1-x^2)P'_k)' - P_k((1-x^2)P'_l)']\mathrm{d}x + \int_{-1}^{1} (k(k+1)-l(l+1)) P_l P_k \mathrm{d}x = 0$$

使用分部积分法，第一项为零。所以，

$$\int_{-1}^{1} P_l(x) P_k(x)\mathrm{d}x = 0, \quad k \neq l \tag{10.81}$$

这一结果使特征函数在有限区间上用勒让德多项式展开很方便。使得勒让德多项式很方便的另一个特征是，它们显然不像使用三角函数的经典傅里叶级数展开那样受到龙格“迭代过度”现象（这被称为吉布现象）的影响。[⊖]

如果 $k=l$，则式（10.81）中的积分为正，我们定义

$$\mu(l) \equiv \int_{-1}^{1} (P_l(x))^2 \mathrm{d}x$$

它的确切值在习题 9 中确定。这就得到了**标准正交关系**

$$\int_{-1}^{1} P_l(x) P_k(x)\mathrm{d}x = \mu(l)\, \delta_{lk} \tag{10.82}$$

3. **施勒夫利积分**：由式（7.7）给出的解析函数的 l 阶导数公式，得到

$$\frac{\mathrm{d}^l}{\mathrm{d}z^l} (z^2-1)^l = \frac{l!}{2\pi\mathrm{i}} \oint \frac{(\xi^2-1)^l}{(\xi-z)^{l+1}} \mathrm{d}\xi$$

其中，路径积分必须包含点 z。将这个表达式与用复变量 z 重写的罗德里格公式（10.80）联系起来会得到

$$P_l(z) = \frac{1}{2^{l+1}\pi\mathrm{i}} \oint \frac{(\xi^2-1)^l}{(\xi-z)^{l+1}} \mathrm{d}\xi \tag{10.83}$$

有了这个结果，我们又回到了原点：简单的泰勒展开，调整到满足解的有界性要求，产生了一个肯定为正的特征值序列和一组相互正交的多项式；在这之前，这些多项式被写成笨拙的级数和，现在不仅可以被处理成一个闭型无限光滑函数，而且这个函数可以通过柯西

⊖ 第 12 章的计算挑战问题考察简单阶跃函数的这种性态。

积分公式表示成一个复变量的路径积分：实现了勒让德函数在复平面上的扩展。

4. **通用递归公式——*F* 方程**：在勒让德多项式的各种递归关系中，有一种是式（10.38）那样的形式，它由下式给出：

$$\frac{\mathrm{d}P_n(x)}{\mathrm{d}x}=\underbrace{\left(\frac{(n+1)x}{1-x^2}\right)}_{A(x,n)}P_n(x)+\underbrace{\left(-\frac{n+1}{1-x^2}\right)}_{B(x,n)}P_{n+1}(x) \tag{10.84}$$

这个表达式的推导可以通过使用交替递归公式的一系列巧妙的代数操作来完成，但通过使用尚未导出的式（10.95）和式（10.96）的生成函数，会变得更容易。表面看来，我们可将式（10.84）解释为 $P_n(x)$ 的一阶常微分方程，其积分因子为$(1-x^2)^{-(n+1)/2}$。然后我们利用这个积分因子，根据下面的变换定义新的因变量$g_n(x)$：

$$P_n(x)=g_n(x)(1-x^2)^{-\left(\frac{n+1}{2}\right)} \tag{10.85}$$

将式（10.85）代入式（10.84），经过一些运算，得到一阶微分方程

$$\frac{\partial g_n(x)}{\partial x}=-\frac{n+1}{(1-x^2)^{3/2}}g_{n+1}(x)$$

其中的偏导数提醒我们，目前参数 n 不受关于 x 的微分的影响。接下来，我们通过下式来变换自变量：

$$\xi=-\frac{x}{\sqrt{1-x^2}} \quad \Leftrightarrow \quad x=-\frac{\xi}{\sqrt{\xi^2+1}} \tag{10.86}$$

对于自变量 ξ，方程可以简化为

$$\frac{\partial g_n}{\partial \xi}=(n+1)g_{n+1}$$

这仍然是个微分方程。观察到下列事实是很有用的：在实轴上 x 从 -1 到 1 的原始范围现在对应着沿实轴从∞到$-\infty$的 ξ 值。为了得到最终形式，令$g_n(\xi)=C_nF_n(\xi)$，并写出$n=0$，$1,2,\cdots$的方程。这个过程的结果表明，通过 $C_n=C_0/n!$ 我们从 C_0 得到 $n>0$ 时的因子 C_n，效果是吸收了上述方程中的因子 $n+1$。也就是说，每个函数 $F_n(\xi)$ 满足一阶无参数微分方程

$$\frac{\partial F_n(\xi)}{\partial \xi}=F_{n+1}(\xi) \tag{10.87}$$

这样，我们就成功地把我们的递归关系转换为式（10.56）的普遍形式，泰勒展开式（10.57）和式（10.58）随之而来。综上所述，通过式（10.85）中取 $g_n=(C_0/n!)F_n$ 和式（10.86），将 ξ 和 x 进行转换，得到 $F_n(\xi)$；它通过下式与勒让德多项式函数 $P_n(x)$ 相联系：

$$\begin{aligned}F_n(\xi)&=\frac{n!}{C_0}(1+\xi^2)^{-\frac{n+1}{2}}P_n(x)\\&=\frac{n!}{C_0}(1+\xi^2)^{-\frac{n+1}{2}}P_n\left(-\frac{\xi}{\sqrt{\xi^2+1}}\right)\end{aligned} \tag{10.88}$$

注意在式（10.88）的第一个等式中，将勒让德多项式写成经过变换过程的原始变量 x 的函数。

5. **罗德里格斯的公式（第二部分）**：通用式（10.87）中的递归关系给出 $\partial^2 F_n/\partial\xi^2=\partial F_{n+1}/\partial\xi=F_{n+2}$，然后是 $\partial^3 F_n/\partial\xi^3=F_{n+3}$，以此类推，它推广到下面的公式

$$\frac{\partial^l F_n}{\partial\xi^l}=F_{n+l} \tag{10.89}$$

这个关系式以前在推导式（10.57）和式（10.58）中函数 $F_n(\xi+\delta)$ 的泰勒展开时使用过，后者是前者 $\xi=0$ 的特殊情况。在式（10.89）中取 $n=0$，得到

$$F_l=\frac{\partial^l F_0}{\partial\xi^l} \tag{10.90}$$

可以将其视为罗德里格斯公式的通用形式。就像先前版本的罗德里格斯公式（10.80）一样，这个版本将第 l 个多项式函数 F_l 确定为“第 0 个”多项式函数 F_0 的 l 阶导数。式（10.90）的使用将在下面的例 10.3.3 中演示。只要递归关系可以写成其式（10.87）的通用形式，那么基于罗德里格斯公式的通用形式的技术就适用。因此，它可用于贝塞尔函数、埃尔米特多项式、雅可比多项式和拉盖尔多项式等。

例 10.3.3　使用通用罗德里格斯公式（10.90），并给定 $P_0=1$，计算接下来的三个勒让德多项式。

解　在式（10.88）中，我们取 $n=0$，并注意 $P_0=1$。这就给出了

$$F_0=\frac{1}{C_0\sqrt{1+\xi^2}}$$

现在我们计算下面三个多项式 F_1,F_2,F_3：

$$F_1=\frac{\partial F_0}{\partial\xi}=-\frac{\xi}{C_0}(1+\xi^2)^{-3/2}$$

$$F_2=\frac{\partial F_1}{\partial\xi}=\frac{(2\xi^2-1)}{C_0}(1+\xi^2)^{-5/2}$$

$$F_3=\frac{\partial F_2}{\partial\xi}=-\frac{3\xi(2\xi^2-3)}{C_0}(1+\xi^2)^{-7/2} \tag{10.91}$$

将它们代入式（10.88）得到 $P_n(x)$ 和式（10.86）中的 ξ，得到相应的勒让德多项式为

$$P_1(x)=\frac{C_0}{1!}\cdot F_1(\xi)\cdot(1+\xi^2)^1=x$$

$$P_2(x)=\frac{C_0}{2!}\cdot F_2(\xi)\cdot(1+\xi^2)^{3/2}=\frac{3x^2-1}{2}$$

$$P_3(x)=\frac{C_0}{3!}\cdot F_3(\xi)\cdot(1+\xi^2)^2=\frac{5x^3-3x}{2} \tag{10.92}$$

这样继续下去，剩下的所有正交勒让德多项式 $P_4(x)$，$P_5(x)$，…可以很容易地计算出来。

在这个例子中，取 $P_0(x)=1$ 后进行自动正交化，该条件来自“导入的外部信息”，即来自幂级数和式（10.77）。因此，生成正交多项式集的 F 方程或罗德里格斯方法需要一个

初始条件。事实上，所有的递归公式都必须以一个初始条件或要求开始。

6. **$P_n(x)$ 的生成函数**：考虑泰勒展开式（10.57），我们将式（10.88）代入，后者是由勒让德多项式得到的 F_n 的具体表达式。这就得到

$$\begin{aligned}&\frac{n!}{C_0}\left(1+(\xi+\delta)^2\right)^{-\frac{n+1}{2}}P_n\left(-\frac{\xi+\delta}{\sqrt{(\xi+\delta)^2+1}}\right)\\&=\sum_{j=0}^{\infty}\frac{\delta^j}{j!}\frac{(n+j)!}{C_0}(1+\xi^2)^{-\frac{n+j+1}{2}}P_{n+j}\underbrace{\left(-\frac{\xi}{\sqrt{\xi^2+1}}\right)}_{x}\end{aligned}\tag{10.93}$$

我们消去两边的因子 C_0，这表明这个因子在式（10.88）中不是必需的，因为它没有贡献新的信息。然后除以 $n!$ 和 $(1+\xi^2)^{-(n+1)/2}$，并定义 $\delta=\sqrt{\xi^2+1}\,t$。使用式（10.86）进行简单的重新整理之后，我们得到

$$\frac{P_n\left((x-t)/\sqrt{1-2xt+t^2}\right)}{(1-2xt+t^2)^{\frac{n+1}{2}}}=\sum_{j=0}^{\infty}\frac{(n+j)!}{n!j!}P_{n+j}(x)\,t^j\tag{10.94}$$

为了产生一个生成函数，设 $n=0$，由于 $P_0=1$，提取出

$$\frac{1}{\sqrt{1-2xt+t^2}}=\sum_{j=0}^{\infty}P_j(x)\,t^j\tag{10.95}$$

为了生成**可数无穷**的勒让德多项式，需要做的就是将左边展开为关于 $t=0$ 的泰勒级数，然后令两边的 t 的同次幂相等。设 $n=1$，注意 $P_1(s)=s$，就可以由式（10.94）得到另一个生成函数，结果为

$$\frac{x-t}{(1-2xt+t^2)^{3/2}}=\sum_{j=0}^{\infty}(1+j)\,P_{1+j}(x)\,t^j\tag{10.96}$$

需要注意的是，式（10.95）和式（10.96）产生了相同的勒让德多项式集合。读者会认可式（10.95）是一种更简单的形式。

10.3.3　通常不作为特征函数出现的特殊函数

在解决动力学、连续介质力学和许多其他科学分支的常见物理问题时，以及在概率论、统计学和经济学研究中，也会出现特殊函数。有时它们出现在相似解中（见 9.6 节），当我们解统计性质的问题时，它们经常出现在物理学中。在统计力学和统计热力学中，只要出现高斯函数或密切相关的概率函数，误差函数的变体就会出现。正如我们在贝塞尔函数和勒让德多项式的讨论中看到的，只要找到一个连续整数的乘法序列，就会有伽马函数。

误差函数

这类特殊函数出现在物理问题的解中，易于进行相似变换。我们已经在例 9.6.2 中看到了误差函数，并在该例之后关于相似解的讨论中看到了该函数。相似变换可用于将一阶导数中包含非线性项的抛物偏微分方程（通常是由于对流加速度项把感兴趣的偏微分方程与质量守恒方程耦合）[⊖]转换为一般形式的二阶常微分方程

⊖ 这种类型的耦合方程将在 12.1 节中讨论。

$$\frac{\mathrm{d}^2\phi}{\mathrm{d}\,\eta^2}+K\eta\frac{\mathrm{d}\phi}{\mathrm{d}\eta}=0 \tag{10.97}$$

其中 K 是常数。这类描述质量、动量和能量传递的问题通常被称为**斯托克斯问题**，以英国理论物理学家斯托克斯的名字命名[⊖]他提出了流体力学中的“脉冲起动平板”问题。作为一个历史上重要的记录，斯托克斯的解产生了现代物理学的第一个“相似变量”，并打开了由路德维希·普朗特（Ludwig Prandtl）和他的众多杰出学生发展的通过相似变换进行边界层分析这一广泛领域的大门。边界层分析已经发展成为工程力学和应用数学的一个巨大分支。

式(10.97)的解为 $\phi(\eta)=C_1\int^{\eta}\mathrm{e}^{-\frac{K}{2}s^2}\,\mathrm{d}s+C_2$。常数 C_1 和 C_2 由边界条件确定，构成被积函数的各种常数可通过拉伸变换 $s=\sqrt{2/K}\xi$ 来定义一个新的哑变量 ξ，从而消去并传递到积分的边界上。由此得到 $\phi(\eta)=C_3\int^{\sqrt{K/2}\eta}\mathrm{e}^{-\xi^2}\,\mathrm{d}\xi+C_4$。误差函数 $\mathrm{erf}(x)$ 和互补误差函数 $\mathrm{erfc}(x)$ 分别定义为

$$\mathrm{erf}(x)=\frac{2}{\sqrt{\pi}}\int_0^x\mathrm{e}^{-\xi^2}\,\mathrm{d}\xi,\quad \mathrm{erfc}(x)=1-\mathrm{erf}(x)=1-\frac{2}{\sqrt{\pi}}\int_0^x\mathrm{e}^{-\xi^2}\,\mathrm{d}\xi$$

由于$\int_0^{\infty}\mathrm{e}^{-\xi^2}\,\mathrm{d}\xi=\pi/2$，我们看到 $\mathrm{erf}(\infty)=1$，$\mathrm{erfc}(\infty)=0$。因此，对于（实）x 的正值，两个函数都在 0 和 1 之间变化。x 的范围也可以扩展到负值。在 $x=-\infty$时，通过简单的变量变换，我们发现 $\mathrm{erf}(-\infty)=-1$ 和 $\mathrm{erfc}(-\infty)=2$。

用一般的复变量 z 代替上式的 x，可以很容易证明所得到的积分有所有阶的微分。因此它们也可定义为解析复变函数：

$$\mathrm{erf}(z)=\frac{2}{\sqrt{\pi}}\int_0^z\mathrm{e}^{-\xi^2}\mathrm{d}\xi,\quad \mathrm{erfc}(z)=1-\frac{2}{\sqrt{\pi}}\int_0^z\mathrm{e}^{-\xi^2}\mathrm{d}\xi$$

由于误差函数在扩散过程中经常出现，正如上面提到的，它们出现在概率论的许多应用中。读者可能已经注意到，被积函数 $\mathrm{e}^{-\xi^2}$ 本质上是一个高斯分布。

现在，标准的在线子程序可以用来计算复杂的误差函数。然而，为了清晰起见，可以这样写出 $\mathrm{erf}(z)$ 的实部和虚部：

$$\mathrm{erf}(z)=u(x,y)+\mathrm{i}v(x,y) \tag{10.98}$$

其中

$$u(x,y)=\mathrm{erf}(x)+\frac{2}{\sqrt{\pi}}\mathrm{e}^{-x^2}\int_0^y\mathrm{e}^{\eta^2}\sin 2x\eta\,\mathrm{d}\eta$$

$$v(x,y)=\frac{2}{\sqrt{\pi}}\mathrm{e}^{-x^2}\int_0^y\mathrm{e}^{\eta^2}\cos 2x\eta\,\mathrm{d}\eta$$

⊖ 乔治·斯托克斯（George Stokes，1819—1903）解决了流体动力学和其他物理学分支的许多问题。低雷诺数流经过一个球体，用来推断电子的电荷，被称为“斯托克斯流”，而在翼型前缘附近的边界层区域，这种近似失效被称为“斯托克斯层”。足以说明他的贡献巨大而持久。

这里的积分路径是从原点到 z，沿着两段积分，第一段是沿着实轴到 x 的水平积分，然后在 x 固定的情况下，沿着虚轴方向的纵向直线段到 y 的位置。由于 $\mathrm{erf}(z)$ 是解析的，可以采用其他路径。由式（10.98）提供的函数 $u(x,y)$，$v(x,y)$ 可以明显看出，复误差函数的函数行为范围比实误差函数复杂得多。特别地，它似乎在复平面中有无穷多个零点，其中 10 个是由 Abramowitz 和 Stegun [38] 编译的。

误差函数是道森（Dawson）积分的同类函数，

$$\mathrm{daw}(z) = \mathrm{e}^{-z^2} \int_0^z \mathrm{e}^{t^2} \mathrm{d}t \tag{10.99}$$

在实际数值计算中，许多算法会首先计算这个函数族中最一般的函数，称为法捷耶娃（Faddeeva）函数，

$$w(z) = \mathrm{e}^{-z^2} \mathrm{erfc}(-\mathrm{i}z) = \mathrm{e}^{-z^2} \left(1 + \frac{2\mathrm{i}}{\sqrt{\pi}} \int_0^z \mathrm{e}^{t^2} \mathrm{d}t\right) \tag{10.100}$$

由于法捷耶娃函数既与道森积分有关，也与误差函数有关，所以一旦计算出法捷耶娃函数，通常就可以对后两者进行求值；参见文献 [40]。

伽马函数

在深入讨论这个函数之前，我们注意到它出现在许多其他特殊函数中，几乎处处可见。例如，在本节中，不久前它出现在关于 J_ν 的式（10.45）中。它也出现在勒让德多项式的讨论中，事实上每当阶乘和阶乘的商出现时，它都出现。因此，我们必须承认它们在函数文献中是很常见的。例如，e^x 的泰勒展开可以写成

$$\mathrm{e}^x = \sum_0^\infty \frac{x^n}{n!} = \sum_0^\infty \frac{x^n}{\Gamma(n-1)}$$

著名的伽马函数等于单调递增的单项式 t^ν 与衰减的指数 $\mathrm{e}^{-\alpha t}$ 的乘积的积分，即

$$\Gamma(\nu) \equiv \int_0^\infty t^{\nu-1} \mathrm{e}^{-t} \mathrm{d}t \quad \Leftrightarrow \quad \Gamma(\nu+1) = \int_0^\infty t^\nu \mathrm{e}^{-t} \mathrm{d}t \tag{10.101}$$

在做其他事情之前，我们注意到上述第二种形式中的 t^ν 和 e^{-t} 都可以用分部积分的方法来处理，得到

$$\Gamma(\nu+1) = -t^\nu \mathrm{e}^{-t} \Big|_{t=0}^{t=\infty} + \nu \underbrace{\int_0^\infty t^{\nu-1} \mathrm{e}^{-t} \mathrm{d}t}_{\Gamma(\nu)} \tag{10.102}$$

上界项由于指数衰减而为零。如果 ν 是一个正实数，下界项也会为零，然后得到著名的结果 $\Gamma(\nu+1)=\nu\Gamma(\nu)$。伽马函数的主要特征如下。

1. **伽马函数作为阶乘和重要值：** 当 $\nu=n$ 是一个正整数时，性质 $\Gamma(\nu+1)=\nu\Gamma(\nu)$ 产生嵌套结果

$$\Gamma(n+1) = n\Gamma(n) = n(n-1)\Gamma(n-1) = \cdots = n! \tag{10.103}$$

这是用来写贝塞尔函数和勒让德多项式的阶乘。注意，在式（10.103）中取 $n=0$ 会得到

$$0! = \Gamma(1) = \int_0^\infty \mathrm{e}^{-t} \mathrm{d}t = 1$$

另一个重要值是

$$\Gamma\left(\frac{1}{2}\right)=\int_0^{\infty} t^{-1/2}\mathrm{e}^{-t}\mathrm{d}t=\sqrt{\pi}$$

所以 $\Gamma\left(\frac{3}{2}\right)=\Gamma\left(\frac{1}{2}+1\right)=\frac{1}{2}\sqrt{\pi}$，$\Gamma\left(\frac{5}{2}\right)=\Gamma\left(\frac{3}{2}+1\right)=\left((1\cdot 3)\ /2^2\right)\sqrt{\pi}$，…，这归纳为

$$\Gamma\left(n+\frac{1}{2}\right)=\frac{1\cdot 3\cdot \cdots \cdot (2n-1)}{2^n}\sqrt{\pi}$$

例 10.3.4　证明 $I(m,n)=\int_0^{\frac{\pi}{2}}\cos^m\theta\sin^n\theta\mathrm{d}\theta=\Gamma\left(\frac{m+1}{2}\right)\Gamma\left(\frac{n+1}{2}\right)/\left[2\Gamma\left(\frac{m+n+2}{2}\right)\right]$，然后证明当 $m=n=0$ 时，$\Gamma\left(\frac{1}{2}\right)=\sqrt{\pi}$。

解　首先，我们在式（10.101）中令 $t=x^2$，得到 $\Gamma(m)=2\int_0^{\infty}x^{2m-1}\mathrm{e}^{-x^2}\mathrm{d}x$。类似地，$\Gamma(n)=2\int_0^{\infty}y^{2n-1}\mathrm{e}^{-y^2}\mathrm{d}y$，因此它们的乘积可以写成二重积分

$$\frac{1}{4}\Gamma(m)\Gamma(n)=\int_0^{\infty}\int_0^{\infty}\mathrm{e}^{-(x^2+y^2)}x^{2m-1}y^{2n-1}\mathrm{d}x\mathrm{d}y$$

现在根据 $x=r\cos\theta$，$y=r\sin\theta$ 转换到极坐标，在（x,y）平面的第一（正）象限，

$$\begin{aligned}\frac{1}{4}\Gamma(m)\Gamma(n)&=\int_0^{\infty}\mathrm{e}^{-r^2}r^{2m+2n-1}\mathrm{d}r\int_0^{\pi/2}\cos^{2m-1}\theta\sin^{2n-1}\theta\mathrm{d}\theta\\&=\frac{1}{2}\Gamma(m+n)\int_0^{\pi/2}\cos^{2m-1}\theta\sin^{2n-1}\theta\mathrm{d}\theta\end{aligned}$$

令 $2m-1=\mathrm{m}$，$2n-1=\mathrm{n}$，得到

$$\begin{aligned}I(\mathrm{m},\mathrm{n})&=\int_0^{\frac{\pi}{2}}\cos^{\mathrm{m}}\theta\sin^{\mathrm{n}}\theta\mathrm{d}\theta\\&=\Gamma\left(\frac{\mathrm{m}+1}{2}\right)\Gamma\left(\frac{\mathrm{n}+1}{2}\right)/\left[2\Gamma\left(\frac{\mathrm{m}+\mathrm{n}+2}{2}\right]\right)\end{aligned}$$

在 $\mathrm{m}=\mathrm{n}=0$ 的情况下，我们得到

$$\frac{\pi}{2}=\frac{\left(\Gamma\left(\frac{1}{2}\right)\right)^2}{2\Gamma(1)}=\frac{\left(\Gamma\left(\frac{1}{2}\right)\right)^2}{2}$$

因为 $\Gamma(1)=0!=1$，因此

$$\Gamma\left(\frac{1}{2}\right)=\sqrt{\pi}$$

---

2. **$\Gamma(z)$ 在复 z 平面上的奇点**：在 $\Gamma(\nu)=\Gamma(\nu+1)/\nu$ 的关系中取 $\nu=0$，得到 $\Gamma(0)=\Gamma(1)/0=1/0$，表明 Γ 函数在原点是奇异的。更仔细地，使用定义式（10.101），取 $\nu=0$，对任意固定的满足 $0<a<b<c$ 的 b，得到 $\Gamma(0)$ 为

$$\Gamma(0)=\lim_{a\to 0}\int_a^b t^{-1}\mathrm{e}^{-t}\mathrm{d}t+\lim_{c\to\infty}\int_b^c t^{-1}\mathrm{e}^{-t}\mathrm{d}t$$

第二个积分有一个明确的极限，但第一个积分的极限是发散的，因为只要取一个足够小的 b，被积函数本质上变成了 $1/t$。这证实了 $\Gamma(0)$ 在理论上是无限的。更一般地，这导致确定下面复伽马函数的奇点的问题，

$$\Gamma(z) \equiv \int_0^{\infty} t^{z-1} \mathrm{e}^{-t} \mathrm{d}t$$

为此，一个最有用的恒等式，可以通过例 8.6.6 的方法获得，它是

$$\Gamma(z)\Gamma(1-z) = \frac{\pi}{\sin\pi z} \tag{10.104}$$

（见习题 16）。这个式子表明 $\Gamma(z)$ 在 $z=0,\pm1,\pm2,\cdots$ 处可能是奇异的。我们之前的考虑已经确认了 $z=0$ 处的奇异性，也排除了 $z=1,2,3,\cdots$，实际上排除了 $z>0$ 处的奇异性。这个结果，结合式（10.104），证实了伽马函数在 $z=-1,-2,-3,\cdots$ 处是奇异的。此外，如下所述，排除了任何其他奇点的可能性。因此我们得出结论：

★ 复伽马函数 $\Gamma(z)$ 在 $z=0,-1,-2,-3,\cdots$ 处是奇异的，而在其他位置，函数 $\Gamma(z)$ 是解析的。

在 z 平面上 $\Gamma(z)$ 没有其他奇点，因为，假设 $z=z_0$ 是 $\Gamma(z)$ 的零点，其中 $z_0\neq0,-1,-2,\cdots$，由式（10.104）可知 z_0 是 $\Gamma(1-z)$ 的一个极点。习题 17 表明这是不可能的。

3. **不完全伽马函数**：这个函数被定义为

$$P(x;\nu) = \int_0^{x} t^{\nu-1} \mathrm{e}^{-t} \mathrm{d}t$$

所以 $P(\infty;\nu)=\Gamma(\nu)$。这个定义在逻辑上导出归一化的不完全函数的定义：

$$\gamma(x;\nu) = \frac{P(x;\nu)}{P(\infty;\nu)} = \frac{\int_0^{x} t^{\nu-1} \mathrm{e}^{-t} \mathrm{d}t}{\int_0^{\infty} t^{\nu-1} \mathrm{e}^{-t} \mathrm{d}t} = \frac{1}{\Gamma(\nu)}\int_0^{x} t^{\nu-1} \mathrm{e}^{-t} \mathrm{d}t$$

$\gamma(x;n)$ 的自然替代是 $\mu(x;n)=1-\gamma(x;n)$。

4. **$\Gamma(z)$ 的另一种形式**：伽马函数的另一种形式的推导首先要定义 $\Gamma(z)$ 的对数的导数为

$$\psi(z) = \frac{\mathrm{d}}{\mathrm{d}z}\log\,\Gamma(z) = \frac{\Gamma'(z)}{\Gamma(z)} \tag{10.105}$$

然后施加条件 $\Gamma(z+1)=z\Gamma(z)$，结果如下

$$\psi(z+1) = \frac{1}{z} + \psi(z)$$

在一系列操作技巧之后，包括使用欧拉常数 $\gamma=0.57721566\cdots$，并且巧妙地重新整合各种积分，上面的函数可以改写为

$$\psi(z) = -\gamma + \sum_{n=0}^{\infty}\left(\frac{1}{n+1} - \frac{1}{n+z}\right)$$

这表明 Γ 的对数导数在 $z=0,-1,-2,\cdots$ 处是奇异的，在其他地方都是解析的。从这个表达式容易得到数学上比式（10.102）更有说服力的定义，即

$$\frac{1}{\Gamma(z+1)} = \mathrm{e}^{\gamma z}\prod_{n=1}^{\infty}\mathrm{e}^{-z/n}\left(1+\frac{z}{n}\right)$$

在描述大量的粒子或事件（大量的 z）时，它可能更容易被操纵。用逆函数来重写伽马函数很方便，因为 $\Gamma(z)$ 的奇点仅仅是 $1/\Gamma(z)$ 的零点。换句话说，后一个函数是整函数。

伽马函数在非常大的数的统计中起着核心作用，这个作用提供了统计力学和连续介质热力学之间的关键联系。从伽马函数的获得的许多关系可以用于导出渐近表达式，比如斯特林的著名公式 $n! \sim n\ln n - n$。尽管获得斯特林近似的准备工作是详尽的，但它仍然允许我们衡量这种近似的准确性。因此，当数字（伽马函数的参数）不像最初设想的那么大时，可以获得额外的精度。

10.4　二阶常微分方程的施图姆-刘维尔公式

回顾第 9 章中的一般算子符号 $\mathcal{H}$，让我们考虑一个作用于 $y(x)$ 的一般二阶线性常微分方程算子

$$\mathcal{H} \equiv a_2(x)\frac{\mathrm{d}^2}{\mathrm{d}x^2} + a_1(x)\frac{\mathrm{d}}{\mathrm{d}x} + a_0(x) \tag{10.106}$$

定义域为实域，$a<x<b$。假设在 $x=a$ 和 $x=b$ 处指定齐次边界条件。还假定 $a_2(x)$ 在这个区间上不为零，不失一般性，假定 $a_2(x)>0$。涉及这个常微分方程算子的三种问题是

$$\mathcal{H}y \equiv a_2(x)y'' + a_1(x)y' + a_0(x)y = \begin{cases} 0, & \text{齐次问题} \\ f(x), & \text{非齐次问题} \\ -\lambda y, & \text{特征值问题} \end{cases} \tag{10.107}$$

根据上面指定的齐次边界条件，第一个问题——齐次问题——有平凡解 $y\equiv 0$。因此，本节不再进一步讨论齐次问题。[㊀]

我们在第 9 章遇到了特征值问题，其中特征值与分离变量分析中产生的分离常数相联系。我们将在后面的章中继续与特征值问题打交道。同样，在讨论中也会出现非齐次问题。事实上，非齐次问题和特征值问题是有联系的：找到这种联系将是 13.1 节的主要焦点。

然而，在本节中，我们只关注上面写为 $\mathcal{H}y=-\lambda y$ 形式的特征值问题。有许多经典方程属于这个操作框架，如谐振子方程 $y''=-\lambda y$，各种形式的贝塞尔方程，例如式（10.44）和式（10.113）以及勒让德方程式（10.65）。由一般算子关系 $\mathcal{H}y=-\lambda y$ 描述的其他常微分方程算子在 10.2 节中进行了讨论，重点讨论了级数解。

本节的目的是将上述所有问题放在一个常见的、非常有用的框架中，即施图姆-刘维尔形式。这样做将为解提供统一的或通用的处理方式，这些处理方式可以称为研究方法。其中一些研究方法将是显而易见的，而其他研究方法将在随后的章中逐渐出现。在这些显而易见的方法中，一个是特征函数正交性条件的确定，包括作为副产品的适当加权的问题。在这里，我们回顾一下已经见过的正交性条件的各种形式：

- 对于谐振子特征函数（无论是正弦和余弦，还是复指数），正交性由著名的式（10.39）

㊀ 注意，齐次问题可以有非平凡解，就像第一部分中的线性代数算子一样。因此，如果 λ 是 $\mathcal{H}$ 的关于特征函数 ϕ 的特征值，那么定义为 $\mathcal{L}=\mathcal{H}-\lambda$ 的新算子对此齐次方程，即关于特征函数 ϕ 具有非平凡解。实际上，我们已经简单地将 $\mathcal{H}y=0$ 改写为 $Ly=-\lambda y$。

给出；

- 勒让德方程的正交性由式（10.81）给出。

需要注意的是，在上述正交关系的推导过程中，不需要考虑权函数，因为式（10.39）和式（10.81）是特征函数内积在初始边界值问题定义区间上的积分。换句话说，这些积分中的权函数是 1。对于几类特征函数，如贝塞尔函数和埃尔米特多项式两大重要特征函数，在正交积分中出现了一个实际的（非单位的）权函数。

权函数是如何确定的？在回答这个问题之前，回想一下例子 9.5.2，在这个例子中出现了一个类似的问题（尽管它是在自伴初始边界值问题的推导中出现的）。例 9.5.2 中称权函数为 $s(r)$，通过求解方程式（9.50）得到权函数。虽然推导是正确的，但它似乎是一个特殊的过程，因为它解决的是特定问题，而没有为类似的问题提供通用框架。接下来，施图姆-刘维尔形式的识别提供了一个全面的框架，可以推导出与例 9.5.2 相同的结果，以及更一般的任何具有施图姆-刘维尔形式的初始边界值问题的权函数。

整体思路很简单。当且仅当算子 $\mathcal{H}$ 采用以下特殊形式时，称为**施图姆-刘维尔形式**：

$$\frac{\mathrm{d}}{\mathrm{d}x}\left(p(x)\frac{\mathrm{d}}{\mathrm{d}x}\right)+q(x)=\underbrace{p(x)}_{a_2(x)}\frac{\mathrm{d}^2}{\mathrm{d}x^2}+\underbrace{p'(x)}_{a_1(x)}\frac{\mathrm{d}}{\mathrm{d}x}+\underbrace{q(x)}_{a_0(x)} \tag{10.108}$$

换句话说，$a_1(x)$ 一定是 $a_2(x)$ 的导数。因为一般形式的式（10.106）的算子 $\mathcal{H}$，不太可能遵循这种特殊关系，所以人们可能会说大多数二阶常微分方程算子不是施图姆-刘维尔算子。当一个算子为施图姆-刘维尔形式时，我们不应该用 $\mathcal{H}$ 来表示，我们用 $\mathcal{K}$ 代替。施图姆-刘维尔算子 $\mathcal{K}$ 为

$$\mathcal{K}\equiv\frac{\mathrm{d}}{\mathrm{d}x}\left(p(x)\frac{\mathrm{d}}{\mathrm{d}x}\right)+q(x) \tag{10.109}$$

大多数常微分方程算子 $\mathcal{H}$ 不是这种特殊的 $\mathcal{K}$ 形式，因为以下原因，这不是一个主要的限制。

> 将 $a_2(x)>0$ 的一般形式的式（10.106）的二阶常微分方程算子 $\mathcal{H}$ 乘上
>
> $$s(x)=\frac{1}{a_2(x)}\exp\left(\int^x\frac{a_1(\xi)}{a_2(\xi)}\mathrm{d}\xi\right)$$
>
> 就转化为施图姆-刘维尔算子 $\mathcal{K}$。也就是说，$\mathcal{K}=s\mathcal{H}$ 是施图姆-刘维尔形式。注意 $s(x)>0$。

为了验证这一结果，我们利用式（10.106）观察到

$$\begin{aligned}s\mathcal{H}y&=\left(\mathrm{e}^{\int^x\frac{a_1}{a_2}\mathrm{d}\xi}\right)y''+\left(\frac{a_1}{a_2}\mathrm{e}^{\int^x\frac{a_1}{a_2}\mathrm{d}\xi}\right)y'+\left(\frac{a_0}{a_2}\mathrm{e}^{\int^x\frac{a_1}{a_2}\mathrm{d}\xi}\right)y\\&=\frac{\mathrm{d}}{\mathrm{d}x}\left(y'\mathrm{e}^{\int^x\frac{a_1}{a_2}\mathrm{d}\xi}\right)+\left(\frac{a_0}{a_2}\mathrm{e}^{\int^x\frac{a_1}{a_2}\mathrm{d}\xi}\right)y\end{aligned}$$

这就是施图姆-刘维尔形式，其中

$$p(x)=\exp\left(\int^x\frac{a_1(\xi)}{a_2(\xi)}\mathrm{d}\xi\right),\quad q(x)=\frac{a_0(x)}{a_2(x)}\exp\left(\int^x\frac{a_1(\xi)}{a_2(\xi)}\mathrm{d}\xi\right)$$

因此我们可以重写之前的算子方程（去掉平凡齐次常微分方程的情况）为

$$\mathcal{K}y \equiv (p(x)y')' + q(x)y = \begin{cases} s(x)f(x), \text{非齐次问题} \\ -\lambda s(x)y, \text{特征值问题} \end{cases} \tag{10.110}$$

继续假定在 $x=a$ 和 $x=b$ 两个端点处均满足（服从）齐次边界条件。

我们现在推导特征函数的正交条件。设 λ_j 和 λ_k 是上述特征值问题的不同特征值，相关的特征函数为 $\phi_j(x)$ 和 $\phi_k(x)$。因此，$\mathcal{K}\phi_j = -\lambda_j s\phi_j$ 和 $\mathcal{K}\phi_k = -\lambda_k s\phi_k$。前者乘以 ϕ_k，后者乘以 ϕ_j，两式相减，然后积分就得到

$$\int_a^b \Big(\phi_k(x)\mathcal{K}\,\phi_j(x) - \phi_j(x)\mathcal{K}\,\phi_k(x)\Big)\mathrm{d}x = -(\lambda_j - \lambda_k)\int_a^b s(x)\,\phi_j(x)\,\phi_k(x)\mathrm{d}x$$

$\mathcal{K}$ 的施图姆-刘维尔形式产生了左边的积分，再用分部积分：

$$\int_a^b \Big(\phi_k(x)\,\frac{\mathrm{d}}{\mathrm{d}x}\Big(p(x)\,\phi'_j(x)\Big) - \phi_j(x)\,\frac{\mathrm{d}}{\mathrm{d}x}\Big(p(x)\,\phi'_k(x)\Big)\Big)\mathrm{d}x$$

$$= p(x)\Big(\phi_k(x)\,\phi'_j(x) - \phi_j(x)\,\phi'_k(x)\Big)\Big|_a^b$$

考虑这些表达式，得到

$$p(b)\Big(\phi_k(b)\,\phi'_j(b) - \phi_j(b)\,\phi'_k(b)\Big) - p(a)\Big(\phi_k(a)\,\phi'_j(a) - \phi_j(a)\,\phi'_k(a)\Big)$$

$$= (\lambda_k - \lambda_j)\int_a^b s(x)\,\phi_j(x)\,\phi_k(x)\mathrm{d}x \tag{10.111}$$

式（10.111）的左边是在边界处求出的两项的差。对于所考虑的齐次边界条件类型，每个边界项都为零。例如，在 $x=a$ 处，我们有 $\phi(a)=0$ 或 $\phi'(a)=0$ 或 $\phi(a)+\sigma\phi'(a)=0$，这取决边界条件是狄利克雷型、诺伊曼型或罗宾型。这三种边界条件中的每一种都使 $\phi_k(a)\phi'_j(a)-\phi_j(a)\phi'_k(a)=0$。类似的结果在 $x=b$ 处也成立。因此，这些条件导致式（10.111）的左边为零，留下右边

$$(\lambda_k - \lambda_j)\int_a^b s(x)\,\phi_j(x)\,\phi_k(x)\mathrm{d}x = 0$$

如果 λ_j 和 λ_k 是不同的（不等的），那么我们得出积分一定是为零。这就是正交性结果。

★ 考虑在域 $a\leqslant x\leqslant b$ 域具有适当齐次边界条件的特征值问题 $K\phi=-\lambda s\phi$，其中 $\mathcal{K}$ 是二阶常微分方程施图姆-刘维尔算子。如果 $\phi_j(x)$ 和 $\phi_k(x)$ 是对应于不同特征值的特征函数，那么它们在下述的意义上是正交的：

$$\int_a^b s(x)\,\phi_j(x)\,\phi_k(x)\mathrm{d}x = 0 \tag{10.112}$$

注意，谐振子方程和勒让德方程是施图姆-刘维尔形式，已经由式（10.39）和式（10.81）给出的正交性条件遵循这个框架。

由其他特殊函数的特征值问题产生的特征函数会得到相应的结果。由于在这些方程中 $s(x)>0$，我们注意到式（10.112）中的积分运算对应于式（9.24）中的加权内积。

在下面的例子中，贝塞尔方程的正交性计算将产生例 9.5.2 中已经推导出来的权函数。在式（10.112）的表示法中，该函数为 $s(x)=x$。

例 10.4.1　在前面关于施图姆-刘维尔理论的讨论中研究 $J_n(r)$ 的正交性。

解　我们首先将这个问题的解分成几个单独的部分来处理这个方程，这个方程必须按照式（10.107）和式（10.110）所示的适当形式来处理，然后处理定义区间和端点边界条件如何决定特征值的问题，最后处理所有这些如何影响正交化。

1. **常微分方程的正确形式：**贝塞尔函数的正交性不能从式（10.44）的单参数版本中得到证明。为了使贝塞尔方程的形式与式（10.107）一致，从而最终与式（10.109）和式（10.110）一致，我们定义了一个修正的自变量 $r=\sqrt{\lambda}x$，经过小的重新整理，包括用 n 替换 ν，得到

$$\mathcal{H}R \equiv \frac{\mathrm{d}^2 R}{\mathrm{d}x^2}+\frac{1}{x}\frac{\mathrm{d}R}{\mathrm{d}x}-\frac{n^2}{x^2}R=-\lambda R \tag{10.113}$$

这是式（10.107）的特征值形式。本质上，我们恢复了贝塞尔方程的原始形式式（9.40），尽管这里用 x 表示自变量。特别地，我们注意到 λ 是特征值，而不是 n，这是式（10.107）所要求的。因此，参数 ν 或 n 是从**整个分离变量分析的前一部分有效地导入**贝塞尔方程的。读者应该注意到这之前的分析通常来自一个相关的特征值或特征函数的计算，它产生了 ν 或 n 的值。在例 9.5.1 中，先前的分析使用 $u(r,\theta,t)=R(r)\Theta(\theta)T(t)$ 的分离变量，其中关于 $\Theta(\theta)$ 的 2π 连续性条件要求 n 为整数值。参见 10.3 节的习题 1。

现在我们将式（10.113）的左边表示为与式（10.109）中给出的施图姆-刘维尔算子 $\mathcal{K}$ 相对应的形式，由此我们得到了特征值方程式（10.110），

$$\mathcal{K}R \equiv \frac{\mathrm{d}}{\mathrm{d}x}\left[x\frac{\mathrm{d}R}{\mathrm{d}x}\right]-\frac{n^2}{x}R=-\lambda xR \tag{10.114}$$

2. **定义区间和特征值确定：**对于固定的 n，特征值 λ 依赖于定义区间，如 $a\leqslant x\leqslant b$ 以及端点的齐次边界条件。对于任意整数 n 和参数值 $\lambda>0$，10.3.1 节的推导以及将常微分方程从式（10.44）转化为式（10.113）的替换表明，两个函数 $J_n(\sqrt{\lambda}x)$ 和 $Y_n(\sqrt{\lambda}x)$ 中每一个都满足常微分方程式（10.113），这相当于式（10.114）。因此，在考虑任何边界条件之前，通解是 $J_n(\sqrt{\lambda}x)$ 和 $Y_n(\sqrt{\lambda}x)$ 的线性组合。特征值是允许非平凡线性组合满足边界条件的特殊值 λ_n。其中一个边界条件，例如在 $x=a$ 处的边界条件，可以用来确定线性组合中 $J_n(\sqrt{\lambda}x)$ 和 $Y_n(\sqrt{\lambda}x)$ 的相对量（即乘项常数之比）。然后剩下的边界条件，在这种情况下，在 $x=b$ 处的边界条件，变成了一个可以用来确定特征值的方程。常见的情况是左端点在原点，即 $a=0$，如果原始源问题包括原点，就会出现这种情况。或者，如果原始源问题域不包含原点，则会有 $a>0$。无论哪种情况，常微分方程问题生成一个特征值序列 λ_i 和特征函数序列 $R_{(i)}(x)(i=1,2,\cdots)$。

3. **正交化：**选择任意两个特征值，如 λ_j 和 λ_k，将包含 λ_j 和 λ_k 的贝塞尔方程式（10.114）分别写成

$$\mathcal{K}R_{(j)}=-\lambda_j xR_{(j)} \tag{10.115}$$

和

$$\mathcal{K}R_{(k)}=-\lambda_k xR_{(k)} \tag{10.116}$$

前者乘以 $R_{(k)}$，后者乘以 $R_{(j)}$，然后相减，得到

$$R_{(k)}\mathcal{K}R_{(j)}-R_{(j)}\mathcal{K}R_{(k)}=-(\lambda_j-\lambda_k)xR_{(j)}R_{(k)}$$

从 $x=a$ 到 $x=b$ 积分，左边用分部积分法：

$$\int_a^b[R_{(k)}\mathcal{K}R_{(j)}-R_{(j)}\mathcal{K}R_{(k)}]\mathrm{d}x=\left[x\left(R_{(k)}\frac{\mathrm{d}R_{(j)}}{\mathrm{d}x}-R_{(j)}\frac{\mathrm{d}R_{(k)}}{\mathrm{d}x}\right)\right]\Bigg|_{x=a}^{x=b}$$

(a) **$a=0$ 的情况：** 当 $a=0$ 时，由于因子 x，使左端点的底部值为零所需要的是当 $x\to0$ 性态良好的函数：在 $a=0$ 处不需要其他边界条件。这就留给我们

$$(\lambda_j-\lambda_k)\int_{x=0}^{x=b}xR_{(j)}R_{(k)}\mathrm{d}x=0$$

由于 $\lambda_j\neq\lambda_k$，积分必然为零，正是这个标准给出了正交积分。对于特征函数本身，在 $x=a=0$ 处性态良好的要求消除了对 Y_n 的考虑。也就是说，$R_{(i)}(x)=J_n(\sqrt{\lambda_i}x)$。因此，对于 J_n，当 $j\neq k$ 时，由上述正交积分得到

$$\int_{x=0}^{x=b}xJ_n(\sqrt{\lambda_j}x)J_n(\sqrt{\lambda_k}x)\mathrm{d}x=0 \tag{10.117}$$

当然，如果 $j=k$，这个积分将是正的，因为被积函数是 $x(J_n(\sqrt{\lambda_j}x))^2$，它在 $a=0\leqslant x\leqslant b$ 时是非负的。

(b) **$a>0$ 的情况：** 在这种情况下，特征函数 $R_{(i)}(x)$ 通常会在线性组合中同时包含 J_n 和 Y_n。此外，还必须检查 $x=a$ 处的底部值，因为它不再因为乘以 x 而为零。因此，在 $x=a$ 和 $x=b$ 两处 $R_{(k)}\mathrm{d}R_{(j)}/\mathrm{d}x-R_{(j)}\mathrm{d}R_{(k)}/\mathrm{d}x=0$ 肯定是正确的。然而，因为特征函数 $R_{(i)}(x)$，现在通常会在线性组合中同时包含 J_n 和 Y_n，在每一端点（$x=a$ 和 $x=b$）都满足齐次边界条件，这使得上述形式在每一端为零。还需要注意的是，由于区间 $0<x<a$ 中的 x 值不在问题的定义域内，因此当 $x\to0$ 时，$Y_n(x)\to-\infty$ 的事实在分析或最终的物理解释中都没有影响。

上述推导表明，为式（10.113）提供特征函数解的固定整数阶贝塞尔函数通过权函数 $s(x)=x$ 相互正交。在使用令人生畏的正交公式［如式（10.117）］进行实际计算时，要记住，一旦通过式（10.60）计算出 $n=0$ 的贝塞尔方程的 J_0，那么其他的整数贝塞尔函数 $J_1,J_2,\cdots$ 可以通过递归关系确定。例如，$n=39$ 的情况的计算在一开始似乎是一项重大任务，但一个人的手提电脑以及在 19 世纪中叶苦心推导出来的 J_0 和 J_{39} 之间的各种关系，在逻辑上或计算上几乎没有什么困难就可以完成这一壮举。

上述示例与例 9.5.1 和例 9.5.2 之间的其他联系——它们都涉及贝塞尔方程——在本节的习题 5 中给出。此外，本章的计算挑战问题回顾了贝塞尔函数的性质，并提供了如何找到特征值本身的视角，包括当左端点在原点（$a=0$）和当它不在原点（$a>0$）的情况。

随着我们的深入，强调上述发展的要点是很重要的，这些要点不仅适用于贝塞尔方程，而且适用于一般的施图姆-刘维尔特征值问题。

1. 特征函数的计算，无论是 sin 或 cos 或各种特殊函数，都与问题的边界条件及其定义区间密切相关。在常微分方程性态良好的端点处，例如贝塞尔方程的端点不在原点处，

三个标准齐次边界条件中的任何一个，即 $R=0$，$\mathrm{d}R/\mathrm{d}x=0$，或 $R+k\mathrm{d}R/\mathrm{d}x=0$，都可以作为齐次边界条件。

2. 就像贝塞尔方程端点在原点的情况一样，有时边界条件就像要求函数性态良好一样简单。如果某些齐次解［如 $J_n(x)$］性态良好，而另一些［如 $Y_n(x)$］在问题的端点处性态不佳，则通常会出现这种类型的条件。

3. 一旦获得了特征函数，它们通过正交积分彼此正交，该积分可以采用正的、非单位的权函数，如贝塞尔方程的 $s(x)=x$。当出现齐次解在一个端点处性态良好而其他解性态不佳的问题时，权函数在正交积分内提供一种有益的正则化是很正常的。

施图姆-刘维尔理论为各种实体提供了简洁和统一的办法，如正态模态、特征值、特征函数等，我们将在后面的章节中遇到，最终导致更深入的理解。许多这些重要的联系我们将在 13.3 节中加强和总结。

习题

10.1

1. 考虑常微分方程 $x\mathrm{d}^2y/\mathrm{d}x^2-x\mathrm{d}y/\mathrm{d}x+y=0$，它在 $x=0$ 处是奇异的。首先注意，$x=0$是一个奇点，因为在 $x=0$ 处，xy''和 xy'项似乎为零。通过检查表明 $y_1=x$ 是这个方程的一个解。然后，用降阶法，证明**第二个解**是 $y_2=x\log x-1+\sum_{n=1}^{\infty}x^{n-1}/(n(n+1)!)$。证明这两个解是线性无关的，然后将全解写成 $y(x)=C_1y_1(x)+C_2y_2(x)$。这个解是否满足**初始条件** $y(0)=y_0$，$(\mathrm{d}y/\mathrm{d}x)(0)=y'_0$？为什么或为什么不？这个解能满足**边界条件** $y(0)=y_0$，$y(x_1)=y_1$ 吗？
2. 考虑贝塞尔方程 $x^2y''+xy'+(x^2-\nu^2)y=0$，其中 ν 是一个实数。现在我们放弃贝塞尔函数的推导细节，研究当 x 变大时解的性质。一种方法是将 $y(x)=\nu(x)r(x)$ 代入贝塞尔方程，然后选择函数 $r(x)$ 来消去 ν'项。一个结果是形为 $\nu''+f(x)\nu=0$ 的常微分方程，它称为 **WKB 方程**。第二个结果是函数 $r(x)$ 的解。利用这些提示，推导出当 x 变大时贝塞尔方程的解的性质。在 $\nu=\pm 1/2$ 的特殊情况下会发生什么？

10.2

泰勒展开

1. 提供缺失的细节以验证式（10.22）。
2. 考虑与例 10.2.1 相同的微分方程，但现在有条件 $y(3)=3$ 和 $y'(3)=0$。确定 $x=3$ 附近的性态，并指出解的可行 x 区间。
3. 考虑与例 10.2.1 相同的微分方程，但现在有条件 $y(0)=3$ 和 $y'(0)=0$。确定 $x=0$ 附近的性态，并指出解的可行区间。
4. 函数 $y(x)$ 满足以下二阶常微分方程和条件：

$$(x^2-4x+5)\frac{\mathrm{d}^2y}{\mathrm{d}x^2}+\frac{\mathrm{d}y}{\mathrm{d}x}+\frac{x^2-4x+5}{x-5}y=0,\quad y(3)=2,\quad y'(3)=7$$

确定 $x=3$ 附近 $y(x)$ 的性态，并指出解的可行区间。

5. 函数 $y(x)$ 满足以下二阶常微分方程和条件：

$$(x^2-7x+12)\frac{\mathrm{d}^2y}{\mathrm{d}x^2}+(x-4)\frac{\mathrm{d}y}{\mathrm{d}x}+y=0,\quad y(2)=-5,\quad y'(2)=0$$

确定 $x=2$ 附近 $y(x)$ 的性态，并指出解的可行区间。

弗罗贝尼乌斯展开

6. 重做例 10.2.2，但没有事先使用式（10.29）。换句话说，不要使用式（10.30）或式（10.31），而是从下面的 $y_2(x)$ 开始：

$$y_2(x)=(x-4)^{\beta}\sum_{n=0}^{\infty}a_n(x-4)^n=\sum_{n=0}^{\infty}a_n(x-4)^{n+\beta}$$

然后证明，通过要求和式中的第一项抵消，$\beta=2$ 和 $\beta=-1/3$ 自然出现。推断出问题完全像例 10.2.2 中那样结束。

7. 将式（10.28）代入常微分方程式（10.17）以及 $n=2$ 来推导式（10.29），并考虑将得到的结果逐项抵消的过程。证明式（10.29）通过要求级数的第一项抵消而自然出现。

习题 8～11 都涉及下面常微分方程的使用：

$$64x(x-2)^2y''+192(x-2)y'-5xy=0 \tag{10.118}$$

8. 将每一个实数点 x 归类为方程式（10.118）的普通点、正则奇点或非正则奇点。

9. 将 x_1 和 x_2 定义为式（10.118）在实轴上的两个正则奇点。求实轴上 x_1 和 x_2 中间点的泰勒展开解（即有两个任意常数的解）。对于什么样的 x，这个级数收敛？

10. 将 $x_1<x_2$ 定义为式（10.118）在实轴上的两个正则奇点。确定关于 x_1 的两个弗罗贝尼乌斯展开解，并提供确定每个展开的所有非平凡项的详细公式。

11. 设 $x_1<x_2$ 为式（10.118）在实轴上的两个正则奇点。确定关于 x_2 的两个弗罗贝尼乌斯展开解，并提供确定每个展开的所有非平凡项的详细公式。

12. 下面的方程只有一个正则奇点，

$$xy''+y=0$$

证明这一点的两个根 β 相差一个整数，这导致了一种情况，只有其中一个解立即可以通过弗罗贝尼乌斯方法获得。求这个解的弗罗贝尼乌斯展开。

13. 证明下面的方程恰好有一个纯实数奇点 x，即 $x=6$：

$$(x^2-12x+36)\frac{\mathrm{d}^2y}{\mathrm{d}x^2}+x^3\frac{\mathrm{d}y}{\mathrm{d}x}+(x^2+4)y=0$$

说明为什么上面方程的关于 $x=6$ 所对应的两个弗罗贝尼乌斯展开解可以表示为：

$$y_1(x)=(x-6)^{\frac{1}{2}}\cos\left(\frac{\sqrt{3}}{2}\ln(x-6)\right)\sum_{n=0}^{\infty}a_n(x-6)^n$$

和

$$y_2(x)=(x-6)^{\frac{1}{2}}\sin\left(\frac{\sqrt{3}}{2}\ln(x-6)\right)\sum_{n=0}^{\infty}b_n(x-6)^n$$

10.3

1. 在柱坐标下写出亥姆霍兹方程 $\nabla^2 u=-\lambda u$，并用分离变量 $u(r,\theta)=R(r)\Theta(\theta)$ 得到关于 $R(r)$ 和 $\Theta(\theta)$ 的两个常微分方程。现在施加一个条件：角坐标的解必须每 2π 弧度重复一次，即 $\Theta(0)=\Theta(2\pi)$。证明：这一要求的结果是产生（用 r 代替 x 的）贝塞尔方程式（10.113）。
2. 考虑完全贝塞尔方程式（10.24），我们让 $R\to y$，$z\to x$ 和 $\nu\to n$，然后乘以 x^2 后重新整理，得到

$$x^2 y''+xy'+(x^2-n^2)y=0$$

这是贝塞尔方程的“经典”形式之一，在许多课本中都有介绍。尽管使用幂级数方法可以找到任意 n 的一般结果，但这里考虑 $n=0$ 的幂级数方法。通过代入幂级数形式 $y(x)=\sum\limits_{i=0}^{\infty}a_i x^i$ 求作为 a_0 的倍数的 $a_1,a_2,\cdots,a_6$ 的值（常微分方程是线性的，所以解的倍数仍是解）。

提示：当 $a_0\neq 0$ 时，$a_1=a_3=\cdots=0$。
3. 从上面的习题 2 继续，现在通过降阶替换 $y=J_{\mathrm{o}}(x)u(x)$ 来推导**第二个零阶贝塞尔函数**。结果应该是一个可以定义为 $Y_{\mathrm{o}}(x)$ 的函数。然后写 $\mathcal{Y}_{\mathrm{o}}(x)=(2/\pi)[Y_{\mathrm{o}}(x)-(\log 2-\gamma)J_{\mathrm{o}}(x)]$，其中 γ 为欧拉常数。有了 $J_{\mathrm{o}}(x)$ 和 $\mathcal{Y}_{\mathrm{o}}(x)$，零阶贝塞尔方程的通解写为 $y(x;n=0)=AJ_{\mathrm{o}}(x)+B\mathcal{Y}_{\mathrm{o}}(x)$。
4. 证明 $J_n(x)=(2\pi \mathrm{i}^n)^{-1}\int_{-\pi}^{\pi}\exp(\mathrm{i}x\cos\theta)\mathrm{e}^{\mathrm{i}n\theta}\,\mathrm{d}\theta$，之后可以证明式（10.60）的正确性。要做到这一点，首先要验证下面的恒等式：

$$\sum_{m=0}^{\infty}\frac{(\mathrm{i}/2)^m}{m!}\mathrm{e}^{\mathrm{i}m\theta}x^m=\exp\left(\frac{\mathrm{i}x}{2}\mathrm{e}^{\mathrm{i}\theta}\right)$$

和

$$\sum_{m=0}^{\infty}\frac{(\mathrm{i}/2)^m}{m!}\mathrm{e}^{\mathrm{i}(n-m)\theta}x^m=\exp\left(\frac{\mathrm{i}x}{2}\mathrm{e}^{-\mathrm{i}\theta}\right)\mathrm{e}^{\mathrm{i}n\theta}$$

然后把它们相乘。左边利用牛顿二项式定理 $\sum\limits_{k=0}^{m}(m!/(k!(m-k)!))s^k=(1+s)^m$ 一项一项地相乘。证明：这个过程得到

$$\sum_{m=0}^{\infty}c_m(\theta)x^m=\exp(\mathrm{i}x\cos\theta)\mathrm{e}^{\mathrm{i}n\theta}$$

其中 $c_m(\theta)$ 是 $j=0$ 到 $j=m$ 的和，求这个和。将结果从 $\theta=-\pi$ 积分到 $\theta=\pi$，利用正交性条件式（10.39）以便得到结果

$$\sum_{k=0}^{\infty}\frac{(-1)^k}{k!(n+k)!}\left(\frac{x}{2}\right)^{n+2k}=J_n(x)=\frac{1}{2\pi\mathrm{i}^n}\int_{-\pi}^{\pi}\exp(\mathrm{i}x\cos\theta)\mathrm{e}^{\mathrm{i}n\theta}\,\mathrm{d}\theta$$

在这一步中，假定求和号和积分号的交换是合理的，而不需要证明。最后，对 i 用

主值 $e^{i\pi/2}$，对 θ 做一个简单的变量变换（这是很明显的），以便将结果写成式（10.60）（用 x 代替 z）的形式。你可以参考文献［41］的贝塞尔函数一章来获得详细的证明。

勒让德多项式

5. 从式（10.74）开始，推导关于奇数序列 $l=1,3,5,\cdots$ 的勒让德多项式（这回得到与 $l=-2,-4,-6,\cdots$ 时相同的 κ）。遵循类似的过程，证明结果与式（10.76）相同，只是上限现在是 $m=(l-1)/2$。由此证明

$$\Phi_{奇}(x)=c_0\sum_{m=0}^{m=(l-1)/2}(-1)^m\frac{(2l-2m)!}{m!(l-m)!}\cdot\frac{x^{l-2m}}{(l-2m)!}$$

6. 证明式（10.77）中的乘数因子 $1/2^l$ 是由先将式（10.80）写成

$$P_l(x)=C_l\frac{\mathrm{d}^l}{\mathrm{d}x^l}(x^2-1)^l$$

然后选择 C_l，使得对所有 l，$P_l(1)=1$ 而得到的。因此，证明 $P_l(1)=2^lC_l$。如果可能，提供一个统计解释为什么必须这样。

7. 已知勒让德方程的第一个解是 $P_l(x)$，求它的第二个解$Q_l(x)$。

8. 这个问题涉及勒让德多项式 $P_l(x)$ 的罗德里格斯公式的直接推导。从式（10.77）开始，证明它可以改写为式（10.79）。然后，乘以并除以 $l!$，用牛顿二项式定理

$$(a+b)^l=\sum_{m=0}^{l}\frac{l!}{m!(l-m)!}a^mb^{l-m}$$

证明，由此得到的和

$$\sum_{m=0}^{m=[l]/2}(-1)^m\frac{l!}{m!(l-m)!}\cdot(x^2)^{l-m}$$

等于$(x^2-1)^l$。

9. 求式（10.82）给出的正交关系中的乘法归一化因子。从使用式（10.84）开始可能会有帮助。

10. 通过埃尔米特多项式的递归公式 $H'_n=2nH_{n-1}$ 和 $2nH_{n-1}+H_{n+1}=2xH_n$，推导关于它的通用递归公式（10.87）。说明这两个等式可以结合起来得到一般形式（10.38）的微分或差分公式，这可以在 10.4 节中变换得到式（10.87）。然后找到与式（10.88）等价的［$F_n(\xi)$ 转换到 $H_n(x)$ 的］埃尔米特多项式。

11. 使用习题 10 中得到的结果，按照例 10.3.3 中列出的逻辑，计算从 $H_1(x)$ 到 $H_4(x)$ 的前四个埃尔米特多项式。

12. 重复习题 10 和习题 11 的推导，得到由式（10.55）给出的贝塞尔函数的递归公式。

误差函数和伽马函数

13. 证明

$$\int_0^{\infty}e^{-\tau^2}\mathrm{d}\tau=\sqrt{\pi}/2$$

或者，$\text{erf}(\infty)=1$。

提示：从例 10.3.4 我们得到 $\Gamma(1/2)=\sqrt{\pi}$。这一结果应该由此产生。

14. 这个习题有两部分。

(a) 通过对 s 积分做变量变换，证明

$$\frac{2}{\sqrt{\pi}}\mathrm{e}^{-x^2}=\frac{1}{\pi}\int_0^{\infty}\frac{2}{\sqrt{s}}\cos(2x\sqrt{s})\mathrm{e}^{-s}\mathrm{d}s$$

(b) 现在，注意 $(\mathrm{d}/\mathrm{d}x)\text{erf}(x)=(2/\sqrt{\pi})\mathrm{e}^{-x^2}$ 以及 $\text{erf}(x)$ 满足 $\text{erf}(0)=0$，推导出下列形式的误差函数表达式：

$$\text{erf}(x)=\frac{1}{\pi}\int_0^{\infty}\frac{1}{s}\sin(2x\sqrt{s})\mathrm{e}^{-s}\mathrm{d}s$$

这个结果与 9.6 节习题 4 中给出的误差函数的定义一致。

15. 使用基本的变量操作和变换，把道森积分式（10.99）和法捷耶娃函数式（10.100）与误差函数联系起来。

16. 证明式（10.104）是通过首先证明下式得到的。

$$\Gamma(z)\Gamma(1-z)=\int_0^{\infty}\int_0^{\infty}\mathrm{e}^{-(u+v)}u^{-z}v^{z-1}\mathrm{d}u\mathrm{d}v$$

然后定义适当的变换变量，并进行一次积分，以便将这个表达式写成

$$\int_0^{\infty}\frac{\xi^{z-1}}{1+\xi}\mathrm{d}\xi$$

用例 8.6.6 的方法求积分值，以证明最终结果。注意，该结果仅适用于 $|z|<1$。

17. 证明 $\Gamma(z)$ 在 z 平面上除了 $z=0,-1,-2,\cdots$，没有别的奇点。使用式（10.104）下面和式（10.102）提供的论证。

10.4

1. 公式

$$s(x)=\frac{1}{a_2(x)}\exp\left(\int^x\frac{a_1(\xi)}{a_2(\xi)}\mathrm{d}\xi\right)$$

对于积分常数和积分下限是不明确的。证明这些可以任意选择，并且它们不会影响主要结果，包括式（10.112）的正交性结果。

2. 验证：如果算子 $\mathcal{H}$ 已经是施图姆-刘维尔形式，则权函数 $s(x)$ 为 $s(x)=1$。

3. 把方程

$$\epsilon\frac{\mathrm{d}^2y}{\mathrm{d}x^2}-\frac{\mathrm{d}y}{\mathrm{d}x}+f(x)y=0$$

写为施图姆-刘维尔形式。

4. 考虑微分方程 $\mathrm{d}^2y/\mathrm{d}x^2-2x\mathrm{d}y/\mathrm{d}x+\lambda y=0$。

(a) 把这个方程写成施图姆-刘维尔形式 $(\mathrm{d}/\mathrm{d}x)(p(x)\mathrm{d}x/\mathrm{d}x)+q(x)v=0$。确定 $p(x)$，$q(x)$ 和 $v(x)$。

(b) 确定由式（10.110）描述的特征值问题。具体地，确定算子 $\mathcal{K}$、函数 $q(x)$、权

重因子 $s(x)$ 和特征函数 $\phi(x)$，并构造由式（10.112）给出的正交积分。

(c) 使用级数方法在区间（$a=-\infty, b=+\infty$）上产生前三个标准正交的特征函数。

5. 例 10.4.1 中式（10.117）得出的正交性分析与之前的例 9.5.1 和例 9.5.2 之间的显著联系是什么？将特征函数 $\phi_{(n,m)}$ 和 $\phi_{(n,p)}$ 与例 10.4.1 中出现的对应函数 $J_n(\sqrt{\lambda_m}r)$ 和 $J_n(\sqrt{\lambda_p}r)$ 联系起来。通过匹配积分将两组正交性准则联系起来。

计算挑战问题

符号代数和计算软件，如 Mathematica，不仅计算特殊函数，如各种贝塞尔函数，而且直接使用我们推导出的各种恒等式。例如，在 10.3.1 节中，我们得到了简单的递归关系 $J'_0(r)=-J_1(r)$，这是更一般的结果式（10.55）中 $n=0$ 的特例。本书中使用的 Mathematica 版本直接生成了这个 $n=0$ 的结果。具体来说，对零阶贝塞尔函数 BesselJ[0,x] 进行微分运算 D[,x]，得到

In[1]: = D[BesselJ[0,x],x]

Out[1] =− BesselJ[1,x]

另一方面，对于 $n=1$，微分操作不会生成式（10.55），而是生成同样正确的式（10.54）的 $n=1$ 情况：

In[2]: = D[BesselJ[1,x],x]

Out[2] = 1/2(BesselJ[0,x] − BesselJ[2,x])

以此为背景，执行以下操作。

1. 展示贝塞尔函数的基本性态，并演示在 10.3.1 节中获得的几个恒等式。即使软件自动生成恒等式，在绘图或其他计算证据的基础上提供独立的验证。具体来说，要做到以下几点。
   (a) 绘制 $J_0(r)$，$J_1(r)$，$Y_0(r)$ 和 $Y_1(r)$ 的图形，以显示 $r\to 0$ 和 $r\to\infty$ 时的性态。表明 $J_0(r)$ 和 $J_1(r)$ 的节点（零交叉）是相互交织的（即它们彼此交替）。显示 $Y_0(r)$ 和 $Y_1(r)$ 的相似的节点交织。
   (b) 演示 $\nu=1/3$ 情况下，式（10.51）的结果。
   (c) 演示 $n=3$ 的情况下，$(\mathrm{d}/\mathrm{d}r)[r^nJ_n(r)]=r^nJ_{n-1}(r)$ 的结果。
   (d) 演示 $n=7$ 情况下，式（10.55）的结果。
2. 演示贝塞尔函数 $J_1(r)$ 和 $Y_1(r)$ 满足 $\nu=1$ 的情况下的式（10.44）。然后演示贝塞尔函数 $J_{3/2}(r)$ 和 $Y_{3/2}(r)$ 满足 $\nu=3/2$ 的情况下的式（10.44）。
3. 考虑在 x 的适当区间上的每一端有不同边界条件，对不同的 n，具有特征值 λ 的式（10.113）。找出下列情况的特征值。
   (a) 取 $n=1$，设区间为 $0<x<1$，以及边界条件为：函数在 $x=0$ 处性态良好，在 $x=1$ 处为零。通过处理包含 λ 和 x 的函数（该函数满足这一方程，对一般 λ，满足在 $x=0$ 处的边界条件），来求出最小的特征值 λ（它给出了一个在 $0<x<1$ 中没有节点的特征函数），精确到百分位。在系统搜索中改变 λ，以确定使剩余边界条件满足的值。

(b) 考虑上面 (a) 部分提出的相同问题，但现在要求出第 5 个最小模特征值，它的特征函数的特点是：在 $0<x<1$ 中有 4 个节点。

(c) 取 $n=3/4$，设区间为 $1<x<3$，以及边界条件为：函数在 $x=1$ 和 $x=3$ 处为零。求出第 6 个最小模特征值 λ（它的特征函数在区间 $1<x<3$ 中有五个节点），精确到百分位。提示：从一个包含 λ 和 x 的函数开始，该函数满足方程，对一般 λ，满足左端边界条件（在 $x=1$ 处）。在系统搜索中改变 λ，以确定使边界条件满足的值。

第 11 章　常微分方程的格林函数

本章讨论线性常微分方程的格林函数求解过程。格林函数方法的物理动机是，将注意力集中在时间或空间的强迫上，或两者兼有，是有利的。例如，在连续体动力学的研究中，我们处理一个**在某一点上施加脉冲的力**。在固体力学中，我们找到**点荷载**。在流体力学中，我们有**点源和点汇**。传热给了我们**点热源**。在物理和电气工程中，我们遇到**点电荷**。如此这般。这些局部力的数学表示称为 δ 函数，或更一般地称为狄拉克 δ 函数。

支持格林函数物理概念的第二个强有力的想法是，这些理想化的力可以作为物理模型的**输入**。与此相关的是格林函数背后的第三个也是最后一个物理概念：**原因先于结果**。一个输入必然会导致一个响应输出，响应输出的大小、位置和持续时间可以估计和分析，也就是**物理测量**。格林函数，用 G 表示，给出系统对任意放置的点源输入的响应。它既依赖于输入源位置，也依赖于所关注的响应输出位置。

由于其物理意义，格林函数本身就非常重要，而在遵循叠加原理的线性理论中，格林函数变得更加重要。这使得比孤立点荷载、点源和点汇、点热源或点电荷更一般的物理输入来解决问题的数学解成为可能。在这种形式中，一般输入可以理解为许多孤立（点）输入的叠加，每个输入乘以一个特征量，产生一个现实的、分布式的输入。在这种理解下，线性模型的输出（系统响应）是一个**分布**，它是相应的强迫输入与该输入位置的格林函数的乘积。孤立地看，每个输入都通过一个位置相关的线性操作（格林函数）进行过滤，以生成响应输出。

在抽象数学术语中，当 G 满足 $\mathcal{L}G=\delta$ 时，偏微分方程问题 $\mathcal{L}y=\varrho$ 的解表示为 $y=\int \varrho G$。这里 $\mathcal{L}$ 是一个**空间加时间**微分算子，ϱ 是上述的强迫项，δ 是狄拉克函数，G 是格林函数。本章以及第 12 章和第 13 章具体化各种微分算子 $\mathcal{L}$ 的框架。在这个过程中，我们将遇到在前一章中介绍过的特征值。通过线性向量空间概念和复分析技术，我们最终可以获得整体理解。

随着对这个强大技术的描述的深入，我们与前面关于线性代数的章节建立了联系，特别是伴随算子 $\mathcal{L}^*$，它类似于线性变换的转置。一个自身也是它的转置的线性变换，即 $\mathbf{A}=\mathbf{A}^{\mathrm{T}}$，类似于一个“自伴（随）”的常微分方程，即 $\mathcal{L}^*=\mathcal{L}$。但是，常微分方程比线性变换更复杂，伴随需要考虑边界条件，而不仅仅如转置那样交换行和列。在这一重要的**转置↔自伴**的对应关系及其含义之后，是对常微分方程的弗雷德霍姆选择定理（FAT）的重新研究，它解决了可解性和生成唯一解的其他微妙之处。在任何意义上，与线性代数系统的类比都不能更清晰，因为弗雷德霍姆选择定理在逻辑上描述了必须仔细考虑的情况。也有物理连接，例如用梁理论给出一个详细的例子。

在接下来讨论中，我们应该注意到格林函数方法已经造成了一个教学和直觉的难题：我们先从物理上介绍这个主题，然后根据物理上的理解发展所需的数学，还是先从数学上介绍这个主题，然后再证明它符合现实世界？这个问题很难得到满意的答案，因为这两种认识是交织在一起的。因此，我们的方法横跨物理-数学和数学-物理的观点，在必要时依赖其中一个。

11.1 狄拉克函数 $\delta(x-x_o)$

点源输入的响应很少等于点响应输出。换句话说，与局部输入不同，输出通常不在强迫输入点或任何其他孤立点的小范围内。相反，强迫的影响取决于问题的物理性质，可能以各种方式传播、扩散，或在物理系统的其余部分中自我平衡。与局部点源输入相关联的非局部响应输出的数学描述称为格林函数。

11.1.1 数学基础

一个局部输入自然可以借助点源来描述，也就是现在所知的**狄拉克 δ 函数**。我们从描述狄拉克 δ 函数的概念开始，在一维空间中，我用一个不依赖于时间的位置变量 x 来描述它，这是最简单的背景。这使我们能够了解它的基本特征。[⊖]

如果 $a<b$，$f(x)$ 是一个任意函数，那么狄拉克 δ 函数 $\delta(x-x_o)$ 的操作由其在积分内的作用定义如下：

$$\int_a^b f(x)\delta(x-x_o)\mathrm{d}x=\begin{cases}f(x_o), & a<x_o<b\\ 0, & x_o<a \text{ 或 } x_o>b\end{cases} \tag{11.1}$$

有时可以把 $\delta(x-x_o)$ 看作函数在 $x=x_o$ 处呈尖峰增长的极限。例如，图 11.1 所示的（不连续）分块函数

$$\Upsilon_c(x)=\begin{cases}0, & x<-c \text{ 或 } x>c\\ 1/(2c), & -c\leqslant x\leqslant c\end{cases} \tag{11.2}$$

当 $c\to 0$ 时，变得更高、更薄，然而保持完全相同的积分面积，即对所有的 c 值

$$\int_{-\infty}^{\infty}\Upsilon_c(\xi)\mathrm{d}\xi=1$$

然后，我们定义 $\delta(\xi)=\lim_{c\to 0}\Upsilon_c(\xi)$，更一般地，通过把源从原点移开，我们可以这样写：

$$\delta(x-x_o)\overset{\text{def}}{=}\lim_{c\to 0}\Upsilon_c(x-x_o) \tag{11.3}$$

⊖ 数学史上一个有趣的事实是，“点源输入”的物理概念比这个概念的数学公式早了一个世纪。格林［乔治·格林（George Green），1793—1841］函数的概念比点函数（现在称为狄拉克 δ 函数）的概念早了一个世纪。点函数是 1930 年左右由保罗·A. M. 狄拉克（Paul A. M. Dirac，1902—1984）提出来的。随后的发展产生了分布的数学理论。

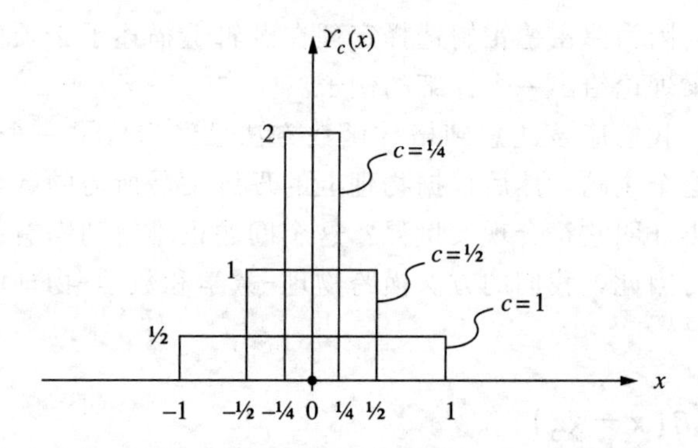

图 11.1 狄拉克 δ 函数作为简单分块函数的极限

由式（11.2）的定义可直接得出

$$\Upsilon_c(x)=\frac{\mathrm{d}}{\mathrm{d}x}H_c(x) \tag{11.4}$$

其中 $H_c(x)$ 是由下式给出的连续斜坡函数（如图 11.2 所示）：

$$H_c(x)=\begin{cases}0, & x\leqslant -c\\ \dfrac{1}{2}(x/c)+\dfrac{1}{2}, & -c\leqslant x\leqslant c\\ 1, & x\geqslant c\end{cases} \tag{11.5}$$

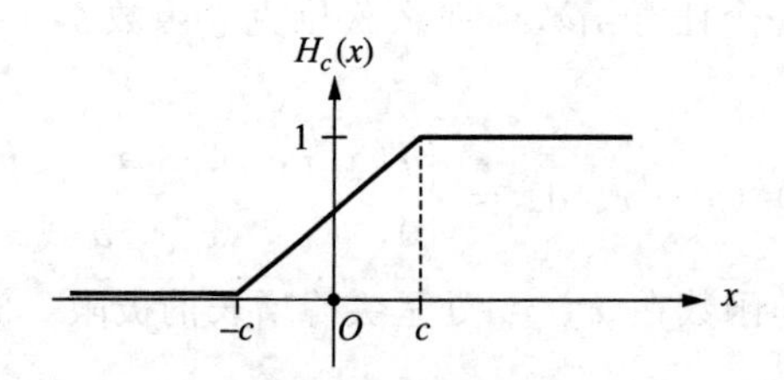

图 11.2 式（11.5）中的斜坡函数 $H_c(x)$，其导数为式（11.2）的函数 $\Upsilon_c(x)$

在极限 $c\to 0$ 时，这个斜坡函数被理解为如图 11.3 所示的赫维赛德（Heaviside）阶跃函数

$$H(x)\overset{\text{def}}{=}\begin{cases}0, & x<0\\ 1, & x>0\end{cases} \tag{11.6}$$

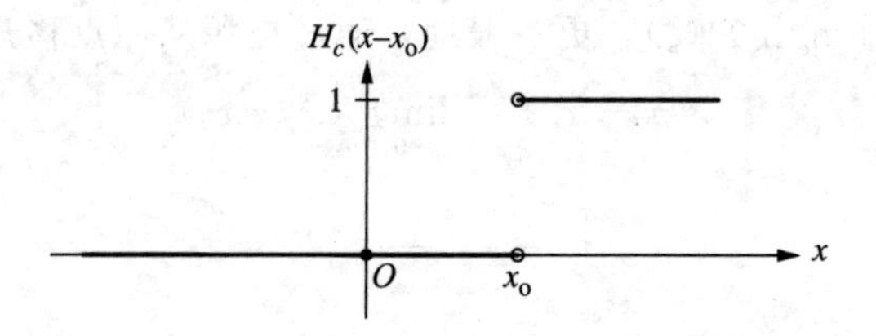

图 11.3 在 $x=x_0$ 处有台阶的阶跃函数 $H(x-x_0)$

因为式（11.3）和式（11.4）给出

$$\delta(x-x_o)=\lim_{c\to 0}\Upsilon_c(x-x_o)=\lim_{c\to 0}\frac{\mathrm{d}}{\mathrm{d}x}H_c(x-x_o) \tag{11.7}$$

我们从此以运算的方式使用符号

$$\delta(x-x_o)=\frac{\mathrm{d}}{\mathrm{d}x}H(x-x_o) \tag{11.8}$$

式（11.8）中结果的非正式性质在其概念上定性正确，但不能符合数学家的要求。例如，我们在式（11.7）和式（11.8）之间交换了极限运算和微分运算。我们没有在式（11.6）中定义 $x=0$ 时的 $H(x)$。可以通过处理像 $\delta(x-x_o)$ 和 $H(x-x_o)$ 这样的量来避免这些不确定性，而不引入像 Υ_c 和 H_c 这样的函数，只要把它们视为所谓的广义函数。

广义函数的性质通常通过对测试函数的积分来建立。如 $\delta(x-x_o)=H'(x-x_o)$ 这样的断言，是通过对在 $-\infty<x<\infty$ 上的测试函数 $f(x)$ 积分，当 $x\to\pm\infty$ 时 $f(x)$ 为零而得到的。这种方法通常使用分部积分 $\int_a^b u\mathrm{d}v=uv\mid_a^b-\int_a^b v\mathrm{d}u$，令 $u=f$，$\mathrm{d}v=g(\xi)\mathrm{d}\xi$，$a=-\infty$，$b=\infty$ 得到

$$\int_{-\infty}^{\infty}f(\xi)g(\xi)\mathrm{d}\xi=\left(\int^{\xi}g(\eta)\mathrm{d}\eta\right)f(\xi)\Big|_{\xi=-\infty}^{\xi=\infty}-\int_{-\infty}^{\infty}\left(\int^{\xi}g(\eta)\mathrm{d}\eta\right)\frac{\mathrm{d}f}{\mathrm{d}\xi}\mathrm{d}\xi \tag{11.9}$$

其中 $\pm\infty$ 的表达式用一般的极限方式解释。在例 11.1.1 中，我们通过验证式（11.8）来演示式（11.9）的效用。

例 11.1.1　通过对测试函数 $f(x)$ 的积分来证明

$$\delta(x)=\frac{\mathrm{d}}{\mathrm{d}x}H(x)=H'(x)$$

解　上面问题的陈述意味着我们必须建立结果

$$\int_{-\infty}^{\infty}\left(\frac{\mathrm{d}}{\mathrm{d}\xi}H(\xi)\right)f(\xi)\mathrm{d}\xi=\int_{-\infty}^{\infty}\delta(\xi)f(\xi)\mathrm{d}\xi$$

由式（11.1）得到

$$\int_{-\infty}^{\infty}\delta(\xi)f(\xi)\mathrm{d}\xi=f(0)$$

这等价于证明

$$\int_{-\infty}^{\infty}\left(\frac{\mathrm{d}}{\mathrm{d}\xi}H(\xi)\right)f(\xi)\mathrm{d}\xi=f(0) \tag{11.10}$$

证明　在式（11.9）中取

$$g(\xi)=\frac{\mathrm{d}}{\mathrm{d}\xi}H(\xi)$$

可以得到式（11.10）左边以下形式的表达式：

$$\int_{-\infty}^{\infty}\left(\frac{\mathrm{d}}{\mathrm{d}\xi}H(\xi)\right)f(\xi)\mathrm{d}\xi=\int^{\xi}\left(\frac{\mathrm{d}}{\mathrm{d}\eta}H(\eta)\right)\mathrm{d}\eta f(\xi)\Big|_{-\infty}^{\infty}-\int_{-\infty}^{\infty}\left(\int^{\xi}\frac{\mathrm{d}}{\mathrm{d}\eta}H(\eta)\mathrm{d}\eta\right)\frac{\mathrm{d}f}{\mathrm{d}\xi}\mathrm{d}\xi \tag{11.11}$$

但$\int^{\xi}(\mathrm{d}/\mathrm{d}\eta)H(\eta)\mathrm{d}\eta=H(\xi)+c$，其中$c$是任意常数。由此可见

$$\int^{\xi}\frac{\mathrm{d}}{\mathrm{d}\eta}H(\eta)\mathrm{d}\eta f(\xi)\bigg|_{-\infty}^{\infty}=(H(\xi)+c)f(\xi)\bigg|_{\xi=-\infty}^{\xi=\infty}$$

$$=\underbrace{\left(\lim_{\xi\to\infty}H(\xi)+c\right)}_{1+c}\underbrace{\lim_{\xi\to\infty}f(\xi)}_{0}-\underbrace{\left(\lim_{\xi\to-\infty}H(\xi)+c\right)}_{0+c}\underbrace{\lim_{\xi\to-\infty}f(\xi)}_{0}$$

$$=(1+c)\cdot 0-c\cdot 0=0$$

在前面的处理中，我们包含了许多不必要的细节。由于往后我们使用有效的简记法，因此显示较少的细节，例如，$f(\infty)$ 表示极限$\lim_{\xi\to\infty}f(\xi)$。结果是式（11.11）简化为

$$\int_{-\infty}^{\infty}\left(\frac{\mathrm{d}}{\mathrm{d}\xi}H(\xi)\right)f(\xi)\mathrm{d}\xi=0-\int_{-\infty}^{\infty}(H(\xi)+c)\frac{\mathrm{d}f(\xi)}{\mathrm{d}\xi}\mathrm{d}\xi$$

$$=-\int_{-\infty}^{0}c\frac{\mathrm{d}f}{\mathrm{d}\xi}\mathrm{d}\xi-\int_{0}^{\infty}(1+c)\frac{\mathrm{d}f}{\mathrm{d}\xi}\mathrm{d}\xi$$

$$=-c(f(0)-\underbrace{f(-\infty)}_{0})-(1+c)(\underbrace{f(\infty)}_{0}-f(0))$$

$$=(-c+(1+c))f(0)=f(0)$$

由此建立了式（11.10），证明完成。

δ 函数的其他性质也用类似的方法证明。

函数 $\boldsymbol{\delta}(\boldsymbol{x})$ 的性质

$$\int_{-\infty}^{\infty}\delta'(x-x_0)f(x)\mathrm{d}x=-f'(x_0)\tag{11.12}$$

$$\int_{-\infty}^{\infty}\delta''(x-x_0)f(x)\mathrm{d}x=f''(x_0)\tag{11.13}$$

$$\delta(\lambda x-\beta)=\frac{1}{|\lambda|}\delta\left(x-\frac{\beta}{\lambda}\right)\tag{11.14}$$

$$x\delta(x)=0\tag{11.15}$$

$$x\delta'(x)=-\delta(x)\tag{11.16}$$

下面两个例子说明狄拉克 δ 函数的运算特征，第一个特征是直观的，第二个是抽象的。我们首先考虑直观结果。

例 11.1.2　使用对测试函数的积分来证明式（11.15），$x\delta(x)=0$。

解　我们必须证明，对所有的测试函数 $f(x)$，

$$\int_{-\infty}^{\infty} x\delta(x)f(x)\mathrm{d}x = \int_{-\infty}^{\infty} 0 \cdot f(x)\mathrm{d}x$$

这意味着我们必须证明

$$\int_{-\infty}^{\infty} x\delta(x)f(x)\mathrm{d}x = 0$$

当我们对积分表达式进行处理，就会马上得到这个结果：

$$\int_{-\infty}^{\infty} xf(x)\delta(x)\mathrm{d}x = xf(x)\big|_{x=0} = 0 \cdot f(0) = 0$$

我们现在考虑在 δ 函数的自变量中引入几个参数缩放的非直观结果。推导这些缩放需要精确地使用由式（11.1）所定义的积分。

例 11.1.3　证明

$$\delta(\lambda x - \beta) = \frac{1}{|\lambda|}\delta\left(x - \frac{\beta}{\lambda}\right)$$

解　从下式开始：

$$\int_{-\infty}^{\infty} \delta(\lambda x - \beta)f(x)\mathrm{d}x = \int_{b}^{a} \delta(\xi)f\left(\frac{\xi+\beta}{\lambda}\right)\frac{\mathrm{d}\xi}{\lambda} \tag{11.17}$$

其中我们使用了替换 $\xi=\lambda x-\beta$，因此 $\mathrm{d}\xi=\lambda\mathrm{d}x$。

这里 a 和 b 被定义为

$$a = \begin{cases} +\infty, & \lambda > 0 \\ -\infty, & \lambda < 0 \end{cases}, \qquad b = \begin{cases} -\infty, & \lambda > 0 \\ +\infty, & \lambda < 0 \end{cases}$$

从而

$$\begin{aligned} \int_{-\infty}^{\infty} \delta(\lambda x - \beta)f(x)\mathrm{d}x &= \frac{\overbrace{\pm 1}^{+,\ \lambda>0;\ -,\ \lambda<0}}{\lambda}\int_{-\infty}^{\infty} \delta(\xi)f\left(\frac{\xi+\beta}{\lambda}\right)\mathrm{d}\xi \\ &= \frac{1}{|\lambda|}f\left(\frac{\xi+\beta}{\lambda}\right)\bigg|_{\xi=0} = \frac{1}{|\lambda|}f\left(\frac{\beta}{\lambda}\right) \end{aligned}$$

在工程和科学计算中，理解缩放参数和它们所需的转换是至关重要的，因为点荷载或点源从来都不是无参数的。一般来说，它表示了一个复杂现实世界过程的数学简化，例如流体点源或点汇、点热源、点电荷以及无限薄的化学反应区等。现实世界过程有一个特定的位置（通常不是原点）和一个特定的积分大小（通常不是 1）。如例 11.1.3 所示，通过 λ 缩放自变量和通过 β 缩放点源位置，导致响应输出通过 $|\lambda|^{-1}$ 缩放：这种定量的函数参数依赖似乎不太可能通过物理解释或直觉预期。

11.1.2　狄拉克 δ 函数作为单位脉冲

11.1.1 节中狄拉克 δ 函数的推导使用了自变量 x，x 被视为描述沿空间 x 轴的位置。然而，我们也可以将 δ 函数写为 $\delta(t-t_o)$，其中 t 是时间，来模拟在 $t=t_o$ 时刻作用于（然后立即远离）一个物体上的“单位脉冲”力。我们认为物体的质量为 m，并且与弹簧相连。作为对脉冲的响应，弹簧产生了与它的位移 y 成比例的恢复力（从弹簧的未拉伸状态 $y=0$ 测得）。比例常数 k 是弹簧常数的通常概念。

例 11.1.4　求下列常微分方程

$$\underbrace{m\frac{\mathrm{d}^2 y}{\mathrm{d}t^2}}_{ma}=\underbrace{-ky+\delta(t-t_o)}_{F},\quad t_o>0 \tag{11.18}$$

满足初始条件

$$y(0)=0,\quad \left.\frac{\mathrm{d}y}{\mathrm{d}t}\right|_0=0 \tag{11.19}$$

的解 $y(t)$。这个问题描述了一个弹簧-质量系统，在 $t=t_o$ 的脉冲之前，在平衡状态下初始处于静止状态。

脉冲效应的解：在脉冲之前，系统是静止的；当 $t<t_o$ 时，$y=0$。为了确定 $t=t_o$ 时刻脉冲的影响，对式（11.18）**从脉冲的一边到另一边积分**。为此，使用一个较小的时间周期 $\epsilon>0$，以便 $t_o-\epsilon$ 和 $t_o+\epsilon$ 只在脉冲稍前和稍后出现。因此

$$m\int_{t_o-\epsilon}^{t_o+\epsilon}\frac{\mathrm{d}^2 y}{\mathrm{d}t^2}\mathrm{d}t=m\left.\frac{\mathrm{d}y}{\mathrm{d}t}\right|_{t_o-\epsilon}^{t_o+\epsilon}=-\int_{t_o-\epsilon}^{t_o+\epsilon}ky(t)\mathrm{d}t+\underbrace{\int_{t_o-\epsilon}^{t_o+\epsilon}\delta(t-t_o)\mathrm{d}t}_{1}$$

由此得到

$$m\left.\frac{\mathrm{d}y}{\mathrm{d}t}\right|_{t_o+\epsilon}-\cancelto{0}{m\left.\frac{\mathrm{d}y}{\mathrm{d}t}\right|_{t_o-\epsilon}}=-k\int_{t_o-\epsilon}^{t_o+\epsilon}y(t)\mathrm{d}t+1 \tag{11.20}$$

由于 $y(t)$ 是连续的，因此可以得出

$$\lim_{\epsilon\to 0}\int_{t_o-\epsilon}^{t_o+\epsilon}y(t)\mathrm{d}t=0$$

从而由式（11.20）可知

$$\lim_{\epsilon\to 0}\left.\frac{\mathrm{d}y}{\mathrm{d}t}\right|_{t_o+\epsilon}\overset{\text{def}}{=}\left.\frac{\mathrm{d}y}{\mathrm{d}t}\right|_{t_o^+}=\frac{1}{m} \tag{11.21}$$

> 因此，脉冲使 $\mathrm{d}y/\mathrm{d}t$ 在 t_o 瞬间从 0 变为 $1/m$（y 本身的值保持连续）。

为了得出结论，我们现在必须对 $t>t_o$，使用初始条件 $y(t_o)=0$ 和新的要求

$$\left.\frac{\mathrm{d}y}{\mathrm{d}t}\right|_{t_o}=\frac{1}{m}$$

解出

$$m\frac{d^2y}{dt^2}=-ky \tag{11.22}$$

后续运动的解：式（11.22）的通解为

$$y(t)=c_1e^{i\sqrt{\frac{k}{m}}t}+c_2e^{-i\sqrt{\frac{k}{m}}t} \tag{11.23}$$

其中常数 c_1 和 c_2 与二阶齐次常微分方程式（11.22）的通解有关。应用 $t=t_o$ 时的条件确定这些常数，得到

$$0=y(t_o)=c_1e^{i\sqrt{\frac{k}{m}}t_o}+c_2e^{-i\sqrt{\frac{k}{m}}t_o}$$

和

$$\frac{1}{m}=\left.\frac{dy}{dt}\right|_{t_o}=i\sqrt{\frac{k}{m}}c_1e^{i\sqrt{\frac{k}{m}}t_o}-i\sqrt{\frac{k}{m}}c_2e^{-i\sqrt{\frac{k}{m}}t_o}$$

从而 c_1 和 c_2 可通过求解下列线性系统来获得：

$$\begin{bmatrix} e^{i\sqrt{\frac{k}{m}}t_o} & e^{-i\sqrt{\frac{k}{m}}t_o} \\ i\sqrt{k/m}\,e^{i\sqrt{\frac{k}{m}}t_o} & -i\sqrt{k/m}\,e^{-i\sqrt{\frac{k}{m}}t_o}\end{bmatrix}\begin{bmatrix}c_1\\c_2\end{bmatrix}=\begin{bmatrix}0\\1/m\end{bmatrix}$$

由此得到

$$\begin{bmatrix}c_1\\c_2\end{bmatrix}=\frac{i}{2\sqrt{km}}\begin{bmatrix}-e^{-i\sqrt{\frac{k}{m}}t_o}\\ e^{i\sqrt{\frac{k}{m}}t_o}\end{bmatrix}$$

在式（11.23）中使用这些结果，得到

$$\begin{aligned} y(t)&=\frac{-i}{2\sqrt{km}}e^{i\sqrt{\frac{k}{m}}(t-t_o)}+\frac{i}{2\sqrt{km}}e^{-i\sqrt{\frac{k}{m}}(t-t_o)} \\ &=\frac{1}{\sqrt{km}}\sin\sqrt{\frac{k}{m}}(t-t_o)\end{aligned}$$

综上所述，我们证明了式（11.18）在初始条件式（11.19）下的解为

$$y(t)=\begin{cases}0, & t\leqslant t_o\\ (1/\sqrt{km})\sin\sqrt{k/m}(t-t_o), & t\geqslant t_o\end{cases} \tag{11.24}$$

例 11.1.4 中解决的问题，虽然简单，但在许多方面却很有启发性。结果表明，冲力的作用是产生一个突然的速度。虽然工程师从标准的冲量-动量分析中熟悉这一特性，但从数学的 δ 函数分析中出现这一特性更令人放心。事实上，分析的结果是确定——虽然响应输出函数只能以连续的方式变化，因为它与位置相对应——响应输出的时间导数，即速度，对于冲力可以是不连续的。图 11.4 所示的 $y(t)$ 曲线在 $t=t_o$ 处有一个扭结。此外，冲力的含义隐含在用于定义 δ 函数的式（11.2）中的函数序列 Υ_c 中。换句话说，它是一个“非常大的力”，作用在相应的“非常短的时间间隔”上，以这样一种方式：在极限下，一个无限的力在单个时间瞬间被施加，然后立即释放。

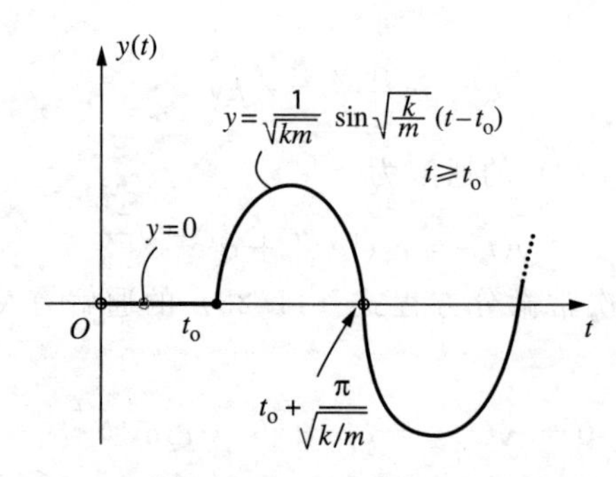

图 11.4　在 $t=t_{\circ}$ 时施加一个单位脉冲的输出-响应解。如图所示，初始条件表明在脉冲之前没有运动

解例 11.1.4 的另一个方法是使用拉普拉斯变换，这个话题在第 8 章中已经讨论过，并且在 10.1 节的末尾也简要回顾过。这个过程包括对整个方程式（11.18）进行拉普拉斯变换。这就得到

$$\begin{aligned}0&=\int_0^{\infty}\left(m\frac{\mathrm{d}^2 y}{\mathrm{d}t^2}+ky-\delta(t-t_{\circ})\right)\mathrm{e}^{-st}\,\mathrm{d}t\\&=m\left(s^2Y-\cancelto{0}{sy(0)}-\cancelto{0}{\left.\frac{\mathrm{d}y}{\mathrm{d}t}\right|_0}\right)+kY-\mathrm{e}^{-st_{\circ}}\\&=ms^2Y+kY-\mathrm{e}^{-st_{\circ}}\end{aligned}$$

其中 $Y=Y(s)$ 是 $y(t)$ 的拉普拉斯变换。解出 $Y(s)$ 得到

$$Y(s)=\frac{\mathrm{e}^{-st_{\circ}}}{ms^2+k}=\frac{\mathrm{e}^{-st_{\circ}}}{m(s-\mathrm{i}\sqrt{k/m})(s+\mathrm{i}\sqrt{k/m})}\tag{11.25}$$

变换后的函数 $Y(s)$ 在 $s=\pm\mathrm{i}\sqrt{k/m}$ 处具有简单极点，如图 11.5 所示。通过对式（7.13）进行复路径积分，对式（11.25）进行反演，得到

$$\begin{aligned}y(t)&=\frac{1}{2\pi\mathrm{i}}\int_{\gamma-\mathrm{i}\infty}^{\gamma+\mathrm{i}\infty}Y(s)\mathrm{e}^{st}\,\mathrm{d}s\\&=\frac{1}{2\pi\mathrm{i}m}\int_{\gamma-\mathrm{i}\infty}^{\gamma+\mathrm{i}\infty}\frac{\mathrm{e}^{s(t-t_{\circ})}}{(s-\mathrm{i}\sqrt{k/m})(s+\mathrm{i}\sqrt{k/m})}\mathrm{d}s\end{aligned}\tag{11.26}$$

其中 $\gamma>0$ 是任何固定的正数，确保反演路径位于虚轴上简单极点的右边。式（11.26）中的积分用 8.3 节的留数定理求值，留数定理要求有闭合路径。因此，图 11.5 中的原始路径是用一个大的半圆来闭合的。目标是使半圆上的积分在其半径趋于无穷时为零。为此，令 $s=x+\mathrm{i}y$，然后写

$$\mathrm{e}^{s(t-t_{\circ})}=\mathrm{e}^{x(t-t_{\circ})}\,\mathrm{e}^{\mathrm{i}y(t-t_{\circ})}\tag{11.27}$$

在式（11.27）的右边，第二个因子 $\mathrm{e}^{\mathrm{i}y(t-t_{\circ})}$ 是振荡的。而第一个因子 $\mathrm{e}^{x(t-t_{\circ})}$ 不是指数增长的就是指数衰减的。衰减的指数函数使积分在大的半圆上为零。因此我们看到

$$\begin{cases}若(t-t_{\circ})<0, & 则取\ x>0\\ 若(t-t_{\circ})>0, & 则取\ x<0\end{cases}$$

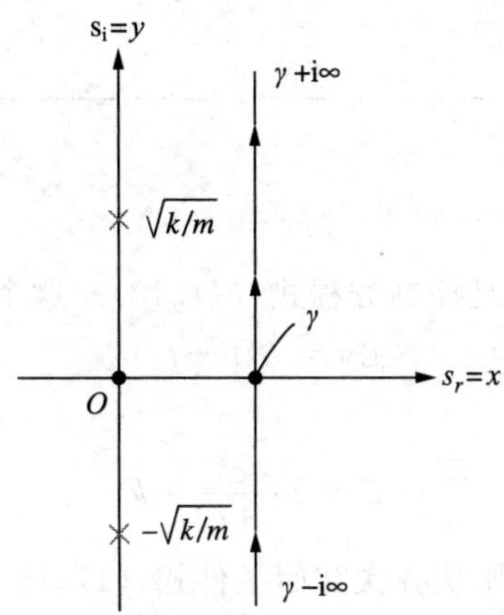

图 11.5　在式（11.25）中，$Y(s)$ 的极点在虚 s 轴上，因此反演路径可以是其右侧的任何纵向线

这确定了如图 11.6 所示的适当的补全路径。

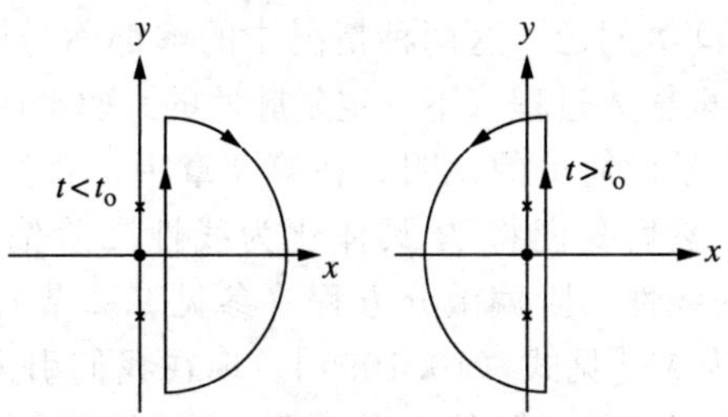

图 11.6　求式（11.25）的反演时的路径补全由是 $t<t_0$ 还是 $t>t_0$ 来确定。路径的几何布局使沿大半圆的积分在其半径趋于无穷时为零

式（11.26）中的积分等于 $2\pi i$ 乘以包围的留数。对于 $t<t_0$，没有包围的留数。对于 $t>t_0$，必须考虑 $z=\pm i\sqrt{k/m}$ 处两极点的留数。因此

$$y(t)=\begin{cases}0, & t<t_0\\ \dfrac{(2\pi i)}{2\pi i m}\displaystyle\sum_{\text{在}\pm i\sqrt{\frac{k}{m}}\text{处的留数}}\dfrac{e^{s(t-t_0)}}{(s-i\sqrt{k/m})(s+i\sqrt{k/m})}, & t>t_0\end{cases}$$

当 $t>t_0$ 时，每个极点都有一个留数，其值由式（8.16）产生，这就得到

$$\begin{aligned}y(t)&=\frac{1}{m}\left\{\frac{e^{i\sqrt{\frac{k}{m}}(t-t_0)}}{(i\sqrt{k/m}+i\sqrt{k/m})}+\frac{e^{-i\sqrt{\frac{k}{m}}(t-t_0)}}{(-i\sqrt{k/m}-i\sqrt{k/m})}\right\}\\&=\frac{1}{2i\sqrt{km}}\left\{e^{i\sqrt{\frac{k}{m}}(t-t_0)}-e^{-i\sqrt{\frac{k}{m}}(t-t_0)}\right\}\\&=\frac{1}{\sqrt{km}}\sin\sqrt{\frac{k}{m}}(t-t_0)\end{aligned}$$

这与式（11.24）给出的结果一致。

11.2　格林函数

例 11.1.4 得到的解必须满足控制方程式（11.18）。这个方程可以写成以下形式：

$$\mathcal{L}y=\delta(t-t_o)$$

其中 $\mathcal{L}$ 是线性微分算子

$$\mathcal{L}=m\frac{\mathrm{d}^2}{\mathrm{d}t^2}+k \tag{11.28}$$

这里我们回顾一下，$y(t)$ 需要服从齐次初始条件式（11.19）

$$y(0)=0,\quad \dot{y}(0)=\left.\frac{\mathrm{d}y}{\mathrm{d}t}\right|_0=0$$

进一步，我们寻求解 $\mathcal{L}y=\delta(t-t_o)$ 的其他的时间类常微分算子 $\mathcal{L}$，之后，将 $\delta(t-t_o)$ 改为 $\delta(x-x_o)$，也就允许考虑空间类问题。这两种情况中的解都称为格林函数，因为考虑的问题是线性的，它们充当了由一般输入过程（不一定是脉冲的）驱动的问题的解的构建模块。

为了澄清，有必要对符号做简单的说明。在第 9 章中，我们用符号 $\mathcal{H}$ 表示抽象和一般微分算子［见式（9.12）］。然后我们将 $\mathcal{H}$ 具体化为线性二阶偏微分方程，随后又将 $\mathcal{H}$ 具体化为具有多个空间维度的线性二阶偏微分方程（参见 9.2 节）。最后在引入施图姆-刘维尔形式时，我们将 $\mathcal{H}$ 替换为 $\mathcal{K}$［见式（10.109）］。现在我们引入算子 $\mathcal{L}$，它也表示一个线性常微分方程算子，但它不一定是二阶的。在后面的第 13 章中，这些不同的算子表示法将彼此协调。然而，阅读本章时，除了 $\mathcal{L}$ 是一个线性常微分方程算子，不需要赋予它任何特殊的附加性质。经过澄清，我们正式介绍格林函数。

格林函数的定义

设 $\mathcal{L}$ 是一个线性微分算子，作用于具有齐次初始条件的函数 $y(t)$。那么 $\mathcal{L}y=\delta(t-t_o)$ 的解称为**格林函数**，通常写成 $G(t,t_o)$。换句话说，线性微分算子 $\mathcal{L}$ 的格林函数 $G(t,t_o)$ 被定义为满足适当的齐次初始条件的常微分方程

$$\mathcal{L}G(t,t_o)=\delta(t-t_o) \tag{11.29}$$

的解。

例 11.1.4 实际上确定了一个特定的格林函数。这个例子证实了

$$G(t,t_o)=\begin{cases}0, & 0<t\leqslant t_o\\ (1/\sqrt{km})\sin\sqrt{k/m}(t-t_o), & t\geqslant t_o\end{cases} \tag{11.30}$$

是式（11.28）中的算子 $\mathcal{L}$ 在齐次初始条件式（11.19）下的格林函数。

重申一下，例 11.1.4 中的自变量为时间 t。在后续章节中，我们将推导自变量为空间位置 x 时的格林函数。再回想一下，我们第一次考虑式（11.3）的 δ 函数是用 x 表示的。

我们现在对格林函数的讨论有目的地在 x 和 t 之间交替进行，以强调格林函数概念的影响力和普遍性。[⊖]对于自变量由“时间类”转变为“空间类”的情况，初始条件被边界条件所取代。格林函数在这些情况下同样受齐次边界条件约束。

格林函数提供了求解下列形式的非齐次常微分方程的一般方法：

$$\mathcal{L}y = f(t) \tag{11.31}$$

这里 $f(t)$ 是（强迫）函数，使得方程是非齐次的。如上所述，虽然我们把式（11.31）写得好像自变量是时间，但如果 $f=f(x)$，讨论同样适用。式（11.31）在**齐次**边界条件或初始条件的约束下求解。

用由式（11.29）的解给出的 G，更一般非齐次强迫问题式（11.31）的解由

$$y(t) = \int G(t,\tau)f(\tau)\mathrm{d}\tau \tag{11.32}$$

给出。在这里，如果 t 表示时间，那么对 τ 的积分从初始时间开始，因为这是一个初值问题。如式（11.30）下面所讨论的，如果 t 表示位置，那么关于 τ 的积分就是该变量的所有空间位置上。

无论采用哪种方法，我们都可以通过对式（11.32）的每一边应用微分算子 $\mathcal{L}$ 来验证式（11.32）提供了问题的解。我们使用式（11.29）得到

$$\mathcal{L}y = \mathcal{L}\int G(t,\tau)f(\tau)\mathrm{d}\tau = \int \overbrace{(\mathcal{L}G)}^{\delta(t-\tau)}f(\tau)\mathrm{d}\tau = \int\delta(t-\tau)f(\tau)\mathrm{d}\tau = f(t)$$

正如在 11.1 节的推导过程中，我们很容易交换各种极限运算，在这种情况下，我们把 $\mathcal{L}$ 移进积分号。一个正式的证明将建立对正在考虑的具体算子 $\mathcal{L}$ 进行这种交换的合理性。为了与我们的实际方法保持一致，我们没有深入探讨这些细节。但是，我们将通过一个例子来说明这个过程是如何工作的。

例 11.2.1 利用式（11.30）中的格林函数 $G(t,t_0)$ 求解初始条件为 $y(0)=0$，$\mathrm{d}y/\mathrm{d}t|_0=0$ 的下列方程：

$$m\frac{\mathrm{d}^2y}{\mathrm{d}t^2} = -ky + F_0\sin(\omega t) \tag{11.33}$$

这个初值问题表示例 11.1.4 中的弹簧-质量系统现在响应具有频率为 ω 的 F_0 量级的外部周期力。

解 我们首先观察到式（11.33）确实是 $\mathcal{L}y=f$ 的形式，具有算子式（11.28）和 $f(t)=F_0\sin(\omega t)$。因此，式（11.30）中的 G 是具有给定初始条件的这个问题的格林函数。调用式（11.32），得到

$$y(t) = \int_0^\infty G(t,\tau)f(\tau)\mathrm{d}\tau = \underbrace{\int_0^t G(t,\tau)f(\tau)\mathrm{d}\tau}_{\tau<t} + \underbrace{\int_t^\infty G(t,\tau)f(\tau)\mathrm{d}\tau}_{\tau>t} \tag{11.34}$$

为了用式（11.30），我们将积分分解为 $\tau<t$ 的部分和 $\tau>t$ 的部分。在第一个积分中 $\tau<t$，

⊖ 当应用于偏微分方程时，格林函数的概念同时包括空间（用三维场变量 $\boldsymbol{x}$ 表示）和时间 t。

因此应用式（11.30）中的第二个选项“$t>t_o$”，因为现在 τ 扮演 t_o 的角色。因此我们在第一个积分中用 $G(t,\tau)=(1/\sqrt{km})\ \sin(\sqrt{k/m}(t-\tau))$。在第二个积分中 $\tau>t$，应用式（11.30）中的第一个选项“$t\leqslant t_o$”（因为 τ 扮演 t_o 的角色）。这使得式（11.34）的第二个积分中 $G(t,\tau)=0$。换句话说，**第二个积分为零**。放在一起，这就得到

$$
\begin{aligned}
y(t) &= \int_0^t G(t,\tau)f(\tau)\mathrm{d}\tau = \int_0^t \frac{F_o}{\sqrt{km}}\sin\left(\sqrt{\frac{k}{m}}(t-\tau)\right)\sin(\omega\tau)\mathrm{d}\tau \\
&= \frac{F_o}{\sqrt{km}}\int_0^t \left(\frac{\mathrm{e}^{\mathrm{i}\sqrt{\frac{k}{m}}(t-\tau)}-\mathrm{e}^{-\mathrm{i}\sqrt{\frac{k}{m}}(t-\tau)}}{2\mathrm{i}}\right)\left(\frac{\mathrm{e}^{\mathrm{i}\omega\tau}-\mathrm{e}^{-\mathrm{i}\omega\tau}}{2\mathrm{i}}\right)\mathrm{d}\tau \\
&= \frac{F_o}{k-m\omega^2}\sin(\omega t)-\frac{\omega F_o}{\sqrt{k/m}(k-m\omega^2)}\sin\left(\sqrt{\frac{k}{m}}t\right)
\end{aligned}
\tag{11.35}
$$

由于式（11.35）满足初始条件和式（11.33），因此很容易验证它就是所求的解。

对于来自式（11.35）的解，我们可以确定

$$y_P(t)=\frac{F_o}{k-m\omega^2}\sin(\omega t) \tag{11.36}$$

和

$$y_H(t)=\frac{-\omega F_o}{\sqrt{k/m}(k-m\omega^2)}\sin\left(\sqrt{\frac{k}{m}}t\right) \tag{11.37}$$

这使得式（11.35）中的 $y(t)$ 为这两者的和：

$$y(t)=y_P(t)+y_H(t) \tag{11.38}$$

这就是众所周知的将通解分解为**特解**和**齐次解**的方法。在习题 4 和习题 5 中复习这种分解，以及例 11.2.1 所考虑的问题获得这种分解的习惯方法。

例 11.2.1 是一个具有时间类自变量的初值问题。下一个例子考虑具有空间类自变量的两点边界值问题。

例 11.2.2　求关于下列微分方程的格林函数 $G(x,x_o)$，

$$\frac{\mathrm{d}^2u}{\mathrm{d}x^2}+\lambda u=h(x),\quad 0\leqslant x\leqslant L \tag{11.39}$$

其中 $\lambda>0$ 是任意的，$u(x)$ 受边界条件 $u(0)=0$ 和 $u(L)=0$ 的约束。

评注： 式（11.39）描述了固定在 $x=0$ 和 $x=L$ 处的绷紧弦的运动。如果它被一个沿其长度的荷载强迫，长度剖面 $h(x)$ 本身以单一频率振动。该方程可由通过将非受迫波方程式（9.9）应用于绷紧弦上得到，并将强迫的效果作为原始方程的附加项纳入。这就得到了一个三项偏微分方程，包括来自式（9.9）的两个未知输出项和新的输入（强迫）项。假设输入强迫和输出响应都以单频 ω 振动，那么输入和输出都有一个谐波乘子，比如 $\sin\omega t$。偏微分方程中对时间的微分只执行一次，尽管在这一项中产生一个额外的常数乘数 $-\omega^2$。提出谐波乘子 $\sin\omega t$（实际上是“分离变量”），得到位移空间部分的常微分方程式（11.39）。常数 λ

通过 ω^2 合并频率。一般动力系统的这种联系，将在本书的最后几章阐明。

解　相关的格林函数 $G(x,x_o)$ 解以下方程

$$\underbrace{\frac{d^2G}{dx^2}+\lambda G}_{\mathcal{L}G}=\delta(x-x_o) \tag{11.40}$$

其中

$$\mathcal{L}=\frac{d^2}{dx^2}+\lambda \tag{11.41}$$

并满足以下边界条件：

$$G(0,x_o)=0,\quad G(L,x_o)=0 \tag{11.42}$$

式 (11.40) 的意义和内容使得下面三个条件必须为真。

1. 除了在 δ 函数的跃迁处 $x=x_o$，所有位置均满足微分方程，即

$$\frac{d^2G}{dx^2}+\lambda G=0,\quad x\neq x_o$$

2. 函数 $G(x,x_o)$ 是 x 在 $x=x_o$ 处的连续函数。我们把这写为

$$G(x_o^-,x_o)=G(x_o^+,x_o) \tag{11.43}$$

其中 x_o^- 和 x_o^+ 表示单侧的极限值。例如，

$$G(x_o^+,x_o)=\lim_{\epsilon\downarrow 0}G(x_o+\epsilon,x_o) \tag{11.44}$$

这里，$\epsilon\downarrow 0$ 表示 ϵ 通过正值减小为零，从上逼近极限值 x_o。⊖

3. 通过对 $x=x_o$ 处跃迁的 δ 函数积分，可以得出

$$\frac{dG}{dx}(x_o^+,x_o)-\frac{dG}{dx}(x_o^-,x_o)=1 \tag{11.45}$$

式 (11.45) 是 G 作为格林函数的核心。它是通过“对奇点积分”得到的“跃迁条件”，类似于例 11.1.4 中得到的式 (11.21)。注意，在这两种情况下，式 (11.21) 和式 (11.45) 是一阶导数的跃迁条件。一阶导数的不连续性并不是一个普遍特性。它的出现是因为每一个控制常微分方程的最高导数是一个二阶导数。一般来说，“通过奇点的积分”会对比最高导数低一阶的导数产生一个跃迁条件。所有的更低阶导数，包括函数本身（零阶导数），在奇点是连续的。这个事实就是这个例子中条件式 (11.44) 的起源。

我们利用 $d^2y/dx^2+\lambda y=0$ 的通解继续求解。它遵循条件 1，即

$$G(x,x_o)=\begin{cases}A\sin(\sqrt{\lambda}x)+B\cos(\sqrt{\lambda}x), & 0\leqslant x<x_o\\ C\sin(\sqrt{\lambda}x)+D\cos(\sqrt{\lambda}x), & x_o<x\leqslant L\end{cases} \tag{11.46}$$

其中系数 A，B，C，D 是待定的。这些系数可能依赖 x_o。边界条件式 (11.42) 给出

$$0=G(0,x_o)=A\cdot 0+B\cdot 1\ \Rightarrow\ B=0$$

和

⊖ 大括号内的表述，只要用下式代替：“$G(x_o^+,x_o)=\lim_{x\to x_o^+}G(x,x_o)$，$G(x,x_o^-)=\lim_{x\to x_o^-}G(x,x_o)$”，但发现后面还用“$\epsilon\downarrow 0$”这种记号，所以保留原文。

$$0=G(L,x_o)=C\sin(\sqrt{\lambda}L)+D\cos(\sqrt{\lambda}L)$$

最后这些使我们能够写出

$$C\sin(\sqrt{\lambda}x)+D\cos(\sqrt{\lambda}x)=C\left(\sin(\sqrt{\lambda}x)-\frac{\sin(\sqrt{\lambda}L)}{\cos(\sqrt{\lambda}L)}\cos(\sqrt{\lambda}x)\right)$$

$$=\frac{C}{\cos(\sqrt{\lambda}L)}\sin(\sqrt{\lambda}x-\sqrt{\lambda}L)=E\sin(\sqrt{\lambda}(x-L))$$

其中 E 是代替 c 的另一个系数。我们现在可以将式（11.46）给出的解重写为

$$G(x,x_o)=\begin{cases}A\sin(\sqrt{\lambda}x), & 0\leqslant x<x_o\\ E\sin(\sqrt{\lambda}(x-L)), & x_o<x\leqslant L\end{cases}$$

要确定 A 和 E，还需要满足条件 2 和条件 3，由条件 2 得到的连续性条件式（11.44）给出

$$A\sin(\sqrt{\lambda}x_o)=E\sin(\sqrt{\lambda}(x_o-L))\tag{11.47}$$

转到条件 3，我们注意到

$$\frac{\mathrm{d}G}{\mathrm{d}x}=\begin{cases}\sqrt{\lambda}A\cos(\sqrt{\lambda}x), & 0\leqslant x<x_o\\ \sqrt{\lambda}E\cos(\sqrt{\lambda}(x-L)), & x_o<x\leqslant L\end{cases}$$

因此，导数的不连续性的条件式（11.45）给出

$$\sqrt{\lambda}E\cos(\sqrt{\lambda}(x_o-L))-\sqrt{\lambda}A\cos(\sqrt{\lambda}x_o)=1\tag{11.48}$$

结合式（11.47）和式（11.48），生成一个关于 A 和 E 的线性代数方程组，即

$$\begin{bmatrix}\sin(\sqrt{\lambda}x_o) & -\sin(\sqrt{\lambda}(x_o-L))\\ -\sqrt{\lambda}\cos(\sqrt{\lambda}x_o) & \sqrt{\lambda}\cos(\sqrt{\lambda}(x_o-L))\end{bmatrix}\begin{bmatrix}A\\ E\end{bmatrix}=\begin{bmatrix}0\\ 1\end{bmatrix}\tag{11.49}$$

该方程组的解为

$$\begin{bmatrix}A\\ E\end{bmatrix}=\frac{1}{\underbrace{\sqrt{\lambda}\left(\sin(\sqrt{\lambda}x_o)\cos(\sqrt{\lambda}(x_o-L))-\cos(\sqrt{\lambda}x_o)\sin(\sqrt{\lambda}(x_o-L))\right)}_{\sin(\sqrt{\lambda}(x_o-(x_o-L)))=\sin(\sqrt{\lambda}L)}}\times$$

$$\begin{bmatrix}\sin(\sqrt{\lambda}(x_o-L))\\ \sin(\sqrt{\lambda}x_o)\end{bmatrix}\tag{11.50}$$

总结：线性微分算子 $\mathcal{L}=\mathrm{d}^2/\mathrm{d}x^2+\lambda(\lambda>0)$ 受 $u(0)=0$ 和 $u(L)=0$ 约束的格林函数是

$$G(x,x_o)=\begin{cases}\dfrac{\sin(\sqrt{\lambda}(x_o-L))\sin(\sqrt{\lambda}x)}{\sqrt{\lambda}\sin(\sqrt{\lambda}L)}, & 0\leqslant x<x_o\\[2ex] \dfrac{\sin(\sqrt{\lambda}x_o)\sin(\sqrt{\lambda}(x-L))}{\sqrt{\lambda}\sin(\sqrt{\lambda}L)}, & x_o<x\leqslant L\end{cases}\tag{11.51}$$

注：脉冲两侧关于 $G(x,x_o)$ 的式（11.46）包含四个积分常数，它们是在 $x=0$ 和 $x=L$ 两个边界处，以及使用越过 x_o 的脉冲的“跃迁”条件 2 和条件 3 进行计算得到的。

我们可以通过下述定义来写出式（11.51）的简略版本：

$$x_{>} = \max(x, x_o), \quad x_{<} = \min(x, x_o)$$

然后将式（11.51）等价地表示为紧凑形式

$$G(x, x_o) = \frac{\sin(\sqrt{\lambda} x_{<}) \sin(\sqrt{\lambda}(x_{>} - L))}{\sqrt{\lambda} \sin(\sqrt{\lambda} L)} \tag{11.52}$$

综上所述，利用式（11.52）给出的格林函数 G，式（11.39）的解为 $u(x) = \int_0^L G(x,\xi) h(\xi) \mathrm{d}\xi$。

例 11.2.3 使用上面的格林函数求出解下列方程的函数 $u(x)$ 的显式表达式。

$$\frac{\mathrm{d}^2 u}{\mathrm{d}x^2} + u = 4, \quad u(0) = u(1) = 0 \tag{11.53}$$

解 这个边界值问题对应于式（11.39）中 $\lambda=1$，$L=1$，$h(x)=4$ 的特殊形式。在式（11.32）中使用式（11.52）可以得到

$$\begin{aligned}
u(x) &= \int_0^1 \underbrace{\frac{(\sin(x_{<}))(\sin(x_{>}-1))}{\sin(1)}}_{G(x,\xi)} \underbrace{4}_{h(\xi)} \mathrm{d}\xi \\
&= \frac{4}{\sin(1)} \left(\int_0^x \sin(\xi) \sin(x-1) \mathrm{d}\xi + \int_x^1 \sin(x) \sin(\xi - 1) \mathrm{d}\xi \right) \\
&= \frac{4}{\sin(1)} \sin(x-1) \int_0^x \sin(\xi) \mathrm{d}\xi + \frac{4}{\sin(1)} \sin(x) \int_x^1 \sin(\xi - 1) \mathrm{d}\xi \\
&= \frac{4}{\sin(1)} [\sin(x-1) - \sin(x) + \underbrace{\cos(x-1)\sin(x) - \sin(x-1)\cos(x)}_{\sin(1-x+x)=\sin(1)}]
\end{aligned}$$

所以我们求得

$$u(x) = \underbrace{4}_{u_{\mathrm{P}}} + \underbrace{\frac{4}{\sin(1)}(\sin(x-1) - \sin(x))}_{u_{\mathrm{H}}} \tag{11.54}$$

很明显，$u(0)=u(1)=0$，而且这个 $u(x)$ 满足边界值问题式（11.53）。

诚然，有一些不需要使用格林函数的直接且更容易的方法来获得式（11.54）。这个例子的第一个更广泛的目的表明，经过系统的一系列操作，尽管有点费时，我们确实得到了预期解。第二个更广泛的目的是，如式（11.54）所示，显式的最终形式允许分解为特解 $u_{\mathrm{P}}(x)$ 和齐次解 $u_{\mathrm{H}}(x)$。第三个也是最重要的更广泛的目的是，式（11.52）的格林函数，能够解出复杂的强迫函数 $h(x)$ 的边界值问题，这与直接且更容易的方法形成对比。后者通常专注于处理眼前的具体问题。如果 $h(x)$ 很简单，解也很简单，但如果 $h(x)$ 很复杂，直接法就会失败。

我们以一个示例结束本节，这个示例乍一看似乎是对上一个示例的轻微修改。这样一来，我们就陷入了僵局，既无法找到解，更令人不安的是，也无法立即解决这一困难。该求解方法将在 11.4 节中出现，将与我们在线性代数学习中详细研究过的一个关键问题联系起来。

例 11.2.4　使用格林函数式（11.51），或等价的式（11.52），来找到下列方程的解 $u(x)$：

$$\frac{d^2u}{dx^2}+9\pi^2u=4,\quad u(0)=u(1)=0$$

解　该边界值问题对应于式（11.39）$\lambda=9\pi^2$，$L=1$，$h(x)=4$ 的特殊情况。在式（11.32）中使用式（11.52），可以得到

$$u(x)=\int_0^1\frac{\sin(3\pi x_<)\sin(3\pi(x_>-1))}{\sin(3\pi)\to 0}4d\xi=??\quad\Rightarrow\Leftarrow$$

显而易见的困难是，我们得到了一个需要除以零的正式表达式。我们将暂时推迟对这一特殊问题的进一步努力，待我们发展出更多的理论概念和相应的工具后再讨论这一问题。

一般来说，在使用格林函数式（11.52）时遇到的困难与例 11.2.4 中遇到的类似：当 $\sin(\sqrt{\lambda}L)=0$，即$\sqrt{\lambda}L=n\pi$ 时出现。因此，对于任何整数 n，如果$\lambda=n^2\pi^2/L^2$，那么在我们目前对格林函数的处理中有些地方出了问题，或者至少缺少了什么。虽然下面几节将澄清这些问题，现在我们认同，除了一个离散的集合的值 $\lambda=n^2\pi^2/L^2$，由式（11.52）给出的格林函数，当用于与式（11.32）等同的情况时，我们能够解出一般强迫函数 $h(x)$ 的式（11.39）。

我们还观察到存在着与前几章遇到的特征值问题的直接联系。即在式（11.39）中取 $h(x)=0$，就又得到在求解例 9.2.1 过程中推导出的式（9.6）。这个问题，对于任意 λ，是与一般线性微分算子 $\mathcal{H}$ 相联系的特征值问题式（9.12）的原型。**这个例外值$\lambda=n^2\pi^2/L^2$ 阻止式（11.52）成为格林函数，即齐次问题**［即式（9.7）和图 9.4］**的特征值**。

最后，现在是时候回顾一下微分算子的符号选择了，到目前为止，我们在本章中使用了 $\mathcal{L}$，而在第 9 章中使用了 $\mathcal{H}$。对于目前考虑的问题，$\mathcal{L}$ 对应于 $d^2/dx^2+\lambda$［见式（11.40）］，而 $\mathcal{H}$ 只对应于 d^2/dx^2。这为我们提供了 $\mathcal{L}=\mathcal{H}+\lambda$，这将在以后更广泛的问题中得到更精确的解释。

11.3　线性微分算子的伴随

11.2 节讨论了一个重要的事实，即当我们观察到 $u=\int Gf$ 是非齐次常微分方程 $\mathcal{L}u=f$ 的解，并且这个解显然对一般驱动（强迫）函数 f 有效时，给出了微分算子 $\mathcal{L}$ 的格林函数 G。这种概念性的、最终的数学结构体现了格林函数方法的威力和实用性。这里，为了简单起见，我们使用简写算子表示法。现在可以观察到，如果我们用 $\mathcal{L}$ 作用于 $\int Gf$，结果是 $\mathcal{L}\int Gf=\int\mathcal{L}Gf=\int\delta f=f$。同样地，如果我们用$\int G$ 作用于 $\mathcal{L}u$，我们得到$\int G\mathcal{L}u=\int Gf=u$。这证明了一个重要事实，即 $\mathcal{L}$ 和$\int G$ 互为逆运算。

11.3.1　线性代数背景和类比

我们设法在格林函数的背景下发展常微分方程伴随问题的重要概念。为了提供背景，我们简要地讨论**线性微分算子**与我们在前面的 $\mathbb{R}^n \to \mathbb{R}^n$ 的**线性代数变换**和 $\mathbb{M}^{n\times n}$ 上的矩阵之间不言而喻的相似之处。我们将显式地使用矩阵的情况来讨论。

假设我们已知矩阵 $\boldsymbol{A}\in M^{n\times n}$。那么，如果 $\det \boldsymbol{A}\neq 0$，矩阵是可逆的，我们可以构造逆矩阵 $\boldsymbol{A}^{-1}$。另一方面，如果 $\det \boldsymbol{A}=0$，那么矩阵没有逆，尽管我们可以在这种情况下构造它的弱的相应的广义逆 $\boldsymbol{A}^{\dagger}$。这是一种合理的安慰，因为在这种情况下，广义逆是最好的解决方案。

我们以一种非正式的方式继续讨论，假设我们要通过为 $\boldsymbol{A}$ 的矩阵元素选择 n^2 个随机数来构造一个 $n\times n$ 矩阵（比如在给定的范围内随机选择包含固定小数位数的数）。期望的情况是 $\det \boldsymbol{A}\neq 0$，矩阵可逆。在这种情况下，获得不可逆的 $\boldsymbol{A}$ 是基本不可能的。在数学上，由这个程序构造的矩阵，可逆性是一般的，而不可逆性是非一般的。

根据前面的讨论，我们重新讨论由式（11.41）给出的线性微分算子 $\mathcal{L}$ 的情况。因为 $\mathcal{L}$ 依赖于参数 λ，它可以被视为微分算子**族**。我们在例子 11.2.3 和例 11.2.4 中看到，$\mathcal{L}$ 是可逆的，这意味着可以毫无困难地构造一个格林函数，只要 λ 不取特殊值 $n^2\pi^2/L^2$。然而，如果 λ 取这些特殊值，那么就会出现明显的困难。因此这个 $\mathcal{L}$ 的一般情况是可逆的，其逆由式（11.52）给出。然而，存在一个非一般条件：当 $\lambda=n^2\pi^2/L^2$ 时，$\mathcal{L}$ 是不可逆的。可以为 $\mathcal{L}$ 构造一个类似于 $\boldsymbol{A}$ 的广义逆的微分运算吗？

$\boldsymbol{A}$ 和 $\mathcal{L}$ 之间的相似和平行状态并不是巧合。这种情况的发生可以解释为，因为它们都是线性算子，受控制向量空间之间线性变换的原则制约。对于 $\boldsymbol{A}$，向量空间是$\mathbb{R}^n$。线性变换是通过 $\boldsymbol{A}$ 对$\mathbb{R}^n$ 中的列向量进行矩阵乘法来完成的。而算子 $\mathcal{L}$ 则是将函数变换成新的函数。比较两者，$\boldsymbol{A}$ 作用于 n 维向量空间，其中每个向量都可视为$\mathbb{R}^n$ 中的列向量，而 $\mathcal{L}$ 作用于由可以按 $\mathcal{L}$ 要求的方式微分的函数（即它们是两次可微的）组成的向量空间。

本书的理念是，我们不希望系统地探索由函数组成的向量空间的复杂性。这样的向量空间是无限维的，关于这个主题有许多出色的讨论。⊖然而，我们确实希望努力应对前面讨论的线性微分算子 $\mathcal{L}$ 的可逆性问题。

在有限维线性变换和矩阵的情况下，理解可逆性的工作原则是弗雷德霍姆选择定理。我们对线性微分算子的研究的一个显著特点是，我们也可以得到类似的理解，而且它是基于类似的思想和操作。为此，我们回顾一下在有限维向量空间理论中，转置算子和转置矩阵在弗雷德霍姆选择定理所提供的统一思想中所起的核心作用。

现在，我们跳到线性微分算子。

★ 线性微分算子 $\mathcal{L}$ 的伴随 $\mathcal{L}^*$ 是类似于线性变换的转置运算的名称。

我们回想一下式（1.26）所给出的转置的基本性质。如果 $\boldsymbol{A}$ 是一个线性变换$\boldsymbol{A}$：$\mathbb{R}^n \to \mathbb{R}^n$，那么 $\boldsymbol{A}^{\mathrm{T}}$ 是一个新的线性变换 $\boldsymbol{A}^{\mathrm{T}}$：$\mathbb{R}^n \to \mathbb{R}^n$，对于所有的 $\boldsymbol{u}$，$\boldsymbol{v}\in \mathbb{R}^n$，$\boldsymbol{v}\cdot \boldsymbol{A}\boldsymbol{u}=\boldsymbol{u}\cdot \boldsymbol{A}^{\mathrm{T}}\boldsymbol{v}$。这个变换的矩阵表示在转置运算下交换行和列。值得注意的是，用这种方式定义的转置只适用于标准的点积运算，见式（1.22）。通过将这个概念推广到标量积的其他定义，例如

⊖　数学中定理证明密集的分支是泛函分析，专门研究这一课题。

式 (1.23)的加权点积，我们可以类似地为新的转置推导出另一个运算公式。简单地说，当标量积的形式改变时，转置运算的形式也改变。

11.3.2　伴随的正式定义和一个例子

设 $\mathcal{L}$ 是一个微分算子，作用于定义在区间 $a \leqslant x \leqslant b$ 上的函数 $u(x)$。另外设 $\mathcal{L}$ 有一组齐次边界条件。对于定义在这样一个区间上的两个函数 $u(x)$ 和 $v(x)$，对于任何连续函数 $s(x)>0$，适用于它们的标量积可以取这样的形式

$$(u,v) = \int_a^b u(x)v(x)s(x)\mathrm{d}x \tag{11.55}$$

这个积分类似于式 (1.23) 的加权点积，现在应用于函数。我们遇到过式 (9.24) 中由式 (11.55) 给出的标量积，而且在式 (10.112) 中再次遇到了这个公式。

通过直接类比线性代数中的转置运算，我们正式定义线性微分算子 $\mathcal{L}$ 的伴随。就像转置算子 $\boldsymbol{A}^{\mathrm{T}}$ 对向量 $\boldsymbol{u}$ 和 $\boldsymbol{v}$ 使 $\boldsymbol{v}\cdot\boldsymbol{A}\boldsymbol{u}=\boldsymbol{u}\cdot\boldsymbol{A}^{\mathrm{T}}\boldsymbol{v}$ 一样，伴随 $\mathcal{L}^*$ 也需要对合适的函数 u 和 v，使 $(v,\mathcal{L}u)=(u,\mathcal{L}^*v)$。通过使用式 (11.55) 的标量积，这意味着对于我们的 $\mathcal{L}$，要寻找另一个微分算子 $\mathcal{L}^*$，这里称为 $\mathcal{L}$ 的伴随，满足关系：

$$\int_a^b v(x)(\mathcal{L}u(x))s(x)\mathrm{d}x = \int_a^b u(x)(\mathcal{L}^* v(x))s(x)\mathrm{d}x \tag{11.56}$$

这个条件必须对所有满足与 $\mathcal{L}$ 相关的齐次边界条件的 $u(x)$ 和所有满足另一组齐次边界条件的 $v(x)$ 成立，后一组边界条件称为**伴随边界条件**。因此，$u(x)$ 上的原始边界条件是由所求解的具体问题给出的，而 $v(x)$ 上相应的伴随边界条件是在确定伴随算子的过程中得到的。

找到伴随算子 $\mathcal{L}^*$ 通常需要两个步骤

1. 写出式 (11.56) 的左边，然后分部积分足够多次，使所有的导数都从 u 转移到 v。这个过程生成了式 (11.56) 右边的式子，确定了微分算子 $\mathcal{L}^*$。
2. 在 $v(x)$ 上选择齐次伴随边界条件，使边界项，即双线性伴随项为零。

例 11.3.1　使用式 (11.55) 与 $s(x)=1$ 的标量积，求出由下式给出的在区间 $0<x<L$ 上的算子 $\mathcal{L}$ 的伴随 $\mathcal{L}^*$。

$$\mathcal{L} = \frac{\mathrm{d}^2}{\mathrm{d}x^2} + cx\frac{\mathrm{d}}{\mathrm{d}x} + \lambda \tag{11.57}$$

这里，$\lambda>0$ 与 $c>0$ 是固定的实数。$\mathcal{L}$ 的边界条件为

$$a_1 u(0) + a_2 \left.\frac{\mathrm{d}u}{\mathrm{d}x}\right|_0 = 0, \quad u(L) = 0 \tag{11.58}$$

其中 a_1 与 a_2 也是固定的实数。

解　写成式 (11.56) 的左边得到式

$$\int_0^L v(x)\left[\frac{\mathrm{d}^2 u}{\mathrm{d}x^2} + cx\frac{\mathrm{d}u}{\mathrm{d}x} + \lambda u\right]\mathrm{d}x \tag{11.59}$$

式（11.59）中的各项成为

$$\int_0^L v\frac{\mathrm{d}^2u}{\mathrm{d}x^2}\mathrm{d}x = v\frac{\mathrm{d}u}{\mathrm{d}x}\bigg|_0^L - \int_0^L \frac{\mathrm{d}v}{\mathrm{d}x}\frac{\mathrm{d}u}{\mathrm{d}x}\mathrm{d}x = \left(v\frac{\mathrm{d}u}{\mathrm{d}x} - \frac{\mathrm{d}v}{\mathrm{d}x}u\right)\bigg|_0^L + \int_0^L \frac{\mathrm{d}^2v}{\mathrm{d}x^2}u\mathrm{d}x$$

和

$$\int_0^L vcx\frac{\mathrm{d}u}{\mathrm{d}x}\mathrm{d}x = vcxu\bigg|_0^L - \int_0^L \frac{\mathrm{d}}{\mathrm{d}x}(vcx)u\mathrm{d}x$$

得到

$$\int_0^L v\underbrace{\left(\frac{\mathrm{d}^2u}{\mathrm{d}x^2} + cx\frac{\mathrm{d}u}{\mathrm{d}x} + \lambda u\right)}_{\mathcal{L}u}\mathrm{d}x = \left(v\frac{\mathrm{d}u}{\mathrm{d}x} - u\frac{\mathrm{d}v}{\mathrm{d}x} + cxuv\right)\bigg|_0^L +$$

$$\int_0^L u\underbrace{\left(\frac{\mathrm{d}^2v}{\mathrm{d}x^2} - \frac{\mathrm{d}}{\mathrm{d}x}(cxv) + \lambda v\right)}_{\mathcal{L}^*v}\mathrm{d}x \qquad (11.60)$$

整理以后，我们成功地得到了预期的运算关系 $(v,\mathcal{L}u)=(u,\mathcal{L}^*v)$，并且

$$\mathcal{L}^*v = \frac{\mathrm{d}^2v}{\mathrm{d}x^2} - c\left(v + x\frac{\mathrm{d}v}{\mathrm{d}x}\right) + \lambda v$$

所以

$$\mathcal{L}^* = \frac{\mathrm{d}^2}{\mathrm{d}x^2} - cx\frac{\mathrm{d}}{\mathrm{d}x} + (\lambda - c) \qquad (11.61)$$

是所求的伴随。然而，为了令人满意地实现这种关系，式（11.60）中的边界项（双线性伴随）必须为零。利用式（11.58）对式（11.60）的双线性伴随进行简化，得到

$$v(L)\frac{\mathrm{d}u}{\mathrm{d}x}(L) - \overset{0}{u(L)}\frac{\mathrm{d}v}{\mathrm{d}x}(L) + cL\overset{0}{u(L)}v(L) - v(0)\underbrace{\frac{\mathrm{d}u}{\mathrm{d}x}(0)}_{-\frac{a_1}{a_2}u(0)} + u(0)\frac{\mathrm{d}v}{\mathrm{d}x}(0) -$$

$$\overset{0}{c\cdot 0\cdot u(0)v(0)} = v(L)\frac{\mathrm{d}u}{\mathrm{d}x}(L) + u(0)\left[\frac{a_1}{a_2}v(0) + \frac{\mathrm{d}v}{\mathrm{d}x}(0)\right]$$

现在我们在 v 上选择边界条件来使这个表达式为零。因为 $\mathrm{d}u/\mathrm{d}x|_L$ 和 $u(0)$ 都是任意的，我们可以推断出

$$v(L) = 0,\quad a_1v(0) + a_2\frac{\mathrm{d}v}{\mathrm{d}x}(0) = 0 \qquad (11.62)$$

是我们（新的）微分算子 $\mathcal{L}^*$ 的适当伴随边界条件。

总之，我们证明了伴随算子是式（11.61），具有由式（11.62）给出的边界条件。伴随边界值问题的解为 $v(x)$。

上面的例子说明，当 $c=0$ 时，$\mathcal{L}^*=\mathcal{L}$，而当 $c\neq 0$ 时，$\mathcal{L}^*\neq\mathcal{L}$。而且，伴随边界条件与原始边界条件完全相同。但情况并非总是如此。事实上，本节的习题 2 考虑的是 $c=0$ 时相同的常微分方程算子，但是现在要确定关于**另一内积**的伴随算子和边界条件，其中权函数不再是 $s(x)=1$，而是 $s(x)=x$。我们发现，尽管 $c=0$，但是 $\mathcal{L}^*\neq\mathcal{L}$。伴随边界条件也

不同于原始边界条件。

由此建立了伴随和相关双线性伴随的概念和机制，我们现在可以定义线性常微分算子的**自伴问题**。在这里，我们回想一下，在9.3节的性质P3定义之后，我们已经给出了自伴算子的定义。我们现在给出的定义与9.3节的定义是一致的。用一个给定的内积，我们说

★ 当（a）$\mathcal{L}^*=\mathcal{L}$和（b）齐次伴随边界条件与原始齐次边界条件相同时，我们说具有齐次边界条件的常微分方程问题的算子$\mathcal{L}$是自伴的。

虽然9.3节中对自伴的定义和上面的定义是以不同的方式引入的，虽然它们是针对不同类别的算子定义的，但它们在处理一维常微分方程算子时是一致的。

当伴随运算$\mathcal{L}^*$被理解为任意阶微分算子时，上述自伴的定义就更为普遍。然而，可以（虽然不建议）认为上述定义实际上**不**那么普遍，因为9.3节的定义适用于一维以上空间的偏微分算子。在本章的剩余部分，最重要的一点是，自伴的两个定义，即9.3节性质P3后给出的定义和上面给出的定义，在一维空间中是一致的。

11.4 微分算子的弗雷德霍姆选择定理

在11.3.1节中，我们将伴随微分算子的概念形式化为线性代数转置运算的函数类比。对于微分方程和线性代数方程组，最基本的任务之一是确定一个问题何时可解，甚至确定问题可解意味着什么。在线性代数中，弗雷德霍姆选择定理提供了一种精确的确定方法。在线性代数的弗雷德霍姆选择定理中，转置运算也扮演了核心角色。既然我们已经给出了转置的微分方程类比——伴随——我们就能够表述关于线性微分算子的相应的弗雷德霍姆选择定理。⊖

考虑$a<x<b$上的线性微分算子$\mathcal{L}$，在$x=a$和$x=b$处具有固定的齐次边界条件集合。微分方程的弗雷德霍姆选择定理如下。

线性微分方程的弗雷德霍姆选择定理

如果$u=0$是$\mathcal{L}u=0$满足齐次边界条件的唯一解，那么具有同样齐次边界条件的$\mathcal{L}u=f$对任意f都有**唯一解**。

如果$\mathcal{L}u=0$有非平凡解$u\neq0$且满足齐次边界条件，那么伴随问题（$\mathcal{L}^*v=0$有适当的伴随齐次边界条件）也有非平凡解。对于所有满足上述伴随问题的$v(x)$，当且仅当$(v,f)=0$，微分方程$\mathcal{L}u=f$将是可解的。此外，如果f满足上述条件（因此$\mathcal{L}u=f$是可解的），那么解u就不是唯一的，因为我们总是可以向任何解添加齐次问题$\mathcal{L}u=0$的非平凡解。

有一种方法是根据标量积$(v,f)=0$给出可解性条件。在弗雷德霍姆选择定理出现标

⊖ 回想一下，弗雷德霍姆选择定理是在3.2节线性变换$\boldsymbol{A}:\mathbb{R}^n\to\mathbb{R}^n$的背景中首先介绍的。然后在4.4.1节中对线性变换$\boldsymbol{A}:\mathbb{R}^n\to\mathbb{R}^m$进行了推广（并更抽象地介绍）。

量积，因为它们在确定伴随问题中的作用。当相关标量积为式（11.55），且 $s(x)=1$ 时，可解性条件为 $\int_a^b f(x)v(x)\mathrm{d}x = 0$。确定合理的内积，即式（11.55）中合理的 $s(x)$，在例 9.5.2中进行过讨论，并在 10.4 节中展示了如何从施图姆-刘维尔理论中自然地为二阶常微分方程算子产生合适的 $s(x)$。

例 11.4.1 重新审视了例 11.2.4 中讨论的格林函数解的存在性和可获得性。通过在弗雷德霍姆选择定理的背景下分析这个问题，我们现在能够解决之前的僵局。

例 11.4.1 考虑由下列控制方程以及边界条件 $u(0)=0$，$u(1)=0$ 确定的边界值问题。

$$\frac{\mathrm{d}^2 u}{\mathrm{d}x^2} + 9\pi^2 u = f(x), \quad 0 \leqslant x \leqslant 1 \tag{11.63}$$

分别考虑两种情况：$f(x)=4$；$f(x)=4\sin(5\pi x)$。

评注： $f(x)=4$ 的情况重新回到例 11.2.4 中讨论的问题。目前还不清楚该如何进行。

解 我们首先研究齐次问题

$$\frac{\mathrm{d}^2 u}{\mathrm{d}x^2} + 9\pi^2 u = 0, \quad u(0) = u(1) = 0$$

是否有非平凡解。在考虑边界条件之前，齐次问题的通解为

$$u = A\sin(3\pi x) + B\cos(3\pi x)$$

已知的边界条件给出

$$0 = u(0) = A\sin(0) + B\cos(0) = A \cdot 0 + B \cdot 1 \quad \Rightarrow \quad B = 0$$

以及

$$0 = u(1) = A\sin(3\pi x) + \overset{0}{\cancel{B}}\cos(3\pi x) = A \underbrace{\sin(3\pi)}_{0} = 0$$

由于 $\sin(3\pi)=0$，最后一个边界条件不需要 $A=0$ 就为真。因此，对于任意（非零）A 值，$u=A\sin(3\pi x)$ 都是齐次问题的非平凡解。因此，我们有了两种选择中的第二种的情况。

弗雷德霍姆选择定理确保伴随算子的伴随问题 $\mathcal{L}^* v=0$ 也有非平凡解。我们必须求出它们。

本例中的算子 $\mathcal{L}$ 对应于例 11.3.1 中 $c=0$，$a_1=1$，$a_2=0$ 和 $0\leqslant x\leqslant 1$。由式（11.61）可知，当使用标准内积，即式（11.55）与 $s(x)=1$ 时，伴随算子为

$$\mathcal{L}^* = \frac{\mathrm{d}^2}{\mathrm{d}x^2} + 9\pi^2$$

伴随边界条件根据式（11.62），当 $v(0)=0$，$v(1)=0$ 时，这个 $\mathcal{L}$ 为自伴的。因此 $v=A\sin(3\pi x)$ 也是齐次伴随问题的非平凡解。

由弗雷德霍姆选择定理可知，具有边界条件 $u(0)=0$，$u(1)=0$ 的式（11.63），当且仅当下式成立时是可解的，

$$\int_0^1 f(x)\sin(3\pi x)\mathrm{d}x = 0 \tag{11.64}$$

$f(x)=4$ 根据式（11.64）的要求，得到

$$\int_0^1 4\sin\underbrace{(3\pi x)}_{\xi}\mathrm{d}x = \frac{4}{3\pi}\int_0^{3\pi}\sin\xi\mathrm{d}\xi = \frac{8}{3\pi} \neq 0$$

因此，对于 $f(x)=4$，由式（11.63）和边界条件 $u(0)=0$，$u(1)=0$ 确定的边界值问题没有解。**因此，例 11.2.4 中提出的问题没有解。**

$\boldsymbol{f(x)=4\sin(5\pi x)}$　由式（11.64）的要求，得到

$$\begin{aligned}\int_0^1 f(x)v(x)\mathrm{d}x &= \int_0^1 4\sin(5\pi x)\sin(3\pi x)\mathrm{d}x \\ &= \int_0^1 (2\cos(2\pi x) - 2\cos(8\pi x))\mathrm{d}x \\ &= \left(\frac{1}{\pi}\sin(2\pi x) - \frac{1}{4\pi}\sin(8\pi x)\right)\Bigg|_0^1 \\ &= 0\end{aligned}$$

对于 $f(x)=4\sin(5\pi x)$，边界值问题是可解的。

在确定了问题

$$\frac{\mathrm{d}^2 u}{\mathrm{d}x^2} + 9\pi^2 u = 4\sin(5\pi x),\quad u(0) = u(1) = 0 \tag{11.65}$$

一定有解之后，我们使用熟悉的方法来求出它们。我们尝试用 $u(x)=A\sin(5\pi x)$ 的形式来求解，其中 A 的值尚未确定。注意，这个 $u(x)$ 自动满足 $u(0)=u(1)=0$。

为了求解方程，我们将 $A\sin(5\pi x)$ 代入微分方程。这就要求

$$4\sin(5\pi x) = \left(\frac{\mathrm{d}^2 u}{\mathrm{d}x^2} + 9\pi^2 u\right)\Bigg|_{u=A\sin(5\pi x)} = -25\pi^2 A\sin(5\pi x) + 9\pi^2 A\sin(5\pi x)$$

得到$4=(-25+9)\pi^2 A$，因此 $A=-1/(4\pi^2)$。因此，$u(x)=-1/(4\pi^2)\sin(5\pi x)$ 是一个解。更一般地，弗雷德霍姆选择定理告诉我们，对任何 C，

$$u(x) = -\frac{1}{4\pi^2}\sin(5\pi x) + C\sin(3\pi x) \tag{11.66}$$

是边界值问题式（11.65）的一个解。

例 11.4.1 引出了一个逻辑问题：如果我们没有使用式（11.55）的标准内积 [$s(x)=1$]，会有什么变化吗？答案是，在例 11.4.1 中，具有不同权重的内积确实会改变中间细节，但结论是不变的。因此，可解条件仍为式（11.64）。在习题 1 中对 $s(x)=x$ 的内积探讨这一话题。

上述方法是弹性系统和结构振动分析的中心。我们在例 11.2.2 中对这种联系进行了评注，其中二阶常微分方程式（11.39）控制了受单频强迫的绷紧弦的稳态响应。另一个例子会产生四阶控制的常微分方程，是由线性弹性梁提供。这里，线性弹性梁随时间变化且相对较小的纵向挠度用 $y(x,t)$ 表示。该函数服从偏微分方程

$$\rho\frac{\partial^2 y}{\partial t^2} = -\frac{\partial^2}{\partial x^2}\left(EI\frac{\partial^2 y}{\partial x^2}\right) + q(x,t) \tag{11.67}$$

这是牛顿第二定律的体现。左边表示质量乘以加速度，右边表示力，第一项是内部力（弹

性应变的结果)，第二项是外部力。在式（11.67）中，ρ 是材料密度，E 是材料的杨氏模量，I 是截面惯性矩，$q(x,t)$ 是施加的荷载。根据梁的支撑方式（如果它是一个独立的部件）或连接到结构的其他部分的方式，可以施加各种终端条件（即边界条件）。

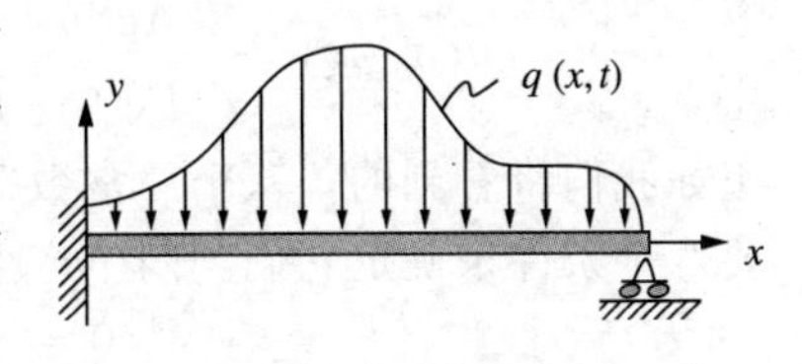

图 11.7　具有分布荷载 $q(x,t)$ 和长度为 L 的梁

如图 11.7 所示梁固定在左侧的墙基上，并固定在右侧的滚轮上。这给出了边界条件：

$y(0,t)=0,\quad y'(0,t)=0,\quad y(L,t)=0,\quad y''(L,t)=0$

照例，y'表示 y 对 x 的一阶导数，等等。出现边界条件 $y''(L,t)=0$ 是因为在 $x=L$ 处自由旋转的滚轮没有施加约束力矩 $M=EIy''$。我们假设 ρ,E,I 都是常数，驱动力以单频率 ω 发生，因此 $q(x,t)=-p(x)\sin(\omega t)$，其中 $p(x)$ 是**空间荷载剖面**函数。[㊀]这里引入负号是为了方便。

在这种情况下，稳态振动解为 $y(x,t)=u(x)\sin(\omega t)$，其中 $u(x)$ 是**空间挠曲剖面**。代入式（11.67），稍加整理，得到

$$-EIu'''' + \rho\omega^2 u = p(x),\quad 0\leqslant x\leqslant L \tag{11.68}$$

边界条件为

$$u(0) = u'(0) = u(L) = u''(L) = 0 \tag{11.69}$$

我们还记得，分析稳态响应不需要初始条件，因此没有给出初始条件。为了确定任意 $p(x)$ 的空间挠曲剖面 $u(x)$，我们构造相关的格林函数。

例 11.4.2　求由式（11.68）和边界条件式（11.69）组成的边界值问题的格林函数。

解　以 ξ 代替 x_0 作为跃迁点的位置，格林函数 $G(x,\xi)$ 满足

$$-EI\frac{\partial^4 G}{\partial x^4} + \rho\omega^2 G = \delta(x-\xi) \tag{11.70}$$

当 $x\neq\xi$ 时，$G(x,\xi)$ 满足右边为零的常微分方程。因为这个方程有常系数，我们求 $\mathrm{e}^{\alpha x}$ 形式的齐次解。这就产生了特征方程

$$-EI\alpha^4 + \rho\omega^2 = 0 \quad\Rightarrow\quad \alpha^4 = \frac{\rho\omega^2}{EI}$$

四次多项式的四个根是

$$\alpha = \left(\frac{\rho\omega^2}{EI}\right)^{\frac{1}{4}},\quad -\left(\frac{\rho\omega^2}{EI}\right)^{\frac{1}{4}},\quad \left(\frac{\rho\omega^2}{EI}\right)^{\frac{1}{4}}\mathrm{i},\quad -\left(\frac{\rho\omega^2}{EI}\right)^{\frac{1}{4}}\mathrm{i}$$

令

$$a = \left(\frac{\rho\omega^2}{EI}\right)^{\frac{1}{4}}$$

由此得到

$$\alpha = \pm a, \pm a\mathrm{i} \tag{11.71}$$

㊀ 读者可以参考例 11.2.2 中的评注来了解这类问题的讨论。

从而格林函数写为以下形式：

$$G(x,\xi)=\begin{cases}Ae^{ax}+Be^{-ax}+C\sin(ax)+D\cos(ax), & 0\leqslant x<\xi\\ Ee^{ax}+Fe^{-ax}+G\sin(ax)+H\cos(ax), & \xi<x\leqslant L\end{cases}\tag{11.72}$$

正如我们将看到的，八个“常数” A,B,C,D,E,F,G,H 取决于 δ 函数中 ξ 的位置。我们需要八个条件来确定它们。四个产生于边界条件式（11.69），得到

$$0=u(0)=G(0,\xi)=A+B+D\tag{11.73}$$

$$0=u'(0)=\left.\frac{dG}{dx}\right|_{x=0}=aA-aB+aC\ \Rightarrow\ A-B+C=0\tag{11.74}$$

$$0=u(L)=G(L,\xi)=Ee^{aL}+Fe^{-aL}+G\sin(aL)+H\cos(aL)$$

$$0=u''(L)=\left.\frac{d^2G}{dx^2}\right|_{x=L}\ \Rightarrow\ Ee^{aL}+Fe^{-aL}-G\sin(aL)-H\cos(aL)=0$$

将后两个式子相加和相减，给出

$$Ee^{aL}+Fe^{-aL}=0\tag{11.75}$$

和

$$G\sin(aL)+H\cos(aL)=0\tag{11.76}$$

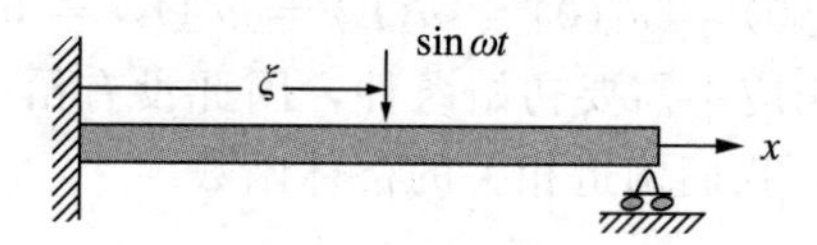

图 11.8　施加在梁上的 δ 函数可以看作施加在 $x=\xi$ 处的集中谐波荷载（点荷载）

剩下的四个条件来自 δ 函数强迫，如图 11.8 所示。对式（11.70）在 $x=\xi$ 处的奇点积分得到

$$\int_{\xi^-}^{\xi^+}(-EIG''''+\rho\omega^2G)dx=\int_{\xi^-}^{\xi^+}\delta(x-\xi)dx$$

其中一撇“′”等于 d/dx。这个积分的结果是

$$-EI\left.\frac{d^3G}{dx^3}\right|_{\xi^-}^{\xi^+}+\rho\omega^2\int_{\xi^-}^{\xi^+}Gdx=1\tag{11.77}$$

根据式（11.77），得出 G''' 在 $x=\xi$ 处不连续，但 G''，G' 和 G 都是连续的。如前所述，恰好比最高阶导数低一阶的导数是不连续的，而所有较低阶导数都是连续的（将未微分的函数视为零阶导数）。这些较低阶导数的连续性条件表示为

$$[[G]]|_{x=\xi}=0,\quad [[G']]|_{x=\xi}=0,\quad [[G'']]|_{x=\xi}=0,$$

其中，符号组合 $[[\ ]]|_{x=\xi}$ 是 $x=\xi$ 处数值跃迁的标准表示法，因此

$$[[G']]|_{x=\xi}=\lim_{\epsilon\downarrow 0}\left(\left.\frac{\partial G}{\partial x}\right|_{x=\xi+\epsilon}-\left.\frac{\partial G}{\partial x}\right|_{x=\xi-\epsilon}\right)$$

由式（11.77）产生的不连续性条件为

$$[[G''']]|_{x=\xi}=-\frac{1}{EI}$$

表示 G，G' 和 G'' 连续性的三个条件是

$$0=[[G]]\Rightarrow E\mathrm{e}^{a\xi}+F\mathrm{e}^{-a\xi}+G\sin(a\xi)+H\cos(a\xi)-$$
$$(A\mathrm{e}^{a\xi}+B\mathrm{e}^{-a\xi}+C\sin(a\xi)+D\cos(a\xi))=0$$

和

$$0=[[G']]\Rightarrow E\mathrm{e}^{a\xi}-F\mathrm{e}^{-a\xi}+G\cos(a\xi)-H\sin(a\xi)-$$
$$(A\mathrm{e}^{a\xi}-B\mathrm{e}^{-a\xi}+C\cos(a\xi)-D\sin(a\xi))=0 \tag{11.78}$$

以及

$$0=[[G'']]\Rightarrow E\mathrm{e}^{a\xi}+F\mathrm{e}^{-a\xi}-G\sin(a\xi)-H\cos(a\xi)-$$
$$(A\mathrm{e}^{a\xi}+B\mathrm{e}^{-a\xi}-C\sin(a\xi)-D\cos(a\xi))=0$$

将由 $[[G]]=0$ 和 $[[G'']]=0$ 条件产生的结果相加和相减，得到

$$A\mathrm{e}^{a\xi}+B\mathrm{e}^{-a\xi}-E\mathrm{e}^{a\xi}-F\mathrm{e}^{-a\xi}=0 \tag{11.79}$$

和

$$C\sin(a\xi)+D\cos(a\xi)-G\sin(a\xi)-H\cos(a\xi)=0 \tag{11.80}$$

最后，由非零跃迁 $[[G''']]$ 引出的第八个条件得到

$$-\frac{1}{EI}=[[G''']]$$
$$=a^3E\mathrm{e}^{a\xi}-a^3F\mathrm{e}^{-a\xi}-a^3G\cos(a\xi)+a^3H\sin(a\xi)-$$
$$(a^3A\mathrm{e}^{a\xi}-a^3B\mathrm{e}^{-a\xi}-a^3C\cos(a\xi)-a^3D\sin(a\xi)) \tag{11.81}$$

关于 A,B,C,D,E,F,G,H 的八个方程是式（11.73）～(11.76）和式（11.78)～(11.81)。放在一起，它们可以组合成一个线性系统

$$\boldsymbol{Ax}=\boldsymbol{b} \tag{11.82}$$

其中，$\boldsymbol{A}\in\mathbb{M}^{8\times8}$，$\boldsymbol{x}\in\mathbb{R}^8$，$\boldsymbol{b}\in\mathbb{R}^8$。具体地，

$$\boldsymbol{A}=\begin{bmatrix}1 & 1 & 0 & 1 & 0 & 0 & 0 & 0\\ 1 & 1 & 1 & 0 & 0 & 0 & 0 & 0\\ 0 & 0 & 0 & 0 & \mathrm{e}^{aL} & \mathrm{e}^{-aL} & 0 & 0\\ 0 & 0 & 0 & 0 & 0 & 0 & \sin(aL) & \cos(aL)\\ \mathrm{e}^{a\xi} & \mathrm{e}^{-a\xi} & 0 & 0 & -\mathrm{e}^{a\xi} & -\mathrm{e}^{-a\xi} & 0 & 0\\ 0 & 0 & \sin(a\xi) & \cos(a\xi) & 0 & 0 & -\sin(a\xi) & -\cos(a\xi)\\ \mathrm{e}^{a\xi} & -\mathrm{e}^{-a\xi} & \cos(a\xi) & -\sin(a\xi) & -\mathrm{e}^{a\xi} & \mathrm{e}^{-a\xi} & -\cos(a\xi) & \sin(a\xi)\\ \mathrm{e}^{a\xi} & -\mathrm{e}^{-a\xi} & -\cos(a\xi) & \sin(a\xi) & -\mathrm{e}^{a\xi} & \mathrm{e}^{-a\xi} & \cos(a\xi) & -\sin(a\xi)\end{bmatrix}$$

$$\boldsymbol{x}=\begin{bmatrix}A\\B\\C\\D\\E\\F\\G\\H\end{bmatrix},\quad \boldsymbol{b}=\begin{bmatrix}0\\0\\0\\0\\0\\0\\0\\(a^3EI)^{-1}\end{bmatrix} \tag{11.83}$$

如果 $\det \mathbf{A}\neq 0$，我们可以解出 $\boldsymbol{x}$。手工计算会很烦琐，但软件的辅助下很容易计算，得到

$$\det \mathbf{A} = \mathrm{e}^{aL}\cos(aL) - \mathrm{e}^{aL}\sin(aL) - \mathrm{e}^{-aL}\cos(aL) - \mathrm{e}^{-aL}\sin(aL) \tag{11.84}$$

因此

$$\det \mathbf{A} = 0 \quad \Leftrightarrow \quad \cos(aL)\sinh(aL) - \sin(aL)\cosh(aL) = 0$$

其中

$$aL = \left(\frac{\rho\omega^2}{EI}\right)^{\frac{1}{4}} L$$

方程

$$\cos\eta\sinh\eta - \sin\eta\cosh\eta = 0 \tag{11.85}$$

有无穷多根 η 满足 $\eta>0$。这些根记作 $\eta_1,\eta_2,\eta_3,\cdots$。$\eta=\eta_i$ 的前 12 个根如图 11.9 所示。

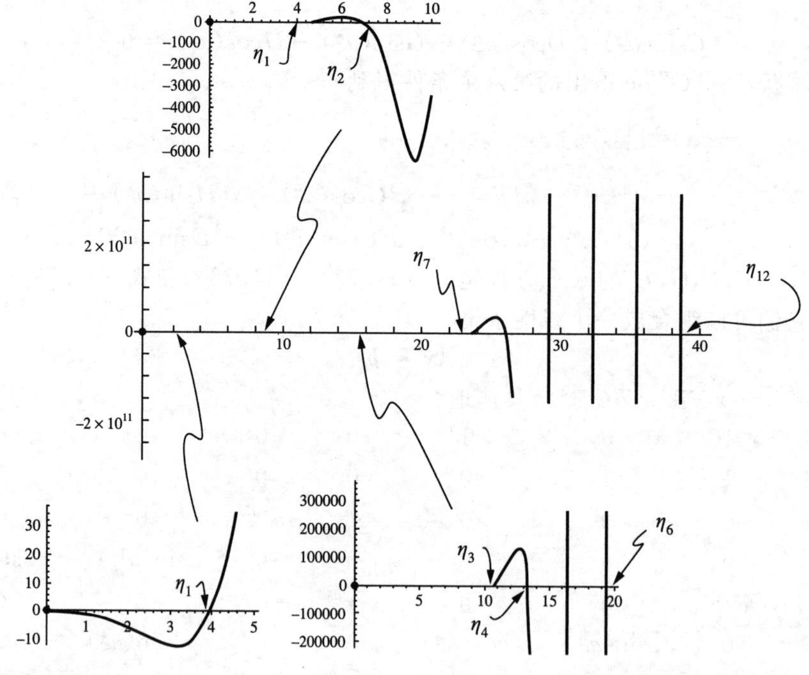

图 11.9　函数 $\cos\eta\sinh\eta-\sin\eta\cosh\eta$ 的前 12 个根 $\eta_1,\eta_2,\cdots,\eta_{12}$ 出现在区间 $0<\eta<40$

总结如下。

★ 对于任意满足式（11.85）的特殊根 $\eta_i>0$，设 $(\rho\omega^2/EI)^{1/4}L\neq\eta_i$，则格林函数由式（11.72）给出，其中八个系数函数 $A(\xi),\cdots,H(\xi)$ 由反演方程式（11.82）求出。当 $(\rho\omega^2/EI)^{1/4}L\neq\eta_i$ 时，A^{-1} 存在，因此在这种情况下，总能够反演求解。

为得到 ω 求解 $(\rho\omega^2/EI)^{1/4}L\neq\eta_i$，给出特殊频率值的序列

$$\omega = \sqrt{\frac{EI}{\rho}}\,\frac{\eta_i^2}{L^2} \equiv \omega_i \tag{11.86}$$

这些 ω_i 是例 11.4.2 中梁的**固有频率或共振频率**。也就是说，对于所有频率 $\omega \neq \omega_i$，我们可以通过求解方程式（11.82）来得到格林函数 $G(x,\xi)$，使我们能够用驱动剖面 $f(x)$ 来求解输出位移剖面 $u(x)$。然而，如果 $\omega=\omega_i$，则我们无法通过反演式（11.82）得到 $\boldsymbol{x}\in\mathbb{R}^8$；格林函数不能根据式（11.72）构造。在这种情况下，是否存在稳态输出位移剖面 $u(x)$ 是由弗雷德霍姆选择定理决定的。

在格林函数处理的背景下，这个问题的完整求解方法将在 13.2 节中讨论。

在使用弗雷德霍姆选择定理之前，有必要回忆一下式（11.85），它通过式（11.86）确定梁的固有频率，是通过求解 $\det \mathbf{A}=0$ 得到的，其中 $\mathbf{A}$ 是格林函数构造中出现的 8×8 矩阵。对于式（11.85）的推导，如果只求固有频率，这种方法比需要的更为复杂。得到式（11.85）的较快方法是用边界条件式（11.69）求式（11.68）的非平凡齐次解。根据给出式（11.72）的逻辑基础，我们应该求出下列形式的齐次解：

$$u_{\mathrm{H}}(x)=c_1\mathrm{e}^{ax}+c_2\mathrm{e}^{-ax}+c_3\sin(ax)+c_4\cos(ax) \tag{11.87}$$

注意，这里的 x 是 $0\leqslant x\leqslant L$ 上的任何值，也就是说，现在在特殊位置 ξ 处没有将表达式分成两种单独形式的点荷载。然后我们应用式（11.69）中的四个边界条件，得到

$$\underbrace{\begin{bmatrix}1 & 1 & 0 & 1\\ 1 & -1 & 1 & 0\\ \mathrm{e}^{aL} & \mathrm{e}^{-aL} & 0 & 0\\ 0 & 0 & \sin(aL) & \cos(aL)\end{bmatrix}}_{\boldsymbol{B}}\underbrace{\begin{bmatrix}c_1\\ c_2\\ c_3\\ c_4\end{bmatrix}}_{\boldsymbol{u}}=\underbrace{\begin{bmatrix}0\\ 0\\ 0\\ 0\end{bmatrix}}_{\mathbf{0}}$$

这是一个齐次线性方程组

$$\boldsymbol{B}\boldsymbol{u}=\mathbf{0} \tag{11.88}$$

当且仅当 $\det \boldsymbol{B}=0$ 时，该方程组具有非平凡解，可以直接验证该行列式方程也会导致式（11.85）。虽然这是获得固有频率的一种更简单的方法，但它对构造格林函数没有任何指导作用。在求解 c_1，c_2，c_3，c_4 并将其应用于式（11.87）时，它所给出的是与共振频率相关的非平凡固有模态振型。

根据式（11.86），对于某个整数 i，设 $\omega=\omega_i$。那么式（11.87）对于 c_1,c_2,c_3,c_4 有一个解 u，从式（11.87）得到一个 $u_{\mathrm{H}}(x)$。这样的解不是唯一的，因为它总是可以乘以一个常数。而且，每一个解都取决于式（11.86）中的 η_i 值。我们设 $\phi_i(x)$ 是与 ω_i 相关的唯一齐次解，需要它满足归一化条件

$$\int_0^L(\phi_i(x))^2\mathrm{d}x=1 \tag{11.89}$$

则集合 $\phi_1(x)$，$\phi_2(x)$，…是与各种共振频率相关的归一化固有模态分布。

我们现在问：当非齐次问题［式（11.68）中 $p(x)\neq 0$］涉及一个共振频率的驱动时，会发生什么？正如读者所期望的那样，要回答这个问题，我们必须求助弗雷德霍姆选择定理。

例 11.4.3　考虑式（11.68）和边界条件式（11.69），这里根据式（11.86），对于特

定的整数，例如 N，$\omega=\omega_i$。在什么情况下这个问题是可解的?

解　我们将 $\mathcal{L}$ 等同于式（11.68）左侧的算子，即 $\mathcal{L}=-EI\mathrm{d}^4/\mathrm{d}x^4+\rho\omega^2$。因为 $\omega=\omega_N$，齐次问题 $\mathcal{L}u=0$ 有一个非平凡解，所以我们在弗雷德霍姆选择定理的第二个选项范围。相关齐次解为函数 $\phi_N(x)$，它的构造在有关式（11.89）时讨论过。我们使用由式（11.55)给出的权函数为 $s(x)=1$ 的标准内积。

直接引用弗雷德霍姆选择定理，可以得出，对于所有满足伴随问题的 $v(x)$，如果 $\int_a^b f(x)v(x)\mathrm{d}x=0$，这个问题将是可解的。根据我们的符号选择，我们将 $v(x)$ 替换成 $\phi_N^*(x)$ 作为伴随问题的解。可解性条件变成

$$\int_0^L p(x)\phi_N^*(x)\mathrm{d}x=0 \tag{11.90}$$

我们必须构造 $\phi_N^*(x)$，这要求我们首先确定伴随问题。为此，我们遵循 11.3 节提供的方法。暂时回到使用 $u(x)$ 和 $v(x)$，我们先构造式（11.56）的左边，然后进行分部积分。结果是

$$\int_0^L v(-EIu'''' + \rho\omega^2 u)\mathrm{d}x = (-vu''' + v'u'' - v''u' + v'''u)\Big|_0^L + \int_0^L u(-EIv'''' + \rho\omega^2 v)\mathrm{d}x$$

最后的积分使我们能够断定 $\mathcal{L}^*=-EI\mathrm{d}^4/\mathrm{d}x^4+\rho\omega^2$，这意味着 $\mathcal{L}^*=\mathcal{L}$。伴随边界条件以下列形式出现：

$$x=0{:}\ -vu'''+v'u''-v''\cancelto{0}{u'}+v'''\cancelto{0}{u} \Rightarrow \quad v=0, v'=0\ 在\ x=0\ 处$$

以及

$$x=L{:}\ -vu'''+v'\cancelto{0}{u''}-v''u'+v'''\cancelto{0}{u} \Rightarrow \quad v=0, v''=0\ 在\ x=L\ 处$$

因此，v 的边界条件与式（11.69）给出的相同。结合 $\mathcal{L}^*=\mathcal{L}$，说明问题是自伴的。因此在这种情况下，对于所有整数 i，包括 $i=N$，$\phi_i^*(x)=\phi_i(x)$。在式（11.89）下讨论过这些 $\phi_i(x)$ 的构造。可解性条件简化为

$$\int_0^L p(x)\phi_N(x)\mathrm{d}x=0 \tag{11.91}$$

例 11.4.2 和例 11.4.3 一起提供了当求解过程涉及比通常数量更多的线性方程，但没有多到使其无法手工求解时，使用弗雷德霍姆选择定理的案例研究。通过确定何时以及如何将其用于常系数常微分方程，本案例研究可作为构建格林函数的范例。例 11.4.2 在控制方程式（11.68）中有四阶空间导数，这比以前在拉普拉斯算子控制的问题中遇到的二阶空间导数难得多。在固体力学中，二阶空间导数依赖性描述了具有内部线张力和区域张力（拉伸阻力）但没有内部弯曲阻力的结构—因此，式（11.39）来自绷紧弦的研究。式（11.68）中出现的四阶空间导数是一个模型的结果，在该模型中，拉伸和弯曲物体都需要做功。弦、绳和缆索是一维结构，具有拉伸阻力，但弯曲阻力可以忽略不计。与绳或缆索不同，梁不能缠绕在轴上。同样，在二维中，膜基本上没有弯曲阻力，因此小的面外膜位移可以用拉普

拉斯方程准确地描述。相比之下，平板是一个具有弯曲阻力的二维结构，其面外位移用包含四阶偏导数的偏微分方程来描述。

习题

11.1

1. 解释通过 $\mathcal{L}y=\varrho$，$\mathcal{L}G=\delta$ 得到 $\int(G\mathcal{L}y-y\mathcal{L}G)=\int(G\varrho-y\delta)$ 所用的公式体系。这包括让左边为零（确切地说，如何为零?）。考虑 $\mathcal{L}y=\boldsymbol{\nabla}^2u+\kappa y$ 的特殊情况。然后专门讨论 $\boldsymbol{\nabla}^2=\mathrm{d}^2/\mathrm{d}x^2$ 情况下的常微分方程的边界值问题。这需要对边界条件进行讨论。
2. 验证以下式子满足 $\delta(x-x_o)=0$，$x\neq x_o$ 和 $\int_{-\infty}^{+\infty}\delta(x-x_o)\mathrm{d}x=1$：

   (a) $\delta(x-x_o)=\lim_{\epsilon\to0^+}(\pi\epsilon)^{-1/2}\exp\left[-(x-x_o)^2/\epsilon\right]$

   (b) $\delta(x-x_o)=\lim_{L\to\infty}(1/2\pi)\int_{-L}^{+L}\exp[\mathrm{i}(x-x_o)t]\mathrm{d}t$
3. 确定使得 $\lim_{\epsilon\to0^+}A/[(x-x_o)^2+\epsilon^2]$ 的值是 $\delta(x-x_o)$ 的值 A。这里 A 可以依赖 ϵ 但不能依赖 x 或 x_o。指出为什么最终答案是一个 δ 函数。
4. 证明在习题 2(a) 中定义的函数也满足式（11.12）～（11.15）。
5. 通过检查是否符合 11.1.1 节中描述的标准，来判断式（7.41）是否可作为狄拉克 δ 函数。特别地，确定式（11.12）和式（11.13）是否得到满足。
6. 求出下列方程的解 $y(t)$：

$$\frac{\mathrm{d}y}{\mathrm{d}t}+\alpha y=\delta(t-t_o),\quad t_o>0$$

   其中 $\alpha\in\mathrm{R}^1$ 是常数。这个问题要满足初始条件 $y(0)=0$。
7. 考虑习题 6 中 $\alpha=0$ 时的解。证明这个特殊解与直接通过考虑下列方程并满足初始条件 $y(0)=0$ 而得到的解是相同的：

$$\frac{\mathrm{d}y}{\mathrm{d}t}=\delta(t-t_o),\quad t_o>0$$

8. 求出方程

$$\frac{\mathrm{d}^3y}{\mathrm{d}t^3}=\delta(t-t_o),\quad t_o>0$$

   满足初始条件

$$y(0)=0,\quad \left.\frac{\mathrm{d}y}{\mathrm{d}t}\right|_0=0,\quad \left.\frac{\mathrm{d}^2y}{\mathrm{d}t^2}\right|_0=0$$

   的解。

11.2

1. 满足初始条件 $y(0)=0$ 的微分方程

$$\frac{\mathrm{d}y}{\mathrm{d}t}=f(t)$$

是容易求解的。

(a) 说明使用 11.1 节第 7 题的解作为格林函数可以立即得到相同的解。

(b) 讨论因果关系。

2. 满足初始条件

$$y(0)=0,\quad \left.\frac{\mathrm{d}y}{\mathrm{d}t}\right|_0=0,\quad \left.\frac{\mathrm{d}^2y}{\mathrm{d}t^2}\right|_0=0$$

的微分方程

$$\frac{\mathrm{d}^3y}{\mathrm{d}t^3}=f(t)$$

是容易求解的。证明：通过使用 11.1 节习题 8 的解作为格林函数，得到相同的解，但在本例中不是立即得到的。

3. 注意 11.1 节的习题 6 通过将强迫函数 $f(t)$ 设为 δ 函数，为初始边界问题 $\mathrm{d}y/\mathrm{d}t+\alpha y=f(t)$，$y(0)=0$ 提供了格林函数。使用这个格林函数来求 $f(t)$ 是任意强迫函数时的解。然后执行以下操作。

(a) 当 $f(t)=H(1)-H(2)$ 时，计算 $y(t)$，其中 $H(x)$ 由式（11.6）给出。

(b) 讨论解的因果关系。

4. 回想一下，式（11.36）中的分解 $y(t)=y_{\mathrm{P}}(t)+y_{\mathrm{H}}(t)$ 是用一个特解 $y_{\mathrm{P}}(t)$ 和一个齐次解 $y_{\mathrm{H}}(t)$ 表示的；

- 特解满足整个原始常微分方程而不试图满足初始条件；
- 齐次解满足常微分方程的齐次版本（右边为零），并使整体形式满足初始条件。

在例 11.2.1 中，这种分解通过格林函数过程自然出现。验证式（11.36）中给出的 $y_{\mathrm{P}}(t)$ 确实是特解，即满足式（11.33）但不满足初始条件。然后验证式（11.37）中的 $y_{\mathrm{H}}(t)$ 确实是齐次解，即满足式（11.33）的齐次版本［即 $F_0=0$ 时的式（11.33）］。

5. 例 11.2.1 中获得 $y_{\mathrm{P}}(t)$ 和 $y_{\mathrm{H}}(t)$ 的方法与较为“常见”的涉及待定系数的方法不同。在这里，我们回想一下求解式（11.33）的更常见过程：从一个待定系数候选形式 $y_P=A\sin(\omega t)+B\cos(\omega t)$ 开始，其中 A，B 通过代入式（11.33）找到，而不在意初始条件。证明这样的过程可以得到式（11.36）。一旦得到了任何特解，分解中的齐次解式（11.36）就可以通过齐次方程通解找到，在这种情况下，齐次方程通解是线性组合 $y_{\mathrm{H}}=C\sin(\sqrt{k/m}t)+D\cos(\sqrt{k/m}t)$，然后通过要求 $y(t)$ 满足初始条件来确定常数 C 和 D。⊖证明这样的过程可以得到式（11.37）。

6. 利用格林函数法求解初值问题 $\mathrm{d}^2/\mathrm{d}t^2+\omega^2y=f(t)$，$t>0$，初始条件为 $y(0)=\alpha$，$\dot{y}(0)=\beta$。

⊖ “满足”这个词是恰当的，因为具有两个常数 C 和 D 的齐次常微分方程的解 y_{H} 必须使 $y=y_{\mathrm{P}}+y_{\mathrm{H}}$ 精确地与完整初始条件一致，或“满足”它们，以生成唯一的初值问题解。

11.3

1. 求方程 $u''+p(x)u'+q(x)u+\lambda u=0$ 和齐次狄利克雷边界条件 $u(0)=u(1)=0$ 给出的边界值问题的伴随。详细说明伴随方程及其边界条件。找出问题是自伴的情况。
2. 考虑例 11.3.1 中研究的常微分方程边界值问题，但现在简化为$c=0$，$a_1=1$，$a_2=0$，在区间 $0<x<L$ 上给出熟悉的算子 $\mathcal{L}=\mathrm{d}^2/\mathrm{d}t^2$，边界条件为 $u(0)=u(L)=0$。然而，现在使用式（11.55）与 $s(x)=x$ 的标量积，找出伴随算子 $\mathcal{L}^*$ 和适当的伴随边界条件。显然，$c=0$，$a_1=1$，$a_2=0$ 会使问题简化，但 $s(x)=x$ 会使问题复杂化。
3. 常微分方程

$$x\frac{\mathrm{d}^2y}{\mathrm{d}x^2}+(b-x)\frac{\mathrm{d}y}{\mathrm{d}x}-ay=0$$

被称为库默尔（Kummer）方程。它的解是库默尔函数 $M(a,b,x)$ 和 $U(a,b,x)$（见文献 [38]）。求库默尔方程的自伴形式。

11.4

1. 证明如果使用 $s(x)=x$ 的另一个内积，例 11.4.1 的主要结果仍然成立。具体地说，这意味着下列命题成立。
   - 原问题的非平凡齐次解的存在蕴含着伴随问题的非平凡齐次解（存在）；
   - 可以得到同样的可解性积分式（11.64）。
2. 振动弦问题类似于由式（11.67）控制的振动梁问题。弦问题由下列方程控制：

$$\rho\frac{\partial^2 y}{\partial t^2}=T_0\frac{\partial^2 y}{\partial x^2}+q(x,t)$$

其中常数 T_0 是弦的张力。考虑固定端点（值）$y(0,t)=y(L,t)=0$ 的问题。
   - 求出静态（平衡）问题的控制方程（这样就没有时间依赖），并找到其格林函数。验证结果是否完全符合物理经验的预期。请注意，这正是 11.1 节第一段所描述的内容。
   - 按照 11.4 节的推导，证明求谐波强迫 $q(x,t)=p(x)\sin\omega t$ 情况下的稳态解会导致类似于式（11.68）的方程。在哪些例子中我们遇到了刚刚得到的常微分方程？
3. 利用上题得到的静态格林函数，构造三点荷载对应的弦变形。两个相对于弦中心是相等和对称的，它们位于 $x=h$ 和 $x=L-h$，$0<h<L/2$。每一个的大小都是 P。第三个也是最后一个荷载施加在弦的中心（$x=L/2$），其大小为 $-\beta P$，其中 $\beta>0$，因此该荷载方向相反。
   - 确定 β 作为问题中各种其他参数的函数的值，该函数导致 $x=L/2$ 保持在原来的位置（即使所有其他位置都被取代）。
4. 重新考虑关于梁的例 11.4.2，但现在假设端点条件改变。具体来说，假设左端也是固定的。这将如何改变矩阵 **A**？如何修改所得到的行列式方程，即用什么方程代替式（11.85）？
5. 重新考虑习题 4，但现在是两端夹紧（内置）的情况。

6. 重新考虑习题 4，但现在是一个悬臂梁，这意味着右端没有支撑。
7. 使用格林函数法来求解边界值问题 $d^2u/dx^2=f(x)$；$u(0)=0$，$u'(1)=0$。
   (a) 写出通解，并在 $f(x)=x^n$ 的情况下求出 $u(x)$。对于 n 的哪个值，解 $u(x)$ 是不可能的？
   (b) 有没有可能找到需要调用弗雷德霍姆选择定理用来处理齐次问题非平凡解的部分的情况？换句话说，该齐次问题有非平凡解吗？
8. 使用格林函数法来求解边界值问题 $d^2u/dx^2=f(x)$；$u(0)=u(1)=0$。
   (a) 在对三种可能的情况调用弗雷德霍姆选择定理之后写出通解。这是哪种情况？
   (b) 对 $f(x)=x^n$ 的情况写出解。
   (c) 考虑 $n=-1$ 的情况。首先确定是否存在一个解。如果是，求出解。

计算挑战问题

狄拉克 δ 函数 $\delta(x)$ 在式（11.3）中定义为分块函数 $\Upsilon_c(x)$ 在 $c\to 0$ 时的极限。这个定义结合 δ 函数的运算积分性质式（11.1）表明，对任意函数 $f(x)$，

$$f(x)=\lim_{q\to\infty}\lim_{c\to 0}\int_{-q}^{q}\Upsilon_c(s-x)f(s)\mathrm{d}s$$

使用计算或符号操作软件，如 Mathematica 或 MATLAB，来详细研究这个问题，如下所示。

1. 在程序系统内定义分块函数 $\Upsilon_c(x)$，并以图形方式确认 $\Upsilon_c(x-x_0)$ 在 $x_0-c<x<x_0+c$ 上是非零的。这个区间有时被称为函数的**支持（区间）**。同时用程序确认 $\int_{-q}^{q}\Upsilon_c(s-x_0)\mathrm{d}s=1$，前提是该支持完全包含在更大的区间 $-q<x<q$ 中。证明如果不满足这个支持条件，积分的计算结果是一个小于 1 的正数。
2. 取 $f(x)=\sin x$，考虑 $\sin x$ 在其第一周期 $0\leqslant x\leqslant 2\pi$ 上的近似，使用 $\int_{-q}^{q}\Upsilon_c(s-x)f(s)\mathrm{d}s$，$c$ 依次为 $c=3$，$c=2$，$c=1$，$c=1/2$，$c=1/8$。选择一个值 q，以确保 $\Upsilon_c(s-x)$ 的支持始终在第一周期内的所有 x 的积分限内。比较 $\int_{-q}^{q}\Upsilon_c(s-x)f(s)\mathrm{d}s$ 对于这些不同的 c 的图，以确认当 $c\to 0$ 时的第一周期中近似 $\sin x$ 的方法。为什么近似值的 $\pm$ 号总是正确地与 $\sin x$ 的 $\pm$ 号相关？为什么收敛是单侧的，也就是说，为什么近似的绝对值永远不大于 $|\sin x|$ 本身？
3. 对于 $c=3$，$c=2$，$c=1$，$c=1/2$，考虑在区间 $-4\leqslant x\leqslant 4$ 上的 $f(x)=x^3-4x$，而且 q 足够大，使得支持总是包含在 $-4\leqslant x\leqslant 4$ 的积分中。画出各种近似，确定 $c\to 0$ 时的收敛性。但是现在我们观察发现，对于任何近似，总是在一些 x 处，近似函数和原始函数的符号相反。
4. 再次在评估区间 $-4\leqslant x\leqslant 4$ 上考虑 $f(x)=x^3-4x$，取 $c=1$，但现在 q 不同。从 $q=10$ 开始，确保 $\Upsilon_c(s-x)=\Upsilon_1(s-x)$ 的支持在所关注的评估区间 $-4\leqslant x\leqslant 4$ 的积分区间内。减小 q，使其取遍序列 $10,9,8,\cdots,2,1$，对 $f(x)=x^3-4x$ 绘制各种图。确定那个开始影响近似的准确性的 q 值，并观察在持续减小下发生了什么。

第 12 章 泊松方程和格林函数

第 9 章讨论了在工程和物理应用中常见的偏微分方程的一般特征。这些应用中有许多涉及拉普拉斯方程 ∇^2，其中一些应用——无论它们是类似波的、扩散主导的，在平衡态或稳态，还是这些状态的某种组合——使用线性过程逼近建模。因此，出现了分离变量等解法，出现了特征值和特征函数，后者的叠加也是一个解。因此提出了以下问题：这样的叠加能完全处理一般的强迫项吗？回答这个问题将产生一系列关于函数表示的棘手问题，并导致对正交性和加权函数的详细考虑，以及对收敛性和完备性的讨论。

第 10 章讨论了在线性偏微分方程中使用分离变量技术所产生的边界值问题中常见的各种求解**齐次**常微分方程的方法。这需要对级数方法进行一些讨论。各种类型的常微分方程（贝塞尔、勒让德以埃尔米特等）之间产生的明显的共性引发了对施图姆-刘维尔理论的讨论，几乎所有这些常微分方程边界值问题都以这种形式表达出来。第 11 章对第 10 章的讨论进行了扩展，正式介绍了包含强迫项的**非齐次**常微分方程的格林函数方法。这些线性常微分方程和它们所产生的格林函数方法是用伴随问题来描述的，它类似于第一部分中讨论的**转置**的线性代数概念。线性代数系统的转置（有限维问题）和线性常微分方程的伴随（无限维问题）之间的类比使得弗雷德霍姆选择定理适用于两者。该定理提供了一个基于逻辑的判断，确定线性常微分方程问题是否可以求解，以及这些解是否唯一。

在第 9～11 章中也提到了涉及复变量的方法，如 10.2.2 节中关于奇点的讨论以及图 11.5和图 11.6 中拉普拉斯变换的布罗姆维奇路径反演。然而，鉴于拉普拉斯算子在这些章中的中心作用以及调和函数与复分析的直接联系，我们不禁会想而且相信，在处理这些偏微分方程时，复分析还没有得到充分的利用。

本章我们将更系统地使用复变量来处理偏微分方程（将在第 13 章关注更多的联系）。这就引入了用拉普拉斯算子 ∇^2 表示的方程的基本性质，如解、坐标系、变换和保角映射的性质。它还使二维拉普拉斯函数的偏微分方程的格林函数与 6.5 节和 7.7 节中流体力学的复变量处理之间有很强的联系。

本章从提供一类方程的一个简单的定性背景开始，在这类方程中由拉普拉斯方程表示的扩散方程是它的核心特征。讨论围绕不可压缩流体扩散项去掉和保留的情况。正如预期的那样，这两种极限情况适用的问题类型是不同的，实际应用的一个分支是**流体动力学**（在流体动力学中惯性占主导地位，相对而言可以忽略不计黏滞效应），另一个分支是**黏滞流**（摩擦或黏滞效应占主导地位）。然而，我们可能无法预料到的是，去掉扩散项的解最终的复杂性并不比包含扩散项的解低，尽管每种情况的具体数学复杂性是完全不同的。

本章的中心内容是用各种方法求解泊松方程 $\nabla^2 u=\varrho$。特别重要的是格林函数法在这个方程中的应用。除了边界条件是格林函数的决定因素，边界形状也是。事后看来，在任何分离变量方法中，边界形状的决定作用是可以预期的。与常微分方程的格林函数的情况一样，偏微分方程的格林函数在场点接近源点时变得奇异。奇点的本质是与边界形状无关的。因此，格林函数由所有定义域共有的奇异项，加上导致特定边界形状的非奇异调整组成。奇异项本身对应于一个特殊的格林函数即对于不包含任何障碍（边界）的无界空间。

与完全或部分有界域相关的挑战导致对**特别**方法的考虑，这些方法基于用格林函数方法求解过程中嵌入的组件问题的巧妙重排。本章最后讨论了两个详细的例子。第一个利用一系列几何变换将非同心圆重新构造为同心对准，因此对称性使得直接分析成为可能。第二个考虑矩形上的泊松方程，我们已经期望可以通过分离变量以无穷级数的形式推导出一个通解。我们选择使用复分析和相关的坐标变换（映射）来推导这个问题的简洁的解。

12.1　扩散过程：泊松方程

我们以前在 6.5 节中遇到过流体质量守恒式（6.18）和流体动量平衡式（6.19）的一般控制方程。在那一节，一直持续到 7.7 节，我们关注不可压缩（$\rho=$常数）和非黏性（$\tau=0$）的流体。如果我们转而考虑黏性（牛顿）不可压缩流体，那么我们可以将相关的纳维-斯托克斯方程（Navier-Stokes equation）写为下列形式：

$$\nabla\cdot \boldsymbol{v}=0,\quad \frac{\partial \boldsymbol{v}}{\partial t}+\boldsymbol{v}\cdot\nabla\boldsymbol{v}=-\frac{1}{\rho}\nabla p+\nu\nabla^2\boldsymbol{v} \tag{12.1}$$

这里 $\boldsymbol{v}$ 是矢量速度场，p 是压力，ρ 是流体密度（不可压缩流体的常数）。因为 ρ 是常数，式（12.1）的第一个方程由式（6.18）推导而来。而该式的第二个方程由式（6.19）得到，忽略重力项，再将黏性应力张量 τ 写成速度梯度的线性函数。后者使式（6.19）中的 $\nabla\cdot\tau$ 项产生式（12.1）中的黏滞扩散项 $\nu\nabla^2\boldsymbol{v}$，其中 ν 是流体黏度常数，即**动态黏度**。由于在上述动量平衡中对速度**向量**应用了拉普拉斯算子，边界固体上的无流体穿透条件不能提供一组完整的边界条件。完整的边界条件还必须包括由于流体黏度的作用而在边界上不发生流体滑移的情况。

去掉扩散项

考虑式（12.1）的零黏度极限。$\nu\to 0$ 得到欧拉方程：

$$\nabla\cdot \boldsymbol{v}=0,\quad \frac{\partial \boldsymbol{v}}{\partial t}+\boldsymbol{v}\cdot\nabla\boldsymbol{v}+\frac{1}{\rho}\nabla p=0 \tag{12.2}$$

由于从物理方程式（12.1）中去掉了 ∇^2 项，这些方程的解一般不满足固体表面的摩擦黏附（无滑移）条件。因此，这些方程不能产生边界层，这些边界层是流体流过的固体表面的摩擦（或剪切）阻力的原因。从日常经验来看，这一限制是欧拉方程式（12.2）的一个缺点。因此，欧拉方程的解必须被理解为在距离固体物体表面足够远的区域有效，使黏性效应可以忽略不计，至少对流动的定性描述是这样的。换句话说，欧拉方程的解在固体表面附近是无效的，但这并不意味着这些解不能对其他地方的流型提供有用的描述。注意从欧拉方程［也从式（12.1）］，当 $\boldsymbol{v}\to u$（在一维上）时 $\partial\boldsymbol{v}/\partial t+\boldsymbol{v}\cdot\nabla\boldsymbol{v}$ 化为 $\partial u/\partial t+u\,\partial u/\partial x$，这是一个非线性波算子。因此，在纳维-斯托克斯方程和欧拉方程中包含了类波运动的可能性。

在 6.5 节和 7.7 节中，我们花了大量的精力来描述可以用复速度势 $f(z)=\phi+\mathrm{i}\psi$ 来分析的无摩擦流场。这些分析产生了逼真的流场和压力场，在某些情况下甚至可以计算升力。这些解在可以忽略黏性效应的区域是有效的。当然，这些解都不能预测固体物体上的阻力，如上所述，$\nu\to 0$ 消除了黏性阻力。

由于黏滞效应通常局限于强剪切的狭窄区域，这些**非黏性流**实际上代表了现实世界中的一大类流动，从大气流、气动流和叶轮机中的流动到流体动力学的许多其他应用。如果对表面摩擦阻力不感兴趣，那么 $\nu\to 0$ 的极限是现实的。出于这个原因，第 6 章和第 7 章中的例子不仅仅是学术意义上的。

保留扩散项

在这里，我们不仅没有忽略“物理”拉普拉斯项，在纳维-斯托克斯方程式（12.1）中它的形式为 $\nu\nabla^2\boldsymbol{v}$，而且围绕这一项建立了整个分析。接下来，$\nabla^2$ 这一项成为数学分析的核心。

在大多数“守恒”或“平衡”的拉普拉斯方程中，比如纳维-斯托克斯方程式（12.1）中的 $\nu\nabla^2\boldsymbol{v}$ 是传输项，描述了速度场 $\boldsymbol{v}$ 通过扩散传递机制的演化过程。经典的力学研究表明，在某些情况下，如气体中大量粒子的运动，扩散项源于布朗运动的统计过程。当粒子碰撞时，它们以物质、动量和能量的原始形式传递**信息**。在其他研究领域，某些形式的非机械交流，如信息（例如宣传），在性质上也是“扩散”的，因为它们从一个“源”开始，并从该源向外扩散到周围的人群。由于传递机制（在力学上是粒子之间的非弹性碰撞）并不完美，因此这些信息以一种逐渐退化的形式向前传递。所以，这个过程在局部随机的意义上继续分散、扩散，并使信息退化。在流体力学中，使动量在连续介质中扩散的分散中介是黏度。当热量传递时，热扩散的机理是传导。当我们处理介质中电场和磁场的麦克斯韦方程时，正是介质的电导率和磁导率使这些场分散、扩散和退化。

我们探讨以拉普拉斯算子为中心的扩散过程如何成为数学公式的核心。再来考虑一下纳维-斯托克斯动量平衡方程式（12.1），我们用数学方法将其改写成

$$\nabla^2\boldsymbol{v}=\varrho(\boldsymbol{x},t) \tag{12.3}$$

其中

$$\varrho(\boldsymbol{x},t)=\frac{1}{\nu}\left[\frac{\partial\boldsymbol{v}}{\partial t}+\boldsymbol{v}\cdot\nabla\boldsymbol{v}+\frac{1}{\rho}\nabla p\right] \tag{12.4}$$

式（12.3）是泊松方程，我们以前以式（9.2）的形式见过。现在右边的 ϱ 是一个有效的“动量源”，可以认为是由流体的运动产生的。黏性的作用是使动量扩散到整个流场。以这种方式写出式（12.1）意味着后续的数学分析是根据泊松方程式（12.3）的众所周知和已建立的特点和性质进行训练的。注意，以这种形式写出纳维-斯托克斯方程也使非黏性流极限 $\nu\to 0$ 看起来不可信，因为这显然意味着 $\varrho(\boldsymbol{x},t)\to\infty$。事实上，只要 $\partial\boldsymbol{v}/\partial t+\boldsymbol{v}\cdot\nabla\boldsymbol{v}+(1/\rho)\nabla p\to 0$，就不存在矛盾，因此可以将其视为欧拉方程式（12.2）的第二个方程在动力黏度可忽略的情况下的另一种推导。

我们在本章的分析主要集中在一般的泊松方程上，而不考虑像式（12.3）这样的方程中强迫项 $\varrho(\boldsymbol{x},t)$ 的物理解释。也就是说，我们考虑式（12.3）时没有式（12.4）的具体

规定。具体来说，式（12.3）中的$\varrho(\boldsymbol{x},t)$因此被视为已知的或规定的量（而不是依赖$\boldsymbol{v}$的量）。

12.2　拉普拉斯方程、泊松方程的一般特征及其解

现在我们将格林函数方法作为分析涉及拉普拉斯算子的问题的一个额外的强大工具。这使泊松方程的详细处理成为可能。然而，在讨论偏微分方程中的格林函数之前，描述拉普拉斯方程和泊松方程的几个一般特征是有用的。我们还讨论拉普拉斯方程和泊松方程的局部和全局极大值和极小值，这有助于将数学解与物理应用联系起来。在解释了处理这些方程整体结构的定义和概念之后，我们准备将格林函数方法应用于这类偏微分方程。

拉普拉斯方程的特征

由于拉普拉斯算子是式（12.3）的核心，我们有必要首先回顾一下关于拉普拉斯算子和拉普拉斯方程的一些主要发现。

- 解析函数的实部和虚部在二维上满足拉普拉斯方程（见 6.4 节和 6.5 节）。
- 单连通区域上的非常数调和函数必须在边界上达到其最大值和最小值。
- 拉普拉斯方程的解是唯一的。证明，首先注意，如果u和v在（定义域）Ω内都满足$\nabla^2(\cdot)=0$，并且在边界$\partial\Omega$上都满足$u=v=g(\boldsymbol{x})$，那么通过定义$w=u-v$，我们在Ω内得到$\nabla^2 w=0$，在$\partial\Omega$上得到$w=0$。因此，$u=v$证实了**狄利克雷问题**的拉普拉斯方程解是唯一的。将这种证明扩展到其他类型的边界条件（见 9.1 节）是可能的。特别地，只服从诺伊曼条件的拉普拉斯方程的解**不是**唯一的。
- 如 9.2 节和式（12.3）所示，拉普拉斯算子通常是时间相关的偏微分方程的空间部分。描述为标准坐标系的曲面的规范区域形状导致分离变量解。我们回想例 9.5.1。
- 对于拉普拉斯方程，分离变量技术通常会导致一些（也许是所有）离散的常微分方程的特征值问题。这些特征值问题本身拥有很多解析特征（见 9.3 节），这就产生了强大且非常有用的逼近方法（见 9.4 节）。

在继续考虑专门用于拉普拉斯方程的格林函数之前，我们首先继续上面列出的一些话题。在此之后，我们讨论泊松方程的一般特征以及偏微分方程的分类（在拉普拉斯算子的背景下）和极值的概念。

关于特征函数和特征值问题，我们回忆以式（9.12）的形式呈现的一般公式。这就引出特征值的瑞利商刻画式（9.22）。虽然我们在例 9.4.1 中专门在拉普拉斯算子的一维常微分方程情况中使用了这种刻画，但我们还没有在多维情况中提供类似的详细讨论。下面的例 12.2.1将第 9 章的一维特征值或瑞利商结果推广到二维矩形的情况。

例 12.2.1　求狄利克雷条件下二维拉普拉斯算子$\nabla^2 u=-\lambda u$在矩形区域$0<x<a$，$0<y<b$中的特征值和特征函数。直接验证它们满足式（9.22）给出的瑞利商刻画。

评注：需要注意的是，需要求解的方程写成式（9.12）的形式。这正是在 9.2 节中讨论过的亥姆霍兹方程。

解　使用 $u=X(x)Y(y)$ 分离变量，得到 $X''/X+Y''/Y+\lambda=0$，将其分解为两个常微分方程边界值问题

$$\frac{X''}{X}=-\alpha^2,\quad X(0)=X(a)=0$$

$$\Rightarrow\alpha=\frac{m\pi}{a},\quad X(x)=A\sin\frac{m\pi x}{a}$$

以及

$$\frac{Y''}{Y}=-(\lambda-\alpha^2)\equiv-\beta^2,\quad Y(0)=Y(b)=0$$

$$\Rightarrow\beta=\frac{n\pi}{b},\quad Y(y)=B\sin\frac{n\pi y}{b}$$

特征函数 $\phi_{(m,n)}$ 由下式给出：

$$\phi_{(m,n)}(x,y)=C_{(m,n)}\sin\frac{m\pi x}{a}\sin\frac{n\pi y}{b}\tag{12.5}$$

其中 $C_{(m,n)}$ 是任意的非零乘数，可以由任意需要的归一化确定。这个特征函数对应下面的特征值：

$$\lambda_{(m,n)}=\left(\frac{m\pi}{a}\right)^2+\left(\frac{n\pi}{b}\right)^2\tag{12.6}$$

为验证式 (9.22)，首先注意

$$\nabla\phi_{(m,n)}=\frac{m\pi}{a}C_{(m,n)}\cos\frac{m\pi x}{a}\sin\frac{n\pi y}{b}\boldsymbol{e}_x+\frac{n\pi}{b}C_{(m,n)}\sin\frac{m\pi x}{a}\cos\frac{n\pi y}{b}\boldsymbol{e}_y$$

用单位基向量 $\boldsymbol{e}_x$ 和 $\boldsymbol{e}_y$，使得

$$\nabla\phi_{(m,n)}\cdot\nabla\phi_{(m,n)}=\pi^2C_{(m,n)}^2\left(\frac{m^2}{a^2}\cos^2\frac{m\pi x}{a}\sin^2\frac{n\pi y}{b}+\frac{n^2}{b^2}\sin^2\frac{m\pi x}{a}\cos^2\frac{n\pi y}{b}\right)$$

因此，为了书写方便，暂时去掉下标，

$$\begin{aligned}\int_\Omega(\nabla\phi\cdot\nabla\phi)\mathrm{d}V&=\frac{m^2\pi^2C^2}{a^2}\underbrace{\int_0^a\cos^2\frac{m\pi x}{a}\mathrm{d}x}_{a/2}\underbrace{\int_0^b\sin^2\frac{n\pi y}{b}\mathrm{d}y}_{b/2}+\\&\quad\frac{n^2\pi^2C^2}{b^2}\int_0^a\sin^2\frac{m\pi x}{a}\mathrm{d}x\int_0^b\cos^2\frac{n\pi y}{b}\mathrm{d}y\\&=\pi^2C^2\left(\frac{m^2}{a^2}\left(\frac{a}{2}\right)\left(\frac{b}{2}\right)+\frac{n^2}{b^2}\left(\frac{a}{2}\right)\left(\frac{b}{2}\right)\right)\end{aligned}$$

然而

$$\int_\Omega\phi^2\mathrm{d}V=C^2\int_0^a\sin^2\frac{m\pi x}{a}\mathrm{d}x\int_0^b\sin^2\frac{n\pi y}{b}\mathrm{d}x=\frac{C^2ab}{4}$$

这样我们计算

$$\frac{\int_\Omega(\nabla\phi\cdot\nabla\phi)\mathrm{d}V}{\int_\Omega\phi^2\mathrm{d}V}=\left(\frac{m\pi}{a}\right)^2+\left(\frac{n\pi}{b}\right)^2=\lambda_{(m,n)}$$

这就验证了式（9.22）。

考虑到叠加在拉普拉斯方程处理中的作用，我们可能会将前面例子中不同的解相加，然后问：

“$\sum_m \sum_n C_{(m,n)} \sin \frac{m\pi x}{a} \sin \frac{n\pi y}{b}$ 的意义是什么？”

由于这个求和函数在矩形区域 $0<x<a$，$0<y<b$ 的边界上为零，因此它满足齐次狄利克雷边界条件。现在，当我们将这个表达式代入 $\nabla^2 u$ 时，我们得到

$$\nabla^2 \left(\sum_m \sum_n C_{(m,n)} \sin \frac{m\pi x}{a} \sin \frac{n\pi y}{b} \right)$$
$$= - \sum_m \sum_n \lambda_{(m,n)} C_{(m,n)} \sin \frac{m\pi x}{a} \sin \frac{n\pi y}{b}$$

这既不是拉普拉斯方程的解，也不是亥姆霍兹方程 $\nabla^2 u = -\lambda u$ 的单个特征函数。但是，从它的定义可以明显看出，它是一组特征函数的和。[⊖]正如我们现在将要证明的，这样一个和的效用出现在具有时间部分和空间部分的更一般的偏微分方程的背景中，后者由拉普拉斯方程提供，前者是新的。

例如，考虑关于未知函数 $u(x,y,t)$ 的偏微分方程

$$A(t) \frac{\partial u}{\partial t} = \nabla^2 u \tag{12.7}$$

它的狄利克雷边界条件位于与例 12.2.1 相同的一个矩形上。这里 $A(t)$ 是一个给定的时间函数。A 为正常数的特殊情况使式（12.7）变为标准扩散方程。与扩散方程一样，关于时间的一阶偏导数的出现意味着 u 的初始条件构成了适定问题的核心要求。

对于式（12.7），形式为 $u(x,y,t)=X(x)Y(y)T(t)$ 的预期分离变量解导致如在例 12.2.1中得到的相同的函数 $X_m(x)$ 和 $Y_n(y)$。把 $T(t)$ 问题留到最后（因为它是一个没有齐次边界条件的问题），我们发现，对于特定的 $T(t)=T_{(m,n)}(t)$，分离过程会导致以下问题：

$$A(t)\dot{T} = -\lambda_{(n,m)} T \quad \Rightarrow \quad T(t) = D\exp\left(-\lambda_{(n,m)} \int_0^t \frac{\mathrm{d}\xi}{A(\xi)}\right) \tag{12.8}$$

因此，通过对 n 和 m 求和，可以得到满足边界条件的式（12.7）的解，即

$$u(x,y,t) = \sum_m \sum_n C_{(m,n)} \sin \frac{m\pi x}{a} \sin \frac{n\pi y}{b} \exp\left(-\lambda_{(n,m)} \int_0^t \frac{\mathrm{d}\xi}{A(\xi)}\right)$$

其中我们把 $T(t)$ 问题中的常数 D 并入常数 $C_{(m,n)}$。设 $t=0$，我们观察到

$$\sum_m \sum_n C_{(m,n)} \sin \frac{m\pi x}{a} \sin \frac{n\pi y}{b}$$

⊖ 特征函数的和本身不是特征函数，即对某个 λ 不满足 $\nabla^2 u = -\lambda u$，除非特征函数和中的所有特征函数具有相同的特征值。这反映在第 1 章中关于线性变换特征向量的阐述中。如那一章所示，特征向量的全体可以用一种可以提前预测的方式，形成整个向量空间的一组基。正如在例 9.5.2 所讨论的，对于特征函数也有类似的结果。这一性质是本章和第 13 章中许多推演成功的核心。

的意义在于，它给出了式（12.7）演化问题的初始空间分布 $u(x,y,0)$，其时空演化解为 $u(x,y,t)$。也就是说，$u(x,y,0)$ 是 $u(x,y,t)$ 的**初始条件**。

如果我们将式（12.7）左边的时间算子替换为另一个涉及高阶时间导数的时间算子，会得到类似的结论。虽然这样的改变将导致每个 $T_{(m,n)}(t)$ 的常微分方程不再由式（12.8）中的第一个方程给出，因此每个 $T_{(m,n)}(t)$ 现在将不同于式（12.8）中的第二个方程，我们发现，一般分离变量解将再次为

$$u(x,y,t)=\sum_m\sum_n T_{(m,n)}(t)\sin\frac{m\pi x}{a}\sin\frac{n\pi y}{b}\tag{12.9}$$

这里我们已经把积分常数并入每个 $T_{(m,n)}(t)$。

事实上，每个 $T_{(m,n)}(t)$ 中任意常数的数量将对应于推广式（12.7）的时间算子中导数的最高阶数。例如，如果这个时间算子是 $(1/c^2)\partial^2 u/\partial t^2$，那么代替式（12.7）的偏微分方程就是 9.2 节中的经典齐次波动方程，其中 c 是波速。对于这个波动方程，函数 $T_{(m,n)}(t)$ 包含两个任意常数，这使得位移和速度都满足初始条件。因式 $\sin\frac{m\pi x}{a}\sin\frac{n\pi y}{b}$ 即为例 12.2.1 中相同的矩形域 $0<x<a$，$0<y<b$ 的空间模态振型。每个模态对应的振动频率为 $\omega_{(m,n)}=c\sqrt{\lambda_{(m,n)}}$。

泊松方程的特征

与前面关于拉普拉斯方程的讨论不同，我们将不再逐条列明泊松方程 $\nabla^2 u=\varrho$ 解的性质，而是通过例子和特殊情况来说明它们的一般特征。

首先考虑下列方程所描述的一维扩散问题：

$$\frac{\mathrm{d}}{\mathrm{d}x}\left(\alpha\frac{\mathrm{d}u}{\mathrm{d}x}\right)=f(x),\quad 0<x<L\tag{12.10}$$

其中 $\alpha=\alpha(x)>0$ 为扩散系数，函数 $f(x)$ 为 $\varrho(x)$ 的一维形式，表示强迫力。方程（12.10）的通解为

$$u(x)=C_1+C_2\int_0^x\frac{\mathrm{d}s}{\alpha(s)}+\int_0^x\left(\frac{1}{\alpha(s)}\int_0^s f(\eta)\mathrm{d}\eta\right)\mathrm{d}s\tag{12.11}$$

我们用狄利克雷边界条件来求解边界值问题，为了简单起见，我们将其视为齐次的，因为在式（12.10）中已经有一个强迫项。我们还假定 α 是一个常数。

在没有强迫力的情况下，即当 $f(x)=0$ 时，齐次狄利克雷边界条件产生平凡解 $u\equiv 0$。因此我们设 $f(x)\neq 0$。

如果 $\alpha(x)$ 是一个常数，那么通过定义 $\tilde{x}=x/L$，$f(x)=f_0\tilde{f}(\tilde{x})$（其中 f_0 是 $f(x)$ 的“振幅”或最大值）和 $\tilde{u}=u/(f_0L^2/\alpha)$，就可以方便地将问题无量纲化。去掉波浪号后，式（12.10）和边界条件的无量纲形式现在是无参数的，即

$$\frac{\mathrm{d}^2u}{\mathrm{d}x^2}=f(x);\quad u(0)=u(1)=0\tag{12.12}$$

它的解是

$$u(x)=-x\underbrace{\int_0^1\left(\int_0^s f(\eta)\mathrm{d}\eta\right)\mathrm{d}s}_{-C_2}+\int_0^x\left(\int_0^s f(\eta)\mathrm{d}\eta\right)\mathrm{d}s\tag{12.13}$$

我们现在在下面的例子中计算各种无量纲强迫函数。

例 12.2.2　利用式（12.13）给出的边界值问题式（12.12）的解，求强迫函数 $f(x)$ 为下列三种不同情况的 $u(x)$：$f(x)=1$；$f(x)=\sin m\pi x$，$m=1,2,\cdots$；$f(x)=\delta(x-\xi)$，$0<\xi<1$。对每个问题描述解 $u(x)$ 的特征。

解　我们依次解每个问题且描述解的特征。

- $f(x)=1$：由式（12.13）得到 $u(x)=-\dfrac{1}{2}x(1-x)$，它在定义域 $0<x<1$ 上处处为负，因此与强迫函数 f 的符号相反。它在 $x=1/2$ 处有最大绝对值 1/8。这个 $f(x)$ 可以看成定义域中各处大小为 1 的分布源。
- $f(x)=\sin m\pi x$：这里，由式（12.13）得到 $u(x)=-(1/m^2\pi^2)\sin m\pi x$。输出 u 与输入 f 再一次负相关（符号相反）。具体来说，当 f 作为源时输出是负的，当 f 作为汇时输出是正的。u 的极大值与 f 的极小值相关，反之亦然。
- $f(x)=\delta(x-\xi)$：根据定义，这个 f 的选择意味着 u 是对应的格林函数 $G(x,\xi)$。因此，我们可以使用 11.2 节的求解过程来得到 $G=G(x,\xi)$。即在 $0<x<\xi$ 中取 $G=Ax+B$，在 $\xi<x<1$ 中取 $G=Cx+D$，然后利用 G 及其导数的四个条件得到 A，B,C,D 为 ξ 的函数。然而，这里指定使用式（12.13），因此我们首先注意到

$$\int_0^s f(\eta)\mathrm{d}\eta=\int_0^s \delta(\eta-\xi)\mathrm{d}\eta=H(s-\xi)$$

其中 H 为单位阶跃函数（见图 11.3）。从而，

$$\int_0^1\left(\int_0^s f(\eta)\mathrm{d}\eta\right)\mathrm{d}s=1-\xi$$

$$\int_0^x\left(\int_0^s f(\eta)\mathrm{d}\eta\right)\mathrm{d}s=(H(x-\xi))(x-\xi)$$

所以格林函数 $G(x,\xi)$ 由下式给出：

$$\begin{aligned}G(x,\xi)&=-x(1-\xi)+(H(x-\xi))(x-\xi)\\&=\begin{cases}-x(1-\xi), & 0<x<\xi\\-\xi(1-x), & \xi<x<1\end{cases}\end{aligned}$$

对于所有 ξ 值，它在定义域 $0<x<1$ 上是负的。因此（正）点源产生负响应输出。然而，在 $x\neq\xi$ 处，即使该处输入 f 为零，也会产生一个非零输出 u。

评注：

- 式（12.11）中涉及 C_1 和 C_2 的部分是方程（12.10）的齐次解，式（12.11）的其余部分是特解。对于边界值问题式（12.12），齐次边界条件用于确定 $C_1=0$，并使 C_2 取式（12.13）中的积分值。
- f 的三个选择都没有产生任何位置 x，使得输入 f 与输出 u 的符号相同。这是 f 的简单选择的产物。也就是说，$f=1$ 和 $f=\delta(x-\xi)$ 对于所有 x 都是一个符号，这个单符号输入是产生单符号输出的缘由。而 $f(x)=\sin m\pi x$ 涉及的输入是一个常微分方程算子的特征函数，这也通过位置 x 的输入和输出，产生一个直接的符号关联。

对于 $f(x)=\sin m\pi x$，输入—输出相关总是正—负或负—正的事实反映了所有特征值都具有相同的符号（正）。

- 我们现在证明打破输入—输出正—负相关是可能的——我们这样做的一个简单的逻辑论证是基于输入两项强迫函数 $f(x)=\sin m\pi x+\delta\left(x-\frac{1}{2}\right)$。强迫函数的第一项在 $x=\frac{1}{2}$处有一个单节点，这也是由第二项 δ 函数表示的点荷载的作用位置。由于线性关系，每个输入项都对输出有贡献。正如我们所看到的，对应于第一个输入项的**输出**也将在 $x=\frac{1}{2}$处有一个节点，使得在 $x=\frac{1}{2}$的邻域中，它对输出的贡献将很小。另一方面，在 $x=\frac{1}{2}$附近由于输入 δ 函数的**输出**贡献将是单一的符号和有限值。总之，这确保了存在一个 $x=\frac{1}{2}$的邻域，在这个邻域中整体输出是由 δ 函数的响应决定的单一的符号。由于输入在 $x=\frac{1}{2}$处改变符号，这确保了在 $x=\frac{1}{2}$的一边，输入和输出将有一个共同的符号。
- 最初指出的输出 u 与输入 f 的正—负相关，我们现在看到这不是一个一般的相关，可以视为一个事实的结果，即正的二阶导数与极小值相关，而负的二阶导数与极大值相关。为了了解这意味着什么，想象一下（徒手）绘制一个任意函数 u 在 $0<x<1$上的摆动图——有几个极大值和极小值——使得 u 满足 $u(0)=u(1)=0$。对于正 u，很可能出现最大值，对于负 u，很可能出现最小值；然而，这并不是绝对的要求。
- 再次考虑输入强迫函数 $f(x)=\sin m\pi x$，它的特征是波数 m。这个波数可以视为输入中位置振荡的度量。输出衰减因子包含 $1/m^2$，表明高频位置输入相对于低频输入衰减较强。或者说，低波数输入在响应输出中具有更大的持久性。式（12.13）中需要求的二重积分特别地**减弱**或改善了任何响应的高波数部分。
- 可以考察不同的边界条件组合：$u'(0)=0$，$u'(1)=0$（齐次诺伊曼）；$au(0)+bu'(0)=0$，$cu(1)+du'(1)=0$（齐次混合或“罗宾”条件）；还有**非齐次**狄利克雷、诺伊曼或罗宾条件。在本节的习题 5 考察其中的一些情况。

已经看到了泊松方程（满足齐次狄利克雷条件）的常微分方程版本是如何求解的，我们研究 1×1 正方形域上相应的偏微分方程问题。先前的一维问题式（12.12）在正方形内的二维偏微分方程版本为

$$\frac{\partial^2 u}{\partial x^2}+\frac{\partial^2 u}{\partial x^2}=\varrho(x,y) \tag{12.14}$$

具有边界条件

$$u(0,y)=u(1,y)=u(x,0)=u(x,1)=0 \tag{12.15}$$

下面的例子讨论由式（12.14）和式（12.15）给出的狄利克雷边界值问题的特性。该例还

将讨论齐次诺伊曼边界值问题，它满足式（12.14），但其边界条件为

$$\frac{\partial u}{\partial x}(0,y)=\frac{\partial u}{\partial x}(1,y)=\frac{\partial u}{\partial y}(x,0)=\frac{\partial u}{\partial y}(x,1)=0 \tag{12.16}$$

例 12.2.3　按照例 12.2.2 的先例，执行以下操作。(a) 求出在 Ω：$0<x<1$，$0<y<1$ 上式（12.14）和式（12.15）的齐次狄利克雷边界值问题的解，强迫函数 $\varrho(x,y)=A\sin n\pi x\sin m\pi y$（其中 A 为常数）。描述和刻画解 $u(x,y)$。(b) 描述式（12.14）和式（12.16）对于强迫函数 $\varrho(x,y)=B\cos n\pi x\cos m\pi y$ 关于齐次诺伊曼边界值问题的解。

(a) **狄利克雷边界值问题的解**：通过检验，满足这个边界值问题的解是

$$u(x,y)=-\frac{1}{\pi^2}\frac{A}{n^2+m^2}\sin n\pi x\sin m\pi y$$

讨论

- 作为例 12.2.2 的泊松方程的情况，响应 u 是负的，而 ϱ 是正的，反之亦然。响应与强迫在位置上完全相关，并且，对于常微分方程的泊松边界值问题，响应被减弱，这一次衰减因子为 π^{-2} 乘以 $(n^2+m^2)^{-1}$。
- 强迫项可以推广为

$$\varrho(x,y)=\sum_{n=1}^{\infty}\sum_{m=1}^{\infty}A_{(m,n)}\sin n\pi x\sin m\pi y \tag{12.17}$$

这就产生解

$$u(x,y)=\sum_{n=1}^{\infty}\sum_{m=1}^{\infty}-\frac{A_{(m,n)}}{\pi^2(n^2+m^2)}\sin n\pi x\sin m\pi y$$

- 解 $u(x,y)$ 是唯一的。
- 因为狄利克雷边界条件式（12.15）是齐次的，所以整体解 $u=u_{\mathrm{h}}+u_{\mathrm{p}}$ 给出了一个零齐次解 $u_{\mathrm{h}}=0$，所以整体解就是特解：$u(x,y)=u_{\mathrm{p}}(x,y)$。
- 当式（12.17）中的强迫函数有一个以上的项时，那么，由于 u 的衰减因子不同，正 ϱ 的位置不再总是对应负 u 的位置（反之亦然）。

(b) **诺伊曼边界值问题的解**：经检验，在 Ω：$0<x<1$，$0<y<1$ 上，当 $\varrho=B\cos n\pi x\cos m\pi y$ 时，式（12.14）满足边界条件式（12.16）的解为：

$$u(x,y)=\frac{1}{\pi^2}\frac{B}{n^2+m^2}\cos n\pi x\cos m\pi y+C$$

其中 C 是任意常数。

讨论

- 与情形（a）相反，解 $u(x,y)$ **不是**唯一的，因为常数 C 不能从诺伊曼边界条件中确定。诺伊曼边界值问题没有唯一的解。对于非齐次诺伊曼边界条件也是如此。
- 非唯一性是由于无法产生齐次边界值问题的解，该解在 Ω 中任何地方为 u 指定一个特定的固定值。诺伊曼边界值问题的解是不受约束的。
- 在验证了上述断言后，读者应该意识到，在（a）部分中选择 ϱ 为正弦函数和在（b）部分中选择 ϱ 为余弦函数对上述演示至关重要。这些特殊的选择使得强迫函数 ϱ 满

足边界条件，这些边界条件不是普遍要求。事实上，更具体地说，这样的选择使每个强迫函数也是一个特征函数。

注意，在上面所有的例子和讨论中，这里使用的“源”或“汇”的概念与我们之前在有关复分析的章中讨论流体力学时的用法是一致的。具体地，如与式（7.34）有关的讨论所示，对数函数 $\phi=C\log r$ 创造了正的径向速度 $v_r=\partial\phi/\partial r=C/r$，因此有了**源**这个术语。在这里，式（12.14）中一个正的非齐次项 $\varrho(x,y)$ 通常产生一个下凹的响应 $u(x,y)$。这与下面的说法是一致的：当 ϱ 充当汇时输出是负的，而当 ϱ 充当源时输出是正的。

对于式（12.14）中 $\varrho(x,y)$ 的源或汇定义的另一种理解来自经典扩散方程 $\partial u/\partial t=\nabla^2u-\varrho$。这里，正 ϱ 被称为汇，因为它导致 $\partial u/\partial t$ 减少，而负 ϱ 被称为源，因为它导致 $\partial u/\partial t$ 增加。这种解释在某种程度上更为直接，尽管很明显，将某物描述为“源”或“汇”是一个语义问题：在定义达成一致后，重要的是一致性。

涉及拉普拉斯算子的偏微分方程的分类

在 9.2 节以来我们所做工作的基础上，我们现在能够对各种偏微分方程的解的特点进行评论。在 9.2 节，我们简要地回顾了涉及拉普拉斯算子的偏微分方程的抛物型、双曲型和椭圆型分类。今后，我们将主要关注椭圆型方程，主要是因为它们更容易与格林函数的处理方法相一致。然而，在这样做之前，我们将比在第 9.2 节中更详细地描述前面提到的抛物型、双曲型和椭圆型偏微分方程及其解的特点。

- **抛物型或扩散型偏微分方程：**具有扩散系数常数 α 的抛物型扩散方程

$$\frac{\partial u}{\partial t}=\alpha\,\nabla^2u$$

描述了一个瞬态衰减过程，在这个过程中，初始信号无论其形状如何，随着时间类变量 t 的推进，通过衰减振幅和失去相干性在空间 $\boldsymbol{x}$ 中扩散。如 12.1 节所讨论的，由

$$u(x,y,0)=\sum_m\sum_n C_{(m,n)}\sin\frac{m\pi x}{a}\sin\frac{n\pi y}{b}$$

提供的初始信息随后随着 t 的增加而分散、扩散和退化。在这个等式中，用 $-t$ 代替 t 反转时间（或不考虑时间，用 $-\alpha$ 代替 α），会产生 $\dot{u}=-\alpha\,\nabla^2u$ 的不稳定解。抛物型方程 $\dot{u}=\alpha\,\nabla^2u$ 描述热扩散（即**可感觉到的能量**扩散）、质量和动量扩散，以及涉及瞬时时空衰减的一般现象。该方程描述熵（随机性、无序性）随时间单调增加的热力学**不可逆**过程。

- **双曲型或波型偏微分方程：**波速为 c 的双曲（波）型方程

$$\frac{\partial^2u}{\partial t^2}=c^2\,\nabla^2u$$

产生与抛物型扩散方程完全不同的性态。在这里，随着时间的增加，初始信号以恒定的波速通过介质传播。在一个没有障碍物（散射体）的三维自由介质中，信号以一种不失真的方式向外传播，信号强度下降，这是因为相同的能量必须在一个逐渐变大的球面上传播。在两个空间维度中，仍然有一个前缘范围，但现在还有一个额外的尾部效应。与扩散方程相反，在任意数量的空间维度中，（线性无阻尼）波动方程描述了

一个热力学**可逆**过程。当用$-t$替换t，用$-\boldsymbol{x}$替换$\boldsymbol{x}$，用$-c$替换c时，这个方程的对称性就明显地体现出来了。此外，对于这些替换的任何组合，方程都是不变的。

- **椭圆型或平衡偏微分方程**：拉普拉斯方程

$$\nabla^2 u = 0$$

的解不能用能量耗散（如抛物型方程）或能量的不退化传播（双曲型方程）来描述，而可以用能量最小化来描述。为此，考虑域Ω中的能量密度函数的梯度平方$|\nabla u|^2 = \nabla u \cdot \nabla u$。该场所包含的总能量记为$\int_\Omega |\nabla u|^2 \mathrm{d}V \geqslant 0$。标准瑞利商的分子是这种一般形式［见式（9.22）］。我们在前面关于函数自伴的含义的讨论中也见过这样的表达式［如式（9.21）在满足条件P3中的作用］。我们注意到许多物理问题的能量公式利用了一个关键场变量的梯度的平方大小。

极值：极小值、极大值和拉普拉斯方程

为了进一步发展前面关于能量公式的评注，考虑最小化光滑函数$u(\boldsymbol{x})$的总能量

$$E(u(\boldsymbol{x})) = \int_\Omega |\nabla u|^2 \mathrm{d}V$$

的艰苦工作，u在区域边界$\partial\Omega$上有规定的值。显然，如果所有规定的边界值都是同一个常数值，那么u在任何地方都等于这个常数，这就得到$\nabla u = \mathbf{0}$。因此我们的总能量为零，这是非负总能量的最小值。然而，如果边界值随着位置的变化而变化，那么确定能量最小化函数u就不是一个简单的练习。

★ 在给定狄利克雷边界条件下，通过解拉普拉斯方程$\nabla^2 u=0$求出能量最小函数$u(\boldsymbol{x})$。

一般来说，如果要通过选择适当的最小化函数$u(\boldsymbol{x})$来最小化积分函数$E(u)$，那么该函数的确定可以简化为常微分方程（一个变量的函数）或偏微分方程（两个或多个变量的函数）的解。这个常微分或偏微分方程被称为原始积分泛函的欧拉-拉格朗日方程。**变分法**是一门提供推导适当的控制欧拉-拉格朗日方程的正式程序的数学学科

为了达到我们的目的，我们通过构造函数

$$E(u+\epsilon v) \equiv I(\epsilon) = \int_\Omega |\nabla(u+\epsilon v)|^2 \mathrm{d}V$$

来设法得到所需的欧拉-拉格朗日方程。这里$\boldsymbol{x}\in\Omega$的$v=v(\boldsymbol{x})$需要在边界$\partial\Omega$上为零，以使它成为最小化函数u的一个所谓的**容许变差**。展开上面的积分得到

$$I(\epsilon) = \int_\Omega \left(|\nabla u|^2 + 2\epsilon \nabla u \cdot \nabla v + \epsilon^2 |\nabla v|^2 \right) \mathrm{d}V$$

它对ϵ的导数是$2\int_\Omega (\nabla u \cdot \nabla v)\mathrm{d}V + 2\epsilon\int_\Omega |\nabla v|^2 \mathrm{d}V$。在任何极值处，无论是极小值还是极大值，$\mathrm{d}I/\mathrm{d}\epsilon$都必须为零。极小值必然出现在当$u+\epsilon v=u$时，也就是当$\epsilon=0$时。当$\epsilon=0$时，$\mathrm{d}I/\mathrm{d}\epsilon=0$的要求引导我们计算

$$\left.\frac{\mathrm{d}I}{\mathrm{d}\epsilon}\right|_{\epsilon=0} = 2\int_\Omega (\nabla u \cdot \nabla v)\mathrm{d}V = 2\int_{\partial\Omega} v \nabla u \cdot \boldsymbol{n}\mathrm{d}A - 2\int_\Omega v \nabla^2 u \mathrm{d}V \tag{12.18}$$

通过在边界$\partial\Omega$上$v=0$的构造，边界积分就为零了。$\mathrm{d}I/\mathrm{d}\epsilon|_{\epsilon=0}=0$的要求简化为，对于边界$\partial\Omega$上满足$v=0$的所有可能$v$，$\int_\Omega v \nabla^2 u \mathrm{d}V = 0$。

函数 v 的任意性意味着：当且仅当在 Ω 的所有点上 $\nabla^2 u=0$ 时，条件 $\int_\Omega v\,\nabla^2 u\mathrm{d}V=0$ 才会被满足。“当”的部分是显而易见的；对于任何特定的点 $\boldsymbol{x}_0\in\Omega$，验证“仅当”部分，我们只需要选择 $v(\boldsymbol{x})$ 为函数 $\delta(\boldsymbol{x}-\boldsymbol{x}_0)$。在 $\boldsymbol{x}_0$ 处有

$$\int_\Omega v\,\nabla^2 u\mathrm{d}V=\int_\Omega \delta(\boldsymbol{x}-\boldsymbol{x}_0)\,\nabla^2 u\mathrm{d}V=\nabla^2 u$$

由此建立了上述 $E(u)$ 的极小化函数 u 满足拉普拉斯方程的结果。

例 12.2.4　谷弗斯、加兰特和加里塔试图在 Ω：$-1<x<1$，$-1<y<1$ 上，对满足下列条件的光滑函数 $u=u(x,y)$ 最小化 $E(u)=\int_\Omega|\nabla u|^2\mathrm{d}V$：

$$u(x,\pm 1)=x^2-1,\quad u(\pm 1,y)=1-y^2$$

特别地，他们注意到这赋予了在拐角：$u(1,\pm1)=u(-1,\pm1)=0$ 上函数 u 的连续性，这样他们就可以把注意力限制在光滑函数上。

谷弗斯声称最小化的 u 是处处为零的 $u=0$，并指出这使得 $E(u)=0$ 是 $\int_\Omega|\nabla u|^2\mathrm{d}V$ 最小可能值。

加兰特声称最小化的 u 是 $u(x,y)=-x^2y^2+2x^2-1$，并进一步声称 $E(u)$ 的最小值是 $16\dfrac{16}{45}=16.356$。

加里塔认为这两个都是错误的，稍加思考后，她断言 $E(u)$ 的最小值是 10.667。解释加里塔的思维过程。

解　加里塔首先指出 $u=0$ 不满足所要求的边界条件。谷弗斯的总体方法是有缺陷的。

回到加里塔的观点，加里塔承认 $u(x,y)=-x^2y^2+2x^2-1$ 满足必要的边界条件。对于这个 u，我们发现 $\nabla u=(-2xy^2+4x)\hat{\boldsymbol{e}}_x-2x^2y\,\hat{\boldsymbol{e}}_y$，$|\nabla u|^2=4x^2y^4-16x^2y^2+16x^2+4x^4y^2$。这就使得 $\int_{-1}^{1}\int_{-1}^{1}(4x^2y^4-16x^2y^2+16x^2+4x^4y^2)\mathrm{d}x\mathrm{d}y=16\dfrac{16}{45}$，因此，加里塔知道加兰特是如何得出结论的。

然而，加里塔注意到加兰特提出的 u 在 x 和 y 的相关性方面是不平衡的，这看起来很奇怪，因为定义域是正方形的，而且边的条件相当对称。因此，她检查了拉普拉斯方程 $\nabla^2(4x^2y^4-16x^2y^2+16x^2+4x^4y^2)=-2y^2+4-2x^2\neq0$，通过上面的描述，她意识到加兰特的 u 不可能是一个最小化函数。为了解不同边界条件下的 $\nabla^2 u=0$，加里塔注意到边界条件中存在 x^2 和 y^2。然后她回忆起解析函数 z^2 的实部 $u(x,y)=x^2-y^2$。这个函数是调和的，她检查它是否满足边界条件。**它确实满足**。因此，$E(u)$ 的最小值实际上是 $E(x^2-y^2)$。注意到 $\nabla(x^2-y^2)=2x\,\hat{\boldsymbol{e}}_x-2y\,\hat{\boldsymbol{e}}_y$，她计算出 $\int_{-1}^{1}\int_{-1}^{1}(4x^2+4y^2)\mathrm{d}x\mathrm{d}y=10\dfrac{2}{3}$，她声称这是最小值。

在拉普拉斯方程所描述的各种物理过程中，能量积分 $\int_\Omega|\nabla u|^2\mathrm{d}V$ 或其等价物常常

在幕后出现。固体力学中的一个例子涉及截面为 Ω 的长直棱柱杆，因此该截面是我们所考虑的区域类型的一个例子。杆的材料被认为是各向同性和线性弹性的。杆受到扭矩（通过固定一端并扭转另一端而产生的扭矩）的约束。杆通过产生内应力来抵抗扭转。在这个过程中，除了平衡扭矩外，内应力导致截面发生面外翘曲（唯一的例外是完美圆形对称截面，无论是圆还是环）。用 $\phi(x,y)$ 表示这种面外翘曲位移。通过建立平衡控制方程，我们发现翘曲函数 ϕ 在由应力边界条件引起的特殊诺伊曼边界条件下满足拉普拉斯方程。设 ψ 是 ϕ 的调和共轭；因此实际上 $\nabla^2\phi=\nabla^2\psi=0$。找到适当的应力边界条件来给出了 ψ 的狄利克雷条件。综合起来，$\phi+\mathrm{i}\psi$ 定义了一个解析翘曲函数，截面上的剪应力可以用 ϕ 或 ψ 的导数表示。根据选择的公式，应变能中包含一个与 $\int_\Omega |\nabla\phi|^2\mathrm{d}V$ 或与 $\int_\Omega |\nabla\psi|^2\mathrm{d}V$ 成比例的项。最小化受指定扭矩约束的应变能，可以等价地看作产生翘曲函数的拉普拉斯控制方程。

其他出现 $\int_\Omega |\nabla u|^2\mathrm{d}V$ 或它的数学等价物的例子发生在达到稳态的过程中。下面的例 12.2.5演示了最小化的概念是如何应用于不可逆性的物理问题的，不可逆性是物理学的一个核心概念。工程分析通常处理具有摩擦、热和其他形式的不可恢复性的系统，这些不可恢复性是现实世界中遭受耗散损失现象的标志。

例 12.2.5　拉普拉斯方程通过 $\nabla^2 T=0$ 来描述稳态温度分布。此外，拉普拉斯算符指定了热扩散（或热）方程 $\partial T/\partial t=\alpha\ \nabla^2 T$ 中热传导问题温度场的空间特征。先把它和能量的解释联系起来，再和熵的解释联系起来。

解　通过求解关于 T 的 $\nabla^2 T=0$ 得到稳态温度分布，我们理解 T 满足规定的边界值(狄利克雷问题)。考虑到热平衡中的稳态，就像机械平衡构型一样，是由最小能量控制的，我们问："最小化的适当能量是什么?"这里我们回顾一下电位差在借助于工作介质提取能量的过程中的作用。这样的介质可以是质量，比如冲下溢洪道为涡轮机提供动力的水，也可以是温度，比如卡诺循环中的高温和低温。无论介质是什么，高度差、温度差和浓度差异都被用来为系统提供动力。工程师的角色是创造一种机制、过程或引擎来利用这种差。

在局部，电位差用梯度来描述，在系统的范围内，它提供电力的能力的总差可以用梯度大小的积分来描述。对于稳态温度分布，这样的函数自然由 $C\ |\nabla T|^2$ 给出，其中常数 C 必须为这个式子提供能量密度的单位。

- **能量解释**：对于 Ω 中由 $\nabla^2 T=0$ 得到的温度场 $T(\boldsymbol{x})$，我们形成“能量函数” $(1/2k)|\nabla T|^2$。k 的单位是每长度 L 每时间 t 每开尔文度 K 的能量 e，得到 $e/(Lt\mathrm{K})$，所以能量 $(1/2k)\ |\nabla T|^2$ 的单位是 $e\mathrm{K}/(L^3 t)$。积分量 $I=\int_\Omega k\ |\nabla T|^2\mathrm{d}\boldsymbol{x}$ 的单位为 $e\mathrm{K}/t$,与能量成正比。解关于 $T(\boldsymbol{x})$ 的拉普拉斯方程提供最小化物体的能量含量。
- **熵解释**：我们现在注意到积分量 $\int_\Omega k\ |\nabla T|^2/T^2)\mathrm{d}x$ 的单位是 $e/(Kt)$，它对应于一

个熵产生率，这里用 $\dot{s}$ 表示。无论多小，产生熵的速率都是通过材料中温度梯度的作用发生的。它总是正的，尽管它可以最小化。

12.3 泊松方程的格林函数

一维拉普拉斯算子是常微分方程算子 $\mathrm{d}^2/\mathrm{d}x^2$，我们已经讨论过很多次了。我们已经在第 11 章找到了它的以及相关的常微分算子的格林函数。我们现在开发和利用关于二维或多维拉普拉斯算子的格林函数概念。非齐次拉普拉斯方程为泊松方程：$\nabla^2 u=\varrho(\boldsymbol{x})$。

我们假设定义域边界 $\partial\Omega$ 上是齐次边界条件，所以问题的解是由强迫函数 $\varrho(\boldsymbol{x})$ 驱动的。在这种情况下，齐次边界条件意味着在每个点 $\boldsymbol{x}\in\partial\Omega$，$u=0$ 或 $\partial u/\partial\boldsymbol{n}=0$。$u=0$ 的位置 $\boldsymbol{x}\in\partial\Omega$ 称为 $\partial\Omega_u$，而 $\partial u/\partial\boldsymbol{n}=0$ 的位置 $\boldsymbol{x}\in\partial\Omega$ 称为 $\partial\Omega_{\boldsymbol{n}}$。这样 $\partial\Omega$ 就分成了两部分，即 $\partial\Omega=\partial\Omega_u\cup\partial\Omega_{\boldsymbol{n}}$。

我们推导的起点，就像第 11 章的常微分方程的格林函数一样，是找到泊松方程中的强迫函数是 δ 函数 $[\varrho(\boldsymbol{x})=\delta(\boldsymbol{x}-\boldsymbol{x}_{\mathrm{o}})]$ 时的解。然而，现在这是一个多维的 δ 函数，我们必须首先澄清它的含义。例如，在三维空间中 $\boldsymbol{x}=(x,y,z)\in\Omega$ 是一般的场点，$\boldsymbol{x}_{\mathrm{o}}=(x_{\mathrm{o}},y_{\mathrm{o}},z_{\mathrm{o}})\in\Omega$ 是 δ 函数奇点的位置。根据建模的物理背景，这个奇点可能对应于一个**集中的荷载**、一个**点源**或一个**孤立的点电荷**。无论在什么物理环境下，这种奇异强迫都可以与式（11.1）中定义的一维强迫做类比，在不止一个维度上操作。因此，对多维 δ 函数的操作描述如下。

> 如果 $f=f(\boldsymbol{x})$ 是所有 $\boldsymbol{x}\in\Omega\subset\mathbb{R}^N$ 的任何适当的性态良好的函数，并且如果 $\boldsymbol{x}_{\mathrm{o}}\in\Omega$，那么 $\delta(\boldsymbol{x}-\boldsymbol{x}_{\mathrm{o}})$ 的作用在操作上定义为
>
> $$\int_{\Omega} f(\boldsymbol{x})\delta(\boldsymbol{x}-\boldsymbol{x}_{\mathrm{o}})\mathrm{d}V_{\boldsymbol{x}}=f(\boldsymbol{x}_{\mathrm{o}}) \tag{12.19}$$

在上面的符号中，下标 $\boldsymbol{x}$ 被附加在体积微分 $\mathrm{d}V_{\boldsymbol{x}}$ 上以强调它已经变成了哑积分变量。根据上下文的不同，我们可以或不可以使用这样的准确性来指定体积微分。我们还要提醒自己，我们使用的是 9.2 节末尾所示的表示法，N 维的体积积分用单个积分符号 $\int_{\Omega}$ 表示，而不是用 N 个嵌套的积分符号表示。

用笛卡儿（坐标系）表示，式（12.19）中 $\mathrm{d}V_{\boldsymbol{x}}=\mathrm{d}x_1\mathrm{d}x_2\cdots\mathrm{d}x_N$，$\delta$ 函数的表示是简单的一维笛卡儿 δ 函数的乘积，例如，在三维中 $\delta(\boldsymbol{x}-\boldsymbol{x}_{\mathrm{o}})=\delta(x-x_{\mathrm{o}})\delta(y-y_{\mathrm{o}})\delta(z-z_{\mathrm{o}})$，每个笛卡儿坐标方向各有一个。

在对 $\delta(\boldsymbol{x}-\boldsymbol{x}_{\mathrm{o}})$ 做了这样的定义之后，如果

$$\nabla_{\boldsymbol{x}}^2 G(\boldsymbol{x},\boldsymbol{x}_{\mathrm{o}})=\delta(\boldsymbol{x}-\boldsymbol{x}_{\mathrm{o}}) \tag{12.20}$$

我们说 $G(\boldsymbol{x}-\boldsymbol{x}_{\mathrm{o}})$ 是拉普拉斯算子的（多维）格林函数 $G(\boldsymbol{x}-\boldsymbol{x}_{\mathrm{o}})$。这里拉普拉斯算子的下标 $\boldsymbol{x}$ 用来强调微分变量。我们并不总是需要这样做，因为根据上下文，意思往往会很清楚。

在写为 $G(\boldsymbol{x}-\boldsymbol{x}_o)$ 时，我们称 $\boldsymbol{x}$ 为“场点”，称 $\boldsymbol{x}_o$ 为“源点”或“集中脉冲点”，类似于第11章的用法。

现在我们验证 $G(\boldsymbol{x}-\boldsymbol{x}_o)$ 在给定的 $\varrho(\boldsymbol{x})$ 下如何求出泊松方程

$$\nabla^2 u = \varrho(\boldsymbol{x}) \tag{12.21}$$

的解 $u(\boldsymbol{x})$，$u(\boldsymbol{x})$ 在 $\partial\Omega=\partial\Omega_u\cup\partial\Omega_{\boldsymbol{n}}$ 上满足齐次边界条件。为此，我们模仿9.2节中的式（9.18)和式（9.19）的推导过程。假定式（12.20）和式（12.21）都成立，形成乘积

$$G(\boldsymbol{x},\boldsymbol{x}_o)\ \nabla^2 u(\boldsymbol{x}_o) = G(\boldsymbol{x},\boldsymbol{x}_o)\ \varrho(\boldsymbol{x}_o)$$

和

$$u(\boldsymbol{x}_o)\ \nabla^2 G(\boldsymbol{x},\boldsymbol{x}_o) = u(\boldsymbol{x}_o)\delta(\boldsymbol{x}-\boldsymbol{x}_o)$$

取它们的差值然后用源点 $\boldsymbol{x}_o$ 作为积分变量进行积分，马上得到

$$\int_\Omega \Big(G(\boldsymbol{x},\boldsymbol{x}_o)\ \nabla^2 u(\boldsymbol{x}_o) - u(\boldsymbol{x}_o)\ \nabla^2 G(\boldsymbol{x},\boldsymbol{x}_o)\Big)\mathrm{d}V_{\boldsymbol{x}_o}$$

$$= \int_\Omega \Big(G(\boldsymbol{x},\boldsymbol{x}_o)\ \varrho(\boldsymbol{x}_o) - u(\boldsymbol{x}_o)\delta(\boldsymbol{x}-\boldsymbol{x}_o)\Big)\mathrm{d}V_{\boldsymbol{x}_o} \tag{12.22}$$

根据以前在式（9.19）的简写表示法，式（12.22）的左边成为

$$\int_\Omega (G\ \nabla^2 u - u\ \nabla^2 G)\mathrm{d}V_{\boldsymbol{x}_o} = \int_\Omega \nabla\cdot(G\ \nabla u - u\ \nabla G)\mathrm{d}V_{\boldsymbol{x}_o}$$

$$= \int_{\partial\Omega} (G\ \nabla u - u\ \nabla G)\cdot \boldsymbol{n}\mathrm{d}A_{\boldsymbol{x}_o}$$

我们用更简单的符号把它表示为

$$\int_{\partial\Omega}\left(G\frac{\partial u}{\partial \boldsymbol{n}} - u\frac{\partial G}{\partial \boldsymbol{n}}\right)\mathrm{d}A_{\boldsymbol{x}_o} \tag{12.23}$$

在一维情况，边界项是一维区间端点处的值，如之前在9.2节中式（9.14）和式（9.15）中所见。在二维或多维空间中，它代表一个边界积分。在我们对一维常微分方程的研究中，我们使用**双线性伴随**的术语来描述这样的项。式（12.23）为这个偏微分方程分析中的双线性伴随。我们可以通过 u 在 $\partial\Omega_u$ 上和 $\partial u/\partial\boldsymbol{n}$ 在 $\partial\Omega_{\boldsymbol{n}}$ 上为零的事实，进一步化简这个双线性伴随：

$$\int_{\partial\Omega}\left(G\frac{\partial u}{\partial \boldsymbol{n}} - u\frac{\partial G}{\partial \boldsymbol{n}}\right)\mathrm{d}A_{\boldsymbol{x}_o} = \int_{\partial\Omega_u} G\frac{\partial u}{\partial \boldsymbol{n}}\mathrm{d}A_{\boldsymbol{x}_o} - \int_{\partial\Omega_{\boldsymbol{n}}} u\frac{\partial G}{\partial \boldsymbol{n}}\mathrm{d}A_{\boldsymbol{x}_o} \tag{12.24}$$

现在我们计算式（12.22）的右边。利用由式（12.19）给出的 δ 函数的定义性质，然后用简写符号给出

$$\int_\Omega (G(\boldsymbol{x},\boldsymbol{x}_o)\ \varrho(\boldsymbol{x}_o) - u(\boldsymbol{x}_o)\delta(\boldsymbol{x}-\boldsymbol{x}_o))\mathrm{d}V_{\boldsymbol{x}_o} = \int_\Omega G\ \varrho\ \mathrm{d}V_{\boldsymbol{x}_o} - u(\boldsymbol{x}) \tag{12.25}$$

综合式（12.22）中的所有这些结果，重新整理后得到

$$u(\boldsymbol{x}) = \int_\Omega G\ \varrho\ \mathrm{d}V_{\boldsymbol{x}_o} - \left(\int_{\partial\Omega_u} G\frac{\partial u}{\partial \boldsymbol{n}}\mathrm{d}A_{\boldsymbol{x}_o} - \int_{\partial\Omega_{\boldsymbol{n}}} u\frac{\partial G}{\partial \boldsymbol{n}}\mathrm{d}A_{\boldsymbol{x}_o}\right) \tag{12.26}$$

为了从格林函数理论的原始概念理解式（12.19）与式（12.26）之间的推导，读者不妨回顾一下第11章的介绍性讨论，其中格林函数思想的抽象定性特征得到了简明扼要的阐述。上述论述符合这一概念的要点。

式（12.26）的推导在逻辑上引出了这样一个问题：“格林函数 G 的合适边界条件是什么?”理想的可能性是，我们可以找到一个格林函数，不仅满足式（12.20），而且满足与 u 相同的齐次边界条件，即在 $\partial\Omega_u$ 上 $G=0$ 和在 $\partial\Omega_{\boldsymbol{n}}$ 上 $\partial G/\partial\boldsymbol{n}=0$。在这种理想情况下，式（12.26）中的（括号内）后两项双线性伴随将为零，导致式（12.26）的右边只包含已知的量。在这种情况下，u 由式（12.26）正式确定为

$$u(\boldsymbol{x})=\int_{\Omega}G\,\varrho\,\mathrm{d}V_{\boldsymbol{x}_o} \tag{12.27}$$

这个结果类似于式（11.32）给出的常微分方程的格林函数解。然而，对于偏微分方程来说 $\partial\Omega_u$ 和 $\partial\Omega_{\boldsymbol{n}}$ 的边界形状可能会给寻找这种理想格林函数的任何尝试带来困难。在这种情况下，我们仍然将式（12.20）与其他格林函数［即满足式（12.20）但不满足理想边界条件的格林函数］一起使用。然后必须处理式（12.26）中的边界项。下文将阐明，有时这是比较可取的行动方针。于是，逻辑问题就变成了“在多维情况下，式（12.20）的解能否不受边界条件的影响而被找到”，令人高兴的是，这个问题的答案为“是”，并体现在**自由空间格林函数**的概念中。

12.3.1 自由空间格林函数

自由空间格林函数 $G(\boldsymbol{x}-\boldsymbol{x}_o)$ 满足式（12.20），仅依赖于 $\boldsymbol{x}$ 和 $\boldsymbol{x}_o$ 的绝对距离 $r=|\boldsymbol{x}-\boldsymbol{x}_o|$。因此，就像在自由空间中所期望的那样，它在所有方向上的影响都是相同的。如果我们不是在自由空间，不同边界（或者，根据物理环境，不同的障碍）可能会出现在不同方向，使得格林函数具有方向依赖性。这将破坏仅对 $r=|\boldsymbol{x}-\boldsymbol{x}_o|$ 的简单依赖。

现在让我们寻找二维泊松方程的自由空间格林函数。这里 $G=G(x,y,x_o,y_o)$ 必须表示为 $r=\sqrt{(x-x_o)^2+(y-y_o)^2}$ 的函数，这是对称性要求。这一要求强烈表明，式（12.20）中的 δ 函数，理论上为 $\delta(\boldsymbol{x}-\boldsymbol{x}_o)=\delta(x-x_o)\delta(y-y_o)$，也可以用 $\delta(r)$ 表示，$\delta(r)$ 看作一维 δ 函数。这个微妙的问题需要注意。

例 12.3.1 用 $\delta(r)$ 表示二维 δ 函数 $\delta(x-x_o)\delta(y-y_o)$。

解 根据式（12.19），当 δ 函数与任意 $f(x,y)$ 的乘积在一个包含 (x_o,y_o) 的二维区域上积分时，我们可得到 f 在单点 (x_o,y_o) 处的值。如果我们类似地将 $\delta(r-r_o)$ 作为单变量函数进行积分，当积分路径包含 r_o 时，我们得到 $f(r_o)$。然而，对于二维面积的积分，极坐标形式的面积元引入了 $r\mathrm{d}\theta$ 因子，将先前的结果推广到弧长为 $2\pi r$ 的**圆弧**上。圆弧不是点。因此，δ 函数 $\delta(x-x_o)\delta(y-y_o)$ 必须通过关系 $\delta(r)=2\pi r\delta(x-x_o)\delta(y-y_o)$ 与圆弧 δ 函数 $\delta(r)$ 连接。当存在二维角（即圆形）对称时，这个条件写成

$$\delta(\boldsymbol{x},\boldsymbol{x}_o)=\frac{1}{2\pi r}\delta(r)$$

在推导出极坐标下 δ 函数的上述表示之后，我们回到最初的探求，即获得拉普拉斯算子的二维自由空间格林函数。

例 12.3.2　求关于泊松方程的二维自由空间格林函数。

解　基本偏微分方程为：$\boldsymbol{\nabla}^2 G=\delta(\boldsymbol{x}-\boldsymbol{x}_o)$。使用 9.1 节的公式在极坐标中写出 $\boldsymbol{\nabla}^2$，并寻找（自由空间）不依赖于角的解，将这个偏微分方程化为下列形式的常微分方程：

$$\frac{1}{r}\frac{\partial}{\partial r}\left(r\frac{\partial G}{\partial r}\right)=\frac{1}{2\pi r}\delta(r) \tag{12.28}$$

在这里，我们遵循标准惯例，继续在式（12.28）的常微分方程中使用偏导数符号。我们这样做是为了提醒自己，其他变量就像 r 一样可能会出现，可能是更大整体的一部分。对于 $r>0$，右边变为 0，因此，上面的式子对于 $r>0$ 积分，立即得出 $G=c_1\log r+c_2$。[⊖]在过去我们考虑过的问题中，也就是那些原点没有奇点的问题，我们会设 $c_1=0$，以便在 $r=0$ 处得到一个性态良好的解。然而，对于格林函数的构造，我们不做这样的讨论，因为式（12.28）在原点处包含一个 δ 函数奇点。相反，我们通过在一个以 $r=0$ 为中心的小圆盘上对式（12.28）积分来处理奇点。设 R 是圆盘的半径。因此，

$$\underbrace{\int_0^{2\pi}\int_0^{R}\frac{1}{r}\frac{\partial}{\partial r}\left(r\frac{\partial G}{\partial r}\right)r\,\mathrm{d}r\mathrm{d}\theta}_{2\pi\int_0^R\frac{\partial}{\partial r}\left(r\frac{\partial G}{\partial r}\right)\mathrm{d}r}=\underbrace{\int_0^{2\pi}\int_0^{R}\frac{1}{2\pi r}\delta(r)r\,\mathrm{d}r\mathrm{d}\theta}_{1} \tag{12.29}$$

如上所述，右边积分为 1。左边得到

$$2\pi\int_0^R\frac{\partial}{\partial r}\left(r\frac{\partial G}{\partial r}\right)\mathrm{d}r=2\pi r\frac{\partial G}{\partial r}\bigg|_0^R=\left(2\pi r\frac{\partial}{\partial r}(c_1\log r+c_2)\right)\bigg|_0^R=2\pi c_1$$

因此，式（12.29）导致 $2\pi c_1=1$ 或 $c_1=1/2\pi$ 的要求。该过程没有提供关于 c_2 的任何信息。事实上，我们可以取任意的 c_2 值，为此，取 $c_2=0$ 是最简单的。结果是

$$G(r)=\frac{1}{2\pi}\log r \tag{12.30}$$

或者，我们注意到，如果写 $c_2=-1/(2\pi)\log c_3$，这里 c_3 取代 c_2 作为到目前为止的待定常数，那么格林函数变成 $G(r)=1/(2\pi)\log(r/c_3)$。事实上，这是非常幸运的，因为我们知道对数函数的自变量应该是无量纲的。式（12.30）中的自变量 r 可以通过使用上述改写 c_2 中的无量纲化因子 c_3，始终可以认为是无量纲的。

在式（12.30）中，r 是源点 (x_o,y_o) 到响应点 (x,y) 的距离。为了使这一点更明确，我们可以将式（12.30）写成

$$G(x,y,x_o,y_o)=\frac{1}{2\pi}\log\sqrt{(x-x_o)^2+(y-y_o)^2} \tag{12.31}$$

关于由式（12.31）给出的自由空间格林函数的其他事实如下。

- **没有平方根**：用 $\log\sqrt{\cdot}=\frac{1}{2}\log(\cdot)$ 消去平方根的对数，会得到稍微简单一点的形式

⊖ 与第二部分中关于复变量的内容一样，这里的符号 log 表示自然对数。

$$G(x,y,x_o,y_o)=\frac{1}{4\pi}\log\left[(x-x_o)^2+(y-y_o)^2\right] \tag{12.32}$$

- **互换性**

$$G(x,y,x_o,y_o)=G(x_o,y_o,x,y)$$

逻辑上的解释是（x_o,y_o）处的扰动对（x,y）处场的影响与（x,y）处的扰动对（x_o,y_o）处场的影响相同。

互换性的命题依赖于式（12.32）中的格林函数的自由空间性质。边界或障碍会打破 G 对 r 的简单依赖，从而使式（12.32）失效。然而，有人可能会说，如果源点和场点与任何边或障碍相比非常接近，那么互换性将是一个合理的局部近似。

综合以上结果：如果问题域为整个二维平面，则 $\nabla^2 u=\varrho(x,y)$ 的解为

$$u(x,y)=\frac{1}{4\pi}\int_{-\infty}^{\infty}\int_{-\infty}^{\infty}\log((x-\xi)^2+(y-\eta)^2)\,\varrho(\xi,\eta)\mathrm{d}\xi\mathrm{d}\eta \tag{12.33}$$

12.3.2　有限和半无限域上的格林函数

当 Ω 中存在边界或障碍时，满足附加边界条件的格林函数的形式与式（12.32）的自由空间格林函数不同。这个新的、不同的、满足边界条件的格林函数可以写成自由空间格林函数和一个必须满足拉普拉斯方程的修正的和：这个修正将是非奇异的。由于由式（12.32）给出的自由空间格林函数在（x,y）=（x_o,y_o）处有一个奇点，求和或新的格林函数（原来的加修正的）在该点处仍然是奇异的。

我们的困难在于，（x_o,y_o）的扰动可能位于 Ω 的任何地方。随着这个位置的变化，它与固定边界的关系也会发生变化。因此，修正项本身高度依赖于源点（x_o,y_o）的位置。这一事实使得修正的数学问题非常困难。当存在一些可以利用的附加的问题对称性时，例外就会发生。我们将在 12.4 节中讨论这种情况。

更令人高兴的是，修正一般不会给 G 带来任何额外的奇点。换句话说，拉普拉斯算子的任何二维格林函数，不管它满足什么边界条件，都会有一个由式（12.32）给出的对数奇点。对数奇点是函数源位置附近的性态。

虽然式（12.32）给出的 G 是二维格林函数，但当第三个方向对分析没有贡献时，它与三维环境有关。在这种情况下，所有使用诸如式（12.33）那样的格林函数的结果，必须解释为“每单位厚度”。在物理上，由式（12.32）给出的格林函数对应于第三个方向的扰动线，例如线源、线电荷、线荷载等。

虽然以这种方式导出的格林函数似乎只适用于无界区域，但有各种各样的巧妙方法可以用于将式（12.30）和式（12.32）的格林函数结果特殊化到具有不同边界条件的定义域。下面两节将介绍其中一些结果。

例 12.3.3　将 6.5 节的流体力学讨论与本节的格林函数推导联系起来。

评注： 我们首先推导流场解，然后建立与上面找到的格林函数的联系。

流体流场解：我们从完全三维环境中开始，考虑在体积 Ω 中由封闭曲面 $\partial\Omega$ 界定的稳定流体流场。如果在 Ω 中没有源或汇，那么通过质量守恒，就没有通过 $\partial\Omega$ 的净流体通量。通过面积 δA 具有单位法向 $\boldsymbol{n}$ 的小表面斑块的质量通量为 $\rho\boldsymbol{v}\cdot\boldsymbol{n}\delta A$。将这一项在整个 $\partial\Omega$ 上积分得到所需条件 $\int_{\partial\Omega}\rho\boldsymbol{v}\cdot\boldsymbol{n}\mathrm{d}A=0$（见图 12.1）。

当流体密度是常数时，就剩下 $\int_{\partial\Omega}\boldsymbol{v}\cdot\boldsymbol{n}\mathrm{d}A=0$，使用高斯定理，它变成了 $\int_{\Omega}\nabla\cdot\boldsymbol{v}\mathrm{d}V=0$，由此我们找到了微分形式 $\nabla\cdot\boldsymbol{v}=0$。如果流就像在 6.5 节和 7.7 节中讨论的那样，是非黏性的，那么可以如式（6.21）中一样，写 $\boldsymbol{v}=\nabla\phi$。这就得到了速度势的拉普拉斯方程

$$\nabla^2\phi=0$$

对于强度相等的源的直线，流将以径向的方式远离这条线。上式化为

$$\frac{1}{r}\frac{\partial}{\partial r}\left(r\frac{\partial\phi}{\partial r}\right)=0$$

其中 r 为柱坐标中的径向坐标。解为 $\phi=c_1\log r+c_2$。参照 6.5 节的二维展开，我们恢复了式（7.32）给出的速度势的形式。特别地，所有一切现在都是在第三个方向 $\mathfrak{z}$ 的单位深度。

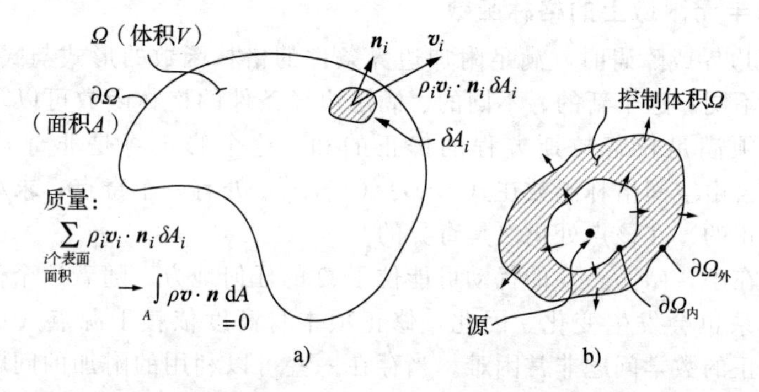

图 12.1　a）连续体的稳态质量平衡是整个面积 $\partial\Omega$ 的局部密度和速度的垂直分量的乘积乘以局部单元面积 δA 的和。在表面上进行加法，然后取无穷小面积元的极限，就得到了积分。其单位是质量/单位时间。b）控制体积元相对于原点的线质量源的位置。控制体积 Ω 不包含源。所有经过内边界 $\partial\Omega_{内}$ 的质量，也经过外边界 $\partial\Omega_{外}$

我们在图 12.1 所示的控制体积方法的背景中继续进行推导。径向速度由 $v_r=\partial\phi/\partial r=c_1/r$ 给出，因此施加恒定流速的条件

$$\dot{Q}=v_rA=\text{常数}\tag{12.34}$$

得到 $\dot{Q}=(c_1/r)(2\pi r)=2\pi c_1$，由此给出

$$\phi=(\dot{Q}/2\pi)\log r\tag{12.35}$$

根据例 12.3.2 中讨论过的原因，常数 c_2 已被丢弃。由于 ϕ 已知，可以计算出笛卡儿速度分量：

$$v_x=\frac{\partial\phi}{\partial x}=\frac{\dot{Q}}{2\pi}\frac{x-x_o}{(x-x_o)^2+(y-y_o)^2}\tag{12.36}$$

$$v_y = \frac{\partial \phi}{\partial y} = \frac{\dot{Q}}{2\pi} \frac{y - y_o}{(x - x_o)^2 + (y - y_o)^2} \tag{12.37}$$

且 $v_z=0$。对于柱速度分量，我们得到

$$v_r = \frac{\partial \phi}{\partial r} = \frac{\dot{Q}}{2\pi r} \tag{12.38}$$

和

$$v_\theta = \frac{1}{r} \frac{\partial \phi}{\partial \theta} = 0 \tag{12.39}$$

如上所规定，柱速度场是纯径向的，也是正的，表示为**线源**。

与格林函数的联系：式（12.35）中解 ϕ 的函数形式与式（12.30）给出的 G 相同。我们注意到 ϕ 与 G 的差别仅在于因子 $\dot{Q}$。然而，这个微小的数学差异，却突出了我们对格林函数的物理理解的一个重点。通过写 $\phi/\dot{Q}=G$，我们可以得出以下观察结果。

- 对于 ϕ，流量或体积通量 $\dot{Q}$ 是恒定的。因此，运用式（12.38），从式（12.34）得到

  $$\dot{Q} = v_r A = 常数 = \frac{\partial \phi}{\partial r} 2\pi r$$

  因为 $\phi/\dot{Q}=G$，将其改写为

  $$1 = \frac{\partial G}{\partial r} 2\pi r \tag{12.40}$$

- 根据齐次拉普拉斯方程：$\nabla^2\phi=0$，在体积通量恒定的条件下求出 ϕ 的解。后者与在原点处具有强度 $\dot{Q}$ 的源一致。
- 格林函数 G 由非齐次拉普拉斯方程（即泊松方程）$\nabla^2 G=\delta$ 的解得到。狄拉克 δ 函数也位于原点。
- 因此，位于原点的狄拉克 δ 函数的作用是有效地产生一个从原点向径向流动的流体通量，该流体通量均匀地流经围绕原点的所有同心圆。因此，式（12.40）中的 $r\,\partial G/\partial r$ 是常数。换句话说，含非齐次源项 δ 的 G 的泊松方程，除了因子 $\dot{Q}$，等价于一个拉普拉斯方程的解。这个关于速度势 ϕ 的拉普拉斯方程满足一个约束条件，即有一个恒定的“流”通过围绕原点的每个圆。
- 注意，为了保持质量，速度 $v_r=\partial\phi/\partial r$（本质上是 $\partial G/\partial r$）必须按 r^{-1} 减小，因为面积随 r 增大，因此 $\rho v_r A=$ 常数。流体通过的面积随 r 而不是 r^2 增加，因为面积是周长 $2\pi r$ 乘以单位深度。
- 最后，在处理源和汇时，我们置 $\dot{Q}=1$ 以形式化描述物理速度势与数学上定义的格林函数之间的基本等价性。格林函数的物理和数学是紧密交织在一起的。

12.4　半平面上的问题

由式（12.32）给出的自由空间格林函数 $G(x, y, x_o, y_o)$ 提供了流体点源（流体注入

点）(x_o,y_o) 处 (x,y) 点的稳态不可压缩非黏性流势，此时流场中没有边界或障碍。

在本节中，我们使用二维自由空间格林函数来研究一些有边界和障碍的问题，而不需要解任何额外的微分方程。为了完成这一任务，我们利用已有的非黏性流势解，并辅以叠加原理。最后，根据上半平面 $y\geqslant 0$ 中特定类型的流来解释结果。

12.4.1　源和汇的图像法

对于齐次边界条件，泊松方程的解完全由整个场的强迫项驱动，强迫项我们称为$\varrho(x,t)$。这是首先考虑的情况。然后我们应用非齐次边界条件，这是问题的第二种驱动因素。

齐次边界条件

把 $G(x,y,x_o,y_o)$ 看作点源流势，式（12.38）和式（12.39）表示所有注入的流体都是从源点径向流动的，只有当向 $r\rightarrow\infty$方向运动时才离开系统。如果我们在系统中与(x_o,y_o)有一定距离的地方，比如在$(x_o,-y_o)$处，放置一个较弱的汇，那么这个位置将根据源强度与汇强度的比值来抽真空一部分注入流。对于同等强度的汇，所有注入流最终都会被汇捕获：换句话说，整个流都是从点源进入点汇的。由此产生的流势是源势和汇势的总和。对源和汇取等效单位强度，该势变为

$$\phi(x,y)=\phi_{源}+\phi_{汇}=\frac{1}{2\pi}\log r_1-\frac{1}{2\pi}\log r_2 \tag{12.41}$$

其中 $r_1=\sqrt{(x-x_o)^2+(y-y_o)^2}$ 和 $r_2=\sqrt{(x-x_o)^2+(y+y_o)^2}$ 是从源和汇出发的半径，并连接到点 (x,y)。式（12.41）的源-汇对流势可以用简洁的形式表示为

$$\phi(x,y)=\frac{1}{4\pi}\log\left(\frac{(x-x_o)^2+(y-y_o)^2}{(x-x_o)^2+(y+y_o)^2}\right) \tag{12.42}$$

图 12.2 中显示了势能线和流线（回想一下 6.5.1 节，后者和前者总是相互垂直的）。我们注意到，如果 $y_o=0$ 或 $y=0$，则 $\phi=0$。$y_o=0$ 的情况对应于源和汇位置相同的特殊情况，因此它们彼此湮灭。对于 $y_o\neq 0$ 的情况，水平线 $y=0$ 到源和汇的距离相等。当 $y_o\neq 0$ 时，x 轴为该流的对称线，见图 12.2。

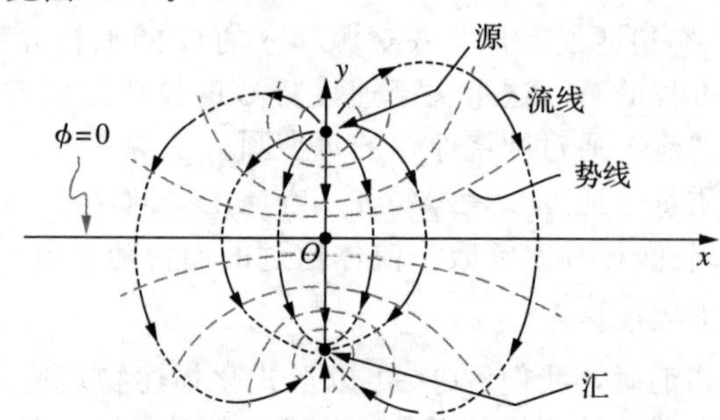

图 12.2　当源位于 $(0,y_o)$，而同样强的汇位于 $(0,-y_o)$ 时，速度势线（灰虚线）$\phi=$常数和流线 $\psi=$常数的图。如图所示，流从源到汇。势线的排列方式使得 $\phi=0$ 为 x 轴。势能可以解释为：除源点和汇点外，其他地方满足 $\nabla^2\phi=0$ 的格林函数，且沿 x 轴 $\phi=0$。还要注意，在远场（即 $r\rightarrow\infty$）$\phi=0$

可以直接得到下列观察结果。

- 除了源和汇的位置 (x_o, y_o) 和 $(x_o, -y_o)$ 外，函数 $\phi(x,y)$ 处处满足 $\nabla^2\phi=0$。理论上 ϕ 满足 $\nabla^2\phi=\delta(x-x_o)\delta(y-y_o)-\delta(x-x_o)\delta(y+y_o)$。函数 ϕ 在 $y=0$ 这条线上为零。
- 式 (12.42) 中的函数 ϕ 是上半平面域 $\Omega=\{(x,y)\mid -\infty<x<\infty, y>0\}$ 的格林函数，该函数在域的有限边界（x 轴，即 $y=0$）上满足 $G=0$，在远场，$G\to 0$。因此，这个问题的格林函数是

$$G(x,y,x_o,y_o)=\frac{1}{4\pi}\log\left(\frac{(x-x_o)^2+(y-y_o)^2}{(x-x_o)^2+(y+y_o)^2}\right) \tag{12.43}$$

这样，我们得到了具有齐次边界条件的泊松方程半平面边界值问题的以下重要结果。

对于任意非齐次强迫项 ϱ，在直线 $y=0$ 上和远场满足 $u=0$ 的半平面域 $y\geqslant 0$ 的方程 $\nabla^2 u=\varrho(x,y)$ 的解通过将式 (12.43) 的 G 用于式 (12.27) 得到，即

$$u(x,y)=\int_{-\infty}^{+\infty}\left(\int_0^{\infty}\frac{1}{4\pi}\log\left(\frac{(x-x_o)^2+(y-y_o)^2}{(x-x_o)^2+(y+y_o)^2}\right)\varrho(x_o,y_o)\,\mathrm{d}y_o\right)\mathrm{d}x_o \tag{12.44}$$

通过在图像点 $(x_o, -y_o)$ 放置一个汇，我们使用了一种称为**图像法**的解法。现在，我们将这种源-汇方法与 12.3.2 节中描述的为有边界的定义域获取格林函数的技术联系起来。这种构造技术对自由空间格林函数进行了修正，使组合的或新的格林函数能够满足规定的边界条件。在这个过程中，新的格林函数不再是一个自由空间函数，而是可以应用在一个受限域中的。在这种情况下，满足规定边界条件的格林函数由式 (12.43) 给出，而自由空间格林函数由式 (12.32) 给出。因此，“修正”是 $(x_o, -y_o)$ 处附加的汇格林函数，受限域是上半平面。

在这一点上，读者可能会反对，我们前面说过**修正将是非奇异的**，而汇在 $(x_o, -y_o)$ 处增加了第二个奇点，其强度与第一个奇点相同。事实上，这并不矛盾，因为由式 (12.43) 给出的组合格林函数是对定义域 $\Omega=\{(x,y)\mid -\infty<x<\infty,\ y>0\}$ 的，这是上半平面，而在 $(y=)-y_o<0$ 处的奇点位于 Ω 的外面。一般来说，图像法可以看作一个生成自由空间格林函数的修正的过程，这些修正点位于流域之外。

图像法中使用的这些“域外”奇点不一定是汇。它们可以是其他来源，甚至是对应于偶极子、四极子等的高阶奇点。它们也可以是总在 Ω 域之外的直线上的奇点的分布。[⊖]下一个例子将演示额外源奇点的使用。

例 12.4.1　求出泊松方程在上半平面上的格林函数，它满足沿水平 x 轴上的边界条件

⊖ 在线性弹性力学中，某些问题可以看作可化简为泊松方程解的组合，利用整个“半膨胀线”构造某些集中荷载解（参见文献 [20] 的第 14 章）。在空气动力学中，一个区域内的源和汇的几何排列与调整的强度放在一起，以描述该区域以外的流，这些流刻画物体**周围**流动的特征。没有流**通过**物体。

$\partial G/\partial y=0$。

评注： 我们将首先利用上述叠加原理给出 G 的数学解。然后，如例 12.3.3 所示，由于格林函数 G 和速度势 ϕ 可以有效地互换，我们将用 ϕ 来分析相同的问题。因此，问题的另一种陈述是，在由水平 x 轴上不透壁界定的半平面中，求出对应于由单一源引起的流的速度势 ϕ（见图 12.3）。

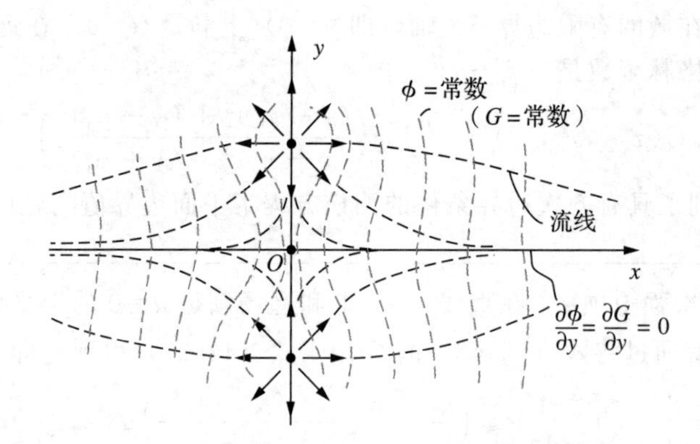

图 12.3　当源位于 $(0,y_o)$ 和同样强的源位于 $(0,-y_o)$ 时，速度势（灰虚线）ϕ 和流线 ψ 的图。"斥力"在 x 轴上产生零法向梯度，使得 $\partial\phi/\partial y=\partial G/\partial y=0$。所关注的受限域是上半平面

格林函数解： 我们用上面介绍的方法的一种变体来求出 G。当我们叠加两个源（一个在 (x_o,y_o) 处，另一个在点 $(x_o,-y_o)$ 处有相同的强度）时，规定的边界条件是满足的，即新格林函数的法向导数沿 $y=0$ 直线为零。那么，组合格林函数或者说新格林函数是

$$G=\frac{1}{2\pi}\log r_1+\frac{1}{2\pi}\log r_2=\frac{1}{2\pi}\log r_1 r_2 \tag{12.45}$$

这可以重写为

$$G=(1/4\pi)\log\left[\left((x-x_o)^2+(y-y_o)^2\right)\cdot\left((x-x_o)^2+(y+y_o)^2\right)\right] \tag{12.46}$$

图 12.3 展示了以速度势 ϕ 产生的流为背景，格林函数的图解。然后利用式（12.46）按照式（12.27）给出的通解来求出满足齐次边界条件的泊松方程的解。

速度势解： 我们已经正规化，使得 $\phi=G$，因此常数 ϕ 的线与常数 G 的线相同。沿轴 $y=0$，势能 ϕ 满足 $v=\partial\phi/\partial y=0$，所以纵向速度是 0。因此，$y=0$ 可以在物理上解释为一个没有流动的固体边界。由于流线垂直于等势线，它们类似于图 12.3 中绘制的线。还要注意，由于流是非黏性的，x 方向上的速度 $u=\partial\phi/\partial x$ 即使在固体表面上也是非零的。无摩擦流分析的这一方面在 6.5.1 节中是普遍存在的，如图 6.9 拐角流动所示。

对于这个格林函数的另一种物理解释也是可能的。例如，在静电学中，图 12.3 所示的场可以表示两个近似的符号相同的二维点电荷产生的电场，换句话说，两条平行于第三个方向（离开平面）的电荷线。

为了获得形状越来越复杂的域的格林函数，可以检查问题域 Ω 之外的源、汇和其他奇点的更一般的叠加。

非齐次边界条件

在式（12.27）中使用由式（12.43）和式（12.46）给出的半平面格林函数，在适当的齐次边界条件下，生成泊松方程的解。例如，其中式（12.43）导致求解式（12.44）。式（12.43）和式（12.46）之间的区别为，前者适用于边界 $y=0$ 上的齐次狄利克雷条件，后者适用于齐次诺伊曼条件。那么问题来了，**如果我们有的不是齐次边界条件，而是非齐次边界条件，我们能做些什么呢？**

为了回答这个问题，首先回想一下，由式（12.26）给出的中间结果假定了齐次边界条件。这一特殊步骤是通过调用式（12.24）来实现的，它假定齐次狄利克雷条件和诺伊曼条件，可能沿整个边界交替。因此，我们回到得到式（12.26）的分析点，但不调用式（12.24)的齐次边界条件的表述。这种做法产生了更普遍的结果

$$u(\boldsymbol{x})=\int_{\Omega}G\,\varrho\,\mathrm{d}V_{\boldsymbol{x}_\circ}+\int_{\partial\Omega}\left[u\,\frac{\partial G}{\partial \boldsymbol{n}}-G\,\frac{\partial u}{\partial \boldsymbol{n}}\right]\mathrm{d}A_{\boldsymbol{x}_\circ} \tag{12.47}$$

这与式（12.26）不同，因为 $u\,\partial G/\partial \boldsymbol{n}$ 和 $G\,\partial u/\partial \boldsymbol{n}$ 的每一个现在都是对**整个** $\partial\Omega$ 积分。在式（12.26）的特殊情况下，$u\,\partial G/\partial \boldsymbol{n}$ 只在 $\partial\Omega$ 中 u 未知的部分积分，$G\,\partial u/\partial \boldsymbol{n}$ 只在 $\partial\Omega$ 中 $\partial u/\partial \boldsymbol{n}$ 未知的部分积分。实际上，我们从前面的分析中回忆起，G 的齐次边界条件的设计是专门用来消除这些边界项的。计算结果为关于满足齐次边界条件的边界值问题的式（12.27）。

通过类比，对于非齐次边界条件，我们可以用式（12.47）进行类似的处理。换句话说，我们再次将边界 $\partial\Omega$ 分解为 $\partial\Omega=\partial\Omega_u\cup\partial\Omega_{\boldsymbol{n}}$，其中 $\partial\Omega_u$ 是在 u 上施加狄利克雷边界条件的边界段，即使它们不是齐次的。也就是说，边界值问题在 $\partial\Omega_u$ 上指定 u，但 u 可能是非零的。同样，$\partial\Omega_{\boldsymbol{n}}$ 是引入诺伊曼界边界条件的边界段，其中 $\partial u/\partial \boldsymbol{n}$ 是指定的，尽管 $\partial u/\partial \boldsymbol{n}$ 可能是非零的。在这种情况下，可以推广式（12.27）如下。

如果格林函数 G 满足**齐次**边界条件，并且在 $\partial\Omega_u$ 上 $G=0$，在 $\partial\Omega_n$ 上 $\partial G/\partial \boldsymbol{n}=0$，那么式（12.47）简化为下列形式：

$$u(\boldsymbol{x})=\int_{\Omega}G\,\varrho\,\mathrm{d}V_{\boldsymbol{x}_\circ}+\int_{\partial\Omega_u}u\,\frac{\partial G}{\partial \boldsymbol{n}}\mathrm{d}A_{\boldsymbol{x}_\circ}-\int_{\partial\Omega_n}G\,\frac{\partial u}{\partial \boldsymbol{n}}\mathrm{d}A_{\boldsymbol{x}_\circ} \tag{12.48}$$

式（12.48）的重要性在于，ϱ 在 Ω 上是已知的，u 在 $\partial\Omega_u$ 上是已知的，$\partial u/\partial \boldsymbol{n}$ 在 $\partial\Omega_{\boldsymbol{n}}$ 上是已知的。因此，一旦我们得到满足所有上述条件的格林函数 G，就可以用式（12.48）计算出整个非齐次边界值问题（源项 ϱ 和非齐次边界条件）的总解 $u(\boldsymbol{x})$。注意，对于齐次边界条件情况，式（12.48）可简化为式（12.27）。

例 12.4.2　在非齐次狄利克雷条件 $u(x,0)=h(x)$ 下，在半平面 $y>0$ 上推导 $\nabla^2u=\varrho$ 的格林函数解。在 $y>0$ 上，当 $x^2+y^2\to\infty$ 时，强迫函数 ϱ 服从 $\varrho\to0$，当 $x\to\pm\infty$ 时，非齐次狄利克雷函数 $h(x)$ 有界。

评注：在 ϱ 和 h 上所指定的条件称为**远场条件**。它们通常从物理问题中自然出现，在

数学上也是积分收敛的必要条件，在最终结果中，物理和数学一致。

$u(x,y)$ 的解：为了利用式（12.48），我们注意到 $\partial\Omega$ 是 x 轴，这是狄利克雷边界条件位置。因此 $\partial\Omega=\partial\Omega_u$，没有 $\partial\Omega_n$。为了求解，我们利用 $y>0$ 上泊松方程的格林函数，使 $G(x,y,x_o,y_o)=0$。这是由式（12.43）的结果给出的。式（12.48）中的边界积分可简化为

$$\int_{\partial\Omega_u} u\,\frac{\partial G}{\partial \boldsymbol{n}}\mathrm{d}A_{x_o}=\int_{-\infty}^{+\infty}h(x_o)\left(-\frac{\partial G}{\partial y_o}\right)\bigg|_{y_o=0}\mathrm{d}x_o$$

从式（12.43）得到

$$-\left(\frac{\partial G}{\partial y_o}\right)_{y_o=0}=\frac{1}{\pi}\frac{y}{y^2+(x-x_o)^2}$$

将这些结果整合到式（12.48）中，得到在直线 $y=0$ 上满足 $u(x,0)=h(x)$ 的方程 $\boldsymbol{\nabla}^2u=\varrho(x,y)$在 $y>0$ 上的解，即

$$u(x,y)=\frac{1}{4\pi}\int_{-\infty}^{+\infty}\left(\int_0^{\infty}\log\left(\frac{(x-x_o)^2+(y-y_o)^2}{(x-x_o)^2+(y+y_o)^2}\right)\varrho(x_o,y_o)\mathrm{d}y_o\right)\mathrm{d}x_o+$$

$$\frac{1}{\pi}\int_{-\infty}^{+\infty}h(x_o)\left(\frac{y}{y^2+(x-x_o)^2}\right)\mathrm{d}x_o \qquad (12.49)$$

如在前面的例子中，这个解对于受限上半平面是有效的，而不是所有的“自由空间”。这一结果也提醒我们泊松方程的解是由边界项和内部强迫项产生的。

考虑这个例子对于$\varrho\equiv0$ 的特殊情况的结果，这意味着我们正在解拉普拉斯方程，解的驱动（强迫）是由边界条件提供的。由式（12.49）与在 $y=0$ 上狄利克雷边界条件 $u(x,0)=h(x)$ 的一致性可知，

$$h(x)=u(x,0)=\lim_{y\to0}\int_{-\infty}^{+\infty}h(x_o)\left(\frac{y/\pi}{y^2+(x-x_o)^2}\right)\mathrm{d}x_o$$

如果我们把极限运算和积分互换，得到

$$h(x)=\int_{-\infty}^{+\infty}h(x_o)\left\{\lim_{y\to0}\left(\frac{y/\pi}{y^2+(x-x_o)^2}\right)\right\}\mathrm{d}x_o \qquad (12.50)$$

当我们回顾 11.1.1 节，狄拉克 δ 函数是通过下式定义的，这是有直接利害关系的：

$$h(x)=\int_{-\infty}^{+\infty}h(x_o)\delta(x_o-x)\mathrm{d}x_o \qquad (12.51)$$

利用 $\delta(x_o-x)=\delta(x-x_o)$ 的性质[⊖]，我们看到式（12.50）和式（12.51）表明一维狄拉克 δ 函数的如下表示：

$$\delta(x-x_o)=\lim_{\epsilon\to0}\frac{1}{\pi}\left(\frac{|\epsilon|}{\epsilon^2+(x-x_o)^2}\right) \qquad (12.52)$$

这里我们用通用的小参数ϵ替换了 y，以便更好地与前面 11.1.1 节的表示形式进行比较。那个表达式采用了由式（11.2）定义的函数 Υ_c。这里我们用 c 表示小参数，δ 函数只有在

⊖ 见式（11.14）。

小参数趋于零的极限下才成立。此外，很明显，这个极限**不是**一个传统的函数。图 11.1 显示了带有预限函数的前面那个 Υ_c 的结构。基于预限（$\epsilon \neq 0$）函数的式（12.52）的当前表示如图 12.4 所示。

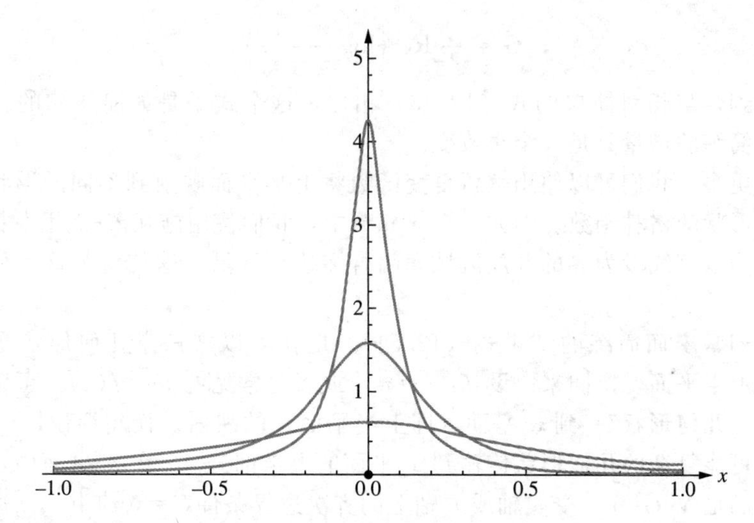

图 12.4　式（12.52）右边函数，当 $\epsilon \to 0$ 时的极限产生狄拉克 δ 函数，与图 11.1 中描述的函数，当它的小参数 $c \to 0$ 时产生狄拉克 δ 函数的方式相同。这里所描述的三个函数图分别对应参数值 $\epsilon = 0.5$，0.2，0.075

事实上，狄拉克 δ 函数有很多（实际上是无限多的）可能的表示，这使得它成为**替代表示**。然而，就其在积分符号下的作用而言，所有这些替代表示产生与式（12.51）完全相同的运算结果。莱特希尔（M. J. Lighthill）把像狄拉克 δ 函数这样的，定义不明确的一类函数描述为“广义函数”。[⊖]这些函数在实践中（即在被积函数中）作为作用于另一个函数的**分布**来产生**响应**。

12.4.2　使用复分析的格林函数

我们现在演示，由复分析所实现的符号压缩不仅产生了半平面格林函数的简练形式，而且允许在比迄今所考虑的形状更复杂的域上构造格林函数。为此，我们重新讨论泊松方程的格林函数，该函数解决了例 12.4.2 中描述的问题，问题由式（12.43）给出。现在可以看到，既然我们可以写

$$(x-x_o)^2+(y-y_o)^2=(z-z_o)\,\overline{(z-z_o)}$$

和

$$(x-x_o)^2+(y+y_o)^2=(z-\overline{z_o})\,\overline{(z-z_o)}$$

我们就可以从式（12.43）推导出紧凑形式

⊖ 参见文献［43］。

$$G=\frac{1}{2\pi}\log\frac{(z-z_o)\overline{(z-z_o)}}{(z-\overline{z_o})\overline{(z-\overline{z_o})}}=\frac{1}{2\pi}\log\left|\frac{z-z_o}{z-\overline{z_o}}\right| \tag{12.53}$$

这也可以写为

$$G=\frac{1}{2\pi}\mathrm{Re}\left\{\log\frac{z-z_o}{z-\overline{z_o}}\right\} \tag{12.54}$$

读者应该注意到，与相对简单的式（12.43）相比，这个式子是如何压缩的。如果分析到此结束，这种简练的增量只是一个小改变。

但是还有更多。我们可以使用解析复变函数将上半平面映射到不同的形状，从而能够导出这些不同形状的格林函数。例如，在6.6节中，我们使用施瓦茨-克里斯托费尔映射将上半平面变换为以直线段为界的开放区域和闭合多边形区域。这使得为这些域写出格林函数成为可能。

因此，我们紧凑而简练的结果式（12.54），现在可以把任意几何形状变换到上半平面，也可以把上半平面变换回来。设 f：$z\to w$，或者更常见的 $w=f(z)$，可以将它解释为从 z 平面（即“几何形状”）到 w 平面（即上半平面）的映射。换句话说，$w=f(z)$ 将 z 平面中任意且可能复杂的几何形状传输到 w 平面的上半部分。[⊖]在 w 平面中，我们进一步假设格林函数满足 $\nabla^2 G=\delta$，受实轴或 u 轴上的齐次边界条件 $G=0$ 约束。该边界值问题的格林函数由式（12.43）、式（12.53）或式（12.54）给出，即

$$G=\frac{1}{2\pi}\mathrm{Re}\left\{\log\frac{w-w_o}{w-\overline{w_o}}\right\} \tag{12.55}$$

由于 $w=f(z)$，格林函数与 z 坐标的关系为

$$G=\frac{1}{2\pi}\mathrm{Re}\left\{\log\frac{f(z)-f(z_o)}{f(z)-\overline{f(z_o)}}\right\} \tag{12.56}$$

用 w 表示的式（12.55）可以通过 $w=f(z)$ 转化为由式（12.56）给出的变量 z 的复数形式。下面将给出这个过程的一个示例。

例 12.4.3　双线性变换　$w=f(z)=\mathrm{i}(1-z)/(1+z)$　将图12.5的 z 平面中的单位圆映射到 w 平面的上半部分。在 w 上半平面中使用式（12.55）给出的格林函数来找到 z 平面单位圆内部的等效格林函数。利用这个结果来求解相应的狄利克雷边界值问题。

格林函数的解：将式（12.55）中的对数自变量写为

$$\left|\frac{w-w_o}{w-\overline{w_o}}\right|=\left|\frac{\mathrm{i}(1-z)/(1+z)-\mathrm{i}(1-z_o)/(1+z_o)}{\mathrm{i}(1-z)/(1+z)-\overline{\mathrm{i}(1-z_o)/(1+z_o)}}\right|$$

当使用复数恒等式 $\overline{A/B}=\overline{A}/\overline{B}$，$\overline{AB}=\overline{A}\,\overline{B}$，$\overline{A\overline{B}}=\overline{A}B$ 等时，经过一些计算我们得到

$$\frac{w-w_o}{w-\overline{w_o}}=\mathrm{e}^{\mathrm{i}\beta}\,\frac{z-z_o}{1-z\overline{z_o}}$$

⊖ 对于6.6节的施瓦茨-克里斯托费尔映射，上半平面在 z 域，复杂的几何形状在 w 域，与这里描述的约定相反。这些差异是由 z 应该如何出现在最终结果中的预先认知引起的。

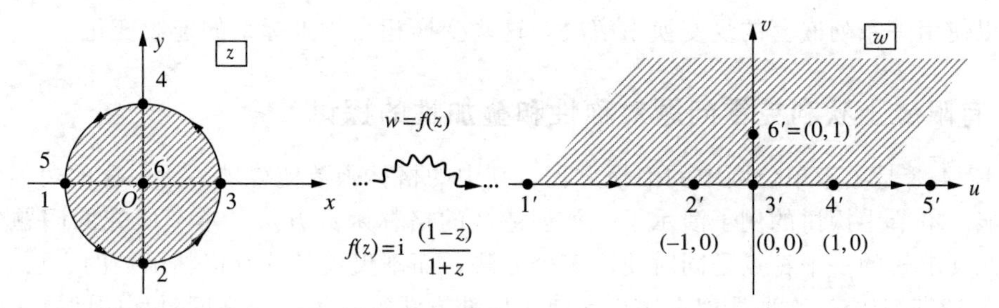

图 12.5　以原点为中心的 z 平面单位圆内部到 w 上半平面的映射。该映射用于构造单位圆上泊松方程的格林函数

其中 $\exp(\mathrm{i}\beta)\equiv(-1)(1+\overline{z_o})/(1+z_o)$ 是一个具有单位大小的量。因为 $|\exp(\mathrm{i}\beta)|=1$，结果是

$$\left|\frac{w-w_o}{w-\overline{w_o}}\right|=\left|\frac{z-z_o}{1-z\overline{z_o}}\right|$$

在单位圆内求解泊松方程时，式（12.56）用 z 表示的格林函数等价为

$$G=\frac{1}{2\pi}\log\left|\frac{w-w_o}{w-\overline{w_o}}\right|=\frac{1}{2\pi}\log\left|\frac{z-z_o}{1-z\overline{z_o}}\right|$$

使用 $z=re^{\mathrm{i}\theta}$ 和 $z_o=se^{\mathrm{i}\phi}$，将该表达式写成极坐标形式，得到

$$G=\frac{1}{2\pi}\log\left|\frac{re^{\mathrm{i}\theta}-se^{\mathrm{i}\phi}}{1-rse^{\mathrm{i}(\theta-\phi)}}\right|=\frac{1}{4\pi}\log\left(\frac{r^2-2rs\cos(\theta-\phi)+s^2}{1-2rs\cos(\theta-\phi)+r^2s^2}\right)\tag{12.57}$$

作为单位圆的格林函数，满足狄利克雷边界条件。这个格林函数可以通过调用式（12.48）来求解

$$\nabla^2u=\varrho(r,\theta),\quad u(1,\theta)=h(\theta)$$

其中整个单位圆边界是 $\partial\Omega=\partial\Omega_u$。在这一边界上，$G$ 的法向导数的值为

$$\frac{\partial G}{\partial \boldsymbol{n}}=\left.\frac{\partial G}{\partial s}\right|_{s=1}=\frac{1-r^2}{2\pi(1-2r\cos(\theta-\phi)+r^2)}$$

因此，式（12.48）给出了泊松方程的狄利克雷边界值问题的解为

$$u(r,\theta)=\int_0^{2\pi}\int_0^1 G(r,\theta,s,\phi)\,\varrho(s,\phi)s\mathrm{d}s\mathrm{d}\phi+\frac{1}{2\pi}\int_0^{2\pi}\frac{1-r^2}{1-2r\cos(\theta-\phi)+r^2}h(\phi)\mathrm{d}\phi\tag{12.58}$$

问题的两个驱动因素，内部强迫 ϱ 和边界强迫 h，出现在积分形式的整体解中。每一项都乘以一个适当的加权函数，该加权函数来自式（12.57）的格林函数。

与泊松积分公式的联系：当 $\varrho\equiv0$ 时，这个边界值问题是关于拉普拉斯方程的，这意味着 u 是调和的，式（12.58）只涉及单位圆周的边界积分。在这种情况下，得到了调和函数的泊松积分公式（7.10）。在前面的 7.5 节中，我们用一种完全不同的方法得到了它。

下面几节将描述更复杂的变换的使用。12.5 节讨论一个非对称问题，该问题采用了一个巧妙的几何调整，然后使用泊松公式来求出格林函数解。12.6 节讨论一个对称问题，该

问题可以使用一系列嵌套的复变换来解决，这些变换相当于坐标系的连续变化。

12.5 有限域上狄利克雷问题对称性和叠加性的探讨

例 12.4.3 是关于单位圆中的泊松方程，其中的格林函数使得求解所关注的边界值问题成为可能。本节中探讨的例子演示了一种创造性的格林函数方法。本节研究的问题并不简单，因此其求解的一个特点是同时使用多个方法，而不仅仅是涉及格林函数的方法。

在例 12.5.1 中，这种处理方法首先使用标准方法解决了一个高度对称的问题，因此也很简单。这种求解方法在例 12.5.2 中被扩展到一个更复杂的问题，重新定义几何图形并使用格林函数使找到一个简洁的解成为可能。

例 12.5.1 求解圆膜或鼓面位移的 $r<A$ 的二维泊松方程，在 $r=A$ 处符合齐次狄利克雷条件。根据 9.1 节的拉普拉斯极坐标形式，偏微分方程可写成

$$\frac{1}{r}\frac{\partial}{\partial r}\left(r\frac{\partial u}{\partial r}\right)+\frac{1}{r^2}\frac{\partial^2 u}{\partial \theta^2}=\varrho(r,\theta) \tag{12.59}$$

规定的荷载函数为

$$\varrho(r,\theta)=\begin{cases}1, & r\leqslant B\\ 0, & B<r<A\end{cases} \tag{12.60}$$

注意，定义域 Ω 包含两个子域：Ω_1：$0<r\leqslant B$ 和 Ω_2：$B<r<A$。这个边界值问题如图 12.6 所示。

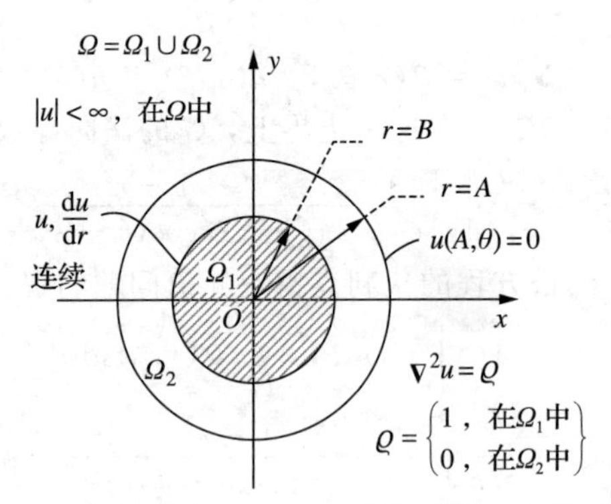

图 12.6 求解具有空间分布内荷载的泊松方程边界值问题的几何构造。如图所示为方程、边界条件、连续性条件和荷载区域

解 强迫函数和边界条件的对称性要求位移 u 只依赖于 r。这将偏微分方程

$$\frac{1}{r}\frac{\partial}{\partial r}\left(r\frac{\partial u}{\partial r}\right)=\begin{cases}1, & r\leqslant B\\ 0, & B<r<A\end{cases} \tag{12.61}$$

简化为关于 $u(r)$ 的常微分方程。这个常微分方程可以积分，得到 $u(r)$ 在两个子域 Ω_1 和 Ω_2 中的单独表达式。每个表达式包含两个积分常数，因此，总共需要四个条件来计算这四个常数。其中一个条件是狄利克雷条件 $u(A)=0$。此外，还要求 u 的连续性以及法向导数

$\partial u/\partial r$ 在公共边界 $r=B$ 处的连续性。在这里我们注意，只要求 u 的连续性而不要求法向导数的连续性是太少的（不足指定），而要求任何高阶导数的连续性，如 $\partial^2 u/\partial r^2$，则是太多的（过度指定）。[⊖]这里还需要一个附加条件，即在 $r=0$ 处解函数性态良好；这实际上是一个非平凡的条件，因为其中一个积分常数乘以一个对数。在例 9.5.1 中也有类似的要求（常微分方程的解不应该在原点爆破）。

利用这四个条件，解 u 由下式给出：

$$u(r)=\begin{cases}\dfrac{1}{4}(r^2-B^2)+\dfrac{1}{2}B^2\log(B/A), & r\leqslant B\\[2mm] \dfrac{1}{2}B^2\log(r/A), & B<r\leqslant A\end{cases} \tag{12.62}$$

如图 12.7 所示。因为在定义域内处处 $\nabla^2 u\geqslant 0$，u 的曲线向下凸，在 $r=0$ 处最小。

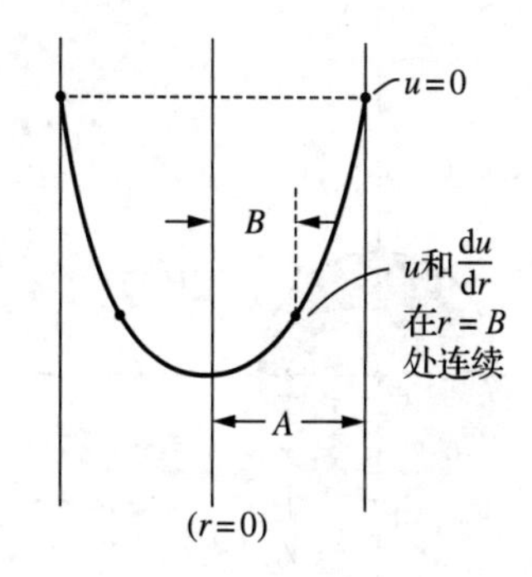

图 12.7 式（12.62）给出的解 $u(r)$ 的示意图。方程本身表明 u 的二阶导数在 $r=B$ 处不连续

例 12.5.1 的求解方法推导起来很容易，这是问题陈述对称的结果。对称破缺或偏离就会彻底改变这种情况。如果偏离很小，那么人们通常可以尝试扰动分析来产生一系列的解，可能会提供一列相继变好的修正。如果偏离不是很小，也就是说，如果对称破缺是可察觉的，那么这种方法可能不会产生一个收敛解，或者它可能收敛得很慢，以至于没有什么实际用处。在这种完全非对称的情况下，应该直接全力应对。我们用一个例子来说明这种情况，在这个例子中，由于移动定义域 Ω_1 偏离中心一个有限值，对称性就被打破了：在这种情况下，我们不再处理同心圆。正如我们将看到的，可以采用各种求解方法，所有这些方法都利用叠加：最有效和有用的求解方法将利用各种方法的融合。

具体来说，下面的例子修改了前面的例子，使 $B=A/3$，施加强迫的半径为 $B=A/3$ 的圆偏移中心一个 B 的量。为简单起见，我们以 A 为单位计算长度——等价地，我们无量纲化使用 A——因此定义域 Ω 是单位圆，定义域 Ω_1 的强迫部分是半径为 1/3 的圆，其圆周穿过单位圆的中心。

⊖ 理论上，这些标准来自例 11.1.4 中常微分方程格林函数分析中使用的相同的积分论证。现在，因为在式（12.61）中没有狄拉克 δ 函数，所有小于最高阶一阶的导数都是连续的。就像这个例子中发生的那样，当右边有一处不连续时，下一阶导数，在这里是二阶导数有一处不连续。

例 12.5.2 再次考虑具有齐次狄利克雷边界条件的泊松方程（12.59）的边界值问题，现在是在单位圆 $r=\sqrt{x^2+y^2}\leqslant 1$ 上，所以边界 $\partial\Omega$ 是 $r=1$。在本例中，强迫函数与式（12.60）不同。它现在是不对称的，即

$$\varrho=\begin{cases}1, & \left(x-\dfrac{1}{3}\right)^2+y^2\leqslant\left(\dfrac{1}{3}\right)^2\\ 0, & \text{在 }\Omega\text{ 的其他部分}\end{cases}\tag{12.63}$$

解 在深入研究这个求解方法的数学细节之前，我们先厘清它的几何结构。由图 12.8 可知，Ω 中强迫项ϱ非零的部分为圆心在（1/3,0）半径为 1/3 的圆。由于这种不对称性，很明显，位移 u 的解必须同时依赖于径向坐标 r 和角坐标 θ。

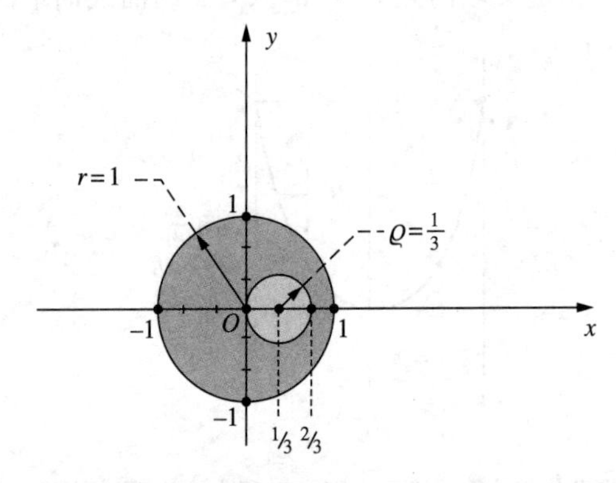

图 12.8 在一个位置相对于整个区域偏移的圆形子区域上施加恒定荷载时，解泊松方程的问题的几何结构。大圆的半径是 1。荷载区域的小圆半径为 1/3

我们讨论三种不同的解法。

方法 1——使用满足边界条件的格林函数：这是单位圆上的狄利克雷问题，因此属于例 12.4.3 所涉及的一类问题。解由式（12.58）给出，格林函数 G 由式（12.57）给出，因为该问题在单位圆边界上满足 $u=0$，边界数据 $h\equiv 0$；ϱ由式（12.63）给出。现在的问题是处理式（12.58）中的面积积分。在我们的问题中，后者是以 $r=0$ 为中心的极坐标，这对描述由式（12.63）给出的ϱ不适合。

我们注意到，即使我们在式（12.63）中引入 $x=r\cos\theta$ 和 $y=r\sin\theta$，但是这并不能使我们换种方式表达式（12.58）的积分，即将其转化为仅对 Ω_1（其中$\varrho\neq 0$）的积分。这一事实，加上式（12.57）中 G 的复杂性质，产生了一个困难的积分，在没有巧妙变换的情况下，这使人想到对积分的数值处理。

方法 2——使用自由空间格林函数：回想一下，式（12.31）为泊松方程提供了自由空间格林函数，它的形式比式（12.57）中更专门的 G 形式简单得多，后者直接适用于这个问题。此外，式（12.33）提供了整个二维平面的泊松方程的解，从而通过将式（12.63）扩展到整个平面的简单方法，即

$$\varrho_{\text{ext}}=\begin{cases}1, & \left(x-\frac{1}{3}\right)^2+y^2\leqslant\left(\frac{1}{3}\right)^2\\ 0, & \left(x-\frac{1}{3}\right)^2+y^2>\left(\frac{1}{3}\right)^2\end{cases} \tag{12.64}$$

来提供该边界值问题的偏微分方程部分的解。在式（12.33）中使用这个ϱ_{ext}给出了仅在荷载区域上的积分，这个积分用（x,y）表示为

$$u_{\mathrm{p}}(x,y)=\frac{1}{4\pi}\int_0^{2/3}\left(\int_{-\sqrt{\left(\frac{1}{3}\right)^2-\left(\xi-\frac{1}{3}\right)^2}}^{\sqrt{\left(\frac{1}{3}\right)^2-\left(\xi-\frac{1}{3}\right)^2}}\log\left((x-\xi)^2+(y-\eta)^2\right)\mathrm{d}\eta\right)\mathrm{d}\xi \tag{12.65}$$

我们已经明确 u_{p} 是一个特解。这是因为它被构造为在定义域中满足修正的泊松方程，而没有考虑它是否满足边界条件。在单位圆的边界上它取值$h(\theta)=u_{\mathrm{p}}(\cos\theta,\sin\theta)$，因此

$$h(\theta)=\frac{1}{4\pi}\int_0^{2/3}\left(\int_{-\sqrt{\left(\frac{1}{3}\right)^2-\left(\xi-\frac{1}{3}\right)^2}}^{\sqrt{\left(\frac{1}{3}\right)^2-\left(\xi-\frac{1}{3}\right)^2}}\log\left((\cos\theta-\xi)^2+(\sin\theta-\eta)^2\right)\mathrm{d}\eta\right)\mathrm{d}\xi \tag{12.66}$$

为了求整体解 u，把特解 u_{p} 和特别挑选的齐次解 u_{h} 组合起来。组合解满足边界条件。在这种情况下，修正的齐次解是一个拉普拉斯方程的解，它补偿了式（12.66）中未修正的边界值。因为我们需要得到齐次边界值，这等于**消去特解的边界条件**。这个修正的齐次解 u_{h} 可以用式（7.10）给出的泊松积分公式通过替代 $u(1,\theta)\to-h(\theta)$ 来求出，其中 $h(\theta)$ 由式（12.66）给出。如上所述，$u=u_{\mathrm{p}}+u_{\mathrm{h}}$ 正是所要找的解。虽然这个过程冗长，而且不清楚任何简化能达到什么程度，但它的优点是，它是一个涉及一系列解析表达式的算法。这在方法 1 中并不明显。

方法 3——使用对称解： 方法 2 利用叠加原理，形式为 $u=u_{\mathrm{p}}+u_{\mathrm{h}}$，其中 u_{p} 来自式（12.33)的积分，使用自由空间格林函数。但是，由于可以使用任何 u_{p} 来启动这个过程，所以可以使用其他方法来获得启动函数 u_{p}。这表明，为了达到这个目的，可以适当地重新解释式（12.62）的对称解。这可以通过取 $B=1/3$ 并考虑两个独立的极坐标系来实现。如图 12.8 所示，(r,θ) 系统将继续以 Ω 的中心为原点，这也作为（x,y）坐标系的原点。(ρ,ϕ) 系统将以 (x,y)=(1/3,0) 为中心，它的原点在荷载圆的中心。

因此定义域边界 $\partial\Omega$ 是 $R=1$，而荷载区域的边界是 $\rho=1/3$。$\rho=1/3$ 和 $R=1$ 不是同心圆，它们的中心相距 1/3。(r,θ)，(ρ,ϕ) 和（x,y）之间的各种关系如图 12.9 所示。几何上 $x=r\cos\theta=(1/3)+\rho\cos\phi$，$y=r\sin\theta=\rho\sin\phi$。由余弦定理得到

$$\rho^2=r^2+\left(\frac{1}{3}\right)^2-\frac{2}{3}r\cos\theta \tag{12.67}$$

为了得到 u_{p}，我们在例 12.5.1 的解的基础上考虑一个虚构的对称问题。对称是关于 (x,y)=(1/3,0) 的，因此用（ρ,ϕ）系统来描述。内圆为实际荷载区域，$\rho\leqslant1/3$。外圆是一个虚构的 ρ 常数边界，它必须足够大以包含整个区域 Ω。任何这种半径为 $A>4/3$ 的 ρ 圆（也如图 12.9 所示）就足够了。这是因为 4/3 是（x,y)=(1/3,0) 和（x,y)=(−1,0) 之间的距离，这是荷载圆的圆心与 Ω 的边界之间的最大距离。为此，取 $\rho=2$ 作为虚构的对称问题的外圆（除了是大于 4/3 的最小整数外，$\rho=2$ 的选择是任意的)。

在式（12.62）中使用 $B=1/3$ 和 $A=2$，得到以下形式的 $u_{\mathrm{p}}=u_{\mathrm{p}}(\rho)$：

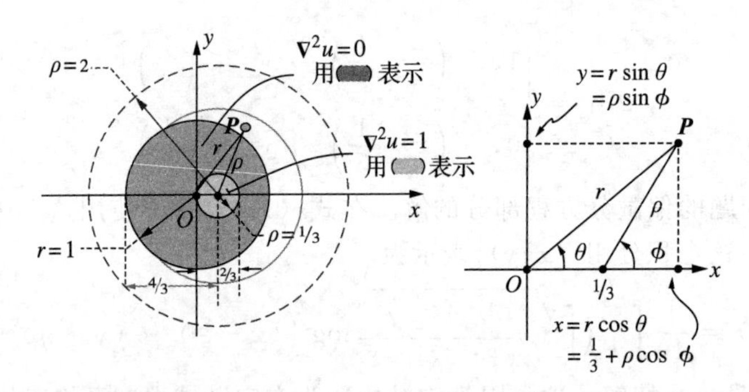

图 12.9　(r,θ) 系统原点在 Ω 的中心，(ρ,ϕ) 系统原点在荷载圆的中心。它们在 x 轴上相互偏离 1/3。方法 3 中使用的 u_p 基于先前的对称解，该对称解被推广到 $\rho=2$ 以完全包括 Ω。右边的草图显示了各种坐标之间的关系

$$u_p(\rho)=\begin{cases}\frac{1}{4}\left(\rho^2-\left(\frac{1}{3}\right)^2\right)+\frac{1}{2}\left(\frac{1}{3}\right)^2\log(1/6), & \rho\leqslant 1/3\\ \frac{1}{2}\left(\frac{1}{3}\right)^2\log(\rho/2), & 1/3<\rho\leqslant 2\end{cases}\tag{12.68}$$

在这里，我们回到 (r,θ) 系统，不仅因为这是我们原来的坐标系，而且因为有必要设法解决在 $r=1$ 处的齐次边界条件的要求。因此，我们必须通过将式（12.67）代入式（12.68）来消除 u_p 中以 (r,θ) 表示的 ρ。然而，有一个缺失的部分，那就是坐标 r 的取值范围。由式（12.67）可知，当 $\rho\leqslant 1/3$ 时，有

$$\rho^2=r^2+\left(\frac{1}{3}\right)^2-\frac{2}{3}r\cos\theta\leqslant(1/3)^2$$

因此

$$\rho\leqslant\frac{2}{3}\quad\Leftrightarrow\quad r\leqslant\frac{2}{3}\cos\theta\tag{12.69}$$

这样，由式（12.67）和式（12.68），特解 u_p 写成

$$u_p(r,\theta)=\begin{cases}\frac{1}{4}\left(r^2-\frac{2}{3}r\cos\theta\right)+\frac{1}{18}\log\left(\frac{1}{6}\right), & r\leqslant\frac{2}{3}\cos\theta\\ \frac{1}{36}\log\left(\frac{1}{4}r^2+\frac{1}{36}-\frac{1}{6}r\cos\theta\right), & r>\frac{2}{3}\cos\theta\end{cases}\tag{12.70}$$

我们现在把整个解写成上述特解和仍须找的齐次解的和：$u(r,\theta)=u_p(r,\theta)+u_h(r,\theta)$。这个齐次解满足

$$\nabla^2 u_h=0$$

满足边界条件 $u(1,\theta)=0$。这又要求 $u_p(1,\theta)+u_h(1,\theta)=0$，我们重新整理得到以下齐次问题的边界条件：

$$u_h(1,\theta)=-u_p(1,\theta)=-\frac{1}{36}\log\left(\frac{1}{4}+\frac{1}{36}-\frac{1}{6}\cos\theta\right)$$

这可以重写为以下形式：

$$u_h(1,\theta)=-\frac{1}{36}\log(5-3\cos\theta)+\frac{1}{36}\log 18\tag{12.71}$$

齐次问题的解现在可以用泊松积分公式（7.10）得到，在这种情况下是

$$u_{\mathrm{h}}(r,\theta)=\frac{1}{72\pi}\int_{0}^{2\pi}\frac{(1-r^{2})[-\log(5-3\cos\phi)+\log 18]}{1-2r\cos(\theta-\phi)+r^{2}}\mathrm{d}\phi \tag{12.72}$$

请注意，在式（12.72）中的 ϕ 是式（7.10）中使用的哑积分变量，它与（ρ,ϕ）变量无关，这些变量被用来描述以荷载圆的圆心为原点的另一个极坐标系。

解 $u(r,\theta)=u_{\mathrm{p}}(r,\theta)+u_{\mathrm{h}}(r,\theta)$，其中 u_{h} 由式（12.72）给出，u_{p} 由式（12.70）给出，当然仍然很复杂，但它用可识别的函数给出了一个简洁的数学公式。在这方面，它优于方法 1 和方法 2。

12.6　正方形区域中的格林函数：后拉和前推

9.1 节讨论了如何将一个正方形区域中具有非齐次狄利克雷边界条件的拉普拉斯方程的边界值问题转化为具有齐次边界条件的泊松方程的边界值问题。例 9.1.1 提供了该过程的示范。正如那个例子所示的，边界值问题的复杂性是从边界条件转移到了方程本身。本节讨论后一问题的通解，即在齐次狄利克雷边界条件的（x,y）平面的 $H\times H$ 正方形区域内求解 $\nabla^{2}u=\varrho(\boldsymbol{x})$。

原则上，如果我们能在 $H\times H$ 正方形区域上得到狄利克雷问题的格林函数，这个问题就解决了。目前我们已经得到了上半平面上的狄利克雷问题的格林函数（12.4.1 节）和圆的格林函数（12.4.2 节）。因此，如果上半平面或圆可以映射到正方形，那么我们可以将其格林函数转移到正方形。回想一下关于施瓦茨一克里斯托费尔变换的 6.6 节，那里提供了一种将上半平面映射到闭合多边形区域（包括矩形）的方法。例 12.6.1 利用半平面和正方形之间的这种映射，推导出单位正方形的格林函数。

例 12.6.1　求在齐次狄利克雷边界条件下，单位正方形域上泊松方程的格林函数 $G(x,y,x_{\mathrm{o}},y_{\mathrm{o}})$。

解　例 6.6.4 使用施瓦茨-克里斯托费尔方法将 z 平面的上半部分映射到“固定”在原点的大小为 $\alpha\times\beta$ 的 w 平面矩形的内部；参见图 6.16。因为这个映射是一对一的，所以它的逆把同样的矩形映射到上半平面。在数学上，$w=f(z)$。

在本例中，我们从矩形开始，因此需要例 6.6.4 中的逆映射。此外，我们认为这个矩形是一个 $\alpha=\beta=1$ 的正方形。对于这个正方形，由 6.6 节可知，由 $1/2=K(\kappa)/K(\sqrt{1-\kappa^{2}})$ 的式（6.49）可得数值常数 κ，其中 K 为雅可比积分（图 6.17）。当 $\kappa=0.171763$ 时满足此方程。以后我们就会明白，κ 有这个值。$K(\kappa)=K(0.171763)=1.58258$，$K(\sqrt{1-\kappa^{2}})=K(0.985138)=3.16516$。

因为我们想要（x,y）是正方形中的点的坐标，设 $\mathfrak{z}=x+\mathrm{i}y$，将正方形放在 $\mathfrak{z}=x+\mathrm{i}y$ 平面中。这个正方形通过施瓦茨-克里斯托费尔的逆变换映射到上半平面。设 $\zeta=\xi+\mathrm{i}\eta$ 为复变量和第二个复平面的实、虚坐标。在这些坐标中，从 ζ 平面的上半部分到 $\mathfrak{z}$ 平面的单位正方形［其左下角位于（x,y）$=(0,0)$］的映射由式（6.50）和式（6.51）给出。我们将

$\alpha=\beta=1$代入这些公式，将这些公式改写为

$$\mathfrak{z}=f(\zeta)=\frac{1}{2}\left(\frac{J(\zeta;0.171763)}{1.58258}+1\right) \tag{12.73}$$

式中 $H=1$，$K(0.171763)=1.58258$。积分函数

$$J(\zeta;0.171763)=\int_0^{\zeta}\frac{\mathrm{d}s}{\sqrt{1-s^2}\sqrt{1-0.171763^2 s^2}} \tag{12.74}$$

使用一般的复积分变量 s。

从 $\mathfrak{z}$ 中的正方形到 ζ 中的上半平面的逆映射写为

$$\zeta=f^{-1}(\mathfrak{z})=\mathrm{sn}(\mathfrak{z}) \tag{12.75}$$

其中 $\mathrm{sn}(\mathfrak{z})$ 是复的雅可比函数的逆。换句话说，复变量 ζ 是通过求下式的逆得到的：

$$\int_0^{\zeta}\frac{\mathrm{d}s}{\sqrt{1-s^2}\sqrt{1-0.171763^2 s^2}}=1.58258(2\mathfrak{z}-1) \tag{12.76}$$

与单位正方形内的点 $\mathfrak{z}$ 相对应的是位于 ζ 平面上半部分的点 ζ（见图 12.10）。

注意图 12.10 和图 12.5 之间的相似之处：除了从圆到正方形的变化，以及一些符号上的变化，这些图在形式上是相同的。由此可见，在这里也可以采用例 12.4.3 中所采用的推理。考虑到符号的变化，由它得到

$$G(x,y,x_o,y_o)=\frac{1}{2\pi}\mathrm{Re}\left\{\log\left(\frac{\mathrm{sn}(\mathfrak{z})-\mathrm{sn}(\mathfrak{z}_o)}{\mathrm{sn}(\mathfrak{z})-\overline{\mathrm{sn}(\mathfrak{z}_o)}}\right)\right\} \tag{12.77}$$

其中 $\mathfrak{z}=x+\mathrm{i}y$，$\mathfrak{z}_o=x_o+\mathrm{i}y_o$。

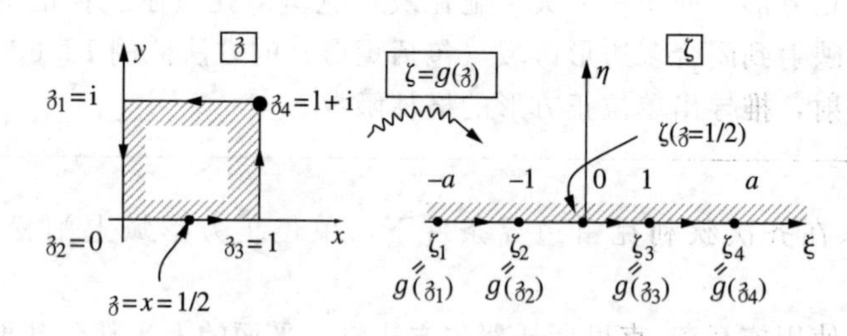

图 12.10　施瓦茨-克里斯托费尔逆变换 $\zeta=\mathrm{sn}(\mathfrak{z})=g(\mathfrak{z})$ 将 $z=x+\mathrm{i}y$ 平面上的单位正方形映射到$\zeta=\xi+\mathrm{i}\eta$平面的上半部分。对应的映射区域用平行线画出阴影

虽然这个例子是一个单位正方形域，但一般的 $H\times H$ 正方形域的格林函数很容易通过使用一个重新定义的 $\mathfrak{z}$ 的直接缩放得到，比如 $Z\equiv\mathfrak{z}/H$。从工程角度看，可以认为原始的 $H\times H$正方形的左下角固定在原点，然后将该坐标系除以 H 进行变换，得到 1×1 的单位正方形。实际上，我们已经在一组规范化坐标中解决了这个通用问题。

另外，回想例 6.6.4，很有启发性：根据那个例子，图 12.10 中定位标志 a 的数值等于κ 的倒数，即 $\kappa=1/a$。对于正方形，得到 $a=1/0.171763=5.82198$。对于非正方形的矩形，a 的值会改变，κ 也会改变，但过程是一样的。

式（12.77）中的格林函数可用于式（12.27），来求解在正方形域上具有齐次狄利克雷边

界条件，关于任意强迫函数 $\varrho(x,y)$ 的泊松方程。这正是例 9.1.1 中提出的问题类型，其中强迫项由 $\varrho(x,y)=-2(x^2+y^2)/H^2$ 给出。在规范化坐标中，这个问题的解现在可以写成

$$u(x,y)=-\frac{1}{\pi}\int_0^1\int_0^1 \mathrm{Re}\left\{\log\left[\frac{\mathrm{sn}(\mathfrak{z})-\mathrm{sn}(\mathfrak{z}_0)}{\mathrm{sn}(\mathfrak{z})-\overline{\mathrm{sn}(\mathfrak{z}_0)}}\right]\right\}(x_0^2+y_0^2)\mathrm{d}x_0\mathrm{d}y_0 \tag{12.78}$$

式 (12.78) 中的积分是在 $\mathfrak{z}$ 平面上的正方形域中。这个过程可以看作从 ζ 平面的式 (12.43) 的格林函数开始，执行一个**后拉**操作，从而得到 $\mathfrak{z}$ 平面中的格林函数。

我们仍然必须进行积分，在式 (12.78) 中，与计算 $\mathrm{sn}(\mathfrak{z})$ 相关的求逆过程是一个具有挑战性的问题。为了对 ζ 区域（即上半平面）进行积分，我们可以通过变换积分来避免对 $\mathfrak{z}$ 平面上正方形的积分。这相当于一个**前推**操作，其中边界值问题本身被映射到 ζ 区域。虽然这可以看作消除了计算式 (12.75) 的逆映射的需要，但它也将积分域转换为上半平面。无界区域对积分提出了严峻的挑战。

是否存在这样一种过程，既可以消除计算式 (12.75) 的逆映射的需要，又可以得到一个有界且简单的积分域？

答案是肯定的，其中一种方法是调用两次前推的边界值问题：第一次从正方形到半平面，第二次从半平面到单位圆。这结合了图 12.10 和图 12.5 中所示的两个变换。因为这两个图使用不同的复变量来描述半平面区域，所以我们将重新命名与图 12.5 相关的变量。重新命名后，从正方形（复变量 $\mathfrak{z}$）到半平面（复变量 ζ），再到圆（复变量 $\mathcal{Z}$）的两阶段变换如图 12.11 所示。

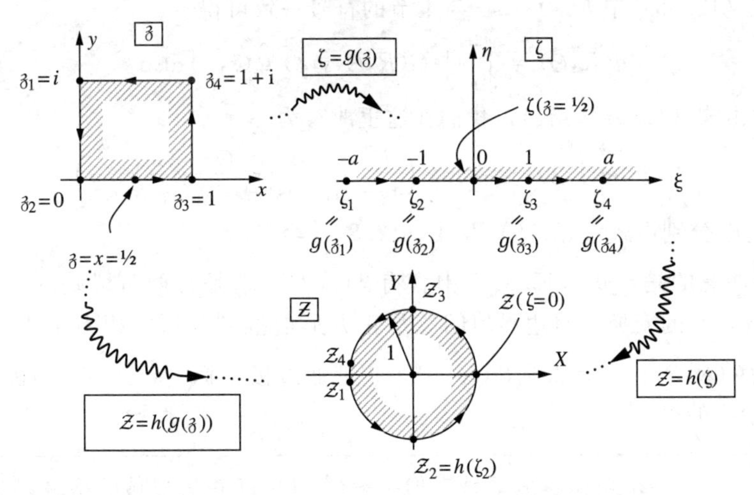

图 12.11　从 $\mathfrak{z}=x+\mathrm{i}y$ 映射到平面 $\zeta=\xi+\mathrm{i}\eta$ 上半部分，或 $\mathfrak{z}\to\zeta$，然后从 ζ 到 $\mathcal{Z}=X+\mathrm{i}Y$ 平面单位圆的内部，或 $\zeta\to\mathcal{Z}$ 的图解。这将生成一个整体的两步前推映射 $\mathfrak{z}\to\zeta\to\mathcal{Z}$，或 $\mathfrak{z}\to\mathcal{Z}$，正方形到圆。正方形及其前推图像区域用平行线画出阴影

例 12.6.2　再次考虑正方形域上齐次狄利克雷边界条件的泊松方程 $\nabla^2 u=\varrho$ 的边界值问题。指出图 12.11 中描述的映射 $\mathfrak{z}\to\zeta\to\mathcal{Z}$ 如何能够把解表示为单位圆上的积分。

解　直接从例 12.6.1 中获取第一个映射 $\mathfrak{z}\to\zeta$ 的细节。为了完成分析，现在考虑第二个映射（在例 12.4.3 中研究过）。然后展示如何将它与第一个映射结合起来计算所需的

结果。

第二个映射 $\zeta\to\mathcal{Z}$ 所用的双线性变换为

$$\mathcal{Z}=X+\mathrm{i}Y=R\mathrm{e}^{\mathrm{i}\Theta}=\frac{\mathrm{i}-\zeta}{\mathrm{i}+\zeta}$$

在继续之前，我们暂停一下，回想一下例 12.6.1 中的 $w=\mathrm{i}(1-z)/(1+z)$，它的逆为 $z=(\mathrm{i}-w)/(\mathrm{i}+w)$。上面的方程 $\mathcal{Z}=(\mathrm{i}-\zeta)/(\mathrm{i}+\zeta)$ 引用了这个逆。将此双线性变换与 $\mathrm{sn}(\mathfrak{z})=\zeta=\xi+\mathrm{i}\eta$ 结合，其中 $\xi=\mathrm{Re}(\mathrm{sn}(\mathfrak{z}))$ 和 $\eta=\mathrm{Im}(\mathrm{sn}(\mathfrak{z}))$ 可直接得到

$$X=\frac{1-(\xi^2+\eta^2)}{\xi^2+(1+\eta)^2},\quad Y=\frac{2\xi}{\xi^2+(1+\eta)^2}$$

(X,Y) 坐标系中单位圆内的半径 R 和角 Θ 分别由

$$R=\sqrt{X^2+Y^2}=\frac{\sqrt{1+2(\xi^2-\eta^2)+(\xi^2+\eta^2)^2}}{\xi^2+(1+\eta)^2}\tag{12.79}$$

和

$$\Theta=\arctan\left(\frac{2\xi}{1-(\xi^2+\eta^2)}\right)\tag{12.80}$$

给出。

在式（12.58）中使用这些结果，我们观察到第二个积分为零，因为齐次狄利克雷条件意味着在式（12.58）中 $h(\phi)=0$。与本节的符号一致可得

$$u(R,\Theta)=\int_0^{2\pi}\int_0^1 G(R,\Theta,s,\phi)\,\hat{\varrho}(s,\phi)s\mathrm{d}s\mathrm{d}\phi\tag{12.81}$$

其中格林函数由式（12.57）给出，我们在这里改写为

$$G(R,\Theta,s,\phi)=\frac{1}{4\pi}\log\left(\frac{R^2-2Rs\cos(\Theta-\phi)+s^2}{1-2Rs\cos(\Theta-\phi)+R^2s^2}\right)\tag{12.82}$$

半径 R 和角度 Θ 分别由式（12.79）及式（12.80）给出。

特别需要注意的是，式（12.81）中含有 $\hat{\varrho}(s,\phi)$。这是在两阶段映射 $x+\mathrm{i}y=\mathfrak{z}\to\zeta\to\mathcal{Z}=R\mathrm{e}^{\mathrm{i}\Theta}$ 下 $\varrho(x,y)$ 的变换。将边界值问题从正方形前推到圆形，相当于决定如何将强迫 $\varrho(x,y)$ 转化为 $\hat{\varrho}(R,\Theta)$。一旦得到 $\hat{\varrho}(R,\Theta)$，它就通过极坐标（s,ϕ）中的哑积分变量进入式（12.81）给出的解。

对于例 12.6.2 中获得的相当普遍的解，一个重要的限定是，嵌套复变量映射的方法不能适用于三维的截面呈长方形的形状，除非存在特殊的对称性。原因是这些映射只是将平面转换成平面，这就排除了三维形状（再次强调，除非存在对称性）。

我们可以把前推和后拉操作看作数学变换概念的另一种术语，这样想并不一定是错误的。然而，在某种意义上把这些操作看作实际问题的物理变换也是有用的。这一概念不仅适用于二维大变形连续介质力学，而且也适用于不常用复变方法的三维环境。

例如，考虑一个由一些软材料组成的物体或结构，可能是凝胶或液体填充的软组织，在其外表面施加荷载（牵引）。这些荷载使物体从已知的原始结构变形为新的结构——变

形结构。边界牵引的原始位置被变形变换为一个有待确定的未知位置。这一系列事件支持以原始结构用公式来表示边界值问题。然而，变形引起的应力存在于变形结构中，而且它们必须平衡。这表明要求解一个边界值问题，其中应力平衡产生偏微分方程，这个偏微分方程自然地在变形结构中表示，但相关的边界条件通常更方便在原始结构中表示。如果按照物体的几何形状已知的原始结构来公式化问题，那么各种物理概念——尤其是应力张量的概念——必须从变形结构**后拉**到原始结构。这就产生了各种不同的应力概念，特别地，一个真正的应力张量（或柯西应力张量）给出变形结构中的应力和一个后拉应力张量［有很多，其中一个是皮奥拉-基尔霍夫（Piola-Kirchhoff）应力张量］。后者在原始结构中表达这种应力，即使那里没有实际的应力。一旦问题在原始结构中得到解决，通常是通过非常详细的计算有限元程序，所关注的各种场量通常都要进行最后的**前推**操作。也就是说，它们是用变形结构来写的，这样很容易理解它们的物理意义。虽然这个简短的讨论很肤浅，但它旨在提供对后拉和前推概念的深入了解。在基本层面上，后拉和前推相当于嵌套的数学变换。这些想法不仅对数学操作有用，而且还导致了概念化问题的手段，从而提供更深入的物理见解。

习题

12.1

1. 用洛必达法则解释，如何从式（12.3）和式（12.4）中 $\nu\to 0$ 的极限得到欧拉方程 $\partial \boldsymbol{v}/\partial t+\boldsymbol{v}\cdot\nabla\boldsymbol{v}+(1/\rho)\nabla p=0$。
2. 在极限 $\partial u/\partial t\to 0$ 的情况下，因扩散方程 $\partial u/\partial t=\alpha\nabla^2 u$ 的解接近稳态，我们得到拉普拉斯方程 $0=\nabla^2 u$。证明：扩散方程的解当 $\alpha>0$ 时是稳定的，而当 $\alpha<0$ 时，解是不稳定的；因此当且仅当 $\alpha>0$ 时，无论 α 多小，扩散方程都趋于稳定。

12.2

1. 用测试函数 $x(x-a)y(y-b)$ 求瑞利商的百分比误差，以估算在 $0<x<a$，$0<y<b$ 上，满足齐次狄利克雷边界条件的拉普拉斯算子的第一个特征值：
   (a) 当 $a=b$ 时；
   (b) 当 $a=2b$ 时；
   (c) 当 $a=5b$ 时。
2. 通过对适当选择的 c_1 和 c_2 使用测试函数 $x(x-c_1)y(y-c_2)$，估算在区域 $0<x<a$，$0<y<b$ 上的二维拉普拉斯算子的第一个特征值，该算子在 $x=a$ 上满足诺伊曼边界条件和在其余三边满足狄利克雷条件。然后求出第一个特征值的确切值。$a=b$，$a=5b$，$5a=b$ 的误差百分比是多少？
3. 求式（12.9）中 $T_{(n,m)}(t)$ 函数的显式形式，它满足矩形区域 Ω：$0<x<a$，$0<y<b$上所给出的波动方程。然后对下面两个单独的初始条件计算解中的常数：
   (a) $u(x,y,0)=x(x-a)y(y-b)$ 和 $\dot{u}(x,y,0)=0$；
   (b) $u(x,y,0)=0$ 和 $\dot{u}(x,y,0)=x(x-a)y^2(y-b)$。

4. 求在矩形区域 $0<x<a$，$0<y<b$ 上，关于适当的初始条件，满足偏微分方程

$$3t^2\frac{\partial^2 u}{\partial t^2}=2u+\nabla^2 u$$

式（12.9）中的函数 $T_{(n,m)}(t)$ 的显式形式。

5. 求解满足下列边界条件的式（12.12）：

(a) $u'(0)=0$，$u'(1)=0$（齐次诺伊曼）；

(b) $au(0)+bu'(0)=0$，$cu(1)+du'(1)=0$［齐次混合（罗宾）条件］。

12.3

1. 当 $x^2+y^2\leqslant c^2$ 时，$\varrho=c^2-(x^2+y^2)$；当 $x^2+y^2\geqslant c^2$ 时，$\varrho=0$。求整个 (x,y) 平面上 $\nabla^2 u=\varrho$ 的解 $u(x,y)$。作为 x 的函数，画出 $u(x,0)$ 从 $x=0$ 到 $x=5c$ 的图像。
2. 求出三维自由空间上的格林函数 $G(x,y,z,x_o,y_o,z_o)$。
3. 将习题 2 的结果沿直线 $(x,y,z)=(x_o,y_o,z_o+s)$ 从 s：$-\frac{1}{2}\to\frac{1}{2}$ 积分，以便得到三维有限长度的均匀的线荷载的响应。讨论在 $L\to\infty$ 时这个解与二维自由空间的格林函数之间的关系。

12.4

1. 在式（12.49）中使 $\varrho(x_o,y_o)=0$ 来证明拉普拉斯方程的解可以改写为

$$u(x,y)=\frac{1}{\pi}\int_{-\infty}^{+\infty}h(x_o)\frac{\cos\alpha}{r}\mathrm{d}x_o$$

通过构造 x_o 处局部影响场的图像（即绘图），确定角度 α 和半径 r。更具体地说，你的图应该显示出常数 $\cos\alpha/r$ 的场线。这些线由尚未使用的因子 $h(x_o)$ 加权。

2. 对于例 6.6.5 中的 $w=f(z)=\sin^{-1}z$，求式（12.56）给出的格林函数。然后根据狄利克雷边界条件和远场有界性，写出 $\nabla^2 u=\varrho$ 的解。

12.5

1. 写出例 12.5.1 中得到式（12.62）所缺失的细节。
2. 当 $R=A$ 上的狄利克雷边界条件由齐次条件 $u(A)=0$ 变为非齐次条件 $u(A)=6$ 时，求例 12.5.1 中提出的问题的解。
3. 如果 Ω 上的强迫项由 $\varrho=1$ 变为 $\varrho=r$，求例 12.5.1 中提出的问题的解 u。
4. 如果物理状况由固定在边界处的膜的挠度变为固定在边界处的具有弯曲刚度的弹性板（被夹紧在边界上）的小挠度，求例 12.5.1 中提出的问题的解。这意味着偏微分方程算子从二阶拉普拉斯算子 ∇^2 变为四阶双调和算子 $\nabla^2(\nabla^2)$。这需要在 $r=A$ 处附加一个边界条件，而板被夹紧的条件意味着在 $r=A$ 处 $u=0$ 和 $\partial u/\partial r=0$。
5. 重做习题 4，此时板没有夹住，而是简单地支撑，这相当于用一种允许旋转（非零斜率）的方式将其固定住。自由旋转意味着在边界处没有约束弯矩：这意味着二阶法向导数为零。
6. 重做例 12.5.2 中的方法 3，但不是取 $A=2$ 为虚构的外半径，而是取 $A=3$。具体

来说，证明这样做会导致不同的 u_{p} 和 u_{h}。然后证明 $u_{\mathrm{p}}+u_{\mathrm{h}}$ 的和是相同的，从而证明 $A=2$ 和 $A=3$ 对 u 的结果是相同的。

7. 按照习题 6，重做例 12.5.2 中的方法 3，虚构的外半径为 $A>4/3$。通过证明式 (12.71) 中的 $\log(5-3\cos\theta)$ 项是一般的 A 共有的，这就可以确定得到相同的 u 值。然后考虑 $A\to\infty$ 的情况，并表明这样得到的 u_{h} 与方法 2 中的 u_{h} 相同。利用这种洞察来尝试从方法 2 推导出一个更令人满意的结论，也许可以利用式 (12.69)。
8. 在 Ω 上满足齐次狄利克雷条件 $u=0$ 的著名非线性方程 $\nabla^2 u=-K\mathrm{e}^u$，在一般情况下，即使在圆域 Ω：$0\leqslant r<R$，也不能精确求解。当 $K=0$ 时，该方程简化为拉普拉斯方程，满足狄利克雷边界条件的解是平凡解 $u=0$。当 $K>0$ 时，可以证明，对于 $K>K_{\mathrm{crit}}$（这是一个几何相关值），有界解不再存在，解变得无界。这种情况在燃烧中称为爆炸标准。与其求解整个非线性问题，不如解决两个更简单的线性化版本。
   (a) 第一个版本把 e^u 换为 1，并在边界 $\partial\Omega$ 上有 $u=0$，求解 $\nabla^2 u=-K$。
   (b) 在第二个版本中，将 e^u 的（泰勒）展开中的下一项包含进来，即 $\nabla^2 u=-K(1+u)$。求此方程在边界 $\partial\Omega$ 上 $u=0$ 的条件下的解。

   这两种方法是否产生了 K_{crit} 的值？为什么？使用圆形几何 Ω：$0\leqslant r<R$。

12.6

1. 用 $z=x+\mathrm{i}y$ 和 $\bar{z}=x+\mathrm{i}y$ 证明拉普拉斯算子

$$\nabla^2\equiv\frac{\partial^2}{\partial x^2}+\frac{\partial^2}{\partial y^2}=4\frac{\partial^2}{\partial z\,\partial\bar{z}}$$

   用这个来证明如果 $\psi(z)$ 是解析的，那么它的实部和虚部就是调和的。这个结果已经从柯西-黎曼方程中得到。
2. 设 $\psi(z)$ 和 $f(z)$ 是解析的。考虑复合函数 $\Psi(z)=\psi(f(z))$。证明在 $f'(z)\neq 0$ 时，Ψ 的实部和虚部在 z 的所有值上都是调和的。（提示：用习题 1 的结果。）因此，证明调和函数在解析变换下是不变的。
3. 设 C 为复平面上的闭合曲线。假设包围的区域包含源和汇。通过闭合曲线的流体通量为 $M\equiv\oint_C \boldsymbol{v}\cdot\boldsymbol{n}\mathrm{d}s$，其中 $\boldsymbol{v}=v_x\hat{e}_x+v_y\hat{e}_y$，$\boldsymbol{n}$ 和 s 分别为速度、单位向外法向量和弧长。
   (a) 证明

$$M\equiv\oint_C \boldsymbol{v}\cdot\boldsymbol{n}\mathrm{d}s=\oint_C v_x\mathrm{d}y-v_y\mathrm{d}x$$

   用这个公式证明源 $N\delta(\boldsymbol{x}-\boldsymbol{x}_{\mathrm{o}})$ 的强度为 N（即证明 $M=N$）。
   (b) 证明源或汇的强度不受解析变换的影响。
4. 假设 $G(x,y,x_{\mathrm{o}},y_{\mathrm{o}})$ 是 z 平面（$z=x+\mathrm{i}y$）上原始定义域 Ω_z 上的格林函数。假设 $f(z)$ 是 z 的解析函数，并且在 Ω_z 上可逆。设 $\zeta=f(z)=u+\mathrm{i}v$ 定义函数 $u(x,y)$ 和 $v(x,y)$，设 Ω_ζ 为 Ω_z 在映射 f：$z\to\zeta$ 下的映射象。最后，设

$$G(u,v,u_0,v_0) \equiv G(u(x,y),v(x,y),u(x_0,y_0),v(x_0,y_0))$$

利用习题 1 和习题 2 的结果，验证理论上证明 $G(u,v,u_0,v_0)$ 是 ζ 上的格林函数的条件。

计算挑战问题

正如我们反复看到的，傅里叶级数是许多已构建的常微分方程和偏微分方程解的重要组成部分。考虑 $0 \leqslant x \leqslant L$ 上的 $f(x)$，其基本收敛性质是：如果 x 是 $f(x)$ 的连续点，那么级数收敛于 $f(x)$；如果 x 是 $f(x)$ 的不连续点，那么级数收敛于不连续点的中间值。例如，

$$f(x) = \begin{cases} 0, & 0 \leqslant x < 1 \\ 1, & 1 < x \leqslant 2 \end{cases}$$

会生成一个傅里叶级数，它在 $0<x<1$ 和 $1<x<2$ 上都收敛于 $f(x)$，在阶跃点 $x=1$ 处，它将收敛到中间值 $(0+1)/2=1/2$。然而，由于吉布斯现象，这种收敛并不是一致的。对于任何截断的傅里叶级数（即部分和），无论它有多少项，在不连续点附近总是会有一个过冲，并且无论考虑了多少项，这个过冲的大小总是超过一个有限值（这可以计算）。对于我们的例子来说，这意味着在 $x=1$ 附近的某个位置，图形会超过一个有限的数，无论考虑多少项，这个数都大于 1。事实上，这个数字是 1.089489…。这与收敛性并不矛盾，因为这种现象对应于先取定项数 N，然后考虑不连续点 $x=1$ 附近的 x；而收敛性对应于先取定 $x=1$ 附近的任意 x，然后考虑使 N 变大。

为了澄清这一区别，并发现过冲的有限值，用符号代数和计算软件，如 Mathematica，来解决以下问题。

1. 求出上面函数 $f(x)$ 的傅里叶正弦级数的具体形式。在 $N=20,100,1000,3000$ 的情况下，在 $0 \leqslant x \leqslant 2$ 上绘制 N 项截断的傅里叶级数，观察与吉布斯现象相关的过冲。在每种情况下，求截断级数在 $x=1$ 处的值。
2. 对于 $N=20,100,1000,3000$ 的每一种情况，找到 $x=1$ 附近对应过冲峰值的位置，并对那里的截断序列进行计算，以确定过冲，将得到的值与上述给出的理论值进行比较。
3. 对于 $x=1.001$，计算 $N=20,100,1000,3000$ 每种情况下的截断傅里叶级数，并在每种情况下指出峰值位置是在 $x=1.001$ 的左边还是右边。然后找到峰值刚好“穿过” $x=1.001$ 时的 N 值。

第 13 章 格林函数和特征函数的组合方法

在本章的第一部分，我们讨论程序和例子，以便更好地理解偏微分方程和常微分方程，以及分离变量特征函数、特征值方法（第 9 章）和格林函数方法（第 11 章和第 12 章）的数学与物理之间的关系。我们从**振动理论**和**简正模**的特征值问题开始讨论，振动理论和简正模常见的“基于物理学的”术语。各种推导出来的量有一个明确的物理解释：特征值是系统的（即模型的）**固有频率或共振频率**。这就激发了我们对固定频率驱动的系统响应输出的探究。如果驱动频率与任何共振频率不一致，那么数学求解过程很简单，且是成功的。但是，如果驱动确实与任一的共振频率相一致，那么数学过程就会失败。我们这里研究的特征函数方法将阐明这种失败的本质。

然后我们回到格林函数方法，它对共振强迫也会失败。然而，在这种情况下，通过失败获得的理解使人联想到对格林函数方法进行修改。13.2 节描述了构造修正格林函数的过程，我们将看到，它的构造利用了先前（原始）公式中的一个很大的“漏洞”。为了强化对实际问题的理解，本文将修正格林函数方法应用于振动和简正模的一个共同物理问题。为了加深数学理解，修正格林函数可以看作类似于 3.5 节的广义逆。

接下来的部分将在熟悉的弗雷德霍姆选择定理的帮助下讨论施图姆-刘维尔理论。我们将看到如何找到这类算子的格林函数。

我们的进程已经接近尾声，因此，在 13.5 节中发掘式（13.64）这种形式所隐藏的珍宝是合适的。这个紧凑而引人注目的公式将格林函数视为特征值参数的复值函数，得到了格林函数方法与特征函数展开法之间的直接关系。通过计算格林函数关于特征值参数的路径积分，推导出了特征函数展开本身。得到的结果最终显示了格林函数与特征函数之间的深刻联系。它还提供了一种用来推导特征函数展开（对于有界域）或变换方法（对于无界域）的途径，这些方法对于给定的问题（例如，傅里叶、贝塞尔、汉克尔等）是很自然的。

最后，13.6 节详细讨论在半带状域上泊松方程的解，以此来结束这最后一章。根据具体情况，有些求解方法比其他方法更有用。然而，讨论表明，没有所谓的“绝对最佳”方法。这再次强化了读者的认知：即使是数学性质的问题也不总是有一个二元的“是或否”的答案。

13.1 振动理论和简正模

本节开始重新审视 11.4 节的梁理论问题。在那里是用格林函数处理的，现在我们用特征函数法。从观察式（9.12）是特征值问题的基本方程开始，推导格林函数和特征函数方法之间的联系。

我们的处理使用振动理论中的工程术语，特征函数在物理上被称为**简正模**。这些模式即使在没有驱动因素的情况下也会持续存在。特征值与简正模振动的**特征频率** ω_i 有关，因为在数学模型中，当确定$\lambda=\rho\omega^2$（其中 ω 是强迫频率）时，产生在梁的强迫振动中的一个物理参数扮演与式（9.12）中的 λ 相同的角色［参见式（11.68）］。

在这一点上值得一提的是，物理世界（现实）提供了人们可能称之为**本源问题**的东西，例如前面提到的振动梁。这些物理问题被重新塑造为**数学模型**，乐观地说，这些模型可以用数学方法来解决。多年之后，这两种方法之间的界线（如果有的话）变得模糊起来：有时从物理角度看问题更好，有时从数学角度看问题更好。我们在这里选择站在这个比喻的界线的两边，原因在第 11 章的引言中讨论过。

用上述信息、符号和动机作为背景，例 11.4.3 的结果在物理上和数学上与经典振动理论是一致的。要了解原因，请回想一下，对于无阻尼振动系统（例如 $0\leqslant x\leqslant L$ 上的梁），使用简正模理论求解的方法通常用以下三个步骤描述。

1. 首先，在考虑任何外部强迫之前，求出固有频率 ω_i 和模态振型 ϕ_i。它们对应于特征值和特征函数。后者不是简单模态，而是**正规**模态，因为对于不同的 ω_i，它们的振型是根据内积

$$\int_0^L \phi_n(x)\phi_m(x)\mathrm{d}x=0,\quad n\neq m \tag{13.1}$$

相互正交的。这相当于式（9.25）（正交的定义）中包含的两个条件中的一个。为了本节和下一节的讨论，我们在式（13.1）给出的正交条件下继续进行［式（13.1）没有显式的加权函数 $s(x)$］。$s(x)$ 可能不等于 1 的更一般的正交条件见 13.3 节。

2. 注意，任何函数都可以用与**所有**固有频率相关的模态振型展开。这是 9.3.3 节开头提到的完备性结果。因此，当考虑 $\mathcal{L}u=f$ 时，输入强迫 f 和响应输出 u 都可以用这些模态振型展开：

$$f(x)=\sum_{j=1}^{\infty}a_j\,\phi_j(x),\quad u(x)=\sum_{j=1}^{\infty}b_j\,\phi_j(x) \tag{13.2}$$

利用式（13.1），并取 $f(x)$ 作为输入，我们用下面的公式中求出式（13.2）的每个 a_j：

$$a_j=\frac{\displaystyle\int_0^L f(x)\,\phi_j(x)\mathrm{d}x}{\displaystyle\int_0^L \phi_j^2(x)\mathrm{d}x}$$

如果将 $\phi_i(x)$ 按照式（11.89）进行规范化，则分母是 1，这是式（9.25）中包含的两个条件中的第二个：正交模式现在是**规范正交的**。

3. 最后，通过构造输出 $u(x)$ 来解出这个问题。这是通过求出式（13.2）中的系数 b_j 来实现的。为了这样做，我们将式（13.2）中的每个表达式代入 $\mathcal{L}u=f$，并积极操作，即使这意味着互换微分与无限求和的顺序等。[⊖]

⊖ 更正式的方法是将 $\mathcal{L}u-f=0$ 置于内积中，对任意简正模进行积分，并对得到的积分式进行运算，从而避免了在无穷级数中交换式子和运算的步骤。仔细的演示以大量的证明为代价可以验证这些操作是正确的。

在与一般机械系统相联系时，写出算子 $\mathcal{L}$ 是有用的，这样频率项就变成了与一个正数的乘积。对于由式（11.68）控制的梁，这个正数是 $+\rho\omega^2$。那么，如例 11.4.3 所示，这个算子是

$$\mathcal{L} = -EI\frac{\mathrm{d}^4}{\mathrm{d}x^4} + \rho\omega^2$$

将无穷级数表达式代入 $\mathcal{L}u=f$，即

$$\underbrace{\sum_{j=1}^{\infty} b_j \mathcal{L}\,\phi_j(x)}_{\mathcal{L}u} = \underbrace{\sum_{j=1}^{\infty} a_j\,\phi_j(x)}_{f}$$

接下来的运算利用了下列事实：

$$\begin{aligned}\mathcal{L}\,\phi_i(x) &= \left(-EI\frac{\mathrm{d}^4}{\mathrm{d}x^4} + \rho\omega^2\right)\phi_i(x)\\ &= \underbrace{\left(-EI\frac{\mathrm{d}^4}{\mathrm{d}x^4} + \rho\omega_i^2\right)\phi_i(x)}_{0} + (\rho\omega^2 - \rho\omega_i^2)\,\phi_i(x)\end{aligned}$$

由此得到

$$\sum_{j=1}^{\infty} b_j(\rho\omega^2 - \rho\omega_j^2)\,\phi_j(x) = \sum_{j=1}^{\infty} a_j\,\phi_j(x) \quad \Rightarrow \quad b_j = \frac{a_j}{\rho\omega^2 - \rho\omega_j^2} \tag{13.3}$$

这样我们就得到了所有的系数 b_j，前提是没有一个分母为零，即 ω 不是固有频率 ω_j。此时这个问题的解表示为一个无穷级数。

如果 ω 是固有频率，比如 $\omega=\omega_{\mathrm{N}}$，那么就不能得到对应的 b_{N}，因为除数为 0。然而，当 $a_{\mathrm{N}}=0$ 时，这样的除法就变得无关紧要了。而 $a_{\mathrm{N}}=0$ 的条件等价于之前的**可解性条件**[例如，梁例子的式（11.91）]。

在物理上，强迫在一个固有频率 $\omega=\omega_{\mathrm{N}}$ 的情况可以理解为下面的情况。

- 为了获得有界的稳态响应，强迫剖面不能包含固有模态振型。换句话说，我们必须有 $a_{\mathrm{N}}=0$。
- 如果强迫剖面包含共振频率模态（意味着 $a_{\mathrm{N}}\neq 0$），则数学过程失败并产生无界响应（用除数为 0 表示）而不是有界的稳定响应。

这概述了固有频率和模态振型的数学问题为自伴时的无阻尼振动。11.4 节中的梁例子就是这种情况。

当数学描述不是自伴时，过程发生了变化，这是由于正交条件不再由式（13.1）给出，而是由下式给出：

$$\int_0^L \phi_n(x)\,\phi_m^*(x)\mathrm{d}x = 0, \quad n \neq m \tag{13.4}$$

其中 ϕ_m^* 是 11.3.1 节伴随问题的解。在式（13.1）和式（13.4）中得到的两个条件，对于自伴问题是相同的，而对于非自伴问题，这两种条件是不同的。对于非自伴情况，只有更一般的式（13.4）适用。

让我们通过回顾最初的梁方程［式（11.67）］来检查这个问题，从这个方程中我们确

定下面各项：

$$\underbrace{\rho\frac{\partial^2 y}{\partial t^2}}_{\text{惯性}}=\underbrace{-\frac{\partial^2}{\partial x^2}\left(EI\frac{\partial^2 y}{\partial x^2}\right)}_{\text{内部反应}}+\underbrace{q(x,t)}_{\text{外部荷载}}$$

例如，与梁不同的无阻尼物理系统可以用下列形式的模型方程来描述：

$$\underbrace{\rho\frac{\partial^2\Theta}{\partial t^2}}_{\text{惯性}}=\underbrace{\mathcal{A}\Theta}_{\text{内部反应}}+\underbrace{Q(x,t)}_{\text{外部荷载}}\tag{13.5}$$

其中 $\mathcal{A}$ 是 x 而不是 t 的线性微分算子（对于梁来说，它是 $\mathcal{A}=-EI\mathrm{d}^4/\mathrm{d}x^4$，但现在它可能不同[㊀]）。为了强调可能的差异，我们将 $y(x,t)$ 替换为 $\Theta(x,t)$，以推广运动学中可能有很大不同的思想，例如，由扭矩引起的转动而不是由偏转引起的转动。说到底，名字并不重要。重要的是 $\mathcal{A}$ 是线性的，假设是基于小的输入和小的输出。

再次假设外部荷载与频率 ω 是调和的。在数学上把它写为 $Q(x,t)=-f(x)\sin\omega t$，其中的负号是为了式（13.6）的最终数学形式方便。我们想寻求形式为 $\Theta(x,t)=\psi(x)\sin\omega t$ 的输出解（“模态”）。将这些形式代入式（13.5），消除偏微分方程的时间部分，只留下空间算子，即

$$-\rho\omega^2\psi=\mathcal{A}\psi-f(x),\quad\Rightarrow\quad(\mathcal{A}+\rho\omega^2)\psi=f(x)\tag{13.6}$$

从这个结果，我们确定 $\mathcal{L}=\mathcal{A}+\rho\omega^2$ 为稳态（常微分方程）算子。

当我们消去强迫项，使 $f(x)=0$ 时，我们能够找到固有频率 ω_i 和相关的固有模态 $\phi_i(x)$。伴随问题具有相同的固有频率，但可能存在不同的模态振型 $\phi_i^*(x)$。当我们采用下面的规范化后，计算会更清晰：

$$\int_0^L(\phi_i(x))^2\mathrm{d}x=1,\quad\int_0^L(\phi_i^*(x))^2\mathrm{d}x=1\tag{13.7}$$

正交性条件再次由式（13.4）给出。

现在让我们假设问题是自伴的，在这种情况下 $\phi_i^*(x)=\phi_i(x)$。简正模提供了一个完备集，正交性条件为式（13.1），而不是式（13.4）。这意味着输入强迫 $f(x)$ 和输出 $\psi(x)$ 都可以展开为简正模：

$$f(x)=\sum_{j=1}^{\infty}a_j\phi_j(x),\quad\psi(x)=\sum_{j=1}^{\infty}b_j\phi_j(x)\tag{13.8}$$

其中

$$a_j=\int_0^L f(x)\phi_j(x)\mathrm{d}x\tag{13.9}$$

利用这些结果，我们计算输出 b_j。当把式（13.8）和式（13.9）输入式（13.6），并执行与我们前面所描述的相似的操作，借助符号对应，再次得到式（13.3）。所以

$$b_j=\frac{a_j}{\rho\omega^2-\rho\omega_j^2}=\frac{1}{\rho(\omega^2-\omega_j^2)}\int_0^L f(x)\phi_j(x)\mathrm{d}x$$

㊀ 对于绷紧弦，$A=T_0\mathrm{d}^2/\mathrm{d}x^2$，其中 T_0 为弦张力；参见 11.4 节的习题 2。

将此结果与式（13.8）中 $\psi(x)$ 的表达式结合起来，得到

$$\psi(x)=\sum_{j=1}^{\infty}\left(\frac{1}{\rho(\omega^2-\omega_j^2)}\int_0^L f(\xi)\,\phi_j(\xi)\mathrm{d}\xi\right)\phi_j(x) \tag{13.10}$$

我们从式（13.10）中清晰地看出它是如何与弗雷德霍姆选择定理相一致的。如果对于任意 i，$\omega\neq\omega_i$，那么常微分方程 $\mathcal{L}u=(\mathcal{A}+\rho\omega^2)u=0$ 及其齐次边界条件只会有平凡零解，那么 $\mathcal{L}u=f$ 有唯一解。ψ 的解由式（13.10）给出。

如果齐次边界条件常微分方程 $\mathcal{L}u=0$ 有一个非平凡解，那么对于一个整数 N，$\omega=\omega_N$，它的齐次解是相应的 ϕ_N。在这种情况下，当且仅当满足可解性条件 $\int f\phi_N=0$ 时，上面的 ψ 的表达式是有意义的。这个条件处理掉了原本需要除以零的项。注意，有了这个规定，式（13.10）中 $\phi_N(x)$ 的系数采用零除以零的经典不定式。这反映了这样一个事实：当满足可解性条件时，可以在解上加上齐次解 ϕ_N 的任意倍。

仍然有几个我们关心的问题必须加以解决。

- 第一，式（13.5）包含简单（二阶）时间微分算子 $\rho\ \partial^2/\partial t^2$。当有阻尼时，我们还希望有一阶时间导数项。[㊀]在这种情况下，稳态输出与强迫 $q(x,t)=f(x)\sin\omega t$ 的正弦输入相关联，可能涉及异相响应，即 $\Theta(x,t)$ 分成余弦和正弦响应部分。预计阻尼将防止无界的输出，尽管我们仍然会期望在接近共振频率的频率上出现引人注目的响应。这种讨论在振动理论中很常见。
- 第二，当使用式（11.56）（其中 $\mathcal{L}=\mathcal{A}+\rho\omega^2$）确定伴随时，可以看出在确定伴随算子 $\mathcal{L}^*$ 时，乘以 $\rho\omega^2$ 的项不需要用分部积分。这意味着 $\mathcal{L}^*=\mathcal{A}^*+\rho\omega^2$，其中 $\mathcal{A}^*$ 是 $\mathcal{A}$ 的伴随。简单地说，$\mathcal{L}$ 中的未微分项 $\rho\omega^2$ 不需要伴随计算。[㊁]
- 第三，我们给出了没有正式证明的断言，如：(1) 原问题和伴随问题的固有频率相同；(2) 式（13.4）为自然正交条件。我们在本节的习题 1 和习题 2 中讨论这些断言。
- 第四，一个更广泛的断言涉及用简正模［如式（13.2）］展开任意函数的能力。解决这些问题需要深入研究无限维向量空间，这些空间的成员是函数：每个基包含无限个这样的函数。事实上，简正模 $\phi_n(x)$ 充当由这些函数“张成”的“空间”的基。在这种情况下，必须设法解决收敛的问题，这是一项主要任务。在第 9 章中，我们将这些主题集中到性质 P3 中，并简要讨论了隐含的完备性假设。[㊂]

回到格林函数，我们回想一下，当它存在时，我们会以下列形式得到 $\mathcal{L}u=f$ 的解：

$$u(x)=\int_0^L G(x,\xi)f(\xi)\mathrm{d}\xi$$

㊀ 一般来说，阻尼项是非线性的，然而在一阶近似中它几乎总是线性化的，这里阐述的线性理论将适用，不过问题可能不再是自伴的。

㊁ 我们在例 11.3.1 中遇到过这一点，在那里式（11.57）的 λ 项产生了式（11.61）中一个类似的 λ 项。

㊂ 理论分析表明，收敛性可以用柯西序列来处理，柯西序列使得定义在由不可数无限个点组成的区间上的函数可以用可数无限个函数序列组成的基来表示。强烈建议感兴趣的读者查阅关于这个主题的许多优秀参考资料，如文献［44］或文献［45］。

这包括 $\mathcal{L}=\mathcal{A}+\rho\omega^2$ 型算子。此外，如果问题是自伴的，推导式（13.10）的过程表明，对于 $(\mathcal{A}+\rho\omega^2)u=f$，解由

$$u(x)=\int_0^L\sum_{n=1}^{\infty}\left(\frac{1}{\rho(\omega^2-\omega_n^2)}\phi_n(\xi)\phi_n(x)\right)f(\xi)\mathrm{d}\xi$$

给出。通过比较 u 的这两个表达式，并注意 $f(\xi)$ 是任意的，我们得出以下结论。

> 形为 $\mathcal{L}=\mathcal{A}+\rho\omega^2$ 的微分算子，其自伴问题的格林函数 G 可以写成
>
> $$G(x,\xi,\omega^2)=\sum_{n=1}^{\infty}\left(\frac{1}{\rho(\omega^2-\omega_n^2)}\phi_n(\xi)\phi_n(x)\right)\tag{13.11}$$
>
> 当由式（13.5）建模的无阻尼动力系统受到频率为 ω 的谐波荷载时，自然会出现这个问题。这里 ω_n 是**共振频率**，$\phi_n(x)$ 是相关的**简正模**。在式（13.11）中，我们标示了谐波荷载频率 ω 在 G 的参数中的作用。由于这个频率在 G 中是平方项，我们写成 $G=G(x,\xi,\omega^2)$。

由于式（13.11）是无穷级数的形式，乍一看，它似乎不是表示格林函数的一种实用方法。与此相反，我们在第 11 章中构造常微分方程格林函数的第一种方法，虽然并不总是一个简单的过程，但至少给出了一个有限表达式（即不是无限级数）的最终结果。接下来，与其使用特征函数或简正模来构造格林函数，还不如最终采用相反的策略。也就是说，使用格林函数来确定特征函数展开式。这种技术将在 13.5 节中介绍，会用到式（13.11）。

13.2　修正格林函数

在 13.1 节中，我们研究了 $\mathcal{L}u=f$，$\mathcal{L}=\mathcal{A}+\rho\omega^2$ 和 u 在端点 $x=a$ 和 $x=b$ 满足齐次边界条件的问题。为了公式的通用性，没有指定特定的齐次边界条件。它们可能是狄利克雷型、诺伊曼型或者罗宾型，甚至是其他的。对于这样的问题，我们确定了两种不同求解方法：格林函数法（11.4 节）和特征函数法（第 9 章和 13.1 节）。当满足弗雷德霍姆选择定理的第二个条件时，即满足可解性条件时，格林函数法不能提供可行的求解过程。[⊖] 简正模法没有这种缺陷，但有一个恼人的特点，就是涉及无穷级数。由此产生了下面的问题。

★ 如果 $\mathcal{L}u=0$ 有一个非平凡解，那么当 f 满足弗雷德霍姆选择定理的第二个可解性条件时，是否存在一个格林函数法来求 $\mathcal{L}u=f$ 的解？

我们回忆一下弗雷德霍姆选择定理的第二个条件满足意味着伴随问题有一个非平凡解 u_{H}^* 和 $\int_a^b f(x)u_{\mathrm{H}}^*\mathrm{d}x=0$。后者是可解性条件。

⊖ 虽然在例 11.4.1 的特殊情况下，我们用待定系数法猜测了式（11.66）的基本解，但我们还没有提出一个系统的解决方法。

13.2.1　无共振分量的共振强迫

传统的格林函数 $G(x,\xi)$ 满足常微分方程 $\mathcal{L}_xG(x,\xi)=\delta(x-\xi)$，其中，为了表述清晰，明确现用的自变量，我们将 $\mathcal{L}$ 写成 $\mathcal{L}_x$。ξ 表示“源位置参数”。将弗雷德霍姆选择定理应用于常微分方程 $\mathcal{L}_xG(x,\xi)=\delta(x-\xi)$，根据 $\int_a^b\delta(x-\xi)u_{\mathrm{H}}^*\mathrm{d}x$ 是零（问题有解）还是非零（问题没有解），产生一个可解性条件。积分后得到 $\int_a^b\delta(x-\xi)u_{\mathrm{H}}^*\mathrm{d}x=u_{\mathrm{H}}^*(\xi)\neq 0$，因为 $u_{\mathrm{H}}^*(\xi)$ 不是平凡的。弗雷德霍姆选择定理指出非平凡 $u_{\mathrm{H}}^*(\xi)$ 的存在确保了 $\mathcal{L}_xG(x,\xi)=\delta(x-\xi)$无解，并且先前定义的格林函数不存在。换句话说，对于给定的齐次边界条件，试图解 $\mathcal{L}_xG(x,\xi)=\delta(x-\xi)$ 是徒劳的。[⊖]

总结

1. 若 $\mathcal{L}u=0$ 只有平凡解，那么我们总能解出 $\mathcal{L}u=f$。该解由 $u(x,\xi)=\int G(x,\xi)f(\xi)\mathrm{d}\xi$ 得到，其中 $G(x,\xi)$ 为 $\mathcal{L}_xG(x,\xi)=\delta(x-\xi)$ 的解。这个解是唯一的。

2. 如果 $\mathcal{L}u=0$ 有非平凡解 $u_{\mathrm{H}}\neq0$，那么当且仅当对于所有的伴随问题 $\mathcal{L}^*u^*=0$ 的非平凡齐次解 $u_{\mathrm{H}}^*(x)$ 都有 $\int_a^b f(x)u_{\mathrm{H}}^*\mathrm{d}x=0$，$\mathcal{L}u=f$ 有解。对于可解的情况，$\mathcal{L}u=f$ 的解，在“u_{H} 最多相差一个任意倍数”的意义上是唯一的。

3. 上述 2 中的结果与我们所知道的当强迫发生在一个固有频率时的共振是一致的。可解的情况对应于一个强迫输入，在其整个的简正模展开中不包含共振的简正模的分量（这种物理对应是我们这一小节的标题的原因）。

4. 例 11.4.1 是对上面 2 中的演示：$u''+9\pi^2=4\sin5\pi x$，其中 $u(0)=u(1)=0$。那么 $u_{\mathrm{H}}=u_{\mathrm{H}}^*=\sin3\pi x$，$\int_0^1 4\sin5\pi x\sin3\pi x\mathrm{d}x=0$，这意味着解存在。通过猜测，我们得到 $u=-\frac{1}{2}\pi^{-2}\sin5\pi x+C\sin3\pi x$。乘数 C 是任意的。

5. 虽然上面 4 中的例子展示了 2 中的情况有时是如何通过猜测来解决的，但是如何通过系统的“格林函数”的方式来得到这样的结果却并不清楚。最基本的复杂性是，2 中的弗雷德霍姆选择定理指出，$\mathcal{L}_xG(x,\xi)=\delta(x-\xi)$ 是不可解的。

至于上面 5 中的短语**“格林函数”的方式**，我们的意思是：对一个适当的$\widetilde{G}(x,\xi)$，为 $\mathcal{L}u=f$ 提供一个形为 $u(x)=\int_a^b\widetilde{G}(x,\xi)f(\xi)\mathrm{d}\xi$的解 。我们使用 $\widetilde{G}$ 来代替G，因为G可以求解 $\mathcal{L}_xG(x,\xi)=\delta(x-\xi)$，这在我们的情况下是一个无法解决的问题。因此提出了以下问题。

★ 是否有一个比狄拉克 δ 函数更好的右边，比如 $\Gamma(x,\xi)$，其中 $\Gamma(x,\xi)\neq\delta(x-\xi)$，使得方程

⊖ 例如，当强迫处于固有频率时，在例 11.4.2 后面对梁的讨论中可以看到。构造格林函数的尝试似乎进展得很顺利，直到有必要对线性代数系统进行反演。在固有频率处，线性系统的行列式变为零，阻碍了构造过程。

$$\mathcal{L}_x\widetilde{G}(x,\xi) = \Gamma(x,\xi)$$

是可解的，导出一个“修正格林函数” $\widetilde{G}(x,\xi)$，生成解 $u(x) = \int_a^b \widetilde{G}(x,\xi)f(\xi)\mathrm{d}\xi$。

根据从上述讨论中得出的若干结论，我们断言，答案当然是肯定的。下面是一组确定 $\Gamma(x,\xi)$ 的合理线索。

1. 如果 $u(x) = \int_a^b \widetilde{G}(x,\xi)f(\xi)\mathrm{d}\xi$ 和 $\mathcal{L}_x G(x,\xi) = \Gamma(x,\xi)$，则

$$\mathcal{L}_x u(x) = \int_a^b \mathcal{L}_x\widetilde{G}(x,\xi)f(\xi)\mathrm{d}\xi = \int_a^b \Gamma(x,\xi)f(\xi)\mathrm{d}\xi$$

2. 我们需要 $\mathcal{L}_x u(x) = f(x)$，结合上面的线索 1，这意味着

$$f(x) = \int_a^b \Gamma(x,\xi)f(\xi)\mathrm{d}\xi \tag{13.12}$$

因此，Γ 在积分 $\int_a^b \cdots \mathrm{d}\xi$ 中，就像 δ 函数一样进行运算。

3. 然而，如弗雷德霍姆选择定理所示，函数 $\Gamma(x,\xi)$ 不能**精确地**等于 $\delta(x-\xi)$。这违反了关于 $\mathcal{L}_x\widetilde{G}(x,\xi) = \Gamma(x,\xi)$ 的可解性条件

$$\int_a^b \Gamma(x,\xi)u_{\mathrm{H}}^*(x)\mathrm{d}x = 0 \tag{13.13}$$

有了这些线索，$\Gamma(x,\xi)$ 是什么？更恰当地，如何构造 $\Gamma(x,\xi)$？

如现在所示，答案是寻找如下形式的函数 $\Gamma(x,\xi)$：

$$\Gamma(x,\xi) = \delta(x-\xi) + A(x)u_{\mathrm{H}}^*(\xi) \tag{13.14}$$

其中函数 $A(x)$ 尚待求出。下面我们演示如何使该函数满足式（13.12）和式（13.13）给出的要求。

第一个要求　$\int_a^b \Gamma(x,\xi)f(\xi)\mathrm{d}\xi = f(x)$？

验证

$$\begin{aligned}\int_a^b \Gamma(x,\xi)f(\xi)\mathrm{d}\xi &= \int_a^b \Big(\delta(x-\xi) + A(x)u_{\mathrm{H}}^*(\xi)\Big)f(\xi)\mathrm{d}\xi \\ &= \int_a^b \delta(x-\xi)f(\xi)\mathrm{d}\xi + A(x)\underbrace{\int_a^b u_{\mathrm{H}}^*(\xi)f(\xi)\mathrm{d}\xi}_{0} \\ &= f(x) + 0 = f(x)\end{aligned}$$

第二个要求　$\int_a^b \Gamma(x,\xi)u_{\mathrm{H}}^*\mathrm{d}x = 0$？

验证

$$\begin{aligned}\int_a^b \Gamma(x,\xi)u_{\mathrm{H}}^*(x)\mathrm{d}x &= \int_a^b \Big(\delta(x-\xi) + A(x)u_{\mathrm{H}}^*(\xi)\Big)u_{\mathrm{H}}^*(x)\mathrm{d}x \\ &= \int_a^b \delta(x-\xi)u_{\mathrm{H}}^*(x)\mathrm{d}x + u_{\mathrm{H}}^*(\xi)\int_a^b A(x)u_{\mathrm{H}}^*(x)\mathrm{d}x\end{aligned}$$

$$= u_{\mathrm{H}}^{*}(\xi) + u_{\mathrm{H}}^{*}(\xi)\int_{a}^{b} A(x) u_{\mathrm{H}}^{*}(x)\mathrm{d}x$$

$$= u_{\mathrm{H}}^{*}(\xi)\left[1 + \int_{a}^{b} A(x) u_{\mathrm{H}}^{*}(x)\mathrm{d}x\right]$$

为了使$\int_{a}^{b}\Gamma(x,\xi)u_{\mathrm{H}}^{*}\mathrm{d}x = 0$,设$A(x)$是一个满足$\int_{a}^{b}A(x)u_{\mathrm{H}}^{*}\mathrm{d}x = -1$的函数。一个显而易见的选择是

$$A(x) = \frac{-1}{\int_{a}^{b}(u_{\mathrm{H}}^{*}(\zeta))^{2}\mathrm{d}\zeta}u_{\mathrm{H}}^{*}(x) \tag{13.15}$$

对于这个 $A(x)$ 的选择，得到

$$\Gamma(x,\xi) = \delta(x-\xi) - \frac{u_{\mathrm{H}}^{*}(x)u_{\mathrm{H}}^{*}(\xi)}{\int_{a}^{b}(u_{\mathrm{H}}^{*}(\zeta))^{2}\mathrm{d}\zeta} \tag{13.16}$$

通过使用在 $\mathcal{L}_{x}\widetilde{G}=\Gamma$ 中这个 Γ 来构造的函数 $\widetilde{G}(x,\xi)$ 被称为**修正格林函数**。[㊀]

修正的格林函数可以类比线性代数中的广义逆。[㊁]这是因为修正格林函数和广义逆都是为了应对阻碍直接应用弗雷德霍姆选择定理第二个条件的挑战而开发的。出于这个重要的与线性代数的联系，我们现在用 $G^{\dagger}(x,\xi)$ 替换符号 $\widetilde{G}(x,\xi)$ 作为修正的格林函数一致使用的符号。

综上所述，如果 $\mathcal{L}u=0$ 有非平凡齐次解 $u_{\mathrm{H}}(x)$，则修正格林函数 $G^{\dagger}(x,\xi)$ 为下列方程的解：

$$\mathcal{L}_{x}G^{\dagger}(x,\xi) = \underbrace{\delta(x-\xi) - \frac{u_{\mathrm{H}}^{*}(x)u_{\mathrm{H}}^{*}(\xi)}{\int_{a}^{b}(u_{\mathrm{H}}^{*}(\zeta))^{2}\mathrm{d}\zeta}}_{\Gamma(x,\xi)} \tag{13.17}$$

如果$\int_{a}^{b}u_{\mathrm{H}}^{*}f(x)\mathrm{d}x = 0$,那么$\mathcal{L}u = f$的解为$u(x) = \int_{a}^{b}G^{\dagger}(x,\xi)f(\xi)\mathrm{d}\xi$。这个解不是唯一的,因为$u_{\mathrm{H}}(x)$的任意倍数都可以添加到这个解中。

13.2.2　应用：绷紧弦的强迫谐振

当 $f(x)$ 满足可解条件式 (11.64) 时，利用式 (13.17)，我们重新考察例 11.4.1。

㊀ 在得到式 (13.16) 之后，重新审视式 (13.12) 后面的表述“Γ 在积分 $\int_{a}^{b}\cdots\mathrm{d}\xi$ 中，就像 δ 函数一样进行运算”是有启发意义的。真正的 δ 函数 $\delta(x-\xi)$ 使这一表述适用于在 $a<x<b$ 上及其内部的任何区间上的积分，包括子区间；而 Γ 只需要使这一表述适用于由问题边界位置 a 和 b 定义的整个区间的积分。这就是成功构建 Γ 的“漏洞”。

㊁ 回想一下，如果 $\mathbf{A}$ 是一个可逆矩阵，那么它的逆矩阵用 $\mathbf{A}^{-1}$ 表示。但是，如果 $\mathbf{A}$ 不是一个可逆矩阵，那么它的广义逆用 $\mathbf{A}^{\dagger}$ 表示。请特别参阅例 3.5.1 及其后面的讨论。

例 13.2.1 当 $f(x)$ 满足式（11.64）时，求下列方程的修正格林函数：

$$\frac{\mathrm{d}^2 u}{\mathrm{d}x^2}+9\pi^2 u=f(x), \quad u(0)=0, \quad u(1)=0 \tag{13.18}$$

利用所求的结果来得到通解 $u(x)$ 的一个简单表达式。

评注：我们再次使用 $L=1$（区间右端）的绷紧弦的方程式（11.39）。则$\lambda=9\pi^2$ 对应于固有频率情况。对这个 λ 稍加改变，例如$\lambda=9.1\pi^2$ 或$\lambda=8.99\pi^2$ 或$\lambda=9\times3.14159^2$，将使我们从固有频率上移开，从而可以构造通常的格林函数。那么，除数不是 0，而是一个非常小的数字，因此有理由关注数值精度。

解 回想一下，例 11.4.1 中提到的算子是自伴的，在本例中也是如此：

$$u_{\mathrm{H}}(x)=u_{\mathrm{H}}^{*}(x)=\sin(3\pi x)$$

因此，式（13.16）给出

$$\Gamma(x,\xi)=\delta(x-\xi)-\frac{\sin(3\pi x)\sin(3\pi\xi)}{\underbrace{\int_0^1\sin^2(3\pi\varphi)\mathrm{d}\varphi}_{\frac{1}{2}}}=\delta(x-\xi)-2\sin(3\pi\xi)\sin(3\pi x)$$

于是式（13.17）在 $0\leqslant x<\xi$ 和 $\xi<x\leqslant1$ 上成为

$$\frac{\mathrm{d}^2 G^{\dagger}}{\mathrm{d}x^2}+9\pi^2 G^{\dagger}=\delta(x-\xi)-2\sin(3\pi\xi)\sin(3\pi x)$$

由于 ξ 是一个参数，我们可以考虑方程

$$y''+9\pi^2 y=C\sin(3\pi x) \tag{13.19}$$

其中 $C=-2\sin(3\pi\xi)$。为求出 $y(x)$，可以看出式（13.19）的齐次解为

$$y_{\mathrm{H}}(x)=A\sin(3\pi x)+B\cos(3\pi x) \tag{13.20}$$

式（13.19）的右边已经是一个齐次解。回想一下，对于常系数常微分方程，可以用适当的“增强形式”寻求一个特解 $y_{\mathrm{p}}(x)$，对式（13.20）乘以 x 得到

$$y_{\mathrm{p}}(x)=Ax\sin(3\pi x)+Bx\cos(3\pi x)$$

其中常数 A 和 B 必须确定。求 $y_{\mathrm{p}}(x)$ 的一阶导数和二阶导数，代入式（13.19）得到

$$C\sin(3\pi x)=y''+9\pi^2 y=6\pi A\cos(3\pi x)-6\pi B\sin(3\pi x)$$

所以 $A=0$，$-6\pi B=C$。因此，$y''+9\pi^2 y=C\sin(3\pi x)$ 的特解为

$$y_{\mathrm{p}}(x)=-\frac{C}{6\pi}x\cos(3\pi x)=-\frac{-2\sin(3\pi\xi)x\cos(3\pi x)}{6\pi}$$

然后修正格林函数采用 $y_{\mathrm{p}}(x)+y_{\mathrm{H}}(x)$ 的形式，$y_{\mathrm{H}}(x)$ 使用式（13.20）。这就得到

$$G^{\dagger}(x,\xi)=\frac{1}{3\pi}x\sin(3\pi\xi)\cos(3\pi x)+\begin{cases}A\sin(3\pi x)+B\cos(3\pi x), & 0\leqslant x<\xi\\ C\sin(3\pi x)+D\cos(3\pi x), & \xi<x\leqslant 1\end{cases}$$

其中 A,B,C,D 是满足边界条件和阶跃条件的新常数（与之前的常数无关）。边界条件是

$$0=G^{\dagger}(0,\xi) \quad\Rightarrow\quad B=0$$

和

$$0 = G^{\dagger}(1,\xi) = \frac{1}{3\pi}\sin(3\pi\xi)\cos(3\pi) + D \quad \Rightarrow \quad D = -\frac{1}{3\pi}\sin(3\pi\xi)$$

利用 B 和 D 的这些值，以及 $(1/3\pi)x\sin 3\pi\xi\cos 3\pi x$ 及其导数连续的事实，可以得出阶跃条件为

$$\begin{aligned} 0 &= G^{\dagger}(\xi^{+},\xi) - G^{\dagger}(\xi^{-},\xi) \\ &\Rightarrow C - A = \frac{\cos(3\pi\xi)}{3\pi} \end{aligned} \tag{13.21}$$

和

$$\begin{aligned} 1 &= \left.\frac{\mathrm{d}G^{\dagger}}{\mathrm{d}x}\right|_{\xi^{+}} - \left.\frac{\mathrm{d}G^{\dagger}}{\mathrm{d}x}\right|_{\xi^{-}} \\ &= \left[3\pi C\cos(3\pi\xi) + \left(\frac{1}{3\pi}\sin(3\pi\xi)\right)3\pi\sin(3\pi\xi)\right] - [3\pi A\cos(3\pi\xi)] \\ &\Rightarrow C - A = \frac{\cos(3\pi\xi)}{3\pi} \end{aligned} \tag{13.22}$$

比较式（13.21）和式（13.22），可知 $[[G^{\dagger}]]=0$ 和 $[[\mathrm{d}G^{\dagger}/\mathrm{d}x]]=1$ 均产生相同的条件 $C=A+\cos(3\pi\xi)/3\pi$。结合这些结果，得到

$$G^{\dagger}(x,\xi) = \frac{1}{3\pi}x\sin(3\pi\xi)\cos(3\pi x) + \begin{cases} A\sin(3\pi x) \\ A\sin(3\pi x) + (1/3\pi)\cos(3\pi\xi)\sin(3\pi x) - (1/3\pi)\sin(3\pi\xi)\cos(3\pi x) \end{cases} \tag{13.23}$$

我们可以取 $A=0$，因为 $\sin(3\pi x)$ 中的项只是在解中增加了 $u_{\mathrm{H}}=3\sin(3\pi x)$ 的倍数。我们还用 $\sin(\alpha-\beta)=\sin(\alpha)\cos(\beta)-\cos(\alpha)\sin(\beta)$ 将式（13.23）的最后一项改写为 $\cos(3\pi\xi)\sin(3\pi x)-\sin(3\pi\xi)\cos(3\pi x)=\sin(3\pi(x-\xi))$。这使我们能够将式（13.23）重写为

$$G^{\dagger}(x,\xi) = \frac{1}{3\pi}x\sin(3\pi\xi)\cos(3\pi x) + \begin{cases} 0, & 0 \leqslant x < \xi \\ (1/3\pi)\sin(3\pi(x-\xi)), & \xi < x \leqslant 1 \end{cases}$$

式（13.18）的解 $u(x)$ 现在取以下形式：

$$\begin{aligned} u(x) &= \int_0^1 G^{\dagger}(x,\xi)f(\xi)\mathrm{d}\xi + k\sin(3\pi x) \\ &= k\sin(3\pi x) + \frac{1}{3\pi}x\cos(3\pi x)\underbrace{\int_0^1 f(\xi)\sin(3\pi\xi)\mathrm{d}\xi}_{\to 0} + \\ &\quad \underbrace{\int_0^x f(\xi)\frac{1}{3\pi}\sin(3\pi(x-\xi))\mathrm{d}\xi}_{\xi<x} + \underbrace{\int_0^1 f(\xi)0\mathrm{d}\xi}_{\xi>x,\ \to 0} \end{aligned}$$

其中，根据可解条件式（11.64），右边的第一个积分为零，而第三个积分因为被积函数是零而为零。因此

$$u(x) = \underbrace{k\sin(3\pi x)}_{u_{\mathrm{H}}(x)} + \underbrace{\frac{1}{3\pi}\int_0^x f(\xi)\sin(3\pi(x-\xi))\mathrm{d}\xi}_{u_{\mathrm{p}}(x)} \tag{13.24}$$

这是解 $u(x)$ 最简单最紧凑的形式。

上述简洁的结果可能使读者感到困惑，这是可以理解的。式（13.24）只显示了从 0 到 x 的积分。为什么强迫项 $f(x)$ 对区间 x 到 1 没有影响，即使 $f(x)$ 非零？

答案是，这是式（13.24）的形式的假象。将 $\sin(3\pi(x-\xi))$展开为 $\cos(3\pi\xi)\sin(3\pi x)-\sin(3\pi\xi)\cos(3\pi x)$。特解变成

$$\begin{aligned}&\int_0^x f(\xi)\sin(3\pi(x-\xi))\mathrm{d}\xi\\&=\sin(3\pi x)\int_0^x f(\xi)\cos(3\pi\xi)\mathrm{d}\xi-\cos(3\pi x)\int_0^x f(\xi)\sin(3\pi\xi)\mathrm{d}\xi\\&=\sin(3\pi x)\int_0^x f(\xi)\cos(3\pi\xi)\mathrm{d}\xi+\cos(3\pi x)\int_x^1 f(\xi)\sin(3\pi\xi)\mathrm{d}\xi\end{aligned}$$

其中最后一步是由式（11.64）给出的可解性条件的结果。因此，式（13.24）等价于以下两个式子：

$$\begin{aligned}u(x)&=k\sin(3\pi x)+\frac{1}{3\pi}\sin(3\pi x)\int_0^x f(\xi)\cos(3\pi\xi)\mathrm{d}\xi-\\&\quad\frac{1}{3\pi}\cos(3\pi x)\int_0^x f(\xi)\sin(3\pi\xi)\mathrm{d}\xi\\&=k\sin(3\pi x)+\frac{1}{3\pi}\sin(3\pi x)\int_0^x f(\xi)\cos(3\pi\xi)\mathrm{d}\xi+\\&\quad\frac{1}{3\pi}\cos(3\pi x)\int_x^1 f(\xi)\sin(3\pi\xi)\mathrm{d}\xi\end{aligned}\tag{13.25}$$

式（13.24）和式（13.25）中的第一个式子和式（13.25）的第二个式子的等价性，取决于式（11.64）。因此，当需要使用修正格林函数时，根据修正格林函数的实现方式，可以推导出不同的公式（如上所示）。式（13.25）表明，数学解确实取决于 $f(x)$ 在整个区间 $0\leqslant x\leqslant 1$ 的影响，这本来就应该如此。

例 13.2.2 使用修正格林函数法，求 $f(x)=4\sin(5\pi x)$ 时式（13.18）的简单解 $u(x)$。

解 可解性条件是满足的，因为

$$\int_0^1 f(x)\sin(3\pi x)\mathrm{d}x=4\int_0^1\sin(5\pi x)\sin(3\pi x)\mathrm{d}x=0$$

使用式（13.25）的第一个式子，得到

$$u(x)=k\sin(3\pi x)+\frac{4}{3\pi}\left[\sin(3\pi x)\int_0^x\sin(5\pi\xi)\cos(3\pi\xi)\mathrm{d}\xi-\cos(3\pi x)\int_0^x\sin(5\pi\xi)\sin(3\pi\xi)\mathrm{d}\xi\right]$$

计算结果为

$$\begin{aligned}\int_0^x\sin(5\pi\xi)\cos(3\pi\xi)\mathrm{d}\xi&=\int_0^x\left(\frac{\mathrm{e}^{5\pi\mathrm{i}\xi}-\mathrm{e}^{-5\pi\mathrm{i}\xi}}{2\mathrm{i}}\right)\left(\frac{\mathrm{e}^{3\pi\mathrm{i}\xi}+\mathrm{e}^{-3\pi\mathrm{i}\xi}}{2}\right)\mathrm{d}\xi\\&=-\frac{1}{16\pi}\cos(8\pi x)-\frac{1}{4\pi}\cos(2\pi x)+\frac{5}{16\pi}\end{aligned}$$

类似的计算得到

$$\int_0^x \sin(5\pi\xi)\sin(3\pi\xi)\,d\xi = -\frac{1}{16\pi}\sin(8\pi x) + \frac{1}{4\pi}\sin(2\pi x)$$

合并这些结果得到 u 的表达式为

$$\begin{aligned} u(x) &= k\sin(3\pi x) + \frac{4}{3\pi}\Big[\sin(3\pi x)\Big(-\frac{1}{16\pi}\cos(8\pi x) - \frac{1}{4\pi}\cos(2\pi x) + \frac{5}{16\pi}\Big) - \\ &\qquad \cos(3\pi x)\Big(-\frac{1}{16\pi}\sin(8\pi x) + \frac{1}{4\pi}\sin(2\pi x)\Big)\Big] \\ &= \underbrace{\Big(k + \frac{5}{12\pi^2}\Big)}_{C}\sin(3\pi x) - \frac{1}{4\pi^2}\sin(5\pi x) \end{aligned}$$

其中最后一步使用 $\sin(5\pi x) = \sin(8\pi x)\cos(3\pi x) - \cos(8\pi x)\sin(3\pi x) = \sin(2\pi x)\cos(3\pi x) + \cos(2\pi x)\sin(3\pi x)$。因此解 $u(x)$ 取以下紧凑形式：

$$u(x) = C\sin(3\pi x) - \frac{1}{4\pi^2}\sin(5\pi x) \tag{13.26}$$

如读者所知，使用我们熟知的名为“待定系数法”的猜测方法，最后由式（13.26）给出的解是很容易得到的。这个例子的目的并不是为了得到这个容易找到的解，而是为了证明系统地使用修正格林函数方法会得到正确的结果。

更一般地，让我们验证由式（13.24）给出的 $u(x)$ 是任何 $f(x)$ 满足式（11.64）的边值问题（13.18）的通解。首先，验证边界条件

$$u(0) = k\sin 0 + \frac{1}{3\pi}\int_0^0 f(\xi)\sin(-3\pi\xi)\,d\xi = 0 + 0 = 0$$

$$\begin{aligned} u(1) &= \cancelto{0}{k\sin(3\pi)} + \frac{1}{3\pi}\int_0^1 f(\xi)\underbrace{\sin(3\pi(1-\xi))}_{\cos(3\pi\xi)\cancelto{0}{\sin(3\pi)} - \sin(3\pi\xi)\cancelto{-1}{\cos(3\pi)}}\,d\xi \\ &= 0 + \frac{1}{3\pi}\int_0^1 f(\xi)\sin(3\pi\xi)\,d\xi = 0 \end{aligned}$$

其中最后一步是式（11.64）的结果。转向常微分方程，利用莱布尼茨法则计算公式（13.24）中 $u(x)$ 的导数。这就得到

$$\begin{aligned} \frac{du}{dx} &= 3\pi k\cos(3\pi x) + \\ &\quad \frac{1}{3\pi}\Big[f(\xi)\sin(3\pi(x-\xi))\big|_{x=\xi} + \int_0^x f(\xi)\frac{d}{dx}\sin(3\pi(x-\xi))\,d\xi\Big] \\ &= 3\pi k\cos(3\pi x) + \int_0^x f(\xi)\cos(3\pi(x-\xi))\,d\xi \end{aligned}$$

再次微分，得到

$$\frac{d^2u}{dx^2} = -9\pi^2 k\sin(3\pi x) +$$

$$\left[f(\xi)\cos(3\pi(x-\xi))\big|_{x=\xi}+\int_0^x f(\xi)\frac{\mathrm{d}}{\mathrm{d}x}\cos(3\pi(x-\xi))\mathrm{d}\xi\right]$$

$$=-9\pi^2 k\sin(3\pi x)+f(x)-3\pi\int_0^x f(\xi)\sin(3\pi(x-\xi))\mathrm{d}\xi$$

这就可以证明 $\mathrm{d}^2u/\mathrm{d}x^2+9\pi^2u=f(x)$。

总结讨论

我们已经研究了具有边界条件 $u(0)=0$，$u(L)=0$ 的方程 $u''+\omega^2u=f(x)$ 的解的所有有关方面。这对应于例 11.2.2 中$\lambda=\omega^2$ 所考虑的问题。在物理上，这个问题对应于一根绷紧弦。在分母不为零的情况下，格林函数由式（11.52）给出，得到 $\omega\neq n\pi/L$ 的约束。用式（11.52）得到唯一解

$$u(x)=\frac{\sin(\omega(x-L))}{\omega\sin(\omega L)}\int_0^x f(\xi)\sin(\omega\xi)\mathrm{d}\xi+\frac{\sin(\omega x)}{\omega\sin(\omega L)}\int_x^L f(\xi)\sin(\omega(\xi-L))\mathrm{d}\xi$$

类似的问题也适用于高阶常微分方程，例如 $-u''''+\omega^2u=f(x)$，这是刚性梁控制方程式（11.68）的无量纲化版本。高阶方程会导致更复杂的计算，正如我们在例 11.4.2 中构造格林函数时看到的那样。

对于上述 u 的表达式，如果对于一个整数 $n=1,2,3,\cdots$，$\omega=n\pi/L\equiv\omega_n$，则标准格林函数不存在，这种直接方法失败。例 13.2.1 精确地解决了参数值 $n=3$ 和 $L=1$ 的这种情况。例 13.2.1 的处理方法很容易推广到 n 和 L 取任意值的更一般的情况。当 $\omega=\omega_n$ 时，当且仅当 $\int_0^L f(x)\sin(\omega_n x)\mathrm{d}x=0$ 时解存在，而且该解可以通过构造一个修正格林函数得到。然后求出 $u(x)$ 的解为

$$u(x)=k\sin(\omega_n x)+\frac{1}{\omega_n}\int_0^x f(\xi)\sin(\omega_n(x-\xi))\mathrm{d}\xi$$

其中 k 是一个任意常数。这种形式是将式（13.24）推广到一般 ω_n 的情况。另一个等价的解，式（13.25）的第二个式子的推广是

$$u(x)=k\sin(\omega_n x)+\frac{1}{\omega_n}\sin(\omega_n x)\int_0^x f(\xi)\cos(\omega_n\xi)\mathrm{d}\xi+$$

$$\frac{1}{\omega_n}\cos(\omega_n x)\int_x^L f(\xi)\sin(\omega_n\xi)\mathrm{d}\xi$$

更一般地，前面的阐述显示了修正格林函数如何在弗雷德霍尔姆选择定理的第二个条件下（即存在一个非平凡齐次解的情况下），为常微分方程的边界值问题提供一个解。它提供的解在非平凡齐次解最多相差一个倍数的意义下唯一的，它要求输入强迫满足可解性条件。

对于对应共振的特殊 ω_n 值，我们可以为高阶方程，例如梁方程，类似地构造一个修正格林函数。控制常微分方程的阶数越高，涉及的计算就越多。尽管如此，总体上它们遵循本节所述的一般方法。

13.3　运用施图姆-刘维尔公式

我们在 13.1 节中说过，推导过程隐式地使用了区间 $a\leqslant x\leqslant b$ 上的常数加权内积［即式

(11.55) 中 $s(x)=1$]。这种用法在 13.2 节中也继续使用。原因是那些常微分方程具有常系数，**当分离变量问题用笛卡儿坐标表示时**，将分离变量应用于常系数偏微分方程时就会出现这种情况。然而，如果分离变量问题用另一种坐标系表示，如极坐标系、球坐标系、抛物坐标系、椭球坐标系、扁长椭球坐标系，则得到的常微分方程不太可能有常系数，如例 9.5.1 所充分显示的那样。这意味着加权内积通常是有利的，如例 9.5.2 所示。用 13.1 节和 13.2 节的语言重申一下，在这种情况下，有必要在建立简正模展开的投影和分解过程中使用非常数加权函数。这些简正模用特殊函数表示，这些函数求解了由非笛卡儿分离变量产生的典范常微分方程。在此过程中，施图姆-刘维尔公式提供了适用于一般二阶线性常微分方程的操作框架。这一事实促使施图姆-刘维尔公式在我们的讨论中重新出现。

13.3.1　完备性

在进入技术细节之前，我们将阐明除了完善的理论框架之外，还将从中获得什么。这将涉及完备性的关键主题。式 (13.2) 中的无穷级数表示法依赖于这个概念——随着右边级数项的增加，逐步变为左边函数的更好近似。完备性意味着可以通过在级数中加入足够多的项而任意接近任何函数值来达到收敛。施图姆-刘维尔理论保证了自伴问题的完备性，即使是在非笛卡儿坐标系中具有非常系数的问题。

接下来的问题是：如果这可能的话，这个“加入足够多的项”的想法是如何依赖于定义域变量 x 的？

答案取决于实现足够接近真实（精确）值的收敛所需的项数，是否可以独立于定义域变量 x 来确定。当这个为真时，级数是**一致收敛**的。正是这一性质，使得我们可以进行先前那种积极的且不规范的操作，例如互换积分和级数求和的顺序。当 $\mathcal{L}$ 有常系数时，这种操作在数学上是允许的，这在经典傅里叶级数中是显而易见的。当 $\mathcal{L}$ 具有非常系数时，自伴施图姆-刘维尔公式提供了相应的数学结构，确保这些操作在数学上也是允许的。

尽管对完备性的上述描述不符合钻研细节的数学家的要求，[⊖]但我们将继续进行更实际的讨论和相关的计算。正如已多次指出的那样，本书的宗旨是充分认识到这些问题，并且让我们明白在必要时诉诸现有的先进资源。目前，我们满足于直接和紧迫的探讨：这类算子通常是如何遇到的？我们之前推导的用于常系数微分算子的方法如何修改以用于非常系数施图姆-刘维尔算子？

13.3.2　与激发（本源）物理模型的数学联系

如前所述，当在非笛卡儿坐标系中［即在二维中不是 (x,y)，在三维中不是 (x,y,z)］使用分离变量求解偏微分方程时，我们经常会遇到式 (10.106) 的非常系数的初步形式。例如，在二维极坐标 (r,θ) 中，拉普拉斯方程 $\nabla^2 u=0$ 采用了 9.1 节中二维极坐标表示中的算子形式

$$\nabla^2=\frac{\partial^2}{\partial r^2}+\frac{1}{r}\frac{\partial}{\partial r}+\frac{1}{r^2}\frac{\partial^2}{\partial \theta^2} \tag{13.27}$$

⊖ 为了使方法在无条件的方式下工作，这些函数必须有多光滑？在个别点可以有例外吗？如果个别项彼此变得足够接近，会发生收敛吗？等等。

这个算子出现在例 9.5.1 中式（9.37）的右边，由此产生了贝塞尔方程式（9.39），这也是 10.3.1 节中研究贝塞尔函数的动机之一。

我们将这些观点与处理机械系统无阻尼振动的模型方程式（13.5）中的受物理激发的讨论联系起来。注意，式（13.5）是我们后续**数学模型**的**本源问题**。我们让 $E\boldsymbol{\nabla}^2$ 形式的拉普拉斯算子在式（13.5）中扮演内（部）反应算子 $\mathcal{A}$ 的角色。这里 E 是一个具有适当应力单位的常数。假设外部强迫来自形为 $Q(r,\theta,t)=\mathcal{Q}(r,t)\sin n\theta$ 的力场，n 为某个整数。$\sin n\theta$ 的角度依赖关系使外部强迫场在柱坐标中围绕原点运动时是连续的和周期性的。事实上，项 $\mathcal{Q}(r,t)\sin n\theta$ 可以被视为更一般的 Q 的傅里叶展开的一项，但这里不探讨更高层次的普遍性。

在上述情况下，很自然地会寻求 $u(r,\theta,t)=U(r,t)\sin n\theta$ 形式的解，因为式（13.5）的结构，输入每一项具有相同的因子 $\sin n\theta$。消去这个公因子，使式（13.5）变为

$$\rho\frac{\partial^2 U}{\partial t^2}\equiv E\frac{\partial^2 U}{\partial r^2}+E\frac{1}{r}\frac{\partial U}{\partial r}-E\frac{n^2}{r^2}U+\mathcal{Q} \tag{13.28}$$

这是关于 $U(r,t)$ 的偏微分方程。无量纲化的变量提供了方便，因此我们用简化的形式代替式（13.28）：

$$\frac{\partial^2 U}{\partial t^2}=\frac{\partial^2 U}{\partial r^2}+\frac{1}{r}\frac{\partial U}{\partial r}-\frac{\nu^2}{r^2}U+\mathcal{Q}$$

其中，我们让 $E/\rho=1$，$\nu=n$，并重新缩放强迫项 $\mathcal{Q}$。如果强迫 $\mathcal{Q}$ 发生在一个恒定频率 ω，有径向分布 $-h(r)$，即 $\mathcal{Q}(r,t)=-h(r)\sin\omega t$，则取 $U(r,t)=v(r)\sin\omega t$ 使每一项产生公因子 $\sin\omega t$。约去这个因子并计算结果表达式，得到

$$\frac{\mathrm{d}^2 v}{\mathrm{d}r^2}+\frac{1}{r}\frac{\mathrm{d}v}{\mathrm{d}r}-\frac{\nu^2}{r^2}v+\omega^2 v=h \tag{13.29}$$

这里我们注意，从 $u(r,\theta,t)$ 的偏微分方程式（13.5）到 $v(r)$ 的常微分方程式（13.29）是通过 $u(r,\theta,t)=U(r,t)\sin n\theta=v(r)\sin\omega t\sin n\theta$ 实现的。

我们还要注意，从式（13.27）到式（13.29）的推演模拟了例 9.5.1 的推演，但现在有一个外部施加的荷载 $Q(r,\theta,t)=\mathcal{Q}(r,t)\sin n\theta=-h(r)\sin n\theta\sin\omega t$。事实上，式（13.29）是式（9.39）的一个非齐次缩放版本。它类似于式（10.44）的非齐次缩放版本。

现在我们提供与施图姆-刘维尔公式的联系。参数 ν、ω 和驱动该方程的剖面函数 $h(r)$ 来自在使 n 变为 ν 的无量纲化条件下给定的强迫 $Q(r,\theta,t)=-h(r)\sin n\theta\sin\omega t$。为了得到式（13.29），我们用式（13.5）作为物理连接，与前面的梁例子进行类比。特别地，我们故意忽略了各种细节，比如 $\mathcal{K}=E\boldsymbol{\nabla}^2$ 描述的是什么类型的机械系统，以及力场 $h(r)\sin n\theta\sin\omega t$ 是如何产生的？

在例 9.5.1 中，原来的物理问题描述了圆鼓面上的小振幅振动。更一般地，在电动力学、流体力学、固体力学和热力学的许多问题中，当系统边界自然地用极坐标描述时，自然而然地会产生式（13.29）形式的贝塞尔方程。

式（13.29）左边的算子不是式（10.108）所示的施图姆-刘维尔形式。但是，式（13.29）可按照式（10.109）后面讨论的步骤转化为施图姆-刘维尔形式，其中 v 和 r 替换 y 和 x，得到 $s(r)=r$，将式（13.29）转化为

$$\frac{\mathrm{d}}{\mathrm{d}r}\left(r\frac{\mathrm{d}v}{\mathrm{d}r}\right)-\frac{\nu^2}{r}v+\omega^2 rv = rh \tag{13.30}$$

其左边的算子为式（10.108）的施图姆-刘维尔形式，其中 $p=r$，$q=-(\nu^2/r)+\omega^2 r$。

通过比较式（13.30）和式（10.110），我们发现我们面对的是同一个施图姆-刘维尔算子的非齐次问题，r 和 h 现在扮演 s 和 f 的角色。式（13.30）和式（10.110）还揭示了一些其他有趣的东西。也就是说，在式（13.30）中设 $h=0$，并将项 $\omega^2 rv$ 从左边移到右边，就产生了式（10.110）的特征值问题。具体来说，这需要用特征值 λ 确定 ω^2，还需要将施图姆-刘维尔系数 q 从 $q=-\nu^2/r+\omega^2 r$ 削减到 $q=-\nu^2/r$。然而，即使使用这个 q，它仍然是一个施图姆-刘维尔算子。这个识别在物理上是有意义的，因为 ω 作为一个强迫频率进入物理模型，它是与参与简正模展开的特殊共振频率相关联的模态振型。固有频率（实际上是它们的平方）是通过解决一个特征值问题来找到的，在这个特征值问题中，原 $u(r,\theta,t)$ 的模态振型 $v(r)$ 是特征函数。

前面的讨论促使将式（13.30）改为以下形式：

$$\underbrace{\left(\frac{\mathrm{d}}{\mathrm{d}r}\left(r\frac{\mathrm{d}v}{\mathrm{d}r}\right)-\frac{\nu^2}{r}v\right)}_{\mathcal{K}v}=-\underbrace{\omega^2}_{\lambda}\underbrace{r}_{s}v+\underbrace{r}_{s}h \tag{13.31}$$

在这里，我们回到用之前的符号 $\mathcal{K}$ 来专门标识我们的施图姆-刘维尔算子。需要强调一下式（13.31）的特征，右边既包括式（10.110）的特征值问题——体现在 $\omega^2 rv$ 项中，也包括式（10.110）的非齐次问题——体现在 rh 项中。

形为式（13.31）的贝塞尔方程是一般情况的一个合适的例子，它是一个微分方程的形式：

$$\frac{1}{s(x)}\mathcal{K}y(x)+\omega^2 y(x) = f(x) \tag{13.32}$$

这里，$\mathcal{K}$ 是施图姆-刘维尔形式，$s>0$。在从式（13.31）到式（13.32）的过程中，我们用 $y(x)$ 代替了 $v(r)$，以便回到式（10.106）和式（10.108）的符号格式。我们又回到用 f 作为强迫函数。

事实上，特征值类项和非齐次项同时出现在式（13.32）的最终形式中，是式（13.5）的原始模型的自然结果。实际上，式（13.5）包含三个项，如下所示，每一个项导致式（13.32）中的一个项：

- 惯性项 $\rho\ddot{\Theta}$，导致类特征值项 $\omega^2 y$，ω 为强迫频率；
- 外部荷载项 $Q(x,t)$，导致右边的非齐次项 $f(x)$；
- 内部反应项 $\mathcal{A}\Theta$ 得到 $\mathcal{K}y$，$\mathcal{K}$ 是施图姆-刘维尔算子。

式（13.32）在 $y(x)$ 的适当的齐次边界条件下求解。

13.3.3　施图姆-刘维尔算子的格林函数

为了求解式（13.32），我们将 $G(x,\xi,\omega^2)$ 写成相同齐次边界条件的格林函数。函数 G 满足

$$\frac{1}{s(x)}\mathcal{K}_x G + \omega^2 G = \delta(x-\xi) \tag{13.33}$$

其中，$\mathcal{K}=\mathcal{K}_x$ 的下标表示对 x 的微分运算。与常系数的情况类似，式（13.32）的解写为

$$y(x) = \int_a^b G(x,\xi,\omega^2) f(\xi)\mathrm{d}\xi \tag{13.34}$$

上式是在自变量的整个区间 $a \leqslant x \leqslant b$ 对 ξ 积分。

对于 ω 的大多数值，式（13.33）产生了 $y(x)$ 的唯一格林函数解。求解技巧类似于常系数的例子，其中 G 是用正弦、余弦和指数来构造的。对于非常系数，G 的构造需要处理解齐次方程的特殊函数。式（13.31）的格林函数需要贝塞尔函数。

通常，有 ω 的一些特殊值使这个过程发生故障。故障用 G 中出现零除数表征。我们用 $\omega_n(n=1,2,\cdots)$ 表示 ω 的这些特殊值。这些是应用于式（13.32）的相同齐次边界条件的微分算子 $s^{-1}\mathcal{K}$ 的特征值。当$\omega=\omega_n$ 时，下列齐次问题存在非平凡解：

$$\mathcal{K}y(x) + \omega^2 s(x)y(x) = 0 \tag{13.35}$$

回到机械类比，这些特殊值 ω_n 是共振频率。对应的特征函数（简正模）用 $\phi_n(x)$ 表示。特征值和特征向量对是下列方程的非平凡解：

$$\mathcal{K}\,\phi_n(x) + \omega_n^2 s(x)\,\phi_n(x) = 0 \tag{13.36}$$

谐波强迫意味着强迫频率与共振频率重合（$\omega=\omega_n$，对于某个整数 n）。只有对消除了违规模态强迫剖面可以找到有界稳态解。为了确定这些非违规强迫剖面，必须满足两个相关的数学运算：

- 为建立正交性和规范化（长度为 1）性质而适当定义的标量积；
- 为确定特征函数 $\phi_n^*(x)$ 的适当的用公式表示的伴随问题。

我们很高兴地发现，式（13.32）包含一个正函数 $s(x)$，并且，如 10.4 节所示，下列陈述成立。

★ 式（13.32）中的函数 $s(x)$ 是一个标量积的权重函数，它提供了正确的规范正交条件。后者支持弗雷德霍姆选择定理及其相关方法。

这是一个不小的进步。回想一下例 9.5.1 之后的讨论，其中一个悬而未决的问题是找到一个确定成功内积的正确函数［在这种情况下是 $s=s(r)$］。$s(r)$ 的确定是例 9.5.2 中处理的问题之一。从将常微分方程转换为式（13.32）得到的是一种不仅便于操作，而且还为内积确定 $s(r)$ 的形式。换句话说，将问题转换为施图姆-刘维尔形式可以消除公式化单个问题的需要以确定内积的加权函数，例如有关式（9.50）的问题。

随着 $s(r)$ 的确定，式（13.4）和式（13.7）之前的“常系数”条件推广为

$$\int_a^b \phi_n(x)\,\phi_m^*(x)s(x)\mathrm{d}x = 0,\quad n \neq m \tag{13.37}$$

和

$$\int_a^b (\phi_i(x))^2 s(x)\mathrm{d}x = 1,\quad \int_a^b (\phi_i^*(x))^2 s(x)\mathrm{d}x = 1 \tag{13.38}$$

现在我们确定关于 $\phi_n^*(x)$ 的伴随问题。我们回到 11.3.1 节，处理式（11.56），其中 $\mathcal{L}$ 是出现在式（13.32）左边的整个算子。我们将使用 $v(x)$ 和 $v^*(x)$ 分别作为原始函数

和伴随函数。为了找到伴随算子 $\mathcal{L}^*$ 和 v^* 的伴随边界条件，我们需要

$$\int_a^b v^*(x)\underbrace{\left(\frac{1}{s(x)}\mathcal{K}v(x)+\omega^2 v(x)\right)}_{\mathcal{L}v}s(x)\mathrm{d}x=\int_a^b v(x)(\mathcal{L}^* v^*(x))s(x)\mathrm{d}x \tag{13.39}$$

式中 $\mathcal{K}$ 为施图姆-刘维尔形式，如式（10.108）所示，

$$\mathcal{K}=\frac{\mathrm{d}}{\mathrm{d}x}\left(p(x)\frac{\mathrm{d}}{\mathrm{d}x}\right)+q(x) \tag{13.40}$$

因此，式（13.39）的左边为

$$\begin{aligned}&\int_a^b v^*(x)\left(\frac{1}{s(x)}\mathcal{K}v(x)+\omega^2 v(x)\right)s(x)\mathrm{d}x\\&=\int_a^b v^*(x)\left(\frac{\mathrm{d}}{\mathrm{d}x}\left(p(x)\frac{\mathrm{d}v}{\mathrm{d}x}\right)\right)\mathrm{d}x+\int_a^b(q(x)+\omega^2 s(x))v^*(x)v(x)\mathrm{d}x\end{aligned} \tag{13.41}$$

我们注意到，重要的是，因子 $s(x)$ 已经从一阶和二阶导数的组合项中取消，只出现在零阶导数项中，它不受伴随求值的影响。我们现在按照 11.3.2 节所述的求伴随的方法来转换求导运算［从对 $v(x)$ 的求导转换为对 $v^*(x)$ 的求导］，即

$$\begin{aligned}\int_a^b v^*(x)\frac{\mathrm{d}}{\mathrm{d}x}\left(p(x)\frac{\mathrm{d}v}{\mathrm{d}x}\right)\mathrm{d}x=&\left(p(x)\left(v^*(x)\frac{\mathrm{d}v}{\mathrm{d}x}-v(x)\frac{\mathrm{d}v^*}{\mathrm{d}x}\right)\right)\Bigg|_a^b+\\&\int_a^b v(x)\frac{\mathrm{d}}{\mathrm{d}x}\left(p(x)\frac{\mathrm{d}v^*}{\mathrm{d}x}\right)\mathrm{d}x\end{aligned} \tag{13.42}$$

合并式（13.41）和式（13.42）的结果，得到

$$\begin{aligned}\int_a^b v^*(x)(\mathcal{L}v(x))s(x)\mathrm{d}x=&\left(p(x)\left(v^*(x)\frac{\mathrm{d}v}{\mathrm{d}x}-v(x)\frac{\mathrm{d}v^*}{\mathrm{d}x}\right)\right)\Bigg|_a^b+\\&\int_a^b v(x)\underbrace{\left[\frac{\mathrm{d}}{\mathrm{d}x}\left(p(x)\frac{\mathrm{d}v^*}{\mathrm{d}x}\right)+(q(x)+\omega^2 s(x))v^*(x)\right]}_{(\mathcal{L}^* v^*(x))s(x)}\mathrm{d}x\end{aligned} \tag{13.43}$$

我们已经成功地确定了因子（$\mathcal{L}^* v^*(x))s(x)$，它把式（13.43）放到相对应的式（13.39）中。因此，

- $\mathcal{L}^*=\mathcal{L}$。这样的算子被称为**形式上的自伴算子**。

之所以使用“形式上的自伴”这个有点奇怪的术语，是因为这种描述只适用于常微分方程，而不适用于具有边界条件的整个问题。一个形式上自伴的算子本身不足以使整个问题自伴。对式（13.39）和式（13.43）的更多比较显示

- v^* 上的边界条件的选择是为了消除边界项，即对所有的满足原始边界条件的 $v(x)$

$$\left(p(x)\left(v^*(x)\frac{\mathrm{d}v}{\mathrm{d}x}-v(x)\frac{\mathrm{d}v^*}{\mathrm{d}x}\right)\right)\Bigg|_a^b=0 \tag{13.44}$$

由于 $\mathcal{L}^*=\mathcal{L}$，因此问题是否为自伴的取决于从式（13.44）中找到的边界条件。下列形式的边界条件产生一个自伴问题：

$$c_1 v(a)+c_2 v'(a)=0,\quad c_3 v(b)+c_4 v'(b)=0$$

如果 $p(a)=p(b)$，则下面的周期性边界条件也产生自伴性：

$$v(a)=v(b),\quad v'(a)=v'(b)$$

当问题是自伴的时，对于所有的特征函数 $\phi_n^*(x)=\phi_n(x)$，式（13.37）简化为

$$\int_a^b \phi_n(x)\phi_m(x)s(x)\mathrm{d}x = 0, \quad n\neq m \tag{13.45}$$

式（13.36）中的共振频率 ω_n 表示一个无穷序列，当 $n\to\infty$时，$|\omega_n|\to\infty$。施图姆-刘维尔理论确保简正模（特征函数）形成一个完备集，这反过来意味着 $a<x<b$ 中的任何函数 $f(x)$ 都可以用这些特征函数展开为一个级数，即

$$f(x) = \sum_{n=1}^{\infty} a_n \phi_n(x) \tag{13.46}$$

这和在简正模讨论中的式（13.8）的第一个式子是一样的。在这种情况下，a_n 由式（13.9）给出（加权函数为1）。式（13.46）的展开系数由下列加权内积求出：

$$a_n = \int_a^b f(x)\phi_n(x)s(x)\mathrm{d}x \tag{13.47}$$

例 13.3.1　考虑可能是上述计算的最简单的例子，即式（13.40）的算子 $\mathcal{K}$，$p(x)=1$，$q(x)=0$。指定 $a=0$，$b=L$，$s(x)=1$。应用齐次边界条件 $y(0)=0$ 和 $y(L)=0$。求 ω_n 以及函数 $\phi_n(x)$ 和 $\phi_n^*(x)$。

评注：因为 $s(x)=1$，我们又回到了标准内积。下一节的例 13.4.1 将研究 $s(x)\neq 1$ 的情况。

解　从式（13.40）和式（13.35）得到

$$\mathcal{K} = \frac{\mathrm{d}^2}{\mathrm{d}x^2} \quad \Rightarrow \quad \frac{\mathrm{d}^2 y}{\mathrm{d}x^2} + \omega^2 y = 0$$

齐次解是 $y=c_1\sin\omega x+c_2\cos\omega x$。左侧的边界条件 $y(0)=0$ 给出 $c_2=0$。之后，从右侧的边界条件 $y(L)=0$，要么得到 $c_1=0$，这个不予考虑；要么得到$\omega=n\pi/L\equiv\omega_n$，这个保留，因为它给出了非平凡解。这个边界值问题是自伴的，因此 $\phi_n^*(x)=\phi_n(x)=c_1\sin\omega_n x$。利用式（13.38）的规范化积分，求得

$$1=\int_0^L (\phi_n(x))^2\mathrm{d}x = c_1^2\int_0^L \sin^2\left(\frac{n\pi}{L}x\right)\mathrm{d}x = \frac{1}{2}c_1^2 L \quad \Rightarrow \quad c_1 = \sqrt{\frac{2}{L}}$$

所以，

$$\phi_n^*(x) = \phi_n(x) = \sqrt{\frac{2}{L}}\sin\omega_n x, \quad \omega_n = \frac{n\pi}{L}$$

这个例子，除了让我们以一个细心的注释结束这一节，它是为了与我们反复研究过的标准谐振子相吻合而构造的，这使我们能够证明施图姆-刘维尔理论在该问题中恢复了所有的标准结果。它也利用施图姆-刘维尔理论证实了这些特征函数构成一个完备集。用式（13.47）给出的系数的相关展开式（13.46）可以整理如下：

$$f(x) = \sum_{n=1}^{\infty} b_n \sin\omega_n x, \quad b_n = \frac{2}{L}\int_0^L f(\xi)\sin\omega_n\xi\mathrm{d}\xi, \quad \omega_n = \frac{n\pi}{L} \tag{13.48}$$

这就是在例 9.1.2 和例 9.2.1 以及 9.3 节的习题 2 中遇到的傅里叶正弦级数展开。越不简单的施图姆-刘维尔算子会产生更复杂的特征函数展开。

与第 1～4 章线性代数的连接

为了结束这一节，我们注意到所涉及的内容，在其运算结构上，类似于第一部分线性代数所涉及的内容。特征函数 $\phi_n(x)$ 的**完备集**是第 1～4 章讨论的向量空间的各种**基集**的泛函分析类比。向量空间中的任何向量都可以用一种方式表示为基向量的和。不同的线性代数基集适合于处理不同的问题，就像不同的特征函数集适合于不同的坐标系和边界条件一样。回想一下$\mathbb{R}^n \to \mathbb{R}^n$ 线性变换的特征向量是如何自然地生成$\mathbb{R}^n$ 的基集的。获得特征函数 $\phi_n(x)$ 及其后续运算值的方法与此类似，主要区别在于函数空间是无限维的，而第 1～4 章中的向量空间是有限维的。

13.4　施图姆-刘维尔公式和弗雷德霍姆选择定理

前面的一个主要结果是式（13.35）确定了一个施图姆-刘维尔边界值问题的共振频率 ω_n。特征函数 $\phi_n(x)$ 是齐次方程式（13.36）的非平凡解。当边界条件使自伴表述成为可能时，使用特征函数，如式（13.48）中，通过式（13.46）中的无穷级数来表示函数$f(x)$。有了这样的结果，我们陈述施图姆-刘维尔边界值问题的弗雷德霍姆选择定理如下。

如果 $\omega \neq \omega_n$，那么原始齐次问题［$f(x)=0$ 的式（13.32)］及其伴随齐次问题的唯一解都是平凡解。在这种情况下，可以使用式（13.33）构造格林函数 $G(x,\xi,\omega^2)$，其中 G 仍然满足原始齐次边界条件。$f(x)\neq 0$ 的非齐次问题式（13.32）的解由式（13.34）给出。

下面是另一种选择。

如果对于某个整数 n，$\omega=\omega_n$，则原始齐次问题存在一个非平凡解 $\phi_n(x)$。伴随问题也存在一个非平凡解 $\phi_n^*(x)$。当且仅当 $f(x)$ 符合下列可解性条件时，式（13.32）中 $f(x)\neq 0$ 的非齐次问题有解：

$$\int_a^b f(x)\,\phi_n^*(x)s(x)\mathrm{d}x = 0 \tag{13.49}$$

这个解由下式给出

$$y(x) = c\,\phi_n(x) + \int_a^b G^\dagger(x,\xi,\omega_n^2)f(\xi)\mathrm{d}\xi \tag{13.50}$$

其中 c 是任意的。作为下列方程一个解，修正格林函数 $G^\dagger$满足原始齐次边界条件：

$$\frac{1}{s(x)}\mathcal{K}_x G^\dagger(x,\xi,\omega_n^2) + \omega_n^2 G^\dagger(x,\xi,\omega_n^2) = \delta(x-\xi) - s(\xi)\,\phi_n^*(x)\,\phi_n^*(\xi) \tag{13.51}$$

其中特征函数按式（13.38）规范化。

我们观察到式（13.51）对于式（13.32）中的算子 $\mathcal{K}$ 推广了式（13.17），因为标量积包含了权重函数 $s(x)$。为了证明整个过程是可行的，请注意，如果用式（13.51）的右边来表示式（13.49）中的 f，则式（13.49）成为 $G^{\dagger}$ 存在的正式可解性条件。下面检查这一点：

$$\int_a^b \Big(\delta(x-\xi) - s(\xi)\,\phi_n^*(x)\,\phi_n^*(\xi)\Big)\,\phi_n^*(x)s(x)\mathrm{d}x$$
$$= \phi_n^*(\xi)s(\xi) - s(\xi)\,\phi_n^*(\xi)\underbrace{\int_a^b \phi_n^*(x)\,\phi_n^*(x)s(x)\mathrm{d}x}_{1} = 0$$

验证，如果式（13.49）成立，那么由式（13.50）给出的 y 解出 $\omega=\omega_n$ 时的式（13.32），这一点也很重要。为验证这一点，设 $\mathcal{L}=s^{-1}\mathcal{K}+\omega_n^2$ 为式（13.32）左侧的微分算子。将 $\mathcal{L}$ 作用到 y，用式（13.51）得到

$$\mathcal{L}y = c\underbrace{\mathcal{L}\,\phi_n(x)}_{0} + \int_a^b \underbrace{\mathcal{L}G^{\dagger}(x,\xi,\omega_n^2)}_{\delta(x-\xi)-s(\xi)\phi_n^*(x)\phi_n^*(\xi)}\ f(\xi)\mathrm{d}\xi$$
$$= \int_a^b \Big(\delta(x-\xi) - s(\xi)\,\phi_n^*(x)\,\phi_n^*(\xi)\Big)f(\xi)\mathrm{d}\xi$$
$$= f(x) - \phi_n^*(x)\underbrace{\int_a^b s(\xi)\,\phi_n^*(\xi)f(\xi)\mathrm{d}\xi}_{0} = f(x)$$

上面框里面的命题提供了式（13.32）的弗雷德霍姆选择方案。它们还提供了求解边界值问题的确切方案。上面没有使用无穷级数展开式。还有下面几点需要确认。

1. 我们把讨论限制在齐次边界条件上。在使用式（13.34）或式（13.50）时，输出 $y(x)$ 在齐次边界条件假设下由非齐次强迫 $f(x)$ 确定。对于非齐次边界条件，这里介绍的格林函数方法仍然有用，因为它生成了一个特解。在特解上加上适当的齐次解的线性组合可以满足原来的非齐次边界条件。因此，非齐次边界条件并不构成困难。这个问题在本节的习题 2 和习题 3 中得到了澄清，应该与读者求解常微分方程的第一次经验相一致。

2. 对于共振情况 $\omega=\omega_n$，我们对 $G^{\dagger}$ 的介绍基于对于这个 ω_n 只有一个线性无关的特征函数 $\phi_n(x)$ 的假设。如果对于这个 ω_n 有不止一个线性无关的特征函数（模态振型），那么可解性条件要求该共振频率的所有伴随模态的正交性。在这种情况下，$G^{\dagger}$ 的控制方程式（13.51）为每一独立伴随模态选取一个右侧项。

3. 关于共振情况 $\omega=\omega_n$ 的第二框里面的命题表明 $G^{\dagger}$ 是式（13.51）的“一个解”，而不是式（13.51）的“解”。这是因为解仅在 $\phi_n(x)$ 的任意倍数内是唯一的，从式（13.50）可以清楚地看出这一点。

4. 除了这里介绍的操作过程，整个施图姆-刘维尔理论还提供了关于 ω_n 和 $\phi_n(x)$ 性态的额外详细的定量和定性信息。例如，如果 p 和 q 的性态足够好，就有可能将模态振型中过零的次数（节点数）与 n 直接关联起来，也有可能在 n 变大时对 ω_n 的间距做出定量表述。这些性态如何依赖于系数函数 p 和 q 是数学分析的一个成果丰硕的领域（参见文献[46]）。特别地，如果 p 和 q 在开区间 $a<x<b$ 上有界，那么就会得到简单的结论，而如果

它们在任一端点无界，则会产生“有趣的”性态。

例 13.4.1　考虑式（13.31）对应的施图姆-刘维尔算子 $\mathcal{K}$ 及其相关的 s，即

$$\mathcal{K}=\frac{\mathrm{d}}{\mathrm{d}r}\left(r\frac{\mathrm{d}v}{\mathrm{d}r}\right)-\frac{\nu^2}{r},\quad s(r)=r$$

设函数定义在 $1\leqslant r\leqslant 2$ 上，且具有齐次边界条件 $v(1)=0$，$v(2)=0$。求 ω_n 的值和特征函数 $\phi_n(r)$ 和 $\phi_n^*(r)$。

评注：控制常微分方程是

$$\frac{1}{r}\left(\frac{\mathrm{d}}{\mathrm{d}r}\left(r\frac{\mathrm{d}v}{\mathrm{d}r}\right)-\frac{\nu^2}{r}v\right)+\omega^2 v=0 \tag{13.52}$$

这在数学上类似于前面例 9.5.1 中的常微分方程式（9.40）。那个例子是抽象地进行的，通过假设解的存在而不实际写出它们。现在我们可以更加直接，因为我们在 10.3 节中对特殊函数的研究得到了特定的结果和工具。

解　将此问题的求解方法与例 13.3.1 中使用的知名方法进行比较。虽然细节不同，但总体方法在本质上是相同的。就像更简单的齐次谐振子方程 $y''+\omega^2y=0$ 有两个线性无关的解，称为 $\sin\omega x$ 和 $\cos\omega x$ 一样，式（13.52）也必定如此。注意，如果 ω 设为 1，则式（13.52）与形式为式（10.44）的贝塞尔方程重合。后者有两个线性无关的解，如 10.3.1 节所述。回想一下，它们分别用 $J_\nu(r)$ 和 $Y_\nu(r)$ 表示，并分别称为第一类和第二类贝塞尔函数。[⊖]如果 $\omega\neq1$，这是缩放的问题，以表明式（13.52）的线性无关解是 $J_\nu(\omega r)$ 和 $Y_\nu(\omega r)$。函数 $J_\nu(x)$ 和 $Y_\nu(x)$ 是振荡的，但是与 $\sin x$ 和 $\cos x$ 不同的是，节点不是均匀间隔的，当 $x\to\infty$ 时，它们的振幅也会向零衰减。同样，$J_\nu(0)=0$，但是当 $x\to0$ 时，$Y_\nu(x)\to\infty$。间隔和衰减的细节取决于 ν。$J_\nu(x)$ 和 $Y_\nu(x)$ 的其他性质在 10.3.1 节中讨论过。

本例中考虑的特征值和特征函数的边界条件从 $v(r)=c_1J_\nu(\omega r)+c_2Y_\nu(\omega r)$ 和 $0=v(2)=c_1J_\nu(2\omega)+c_2Y_\nu(2\omega)$ 开始来得到。边界条件给出 $0=v(1)=c_1J_\nu(\omega)+c_2Y_\nu(\omega)$ 和 $0=v(2)=c_1J_\nu(2\omega)+c_2Y_\nu(2\omega)$。将此看作关于 c_1 和 c_2 的线性系统，得到

$$\begin{bmatrix}J_\nu(\omega) & Y_\nu(\omega)\\ J_\nu(2\omega) & Y_\nu(2\omega)\end{bmatrix}\begin{bmatrix}c_1\\ c_2\end{bmatrix}=\begin{bmatrix}0\\ 0\end{bmatrix}$$

将行列式设为零，得到关于共振频率的方程：

$$J_\nu(\omega)Y_\nu(2\omega)-Y_\nu(\omega)J_\nu(2\omega)=0\quad\Rightarrow\quad\omega=\omega_n,\quad n=1,2,\cdots$$

这个问题是自伴的：$\phi_n(r)=\phi_n^*(r)$。对于每一个 ω_n，采用式（13.38）和 $s(r)=r$ 实现规范化。规范化的特征函数是

$$\phi_n(r)=\phi_n^*(r)=C_n\Big(Y_\nu(\omega_n)J_\nu(\omega_n r)-J_\nu(\omega_n)Y_\nu(\omega_n r)\Big)$$

⊖ 这些名字毫无创意，让我们感到欣慰的是，更常见的 sin 和 cos 被称为“正弦”和“余弦”，而不是“第一类三角函数”和“第二类三角函数”。为了明智地选择正弦和余弦的术语，我们可能都要感谢克雷莫纳的杰勒德（Gerard，1114—1187），因为他翻译了花拉子密（al-Khwarizmi，780—850）的代数。

其中

$$C_n = \frac{1}{\sqrt{\int_1^2 \Big(Y_\nu(\omega_n)J_\nu(\omega_n r) - J_\nu(\omega_n)Y_\nu(\omega_n r)\Big)^2 r\mathrm{d}r}}$$

贝塞尔方程出现在圆柱域中拉普拉斯方程所控制的问题中。上一个问题是一个内半径为 1，外半径为 2 的空心圆柱体的代表。如果有必要描述一个实心圆柱，那么问题域扩展到 $r=0$。在这种情况下，当 $x\to 0$ 时，$Y_\nu(x)\to -\infty$，阻碍了在解中使用 Y_ν。这在例 9.5.1 的分离变量处理中遇到过。下面的例子将根据当前的常微分方程的研究来讨论这种情况。

例 13.4.2 考虑例 13.4.1 中的施图姆-刘维尔算子 $\mathcal{K}$ 及其相关的 s，即

$$\mathcal{K} = \frac{\mathrm{d}}{\mathrm{d}r}\left(r\frac{\mathrm{d}}{\mathrm{d}r}\right) - \frac{\nu^2}{r}, \quad s(r) = r$$

假设函数定义在 $0\leqslant r\leqslant 1$，齐次边界条件 $v(1)=0$。证明这个单独的边界条件，加上在 $r=0$ 处 v 非奇异的要求，足以产生一个适定问题。求出 ω_n 以及特征函数 $\phi_n(r)$ 和 $\phi_n^*(r)$。

解 控制常微分方程是式（13.52）。一般齐次解是 $c_1 J_\nu(\omega r)+c_2 Y_\nu(\omega r)$。当 $r\to 0$ 时 Y_ν 的奇异性态使得这个解是奇异的，除非 $c_2=0$。因此，我们只注意解 $v(r)=c_1 J_\nu(\omega r)$。$v(1)=0$确定特征值

$$J_\nu(\omega) = 0, \quad \Rightarrow \quad \omega = \omega_n, \quad n = 1,2,\cdots \tag{13.53}$$

因此，

$$\phi_n(r) = C_n J_\nu(\omega_n r), \quad 其中\ C_n = \frac{1}{\sqrt{\int_0^1 \Big(J_\nu(\omega_n r)\Big)^2 r\mathrm{d}r}}$$

为了让这些特征函数通过式（13.46）和式（13.47）来表示任意函数，就需要找到伴随函数 $\phi_n^*(x)$。这个算子是自伴的。伴随问题的边界条件由式（13.44）得到，用 r 代替 x，$p(r)=r$，$a=0$，$b=1$。这就给出

$$0 = \left(rv^*(r)\underbrace{\frac{\mathrm{d}v}{\mathrm{d}r}}_{v'(r)} - rv(r)\underbrace{\frac{\mathrm{d}v^*}{\mathrm{d}r}}_{v^{*\prime}(r)}\right)\Bigg|_0^1$$

$$= v^*(1)v'(1) - \overset{0}{\cancel{v(1)}}v^{*\prime}(1) - \lim_{r\to 0}\Big(rv^*(r)v'(r) - rv(r)v^{*\prime}(r)\Big)$$

由于 $v'(1)$ 未指定，当 $v^*(1)=0$ 时，$v^*(1)v'(1)$ 就为零。然后，因为 $v(r)$ 在 $r\to 0$ 时是正则的（非奇异的），所以最后一项也为零，前提是 $v^*(r)$ 在 $r\to 0$ 时也是正则的。换句话说，通过对 v^* 和 v 取相同的边界条件值，就满足了式（13.44）。不出所料，边界值问题是自伴的，具有 $\phi_n^*(r)=\phi_n(x)$。

在本节中，我们还没有用式（13.33）构造任何格林函数。我们以这样一个例子结束：再次使用式（13.31）对应的施图姆-刘维尔算子。

例 13.4.3　求 $0 \leqslant r < 1$ 上的格林函数 $G(r,\xi,\omega^2)$，用它来解非齐次贝塞尔方程

$$\frac{1}{r}\left(\frac{\mathrm{d}}{\mathrm{d}r}\left(r\frac{\mathrm{d}v}{\mathrm{d}r}\right)-\frac{\nu^2}{r}v\right)+\omega^2 v = f \tag{13.54}$$

此方程的解 $v(r)$ 在 $r \to 0$ 时性态良好，并且必须满足 $v(1)=0$。

解　在求解这个问题之前，请注意弗雷德霍姆选择定理蕴含着，当且仅当 $\omega \neq \omega_n$ 时，式（13.33）的 G 存在，其中 ω_n 是从式（13.53）中求出的。另一方面，当 $\omega = \omega_n$ 时，可以使用式（13.51）构造一个修正格林函数。

假设 $\omega \neq \omega_n$，通过式（13.33）构造 G，这个方程与式（13.54）相同，只是用 $\delta(r-\xi)$ 替换 $f(r)$。这导致

$$\frac{\mathrm{d}}{\mathrm{d}r}\left(r\frac{\mathrm{d}G}{\mathrm{d}r}\right)+\left(r\omega^2-\frac{\nu^2}{r}\right)G = r\delta(r-\xi) \tag{13.55}$$

在我们前面的构造中，G 在 $0 \leqslant r < \xi$ 上有一种形式，G 在 $\xi < r \leqslant 1$ 上有另一种形式。因为一般的齐次解是 $J_\nu(\omega r)$ 和 $Y_\nu(\omega r)$ 的线性组合，要求一个解当 $r \to 0$ 时性态良好意味着我们从

$$G(r,\xi,\omega^2) = \begin{cases} AJ_\nu(\omega r), & 0 \leqslant r < \xi \\ CJ_\nu(\omega r)+DY_\nu(\omega r), & \xi < r \leqslant 1 \end{cases}$$

开始，其中 A,C,D 为 ξ 的函数，由 $r=1$ 处剩余的边界条件和 $r=\xi$ 处的两个界面条件确定。在 $r=1$ 处的边界条件是 $G(1,\xi,\omega^2)=0$，这就给出

$$CJ_\nu(\omega)+DY_\nu(\omega) = 0$$

界面条件是通过对跨越 δ 函数奇点的积分来确定的。这就产生了 G 的一阶导数的阶跃，其值是通过对式（13.55）跨越 $r=\xi$ 进行积分得到的。函数 G 本身是连续的，因此

$$AJ_\nu(\omega\xi) = CJ_\nu(\omega\xi)+DY_\nu(\omega\xi)$$

式（13.55）的形式很适合跨越 $r=\xi$ 的奇点的积分，并提供

$$\left[\left[r\frac{\mathrm{d}G}{\mathrm{d}r}\right]\right]\Bigg|_{r=\xi} = \xi \quad \Rightarrow \quad \left[\left[\frac{\mathrm{d}G}{\mathrm{d}r}\right]\right]\Bigg|_{r=\xi} = 1$$

因此，

$$C\omega J'_\nu(\omega\xi)+D\omega Y'_\nu(\omega\xi)-A\omega J'_\nu(\omega\xi) = 1$$

其中一撇“′”的使用表示对贝塞尔函数的自变量的微分。包含 A,C,D 的三个线性方程可以整理为

$$\underbrace{\begin{bmatrix} -J_\nu(\omega\xi) & J_\nu(\omega\xi) & Y_\nu(\omega\xi) \\ -J'_\nu(\omega\xi) & J'_\nu(\omega\xi) & Y'_\nu(\omega\xi) \\ 0 & J_\nu(\omega) & Y_\nu(\omega) \end{bmatrix}}_{\boldsymbol{B}}\begin{bmatrix} A \\ C \\ D \end{bmatrix} = \begin{bmatrix} 0 \\ 1/\omega \\ 0 \end{bmatrix} \tag{13.56}$$

求出这个关于 $A=A(\xi)$，$C=C(\xi)$ 和 $D=D(\xi)$ 的线性方程组，就完成了格林函数的构造。

这个分析中唯一缺少的环节是与断言“当且仅当对于由式（13.53）确定的特殊值（模态）ω_n 有 $\omega \neq \omega_n$ 时，格林函数存在”的连接。由于上述求解过程仅当 $\boldsymbol{B}$ 不可逆，即

det $\boldsymbol{B}=0$ 时失败，因此得出，该过程的实现与弗雷德霍姆选择结果“当且仅当式（13.53）等价于 det $\boldsymbol{B}=0$”一致。为了看到情况就是这样，我们通过对最下面一行进行余子式展开来计算 det $\boldsymbol{B}$：

$$\det \boldsymbol{B}=-J_\nu(\omega)\underbrace{\det\left|\begin{bmatrix}-J_\nu(\omega\xi) & Y_\nu(\omega\xi)\\ -J'_\nu(\omega\xi) & Y'_\nu(\omega\xi)\end{bmatrix}\right|}_{W}+Y_\nu(\omega)\underbrace{\det\begin{bmatrix}-J_\nu(\omega\xi) & J_\nu(\omega\xi)\\ -J'_\nu(\omega\xi) & J'_\nu(\omega\xi)\end{bmatrix}}_{0}$$

这里 W 是二阶常微分方程的两个线性无关齐次解的**朗斯基行列式**。朗斯基行列式的一般概念在 10.1 节的式（10.2）中进行了讨论，在那里阿贝尔公式也给出了函数是常微分方程的线性无关解的情况。阿贝尔公式以及 J_ν 和 Y_ν 的线性无关性保证了 $W\neq 0$。因此当且仅当 $J_\nu(\omega)=0$ 时 det $\boldsymbol{B}=0$。鉴于式（13.53），这表明当且仅当 ω 不是固有频率时，式（13.56）的系数矩阵是可逆的，这肯定了在弗雷德霍姆选择定理的第一种情况下，直接构造格林函数是可能的。

13.5 复路径积分和特征函数展开的更深联系

回想一下格林函数的简正模展开式（13.11）。验证这样的展开对于由式（13.32）控制的更一般的施图姆-刘维尔问题相关的格林函数是成立的，这是有指导意义的。**因为这样的展开依赖于特征函数的完备性，现在仅关注施图姆-刘维尔边界值问题是自伴的情况。**因此这一节中的所有结果都使用了 $\phi_n^*=\phi_n$。在其他事情中，这种情况允许更新式（13.11）来解释符号的变化——例如，推广了从式（13.28）推导式（13.32）时从算子中去掉 ρ 的无量纲化。

鉴于式（13.32）在我们讨论中的中心地位，我们重复它：

$$\frac{1}{s(x)}\mathcal{K}y(x)+\omega^2 y(x)=f(x)$$

将 f 和 y 用特征函数 $\phi_n(x)$ 展开，即

$$f(x)=\sum_{n=1}^{\infty}a_n\,\phi_n(x),\quad y(x)=\sum_{n=1}^{\infty}b_n\,\phi_n(x)$$

其中

$$a_n=\int_a^b f(x)\,\phi_n(x)s(x)\mathrm{d}x,\quad b_n=\int_a^b y(x)\,\phi_n(x)s(x)\mathrm{d}x \tag{13.57}$$

对于每一个整数 n，我们将式（13.32）的每一边乘以 $\phi_n(x)s(x)$，并在 $a<x<b$ 上积分。利用式（13.36）、式（13.37）和式（13.57）得到

$$-\omega_n^2 b_n+\omega^2 b_n=a_n$$

所以，$y(x)$ 的特征函数展开式的系数由下式给出：

$$b_n=\frac{a_n}{\omega^2-\omega_n^2}=\frac{1}{(\omega^2-\omega_n^2)}\int_a^b f(x)\,\phi_n(x)s(x)\mathrm{d}x$$

这种方法产生了类似于式（13.10）的结果：

$$y(x)=\sum_{n=1}^{\infty}\left(\frac{1}{(\omega^2-\omega_n^2)}\int_a^b f(\xi)\,\phi_n(\xi)s(\xi)\mathrm{d}\xi\right)\phi_n(x)$$

$$=\int_a^b \underbrace{\sum_{n=1}^{\infty}\left(\frac{s(\xi)}{(\omega^2-\omega_n^2)}\,\phi_n(\xi)\,\phi_n(x)\right)}_{G(x,\xi,\omega^2)}f(\xi)\mathrm{d}\xi \tag{13.58}$$

格林函数 G 再次允许我们写出

$$y(x)=\int_a^b G(x,\xi,\omega^2)f(\xi)\mathrm{d}\xi$$

从式（13.58）可以得到式（13.11）的修正如下：

$$G(x,\xi,\omega^2)=s(\xi)\sum_{n=1}^{\infty}\frac{\phi_n(\xi)\,\phi_n(x)}{\omega^2-\omega_n^2} \tag{13.59}$$

在继续之前，我们直接验证这个 $G(x,\xi,\omega^2)$ 满足式（13.33）。把式（13.59）代入式（13.33），得到

$$\frac{1}{s(x)}\mathcal{K}_x G+\omega^2 G=s(\xi)\sum_{n=1}^{\infty}\frac{\phi_n(\xi)}{\omega^2-\omega_n^2}\Big(\underbrace{\frac{1}{s(x)}\mathcal{K}_x\,\phi_n(x)}_{-\omega_n^2\phi_n(x)}+\omega^2\,\phi_n(x)\Big)$$

$$=s(\xi)\sum_{n=1}^{\infty}\frac{\phi_n(\xi)}{\omega^2-\omega_n^2}(\omega^2-\omega_n^2)\,\phi_n(x)$$

$$=s(\xi)\sum_{n=1}^{\infty}\phi_n(\xi)\,\phi_n(x) \tag{13.60}$$

现在的问题是："式（13.60）中的最终的右边表达式是否生成式（13.33）右边的 δ 函数?" 为了验证答案为"是"，将 δ 函数的特征函数展开写为 $\delta(x-\xi)=\sum_{n=1}^{\infty}d_n\phi_n(x)$，其中系数 d_n 由

$$d_n=\int_a^b\delta(x-\xi)\,\phi_n(x)s(x)\mathrm{d}x=\phi_n(\xi)s(\xi)$$

给出。这又为狄拉克 δ 函数提供了另一种可供选择的表示方式，即

$$\delta(x-\xi)=s(\xi)\sum_{n=1}^{\infty}\phi_n(\xi)\,\phi_n(x) \tag{13.61}$$

迄今为止，我们一直用的是 ω 和 ω_n，因为它们以谐波强迫频率和共振频率的自然方式出现。然而，我们发现它们只是以平方的形式进入我们的数学公式。因此，引入下列表示法是很方便的：

$$\omega^2=\lambda,\quad \omega_n^2=\lambda_n \tag{13.62}$$

代入 λ，格林函数 $G(x,\xi,\omega^2)$ 变成 $G(x,\xi,\lambda)$。这个格林函数是用 λ 表示的式（13.32）的解，即

$$\frac{1}{s(x)}\mathcal{K}G(x,\xi,\lambda)+\lambda G(x,\xi,\lambda)=\delta(x-\xi) \tag{13.63}$$

式 (13.63) 的物理解释

读者可能已经注意到，式（13.63）从式（9.12）的起点绕了一圈。稍微不同的是，我们在那里从λ到ω，现在再回到λ。事实上，虽然它并不总是很明显，但自从我们第一次遇到式（9.12），我们就一直在进行这一过程。在下面的框中，我们查勘这一过程的主要特点，以便沿着这种方式说来明物理解释。

从式 (9.12) 到式 (13.63) 的过程：式（9.12）重新引入了特征值问题的概念，然而是关于微分算子的。量λ被用作特征值标量，因为这个符号在第一部分的线性代数中也用过。式（9.12）不仅适用于常微分方程，也适用于一般微分算子$\mathcal{H}$的偏微分方程。在第11章中，我们将注意力转移到格林函数，聚焦于常微分方程，参数λ暂时消失了。我们对格林函数的研究导致在我们的常微分方程中出现了$\delta(x-\xi)$，这解释了它在式（13.63）中的出现。

但是参数λ是不能否认的。它返回了，作为与特征值无关联的概念，首先出现在例11.2.2中。例11.2.2中λ的耐人寻味之处在于，我们可以对大多数但**不是所有的值**构造格林函数（例11.2.4）。这个性质使我们回到了特征值的概念，因此，在11.2节结束时，我们同时处理了特征值和格林函数。可解问题与不可解问题在线性微分算子的弗雷德霍姆选择定理中得到了解决，并且用几节对此进行了展开讨论。在这个过程中，这个不可解情况与机械和土木工程师的下面陈述有关。

我们不应该让一个结构或机械系统承受以（或接近）系统固有共振频率施加的外部荷载。

如果强迫振动变大，这个系统最终可能会自我瓦解。在数学上，这是不可解的，表示为无界的输出增长。在物理上，不存在稳态解，任何试图构建这样一个错误的稳态解的数学过程都会不可避免地遇到需要除以零的步骤。

在把这个联系到“强迫共振”的状态时，我们从数学λ迁移到物理驱动ω，这是固有的或“自然”频率参数。我们的迁移发生在例11.4.2及其后面，ω的使用通过式（13.62)很好地帮助了我们。在这个过程中，为了处理一般的“不可解情况”，形式化修正格林函数的概念，然而，它包含了一个可解的特殊情况。这种特殊情况也有物理解释。

只要强迫剖面不是共振的，即整体强迫剖面不包含任何共振强迫模式，就可以以共振施加强迫而不产生较大的结构输出响应。

在数学上，这就是式（13.49），尽管谨慎和经验丰富的工程师并不依赖这个分析结果：他们要么首先远离所有共振，要么确保系统中有足够的阻尼，这是我们在理论分析中没有考虑到的。

在我们的过程中，算子$\mathcal{H}$的使用范围逐渐地从偏微分方程到第10章开始的常微分方程，再到 10.4 节的施图姆-刘维尔形式的算子。第 11 章中的一般格林函数并不局限于二阶常微分方程，为此，我们在 13.3 节将所有这些单独的尝试聚合到施图姆-刘维尔形式之前使用了常微分方程算子 $\mathcal{L}$。这些重命名和迁移的积累产生了式（13.63）。

回顾了我们的过程后，我们现在把注意力转向式（13.62）中的 λ_n。正是对于这些且只有这些"特殊"值，才能找到下列方程的一个非平凡齐次解 $\phi_n(x)$：

$$\mathcal{K}\,\phi_n(x)+\lambda_n s(x)\,\phi_n(x)=0$$

这对式（13.61）的狄拉克 δ 函数的级数展开没有影响，然而式（13.59）的格林函数被重新表示为

$$G(x,\xi,\lambda)=s(\xi)\sum_{n=1}^{\infty}\frac{\phi_n(\xi)\,\phi_n(x)}{\lambda-\lambda_n}$$

复平面上积分格林函数

下面的推演要求我们将 $G(x,\xi,\lambda)$ 中的 λ 视为一个复变量。然后，我们将复 λ 平面上的路径 C_R 定义为以原点为圆心、半径为 R 的闭合圆。在这条路径上逆时针求 $G(x,\xi,\lambda)$ 的积分得到

$$\begin{aligned}\oint_{C_R}G(x,\xi,\lambda)\mathrm{d}\lambda&=\oint_{C_R}s(\xi)\sum_{n=1}^{\infty}\frac{\phi_n(\xi)\,\phi_n(x)}{\lambda-\lambda_n}\mathrm{d}\lambda\\&=s(\xi)\sum_{n=1}^{\infty}\phi_n(\xi)\,\phi_n(x)\underbrace{\oint_{C_R}\frac{1}{\lambda-\lambda_n}\mathrm{d}\lambda}_{2\pi\mathrm{i}\text{或}0}\\&=2\pi\mathrm{i}s(\xi)\sum_{n=1}^{N_R}\phi_n(\xi)\,\phi_n(x)\end{aligned}$$

其中整数 N_R 是使得 $|\lambda_n|<r$ 的 n 的最大值。也就是说，$\lambda_1,\lambda_2,\cdots,\lambda_{N_R}$ 位于路径 C_R 内，只有它们的留数对总和有贡献。

我们已经说过，施图姆-刘维尔理论保证当 $n\to\infty$ 时 $\lambda_n\to\infty$。在上式中令 $R\to\infty$，用 C_∞ 表示路径在无限处的极限大圆，得到

$$\oint_{C_\infty}G(x,\xi,\lambda)\mathrm{d}\lambda=2\pi\mathrm{i}s(\xi)\sum_{n=1}^{\infty}\phi_n(\xi)\,\phi_n(x)$$

当我们将此结果与式（13.61）进行比较时，我们发现

$$\oint_{C_\infty}G(x,\xi,\lambda)\mathrm{d}\lambda=2\pi\mathrm{i}\delta(x-\xi)\tag{13.64}$$

这个简洁且内容丰富的方程直接把格林函数 $G(x,\xi,\lambda)$、δ 函数 $\delta(x-\xi)$ 和复分析联系起来。[⊖] 我们在一个熟悉的例子的背景下第一次演示它的用法。

⊖ 这让人想起看似不同的字符实体之间的联系，例如等式 $\mathrm{e}^{\mathrm{i}\pi}-1=0$，它连接了基本常数 e，i，$\pi$，0 和 1。

例 13.5.1　在例 11.2.2 中，证明了边界值问题

$$\frac{d^2u}{dx^2}+\lambda u=h(x),\quad 0\leqslant x\leqslant L,\quad u(0)=0,\quad u(L)=0$$

的格林函数为

$$G(x,\xi,\lambda)=\frac{\sin(\sqrt{\lambda}x_<)\sin(\sqrt{\lambda}(x_>-L))}{\sqrt{\lambda}\sin(\sqrt{\lambda}L)}\tag{13.65}$$

其中，$x_>=\max(x,\xi)$ 和 $x_<=\min(x,\xi)$。这个问题对应于在式（13.32）中定义

$$\mathcal{K}=\frac{d^2}{dx^2},\quad s(x)=1$$

利用式（13.64）得到该方程的特征函数展开式。参见图 13.1。

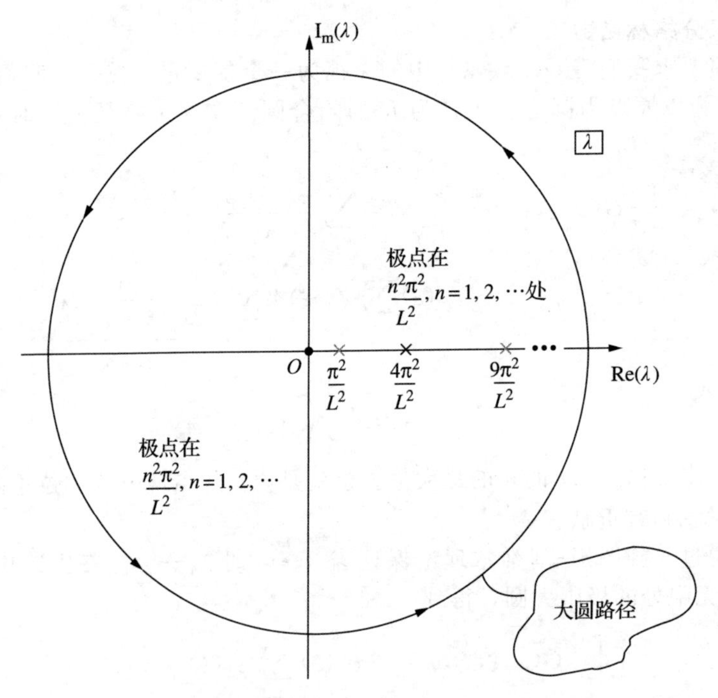

图 13.1　根据式（13.64），围绕闭合大圆路径的格林函数的积分可得到 δ 函数表示。对于格林函数式（13.65），这变成关于简单极点的无穷级数的积分 s 从而得到式（13.69）中的表示。这反过来生成由式（13.70）给出的傅立叶正弦级数

评注： 通过考虑例 13.3.1 中的特征值问题得到特征函数展开，得到式（13.48）。这里的目的是通过一个基于式（13.64）的替代过程来生成展开。在解决这个问题之前，我们提醒读者，格林函数式（13.65）是在没有参考特征值问题的情况下确定的。

解　作为 λ 的函数，G 包含平方根和在 λ 的某些值处为零的分母。因此，G 中有潜在的分支分割和非解析性位置（回想一下，λ 现在是复的）。当然，G 一定会发生感兴趣的事

情，否则式（13.64）中的路径积分会同样为零，因此与右边的 δ 函数不匹配。

我们通过展开 sin 函数来检查 G 的分母：

$$\sqrt{\lambda}\sin(\sqrt{\lambda}L)=\sqrt{\lambda}\left((\sqrt{\lambda}L)-\frac{1}{3!}(\sqrt{\lambda}L)^3+\frac{1}{5!}(\sqrt{\lambda}L)^5+\cdots\right)$$

$$=L\lambda-\frac{L^3}{3!}\lambda^2+\frac{L^5}{5!}\lambda^3+\cdots$$

该表达式具有以 λ 表示的泰勒级数，因此不需要进行分支切割。[⊖]我们从上面的展开注意到

$$\lim_{\lambda\to0}\frac{\sin(\sqrt{\lambda}L)}{\sqrt{\lambda}}=L \tag{13.66}$$

以及分母 $\sqrt{\lambda}\sin(\sqrt{\lambda}L)$ 在 $\lambda=0$ 和 $\lambda=n^2\pi^2/L^2(n=1,2,\cdots)$ 时为零。这些是仅有的 G 不是 λ 的解析函数的地方。

为了考虑 $\lambda=0$，将式（13.65）改写为

$$G(x,\xi,\lambda)=\frac{[\sin(\sqrt{\lambda}x_<)/\sqrt{\lambda}][\sin(\sqrt{\lambda}(x_>-L))/\sqrt{\lambda}]}{[\sin(\sqrt{\lambda}L)/\sqrt{\lambda}]} \tag{13.67}$$

然后调用式（13.66）的极限，得到

$$\lim_{\lambda\to0}G(x,\xi,\lambda)=\frac{x_<(x_>-L)}{L}$$

并且得出 G 在 $\lambda=0$ 处非奇异（不需要分支切割）。

为了考虑 $\lambda=n^2\pi^2/L^2(n=1,2,\cdots)$，注意式（13.67）中 G 的分子性态良好，而分母 $\sqrt{\lambda}\sin(\sqrt{\lambda}L)$ 为零。分母的导数为

$$\frac{\mathrm{d}}{\mathrm{d}\lambda}\sqrt{\lambda}\sin(\sqrt{\lambda}L)=\frac{\sin(\sqrt{\lambda}L)}{2\sqrt{\lambda}}+\frac{1}{2}L\cos(\sqrt{\lambda}L)$$

于是

$$\left(\frac{\mathrm{d}}{\mathrm{d}\lambda}\sqrt{\lambda}\sin(\sqrt{\lambda}L)\right)\bigg|_{n^2\pi^2/L^2}=0+\frac{L}{2}\cos n\pi=(-1)^n\frac{L}{2},\quad n=1,2,\cdots$$

因此，式（13.65）中的 $G(x,\xi,\lambda)$ 在 $\lambda=n^2\pi^2/L^2$ 处都有一个简单极点，并具有留数

$$\mathrm{Res}(G(x,\xi,\lambda))\big|_{\lambda=n^2\pi^2/L^2}=\left(\frac{\sin(\sqrt{\lambda}x_<)\sin(\sqrt{\lambda}(x_>-L))}{\mathrm{d}(\sqrt{\lambda}\sin(\sqrt{\lambda}L))/\mathrm{d}\lambda}\right)\bigg|_{\lambda=n^2\pi^2/L^2}$$

$$=\frac{2}{L}\sin\left(\frac{n\pi x}{L}\right)\sin\left(\frac{n\pi\xi}{L}\right) \tag{13.68}$$

现在，由于式（13.64）给出了

$$2\pi\mathrm{i}\delta(x-\xi)=\oint_{C_\infty}G(x,\xi,\lambda)\mathrm{d}\lambda=2\pi\mathrm{i}\sum_{n=1}^{\infty}\mathrm{Res}(G(x,\xi,\lambda))\bigg|_{\lambda=n^2\pi^2/L^2}$$

⊖ 更准确地说，$\sqrt{\lambda}\sin(\sqrt{\lambda}L)$ 中出现的独立平方根必须使用相同的分支切割，因为它们都是从相同的 $\lambda=\omega^2$ 得到的。重叠的分支切割以类似于例 8.6.3 的方式相互弥合。

根据上面对留数的计算，狄拉克 δ 函数可以写成

$$\delta(x-\xi)=\frac{2}{L}\sum_{n=1}^{\infty}\sin\left(\frac{n\pi x}{L}\right)\sin\left(\frac{n\pi\xi}{L}\right) \tag{13.69}$$

因此，如果 f 是定义在 $0\leqslant x\leqslant L$ 区间上的任意函数，则可以展开为

$$\begin{aligned}
f(x)&=\int_0^L f(\xi)\delta(x-\xi)\mathrm{d}\xi\\
&=\int_0^L f(\xi)\left(\frac{2}{L}\sum_{n=1}^{\infty}\sin\left(\frac{n\pi x}{L}\right)\sin\left(\frac{n\pi\xi}{L}\right)\right)\mathrm{d}\xi\\
&=\sum_{n=1}^{\infty}\frac{2}{L}\int_0^L f(\xi)\sin\left(\frac{n\pi\xi}{L}\right)\mathrm{d}\xi\,\sin\left(\frac{n\pi x}{L}\right)\\
&=\sum_{n=1}^{\infty}b_n\sin\left(\frac{n\pi x}{L}\right),\quad 其中\ b_n=\frac{2}{L}\int_0^L f(\xi)\sin\left(\frac{n\pi\xi}{L}\right)\mathrm{d}\xi
\end{aligned} \tag{13.70}$$

例 13.5.1 的基本目的是展示如何利用复路径积分辅助格林函数得到式（13.48）的经典展开结果。特别地，它完全避免了首先找到特征值，然后构造相关的特征函数的陈旧办法。

式（13.64）作为生成有用的展开和变换的工具

上面我们已经通过复路径积分得到了傅立叶正弦级数。这个过程比例 13.3.1 中的直接方法要长，部分原因是我们回顾了复平面中的奇异性识别和留数计算方面的内容。更重点的是为了强调

★ 使用式（13.64），可以确定自伴边界值问题的特定自然展开。

到目前为止，虽然我们的例子都集中在定义于有限区间域上的常微分方程的边界值问题上，但该方法也适用于定义于无界区间上的边界值问题。我们的下一个示例演示这个断言。

例 13.5.2 考虑例 13.5.1 在无限域 $L\to\infty$ 上的情况。这意味着我们考虑方程

$$\frac{\mathrm{d}^2u}{\mathrm{d}x^2}+\lambda u=h(x),\quad x\geqslant 0 \tag{13.71}$$

满足边界条件

$$u(0)=0,\quad 当\ x\to\infty\ 时\ u(x)\ 性态良好 \tag{13.72}$$

构造一个格林函数，并将其用于式（13.64）中，以计算对该边界值问题的自然展开。

解 式（13.71）的一般齐次解是 $A\sin\sqrt{\lambda}x+B\cos\sqrt{\lambda}x$。从边界条件 $u(0)=0$ 得到在 $0\leqslant x<\xi$ 上 $G(x,\xi,\lambda)=A\sin\sqrt{\lambda}x$。对于 $x>\xi$，可以用 $G(x,\xi,\lambda)=C\exp(\mathrm{i}\sqrt{\lambda}x)+D\exp(-\mathrm{i}\sqrt{\lambda}x)$ 进行计算。我们把 λ 看作一个复变量。取 $D=0$ 并要求 $\mathrm{i}\sqrt{\lambda}$ 的实部为负时，我们发现格林函数在 $x\to\infty$ 时性态良好。

为了证明这是可能的，我们写为极坐标表示 $\lambda=r\exp(\mathrm{i}\theta)$，则 $\mathrm{i}\sqrt{\lambda}=\mathrm{i}\,(r\exp(\mathrm{i}\theta))^{1/2}=\mathrm{i}\sqrt{r}(\cos(\theta/2))+\mathrm{i}\sin(\theta/2))$，它有实部 $-\sqrt{r}\sin(\theta/2)$。现在我们为平方根函数选择一个分支

切割，使这个表达式为负。首先考虑负 x 轴上的一个分支切割，其中 $-\pi<\theta\leqslant\pi$。当 $-\pi<\theta<0$ 时，$\sin(\theta/2)<0$，当 $0<\theta<\pi$ 时，$\sin(\theta/2)>0$。这导致 $-\sqrt{r}\sin(\theta/2)$ 对前者为正，对后者为负。然而，如果选择正 x 轴上的分支，其中 $0\leqslant\theta<2\pi$，则可以得出 $0\leqslant\theta/2<\pi$，导致实部 $-\sqrt{r}\sin(\theta/2)$ 始终为负。

在确定了适当的分支切割之后，我们用下面的简单方式开始构建格林函数：

$$G(x,\xi,\lambda)=\begin{cases}A\sin\sqrt{\lambda}x, & 0\leqslant x<\xi\\ C\exp(\mathrm{i}\sqrt{\lambda}x), & x>\xi\end{cases}\tag{13.73}$$

这样写 G 确保满足 $x=0$ 和 $x\to\infty$ 的条件。未知量 A 和 C 是通过在 $x=\xi$ 处施加尚未使用的条件来确定的。通过取下列的 A 和 C，保证 G 在 x 上的连续性：

$$A=E\exp(\mathrm{i}\sqrt{\lambda}\xi),\quad C=E\sin\sqrt{\lambda}\xi$$

通过下列一阶导数的阶跃条件来确定新的未知量 $E=E(\xi,\lambda)$：

$$\begin{aligned}1&=\left(\frac{\mathrm{d}}{\mathrm{d}x}(C\exp(\mathrm{i}\sqrt{\lambda}x))-\frac{\mathrm{d}}{\mathrm{d}x}(A\sin\sqrt{\lambda}x)\right)\bigg|_{x=\xi}\\&=\sqrt{\lambda}E(\mathrm{i}\sin\sqrt{\lambda}\xi\exp(\mathrm{i}\sqrt{\lambda}\xi)-\exp(\mathrm{i}\sqrt{\lambda}\xi)\cos\sqrt{\lambda}\xi)=-\sqrt{\lambda}E\end{aligned}\tag{13.74}$$

通过求解 E 并使用式（13.73）中得到的 A 和 C，可以得出格林函数由

$$G(x,\xi,\lambda)=-\frac{\sin(\sqrt{\lambda}x_<)\exp(\mathrm{i}\sqrt{\lambda}x_>)}{\sqrt{\lambda}}\tag{13.75}$$

给出，其中 $x_<$ 和 $x_>$ 与之前一样。

现在我们调用式（13.64），这意味着我们必须在复 λ 平面中围绕路径 C_R 对式（13.75）积分。回想例 13.5.1，这样的路径包含了许多简单极点。相比之下，对于当前的例子，没有内部简单极点。但是，路径 C_R 被实 x 轴上的分支切割打断。

因此我们考虑一个闭合的“吃豆人（Pac-Man）”路径 C_{tot}，它由四个部分组成，顺序如下（见图 13.2）：

- C_R，大 R 的圆，现在看作从 $\theta=0^+$ 开始，逆时针方向绕到 $\theta=2\pi^-$，在穿过沿正 x 轴的分支切割之前停止，
- C_2 沿着 x 轴的下方从大的正 R 到小的正 ϵ，
- C_ϵ，顺时针方向绕原点的半径为 ϵ 的路径，
- C_1 沿着 x 轴的上方，从 ϵ 到 R，在这里它连接到原来的 C_R。

组合闭合路径 C_{tot} 围绕原点和分支切割，这样就围出了一个 G 为解析的区域。因此围绕 C_{tot} 的 G 的积分是零。取极限 $\epsilon\to0$ 和 $R\to\infty$，很容易证明 C_ϵ 部分的积分的极限为零，而 C_R 部分的积分则逼近 C_∞ 上的积分，由式（13.64）得到 $2\pi\mathrm{i}\delta(x-\xi)$。合并这些结果得到

$$\begin{aligned}2\pi\mathrm{i}\delta(x-\xi)&=\int_{C_\infty}G(x,\xi,\lambda)\mathrm{d}\lambda,\quad 其中\ C_\infty=C_{\mathrm{tot}}-(C_2+C_\epsilon+C_1)\\&=\underbrace{\int_{C_{\mathrm{tot}}}G(x,\xi,\lambda)\mathrm{d}\lambda}_{0}-\int_{C_2}G(x,\xi,\lambda)\mathrm{d}\lambda-\end{aligned}$$

$$\underbrace{\int_{C_\epsilon} G(x,\xi,\lambda)\mathrm{d}\lambda}_{\to 0} - \int_{C_1} G(x,\xi,\lambda)\mathrm{d}\lambda$$

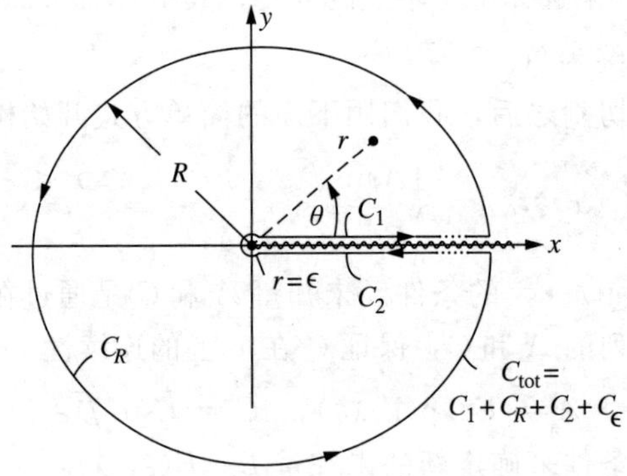

图 13.2 式（13.75）中格林函数积分时使用的闭合路径 C_{tot}。这个过程产生了 δ 函数表示式（13.78）。这就得到了式（13.81）和式（13.82）中总结的傅里叶正弦变换对

因为 C_2 从∞到 0，我们改变积分方向，在乘以-1之后，把上面的结果改写为

$$\int_0^\infty \Big(G(x,\xi,\lambda)\,|_{\theta=0} - G(x,\xi,\lambda)\,|_{\theta=2\pi}\Big)\mathrm{d}\lambda = -2\pi\mathrm{i}\delta(x-\xi) \tag{13.76}$$

被积函数是在分支切割上方的 G 值减去在分支切割下方的 G 值。积分是对 λ 的，其中 $\lambda = r\exp(\mathrm{i}\theta)$，沿实轴。平方根函数是复平方根函数，它包含了分支切割，使得$\sqrt{\lambda}=\sqrt{r}\exp(\mathrm{i}\theta/2)=0$。在分支切割上方，$\theta/2=0$，所以使用正的平方根。在分支切割下方，$\theta/2=\pi$，所以使用负的平方根。转换到通常的实变量表示法，$\sqrt{\ }$ 表示标准的正平方根。我们写为

$$\begin{aligned} G(x,\xi,\lambda)\,|_{\theta=0} - G(x,\xi,\lambda)\,|_{\theta=2\pi} &= \left(-\frac{\sin(\sqrt{\lambda}x_<)\exp(\mathrm{i}\sqrt{\lambda}x_>)}{\sqrt{\lambda}}\right) - \\ &\quad \left(-\frac{\sin(-\sqrt{\lambda}x_<)\exp(-\mathrm{i}\sqrt{\lambda}x_>)}{-\sqrt{\lambda}}\right) \\ &= -2\mathrm{i}\frac{\sin(\sqrt{\lambda}x_<)\sin(\sqrt{\lambda}x_>)}{\sqrt{\lambda}} \\ &= -2\mathrm{i}\frac{\sin(\sqrt{\lambda}x)\sin(\sqrt{\lambda}\xi)}{\sqrt{\lambda}} \end{aligned} \tag{13.77}$$

这样，式（13.76）给出

$$\frac{1}{\pi}\int_0^\infty \frac{\sin(\sqrt{\lambda}x)\sin(\sqrt{\lambda}\xi)}{\sqrt{\lambda}}\mathrm{d}\lambda = \delta(x-\xi)$$

现在回到 $\omega^2=\lambda$。上式成为

$$\frac{2}{\pi}\int_0^\infty \sin(\omega x)\sin(\omega\xi)\mathrm{d}\omega = \delta(x-\xi) \tag{13.78}$$

因此，对任何定义在 $x\geqslant 0$ 上的函数，得到

$$
\begin{aligned}
f(x) &= \int_0^\infty f(\xi)\delta(x-\xi)\mathrm{d}\xi \\
&= \frac{2}{\pi}\int_0^\infty f(\xi)\left(\int_0^\infty \sin(\omega x)\sin(\omega\xi)\mathrm{d}\omega\right)\mathrm{d}\xi
\end{aligned}
$$

交换积分次序，得到

$$
f(x) = \int_0^\infty B(\omega)\sin(\omega x)\mathrm{d}\omega \tag{13.79}
$$

其中

$$
B(\omega) = \frac{2}{\pi}\int_0^\infty f(\xi)\sin(\omega\xi)\mathrm{d}\xi \tag{13.80}
$$

式（13.79）和式（13.80）构成了经典**傅里叶正弦变换对**。9.3 节的习题通过一个完全不同的过程，即考虑傅里叶级数的 $L\to\infty$ 时极限，求出这个经典结果。式（9.68）使用了与式（13.79）和式（13.80）不同的符号，但在其他方面等价。不同的书可能会重新安排 $2/\pi$ 在构成变换对的两个积分之间的分配。为了代替式（13.80）中的表示法，有时用下式来定义傅里叶正弦变换算子 $\mathcal{F}_s[f]=\mathcal{F}_s[f](\omega)$ 很方便：

$$
\mathcal{F}_s[f] = \int_0^\infty f(\xi)\sin(\omega\xi)\mathrm{d}\xi \tag{13.81}
$$

然后通过逆运算

$$
f(x) = \frac{2}{\pi}\int_0^\infty \mathcal{F}_s[f]\sin(\omega x)\mathrm{d}\omega \tag{13.82}
$$

找回原始函数。在这里，注意这个变换对与式（8.52）和式（8.53）中给出的指数形式的相似性也是有用的。那个公式对适用于定义在整个实轴上的函数，而式（13.81）和式（13.82）适用于定义在正实轴上的函数。

在建立了这些相互关系之后，重要的是不要忽略例 13.5.2 的更大目的，即基于式（13.64）的过程**创建这个特殊变换对**，将其作为处理边界条件式（13.72）下的常微分方程式（13.71）的自然变换对。这个变换对的使用将在下一个例子中演示。

例 13.5.3　使用由式（13.81）和式（13.82）给出的变换，求解方程

$$
\frac{\mathrm{d}^2 u}{\mathrm{d}x^2} + \lambda u = f(x), \quad x \geqslant 0 \tag{13.83}
$$

满足边界条件

$$
u(0) = 0, \quad u(x)\text{ 在 } x\to\infty \text{ 时性态良好}
$$

这里，λ 是已知常数，$f(x)$ 是已知函数。

评注： 半无限域 $x\in[0,\infty)$ 适用于傅里叶变换方法。

解　这里的思想和所有变换方法的思想都是首先对常微分方程的每一边“应用变换”，在这种情况下是式（13.83）。我们将利用以下事实：

$$
\mathcal{F}_s\left[\frac{\mathrm{d}^2 u}{\mathrm{d}x^2}\right] = \int_0^\infty \frac{\mathrm{d}^2 u}{\mathrm{d}x^2}\sin(\omega\xi)\mathrm{d}\xi
$$

$$= \underbrace{\left(u'(\xi)\sin(\omega\xi) - \omega u(\xi)\cos(\omega\xi)\right)\Big|_{\xi=0}^{\infty}}_{0} - \int_0^{\infty} u(\xi)\omega^2 \sin(\omega\xi)\mathrm{d}\xi$$

$$= -\omega^2 \mathcal{F}_s[u] \tag{13.84}$$

由分部积分得到的“边界项”是该问题无界区间的**双线性伴随项**。上面的式子表示它为零。当 $\xi\to\infty$ 时，它为零，因为 u 必须在这个极限下性态良好。它在 $\xi=0$ 处为零，因为 $\sin 0=0$，$u(0)=0$。

使用式（13.84），将变换应用到式（13.83）的每一边有

$$-\omega^2 \mathcal{F}_s[u] + \lambda \mathcal{F}_s[u] = \mathcal{F}_s[f] \quad \Rightarrow \quad \mathcal{F}_s[u] = \frac{\mathcal{F}_s[f]}{\lambda - \omega^2}$$

因此

$$u(x) = \frac{2}{\pi}\int_0^{\infty} \mathcal{F}_s[u]\sin(\omega x)\mathrm{d}\omega = \frac{2}{\pi}\int_0^{\infty} \frac{\sin(\omega x)}{\lambda - \omega^2}\mathcal{F}_s[f]\mathrm{d}\omega \tag{13.85}$$

其中 $\mathcal{F}_s[f]=\mathcal{F}_s[f](\omega)$ 由下式给出：

$$\mathcal{F}_s[f](\omega) = \int_0^{\infty} f(\xi)\sin(\omega\xi)\mathrm{d}\xi \tag{13.86}$$

傅里叶正弦变换之所以能成功地处理这个问题，是因为式（13.84）中的边界项为零。如果方程或边界条件发生改变，则不能得到为零的边界项，必须采用不同的变换。好消息是，可以从基于式（13.64）的过程中找到适当的变换。例如，在保持式（13.71）的同时，对边界条件式（13.72）进行某些更改将产生傅里叶余弦变换对。对常微分方程的更改将产生一个完全不同的变换：例如，应用于贝塞尔方程的过程将产生一个涉及贝塞尔函数的变换，如汉克尔变换。

本节探讨的例子表明，对于定义在有限和无界区间上的问题，可以找到格林函数。定义在有限区间上的问题产生级数形式的特征函数展开式。在无界区间上定义的问题导致了积分形式的展开过程，即各种变换。例 13.5.1 采用长度为 L 的路径，特征值 λ 位于正实轴的 $\lambda_n=n^2\pi^2/L^2$ 处。随着 L 的增大，它们之间的间距减小，在 $L\to\infty$ 的极限下，特征值在实轴上变得密集（“连续极限”）。例 13.5.2 从一开始使用无界区间。这个策略展示了如何将正实轴上的密集特征值集视为在连续极限下将该轴转换为平方根函数的分支切割。

13.6　偏微分方程的应用：一个总结示例

在本章和前面的几章中，我们从（a）格林函数和（b）展开或变换的角度研究了常微分方程和偏微分方程的求解过程。一个合理的问题是：当其中一种明显满足的时候，为什么我们需要两种不同的方法？根据不同的问题，可能确实一种方法比另一种方法更适合这项任务。更重要的是，我们经常在二维或三维域上处理由偏微分方程通过分离变量技术产生的常微分方程。在这种情况下，可能需要求解分离变量中的耦合方程。这样的话，结合（a）和（b）两种方法通常会得到最有信息的解。在本节中，我们将讨论泊松方程的一个特

定边界值问题。我们考虑的具体问题描述如下：

求解在半带状域 $0<x<L$，$y>0$ 上，在 $x=0$，$x=L$，$y=0$ 处满足齐次狄利克雷边界条件的泊松方程。解在 $y\to\infty$ 时性态良好。

我们已经考虑过类似的以各种形式出现的这个问题，所以我们对它的陈述很熟悉。我们将泊松方程在笛卡儿坐标下写为

$$\frac{\partial^2 u}{\partial x^2}+\frac{\partial^2 u}{\partial y^2}=\varrho \tag{13.87}$$

其中 $\varrho=\varrho(x,y)$ 是一个给定的函数（输入），定义在半带状上，并且当 $y\to\infty$ 时，性态良好。问题的解将提供函数 $u=u(x,y)$（输出）。由于已经研究了几种求解过程，本节将比较并评估这些方法。

作为任何方法的第一个一般步骤，我们简要回顾分离变量过程。分离过程一般适用于齐次偏微分方程的问题，即 $\varrho=0$。在这里，由于边界条件也是齐次的，$\varrho=0$ 的式 (13.87) 会立即得到平凡解 $u=0$。相反，如果边界条件中至少有一个是非齐次的，则即使 $\varrho=0$，也可得到 $u\neq 0$。为此，我们现在回顾当 $\varrho=0$ 时，只有一个非齐次边界条件的分离变量过程。

非齐次边界条件在 $y=0$ 上　在式 (13.87) 中取 $\varrho=0$，把 $u(x,y)$ 表示为 $u(x,y)=X(x)Y(y)$，得到 $X''+\lambda X=0$ 和 $Y''-\lambda Y=0$，其中 λ 为分离常数。如果输入强迫在 $y=0$ 处来自非零边界条件，在 $x=0$ 和 $x=L$ 处具有齐次狄利克雷条件，则 $X(x)$ 问题得到特征值 $\lambda_n=n^2\pi^2/L^2$ 和特征函数 $X_n(x)=\sin(n\pi x/L)$。然后解出伴随的 $Y_n(y)$，并写出一个无穷和的通解，未知系数的计算要满足在 $y=0$ 时的边界条件，这是因为已经应用的远场边界条件要求当 $y\to\infty$ 时 $Y(y)\to 0$。傅里叶正弦级数提供了这些系数。通过利用与这个分离的 X 问题相关联的常微分方程格林函数来使用式 (13.64)，这个傅里叶级数自然地出现在例 13.5.1 的式 (13.70) 中。

$x=0$ 或 $x=L$ 上的非齐次边界条件　现在假设输入强迫在 $x=0$ 或 $x=L$ 处由非零边界条件提供，在 $y=0$ 处有齐次狄利克雷边界条件。然后我们先看分离的 $Y(y)$ 问题，因为它有齐次的边界条件。提前意识到这一点，可以将分离的问题写成 $X''-\lambda X=0$ 和 $Y''+\lambda Y=0$ 的形式，因为现在 Y 方程可以产生常见的三角函数，其中 $\sin\sqrt{\lambda}y$ 在 $y=0$ 处满足齐次边界条件，λ 为任意值。当 $\sqrt{\lambda}$ 为实数时，满足 $Y(y)$ 在 $y\to\infty$ 时性态良好的条件。设分离常数 $\lambda=\omega^2$，解出相应的 $X=X(\omega,X)$ 以满足在 $x=0$ 或 $x=L$ 处的齐次狄利克雷边界条件。现在，因为 ω 是连续的 [而不是离散的，因为 $Y(y)$ 问题没有产生离散的特征值]，我们把通解写成关于 ω 的积分，其中积分可以包含关于 ω 的任何广义函数。然后要求这个广义函数满足 $x=L$ 或 $x=0$ 处没有使用的**非齐次边界条件**。式 (13.81) 和式 (13.82) 中的傅里叶正弦变换决定了这个广义函数。当将式 (13.64) 用于与这个分离的 Y 问题相关联的常微分方程格林函数时，这个变换对自然出现在例 13.5.2 中。

通过叠加，将上述两种方法结合起来，**在任意非齐次狄利克雷条件下**，给出了半带状上关于 $w=w(x,y)$ 的方程 $\nabla^2 w=0$ 的形式上的解。这里用 w 代替 u，表示我们正在处理式 (13.87)的 $\varrho=0$ 的特殊情况。通过叠加，我们可以把一般的非齐次边界条件写成

$$w(0,y)=p(y),\quad w(x,0)=q(x),\quad w(L,y)=s(y)$$

然后将上面描述的所有细节集合起来，求出解

$$w(x,y)=\int_0^{\infty}P(\omega)\sin(\omega y)\sinh(\omega(L-x))\mathrm{d}\omega+\sum_{n=1}^{\infty}Q_n\sin\left(\frac{n\pi x}{L}\right)\exp\left(-\frac{n\pi y}{L}\right)+\int_0^{\infty}S(\omega)\sin(\omega y)\sinh(\omega x)\mathrm{d}\omega \tag{13.88}$$

其中 $P(\omega)$，Q_n，$S(\omega)$ 分别由 $p(y)$，$q(x)$，$s(y)$ 使用适当的傅里叶级数或变换公式产生(参见章末习题)。因此，具有非齐次狄利克雷边界条件的半带状上的拉普拉斯方程可以看作形式上解出了。

完成了齐次式（13.87）的分离变量过程的回顾，现在考虑在相同半带状上具有**任意非零强迫** $\varrho(x,y)$ 的式（13.87），但这次要满足**齐次狄利克雷边界条件**。这里我们将反复提到式（13.88)，我们将其称为三项表达式：P 项积分、Q 项无穷级数和 S 项积分。式(13.88）的结果，结合我们以前的推导，使我们能够识别和对比这个问题的各种求解方法。我们将考虑六种这样的方法，每一种都能形式上求解问题。

方法 1：利用自由空间格林函数的特解

利用由式（12.32）给出的自由空间格林函数，得到

$$u_{\mathrm{p}}(x,y)=\int_0^L\left(\int_0^{\infty}G(x,y,x_0,y_0)\,\varrho(x_0,y_0)\mathrm{d}y_0\right)\mathrm{d}x_0 \tag{13.89}$$

它是该问题的一个特解，即满足 $\nabla^2u=\varrho$，但不满足齐次边界条件。然而，通过叠加，$u=u_{\mathrm{p}}+u_{\mathrm{h}}$ 也是一个解，前提是 u_{h} 为拉普拉斯方程（泊松方程中 $\varrho=0$）的解。为此可以使用式（13.88）形式的 u_{h}，其中 P，Q，S 项通过取 $\varrho(y)=-u_{\mathrm{p}}(0,y)$，$q(x)=-u_{\mathrm{p}}(x,0)$ 和 $s(y)=-u_{\mathrm{p}}(L,y)$ 得到。这就消除了由 u_{p} 引入的非齐次边界条件，使得和 $u_{\mathrm{p}}+u_{\mathrm{h}}$ 满足齐次狄利克雷边界条件。因此这个 $u_{\mathrm{p}}+u_{\mathrm{h}}$ 解出了具有齐次边界条件的方程 $\nabla^2u=\varrho$。它由四个主要项组成：式（13.89）给出的 u_{p}，加上式（13.88）中用于修正由 u_{p} 引起的非齐次边界值的 P，Q 和 S 三个表达式。在式（13.88）中出现的 Q 项是一个无穷级数。

方法 2：使用“较好”的泊松格林函数

式（13.89）不仅提供了自由空间格林函数式（12.32）的特解，还提供了定义在半带状上的泊松方程的任何二维格林函数的特解。这包括式（12.43）中给出的**半空间格林函数**，它产生了在 x 轴上满足齐次狄利克雷条件的解。这个格林函数的更精细的形式使得式（13.89)中的积分更复杂，但它的优点是由这个积分得到的 u_{p} 满足 $u_{\mathrm{p}}(x,0)=0$。因此，当构造使得和 $u_{\mathrm{p}}+u_{\mathrm{h}}$ 满足齐次狄利克雷边界条件的 u_{h} 时，可以得出不需要式（13.88）中的 Q 项，即该项自动为零。用这种方法构造的解有三项：积分式（13.89）以及式（13.88)的修正项 P 和 S。这些项都不包含无穷级数。另外，这种方法得到的 P 和 S 项会比方法 1 的更精细，因为 u_{p} 更精细。

方法 3：使用“更好”的泊松格林函数

方法 2 的过程消去了 $u_{\mathrm{p}}+u_{\mathrm{h}}$ 叠加中的 Q 边界项。式（13.88）中的其他边界项是否可以从叠加中消去？这里需要强调的是，方法 2 中的 Q 项是用**半空间**格林函数消去的。以类

似的方式，如果使式（13.89）中的格林函数在 x 轴和 y 轴上同时满足齐次边界条件，则 P 项和 Q 项都被消去。这种在 $x \geqslant 0$，$y \geqslant 0$ 上的**四分之一空间格林函数**可以通过使用物理域外的额外的图像源和汇来构造。回想半空间格林函数（见图 12.2）对应于原始源 (x_o, y_o) 和图像汇 $(x_o, -y_o)$。四分之一空间的格林函数将在 $(-x_o, y_o)$ 处有一个额外的图像汇，在 $(-x_o, -y_o)$ 处有一个额外的图像源。这就给出了两个源和两个汇，每个象限有一个，对称排列，使得 x 轴和 y 轴都满足齐次狄利克雷条件。当采用这种多源和汇格林函数通过式（13.89）得到 u_p 时，修正的 u_h 将只由式（13.88）中的 S 项组成。

方法 4：使用"最佳"泊松格林函数

通过方法 1～3 考察 G，出现了以下问题：是否所有的项都可以从 u_h 中消去？换句话说，式（13.88）给出的 u_p 能满足所有齐次边界条件吗？如果格林函数满足所有边界条件，这个问题的答案为"是"。这样的**半带状格林函数**可以通过图像法来构建，这时整个空间在 x 轴的上方和下方现在都被划分成无穷序列的半带状，在每个这样的重复的半带状中放置一个图像源或汇。获得半带状格林函数的另一种完全不同的方法是：不使用图像法，是在一个正方形格林函数构造的基础上进行。这是 12.6 节的主题。修改这个方法，首先要解决矩形的格林函数，矩形的长宽比是任意的。然后让矩形的一条边长趋于无穷大，就产生了半带状格林函数。用极限过程构造半带状格林函数的另一种方法是，直接使用例 6.6.5 中讨论的施瓦茨-克里斯托费尔变换的开映射版本来构造它。无论怎样得到半带状格林函数，它的形式都比方法 1～3 中的任何格林函数都要复杂，因此需要式（13.89）中最复杂的积分。另一方面，所有的齐次边界条件都直接满足了，所以没有必要包括齐次修正 u_h。

方法 5：消除有限长度方向（$0<x<L$）的变换

鉴于（a）式（13.70）中给出的傅立叶正弦级数提供了任何函数的完整表示，（b）这是从考虑分离的 X 问题中自然出现的表示，我们寻求以下表示形式的解：

$$u(x,y) = \sum_{n=1}^{\infty} b_n(y) \sin\left(\frac{n\pi x}{L}\right) \tag{13.90}$$

其中

$$b_n(y) = \frac{2}{L}\int_0^L u(x,y)\sin\left(\frac{n\pi x}{L}\right)\mathrm{d}x \tag{13.91}$$

我们现在需要得到控制每个 $b_n(y)$ 的问题，我们有两个选择来设法得到它。

- 第一种选择是将式（13.90）直接代入控制泊松方程。这需要在确定每个 n 的问题步骤，即由于正交性从无穷求和中提取一项的步骤之前，对无穷求和与微分进行许多交换，在这里，我们承认我们已经执行了这个程序很多次，例如在 13.1 节开始描述的程序的第 3 步中。
- 第二种选择不需要那么多有问题的操作，在数学上也更简洁，利用式（13.91）。将式（13.91）中的运算直接应用于形为 $\varrho = \nabla^2 u$ 的控制偏微分方程。这是我们在这里要继续探讨的选择。

将式（13.91）应用于控制偏微分方程，得到

$$\frac{2}{L}\int_0^L \varrho(x,y)\sin\left(\frac{n\pi x}{L}\right)\mathrm{d}x = \frac{2}{L}\int_0^L \left(\frac{\partial^2 u}{\partial x^2}+\frac{\partial^2 u}{\partial y^2}\right)\sin\left(\frac{n\pi x}{L}\right)\mathrm{d}x$$

$$= \underbrace{\frac{2}{L}\int_0^L \frac{\partial^2 u}{\partial x^2}\sin\left(\frac{n\pi x}{L}\right)\mathrm{d}x}_{\text{两次分部积分}} + \underbrace{\frac{2}{L}\int_0^L \frac{\partial^2 u}{\partial y^2}\sin\left(\frac{n\pi x}{L}\right)\mathrm{d}x}_{\text{提出}y\text{的导数}}$$

$$= \underbrace{\frac{2}{L}\left(\frac{\partial u}{\partial x}\sin\left(\frac{n\pi x}{L}\right)-\left(\frac{n\pi}{L}\right)u(x,y)\cos\left(\frac{n\pi x}{L}\right)\right)\Bigg|_{x=0}^{L}}_{\text{双线性伴随}} - \left(\frac{n\pi}{L}\right)^2 \underbrace{\frac{2}{L}\int_0^L u(x,y)\sin\left(\frac{n\pi x}{L}\right)\mathrm{d}x}_{b_n(y)} + \frac{\partial^2}{\partial y^2}\underbrace{\left(\frac{2}{L}\int_0^L u(x,y)\sin\left(\frac{n\pi x}{L}\right)\mathrm{d}x\right)}_{b_n(y)}$$

我们注意到双线性伴随的所有四项分别为零：sin 项因为 $\sin 0=\sin n\pi=0$，cos 项因为 $u(0,y)=u(L,y)=0$。因此，我们得到关于 $b_n(y)$ 的问题有以下形式：

$$\frac{\mathrm{d}^2}{\mathrm{d}y^2}b_n(y)-\left(\frac{n\pi}{L}\right)^2 b_n(y)=\varrho_n(y)$$

其中

$$\varrho_n(y)=\frac{2}{L}\int_0^L \varrho(x,y)\sin\left(\frac{n\pi x}{L}\right)\mathrm{d}x \tag{13.92}$$

这将在 $y>0$ 上求出解 $b_n(y)$，条件是 $b_n(0)=0$，并且当 $y\to\infty$ 时 $b_n(y)$ 性态良好。

其实，这个常微分方程问题也允许选择其他求解过程。一种方法是用它的常微分方程格林函数。另一种选择是注意到，一旦我们考虑了符号变化（例 13.5.3 中的 x 是当前问题中的 y，u 是当前问题中的 b_n，等等），这正是例 13.5.3 中考虑的问题类型。最重要的是，例 13.5.3 中的参数 λ 现在是 $-(n\pi/L)^2$。因此，直接用例 13.5.3 的结果可以得出结论：

$$b_n(y)=-\frac{2}{\pi}\int_0^\infty \frac{\sin(\omega y)}{(n\pi/L)^2+\omega^2}\left(\int_0^\infty \varrho_n(\eta)\sin(\omega\eta)\mathrm{d}\eta\right)\mathrm{d}\omega \tag{13.93}$$

解出了关于 $b_n(y)$ 的问题。然后，整个解的最终形式由式（13.90）、式（13.92）及式（13.93）综合给出。

方法 6：消除半无限方向（$y>0$）的变换

方法 5 变换消除了 x 方向，接着是公式化和求解 y 方向的问题。我们描述的最后一种方法是相反的：变换消除 y 方向，然后公式化和求解剩下的 x 方向问题。我们之前通过式（13.64）对 y 方向格林函数进行运算得到由式（13.81）和式（13.82）给出的 y 方向变换对。因此我们写

$$u(x,y)=\frac{2}{\pi}\int_0^\infty \mathcal{U}(x,\omega)\sin(\omega y)\mathrm{d}\omega \tag{13.94}$$

其中，理论上，

$$\mathcal{U}(x,\omega)=\int_0^\infty u(x,y)\sin(\omega y)\mathrm{d}y \tag{13.95}$$

实际上，我们需要计算（用公式表示）并求解一个关于 $\mathcal{U}(x,\omega)$ 的问题。参照方法 5 的第二种选择，我们将式（13.95）直接应用于 $\varrho=\nabla^2 u$ 形式的控制偏微分方程。这给出了

$$\begin{aligned}\int_0^\infty \varrho(x,y)\sin(\omega y)\mathrm{d}y&=\int_0^\infty\left(\frac{\partial^2 u}{\partial x^2}+\frac{\partial^2 u}{\partial y^2}\right)\sin(\omega y)\mathrm{d}y\\&=\underbrace{\int_0^\infty \frac{\partial^2 u}{\partial x^2}\sin(\omega y)\mathrm{d}y}_{\text{分离出}x\text{的导数}}+\underbrace{\int_0^\infty \frac{\partial^2 u}{\partial y^2}\sin(\omega y)\mathrm{d}y}_{\text{两次分部积分}}\\&=\frac{\partial^2}{\partial x^2}\underbrace{\left(\int_0^\infty u(x,y)\sin(\omega y)\mathrm{d}y\right)}_{\mathcal{U}(x,\omega)}+\\&\quad\underbrace{\left(\frac{\partial u}{\partial y}\sin(\omega y)-\omega u(x,y)\cos(\omega y)\right)\Bigg|_{y=0}^{y\to\infty}}_{\text{双线性伴随}}-\\&\quad\omega^2\underbrace{\int_0^\infty u(x,y)\sin(\omega y)\mathrm{d}y}_{\mathcal{U}(x,\omega)}\end{aligned}$$

双线性伴随再次为零，只剩下关于 $\mathcal{U}(x,\omega)$ 的常微分方程：

$$\frac{\mathrm{d}^2}{\mathrm{d}x^2}\mathcal{U}(x,\omega)-\omega^2\mathcal{U}(x,\omega)=\mathcal{P}(x,\omega)$$

其中

$$\mathcal{P}(x,\omega)=\int_0^\infty \rho(x,y)\sin(\omega y)\mathrm{d}y \tag{13.96}$$

这是在 $\mathcal{U}(0,\omega)=\mathcal{U}(L,\omega)=0$ 的条件下，在 $0<x<L$ 上求 $\mathcal{U}(x,\omega)$。

常微分方程的格林函数很容易通过齐次解 $\exp(\omega x)$ 和 $\exp(-\omega x)$ 得到。一个获得格林函数的捷径基于上述常微分方程问题等价于例 11.2.2 中的问题中的 λ 用 $-\omega^2$ 替换。因此，之前由式（11.51）给出的格林函数在 $\sqrt{\lambda}=\mathrm{i}\omega$ 时就变成了这个问题的格林函数。鉴于 $\sin(\mathrm{i}z)=\mathrm{i}\sinh z$，我们将格林函数解读为

$$G(x,x_0)=\begin{cases}\dfrac{\sinh(\omega(x_0-L))\sinh(\omega x)}{\omega\sinh(\omega L)}, & 0\leqslant x<x_0\\[2ex]\dfrac{\sinh(\omega x_0)\sinh(\omega(x-L))}{\omega\sinh(\omega L)}, & x_0<x\leqslant L\end{cases} \tag{13.97}$$

所以，由此得到

$$\mathcal{U}(x,\omega)=\frac{1}{\omega\sinh(\omega L)}\left(\int_0^x \sinh(\omega\xi)\sinh(\omega(x-L))\,\mathcal{P}(\xi,\omega)\mathrm{d}\xi+\right.$$

$$\int_x^L \sinh(\omega x)\sinh\left(\omega(\xi - L)\right)\mathcal{P}(\xi,\omega)\mathrm{d}\xi\Big) \qquad (13.98)$$

这样就完成了求解，最后的形式由式（13.94）、式（13.96）及式（13，98）综合给出。

最后评注

上述问题及其六种不同的解法表明，通常处理由偏微分方程控制的任何给定的边界值问题的方法不是唯一的。如果我们为这里给出的六种方法中的每一种都写下一个整理过的解的表示，然后将它们彼此比较，就会发现某些相似性和联系。例如，可以用来构造方法4中的偏微分方程格林函数的源和汇的无穷级数可能与方法1中的 u_h 或方法5中的式（13.90）中出现的无穷级数相关。另一方面，方法2、方法3和方法6虽然有其本身特殊的复杂性，但却没有正式生成无穷级数的复杂性。

因此，应用数学家并不局限于单一的求解方法，而是寻求范围广泛的可用方法和途径来解决一个问题。

更一般地，本章揭示了线性代数和微分方程（包括偏微分方程和常微分方程）之间的各种基本联系，不仅通过在构建各种解的过程中求解线性代数方程的实际问题，而且还涉及弗雷德霍姆选择定理。该定理不仅显示了线性代数中的选择定理与处理常微分方程时的选择定理是如何直接相关的，而且还显示了广义逆方法与修正格林函数方法在无限多解情况下是如何相关的。在所有的讨论中，共同的概念特征值十分重要，相关的特征向量（线性代数）或特征函数（常微分方程）也非常重要。将偏微分方程化为常微分方程的分离变量过程也可以与线性代数的运算相关，特别是子空间分解和投影操作，尽管我们没有广泛地强调这个问题。

复变量的概念也很重要。因为我们选择在复变量之前讲述线性代数，所以我们对线性代数向量空间的处理主要集中在实数向量空间。复向量空间的概念并不是一个困难的推广。同样，复变量与常微分方程或偏微分方程理论之间的各种联系也得到了发展。这些问题从实践到理论都有。实践方面为了方法统一，通常涉及在求解常微分方程时使用复变量。特别地，把特征值当作复数可以在实际的求解方法中找到各种捷径。

更抽象但仍然非常实用的方面，包括发现解析函数的实部和虚部满足拉普拉斯方程，以及在复平面上对常微分方程的处理揭示了常微分方程的复奇点如何确定实轴上非奇异位置的级数解的收敛域。奇点的作用推广到偏微分方程，其中满足特殊边界条件的格林函数解是通过复平面上奇异解的叠加来构造的。最后，在我们的讨论接近尾声时，揭示了一些令人惊讶的联系，也许最令人惊讶的体现在式（13.64）中。本节的最后一个例子在一个经典问题的背景下加强了所有这些联系，这个经典问题出现在众多学科中，不胜枚举。我们把它留给读者去发现。

关于偏微分方程以及更多主题的进一步阅读

现在有很多关于偏微分方程的书。其中包括 Hildebrand 的文献［28］，是一本研究生水平教材，其中有许多建立在所呈现内容上的习题。它所研究的问题范围很广。Mathews 和 Walker 的文献［23］涵盖重点主题，并且包含许多具有挑战性和说明性的习题。它有关于常微分方程、积分方程、特殊函数、复变量、数值方法和扰动等主题的章节。由于作者是物理学家，所以对著名的 WKB（Wentzel-Kramers-Brillouin）方程有一个非常好的处理，该方程与薛定谔方程的解有关。Carrier 和 Pearson 的文献［47］被专门用于与应用相关的全面讨论。作者是数学家，他们的书有一种独特的数学风格，然而它避开了定理证明形式。麻省理工学院（MIT）物理学教授 Morse 和 Feshbach 所著的综合性书籍［22］共分两卷，约 2000 页，包含大量的材料。第一卷包括场论、复变量、常微分方程、边界值问题、格林函数和积分方程等，第二卷包括近似方法、拉普拉斯方程和泊松方程的解、波动方程、更多的积分方程和变分技术等。这些优秀的书包含了大量前沿材料。

Churchill 的文献［29］以及 Brown 和 Churchill 的文献［41］是优秀和可读性很高的书，介绍了关于偏微分方程、傅里叶级数、分离变量、施图姆-刘维尔理论、拉普拉斯变换以及许多其他与偏微分方程及其求解方法相关的问题。这里讨论的许多主题都提供了基本证明（这可能不是工程师或科学家的直接兴趣）。一个类似的有用和全面的有关偏微分方程的入门介绍是 Weinberger 的文献［48］，与本书不同，它提供了收敛性和完备性的细节，同时保持了学生视角。（阅读他的序言!）。这本书也可以作为更全面研究函数分析的一个极好的切入点。

从历史的角度来看，回溯 Courant 和 Hilbert 的两卷本基础性文献［49，50］是值得的。第一卷提供理论背景，然后第二卷使用该背景来具体处理偏微分方程。RichardCourant 在纽约大学的数学研究生项目的建立和活力导致了对偏微分方程理论的开创性贡献，如 K. O. friedrichs（与 Courant）的文献［51］和 F. John 的文献［52］这些重要的偏微分方程书籍。文献［51］中所涉及的冲击波领域本书中没有被处理，因为它本质上是一个非线性现象。然而，它是工程和应用科学的一个重要领域。其他有关由偏微分方程建模的非线性现象的优秀书籍包括文献［53］和文献［54］，两者都提供了对实际物理过程的各种应用。

文献［5］和文献［6］这两本书之前在第 4 章末尾提到过，用于线性代数的进一步阅读。它们还提供了卓越的有关偏微分方程理论的进一步阅读，它们像本书一样，也强调了线性代数和线性偏微分方程求解方法的联系。两本书都提供了对修正格林函数的处理，而且都比这里的抽象层次更高。

强烈推荐作为可读的和全面的理论介绍的 Garabedian 的经典著作（文献［55］），从中可以找到对线性和非线性偏微分方程更广泛和更深入的讨论。L. C. Evans 编写的书（文献［56］），采用了目前流行的数学表达风格，同时也适合工程师和科学家阅读。在文献［57］中可以找到一种关于偏微分方程的处理方法，其中包括本书涉及的许多概念，但是数学抽象程度更高，为了阐明存在性和光滑性，还包括与广义函数、函数空间和半群的联系。

一旦掌握了本书第三部分中讨论的主题，读者就可以准备好开始学习特殊的和非常有用的（从工程和物理的角度）技术，如渐近和扰动（文献［58,59］）和变分微积分，以及应用泛函分析（文献［60］）和理论泛函分析（文献［61］）的某些方面。在本书中多次出现的特殊函数，在 Abramowitz 和 Stegun 的文献［38］的分类法以及 Gradshteyn 和 Rhyzik 的文献［62］中的许多积分表中都有详细的分类和描述。F. Olver 的文献［63］是关于将渐近方法应用于特殊函数的优秀著作，描述了生成这些函数的近似的、非常有用的封闭形式表示的细节。它还包含了对伽马函数的全面讨论，比较基础和实用，实用方面是强调伽马函数的渐近计算。在文献［64］中可以找到比这里给出的更深入的特殊函数的很好的描述。

最后，我们提出一些这里没有涉及的主题：工程和物理中非常大的一类非线性常微分方程和偏微分方程；对于具有许多自由度的问题，会出现大的常微分方程系统；WKB 类型的方程是线性的，但有很强的变量系数，就像在量子力学薛定谔方程中发现的那样（它是线性的）。本书也没有涵盖大量的边界层类型的非线性场方程，它们可以通过相似变换进行分析。相似变换在工程中特别流行，利用仔细的尺度分析，然后使用变量变换，大大简化了解的计算。这个主题在 9.6 节中简单介绍过一点，在应用科学中有很大的实际用途，也有丰富的理论，它还与群论和不变性变换有关。

习题

13.1

1. 对于形为 $\mathcal{A}+\rho\omega^2$ 的 $\mathcal{L}$，证明原问题和伴随问题的固有频率是相同的。
2. 对于形为 $\mathcal{A}+\rho\omega^2$ 的 $\mathcal{L}$，验证正交条件式（13.4）。
3. 对于形为 $\mathcal{A}+\rho\omega^2$ 的 $\mathcal{L}$，证明：假定 G 可以用自然模态 $\phi_n(x)$ 展开，则用 $\mathcal{L}G=\delta(x-\xi)$直接确定与 ξ 有关的展开系数，得到式（13.11）。

13.2

1. 考虑问题

$$\frac{\mathrm{d}^2u}{\mathrm{d}x^2}+\frac{25}{4}\pi^2u=f(x),\quad u'(0)=0,\quad u(1)=0$$

其中 u'是一阶导数的简写。

(a) 证明这与第二个弗雷德霍姆选择定理有关，并确定 $f(x)$ 的可解条件。

(b) 求出关于这个问题的修正格林函数。

(c) 当 f 满足可解条件时，用（b）的结果写出 $u(x)$ 的积分表达式。

2. 式（13.11）给出了 ω 不是共振频率情况下的格林函数 $G(x,\xi,\omega^2)$。当 ω_{N} 为共振频率时，是否存在修正格林函数 $G^{\dagger}(x,\xi,\omega_{\mathrm{N}}^2)$ 的对应展开？
3. 在第 11 章中已经证明并讨论了狄拉克 δ 函数没有唯一的定义。事实上，非唯一性在 11.1 节的习题 2 和习题 3 中得到了明确的演示。知道了这些信息，假设 δ 有且只有一种形式，请推测式（13.16）的修正或替代狄拉克 δ 函数本身是否唯一。因此，考虑 13.2.1 节关于确定 $\Gamma(x,\xi)$ 的讨论后的线索 1～3，研究式（13.14）给出的结果及作为最终版本的式（13.16）是否是满足线索 1～3 的唯一可能性或众多可能性之一。

13.3

1. 求方程 $p_2(x)u''+p_1(x)u'+p_0(x)u+\lambda u=0$ 和齐次狄利克雷边界条件 $u(0)=u(1)=0$ 给出的边界值问题的伴随方程。具体说明伴随方程和边界条件。证明当 $p_1=p'_2$ 时，这个边界值问题是自伴的，即 u 和 v 的常微分方程是相同的，边界条件也是相同的。将伴随常微分方程写成 $\mathcal{L}v=\lambda v$ 的形式，并写出相关的边界条件。对自伴边界值问题做同样的处理。
2. 考虑微分方程 $\mathcal{L}u=\lambda u$ 中的微分算子 $\mathcal{L}u=-(1/x)(xu')'$。你要做以下工作，但是要注意，(c) 和 (d) 部分参考了 9.4 节中的内容。如果读者不熟悉该内容，可以跳过 (c) 和 (d) 部分。但是，如果读者已经阅读了这些内容，那么这个问题就是对这个主题的一个很好的回顾。
   (a) 证明所考虑的方程最终为 $xu''+u'+\lambda xu=0$。确定这个方程，并说明当 $u(0)$ 是正则的（有限的）且 $u(1)=0$ 时，解是什么。不必自己推导解，因为这是一个标准方程，它的性态是已知的。
   (b) 求伴随算子 $\mathcal{L}^*$。这个问题一定是自伴的吗？
   (c) 用函数 $u(x)=1-x^2$，$u(x)=1+ax^2+bx^4$ 和 $u(x)=\alpha(1-x^2)+x^2(1-x)$ 来估计第一个特征值和可能的（如果合适）第二个特征值，这些函数满足 $u(1)=0$ 和 $x=0$ 处的正则性。第一个特征值为 2.405，第二个特征值为 5.52，等等。
   (d) 在区间 $0\leqslant x\leqslant 1$ 上画出精确特征函数和近似特征函数。
3. 考虑常微分方程边界值问题：$\mathcal{L}u=\lambda u$，$\mathcal{L}u=-\epsilon\,\mathrm{d}^2u/\mathrm{d}x^2+\mathrm{d}u/\mathrm{d}x$，满足边界条件 $u'(0)=0$，$u(1)=0$。
   (a) 如 9.3 节的习题 10 所示，此边界值问题不是自伴的，即 $v\mathcal{L}u\neq u\mathcal{L}v$。在这里重新审视这个结果，或者重新推导。为了实现这一点，请遵循例 11.3.1 中概述的程序，证明伴随边界值问题是由式 $\mathcal{L}^*v=-\epsilon\,\mathrm{d}^2v/\mathrm{d}x^2-\mathrm{d}v/\mathrm{d}x=\lambda v$ 和边界条件 $\epsilon v'(0)+v(0)=0$，$v(1)=0$ 给出的。
   (b) 从各自的边界值问题中求出 $u(x)$ 和 $v(x)$。

13.4

1. 重新考虑例 13.4.3，现在考虑 $\omega=\omega_n$ 的情况。执行确定修正格林函数 $G^\dagger(x,\xi,\omega_n^2)$ 的步骤。提示：参考例 13.2.1 可能会有帮助。
2. 在 13.4 节的评论 1 中断言，对于具有非齐次强迫和非齐次边界条件的问题，可以首先使用格林函数确定在**齐次**边界条件下非齐次强迫 $f(x)$ 的特解 $y_\mathrm{p}(x)$。然后，我们可以解关于 $y_\mathrm{h}(x)$ 在非齐次边界条件下的非强迫问题，并将此结果与前一个结果相加，从而生成同时满足非齐次强迫和边界条件的完整解。用这种方式使用格林函数法来解 $y''+9\pi^2y=4$ 满足 $y(0)=0$ 和 $y(1)=8/(9\pi^2)$ 的问题。
3. 当 $f(x)=4$ 被 $f(x)=4\sin 3\pi x$ 取代时，重复习题 2。
4. 对于例 13.4.2，在 $0\leqslant r<1$ 上考虑

$$\frac{\mathrm{d}^2 v}{\mathrm{d}r^2}+\frac{1}{r}\frac{\mathrm{d}^2 v}{\mathrm{d}r^2}+\left(\omega^2-\frac{16}{r^2}\right)v=0$$

的特征函数，$v(1)=0$，v 在原点性态良好。如果 $\phi_3(r)$ 和 $\phi_5(r)$ 是第三个和第五个特征函数，这两个函数的正交条件是什么？

5. 利用习题 4 的解，假设希望用贝塞尔函数 $J_4(\cdot)$ 通过

$$x^2=\sum_{n=1}^{\infty}a_n J_4(\omega_n x)$$

来表示区间 $0\leqslant x\leqslant 1$ 上的函数 $f(x)=x^2$，其中 ω_n 是 $J_4(\omega)=0$ 的根。a_7 的值是多少？

13.5

1. 提供任何在例 13.5.1 中缺失的细节，以验证式（13.68）。
2. 提供任何在例 13.5.2 中缺失的细节，以验证式（13.74）。
3. 提供任何在例 13.5.2 中缺失的细节，以验证式（13.77）。
4. 13.5 节最后一段提到的具体的边界值问题是什么？
5. 求解例 13.5.3 中考虑的关于 u 的问题，得到的解表示为式（13.85）和式（13.86）。另一种解这个问题的方法是直接使用格林函数，该格林函数用式（13.75）给出。这种直接的格林函数表示也导致二重积分，但它看起来非常不同。你能找到一些简单的方法来转换这两种不同的表示吗？

13.6

1. 对于非齐次狄利克雷边界条件 $w(0,y)=p(y)$，$w(x,0)=q(x)$，$w(L,y)=s(y)$ 的情况，式（13.88）给出了半带状上 $\nabla^2 w=0$ 的形式解。用 $p(y)$，$q(x)$、$s(y)$ 表示 $P(\omega)$，Q_n，$S(\omega)$。
2. 考虑方法 3 和方法 4 的用源和汇表示的格林函数，例如 $G(x,y,x_o,y_o)$。有人指出，方法 3 的格林函数涉及源在 (x_o,y_o) 和 $(-x_o,-y_o)$，而汇在 $(-x_o,y_o)$ 和 $(x_o,-y_o)$。方法 4 的格林函数的源在哪里？方法 4 的格林函数的汇在哪里？
3. 直接验证：式（13.97）是控制 $\mathcal{U}(x,\omega)$ 的常微分方程问题的格林函数。
4. 函数 $u(x,y)=y\mathrm{e}^{-ay}\sin(\pi x/L)$ 满足

$$\nabla^2 u=((a^2-\pi^2/L^2)y-2a)\mathrm{e}^{-ay}\sin(\pi x/L)$$

因此，取 $a=\pi/L$ 时，

$$\nabla^2 u=\varrho,\quad \varrho=-(2\pi/L)\mathrm{e}^{(-\pi y/L)}\sin(\pi x/L)$$

的解是 $u(x,y)=y\mathrm{e}^{-\pi y/L}\sin(\pi x/L)$。这个解满足狄利克雷边界条件 $u(0,y)=u(x,0)=u(L,y)=0$。在各种解法中使用上述 ϱ 来确定得到 $u(x,y)$ 的难易程度。

计算挑战问题

在这里，我们研究一个常微分方程形式的边界值问题的结构，它起初看起来无关紧要：

$$\mathcal{L}u\stackrel{\text{def}}{=}-\epsilon\frac{\mathrm{d}^2 u}{\mathrm{d}x^2}+\frac{\mathrm{d}u}{\mathrm{d}x}=\lambda u$$

$$\frac{\mathrm{d}u}{\mathrm{d}x}(0)=0,\quad u(1)=0 \tag{13.99}$$

这个问题看起来无关紧要，因为（1）该常微分方程是常规的——二阶，常系数，线性，齐次；（2）它的边界条件是齐次的，并不复杂，在 $x=0$ 处为诺伊曼型，在 $x=1$ 处为狄利克雷型。然而，这个边界值问题还包含两个参数，可能产生一系列怪异的潜在性态。第一，乘以最高导数项 $\mathrm{d}^2u/\mathrm{d}x^2$ 的参数 ϵ 可能是一个很小的实数。第二，柔性参数 λ“自我调整”以满足边界条件的要求。当 $\epsilon\to 0$ 时，读者将看到在 $x=1$ 附近形成一个“边界层”。

然而，非无关紧要的事实是，有无穷多个 λ 值使边界条件满足。因为有无穷多个 λ 值，称之为 λ_n，也有无穷多个 u 函数，称之为 u_n。当然，这些是关于这个边界值问题的特征值和特征函数。

为了回答后面的问题，下列背景信息很重要。

- 在 11.3 节中表明边界值问题式（13.99）有伴随方程 $\mathcal{L}^* v=-\epsilon\mathrm{d}^2v/\mathrm{d}x^2-\mathrm{d}v/\mathrm{d}x=\lambda v$ 与伴随边界条件 $\epsilon v'(0)+v(0)=0$，$v(1)=0$。
- 10.4 节的习题 3 中表明，将原方程乘以 $r(x)=\mathrm{e}^{-x/\epsilon}$ 后，边界值问题式（13.99）可以写成自伴形式。结果是 $\widetilde{\mathcal{L}}u=\lambda s(x)u$，或 $-\epsilon\mathrm{d}(\mathrm{e}^{-x/\epsilon}\mathrm{d}(\cdot)/\mathrm{d}x)/\mathrm{d}x=\lambda\mathrm{e}^{-x/\epsilon}u$，这是经典施图姆-刘维尔形式。
- 将 $u(x)=\mathrm{e}^{mx}$ 代入边界值问题式（13.99），得到特征方程 $\epsilon m^2-m+\lambda=0$，它的两根为 $m_{1,2}=(1/2\epsilon)(1\pm\sqrt{1-4\epsilon\lambda})$，而从施加的边界条件得到关系 $m_1\mathrm{e}^{m_2}=m_2\mathrm{e}^{m_1}$。这种关系在第 6 章的计算挑战问题中得到了彻底的检验，在那里表明，随着 ϵ 变小，特征值分布变得更加分散。它还表明，有无穷多的特征值（因此有无穷多的特征解）。

在彻底完成这些背景之后，使用结合解析方法和计算方法来研究下列问题。

1. 对于 $\epsilon=0.1$ 的情况，找到前 5 个特征值，$\lambda_1,\lambda_2,\cdots,\lambda_5$。证明 $\lambda_1\approx(1/\epsilon)\mathrm{e}^{-1/\epsilon}$。$\lambda_2=1/(4\epsilon)$。需要用插值来获得另外三个特征值。
2. 对于 $\epsilon=0.1$ 和问题 1 中得到的结果，绘制前五个特征函数 $u_1,u_2,\cdots,u_5$。
3. 使用更小的 ϵ 值重复问题 1 和问题 2。说明随着 ϵ 的减少，特征函数的不良性态的严重性增加。
4. 从数值上验证 u_1 和 u_5 的正交性，回想上面背景讨论中第二条，在正交积分中需要一个加权函数。

参考文献

[1] L. R. G. Treloar, Stress–strain data for vulcanised rubber under various types of deformation, *Trans. Faraday Society* **40** (1944) 59–69.

[2] R. W. Ogden, Large deformation isotropic elasticity – on the correlation of theory and experiment for incompressible rubberlike solids, *Proc. Roy. Soc.* A **326** (1972) 565–584.

[3] Y. Feng, J. T. Oden, M. N. Rylander, A two-state cell damage model under hyperthermic conditions: theory and *in vitro* experiments, *J. Biomechanical Eng.* **130** (2008) 041016.

[4] N. T. Wright, Comparison of models of post-hypothermia cell survival, *J. Biomechanical Eng.* **135** (2013) 051001.

[5] J. P. Keener, *Principles of Applied Mathematics, Transformation and Approximation*, Westview Press, 2000.

[6] A. Prosperetti, *Advanced Mathematics for Applications*, Cambridge University Press, 2011.

[7] J. M. Powers, M. Sen, *Mathematical Methods in Engineering*, Cambridge University Press, 2015.

[8] G. A. Holzapfel, *Nonlinear Solid Mechanics*, John Wiley and Sons, 2000.

[9] M. E. Gurtin, E. Fried, L. Anand, *The Mechanics and Thermodynamics of Continua*, Cambridge University Press, 2010.

[10] J. Bonet, R. D. Wood, *Nonlinear Continuum Mechanics for Finite Element Analysis*, Cambridge University Press, 1997.

[11] E. B. Tadmor, R. E. Miller, R. S. Elliot, *Continuum Mechanics and Thermodynamics*, Cambridge University Press, 2012.

[12] L. R. G. Treloar, *The Physics of Rubber Elasticity*, Oxford University Press, 1975.

[13] R. W. Ogden, *Non-linear Elastic Deformations*, Halsted Press, John Wiley and Sons, 1984.

[14] J. K. Knowles, *Linear Vector Spaces and Cartesian Tensors*, Oxford University Press, 1998.

[15] W. W. R. Ball, *A Short Account of the History of Mathematics*, 1st edition, Main Street, 2001.

[16] E. T. Bell, *The Development of Mathematics*, 2nd edition, Dover Press, 2017.

[17] D. Bloor, *The Enigma of the Aerofoil*, University of Chicago Press, 2011.

[18] M. J. Ablowitz, A. S. Fokas, *Complex Variables: Introduction and Applications*, 2nd edition, Cambridge University Press, 2003.

[19] T. A. Driscoll, L. N. Trefethen, *Schwarz–Christoffel Mapping*, 1st edition, Cambridge University Press, 2002.

[20] R. W. Soutas-Little, *Elasticity*, Prentice-Hall, 1973.

[21] G. F. Carrier, M. Krook, C. E. Pearson, *Functions of a Complex Variable*, McGraw-Hill, 1966.

[22] P. M. Morse, H. Feshbach, *Methods of Theoretical Physics*, volumes I and II, McGraw-Hill, 1953.

[23] J. Mathews, R. L. Walker, *Mathematical Methods of Physics*, Benjamin/Cummings, 1970.

[24] R. Courant, *Theory of Functions of a Complex Variable*, 1st edition, New York University Press, 1948.

[25] R. V. Churchill, *Complex Variables and Applications*, 1st edition, McGraw-Hill, 1948.

[26] R. V. Churchill, J. W. Brown, R. F. Verhey, *Complex Variables and Applications*, 3rd edition, McGraw-Hill, 1976.

[27] R. W. Brown, R. V. Churchill, *Complex Variables and Applications*, 9th edition, McGraw-Hill, 2014.

[28] F. B. Hildebrand, *Advanced Calculus for Applications*, Prentice-Hall, 1976.

[29] R. V. Churchill, *Operational Mathematics*, 3rd edition, McGraw-Hill, 1972.

[30] L. V. Ahlfors, *Complex Analysis: An Introduction to the Theory of Analytic Functions of One Complex Variable*, 3rd edition, McGraw-Hill, 1979.

[31] T. A. Garrity, *All the Mathematics You Missed* (*But Need to Know for Graduate School*), 1st edition, Cambridge University Press, 2014.

[32] B. Noble, *Methods Based on the Wiener–Hopf Technique: For the Solution of Partial Differential Equations*, 2nd edition, Chelsea, 1988.

[33] C. A. Truesdell, *An Idiot's Fugitive Essays on Science: Methods, Criticism, Training*, 1st edition, Springer-Verlag, 1984.

[34] P. Nahin, *An Imaginary Tale*, 1st edition, Princeton University Press, 1998.

[35] J. K. Knowles, The finite anti-plane shear field near the tip of a crack for a class of incompressible elastic solids, *Int. J. Fracture* **13** (1977) 611–639.

[36] M. Kac, Can one hear the shape of a drum?, *American Mathematical Monthly* **73** (II) (1966) 1–23.

[37] C. Gordon, D. Webb, You can't hear the shape of a drum, *American Scientist* **84** (1996) 46–55.

[38] M. Abramowitz, I. A. Stegun, *Handbook of Mathematical Functions: With Formulas, Graphs, and Mathematical Tables*, 1st edition, Dover, 1965.

[39] C. A. Truesdell, *An Essay Toward a Unified Theory of Special Functions*, 1st edition, Princeton University Press, 1948.

[40] J. A. C. Weideman, Computation of the complex error function, *SIAM J. Numer. Anal.* **31** (5) (1994) 1497–1518.

[41] J. Brown, R. V. Churchill, *Fourier Series and Boundary Value Problems*, 8th edition, McGraw-Hill, 2011.

[42] G. Farmelo, *The Strangest Man: The Hidden Life of Paul Dirac, Mystic of the Atom*, Basic Books, 2009.

[43] M. J. Lighthill, *Introduction to Fourier Analysis and Generalised Functions*, Cambridge University Press, 1958.

[44] W. Rudin, *Functional Analysis*, 1st edition, McGraw-Hill, 1973.

[45] M. Reed, B. Simon, *Functional Analysis*, first revised and enlarged edition, Academic Press, 1980.

[46] R. W. Dickey, *Bifurcation Problems in Nonlinear Elasticity*, Pitman Publishing, 1976.

[47] G. F. Carrier, C. E. Pearson, *Partial Differential Equations: Theory and Technique*, Academic Press, 1976.

[48] H. F. Weinberger, *A First Course in Partial Differential Equations*, John Wiley and Sons, 1965.

[49] R. Courant, D. Hilbert, *Methods of Mathematical Physics*, volume I, John Wiley and Sons, 1939.

[50] R. Courant, D. Hilbert, *Methods of Mathematical Physics*, volume II, John Wiley and Sons, 1962.

[51] R. Courant, K. O. Friedrichs, *Supersonic Flow and Shock Waves*, Springer-Verlag, 1948.

[52] F. John, *Partial Differential Equations*, Springer-Verlag, 1971.

[53] G. B. Whitham, *Linear and Nonlinear Waves*, John Wiley and Sons, 1974.

[54] J. Smoller, *Shock Waves and Reaction–Diffusion Equations*, Springer-Verlag, 1982.

[55] P. R. Garabedian, *Partial Differential Equations*, Chelsea, 1964.

[56] L. C. Evans, *Partial Differential Equations*, American Mathematical Society, 1998.

[57] M. Renardy, R. C. Rogers, *An Introduction to Partial Differential Equations*, Springer-Verlag, 1993.

[58] C. M. Bender, S. A. Orszag, *Advanced Mathematical Methods for Scientists and Engineers*, McGraw-Hill, 1978.

[59] J. Kevorkian, J. D. Cole, *Perturbation Methods in Applied Mathematics*, Springer-Verlag, 1981.

[60] J. N. Reddy, *Applied Functional Analysis and Variational Methods in Engineering*, McGraw-Hill, 1986.

[61] A. E. Taylor, D. C. Lay, *Introduction to Functional Analysis*, John Wiley and Sons, 1980.

[62] A. B. Gradshteyn, C. D. Rhyzik, *Tables of Integrals, Series and Products*, 6th edition, Academic Press, 2000.

[63] F. W. J. Olver, *Introduction to Asymptotics and Special Functions*, 1st edition, Academic Press, 1974.

[64] N. N. Lebedev, *Special Functions and Their Applications*, 1st edition, Dover Press, 1972.

[65] M. Lerch, Sur un point de la théorie des fonctions génératrices d'Abel, *Acta Math.* **27** (1903) 339–351.

[66] D. Speiser, Clifford A. Truesdell's contributions to the Euler and the Bernoulli equation, *J. Elasticity* **70** (2003) 39–53.

推荐阅读

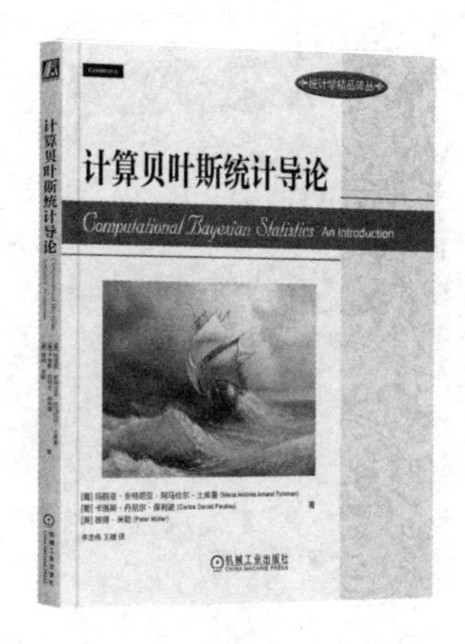

计算贝叶斯统计导论

ISBN：978-7-111-72106-2

高维统计学：非渐近视角

ISBN：978-7-111-71676-1

最优化模型:线性代数模型、凸优化模型及应用

ISBN：978-7-111-70405-8

统计推断：面向工程和数据科学

ISBN：978-7-111-71320-3

概率与统计：面向计算机专业（原书第3版）

ISBN：978-7-111-71635-8

概率论基础教程（原书第10版）

ISBN：978-7-111-69856-2